DICTIONNAIRE
PORTATIF
DE L'INGÉNIEUR
ET DE
L'ARTILLEUR.

DICTIONNAIRE
PORTATIF
DE L'INGÉNIEUR
ET
DE L'ARTILLEUR,

Composé originairement par feu M. BELIDOR, *Colonel d'Infanterie, de l'Académie Royale des Sciences*, &c.

NOUVELLE ÉDITION,

Totalement changée, refondue, & augmentée du quadruple,

PAR CHARLES - ANTOINE JOMBERT.

A PARIS,

Chez L'AUTEUR, Libraire du Roi pour l'Artillerie & le Génie, rue Daûphine, à l'Image Notre-Dame.

M. DCC. LXVIII.

AVEC APPROBATION ET PRIVILEGE DU ROI.

AVERTISSEMENT.

LA premiere édition de ce Dictionnaire, qui a paru en 1755, n'étoit qu'une ébauche fort imparfaite de celle que je présente aujourd'hui au Public. Quoique M. *Belidor* m'eût permis alors de le faire paroître sous son nom, chacun sçait qu'à la réserve de quelques termes d'architecture hydraulique & de fortification, qui sont le fruit de ses premieres études, toutes les autres définitions qu'on y trouve ont été extraites & abrégées du *Dictionnaire de Mathématique*, par M. *Saverien*, & du *Dictionnaire d'Architecture* de *d'Aviler*, que j'ai imprimé en même tems que celui-ci. Les grandes occupations de M. *Belidor*, jointes aux différens ouvrages auxquels il travailloit, ne lui ayant pas permis de mettre la derniere main à ce petit Dictionnaire, je cédai à l'empressement de plusieurs personnes qui desiroient de le voir paroître, & les exemplaires en ont été débités assez promptement, malgré la contrefaçon qu'on en a faite dans une ville de ce royaume. Je redoublai encore mes instances auprès de M. *Belidor*, pour l'engager à retoucher ce Dictionnaire & à l'augmenter des nouvelles connoissances que l'expérience & une étude continuelle lui avoient acquises; mais les mêmes motifs de ses occupations subsistant toujours de plus en plus, il jetta les yeux sur moi & me chargea des changemens & des augmentations qu'il convenoit d'y faire, en m'indiquant la route que je devois suivre & les sources où il falloit puiser tout ce qui pouvoit contribuer à perfectionner cette nouvelle édition. Pour entrer dans ses vues, sans me rebuter de la longueur & de la difficulté du travail, j'ai lu & relu, la plume à la main, & avec la plus grande attention, les quatre volumes de son *Architecture Hydraulique*, & celui de la *Science des Ingénieurs*, & j'en ai extrait, sous sa direction, tout ce qui a pu se réduire en principes & en définitions, pour en former différens articles d'autant plus intéressans qu'ils ne se trouvent dans aucun autre Dictionnaire : ensorte qu'à cet égard on pourroit à juste titre appeller celui-ci, *l'esprit de M. Belidor*. Au défaut des différens traités que M. *Belidor* se proposoit de mettre au jour sur la fortification, l'attaque & la défense des places, l'artillerie, les mines, &c. j'ai lu & analysé avec le même soin tous ceux de M. *le Blond*, lequel, ayant fait une étude particuliere des meilleurs auteurs qui ont écrit sur ces matieres, en a composé un *cours de science militaire*, où l'on trouve tout ce qu'il y a d'essentiel à y observer, exposé avec un ordre & une précision très-propres à en faciliter l'étude aux jeunes militaires, qu'il a eu principalement en vue d'instruire.

Ce Dictionnaire renferme, non-seulement les définitions des termes de l'architecture civile, de l'architecture publique (celle qui regarde les ponts & chaussées) de l'architecture hydraulique, de l'architecture militaire dans toute son étendue, de l'architecture navale, &c. mais encore celles des sciences & des arts qui en dérivent : on a eu soin en même tems, en déterminant l'orthographe des mots difficiles, d'en rappeller l'origine & l'étimologie. On y a joint une analyse succincte de ces sciences même & de leurs différentes branches, avec un précis historique des principales découvertes qui y ont été faites. De plus (ce qui peut avoir son utilité pour les personnes qui desirent en faire une étude plus sérieuse) on indique à la fin de chaque article les livres les meilleurs & les plus estimés sur chacune de ces matieres, & l'on y fait connoître les sçavants & les Auteurs auxquels on a l'obligation d'avoir inventé ou perfectionné les sciences ou les arts dont il est question.

Comme on n'a épargné ni peines ni soins pour rendre cet ouvrage aussi complet dans son genre qu'il étoit possible, on a lieu d'espérer que la nouvelle édition que l'on présente, qui n'a rien de commun avec la précédente que quelques articles qui ont été remaniés & refondus, & qui est d'ailleurs augmentée du quadruple, sera reçue favorablement des personnes pour lesquelles elle est destinée.

J'aurois terminé ici cet avertissement, si j'avois cru pouvoir me dispenser de répondre à une objection qui m'a déja été faite par plusieurs personnes sur la multiplicité des matieres qui remplissent ce Dictionnaire. Quel besoin un Ingénieur, ou un Artilleur, a-t-il des termes de géométrie, d'algebre, de marine, de navigation, de cosmographie, de méchanique, de physique & même de philosophie, qu'on trouve expliqués dans cet ouvrage; sans compter ceux qui regardent les Ordres d'architecture, la coupe des pierres, la charpenterie, la menuiserie, la couverture des bâtimens, &c? Toutes ces matieres inutiles retranchées réduiroient le volume à la moitié de sa grosseur & en diminueroient le prix à proportion..... Si les fonctions d'un Ingénieur se bornoient à tracer des tranchées dans un siege, ou à fortifier un poste à la guerre, il est certain que toutes les autres connoissances lui deviendroient inutiles; mais son état ne tient pas seulement à la guerre, mais encore aux sciences & aux arts qui dépendent des mathématiques. « Ceux de l'antiquité (dit M. *Frézier* *) étoient sçavans, leurs » merveilleuses inventions dans les sieges le prouvent assez. Si les Ingénieurs ont besoin de la » bravoure, du bon sens, & de l'expérience d'un » guerrier, ils ont encore besoin de la science d'un » mathématicien. Sans la géométrie, la méchanique, & l'hydraulique, de quoi sont-ils capables » dans la construction des forteresses & des places » de guerre, que d'imiter ce qu'ils ont vu & copier souvent des fautes? Les traces de l'aveugle » expérience ne sont pas rares, il n'y a guere de » villes où l'on n'en reconnoisse quelqu'une. J'avancerai de plus que les sciences nécessaires à la » construction ne sont pas inutiles à la guerre: » elles ouvrent l'esprit & fournissent des moyens » industrieux, pour les manœuvres & les ouvrages » nécessaires à l'attaque & à la défense des places, » que la seule valeur ne sçauroit exécuter sans ce » secours.

» Il ne seroit pas mauvais (ajoute le même Auteur *) » que les Ingénieurs fissent une étude » de l'architecture civile: elle leur est nécessaire » à la construction des bâtimens militaires dont » ils sont chargés dans les villes de guerre, (comme casernes, magasins, hôpitaux, logemens de » l'état-major, & même quelquefois les églises » des forts & des citadelles) qui sont de même » espece que les bâtimens civils, dont ils ne different que de nom... Parmi les connoissances qui » nous sont nécessaires (dit encore M. *Frézier* *)

* Premie disc. prélim. du *Traité de stéréotomie*.

* Troisieme disc. prélim.

* Premier disc. prélim.

» celle de la coupe des pierres, quoiqu'une des plus
» négligées, n'eſt pas une des moins importantes.
» J'ai reconnu par ma propre expérience qu'elle
» étoit auſſi indiſpenſablement néceſſaire à un In-
» génieur qu'à un Architecte, parce qu'il peut
» être envoyé comme moi dans des colonies
» éloignées, & même dans des provinces où l'on
» manque d'ouvriers capables d'exécuter certaines
» parties de fortifications où il faut de l'intelli-
» gence dans l'appareil. Je ſuppoſerai, ſi l'on veut,
» que les entrepreneurs fourniſſent de bons appa-
» reilleurs, ne convient-il pas à la dignité d'Ingé-
» nieur d'être en état de connoître & d'examiner
» ce qu'ils font, pour ordonner & décider de la
» meilleure conſtruction, & ne pas ſouffrir des
» fautes qu'ils peuvent faire malicieuſement, ſoit
» pour faire ſervir des pierres de rebut, ou pour
» s'épargner un peu plus de ſoin » ? On en peut dire autant de la charpenterie, de la menuiſerie, de la couverture des bâtimens, &c. dont la connoiſſance des détails eſt d'autant plus néceſſaire aux Ingénieurs que ce ſont eux qui en ordonnent & dirigent les travaux, & qu'ils ſont ſouvent chargés d'en dreſſer des devis particuliers, & de régler les mémoires de ces différens ouvriers.

A l'égard de la marine, outre les Ingénieurs de la marine, que cette partie regarde particuliérement, comme un Ingénieur de place ſe trouve auſſi en réſidence dans des ports de mer & dans des villes maritimes, il eſt à propos qu'il connoiſſe du moins les termes uſités entre les marins, qu'il ſçache le nom & l'uſage des divers bâtimens que l'on conſtruit tant ſur l'Océan que ſur la Méditerrannée, enfin qu'il ait une léger e connoiſſance des principales manœuvres d'un vaiſſeau, pour en faire uſage dans les occaſions où il peut ſe rencontrer. On n'a donc pu ſe diſpenſer de donner du moins des ſimples définitions de toutes ces choſes, & d'expliquer ſuccinctement les termes de marine les plus généraux & les plus uſités.

Au ſurplus, il ſuffit de jetter un coup d'œil dans ce Dictionnaire ſur l'article INGENIEUR & ſur ſes ſubdiviſions, pour ſe convaincre de l'obligation où ſe trouvent les perſonnes qui ſe deſtinent à cet état, d'acquérir du moins des connoiſſances générales ſur toutes les ſciences & les arts relatifs ſoit aux mathématiques, ſoit à l'architecture, dont on a fait ci-deſſus l'énumération. A l'égard des termes de philoſophie, comme ils ſe réduiſent à deux articles, l'un ſur la *philoſophie de Deſcartes*, & l'autre ſur celle *de NeWton*, je penſe qu'on me pardonnera facilement cet écart en faveur de l'importance du ſujet. Il en eſt de même de quelques articles de phyſique & de coſmographie, que j'ai traité le plus briévement qu'il m'a été poſſible, en indiquant en même tems les livres originaux où l'on peut s'en inſtruire plus à fond. D'ailleurs l'ignorance de ces ſciences ſeroit-elle tolérable dans un *Ingénieur*, qui eſt ſuppoſé avoir reçu une éducation honnête, dont la philoſophie & la phyſique doivent faire partie, ſur-tout dans un ſiecle auſſi éclairé que celui où nous vivons ?

APPROBATION.

J'AI lu par ordre de Monseigneur le Vice-Chancelier, la seconde édition du *Dictionnaire portatif de l'Ingénieur*. Cette édition peut être regardée comme un nouvel ouvrage, par le grand nombre de termes dont elle est augmentée, & par l'attention qu'on a eu d'y faire connoître les livres les plus propres à faciliter les progrès dans les différentes matieres qui y ont rapport. Cet ouvrage, fait avec autant de soin que d'intelligence, est un des plus complets dans son genre, & je crois que l'impression en sera fort utile. Fait à Versailles, le 3 Mars 1768.

LE BLOND.

PRIVILEGE DU ROI.

LOUIS, par la grace de Dieu, Roi de France & de Navarre: A nos amés & féaux Conseillers, les Gens tenans nos Cours de Parlement, Maîtres des Requêtes ordinaires de notre Hôtel, Grand-Conseil, Prevôt de Paris, Baillifs, Sénéchaux, leurs Lieutenans Civils, & autres nos Justiciers qu'il appartiendra: SALUT. Notre amé CHARLES-ANTOINE JOMBERT, notre Libraire à Paris, nous a fait exposer qu'il desireroit faire imprimer & réimprimer des ouvrages qui ont pour titre: *Cours de Science Militaire*, *par M. le Blond*, *contenant l'Arithmétique & la Geométrie de l'Officier*, *la Fortification*, *l'Artillerie*, *l'Attaque & la Défense des Places*, *la Castrametation*, *la Tactique*, *&c. Recueil des Pierres gravées du Cabinet du Roi; Architecture Moderne; Bibliotheque portative d'Architecture élémentaire; Architecture Françoise*, *par M. Blondel*; *Cours d'Architecture de Vignole*, *par d'Aviler*, *avec un Dictionnaire des termes d'Architecture*, *par le même*; *Méthode pour apprendre le Dessein*, *avec des Figures & des Académies*; *Anatomie à l'usage des Peintres*, *par Tortebat*; *Géometrie de le Clerc*; *Traité de Stéréotomie*, *par M Frézier*; *De la décoration des Edifices*, *par M. Blondel*, *la Théorie & la Pratique du Jardinage*, *par Alexandre le Blond*; *Œuvres de M. Ozanam*; *ŒUVRES DE M. BELIDOR*; *sçavoir*, *le Cours de Mathématique*, *la Science des Ingénieurs*, *le Bombardier François*, *l'Architecture Hydraulique*, *&c.* S'il nous plaisoit lui accorder nos Letres de Privilege pour ce nécessaires. A CES CAUSES, voulant favorablement traiter l'Exposant, nous lui avons permis & permettons par ces Présentes de faire imprimer & réimprimer lesdits Ouvrages, autant de fois que bon lui semblera, & de les vendre, faire vendre & débiter par tout notre Royaume, pendant le tems de dix années consécutives, à compter du jour de la date des Présentes. Faisons défenses à tous Imprimeurs, Libraires & autres personnes, de quelque qualité & condition qu'elles soient, d'en introduire d'impression étrangere dans aucun lieu de notre obéissance; comme aussi d'imprimer, faire imprimer, vendre, faire vendre, débiter ni contrefaire lesdits Ouvrages, ni d'en faire aucuns extraits sous quelque prétexte que ce soit, d'augmentation, correction, changemens ou autres, sans la permission expresse & par écrit dudit Exposant, ou de ceux qui auront droit de lui, à peine de confiscation des Exemplaires contrefaits, de trois mille livres d'amende contre chacun des Contrevenants, dont un tiers à Nous, un tiers à l'Hôtel-Dieu de Paris, & l'autre tiers audit Exposant ou à celui qui aura droit de lui, & de tous dépens, dommages & intérêts : à la charge que ces présentes seront enregistrées tout au long sur le Registre de la Communauté des Libraires & Imprimeurs de Paris, dans trois mois de la date d'icelles. Que l'impression & réimpression desdits Ouvrages sera faite dans notre Royaume & non ailleurs, en bon papier & beaux caracteres, conformément à la feuille imprimée, attachée pour modele sous le contre-scel des Présentes ; que l'Impétrant se conformera en tout aux Réglemens de la Librairie, & notamment à celui du 10 Avril 1725 ; & qu'avant de les exposer en vente, les manuscrits & imprimés qui auront servi de copie à l'impression & réimpression desdits Ouvrages, seront remis dans le même état où l'approbation y aura été donnée, ès mains de notre très-cher & féal Chevalier, Chancelier de France, le sieur DE LAMOIGNON, & qu'il en sera ensuite remis deux exemplaires de chacun dans notre Bibliotheque publique, un dans celle de notre Château du Louvre, un dans celle dudit sieur DE LAMOIGNON, & un dans celle de notre très-cher & féal Chevalier Vice-Chancelier & Garde des Sceaux de France, le sieur DE MAUPEOU ; le tout à peine de nullité des présentes. DU CONTENU desquelles vous mandons & enjoignons de faire jouir ledit Exposant ou ses ayans cause, pleinement & paisiblement, sans souffrir qu'il leur soit fait aucun trouble ou empêchement. VOULONS que la copie des Présentes, qui sera imprimée tout au long au commencement ou à la fin desdits Ouvrages, soit tenue pour duement signifiée, & qu'aux copies collationnées par l'un de nos amés & féaux Conseillers Secretaires, foi soit ajoutée comme à l'original. COMMANDONS au premier notre Huissier ou Sergent sur ce requis, de faire pour l'exécution d'icelles tous actes requis & nécessaires, sans demander autre permission, & nonobstant clameur de Haro, charte Normande & lettres à ce contraires. CAR tel est notre plaisir. DONNÉ à Paris, le premier jour du mois de Février, l'an de grace mil sept cent soixante-quatre, & de notre Regne le quarante-neuvieme. Par le Roi en son Conseil.

LE BEGUE.

Registré sur le Registre XVI de la Chambre Royale & Syndicale des Libraires & Imprimeurs de Paris, n. 115, fol. 61, conformément aux Réglemens de 1723. A Paris, le 6 Février 1764.

LE BRETON, *Syndic.*

DICTIONNAIRE PORTATIF DE L'INGÉNIEUR.

ABAJOUR, *Architecture.* C'eſt une eſpece de petite fenêtre quarrée, en forme de ſoupirail, dont l'embrâſement de l'appui eſt fait en talud pour recevoir le jour d'en haut. On s'en ſert pour éclairer les étages ſouterreins.

ABAISSEMENT DES ÉQUATIONS, *Algebre.* C'eſt la réduction d'une équation au moindre degré dont elle ſoit ſuſceptible.

ABAISSER UNE PERPENDICULAIRE, *Géométrie.* C'eſt d'un point donné tirer une ligne qui tombe perpendiculairement ſur une autre.

ABAQUE ou TAILLOIR, *Architecture.* C'eſt la partie ſupérieure ou le couronnement du chapiteau d'une colonne. Ordinairement il eſt quarré aux Ordres Toſcan, Dorique & Ionique antique, & échancré ſur les faces aux chapiteaux Ionique moderne, Corinthien & Compoſite.

ABATAGE, *Maçonnerie.* Dans les chantiers & les ateliers, on dit faire un *abatage* de pluſieurs pierres, lorſqu'on les couche de leur lit ſur leurs joints pour en dreſſer les paremens : ce qui s'exécute avec des boulins & des moilons qui ſervent à leur donner quartier.

ABATÉE, *Marine.* On ſe ſert de ce terme ſur mer pour exprimer la marche d'un vaiſſeau en panne qui arrive de lui-même jusqu'à un certain point, pour revenir ensuite au vent.

ABATIS, *terme de Carrier*. On appelle ainsi les pierres qui ont été abatues dans une carriere, soit qu'elles se trouvent propres à être employées en pierres de taille, soit qu'elles ne puissent servir qu'à faire du moilon. Ce mot se dit aussi de la démolition & des décombres d'un bâtiment.

ABATIS, c'est dans l'art militaire un retranchement formé avec de grands arbres abattus & jettés confusément les uns sur les autres, pour empêcher l'ennemi de pénétrer dans un pays dont on veut lui défendre l'entrée, & pour lui boucher le passage.

ABATTRE UN VAISSEAU, c'est le renverser sur le côté, pour travailler à sa carêne, ou à quelque endroit du Vaisseau qu'il faut mettre hors de l'eau pour le radouber & le calfater.

ABATTUE, *Architecture*. C'est la distance horisontale de la naissance d'un arc à la perpendiculaire abaissée de son extrêmité supérieure. Ce terme est peu usité, on se sert plutôt de celui de *retombée*.

ABAVENTS, *Architecture*, ce sont de petits auvents pratiqués au dehors des tours & des clochers dans les tableaux des ouvertures, qui servent à empêcher que le son des cloches ne se dissipe en l'air, & à le renvoyer en bas, selon *d'Aviler*, mais dont l'usage est d'empêcher la pluie de pénétrer dans l'intérieur de ces édifices.

ABÉE, *Hydraulique*, c'est une ouverture pratiquée à la vanne d'un moulin, par laquelle l'eau tombe sur la roue qui donne le mouvement à la machine. Cette *abée* s'ouvre & se ferme avec des pales ou lamoirs.

ABORDAGE, *Marine*. On se sert de ce terme pour exprimer l'approche & le choc de deux vaisseaux ennemis qui se joignent & s'accrochent avec des grapins, pour sauter de l'un dans l'autre & s'en emparer.

ABORDER UN VAISSEAU, c'est s'en approcher & tomber dessus. On *aborde* un vaisseau ennemi par son arriere vers les hanches, pour jetter les grapins aux aubans, ou bien par l'avant & par le beaupré.

ABOUEMENT, *terme de Menuisier*. Il se dit des joints de toute sorte d'assemblages, lorsque ces joints affleurent de maniere qu'une des pieces n'excede point l'autre: on dit aussi *arrasement*.

ABOUT, c'est l'extrêmité d'une piece de bois de charpente, coupée à l'équerre ou autrement, & mise en œuvre. On dit l'*about* des liens, l'*about* d'un poteau, d'un chevron, &c.

ABOUTIR, *en hydraulique*, c'est raccorder un gros tuyau sur un petit. S'il est de fer ou de grès, cela se fait par le moyen d'un collet de plomb qui va en diminuant du grand au petit. Lorsque le tuyau est de plomb, l'opération est encore plus facile.

ABREUVER UN VAISSEAU, *Marine*, c'est y jetter de l'eau, après qu'il est achevé de construire, entre le franc bord & le serrage, pour voir s'il est bien étanche & s'il n'y a pas de voie d'eau.

ABREUVOIR, *Architecture*. C'est un bassin rempli d'eau, entouré de barrieres ou de murs à hauteur d'appui, dont le fond est pavé & dressé en pente douce pour y mener boire ou baigner les chevaux: tel est l'abreuvoir du marché de Sceaux, & celui de Marly, dont on peut voir la représentation sur la planche 83 des *Délices de Versailles*, in-folio. C'est aussi quelquefois un lieu choisi & en pente douce sur le bord d'une riviere, destiné au même usage: tels sont ceux qu'on voit dans Paris, sur la riviere de Seine, le long des quais.

ABREUVOIRS, *terme de Maçonnerie*. Ce sont de petites tranchées qu'on fait avec le marteau ou avec la hachette dans les joints & les lits des pierres de taille, pour que le plâtre ou le mortier qu'on doit y couler s'y insinue & s'y accroche mieux. On appelle aussi de ce nom les petits augets que les Maçons font en plâtre vis-à-vis des joints & des lits d'une pierre, pour y couler & ficher le mortier qui doit en remplir le vuide.

ABSCISSE, *Géométrie*. C'est une partie quelconque du diametre ou de l'axe d'une courbe, comprise entre le sommet de la courbe, ou un autre point fixe, & la rencontre de l'ordonnée. Les *Abscisses* d'une parabole, par exemple, sont des lignes indéterminées qui expriment la distance du sommet de son axe ou d'un de ses diametres, à une ordonnée quelconque menée à l'axe ou à ce diametre.

ABSOLU, NOMBRE ABSOLU, *en Algebre*, c'est la quantité ou le nombre connu qui forme un des termes d'une équation.

ACANTHE, *Architecture.* Plante dont les feuilles sont larges & refendues, d'après laquelle *Callimachus*, Sculpteur Athénien, imagina le chapiteau Corinthien, au rapport de *Vitruve.*

ACCASTELLAGE, *Marine*, c'est le château qu'on éleve sur l'avant & sur l'arriere d'un vaisseau.

ACCÉLÉRATION, *Mécanique.* C'est l'accroissement de vitesse dans la chûte d'un corps pesant qui tend vers le centre de la terre. *Galilée* est le premier qui a découvert la loi de l'accélération des corps qui tombent: savoir, qu'en divisant tout le tems de la chûte en des instans égaux, le corps fera trois fois autant de chemin dans le second instant de sa chûte qu'il en a fait dans le premier: cinq fois autant dans le troisieme: sept fois autant dans le quatrieme, &c. & ainsi de suite, suivant l'ordre des nombres impairs.

ACCÉLÉRATRICE, on appelle ainsi la force ou la cause qui accélere le mouvement d'un corps.

ACCÉLÉRÉ, se dit en mécanique du mouvement d'un corps qui reçoit continuellement de nouveaux accroissemens de vîtesse: si les accroissemens de vîtesse sont égaux dans des tems égaux, c'est ce qu'on appelle un mouvement accéléré uniformément. Voyez au mot *Mouvement.*

ACCOTEMENT, *terme de Paveur.* C'est un espace de terrein entre les lambourdes du pavé d'un chemin & le fossé qui le borde; il doit être de niveau avec les bordures du pavé, pour lui servir de soutien. *Désaccotement* est au contraire quand les bordures sont à découvert par les côtés.

ACCOULINS, *Hydraulique.* On appelle ainsi des attérissemens, ou des amas de terre, de sable, ou de gravier, qui se forment par des dépôts que laissent les eaux d'une riviere débordée ou d'un torrent en se retirant: on en fait usage pour relever des terreins trop bas & les rendre propres à être cultivés.

ACCOUPLEMENT DES COLONNES, *Architecture.* C'est une maniere d'espacer les colonnes le plus près qu'il est possible, sans cependant que leurs bases & leurs chapiteaux se touchent: l'Ordre Dorique est le plus difficile à *accoupler*, à cause de la sujétion des métopes qu'on met dans la frise de son entablement, lesquels, selon le systême des anciens Architectes, doivent être quarrés, quoique plusieurs célèbres Architectes modernes ayent négligé de s'assujettir à cette regle.

ACCROISSEMENT, le *calcul des accroissemens* est une sorte de calcul où l'on considere les rapports des quantités après qu'elles sont formées, c'est-à-dire où l'on employe des quantités finies au lieu des quantités infiniment petites.

ACCULEMENT D'UN VAISSEAU, c'est la proportion suivant laquelle chaque gabarit s'éleve sur la quille plus que la maîtresse côte ou le premier gabarit.

ACÉRER, c'est souder un morceau d'acier à l'extrêmité d'un outil de fer. On dit qu'un outil est bien *acéré*, lorsque sa pointe ou son tranchant est garni de bon acier.

ACROTERES. *Vitruve* donne ce nom à de petits piédestaux placés sur le haut des édifices, comme à la pointe & aux extrêmités du tympan d'un fronton, pour y placer des figures, des vases, ou quelque autre ornement.

ACTION, terme dont on se sert en mécanique pour désigner l'effort que fait un corps ou une puissance contre un autre corps ou une autre puissance : quelquefois l'*action* se prend pour l'effet même qui résulte de cet effort. L'*action* est toujours égale à la *réaction*. La force de l'*action* d'un corps contre une surface ou un autre corps, dépend de la direction de son mouvement : lorsqu'il frappe cette surface perpendiculairement, il fait sur elle toute l'impression dont il est capable étant mû avec une vîtesse quelconque : s'il le frappe obliquement, avec la même vîtesse, l'impression sera d'autant moins forte que l'obliquité du choc sera plus grande.

ACUTANGLE, on appelle ainsi un triangle dont les trois angles sont aigus : tel est un triangle équilatéral.

ADAPTER, c'est, *en Architecture*, ajouter après coup, par encastrement ou par assemblage, un membre saillant à quelque corps d'ouvrage ou d'ornement, soit de maçonnerie, soit de menuiserie.

ADDITION, c'est la premiere des quatre regles ou opérations fondamentales de l'arithmétique. Elle consiste à trouver la somme de plusieurs nombres ou quantités que l'on ajoute successivement l'un à l'autre.

ADDITION *algébrique*. C'est l'*addition* de plusieurs quantités de même espece, ou d'especes différentes, représentées par des lettres de l'alphabet. Voyez le *Dictionnaire de Mathématique*, par M. *Saverien*, pour des exemples d'*additions* de cette espece.

ADENT, c'est un assemblage de charpenterie ou de menuiserie, fait avec des entailles qui ont la forme de dents.

ADOSSER, ce terme, en général, signifie appuyer une chose contre une autre : on dit par exemple, en architecture, *adosser* une cheminée contre un mur.

ADOUBER ou RADOUBER, *terme de Fontainier*. C'est boucher des trous dans une fontaine, dans un bassin, un réservoir, &c.

ADOUCISSEMENT, *en Architecture*, c'est le raccordement qui se fait d'un corps avec un autre, par un congé ou par un chanfrain, comme seroit, par exemple, le raccordement du soubassement d'un mur avec sa partie supérieure, ou celui de la ceinture qui termine la base d'une colonne avec son fust.

ÆOLIPYLE. *Voyez* EOLIPILE.

AFFAISSÉ, on dit qu'un bâtiment est *affaissé*, lorsqu'étant fondé sur un terrein de mauvaise consistance, son poids l'a fait baisser. On dit aussi que le terreplein d'un rempart s'est *affaissé*, lorsqu'après sa construction les terres qu'on y a rapportées se sont baissées.

AFFAMER UNE PLACE, cela se fait en l'environnant de tous les côtés pour empêcher qu'il n'y entre ni vivres ni munitions d'aucune espece. C'est ce qu'on appelle former un blocus.

AFFECTÉ se dit en *Algebre*, d'une équation dans laquelle la quantité inconnue monte à deux ou à plusieurs degrés différens.

AFFECTION, terme employé quelquefois en *Géométrie*, pour désigner une propriété de quelque courbe.

AFFLEURER, *en Architecture*, c'est réduire deux corps contigus à une même saillie ; comme une porte que l'on affleure au parement d'un mur : désaffleurer, c'est le contraire.

AFFOURCHER, *Marine*. C'est mouiller une seconde ancre après la premiere, de façon que l'une est mouillée à stribord de la proue, & l'autre à bas-bord : au moyen de quoi les deux cables font une espece de fourche au-dessous des écubiers & se soulagent l'un l'autre, empêchant le vaisseau de tourner sur son cable.

AFFUT, *Artillerie*. C'eſt en général un aſſemblage de charpente, ſur lequel on monte une piece d'artillerie pour pouvoir la manœuvrer & faire plus commodément ſon ſervice.

AFFUT DU CANON. C'eſt une eſpece de charriot compoſé de deux fortes pieces de bois appellées *flaſques*, jointes enſemble par quatre entretoiſes, & montées ſur deux fortes roues. Il ſert à mettre le canon dans une ſituation convenable pour pouvoir le charger & le tirer.

AFFUT MARIN, il ne differe du précédent qu'en ce que ſes roues ſont plus baſſes & d'un bois fort large, enſorte qu'elles forment des eſpeces de roulettes pleines, c'eſt-à-dire, ſans jantes ni rais, leſquelles ſuffiſent pour faire mouvoir le canon ſur les vaiſſeaux, ou dans de petits eſpaces.

AFFUT DU MORTIER. Les *affuts du mortier* ſont ordinairement ſans roues; ils conſiſtent en deux pieces de bois fort courtes & épaiſſes, jointes enſemble par des entretoiſes. Sur la partie ſupérieure du milieu de chaque flaſque, on pratique une entaille circulaire que l'on recouvre d'une ſuſbande de fer, après y avoir fait entrer les tourillons du mortier.

AFFUT DE L'OBUS. Comme l'*Obus*, qui eſt une eſpece de petit mortier, ſe tire preſque horiſontalement, ayant la forme d'un petit canon fort court, ſes tourillons ſont ſitués de maniere qu'il peut ſe placer ſur un affut à rouage, pareil à celui qui ſert pour le canon.

AFFUT DU PIERRIER. Il conſiſte en une forte piece de bois longue de 5 pieds, large de 18 ou 20 pouces, & épaiſſe de 12 à 14 pouces, dans le milieu de laquelle il y a une entaille pour loger les tourillons de la piece.

AGRAFFE, *Architecture*. On entend par ce mot tout ornement de ſculpture qui ſemble unir pluſieurs membres d'Architecture l'un avec l'autre, comme le haut de la bordure d'une glace avec celle du tableau qui eſt au-deſſus, ou le deſſous d'une arcade ou croiſée avec le bandeau qui l'environne extérieurement. Voyez des deſſeins d'agraffes de toutes les eſpeces, dans le *Traité de la décoration des Edifices*, par *Blondel*, *in-quarto*, tome ſecond.

AGRÉER UN VAISSEAU, c'eſt l'équipper de ſes manœuvres, cordages, voiles, poulies, vergues, ancres, cables, en un mot de tout ce qui lui est nécessaire pour le mettre en état de naviger.

AGREILS ou AGRÈS d'un vaisseau, on entend par ce mot tout ce qui peut servir à un vaisseau pour naviger, comme cordages, poulies, voiles, ancres, &c.

AH! AH! SAUT DE LOUP. On entend par ce mot une ouverture faite au mur d'un parc ou d'un jardin, sans grille ni autre fermeture qu'un fossé au devant, ce qui prolonge le coup d'œil d'une allée & fait dire, *ah! ah!* quand on se trouve proche de cette ouverture.

AIDE, *Architecture.* On appelle ainsi les petites pieces pratiquées à côté d'autres plus grandes, pour leur servir de décharge, comme celles où les Aides de cuisine & d'office font leur service.

AIDE DE CAMP. C'est un Militaire attaché particulierement à un Officier général, dont il reçoit les ordres un jour de marche ou de bataille, pour les porter où il en est besoin. Cet emploi demande beaucoup de vigilance & de capacité.

AIDE MAJOR, c'est un Officier qui seconde le Major d'un régiment dans ses fonctions.

AIGREMORE, *terme d'Artificier.* C'est du charbon pulvérisé, dont on se sert pour faire la poudre, ou pour mêler dans les compositions des artifices.

AIGRETTE, POT A AIGRETTE. *Artifices.* C'est une espece de fusée qui lance en l'air des étincelles très-brillantes: elle sert ordinairement de porte-feu à un pot qui jette ensuite quantité d'autres artifices, comme serpenteaux, saucissons, étoiles, &c.

AIGUADE, c'est un lieu où les navires envoyent l'équipage pour faire de l'eau, c'est-à-dire, pour renouveller leur provision d'eau douce.

AIGUILLE, c'est, en Architecture, une pyramide de charpente ou de maçonnerie, établie sur la tour d'un clocher, pour lui servir de couronnement: quelquefois on établit cette aiguille immédiatement sur le toit d'une église, pour former un clocher.

AIGUILLE AIMANTÉE, c'est une lame d'acier longue & étroite, qui a la figure d'une fleche, mobile sur un pivot par son centre de gravité, & qui a reçu d'une pierre d'aimant la propriété de diriger ses deux bouts vers les pôles du monde. *Voyez* au mot BOUSSOLE.

AIGUILLES, *en charpenterie*, ce ſont des pieces de bois debout, qui ſervent à entretenir le faîte avec le ſoû-faîte, dans l'aſſemblage d'un comble.

AIGUILLES, *terme d'Hydraulique*. Ce ſont des pieces de bois qui ſervent à lever & à baiſſer une vanne aux petites écluſes que l'on pratique dans les bajoyers ou dans les portes d'une grande écluſe.

AIGUILLES DE MINEUR. Ce ſont des barres ou leviers de fer pointues & acerées par un bout, dont les Mineurs ſe ſervent pour travailler dans le roc.

AILERONS, *en Architecture*, ce ſont des eſpeces de conſoles en amortiſſement dont on orne les deux côtés d'une lucarne, ou que l'on met aux deux côtés du dernier Ordre d'un portail d'égliſe, comme on en voit à celui de Saint Roch, à Paris, pour cacher les arcs-boutans qui ſoutiennent les bas côtés.

AILERONS, *en Hydraulique*, ce ſont de petites avances de maçonnerie en forme d'éperons qui ſe conſtruiſent vis-à-vis le courant d'un fleuve pour en détourner le cours, & préſerver des affouillemens le pied de quelque édifice bâti dans l'eau. Au lieu d'*Ailerons*, il vaut mieux dire *Epis*. *Voyez* à ce mot.

AILERONS ou AUBES, ce ſont les ais ou planchettes dont on garnit les roues d'un moulin à eau, pour oppoſer une ſurface à la chûte d'une ſource ou au courant d'un fleuve, qui faiſant tourner la roue, donne le mouvement à toute la machine. On les appelle auſſi *Alichons* ou *Volets*.

AILES, *en Architecture*, ſe dit des deux côtés en retour d'équerre qui tiennent au corps de milieu d'un bâtiment & qui l'accompagnent. On dit *aile droite*, *aile gauche*, non pas relativement à la perſonne qui regarde, mais par rapport au bâtiment où elles tiennent. Ainſi la grande galerie du Louvre, eſt l'*aile droite* du palais des Thuileries, vu du côté de la cour, quoiqu'elle en ſemble l'*aile gauche* à celui qui regarde ce palais.

AILES D'UNE ARMÉE, ce ſont les deux extrêmités d'une armée rangée en bataille: c'eſt ſur les *ailes* qu'on place ordinairement la cavalerie, pour protéger l'infanterie qui en forme le centre.

AILES D'UNE ÉCLUSE, ce ſont les murs qui la renferment, leſquels forment un évaſement à l'entrée & à la ſortie de l'écluse, & qui sont paralelles l'un à l'autre dans son milieu.

AILES, *en fortification*, ce sont les longs côtés des ouvrages extérieurs, qui les joignent au corps de la place, comme les branches d'un ouvrage à corne ou à couronne.

AILES ou VOLÉES, dans les machines on donne ce nom à une espece de contrepoids qu'on applique aux manivelles pour sauver l'inegalité des puissances qui les font agir.

AILES D'UNE LUCARNE, *Charpenterie*. Ce sont les jouées de la lucarne, c'est-à-dire ses deux côtés qui vont s'appuyer sur les chevrons du comble.

AILES D'UN MOULIN A VENT, ce sont quatre grands chassis couverts de toile & garnis d'échelons, qui tiennent à l'essieu & qui donnent le mouvement a la machine, par le moyen du vent qui les fait tourner. On les appelle aussi *Volans*.

AILES D'UN PAVÉ, ce sont les deux côtés en pente de la chaussée d'un pavé, depuis le tas droit jusqu'aux bordures.

AIR, c'est un corps léger, fluide, transparent, capable de compression & de dilatation, qui environne le globe terrestre jusqu'à une hauteur considérable. Les Physiciens le distinguent en deux especes : l'*air subtil*, qui est une matiere extrêmement deliée qu'on suppose occuper la région la plus élevée du ciel ; & l'*air grossier* que nous respirons, qui remplit notre atmosphere. La pesanteur de l'*air* étoit inconnue aux anciens Philosophes ; elle est à celle de l'eau, comme 1 est à 630 ou 640. Selon M. *Homberg*, un pied cube d'*air* pese en été 7 gros 9 grains, & en hyver 14 gros 19 grains, ensorte qu'il ne pese en été que la moitié de ce qu'il pese en hyver. On a remarqué, par le moyen du barometre, que lorsqu'il pleut ou va pleuvoir, l'*air* est moins pesant que dans un beau tems. Une des propriétés de l'*air* c'est de pouvoir être extrêmement condensé & de conserver toujours une vertu de ressort causée par la pesanteur de l'atmosphere. Une colonne d'*air* d'un pied quarré de base & de la hauteur de l'atmosphere, pese environ 2205 livres.

AIRE, SURFACE, c'est toute superficie plane sur laquelle on peut marcher.

Aire, *en Géométrie*, c'eſt l'eſpace que contient une figure renfermée par des lignes, ſoit droites, ſoit courbes ou mixtes.

Aire d'un bassin, c'eſt un maſſif d'environ un pied d'épaiſſeur, fait de cailloux avec chaux & ciment & pavé par deſſus, ce qui forme le fond du baſſin.

Aire de chaux et [illegible]ment, c'eſt un maſſif de maçonnerie d'une cert[illegible]e épaiſſeur, en forme de chape, dont on garnit le deſſus des voûtes qui ſont expoſées à l'air, pour les conſerver. On poſe enſuite ſur cette *aire* des dalles de pierre couchées en pente pour l'écoulement des eaux, ou bien on la recouvre ſeulement de pierres & de cailloux avec de la terre par deſſus, comme on l'a pratiqué à l'Orangerie de Verſailles.

Aire de moilons, c'eſt une petite fondation que l'on fait au rez de chauſſée pour porter des lambourdes, des dalles de pierre, ou du carreau.

Aire d'un plancher, ſe dit de la charge qu'on met ſur les ſolives d'un plancher, pour le dreſſer, ou bien d'une couche de plâtre pur dont on recouvre le plancher pour recevoir le carreau.

AIROMETRIE, c'eſt la ſcience des propriétés de l'air; elle comprend les loix du mouvement, de la peſanteur, de la preſſion, de l'élaſticité, de la rarefaction & de la condenſation de l'air. M. *Wolf* dans ſon *Cours de Mathématique*, & l'*Abbé Deidier*, dans ſa *Mécanique générale*, ont donné un traité particulier d'*airometrie*.

AIS, planches fort minces qui ſervent dans la menuiſerie.

AISANCES, lieu de commodité que l'on ménage auprès d'une chambre à coucher, dans quelque cabinet particulier appellé *garderobe*, & où l'on pratique ordinairement ce qu'on appelle des *lieux à l'Angloiſe* ou à ſoupape. Voyez-en des exemples dans le *Cours d'Architecture* de *d'Aviler*, *in-quarto*, & dans le ſecond volume de la *Décoration des Edifices*, par M. *Blondel*.

AISSANTE ou Bardeau. *Voyez* au mot Bardeau.

AISSELIERS, ce ſont deux pieces de bois de 7 & 8 pouces d'équarriſſage, qui ſervent dans les fermes d'un comble à lier les jambes de force avec l'entrait.

AISSIEU. *Voyez* au mot Essieu.

AJUTAGE, *terme de Fontainier.* C'est un petit bout de tuyau de cuivre ou de fer blanc, posé verticalement & percé de différentes façons, que l'on visse sur son écrou & que l'on soude au bout d'un tuyau montant appellé *souche*, par lequel l'eau d'un tuyau de conduite s'échappe pour s'élever en l'air & former un jet. Il y en a de deux sortes, les simples & les composés. L'*ajutage simple* est ordinairement élevé en cône, & percé par le haut d'un seul trou. L'*ajutage composé* est applati en dessus, & percé sur la platine de plusieurs trous, de fentes, ou d'un faisceau de tuyaux qui forment des gerbes & des girandoles. Quelques-uns disent *ajoutoir.* Le diametre d'un *ajutage* doit se régler sur la quantité d'eau que l'on veut dépenser, relativement à celle que fournit le réservoir. On fait les *ajutages* ou coniques, ou cylindriques : ces derniers sont les plus mauvais, les coniques sont les moins défectueux. Il faudroit, pour bien faire, que les *ajutages* ne fussent formés que d'une simple platine de cuivre, percée dans le milieu d'un trou circulaire du diametre convenable au jet qu'on veut avoir, & appliquer cette platine horisontalement sur l'extrêmité de la souche.

ALAISE, *en menuiserie*, c'est une planche étroite qui acheve de remplir un panneau d'assemblage dans un lambris.

ALARME, signal qu'on donne dans un camp ou dans une place de guerre, pour faire prendre les armes aux troupes à l'arrivée imprévue des ennemis.

ALCOVE, c'est un renfoncement ménagé au fond d'une chambre à coucher, pour y placer un lit. L'*alcove* est séparée du reste de la chambre par un bâtis de menuiserie formant un ceintre ou une plate bande par le haut, avec panneaux & pilastres de chaque côté. Dans les appartemens de parade, l'*alcove* est fermée par des colonnes & une balustrade, & est élevé sur une estrade.

ALÉGE, on nomme ainsi *en maçonnerie* le renfoncement que l'on pratique sous l'appui d'une croisée, pour diminuer l'épaisseur du mur à cet endroit, & pour voir plus facilement au pied du bâtiment.

ALETTE, dans une colonnade on donne ce nom à ce qui paroît d'un trumeau aux deux côtés d'une colonne ou d'un pilastre, entre deux arcades. Quand il n'y a point de colonnes ni de pilastres, on les appelle *jambages*, *piédroits*, ou *arriere-corps*.

ALEZER, c'est nettoyer l'ame d'un canon, l'aggrandir & la rendre du calibre qu'elle doit avoir.

ALEZOIR, machine qui sert à forer les canons & à égaliser leur surface intérieure. C'est un chassis de charpente suspendu en l'air & arrêté bien ferme, dans lequel on place un canon la bouche en bas, pour en arrondir ou aggrandir l'ame, par le moyen d'un outil tranchant bien aceré, affermi dans une boîte de cuivre, que l'on dispose immédiatement sous la piece, & que l'on fait tourner par le moyen des hommes ou des chevaux. Voyez en la représentation dans les *Mémoires d'Artillerie de Saint-Remy*, derniere édition, en trois volumes *in-quarto*.

ALEZURES, ce sont les copeaux & les recoupes de métal qui proviennent de la piece qu'on a *alezée*.

ALGEBRE, c'est la méthode de faire le calcul de toutes sortes de quantités en les représentant par des signes généraux & indéterminés. On a choisi pour ces signes les lettres de l'alphabeth, comme étant d'un usage plus facile & plus commode qu'aucune autre sorte de signe. Les principaux Auteurs dont nous avons des traités d'*Algebre*, sont, *Viete*, *Harriot*, *Wallis*, *Descartes*, *Newton*, *Prestet*, *Ozanam*, *Guinée*, *Lagny*, *Rolle*, le P. *Reynau*, le P. *Lamy*, *Crousaz*, *s'Gravesande*, *Wolf*, *Clairaut*, *Maclaurin*, *Saunderson*, *J. Ward*, l'Abbé *Deidier*, & récemment M. *le Blond*.

ALICHONS, *Mécanique*. On nomme ainsi les dents dont on garnit extérieurement la circonférence d'une grande roue, & qui engrainent entre les fuseaux d'une lanterne dans les moulins & les autres machines : elles se font ordinairement d'un bois très-dur, comme le cormier.

ALIDADE, c'est une regle, ordinairement de cuivre, arrêtée par le milieu au centre d'un graphometre ou de tout autre instrument de mathématique, pour en parcourir tout le limbe par une de ses extrémités, qui marque les degrés & les angles avec lesquels on détermine la distance ou la hauteur de quelqu'objet. Cette regle porte ordinairement deux pinnules élevées perpendiculairement à ses deux extrêmités, par lesquelles on bornoye l'objet dont on veut prendre la hauteur ou la distance.

ALIGNEMENT, est la situation de plusieurs corps sur une même ligne droite. *Donner un alignement*, c'est régler par des repaires fixes le devant d'un mur de face sur une rue, en présence du Voyer. *Prendre l'alignement* d'un mur mitoyen ou de la séparation entre deux héritages contigus, c'est y marquer des repaires ou y planter quelques bornes, selon le jugement & en présence d'Experts nommés de part & d'autre, dont on dresse un procès-verbal.

ALIGNER, *en Architecture*, c'est réduire plusieurs corps à une même saillie, comme quand on dresse des murs de face, & dans le jardinage lorsqu'on plante des allées d'arbres.

ALIQUANTES, les parties *aliquantes* d'un tout sont celles qui répetées un certain nombre de fois, ne font pas le tout complet, ou qui donnent un nombre plus grand ou plus petit que celui dont elles font partie.

ALIQUOTES, on appelle ainsi les parties d'un tout qui étant répetées un certain nombre de fois, forment le tout complet, ou qui y sont contenues exactement un certain nombre de fois. Les parties aliquotes de 20, sont 2, 4, 5, 10.

ALLÉE, c'est *en Architecture* un passage long & étroit, commun à toute une maison, pour aller depuis la porte d'entrée d'un corps de logis jusqu'à la cour ou l'escalier qui conduit aux appartemens.

ALLÉE D'EAU. C'est dans un jardin un chemin bordé de plusieurs jets ou bouillons d'eau, sur deux lignes paralleles, comme l'*allée d'eau* des jardins de Versailles, qui va depuis la fontaine de la pyramide jusqu'à celle du dragon. Voyez-en la description dans *les Délices de Versailles*, *in-folio*, page 18, & la vue perspective sur les planches 33 & 34 du même ouvrage, imprimé à Paris, chez *Jombert* en 1766.

ALLEGER un Vaisseau, c'est lui ôter une partie de sa charge pour le mettre à flot, ou pour le rendre plus léger à la voile.

ALLIAGE, on entend par ce terme, dans l'*Artillerie*, le mélange des métaux qui s'employent particulierement pour la fabrique des canons, mortiers, &c. Il consiste à mettre sur une partie de rosette ou cuivre rouge, un douzieme d'étain & un dix-huitieme de laiton ou cuivre jaune.

ALLIAGE. *Regle d'alliage*, c'eſt *en Arithmétique* une regle par laquelle on réduit deux ou pluſieurs quantités inégales, à une ſeule quantité moyenne qui leur eſt équivalente. Elle ſert à réſoudre des queſtions qui ont rapport au mêlange de pluſieurs denrées ou matériaux de différens prix ou de différente eſpece.

ALLIEMENT, NŒUD D'ALLIEMENT, c'eſt le nom que les Maçons, les Charpentiers & les autres ouvriers qui ſe ſervent de la grue ou de toute autre machine propre à élever de grands fardeaux, donnent au nœud qu'ils font au cordage qui doit enlever la piece.

ALLOGNE, c'eſt *dans l'Artillerie*, un cordage qui ſert à affermir les pontons pour former un pont. Une *allogne* peſe ordinairement un quintal : elle doit avoir 35 toiſes de long, 22 fils par cordon, & un pouce de diametre.

ALLONGE, *en Marine*, c'eſt une piece de bois ou un membre de vaiſſeau dont on ſe ſert pour en *allonger* une autre. On éleve l'*allonge* ſur les varangues, ſur les genoux & ſur les porques, pour former la hauteur & la rondeur du vaiſſeau.

ALLONGER LE CABLE, c'eſt l'étendre ſur le pont juſqu'à une certaine longueur, ou pour le bitter, ou pour mouiller l'ancre.

ALLUCHONS, *voyez* ALICHONS.

ALTERNATION, ce mot ſe dit *en Algebre* ou *en Géométrie*, pour exprimer le changement d'ordre qu'on peut donner à pluſieurs choſes ou à pluſieurs perſonnes, en les plaçant ſucceſſivement les unes auprès des autres ou les unes après les autres. Cinq perſonnes, par exemple, ſont ſuſceptibles de 120 *alternations* différentes. L'*alternation* fait partie des différentes eſpeces de combinaiſons.

ALTERNE ſe dit en général de choſes qui ſe ſuccedent mutuellement, ou qui ſont diſpoſées par ordre les unes auprès ou vis-à-vis des autres, avec de certains intervalles. *Angle alterne*, ſe dit en géométrie quand une ligne droite en coupe deux autres paralleles entre elles, alors elle forme des angles intérieurs & extérieurs que l'on nomme *alternes*, quand on les prend deux à deux ſoit au dedans des paralleles ſoit au dehors.

Raison alterne est une proportion qui consiste en ce que l'antécédent d'une raison étant à son conséquent comme l'antécédent d'une autre raison est à son conséquent, il y aura encore cette proportion, que l'antécédent d'une raison est à l'antécédent de l'autre, comme le conséquent de l'une est à l'autre conséquent, par exemple, si A. B : : C. D, donc *en alternant*, A. C : : B. D : c'est ce qu'on appelle *alternando*.

ALTIMETRIE, c'est l'art de mesurer les hauteurs, soit accessibles, soit inaccessibles. L'*altimetrie* est une des branches de la géométrie pratique.

AMAIGRIR, *terme d'Architecture*, *voyez* DÉMAIGRIR.

AMAIGRIR, *Marine*. C'est rendre le bordage d'un navire ou une piece de bois moins épaisse.

AMARRER, *Marine*, c'est attacher ou lier fortement avec un cordage, soit un vaisseau, soit quelqu'une de ses parties ou de ses agreils.

AMARRES, *Charpenterie*. Ce sont deux morceaux de bois qui s'appliquent quarrément contre quelqu'autre piece de bois plus grande, & qui étant taillés en bossage par dessus, c'est-à-dire étant plus minces par les extrêmités, ont une ouverture dans le milieu, pour y faire passer le bout d'un treuil ou d'un moulinet, dans les machines qui servent à lever des fardeaux. A Paris, les Charpentiers leur donnent le nom de *jouillieres*.

AMASSER, *Hydraulique*. C'est recueillir l'eau d'une source pour la conduire dans quelque réservoir.

AMBIGENE, *Géométrie*. Une *hyperbole ambigene* est celle qui a une de ses branches infinies inscrite, & l'autre circonscrite à son asymptote.

AMBLÉE, *voyez* EMBLÉE.

AMBLIGONE, se dit en géométrie d'un triangle dont un des angles est obtus, c'est-à-dire qu'il a plus de 90 degrés.

AME, *Artillerie*. C'est l'intérieur ou le dedans d'un canon, d'un mortier, ou de toute autre arme à feu. Outre cette *ame*, il y a encore une petite chambre particuliere aux mortiers & aux canons de gros calibre, pour contenir la charge de poudre dont ils doivent être chargés. *Voyez* au mot CHAMBRE.

AME, *Pyrotechnie*. On donne ce nom au trou conique en forme de canal, pratiqué dans l'intérieur du corps d'une d'une fusée volante, le long de son axe, afin que la flamme s'y introduise assez avant pour l'élever & la soutenir en l'air pendant sa course.

AMIRAL, *Marine.* Nom de l'Officier supérieur qui commande une armée navale. On appelle aussi *Amiral*, le principal vaisseau d'une flotte.

AMIRAUTÉ, *Jurisdiction qui connoît* des contestations en matiere de marine & de commerce de mer.

AMOISE, *Charpenterie.* C'est une piece de bois interposée entre deux moises, pour entretenir l'assemblage de la ferme d'un comble.

AMONT, *terme de riviere*, qui marque la position d'un pont ou de quelqu'autre chose, relativement au cours d'une riviere. *Amont* se dit de la situation de quelque chose opposée au cours de la riviere, & *Aval* est ce qui la regarde en suivant son cours.

AMORCE, *Artillerie.* C'est de la poudre fine & grenée dont on remplit la lumiere des canons & des mortiers, ou le bassinet des fusils & des pistolets, pour porter le feu dans leur intérieur.

AMORCE, *Artifice.* C'est une pâte de poudre écrasée & humectée avec de l'eau, qu'on met à l'orifice d'une fusée ou d'une autre piece d'artifice, pour y mettre le feu après qu'elle est bien séchée. On l'accompagne ordinairement d'un bout de mèche nommée *étoupille*, qui est imbibée de la même pâte.

AMORCES, *Maçonnerie.* Quand on éleve un mur de face ou autre qu'on se propose de continuer un jour sur le même alignement, on laisse, à l'endroit où il finit, des pierres & des moilons en saillie de distance en distance que l'on nomme *amorces*, parce qu'elles servent à *amorcer* & à lier l'ancienne maçonnerie avec la nouvelle.

AMORTISSEMENT, c'est le nom qu'on donne à tout corps d'Architecture ou ornement de sculpture qui s'éleve en diminuant, pour terminer la partie supérieure d'un édifice. Souvent un amortissement tient lieu de fronton. Voyez-en divers exemples dans le second volume de la *décoration des Edifices*, par M. *Blondel.*

AMPLITUDE D'UNE PARABOLE. Dans *le jet des bombes*, c'est la ligne courbe que trace en l'air une bombe depuis sa sortie de l'ame du mortier jusqu'à l'endroit de sa chûte. Cette ligne se nomme aussi *amplitude du jet* ou *ligne de but*. Chacun sait que cette ligne est toujours une parabole, quelle que soit l'inclinaison du mortier & sa position relativement au plan où la bombe va tomber.

AMPOULETTE, espece de fusée ou de cylindre de bois creux en dedans & rempli d'une composition lente, dont on amorce la bombe en l'introduisant dans sa lumiere & l'y chassant de force à coups de maillet après que la bombe est chargée. On se sert aussi d'*ampoulettes*, mais plus petites, pour amorcer les grenades.

AMURER, *Marine*. C'est bander & roidir quatre cordages appellés *couets*, qui tiennent aux points d'en bas de la grande voile & de la misene, pour maintenir la voile du côté d'où vient le vent.

AMURES, ce sont des trous pratiqués dans le plat bord d'un vaisseau & dans la gorgere de son éperon. Il y a dix *amures*, quatre pour les couets, & six pour les écoutes des pacfis & de la civadiere.

ANALEMME, c'est un planisphere ou une projection orthographique de la sphere sur le plan du méridien, l'œil étant supposé à une distance infinie, & dans le point oriental ou occidental de l'horison.

ANALOGIE, en mathématique, c'est la même chose que proportion ou égalité de rapport.

ANALYSE, c'est proprement la méthode de résoudre les problêmes de mathématique en les réduisant à des équations. Pour cet effet, l'analyse employe le secours de l'algebre ou du calcul des grandeurs en général.

ANALYSE DES INFINIS, est celle qui calcule les rapports des quantités qu'on prend pour infinies, ou qui sont infiniment petites. Une de ses principales branches est la méthode des *fluxions* ou le *calcul différentiel*. Les principaux auteurs qui ont écrit sur ces nouvelles méthodes, sont *Newton*, *Wallis*, *Leibnitz*, *Carré*, *Manfredi*, *Mercator*, *Cheyne*, *Craig*, *Braickenridge*, *Niewentidt*, *Gregori*, le Marquis *de l'Hôpital*, *Bernoulli*, l'Abbé *Deidier*, *Stone*, *Muller*, *Cotes*, & le Pere *Reynau*, de l'Oratoire.

ANALYTIQUE, la *méthode analytique* est opposée à la *synthétique*. Par la premiere, on cherche à découvrir la vérité ou la fausseté, la possibilité ou l'impossibilité d'une proposition par un ordre contraire à sa composition, en résolvant, en décomposant, en *analysant* en un mot les parties de la chose qu'on veut connoître. La *méthode synthétique*, au contraire, démontre les théorêmes & résoud les problêmes, en se servant des lignes mêmes qui composent les figures, sans représenter ces lignes par des caracteres algébriques. Celle-ci étoit la *méthode* des anciens géometres, l'*analytique* est due aux découvertes des modernes.

ANAMORPHOSE, se dit d'une projection monstrueuse ou de la représentation défigurée de quelque image, faite sur un plan ou sur une surface courbe, laquelle néanmoins étant apperçue d'une certaine distance, paroît réguliere & dans ses justes proportions. Le Pere *Niceron*, Minime, *Zahn*, *Schmidt*, le Pere *Dubreuil*, & *Wolf* ont écrit sur cette partie de l'optique.

ANCRE, *Architecture*. C'est une barre de fer servant à retenir une poutre qui repose sur deux gros murs, ou à affermir les pilots de garde dont on garnit le devant d'un quai ou d'une jettée, pour les garantir du choc des vagues & du frottement des vaisseaux.

ANCRE, *Marine*. C'est un instrument de fer, monté sur une piece de bois qui le traverse, servant à retenir les vaisseaux. L'*ancre* est composée d'une verge de fer au bout de laquelle est une croisée composée de deux bras terminés par deux pattes de forme triangulaire qui servent à mordre le fond de la mer où on la jette. Il y a dans chaque navire plusieurs *ancres* de différente grandeur: la plus forte se nomme *maîtresse ancre*; il y en a qui pesent jusqu'à cinq & six milliers.

ANEMOMETRE, c'est le nom d'une machine qui marque les divers degrés de la force du vent.

ANEMOSCOPE, machine qui sert à prédire les changemens du vent & du tems.

ANGARD, *Architecture*. *Voyez* HANGARD.

ANGE, *Artillerie*. C'est une espece de boulet de canon coupé en deux parties égales jointes ensemble par une barre ou une chaîne de fer. Son usage est dans un combat naval d'abattre les mats & les vergues, & de couper les manœuvres & les cordages d'un vaisseau.

ANGLE, ce mot se dit en général de l'espace indéterminé

formé par l'inclinaison de deux lignes ou de deux plans qui se touchent par une de leurs extrêmités & qui s'écartent & s'éloignent par l'autre.

ANGLE AIGU est un *angle* quelconque plus petit qu'un droit, ou moindre que celui de 90 degrés.

ANGLE DU CENTRE d'un bastion, est celui qui est formé par deux demi-gorges, ou par le prolongement de deux courtines dans le bastion.

ANGLE DU CENTRE *du polygone*, est celui qui est formé au centre d'un polygone régulier par deux lignes droites tirées du centre du polygone aux deux extrêmités de l'un de ses côtés.

ANGLE DE LA CIRCONFÉRENCE *du polygone*, est celui qui est formé par deux côtés du polygone de la place.

ANGLE DE LA COURTINE, est celui qui est compris par la courtine & le flanc d'un bastion.

ANGLE CURVILIGNE, est celui dont les deux côtés sont des lignes courbes.

ANGLE DIMINUÉ, est celui qui se forme par le côté intérieur du polygone & la face du bastion.

ANGLE DROIT, est formé par une ligne qui tombe perperpendiculairement sur une autre, ensorte qu'elles forment ensemble un *angle* de 90 degrés.

ANGLE DE L'ÉPAULE, est celui que font ensemble la face & le flanc d'un bastion.

ANGLE DU FLANC, est formé par la courtine & le flanc d'un bastion. Cet *angle* ne doit jamais être aigu, ni droit, mais un peu obtus.

ANGLE FLANQUANT, est celui qui est formé vis-à-vis la courtine par le concours des deux lignes de défense. On le nomme aussi *angle flanquant extérieur.*

ANGLE FLANQUANT *intérieur*, est formé par la courtine & la ligne de défense: on l'appelle aussi *angle de la tenaille.*

ANGLE FLANQUÉ, est formé par les deux faces d'un bastion, lesquelles saillent dans la campagne & forment par leur concours la pointe du bastion.

ANGLE DU FOSSÉ, est celui qui se fait au devant de la courtine, où il se coupe.

ANGLE DE LA GORGE, est formé par le prolongement de deux courtines jusqu'au point où elles se rencontrent dans la gorge d'un bastion.

ANGLE D'INCIDENCE. Quand une bille a été chassée obliquement contre la bande d'un billard, elle se réfléchit & va du côté opposé : or la ligne qu'elle parcourt pour aller d'abord frapper contre la bande, forme avec cette bande même un *angle* aigu, c'est ce qu'on appelle *angle d'incidence*. L'autre *angle* aigu qu'elle forme ensuite par la ligne qu'elle parcourt en second lieu & la même bande, est ce qu'on appelle *angle de réflexion*. On remarquera que l'angle d'*incidence* est toujours égal à celui de *réflexion*.

ANGLE INTÉRIEUR, est formé par les côtés d'une figure rectiligne quelconque.

ANGLE MIXTE ou *mixtiligne*, est celui dont un des côtés est une ligne droite & l'autre une courbe.

ANGLE MORT, c'est un *angle* rentrant qui n'est flanqué ni défendu d'aucun endroit.

ANGLE OBLIQUE, est celui qui est formé par la rencontre de deux lignes obliques, c'est-à-dire qui ne sont pas perpendiculaires entr'elles : il peut être par conséquent ou aigu ou obtus.

ANGLE OBTUS, est celui qui est plus ouvert qu'un droit, ou qui est de plus de 90 degrés.

ANGLE PLAN, est tout *angle* formé par l'inclinaison de deux lignes ou de deux surfaces qui se rencontrent en un point sur un plan.

ANGLE DU POLYGONE, est formé par deux côtés d'un polygone régulier.

ANGLE DE PROJECTION, est formé par la ligne que décrit la bombe, en retombant, avec le plan sur lequel elle doit tomber, soit que ce plan soit de niveau avec la batterie, soit qu'il se trouve plus bas ou plus élevé.

ANGLE RECTILIGNE, est celui dont les deux côtés sont des lignes droites.

ANGLE RENTRANT, ou *mort*, est celui dont la pointe est tournée vers le dedans de la place.

ANGLE DE RÉFLEXION, voyez ci-devant *angle d'incidence*.

ANGLE SAILLANT, est celui dont la pointe ou le sommet se présente vers la campagne.

ANGLE D'UN SEGMENT *de cercle*, c'est celui qui se fait au centre d'un cercle par deux rayons tirés aux extrémités de l'arc du segment, qui doit être moindre qu'un demi-cercle. Cet *angle* est aussi celui du *secteur* du même cercle.

ANGLE D'UN SEGMENT *de sphere*, c'est celui qui se forme au centre de la sphere, par deux rayons tirés aux extrêmités d'un des diametres de la base du segment de sphere, plus petit qu'une demi-sphere.

ANGLE SOLIDE, est formé par l'inclinaison mutuelle de plus de deux plans, ou d'*angles* plans qui se rencontrent en un point, & qui ne sont pas dans un seul & même plan.

ANGLE SPHÉRIQUE, est formé par la rencontre des plans de deux grands cercles de la sphere.

ANGLE DE TENAILLE, c'est un *angle* formé par la continuation intérieure des deux faces d'un bastion.

ANGLE DE PAVÉ, *terme de paveur*. C'est la jonction de deux revers de pavé, laquelle forme un ruisseau en ligne diagonale dans l'*angle rentrant* d'une cour.

ANGLET, *Architecture*. C'est une petite cavité fouillée en angle droit, comme celles qui séparent les bossages ou pierres de refend, ou comme les traits de la gravure des inscriptions dans la pierre & le marbre.

ANNELETS. Ce sont de petits listels ou filets qui ornent un chapiteau : le chapiteau Dorique est ordinairement décoré de trois de ces *annelets*. On les appelle aussi *armilles*.

ANNILLES, *Hydraulique*. Ce sont des especes d'anneaux ou de tirans de fer qu'on scelle dans le parement des bajoyers d'une écluse, pour retenir les poteaux de garde que l'on pose le long des branches & sur les faces de l'avant-bec des piles, dans les écluses à plusieurs passages, pour garantir leur parement du choc des vaisseaux qui pourroit les endommager.

ANNULAIRES, VOUTES ANNULLAIRES, *Architecture*. Ce sont des voûtes dont la figure imite les anneaux, en tout ou en partie. Telles sont les voûtes sur noyau, dont le plan est ou circulaire ou elliptique. On doit les considérer comme des voûtes cylindriques dont l'axe seroit courbé circulairement. Les joints de lit des claveaux étant prolongés, doivent passer par l'axe & former des portions de surfaces coniques. Les joints de tête doivent être perpendiculaires à l'axe & en liaison entr'eux, comme c'est l'usage en bonne maçonnerie de quelque espece qu'elle soit.

ANSE DE PANIER, *Architecture.* C'est une sorte de voûte ou d'arcade surbaissée, dont on fait usage dans la construction des ponts. Il y a aussi de ces sortes de voûtes rampantes & de biaises. *Voyez* aux mots BERCEAU & CEINTRE.

ANSES DE LA BOMBE. Ce sont des especes d'anneaux placés aux deux côtés de la bombe proche son œil: elles sont très-nécessaires pour leur service, mais souvent elles se cassent dans le remuement & le transport qu'on en fait. Lorsqu'une bombe a une de ses *anses* cassées ou rompue, il est nécessaire de casser l'autre; autrement la bombe iroit de biais & se dérangeroit de sa route dans la ligne qu'elle doit tracer en l'air.

ANSES DES PIECES, *Artillerie.* Ce sont des especes d'anneaux qui ont ordinairement la figure de serpens ou de dauphins; ils servent à passer des leviers ou des cordages pour enlever la piece ou pour la manœuvrer plus aisément. Le canon suspendu par ses *anses* doit rester en équilibre, c'est-à-dire que la culasse ne doit point l'emporter sur la volée. Les pieces de canon de fonte ont deux *anses*, les mortiers & pierriers n'en ont qu'une, les canons de fer n'en ont point du tout pour l'ordinaire.

ANSPESSADE, espece d'Officier subalterne dans l'infanterie, au-dessous du caporal, & néanmoins au-dessus des simples sentinelles. On disoit autrefois *Lanspessade.*

ANTÉCÉDENT D'UN RAPPORT. En mathématique, c'est le premier des deux termes qui composent ce rapport. Ainsi, dans le rapport de 4 à 3, le premier terme 4 est l'*antécédent*: ce mot est opposé à *conséquent.*

ANTER, *en charpenterie*, c'est joindre bout à bout une piece de bois avec une autre. *Anter* un pilot, c'est l'allonger en le joignant à un autre, ce qui se fait par une entaille ou redent. On dit aussi *anter* les voussoirs d'une arche ou d'une voûte, lorsqu'on est obligé de les allonger pour leur donner la longueur convenable: ce qui se fait en appliquant deux pierres l'une au bout de l'autre, & en les joignant ensemble par des crampons de fer scellés en plomb.

ANTES, *Architecture.* On donne ce nom aux arriere-corps qui accompagnent la colonne dans une colonnade d'Ordre Toſcan : mais en général ce terme peut s'entendre de tous les piliers d'encoignure dont on fortifie les extrêmités d'un bâtiment, ce qui les a fait appeller auſſi *pilaſtres cormiers*.

ANTICABINET. C'eſt une piece ſituée entre le ſallon & le cabinet, dans les grands appartemens : cette piece eſt appellée plus communément *ſalle d'aſſemblée*.

ANTICHAMBRE. C'eſt la ſeconde piece d'un appartement quand il y a un veſtibule qui la précede.

ANTI-LOGARITHME, ſe dit quelquefois du complément du logarithme d'un ſinus, d'une tangente, ou d'une ſécante : c'eſt-à-dire qu'il ſignifie la différence de ce logarithme à celui du ſinus total, qui eſt le ſinus de 90 degrés.

ANTIQUE, nom qu'on donne aux édifices qui ont été conſtruits dans les beaux jours de la Grece & de Rome, dont il ne reſte plus que des ruines qui ont ſervi à conſerver le bon goût de l'architecture, après l'invaſion des barbares en Italie.

ANTITHÈSE, *Algebre*. C'eſt une tranſpoſition des termes de l'un des deux membres d'une équation dans l'autre membre. Cette opération ne change point l'équation, mais elle la dégage. Toute l'attention qu'on doit avoir lorſqu'on en fait uſage, c'eſt de changer les ſignes, enſorte qu'un terme qui auroit le ſigne + dans un membre ſoit tranſpoſé avec le ſigne — dans l'autre.

A-PLOMB, terme qui déſigne la ſituation verticale de quelque choſe que ce ſoit, lorſqu'elle eſt poſée perpendiculairement à l'horiſon. Un fil au bout duquel eſt un plomb qu'on laiſſe pendre librement, ſe met toujours de lui-même dans une ſituation verticale : c'eſt delà qu'eſt venu cette expreſſion.

APOGÉE, *Aſtronomie*. C'eſt en général le point de l'orbite du ſoleil ou de toute autre planete le plus éloigné de la terre. *Apogée de la lune*, c'eſt lorſqu'elle paſſe à l'extrêmité du grand axe de ſon ellipſe la plus éloignée de la terre. Alors elle agit beaucoup plus foiblement ſur l'océan, ce qui fait que le flux & le reflux ſont moins conſidérables.

APOPHYGE, *Architecture*. C'eſt la ceinture du bas de la colonne, qui eſt toujours accompagnée d'un talud, appellé *congé*, d'où la colonne paroiſſant ſortir de ſa base, s'échappe, pour ainsi dire, & s'éleve jusqu'à son chapiteau.

APPAREIL, *Architecture.* C'est l'art de rapporter le trait d'une épure sur les pierres qu'on doit tailler, & de les bien poser & mettre en place. On dit qu'un bâtiment est d'un bel *appareil* quand il est conduit avec soin, lorsque les assises sont de hauteur égale, & que les joints en sont serrés & proprement raccordés. Telle est la fontaine de la rue de Grenelle à Paris, qui peut passer pour un chef-d'œuvre en ce genre. Une pierre *appareillée*, c'est une pierre sur laquelle on a tracé les mesures qu'elle doit avoir suivant un dessein arrêté ou une épure, avant que le tailleur de pierre y travaille.

APPAREIL, se dit aussi relativement à la hauteur que porte une pierre toute taillée & prête à poser: lorsqu'elle ne porte que 12 ou 15 pouces de hauteur de banc, on la dit de *bas appareil*; quand elle en porte 25 ou 30, elle est appellée de *haut appareil*.

APPAREILLER, *Marine.* C'est disposer toutes choses dans un vaisseau pour mettre à la voile: on dit qu'une voile est *appareillée* lorsqu'elle est déployée & en état de recevoir le vent. Pour *appareiller*, il faut ordinairement virer l'ancre & la bosser, déferler ce qu'on veut porter de voiles, & mettre toutes les manœuvres en état, en larguant quelques-unes & halant sur quelques autres.

APPAREILLEUR, *Architecture.* On appelle ainsi le principal ouvrier chargé de l'*appareil* des pierres pour la construction d'un édifice. C'est lui qui trace les épures, soit par panneaux ou par équarrissement, qui préside à la pose & au raccordement, &c. Le dessein est nécessaire à un bon *Appareilleur*, pour former des courbes élégantes & sans jarrets; il doit aussi savoir les mathématiques, pour connoître la mécanique & la poussée des voûtes suivant le poids & la charge qu'elles ont à soutenir, &c.

APPARTEMENT, *Architecture.* On entend par ce terme une suite de pieces nécessaires pour rendre une habitation complette. Il y a trois sortes d'*appartemens*, de grands, de moyens, & de petits. Un grand *appartement* doit être composé d'un vestibule, de deux antichambres, d'une chambre principale, d'un sallon ou salle d'assemblée, d'une chambre à coucher avec ſes garderobes, & de pluſieurs cabinets. Les *moyens appartemens* n'ont pas beſoin de tant de pieces, & les petits peuvent ſe réduire à une antichambre, une chambre avec ſa garderobe, & un cabinet. Ordinairement la garderobe a ſon dégagement par un petit eſcalier. On diſtingue encore les pieces d'un bâtiment de conſéquence en *appartement de parade* & *appartement de commodité*. Comme celui-ci eſt deſtiné particulierement à l'uſage des maîtres, les pieces qui le compoſent doivent être de médiocre grandeur, & d'une moyenne hauteur, ce qui fait qu'on y pratique des entreſolles au-deſſus, pour des garderobes & des chambres de domeſtiques, lorſqu'on eſt gêné par le terrein. Les *appartemens de parade* doivent être vaſtes & ſpacieux, expoſés ſur le jardin, & leurs pieces doivent être décorées avec goût & former une enfilade d'une extrêmité du bâtiment à l'autre. Voyez des préceptes plus détaillés ſur la diſtribution des différentes pieces d'un *appartement* dans l'*Architecture moderne*, par *Jombert*, ou dans le *Traité de la décoration des édifices*, par *Blondel*, tome premier.

APPENTIS, c'eſt une eſpece de hangard dont le comble n'a qu'un égoût d'un côté, & qui eſt ordinairement appuyé contre un mur, pour ſervir de remiſe dans les baſſecours, ou de magaſin dans les atteliers.

APPLATI, SPHÉROÏDE APPLATI, c'eſt une ſphere dont l'axe eſt plus petit que le diametre de l'équateur.

APPROCHES. Dans la guerre des ſieges, on donne ce nom aux divers travaux que font les aſſiégeans pour s'approcher à couvert du feu de la place, comme tranchées, paralleles, ſappes, &c.

APPROVISIONNEMENT D'UNE PLACE, c'eſt dans *l'art militaire* la quantité de munitions de guerre & de bouche dont elle a beſoin pour pouvoir ſoutenir un ſiege. Cette quantité doit s'évaluer ſur le nombre de troupes & d'habitans renfermés dans la place & ſur le tems que peut durer un ſiege. On en trouve des tables dreſſées par M. *Vauban*, dans le *Traité de la défenſe des places*, par M. *le Blond*.

APPROXIMATION, *en Mathématique*, c'eſt une opération par laquelle on approche toujours de plus en plus de la valeur d'une quantité inconnue, ſans pouvoir la trouver jamais exactement.

APPUI. C'eſt, ſelon *Vitruve*, une baluſtrade entre deux

colonnes ou entre les deux tableaux ou piédroits d'une croisée ou d'une arcade, dont la hauteur doit être proportionnée à la grandeur humaine pour pouvoir s'y appuyer, c'est-à-dire qu'elle doit avoir au moins deux pieds un quart, & au plus trois pieds un quart. On appelle aussi appui, un petit mur sur lequel on peut s'appuyer, qui sépare deux cours, ou une cour d'avec un jardin. Ce mur d'*appui* est ordinairement recouvert d'une tablette de pierre.

APPUI, POINT D'APUI, *en Mécanique*, c'est le point fixe autour duquel le poids & la puissance sont en équilibre dans un levier. On donne aussi ce nom à un point fixe quelconque qui est inébranlable, & qui est capable de résister aux plus grands efforts. Ce *point d'appui* a lieu dans le treuil, ainsi que dans le levier, dont il change le nom suivant l'endroit où il se trouve placé. *Voyez* au mot LEVIER.

AQUEDUC, c'est un canal de pierre qui sert à conduire les eaux d'une source selon une pente donnée, pour les faire arriver sans obstacle au lieu de leur destination. Il y en a de souterreins, comme étoient les cloaques de Rome, qui passoient pour une merveille, & d'autres élevés en l'air. L'*Aqueduc* d'Arcueil, près Paris, qui a en tout 7000 toises de longueur, est en partie souterrein : l'autre partie, qui a 200 toises de longueur, sur 72 pieds de hauteur dans l'endroit le plus bas du vallon d'Arcueil, est portée sur 20 arcades dont 9 percées à jour, avec des trumeaux ou piliers de 10 pieds d'épaisseur.

AQUEDUC D'UNE ECLUSE, *voyez* au mot PERTUIS.

ARAIGNÉE, en *termes de Mineur*, signifie une branche ou un retour de galerie de mine. *Voyez* au mot RAMEAU DE MINE.

ARASEMENT, *Architecture*, c'est ainsi qu'on appelle la derniere assise d'un mur arrivé à sa hauteur, ou discontinué à une certaine hauteur, à cause de l'hiver, ou pour quelqu'autre raison.

ARASER, c'est conduire de même hauteur & de niveau une assise de maçonnerie, soit en pierres de taille, soit en moilon, ou en briques, pour arriver à une hauteur déterminée.

ARASES, ce sont des pierres plus hautes ou plus basses que les autres du même rang, que l'on employe pour parvenir à une hauteur égale & réglée sur tout un cours d'assises.

ARBALÊTRIERE, *Marine*. C'est le poste où combattent les soldats dans un navire, le long des apostis & des courrois, ordinairement derriere une passevande.

ARBALESTRIERS, ou ARBALÊTIERS. C'est en *Charpenterie* des pieces de bois qui servent à soutenir & à contreventer les couvertures, & qui portent en décharge sur l'entrait de la ferme d'un comble. On les appelle aussi *forces*.

ARBALESTRILLE, c'est un instrument qui sert à prendre en mer la hauteur du soleil & des astres. Il est composé de deux pieces principales, la flêche & le marteau. On le nommoit autrefois *bâton de Jacob*.

ARBORER UN MAT, *Marine*. C'est mâter ou dresser un mât sur le vaisseau. Le mât de hune est *arboré* sur le grand mât. *Arborer* le pavillon, c'est le hisser & le déployer.

ARBRE, *Charpenterie*. C'est dans les machines la plus forte piece de bois qui sert à soutenir toutes les autres, comme l'*arbre* d'une grue, qui est au milieu, posé à plomb, & sur lequel tournent toutes les autres pieces de cette machine.

ARBRE D'EAU, *Hydraulique*. C'est un arbre ordinaire ou un arbre artificiel, au pied duquel on fait aboutir une conduite d'eau dont on détache des tuyaux que l'on applique le long de la tige pour aller delà se répandre le long des branches, en les distribuant en plusieurs petits rameaux disposés de maniere qu'on voit jaillir l'eau de toutes parts. Tel étoit l'*arbre d'eau* ou le chêne verd qui étoit situé au milieu de la piece appellée *le marais*, dans les bosquets du jardin de Versailles, dont on peut voir la représentation sur les planches 56 & 57 des *Délices de Versailles*, *in-folio*, imprimé à Paris, chez *Jombert*, en 1766.

ARC, *en Géométrie*, c'est une portion de courbe, par exemple, d'un cercle, d'une ellipse, ou de toute autre courbe en général. La base de l'*arc* se nomme *corde*.

ARC, se dit *en Architecture*, de toute fermeture ceintrée par le haut, qui termine une voûte, une porte, une fenêtre, &c. On en construit dans les grands entrecolonnemens des édifices de conséquence. On s'en sert aussi comme d'éperons & de contreforts pour soutenir des murs adossés à des terrasses, de même que pour la construction des ponts, des aqueducs, des arcs de triomphe, &c.

ARC A L'ENVERS, c'est un *arc* ou ceintre renversé & bandé en contre-bas, qui fait l'effet contraire de l'*arc* ordinaire; il sert dans les fondations pour entretenir les piliers de maçonnerie qui soutiennent l'édifice & pour empêcher qu'elles tassent & s'affaissent inégalement dans un terrein de mauvaise consistance. M. *Soufflot*, Architecte du Roi, a fait usage de ces sortes d'*arcs* dans les fondations de la nouvelle église de Sainte Genevieve, qui se bâtit actuellement sur ses desseins & sous sa conduite: le terrein s'étant trouvé de mauvaise consistance, par d'anciennes carrieres qui avoient été fouillées anciennement à cet endroit.

ARC ANGULAIRE, *voyez* ARC COMPOSÉ.

ARC BIAIS, OU DE CÔTÉ, c'est un *arc* dont les piédroits ne sont pas d'équerre par leur plan, comme on le pratique aux portes biaises.

ARC BOMBÉ, c'est un *arc* dont le centre est deux fois plus bas que le triangle équilatéral, ensorte qu'il ne forme plus qu'une espece de cambrure, pour avoir plus de force que la plate-bande, laquelle est faite en ligne droite.

ARC CIRCULAIRE. Il y en a de trois especes; 1°. les *arcs demi-circulaires*, qui forment exactement un demi-cercle, & qui ont leur centre au milieu de la corde de l'*arc*, on les appelle aussi *arcs en plein ceintre*. 2°. Les *arcs diminués* ou *bombés*, dont on vient de parler, qui sont plus petits & plus bas qu'un demi-cercle: on les nomme aussi *arcs imparfaits*. 3°. Les *arcs en tiers point*, aussi nommés *arcs aigus*, parce qu'à leur sommet ils font toujours un angle aigu; ce sont deux *arcs* de cercle qui se rencontrent en formant un angle par le haut, & qui se tirent de la division de la corde de l'*arc* en trois ou quatre parties. Cette espece d'*arc* est fort commune dans les bâtimens gothiques.

ARC COMPOSÉ OU ANGULAIRE. Il est formé de deux *arcs* diminués joints ensemble: cet *arc* a dans sa corde deux centres de deux lignes courbes qui s'entrecoupent l'une l'autre.

ARC DE CERCLE, c'eſt une portion de cercle moindre que la circonférence entiere du cercle.

ARC DE CERCLE RALONGÉ, c'eſt un *arc* qui eſt formé d'une ligne courbe elliptique, tel qu'on en voit aux rampes des grands eſcaliers.

ARC DE CLOITRE; *voyez* VOUTE EN ARC DE CLOITRE.

ARC DE TRIOMPHE, grand portique formant un édifice particulier élevé à l'entrée d'une ville ou ſur des paſſages publics, magnifiquement décoré de ſculpture & d'Ordres d'Architecture, avec des inſcriptions compoſées en l'honneur d'un vainqueur à qui l'on a accordé le triomphe, ou pour conſerver la mémoire de quelque événement d'importance. Voyez le deſſein d'un monument de cette eſpece dans les *Délices de Verſailles*, planche 81 *bis*.

ARC DE TRIOMPHE, *Hydraulique*. C'eſt un morceau d'architecture exécuté en fer ou en bronze à jour, dont le nud des pilaſtres, des faces, & des autres parties renfermées par des ornemens, eſt garni par des nappes d'eau, lorſqu'on les fait jouer. Tel eſt l'*arc de triomphe* du deſſein de *le Nautre*, placé dans un des boſquets du jardin de Verſailles, dont on peut voir la repréſentation ſur la planche 37 des *Délices de Verſailles*, *in-folio*, imprimé chez *Jombert*. Voyez auſſi ſa deſcription, pages 19 & 20 du même ouvrage.

ARC DIMINUÉ, c'eſt la même choſe qu'un *arc* bombé. *Voyez* à ce mot. Cet *arc* eſt d'uſage pour les croiſées.

ARC DOUBLEAU, c'eſt un *arc* qui excede le nud de la douelle d'une voûte, qu'il traverſe à angle droit, & ſur lequel on taille ordinairement des ornemens de ſculpture en compartimens.

ARC DROIT, c'eſt un *arc* dont les côtés ſupérieur & inférieur ſont droits, comme ils ſont courbes dans les autres; ces deux côtés ſont auſſi paralleles, & ont les extrêmités & les jointures toutes dirigées ou tendantes vers un centre. On en fait principalement uſage au-deſſus des fenêtres, des portes, &c. La ſection d'une voûte cylindrique perpendiculairement à ſon axe & à ſes côtés, forme ce qu'on appelle un *arc droit*.

ARC ELLIPTIQUE. Cet *arc*, qui conſiſte en une demi-ellipſe, étoit autrefois fort uſité au lieu des manteaux de cheminée : il a communément une clef de voûte & des impostes.

ARC EN ANSE DE PANIER, c'est un *arc* surbaissé qui est plus plat qu'un *arc* formé par une portion de cercle : il se trace par trois centres.

ARC EN BERCEAU, c'est un berceau formé par une continuité de voûtes, comme on le voit dans une galerie voûtée, dans un aqueduc, &c.

ARC EN DÉCHARGE, c'est le nom d'un *arc* que l'on construit pour soulager une plate-bande ou un poitrail, & dont les retombées portent sur les sommiers.

ARC EN PLEIN CEINTRE, c'est un *arc* formé par la demi-circonférence d'un cercle. Voyez ci-dessus *arc circulaire*. On le nomme aussi *arc parfait*.

ARC EN TALUD, c'est un *arc* percé dans un mur en talud.

ARC EN TIERS POINT, OU GOTHIQUE, est formé de deux portions de cercle qui se coupent au point de l'angle au sommet.

ARC RAMPANT, c'est celui qui dans un mur à-plomb est incliné suivant une pente douce, ou pour mieux dire, c'est une ligne courbe dont les deux extrêmités, prises aux appuis de leur naissance, ne sont pas de niveau, & dont les diametres conjugués ne sont pas à l'équerre. Telles sont les arcades qu'on fait sous les rampes des escaliers & des descentes de terrasses.

ARCS CONCENTRIQUES, *Géométrie*. Ce sont deux *arcs* qui ont un même centre & qui sont tracés par deux ouvertures de compas différentes.

ARCS ÉGAUX, ce sont ceux qui contiennent le même nombre de degrés d'un même cercle, ou de plusieurs cercles égaux : d'où il suit que dans le même cercle ou dans des cercles égaux, les cordes égales soutiennent des *arcs* égaux.

ARCS SEMBLABLES, ce sont ceux qui contiennent un même nombre de degrés de cercles inégaux.

ARCADE, *Architecture*, c'est le nom qu'on donne à toute ouverture dans un mur, formée par le haut en plein ceintre ou en demi-cercle parfait.

ARCASSE, *Marine*. On entend par ce terme toute la partie extérieure de la poupe d'un navire, laquelle est toujours fort ornée dans les vaisseaux de guerre. Toutes les pieces qui composent l'*arcasse* d'un vaisseau doivent être bien liées les unes avec les autres, pour résister aux coups de mer qui sont si violens qu'ils l'enfoncent quelquefois.

ARCS-BOUTANS, *Marine*. Ce sont des pieces de bois entaillées sur les baux ou barots, qui servent à soutenir les barotins.

ARC-BOUTANT, *Architecture*. C'est un *arc* ou une portion d'*arc* rampant qui bute contre un mur ou contre les reins d'une voûte pour en empêcher l'écartement & la poussée, comme on en voit aux églises gothiques. On devroit dire *Arc butant*.

ARC-BOUTER ou ARC-BUTER, *Architecture*. C'est contretenir la poussée d'une voûte ou d'une plate-bande avec un *arc-butant*. *Contre-buter*, c'est soutenir quelque partie de bâtiment avec un pilier ou un étai.

ARCEAU, *Architecture*. C'est la courbure du ceintre parfait d'une voûte, d'une porte, ou d'une croisée. Cette courbure ne comprend qu'une partie du demi-cercle, ou un quart de cercle au plus.

ARCEAU, *Hydraulique*, c'est la voûte ou la petite arche d'un ponceau construit sur un ruisseau ou sur un ravin.

ARCHE, *Architecture*. C'est une voûte en berceau qui porte sur les piles d'un pont & qui est fermée par le haut avec une portion de cercle. On appelle *maîtresse arche* celle qui est au milieu du pont, parce qu'elle est plus large & plus haute que les autres, pour la facilité de la navigation.

ARCHE D'ASSEMBLAGE, c'est un ceintre de charpente bombé & tracé d'une portion de cercle surbaissée, pour faire un pont de charpente d'une seule *arche*, comme on en voit dans l'*architecture de Palladio*.

ARCHE ELLIPTIQUE, c'est une *arche* dont le trait est une demi-ellipse, comme les *arches* du pont royal à Paris.

ARCHE EN PLEIN CEINTRE, c'est une *arche* formée d'un demi-cercle parfait, comme celles de la plûpart des ponts de Paris.

ARCHE EN PORTION DE CERCLE, c'est une *arche* dont le ceintre est moindre qu'un demi-cercle. Tels sont les ponts modernes de Nogent, de Mantes, de Melun, d'Orléans, &c. dont la principale *arche* a une ouverture d'arc, ou longueur de base, très-considérable.

ARCHE EXTRADOSSÉE, c'est une *arche* dont les voussoirs sont tous égaux en longueur & paralleles à leurs douelles, & qui ne font aucune liaison avec les assises des reins qui regnent presque de niveau. Telles sont celles du pont Notre-Dame, à Paris.

ARCHE SURBAISSÉE OU EN ANSE DE PANNIER, c'est une arche de la plus basse proportion & la moins élevée de toutes, comme le pont bâti sur l'Arêne, à Pise, qui n'a que trois *arches* dont la courbure est si peu sensible qu'elle paroît une plate-bande bombée, quoique l'ouverture en soit fort large.

ARCHITECTE, on entend par ce nom un homme dont la capacité, l'expérience & la probité méritent la confiance des personnes qui veulent faire bâtir. Un bon *Architecte* doit posséder le dessein, les mathématiques, la coupe des pierres, les belles lettres & l'histoire. Il doit joindre à ces connoissances des dispositions naturelles, de l'intelligence, du goût, du feu & de l'invention. *Vitruve* exige encore dans les Architectes beaucoup de *désintéressement* & de *modestie*; & il ajoute que de son tems *on se fioit davantage à celui dans lequel on reconnoissoit de la modestie qu'à ceux qui vouloient paroître fort capables. Vitruve de Perrault*, liv. 6, page 200. Le mot *Architecte* veut dire principal ouvrier.

ARCHITECTURE, ce mot signifie en général l'art de bâtir. On la distingue en quatre especes, l'*architecture civile*, qui est appellée proprement *Architecture*; l'*architecture hydraulique* qui embrasse la construction de tous les édifices qui se font dans l'eau; l'*architecture militaire*, mieux connue sous le nom de *fortification*; & l'*architecture navale* ou l'art de construire les vaisseaux & d'en régler les dimensions.

ARCHITECTURE CIVILE, est l'art de dessiner & de construire les édifices nécessaires pour les différens usages de la vie, comme les temples, les palais, les hôtels & les maisons des particuliers, aussi bien que les monumens publics, comme arcs de triomphe, places publiques, théâtres, ponts, fontaines, &c. Nous sommes redevables aux Grecs des proportions de la bonne *architecture*, dans les trois Ordres de colonnes qu'ils ont inventés, savoir le *Dorique*, l'*Ionique*, & le *Corinthien*, qui expriment parfaitement les trois différentes manieres de bâtir, *solide*, *moyenne* & *délicate*. Les Romains y ont ajouté depuis l'*Ordre Toscan* & *le Composite*. *Vitruve* est le seul Architecte ancien dont les écrits soient passés jusqu'à nous. Parmi les Auteurs modernes qui ont écrit sur les cinq Ordres d'*architecture*, on compte principalement *Alberti*, *Serlio*, *Vignole*, *Palladio*, *Scamozzi*, *Delorme*, *Bullant*, de *Chambray*, l'ancien *Blondel*, *Perrault*, d'*Aviler*, *J. F. Blondel*, *Briseux*, *Potain*, &c.

ARCHITECTURE HYDRAULIQUE : c'est l'art de bâtir dans l'eau & d'y fonder toutes sortes d'édifices, comme écluses, digues, jettées, ports de mer, moles, ponts, quais, aqueducs, canaux, &c. Cette partie de l'*architecture* regarde encore l'art de diriger le cours naturel & artificiel de l'eau, tant pour rendre les rivieres navigables que pour conduire les eaux aux divers endroits où elles sont nécessaires. Le livre intitulé *Architecture hydraulique*, par M. *Belidor*, en quatre volume *in-quarto*, avec plus de 200 planches, semble avoir épuisé tout ce qu'on peut dire ou imaginer sur cette science, & peut tenir lieu lui seul d'une bibliotheque entiere sur cette partie de l'*Architecture*, tant par la grande quantité des exemples qu'il rapporte, que par la variété immense des sujets qu'il embrasse.

ARCHITECTURE MILITAIRE : on comprend sous ce terme non-seulement l'art de fortifier les places, pour les mettre à l'abri du canon, des bombes, & de l'insulte de l'ennemi par de solides remparts & des ouvrages avancés, ce qui est à proprement parler *la fortification*; mais aussi l'art de les attaquer & de les défendre selon les méthodes de M. *de Vauban* & des plus habiles Ingénieurs. *Voyez* ci-après l'article FORTIFICATION, pour les Auteurs qui ont écrit sur cette science.

ARCHITECTURE NAVALE : elle a pour objet la construction des vaisseaux, navires, galeres & généralement de tous les bâtimens flottans sur les eaux, de quelque espece qu'ils puissent être. Le Pere *Fournier*, M. *Dassier*, le Pere *Hoste*, MM. *Bouguer* & *Duhamel*, ont écrit en françois sur la construction des vaisseaux, mais les trois derniers sont les seuls qui ayent établi une théorie raisonnée sur cet art.

ARCHITRAVE, c'est le nom de la principale poutre ou poitrail qui porte horisontalement sur des colonnes

& qui forme une des trois parties essentielles de l'entablement dans un Ordre d'architecture. Les anciens le nommoient *epistyle.*

ARCHIVOLTE : c'est un bandeau orné de moulures, qui regne autour d'une arcade en plein ceintre & qui est porté sur les impostes où il vient se terminer.

ARDOISE, *couverture.* C'est une sorte de pierre tendre, de couleur brune, qui se fend & se leve par feuillets fort minces, dont ont fait un grand usage pour la couverture des palais, des châteaux & des maisons de conséquence. La meilleure *ardoise* qu'on employe à Paris, vient d'Angers. Il y en a de trois sortes, la fine, la forte, & la carrée forte.

ARÊNER ou S'ARÊNER, ce mot se dit d'une poutre ou d'un plancher qui baisse & qui s'affaisse par trop de charge.

ARÉOMETRE : c'est un instrument par le moyen duquel on connoît la différence de gravité spécifique des liqueurs. Il est composé d'une petite fiole qui a deux goulets fort étroits dont le second l'est encore plus que le premier. On remplit l'aréometre de la liqueur dont on veut connoître le poids & on le pese dans des balances bien justes ; ensuite après avoir vuidé la fiole, on y verse une autre liqueur que l'on pese pareillement, & l'on a alors exactement le rapport des pesanteurs spécifiques de ces deux liqueurs.

AREOSISTYLE, c'est selon Vitruve une disposition de colonnes dont les espaces sont sistyles & areostyles.

AREOSTYLE, terme employé par *Vitruve* ; pour désigner un des cinq entrecolonnemens, où les colonnes se trouvoient autant éloignées qu'il etoit possible : Cette distance étoit de 8 modules ou 4 diametres de la colonne.

ARESTIER, *Charpenterie.* C'est une piece de bois délardée, qui forme l'arrête ou l'angle saillant d'un comble en croupe, ou en pavillon ; c'est sur cette piece que sont attachés les empanons. Les ouvriers disent *érestier.*

ARESTIERES, *Maçonnerie.* Ce sont les cueillies de plâtre que les Couvreurs mettent aux angles saillans de la croupe d'un comble couvert de tuiles. On y met quelquefois des *arestieres* en plomb : celles-ci doivent avoir au moins une ligne d'épaisseur.

ARÊTE, *Coupe des pierres.* C'est l'angle vif ou le tranchant que forment deux surfaces droites ou courbes d'une pierre quelconque. On appelle *voûte à arête*, une voûte composée de plusieurs portions de berceaux dont les surfaces concaves se rencontrent en angle saillant. Lorsque l'angle d'une pierre est bien taillé & sans aucune cassure, on dit qu'elle est *à vive arête*. *Arête de lunette*, c'est l'angle où une lunette se joint avec un berceau.

ARÊTE DU GLACIS, *Fortification.* Ce sont les élévations en dos d'âne que forme le glacis d'un ouvrage de fortification aux angles saillans du chemin couvert.

ARGANEAU, *Marine.* C'est un gros anneau de fer ou de fonte scellé dans les quais & sur les ports de mer, pour y amarrer ou attacher les vaisseaux. On appelle aussi *arganeau*, ou *organeau* d'une ancre, l'anneau placé à l'extrémité de sa verge, auquel on attache le cable.

ARITHMÉTIQUE, c'est une science qui apprend à se servir des nombres & à en connoître les propriétés. Les quatre regles principales de l'*arithmétique*, sont l'addition, la soustraction, la multiplication, & la division. Dans les autres, telles que la regle de trois, celles de compagnie, d'alliage, de fausse position, &c. il n'est question que de l'application variée de ces quatre regles fondamentales. Les fractions font encore partie de l'*arithmétique*. Le nombre des Auteurs qui ont écrit sur l'arithmétique est presque infini, & tous ceux qui ont donné des élémens ou des cours de mathématique, ont commencé par l'*arithmétique*. Les principaux sont, *Irson*, *Barrême*, *le Gendre*, *Ozanam*, l'Abbé *Deidier*, l'Abbé *de la Chapelle*, *le Blond*, &c.

ARITHMÉTIQUE BINAIRE, *voyez* ci-après au mot BINAIRE.

ARITHMÉTIQUE PALPABLE, c'est une maniere particuliere de calculer par le moyen d'une planchette quarrée & de plusieurs épingles qui se placent dans des cases préparées pour les recevoir. L'invention de cette espece de machine calculatoire est due au Docteur *Saunderson*, célébre aveugle de naissance, qui s'est élevé par la force de son génie à la connoissance de ce qu'il y a de plus abstrait dans les mathématiques.

Voyez la description détaillée de cette *Arithmétique palpable* dans les *élémens d'Algebre* de ce savant aveugle, imprimés en Hollande, en deux volumes *in-quarto*, ou bien dans *l'abrégé du Cours de mathématique de Wolf*, imprimé à Paris chez *Jombert*, en 3 volumes *in-8°*.

ARITHMÉTIQUE UNIVERSELLE, c'est ainsi que *Newton* appelle l'algebre, ou le calcul des grandeurs en général; il en a donné les élémens dans un ouvrage intitulé *Arithmetica universalis*, *in-quarto*, Leyde, 1732.

ARMATURE, *Architecture*. C'est un nom générique sous lequel on comprend toutes les barres, clefs, boulons, étriers, & autres liens de fer qui servent à contenir & affermir un grand assemblage de charpente, ou à fortifier une poutre éclatée. Les Italiens donnent aussi ce nom au ceintre qui soutient une voûte ou une arcade, lorsqu'on la bâtit.

ARMÉE, c'est un nombre considérable de troupes d'infanterie & de cavalerie, jointes ensemble pour combattre l'ennemi, sous le commandement d'un Chef & de plusieurs Officiers généraux qui lui sont subordonnés.

ARMÉE D'OBSERVATION, c'est un corps considérable de troupes destiné à observer les mouvemens de l'ennemi, & à l'empêcher de secourir une place assiégée, ou d'inquiéter l'armée qui en fait le siege.

ARMÉE DE SECOURS, c'est celle qui fait divers mouvemens pour inquiéter les assiégeans, & pour tâcher de secourir une place assiégée.

ARMÉE NAVALE, c'est un assemblage d'un grand nombre de vaisseaux de guerre, qui portent des troupes & du canon pour agir contre une flotte ennemie. Lorsque l'armée n'est composée que de 12 ou 15 vaisseaux, alors on l'appelle *escadre*.

ARMER UN FOURNEAU DE MINE. *Artillerie*. C'est après l'avoir chargé de la poudre nécessaire, couvrir le coffre avec des madriers, pour servir de base aux étançons qui soutiennent le ciel du fourneau. On ferme ensuite la chambre de la mine avec une espece de porte qui consiste en plusieurs madriers que l'on arcboute avec des étresillons appuyés contre un des côtés du rameau opposé à la chambre.

ARMER UN VAISSEAU, c'est l'équiper de vivres, munitions de toute espece, soldats, matelots, & autres choses nécessaires pour faire route, & pour combattre.

ARMES, se dit en général de tout ce qui sert aux militaires dans le combat, soit pour attaquer, soit pour se défendre. Il y a des *armes offensives* & *défensives*, des *armes à feu*, *des armes blanches*, &c.

ARMES A FEU, on donne ce nom à toutes les *armes* où l'on fait usage de la poudre: tels sont le canon, le mortier, l'obus, le petard, l'arquebuse, le mousquet, la carabine, le fusil, le pistolet, &c.

ARMES A L'ÉPREUVE, elles consistent présentement en une cuirasse de fer poli, dont le devant doit être à l'épreuve du mousquet & le derriere à l'épreuve du pistolet, & un pot en tête à l'épreuve du mousquet ou fusil. Il y a aussi des calottes & des chapeaux de fer qui doivent être de même qualité.

ARMES BLANCHES, on appelle ainsi toutes les armes tranchantes ou de pointe dont on fait usage à la guerre, comme le sabre, l'épée, la bayonnette, la pique, &c. C'est l'*arme* la plus meurtriere & la plus redoutable losqu'on en est aux mains avec l'ennemi.

ARMES BOUCANIERES, on donne ce nom aux fusils dont se servent les chasseurs des Isles de l'Amérique, & principalement de Saint-Domingue. Leur canon est long de 4 pieds & demi, & toute la longueur du fusil est de 5 pieds 8 pouces. La batterie est très-forte, & la balle est du poids d'une once. Avec cette arme, les boucaniers sont assurés de tuer à 300 pas de distance, & de percer un bœuf à 200 pas.

ARMES DÉFENSIVES, ce sont les armes qui servent à couvrir le corps. Depuis l'invention de la poudre, l'inutilité des anciennes *armes défensives* contre l'effet du canon, des bombes & des mines, en a fait abandonner l'usage; on n'en a conservé que la cuirasse & le casque ou pot en tête dont on arme la cavalerie, mais ces armes sont à peine à l'épreuve du pistolet.

ARMES DES PIECES, ce sont tous les outils nécessaires pour le service du canon, du mortier, &c.

ARMES DES SOLDATS, elles consistent pour l'infanterie en un fusil avec une bayonnette qui s'y ajuste, & une épée dont l'extrême longueur & pesanteur les incommode plus qu'elle ne leur est utile, suivant le Maréchal de *Puysegur*. L'*arm*[illegible] du cavalier est pour l'ordinaire un mousqueton, u[illegible] sabre & une paire de pistolets.

ARMES DU CANON, ce sont les instrumens destinés au service du canon, tels que la lanterne, le refouloir, l'écouvillon, le tire-bourre, le dégorgeoir, le boutefeu, & le chapiteau qui recouvre la lumiere.

ARMES DU MORTIER. Pour charger le mortier, il faut une dame du même calibre que la piece, une racloire de fer, pour nettoyer l'ame & la chambre du mortier, une petite cuilliere & un couteau de bois pour serrer & affermir la terre autour de la bombe. On a aussi besoin d'un degorgeoir, de quelques coins de mire & de deux boutefeux.

ARMES DU PIERRIER, elles sont les mêmes que celles du mortier, mais il faut de plus une provision de paniers du diametre de la piece, pour y renfermer les pierres & les cailloux qu'on veut lancer sur l'ennemi, ce qui conserve beaucoup les pierriers. Il faut aussi avoir près de la batterie un grand amas de pierres & de cailloux pour charger le pierrier, avec les tombereaux nécessaires pour leur transport.

ARMES ET BAGAGES : un des principaux articles de la capitulation d'une ville assiégée, lorsqu'on n'a pas attendu jusqu'à la derniere extrêmité pour se rendre, est que la garnison sortira par la brêche avec armes & bagages, tambour battant, drapeaux déployés, &c. Ce qu'on appelle avoir les *honneurs de la guerre*.

ARMES OFFENSIVES, ce sont toutes les armes avec lesquelles on peut attaquer & détruire son eunemi.

ARMILLES, *voyez* ci-devant ANNELETS.

ARPENT, c'est une superficie de terrein qui contient cent perches quarrées, c'est-à-dire dix perches de long sur dix perches de large. La perche, aux environs de Paris, est évaluée communément à trois toises ou dix-huit pieds : ainsi un arpent contient 900 toises quarrées, ou 32400 pieds quarrés.

ARPENTAGE ou GÉODESIE, c'est l'art de mesurer les terreins, c'est-à-dire de prendre les dimensions de différentes portions de terre, d'en faire le plan, en les décrivant ou les traçant sur le papier, & d'en trouver l'aire ou la superficie. *Ozanam* & *de la Hire* ont donné des traités particuliers sur l'*arpentage*.

ARQUEBUSE, c'est une ancienne arme à feu de la longueur d'un mousquet ou d'un fusil, & montée comme ceux-ci sur un fût ou long bâton. Elle avoit quarante qualibre de longueur, & portoit une balle de près de deux onces. Cette arme n'est plus en usage: elle se bandoit au moyen d'un rouet d'acier.

Arquebuse a croc, c'est une arme qu'on trouve encore quelquefois dans les vieux châteaux: elle ressemble assez à un fusil, & elle est soutenue par un croc de fer qui tient à son canon, lequel est porté par une espece de pied ou de chevalet. Son canon est plus gros & plus long que celui du fusil, aussi sa portée est-elle beaucoup plus grande.

Arquebuse a vent, ou Fusil a vent, c'est une machine qui sert à pousser des balles avec une grande violence, en n'employant que la force de l'air. Cette espece d'arme chargée d'air fait presque autant d'effet que nos fusils ordinaires, mais en la déchargeant elle rend beaucoup moins de bruit.

ARQUER, s'arquer, *Marine.* Se dit de la quille d'un vaisseau qui par quelque effort ou pour avoir été inégalement chargé, se courbe & perd de son trait & de la figure qu'elle doit avoir. Lorsqu'on lance un vaisseau de dessus le chantier pour le mettre à l'eau, sa quille est en danger de s'*arquer:* on ne court point ce risque en bâtissant les navires dans une forme.

ARRACHEMENS, *Maçonnerie.* Ce terme s'entend des pierres qu'on *arrache* & de celles qu'on laisse saillir alternativement dans un ancien mur, pour faire liaison avec un autre auquel on veut le joindre. On appelle aussi *arrachemens*, les premieres retombées d'une voûte enclavée dans un mur.

ARRÊTER, *Maçonnerie.* C'est assurer une piece à demeure dans la position où l'on veut qu'elle soit. On arrête une poutre, une pierre, des solives, &c. en les maçonnant, soit en plâtre, en mortier, en ciment, en plomb, &c.

ARRIERE ou Poupe, *Marine.* C'est la partie qui forme le derriere du vaisseau & qui est soutenue par l'étambot, le trepot, & la lisse de hourdi, ou barre d'arcasse. On donne ordinairement le nom d'*arriere* ou de *poupe* à cette partie du vaisseau comprise entre l'artimon & le gouvernail, où l'on trouve la dunette, la galerie, la chambre du Capitaine, &c.

Arriere-ban, *Milice*, C'est la convocation que le Prince ou le Souverain fait de toute la noblesse de ses états, pour marcher en guerre contre les ennemis.

ARRIERE-BEC, *Hydraulique.* C'est la partie de la pile qui est sous le pont, du côté d'aval.

ARRIERE-BOUTIQUE, *Architecture.* C'est chez les Marchands, une seconde piece attenant la boutique, qui sert de magasin ou de salle pour recevoir ceux qui viennent pour acheter.

ARRIERE-CORPS, *Architecture.* C'est dans la décoration des édifices la partie la plus reculée d'une façade de maison ou d'un lambris de menuiserie; comme elle est plus renfoncée que le nud du mur, elle sert à faire valoir les parties saillantes que l'on nomme *avant-corps.*

ARRIERE-COUR, c'est une petite cour qui, dans un corps de logis double, sert à éclairer les moindres pieces comme garderobes, petits cabinets, escaliers de dégagement, &c.

ARRIERE-GARDE, c'est la partie d'une armée qui marche la derniere, immédiatement après le corps de bataille, pour retenir les fuyards & empêcher les déserteurs.

ARRIERE-LIGNE, c'est la seconde ligne d'une armée campée, ou en bataille; elle est éloignée de trois ou quatre cent pas de la premiere ligne, ou du front de l'armée.

ARRIERE-RANG, c'est le dernier rang d'un bataillon ou d'un escadron, lorsqu'il est campé.

ARRIERE VOUSSURE, *Architecture.* C'est une espece de petite voûte pratiquée derriere l'ouverture d'une porte ou d'une croisée, dans l'épaisseur du mur, au dedans de la feuillure du tableau des piédroits, pour en décharger la plate-bande & couronner l'embrâsure. On en distingue de trois sortes, savoir:

ARRIERE-VOUSSURE DE MARSEILLE, elle est ceintrée par devant & bombée par derriere, ce qui sert à faciliter l'ouverture des venteaux ceintrés d'une porte ronde.

ARRIERE-VOUSSURE DE MONTPELLIER, elle est en plein ceintre à la feuillure & en plate-bande par derriere, ensorte qu'elle paroît droite par son profil.

ARRIERE-VOUSSURE DE SAINT-ANTOINE, elle est au contraire en plate-bande à la feuillure du linteau & ceintrée par derriere, ce qui la rend bombée par son profil.

ARROSAGE, *Hydraulique.* C'eſt l'art de conduire des eaux dans un terrein aride & ſtérile, pour l'*arroſer* & le fertiliſer, ce qui ſe fait par le moyen des canaux & des écluſes.

ARSENAL, c'eſt un lieu conſtruit & diſpoſé exprès pour pouvoir y fabriquer & conſerver les armes & les machines dont on fait uſage à la guerre, ainſi que les munitions néceſſaires pour leur ſervice.

ARTIFICES, on donne ce nom en général à toutes les compoſitions qui ſe font avec la poudre à canon, ou avec les matieres qui entrent dans ſa fabrique, telles que le ſalpêtre, le ſoufre & le charbon, ſoit pour la guerre ou pour les réjouiſſances. Les anciens auteurs qui ont écrit ſur les feux d'artifices, ſont: *Siemienowitz*, *Hanzelet*, *Malthus*, *Saint Remy*, &c. Mais les auteurs modernes les plus eſtimés & les ſeuls qui ſoient ſuivis par les artiſtes de ce genre, ſont: *Frezier* & *Perrinet d'Orval.*

ARTIFICIER, on donne ce nom à celui qui travaille aux feux d'artifice, ou qui charge les bombes, les grenades & leurs fuſées.

ARTILLERIE, on entend par ce terme non-ſeulement l'art de conſtruire toutes ſortes d'armes à feu & d'en faire uſage à la guerre, mais auſſi ces armes & machines elles-mêmes, & tout ce qui les concerne. Il comprend encore les Officiers & Soldats attachés particulierement aux écoles d'*Artillerie* établies en France, ainſi que le corps de troupes connu ſous le nom de *Royal-Artillerie.* Les auteurs qui ont écrit ſur l'*Artillerie*, ſont: *Siemienowitz*, *Malthus*, *Hanzelet*, *Saint Julien*, *Saint Remy*, *Belidor*, *Dulacq* & *le Blond.*

ARTILLEUR, on peut employer ce terme (à l'imitation de celui d'*Ingénieur*) pour déſigner un homme de guerre inſtruit & exercé dans toutes les manœuvres & les opérations qui dépendent de l'*Artillerie.* Comme l'étendue de génie & les connoiſſances preſque univerſelles du Maréchal *de Vauban*, le font paſſer à juſte titre pour le plus grand *Ingénieur* qui ait encore paru, on peut dire auſſi que le célebre *de Valliere*, eſt le modele du plus parfait *Artilleur* que l'on ait connu.

ARTIMON, MAT D'ARTIMON, c'eſt dans un vaiſſeau le mât qui eſt le plus proche de la poupe.

ASCENSION, c'est proprement une élévation ou un mouvement en haut. C'est dans ce sens qu'on dit l'*ascension* de l'eau dans un corps de pompe, des liqueurs dans les tuyaux capillaires, de la seve des plantes dans le tronc & dans les branches, &c.

ASCENSION DE LA BOMBE, *Artillerie*. C'est le chemin que parcourt en l'air une bombe en sortant du mortier, pour s'élever aussi haut que la charge de poudre peut la chasser. On nomme *descension de la bombe*, la route qu'elle suit depuis son plus haut point d'*ascension* jusqu'à l'endroit de sa chûte.

ASPECT, *Architecture*. C'est la même chose qu'exposition d'un bâtiment: il y en a quatre principales, celles du levant, du midi, du couchant & du nord.

ASPIC, *Artillerie*. C'est une ancienne piece de canon qui portoit 12 livres de balle & qui pesoit 4250 livres.

ASPIRANT, *Hydraulique*. On donne cette épithete à un tuyau dont on se sert dans une pompe pour faire monter l'eau à une certaine hauteur, par *aspiration*. Il doit être d'un plomb moulé bien épais & reforgé, de crainte des soufflures qui empêcheroient l'eau de monter.

ASPIRANTE, POMPE ASPIRANTE, *voyez* au mot POMPE.

ASPIRATION, *Hydraulique*. C'est une maniere d'élever l'eau dans une pompe, ce qui se fait en tirant de bas en haut & à plusieurs reprises un piston engagé dans un corps de pompe. L'eau dans les pompes ne peut guere s'élever par *aspiration* au-delà de 25 ou 26 pieds, quoiqu'on puisse, suivant les principes de l'airométrie, la pousser jusqu'à 32 pieds, parce que l'air extérieur qui s'introduit dans le tuyau en diminue toujours l'effet.

ASSAUT, *Art militaire*. C'est ordinairement une attaque générale & violente que l'assiégeant fait à découvert à la partie du rempart où il a fait brêche, pour s'emparer d'une place forte, ou de quelque ouvrage de fortification. M. *de Feuquiere* remarque qu'il y a présentement peu de villes qui soutiennent un *assaut* général au corps de la place, & il n'en comptoit que trois de son tems. Depuis ce savant Officier général, nous avons l'exemple unique de la célébre ville de *Berg-op-zoom*, qui a été prise d'*assaut* par les François en 1747.

ASSEMBLAGE, *en Architecture*, s'entend de l'art de

réunir les parties avec le tout, tant relativement à la décoration extérieure qu'à l'intérieure. L'*assemblage* des Ordres d'Architecture est l'art de les distribuer les uns au-dessus des autres, ensorte que le plus fort porte le plus foible, & que l'axe des colonnes supérieures réponde toujours à plomb sur celui des inférieures.

Assemblage, *en Charpenterie* & *en Menuiserie*, c'est l'art d'assembler & de joindre ensemble plusieurs pieces de bois, ce qui se fait en différentes manieres que nous allons expliquer.

Assemblages en Charpenterie.

Assemblage a clef, il se fait pour joindre ensemble deux plate-formes de comble, ou deux moises de files de pieux, par une mortaise dans chaque piece, pour recevoir un tenon à deux bouts appellé *clef*.

Assemblage en cremaillere, il se fait par entailles en maniere de dents de scie, de la demie épaisseur du bois, qui s'encastrent les unes dans les autres pour joindre bout à bout deux pieces de bois, lorsqu'une seule ne porte pas assez de longueur. Cet assemblage sert pour les tirans & les grands entraits.

Assemblage en épi, c'est dans un comble circulaire l'assemblage que l'on fait des chevrons avec des liens ou esseliers à l'entour du poinçon.

Assemblage en triangle, on en fait usage pour enter deux fortes pieces de bois à plomb. Il est formé de deux tenons triangulaires à bois de fil, de pareille longueur, qui s'encastrent dans deux autres semblables, ensorte que les joints n'en paroissent qu'aux arêtes.

Assemblage par embrevement, c'est une espece d'entaille en maniere de hoche, qui reçoit le bout démaigri d'une piece de bois, sans tenon ni mortaise. Cet assemblage se fait par deux tenons frottans posés en décharge dans leurs mortaises.

Assemblage par entaille, il se fait pour joindre bout à bout, ou en retour d'équerre, deux pieces de bois par deux entailles de leur demie épaisseur, que l'on retient ensuite avec des chevilles ou avec des liens de fer. On fait aussi pour le même *assemblage* des entailles à queue d'hironde, ou en triangle à bois de fil.

Assemblage par tenon et mortaise, il est formé par une entaille appellée *mortaise*, qui a d'ouverture la largeur d'un tiers de la piece de bois, pour recevoir l'about ou *tenon* d'une autre piece taillée de juste grosseur pour la *mortaise* qu'il doit remplir, dans laquelle il est ensuite arrêté & retenu par une ou deux chevilles.

Assemblages en Menuiserie.

Assemblage a bouement, il est le même que l'*assemblage quarré* dont on parlera ci-après, avec cette seule différence que la moulure qu'il porte à son parement est coupée en onglet.

Assemblage a clef, on l'employe pour joindre deux ais dans un panneau par des clefs ou tenons perdus de bois de fil à mortaise de chaque côté, collés & chevillés.

Assemblage a queue d'hyronde, il se fait en triangle à bois de fil, par entaille, pour joindre deux ais bout à bout.

Assemblage a queue percée, il se fait par tenons à queue d'hyronde qui entrent dans des mortaises, pour assembler deux ais quarrément en retour d'équerre.

Assemblage a queue perdue, celui-ci ne differe de la queue percée qu'en ce que ses tenons sont cachés par un recouvrement à bois de fil & en onglet.

Assemblage en adent, les Menuisiers appellent cet *assemblage*, *en grain d'orge*: il sert à joindre deux ais par leur épaisseur. Il est formé par une languette triangulaire qui entre dans une rainure en onglet. On se servoit autrefois de cet *assemblage* pour joindre les petits ais de merrain dont on plafonnoit les églises.

Assemblage en fausse coupe, c'est celui qui étant taillé en onglet & hors d'équerre, forme un angle obtus ou angle aigu.

Assemblage en onglet ou en anglet, est celui qui se fait en diagonale sur la largeur du bois, comme les bordures des tableaux, & qu'on retient par tenon & mortaise.

Assemblage quarré, il se fait quarrément par entailles de la demie épaisseur du bois, ou à tenons & mortaises.

ASSEOIR, *Maçonnerie.* C'est poser de niveau & à demeure les premieres pierres d'une fondation. On dit aussi *asseoir* le carreau, le pavé, &c.

ASSIEGEANS, c'est un corps de troupes qui attaque une place pour s'en emparer. Comme leur nombre & la force de leur artillerie doit être supérieure à celle des assiégés, ils doivent a la fin forcer ceux-ci de se rendre, faute de pouvoir réparer leurs pertes comme les assiégeans.

ASSIÉGÉS, c'est un corps de troupes qui défend une ville que l'on assiége. C'est pour eux un grand avantage que d'être maîtres du dessous de leur terrein, & leur plus grande ressource doit consister dans le jeu des mines lorsqu'ils se voyent forcés d'abandonner un ouvrage.

ASSIETTE, *en Architecture*, ce terme a deux significations. 1°. La position d'un corps pesant sur un autre pour le rendre ferme & solide, comme lorsqu'on dit que le fondement doit avoir plus d'assiette que le mur qui est élevé dessus. 2°. Le mot assiette exprime aussi la place & le terrein sur lequel un édifice est construit: une maison est en belle *assiette*, pour la vue, lorsqu'elle est située à mi-côte.

ASSISE, *Architecture.* C'est un rang de pierres de même hauteur, soit de niveau, soit rampant, soit continu, soit interrompu par les ouvertures des portes & des croisées.

ASSISE DE PARPIN, c'est celle dont les pierres traversent l'épaisseur du mur, comme les *assises* qu'on met sur les murs d'échiffre, & sous les cloisons & pans de bois au rez de chaussée.

ASSISE DE PIERRE DURE, c'est celle qui se met sur les fondemens d'un mur de maçonnerie jusqu'à hauteur de retraite.

ASTRAGALE, *Architecture.* C'est un membre composé de deux moulures, l'une ronde, appellée *baguette*, faite d'un demi-cercle, & l'autre formant un *filet.* Le nom d'*astragale* doit s'entendre de ces deux moulures prises ensemble & non de l'une des deux séparément, comme l'ont fait quelques auteurs. Tous les fûts des colonnes sont terminés vers le haut par un *astragale*.

ASTRAGALE, *Artillerie*. C'est une petite moulure ronde accompagnée de son filet qui sert d'ornement aux pieces d'artillerie. Il y a trois de ces ornemens sur une piece de canon, savoir; l'*astragale de lumiere*, qui est proche le premier renfort: l'*astragale de ceinture*, qui termine le second renfort: & l'*astragale du collet*, lequel se joint au bourlet en tulipe qui termine la piece.

ASTROLABE, *Marine*. C'est un instrument en forme de planisphere, ou d'une sphere décrite sur un plan, armé d'une alidade mobile sur son centre garnie de deux pinules. On s'en sert pour prendre la hauteur du pôle, ou celle du soleil, d'une étoile, &c. On fait aussi des *astrolabes* pour les marins, qui ont la forme d'un grand anneau de cuivre divisé en 360 parties.

ASYMPTOTE, *Géométrie*. C'est une ligne droite qui étant indéfiniment prolongée s'approche continuellement d'une courbe ou d'une portion de courbe aussi indéfiniment prolongée, sans pouvoir jamais la rencontrer. Entre les courbes du second degré, c'est-à-dire les sections coniques, il n'y a que l'hyperbole qui ait deux *asymptotes*; les courbes du troisieme degré en ont trois; celles du quatrieme degré peuvent en avoir quatre.

ATMOSPHERE, *Physique*. Ce n'est autre chose que l'air grossier que nous respirons, qui nous environne & qui s'éleve jusqu'à la moyenne region. C'est un fluide rare & élastique dont la terre est couverte par tout à une hauteur considérable, qui gravite vers le centre de la terre & pèse sur sa surface, qui est emporté avec la terre autour du soleil, & qui en partage tous les mouvemens. On l'évalue, par estimation, à 15 ou 16 lieues au-dessus de nos têtes. L'*atmosphere* presse par son poids également toute la surface de la terre: sa pression sur le corps d'un homme qui est debout est d'environ deux milliers de livres. Le poids d'un cylindre d'air de la hauteur de l'atmosphere est égal au poids d'un cylindre d'eau de même base & d'environ 32 pieds de hauteur, ou au poids d'un pareil cylindre de mercure, qui auroit 29 pouces de hauteur.

ATRE, *Architecture*. C'est le sol ou le bas d'une cheminée sur lequel on fait le feu: l'*âtre* est situé entre les jambages, le contre-cœur & le foyer de la cheminée.

ATTACHEMENT DU MINEUR, *Artillerie.* Il consiste en un trou de 4 ou 5 pieds de profondeur que l'on fait avec le canon au revêtement d'un bastion, pour y loger le mineur, en attendant qu'il puisse l'aggrandir & s'y enfoncer.

ATTAQUE, *Art militaire.* On donne ce nom en général aux mouvemens que fait une troupe pour chasser l'ennemi de quelque poste & s'en emparer : il y a plusieurs manieres d'attaquer une place, que nous allons détailler.

ATTAQUE DANS LES FORMES, est celle qui se fait en s'approchant peu à peu de la place, par le moyen des tranchées, paralleles, sappes, galeries & autres travaux : c'est ce qu'on appelle un *siege royal.*

ATTAQUE PAR FAMINE, elle se fait en formant un blocus autour de la place, pour empêcher qu'il n'y entre ni vivres, ni munitions, ni aucuns secours.

ATTAQUE PAR FORCE, se pratique vis-à-vis d'un château, d'une ville mal fortifiée, ou de quelque lieu de peu d'importance, que l'on se contente de faire attaquer par un détachement considérable de l'armée, sans vouloir s'amuser à en faire le siege.

ATTAQUE PAR SURPRISE, elle se fait par escalade, par le moyen du petard, par stratagême ou par trahison, en ménageant secrettement quelque intelligence avec ceux de la place.

ATTAQUES, ce sont les travaux que fait l'assiégeant pour s'approcher de la place, en suivant les regles ordinaires d'un siege, sans trop s'exposer au feu des troupes qui la défendent. M. *de Vauban* évalue le tems nécessaire pour s'emparer d'une place par cette méthode, à 41 jours. On distingue les *attaques* en vraies & en fausses. Les vraies sont celles dont nous venons de parler ; les fausses *attaques* ne se font pour l'ordinaire que dans le dessein de partager les forces & l'attention de l'assiégé, & ne se continuent pas jusqu'à la fin du siege.

ATTELIER, *en Fortification*, s'entend de toutes sortes de travaux qui se font par un nombre d'ouvriers conduits par un ou plusieurs Ingénieurs. Quand on dit qu'un Ingénieur ou un Architecte entend bien l'*attelier*, c'est-à-dire c'est-à-dire qu'il est propre à bien conduire un ouvrage & qu'il est capable de bien faire exécuter un projet.

ATTENTE, on nomme *pierres d'attente*, celles qu'on laisse saillir en bâtissant un mur pour les lier avec une autre muraille qu'on se propose de bâtir par la suite.

ATTÉRISSEMENT, *Hydraulique*. C'est l'apport de terre, sable ou limon, que la mer ou un fleuve amene sur son rivage ou sur une de ses rives, ce qui arrive toujours aux dépens de la rive opposée. *Voyez* le moyen de remédier à ces *attérissemens* des rivieres, ci-après au mot Épi.

ATTIQUE, *Architecture*. C'est un étage peu élevé qui sert à couronner un bel étage & à exhausser une façade de bâtiment; tel est l'*attique* qui se voit au château de Versailles du côté des jardins. On ne doit point laisser paroître de toit au-dessus d'un *attique*, il sembleroit écrâser cet étage, mais on le couronne ordinairement d'une balustrade dont l'objet est de terminer l'édifice & de cacher les toits qui sont derriere.

Attique de cheminée, c'est un revêtement de marbre, de plâtre, ou de bois, qui occupe une partie de la cheminée, depuis le dessus de la tablette jusqu'environ à la moitié de la hauteur du manteau. On en fait usage dans les grandes pieces destinées au commun, où la dépense & la décoration des glaces seroient mal placées.

Attique, Ordre attique, *voyez* ci-après au mot Ordre.

ATTOUCHEMENT, *Géométrie*. Le point d'*attouchement*, appellé aussi point de *contact* ou de *contingence*, est un point dans lequel une ligne droite touche une ligne courbe, ou dans lequel deux courbes se touchent. On dit ordinairement, en géométrie, que le *point d'attouchement* vaut deux points d'intersection, parce que la tangente peut être regardée comme une sécante qui coupe la courbe en deux points infiniment proches.

ATTRACTION, *Physique*. Dans la philosophie Newtonienne, on entend par *attraction* une puissance en vertu de laquelle toutes les parties, soit d'un même corps, soit de corps differens, tendent les unes vers les autres : c'est-à-dire que l'*attraction* est l'effet d'une puissance par laquelle chaque particule de matiere tend vers une autre particule. Les loix & les phénomenes de l'*attraction* étant un des points principaux de la physique, ou de la philosophie Newtonienne, nous renvoyons le lecteur aux ouvrages qui en traitent. *Voyez* au mot PHYSIQUE.

AVAL, *terme de riviere*, opposé à *amont*. L'*aval* d'une riviere suit la pente de ses eaux, l'*amont* remonte vers sa source. Ainsi les bateaux qui remontent de Rouen à Paris, navigent en *amont*, mais viennent du pays d'*aval*.

AVANCE ou SAILLIE, se dit en architecture de tout ce qui excede le nud d'un mur de face, comme les plinthes, balcons, appuis de croisées, &c.

AVANT D'UN VAISSEAU, ou sa PROUE, c'est la partie du vaisseau qui s'avance la premiere à la mer quand il fait voile. On entend aussi par l'*avant* toute la partie d'un navire comprise entre la proue & le mât de misaine, tels que le château d'*avant*, le gaillard d'*avant*, &c.

AVANT-BEC, *Architecture*. C'est le nom qu'on donne aux deux angles saillans ou éperons de la pile d'un pont. Chaque pile est composée d'un massif ou corps solide de maçonnerie, qui est quarré, & de deux *avant-becs* triangulaires qui la terminent de chaque côté du pont. Celui qui est opposé au fil de l'eau s'appelle *avant-bec d'amont*, & celui qui regarde le bas de la riviere est nommé *avant-bec d'aval*. Le plan d'un *avant-bec* est le plus souvent un triangle équilatéral dont la pointe se présente au fil de l'eau pour la briser & faciliter l'entrée des bateaux sous les arches. Quelquefois ces *avant-becs* sont ronds. M. *Belidor*, voudroit, pour plus de solidité, qu'au lieu d'en faire les faces droites on les fit curvilignes, comme on l'a pratiqué au pont bâti sur l'Oise à Compiegne, en 1729.

AVANT-CHEMIN COUVERT, *Fortification*. C'est un second chemin couvert qui est plus avancé dans la campagne que le premier. Lorsqu'il y a un avant-fossé, il est nécessaire de construire au-delà un *avant-chemin couvert* pour le défendre. Il sert, ainsi que l'avant-fossé, à éloigner l'ennemi & à rendre les approches de la place d'une plus difficile exécution. L'*avant-chemin couvert* doit être d'un pied & demi ou deux pieds plus bas que le premier.

AVANT-CORPS, *Architecture.* Ce terme s'entend de la partie saillante d'un corps d'architecture sur un autre corps, soit par rapport aux plans, soit par rapport aux élévations. Un pilastre, un corps de refend est nommé *avant-corps*, lorsqu'il fait ressaut sur le nud du mur. On dit de même qu'un pavillon fait *avant-corps* dans une façade, quand il excede la saillie du reste du bâtiment.

AVANT-COUR, c'est dans un palais ou dans un château une cour qui précede la principale : comme la cour des Ministres, à Versailles, & la premiere cour du Palais Royal, à Paris.

AVANT-DUC, *Hydraulique.* C'est un pilotis qui se fait sur le bord & à l'entrée d'une riviere pour y établir un plancher formant le commencement d'un pont de bateaux ou d'un pont volant. A l'endroit où finit l'*avant-duc* on place des bateaux, ou bien l'on fait arriver le pont volant : on en fait autant de l'autre côté de la riviere, pour la même fin.

AVANT-FOSSÉ, *Fortification.* C'est un second fossé creusé au pied du glacis qui tient au chemin couvert du corps de la place. Un *avant-fossé*, pour être de bonne défense, doit être plein d'eau, ensorte qu'il ne soit point possible de le saigner ; autrement il tourneroit plutôt contre la place qu'il ne serviroit à sa défense.

AVANT-FOSSÉ DES LIGNES. On fait quelquefois au-devant des lignes dont une armée se couvre, un *avant-fossé* auquel on donne 12 ou 15 pieds de largeur, à 12 ou 15 toises du fossé de ces lignes, pour arrêter l'ennemi & rompre son ordre de bataille lorsqu'il vient attaquer l'armée dans ses retranchemens.

AVANT-GARDE, *Tactique.* C'est la premiere division d'une armée rangée en bataille, ou qui marche avant le corps de bataille: ou bien c'est la partie de l'armée qui est à la vue de l'ennemi & qui marche la premiere à lui.

AVANT-LOGIS, *Architecture.* C'étoit chez les anciens le corps de logis de devant.

AVANT-PIEU, *Hydraulique*, c'est un bout de poutrelle qu'on met sur la couronne d'un pieu pour l'entretenir à plomb quand on le bat à la sonnette pour l'enfoncer.

AVANT-RADIER D'UNE ÉCLUSE, *voyez* ci-après FAUX-RADIER.

AVANT-TRAIN, *Artillerie.* C'est un petit charriot monté sur deux roues qui se joint à l'affut du canon, au moyen d'une cheville de fer appellée *cheville ouvriere*, que l'on fait entrer dans la lunette percée au bout de l'entretoise qui termine l'affut. L'*avant-train* sert à faciliter le transport du canon en campagne.

AUBE, *Hydraulique.* Les aubes sont, relativement aux moulins à eau & aux roues que l'on fait mouvoir par le moyen d'un courant ou d'une chûte d'eau, ce que sont les aîles dans un moulin à vent. Ce sont des ais ou planchettes minces, fixées de distance en distance à la circonférence d'une roue, sur lesquelles l'impulsion du fluide s'exerce immédiatement, & qui cédant l'une après l'autre à cette impulsion, font tourner la roue qui donne le mouvement à toute la machine.

AUBIER, *Charpenterie.* C'est dans les arbres une partie qui touche immédiatement à l'écorce, formant une couronne ou ceinture de couleur blanchâtre, tendre, sujette à se corrompre & à être piquée des vers. Quand on équarrit un arbre pour en former une poutre ou une solive, il faut avoir soin d'en bien ôter tout l'*aubier*. On disoit autrefois *aubour*.

AUGE, *Hydraulique.* On donne ce nom à la rigole de pierre ou de plomb sur laquelle coule l'eau d'un aqueduc ou d'une source, pour se rendre dans un regard de prise, ou dans un réservoir.

AUGET, *Artillerie.* C'est un petit canal de bois servant à renfermer le saucisson qui doit communiquer le feu à une mine. Il a environ trois pouces de diametre; on observe, autant qu'il est possible, de placer le saucisson au milieu de cet *auget*.

AUNE, c'est une tringle de bois d'une longueur déterminée dont on se sert pour mesurer les étoffes, draps, toiles, & autres choses dont on a besoin dans l'artillerie. L'aune de Paris contient 3 pieds 7 pouces 8 lignes du pied de Roi en usage dans les bâtimens.

AUVENT, *Architecture.* C'est une avance ou saillie faite avec des planches, qui sert à mettre quelque chose à couvert, pour le garantir de la pluie. *Auvent*, proprement dit, est l'avance qui couvre le devant d'une boutique.

AXE ou ESSIEU, *Mécanique.* C'est en général la ligne qu'on imagine passer par le centre d'un corps solide, comme d'un cylindre, d'un cône, d'une pyramide. On dit aussi l'*axe* d'une sphere, en parlant de la ligne qui passe par son centre & qui forme son grand diametre.

AXE D'UNE COURBE, *géométrie.* C'est une ligne droite tirée dans le plan d'une courbe, qui divise cette courbe en deux parties égales, semblables, & semblablement posées de part & d'autre de cette ligne. Elle a la propriété de diviser en deux également & à angles droits toutes les ordonnées de la courbe. Tel est l'*axe* d'une parabole, d'une hyperbole, &c.

AXIOMES, *Mathématique.* Ce sont des propositions dont la vérité se fait connoître par elle-même, sans qu'il soit nécessaire de la démontrer. Tels sont ces axiomes, *le tout est plus grand que sa partie* : les quantités égales à une troisieme sont égales entr'elles, &c.

BAC, *Hydraulique.* C'est une espece de canal formé avec de fortes planches, le long duquel on fait couler les eaux d'une source d'un lieu à un autre.

BAC, *terme de riviere.* C'est une espece de bateau plat, fort large & fort spacieux, servant à passer les hommes, les bestiaux & les voitures d'un côté d'une riviere à l'autre, lorsqu'il n'y a pas de pont.

BACHE, *Hydraulique.* C'est un coffre ou une cuvette de bois qui reçoit l'eau d'une pompe aspirante à une certaine hauteur, où elle est reprise par d'autres corps de pompes refoulantes qui l'élevent à une plus grande hauteur.

BACQUETER, *Hydraulique.* C'est épuiser l'eau d'une tranchée avec des pelles, des écopes, des vans & des baquets.

BACULOMETRIE, *Géométrie-pratique.* C'est l'art de mesurer des lignes accessibles ou inaccessible sur le terrein, avec des bâtons ou jalons.

BADIGEON, *Maçonnerie.* C'eſt un enduit jaunâtre, fait avec de la pierre de ſaint-leu, miſe en poudre & détrempée avec de l'eau; les Maçons s'en ſervent pour diſtinguer les naiſſances d'avec les panneaux ſur les enduits & les ravallemens.

BADIGEONNER, c'eſt colorer avec du *badigeon* un ravallement en plâtre fait ſur un pan de bois ou ſur un mur de moilon, ce qui ſe fait avec une broſſe ou gros pinceau. Quelques ouvriers y mêlent de l'ocre pour le rendre plus jaune, mais il eſt mieux de n'y en point mettre.

BAGAGES, *Art militaire* Ce mot s'entend généralement de tout ce qui forme l'équipage des Officiers & des Soldats, qui marche à la ſuite d'un corps de troupes ou d'une armée. Sortir avec *armes & bagages*, c'eſt le premier article qu'on ſtipule dans les conditions d'une capitulation pour la reddition d'une place.

BAGUE, *Marine.* C'eſt une petite corde miſe en rond, dont on ſe ſert pour faire la bordure d'un œil de pied ou œillet de voile.

BAGUETTE, *en Architecture*, c'eſt une petite moulure ronde, compoſée d'un demi-cercle, ſur laquelle on taille ſouvent des ornemens. Quelques ouvriers l'appellent *aſtragale*, mais mal-à-propos, l'aſtragale étant composé de deux moulures.

BAGUETTE, *Artifices.* Il y en a de deux ſortes; de courtes, tantôt pleines, tantôt percées ſuivant leur axe, qui ſervent à charger les cartouches des fuſées & à y refouler les matieres combuſtibles dont on les remplit. Les autres qui ſont longues, minces & légeres, ſervent à diriger les fuſées volantes dans leur courſe & à les tenir dans une ſituation verticale, la gorge tournée vers la terre.

BAGUETTE, *Artillerie.* C'eſt une verge de bois dur, de baleine, ou de fer, qui ſert à bourer le fuſil, le mouſquet, le piſtolet, &c. On doit toujours en avoir en réſerve dans les magaſins d'une place de guerre.

BAGUETTE DIVINATOIRE, *Phyſique.* C'eſt une branche ou rameau fourchu de coudrier ou noiſetier franc, dont quelques-uns font uſage pour découvrir les ſources & les eaux cachées ſous terre. Voyez-en l'hiſtoire & les propriétés dans l'*Architecture Hydraulique* de M. Belidor, premiere partie, tome 2, pag. 342 & *ſuiv.*

L'Abbé *de Vallemont* a fait un traité exprès sur les vertus & les propriétés sans nombre de la *baguette divinatoire.*

BAHU, *Architecture.* C'est le profil bombé du chaperon d'un mur de clôture, de l'appui d'un quai, du parapet d'une terrasse, &c.

BAIE, ou BÉE, *Architecture.* On nomme ainsi toutes sortes d'ouvertures percées dans un mur pour éclairer quelque endroit ou pour y donner entrée, comme croisées, portes, &c. On dit la *baie* d'une porte, la *baie* d'une croisée, &c.

BAIN ou BOUIN DE MORTIER, *Maçonnerie.* On dit maçonner *à bain* ou (par corruption) *à bouin* de mortier, lorsqu'on pose les pierres, qu'on jette les moilons, ou qu'on asseoit le pavé en plein mortier, ensorte que ces corps semblent y nager.

BAJOYERS ou JOUILLIERES D'UNE ÉCLUSE, *Hydraulique.* Ce sont les deux murs de maçonnerie qui bordent une écluse des deux côtés & qui forment sa longueur. On les fortifie extérieurement par des contreforts espacés de distance en distance. On y fait intérieurement des enclaves ou renfoncemens pour loger les portes de l'écluse, quand elles sont ouvertes, & des pertuis ou aqueducs pratiqués dans leur épaisseur, pour laisser passer l'eau d'un côté de l'écluse à l'autre, quand on le juge à propos, sans en ouvrir les portes. Aux grandes écluses, les *bajoyers* se terminent de part & d'autre en queue d'hyronde, afin d'avoir un évasement qui facilite l'entrée & la sortie de l'eau & des bateaux qui doivent y passer.

BAISER, *Géométrie.* Ce terme s'emploie particulierement pour exprimer le contact de deux courbes qui ont la même courbure au point de contact, c'est-à-dire qui ont le même rayon de développée. Le *baiser* ou *baisement* s'appelle aussi alors *osculation.*

BALANCE, *Mécanique.* C'est une verge droite qu'on suppose inflexible & sans pesanteur, mobile autour d'un point fixe, & chargée relativement à ce point, à droite & à gauche, de plusieurs poids. On appelle *bras de la balance*, les deux parties de cette verge séparées par le point fixe. La *balance* est en mécanique l'une des six puissances simples, servant principalement à faire connoître l'égalité ou la différence

Dia

de poids dans les corps pesans, & par conséquent leur masse ou leur quantité de matiere. La propriété de la *balance*, qui est une sorte de levier, est que les poids qui y sont suspendus, doivent être en raison inverse de leurs distances à l'appui, pour être en équilibre.

BALANCE HYDROSTATIQUE, c'est une espece de balance qu'on a imaginé pour trouver la pesanteur spécifique des corps, soit liquides ou solides. Cet instrument est d'un usage considérable pour connoître les degrés d'alliage des corps de toute espece, la qualité & la richesse des métaux, mines, minéraux, &c.

BALANCIER, *Hydraulique*. C'est le plus souvent une piece de bois ou une barre de fer posée horisontalement sur un point d'appui, qui sert de mouvement dans une pompe pour faire monter & descendre les tringles ou barres de fer dans les corps de pompe. A l'une des extrêmités du *balancier*, répond un ou plusieurs pistons; à l'autre est une bielle pendante ou quelqu'autre piece répondant à une manivelle qui donne le mouvement au *balancier*, lequel fait alors hausser ou baisser le piston. On nomme aussi *balanciers* les pieces de bois qui servent à entretenir les barres de fer qui composent les chaînes de la machine de Marly, lesquelles communiquent le mouvement aux pompes du premier & du second puisart à mi-côte.

BALANCIER, *Mécanique*. On donne ce nom, en général, à toute partie d'une machine qui a un mouvement d'oscillation, & qui sert ou à régler ou à rallentir le mouvement des autres parties de la machine.

BALANCIER D'UNE ÉCLUSE, c'est la grosse barre qui sert de manivelle pour en ouvrir ou fermer les portes tournantes, lorsqu'elles sont à un ou deux venteaux.

BALANCINES, *Marine*. Ce sont des manœuvres ou cordages qui descendent des barres de hune & des chouquets, & qui viennent former des branches sur les deux bouts de la vergue, où elles passent dans des poulies. Elles servent à tenir la vergue en balance lorsqu'elle est dans sa situation naturelle, ou pour la tenir haute ou basse, selon qu'il est à propos.

BALCON, *Architecture*. C'est une avance ou saillie pratiquée sur la façade extérieure d'un bâtiment au devant d'une ou de plusieurs fenêtres, & portée par des colonnes ou par des consoles. On y fait un appui de pierre ou de fer; lorsqu'il est de maçonnerie, on l'appelle *balustrade* ; quand il est en serrurerie, il se nomme aussi *balcon*. Il y a de grands, de moyens & de petits *balcons*, selon l'ouverture des croisées ou la grandeur des façades auxquelles ils sont appliqués.

BALEVRES, *Architecture*. C'est ce qui passe ou qui excéde d'une pierre sur une autre, près d'un joint, dans la douelle d'une voûte, ou dans le parement d'un mur; on retaille les *balevres* des joints, en les ragréant, après que l'ouvrage est achevé. On appelle aussi *balevre* un éclat qui s'est fait dans la pierre, parce que le joint étoit trop serré.

BALISE ou BOUÉE, *Marine*. C'est une espece de tonneau conique renversé, fait de merrain, lié avec des cercles de fer, dont le dedans est creux & bien étanche; il a pour axe une longue perche au haut de laquelle on attache une banderolle, pour indiquer aux vaisseaux la position des écueils, rochers, ou bancs de sable dont ils doivent se garantir en abordant un port. Ces *balises*, qui flottent sur l'eau, sont arrêtées au-dessus de l'écueil au moyen d'un cable ou d'une chaîne de fer, attaché à une grosse pierre qu'on jette au fond de l'eau, pour les maintenir en place.

BALISTE, *Art militaire*. C'est une machine de guerre dont se servoient les anciens, avant l'invention de la poudre, pour lancer de grosses pierres contre l'ennemi. Le Chevalier *Folard* prétend que cette machine servoit à lancer de grands traits, & que la catapulte servoit pour jetter des pierres; mais *Felibien*, fondé sur l'autorité de *Vitruve* & de M. *Perrault*, assure précisément le contraire. *Ce que l'on sait en général des catapultes*, (dit M. *Perrault*, dans ses notes sur *Vitruve*, liv. 10, chap. 16.) *c'est qu'elles étoient faites pour lancer des javelots, de même que les ballistes servoient à jetter des pierres*. Ce mot devroit s'écrire avec deux ll, ainsi que le terme suivant *balistique*, l'un & l'autre provenant du mot grec βάλλω, *jacio*, je jette; mais l'usage a prévalu pour un seul l.

BALISTIQUE, c'est la science du mouvement des corps pesans jettés en l'air suivant une direction quelconque; la théorie du jet des bombes est une branche considérable de cette science. *Blondel*, *Belidor* & *Robins*, ont écrit particulierement sur cette partie de la *balistique* qui regarde l'art de jetter les bombes.

BALLE, *Artillerie.* On comprend ſous ce nom toutes ſortes de boules ou boulets ſervant aux armes à feu, depuis le canon jusqu'au piſtolet. Celles qui ſervent pour les canons, qu'on nomme plus communément *boulets*, ſont de fer; celles des mouſquets, fuſils, carabines & piſtolets, ſont de plomb. Quoiqu'on diſe un boulet de canon, on dit cependant en parlant du calibre du canon, qu'il eſt de 12, 16, 24 livres de *balle*. On dit auſſi indifféremment, charger le canon à *balle*, ou à boulet. On appelle *balle de calibre*, celle qui eſt exactement de même groſſeur que le canon du fuſil, & *balles ramées*, deux *balles* attachées enſemble par un fil de fer.

BALLE A FEU, *Artifice.* C'eſt un petit globe plein de compoſition d'artifices, de la groſſeur d'une grenade, qui ſe lance à la main, ou avec un mortier, ſur les travaux de l'aſſiégeant, pour les éclairer pendant la nuit & pour mieux y diriger ſes coups.

BALLONS, *Artifices.* Ce ſont des bombes de carton remplies de compoſition d'artifices, dont on fait uſage dans les réjouiſſances, en les jettant en l'air avec le mortier, comme une véritable bombe. Leur effet eſt de s'élever avec une très-petite apparence de feu, de crever en l'air lorſque le ballon eſt à ſa plus grande élévation, & de produire alors un grand feu ou une lumiere des plus éclatantes.

BALLONS, *Artillerie.* Ce ſont des globes ronds ou cylindriques, creux en dedans & remplis d'artifices, mêlés de petites bombes, de pierres, de cailloux, &c. avec de la poudre à canon. On y met le feu par le moyen d'une fuſée, & on les lance avec le mortier ſur les travaux de l'ennemi.

BALLONS A GRENADES, *Artillerie.* Ce ſont des eſpeces de ſacs à poudre qu'on remplit de poudre & de grenades, lit par lit, & qu'on lance avec le mortier, après avoir mis le feu à la fuſée qui doit le communiquer juſqu'au fond du ſac.

BALUSTRADE, *Architecture.* C'eſt la continuité d'une ou pluſieurs travées de baluſtres, ſéparées par des piédeſtaux conſtruits en marbre, en pierre, en fer, ou en bois, & élevés à hauteur d'appui. Une *baluſtrade* eſt compoſée d'un ſocle ou retraite, de pluſieurs dés, & d'une tablette qui porte ſur les dés.

BALUSTRE, espece de petite colonne ronde ou quarrée, ornée de moulures, composée de trois parties, savoir la base ou piédouche, la tige ou poire, & le chapiteau ou couronnement. Les *balustres* servent à remplir la travée ou le vuide d'une balustrade entre deux piédestaux : on les recouvre d'une tablette.

BANC, *Architecture*. C'est la hauteur de chaque lit de pierre dans une carriere. On appelle *banc de ciel* le premier lit & le plus dur qu'on trouve en fouillant une carriere : on le laisse & on le soutient sur des piliers pour servir de ciel & de plafond à la carriere. *Banc de volée*, c'est le banc qui tombe dans une carriere après l'avoir souchevé.

BANDE ou BARRE DE TREMIE, voyez au mot BARRE.

BANDES, *Architecture*. On appelle ainsi les principaux membres des architraves, des chambranles, impostes & archivoltes, qui pour l'ordinaire ont peu de saillie & de largeur sur une grande longueur. On les nomme aussi *faces* ou *fasces*, du latin *fascia*.

BANDEAU, *Architecture*. C'est une plate-bande unie qui se pratique autour des arcades ou des croisées d'un bâtiment où l'on veut épargner la dépense. C'est une sorte de chambranle sans moulures, orné seulement d'un quart de rond, d'un astragale, ou d'une feuillure que l'on taille sur l'arête du tableau de ces portes ou croisées.

BANDEAU, *Menuiserie*. C'est une planche mince & étroite qui termine le pourtour d'un lambris de menuiserie par le haut comme la plinthe le termine par en bas : le *bandeau* tient lieu d'une corniche, quand on ne veut point en faire la dépense.

BANDELETTE, *Architecture*. C'est une petite moulure plate qui n'a pas plus de saillie que de largeur & qui se nomme *filet*, *listel* ou *listeau*, selon la place qu'elle occupe dans les corniches & les autres membres d'architecture.

BANDER, *Architecture*. On dit *bander un arc* ou une plate bande ; c'est en assembler les voussoirs & les claveaux sur un ceintre de charpente, & les fermer avec la clef.

BANQUETTE, *Architecture*. C'est un petit chemin relevé pour les gens de pied le long d'un quai, d'un pont & même d'une rue, à côté du chemin des voitures, comme les banquettes du pont neuf & du pont royal, à Paris, & celles de la plûpart des rues à Londres. On l'appelle aussi *trottoir*.

BANQUETTE, *Fortification*. C'est une espece de petit degré de terre de quatre pieds de largeur sur deux ou trois de hauteur, que l'on construit sur le rempart des ouvrages, dans le chemin couvert, & ailleurs, au pied du côté intérieur du parapet, pour élever le Soldat & lui donner la facilité de découvrir par-dessus le parapet ce qui se passe dans la campagne & sur le chemin couvert.

BANQUETTE, *Hydraulique*. C'est un petit sentier pratiqué des deux côtés de la cuvette, ou rigole, d'un aqueduc, pour pouvoir y marcher & examiner si l'eau s'arrête ou se perd en quelque endroit. On donne ordinairement 18 pouces de largeur à ces *banquettes*.

BANQUETTE DE CROISÉE, *Architecture*. On donne ce nom à des appuis de pierre de 14 pouces de hauteur, pratiqués au bas des croisées dans l'intérieur des appartemens, de la demi-épaisseur du mur. On peut s'y asseoir en dedans, & ils reçoivent au dehors un balcon de fer dont la hauteur réunie avec celle de la *banquette*, doit être d'environ 3 pieds, pour pouvoir s'y accouder commodément.

BAR, *Maçonnerie*. C'est une espece de civiere extrêmement forte, dont les aide-maçons se servent pour porter des pierres d'une certaine grosseur & d'autres matériaux.

BARAQUES, *Art militaire*. C'est un petit logement que se bâtissent les Soldats obligés de camper pendant l'hyver, au moyen de quatre perches fourchues qu'ils fichent en terre, aux quatre coins de la *baraque*, traversées par quatre autres; le vuide se remplit par des clayes, des gazons, ou toute autre chose, & le dessus est couvert de chaume, pour se garantir de la rigueur de la saison.

BARBACANNES, *Architecture*. Ce sont des fentes ou ouvertures longues & étroites, qu'on laisse de distance en distance aux murs qui soutiennent des terrasses, pour donner de l'écoulement aux eaux. On les nomme aussi *canonieres* & *ventouses*.

BARBE, SAINTE-BARBE, *Marine*. C'est ainsi que se nomme, sur un vaisseau de guerre, la chambre des canoniers, à cause qu'ils ont choisi cette Sainte pour leur patrone. La *Sainte-Barbe* est un retranchement de l'arriere du vaisseau, au-dessus de la sonte & au-dessous de la chambre du Capitaine. Le timon du gouvernail passe dans la *Sainte-Barbe*.

BARBETTE, *Fortification*. C'est dans un bastion une petite élévation de terre vers l'angle flanqué, sur laquelle on établit le canon pour le tirer. Comme le canon des *barbettes* doit tirer par-dessus le parapet & non par des embrâsures, on ne laisse que trois pieds de hauteur au parapet des ouvrages où l'on veut établir des batteries à *barbette*.

BARDEAU, *Architecture*. Les Couvreurs appellent ainsi de petits ais minces de la forme & de la grandeur d'une tuile, faits avec du merrain, dont on couvre les apentis, les moulins, les bateaux de blanchisseuses & autres maisons flottantes sur l'eau.

BARDER UNE PIERRE, c'est la mettre ou la renverser sur le *bar*. Pour garantir les arêtes & les moulures délicates de la pierre, quand elle est taillée, les *bardeurs* garnissent le dessous de la pierre ou ses angles avec des *torches* de paille ou avec des nattes.

BARDEUR, c'est l'ouvrier ou Maçon qui porte le *bar*, ou qui charge la pierre dessus.

BARDIS, *Marine*. C'est un batardeau que l'on forme avec des planches sur le haut du bord d'un vaisseau, pour empêcher l'eau d'entrer sur le pont lorsqu'on couche ce vaisseau sur le côté pour le radouber.

BARLONG, *Architecture*. C'est une épithete que l'on donne à un corps dont la base a plus d'étendue à la face qu'au côté, c'est-à-dire que ce corps est plus long que large. *Oblong* est tout le contraire.

BAROMETRE, *Physique*. C'est un instrument qui sert à connoître & à mesurer la pesanteur de l'atmosphere & ses variations, & qui marque les changemens du tems. On est redevable de l'invention du barometre à *Toricelli*, disciple de *Galilée*. *Amontons* a fait un traité sur la construction des barometres, thermometres, &c. *Huyghens*, *de Mairan*, *Poliniere*, *Halley*, *Desaguliers*, ont aussi écrit sur la construction & les propriétés de cet instrument.

BAROSCOPE, *Physique*. C'est une espece de barometre imparfait, qui fait voir les changemens du poids du l'atmosphere sans les mesurer : il n'est plus d'usage.

BARQUE, *Marine*. C'est un petit bâtiment de mer qui n'a qu'un pont & trois mâts : le grand mât, celui de misaine & celui d'artimon. Le port de ces sortes de bâtimens, qui ne servent que pour la marchandise, est tout au plus de cent tonneaux.

BARRE, *Marine*. C'est une piece de bois longue & de peu d'épaisseur, qui sert à entretenir plusieurs pieces d'un vaisseau & à les lier ensemble. Ce terme a diverses significations suivant les noms auxquels il est joint; on dit *barre d'arcasse*, *barre de pont*, *barres d'écoutilles*, &c.

BARRE, *Navigation*. C'est un amas de sable, de cailloux, ou de vase qui se forme dans la mer, à l'entrée des ports & à l'embouchure des rivieres, & qui les comble de façon qu'on ne peut y arriver que de haute mer, ou quelquefois par des intervalles que laisse la barre, ou par des ouvertures qui s'y forment, en maniere de chenal. Ces sortes d'endroits où se font de pareils amas, se nomment *havre de barre*, *riviere de barre*.

BARRE D'APPUI, *Architecture*. C'est, dans une rampe d'escalier ou dans un balcon de fer, la *barre* de fer applatie sur laquelle on s'appuie, & dont les arêtes sont rabatues ou quarderonnées.

BARRE DE CROISÉE, se dit de toutes les *barres* de fer ou de bois qu'on met en dedans d'un appartement, derriere une fermeture de porte ou de croisée, pour plus de sûreté.

BARRE DE SOUDURE, les Fontainiers appellent ainsi une espece de lingot de soudure formé avec de l'étain & du plomb, dont le poids est de 18 ou 20 livres.

BARRE DE TREMIE, c'est une *barre* de fer plat, coudé en double équerre à ses deux extrêmités, dont l'usage est de soutenir les plâtres du foyer d'une cheminée. Elle se place dans les tremies ou ouvertures observées dans les planchers, & on les fait porter sur les solives d'enchevêtrure.

BARREAU, *Architecture*. Ce terme se dit de toute *barre* de fer employée suivant sa grosseur dans un bâtiment. Il se dit aussi des *barres* de fer ou de bois qui grillent une croisée ou une porte.

BARRICADES, *Art militaire*. C'est une espece de retranchement fait à la hâte avec des tonneaux, gabions, paniers remplis de terre, fascines, palissades, &c. qu'on met en travers d'une brêche ou de quelque passage, pour arrêter l'ennemi & mettre un poste en état de défense.

BARRIERE, *Fortification.* Ce sont des especes de portes formées d'un assemblage de charpente à claire voye, dont les montans qui se terminent en pointe sont arrêtés à quatre ou cinq pouces de distance l'un de l'autre. Elles sont composées de deux portes ou battans, & servent à fermer l'entrée d'un chemin couvert, d'un pont, ou d'un ouvrage avancé.

BARRIERE D'ÉCLUSE, *Hydraulique.* C'est une espece de porte d'écluse qu'on ouvre & qu'on ferme par le moyen d'un cabestan armé d'un pignon qui engrene dans une crémaillere à laquelle la *barriere* est attachée. *Voyez* la seconde partie de l'*Architecture Hydraulique*, tome 1, page 410.

BARRIERES TOURNANTES. Dans les sieges, on ferme les lignes de circonvallation avec des *barrieres* tournantes sur un poteau, qui s'appuient par leurs extrêmités sur deux autres poteaux, plantés à droite & à gauche de l'ouverture faite aux lignes. Lorsque ces *barrieres* sont ouvertes, elles laissent de part & d'autre un passage de 9 à 10 pieds.

BARRIL A POUDRE, *Artillerie.* Il y a des *barrils* de tout bois & de toute grandeur pour renfermer les munitions de guerre, comme poudre, plomb, mêche, &c. Il y a même des *barrils* à bourse de cuir par l'ouverture d'en haut, pour tenir la poudre plus sûrement dans les batteries.

BARRILLET, *Hydraulique.* C'est, dans une pompe aspirante ordinaire, un cylindre de bois garni de filasse, percé dans le milieu & couvert d'une soupape ou clapet, qui sert à empêcher l'eau de redescendre quand elle est une fois montée dans le corps de pompe.

BARRILS FOUDROYANS, ce sont des tonneaux que l'on remplit de poudre, de cailloux, & de quantité d'artifices. On y enfonce une fusée à laquelle on met le feu, & on les fait rouler du haut de la brêche en bas, ou sur les travaux de l'ennemi, pour y mettre le feu & causer du désordre parmi les assiégeans.

BARROTINS ou LATTES A BAUX, *Marine.* Ce sont de

petits ſoliveaux qu'on met entre les *baux* & les *barrots* ſous les ponts d'un vaiſſeau, pour les ſoutenir.

BARROTS ou BAUX, *Marine*. Quelques perſonnes ſe ſervent indifféremment de ces deux mots, cependant l'uſage a décidé que celui de *baux* ne ſe dit que des ſolives qui forment le premier pont d'un vaiſſeau, & qu'on emploie celui de *barrots* pour les pieces de bois des autres ponts. *Voyez au mot* BAUX.

BASBORD D'UN NAVIRE, *Marine*. C'eſt le côté gauche d'un vaiſſeau, c'eſt-à-dire le côté qui eſt à la gauche d'une perſonne placée à la poupe & qui regarde vers la proue; ce terme eſt oppoſé à *ſtribord*, qui déſigne le côté droit du vaiſſeau. On dit auſſi vaiſſeau de *bas bord*, pour déſigner un navire peu élevé de bord & qui ne porte qu'un tillac.

BAS-CÔTÉS, *Architecture*. C'eſt le nom que l'on donne aux galeries baſſes d'une égliſe, qui ſont à droite & à gauche de la nef.

BAS-OFFICIERS. *Art militaire*. Ce ſont, dans les compagnies de cavalerie & de dragons, les Maréchaux de logis; & dans l'infanterie, les Sergens.

BAS-RELIEF, *Architecture*. C'eſt un ouvrage de ſculpture qui a peu de ſaillie & qui paroît appliqué ſur un fond, comme on en voit qui ſont taillés ſur la friſe, aux Ordres Corinthien & Compoſite, dans les édifices antiques.

BASCULE, *en Fortification*. On appelle ainſi la partie d'un pont levis qui ſe hauſſe & s'abaiſſe par le moyen de deux fleches auxquelles ſont attachées des chaînes de fer qui font mouvoir le tablier du même pont. Voyez *la Science des Ingénieurs*, par M. *Belidor*, livre 4.

BASCULE, *Mécanique*. C'eſt en général une piece de bois qui monte, deſcend, ſe hauſſe & ſe baiſſe par le moyen d'un eſſieu qui la traverſe dans ſon épaiſſeur, vers le milieu de ſa longueur, pour être plus ou moins en équilibre. C'eſt proprement un levier de la premiere eſpece, où le point d'appui ſe trouve entre la puiſſance & la réſiſtance.

BASE, *Architecture*. Ce terme ſe dit en général de tout corps qui en porte un autre avec empattement; mais particulierement de la partie inférieure de la colonne & du piédeſtal. Les baſes varient de forme & de moulures

moulures ſuivant les différens Ordres où elles ſont appliquées.

Base, *Géométrie.* La *baſe* d'une figure plane, eſt proprement la plus baſſe partie de ſon circuit, ainſi la *baſe* d'un triangle eſt un de ſes côtés oppoſé à ſon ſommet. La *baſe* d'un triangle rectangle, eſt le côté oppoſé à ſon angle droit, c'eſt ce qu'on appelle ſon *hypothenuſe.* La *baſe* d'un corps ſolide eſt la ſurface inférieure, ou celle ſur laquelle tout le ſolide eſt appuyé. La *baſe* d'une ſection conique eſt une ligne droite qui ſe forme dans l'hyperbole & dans la parabole par la commune ſection du plan coupant & de la *baſe* du cône.

BASILIC, *Artillerie.* C'eſt une ancienne piece de canon de 48 livres de balle & qui portoit 26 calibres de longueur; elle peſoit environ 7200 livres. Il ne s'en fond plus de ce calibre en France.

BASILIQUE, *Architecture.* C'étoit chez les anciens une ou pluſieurs ſalles ſpacieuſes & magnifiquement décorées de colonnes & d'Ordres d'Architecture, où l'on rendoit la juſtice & où les Magiſtrats tenoient leurs aſſemblées & leurs ſéances à couvert.

BASSECOUR, *Architecture.* C'eſt dans un bâtiment de conſéquence une cour ſéparée de la cour principale, dans laquelle on diſtribue les remiſes, les écuries & les logemens de domeſtiques, ainſi que les cuiſines & offices. Ces *baſſe-cours* doivent avoir des entrées de dégagement par les dehors pour la commodité de leur ſervice.

BASSE-EAU, Basse-mer, *Marine.* Cela ſe dit de la mer lorſqu'elle eſt retirée, c'eſt-à-dire, lorſque ſes eaux ne ſont pas plus hautes qu'elles étoient avant que le flux la fit monter; ce qui eſt entierement oppoſé à *haute-mer* ou pleine mer.

BASSIN, ſe dit en général d'un réſervoir d'eau, ou d'un vaiſſeau deſtiné à recevoir ou à contenir de l'eau.

Bassin, *Architecture.* C'eſt dans un jardin un endroit creux, dont le bord ſupérieur eſt à fleur de terre, de forme ronde, quarrée, ou à pans, revêtu de maçonnerie dans ſon pourtour ainſi que dans ſon plafond, & entouré de toutes parts d'un corroi de glaiſe entre les terres & la maçonnerie, pour retenir les eaux qu'on y conduit par le moyen de quelque tuyau. Les baſſins font souvent ornés d'un ou de plusieurs jets, & décorés de diverses figures allégoriques qui jettent de l'eau.

BASSIN, *Marine.* C'est un endroit particulier dans un port de mer, revêtu de maçonnerie, où l'on entretient toujours l'eau à la même hauteur par le moyen d'une écluse, afin que les vaisseaux y demeurent à flot après que la mer est retirée : ce qui les conserve & les garantit de la pourriture à laquelle ils sont exposés quand ils restent couchés sur la vase dans le tems de la basse mer. Sur la méditerrannée ces bassins s'appellent *darce* ou *darcine.*

BASSIN A CHAUX, *Maçonnerie.* On appelle ainsi dans les atteliers un grand espace bordé de maçonnerie, dans lequel on détrempe la chaux pour l'éteindre.

BASSIN DE DÉCHARGE, *Hydraulique.* C'est dans le plus bas d'un jardin ou d'un parc, un canal ou une grande piece d'eau, dans laquelle toutes les eaux se déchargent après avoir fait jouer plusieurs fontaines, & d'où elles se rendent ensuite par quelque ruisseau ou rigole dans la riviere la plus prochaine.

BASSIN D'ÉCLUSE, se dit aussi d'un grand réservoir d'eau qu'on amasse pour entretenir les écluses & pour fournir dans le besoin aux canaux de navigation.

BASSIN DE PARTAGE, c'est dans un canal fait par artifice, l'endroit où se trouve le sommet du niveau de pente, & où l'on rassemble toutes les eaux pour en fournir au canal. Le repaire où se fait cette jonction est appellé *point de partage.* Le plus beau *bassin de partage* & le plus abondant en eaux, est celui de Naurouse, que l'on a fait pour le canal de Languedoc, qui forme la communication de l'océan avec la méditerrannée ; il a 200 toises de longueur sur 150 de largeur, & est revêtu de pierre de taille. C'est le point de partage d'où les eaux se distribuent à droite & à gauche dans un canal de soixante-quatre lieues de longueur.

BASSINET, *Hydraulique.* C'est un petit retranchement ceintré que l'on ménage sur les bords intérieurs d'une cuvette, pour y faire entrer la quantité d'eau distribuée aux particuliers par une ou plusieurs jauges de différens diametres : ce qui s'appelle *jauger l'eau.* Voyez aussi au mot CLOISONS.

BASTILLE, *Fortification.* C'est un petit château ou forteresse à l'antique, flanqué de tourelles, terminé en terrasse avec des crenaux pour pouvoir s'y défendre. Tel est le château de *la Bastille* à Paris.

BASTION, *Fortification.* C'est une grande masse de terre revêtue de maçonnerie ou de gazons, placée en saillie sur les angles de l'enceinte d'une place fortifiée à la moderne, pour en flanquer toutes les parties. On en construit quelquefois sur les côtés d'un polygone, quand ils sont trop longs, pour diminuer la portée de la ligne de défense. La figure d'un *bastion* est à peu près celle d'un pentagone un peu allongé; il est composé de deux faces qui forment un angle saillant vers la campagne, & de deux flancs qui joignent les faces à l'enceinte. Son ouverture vers la place forme le cinquieme côté, & se nomme la *gorge du bastion.*

BASTION A ORILLONS & *à flancs concaves.* La construction de ces sortes de *bastions* consiste à rendre concave une partie du flanc, & à couvrir cette concavité par le reste du flanc vers l'épaule que l'on arrondit en demi-cercle, ce qui forme l'*orillon.*

BASTION CONTREMINÉ, c'est un bastion auquel on a pratiqué des galeries de contremines dans les terres du rempart, le long de son revêtement.

BASTION COUPÉ, est celui dont on a retranché la pointe, ensorte qu'elle forme un ou deux angles rentrans. Il n'est d'usage que lorsque l'angle flanqué du *bastion* se trouve trop aigu, ou lorsque quelque obstacle ne permet pas de le terminer à l'ordinaire.

BASTION DES LIGNES. Dans la circonvallation d'une place, lorsque les branches des lignes forment des angles saillans, on y construit des *bastions* en terre, ou des *demi-bastions*, selon que ces angles sont plus ou moins ouverts.

BASTION DÉTACHÉ, est celui qui est isolé & détaché de l'enceinte de la place: telles sont les contre-gardes des tours bastionnées de Landaw & du Neuf-Brisac.

BASTION IRRÉGULIER, est un *bastion* qui a de l'inégalité dans ses faces, dans ses flancs, ou dans ses demi-gorges, ou bien dans ses angles, soit du flanc, soit de l'épaule. Les *bastions* de cette espece sont très-ordinaires, parce qu'ils s'employent dans la fortification irréguliere, qui est bien plus commune que la réguliere.

BASTION PLAT, c'eſt un *baſtion* conſtruit ſur une ligne droite, & dont les demi-gorges ſont ſur une même ligne. On en fait uſage lorſque la courtine a trop de longueur pour que les deux *baſtions* qui ſont à ſes extrêmités puiſſent la défendre.

BASTION PLEIN, eſt celui dont toute la capacité ſe trouve remplie par les terres du rempart; c'eſt dans ces ſortes de *baſtions* qu'on éleve des *cavaliers*. On y pratique auſſi des ſouterreins qui ſont très-commodes en tems de ſiege pour retirer les troupes & les munitions, & les mettre à l'abri des bombes.

BASTION RÉGULIER, eſt celui qui a ſes faces égales ainſi que ſes flancs, & qui a ſes angles du flanc & de l'épaule égaux entre eux. Il s'employe dans la fortification réguliere.

BASTION SIMPLE, eſt celui dont les flancs ſont tracés en ligne droite à l'ordinaire.

BASTION VUIDE, eſt un *baſtion* dont le rempart eſt mené parallélement aux flancs & aux faces, enſorte qu'il reſte un vuide dans ſon milieu. C'eſt dans ce vuide qu'on place les magaſins à poudre.

BATAILLE, c'eſt une action générale & ordinairement préparée de part & d'autre entre deux armées rangées ſur un champ de bataille aſſez vaſte pour que la plus grande partie des troupes puiſſe combattre.

BATAILLON, c'eſt un nombre d'hommes à pied, diſpoſés, armés & exercés pour combattre enſemble comme s'ils ne faiſoient qu'un ſeul corps, ſous le commandement d'un chef appellé *Major*.

BATAILLON QUARRÉ, eſt un *bataillon* dont les Soldats ſont arrangés de maniere que les rangs ſont égaux aux files, de ſorte que les quatre côtés qui le terminent contiennent le même nombre d'hommes.

BATARDE, *Artillerie*. C'eſt une piece de canon, longue d'environ 8 pieds 10 pouces, & qui peſe autour de deux milliers. Les boulets qu'elle chaſſe ont trois pouces 10 lignes de diametre, & peſent 8 livres.

BATARDEAU, *Fortification*. C'eſt dans le foſſé d'une ville de guerre, un maſſif de maçonnerie qui traverſe toute la largeur de ce foſſé pour en retenir l'eau à une certaine hauteur. On le conſtruit ordinairement vis-à-vis de l'angle ſaillant d'un baſtion ou d'une demi-lune, ſur le prolongement de la capitale de ces ouvrages. Au milieu du *batardeau* on laiſſe une ouverture qui ſe ferme avec une vanne pour faire passer l'eau d'un côté du fossé à l'autre quand on le juge à propos. La partie supérieure du *batardeau* est terminée en dos d'âne & forme une espece de chaperon : cette partie se nomme la *cape du batardeau*.

BATARDEAU, *Hydraulique*. C'est une espece de digue artificielle formée par un double rang de pieux joints par des planches, entre lesquelles on fait un massif fort épais de terre franche ou de terre grasse battue à la demoiselle lit par lit, d'un pied d'épaisseur réduit à 8 pouces, qu'on éleve dans une riviere, dans un lac, ou dans la mer jusqu'au-dessus du niveau des plus hautes eaux, pour en garantir les fondations d'un pont, d'un quai, d'une jettée ou de quelqu'autre ouvrage hydraulique que l'on se propose de bâtir. Quand ces ouvrages ne se font qu'en terre, on leur donne pour largeur à leur base le triple de celle qu'ils doivent avoir au sommet.

BATEAUX, petits bâtimens dont on se sert pour naviger sur les rivieres. Un *batteau* peut être chargé sans couler à fond du poids de quelque matiere qu'on voudra, pourvu que ce poids soit inférieur à celui de l'eau qu'il pourroit contenir.

BATI, *Menuiserie*. C'est le nom que donnent les ouvriers aux battans, montans & traverses d'une partie de lambris de menuiserie, d'une porte ou d'une croisée, assemblés, soit que les panneaux y soient ajustés ou non.

BATIMENT, *Architecture*. On entend sous ce nom tous les lieux propres à l'habitation ou à la demeure des hommes; aussi-bien que les édifices sacrés, places publiques, arcs de triomphe, portes de ville, &c. construits en pierre, en marbre ou en bois de charpente.

BATIMENT, *Marine*. On comprend sous ce nom en général toutes sortes de vaisseaux ou de navires, depuis le plus petit jusqu'au plus grand; quelques-uns en exceptent les vaisseaux de guerre, quoiqu'il paroisse que le nom de *bâtiment* convient également à ceux-ci comme aux vaisseaux marchands.

BATIR, *Architecture*. Ce terme considéré en lui-même a trois significations; il désigne tout à la fois la dépense qu'on fait pour un bâtiment, l'invention de son dessein, & la main d'œuvre de son exécution. Ainsi, l'on dit qu'un tel particulier *a bâti* cette maison, lorsqu'il en a fait la dépense : qu'un tel architecte l'a *bâti*, parce qu'il en a fourni le dessein ; & qu'un tel entrepreneur *bâtit* bien, lorsque les édifices qu'il fait construire sont bâtis avec de bons matériaux, & exécutés avec le soin & la propreté que l'art demande. Les livres qui regardent particuliérement l'art de *bâtir* ou la pratique du bâtiment, sont l'*Architecture pratique*, par *Bullet*, in-8°. *le Cours d'Architecture*, par *d'Aviler*, in-4°. *l'Art de bâtir les maisons de campagne*, par *Briseux*, en deux vol. in-4°. & l'*Architecture moderne*, ou l'*Art de bien bâtir pour toutes sortes de personnes*, par *Jombert*, en deux vol. in-4°. avec 150 planches. *Paris*, 1764.

BATON, *Architecture*. C'est une grosse moulure ronde qui se voit à la base des colonnes. On l'appelle aussi *tore*.

BATTAGE, *Artillerie*. Ce terme se dit du temps que l'on emploie à battre la poudre dans les moulins. Les pilons des moulins à poudre sont de longues pieces de bois armées de fonte, & les mortiers où elle se bat sont des trous creusés dans une piece de bois fort épaisse. Chaque mortier contient ordinairement 16 livres de composition : pour faire de la bonne poudre, il faut un battage de 24 heures, à 3500 coups de pilon par heure.

BATTANS, *Menuiserie*. Ce sont, dans les portes & les croisées, les principales pieces de bois, en hauteur, où s'assemblent les traverses, pour former le bâti. On donne aussi le nom de *battans* aux ventaux d'une porte, & l'on dit qu'une porte est à deux *battans*, lorsqu'elle s'ouvre en deux parties.

BATTE, *Hydraulique*. C'est une espece de jettée ou d'ouvrage construit sur le bord d'une riviere, & composé de deux files de pilots en grume espacés tant plein que vuide, dont l'intervalle est rempli de moilons du pays entremêlés de bon gravier.

BATTE, *Maçonnerie*. C'est un gros bâton fait comme une espece de massue d'*Hercule* dont les manœuvres se servent pour battre leur plâtre. Dans les fortifications, la *batte* pour les gazons est à peu près semblable à celle que les blanchisseuses appellent *battoir*. Et dans le jardinage, on entend par le mot de *batte*, un instrument formé d'un long manche, enfoncé diagonalement dans un plateau de bois de six pouces d'épaisseur ou environ, dont on se sert pour battre les allées.

BATTELEMENT. Les couvreurs appellent ainsi le dernier rang des tuiles doubles, par lesquelles un toit s'égoute dans un cheneau de comble ou dans une goutiere.

BATTEMENT, *Menuiserie*. C'est une tringle de bois qui cache l'endroit où les venteaux d'une porte se joignent, & qui les soutient par le haut. Ce terme a la même signification dans la serrurerie.

BATTERIE, *Artillerie*. On donne ce nom en général à tout emplacement couvert d'un épaulement, où l'on place du canon ou des mortiers pour tirer sur l'ennemi & détruire ses défenses. Les pieces se posent sur un plancher établi avec des poutrelles & des madriers, pour empêcher que leur pesanteur, ou l'effort du recul des canons, ne les enfonce dans la terre. Ces pieces sont couvertes par un épaulement de terre & de fascinage, auquel on pratique des embrasures (si c'est une *batterie* de canons) pour passer la volée de la piece. On ne fait point de ces embrasures à l'épaulement des *batteries* de mortiers.

BATTERIE A BARBETTE. Ce sont des plate-formes établies aux angles flanqués des bastions & des ouvrages avancés, que l'on éleve de trois pieds au-dessus du terre-plein du rempart ; de sorte que le boulet, lorsqu'on tire le canon, rase le dessus du parapet. On donne aussi le nom de *barbette* à tous les endroits où l'on tire du canon par-dessus le parapet, sans y pratiquer d'embrasure.

BATTERIE A REDENTS. C'est une espece particuliere de *batterie*, dont l'épaulement ou le parapet, au lieu d'être construit en ligne droite, a des parties plus saillantes & d'autres rentrantes, dont les faces se flanquent l'une l'autre, soit par quelque sujétion du terrein, soit parce qu'on veut battre quelque ouvrage qui a des angles saillans & rentrans, soit enfin parce que les traverses qu'on pourroit faire pour couvrir la *batterie*, ne la garantiroient pas assez du feu de l'ennemi.

BATTERIE A RICOCHET. C'est une *batterie* destinée à tirer le canon à ricocher : elle doit enfiler & battre de revers les chemins couverts & les autres défenses de la place. C'est pourquoi on place ces *batteries* sur le prolongement des faces des ouvrages attaqués & des branches du chemin couvert. Pour tirer le canon à ricocher, il faut mettre la piece sur la semelle & la tirer à toute volée, en la chargeant d'une moindre quantité de poudre que pour battre en brèche. *Voyez* ci-après au mot RICOCHET.

BATTERIE CROISÉE. On donne ce nom à deux *batteries* de canons éloignées l'une de l'autre, qui se croisent pour battre la même partie d'un revêtement ; ensorte que les coups de l'une achevent d'abattre ce que ceux de l'autre ont commencé à ébranler.

BATTERIE DANS UN MARAIS. C'est une espece particuliere de *batterie*, qu'on est obligé de construire avec des gabions, dans des lieux aquatiques, ou dont le terrein n'a pas assez de consistance. Leur plate-forme s'établit sur un ou plusieurs lits de fascines & de clayonnages, que l'on affermit avec des piquets. *Voyez* ci-après BATTERIE DE GABIONS.

BATTERIE DE CANONS. C'est un endroit couvert d'un *épaulement*, où l'on place du canon pour tirer sur les défenses de l'ennemi. La forme de cet épaulement est ce qui constitue essentiellement la *batterie de canons*. On le construit avec des fascines & des piquets mêlés de terre, & on lui donne au moins trois toises d'épaisseur sur sept à huit pieds de hauteur. Les *embrasures* se font à trois pieds de hauteur du sol de la *batterie*, & à trois toises de distance l'une de l'autre. La partie du parapet comprise entre deux embrasures se nomme *merlon*, & celle qui se trouve depuis le sol de la *batterie* jusqu'à l'appui de l'embrasure, se nomme *genouillere*. On donne le nom de *jouës* aux deux côtés de l'épaulement qui forment le vuide de l'embrasure à droite & à gauche. La partie supérieure de l'embrasure est couverte avec de gros rouleaux de fascines attachés de part & d'autre avec de longs piquets. Le canon est placé sur une *plate-forme* ou un plancher très-solide, formé avec des *gistes* ou poutrelles rangées parallelement entr'elles, & recouvertes avec de forts madriers posés en travers, & arrêtés sur ces poutrelles. On pratique à quelque distance des *batteries* de petits endroits couverts, où l'on met la poudre pour la garantir de tout accident. Ces endroits s'appellent les *magasins de la batterie*.

BATTERIE D'ENFILADE. C'est celle d'où l'on découvre toute la longueur de quelque partie d'un ouvrage, comme seroit une courtine, la face d'un bastion, une branche du chemin couvert ou d'un ouvrage à cornes, &c. & qui bat en rouage le canon de l'ennemi. *Voyez* BATTERIE EN ROUAGE.

BATTERIE DE GABIONS. Pour construire les batteries de cette espece, on se sert de grands *gabions* qui ont huit pieds de hauteur sur six de diametre : on en pose une suite, rangés les uns à côté des autres, sur la ligne de l'épaulement. On les remplit ensuite de terre, ce qui forme un épaulement en assez peu de tems. On en met plusieurs rangées les unes au devant des autres, jusqu'à ce que l'épaulement ait une épaisseur suffisante. Quelquefois on se sert de tonneaux au lieu de *gabions*.

BATTERIE DE MORTIERS. C'est un endroit que l'on prépare, & où l'on arrange des mortiers, pour jetter des bombes sur une place assiégée. Elles different des *batteries* de canons, en ce qu'elles n'ont point d'embrasures à leur épaulement, & que leur plate-forme est de niveau, au lieu que celles de canons sont un peu en pente depuis la partie la plus éloignée de l'épaulement, jusqu'à l'embrasure. On plante deux piquets d'alignement sur la partie supérieure de l'épaulement pour diriger la bombe, & l'on dispose le mortier de maniere que l'axe de son ame s'aligne avec ces deux piquets.

BATTERIE DE PIERRIERS. Elles ne different en rien de celles de mortiers : on observe seulement, comme leur portée ne va tout au plus qu'à 130 ou 150 toises, de ne les établir que lorsqu'on est parvenu à la troisieme parallele, ou au pied du glacis, pour inquiérer l'ennemi & l'incommoder dans le chemin couvert. Lorsqu'on a le soin de renfermer les pierres dans un panier fait exprès, elles font un meilleur effet, & le pierrier en dure davantage.

BATTERIE DE REVERS, est celle qui bat le derriere d'un ouvrage, & qui voit le dos de ceux qui la défendent. On les appelle aussi *batteries meurtrieres*, parce qu'elles sont plus dangereuses que les autres, étant très-difficile de se garantir de leurs coups.

BATTERIE DIRECTE. C'est une *batterie* dont les coups sont dirigés à peu près perpendiculairement sur les côtés des ouvrages devant lesquels elle est placée.

BATTERIE D'OBUS : elles se construisent à peu près de la même maniere que les *batteries* de canons ; on observe seulement de ne point donner de talud à leur plateforme, & de faire l'ouverture de leur embrasure plus grande & plus évasée du côté intérieur de la *batterie*, parce que l'obus étant très-court, sa volée n'entre point du tout dans l'embrasure, & que leur souffle en détruiroit les joues en très-peu de tems, si on les faisoit aussi resserrées que les embrasures pour le canon.

BATTERIE DU CHEMIN COUVERT. Ce sont celles qu'on établit sur la partie supérieure du glacis, pour battre en brèche le revêtement d'un ouvrage, lorsqu'on s'est rendu maître de son chemin couvert. Comme elles s'établissent sous le feu de la place, leur construction est très-dangereuse. On est obligé quelquefois de les *masquer* avec des sacs à laine, ou quelque autre chose qui en cache la vue à l'ennemi, jusqu'à ce qu'elles soient en état de tirer.

BATTERIE EN ÉCHARPE, OU DE BRICOLE. C'est une *batterie* dont les tirs font un angle de 20 degrés au plus avec les faces ou avec les côtés des ouvrages qu'elle bat. On l'appelle aussi *batterie de bricole*, parce que le boulet ne faisant qu'effleurer la partie sur laquelle il va frapper, se réfléchit dans les environs, à peu près comme le fait une bille qui a frappé obliquement la bande d'un billard.

BATTERIE EN ROUAGE. C'est une *batterie* placée sur le prolongement de quelque ouvrage, & qui peut battre les rouages & les affuts du canon de l'ennemi. On s'en sert pour démonter le canon de l'ennemi, & l'on y parvient aisément par le moyen du ricocher.

BATTERIE ENTERRÉE. On appelle ainsi une *batterie* dont la plate-forme est enterrée, ou plus basse que le niveau de la campagne; de façon que c'est le terrein même qui sert d'épaulement à la *batterie*, & qu'on est obligé de faire des coupures dans ce terrein pour servir d'embrasures au canon.

BATTERIE SUR LE ROC. Lorsqu'on est obligé d'établir une *batterie* sur le roc ou dans des endroits où il n'y a pas de terre, on les construit avec des gabions, que l'on remplit de terre rapportée, si l'on a la facilité d'en faire venir de plus loin. Sinon, on forme l'épaulement avec de gros ballots de laine, ou avec des futailles vuides, que l'on remplit de fourrage, ou de toute autre matiere propre à rompre & amortir la force du boulet. On égalise le dedans de la *batterie*, en applanissant le roc du mieux qu'il est possible, pour l'établissement de la plate-forme.

BATTERIES, *Marine*. C'est une quantité de canons montés

sur leur affût, placés des deux côtés du vaisseau à son avant & à son arriere. Les forts vaisseaux de guerre ont trois rangs de *batteries*. La premiere, qui est la plus basse, porte les canons du plus fort calibre. La seconde *batterie*, qui est placée au-dessus de la premiere, c'est-à-dire, au second pont, est formée des canons de moyen calibre. La troisieme se place sur le dernier pont, qui est le pont d'en-haut, & porte les moindres canons. Chaque rang est ordinairement de quinze sabords, sans y comprendre ceux de la sainte barbe & les *batteries* qui sont sur les chateaux d'avant & d'arriere. La premiere *batterie*, qui est la plus basse, doit être cependant assez élevée pour que dans les gros tems elle ne soit pas *noyée*, ce qui la rendroit inutile.

BATTEURS D'ESTRADE, *Art militaire.* Ce sont des cavaliers que le Général envoie pour reconnoître les environs du camp qu'il occupe, & les avenues ou chemins par où l'ennemi pourroit s'avancer pour l'attaquer.

BATTRE, *Artillerie. Battre en brêche*, c'est ruiner avec le canon le revêtement ou le rempart de quelque ouvrage que ce soit, pour y faire brêche, c'est-à-dire, une ouverture par où l'on puisse entrer. Quand on *bat en brêche*, on tire toutes les pieces d'une batterie ensemble & vers le même point. On doit toujours alors tirer le plus bas qu'il est possible, pour sapper le pied du revêtement, & ne le point quitter que l'on ne voie la terre qui est derriere s'ébouler sur la brêche.

BAU, BAUX, BARROTS, *Marine.* On appelle ainsi des pieces de bois ou solives disposées les unes à côté des autres, en travers du vaisseau, d'un flanc à l'autre, pour en affermir les bordages & en soutenir les tillacs. Les *barrotins* sont des *demi-baux* placés de part & d'autre des écoutilles, qui se terminent aux hiloires, & qui sont soutenus par des arcs-boutans ou pieces de bois mises de travers entre deux *baux*. *Maître-bau*, c'est le plus long des baux, qui donne par sa longueur la plus grande largeur du vaisseau. Il est posé à l'embelle ou au gros du vaisseau, sur le premier gabari. *Faux-baux*, ce sont des pieces de bois pareilles aux *baux*, que l'on met de six pieds en six pieds sous le premier tillac des grands vaisseaux, pour fortifier le fond du bâtiment & former le faux pont. Ordinairement on ne donne le nom de *baux* qu'aux pieces du premier pont, & on se sert de celui de *barrots* pour les petits *baux* qui ſoutiennent les autres ponts.

BAUDETS, *Charpenterie.* Ce ſont de grands treteaux ſur leſquels les ſcieurs de long poſent leurs bois pour les débiter.

BAVETTE, *Architecture.* C'eſt en termes de plombier une ſorte de plate-bande de plomb, qui couvre les bords & les devans des cheneaux d'un comble. On donne auſſi ce nom aux plaques de plomb que l'on attache au-deſſous des bourſeaux qui ſervent d'ornement ſur les couvertures d'ardoiſe.

BAUGE, *Maçonnerie.* C'eſt un mortier ruſtique fait avec de la terre franche & de la paille, ou du foin haché. On pêtrit ce mélange, on le corroye, & l'on s'en ſert dans les pays où le plâtre, la chaux & la pierre ſont rares. Preſque toutes les chaumieres ſont bâties avec ce mortier.

BAUQUIERES, *Marine.* Ce ſont de fortes pieces de bois qui s'étendent depuis l'étrave juſqu'aux eſtains, prenant tout le contour intérieur du navire, à la hauteur des ponts. Elles ſupportent l'extrêmité des baux qui leur ſont aſſemblés à queue d'aronde.

BAYE ou BÉE. *Voyez ci-devant au mot* BAIE.

BAYE, *Marine.* C'eſt un bras de mer qui ſe jette entre deux terres, où les vaiſſeaux ſont en ſûreté, étant beaucoup plus large par le dedans que par l'entrée. Le ventre ou renfoncement de la *baye* eſt plus grand que celui de l'ance, & plus petit que celui du golphe.

BAYONNETTE, *Art militaire.* C'eſt une eſpece de couteau ou d'épée fort courte, ayant au lieu de manche une douille de fer, au moyen de laquelle elle paſſe & s'emmanche dans le canon du fuſil où elle eſt arrêtée, ſans empêcher de le tirer ou de le décharger.

BEAUPRÉ, *Marine.* C'eſt un mât qui eſt couché ſur l'éperon, à la proue des vaiſſeaux, ſous un angle d'environ 35 degrés. Son pied eſt enchaſſé ſur le premier pont, au-deſſous du chateau d'avant, avec une grande boucle de fer & deux chevilles de fer qui ſortent entre deux ponts. Le mât de *beaupré* s'avance au-delà de la proue: il eſt couché ſur l'étambrai, & paſſe au-delà de l'éperon autant qu'il eſt néceſſaire pour donner du jeu à la voile, afin qu'elle ne s'embarraſſe point avec l'éperon.

BEC, *Architecture.* C'eſt le petit filet qu'on laiſſe au bord d'un larmier, qui forme un canal, & qui fait la mouchette pendante.

BEC DE CORBIN, *Architecture*. C'est une moulure qui ne differe du quart de rond que par sa situation, qui est renversée.

BECHEVET, *Charpenterie*. C'est une maniere de disposer les solives d'un plancher ou les pieces de bois qui forment un linteau, ensorte que le gros bout de l'une & le plus menu d'une autre, se rencontrent à côté l'un de l'autre pour former une largeur égale, lorsque les bois sont plus larges & plus épais à un bout qu'à l'autre.

BÉFROY, *Art militaire*. C'est dans les villes de guerre, ou dans les places frontieres à portée de l'ennemi, une tour, un clocher, ou une espece de donjon élevé pour pouvoir découvrir de loin, où l'on tient une cloche que l'on sonne pour donner l'allarme lorsqu'on apperçoit des troupes ou quelque incendie. Dans les villes de guerre on sonne la cloche du *béfroy* à la pointe du jour, pour l'ouverture des portes, & à la fin du jour, pour la retraite & la fermeture des portes.

BÉLANDRE, *Navigation*. C'est un petit bâtiment fort en usage en Flandres & dans les Pays-Bas, sur les rivieres & les canaux, pour le transport des marchandises. La *bélandre* est longue & plate de varangue, ayant son appareil de mâts & de voiles semblable à celui d'un *heu*, & allant de même à la bouline au moyen des semelles qu'on y ajoute. Elle est du port de 80 tonneaux, & n'a besoin que de trois ou quatre hommes pour la conduire.

BÉLIER, *Art militaire*. C'est une machine dont les anciens se servoient pour abbattre les murailles des villes qu'ils assiégeoient : elle consistoit en une grosse poutre, armée par le bout d'une piece de fer qui avoit la forme d'une tête de bélier. On faisoit jouer le bélier sous une galerie appellée *tortue*, ou dans une tour de bois, à laquelle il étoit suspendu par des cordes ou des chaînes de fer. Un nombre suffisant de soldats poussoit avec effort le *bélier* vers le pied du mur qu'on vouloit abbattre.

BELLE ou EMBELLE, *Marine*. C'est dans un vaisseau une partie du pont d'en-haut qui regne entre les haubans de misaine & les grands haubans, & qui a son bordage & son plat-bord moins élevés que le reste de l'avant & de l'arriere du navire. *Voyez aussi au mot* EMBELLE.

BELVEDERE, c'est un petit bâtiment ou pavillon élevé à l'extrêmité d'un parc ou d'un jardin, pour y jouir d'un beau point de vue, ou de l'aspect d'une campagne agréable. Ce n'est quelquefois qu'une simple plate-forme en terrasse, située en belle vue, & qui domine sur la campagne; alors on lui donne le nom de *cavalier*.

BERCEAU, *Architecture*. C'est une voûte cylindrique quelconque, dont la courbure peut être de diverse espece. Lorsqu'elle est circulaire, c'est un *berceau en plein ceintre*. Les arches des ponts sont ordinairement des *berceaux* cylindriques dont la longueur excede la largeur.

BERCEAU D'EAU, *Hydraulique*. C'est une espece de berceau formé par plusieurs petits ajutages disposés à égale distance sur les deux côtés de l'allée de quelque bosquet, & inclinés tellement l'un vis-à-vis de l'autre, qu'ils font autant de jets paraboliques qui se croisent l'un l'autre, formant des arcades d'eau, sous lesquelles on peut passer sans en être mouillé. Telle étoit l'allée ou le *berceau d'eau* qu'on voyoit autrefois à Versailles dans le bosquet où sont à présent les trois fontaines : on peut voir la description qu'en donne *Félibien* dans *la description de Versailles* in-12, page 309, ou dans le livre intitulé *les délices de Versailles*, *in-folio*, page 20.

BERGE, *Navigation*. C'est ainsi qu'on appelle les bords élevés ou escarpés d'une riviere ou d'un canal. La *berge* differe du *rivage* en ce que celui ci est un terrein uni, où l'eau arrive & peut s'étendre dans les crues de la riviere, au lieu qu'on entend par *berge* un terrein élevé qui borde la riviere, & qui empêche ses eaux d'inonder la campagne.

BERME, *Architecture hydraulique*. C'est un chemin qu'on laisse entre une levée & le bord d'un canal, ou d'un fossé plein d'eau, pour empêcher que les terres de la levée, venant à s'ébouler, ne remplissent le canal ou le fossé.

BERME, *Fortification*. C'est une retraite de 4 à 5 pieds qu'on pratique aux places qui ne sont point revêtues, entre le pied du rempart & le fossé, pour recevoir les débris du parapet & les terres qui s'éboulent du rempart, afin qu'elles ne tombent point dans le fossé. On l'appelle aussi *relais*. On y plante ordinairement une haie vive, ou bien l'on y met un rang de palissades pour en défendre l'approche & se garantir de l'escalade. Autrefois la *berme* étoit couverte par une muraille qu'on élevoit sur le bord du fossé; alors cet espace vuide qui restoit entre la muraille & le pied du rempart s'appelloit *fausse-braye*. *Voyez* à ce mot.

BÉSAIGUE, *Charpenterie*. C'est un outil de fer acéré & tranchant, dont les charpentiers se servent après avoir refait les bois à la coignée, pour en dresser & réparer les faces, & pour faire les tenons & mortoises. Il est formé d'une barre de fer plate d'environ trois pieds & demi à quatre pieds de longueur, ayant dans le milieu une douille qui sert à l'ouvrier de poignée pour la tenir. Elle est faite par un de ses bouts comme un ciseau à un tranchant, & de l'autre elle a la forme d'un bec-d'âne.

BÉTON, *Architecture hydraulique*. C'est une espece particuliere de mortier, dont on fait usage pour les fondations dans l'eau & dans la mer, & qui a la propriété de s'y durcir merveilleusement en peu de tems. Le *béton* est composé de douze parties de pozzolane, ou de terrasse de Hollande, ou de cendrée de Tournay, & de six parties de bon sable ou gravier, incorporés avec neuf parties de chaux vive éteinte à part. On y joint ensuite treize parties de recoupes de pierres, ou de cailloux de moyenne grosseur, & trois parties de mâchefer pilé & concassé, quand on est à portée d'en avoir facilement. Voyez-en l'usage & les propriétés dans la seconde partie de l'*Architecture hydraulique*, par M. *Belidor*, liv. 3. chap. 10. section 2.

BIAIS, *Architecture*. Ce terme s'applique en général à un corps ou une figure quelconque situé de côté ou de travers, relativement à un autre. Dans la construction d'un bâtiment, il se trouve souvent du *biais* dans un mur de face ou dans un mur mitoyen, qu'on n'aura pu éviter, par la sujétion de l'alignement des rues ou par l'irrégularité du terrein contigu avec une maison voisine. *Biaiser* un mur, c'est le diriger de travers.

BIAIS GRAS, BIAIS MAIGRE. C'est un terme dont les maçons se servent pour exprimer deux angles inégaux entre eux, ce qu'en géométrie on appelle *angle obtus*, *angle aigu*.

BIAIS PAR TÊTE, PAR DÉROBEMENT, PAR ÉQUARRISSEMENT. Ce sont des termes dont se servent encore les maçons pour marquer la coupe de quelque pierre, lorsque le mur de l'entrée d'une voûte, soit droite ou rampante, n'eſt pas d'équerre avec ſes piédroits.

BIAIS PASSÉ. Lorſque dans un bâtiment il ſe rencontre quelque ſujétion qui oblige de faire une porte ou l'ouverture d'une croiſée en *biais*, cela ſe nomme *biais paſſé*. Quand l'ouverture de cette ſorte n'a de *biais* que d'un côté, on l'appelle *corne de bœuf* ou *de vache*.

BIELLE, *Méchanique*. C'eſt en général une piece de bois ou de fer qui ſert à communiquer le mouvement à deux pieces éloignées l'une de l'autre. Dans les machines hydrauliques, c'eſt une barre de fer poſée horiſontalement, tournante dans l'œil d'une manivelle, laquelle à chaque tour fait faire un mouvement de vibration à un varlet ſur ſon eſſieu, en le tirant à ſoi ou en le pouſſant en avant. Celles-ci ſe nomment *bielles couchées*.

BIELLE PENDANTE. C'eſt une piece de bois poſée verticalement, qui eſt attachée à un varlet par une de ſes extrêmités, & qui eſt pendue par l'autre bout à l'extrêmité d'un balancier, pour faire mouvoir quelque autre piece eſſentielle. A la machine de Marly, par exemple, ce ſont les *bielles pendantes* qui font aller & venir les varlets, & les *bielles couchées* s'approchent & s'éloignent ſelon que la roue à aubes leur communique le mouvement en tournant. *Voyez* ci-devant au mot BALANCIER.

BIEZ, *Hydraulique*. C'eſt le nom qu'on donne à la partie d'un canal de navigation qui ſe trouve compriſe entre deux ſas, & d'où l'on tire l'eau pour faire monter & deſcendre les bateaux dans les endroits où il ſe trouve quelque chûte. On appelle auſſi *biez* une eſpece d'auge ou de canal un peu élevé & biaiſé, qui dirige les eaux d'un ruiſſeau ou d'une ſource pour les faire tomber ſur la roue d'un moulin.

BILBOQUET, *Maçonnerie*. Les ouvriers donnent ce nom à tout petit carreau de pierre qui ayant été ſcié d'un gros quartier, reſte dans le chantier, & n'eſt propre qu'à faire du moilon.

BILLION, *Arithmétique*. On donne ce nom au chiffre qui occupe la dixieme place dans une ſuite horiſontale de chiffres en commençant de droite à gauche, ainſi qu'il eſt d'uſage dans la numération.

BIMÉDIALE, *Géométrie*. Quand deux lignes commenſurables ſeulement en puiſſance ſont jointes enſemble, la route eſt irrationnelle par rapport à l'une des deux, & on l'apppelle *ligne premiere bimédiale*.

BINAIRE, ARITHMÉTIQUE BINAIRE. C'est une nouvelle sorte d'arithmétique imaginée par M. *Leibnitz*, & qu'il fondoit sur la progression la plus courte & la plus simple des nombres, en la réduisant seulement à deux chiffres ou caracteres; sçavoir, le o & le 1. Il paroît par l'exposé qu'on en trouve dans le *Dictionnaire Encyclopédique*, que cette nouvelle arithmétique eût été plus curieuse qu'utile.

BINARD, *Maçonnerie*. C'est une espece de fort chariot à quatre roues basses & de même hauteur, qui sert à porter de gros quartiers de pierres. On y attele les hommes ou les chevaux deux à deux.

BINOME, *Algebre*. C'est une quantité composée de deux parties ou de deux termes liés ensemble par les signes + ou —. Si une quantité algébrique a trois parties, on la nomme *trinome*. Si elle en a quatre, *quadrinome*. On les appelle aussi en général *multinomes*.

BIQUADRATRICE, *Algebre*. On donne ce nom à la puissance qui est immédiatement au-dessus du cube, c'est-à-dire, au quarré-quarré, ou à la quatrieme puissance.

BISCAYENS, *Art militaire*. Ce sont des especes de mousquets ou de fusils dont le Maréchal *de Saxe* avoit renouvellé l'usage. Le calibre de ces pieces étoit d'un pouce six lignes : elles chassoient des balles ou boulets de fer du poids de sept onces, avec une pareille quantité de poudre : leur portée étoit de près de trois quarts de lieue. Comme leur canon étoit fort épais vers la culasse, on pouvoit y mettre de fortes charges de poudre, sans appréhender que cela les fit créver.

BISCUITS, *Maçonnerie*. Ce sont des cailloux qui se trouvent dans la pierre à chaux, & qui restent dans le bassin après que la chaux est détrempée.

BISEAU, *Charpenterie*. On se sert de ce terme en parlant d'une piece de bois dont une des extrêmités a été coupée en siflet ou chamfrain, c'est-à-dire obliquement à l'égard de la piece. Par exemple, dans un comble, les coyaux sont des bouts de chevrons dont l'une des extrêmités est coupée en *biseau* pour être appliquée sur les chevrons.

BISSECTION, *Géométrie*. C'est la division d'une figure ou d'une étendue quelconque, comme un angle, une ligne, &c. en deux parties égales. C'est ce qu'on nomme aussi *bipartition*.

BITTE, *Marine*. C'est une machine composée de deux fortes pieces de bois longues & quarrées, que l'on nomme *piliers*, *posées* debout sur les varangues, l'un à stribord, l'autre à basbord, & d'une autre piece qui les traverse, appellée *traversin*, qui les affermit & les entretient l'une avec l'autre. Il y a encore des courbes qui les appuient & les fortifient. L'usage des *bittes* est de tenir les cables lorsqu'on mouille les ancres ou lorsqu'on amarre le vaisseau dans le port. Il y a de *grandes* & de *petites bittes*.

BIVEAU ou BEUVEAU, *Coupe des pierres*. C'est une espece d'équerre mobile dont un bras est bombé selon la douelle d'un arc ou d'une voute, & l'autre est droit, selon le joint de coupe. Quelquefois elle a un bras bombé & l'autre creusé. Cet instrument sert aux tailleurs de pierre, à décrire & à prendre toutes sortes d'angles, & à marquer l'inclinaison des plans.

BIVOUAC, *Art militaire*. C'est une garde qui est sur pied pendant la nuit lorsqu'on est proche de l'ennemi, pour pouvoir s'opposer à ses entreprises. Cette garde se fait quelquefois par l'armée entiere, lorsqu'elle appréhende d'être surprise dans ses lignes. *Lever le bivouac*, c'est lorsqu'au point du jour on renvoie l'armée dans ses tentes ou dans ses baraques.

BLANC-EN-BOURRE, *Architecture*. C'est une espece d'enduit en usage dans les endroits où l'on manque de plâtre. Il est fait de terre grasse & recouvert de chaux mêlée de bourre. On l'applique aux murs des granges & des habitations à la campagne : on en fait aussi des plafonds avec des ornemens jettés en moule pour des salons, vestibules, &c. qui sont moins coûteux, & qui chargent moins les planchers que les plafonds de plâtre.

BLANCHIR. C'est, en menuiserie, rabotter de fil les planches avec la varlope, pour en ôter les traits de scie, ce qui les rend plus blanches. En serrurerie, c'est limer le fer avec le gros carreau.

BLINDAGE, *Fortification*. Lorsque l'assiégeant n'est qu'à 12 ou 15 toises du chemin couvert, on couvre la partie supérieure de la tranchée par un *blindage* formé par des fascines & des claies recouvertes de terre, lesquelles portent sur des blindes plantées des deux côtés de la tranchée pour les soutenir.

BLINDE. C'est un chassis quarré composé de quatre pieces

de bois, dont deux ont cinq ou six pieds de long & les deux autres en ont la moitié. Les plus longues sont pointues par les deux bouts, & les plus courtes sont assemblées quarrément sur celles-ci, à 12 ou 15 pouces de distance de leurs extrêmités. Ces blindes servent à former une galerie couverte au-dessus d'une sappe, au moyen des fascines qu'on pose dessus, pour garantir les travailleurs du feu de l'ennemi, lorsqu'on en est proche.

BLOC, *Architecture.* C'est un gros quartier de pierre où de marbre qui n'a point été taillé, tel qu'il sort de la carriere. *Bloc d'échantillon* se dit de celui qui ayant été commandé à la carriere, y est taillé de certaine forme & grandeur.

BLOCAGES, *Maçonnerie.* Ce sont de menues pierres ou de petits cailloux & moilons qu'on jette à bain de mortier pour garnir le dedans des murs, ou pour fonder dans l'eau à pierres perdues.

BLOCHETS, *Charpenterie.* Ce sont de petites pieces de bois qui portent les chévrons, & qui sont entaillées sur les plate-formes. On nomme *blochet d'arrêtier* celui qui étant posé à l'encoignure d'une croupe, reçoit dans sa mortoise le tenon du pied de l'arrêtier ; & *blochet mordant*, celui dont les tenons & les entailles sont à queue d'hyronde. On appelle *blochets de recrue*, ceux qui sont droits dans les angles.

BLOCUS, *Art militaire.* C'est une maniere d'assiéger une place qu'on veut prendre par famine, en bouchant tous ses passages & se saisissant de toutes les avenues par lesquelles les habitans pourroient recevoir quelques secours ou provisions.

BLOQUER, *Architecture.* C'est construire & élever des murs de moilon d'une grande épaisseur le long des tranchées, sans les aligner au cordeau, comme on fait les murs bâtis en pierres seches.

BLOQUER, *Archit. hydraul.* C'est remplir le vuide d'une fondation de moilons sans ordre, comme lorsqu'on bâtit dans l'eau, ou quand on rétablit le dégravoyement d'un quai ou d'une pile de pont que l'on a entourée auparavant d'une crêche ou d'une enceinte de pilots & de palplanches.

BLOQUER, *faire un blocus. Art militaire.* C'est former une enceinte autour d'une place avec différens corps de troupes, de maniere qu'aucun renfort, munitions, ni provisions d'aucune espece, ne peuvent y passer, & que personne n'en peut sortir.

BOIS. En général ce terme se prend ou pour un grand terrein planté d'arbres de toute espece, ou pour la matiere dure & solide formée du corps des arbres, dont on fait usage pour les bâtimens & pour le chauffage. Dans le premier sens, le terme bois comprend ceux de haute futaie, les taillis, les forêts, les bocages, &c. Dans le second sens, on le considere suivant ses especes, ses qualités, ses défauts, &c. Ce sujet intéresse trop les quatre différens genres d'architecture qui font l'objet de ce Dictionnaire, pour qu'on puisse trouver déplacé le détail où nous allons entrer à son occasion dans les articles suivans.

Bois sur pied.

Bois ou Forêt. Ces deux termes s'emploient assez indifféremment l'un pour l'autre : cependant, pour l'ordinaire on entend, sous le nom de *forêt*, un bois qui embrasse une grande étendue de pays. Le nom de *bois* s'applique à celui qui est d'une moyenne étendue.

Bois a faucillon. C'est un petit bois taillis si foible qu'on pourroit l'abbattre à la serpette.

Bois arsin. On entend par ce terme un *bois* qui a été maltraité par le feu.

Bois-blanc & Blanc bois. Ces deux termes ont deux significations différentes. On comprend sous le nom de *blanc-bois* tous les arbres qui ont non-seulement le bois blanc, mais encore léger & peu solide : tels sont le saule, le bouleau, le tremble, l'aune. Au lieu que le châtaignier, le tilleul, le frêne, le sapin, sont *bois blanc* & non *blanc-bois*, parce que, quoique blanchâtres, ils sont fermes & propres aux gros ouvrages.

Bois bombé. C'est un arbre qui a quelque courbure naturelle.

Bois carié ou vicié. C'est tout arbre qui a des malandres & des noeuds de pourriture.

Bois chamblis, se dit d'un arbre qui a été maltraité des vents, soit qu'il ait été déraciné ou renversé, soit que les branches seulement en aient été rompues.

Bois charmé, c'est lorsqu'il a reçu quelque dommage dont la cause n'est point apparente, & qu'il menace de périr ou de tomber.

Bois défensable. C'est un bois où il est permis de faire les coupes & ipaissons convenables, parce qu'il est en état de résister.

Bois de haute futaye, se dit d'un bois planté de grands arbres qui ont acquis une certaine hauteur, & qu'on a laissé croître sans les couper.

Bois de haut revenu. On appelle ainsi une demie futaye de 50 à 60 ans.

Bois encroué, c'est lorsqu'un arbre a été renversé sur un autre. en l'abbattant, & que ses branches se sont entrelassées avec celles des arbres sur lesquels il est tombé.

Bois en défends, c'est lorsqu'il est défendu de le couper, & qu'ayant eté reconnu de belle venue, on veut lui laisser prendre tout son accroissement.

Bois en étant, se dit de tout *bois* qui est debout.

Bois en puell, c'est un *bois* qui a été nouvellement coupé, & qui n'a pas encore trois ans. Il est défendu d'y laisser entrer aucun bétail.

Bois gélif, c'est un *bois* qui a des fentes & des gersures causées par la gelée.

Bois marmentaux ou de touche, ce sont des arbres qui entourent un château, une maison, un parterre, qui lui servent d'ornement, & dont les usufruitiers ne peuvent disposer.

Bois mort, c'est un *bois* qui ne végete plus, soit qu'il tienne encore à l'arbre, soit qu'il en ait été séparé. *Voyez* aussi au mot Mort-bois.

Bois mort en pied, c'est un arbre qui est pourri sur pied, sans substance, & qui n'est plus bon qu'à brûler.

Bois rabougri, c'est un bois mal fait, tortu, & de mauvaise venue.

Bois recépé, c'est un bois qu'on a coupé par le pied pour l'avoir plus promptement & de plus belle venue, après lui avoir remarqué quelque défaut.

Bois sur le retour, c'est un bois qui est si vieux qu'il commence à diminuer de prix, & dont les chênes ont plus de deux cens ans.

Bois taillis, est un *bois* planté de jeunes arbres, dont la coupe se fait de tems en tems, avant qu'ils aient pris leur croissance, ce qui les fait pousser des rejettons & se multiplier par le pied.

Bois vif, c'est lorsqu'il vit & qu'il porte du fruit, comme

le chêne, le hêtre, le châtaignier, &c. & les autres arbres qui ne sont point compris dans les *mort-bois*.

Bois abattu.

Bois de charpente. Le *bois* de chêne est sans contredit le meilleur de tous les *bois* pour la charpente, tant parce qu'il se conserve également bien sur terre & dans l'eau, que parce qu'il est plus fort que les autres *bois*. Pour en faire de bon *bois de charpente*, il ne faut pas abattre le chêne avant soixante ans, ni plus tard que deux cens ans. Le châtaignier est bon pour les ouvrages de *charpente*, mais il faut qu'il soit séchement & à couvert. La charpente des combles de la plupart de nos anciens édifices est en bois de châtaignier.

Bois de charronnage. On comprend sous ce nom tous les bois que les charrons emploient à faire des voitures, des roues, &c. comme l'orme, le frêne, le charme & l'érable. La meilleure partie s'en débite en grume.

Bois de chauffage. Il se distingue en *bois neuf* & en *bois flotté*. Le *bois neuf* est celui qui ayant été amené par charrois des forêts sur les ports des rivieres, y est chargé ensuite dans des bateaux pour la provision de quelque ville. Le *bois flotté* est jetté d'abord à bois perdu sur les ruisseaux qui entrent dans des rivieres navigables. Ensuite on en forme des trains, que l'on conduit a l'endroit de leur destination.

Bois de brin, Bois de sciage. Dans la charpente des édifices, on emploie de deux sortes de bois, celui de *brin* & celui de *sciage*. Le premier se fait en équarrissant un arbre, c'est-à-dire, en lui ôtant les quatre dosses & le flache qu'il peut avoir. Le *bois de sciage* provient d'une piece de bois équarrie, que l'on a refendu en plusieurs solives, chévrons ou membrures, soit parce que la piece étoit trop courte, soit parce que son intérieur n'étoit pas sain.

Bois dur ou rustique, est celui qui a le fil gros, & qui n'est bon que pour la charpenterie.

Bois gras ou doux, c'est dans le bois de chêne celui qui est tendre, sans fil, & qui a moins de nœuds que le ferme. Il est propre pour la sculpture & la menuiserie.

Bois legers. On appelle ainsi les bois blancs, comme sapins, tilleuls, trembles, &c. Les charpentiers ne peuvent s'en servir que dans les cloisons, au défaut du chêne.

BOIS SUIVANT SES QUALITÉS.

BOIS AFFOIBLI, c'est un bois dont on a diminué considérablement de la grosseur ou de l'équarrissage pour le rendre difforme, courbe ou rampant, ou bien pour laisser des bossages aux poinçons ou des encorbellemens aux poteaux sous les poutres qui portent dans les cloisons. Ces bois se toisent de la grosseur de leur premier équarrissage, pris dans le plus gros de leur bossage.

BOIS APPARENT, c'est celui qui étant mis en œuvre dans les planchers, cloisons ou pans de bois, n'est point recouvert de plâtre ou d'autre matiere.

BOIS BLANC. Ce terme se dit du bois qui tient de la nature de l'aubier, & qui se corrompt facilement.

BOIS BOUGE, c'est une piece de bois qui a du bombement, ou qui est courbée en quelque endroit.

BOIS CANTIBAY, c'est une piece qui n'a du flache que d'un côté.

BOIS CORROYÉ, c'est une piece qui a été dressée à la varlope ou au rabot.

BOIS D'ÉCHANTILLON. On appelle ainsi les pieces de bois de certaines longueurs & grosseurs d'usage dans les chantiers.

BOIS DÉCHIRÉ, c'est du bois qui revient de quelque ouvrage qu'on a mis en pieces pour raison de vétusté ou de malfaçon.

BOIS D'ENTRÉE, c'est un bois qui est entre verd & sec.

BOIS D'ÉQUARRISSAGE, c'est un arbre qui se trouve propre à former un parallélipipede : on n'équarrit point de bois au-dessous de six pouces de gros.

BOIS DE REFEND, c'est une piece qu'on a mise par éclats pour faire du merrein, de la latte, des échalars, de la boissellerie, &c.

BOIS DEVERSÉ OU GAUCHI, c'est lorsqu'après avoir été travaillé & équarri, il n'a pas conservé sa forme, mais il s'est déjetté, courbé & déformé de quelque maniere que ce soit.

BOIS ÉCHAUFFÉ, c'est lorsqu'il commence à se gâter & à se pourrir, & qu'on lui remarque de petites taches rouges & noires : ces sortes de bois s'appellent aussi des *bois pouilleux*.

Bois en grume, c'eſt un arbre dont la tige n'eſt point équarrie, & qui n'eſt qu'ébranché, pour être employé de toute ſa groſſeur à faire des pieux ou pilots.

Bois flache, c'eſt une piece de bois qu'on ne pourroit bien équarrir ſans beaucoup de décher, & dont les arêtes ne ſont pas bien vives.

Bois gissant, c'eſt tout arbre coupé, abattu & couché par terre.

Bois lavé, c'eſt une piece dont on a ôté tous les traits de ſcie & les rencontres avec la béſaigue.

Bois méplat, c'eſt une piece de bois qui a beaucoup plus de largeur que d'épaiſſeur, comme les plate-formes, membrures, &c.

Bois mouliné, c'eſt lorſqu'il eſt pourri & rongé des vers.

Bois qui se tourmente, c'eſt un bois qui ſe déjette & gauchit, parce qu'il a été employé trop verd.

Bois refait, c'eſt une piece qui de gauche & flache qu'elle étoit, a été équarrie & redreſſée au cordeau ſur ſes faces.

Bois rouge, c'eſt un bois qui s'échauffe, & qui eſt ſujet à pourrir.

Bois roulé, c'eſt lorſque les cernes ou les crues de chaque année ſont ſéparées & ne font point corps. Ce bois n'eſt bon qu'à brûler.

Bois sain et net, c'eſt un bois qui eſt ſans malandres, nœuds vicieux, galle, fiſtule, &c.

Bois tortu, c'eſt un bois qui n'eſt propre qu'à faire des courbes : il eſt d'un bon uſage pour la marine.

Bois tranché, c'eſt lorſqu'il a des nœuds vicieux & des fils obliques qui traverſent la piece & qui la rendent peu propre à réſiſter à la charge qu'elle doit porter.

Bois vermoulu, c'eſt un bois piqué de vers.

Bois vif, c'eſt une piece de bois dont les arêtes ſont bien vives & ſans flaches, enſorte qu'il n'y reſte ni écorce ni aubier.

BOISER, *Architecture.* C'eſt couvrir les murs d'une ſalle ou d'un appartement avec un lambris de menuiſerie aſſemblé avec moulures, ornemens de ſculpture, &c.

BOISSEAU. Les Fontainiers appellent ainſi la boîte de cuivre ou d'autre métal dans laquelle tourne la clef d'un robinet de fontaine.

Boisseau de poterie. C'eſt un cylindre de terre cuite

vernissé en dedans, ayant la forme d'un boisseau sans fond, d'environ 9 à 10 pouces de haut & d'autant de diametre, dont plusieurs, emboités les uns dans les autres, forment une chausse ou un tuyau d'aisance.

BOITE, *Artillerie.* C'est un cylindre de bois ou de cuivre percé selon son axe d'un trou quarré, pour pouvoir être monté sur la tige de l'alésoir. Cette boîte est armée d'un couteau d'acier servant à aggrandir l'ame d'un canon, après qu'elle a été ébauchée avec le forêt.

BOITE. C'est le nom que les canonniers donnent à la tête du refouloir, & au bout de la hampe de l'écouvillon qui sert à nettoyer & à rafraichir le canon après qu'il a tiré. On appelle aussi *boite* le bouton sur lequel est montée la lanterne qui sert à introduire la poudre dans le canon.

BOITE, c'est un morceau de fer ou de fonte que l'on met à l'extrémité du moyeu des roues servant aux affuts de canons & autres, dans lequel entre le bout de l'essieu.

BOITE POUR LES RÉJOUISSANCES. C'est un petit canon très-court, de fer ou de fonte, que l'on pose en situation verticale après l'avoir chargé de poudre & bouché d'un tambon de bois chassé à force. On y met le feu comme au canon, par une lumiere placée au bas de la boîte. Les trainées pour y porter le feu se font avec du son ou de la sciure de bois & de la poudre par-dessus, pour que l'humidité de la terre n'empêche point l'effet de ces traînées.

BOITE, c'est le nom que les Fontainiers donnent à des coffres de fer ou de tole percés de trous, que l'on met à la tête d'un tuyau de conduite, vers la superficie des bassins & des pieces d'eau, pour arrêter les ordures & empêcher l'engorgement du tuyau.

BOITE DU GOUVERNAIL, *Marine.* C'est la piece de bois percée, au travers de laquelle passe le timon ou la barre du gouvernail.

BOMBARDE, *Artillerie.* C'est une piece d'artillerie, en usage autrefois, qui étoit grosse & très-courte, & qui avoit une embouchure extrêmement large. On la chargeoit avec de la poudre & des boulets de pierre. Dans les commencemens on a donné le nom de *bombarde* à toutes les machines de jet qui agissoient par le moyen de la poudre.

BOMBARDEMENT, c'est le dégat que l'on fait dans une ville en y jettant une quantité considérable de bombes.

Le *bombardement d'Alger* fut exécuté en 1680 par le Chevalier *Renau*, au moyen des galiotes à bombes, qui sont de son invention. Les Anglois firent, en 1694, le *bombardement du Havre de Grace*, mais avec assez peu de succès, par le bon ordre qu'on observa dans la ville. Au siege de Tournay, fait par les François en 1745, on jetta près de quarante-cinq mille bombes sur la citadelle.

BOMBARDER une ville, c'est y jetter une grande quantité de bombes pour en détruire une partie des principaux édifices.

BOMBARDIER, c'est un officier aidé de plusieurs cadets & soldats, qui charge les bombes & les mortiers, qui en fait construire les batteries, & qui en dirige le jet sur l'ennemi. M. *Belidor* a fait un ouvrage fort utile sur l'art du *bombardier*, qu'il a intitulé *le bombardier François*, dans lequel il donne des tables toutes calculées pour jetter des bombes à toutes les distances possibles, & sous tel angle d'élévation de mortier que l'on desire.

BOMBE, *Artillerie*. C'est un gros boulet de fer creux que l'on remplit de poudre & que l'on jette, par le moyen du mortier, sur les endroits que l'on veut détruire. La *bombe* est armée de deux anses placées à sa partie supérieure, des deux côtés de sa lumiere, ou du trou dans lequel on enfonce la fusée qui doit y porter le feu. Elle est beaucoup plus épaisse de métal à sa partie inférieure, appellée *le culot*, qu'à celle où est son orifice, qui s'appelle l'*œil de la bombe*. Elle produit deux effets : l'un de ruiner par son grand poids les édifices les plus solides, y ayant des *bombes* qui pesent jusqu'à cinq cens livres: l'autre, de causer beaucoup de désordre par ses éclats: car, lorsque la poudre dont elle étoit chargée a pris feu, son effort rompt ou creve la *bombe*, & il en fait sauter à la ronde les éclats avec une grande violence. Voyez pour les Auteurs qui ont écrit sur l'art de jetter les bombes, ceux que nous avons déja cités au mot ARTILLERIE, en y ajoutant l'*art de jetter les bombes*, par *Blondel*; le *bombardier François*, par *Bélidor*; & les *élemens de mathématique*, par *Deidier*.

BOMBES A RICOCHET. On a imaginé il y a déja quelque tems de tirer des *bombes à ricochet*, & l'on en fit des expériences en 1723 à l'Ecole d'artillerie de Strasbourg, qui réussirent parfaitement. On se sert pour cet effet de mortiers de 8 pouces montés ſur des affuts de canons. Voyez le détail de ces expériences ſur la maniere de tirer les bombes à ricochet, dans le *bombardier François*, par M. *Bélidor*, *in-quarto*, imprimé au Louvre.

BOMBÉ, *Architecture.* Ce terme ſe dit d'un arc peu élevé au-deſſus de ſa corde, ou d'un petit arc d'un très grand cercle. Lorſqu'au lieu de s'élever l'arc s'abbaiſſe au-deſſous de ſa corde, on l'appelle *bombé en contre-bas*, comme cela arrive quelquefois aux plate-bandes mal conſtruites.

BOMBEMENT, ſe dit de la convexité ou renflement d'un arc.

BOMBER, c'eſt faire un trait plus ou moins renflé.

BONBANC, c'eſt une eſpece de pierre fort blanche que l'on tire des carrieres qui ſont aux environs de Paris: elle porte depuis 15 juſqu'à 24 pouces de hauteur de lit. Expoſée à l'air, cette pierre ſe mouline & n'eſt pas de longue durée: mais elle eſt propre pour l'intérieur des édifices.

BONDE, *Archit. hydraul.* C'eſt une longue piece de charpente équarrie par le bout d'en-haut, & faite par le bas en forme de cône tronqué, que l'on fait entrer dans un trou de la rigole pratiquée à l'endroit le plus bas & le plus creux d'un étang. Cette *bonde* eſt ſoutenue debout par un chaſſis de charpente couronné d'un chapeau. On leve la *bonde* pour vuider l'etang, lorqu'on veut le pêcher ou le nettoyer, & l'on en fait écouler l'eau dans la campagne par un aqueduc ou par une pierrée.

BONNET A PRÊTRE, *Fortification.* C'eſt une tenaille double conſtruite vis-à-vis un baſtion ou une demi-lune, dont le front forme deux tenailles ſimples, c'eſt-à-dire, un angle ſaillant & deux angles rentrans. Cet ouvrage n'eſt plus d'uſage, parce que les parties en ſont mal défendues.

BONNETTE, *Fortification.* C'eſt un ouvrage conſtruit au-delà de la contreſcarpe, compoſé de deux faces qui forment un angle ſaillant, de la figure d'un petit ravelin. La *bonnette* n'a point de foſſé, mais ſeulement un parapet élevé de trois pieds, bordé de deux rangs de paliſſades plantées à 10 ou 12 pas l'un de l'autre. *Voyez* au mot FLECHE.

BONNETTE, ſe dit encore d'une élévation de quelques pieds que l'on fait au parapet de l'angle flanqué d'un baſtion, ainsi qu'à tous les angles saillans des ouvrages de fortification. On leur donne aussi le nom de *surtout*. *Voyez* à ce mot.

Bonnettes, *Marine*. Ce sont de petites voiles dont on fait usage lorsqu'il y a peu de vent. On les ajoute aux autres voiles du vaisseau pour les agrandir, ou bien on les met en particulier pour avoir un plus grand nombre de voiles déployées.

BORD, *Marine*. On entend ordinairement par ce mot le vaisseau même. C'est dans ce sens qu'on dit *sortir du bord*, *retourner à bord*, *venir à bord*, &c. On dit aussi vaisseau de *bas bord*, vaisseau de *haut bord*.

BORDAGE. On donne ce nom à toutes les planches qui recouvrent l'extérieur d'un vaisseau, depuis le *gabord* jusqu'au *plat-bord*. Quelques-uns l'appellent *franc-bordage*, pour le distinguer du *bordage* intérieur, qui s'appelle *serres*, *serrage* ou *vaigres*. Les bordages servent à affermir le corps du vaisseau & à empêcher l'eau de pénétrer dans son intérieur.

BORDÉE, c'est le cours d'un vaisseau, ou la route qu'il a faite sur un air de vent, lorsqu'il a changé ou reviré de bord, jusqu'à ce qu'il change de bord & qu'il révire de nouveau. Lorsqu'on a le vent contraire, on est obligé de faire de fréquentes bordées pour s'élever & s'approcher du vent le plus près que l'on peut.

Bordée de canons, c'est l'artillerie qui est dans les sabords, de l'un ou de l'autre côté du vaisseau. Envoyer une *bordée*, c'est tirer sur un vaisseau ennemi tous les canons qui se trouvent sur l'un ou l'autre côté d'un navire.

BORDER la haye, *Art militaire*. C'est un mouvement par lequel on dispose plusieurs rangs ou plusieurs files de soldats sur une ou plusieurs lignes droites marquées.

BORDURE de pavé. On appelle ainsi les deux rangs de pierre dure & rustique qui retiennent les *bords* du pavé d'une chaussée.

BORNOYER, c'est connoître à l'œil si une chose est en ligne droite. Un tailleur de pierre *bornoye* un parement de pierre, pour voir s'il est droit & bien dégauchi : ce qui se fait en fermant un œil & regardant de l'autre. Un arpenteur *bornoye* plusieurs jalons plantés sur un même alignement, pour voir s'ils sont dressés l'un sur l'autre, ensorte que le premier cache tous les autres, & qu'ils ne forment tous ensemble qu'une seule ligne droite.

BOSQUET, *jardinage*. C'eſt un petit bois planté qui fait partie de la décoration d'un jardin de propreté.

BOSSAGE, *Architecture*, ſe dit en général de toute éminence ou ſaillie laiſſée à une ſurface plane de pierre, de bois, ou d'autre matiere propre au bâtiment. On donne en particulier le nom de boſſage à la ſaillie brute & non taillée qu'on laiſſe dans les édifices à des pierres qu'on ſe propoſe de réparer au ciſeau, pour y tailler des ornemens, des armes, des figures, &c. Enfin l'on donne le nom de *boſſages* aux pierres qui ſemblent excéder le nud du mur, & dont les joints de lit, ainſi que les joints montans, ſont marqués par des renfoncemens ou canaux de diverſe eſpece que nous allons détailler.

BOSSAGE A ANGLET. C'eſt un *boſſage* qui étant taillé en chamfrain, & joint à un autre de pareille maniere, forme un angle droit.

BOSSAGE A CAVET. C'eſt un *boſſage* dont la ſaillie eſt terminée par un cavet entre deux filets.

BOSSAGE A CHAMFRAIN. C'eſt lorſque l'arrête d'un *boſſage* eſt rabattue, enſorte qu'il ne ſe joint pas avec un autre, & qu'il reſte entre deux un petit canal de certaine largeur, comme on en voit aux maiſons de la place Dauphine, à Paris.

BOSSAGE A DOUCINE. C'eſt un *boſſage* dont l'arrête a été rabattue avec une moulure en forme de doucine.

BOSSAGE ARRONDI. C'eſt un *boſſage* dont les arrêtes ſont arrondies, comme on le voit aux bandes des colonnes ruſtiques du palais du Luxembourg, à Paris.

BOSSAGE CONTINU. C'eſt lorſque dans l'étendue d'un mur de face, le *boſſage* eſt continué ſans autre interruption que des chambranles ou corps où il va ſe terminer: comme aux écuries du Roi, à Verſailles.

BOSSAGE EN LIAISON. Comme ce *boſſage* repréſente les carreaux & les boutiſſes, il eſt ſéparé par des joints montans de pareille largeur & de même renfoncement que ceux de lit. Tel eſt celui du palais de la Chancellerie, à Rome.

BOSSAGE EN PIERRES DE REFEND. Ce ſont des pierres qui ſemblent excéder le nud du mur, parce que les joints de lit en ſont marqués par des renfoncemens ou des canaux quarrés.

BOSSAGE EN POINTE DE DIAMANT. C'eſt un *boſſage* dont le parement a quatre glacis qui ſe terminent à un point lorſque le *boſſage* eſt quarré, & qui forment une arrête lorſqu'il eſt barlong.

BOSSAGES MÊLÉS. C'eſt quand on mêle alternativement deux *boſſages* de différente hauteur, qui repréſentent les aſſiſes de haut & de bas appareil, ou les carreaux & les boutiſſes.

BOSSAGE QUARTDERONNÉ AVEC LISTEL. C'eſt un boſſage qui reſſemble à un panneau en ſaillie, bordé d'un quart de rond, & renfermé dans un liſtel, comme on en voit aux pilaſtres Toſcans de la grande galerie du Louvre.

BOSSAGE RAVALÉ. C'eſt un boſſage qui a une table fouillée en dedans d'une certaine profondeur, bordée d'un liſtel, & ſéparée d'un autre boſſage par un canal quarré.

BOSSAGE RUSTIQUE. C'eſt un boſſage qui eſt arrondi, dont les paremens paroiſſent bruts & pointillés également, tel qu'on en voit à Paris à pluſieurs parties du Louvre.

BOSSAGE RUSTIQUE VERMICULÉ. C'eſt un boſſage qui eſt pointillé en tortillis, pour imiter le travail des vers, comme on en voit à la porte Saint Martin, à Paris, du deſſein de *Bullet*.

BOSSAGES, *Charpenterie*. Ce ſont des parties ſaillantes & quarrées qu'on laiſſe aux poinçons, aux arbres des grues & engins, &c. pour arrêter les moiſes.

BOSSOIRS, *Marine*. Ce ſont deux fortes pièces de bois miſes en ſaillie à l'avant du vaiſſeau, au deſſus de l'éperon, pour ſoutenir l'ancre & la tenir prête à mouiller, ou bien pour l'y poſer quand on l'a tirée hors de l'eau. La ſaillie que forment les *boſſoirs* donne lieu à l'ancre de tomber à l'eau ſans riſque quand il faut mouiller, & empêche que ſes pattes n'offenſent le franc bordage ou les ceintes.

BOT, *Marine*. C'eſt un gros batteau flamand ou une eſpece de petite flute. Le *bot* eſt ponté : au lieu de dunette ou de chambre un peu élevée, il y a une chambre retranchée à l'avant, qui ne s'éleve pas plus que le pont. *Paquebot*, c'eſt un pareil batteau qui porte les lettres & paquets d'Angleterre en France, & de France en Angleterre : il va & vient de Douvres à Calais.

BOUC, *Machines*. On donne ce nom à une eſpece de poulie garnie de cornes de fer qui font monter & deſcendre les ſceaux ou godets d'une chaîne ſans fin. C'eſt par le moyen d'un *bouc* que l'on éleve les eaux du puits salé de Moyenvic.

BOUCHE, *Artillerie*, se dit de l'embouchure d'un canon, d'un mortier, d'un fusil, & de toute arme à feu, par laquelle sort la balle ou le boulet.

BOUCHE, *Navigation*. Ce terme se prend quelquefois pour l'embouchure d'une riviere, c'est-à-dire l'endroit où ses eaux se déchargent dans la mer. On dit les *bouches* du Nil, les *bouches* du Rhône, &c.

BOUCHE D'UN PORT. C'est l'entrée d'un port, qui est ordinairement fermée par une chaîne de fer, portée d'espace en espace sur des piles de pierre, pour empêcher le libre accès des vaisseaux étrangers, & pour tenir en sûreté ceux qui sont dans le port.

BOUCHIN, *Marine*. On entend par ce terme la plus grande largeur du vaisseau de dehors en dehors, ce qui se trouve toujours à bas bord & à stribord du grand mât, parce que le maître bau & la maîtresse côte sont placés à cet endroit.

BOUCHON, *Artillerie*. C'est le nom qu'on donne au tas de foin ou de fourrage dont on recouvre la poudre en chargeant le canon. L'usage du *bouchon* est de ramasser la poudre & de l'entasser au fond de la piece, pour qu'en s'enflammant plus promptement, elle produise un plus grand effet. On remet un second *bouchon* de fourrage par-dessus le boulet, pour l'empêcher de rouler dans l'ame du canon, lorsqu'on le tire horisontalement.

BOUCLÉ, *Maçonnerie*. On dit qu'un mur est *bouclé* quand il fait le ventre, ou lors qu'il est prêt à tomber.

BOUCLIER, *Art militaire*. C'est une espece d'armure défensive dont les anciens se servoient pour se couvrir des coups de l'ennemi. Il se passoit dans le bras gauche. Sa forme a extrêmement varié suivant les tems & les nations : ordinairement il étoit de forme ronde, quelquefois en ovale. On en portoit aussi de quarrés longs, un peu courbés en dedans.

BOUÉE, *Archit. hydraul*. Ce sont des morceaux de bois ou de liege, ou des barrils vuides, attachés chacun à un cordage que l'on nomme *boirin* ou *orin*, & arrêtés à l'autre bout par une grosse pierre qu'on laisse aller au fond de l'eau à l'endroit où l'on veut que la *bouée* paroisse flottante, en proportionnant la longueur du cordage à la profondeur de la mer à cet endroit. C'est par le moyen des *bouées* qu'on trace sur la surface de la mer l'emplacement des ouvrages qu'on veut y fonder. *Voyez* ci-devant au mot BALISE.

BOUEMENT, sorte d'assemblage qui est en usage parmi les menuisiers. *Voyez* ci-devant ASSEMBLAGE A BOUEMENT. Ils se servent du terme d'*abouement*, comme les charpentiers disent *about* au lieu de *bout*.

BOUGE, *Marine*. Voyez au mot TONTURE.

BOUILLON D'EAU, *Hydraulique*. C'est une eau jaillissante qui ne differe du jet qu'en ce que le bouillon est plus gros & moins élevé, formant une espece de source d'eau vive. Les *bouillons* d'eau servent pour garnir les cascades, goulettes, rigoles, gargouilles, &c. qui font partie de la décoration des jardins.

BOULET, *Artillerie*. C'est une grosse balle de fer massive, de figure sphérique, dont on charge le canon. Il y en a de tout calibre, suivant la grandeur de l'ame ou de la bouche de la piece qui doit les chasser. On les introduit dans le canon sur la poudre, ou plutôt sur le fourrage dont on recouvre la poudre.

BOULETS A DEUX TÊTES, ou ANGES. On a fait pour le service de la marine des *boulets* de cette espece, qui consistoient en deux moitiés de *boulet* jointes ensemble par une petite barre de fer, & dont le milieu étoit garni d'artifices, le tout recouvert d'une toile soufrée & goudronnée.

BOULETS BARRÉS ou RAMÉS. Ce sont deux *boulets* ou deux moitiés de *boulet* jointes ensemble avec une barre de fer pour couper les cordages & les manœuvres d'un vaisseau, pour déchirer les voiles, briser les mâts, &c.

BOULETS COUPÉS ou SÉPARÉS. C'est un *boulet* coupé en deux avec un trou percé au milieu de chaque moitié pour y passer & attacher une chaîne longue de deux pieds, qui se raccourcit pour pouvoir entrer dans le creux du *boulet* qu'on introduit dans le canon. Ces deux *demi-boulets*, en sortant de la piece, s'étendent de la longueur de la chaîne, volent en tournoyant, & causent un dommage considérable aux endroits où ils frappent.

BOULETS CREUX. On appelle ainsi des especes de boîtes de fer du diametre de la piece, & de la longueur d'environ deux diametres & demi. Comme ces *boîtes* étoient creuses, on renfermoit dans leur intérieur de la poudre, des artifices, de la mitraille, des balles de fer & de plomb,

plomb, &c. Ces *boulets* ne sont plus d'usage.

BOULETS ENCHAÎNÉS OU RAMÉS. Ce sont deux *boulets* entiers attachés ensemble par une chaîne de fer. On en fait usage sur mer, pour rompre les mâts & les manœuvres des vaisseaux, & pour les atteindre plus facilement qu'avec les autres *boulets*.

BOULETS MESSAGERS. On a donné ce nom à des *boulets* creux dont on se servoit anciennement pour porter des nouvelles dans un camp ou dans une place assiégée. On ne mettoit dans le canon qu'une foible charge de poudre, suffisante pour les faire tomber à l'endroit où l'on se proposoit de les envoyer. Ils étoient doublés de plomb.

BOULETS ROUGES. C'est un boulet ordinaire qu'on fait chauffer & rougir sur les charbons avant que de l'introduire dans le canon, ce qui se fait par le moyen d'une tenaille ou d'une cuillere de fer, avec laquelle on enleve le *boulet* tout rouge; pour le laisser couler dans l'ame de la piece sur la terre glaise ou sur le gazon dont la poudre est recouverte. On met ensuite très-promptement le feu au canon, de crainte que le *boulet rouge* ne l'y mette lui-même, ce qui causeroit des accidens, & diminueroit beaucoup de l'effet de la poudre. Les *boulets rouges* ne se tirent qu'avec des pieces de huit & de quatre livres de balle, pour plus de célérité & de commodité dans leur service.

BOULEVARD. C'est le rempart qui environne une place fortifiée. Ce mot n'est plus d'usage en ce sens: les *boulevards* dont Paris est entouré, sont moins des remparts pour sa sûreté, que des lieux d'agrément & de promenade pour ses habitans.

BOULINE, *Marine*. C'est une corde amarrée vers le milieu de chaque côté d'une voile, & qui sert à la porter de biais pour prendre le vent de côté, lorsque le vent arriere & le vent largue manquent pour faire la route qu'on se propose. *Aller à la bouline*, c'est se servir d'un vent qui semble contraire à la route, & le prendre de biais en mettant les voiles de côté, ce que l'on fait par le moyen des *boulines*. On dit qu'un vaisseau est *bon boulinier*, ou qu'il tient bien la ligne du vent, lorsqu'il s'écarte peu de la route qu'on veut suivre, ou qu'il dérive peu quand on est obligé d'aller *à la bouline*.

BOULINGRIN, *Jardinage*. C'est une espece de parterre formé avec de grandes pieces de gazon, découpées ou non, avec bordures en glacis & des arbres verds à ses encoignures & ailleurs. On en tond le gazon quatre fois l'année pour le rendre plus fort & plus velouté.

BOULINS, *Architecture.* Ce sont des pieces de bois disposées horisontalement, & scellées par un bout dans les murs. Par l'autre bout elles sont attachées avec des cordages à d'autres pieces de bois posées à plomb. Sur ces *boulins* on couche des planches pour échafauder une façade de bâtiment. On appelle *trous de boulins* les trous qui restent des échafaudages après que le mur est bâti ou réparé.

BOULINS. On donne encore ce nom aux petits trous ou loges quarrées qu'on dispose autour de l'intérieur d'un colombier, pour servir de nids aux pigeons, qui y pondent leurs œufs & y élevent leurs petits.

BOULOIS, *terme de mineurs.* C'est un morceau d'amadou coupé en longueur, que l'on passe au travers du *moine* de papier dont on recouvre la traînée de poudre qui doit porter le feu au saucisson de la mine.

BOULON ou GOUJON. Dans une poulie, c'est le petit axe ou barre de fer arrondi que l'on introduit dans le centre de la poulie, qui unit la chape à la poulie, & sur lequel la poulie tourne. En général, le *boulon* est une grosse cheville de fer qui a une tête ronde à un bout, & à l'autre une ouverture en fente, dans laquelle on passe un morceau de fer plat, appellé *clavette*, & l'on donne ce nom à tout morceau de fer qui dans une machine, quelle qu'elle soit, fait la même fonction. Il y a des *boulons* d'escalier, qui passent à travers les limons de l'escalier, & qui portent dans les murs où ils sont scellés, pour empêcher l'écartement des marches. On *boulonne* aussi des liernes, des moises & des têtes de pilots, &c, dans les piles des ponts & dans les pilots de bordage, pour assurer une fondation.

BOURDAINE, *Artillerie.* C'est un arbrisseau dont on fait le charbon qui entre dans la composition de la poudre à canon. Il ne se trouve gueres que dans les bois taillis, & ne dure que cinq à six ans. Il n'a que deux pouces de grosseur : son charbon est extrêmement doux, sec & léger.

BOURGUIGNOTE, *Art militaire.* C'est une armure de tête faite de fer poli, dont les piquiers se servoient anciennement.

BOURIQUE. Les couvreurs appellent ainsi une espece de petit chevalet formé avec des ais, qui leur sert quand ils font des couvertures en ardoise. La *bourique* s'accroche aux lattes, & l'on met l'ardoise dessus pour en prendre à mesure qu'on l'emploie.

BOURIQUET, *Méchanique*. C'est une machine composée de deux chevalets ou supports triangulaires, au sommet desquels est enchassé un petit treuil horisontal, sur lequel file une corde qui leve les panniers pleins de terre, par le moyen de deux manivelles attachées aux extrêmités du treuil. On s'en sert pour tirer les terres du puits d'une mine, les eaux d'une fondation, la glaise des carrieres de terre à pot, &c.

BOURIQUET, *Maçonnerie*. C'est une espece de civiere servant aux maçons à enlever des moilons & autres matieres dans des baquets.

BOURLET ou BOURRELET, *Artillerie*. C'est le nom qu'on donne à l'extrêmité d'une piece de canon du côté de son embouchure. La piece en cet endroit est renforcée de métal, ce qui forme un *bourlet*. On terminoit autrefois ce *bourlet* par diverses moulures ou ornemens d'architecture; mais aujourd'hui on le termine *en tulipe*, c'est-à-dire, par un arrondissement à peu près semblable au galbe de cette fleur.

BOURLET, *Marine*. C'est un gros entrelacement de cordes & de tresses que l'on met autour du grand mât, du mât de misaine & de celui d'artimon, en forme de collier, pour arrêter la vergue dans un combat, en cas que les manœuvres qui la tiennent fussent coupées.

BOURRE. C'est tout ce qu'on met sur la poudre en chargeant une arme à feu, comme papier, foin, &c. Quand il s'agit du canon & du mortier, on l'appelle fourrage. Le mot *bourre* est réservé pour les plus petites bouches à feu, telles que le mousquet, le fusil, le pistolet, &c. *Voyez* ci-après au mot FOURRAGE.

BOURSEAU ou BOURSAULT, *terme de couvreurs*. C'est une moulure ronde, en plomb, qui regne dans les grands bâtimens sur le haut des toits couverts d'ardoise. C'est la principale piece de l'enfaîtement. Au-dessous du *bourseau* est une bande de plomb appellée *bavette*. Le petit membre rond qui est au-dessous de la bavette s'appelle *membron*.

BOUSIN, *terme de carrier*. On appelle ainsi le dessus des

pierres comme elles sortent de la carriere : c'est une espece de croûte de terre qui n'a pas eu le tems de se pétrifier. On ôte le *bousin* de la pierre en la taillant pour l'équarrir ; c'est ce qu'on appelle *ébousiner* une pierre.

BOUSSOLE, COMPAS DE MER, *Marine*. C'est une boîte couverte d'un verre, au fond de laquelle il y a une aiguille aimantée qui a la propriété de se diriger toujours vers les pôles du monde, à la réserve de quelque déclinaison à laquelle elle est sujette, & qui varie de tems en tems. Cette aiguille est suspendue sur un pivot de cuivre, élevé au milieu du fond de la boîte, où est aussi une circonférence de cercle divisée en 360 degrés. La *boussole* est nécessaire aux pilotes pour diriger leur route sur mer. L'aiguille aimantée tient & est fixée à une rose de talc ou de carton, sur laquelle est tracé un cercle divisé en 32 parties égales, qui marquent les 32 airs ou rumbs de vent. Ainsi cette rose tourne avec l'aiguille même.

BOUTANS. *Voyez* ARC-BOUTANS.

BOUTE-FEU, *Artillerie*. C'est un long bâton ou une hampe de bois, garnie par en haut d'un serpentin de fer ; autour duquel on entortille la mèche qui doit servir à mettre le feu au canon ou au mortier.

BOUTE-SELLE, *Art militaire*. *Sonner le boute-selle*, c'est battre le tambour ou sonner de la trompette d'une maniere particuliere pour avertir les cavaliers de seller leurs chevaux & de se mettre en état de monter à cheval au premier commandement.

BOUTISSE, *Maçonnerie*. C'est une pierre de taille plus longue que large, qui ne fait parement que de sa tête seulement, & dont la plus grande longueur ou la queue est engagée dans le corps du mur, dont elle fait partie. Elle est différente du *carreau*, en ce qu'elle présente moins de face ou de parement, & qu'elle a plus de queue. Dans les murs de moyenne épaisseur, la *boutisse* doit faire parement des deux côtés du mur : alors elle forme ce qu'on appelle *parpain*.

BOUTON, *Artillerie*. C'est dans les anciennes pieces un petit corps rond & saillant, fondu avec le canon à l'extrêmité de la volée, qui servoit de mire pour pointer le canon. Il est supprimé dans les nouvelles pieces, & l'on se sert à sa place du *fronteau de mire*. Il y a aussi dans le canon l'extrêmité de la culasse qui forme une espece de *bouton*, que l'on appelle pour cette raiſon *bouton de la culaſſe*. Quelques Artilleurs donnent auſſi le nom de *bouton* à la tête de la lanterne, ainſi qu'à celle du refouloir & de l'écouvillon.

BOUVEMENT. C'eſt un outil dont les menuiſiers ſe ſervent pour faire des moulures ſur leurs ouvrages : il ne differe de l'eſpece générale des *bouvets* qu'en ce que ſon profil eſt une cymaiſe : du reſte la maniere de ſe ſervir de cet outil eſt la même.

BOUVET. C'eſt une ſorte de rabot qui ſert aux charpentiers & aux menuiſiers pour faire les rainures & les languettes. Le *bouvet* qui fait les rainures s'appelle *bouvet mâle*, & l'on donne le nom de *bouvet femelle* à celui qui forme les languettes.

BOYAUX, *Art militaire*. Dans la guerre des ſieges, ce ſont des tranchées ou chemins creux couverts d'un parapet que l'on fait aller en zigzag, tantôt à droite, tantôt à gauche, pour s'approcher de la place ſans être vu ni enfilé de ſon canon. Les *boyaux* ſervent auſſi à communiquer d'une parallele à l'autre, ou bien à joindre enſemble deux attaques ſur un même front.

BRACHISTOCRONE, *Géométrie*. C'eſt le nom que donne *M. Bernoulli* à la courbe de la plus vîte deſcente d'un corps jetté ſuivant une direction oblique. Cette courbe n'eſt autre choſe que la *cycloïde*.

BRACONS, *Architecture hydraulique*. C'eſt dans une porte ou venteau d'écluſe pluſieurs pieces de bois poſées diagonalement, qui lient les entretoiſes principales & les intermédiaires avec le poteau tourillon. Pour que la direction des *bracons* ſoit la moins oblique qu'il eſt poſſible, il faut les incliner de façon qu'ils faſſent avec le poteau tourillon un angle à peu près de 36 degrés.

BRANCHES, *Fortification*. On donne ce nom aux longs côtés qui terminent un ouvrage à cornes ou à couronne, une tenaille, &c. ſoit à droite, ſoit à gauche, depuis leur gorge juſqu'à leur front. Ces *branches* ne ſont autre choſe qu'un rempart bordé de ſon parapet.

BRANCHES D'OGIVE, *Architecture*. Ce ſont les nervures des voûtes gothiques qui font ſaillie ſur le nud de ces voûtes dans l'intervalle des croiſées entre les piliers.

BRANCHES D'UNE ÉCLUSE. Ce ſont ſes extrêmités. Aux grandes écluſes, les bajoyers ſe terminent en queue d'hironde, afin d'avoir un évaſement formé par ce qu'on appelle *les branches de l'écluse*, qui facilite l'entrée & la sortie de l'eau. Cet évasement sert aussi à empêcher que l'eau ne s'introduise derriere les bajoyers de l'écluse, & qu'elle n'en dégrade la maçonnerie par le pied.

BRANDIR, *Charpenterie.* C'est lorsqu'on place une piece de bois de travers sur une autre sans être entaillée, en se contentant de percer un trou au travers des deux pieces & d'y enfoncer une cheville de bois pour les arrêter ensemble. C'est ainsi qu'on *brandit* les chévrons sur les pannes pour soutenir la couverture d'un comble.

BRAQUER UN CANON. C'est lui donner la position nécessaire pour le tirer sur quelque objet. Ce terme n'est plus d'usage : on se sert présentement du mot *pointer* pour signifier la même chose.

BRAS, *Marine.* Ce sont des cordages amarrés au bout de la vergue pour la mouvoir & la gouverner selon le vent. La vergue d'artimon, outre les *bras*, a une corde appellée *ourse* à son extrêmité.

BRASSARD, *Art militaire.* C'est une ancienne armure de fer poli, qui servoit à couvrir les bras des gens de guerre lorsqu'ils s'armoient de toutes pieces.

BRASSE. Dans la marine on se sert de trois sortes de *brasses* : la *grande brasse*, en usage pour les vaisseaux de guerre, est de six pieds : la moyenne, qui est celle des vaisseaux marchands, est de cinq pieds & demi : la petite n'est que de cinq pieds ; elle n'est en usage que parmi les patrons de barques & autres petits bâtimens qui vont à la pêche. La *brasse*, en usage dans l'artillerie, a une toise ou 6 pieds de longueur, & une *brasse* de mèche pese un peu plus de cinq onces.

BRAY, *Marine.* C'est un mêlange de gomme, de résine, de poix & d'autres matieres visqueuses, ou de poix liquide & d'huile de poisson, dont on se sert pour calfater les bâtimens de mer.

BRAYER UNE ÉCLUSE, *Architecture hydraulique.* On braye les coutures d'un plancher ou d'un radier d'écluse, après qu'elles ont été calfatées, pour les préserver de l'humidité, qui pourriroit l'étoupe en peu de tems. Ce bray est une composition de poix mêlée avec de l'huile de poisson, qui se durcit étant mise en œuvre. On fait chauffer le *bray* & l'on en recouvre les coutures du bord des planches, en se servant d'un instrument que les calfateurs nomment *quinpon*. Il faut dix livres de *bray* pour garnir & recouvrir les coutures qui se trouvent dans une toise quarrée de plancher d'écluse.

BRAYER UN VAISSEAU, *Marine*. C'est appliquer du *bray* bouillant sur toutes les coutures des bordages pour remédier aux voies d'eau, en remplissant & resserrant leurs jointures.

BRAYERS. On appelle ainsi parmi les maçons les cordages dont on se sert pour enlever le bourriquet.

BRÊCHE, *Architecture*. C'est une ouverture faite à un mur de clôture, soit par caducité ou mal-façon, ou pour y faire passer des voitures.

BRÊCHE, *Art militaire*, se dit de l'ouverture qu'on a faite au rempart d'une ville de guerre ou d'un ouvrage de fortification par le canon, les mines, &c, pour pouvoir y monter à l'assaut & l'emporter de force. *Nettoyer la brêche*, c'est en ôter les ruines & les décombres pour la rendre plus impraticable aux assiégeans & la mieux défendre. Pour que les assiégeans puissent y monter sur un assez grand front, la *brêche* doit avoir 15 à 20 toises de largeur.

BRÉTELER ou BRÉTER, *Maçonnerie*. C'est dresser le parement d'une pierre ou regratter un mur avec un outil à dents, comme la laye, le riflard, la ripe, &c.

BRIDER UNE PIERRE, *terme de carrier*. C'est l'attacher avec le bout du cable qui répond à la grande roue & avec le crochet qui doit l'enlever. C'est la forme de la pierre qui détermine la maniere de la brider.

BRIDES, *terme de fontainier*. Ce sont les extrêmités des tuyaux de fer servant à la conduite des eaux, qui sont taillées en platines avec quatre trous à vis dans les angles. On y met quatre écrous que l'on serre pour les joindre & les affermir l'un au bout de l'autre, & l'on en garnit les rebords avec des rondelles de plomb ou de cuir que l'on met entre deux, le tout recouvert de mastic à froid.

BRIGADE, *Art militaire*. C'est une partie ou une division d'un corps de troupes, soit à pied, soit à cheval, sous le commandement d'un chef appellé *brigadier*. Les *brigades* d'infanterie sont ordinairement de 5 à 6 bataillons. Celles de cavalerie sont de huit escadrons.

BRIGADE D'ARTILLERIE. C'est une partie de l'équipage d'un train d'artillerie, qui est composée ordinairement de dix pieces de canons, avec toutes les munitions & ustensiles nécessaires pour leur service. Chacune de ces *brigades* est commandée par un commissaire provincial d'artillerie, ayant sous lui plusieurs commissaires ordinaires & extraordinaires, des officiers pointeurs, cadets, &c.

BRIGADIER DES ARMÉES DU ROI. C'est un officier général, subordonné au maréchal de camp, qui commande une *brigade* d'infanterie, de cavalerie ou de dragons. Ce grade militaire a été créé sous le regne de Louis XIV.

BRIGANTIN, *Marine*. C'est un petit vaisseau léger, bas de bord & ouvert, c'est-à-dire qui n'a point de pont, qui va à voiles & à rames, & dont on se sert pour les courses. Il a ordinairement 12 à 15 bancs de chaque côté pour les rameurs, & un homme à chaque rame. C'est une espece de galiote en usage sur la méditerranée, dont les matelots sont aussi soldats & armés d'un fusil.

BRION ou RINGEOT, *Marine*. Voyez au mot RINGEOT.

BRIQUE, *Architecture*. C'est une sorte de pierre factice, de couleur rougeâtre, formée d'une terre grasse pêtrie, mise en quarré long dans un moule de bois, séchée à l'ombre, & cuite dans un four, où elle acquiert la dureté & la consistance nécessaire pour le bâtiment. L'usage de la *brique* est très-fréquent pour les revêtemens des ouvrages de fortification, ainsi que pour les édifices ordinaires, dans les pays où la pierre n'est pas commune.

BRIQUES DE CHAMP. Ce sont des *briques* que l'on a posées sur le côté pour servir de pavé, comme on en voit dans les rues de quelques villes de Hollande.

BRIQUES EN ÉPI. C'est un arrangement particulier de *briques* que l'on pose diagonalement sur le côté, en maniere de point de Hongrie. C'est ainsi qu'elles sont disposées dans les rues de Venise.

BRIQUES EN LIAISON. Ce sont des *briques* posées sur le plat, enliées de leur moitié les unes avec les autres, & maçonnées avec plâtre ou avec mortier.

BRIQUETER, *Maçonnerie*. C'est contrefaire la brique sur un mur par le moyen d'une impression faite avec de l'ocre rouge, & en marquer les joints en plâtre.

BRISANS, *Marine*. Ce sont des pointes de rochers qui s'élevent jusqu'à la surface de l'eau, & quelquefois au-delfis, ensorte que les houles de la mer viennent y rompre & *briser*. Sur les cartes marines on les indique par des petites croix plus ou moins répétées, suivant l'étendue de ces *brisans*.

BRISE, *terme d'écluse*. C'est une poutre posée en bascule sur la tête d'un gros pieu, sur laquelle elle tourne, & qui sert à appuyer par le haut les aiguilles d'un pertuis.

BRISE-GLACE, *Architecture hydraulique*. C'est un ou plusieurs rangs de pieux plantés dans une riviere du côté d'amont au devant d'une pile d'un pont de charpente, pour la préserver des glaces ou du choc des corps étrangers que les inondations entraînent. Les pieux des *brise-glaces* sont d'inégale longueur, ensorte que le plus petit sert d'éperon. Ils sont recouverts d'un chapeau rampant, qui les affermit & les tient en raison pour briser les glaces & conserver la pile.

BRISIS, *Charpenterie*. C'est l'angle que forme un comble brisé, c'est-à-dire la partie où le faux comble vient se joindre avec le vrai, comme on le pratique dans les combles en mansarde.

BRISURE DE LA COURTINE, *Fortification*. C'est le prolongement de la ligne de défense qui sert à former le flanc concave ou couvert, quand on fait usage des bastions à orillons, suivant la méthode de M. *de Vauban*. Alors la courtine & la *brisure* qu'on y fait forment un angle qui contribue à donner plus d'étendue aux flancs.

BRONZE, *Artillerie*. Les fondeurs donnent ce nom au métal dont on fait les pieces d'artillerie : il est composé de deux tiers de cuivre rouge & un tiers de léton ou cuivre jaune. On y mêle quelquefois un peu d'étain fin pour le rendre plus coulant.

BRULOT, *Marine*. C'est un vieux bâtiment chargé de poudre, de feux d'artifice & de matieres combustibles, que l'on dirige vers un port, ou que l'on accroche à quelque vaisseau ennemi pour y mettre le feu & y causer du désordre.

BRUSQUER UN SIEGE, *Art militaire*. C'est commencer l'ouverture de la tranchée par la tête, en se logeant de vive force sur la contrescarpe, & travaillant ensuite en arriere jusqu'à ce qu'on ait formé une parallele où l'on puisse se défendre contre les sorties des assiégés. On ne hasarde cette manœuvre que lorsqu'on est sûr de la foiblesse de la garnison, ou du mauvais état des défenses de la place.

BUFFET D'EAU, *Hydraulique*. C'est une décoration composée d'une grande table de marbre élevée sur une estrade où l'on monte par plusieurs marches. Sur cette table sont posés plusieurs gradins en pyramide, avec des garnitures de vases de cuivre doré à jour, dont le corps étant formé par l'eau qui y coule, paroît un vase de cristal garni en or. Il y a plusieurs buffets dans ce goût-là dans quelques bosquets de Versailles. Souvent le fond du buffet représente une décoration d'architecture rustique, ou une grotte formée de rocailles, coquillages, congellations, pétrifications, &c. Voyez-en plusieurs exemples dans *les délices de Versailles*, *in-folio*, imprimé chez *Jombert*, planches 37, 43, 44, 56, 57, 73, &c. Les buffets d'eau sont ordinairement adossés contre un mur de terrasse ou autre, ou du moins contre une palissade.

BUSC D'UNE ÉCLUSE, *Architecture hydraulique*. C'est un assemblage de charpente, composé d'un seuil & de deux heurtoirs, contre lesquels s'appuie le bas des portes d'une écluse lorsqu'elle est fermée, & d'un poinçon qui joint ensemble le seuil avec les heurtoirs; ce que font aussi les liens, qu'on multiplie autant que la largeur des portes le requiert. Le mot de *busc* vient de la saillie que forment les deux portes d'une écluse, lorsqu'étant fermées elles présentent un angle du côté qu'elles soutiennent l'eau à une certaine hauteur. On appelle *portes busquées* un assemblage de charpente à deux venteaux, qui s'arcboutent réciproquement. Ces deux venteaux s'ouvrent & se ferment à volonté pour l'écoulement des eaux & le passage des bateaux.

BUSE, *Architecture hydraulique*. C'est une espece d'aqueduc, soit de charpente ou de maçonnerie, qui sert à conduire & à diriger les eaux d'une source ou d'un ruisseau au travers d'une digue, ou de tout autre ouvrage de terrasse. Ordinairement une buse est formée avec de gros arbres de 18 pouces de diametre, que l'on coupe par tronçons, & que l'on scie sur leur largeur, pour creuser chaque moitié de cinq pouces de profondeur sur dix pouces de largeur. On rejoint ces moitiés de tronçons avec des entailles & des chevilles de bois, le tout bien calfaté & goudronné, & l'on en forme une conduite ou un corps de tuyaux qui communique l'eau d'un réservoir supérieur dans une écluse, ou qui la rejette plus loin quand elle est superflue. Dans les grosses forges, on donne le nom de *buse* à un canal de bois qui conduit l'eau sur la roue qui fait tourner l'arbre par le moyen duquel le martinet se hausse & se baisse.

Buse, *terme de mineur*. C'est un tuyau de bois ou de plomb dont on se sert pour conduire l'air dans les galeries des mines, par le moyen des puits & des ouvertures qu'on y pratique à cet effet.

BUT EN BLANC, *Artillerie*. La portée d'un mousquet ou d'un fusil se dit de *but en blanc*, lorsque le canon de la piece est dans une situation horisontale, c'est-à-dire, que sa bouche ou sa culasse ne haussent ni ne baissent.

BUTER, *Architecture*. C'est par le moyen d'un pilier ou d'un arc *butant* ou *boutant* contretenir & empêcher la poussée d'un mur, ou l'écartement d'une voûte.

BUVEAU, *voyez* Biveau.

CABANES, *Marine*. Voyez au mot Teugues.

CABESTAN, *Mécanique*. C'est une machine dont on se sert pour élever & traîner des fardeaux considérables. Elle est composée de deux tables de bois, l'une inférieure, l'autre supérieure, & d'un treuil ou vireveau posé à plomb, appellé aussi *fusée*, autour duquel fiie le cable. Le *cabestan* est mis en mouvement par le moyen de deux leviers qui passent au travers du treuil, & qui forment quatre bras que plusieurs hommes font tourner. Le *cabestan* n'est autre chose qu'un treuil dont l'axe, au lieu d'être horisontal, est en situation verticale.

Cabestan, *Marine*. C'est une machine de bois faite en forme de cylindre, reliée de fer & posée perpendiculairement sur le pont d'un vaisseau. Deux barres passées en travers, au haut de cet essieu, le font tourner à force d'hommes, & font filer autour de l'essieu un cable, au bout duquel sont attachés les fardeaux qu'on veut remuer ou enlever. Il y a deux *cabestans* sur chaque vaisseau, le grand & le petit. Le grand *cabestan* est placé derriere le grand mât sur le premier pont, & s'éleve jusqu'à quatre ou cinq pieds de hauteur au-dessus du deuxieme pont. On l'appelle aussi *cabestan double*, parce que comme il forme, pour ainsi dire, deux cabestans montés sur une mèche commune, on peut doubler sa force en mettant des hommes sur les deux ponts pour le faire tourner. Le petit *cabestan* est situé sur le second pont, entre le grand mât & le mât de misaine. Dans les plus gros vaisseaux, il y a trois cabestans.

CABINET, *Architecture*. C'est la derniere piece, la plus petite & la plus reculée d'un appartement ordinaire. Il y en a de plusieurs especes qui servent à divers usages, comme *cabinet* d'étude, *cabinet* de toilette, *cabinet* d'aisance, *cabinet* de curiosités, &c. Dans les grands appartemens de parade, chez les ministres & les gens en place, le *cabinet* fait une des premieres pieces & une des plus grandes & des plus ornées de l'appartement, parce que c'est l'endroit où ils parlent aux personnes qui ont affaire à eux, où ils donnent leurs audiences, reçoivent des visites, &c.

CABLE, *Maçonnerie*. Ce mot se dit généralement de tous les cordages dont on se sert pour traîner & enlever des fardeaux. Ceux qu'on nomme *brayers* servent pour lier les pierres, baquets à mortier, bourriquets à moilon, &c. Les *haubans*, pour retenir & haubanner les engins, grues, gruaux, &c. Les *vintaines*, qui sont les moindres cables, servent pour diriger les fardeaux lorsqu'ils montent, & pour les détourner des saillies des corniches ou des échaffauds. On dit *bander* pour tirer un *cable*. Quelques-uns l'appellent aussi *chable*.

CABLE, *Marine*. C'est une grosse corde, ordinairement de chanvre, faite de trois hansieres ou *aussieres*, dont chacune a trois torons. Chaque toron est de trois cordons & d'environ 200 fils; de sorte que le cable entier, ayant 20 pouces de circonférence, est formé de 1800 fils: il doit peser 9500 livres avant que d'être goudronné. La longueur ordinaire d'un *cable* est de 110 à 120 brasses. Il y a quatre *cables* dans un vaisseau : le plus gros s'appelle *maître cable*; il porte, ainsi que les autres, 120 brasses de long. Voyez aussi au mot HANSIERE.

CABOTAGE, *Marine*. C'est la connoissance des caps, ports, mouillages, ancrages, bancs, courans, en un mot, de la situation & de la qualité de toutes les côtes d'une mer. Cette connoissance se puise dans les livres intitulés *portulans*, *routiers*, &c.

CADRE, *Architecture*. C'est une bordure taillée sur la pierre, ou traînée en plâtre au calibre, laquelle, dans les compartimens des murs de face & des plafonds, renferme des ornemens de sculpture.

CADRE *à double parement*. C'est un profil semblable ou différent, répété devant & derriere une porte à placard.

CADRE *de charpente*. C'est un assemblage quarré de quatre grosses pieces de charpente, qui forme l'ouverture de l'enfoncement d'une lanterne, pour donner du jour à un sallon ou à un escalier par le plafond, ou qui sert de chaise à un clocher, &c.

CADRES *de plafond*. Ce sont des renfoncemens causés par des intervalles quarrés, que laissent les poutres dans des plafonds lambrissés, ornés de sculpture, peinture & dorure.

CAGE, *Architecture*. C'est un espace compris entre quatre murs, qui renferme un escalier ou une division d'appartement.

CAGE *de clocher*. C'est un assemblage de charpente, revêtu de plomb extérieurement, compris depuis la chaise sur laquelle il pose, jusqu'à la base ou au rouet de la fleche d'un clocher.

CAGE *de croisée*. C'est le bâti de menuiserie qui porte en avance au dehors de la fermeture d'une croisée. Cette *cage*, selon l'ordonnance, ne doit avoir que huit pouces de saillie.

CAGE *de moulin à vent*. C'est un assemblage quarré de charpente de la forme d'un pavillon, revêtu d'ais & couvert de bardeau, qu'on fait tourner sur un pivot posé sur un massif rond de maçonnerie pour orienter les aîles ou volans d'un moulin suivant le vent qui souffle.

CAILLEBOTIS, *Marine*. C'est une espece de trappe faite en grillage de bois & à jour, dont on couvre quelques écoutilles d'un navire.

CAISSE, *Architecture*. C'est dans l'intervalle des modillons, au plafond de la corniche Corinthienne, un renfoncement quarré qui renferme une rose. Ce renfoncement, qu'on nomme aussi *cassette* ou *panneau*, est de diverse figure, suivant le compartiment des voûtes & des plafonds. Suivant *Félibien*, les *caisses* doivent être quarrées dans tous les Ordres, & les modillons doivent avoir de largeur la moitié du champ de ces *caisses*.

CAISSON, *Artillerie :* c'est un charriot couvert d'une espece de toit formé avec des planches & fait en dos d'âne, dont on se sert à l'armée pour voiturer le pain de munition, la poudre & les différens attirails de l'artillerie.

CAISSONS, *terme de mineur* : ce sont des especes de coffres faits de planches fort épaisses de deux ou trois pieds de long sur un pied & demi de large, que l'on remplit de poudre & qu'on enterre sous le glacis, sous les brêches, & aux autres endroits par où l'ennemi doit passer. On y met le feu, comme aux mines, par le moyen d'un saucisson. On les appelle aussi *mines volantes*.

CALCUL, *Mathématique :* c'est une opération de l'esprit, par laquelle on suppute & l'on compare plusieurs sommes ou plusieurs grandeurs, pour en connoître les rapports, soit par les nombres, soit par le moyen des lettres de l'alphabet. Il y a plusieurs sortes de *calculs*, savoir, l'arithmétique, l'algebre ou calcul littéral, le calcul différentiel, le calcul intégral, le calcul exponentiel, celui des accroissemens, celui des probabilités, le calcul des infiniment petits, &c. Voyez le détail & les propriétés de chacun de ces calculs dans le *Dictionnaire de mathématique*, par M. *Saverien*, imprimé à Paris chez *Jombert*, en deux volumes *in*-4°. Voyez aussi ce que nous en dirons dans le cours de cet ouvrage.

CALE, *Architecture hydraulique*. C'est un massif de maçonnerie, ou bien un assemblage de charpente construit sur le prolongement d'un chantier servant à la construction des vaisseaux, ensorte qu'ils forment ensemble un plan incliné le long duquel on fait glisser un navire pour le lancer à l'eau, sans l'exposer à recevoir *le coup de talon*, & par le moyen duquel on le fait remonter sur terre quand on veut le radouber.

CALE ou *fond de cale*, *Marine :* c'est la partie la plus basse d'un navire qui entre dans l'eau sous le franc-tillac : elle s'étend de la poupe à la proue, comprenant tout l'espace qui se trouve depuis la carlingue jusqu'au franc tillac ou premier pont. C'est le lieu où l'on met les marchandises & les munitions de toute espece. La *cale* est dans un bâtiment de mer, ce qu'est la cave dans une maison ordinaire.

CALER *une pierre*, *Maçonnerie :* c'est, en arrêtant la pose d'une pierre, mettre une *cale* de bois, c'est-à-dire, un morceau de bois mince, qui détermine la largeur du joint de lit de cette pierre, pour la ficher ensuite avec plus de facilité.

CALFAT, *Marine* : c'est le radoub d'un navire, qui se fait lorsqu'on en bouche les trous avec de l'étoupe, & qu'on les enduit de suif, de poix, de goudron, &c, afin d'empêcher qu'il ne fasse eau. On donne aussi le nom de *calfat* à de vieilles étoupes que l'on enduit de brai, & que l'on pousse de force dans les joints ou entre les planches d'un navire, pour le tenir sain., étanche, & franc d'eau. On appelle encore *calfat* l'ouvrier qui travaille à enfoncer le *calfat*.

CALFATER : c'est travailler à boucher avec du *calfat*; c'est-à-dire avec de l'étoupe faite de vieux cables, les joints ou coutures des planches qui servent à recouvrir les côtés d'un vaisseau.

CALFATER, *Archit. hydraul.* Pour empêcher que l'eau ne pénetre à travers le radier d'une écluse, on en *calfâte* tous les joints des planches de la même maniere qu'on le fait pour les vaisseaux. On en use de même aux portes d'écluses & aux vannes, pour les rendre bien étanches. On se sert à cet effet d'étoupes provenant de vieilles cordes goudronnées, coupées par bouts d'environ un pied de long, que l'on fait sécher au four; après quoi on les écharpie pour en faire des paquets. Il en entre vingt livres dans une toise quarrée de bordage ou de plancher, *calfatée* de trois étoupes. Chaque cours d'étoupes doit occuper environ un pouce d'épaisseur.

CALIBRE, *Architecture*. Les maçons appellent *calibre* une planche mince chantournée intérieurement suivant un profil donné, pour *traîner* les corniches, plintes, entablemens, &c, soit en plâtre ou en stuc. Ce *calibre* se monte sur un morceau de bois appellé *sabot*. On pratique sur ce sabot, à la partie du devant qui doit se traîner sur les regles, une rainure pour servir de guide au *calibre*.

CALIBRE, *Artillerie* : c'est la grandeur de l'ouverture d'une piece de canon ou de toute autre arme à feu, par où l'on fait entrer ou sortir le boulet ou la balle. Le diametre de la bouche d'un canon s'appelle le *calibre de la piece*, comme le diametre ou l'épaisseur d'un boulet de canon se nomme *calibre du boulet*. La différence qui se trouve entre le *calibre* de la piece & celui du boulet, pour faciliter son entrée & sa sortie dans l'ame de la piece, s'appelle le *vent du boulet*. On mesure encore le *calibre* d'une piece par le poids du boulet qu'elle chasse; & l'on appelle piece de 24, de 16, de 12 livres, un canon qui porte un boulet de 24, de 16 ou de 12 livres.

CALOTTE, *Architecture* : c'est une cavité ronde ou ovale, ou un renfoncement en façon de coupe, formé par des courbes de charpente, lattées & recouvertes de plâtre. On en fait usage pour rabaisser intérieurement la trop grande élévation extérieure d'un dôme, d'une chapelle, &c, ou bien pour diminuer la hauteur d'un cabinet, d'une alcove, &c, ou de quelque autre petite piece qui se trouveroit trop élevée par rapport aux autres pieces d'un grand appartement. On termine aussi le plafond d'un grand escalier par une *calotte*.

CAMION, *Maçonnerie* : c'est une espece de petit tombereau monté sur quatre petites roues ou roulettes faites d'un seul morceau de bois, où plusieurs manœuvres s'attelent pour traîner des quartiers de pierre & autres fardeaux pesans.

CAMOUFLET, *terme de mineur*. On donne le *camouflet* au mineur ennemi, par le moyen d'une bombe chargée, dont la fusée est allumée, qu'on introduit dans sa galerie, ou bien en y jettant quelques feux d'artifices qui rendent une fumée puante qui l'infecte & l'étouffe.

CAMP, *Art militaire*. On donne ce nom à l'espace ou étendue de terrein qu'occupe une armée en campagne, sur lequel elle est établie avec tous ses bagages. On appelle encore *camp*, dans un siege, tout le terrein compris entre les lignes de circonvallation & de contrevallation.

CAMP RETRANCHÉ : c'est un espace de terrein fortifié pour y renfermer un corps de troupes & le mettre en état de défense contre une armée supérieure en nombre. Les *camps retranchés* s'établissent ordinairement dans les environs d'une place & sous son canon, pour en augmenter la défense, & pour rendre l'entreprise du siege de cette place plus longue & plus difficile.

CAMP VOLANT : c'est un petit corps de troupes composé de quatre, cinq, ou six mille hommes, qui tiennent la campagne pour inquiéter l'ennemi & faire diverses opérations

tions de guerre, suivant les ordres qu'ils en ont reçus & les circonstances qui se présentent.

CAMPAGNE, *Art militaire* : c'est l'espace de tems que l'on peut tenir les troupes en corps d'armée pendant chaque année. On appelle *campagne d'un vaisseau*, tout le tems qu'il est à la mer, depuis sa sortie du port jusqu'à ce qu'il y rentre.

CAMPANE, *Architecture* : c'est le nom qu'on donne au corps des chapiteaux Corinthien & Composite, par la ressemblance qu'il a avec une cloche appellée en latin *campana. D'Aviler, Dictionnaire d'architecture.* On l'appelle aussi *vase* ou *tambour*. Le rebord supérieur de la campane qui touche au tailloir, se nomme la *levre*.

CAMPANILE, *Architecture* : c'est un petit clocher à jour, ressemblant à une lanterne, comme on en voit aux quatre angles du dôme du Val de Grace à Paris.

CAMPEMENT : c'est le logement d'une armée dans ses quartiers, qui doivent avoir, outre la commodité des eaux, l'avantage de l'assiette, & la facilité de pouvoir se défendre & se retrancher.

CANAL, *Architecture hydraulique* : c'est un lieu creusé pour recevoir les eaux de la mer, d'un fleuve, d'une ou de plusieurs rivieres, &c, pour les conduire à divers endroits & pour servir à différens usages. Il y en a de deux sortes, *canal d'arrosage* & *canal de communication*. Les *canaux* d'arrosage servent à conduire des eaux dans un terrein sec & aride, pour le fertiliser & le rendre propre à la culture. Tel est le *canal de Crapone*, qui traverse la plaine de la Crau entre Arles & Salon, en Provence, lequel a six lieues de longueur. Les *canaux* de communication servent à abréger & à faciliter la navigation d'un lieu à un autre pour le transport des marchandises. Le plus magnifique ouvrage de cette espece est le fameux canal de Languedoc, qui forme la jonction de l'océan avec la méditerranée, depuis la Garonne, près de Toulouse, où il commence, jusqu'au grand lac de Tau, dont les eaux s'étendent jusqu'au port de Cette, ensorte qu'il parcourt plus de 64 lieues de pays, en passant, à quelques endroits, sur des ponts & des aqueducs d'une hauteur incroyable : dans d'autres, il est taillé dans le roc, tantôt à découvert, tantôt sous des voûtes de plus de mille pas de longueur.

CANAUX, *Architecture* ; ce sont des especes de canelures

taillées sur une fasce ou sous un larmier, qui sont quelquefois remplies de roseaux ou de fleurons : on les nomme aussi *portiques*. On entend encore par *canaux* les cavités droites ou torses dont on orne la tigette des caulicoles dans le chapiteau Corinthien.

CANDELABRE, *Architecture* : c'est une espece de vase fort élevé, en maniere de balustre, que l'on place ordinairement à l'entour de l'extérieur d'un dôme pour servir d'amortissement, ou dont on couronne un portail d'église, tels qu'on en voit à Paris au dôme des Invalides & aux portails de la Sorbonne & du Val de Grace.

CANELURES, *Architecture* : ce sont des petits canaux creusés le long des colonnes, au nombre de 24, & quelquefois davantage. Les *canelures* Doriques sont taillées à vive arrête : celles des Ordres Ionique & Corinthien ont un listel entre deux. Les anciens les appelloient *striares*, du latin *striges*, les plis d'une robe, à cause de la ressemblance de ces canelures avec les plis des vêtemens des anciennes femmes grecques. *D'Aviler*, *Félibien* & *Cordemoi*, écrivent *cannelures*, & font dériver ce mot des *cannes* ou roseaux qui en remplissent les cavités.

CANON, *Algebre* : c'est ainsi qu'on appelle une formule qui résulte de la solution d'un problême, & dont on peut tirer une regle générale pour calculer & pour construire toutes sortes d'exemples qui y appartiennent. On appelle *canon des triangles* les tables qui contiennent les sinus, les tangentes & les sécantes pour tous les degrés & les minutes du quart de cercle.

CANON, *Artillerie* : c'est en général une arme à feu, de fonte ou de fer, de forme cylindrique, que l'on charge de poudre & d'un boulet, & à laquelle on met le feu par un petit canal appellé *lumiere*, qui est percé vers la culasse. Les premiers canons qui ont été entendus en France furent tirés par les Anglois à la bataille de Crecy, en 1346. On les appelloit autrefois *bombardes*. On leur a aussi donné toutes sortes de noms effrayans, comme *coulevrine*, *bazilic*, *aspic*, *serpentin*, *dragon volant*, *diablesse*, &c, & l'on en a fondu de tout calibre & de toute grandeur, jusqu'à des pieces de 48 & de 96 livres de balle, & même davantage. Aujourd'hui on en a fixé les proportions, & l'on ne fond plus, depuis l'ordonnance du Roi en 1732, que des pieces de 24, de

16, de 12, de 8 & de 4 livres de balle. L'expérience a appris qu'on ne peut tirer que 100 ou 120 coups de *canon* tout au plus, en 24 heures, avec une piece de 24 livres de balle, ce qui fait cinq coups par heure; encore faut-il la rafraîchir de tems en tems après qu'elle a tiré 10 ou 12 coups de suite.

CANONS *à l'Espagnole*. Vers la fin du dernier siecle on appelloit ainsi une espece de *canon* fort court, qui avoit au fond de l'ame une chambre en forme de sphere un peu applatie, & dont la lumiere étoit derriere la culasse, à la place du bouton.

CANONS *à la Portugaise* : c'étoit une sorte de *canon* à peu près semblable aux précédens, mais plus long, plus épais & plus pesant.

CANONS *à la Suédoise* : c'est une piece particuliere, de quatre livres de balle, qui ne pese gueres que 600 livres, dont les Suédois se sont servis les premiers pour tirer dans les batailles, & dont on fait usage dans les troupes de France, chaque bataillon étant obligé d'en avoir une à sa suite en entrant en campagne. Sa légéreté, & la facilité de son service, font qu'on en peut tirer aisément dix coups en une minute.

CANONS *de goutiere*, *Architecture* : ce sont des bouts de tuyaux de plomb ou de fer fondu, qui servent à jetter les eaux de pluie par les gargouilles au-delà du cheneau & des corniches d'un bâtiment. Ces goutieres sont défendues à Paris, depuis quelque tems, par une ordonnance de police, & l'on est obligé, dans toutes les nouvelles constructions de bâtimens, de conduire les eaux du toît jusqu'à terre, par des tuyaux de descente appliqués le long des murs, du moins aux façades sur la rue.

CANONIER, *Artillerie*. En France, c'est un soldat du régiment de Royal-Artillerie, qui fait les fonctions de *Canonier*, avec l'aide des soldats commandés pour le service de chaque batterie, sous la direction d'un officier pointeur.

CANONIERE, *Art militaire*. On appelle ainsi les tentes sous lesquelles les soldats & les cavaliers se retirent lorsqu'ils sont campés. Une *canoniere* doit contenir sept hommes couchés.

CANTINE : c'est le lieu où l'on fournit aux soldats d'une garnison l'eau-de-vie, le vin & la bierre à un prix plus modique que dans les cabarets : c'est un privilege particulier que le Roi accorde à ses troupes.

CANTONNÉ : ce terme se dit d'un bâtiment dont l'encoignure est ornée d'une colonne ou d'un pilastre angulaire, ou de chaînes en liaison de pierres de refend ou de bossages, ou de quelque autre corps qui excede le nud du mur.

CANTONNER *des troupes* : c'est les disperser en plusieurs corps pendant le quartier d'hyver, & les placer en divers cantons d'un pays, pour leur procurer le moyen de tirer des subsistances plus facilement.

CAP ou PROMONTOIRE, *Marine* : c'est une pointe ou langue de terre qui s'avance dans la mer plus que les terres contiguës. Quand en *rangeant* une côte on passe près d'un cap, c'est ce que les marins appellent *doubler un cap*.

CAPE, *Marine* : c'est le nom qu'on donne à la grande voile. *Etre à la cape*, c'est ne porter que la grande voile bordée & amurée toute arriere. On met aussi à la *cape* avec la misene & l'artimon. On se tient à la *cape* quand le vent est trop fort, & lorsqu'il est contraire à la route qu'on veut faire.

CAPE *de batardeau*, *Fortification* : c'est la partie supérieure d'un batardeau de maçonnerie, qui traverse le fossé d'une place de guerre. Cette *cape* est terminée en dos d'âne, & l'on y construit une tourelle pour empêcher les surprises & les désertions.

CAPITAINE, *Art militaire*. C'est un officier qui commande une compagnie de soldats, soit infanterie, soit cavalerie : il est subordonné au colonel du régiment dont la compagnie qu'il commande fait partie.

CAPITALE, *Fortification*. La *capitale* d'un bastion est une ligne droite tirée de son angle flanqué à l'angle du centre : elle fait la différence du rayon du polygone extérieur & de l'intérieur. Dans la fortification réguliere, la *capitale* divise un bastion en deux parties égales : c'est sur son prolongement qu'on se dirige pour la conduite des tranchées dans un siége, lorsqu'on veut s'approcher de la place.

CAPITULATION : c'est un traité fait entre le Commandant ou le Gouverneur d'une ville assiégée, & le Général de l'armée qui en fait le siege, pour rendre la place à de certaines conditions plus ou moins avantageuses

geuses à la garnison, suivant la position où elle se trouve, & selon la défense qu'elle est encore en état de faire.

CAPONNIERE, *Fortification* : c'est une espece de double chemin couvert, large de 10 à 14 pieds, & palissadé des deux côtés, que l'on construit au fond d'un fossé sec, vis-à-vis le milieu de la courtine, pour traverser le fossé & pour assurer la communication du corps de la place avec les ouvrages extérieurs. On donne aussi le nom de *caponniere* à un chemin que l'on creuse dans le glacis du chemin couvert, pour communiquer dans les ouvrages placés vis-à-vis, parce que ces communications sont pareillement des doubles chemins couverts, construits de la même façon, & revêtus de palissades.

CAPORAL, *Art militaire* : c'est un bas officier d'infanterie, qui pose & releve les sentinelles, fait observer le bon ordre dans le corps-de-garde, commande une escouade, reçoit le mot des rondes qui passent, &c. Il y a pour l'ordinaire trois *caporaux* dans chaque compagnie.

CAPOTAGE, *Marine*. On appelle ainsi cette partie de la science d'un pilote, qui consiste dans la connoissance du chemin que le vaisseau fait sur la surface de la mer. Cette connoissance est absolument nécessaire pour pouvoir conduire un vaisseau sûrement.

CAPS MOUTON ou CAP DE MOUTON, *Marine* : ce sont de petits billots de bois taillés en forme de poulies, qui sont environnés & fortifiés d'une bande de fer, pour empêcher le bois de s'éclater. Ils servent principalement à roidir les haubans & les étais. Le *cap de mouton* est percé sur le plat à trois endroits, ayant à chaque trou une ride ou petit cordage servant à divers usages. Il entre ordinairement 160 *caps de mouton* dans l'agrès d'un vaisseau.

CAPSMOUTON, *Architecture hydraulique* : c'est une espece de gros anneau, ou poulie de bois, pareil à ceux qu'on voit sur les vaisseaux, dont l'usage est d'arrêter un hauban ou autre gros cordage pour soutenir les portes ou les venteaux d'une écluse, quand elles sont fermées, contre les houles de la mer.

CAQUE *de poudre* : c'est la même chose que barril ou tonneau. Voyez au mot BARRIL *à poudre*.

CARABINE, *Art militaire* : c'est une sorte de fusil raccourci, dont l'intérieur est rayé circulairement ou en forme de vis, depuis la bouche jusqu'à la culasse, ensorte que lorsque la balle qui y a été enfoncée de force, en est chassée par l'impétuosité de la poudre, elle est portée au loin avec bien plus de violence que par le fusil ordinaire. Le canon de la carabine a trois pieds de long, & elle en a quatre étant montée sur son fût.

CARACTERE, *Algebre.* On fait un usage particulier de différens *caracteres* dans les mathématiques, & sur-tout en algebre & en géométrie. Les premieres lettres de l'alphabet, *a*, *b*, *c*, *d*, &c. expriment des quantités données ou connues, & les dernieres lettres *x*, *y*, *z*, sont les caracteres des quantités inconnues que l'on cherche. + est le signe positif ou affirmatif, & celui de l'addition. — est celui de la soustraction, & désigne une quantité négative. = est le signe de l'égalité entre deux quantités, &c. Voyez le *Dictionnaire de mathématique*, par M. *Saverien*, pour une plus grande explication de cet article & du suivant.

CARACTÉRISTIQUE, *Mathématique :* ce terme se dit en général de ce qui caractérise une chose essentiellement. La *caractéristique* d'un logarithme est son exposant, c'est-à-dire, le nombre entier qu'il renferme. Ainsi, dans ce logarithme 1.000000, 1 est l'exposant. De même la lettre *d* est la *caractéristique* des quantités différentielles, suivant M. *Leibnitz :* celle des fluxions, suivant M. *Newton*, est un point : celle des logarithmes ou des exposans est la lettre L, &c.

CARAVELLE, *Marine :* c'est un petit bâtiment portugais à poupe quarrée, rond de bordage & court de varangue, qui porte jusqu'à quatre voiles latines ou à oreilles de lievre, outre les boursets & les bonnettes en étui. Les *caravelles* sont du port de 120 à 140 tonneaux, & passent pour les meilleurs voiliers de tous les bâtimens.

CARCASSE, *Artillerie :* c'est une espece de bombe, de forme oblongue, composée de deux cercles ou cerceaux de fer, passés en croix l'un sur l'autre, avec un culot de même métal. On en remplit le vuide avec des bouts de canon de pistolets chargés, des grenades, de la mitraille, divers artifices, & de la poudre grénée. On couvre le tout d'étoupes bien goudronnées & d'une forte toile neuve, à laquelle on fait un trou pour passer la fusée qui doit mettre le feu à cette machine. La *carcasse* se jette, comme la bombe, avec le mortier ou avec un pierrier, sur des maisons & autres endroits où l'on veut mettre le feu, ou sur un corps de troupes, pour y causer du désordre. L'usage en est aboli, parce qu'elle ne fait gueres plus d'effet qu'une bombe, & qu'elle est d'une bien plus grande dépense.

CARCASSE *d'un vaisseau* : c'est le corps du vaisseau avant qu'il soit bordé, lorsque toutes les courbes & toutes les pieces du dedans paroissent des deux côtés, comme on voit les os d'un squelette ou d'une *carcasse*.

CARENE ou QUILLE, *Marine* : c'est une longue & forte piece de bois, ou plusieurs pieces mises bout à bout, qui regnent par dehors dans la partie la plus basse du vaisseau, de la pouppe à la proue, servant, pour ainsi dire, de fondement au navire. Souvent on prend le mot *carene* plus généralement, & l'on entend par-là toute la partie du vaisseau qui est sous l'eau, qu'on nomme aussi l'*œuvre vive*, comprise depuis la quille jusqu'à la ligne d'eau.

CARENER *un vaisseau* : c'est le coucher sur le côté jusqu'à ce qu'on lui voie la quille, pour le radouber, le calfater, ou le raccommoder aux endroits qui sont dans l'eau, qu'on nomme *œuvres vives*. Pour coucher un vaisseau sur le côté lorsqu'on veut le *caréner*, on se sert dans les ports, de pontons, sur lesquels on l'abbat & on l'amarre. En *carénant* un vaisseau, il ne faut pas épargner le chauffage, qui se fait avec des bourrées de menus bois. Ce chauffage est nécessaire pour bien nettoyer le vaisseau & pour mieux faire paroître les fentes ou les défectuosités qu'il pourroit y avoir, afin d'y remédier : ensuite on le braye & on l'enduit de suif.

CARGAISON : c'est le chargement du vaisseau. Ainsi toutes les marchandises dont le vaisseau est chargé, forment sa *cargaison*.

CARGUES, *Marine*. On appelle ainsi toute sorte de manœuvre qui sert à faire arriver les voiles proche des vergues pour les trousser & les relever, soit qu'on ait dessein de les laisser en cet état, soit qu'on veuille les serrer. Presque toutes les voiles ont une *cargue* particuliere.

CARILLON, *Serrurerie*. On donne ce nom à des barres de fer qui n'ont que 8 à 9 lignes en quarré.

CARLINGUE ou CONTREQUILLE : c'est ainsi qu'on appelle la plus longue & la plus forte piece de bois qui soit employée dans le fond de calle d'un vaisseau. Comme une seule piece ne suffiroit pas, n'y en ayant pas d'assez longue, on en met plusieurs bout à bout. La *carlingue* se pose sur toutes les varangues : elle sert à les lier avec la quille, ce qui lui a fait donner le nom de *contrequille*. Le pied du grand mât pose dessus. Au pied de chaque mât il y a une piece de bois qui porte aussi le nom de *carlingue* : ainsi le grand mât, celui de misene & celui d'artimon, ont chacun leur *carlingue*. Le mât de beaupré n'en a point. Le grand cabestan repose sur une *carlingue*.

CARREAU ou PANNERESSE, *Architecture* : c'est une pierre de taille qui a plus de largeur au parement que de longueur de queue dans le mur, & que l'on pose alternativement avec la boutisse pour faire liaison.

CARREAU *de plancher* : c'est une terre moulée & cuite, de différente grandeur & épaisseur, servant à recouvrir le plancher des salles, des chambres, &c. Il y en a de quarrés & d'autres à six pans. On le distingue encore en grand, en moyen carreau, & en petit.

CARREAU, *terme de Menuiserie* : c'est un petit ais quarré, fait en bois de chêne, dont on remplit le milieu ou la carcasse d'une feuille de parquet.

CARREAUX *de pierre* : ce sont de gros morceaux de pierre, dont deux ou trois suffisent pour faire une voie. Quand il y en a davantage, on les nomme *pierres de libage*. Lorsqu'il n'y a qu'une seule pierre à la voie, c'est ce qu'on appelle un *quartier* de pierre : *Félibien*. Voyez aussi au mot LIBAGE.

CARTEL *pour les prisonniers* : c'est une convention qui se fait entre deux Puissances pour échanger réciproquement les prisonniers de guerre que l'on se fait de part & d'autre, à de certaines conditions, ou pour les racheter, moyennant un certain prix que l'on fixe d'avance.

CARTEL ou CARTOUCHE, *Architecture* : c'est un ornement de sculpture, soit en marbre, en pierre, en bois, ou en plâtre, au milieu duquel est un vuide formé par des moulures ou des enroulemens, où l'on met des armoiries, des inscriptions, ou des figures de bas relief, pour la décoration des palais & des édifices de conséquence.

CARTOUCHE, *Pyrotechnie* : c'est un cylindre creux formé avec du carton mince ou avec des feuilles de papier roulées & collées ensemble, que l'on emplit d'une composition convenable aux artifices qu'on veut exécuter.

Parmi les artificiers, ce mot est masculin, en ce sens seulement, & l'on dit le *cartouche* d'une fusée.

CARTOUCHE, *Artillerie* : c'est une espece de sac ou de rouleau cylindrique, creux en dedans, & du même calibre que la piece où il doit entrer. On remplit la *cartouche* de balles de plomb, de vieux clous, de mitraille, &c, & l'on en charge le canon au lieu de boulet. Les cartouches se font avec du papier roulé & collé, de la toile, du parchemin, & quelquefois du fer blanc. On s'en sert pour tirer sur les troupes un jour de bataille, & dans d'autres occasions. Quoique plusieurs militaires confondent le mot *gargousse* ou gargouge avec la *cartouche*, il est certain que ce sont deux choses fort différentes. La gargouge est un sac qui ne renferme que la charge de poudre. La *cartouche* au contraire contient le plomb, la mitraille, &c.

CARTOUCHES *à grappe de raisin* : la base de ces cartouches est un plateau de bois du diametre de la piece, au milieu duquel est plantée une espece de cheville, d'environ deux calibres de hauteur. Autour de cette cheville & sur le plateau, l'un & l'autre bien enduits de poix & de goudron, on arrange un grand nombre de balles de plomb entourées d'un réseau, pour les empêcher de tomber avant que d'être chargés.

CARTOUCHES *à pomme de pin* : elles ont aussi un plateau de bois qui leur sert de base; mais au lieu de cheville de bois, on pose sur le plateau un boulet de canon d'un plus petit calibre, on couvre le reste du plateau, ainsi que le boulet, de moyennes balles de plomb trempées dans la poix & le goudron, & l'on recouvre le tout d'une toile légere.

CARTOUCHES *pour le fusil*. On donne ce nom à la charge du fusil, tant la poudre que le plomb, renfermée dans un petit rouleau de papier, à peu près du même diametre que l'ame du fusil. Ces cartouches se font avec des moules construits exprès; ils sont d'une grande utilité dans les batailles pour abréger le tems de charger le fusil, & pour obliger les soldats à faire un emploi plus égal de la poudre.

CAS IRRÉDUCTIBLE, *Analyse* : c'est le *cas* où une équation du troisieme degré a ses trois racines réelles, inégales & incommensurables. Dans ce *cas*, si l'on résout l'équation par la méthode ordinaire, la racine, quoique réelle, se présente sous une forme qui renferme des quantités imaginaires ; & l'on n'a pu jusqu'à présent réduire cette expression à une forme réelle, en chassant les imaginaires qu'elle contient. Voyez l'explication de cette définition dans le *Dictionnaire encyclopédique*, article Cas.

CASCADE, *Hydraulique* : ce n'est autre chose qu'une chûte d'eau, qui tombe d'un endroit élevé dans un autre plus bas. On en distingue de deux sortes, la naturelle & l'artificielle. La *cascade* naturelle est occasionnée par l'inégalité des terreins, comme la cascade de *Tivoli*, celles de *Frescati*, de *Terni*, & plusieurs autres qu'on voit en Italie & ailleurs. La *cascade* artificielle est faite de la main des hommes, & prend diverses formes & différens noms : tantôt elle tombe en nappe, comme la grande riviere à Marly : tantôt en goulettes, comme on en voit dans les bosquets de Saint-Cloud : tantôt en rampe douce, comme celle de Sceaux. D'autres fois elle forme des buffets, comme à Trianon & à Versailles, ou bien elle descend par chûtes de perrons, comme la grande cascade de Saint-Cloud. Voyez des exemples de toutes ces différentes cascades dans les *délices de Versailles, in-folio*, imprimé chez *Jombert* en 1766 ; entr'autres la cascade de Trianon, représentée sur la planche 73 ; celle de Marly, planche 87 ; la cascade de Saint-Cloud, planches 114, 115, 116, 121 ; celle de Sceaux, planches 136, 137 ; celles de Fontainebleau, planches 151, 152 ; & les cascades de Chantilly, planches 161, 166, 167.

Cascade, *terme de mineur*. On chemine sous terre par *cascades*, lorsqu'après avoir percé une distance plus ou moins grande dans l'épaisseur des terres, on s'enfonce tout à coup à une ou plusieurs reprises, ou lorsqu'on se releve de même.

Cascade, *terme d'algebre*. M. *Rolle* appelle *méthode des cascades* une maniere particuliere de résoudre les équations, qui est de son invention. Par cette méthode, on approche toujours de la valeur de l'inconnue, par des équations successives, qui vont toujours en baissant ou en tombant d'un degré, d'où est venu le nom de *cascade* qu'il a donné à cette méthode. *Rolle*, *Traité d'algebre in-quarto*. Paris, 1699.

CASEMATE, *Fortification* : c'est une voûte de maçonnerie

que l'on pratiquoit autrefois dans le flanc d'un bastion, proche la courtine. Elle servoit à y mettre du canon à couvert de l'artillerie de l'assiégeant, afin de mieux défendre la face du bastion opposé, & d'empêcher le passage du fossé. On a aussi donné le nom de *casemate* ou de *place basse* à des especes de flancs bas que les anciens ingénieurs construisoient parallellement au flanc couvert du bastion, au pied de son revêtement. Ces places basses étoient couvertes par l'orillon, c'est-à-dire, par la partie de l'épaule du bastion qui formoit le flanc couvert. *Voyez* aux mots FLANC BAS & PLACE BASSE.

CASERNES: ce sont de grands corps de logis construits ordinairement le long de la courtine, au pied du rempart d'une ville de guerre, divisés en plusieurs chambres, pour loger les troupes de la garnison.

CASQUE *ou* HEAUME, *Art militaire*: c'est une arme défensive, dont les cavaliers se couvroient autrefois la tête & le col.

CASTRAMÉTATION : c'est l'art de tracer & de disposer avantageusement toutes les parties d'un camp; ensorte qu'outre la commodité qu'il doit procurer aux troupes qu'il renferme, il soit à l'abri de toute insulte de la part de l'ennemi. M. *le Blond* a publié en 1748 un *essai sur la castramétation*, qui peut passer pour un traité complet sur cette matiere : c'est un volume *in*-8° qu'il a refondu, & inséré avec beaucoup de corrections & d'augmentations, dans ses *Élémens de tactique*, *in*-4°., imprimés chez *Jombert* en 1759.

CATAPULTE, *Art militaire*. Machine de trait des anciens avant l'invention de la poudre. La *catapulte*, dit *Félibien* d'après M. *Perrault*, est une machine dont les anciens se servoient pour lancer des javelots de 12 à 15 pieds de longueur. Le chevalier *Folard* confond mal à propos cette machine avec la *baliste*, en leur attribuant à toutes deux les même opérations; car le texte de *Vitruve* les distingue expressément, & leur assigne à chacune la fonction qui lui convient. Son sçavant commentateur a parfaitement expliqué & mis dans le plus grand jour ce qui concerne ces deux machines des anciens, & il en a donné des représentations & des descriptions qui ne laissent plus aucun doute sur leurs propriétés. On peut consulter à ce sujet *les dix Livres d'architecture de Vitruve*, *traduits & commentés par M.* Perrault, *in-folio*, seconde édition. Paris, 1684. Voyez encore ce que nous avons dit ci-devant au mot BALISTE. L'Auteur des articles *baliste* & *catapulte*, dans le *Dictionnaire encyclopédique*, confond aussi ces deux machines, entraîné sans doute par l'autorité du chevalier *Folard*, lequel cependant avoit fait une étude assez particuliere des armes & des machines militaires des anciens, pour ne point prendre le change sur la nature & les usages de ces deux machines.

CATHETE, *Architecture* : ce terme se dit, particulierement dans le chapiteau Ionique, de la ligne perpendiculaire qui passe par le milieu de l'œil de la volute, ce qui a fait aussi donner le nom de *cathete* à l'œil de cette même volute Ionique.

CATHETE, *Géométrie* : ce mot se prend en général pour toute ligne droite qui, tombant perpendiculairement sur sur une autre ligne ou sur une surface, forme un angle droit. On l'appelle plus communément *ligne perpendiculaire*.

CAVALERIE, *Art militaire* : c'est un corps de gens de guerre armés & exercés pour combattre à cheval. La *cavalerie* se divise en plusieurs corps de 120 ou de 150 maîtres ; c'est ce quon appelle *escadrons*. La quantité de *cavalerie* nécessaire dans une place assiégée doit faire, suivant M. *de Vauban*, la dixieme partie de l'infanterie.

CAVALIER : c'est un homme de guerre qui combat à cheval. On l'appelle aussi *maître*, & l'on dit en parlant d'une compagnie de cavalerie, qu'elle est de 40, 50 maîtres, pour désigner le nombre d'hommes qui la composent.

CAVALIER, *Fortification* : c'est une élévation de terre pratiquée dans le terreplein d'un rempart pour y établir des batteries de canon qui découvrent au loin dans la campagne. On le construit ordinairement dans le milieu d'un bastion plein, dont le *cavalier* prend la forme, & quelquefois le long d'une courtine, pour se garantir de l'enfilade ou de quelque commandement dont l'ennemi pourroit se prévaloir.

CAVALIER *de tranchée* : c'est dans l'attaque des places une élévation de terre que l'assiégeant fait avec des gabions, fascines, sacs à terre, &c. vers le haut du glacis, aux angles saillans du chemin couvert, pour y découvrir &

l'enfiler. Lorſque les *cavaliers* ſont une fois bien établis ſur la crête du glacis, il eſt bien difficile que l'aſſiégé puiſſe y tenir & ſe montrer dans le chemin couvert.

CAVET ou DEMI-SCOTIE, *Architecture*: c'eſt une moulure concave, qui fait l'effet contraire du quart de rond, & qui eſt formée de la moitié de la ſcotie. *Cordemoi* remarque que ce membre, joint à ſon filet, eſt toujours appellé par *Vitruve*, *cymaiſe Dorique*.

CAVIN, *Art militaire*. On appelle ainſi un terrein creux, propre à couvrir un corps de troupes ou à favoriſer les approches d'une place.

CAULICOLES ou TIGETTES, *Architecture*: ce ſont de petites tiges qui ſemblent ſoutenir les huit volutes du chapiteau Corinthien. Elles ſont ordinairement canelées & quelquefois torſes. A l'endroit où elles commencent à jetter les feuilles qui produiſent & ſoutiennent les volutes, elles ſont ornées d'un lien en forme d'une double ceinture.

CEINTES, PRÉCEINTES, LISSES, *Marine*: ce ſont de longues pieces de bois qu'on met bout à bout en maniere de ceinture dans l'épaiſſeur du bordage d'un vaiſſeau, pour faire la liaiſon des membres & des pieces de charpente dont le corps du bâtiment eſt formé. Les *ceintes* ſont poſées parallelement les unes aux autres. Les matelots y trouvent une commodité lorſqu'ils veulent monter dans le vaiſſeau ou le nettoyer. Il y a des charpentiers qui mettent quelque diſtinction entre ces différens cordons ou *ceintes*. Ils nomment *préceintes* les trois rangs de *ceintes* les plus baſſes, & ils nomment *carreaux* ou *liſſes* celles qui ſont au-deſſus. La liſſe de vibord eſt la plus élevée de toutes. Voyez auſſi au mot LISSES.

CEINTRE, *Architecture*: c'eſt en général la figure d'un arc. Dans la coupe des pierres, il ſignifie le contour arrondi de la ſurface intérieure d'une voûte. Il y en a de pluſieurs ſortes, ſçavoir le *plein ceintre*, qui eſt formé d'un demi-cercle entier: le *ceintre rampant*, qui eſt tracé au ſimbleau par des points cherchés ſuivant le rampant d'un eſcalier ou celui d'un arc boutant: le *ceintre ſurbaiſſé*, ou en anſe de pannier, dont le trait eſt une demi-ellipſe, & qui par conſéquent eſt plus bas que le demi-cercle: le *ceintre ſurhauſſé*, dont le centre eſt plus haut que le diametre du demi-cercle. Quelques-uns écrivent *cintre*.

CEINTRE *de charpente*. C'est un assemblage de pieces de bois, sur lequel on bande un arc ou une croisée qu'on veut *ceintrer* par le haut. Plusieurs de ces pieces de bois espacées à égales distances, & remplies d'ais ou dosses, servent à assurer & à soutenir une voûte pendant sa construction, jusqu'à ce qu'étant fermée, elle puisse se soutenir d'elle-même, par le moyen de la clef, qui est la derniere pierre qu'on y pose. Le *ceintre* est composé d'un entrait qui lui sert de base, d'un poinçon, de deux contrefiches, qui soutiennent quatre autres pieces de bois ceintrées ou des dosses, sur lesquelles on maçonne un ceintre de moilons ou de pierres de taille. Le *ceintre* de charpente qui sert pour les voûtes & les arches des ponts, s'appelle aussi *armature*.

CEINTRER, *Maçonnerie* : c'est établir les *ceintres* de charpente pour commencer à bander les arcs. On dit aussi *ceintrer*, pour arrondir plus ou moins un arc ou une voûte.

CEINTURE *d'une colonne* : c'est l'orle ou l'anneau du bas ou du haut d'une colonne. La ceinture du chapiteau de la colonne s'appelle *collier* ou *collarin*.

CENDRÉE *de Tournay*, *Architecture hydraulique*. Les environs de Tournay fournissent une pierre très-dure, dont on fait une chaux excellente. Quand cette pierre cuit dans le four, il s'en détache de petites parcelles qui tombent sous la grille, où elles se mêlent avec la cendre du charbon de terre. Comme cette cendre n'est autre chose que de la houille calcinée, le mélange qui s'en fait avec ces petites parcelles de la pierre de chaux, forme ce qu'on appelle *cendrée de Tournay*, dont on fait un mortier très-convenable aux ouvrages qui se bâtissent dans l'eau, par la propriété qu'il a de s'y durcir en très-peu de tems.

CENT DE BOIS. Dans la charpenterie, l'usage est de réduire tous les bois à une mesure appellée *solive* : c'est une piece de bois que l'on suppose avoir 12 pieds de longueur sur 6 pouces d'équarrissage ou de gros, & qui contient 3 pieds cubes : cent de ces mesures font ce qu'on appelle un *cent de bois*, c'est-à-dire, cent *pieces* ou *solives*.

CENTRAL, *Méchanique* : ce terme se dit en général de tout ce qui a rapport à un centre. *Forces centrales*, par exemple, sont des forces ou puissances par lesquelles un corps qui se meut tend vers un centre de mouvement ou s'en éloigne. *Regle centrale*, est une méthode au moyen de laquelle on trouve le centre & le rayon du cercle qui peut comprendre une parabole donnée dans des points, dont les abscisses représentent les racines réelles d'une équation du troisieme ou du quatrieme degré qu'on se propose de construire.

CENTRE, *Géométrie* : c'est un point qui se trouve exactement au milieu d'une figure réguliere. Le *centre* d'un cercle est le point du milieu du cercle : toutes les lignes tirées de ce point à la circonférence du cercle, appellées *rayons*, sont égales entre elles. Le *centre* d'un polygone régulier est de même un point, duquel toutes les lignes tirées aux angles du polygone, sont aussi égales entre elles. Le *centre* d'une ellipse est le point où les deux axes, c'est-à-dire les deux diametres, se coupent par le milieu. Le *centre* d'une section conique, en général, est le point où concourent tous les diametres. Dans l'ellipse, ce point est au-dedans de la figure : dans l'hyperbole, il est au dehors.

CENTRE *d'attaque*, *Art militaire*. Lorsque dans un siége on embrasse un grand front & qu'on chemine sur trois capitales, l'attaque du milieu, qui conduit ordinairement à la demi-lune du front attaqué, est appellée l'attaque du *centre*.

CENTRE *d'un bastion* : c'est le point où les deux courtines se couperoient si elles étoient prolongées, ou, ce qui est la même chose, c'est le sommet de l'angle du *centre* d'un bastion.

CENTRE *d'un bataillon* : c'est le milieu du bataillon sur quelque figure qu'il soit formé.

CENTRE *d'un cercle*, *Géométrie* : c'est le point du milieu du cercle, situé de façon que toutes les lignes tirées delà à sa circonférence, sont égales.

CENTRE *de conversion*, *Méchanique* : c'est un point autour duquel un corps tourne ou tend à tourner lorsqu'il est poussé inégalement dans ses différens points, ou par une puissance dont la direction ne passe pas par le centre de gravité de ce corps.

CENTRE *des corps pesans* : c'est dans notre globe la même chose que le centre de la terre, vers lequel tous les corps graves ont une espece de tendance.

CENTRE *général* D'UNE COURBE. Lorsque tous les diametres

d'une courbe concourent en un même point, c'est ce point que *Newton* appelle *centre général*. M. l'Abbé *de Gua* donne le même nom à un point du plan d'une courbe, tel que toutes les droites qui y passent ayent de part & d'autre de ce point des portions égales terminées à la courbe. M. *Cramer* donne une méthode très-exacte pour déterminer les centres généraux des courbes dans son *Introduction à l'analyse des lignes courbes*, *in-quarto*, imprimé à Geneve, & qui se vend à Paris chez *Jombert*.

Centre *d'équilibre*. Dans un assemblage de plusieurs corps, c'est le point autour duquel ces corps seroient en équilibre. Le point d'appui d'un levier est son centre d'equilibre.

Centre *d'une figure* : c'est un point dont tous les points de son contour sont également éloignés.

Centre *de grandeur d'un corps* : c'est un point qui est également éloigné des parties qui le terminent. Le centre d'une sphere est un point duquel toutes les lignes menées à sa surface sont égales.

Centre *des graves*. Voyez ci-dessus à l'article Centre *des corps pesans*.

Centre *de gravitation* : c'est le point vers lequel une planete est continuellement poussée ou attirée dans sa révolution, par la force de sa gravité. On l'appelle aussi *centre d'attraction*.

Centre *de gravité* : c'est dans un corps ou une figure pesante, un point sur lequel cette figure ou ce corps étant suspendu, comme sur la pointe d'un pivot fort aigu, toutes ses parties demeurent en repos ou en équilibre, dans quelque situation qu'il se trouve. Le *centre de gravité d'une ligne* droite ou d'une regle d'égale pesanteur, est dans le milieu de sa longueur : celui d'un cercle est son centre. Le *centre de gravité* d'un demi-cercle est à peu près aux deux tiers du rayon : celui d'un triangle est toujours aux deux tiers d'une ligne tirée d'un angle sur le milieu du côté opposé à cet angle.

Centre *commun de gravité de plusieurs corps* : c'est un point où tous ces corps supposés unis les uns aux autres, sont en équilibre. Pour cet effet, il faut que ces corps soient tellement situés autour de ce point, que leurs distances soient réciproquement proportionnelles à leurs poids, selon les loix de l'équilibre.

Centre

CENTRE *d'impression*, *Hydraulique* : c'est, dans une surface verticale, un point où une puissance étant appliquée, selon une direction opposée, elle soutient en équilibre l'action de toutes les lames d'eau qui poussent cette surface. Dans une surface rectangulaire, le *centre d'impression* est placé aux deux tiers de la ligne qui marque la hauteur de l'eau, & qui divise cette surface en deux parties égales. Dans ce cas, c'est la même chose que le centre de gravité de cette surface; car les *centres d'impression* des surfaces sont les mêmes que les centres de gravité des solides qui les expriment. La connoissance des centres d'*impression* est d'une grande utilité pour le calcul des machines mues par un courant. Chacun sçait que l'*impression* ou la force d'un fluide doit se mesurer par le quarré de sa vitesse.

CENTRE *de mouvement*, *Méchanique* : c'est un point autour duquel tourne un ou plusieurs corps pesans, qui ont un même centre de gravité. Dans la balance, c'est le point où elle est suspendue. Dans le levier, c'est celui qui lui sert d'appui.

CENTRE *d'oscillation* : c'est un point où se réunit la pesanteur d'un pendule composé, de maniere que les oscillations de ce centre sont toujours égales à celles d'un pendule simple qui auroit pour longueur la distance de ce centre au point de suspension.

CENTRE *de percussion* : c'est un point par lequel un corps mis en mouvement frappe, avec tout l'effort dont il est capable, le corps qui s'oppose à son mouvement.

CENTRE *de pesanteur* : c'est la même chose que *centre de gravité*.

CENTRE *de rotation* : c'est un point sur lequel tourne un corps quelconque. Ce point est le même que le *centre d'oscillation*, puisqu'il ne faut qu'un même point pour décrire une partie d'un cercle, ou pour le décrire en entier.

CENTRE *spontané de rotation*. *M. Bernoulli* donne ce nom à un point autour duquel tourne un corps en liberté, après avoir été frappé selon une direction qui ne passe point par son centre de gravité.

CENTRIFUGE. Epithete que donnent les Géometres à l'effort que fait un corps pour s'éloigner du centre autour duquel il se meut. Tel est l'effort de l'eau contenue dans un vase que l'on remue en le tournant sur son centre, ou d'une pierre qui s'échappe d'une fronde.

CENTRIPETE : c'est ainsi qu'on nomme la force par laquelle les corps tendent par leur pesanteur au centre de leur mouvement.

CERCHE ou CHERCHE, *coupe des pierres* : c'est en général le trait d'un arc surhaussé, surbaissé, rampant, ou de quelque autre figure circulaire ; déterminé par des points *cherchés* au moyen de plusieurs intersections de cercles. On donne aussi le nom de *cerche* au modele ou profil d'un contour courbe découpé sur un carton ou sur une planche de volige mince, pour diriger le relief ou le creux d'une pierre qui doit être taillée, en indiquant à l'ouvrier les parties qui doivent être enlevées. Le contour de la cerche doit être le contraire de celui de la pierre, c'est-à-dire, qu'il doit être convexe pour une pierre concave, & concave pour une pierre convexe. Les *calibres* dont se servent les maçons pour traîner une corniche, sont des especes de *cerches*. *Frezier, coupe des pierres.*

CERCLE : c'est une surface plane tracée avec le compas dont le contour est terminé par une ligne courbe, & qui a un point à son centre également éloigné de tous ceux de sa circonférence. L'usage est établi parmi les géometres de diviser le cercle en 360 parties, appellées *degrés*. On a choisi ce nombre 360 à cause de la quantité de diviseurs dont il est susceptible. Chaque degré se divise en 60 minutes ; chaque minute en 60 secondes ; chaque seconde en 60 tierces, &c. La proportion ou le rapport du diametre d'un cercle à sa circonférence, la plus commode pour la pratique, est celle de 7 à 22.

CERCLES CONCENTRIQUES ou *paralleles entr'eux* : ce sont des cercles qui ont été décrits d'un même centre, mais avec différentes ouvertures de compas, & qui sont également éloignés les uns des autres dans toutes leurs parties. On appelle *cercles excentriques* au contraire, ceux qui sont décrits de centres différens, & dont les circonférences ne sont point paralleles.

CHABLE ou CABLE, *Architecture* : c'est une grosse corde que l'on passe dans une poulie placée au sommet des machines dont se servent les charpentiers pour monter leurs bois, & les maçons pour enlever les pierres & les mettre en place. Ces machines sont la chevre, la grue, l'engin, &c.

CHAINE *d'arpenteur* : c'est une mesure composée de plusieurs pieces de gros fil de fer ou de laiton recourbé par les deux extrêmités. Chacune de ces pieces a un pied de long, y compris les petits anneaux qui les joignent ensemble. Les *chaînes* d'arpenteur se font ordinairement de la longueur de la perche du lieu ou l'on travaille, ou bien on les fait de 5 toises de long, & on les distingue par un anneau de toise en toise : cette chaîne est plus commode & plus sûre que le cordeau, parce qu'elle n'est sujette ni à s'étendre ni à se raccourcir par la sécheresse ou par l'humidité.

CHAINE *de fer, Serrurerie* : c'est un assemblage de plusieurs barres de fer plat, liées bout à bout par des clavettes ou crochets. On met cet assemblage sur le plat dans l'épaisseur des murs d'un bâtiment neuf pour les entretenir, ou à l'entour des murs d'un vieux édifice qui menace ruine, pour en empêcher l'écartement & les retenir, ainsi qu'on l'a pratiqué à l'entour de la coupole du dôme de Saint Pierre à Rome : cet assemblage se nomme aussi *armature*.

CHAINE *de pierre, Maçonnerie* : c'est dans la construction des murs de moilons, plusieurs rangées de pierres élevées à plomb l'une sur l'autre, ou faites d'une pannerelle & d'une boutisse posées alternativement, pour former liaison dans le mur. Ces *chaînes* servent à porter les principales pieces d'un plancher, comme poutres, solives d'enchevêtures, sablieres, &c. & à entretenir les murs qui n'auroient pas assez de solidité, n'étant bâtis que de moilons, s'il n'y avoit point de *chaînes* de pierre. Lorsque ces *chaînes* servent à soutenir des poutres, on les nomme aussi *jambes étrieres, jambes sous poutre, & piédroits. Félibien.*

CHAINE *de port, Marine* : ce sont plusieurs *chaînes* de fer, ou quelquefois une seule, qu'on tend à l'entrée d'un port de mer pour empêcher d'y entrer. Lorsque la bouche du port est grande, ces chaînes portent sur des piles de pierre, bâties de distance en distance.

CHAINE *en liaison, Maçonnerie.* On appelle ainsi certains bossages ou refends, posés d'espace en espace en maniere de carreaux & boutisses, dans les murs ou aux encoignures d'un bâtiment, pour le cantonner.

CHAINE *sans fin*, *Méchanique* : c'est une chaîne dont les chaînons se tiennent tous, & qui tourne sur un cylindre, ensorte qu'il n'y a aucun chaînon qu'on puisse regarder comme le premier ou le dernier de la *chaîne*. Voyez aussi au mot CHAPELET.

CHAINETTE, *Géométrie* : c'est le nom de la courbe que forme une chaîne également pesante & suspendue par ses deux extrêmités, soit qu'elles se trouvent de niveau, soit que l'une des deux soit plus basse que l'autre, ensorte que sa direction devienne oblique à l'horison. Cette ligne courbe a beaucoup occupé les plus célebres géometres, qui lui ont trouvé plusieurs belles propriétés utiles pour la marine & pour la théorie des voûtes. Voyez à ce sujet le *Dictionnaire de mathématique* de M. *Saverien*, & le grand *Dictionnaire encyclopédique*.

CHAISE, *Charpenterie* : c'est un assemblage de quatre fortes pieces de bois, sur lequel est posée ou assise la cage d'un clocher ou celle d'un moulin à vent. Les charpentiers donnent encore le nom de *chaise* à l'élévation ou bâtis qu'ils construisent en bois de charpente sous une grue ou autre machine servant à élever des fardeaux, afin de l'exhausser, lorsqu'elle n'est pas assez haute pour porter les poutres, les pierres & les autres matériaux aux endroits où ils doivent être placés.

CHALAND, *Navigation* : c'est un bateau plat de moyenne grandeur, dont on se sert pour amener à Paris les marchandises qui descendent par la riviere. Il y en a qui ont 12 toises de long sur 10 pieds de large & 4 pieds de bord.

CHALOUPE, *Marine* : c'est un petit bâtiment de mer fort léger, destiné au service des grands vaisseaux. La *chaloupe* sert aussi quelquefois à faire de petites traversées ; alors on y ajuste un petit mât de mestre avec sa vergue, & un petit mât de misene.

CHAMADE, *Art militaire* : c'est un signal particulier que fait l'assiégé avec le tambour ou avec la trompette, lorsqu'il a quelque proposition à faire à l'assiégeant. *Battre la chamade*, c'est battre la caisse sur le rempart pour faire entendre à l'ennemi qu'on demande à capituler pour lui livrer la place.

CHAMBRANLE, *Architecture* : c'est l'ornement formé de plusieurs moulures qui borde les trois côtés des portes, des fenêtres & des cheminées. Les *chambranles* sont plus ou moins riches, selon la diversité des Ordres ou suivant le caractere des édifices où ils sont placés. *Félibien. D'Aviler. Cordemoi.*

CHAMBRE, *Artillerie* : c'est une concavité défectueuse qui se trouve quelquefois dans l'épaisseur du métal des pieces d'artillerie, qui les affoiblit à cet endroit, & les rend sujettes à créver : c'est pour découvrir ces *chambres* ou défectuosités, qu'on éprouve les canons & les mortiers.

CHAMBRE. On donne ce nom, dans les pieces de 24 & de 16 livres de balle, à un petit canal ou renfoncement cylindrique que l'on pratique au fond de l'ame du canon, vers la culasse, lequel contient environ deux onces de poudre : ce canal communique à la lumiere de la piece pour la conserver plus long-tems, & pour empêcher que l'action de la poudre enflammée ne se fasse immédiatement sur le canal de la lumiere. On ménage aussi au fond du mortier une pareille *chambre* qui répond au canal de la lumiere, dont l'objet est pareillement de recevoir la premiere impression de l'effort de la poudre, & de conserver plus long-tems la lumiere du mortier.

CHAMBRE. On appelle ainsi dans les mortiers un renfoncement particulier servant à contenir la poudre nécessaire pour la charge de la piece. Il y a des mortiers à *chambre* cylindre, à *chambre* poire, à *chambre* cône tronqué, &c. On a aussi fondu des canons à *chambre* sphérique, dont l'effet étoit beaucoup plus considérable que celui des canons ordinaires. Mais les inconvéniens qui en résultoient, tels que le feu qui restoit au fond de l'ame de la piece (par la difficulté de bien écouvillonner & nettoyer ces chambres), le peu de durée des affuts, que le violent effort de la poudre rompoit en très-peu de tems, leur récul considérable & le peu de justesse de leurs coups, les ont fait totalement abandonner.

CHAMBRE *d'écluse*, *Architecture hydraulique* : c'est l'espace qu'occupe l'écluse intérieurement, terminé des deux côtés par ses bajoyers, & sur les deux extrémités par les portes d'amont & d'aval. Lorsque ces portes sont busquées & à deux venteaux, cet espace ou la *chambre* de l'écluse est de forme hexagone. Le plancher de l'écluse e tient plus haut de quelques pouces à cet endroit que dans le reste du radier; c'est ce qu'on appelle *estrade*. *Voyez* à ce mot.

CHAMBRE ou *fourneau de mine* : c'est un espace cubique creusé dans la terre, contenant environ cinq ou six pieds cubes de poudre à laquelle on met le feu par le moyen d'un saucisson, pour faire sauter une partie du revêtement d'un rempart, ou quelque autre ouvrage de fortification. Le sol de la *chambre* de la mine se tient plus bas que celui de la galerie qui y conduit, de maniere que sa partie supérieure, après qu'elle est chargée, doit être à peu près de niveau avec le terrein ou le bas de la galerie.

CHAMBRE *d'un port*, *Marine* : c'est la partie la plus retirée & la moins profonde du bassin d'un port de mer, où l'on tient les vaisseaux désarmés pour les réparer & les calfater. On la nomme aussi *darsine*.

CHAMEAU, *Marine* ; c'est un grand assemblage de charpente qui a la forme de deux coffres dont les côtés qui se regardent ressemblent entierement à la figure que le vaisseau a sous l'eau. Par le moyen de cette machine, on enleve un vaisseau jusqu'à la hauteur de six pieds, pour le faire passer sur des endroits où il n'y a pas assez d'eau pour de gros vaisseaux. Le *chameau* est en usage à Amsterdam pour faire arriver les grands vaisseaux jusqu'au port.

CHAMFREIN ou CHAMFRAIN, *Architecture* : c'est le pan coupé qui se fait en rabattant l'arête d'une pierre ou d'une piece de bois, qu'on nomme ordinairement *biseau*. *Chamfreiner*, c'est rabattre cette arête.

CHAMP, *Architecture* : c'est l'espace qui reste autour d'un cadre de lambris ou d'un chambranle de porte ou de fenêtre. *De champ* se dit d'un corps dressé sur son côté le plus étroit ; c'est dans ce sens qu'on dit une solive, une brique, une tuile posée *de champ*, ce qui se pratique ainsi pour lui donner plus de force. Dans une situation contraire, on dit qu'elle est *couchée* ou posée sur son plat. *D'Aviler*.

CHAMPIGNON D'EAU, *Hydraulique* : c'est une espece de coupe renversée, en pierre ou en marbre, taillée par-dessus en coquille, portée par une tige qui donne à cette piece la forme d'un *champignon*. Au travers de la tige passe un tuyau dont l'ajutage vient aboutir au sommet de cette coupe. Il doit en sortir un jet assez gros & de peu d'élévation. L'eau en retombant bouillonne & forme une nappe circulaire qui produit un agréable effet. On en peut voir divers exemples dans *les Délices de Versailles in folio*, plan. 27, 81, 114, 137, &c.

CHANDELIER, *Art militaire* : c'eſt une aſſemblage de deux pieces de bois paralleles, élevées perpendiculairement ſur une traverſe couchée par terre & affermie par des traverſes & des arcs-boutans. On remplit de faſcines leur intervalle pour couvrir du feu de la place les travailleurs & les ſoldats dans les endroits où ils ſe trouvent trop expoſés.

CHANDELIER D'EAU, *Hydraulique* : c'eſt une eſpece de jet d'eau plus élevé qu'un bouillon, & qui differe du champignon en ce qu'il ne forme point une nappe, & que ſon eau ſert à reproduire plus bas un autre chandelier. Quelquefois cependant on le noye pour le faire paroître plus gros, & alors l'eau en retombe en nappe. Voyez les *délices de Verſailles*, pl. 25, 33, 34, 38, 184, 188, &c.

CHANDELIERS, *Marine* : ce ſont des pieces de bois ou de fer faites en forme de fourches, ou percées ſeulement pour recevoir & ſoutenir diverſes choſes ; ainſi ces chandeliers varient ſuivant l'uſage auquel on les deſtine.

CHANDELLE : c'eſt le nom que donnent les charpentiers à un poteau ou une piece de bois qu'on place debout ſous une poutre ou ſous une autre piece de bois couchée, pour ſoutenir & étayer quelque partie de bâtiment.

CHANLATTE, *Charpenterie* : c'eſt un chevron refendu diagonalement & d'angle en angle, qu'on attache à l'extrêmité des chevrons ou des coyaux, & qui ſaille au-delà de la corniche du haut d'un bâtiment, pour ſoutenir les dernieres tuiles de l'égoût d'un comble, & faire qu'elles rejettent l'eau plus loin du mur. *Félibien.*

CHANTEPLEURE, *Maçonnerie* : ce ſont des eſpeces de barbacanes ou de ventouſes que l'on pratique aux murs de clôture conſtruits près de quelque eau courante, afin que dans ſon débordement elle puiſſe entrer dans le clos & en ſortir librement.

CHANTIER *d'attélier* : c'eſt en maçonnerie l'endroit où l'on décharge & où l'on taille la pierre près d'un bâtiment que l'on conſtruit : c'eſt auſſi parmi les charpentiers & les menuiſiers le lieu où ils taillent & diſpoſent leurs bois, ſoit en plein air ſoit à l'abri ſous des hangards, & où ils font une partie de leurs ouvrages. Les charpentiers donnent encore le nom de *chantier* à toute piece de bois qui sert à en porter ou à en élever une autre pour la tailler & la façonner.

CHANTIER, *Marine* : c'est l'endroit où l'on pose la quille d'un vaisseau qu'on veut construire, ainsi que les pieces de bois appellées *tins* qui soutiennent cette quille. Pour bien mettre la quille sur le *chantier*, il faut que les tins soient placés à six pieds les uns des autres, & avoir soin que le milieu de la quille porte bien sur le milieu de chaque tin. On prend garde de tenir la quille plus haute à l'arriere qu'à l'avant, pour pouvoir lancer le vaisseau à l'eau plus facilement. Dans un arsenal de marine, le *chantier* est construit dans une forme ou un bassin.

CHANTIGNOLE, *Charpenterie* : c'est une piece de bois coupée quarrément par un bout, & en chanfrein ou biseau de l'autre, mise en embrévement & chevillée sur l'arbalestrier, au dessous du tasseau qui soutient les pannes de la couverture d'un bâtiment. *Félibien*. Quelques uns écrivent *échantignole*.

CHANTOURNER : c'est tailler en dehors ou évuider en-dedans une piece de bois, un carton, une plaque de métal, ou une table de marbre, suivant un profil ou un dessein donné.

CHAPE, *Artillerie*. Les fondeurs de canons donnent ce nom à une envelope formée sur le moule de la piece avec plusieurs couches de terre grasse, mêlée de bourre & de fiente de cheval, mises l'une après l'autre, & séchées au feu, jusqu'à ce que cette envelope ait acquis une épaisseur de quatre pouces. *Chape* est aussi le nom que l'on donne aux doubles futailles dont on revêt les barrils qu'on emplit de poudre à canon, pour empêcher qu'elle ne tamise dans les magasins, qu'elle ne s'évente ou qu'elle ne prenne de l'humidité.

CHAPE, *Maçonnerie* : c'est un enduit de mortier que l'on applique sur l'extrados des voûtes des souterreins & des magasins à poudre, pour les garantir de l'humidité.

CHAPE, *Méchanique* : ce terme se dit d'une bande de fer repliée ou d'un morceau de bois traversé par un essieu de fer, sur lequel tourne une poulie, comme on en voit au-dessus des puits. *Félibien* donne aussi le nom de *chape* aux mouffes de bois qui portent plusieurs poulies.

CHAPEAU, en charpenterie, c'est la derniere piece qui termine un pan de bois par le haut, & qui porte un chanfrein pour le couronner & recevoir une corniche de plâtre. On donne aussi en général le nom de *chapeau* à toute piece de bois qui étant couchée horisontalement, est portée par plusieurs pieces de bois debout.

CHAPEAU, en architecture hydraulique, c'est une piece de bois couchée horisontalement, qui couronne une file de pieux, sur lesquels elle est arrêtée avec des chevilles de fer, soit pour former un batardeau ou pour soutenir une chaussée. Dans la construction des ponts, on appelle *chapeau* une forte piece de bois qui sert ordinairement à couronner ou à maintenir les poteaux montans qui composent les chevalets d'un pont de charpente.

CHAPEAU *d'escalier* : c'est une piece qui sert d'appui au haut d'un escalier de bois.

CHAPEAU *d'étai* : c'est une piece de bois horisontale qu'on met au haut d'un ou de plusieurs étais pour soutenir quelque pan de mur ou autre partie de maison.

CHAPEAU *de lucarne* : c'est une piece de bois qui fait la fermeture du haut d'une lucarne, & qui est assemblée sur les deux poteaux des côtés.

CHAPELET, *Architecture* : c'est un genre d'ornement en forme de patenotres sphériques ou elliptiques que l'on taille ordinairement sur les baguettes des architraves.

CHAPELET, *Artillerie* : c'est le nom que les fondeurs de canons donnent à un cercle ou une armature de fer qui a trois branches de même métal, au moyen desquelles on attache le noyau du moule d'une piece d'artillerie avec la chape.

CHAPELET, *Hydraulique* : c'est une machine propre à épuiser les eaux. Il y a deux sortes de chapelets, les inclinés & les verticaux. Ils sont composés l'un & l'autre de godets ou de petits ais minces enfilés dans une chaîne sans fin. Ils trempent par le bas dans un puits où ils se remplissent d'eau avant que d'entrer dans une auge ou un canal de bois quarré, posé verticalement, le long duquel ils montent avec l'eau dont ils sont chargés, pour la vuider dans un réservoir au sortir de cette auge. On peut voir des chapelets de différentes façons, avec leur description & le calcul de l'effet dont ils sont capables pour l'épuisement des eaux, dans le tome premier de *l'Architecture hydraulique*, par M. Bélidor, premiere partie.

CHAPERON, *Maçonnerie* : c'est la partie supérieure d'un

mur de clôture qui est terminée en dos d'âne ou à deux égouts quand il est mitoyen, c'est-à-dire, lorsqu'il appartient à deux propriétaires, mais qui n'a qu'un égout dont la pente est tournée du côté de la propriété, lorsqu'il n'appartient qu'à un seul. On fait aussi des *chaperons* en bahut, dont le contour est bombé. Ces sortes de *chaperons* se font ordinairement en pierres, ou en moilons taillés d'égale épaisseur, saillans d'un pouce & demi de chaque côté, & recouverts de plâtre.

CHAPERON, *Architecture hydraulique*: ce terme se dit aussi du dessus des avant-becs que l'on construit au devant des piles d'un pont de pierre, lesquels sont maçonnés en pierres à joints recouverts, pour faciliter l'écoulement des eaux de pluie, & les empêcher de ruiner & dégrader ces avant-becs.

CHAPITEAU, *Architecture*: c'est la partie supérieure d'une colonne, posée immédiatement sur le fust, & qui porte l'entablement: comme le *chapiteau* caractérise essentiellement un Ordre d'architecture, il y a autant de *chapiteaux* que d'Ordres différens: on en compte ordinairement cinq especes, sçavoir le Toscan, le Dorique, l'Ionique, le Corinthien & le Composite. Entrons dans un plus grand détail, pour mieux faire connoître chacun de ces *chapiteaux*.

CHAPITEAU TOSCAN. Il se reconnoît à sa grande simplicité, n'étant composé que de trois parties principales, sans compter l'astragale, qui appartient toujours à la colonne dans tous les Ordres. Ces trois parties sont le gorgerin, la cymaise & le tailloir. Ce dernier membre est quarré. Le *chapiteau Toscan* a un module de hauteur.

CHAPITEAU DORIQUE. Il est à peu près semblable au Toscan, ayant la même hauteur & les mêmes membres un peu plus ornés de moulures, sçavoir, un gorgerin, un ove séparé du gorgerin par un astragale, & un tailloir couronné d'un talon.

CHAPITEAU IONIQUE. On en distingue de deux sortes, sçavoir l'antique & le moderne: le premier, étant vu de face, est formé d'un tailloir quadrangulaire, au-dessous duquel sont deux volutes, entre lesquelles regne un membre appellé *échigne* ou *quart de rond*. Ses côtés, c'est-à-dire le retour de ses faces, sont différens, en ce qu'au lieu de volutes, ils sont ornés d'un coussinet ou balustre, ce qui forme une espece d'irrégularité dans ce *chapiteau* antique. Cette considération a porté nos architectes modernes, entr'autres *Scamozzi*, à imaginer le *chapiteau Ionique* moderne, qui differe de l'antique en ce que les quatre côtés de son tailloir étant concaves dans leur milieu, & à pans coupés dans les angles, les quatre faces de ce chapiteau sont ornées de ces deux volutes vues sur l'angle, comme on en voit au *chapiteau* Composite.

CHAPITEAU CORINTHIEN : c'est le plus riche & le plus élégant de tous les chapiteaux : il est orné de deux rangs de feuilles, distribuées au nombre de seize autour de son tambour, & de seize volutes ou hélices, dont huit angulaires portent les angles du tailloir, & huit autres plus petites portent le rebord ou bourlet du tambour. Ces volutes prennent naissance dans des culots soutenus par des tigettes. On donne à ce *chapiteau* deux modules & un tiers de hauteur.

CHAPITEAU COMPOSITE : celui-ci a été inventé par les Romains d'après les *chapiteaux* Ionique & Corinthien, c'est-à-dire qu'il a deux rangs de feuilles distribuées autour de son tambour, au nombre de seize, comme le précédent, & que son extrêmité supérieure est terminée par les volutes & le tailloir échancré & à pans du *chapiteau* Ionique moderne, ce qui le rend moins léger & moins délicat que le Corinthien.

CHAPITEAU, *Artifices :* c'est une espece de cornet ou de couvercle conique, fait de papier, qu'on colle sur le pot d'une fusée volante, tant pour le couvrir que pour lui aider à fendre l'air lorsque la fusée s'éleve.

CHAPITEAU, *Artillerie :* c'est un assemblage de deux petits ais quarrés que l'on joint ensemble à angle droit, formant une espece de petit toît dont on couvre la lumiere des pieces de canons lorsqu'elles sont chargées & amorcées. Leur usage est d'empêcher que la poudre de l'amorce ne soit emportée par le vent ou mouillée par la pluie.

CHARBON, *Artillerie :* celui dont on se sert pour la composition de la poudre est fait de bois de bourdaine, appellé aussi *nerprun*.

CHARDONNET, *Archit. hydraul.* Aux écluses à portes busquées, on pratique dans chaque bajoyer un renfoncement pour loger un des battans de la porte qui répond à ce côté. Pour cet effet, il y a une des extrêmités de ce renfoncement qui est arrondie, pour loger la crapaudine & le poteau tourillon, sur lequel la porte tourne : c'est cette partie ainsi arrondie qu'on nomme *chardonnet* ou *chardonnette*. Le montant qui en occupe la capacité se nomme pour cette raison, *montant de chardonnet* ou *poteau tourillon*.

CHARDONS, *Architecture* : ce sont des pointes de fer en maniere de dards diversement tournés, qu'on met sur le haut d'une grille ou sur le chaperon d'un mur, pour empêcher qu'on ne passe par dessus.

CHARGE, *Architecture* : c'est, selon la Coutume de Paris, l'obligation de payer de la part de celui qui bâtit pour sa convenance sur un mur mitoyen, de six toises une, lorsqu'il éleve le mur plus de dix pieds au-dessus du rez de chaussée, ou qu'il approfondit les fondations plus de quatre pieds au-dessous du sol. Voyez ce sujet expliqué dans le premier volume de l'*Architecture moderne*, Traité *des us & coutumes*, article 197, nouvelle édition, imprimée chez *Jombert* en 1764.

CHARGE, *Artillerie* : c'est la quantité de poudre qu'on met dans une bouche à feu, soit mortier, canon ou fusil, pour chasser la bombe, le boulet ou la balle. Autrefois la charge du canon étoit des deux tiers, & souvent du poids entier du boulet ; mais on a reconnu depuis quelque tems que la moitié ou même le tiers de la pesanteur du boulet, suffisoit pour produire le même effet.

CHARGE, *Hydraulique* : ce terme se dit de l'action entiere d'un volume d'eau, considéré relativement à sa base & à sa hauteur, renfermé dans un réservoir ou dans un canal.

CHARGE, *Maçonnerie* : c'est une épaisseur réglée de plâtre & de platras qu'on met sur les solives & sur les ais ou lattes d'entrevoux, ou sur le hourdis d'un plancher, pour recevoir l'aire de plâtre ou de carreau. On la nomme aussi *fausse aire*.

CHARGE, *Mines* : c'est la quantité de poudre dont un fourneau de mine doit être chargé pour produire l'effet qu'on se propose. On commence par étançonner & garnir la chambre ou le fourneau de la mine avec des madriers & des planches posées à terre & au pourtour ; sur ces planches on forme un lit de paille & un autre de sacs à terre, sur lesquels on verse la poudre tant qu'il en peut tenir dans la chambre. On a soin avant que d'y verser la poudre d'arrêter le bout du saucisson au milieu du fourneau, en le lardant avec une cheville de bois, pour empêcher qu'on ne l'arrache par-dehors. Voyez encore ci-devant au mot CHAMBRE.

CHARGEOIR, *Artillerie* : c'est la lanterne qui sert à charger le canon. Voyez au mot LANTERNE.

CHARGER *un canon* : c'est y mettre la poudre, le fourage, le boulet, &c.

CHARIOT *à canon* : c'est une sorte de voiture destinée à porter une piece de canon lorsqu'elle est démontée de dessus son affût. Elle est composée d'une flèche, de deux brancards, deux essieux, quatre roues & deux limonieres.

CHARPENTE : c'est l'assemblage des bois employés dans un édifice, soit pour la construction des planchers & des pans de bois, soit pour celle des combles qui soutiennent la couverture d'un édifice. On appelle *bois de charpente* tout bois équarri ou scié qui a au moins six pouces d'équarrissage, sur une longueur indéterminée. On scie les petites solives, les chevrons, les poteaux, &c: on équarrit les grosses solives, les poutres, les poitrails, &c. Voyez ci-devant l'article BOIS, où l'on s'est fort étendu sur ce qui concerne les *bois de charpente*, relativement à leurs différentes especes, façons & qualités.

CHARPENTER : c'est scier, tailler & dresser une piece de bois de *charpente* pour la mettre en état d'entrer dans un assemblage.

CHARPENTERIE : c'est l'art de tailler, dresser & assembler diverses pieces de bois pour la construction ou la couverture des bâtimens. *Mathurin Jousse* est jusqu'à présent le seul auteur original qui ait écrit *ex professo* sur l'*art de la charpenterie*.

CHARPENTIER : c'est un ouvrier qui est capable d'exécuter par lui-même, ou de faire exécuter tous les ouvrages en gros bois qui entrent dans la construction des édifices, de quelque nature qu'ils soient. *Charpentier de navire*, est celui qui travaille à la construction des vaisseaux, soit qu'il se conduise par ses propres lumieres, soit qu'il n'agisse que par les ordres & sous la conduite d'un constructeur de navire.

CHASSE, *Artifices* : c'est le nom qu'on donne à toute

charge de poudre grossierement écrasée qu'on met au fond d'un pot de fusée volante ou d'un cartouche pour chasser & jetter en l'air les artifices qui y sont renfermés, & en même tems pour y porter le feu.

CHASSE, *Méchanique* : c'est l'espace libre qu'il faut accorder à une machine pour en faciliter le jeu. Ainsi, pour scier de la pierre ou du marbre, la scie doit avoir depuis un pied jusqu'à 18 pouces de *chasse*, c'est-à-dire qu'elle doit avoir cette longueur de plus que celle du bloc qui est à scier.

CHASSE-AVANTS. On donne ce nom dans les grands atteliers à des especes d'inspecteurs qui conduisent les ouvriers, font marcher les chariots, &c. *Félibien.*

CHASSER : ce terme signifie parmi les ouvriers pousser en frappant, comme lorsqu'on enfonce des coins avec le maillet pour serrer & faire joindre un assemblage de menuiserie.

CHASSER *sur ses ancres*, *Marine* : cela se dit d'un vaisseau mouillé dans une rade, lorsque par la force du vent ou des courans, il entraîne son ancre qui n'a pas mordu assez avant dans le fond pour retenir le vaisseau. Lorsqu'on mouille sur un fond de mauvaise tenue, on court risque de *chasser*.

CHASSIS : c'est en général un assemblage de fer, de bois ou de pierre, ordinairement quarré, destiné à environner un corps & à le contenir.

CHASSIS, *Hydraulique* : c'est un assemblage de bois ou de fer qui se place au bas d'une pompe, afin de pouvoir par le moyen de deux coulisses pratiquées dans un dormant de bois, la lever au besoin, pour visiter & réparer les corps de pompe.

CHASSIS *de charpente*, *Architecture hydraulique* : c'est un assemblage de madriers ou plate-formes, dont on entoure les grilles de charpente qui servent à asseoir la maçonnerie dans un mauvais terrein.

CHASSIS *de croisée*, *Menuiserie* : c'est la partie mobile d'une croisée qui reçoit les panneaux, ou les carreaux de verre, ou les glaces, ainsi que la ferrure qui sert à les ouvrir & fermer. On en distingue de différentes especes : les *chassis* à carreaux, qui sont partagés par des croisillons ou petits bois, & garnis de grands carreaux de verre, bordés en plomb ou collés en papier. Les *chassis* à coulisse, dont la moitié se double en la haussant sur l'autre. Les *chassis* à [illegible]ches ou à guichets, qui s'ouvrent comme les volets, plutôt en dedans qu'en dehors. Les *chassis* à panneaux, qui sont remplis de petits carreaux de verre de diverse forme assemblés en plomb. Les *chassis* à pointes de diamant, dont les petits bois se croisent à onglet, &c.

CHASSIS *de fer*, *Serrurerie* : c'est le pourtour dormant qui reçoit le battement d'une porte de fer : c'est aussi ce qui en retient les barres & les traverses des venteaux.

CHASSIS *de mine*, *Artillerie* : c'est un assemblage de bois de charpente dont on forme le coffre d'une galerie ou d'une chambre de mine. Ces chassis sont composés de quatre pieces, sçavoir, une semelle, un chapeau & deux montans, qui sont les deux pieces qui se posent debout, & qui servent à soutenir les dosses ou planches qui retiennent les terres des côtés.

CHASSIS *de pierre* : c'est une dale de pierre percée en rond ou quarrément, avec une feuillure pour recevoir une autre dale qui sert à recouvrir un aqueduc, regard, cloaque, puisard, pierrée, &c. qu'on leve pour y travailler ou pour le vuider, ainsi qu'on en pratique à la voûte d'une fosse d'aisance.

CHASSIS *dormant* : c'est en menuiserie le bâtis dans lequel est ferrée à demeure la fermeture mobile d'une baye de porte ou de croisée, & qui est retenu avec des pattes dans la feuillure.

CHASSIS *double*, ou CONTRE-CHASSIS : c'est un second chassis de verre ou de papier collé, que l'on met au-devant d'un autre chassis pendant l'hyver, pour garantir du froid un appartement, une serre, une orangerie, &c.

CHAT, *Artillerie* : c'est un instrument de fer portant deux ou trois griffes très-aigues, écartées l'une de l'autre & disposées en triangle, que l'on emmanche au bout d'une hampe, & qu'on introduit dans l'ame du canon, pour découvrir s'il n'y a pas quelque chambre, soufflure, ou autre inégalité dans son intérieur. Les fondeurs l'appellent *le diable*. Il y en a d'autres dont les griffes sont à charniere & à ressort, ce qui les rend encore plus propres à découvrir les défauts de l'ame d'un canon. Les fondeurs appellent ces derniers *la malice du diable*.

CHAT ou CHATE, *Marine* : c'est un bâtiment du port de 60 jusqu'à 100 tonneaux, qui pour l'ordinaire n'a qu'un pont, & qui est d'une grande capacité, étant fort large de l'avant & de l'arriere. Le *chat* a très-peu d'acastillage, & est appareillé de deux mats dont les voiles sont quarrées & portent des bonnetes maillées. C'est un mauvais bâtiment dont on fait cependant usage, surtout dans le nord, parce qu'il contient beaucoup d'espace & qu'il porte une grande cargaison.

CHATEAU, *Architecture navale*. On nomme ainsi l'élévation qui est au-dessus du pont d'un vaisseau, soit à l'avant ou à l'arriere. *Chateau d'avant*, c'est l'exhaussement qui est au dessus du dernier pont, à l'avant du vaisseau. On le nomme aussi *chateau de proue* & *gaillard d'avant*. *Chateau d'arriere*, ou *de poupe*, c'est toute la partie de l'arriere d'un vaisseau, où sont la sainte barbe, le timon du gouvernail, le gaillard, la chambre du conseil, celle du capitaine, &c. & la dunette.

CHATEAU, *Fortification*: c'est un endroit particulier entouré de fossés, & fortifié par art ou par sa situation, où l'on peut se défendre & résister pendant quelque tems à un parti considérable de troupes. Lorsque les châteaux tiennent à une ville de guerre, ou qu'ils sont renfermés dans leur enceinte, ils peuvent servir de citadelle ou de réduit.

CHATEAU D'EAU, *Hydraulique*: c'est un grand réservoir élevé autant qu'il est possible, où l'on rassemble des eaux de sources ou d'autres élevées par des machines hydrauliques, pour les distribuer ensuite à plusieurs fontaines dans les différens quartiers d'une ville. Tels sont le château d'eau de la pompe du pont Notre-Dame à Paris, où l'eau se trouve élevée de 81 pieds au dessus du lit de la riviere par la machine qui est sous une des arches de ce pont; celui de la Samaritaine; celui de la place vis-à-vis le palais royal, &c.

CHATEAUX DES HAVRES, *Marine*; ce sont des forts de charpente ou de maçonnerie avancés dans la mer pour mettre à couvert & protéger les vaisseaux qui sont en rade, lorsqu'il y a lieu de craindre qu'ils soient attaqués par l'ennemi.

CHAUFFE, *Artillerie*. Les fondeurs donnent ce nom à un espace quarré pratiqué à côté du fourneau où l'on fait fondre le métal pour les pieces d'artillerie, à trois pieds plus bas que ce fourneau. C'est l'endroit où l'on jette le bois, & d'où la flamme sortant avec violence, se répand par

par ondes tout du long de la voûte du fourneau, & par sa chaleur excessive fond le métal. Le bois y est posé sur une double grille de fer qui sépare toute sa hauteur en deux parties : celle de dessus s'appelle *la chauffe* : celle de dessous, où tombent les cendres, se nomme *le cendrier*.

CHAUSSE D'AISANCE, *Architecture* : c'est une conduite, ou un tuyau de maçonnerie percé en rond & garni intérieurement de boisseaux de poterie vernissée, pour conduire les matieres du cabinet d'aisance à la fosse. La *chausse d'aisance* doit être au moins à trois pouces de distance d'un mur mitoyen, & en être isolée.

CHAUSSÉE, *Architecture hydraulique* : c'est une élévation de terre soutenue par des berges en talud, des files de pieux, ou des murs de maçonnerie, pour servir de chemin à travers des eaux dormantes, comme celles d'un marais, ou pour servir de digue contre des eaux courantes, & empêcher le débordement d'une riviere.

CHAUSSÉE *de pavée* : c'est dans une rue extrêmement large, l'espace cambré qui est entre deux revers de pavé : c'est aussi le nom d'un grand chemin dont le pavé est retenu de chaque côté par une bordure de pierres rustiques. Le pavé des *chaussées*, sur les grandes routes, doit avoir au moins 15 pieds de largeur, suivant l'ordonnance.

CHAUSSE-TRAPPES, *Art militaire* : ce sont des especes de grands clouds à trois ou quatre pointes disposées en triangle, de maniere que de quelque façon qu'elles tombent ; il reste toujours une de ces pointes en l'air. On en seme sur la breche lorsque l'ennemi se dispose à monter à l'assaut, ou dans des défilés, dans des gués de riviere, & à d'autres endroits par où l'on présume que l'ennemi doit passer. Les *chausse-trappes* sont très-dangereuses pour la cavalerie, car elles se fichent dans les pieds des chevaux & les enclouent.

CHAUX, *Maçonnerie* : c'est une pierre dure, calcinée ou cuite dans un four, qui se détrempe avec de l'eau, & que l'on mêle ensuite avec du sable, ou du ciment, pour en former un mortier dont on se sert pour lier les pierres d'un bâtiment. Voyez dans la nouvelle édition de *l'Architecture moderne*, *traité de la construction*, chapitre IX, des détails intéressans sur la nature & les propriétés de la chaux, & sur la meilleure maniere de la cuire, de la préparer & de l'employer.

CHEMIN COUVERT, *Fortification* : c'eſt un eſpace de 5 à 6 toiſes de largeur, pratiqué le long du foſſé, du côté de la contreſcarpe, & *couvert* par une élévation de terre d'environ ſix pieds de hauteur qui lui ſert de parapet, laquelle va ſe perdre dans la campagne par une pente preſque inſenſible, que l'on nomme *glacis*. Le *chemin couvert* eſt défendu à ſes angles ſaillans, ainſi qu'aux angles rentrans, par des places d'armes : ce ſont des eſpaces ménagés à ces endroits, où le terrein eſt plus large que le reſte du *chemin couvert*. Il a une banquette & quelquefois deux, pour élever le ſoldat au-deſſus du glacis, afin qu'il puiſſe découvrir la campagne : cette banquette eſt bordée d'un rang de paliſſades. Le *chemin couvert* eſt encore traverſé de diſtance en diſtance par des maſſifs de terre appellés *traverſes*, qui ſervent à le *couvrir* & à le garantir de l'enfilade.

CHEMIN DES RONDES : c'eſt un petit eſpace de trois à quatre pieds de largeur, qu'on voit encore dans les anciennes fortifications, pratiqué au niveau du terre-plein du rempart au devant du parapet. Il eſt couvert par une eſpece de parapet de maçonnerie d'environ trois pieds & demi de hauteur & d'un pied & demi d'épaiſſeur. Il ſervoit au paſſage des rondes ou de la patrouille autour de la place, pour voir ce qui ſe paſſe dans le foſſé ou ſur le chemin couvert.

CHEMINÉE, *Architecture* : c'eſt l'endroit où l'on fait du feu dans les maiſons. Les parties principales d'une cheminée ſont le foyer, l'âtre, le contre-cœur, les piédroits ou jambages, le manteau ou la hotte, & le tuyau montant. Le plus grand inconvénient des cheminées eſt lorſqu'elles ſont ſujettes à fumer. Voyez-en la conſtruction & la façon de remédier à cette incommodité dans l'*Architecture moderne*, tome premier, traité de la conſtruction. Voyez auſſi ce qu'en diſent *Cordemoi* & *Félibien* d'après *Savot* & *Philibert de l'Orme*.

CHEMISE, *Fortification* : c'eſt une muraille de peu d'épaiſſeur, dont on revêt quelquefois le talud intérieur d'un rempart ou d'un baſtion vuide, pour empêcher les terres de s'ébouler, quoique la pente en ſoit conſidérable.

CHEMISE, *Archit. hydraul.* C'eſt une eſpece particuliere de maçonnerie, faite de cailloutage avec mortier de chaux & ciment, ou de chaux & ſable ſeulement, dont on entoure les tuyaux de grès pour les conſerver. On donne encore le nom de *chemise* à un massif de chaux & ciment qui sert à retenir les eaux tant sur les côtés que dans le fond d'un bassin.

CHEMISE *de mailles*, *Art militaire* : c'est un corps de *chemise* fait de plusieurs mailles ou anneaux de fer, qu'on mettoit autrefois sous l'habit pour servir d'arme défensive.

CHENAL, *Marine* : c'est un canal pratiqué vis-à-vis l'entrée d'un port, entre les laisses de haute & de basse mer des vives eaux ordinaires, pour y introduire les vaisseaux. Le chenal est bordé à droite & à gauche par des jettées de maçonnerie, bâties sur pilotis, & recouvertes de bois de charpente pour résister à la violence des flots & au choc des vaisseaux. On approfondit un chenal dans le tems des basses eaux, par le jeu des écluses qui retiennent celles de la marée montante, & qui les lâchent ensuite avec impétuosité pour emporter tout le sable & la vase qui s'amassant à l'entrée d'un port, le combleroient petit à petit, sans cette invention.

CHÊNEAU, *Architecture* : c'est un canal de plomb de 12 à 15 pouces de large, qui porte sur l'entablement d'un édifice pour recevoir les eaux du comble, d'où elles sont conduites par un tuyau de descente dans une cour ou dans un puisard. Il y a des *chêneaux à bavette* & d'autres *à bords*. Les premiers sont recouverts par le devant d'une bande de plomb blanchi, pour cacher les crochets qui les soutiennent. Les *chêneaux à bords* ne sont que rebordés par l'extrêmité. Dans les grands édifices on donne le nom de *chêneau* à une rigole taillée dans la pierre même qui fait la corniche, d'où les eaux pluviales coulent dans les gargouilles. *Félibien* & *d'Aviler* écrivent *chesneau*.

CHENEAU, *Hydraulique*. Les fontainiers donnent ce nom à une rigole de plomb qui distribue à un rang de masques ou de chandeliers l'eau qu'elle reçoit d'une nappe ou d'un bouillon supérieur.

CHERCHE. Voyez ci-devant au mot CERCHE. Voyez aussi dans la *coupe des pierres* de M. *Frezier* (*explication des termes*, article *cerce* ou *cherche*) les raisons qui lui ont fait préférer, d'après *Félibien* & *d'Aviler*, le mot *cerche* aux deux autres *cerce* ou *cherche*.

CHEVAL DE FRISE, *Art militaire* : c'est une grosse piece de bois de 12 à 15 pieds de longueur sur 6 pouces de gros, traversée de chevilles de bois longues de six pieds, taillées en pointe & quelquefois garnies de fer, qui lui donnent la forme d'un hérisson. On s'en sert pour boucher les breches, les gués, & les passages étroits. On forme aussi avec les *chevaux de frise* une espece de retranchement, derriere lequel les troupes tirent sur l'ennemi qui se trouve arrêté dans sa marche par cet obstacle.

CHEVALEMENT, *Charpenterie* : c'est une espece d'étai, au moyen duquel on soutient les étages supérieurs d'un bâtiment que l'on veut reprendre par sous-œuvre. Il est composé de plusieurs grosses pieces de bois posées horisontalement, qui traversent l'édifice, soutenues en dessous par des chevalets ou des pieces de bois posées debout en arc boutant sur une semelle ou plate-forme, & qui portent en l'air toute la partie de la façade qu'il s'agit de conserver, & sous laquelle on doit travailler.

CHEVALER ou ÉTAYER : c'est soutenir avec des pieces de bois quelque muraille, pour la reprendre par sous-œuvre, ou pour y remettre des poutres, poitrails, &c. *Félibien.*

CHEVALET, *Charpenterie* : c'est une espece de grand tréteau formé d'une piece de bois couchée & posée en travers sur deux autres pieces de bois debout, avec lesquelles elle est assemblée à angles droits, pour soutenir des solives, &c.

CHEVALET, *Couverture* : c'est une espece de machine dont se servent les couvreurs pour soutenir leurs échafauds lorsqu'ils font des entablemens aux édifices couverts en ardoise, & pour continuer de couvrir le reste du comble aussi en ardoise ; car lorsqu'ils travaillent en tuile, ils n'en ont pas besoin. Ils les appellent aussi *triquets.*

CHEVALET *de lucarne* : c'est l'assemblage de deux noulets ou linçoirs sous le faîte d'une lucarne.

CHEVALET, *Fortification* : c'est un assemblage de plusieurs pieces de bois, qui sert à porter un pont que l'on fait de fascines ou de madriers pour faire passer une petite riviere à un corps de troupes. Les ponts de communication qui se font dans le fossé des places de guerre pour communiquer aux ouvrages détachés, sont aussi portés par des *chevalets.*

CHEVALET, *Hydraulique* : c'est une espece de treteau qui

sert à porter un chassis de charpente, ou de tringles de fer, dans une machine hydraulique.

CHEVET ou COUSSINET, *Artillerie* : c'est une sorte de petit coin de mire qui sert à relever le mortier. Voyez au mot COUSSINET.

CHEVET, *Couverture* : c'est le nom que les plombiers donnent à certains rebords de plomb qu'ils mettent à l'extrémité des chéneaux ou proche les godets, pour arrêter l'eau & l'empêcher de baver le long de la couverture. *Félibien.*

CHEVET, *Fortification.* On donne ce nom à la piece de bois à laquelle on attache les chaînes d'un pont-levis.

CHEVÉTRE, *Charpenterie* : c'est une piece de bois fort courte, qui porte par les deux bouts dans deux solives d'enchevêtrure, pour former une ouverture dans un plancher à l'endroit où il doit y avoir un âtre ou un passage pour un tuyau de cheminée. *D'Aviler.*

CHEVÊTRE, *Serrurerie* : c'est une barre de fer droite ou coudée, selon le besoin, qui sert à soutenir des bouts de solives dans la partie d'un plancher où on les a coupés pour donner passage à une cheminée.

CHEVILLE, *Charpenterie* : c'est une mesure dont on se sert quelquefois pour le toisé des bois : elle a un pouce quarré de base sur six pieds de longueur ; ainsi il en faut 72 pour faire une *solive*, c'est-à dire, pour former la valeur de trois pieds cubes.

CHEVILLE : c'est en général un morceau de bois ou de fer rond, plus ou moins long, selon le besoin qu'on en a, souvent terminé en pointe, qui sert à boucher ou remplir un trou. Il n'y a guere d'assemblage de charpenterie ou de menuiserie sans chevilles : elles servent à les joindre ensemble & à les rendre plus fermes.

CHEVILLES ÉBARBÉES, *Architecture hydraulique.* Dans la construction des écluses, ce sont des *chevilles* de fer qui servent à attacher ensemble les ventrieres ou premieres traversines avec les palplanches. Elles ont 24 à 25 pouces de longueur sur un pouce en quarré, & pesent chacune environ 5 livres.

CHEVILLES ÉBARBÉES *à tête refoulée* : ce sont des *chevilles* de fer servant à lier les abouts des premieres traversines avec ceux des longrines. Elles ont 10 pouces de long sur un pouce en quarré, & pesent environ 2 livres. Il y a d'autres *chevilles* de même espece, qui ont 20 pouces de longueur, & qui pesent par conséquent le double : celles qui servent à attacher le busc sur les pieces de charpente qui le soutiennent, sont proportionnées à la grandeur & à la force du busc. A la grande écluse de Mardick, on se servit de pareilles *chevilles* qui avoient 48 pouces de long sur 18 lignes de face, & qui pesoient chacune 22 à 23 livres.

CHEVILLES QUARRÉES *à tête soudée* : ce sont des chevilles de fer qui traversent deux ventrieres & les palplanches. Elles se posent de six en six pieds : on leur donne 32 à 33 pouces de longueur, plus ou moins, selon l'épaisseur des ventrieres, sur 13 lignes en quarré. Elles pesent avec leurs rondelles & clavettes 11 à 12 livres chacune.

CHEVRE, *Méchanique* : c'est une machine dont on se sert dans les bâtimens pour élever des pierres de taille ou de grosses pieces de bois. Elle est composée de deux pieces de bois qui s'écarrent l'une de l'autre par le bas, & qui se joignent par en haut par le moyen d'une clef ou clavette. Elles sont assemblées en deux endroits différens par deux entre-toises, entre lesquelles est placé le treuil avec deux leviers servant de moulinet pour tourner le cable qui passe par-dessus un moufle ou une poulie placée en haut. Ces deux pieces de bois servent de bras pour appuyer la machine contre les murailles. Lorsqu'il n'y a point de mur contre lequel on puisse l'appuyer, on y ajoute une troisieme piece appellée *bicoque* ou *pied de chevre*, qui sert pour les soutenir. La *chevre* est d'un grand usage dans l'artillerie pour monter les canons sur leur affût, & pour en exécuter les principales manœuvres.

CHÉVRONS, *Charpenterie* : ce sont des pieces de bois de sciage de quatre pouces de gros, couchées sur les pannes, dont le pied porte sur les plate-formes, & dont le haut, taillé en biseau, va se joindre sur le faîte d'un comble avec un autre chévron qui lui correspond de l'autre côté du toît : c'est sur ces *chévrons* espacés à un pied l'un de l'autre, de milieu en milieu, que les couvreurs attachent les lattes & contre-lattes qui doivent porter les tuiles ou ardoises.

CHIFFRES, *Arithmétique* : ce sont des caracteres dont on se sert pour désigner les nombres. Les chiffres romains, qui consistent dans sept lettres de l'alphabet, sçavoir, I un,

V cinq, X dix, L cinquante, C cent, D cinq cens & M mille, fort en usage autrefois, ne servent plus gueres qu'à marquer les principales divisions d'un ouvrage, comme les livres, les chapitres & les articles : mais on se sert plus communément aujourd'hui, pour les arts & les sciences, des chiffres arabes, au nombre de dix, sçavoir, 1, 2, 3, 4, 5, 6, 7, 8, 9, 0, dont tout le monde connoît la valeur, & dont l'usage est universel pour les calculs & les combinaisons des nombres.

CHOC, *Méchanique* : c'est l'action par laquelle un corps en mouvement en rencontre un autre, & tend à le pousser; c'est la même chose que percussion : cette rencontre peut se faire de deux façons, ou directement ou obliquement. Le *choc direct* a lieu lorsque la direction du mouvement des deux corps passe par leurs centres de gravité; le *choc oblique* a lieu lorsqu'elle n'y passe point. L'un & l'autre choc ont des regles particulieres qu'on peut voir dans le *Dictionnaire de mathématique* de M. *Savérien*, ne pouvant les rapporter ici sans passer les bornes que nous nous sommes prescrites dans un Dictionnaire abrégé tel que celui-ci.

CHOROGRAPHIE : c'est la description d'une région ou d'une partie de la terre, comme un royaume, une province ou un pays considérable. La *chorographie* est une subdivision de la géographie, comme la topographie en est une de la *chorographie*.

CHOUQUET, *Marine* : c'est une grosse piece de bois, ou plutôt un billot, qui est plat & presque quarré par dessous & rond par dessus : il sert à couvrir la tête du mât & aussi à emboîter un mât à côté de l'autre. Chaque mât a son *chouquet*, dont la proportion & la grosseur varient suivant l'endroit où il est placé & la grandeur du vaisseau.

CHUTE, *Physique* : c'est en général le chemin que fait un corps pesant en s'approchant du centre de la terre. *Galilée* a trouvé qu'une balle de plomb parcouroit 12 pieds dans la premiere seconde de sa chûte. Le Pere *Sébastien* & M. *Mariotte* ont trouvé qu'elle en parcouroit 13. M. *de la Hire* 14. Enfin M. *Huyghens* a trouvé qu'elle en parcouroit 15. C'est aussi le sentiment du grand *Newton*, & le plus généralement adopté. Quant à l'accélération des corps dans les divers instans de leur chûte, voyez ci-devant au mot ACCÉLÉRATION. Voyez aussi ci-après au mot PESANTEUR.

CHUTE D'EAU, *Hydraulique* : c'eſt la pente d'une conduite, depuis ſa ſource ou ſon réſervoir, juſqu'à l'ajutage d'où s'élance le jet d'eau.

CICLOIDE. Voyez CYCLOÏDE.

CIEL DE CARRIERE : c'eſt le premier banc de pierre qui ſe trouve au deſſous des terres en fouillant les carrieres, & qui leur ſert de plafond à meſure qu'on les approfondit, en laiſſant de diſtance en diſtance des piliers de pierre pour le ſoutenir. On tire de ces *ciels* une pierre dure & ruſtique, propre pour employer dans les fondations.

CIERGES D'EAU, *Hydraulique* : ce ſont pluſieurs jets perpendiculaires, fournis ſur une même ligne par le même tuyau, lequel étant bien proportionné à la quantité des jets, à leur ſouche & à leur ſortie, conſerve à tous la même hauteur; ce qui dépend auſſi de l'égalité dans les ſouches & dans les ajutages. Les grilles d'eau ne ſont autre choſe qu'un aſſemblage d'un certain nombre de *cierges* ou de jets d'eau fort près les uns des autres. On peut voir un exemple de ces cierges formant une grille d'eau, au-devant des caſcades de Fontainebleau, ſur les planches 150, 151, 152, *des Délices de Verſailles in-folio*, 1764. Voyez auſſi le bel effet de ces cierges dans le théâtre d'eau de Verſailles, repréſenté ſur les planches 43 & 44 du même ouvrage.

CILINDRE. Voyez CYLINDRE.

CIMAISE. Voyez CYMAISE.

CIMBLEAU, *Charpenterie*. Voyez au mot SIMBLEAU.

CIMENT, *Maçonnerie* : c'eſt du tuileau concaſſé & réduit en poudre, que l'on mêle avec de la chaux éteinte à part pour en faire du mortier propre à lier enſemble le moilon & les pierres. Le *ciment* eſt d'un bon uſage pour les ouvrages qui ſe bâtiſſent dans l'eau : celui qui eſt fait avec du carreau ou de la brique ne vaut rien; il eſt trop facile à ſe pourrir, & n'eſt pas de ſi bonne conſiſtance que le ciment de tuileau.

CIMENT GRAS, *Architecture hydraulique*: ce ciment eſt propre à rejointoyer les pierres des quais, ponts & autres ouvrages qui ſe bâtiſſent dans l'eau. Il ſe fait avec parties égales de ciment, de tuileaux bien battus & de chaux vive réduite en poudre, & infuſée promptement dans de l'eau. On arroſe ces matieres d'huile de lin bouillie, & l'on bat le tout pendant une bonne heure juſqu'à la conſiſtance du ciment ordinaire.

CIMENT ou MASTIC *des fontainiers.* Il est composé de *ciment* de tuileaux bien battu & tamisé, ou de sable fin, ou de mâchefer, mêlé avec quantité égale de poix raisine & de poix grasse, que l'on fait fondre auparavant sur le feu. Lorsque ces deux matieres commencent à bouillir, on les remue fortement, & l'on répand dessus la poudre ci-dessus, jusqu'à ce qu'on voie cette composition filer comme si c'étoit de la thérébentine. On la renverse alors dans un baquet pour la laisser refroidir, & on la casse par morceaux que l'on met fondre sur le feu lorsqu'on veut s'en servir. Si l'on s'apperçoit que le mastic soit trop maigre, ensorte qu'il ne s'attache pas bien aux tuyaux, il faut, en le faisant fondre, y mêler de la graisse de mouton ou de l'huile de noix.

CINQUENELLE, *Artillerie :* c'est une sorte de cable ou de gros cordage, sur lequel on attache tous les bateaux des ponts que l'on construit à l'armée sur une riviere pour le passage des troupes & de l'artillerie. La *cinquenelle* est attachée solidement d'un côté de la riviere à un fort pieu ou à un arbre, & de l'autre côté elle est bandée avec un cabestan arrêté fermement par quatre pieux. On l'appelle aussi *prolonge* ou *allogne.* Voyez à ces deux mots.

CIRCONFÉRENCE, *Géométrie.* On appelle ainsi la ligne qui termine un cercle, & dont tous les points sont également distans du centre, ensorte que toutes les lignes tirées du centre à la *circonférence* du cercle, & que l'on nomme *rayons*, sont égales entr'elles. Une partie quelconque de la *circonférence* d'un cercle s'appelle *arc*, & la ligne droite tirée d'une extrémité de cet arc à l'autre, se nomme la *corde* de cet arc. Tout cercle est égal à un triangle rectiligne dont la base est égale à la *circonférence* du cercle, & la hauteur égale à son rayon. Pour la division du cercle & le rapport de son diametre à sa circonférence, voyez ci-devant l'article CERCLE.

CIRCONSCRIPTION, *Géométrie :* c'est l'action de *circonscrire* un cercle à un polygone ou figure rectiligne, comme aussi de *circonscrire* un polygone à un cercle ou à toute autre figure courbe.

CIRCONSCRIRE : c'est décrire une figure réguliere autour d'un cercle, de maniere que tous ses côtés deviennent autant de tangentes de la circonférence du cercle : c'est aussi décrire un cercle autour d'un polygone, de façon que chaque côté du polygone soit une corde du cercle : mais alors on dit que le polygone est *inscrit*, plutôt que de dire que le cercle est *circonscrit*.

CIRCONVALLATION, *Art militaire* : c'est une enceinte terminée par un fossé & un parapet de terre, flanquée de distance en distance par des redans formant des angles saillans, dont les assiégeans fortifient leur camp devant une place qu'ils se proposent d'assiéger, pour se défendre contre les entreprises d'une armée qui voudroit tenter de la secourir ou d'y jetter quelques troupes. La ligne de contrevallation, lorsqu'on en fait une, doit toujours se tracer hors de la portée du canon de la place, c'est-à-dire, au moins à 1200 toises. La profondeur du camp est d'environ 30 toises. La distance du front de bandiere à la ligne de *circonvallation*, est de 120 toises ; d'où il suit que la *circonvallation* doit être éloignée du corps de la place de 1350 à 1400 toises, au moins.

CISSOIDE, *Géométrie* : c'est le nom d'une courbe de la géométrie transcendante imaginée par *Dioclès*, philosophe Grec, pour trouver deux moyennes proportionnelles entre deux lignes droites données. On ne peut résoudre les problêmes qui regardent cette courbe que par le moyen du calcul intégral. Voyez la génération & les propriétés de la *cissoïde* dans le *Dictionnaire de mathématique* par M. *Savérien*.

CITADELLE, *Fortification* : c'est un endroit particulier d'une place de guerre, qui est fortifié autant du côté de la ville que du côté de la campagne. On y met des troupes en garnison pour contenir les habitans dans l'obéissance due au Prince, & pour résister à l'ennemi en cas d'attaque de sa part. Une *citadelle* doit occuper le terrein le plus élevé & le plus avantageux, pour commander à la ville & à la campagne. Elle se construit sur le prolongement de l'enceinte de la place, de maniere qu'une partie de la *citadelle* est engagée dans les fortifications de la ville, & que l'autre partie regarde la campagne. On y pratique de ce côté une porte qu'on appelle *porte de secours*.

CITERNE, *Architecture* : c'est un réservoir souterrein voûté, dans lequel on conserve les eaux pluviales pour les différens besoins de la vie. On donne le nom de *citerneau* à une espece de petit réservoir voûté, un peu plus élevé que la *citerne*, dans lequel l'eau des pluies entre d'abord, & où elle se purifie en passant dans du sable pour y déposer son limon & ses impuretés, avant que de passer dans la *citerne*. Les *citernes* sont d'une grande utilité dans les endroits où l'on manque d'eau de riviere ou de source, ou bien lorsque toutes les eaux des puits sont de mauvaise qualité. Quant à leur construction, on peut consulter la *Science des Ingénieurs*, par M. *Bélidor*, Livres IV & VI.

CIVADIERE, *Marine* : c'est la voile du mât de beaupré : comme elle est fort inclinée, elle a deux grands trous à chaque pointe, vers le bas, afin que l'eau qu'elle reçoit quand elle touche à la mer, puisse s'écouler au même instant.

CIVIERE, *Mécanique* : c'est une machine propre à porter des fardeaux, à l'usage des maçons & autres ouvriers, &c. La *civiere* est trop connue pour mériter une description particuliere. Le *bar* est une *civiere* beaucoup plus forte.

CLAIREVOYE, *Architecture* : c'est l'épithete qu'on donne à l'espacement des solives d'un plancher, des poteaux d'une cloison de charpente, ou des chévrons d'un comble, lorsque cet espacement est plus large que de coutume.

CLAIREVOYE, *Fortification* : ce terme se dit en parlant des barrieres dont on ferme l'entrée du chemin couvert ou d'un ouvrage avancé. On l'appelle *à clairevoye* lorsqu'il y a du vuide entre les barreaux & les palissades qui la composent.

CLAPET, *Hydraulique* : c'est une espece de soupape faite d'une ou de plusieurs rondelles de cuir fortement serrées avec des vis entre deux platines de métal dans un corps de pompe. Le rond de cuir tient par une queue à une couronne aussi de cuir, laquelle est arrêtée avec des vis entre le collet du tuyau supérieur au *clapet* & le collet du tuyau inférieur : c'est sur cette queue, qui est beaucoup plus étroite que le *clapet*, que se fait le jeu du *clapet*, comme sur une charniere.

CLAVEAU, *Architecture* : c'est une des pierres en forme de coin qui sert à former une voûte en plate-bande. *Claveau à crossettes* est celui dont la tête retourne d'équerre avec des assises de niveau pour faire liaison : c'est sur le *claveau* du milieu qu'on taille ordinairement au-dessus des portes & des croisées des ornemens en sculpture appellés *agraffes*. Lorsque ces portes ou croisées sont en arcades, le *claveau* prend le nom de *voussoir*. *Félibien*.

CLAVETTE, *Serrurerie* : c'est un morceau de fer plat, plus large par un bout que par l'autre, en forme de coin, que l'on insere dans l'ouverture d'un boulon ou d'une cheville de fer, pour la retenir & la fixer. *Félibien*.

CLAYES, *Art militaire* : ce sont de menues branches d'arbres, entrelassées les unes dans les autres, dont l'assemblage a la forme d'un quarré long. On en fait usage dans les sieges, au défaut de blindes, pour couvrir un logement, une sappe, ou un passage de fossé. Elles servent aussi dans les batteries de canons & de mortiers, pour raffermir le terrein sur lequel on doit établir leur plate-forme, quand il n'a pas assez de consistance.

CLAYONS, *Architecture hydraulique* : ceux qu'on emploie pour la construction des épis, sont de longues perches de charme, de hêtre, ou de quelque autre bois flexible, qu'on entrelasse autour des piquets, sur environ 6 à 7 pouces de hauteur. Ils servent à contenir les fascines & à retenir le gravier dont on charge chaque couche de l'épi. Les plus longues branches sont les meilleures pour former ce *clayonage*, & il suffit qu'ils aient 2 pouces de tour pour être d'une force convenable à ce travail.

CLEF, *Architecture* : c'est la derniere pierre qu'on met au haut d'une voûte ou d'une arcade pour en fermer le ceintre, laquelle étant plus étroite par en-bas que par le haut, presse & affermit toutes les autres. On les distingue par les dénominations suivantes.

CLEF A CROSSETTES : c'est une clef potencée par en-haut avec deux crossettes qui font liaison dans un cours d'assises.

CLEF EN BOSSAGE : c'est celle qui a plus de saillie que les autres claveaux ou voussoirs, & sur laquelle on peut tailler des ornemens de sculpture.

CLEF PASSANTE : c'est une clef qui traversant l'architrave & la frise, forme un bossage qui en interrompt la continuité, comme on en voit aux portes du palais royal à Paris.

CLEF PENDANTE & *saillante* : c'est la derniere pierre qui

ferme un berceau de voûte, & qui excede le nud de la douelle dans sa longueur.

Clef, *Charpenterie*. On donne ce nom à une piece de bois arcboutée par deux décharges pour fortifier une poutre.

Clef de poutre : c'est une courte barre de fer dont on arme chaque bout d'une poutre, & qu'on scelle dans les murs où elle porte.

Clef de fontaine, *Hydraulique* : c'est un boulon de fer dont l'extrêmité est terminée extérieurement par un bouton de cuivre saillant de 4 ou 5 pouces, dont on fait usage à Paris pour les fontaines publiques. Lorsqu'on veut puiser de l'eau, on pousse fortement le bouton, ce qui, en renfonçant le boulon, fait mouvoir un tourniquet qui ouvre une soupape, laquelle laisse à l'eau du réservoir la liberté de s'écouler en dehors par la bouche du masque dont la fontaine est décorée. En lâchant la *clef* la soupape se referme, & l'eau cesse de couler.

Clef de regard : ce sont de grosses barres de fer ceintrées, dont les fontainiers se servent pour faire couler l'eau dans les tuyaux de conduite ou pour l'arrêter, ce qui se fait en fourrant la boîte de la *clef* dans le fer du regard pour tourner le robinet.

Clefs, *Architecture hydraulique* : ce sont de longues pieces de bois dont la tête est appuyée sur une ventriere à laquelle elle est attachée avec une cheville de fer, & dont la queue pose sur un dormant, auquel elle est pareillement arrêtée. On s'en sert pour fortifier & retenir l'assemblage des quais, digues & jettées de charpente.

CLEPSIDRE, *Physique* : c'est une espece d'horloge à eau formée d'un vase de verre, qui sert à mesurer le tems par l'écoulement d'une certaine quantité d'eau. *Clepsidre* se dit aussi d'un sablier ou horloge à sable.

CLIQUART, *Architecture* : c'est une pierre que l'on connoît aussi sous le nom de *pierre de bas appareil*, & la meilleure de toutes les pierres qu'on tire des carrieres des environs de Paris.

CLOAQUE, *Architecture* : c'est un égout ou aqueduc souterrein qui reçoit les eaux & les immondices d'une ville ou d'une maison. Ce mot est peu d'usage à présent, & ces sortes de canaux souterreins s'appellent plutôt *égout* ou *aqueduc*. Les *cloaques* de l'ancienne Rome passoient pour une merveille & pour un chef-d'œuvre d'architecture, tant pour la grandeur & la hauteur de leurs voûtes, que pour leur magnificence & leur solidité.

CLOCHER, *Architecture:* c'est un édifice particulier de charpente ou de maçonnerie, qu'on éleve ordinairement à l'extrêmité occidentale d'une église pour y placer les cloches. Il y a des *clochers* quarrés, en forme de tour, qui posent immédiatement sur terre, comme ceux des églises métropolitaines, qui retiennent le nom de *tours.* Il y en a d'autres de charpente qu'on éleve sur le comble d'une église, qui ont la forme d'une pyramide fort allongée, appellée *aiguille* ou *flèche*, ayant pour base une cage de charpente où l'on suspend les cloches.

CLOCHETTES ou GOUTTES, *Architecture* : ce sont des petits corps de figure conique qu'on taille au-dessous des triglyphes dans la bande supérieure de l'architrave, aux entablemens Doriques. *Félibien.*

CLOISON, *Architecture* : c'est un rang de poteaux espacés environ à 15 ou 18 pouces de milieu en milieu, servant à séparer les diverses pieces d'un appartement. On le nommoit autrefois *colombage. Félibien.* Lorsqu'on veut laisser les bois apparens, ces espaces sont seulement remplis de plâtre & de platras, & on les ourdit des deux côtés quand on veut que les bois soient recouverts. Ces sortes de *cloisons* sont appellées *pleines.* On appelle *cloisons creuses*, celles qui ne sont que hourdies des deux côtés, & dont le milieu n'est point rempli de maçonnerie, ce qui se fait lorsqu'on appréhende de trop charger les planchers.

CLOISONS, *Hydraulique* : ce sont des séparations de cuivre, de plomb, ou de fer blanc, qu'on place dans les cuvettes des fontaines & des jauges. Il y en a de deux sortes : la *cloison de calme*, appellée aussi *languette*, est placée près de l'endroit où tombe l'eau. Sans interrompre entierement sa communication dans la cuvette, elle ne fait qu'en rompre le flot, qui dérangeroit le niveau de l'eau & en augmenteroit la dépense. L'autre espece de *cloison* est celle du bord où s'attachent les bassinets pour la distribution de l'eau.

COEFFER, *Artifices. Coëffer* une piece d'artifice, c'est en couvrir l'amorce avec un papier collé autour de la gorge de la fusée, pour que le feu ne puisse s'y communiquer que lorsqu'il en sera tems : c'est ce qu'on appelle aussi *bonneter.*

COEFFICIENT, *Algebre* : c'est le nombre ou la quantité quelconque placée devant un terme, & qui en s'additionnant avec les quantités du même terme qui la suivent, sert à former ce terme. Il ne faut pas confondre les *coëfficiens* avec les *exposans*. Dans la quantité 3 *a*, le *coëfficient* 3 indique que *a* est pris trois fois, ou qu'il est *ajouté* deux fois à lui-même : au contraire, dans la quantité *a* 3, l'*exposant* 3 fait voir que *a* est multiplié deux fois de suite par lui-même, ou qu'il est élevé à la troisieme puissance.

COFFRE, *Architecture hydraulique* : c'est un assemblage de charpente qui forme une espece de caisse bien calfatée & goudronnée, que l'on conduit dans l'eau à l'endroit où l'on veut établir les fondemens d'un édifice au milieu d'une riviere ou d'un courant d'eau qu'il n'est pas possible d'épuiser. *Coffre* est aussi un espace environné de palplanches, dont on fait usage pour fonder un édifice dans des sables bouillans. Voyez l'article ENCAISSEMENT.

COFFRE, *Artillerie*. On donne quelquefois ce nom à la chambre ou au fourneau d'une mine.

COFFRE, *Fortification* : c'étoit anciennement un logement creusé dans un fossé sec, de 15 ou 20 pieds de largeur sur 6 à 8 de profondeur, proche les flancs d'un bastion ; le tout recouvert de soliveaux élevés de deux pieds au dessus du fond du fossé : ce *coffre* avoit des embrâsures où l'on plaçoit du canon pour défendre le bastion opposé & empêcher le passage du fossé. Ces sortes de retranchemens ne sont plus d'usage, & nos caponnieres en tiennent lieu.

COFFRE, *Hydraulique* : c'est une espece de boîte quarrée, faite de bois, de tôle, ou de fer, percée de trous, dans laquelle on renferme la partie d'un corps de pompe qui trempe dans l'eau, pour empêcher les ordures d'y entrer. Voyez aussi au mot CRAPAUDINE.

COFFRER, *Artillerie*. Quand on perce des galeries de mines dans un terrein qui n'a pas assez de consistance, on soutient le ciel de la galerie, aussi bien que ses côtés, avec des planches portées par des chassis, que l'on espace à deux pieds & demi ou trois pieds de distance les uns des autres, pour empêcher les terres de s'ébouler ; c'est ce qu'on appelle *coffrer* une galerie de mines.

COHÉSION, *Physique*. On appelle ainsi la force qui unit

les corps & qui leur donne la figure que nous leur voyons. Les différens degrés de *cohésion* constituent les différentes formes & propriétés des corps.

COIN, *Art militaire* : c'étoit un certain arrangement de troupes dont les anciens se servoient pour combattre. *Végece* définit le *coin* une certaine disposition de soldats qui se terminoit en pointe par le front, & qui s'élargissoit à la base ou à la queue. Son usage étoit de rompre la ligne des ennemis en faisant qu'un grand nombre de soldats puissent lancer leurs traits vers un même endroit. On appelloit aussi cette disposition de troupes *tête de porc.*

COIN, *Mécanique* : c'est une sorte de machine qui sert à fendre du bois, dont la figure est un triangle isoscele. Son analogie consiste en ce que la force qui chasse le *coin* est à la résistance du bois, comme la moitié de la tête du *coin* est à la longueur d'un de ses côtés : c'est la derniere des cinq puissances ou machines simples. Le *coin* est aussi une machine de fer ou de bois qui sert à élever des corps à une hauteur médiocre, & dans ce cas il se rapporte au plan incliné.

COIN DE MIRE, *Artillerie* : c'est un *coin* de bois d'orme, ou de chêne, long de 12 à 15 pouces, large de 6 à 8, & de 8 à 10 pouces d'épaisseur à sa tête, qui se réduit à 1 ou 2 pouces vers la queue. On met souvent un manche à la tête du *coin de mire* pour s'en servir plus commodément. Son usage est d'élever plus ou moins la culasse du canon, suivant la position des objets sur lesquels on veut le pointer.

COINCIDENCE, *Géométrie* : ce terme se dit des figures dont toutes les parties se répondent exactement lorsqu'elles sont posées l'une sur l'autre, ayant les mêmes termes ou les mêmes limites. On l'appelle aussi *superposition.*

COLLARIN, *Architecture* : c'est une espece de moulure particuliere au chapiteau Dorique. Voyez au mot GORGERIN.

COLLET, *Architecture* : c'est, dans un escalier, la partie la plus étroite d'une marche tournante, du côté du noyau, s'il y en a un, ou du côté du vuide, lorsqu'il n'y a point de noyau.

COLLET, *Artillerie* : c'est la partie du canon comprise entre le premier astragale & le bourlet.

COLLIERS,

COLLIERS, *Architecture hydraulique* : ce sont des cercles de fer, ou de bronze, qui servent à retenir le haut des montans des venteaux d'une porte d'écluse.

COLOMBES, *Charpenterie* : vieux terme employé par les anciens auteurs pour désigner des solives ou pieces de bois posées debout dans les cloisons & pans de bois. *Colombage*, est un rang de *colombes* posées à plomb dans une cloison de charpente. Quelques-uns écrivoient *Coulombes*.

COLONEL, *Art militaire* : c'est un officier qui commande en chef un régiment soit d'infanterie ou de dragons : ceux qui commandent la cavalerie sont plus ordinairement appellés *mestres de camp*.

COLONNADE, *Architecture* : c'est une suite de colonnes disposées circulairement, comme on en voit une dans le petit parc de Versailles, formée de 32 colonnes de marbre d'Ordre Ionique. Voyez la description & la vue de cette magnifique *colonnade* dans les *Délices de Versailles, in-folio*, planche 22. Lorsque les colonnes sont rangées sur une seule ligne droite, leur assemblage s'appelle *péristyle*, comme celui qu'on voit à la façade du Louvre qui regarde Saint Germain l'Auxerrois, à Paris.

COLONNE, *Architecture* : c'est un pilier rond, composé d'une base, d'un fust & d'un chapiteau, servant à porter un entablement. Il y a cinq especes de *colonnes*, relativement aux cinq Ordres d'architecture, sçavoir, la Toscane, la Dorique, l'Ionique, la Corinthienne & la Composite. La hauteur des *colonnes* varie suivant les mêmes Ordres. Dans le Toscan, elle a 7 diametres de hauteur ; dans le Dorique, elle en a 8 ; dans l'Ionique 9 ; dans le Corinthien & le Composite elle en a 10. Voyez ci-après au mot ORDRE.

COLONNE, *Art militaire* : c'est un corps de troupes rangées sur beaucoup de hauteur & sur peu de front, qui marche d'un même mouvement, en laissant assez d'intervalle entre les rangs & les files pour éviter la confusion. La *colonne*, suivant le chevalier *de Folard*, est aussi un corps d'infanterie serré & pressé, rangé sur un quarré long, dont le front est beaucoup moindre que la hauteur, qui n'est pas moins redoutable par la pesanteur de son choc que par la force avec laquelle il perce & résiste également par-tout & contre toutes sortes d'efforts. Les rangs & les files de la *colonne* doivent être tellement serrés & condensés, que les soldats ne conservent qu'autant d'espace qu'il leur en faut pour marcher & se servir de leurs armes.

Colonne d'eau, *Hydraulique*. Les fontainiers entendent par ce terme la quantité d'eau qui entre dans le tuyau montant d'un corps de pompe.

COLTIS, *Marine* : c'est un retranchement qu'on fait dans un navire au chateau d'avant.

COMBAT, *Art militaire* : c'est en général une querelle ou un différent qui se décide par la voie des armes. Il y a une distinction essentielle à faire entre les mots *combat* & *bataille* : ce dernier exprime l'action générale & décisive de toute une armée contre une autre, au lieu que le *combat* ne signifie qu'une escarmouche un peu considérable, ou l'action d'une partie de l'armée.

Combat naval, *Marine* : c'est la rencontre d'un ou de plusieurs vaisseaux ennemis qui se canonent & se battent. On le dit également d'une armée navale entiere qui se bat contre une autre, ou d'une escadre qui livre un *combat* à d'autres vaisseaux.

COMBINAISON, *Mathématique* : c'est l'art de trouver en combien de manieres différentes on peut varier plusieurs quantités en les prenant une à une, deux à deux, trois à trois, &c. MM. *Jacques Bernoulli*, dans son *ars conjectandi*, & *de Montmort*, dans l'*analyse des jeux de hazard*, ont donné des regles sur les combinaisons & sur la maniere d'en faire de toutes les especes. Voyez aussi l'*essai sur les probabilités*, par M. *Desparcieux*, *in-quarto*.

COMBLE, *Architecture* : on comprend sous ce terme la forme de la couverture de tous les bâtimens, de quelque nature qu'ils soient. On l'appelle aussi *toit*. Ordinairement les *combles* sont construits en charpente recouverte de tuiles, d'ardoise, de plomb, de cuivre, &c. Il y a trois sortes de *combles* de charpente ; ceux à un égout, formant une espece d'apentis ; ceux à deux égouts, dont le profil est un triangle isoscelle ; & les combles brisés ou à la mansarde, dont la partie supérieure est formée d'un triangle isoscelle, & dont l'inférieure est un trapézoïde.

COMBLEAU, *Artillerie* : c'est un cordage qui sert à charger & décharger les pieces de canon, à les monter sur leur affût, & à lever d'autres gros fardeaux par le moyen d'une grue.

COMMANDANT, *Art militaire*. Par ce terme on entend en général un officier qui a autorité sur une armée ou sur un corps de troupes, tant sur les officiers que sur les soldats. *Commandant d'un bataillon*, c'est un officier qui *commande* en chef à tout le bataillon; c'est ordinairement le plus ancien capitaine, ou le capitaine des grenadiers de ce même bataillon. *Commandant d'une place*, c'est un officier qui y commande en chef, soit avec le titre de gouverneur, soit avec celui de lieutenant de Roi, ou simplement de *Commandant*.

COMMANDE, *Artillerie*: c'est une sorte de cordage qui sert à arrêter & affermir les ponts de bateaux qu'on établit sur les rivieres pour y faire passer une armée ou un équipage d'artillerie.

COMMANDEMENT, *Fortification*: c'est une éminence ou une élévation de terre qui a la vue sur quelque poste, sur quelque ouvrage, ou sur quelque partie d'une place fortifiée. Il y en a de plusieurs especes.

COMMANDEMENT D'ENFILADE ou *de courtine*: c'est lorsqu'on voit un ouvrage par le côté, ensorte que l'on peut battre d'un seul coup, & enfiler toute une ligne droite, telle que seroit une courtine, une branche d'ouvrage à corne, la face d'un bastion, &c.

COMMANDEMENT DE FRONT: c'est une hauteur opposée aux faces des ouvrages qu'elle découvre ou qu'elle bat de front.

COMMANDEMENT DE REVERS: c'est lorsqu'on voit par derriere ceux qui défendent un ouvrage; c'est le plus dangereux de tous.

COMMANDEMENT SIMPLE: c'est lorsque le terrein qui commande est élevé de 9 pieds au-dessus de l'ouvrage commandé. Il est double, lorsque ce terrein est élevé de 18 pieds; triple, quand il l'est de 27, &c. & ainsi de suite, en prenant toujours 9 pieds pour chaque *commandement*. On se garantit des *commandemens*, lorsqu'ils ne sont pas considérables, par le moyen des *traverses*, des *cavaliers*, des *bonnettes*, des *surtouts*, &c. Voyez chacun de ces articles.

COMMENSURABLE, *Géométrie*. Epithete qu'on donne à des grandeurs qui ont une mesure commune, c'est-à-dire, qui sont mesurées exactement par une seule &

même grandeur, sans laisser aucun reste. Les nombres entiers ou fractionnaires sont commensurables lorsqu'ils sont divisés exactement par d'autres nombres. Ainsi 6 & 8 sont, l'un par rapport à l'autre, des nombres commensurables, parce que 2 les divise sans aucun reste.

COMMINGE, *Artillerie* : c'est le nom qu'on donne aux plus fortes bombes qu'on ait coutume de jetter avec le mortier : elles ont environ 18 pouces de diametre & pesent 500 livres étant chargées. On peut voir l'origine de ce nom dans l'*artillerie raisonnée*, par M. *Le Blond*, page 162.

COMMUN, *Géométrie* : ce terme se dit d'un angle, d'une ligne, d'une surface, ou autre chose semblable qui appartient également à deux figures, & qui sert souvent à prouver l'égalité entr'elles. *Commun diviseur* est un nombre qui en divise plusieurs autres exactement. *Commune mesure* est pareillement celle qui mesure plusieurs quantités sans reste.

COMMUNICATION DU MOUVEMENT, *Méchanique* : c'est l'action par laquelle un corps qui en frappe un autre, met en mouvement le corps qu'il frappe. Les philosophes, aidés du raisonnement & de l'expérience, ont bien découvert les loix suivant lesquelles se fait cette *communication* : mais la raison métaphysique & le principe primitif de ce phénomene, leur sont encore inconnus. La *communication du mouvement* se fait dans les machines par une répétition de leviers qui agissent successivement les uns sur les autres, comme on le voit à la machine de Marly. Alors ces bras de leviers sont toujours en nombre pair, & répondent alternativement à la puissance & au poids.

COMMUNICATIONS, *Art militaire* : ce sont, dans l'attaque des places, des chemins creusés en terre, en forme de tranchées ou de paralleles, qu'on pratique pour joindre ensemble les différentes parties des attaques ou des logemens, afin de procurer aux assiégeans la facilité d'aller d'un endroit des travaux du siege à un autre, sans être exposés au feu de la place.

COMPAGNIE, *Art militaire* : c'est un certain nombre de gens de guerre réunis sous la conduite d'un chef qui porte le nom de *capitaine*, soit dans l'infanterie, soit dans la cavalerie. Plusieurs *compagnies* forment un régiment.

COMPAGNIE, REGLE DE COMPAGNIE, *Arithmétique* : c'est une regle par laquelle on divise un nombre donné proportionnellement à plusieurs autres nombres. Elle peut être ou simple ou composée. Dans la *regle de compagnie simple*, ou sans distinction de tems, on divise le nombre donné proportionnellement à plusieurs autres aussi donnés sans les changer, c'est-à-dire que l'on n'y considere que la quantité de fonds que chaque associé a fourni, sans avoir égard au tems que cet argent a été employé, parce qu'on suppose que tous les fonds ont été mis dans le même tems. On entend par *regle de compagnie composée*, ou *par tems*, une regle par laquelle on divise un nombre proportionnellement à plusieurs autres, avec des conditions qui changent ces nombres. Ces conditions sont le tems où chacune des mises a été fournie, qui concourt avec l'argent à rendre le fonds plus ou moins lucratif, étant juste que celui qui a avancé une certaine somme depuis deux ou plusieurs années, retire plus de profit que celui qui ne l'a avancé que depuis un an.

COMPARTIMENT, *Architecture* : c'est une disposition de figures régulieres, formées de lignes droites ou courbes, mais paralleles & distribuées avec symmétrie, dont on orne les lambris & les plafonds, soit de pierre, de plâtre, de stuc, de bois, &c. On fait aussi usage du *compartiment* pour l'arrangement des pavés de différentes couleurs, soit en marbre, en pierre, en mosaïque, &c.

COMPARTIMENT, ou COMPASSEMENT DES FEUX, *Artillerie* : c'est une maniere d'égaliser la longueur du saucisson de chaque fourneau de mine, depuis son foyer jusqu'au centre de chacune des chambres, ensorte que le feu puisse se porter dans le même instant à tous les fourneaux de la mine. S'il s'en trouve quelques-uns qui soient plus proches du foyer que les autres, on fait faire au saucisson différens coudes, retours & zigzags, pour qu'il ait la même longueur.

COMPARTIMENT DES RUES, *Architecture* : c'est la distribution réguliere des rues, isles de maisons, places publiques & quartiers d'une ville ou d'une citadelle. Voyez-en un exemple dans la *Science des Ingénieurs*, par M. *Belidor*, Livre IV, planche 25, qui représente le compartiment des rues du neuf Brisack.

COMPAS : c'est un instrument de mathématique dont on se sert pour mesurer des lignes & décrire des cercles. La figure & les usages des différentes especes de compas ordinaires, comme à deux & à trois pointes, à ressort, à pointes changeantes, à pointes tournantes, &c, sont tellement connus des personnes pour lesquelles ce Dictionnaire est composé, qu'il est inutile de leur en donner ici la description.

COMPAS, *Architecture*. Les appareilleurs en ont de trois sortes ; le *compas simple*, qui est un instrument de fer ou de cuivre fait à peu près comme un compas ordinaire, excepté qu'il est fort grand, & que ses branches sont droites & plates, comme celles de la fausse équerre, pour prendre l'ouverture des angles rectilignes & les rapporter sur la pierre. Il a de plus qu'une fausse équerre, des pointes destinées à prendre des mesures de longueur, & à tracer des arcs comme les autres compas. Le *compas à verge* est un instrument avec lequel on trace de grands arcs de cercles, ce qu'on ne pourroit faire avec le compas ordinaire. Il consiste en une longue verge de fer qu'on fait passer au travers de deux morceaux de bois ou de fer, appellés *poupées*, qui peuvent s'approcher ou s'éloigner à volonté, & que l'on fixe où l'on veut par le moyen d'une vis. Chacune de ces poupées est armée d'une pointe de fer : elles servent, l'une à fixer au centre, l'autre à tracer l'arc. Le *compas à ellipse* ou à *ovale* est un autre instrument composé du compas à verge & de deux poupées de plus, qu'on fait mouvoir dans une coulisse pratiquée dans une espece de croix, pour tracer une ellipse entiere, & dans une figure de T pour tracer un demi-ellipse sur des arcs donnés. Voyez-en la figure & la description dans le *Traité de stéréotomie*, par Frézier, en trois volumes *in-quarto*, imprimés à Paris chez Jombert, tome premier, page 165, & planche 10, fig. 117.

COMPAS DE PROPORTION, *Mathématique* : c'est un instrument assez semblable à un pied de Roi. Il est composé de deux regles plattes, assemblées par une charniere autour de laquelle elles tournent & s'écartent l'une de l'autre. Le *compas de proportion* est d'un très-grand usage pour la résolution des problêmes de la géométrie pratique & de la trigonométrie. Il seroit trop long de faire ici l'énumération de ses propriétés & de décrire les usages des différentes lignes qui y sont tracées, comme les lignes des *parties égales*, celles des *plans*, des *polygones*, des *solides*, &c. Nous renverrons pour cet effet au livre intitulé, *Usage du compas de proportion*, par *Ozanam*, *in*-12. Dans l'artillerie, on se sert du compas de proportion pour trouver le calibre des pieces de canon & le poids d'un boulet dont le diametre est connu, ou le diametre des boulets dont on connoît le poids.

COMPAS DE ROUTE, *Marine* : c'est le nom que les marins donnent à la boussole, parce qu'elle leur sert pour les diriger dans la route qu'ils veulent faire.

COMPAS DE VARIATION, *Marine* : c'est une boussole préparée pour connoître la *variation* de l'éguille aimantée : cette préparation consiste en deux pinnules traversées par un fil qui passe par-dessus le centre de la rose des vents : ce fil représente le rayon de l'astre lorsqu'on le regarde par les pinnules. Outre cela le bord extérieur de la rose est divisé en quatre quarts de cercle de 90 degrés chacun. M. *Halley* a inventé un autre *compas de variation*, par lequel on connoît avec une bien plus grande précision, la variation de la boussole, par le moyen de diverses additions qu'il y a faites, dont on peut voir la description détaillée dans le *Dictionnaire de mathématique*, par M. *Savérien*. Il l'a appellé *compas azimuthal*.

COMPLÉMENT, *Mathématique* : ce terme se dit en général de ce qui manque à une chose quelconque pour former un tout. *Complément* d'un arc ou d'un angle, est ce qui lui manque de degrés pour former un angle droit ou de 90 degrés. *Complément arithmétique* d'un logarithme, c'est ce qui manque à un logarithme pour être égal à 10.0000000, en les supposant de 9 caracteres. On appelle *co-sinus* le sinus du *complément* d'un arc, & *co-tangente* la tangente de son *complément*.

COMPLEXE ou COMPOSÉ, *Algebre*. Une quantité *complexe* est une quantité quelconque comme $a + b + c - d$, *composée* de plusieurs parties $a\,b\,c\,d$ jointes ensemble par les signes + & —. *Raison composée*, est celle qui résulte du produit des antécédens de deux ou de plusieurs raisons & de celui de leurs conséquens. *Mouvement composé*, en Méchanique, est le mouvement qui résulte de l'action de plusieurs puissances, lesquelles concourent vers différentes directions qui se réunissent en une seule.

COMPOSITE, Ordre composite, *Architecture*. Voyez au mot Ordre.

COMPOSITION de mouvement, *Méchanique* : c'est la réduction de plusieurs *mouvemens* à un seul : elle a lieu lorsqu'un corps est tiré ou poussé par plusieurs puissances à la fois. Voyez ci-après l'article Mouvement composé.

Composition de raison, *Algebre* : c'est une certaine comparaison de l'antécédent & du conséquent d'une proportion. Supposant qu'on ait deux rapports tels que l'antécédent du premier terme, soit à son conséquent, comme l'antécédent du second terme est à son conséquent : on dira, par *composition de raison*, ce qui s'appelle aussi *componendo*, la somme de l'antécédent & du conséquent du premier rapport est à son antécédent ou conséquent, comme la somme de l'antécédent & du conséquent du second rapport est à son antécédent ou son conséquent. Par exemple, si A. B : : C. D, on aura *componendo*, A + B. A ou B : : C + D. C ou D.

COMPRESSION, *Physique* : c'est l'action de presser ou de serrer un corps de maniere qu'il occupe moins d'espace, & qu'il soit réduit à un moindre volume ; c'est en cela que la *compression* differe de la pression, prise en général. La *compression* differe aussi de la condensation, en ce que celle-ci est produite par l'action du froid, & l'autre par celle d'une force extérieure. La *compression* de l'air, par son propre poids, est très-considérable, puisque celui que nous respirons est comprimé par le poids de l'atmosphere, suivant les expériences qu'on en a faites, jusqu'à ne plus occuper que la 13679me partie de l'espace qu'il occuperoit s'il étoit en liberté.

CONCAVE, *Géométrie* : ce terme se dit de la superficie intérieure d'un corps creux, comme seroit une sphere creuse ou un cylindre creux en dedans, qui sont convexes extérieurement, & *concaves* dans l'intérieur.

CONCENTRIQUE, *Géométrie*. On donne ce nom à deux ou plusieurs cercles ou courbes qui ont un même centre. *Concentrique* est opposé à *excentrique*.

CONCHOIDE ou Conchyle, *Géométrie* : c'est le nom d'une courbe géométrique du troisieme genre, qui a une asymptote. La *conchoide* a été inventée par *Nicomede*, qui a imaginé en même tems un instrument pour la tracer. Le célebre *François Blondel*, maître de mathématique du Dauphin, fils de Louis XIV, a donné la description de cet instrument, dont il se sert fort ingénieusement pour tracer, par une seule opération, le renflement & la diminution des colonnes. Voyez son *Cours d'architecture in-folio*, *Paris*, 1675, ou le livre intitulé *Résolution des quatre principaux problêmes d'architecture*, par le même Auteur, grand *in-folio*, imprimé au Louvre quelques années auparavant.

CONCOURIR, *Géométrie*. On dit que deux lignes ou deux plans *concourent* lorsqu'ils se rencontrent & se coupent, ou du moins lorsqu'ils sont tellement disposés qu'ils se rencontreroient s'ils étoient prolongés. *Point de concours* est celui dans lequel plusieurs lignes se rencontreroient étant prolongées.

CONDENSATION, *Physique* : c'est l'action par laquelle un corps est rendu plus dense, plus compact & plus lourd. La *condensation* rapproche les parties d'un corps les unes des autres. La *raréfaction*, qui lui est opposée, les écarte l'une de l'autre, diminue leur cohésion, & les rend plus mols & plus légers.

CONDUITE D'EAU, *Hydraulique* : c'est une suite de tuyaux pour *conduire* l'eau d'un lieu à un autre : ces *conduites* prennent leur nom du diametre de leurs tuyaux, & l'on dit une *conduite* de 4, 6, 12 ou 18 pouces, relativement à la grosseur des tuyaux dont elle est formée. Il y a des tuyaux ou *conduites* de diverses especes ; sçavoir, de bois, de fer, de grès, de plomb, &c. que nous allons détailler dans les articles suivans. Pour la maniere de *conduire* les eaux, soit dans une ville, soit dans la campagne, voyez le tome II de l'*Architecture hydraulique* de M. *Bélidor*, premiere partie, & le *Traité d'Hydraulique* inséré à la fin du livre intitulé, *La théorie & la pratique du jardinage*, *in-quarto*, édition de 1766, imprimé à Paris chez *Jombert*.

CONDUITE DE BOIS. Elle est formée de tuyaux de bois faits ordinairement d'aunes, d'ormes, ou de chênes, creusés dans leur longueur ; on les emboîte les uns dans les autres par une de leurs extrêmités, qui est taillée en pointe, & on les recouvre de poix & de mastic aux jointures.

CONDUITE DE FER. Elle est faite de tuyaux de fer fondu, par tronçons de trois pieds six pouces de long. Il y en a de deux sortes, sçavoir, à bride & à manchons. Les tuyaux à bride ont quatre oreillons, au moyen desquels on les assujettit bout à bout avec des vis & des écrous, en mettant entre leurs jointures des cercles de cuir garnis de mastic. Les tuyaux à manchons ont chacun trois pieds francs, sans compter six pouces d'emboîtement à l'un des bouts, par lequel ils s'encastrent l'un dans l'autre, comme les tuyaux de bois, avec du mastic & de la filasse.

Conduite de grès ou *de poterie* : celle-ci est formée avec des tuyaux de grès ou de terre cuite, dont les morceaux, de 3 à 4 pieds de long, sur 4 ou 6 pouces de large au plus, s'encastrent les uns dans les autres, & sont recouverts de mastic à leur jointure sur l'ourlet. Ces sortes de tuyaux sont les meilleurs pour la conduite des eaux à boire, parce qu'étant vernissés intérieurement, le limon ne s'y attache point.

Conduite de plomb. Elle est faite de plusieurs tuyaux de plomb, soit jettés en moule, soit soudés de long, que l'on emboîte l'un avec l'autre avec des nœuds de soudure. Ces tuyaux de plomb ne sont gueres d'usage que dans les villes ou dans les jardins & les parcs fermés; car dans la campagne ils seroient trop exposés à être volés. On pourra trouver de plus grands détails sur la fabrique de ces différens tuyaux, ainsi que sur leur poids & leur prix, suivant les diverses dimensions qu'on leur donne, dans le premier volume de l'*Architecture moderne*, traité *de la construction*, chapitre VI.

CONE, *Géométrie* : c'est un corps solide de la forme d'un pain de sucre, dont la base est un cercle, & qui se termine par le haut en une pointe que l'on nomme sommet. Il y a des *cônes* droits & d'autres qui sont obliques ou inclinés sur leur plan. Le *cône droit* est formé par le mouvement d'un triangle rectangle qui tourne sur un de ses côtés comme sur un axe. Le *cône oblique* est celui qui est panché, & dont la perpendiculaire, abaissée de son sommet, ne tombe pas au centre de la base. Sa formation est plus difficile à définir, & passe les bornes d'un Dictionnaire abrégé tel que celui-ci; mais on peut consulter utilement à ce sujet le *Dictionnaire de mathématique*, par M. Savérien, ou le grand *Dictionnaire encyclopédique*.

Cone tronqué, *Artillerie* : c'est la forme que prend l'excavation d'une mine après qu'elle a joué. On connoît sa solidité en cherchant d'abord celle du *cône* entier & la longueur de son axe, qui est égale à la ligne de moindre résistance; en soustrayant du total la solidité du petit cône retranché, le reste sera la solidité du *cône tronqué*.

CONE TRONQUÉ, *Géométrie* : c'est un *cône* dont on a retranché la pointe. Il est formé par la circonvolution entiere d'un trapezoïde autour d'un de ses côtés qui ne sont point paralleles, que l'on appelle *axe du cône tronqué*. Cet axe joint les centres des deux bases opposées & paralleles, qui sont deux cercles.

CONGÉ, *Architecture* : c'est un trait concave ou un adoucissement en portion de cercle, qui joint le fust de la colonne avec sa base ou avec son chapiteau : il est toujours joint à une moulure platte nommée *ceinture de la colonne*. Le *congé* est aussi appellé *apophyge*, *escape*, *naissance* & *retraite*.

CONIQUE, *Géométrie*. Sous ce terme on entend ordinairement tout ce qui appartient au cône, ou qui en a la figure. *Section conique*, est une ligne courbe que donne la section d'un cône par un plan. Voyez ci-après l'article SECTIONS CONIQUES. Voyez aussi l'article CONIQUE dans le *Dictionnaire encyclopédique*, dans lequel la formation & les propriétés des sections coniques sont parfaitement bien développées.

CONJUGUÉ, *Géométrie* : c'est une épithete qu'on donne à la jonction de deux lignes. Dans les sections coniques, on appelle *diametres conjugués*, ceux qui sont réciproquement paralleles à leurs tangentes au sommet. *Axe conjugué* est le nom qu'on donne ordinairement au plus petit des diametres ou au petit axe d'une ellipse. Quand sur deux axes *conjugués* on a décrit deux hyperboles, on les nomme *hyperboles conjuguées*.

CONOIDE, *Géométrie* : c'est un solide produit par la révolution entiere d'un courbe quelconque autour de son axe. Le *conoïde* prend le nom de la courbe qui l'a engendré par sa révolution. Un *conoïde parabolique*, appellé aussi un *paraboloïde*, est le solide produit par la révolution de la parabole autour de son axe. Il en est de même de l'*hyperboloïde*. Comme l'ellipse a deux axes, elle produit aussi deux *conoïdes*, selon qu'on la fait mouvoir autour de l'un ou l'autre de ces axes. On les appelle aussi *sphéroïdes*. Quand l'ellipse se meut sur son grand axe, c'est un sphéroïde allongé. Si elle tourne sur son petit axe, il prend le nom de sphéroïde applati. *Archimede*, *Kepler*, *Cavallerius*, *Parent*, les *Bernoulli*, *Euler* & *Cramer*, dans son *analyse des lignes courbes*, ont fait des recherches aussi curieuses que sçavantes sur cette espece particuliere de solides formés par la révolution de diverses lignes courbes, qu'ils ont appellé *conoïdes* & *sphéroïdes*.

CONROI, *Architecture hydraulique*. Voyez CORROI. M. *Bélidor* écrit toujours *Conroi* dans sa *Science des Ingénieurs & dans son Architecture hydraulique* : mais le *Dictionnaire encyclopédique* & les Auteurs modernes ont décidé pour CORROI.

CONSÉQUENT, *Mathématique* : c'est ainsi que l'on appelle le second terme d'un rapport, ou celui auquel l'antécédent est comparé, soit en arithmétique, en algebre, ou en géométrie.

CONSIGNE, *Art militaire* : c'est ce qu'il est ordonné à une sentinelle d'observer pendant qu'elle est dans son poste, & ce qu'elle doit rendre au soldat qui la releve.

CONSOLE, *Architecture* : c'est un ornement en saillie, dont le profil est de la forme d'un *S*, observant qu'il est plus large ou plus saillant par le haut que par le bas : il sert à porter quelque membre d'architecture, comme une corniche, un balcon, &c; ou quelque ornement, comme une figure, un buste, un vase, &c. On appelle *console renversée* celle dont le plus grand enroulement est par-en-bas, au contraire des autres, pour servir d'adoucissement, ou pour accompagner quelque corps d'architecture. Voyez des exemples de l'une & de l'autre espece de console dans le *Traité de la décoration des édifices*, par *Blondel*, *in-quarto*, tome second.

CONSTANT, *Géométrie*. On donne cette épithete à une quantité qui ne varie point, relativement à d'autres quantités qui varient : celles-ci se nomment *variables*. Ainsi le parametre d'une parabole, le diametre d'un cercle, &c, sont des quantités *constantes* par rapport aux abscisses & aux ordonnées, qui peuvent varier tant qu'on veut. En Algebre, on marque les quantités *constantes* par les premieres lettres de l'alphabet, & les variables par les dernieres.

CONSTRUCTION, *Architecture* : c'est l'art de bâtir par rapport à la matiere ; ainsi cet art comprend la main d'œuvre, sçavoir, la maçonnerie, la charpenterie, la menuiserie, la serrurerie, &c. Pour les regles & les maximes de la construction, voyez le *Cours d'architecture* de *d'Aviler*, la *Science des Ingénieurs*, par *Belidor*, & *l'Architecture moderne*, par *Jombert*, tome premier, *traité de la construction*, où l'on entre dans les plus grand détails sur le choix, la préparation & l'emploi des matériaux, ce qui fait l'objet essentiel de la *construction*.

Construction, *Architecture navale* : c'est l'art de bâtir les vaisseaux. Il y a plusieurs ouvrages qui développent les principes de la construction des vaisseaux ; mais nous nous contenterons de citer les deux plus récens, & sans contredit les meilleurs : l'un est le *traité du navire, de sa construction & de ses mouvemens*, par M. *Bouguer*, *in-quarto*, 1746 ; ouvrage profond, & qu'il seroit à souhaiter que tous les constructeurs étudiassent & entendissent parfaitement : l'autre a pour titre, *Elémens d'architecture navale*, par M. *Duhamel*, *in-quarto*, 1752. Celui-ci, dépouillé d'algebre & de démonstrations, se renferme dans la pratique, & offre des méthodes si simples & si claires, qu'il peut mettre en état de dresser les plans de toutes sortes de bâtimens de mer, & de régler les proportions les plus avantageuses pour toutes les parties qui entrent dans la *construction* d'un vaisseau.

Construction, *Géométrie* : ce mot exprime en général les opérations qu'il faut faire pour parvenir à la solution d'un problême. Il se dit aussi des lignes qu'on tire pour démontrer quelque proposition. *Construction d'une équation*, c'est la méthode d'en trouver les racines par des opérations faites avec la regle & le compas, ou par la description de quelque courbe. Autrement, on entend par *construction des équations*, l'invention d'une ligne qui exprime la quantité inconnue d'une équation algébrique.

Construction *de pieces de trait*. *Coupe des pierres* : c'est le développement des lignes ralongées du plan par rapport aux profils d'une piece de trait.

CONTACT, ou Attouchement, *Géométrie*. *Point de contact*, est l'endroit où une ligne droite touche une ligne courbe, ou le point dans lequel deux lignes courbes se touchent.

CONTE-PAS, *Longimétrie* : c'est une machine qui sert à

mesurer le chemin que l'on fait. Voyez au mot Odométre.

CONTIGU, *Géométrie :* épithete qu'on donne quelquefois aux angles qui sont de suite. *Angles contigus*, sont aussi ceux qui ont un côté commun. On les appelle encore *angles adjacens*, par opposition à ceux qui sont opposés au sommet. Deux figures ou deux solides sont dits *contigus*, lorsqu'ils sont placés immédiatement l'un auprès de l'autre.

CONTINGENCE, *Géométrie. Angle de contingence*, c'est en général l'angle compris entre l'arc d'une courbe quelleconque & la ligne qui touche cet arc à son extrêmité. Une *ligne* contingente n'est autre chose qu'une tangente.

CONTINU, *Mathématique.* On divise la quantité en *discrete & continue.* La *quantité continue* est l'étendue, soit des lignes, soit des surfaces, soit des solides : elle est l'objet de la géométrie. La *quantité discrete*, ce sont les nombres qui font le sujet de l'arithmétique.

CONTRE-APPROCHES, *Art militaire :* ce sont des lignes ou tranchées que font les assiégés pour venir reconnoître ou attaquer les lignes des assiégeans, dans le dessein de leur disputer le terrein pied à pied : ces sortes de travaux ne sont plus guere d'usage dans les sieges, parce qu'ils deviennent d'autant plus dangereux qu'on s'éloigne davantage du corps de la place.

CONTRE-BAS, CONTRE-HAUT : ce sont des termes en usage parmi les maçons & les terrassiers pour marquer la direction du haut en bas, ou celle de bas en haut.

CONTRE-BATTERIE, *Art militaire :* c'est une batterie opposée à celle de l'ennemi, par le moyen de laquelle on tâche de démonter son canon & ses pieces d'artillerie.

CONTRE-CHASSIS, *Menuiserie :* c'est un second chassis garni de verre ou de papier, qu'on place au-devant des chassis ordinaires pour rendre l'appartement plus clos, ou la lumiere du jour plus douce & plus égale.

CONTRE-CLEF, *Architecture :* c'est un voussoir joignant la clef d'une arcade, soit à droite ou à gauche.

CONTRE-CŒUR, *Maçonnerie :* c'est le fond d'une cheminée entre les jambages, au-dessus de l'âtre. Le contre-cœur doit être bâti de briques ou de tuileaux, & on lui donne six pouces de plus-épaisseur, formant un talud en contre-haut, suivant la coutume de Paris. Voyez l'*Architecture moderne*, tome I, *traité des us & coutumes*, article 189. On donne aussi le nom de *contre-cœur* à une plaque de fer fondu qu'on applique debout contre le fond de la cheminée, pour conserver le mur contre lequel elle est adossée.

CONTRE-ÉTAMBOT, ou FAUX-ÉTAMBOT, *Marine*: c'est une piece courbe triangulaire qui lie l'étambot sur la quille. C'est au *contre-étambot* que tiennent les ferrures du gouvernail.

CONTRE ÉTRAVE, *Marine*: c'est une piece de bois courbe posée au-dessus de la quille & de l'étrave, pour lier ensemble ces deux pieces. Sa largeur & son épaisseur sont les mêmes que celles de l'étrave.

CONTRE-FICHE, *Charpenterie*: c'est en général une piece de bois mise en pente contre une autre, pour la soutenir & l'étayer. Dans une ferme de comble, les *contre-fiches* sont des pieces de bois de six pouces d'équarrissage assemblées avec le poinçon & les jambes de force. Dans un pan de bois, elles sont assemblées en décharge. Il y a aussi des *contre-fiches* dans un pont de charpente, qui servent à supporter & entretenir les poutrelles de chaque travée du pont.

CONTREFORTS ou ÉPERONS, *Architecture*: ce sont des especes de piliers quadrangulaires construits au dehors du revêtement des murs de terrasse pour les soutenir contre la poussée des terres. On nomme aussi *contre-forts* des piliers de maçonnerie qu'on érige après coup pour soutenir ou appuyer un pan de mur qui boucle & qui menace ruine.

CONTREFORTS, *Architecture militaire*: ce sont de gros piliers dont le plan est en trapeze, c'est-à-dire, qu'ils ont plus de largeur à la racine qu'à la queue, que l'on adosse le long des faces intérieures des revêtemens de fortification, des murs d'écluses, des quais, des digues, &c, pour les fortifier & retenir la poussée des terres. La partie qui se joint avec les murs s'appelle racine du *contre-fort*: celle qui avance dans les terres en est la *queue*. On les éleve à plomb, & on les tient un peu plus bas que la hauteur du mur. Dans les fortifications, les contreforts se construisent derriere le revêtement, de 18 pieds en 18 pieds. Quant à leurs dimensions particulieres, relativement à la hauteur du revêtement où ils sont appliqués, il faut consulter M. *Bélidor* dans la *Science des Ingénieurs*, livre premier, & les tables qu'il en donne dans le livre III du même ouvrage, d'après M. *de Vauban*.

CONTRE-FOSSÉ, *Archit. hydraul.* C'est un fossé qui se fait ordinairement le long des bords d'un canal de navigation, dont il est séparé par le chemin de tirage. Il sert à recevoir les eaux sauvages pour les éloigner du canal, de crainte qu'elles n'y causent du dommage. On le nomme aussi *fossé de décharge*.

CONTRE-FOULEMENT, *Hydraulique* : il arrive un *contre-foulement* lorsqu'en conduisant des eaux forcées, les tuyaux descendent d'une montagne dans une gorge, & qu'on est obligé de les faire remonter sur une hauteur vis-à vis, ce qui forme ce qu'on appelle des *pentes* & des *contre-pentes* ; l'eau se trouve alors *contrefoulée*, & forcée si vivement, que les meilleurs tuyaux ont bien de la peine à y résister, malgré les ventouses qu'on y pratique d'espace en espace, pour faciliter la sortie des vents qui s'y renferment.

CONTRE-FRUIT, *Architecture*. Le fruit d'un mur est une diminution qu'on y pratique extérieurement de bas en haut sur son épaisseur, de maniere que le dedans soit à plomb & le dehors un peu en talud. Le *contrefruit* produit en dedans le même effet que le fruit en dehors ; ensorte qu'alors le mur a une double inclinaison, & que sa base ayant plus de largeur & d'empattement que ses parties plus élevées, il en résulte une plus grande solidité.

CONTRE-GARDE, *Architecture* : c'est une espece de crêche formée de grands quartiers de pierre dure, seulement équarris & posés à sec, qui environnant une pile de pont de pierre, sert à la garantir autant du courant rapide d'un fleuve, que de la violence des glaces, comme on l'a pratiqué au pont du Saint Esprit sur le Rhône. Voyez aussi au mot CRÊCHE.

CONTRE-GARDE, *Fortification* : c'est un ouvrage composé de deux faces qui forment un angle droit saillant vers la campagne : la *contregarde* se construit au-devant de l'angle flanqué d'un bastion pour en couvrir les faces. Il y a des *contre-gardes* simples, qui ont la forme d'une équerre, & d'autres a flancs, qui sont des especes de bastions détachés

tachés, tels que les *contre-gardes* que M. *de Vauban* construit dans son second & son troisieme systêmes au-devant de ses tours bastionnées, pour les couvrir & les cacher à l'ennemi.

CONTRE-HAUT. Voyez ci-devant au mot CONTRE-BAS.

CONTRE-JAUGER, *Charpenterie* : c'est transporter la largeur d'une mortoise sur l'endroit d'une piece de bois où doit être le tenon, pour que l'un & l'autre se conviennent. *Félibien.*

CONTRE-JUMELLES, *terme de paveur* : ce sont, dans le milieu des ruisseaux des rues, les pavés qui se joignent deux à deux, & qui forment liaison avec les caniveaux & les morces.

CONTRE-LATTE, *Couverture* : c'est une espece de latte très-forte, ou une tringle de bois large & platte, qu'on attache en travers sur les lattes entre les chévrons d'un comble, pour soutenir les tuiles quand les chévrons sont un peu écartés. Les contre-lattes sont ordinairement de la longueur des lattes. Il y'en a de *fente* & de *sciage* : celle de *fente* est un bois fendu par éclats minces pour les couvertures en tuile. La *contre-latte de sciage* est celle qui est refendue à la scie, & qui sert pour les couvertures en ardoise. On nomme aussi cette derniere *latte volice.*

CONTRE-LATTER, *Maçonnerie* : c'est *latter* une cloison ou un pan de bois devant & derriere, pour le recouvrir ensuite de plâtre ou de mortier. *Félibien. Gastelier.*

CONTRE-MARCHE, *Art militaire* : c'est un changement de disposition de la face ou des aîles d'un bataillon, par laquelle les soldats qui étoient à la tête du bataillon passent à la queue. Les anciens distinguoient trois sortes de contre-marches; l'une en perdant du terrein; l'autre en en gagnant, & la troisieme sans changer de terrein. Cette évolution n'est plus gueres praticable aujourd'hui, que l'on combat à files & à rangs serrés.

CONTRE-MINE, *Art militaire* : c'est une galerie souterreine de 4 pieds de large sur 6 de haut, voûtée & construite en maçonnerie en même tems que les fortifications de la place, qui regne intérieurement le long du revêtement d'un ouvrage de fortification, dont elle est éloignée de 10 à 12 pieds, & avec lequel elle a plusieurs communications par des *rameaux* pratiqués de distance

M

en distance. On appelle encore *contre-mine* un puits & une galerie que l'on creuse exprès sous le glacis, pour aller à la rencontre du mineur ennemi, quand on est instruit de l'endroit où il travaille.

CONTRE-MUR, *Architecture* : c'est un petit mur qu'on adosse contre un mur mitoyen, pour le fortifier ou pour le garantir du dommage qu'il pourroit recevoir des habitations voisines. Suivant la coutume de Paris, lorsqu'on bâtit une écurie contre un mur mitoyen, il doit y avoir un *contremur* de 8 pouces d'épaisseur, & ce *contremur* ne doit point être lié ni faire corps avec le mur mitoyen. Voyez dans l'*Architecture moderne*, nouvelle édition, *traité des us & coutumes*, les articles 188 & suivans, qui regardent les *contre-murs* pour étables, cheminées, fours, aisances, &c.

CONTRE-PENTE, *Hydraulique*. Voyez CONTRE-FOULEMENT.

CONTRE-PILASTRE, *Architecture* : c'est un pilastre qui est à l'opposite d'un autre dans un même jambage, au dedans d'un portique ou d'une galerie, pour porter & recevoir la retombée d'une voûte.

CONTRE-QUEUE D'HYRONDE, *Fortification* : c'est le nom qu'on donne aux branches ou longs côtés d'un ouvrage à corne ou à couronne, qui vont en s'élargissant à mesure qu'ils approchent de la place. C'est une espece de tenaille qui n'est plus d'usage, à cause de l'angle rentrant qu'elle présente à sa partie extérieure, lequel ne peut être défendu. Voyez aussi au mot QUEUE D'HYRONDE.

CONTRE-QUILLE, *Marine* : ce sont de grosses pieces de bois qu'on appuie sur la quille d'un vaisseau pour la fortifier, & pour diminuer l'acculement des varangues de l'avant & de l'arriere.

CONTRE-RONDE, *Art militaire* : c'est une ronde particuliere faite par des officiers, pour voir si la ronde a été faite exactement.

CONTRESCARPE, *Fortification* : c'est proprement le talud du fossé du côté qui tient au chemin couvert regardant la place : il est ordinairement revêtu de maçonnerie. Quelquefois on prend ce terme dans un sens plus étendu, & l'on comprend sous le nom de *contrescarpe* non-seulement le revêtement du fossé du côté opposé au rempart, mais aussi le chemin couvert lui-même & son glacis : c'est dans ce sens qu'on dit in-

saluer la contrescarpe, se loger sur la contrescarpe.

CONTRE-TRANCHÉES, *Art militaire* : c'est une espece de ligne de contre-approche, ou une tranchée faite contre les assiégeans, laquelle par conséquent a son parapet tourné du côté de l'ennemi. Les *contre-tranchées* ont d'ordinaire des communications avec divers endroits de la place, & sont enfilées par ses défenses, afin de les rendre inutiles lorsque l'ennemi sera parvenu à s'en rendre maître.

CONTREVALLATION, *Art militaire* : c'est une espece d'enceinte ou de ligne composée d'un fossé & de son parapet, qui borde le camp d'une armée qui fait un siege, du côté qui regarde la place, pour défendre les troupes renfermées dans le camp contre les entreprises de la garnison, quand on est dans le cas d'en appréhender les attaques. Cette ligne n'est plus guere d'usage ; elle devient même inutile, au moyen des paralleles & de la nouvelle disposition que M. *de Vauban* a donné aux travaux d'un siege.

CONTREVENTER, *Charpenterie* : c'est disposer des pieces de bois obliquement pour empêcher le mouvement que les grands vents peuvent causer à un assemblage de charpente.

CONTREVENTS, *Charpenterie* : ce sont des pieces de bois qui se mettent en contrefiches ou en croix de saint André pour servir de décharge dans les grands combles & dans les pans de bois, & pour empêcher leur hiement ou agitation dans les grands vents.

CONTREVENTS, *Menuiserie* : ce sont de grands volets de planches de menuiserie, collées & emboîtées par le haut, avec des barres haut & bas, & des traverses en Z que l'on met au dehors des croisées dans les maisons exposées au grand air dans la campagne, pour plus de sureté, & pour se garantir des vents, de la pluie & des orages. *Félibien. D'Aviler.*

CONVENANCE, *Architecture* : c'est l'accord qu'on doit observer dans chaque espece d'édifice, suivant le caractere qui lui convient, relativement à sa grandeur, sa disposition, son ordonnance, sa forme, sa richesse, ou sa simplicité.

CONVERGENT : en Algebre, ce terme s'applique à une série dont les termes vont toujours en diminuant. *Droites convergentes*, se dit en géométrie de deux lignes qui s'approchent continuellement, ou dont les distances diminuent de plus en plus, de maniere qu'étant prolongées, elles se rencontrent en quelque point. On appelle *lignes divergentes*, au contraire, celles dont les distances vont toujours en augmentant. Les lignes qui sont *convergentes* d'un côté, sont nécessairement *divergentes* de l'autre. Voyez aussi au mot DIVERGENT.

CONVERSE, *Géométrie*. Quand on met en supposition une vérité que l'on vient de démontrer pour en déduire le principe qui a servi à sa démonstration, c'est-à-dire, quand la conclusion devient principe & le principe conclusion, la proposition qui l'exprime est la *converse* de la précédente. On l'appelle aussi *inverse*. *Raison converse*, est la comparaison des conséquens d'une proportion avec ses antécédens.

CONVERSION, *Art militaire* : c'est lorsqu'on commande aux soldats de présenter les armes à l'ennemi qui les attaque en flanc, au moment qu'ils se croyoient attaqués de front. L'évolution que fait une troupe en pareille occasion, s'appelle *conversion*, ou plutôt *quart de conversion*. La *conversion* s'exécute par toute la troupe ensemble, regardée comme ne faisant qu'un seul corps inflexible. Les *quarts de conversion* changent l'aspect des hommes, de même que les à droite & les à gauche.

CONVERSION DE RAISON, *Algebre*. On se sert de ce terme pour exprimer la comparaison de l'antécédent avec la différence de l'antécédent & du conséquent dans deux raisons égales : c'est une maniere d'échanger les antécédens ou les conséquens d'une proportion. Ainsi, s'il y a même raison de A à B que de B à C, on dira par *conversion de raison*, ce qu'on appelle *invertendo*, A (2) + B (4) : A (2) :: B (4) + C (8) : B (4).

CONVERSION DES ÉQUATIONS, *Algebre* : c'est l'opération qu'on fait lorsqu'une quantité cherchée ou inconnue, ou une de ses parties étant sous la forme de fraction, on réduit le tout à un même dénominateur, & qu'ensuite omettant les dénominateurs, il ne reste dans l'équation que les numérateurs.

CONVEXE, *Géométrie* : ce mot se dit de la surface extérieure d'un corps rond, comme l'extrados d'une voûte sphérique, ou l'extérieur d'un dôme, par opposition à leur surface intérieure, qui est creuse & concave.

CONVEXITÉ. On entend par ce terme la surface con-

vexe d'un corps orbiculaire ou ſphérique.

CONVOI, *Art militaire* : c'eſt un ſecours conſiſtant en troupes, en munitions de guerre & de bouche, & en argent monnoié, eſcorté par un corps de troupes, qu'on tâche de faire parvenir à un camp, ou de jetter dans une place aſſiégée.

CONVOI, *Marine* : c'eſt une petite flotte de pluſieurs vaiſſeaux marchands réunis & eſçortés par un ou pluſieurs vaiſſeaux de guerre, pour les défendre contre les Pirates, ou contre les ennemis, en tems de guerre.

COORDONNÉES, *Géométrie*. On donne ce nom en général aux abſciſſes & aux ordonnées d'une courbe, ſoit qu'elles forment un angle droit ou non. La nature d'une courbe ſe détermine par l'équation entre ſes *coordonnées*. On appelle *coordonnées* rectangles, celles qui font un angle droit.

COQUILLE, *Architecture* : c'eſt, ſuivant M. *Frezier*, une voûte en quart de ſphere ouverte, dont le pôle eſt au milieu du fond, ſur l'impoſte duquel s'élevent des rangs de vouſſoirs qui s'élargiſſent, (comme les côtes d'une coquille de mer) juſqu'à la face de devant. Le haut d'une niche eſt aſſez ſouvent terminé par une *coquille*.

COQUILLE, *Maçonnerie*. Dans un eſcalier de pierre à vis, c'eſt le deſſous des marches qui tournent en limaçon, & qui portent leur délardement. Dans un eſcalier de charpente ordinaire, c'eſt pareillement la rampe formée par le deſſous des marches de bois délardées, lattées, & recouvertes de plâtre ; c'eſt ce que M. *Frezier* appelle une ſurface *hélicoïde*.

COQUILLES A BOULET, *Artillerie* : ce ſont les moules dans leſquels on fond les boulets de canon. Il y a de ces *coquilles* qui ſont de fonte & d'autres de fer. Pour faire un boulet, il faut deux *coquilles* qui ſe joignent & ſe ſerrent enſemble. Lorſqu'on y coule la fonte de fer, cette jointure, qui n'eſt jamais bien exactement fermée, laiſſe ſortir quelque partie du métal ; c'eſt ce qu'on appelle les *barbes* du boulet. On a ſoin de caſſer enſuite ces barbes pour rendre le boulet plus rond & plus uni.

CORBEAU, *Architecture* : c'eſt une groſſe conſole de pierre qui a plus de ſaillie que de hauteur, comme la derniere aſſiſe d'une jambe ſous poutre, qui ſert à ſoulager la portée d'une poutre, ou à soutenir par encorbellement un arc doubleau de voûte, qui n'a pas de dosseret de fond. M. *de Chambray* donne aussi le nom de *corbeaux, mutules, ou modillons*, à des avances qui soutiennent la saillie d'une corniche dans un entablement.

CORBEAU DE FER : c'est un morceau de fer quarré qui sert à porter les sablieres d'un plancher, pour en soutenir les solives, lorsqu'elles n'ont pas assez de longueur pour être scellées dans le mur. Dans un mur mitoyen, les *corbeaux* de fer ne doivent entrer qu'à mi-mur, & être scellés avec tuileaux & plâtre, ou mortier.

CORDAGES, *Marine* ; c'est le nom qu'on donne à toutes les *cordes* nécessaires pour équipper & agréer un vaisseau. Leur nombre est très-considérable ; on en peut voir un détail fort circonstancié dans l'*Encyclopédie* : nous ajouterons seulement d'après ce grand dictionnaire, que le total général du poids de tous les cordages qui entrent dans l'armement d'un vaisseau du premier rang, est de 219 milliers, tout goudronnés. En blanc, ces mêmes cordages ne pesent que 164 milliers 263 livres, suivant les états les plus exacts.

CORDE, *Géométrie* : c'est une ligne droite qui joint les deux extrêmités d'un arc de cercle. On l'appelle aussi *soutendante*.

CORDEAU, *Charpenterie* : c'est une petite corde faite avec du fil très-fin, & qu'on nomme communément du *fouet*, dont les charpentiers se servent pour alligner leurs pieces de bois, & pour marquer dessus des lignes blanches, au moyen de la craie dont ils la frottent pour tracer leurs ouvrages. Les jardiniers ont aussi leurs *cordeaux*, que tout le monde connoît. Les maçons, les arpenteurs, &c, se servent encore du *cordeau*. Les maçons & les charpentiers l'appellent *ligne*. *Félibien*.

CORDELIERE, *Architecture* : c'est un petit ornement taillé en forme de corde sur les baguettes & les autres petites moulures rondes.

CORDERIE, *Marine* : c'est un grand bâtiment couvert, fort long & étroit, en forme de galerie, que l'on construit dans un arsénal de marine pour travailler & filer les cables & cordages nécessaires pour l'armement des vaisseaux du Roi. On donne ordinairement à une *corderie* environ 200 toises de long sur 8 toises de large : celle de Rochefort est une des plus belles & des plus considérables du royaume.

CORDON, *Fortification* : c'est une grosse moulure ronde, d'un pied de diametre, formée par un rang de pierres arrondies & saillantes en dehors, au niveau du terre-plein du rempart & au pied extérieur du parapet. Ce cordon tourne autour de la place : il sert à joindre le revêtement du rempart qui est en talud, avec celui du parapet qui est à plomb, & à cacher la difformité du jarret que ces deux corps forment à leur jonction. Aux ouvrages qui ne sont qu'en terre, on met une fraise au lieu de cordon.

CORDON, *Hydraulique*. Les fontainiers donnent ce nom à un tuyau que l'on fait tourner autour d'une fontaine, pour fournir une suite de jets placés au milieu ou sur les bords.

CORINTHIEN, *Architecture*. Voyez au mot ORDRE l'article ORDRE CORINTHIEN.

CORNE, OUVRAGE A CORNE, *Fortification*. Voyez au mot OUVRAGE.

CORNE DE BŒUF OU DE VACHE, *coupe des pierres* : sorte de trait dont on fait usage dans la baye d'une grande porte d'entrée, pour racheter le biais d'un mur de face. Les appareilleurs l'appellent aussi *demi-biais passé* : c'est une espece de voûte en cône tronqué, dont la direction des lits ne passe pas au sommet du cône. *Coupe des pierres de Frezier*.

CORNES DE L'ABAQUE, *Architecture* : c'est le nom qu'on donne aux encoignures à pans coupés du tailloir d'un chapiteau Corinthien. *Félibien*.

CORNES DE BÉLIER, *Fortification*. Dans le système de fortification imaginé par M. *Bélidor*, ce sont des especes de flancs bas qui tiennent lieu de tenailles pour la défense du fossé : ces ouvrages sont disposés en portion de cercle. Voyez ce système particulier développé dans la nouvelle édition des *Elémens de fortification*, par M. *le Blond*, *in-octavo*, 1764.

CORNETTE, *Art militaire* : c'est le nom qu'on donne à l'officier qui porte l'étendard dans chaque compagnie de cavalerie & de dragons. Son poste, dans une action, est à la tête de l'escadron. Dans les marches, il se place entre le troisieme & le quatrieme rang : il commande la compagnie après le lieutenant.

Cornette, *Marine* : c'eſt un pavillon que les chefs d'eſcadre portent au mât d'artimon. La *cornette* eſt blanche : elle doit avoir quatre fois plus de battant que de guindant. Elle eſt fendue, par le milieu, des deux tiers de ſa hauteur, & ſes extrémités ſe terminent en pointe.

CORNICHE, *Architecture*. On donne ce nom en général à tout membre d'architecture orné de moulures, dont la ſaillie eſt à peu près égale à la hauteur, ſervant à couronner une façade de bâtiment, pour rejetter les eaux du ciel loin du pied de l'édifice. Dans un Ordre d'architecture, la *corniche* fait toujours la troiſieme partie d'un entablement, qu'elle termine par en-haut : elle eſt différente, plus ou moins riche, ou plus ou moins ſaillante, ſuivant la diverſité des Ordres auxquels elle appartient.

Corniche architravée : c'eſt dans un entablement dont la friſe eſt ſupprimée, ſoit par économie, ou pour quelque autre raiſon, une *corniche* jointe immédiatement à l'architrave : cette eſpece d'entablement ne doit jamais ſe pratiquer dans les Ordres d'architecture, malgré les exemples fréquens qu'on en pourroit citer.

Corniche volante : c'eſt le nom qu'on donne dans un appartement à toute corniche de menuiſerie chanfreinée par derriere, qui ſert à couronner un lambris de même eſpece. On l'appelle *corniche volante*, parce qu'elle ne tient point au corps du bâtiment, pour la diſtinguer des *corniches* de plâtre & de maçonnerie qui terminent les plafonds & qui font partie du mur ſur lequel elles ſont profilées.

CORNIER, *Charpenterie*. Voyez Poteau cornier.

CORNIERES, *Marine*. Voyez au mot Estains.

COROLLAIRE, *Mathématique* : c'eſt une conſéquence qu'on tire d'une propoſition qui a déja été démontrée.

CORPS. En général les Phyſiciens le définiſſent ainſi : c'eſt une ſubſtance étendue & impénétrable, purement paſſive d'elle-même, indifférente au mouvement ou au repos, & capable de toute ſorte de mouvement, de forme, & de figure

Corps, *Architecture* : c'eſt toute partie ou tout membre d'architecture, lequel, par ſa ſaillie, excede le nud du mur, & qui prend naiſſance dès le pied du bâtiment où il eſt appliqué.

Corps, *Géométrie* : c'eſt tout ſolide dont on conſidere les trois dimenſions, longueur, largeur, & hauteur, ou profondeur.

Corps de bataille, *Art militaire* : c'eſt le centre d'une armée, ou le corps de troupes placé entre l'avant & l'arriere-garde.

Corps de bataille, *Marine* : c'eſt le nom qu'on donne, dans une armée navale, à l'eſcadre placée au milieu de la ligne. Dans un combat naval, c'eſt ordinairement l'eſcadre ou la diviſion du commandant qui ſe place au milieu & qui forme le *corps de bataille.*

CORPS-DE GARDE, *Architecture* : c'eſt au-devant de l'entrée d'un palais ou d'un chateau, un logement au rez de chauſſée pour les ſoldats deſtinés à la garde du prince, comme on en voit au-devant du château de Verſailles.

Corps de garde, *Art militaire* : ce ſont de petits corps de troupes, tant de cavalerie que d'infanterie, que l'on poſte à la tête d'un camp, pour en aſſurer les quartiers, ou ſur les avenues d'une place, pour obſerver tout ce qui ſe préſente. On poſe ordinairement un grand & un petit *corps-de garde* à une diſtance conſidérable des lignes, pour être plus promptement averti de l'approche de l'ennemi.

Corps-de-garde, *Fortification* : ce ſont de petits bâtimens qui ſe conſtruiſent en pluſieurs endroits d'une place de guerre, pour mettre à couvert les troupes deſtinées à faire la garde : tels ſont les *corps-de-garde* qu'on fait aux portes de la ville, ſur les remparts, aux ouvrages avancés, &c.

Corps de logis, *Architecture* : c'eſt un bâtiment qui renferme les pieces néceſſaires pour l'habitation, conſidéré ſéparément des aîles & des pavillons. Le *corps de logis ſimple* eſt celui qui ne renferme qu'une piece entre ſes deux murs de face. Le *double* eſt celui dont l'eſpace intérieur, ſéparé par une cloiſon ou un mur de refend, forme pluſieurs pieces. *Corps de logis de devant*, s'entend de celui qui a vue ſur la rue. *Corps de logis de derriere*, eſt celui qui a vue ſur une cour ou ſur un jardin.

Corps de pompe, *Hydraulique* : c'eſt la partie du tuyau d'une pompe qui eſt plus large que le reſte, dans laquelle le piſton agit pour élever l'eau par aſpiration, ou pour la refouler par compreſſion.

Corps de réserve, *Art militaire* : c'eſt une partie conſidérable d'une armée placée environ à trois cens pas en arriere de la ſeconde ligne, pour donner du ſecours, & ſe porter dans une bataille où il en ſera beſoin.

Corps d'une place, *Fortification* : c'eſt proprement tout ce qui en forme l'enceinte & les défenſes. Ainſi les baſtions & les courtines compoſent ce qu'on appelle le *corps de la place* dans les fortifications modernes.

Corps durs, *Phyſique*. On appelle ainſi tous les corps que le choc ne peut faire changer de figure.

Corps élastiques : ce ſont ceux qui ayant changé de figure au choc d'un autre corps, ont la faculté de reprendre leur premiere forme, ce qui n'arrive point aux corps mols.

Corps fluides : ce ſont des corps dont les parties ſont détachées les unes des autres, quoique contiguës; enſorte qu'elles peuvent facilement ſe mouvoir entr'elles. Les corps fluides ſont formés d'une matiere facile à traverſer, & dont les parties, infiniment petites, ſe rejoignent d'elles-mêmes après avoir été ſéparées ; tels ſont l'air, la flamme, la fumée, le mercure, &c.

Corps liquides : ce ſont des matieres qui coulent juſqu'à ce que leur ſurface ſupérieure ſe ſoit miſe parfaitement de niveau ; telles que l'eau, le vin, l'huile, &c. Les corps liquides prennent toujours la forme des vaſes qui les contiennent, ou des ſuperficies qui les environnent.

Corps mols : ce ſont ceux qui ayant changé de figure par le choc, ne le reprennent point.

Corps projettés *Méchanique* : ce ſont des corps qui ayant été jettés en l'air par une puiſſance quelconque, ſuivent la même direction, juſqu'à ce que leur propre péſanteur, & la réſiſtance de l'air, les rapproche du centre de la terre. La connoiſſance des regles du mouvement des *corps projettés* eſt la baſe de l'art de jetter les bombes.

Corps réguliers, *Géométrie* : ce ſont ceux qui ont tous leurs côtés, leurs angles, & leurs plans égaux & ſemblables, & par conſéquent qui ont toutes leurs faces régulierés. Il n'y a que cinq *corps réguliers* en géométrie, ſçavoir, le tétraëdre ou la pyramide, compoſée de quatre triangles équilatéraux ; l'exaëdre ou cube, formé de six quarrés égaux; l'octaëdre, formé de huit triangles; le dodecaëdre, composé de douze pentagones réguliers, & l'icosaedre, formé de vingt triangles équilatéraux.

CORPS SOLIDES, *Physique* : ce sont des corps durs formés de matiere impénétrable, & dont les parties étant séparées, ne se rejoignent plus; tels sont le bois, la pierre, le fer, les métaux & les minéraux.

CORRIDOR, *Architecture* : c'est une espece d'allée ou de galerie fort étroite, qui est commune entre deux rangs de chambres, pour communiquer à toutes les pieces d'un étage & leur servir de dégagement. Les *corridors* ne sont gueres d'usage que pour les maisons religieuses, les communautés, les colléges & les maisons de campagne.

CORROI, *Architecture hydraulique* : c'est un massif de terre glaise que l'on pétrit entre les deux murs d'un canal, d'un étang, ou d'un bassin de fontaine, pour retenir l'eau à une certaine hauteur. On fait aussi un corroi de terre glaise entre le mur & le contre-mur d'une fosse d'aisance, lorsqu'elle se trouve proche d'un puits, pour empêcher l'urine & les matieres d'y pénétrer & d'infecter l'eau du puits : ce corroi fait liaison avec celui du plafond de la fosse ou du bassin, qui doit regner de la même épaisseur dans toute son étendue. M. *Bélidor* se sert du terme *conroi* pour exprimer la même chose.

CORROYER, *Architecture* : c'est bien mêler la chaux avec le sable par le moyen du rabot, pour en faire du mortier : c'est aussi pêtrir & battre la terre glaise ou la terre franche, pour en faire un *corroi*. *Félibien* dit que pour faire de bon mortier, les manœuvres devroient le détremper de la sueur de leur front, c'est-à-dire le *corroyer* très-long-tems & n'y mettre presque point d'eau.

CORROYER, *Menuiserie*. *Corroyer* le bois, c'est, après avoir ébauché la piece avec le fermoir, l'applanir avec la varlope.

CORROYER, *Serrurerie* : c'est battre le fer à chaud pour le condenser & le rendre moins cassant, ou pour l'allonger, le reforger, le souder, &c.

CORSELET, *Art militaire* : c'est une armure défensive que l'on donnoit autrefois aux soldats, principalement aux piquiers; elle étoit faite de petits anneaux ou mailles de fil de fer, tortillées & entrelassées les unes dans les autres ; ce qui l'a fait aussi appeller *cotte de mailles.*

CORVÉE ; c'est un ouvrage public que l'on impose sur les paysans & les communautés, pour la construction ou la réparation des grands chemins, & les autres travaux nécessaires dans les campagnes.

CORVETTE, *Marine* : c'est une espece de barque longue qui va à voiles & à rames, & qui n'a qu'un mât & un petit trinquet ou mât d'avant. Ce bâtiment va très-vîte. En France, les plus petites frégates & tous les vaisseaux au-dessous de vingt canons, sont réputés *corvettes.* Quelques uns écrivent COURVETTE.

CO-SÉCANTE, *Géométrie* : c'est la sécante d'un arc qui fait le complément d'un autre à 90 degrés. Ainsi la *co-sécante* d'un arc de 60 degrés est la sécante de 30 degrés.

CO-SINUS, *Géométrie* : c'est le sinus droit d'un arc qui est le complément d'un autre ; ainsi le *co-sinus* d'un angle de 30 degrés est le sinus d'un angle de 60.

COSMOGRAPHIE : c'est une science qui enseigne la construction, la figure, la disposition & le rapport de toutes les parties qui composent l'univers. Elle se divise en deux parties, sçavoir, l'astronomie, qui enseigne la construction des cieux & la disposition des astres ; & la géographie, qui apprend celle de la terre. *Ozanam* a donné un traité particulier de géographie & de *Cosmographie*, qui fait partie de son cours de mathématique.

CO-TANGENTE, *Géométrie* : c'est la tangente d'un arc qui est le complément d'un autre arc à 90 degrés. Ainsi la *co-tangente* d'un arc de 30 degrés est la tangente de 60 degrés.

COTÉ, *Architecture* : c'est un des pans d'une superficie réguliere ou irréguliere. Le *côté droit* ou *gauche* d'un bâtiment doit s'entendre par rapport au bâtiment même, & non pas à la personne qui le regarde.

CÔTÉ, *Fortification.* Dans les ouvrages à corne & à couronne, on entend par *côtés* les remparts qui les renferment de droite & de gauche. Voyez au mot AILES.

CÔTÉ, *Géométrie.* Le *côté* d'une figure est une ligne droite ou courbe, qui fait partie de son périmetre, ou du circuit qui la renferme. Le *côté* d'un angle est une des lignes qui forment cet angle. Toute ligne courbe peut être regardée comme un polygone d'une infinité de *côtés*. Le *côté* d'une puissance est ce qu'on appelle aussi sa *racine*.

CÔTÉ DU VAISSEAU, *Marine*. On nomme ainsi le flanc du vaisseau. On distingue ses *côtés* en *stribord* & *bas-bord*. Le *côté* de *stribord* est à la droite de celui qui regarde la proue du navire, ayant le dos à la poupe. Le *côté* de *bas-bord* est à la gauche.

CÔTÉ EXTÉRIEUR DU POLYGONE, *Fortification*: c'est la distance qu'il y a de l'angle saillant d'un bastion à l'angle saillant du bastion voisin. Le *côté extérieur du polygone*, dans la fortification moderne, doit être de 180 toises. Il ne peut pas excéder 200 toises, ni en avoir moins de 150. Tout front de fortification a un *côté extérieur* & un *intérieur*. L'*extérieur* joint les deux angles flanqués du polygone.

CÔTÉ INTÉRIEUR DU POLYGONE: c'est la ligne qui joint les centres de deux bastions voisins, ou, ce qui est la même chose, c'est la courtine prolongée de part & d'autre jusqu'à la rencontre des rayons extérieurs tirés aux extrêmités du même *côté* du polygone.

CÔTÉ, *Marine*. Mettre *côté* en travers, c'est présenter le flanc au vent, ou mettre le vent sur les voiles de l'avant & laisser porter le grand hunier; ou bien c'est présenter le *côté* à un vaisseau ennemi ou à une forteresse qu'on veut canonner, pour lui envoyer une bordée. Mettre un vaisseau sur le *côté*, c'est le faire tourner & le renverser sur le *côté*, par le moyen de vérins ou d'autres machines, pour lui donner le radoub, ou pour l'espalmer.

CÔTES, *Navigation*. On appelle ainsi les terres & les rivages qui s'étendent le long du bord de la mer.

CÔTES, *membres du vaisseau*: ce sont les pieces du navire jointes à la quille, qui montent jusqu'au plat-bord. Les varangues, les courbes, les allonges, sont les *côtes* ou les membres du vaisseau.

CÔTES, *Architecture*. On appelle ainsi dans une colonne cannelée les listels qui séparent les cannelures.

CÔTES DE COUPE ou *de coupole*: ce sont des saillies qui séparent la douëlle d'une voûte sphérique en parties égales, comme on en voit sur la voûte intérieure du dôme des Invalides.

CÔTES DE DÔME: ce sont des saillies qui excedent le nud de

la convexité d'un dôme, & qui la partagent également; en répondant à plomb aux piliers de la tour, & se terminant à la lanterne, comme on en voit au dôme du Val-de Grace & ailleurs.

COTIER, *Navigation*. On donne le nom de *pilote côtier* à des conducteurs de navires qui ont une connoissance particuliere de certaines côtes, de leurs ports, de leurs mouillages, & des dangers qu'on y court; pour les distinguer des *pilotes hauturiers*, chargés de conduire un vaisseau en pleine mer, ou dans un voyage de long cours. Le *pilote côtier*, au contraire, n'en entreprend la conduite qu'à la vue des côtes.

COTTES D'ARMES, *Art militaire* : c'est un habillement militaire qu'on mettoit autrefois par-dessus la cuirasse, comme un ornement, pour distinguer les différens partis & les différens grades militaires

COTTER UN DESSEIN : c'est en marquer les mesures sur les plans & profils en toises, pieds & pouces. Les chiffres & les lettres de l'alphabet qu'on met aux différentes parties d'un ouvrage de fortification pour les désigner, sont aussi appellés *cottes*.

COUCHE, *Charpenterie* : ce sont des pieces de bois que l'on couche par terre à plat, & sur lesquelles portent les étais des solives d'un plancher, ou d'un pan de mur, qui a besoin d'être étayé.

COUCHE DE CIMENT, *Maçonnerie* : c'est une espece d'enduit de chaux & ciment d'environ un demi-pouce d'épaisseur, qu'on raye & que l'on pique à sec avec le tranchant de la truelle, & sur lequel on applique successivement cinq ou six autres couches de la même matiere, & avec les mêmes précautions, pour former le corroy d'un canal, d'un aqueduc, d'un bassin, &c; ou pour couvrir des voûtes souterreines.

COUCHIS, *Maçonnerie* : c'est la forme de sable d'environ un pied d'épaisseur, que l'on met sur les madriers d'un pont de bois, pour y asseoir le pavé.

COUCHIS DE LATTES : ce sont des lattes jointives attachées sur les solives d'un plancher creux, pour en porter la fausse aire de gros plâtre.

COUDE, *Architecture* : c'est un angle obtus dans la continuité d'un mur de face ou d'un mur mitoyen considéré par le dehors. Ce *coude* est un défaut dans les rues & voies publiques.

COUDE, *Artillerie*. En termes de mineur, ce mot signifie la même chose que *retour* : cependant pour l'ordinaire on appelle *coude* le dernier retour en zigzag qui conduit à la chambre d'une mine.

COUDE, *coupe des pierres*. Voyez au mot JARRET.

COUDE, *Hydraulique* : c'est dans le tournant d'une conduite d'eau, un bout de tuyau de plomb *coudé* pour raccorder ensemble deux tuyaux de fer, de grais, &c.

COUDÉE : c'est une mesure en usage chez les anciens, qui étoit ordinairement de la longueur du bras d'un homme, depuis le coude jusqu'au bout des doigts. Les anciens avoient plusieurs sortes de coudées. Voyez à ce sujet les notes de M. *Perrault* sur *Vitruve*, livre III, chap. I, & le Dictionnaire de *Félibien*.

COUETS ou ECOITS, *Marine* : ce sont quatre grosses cordes, dont il y en a deux amarrées aux deux points d'en bas de la grande voile, & les deux autres aux deux points d'en bas de la misaine. Les écoutes sont amarrées à ces mêmes points ; mais les *couets* s'amarrent vers l'avant du vaisseau, & les écoutes vers l'arriere. Les *couets* sont beaucoup plus gros que les écoutes.

COUETTE. *Machines*. Voyez au mot CRAPAUDINE.

COUILLARD, *Charpenterie*. On donne ce nom à deux pieces de bois qui, dans la construction d'un moulin, entretiennent les traites qui supportent la cage de la chaise. Elles ont chacune trois pieds de longueur.

COULÉE, *Marine* : c'est l'évuidure qu'il y a depuis le gros du vaisseau jusqu'à l'étambot, ou bien l'adoucissement qui se fait au bas du vaisseau entre le genou & la quille, afin de cacher le plat de la varangue, & de le faire aller insensiblement en rétrécissant.

COULER, se dit en général du mouvement de tous les fluides, ainsi que des corps solides réduits en poudre impalpable.

COULER A FOND, *couler bas*, *Marine* : c'est faire périr un vaisseau en l'enfonçant dans l'eau.

COULER EN PLATRE, *Architecture* : c'est remplir de plâtre les joints des pierres de taille, après qu'elles sont posées. *Couler en plomb*, c'est sceller avec du plomb les crampons de fer ou de bronze qui retiennent les pierres de parement exposées à l'air.

COULER *une piece d'artillerie* : c'est introduire le métal dans le moule lorsqu'il est en fusion.

COULEVRINE, *Artillerie* : c'est le nom qu'on donnoit autrefois à des pieces de canon de diverse grandeur : celles qu'on appelloit *demi-coulevrines* ou *demi-canons*, avoient 10 pieds 6 pouces de longueur. Il y a des coulevrines plus longues, telles que la *coulevrine de Nancy*, qui est à Dunkerque : elle a près de 22 pieds de longueur, & elle chasse un boulet de 18 livres. Les pieces de 16 livres de balle, de la nouvelle ordonnance, se nomment aussi *coulevrines* ou *demi-canons*. Leur calibre est de 4 pouces 11 lignes ; leur longueur d'environ 10 pieds 5 pouces, & leur pésanteur est de 4200 livres.

COULIS, *Maçonnerie* : c'est du plâtre gâché fort clair dont on remplit les joints des pierres en les fichant.

COULISSE, *Hydraulique* : ce sont des rainures faites dans les dormans de la charpente qui soutient un corps de pompe, par le moyen desquelles on enleve les chassis des corps de pompe, pour visiter les brides & les cuirs des soupapes & des pistons. On donne aussi le nom de *coulisses* aux pieces de bois qui retiennent les vannes ou les venteaux d'une écluse.

COULISSE, *Menuiserie*. On appelle ainsi toute piece de bois à rainure, en forme de canal, qui sert pour arrêter le pied des ais d'une cloison, ou pour faire mouvoir les feuillets d'une décoration de théâtre.

COULOMBES, *Charpenterie*. Voyez ci-devant au mot COLOMBES.

COUP DE MER, *Marine* : c'est le choc impétueux d'une vague contre le corps d'un vaisseau.

COUP DE NIVEAU, *Géométrie-pratique* : ce terme se dit d'un alignement entier pris entre deux stations d'un nivellement. Voyez à l'article NIVELLEMENT.

COUP D'ÉPREUVE, *Artillerie* : c'est le nom que l'on donne à la premiere bombe que l'on tire avec un mortier, pour sçavoir, connoissant la distance où la bombe a été portée, sous quel degré il faudra pointer le mortier, pour jetter avec la même charge, des bombes à une distance plus ou moins grande.

COUPE, *Architecture* : c'est l'inclinaison des joints des voussoirs d'un arc, ou des claveaux d'une platte-bande.

COUPE D'UN BATIMENT : c'est le dessein d'un édifice quelconque coupé sur sa longueur ou sur sa largeur, pour en faire

faire voir l'intérieur, & pour indiquer les épaisseurs des murs, des voûtes, des planchers, la charpente des combles, &c. Dans les fortifications, on se sert plus volontiers du terme *profil* pour exprimer la même chose. Voyez au mot PROFIL.

COUPE DES PIERRES ou STÉRÉOTOMIE : c'est l'art de faire le trait & de tailler les pierres, ensorte qu'étant appareillées & posées en place, elles forment quelque ouvrage qui puisse se soutenir en l'air, comme une voûte, une trompe, &c. On appelle aussi cet art, *Architecture des voûtes*, & les ouvriers le désignent sous le nom de *trait*. *Philibert de Lorme* est le premier qui a écrit sur la *coupe des pierres*, en 1567. Ensuite *Mathurin Jousse* produisit quelques traits nouveaux en 1642. Le Pere *Deran*, l'année suivante, mit cet art dans un plus grand jour, & à la portée des ouvriers. *Abraham Bosse* exposa vers le même tems le nouveau systême de *Desargues*; mais son obscurité lui attira peu de partisans. M. *de la Rue* a donné en 1728 une partie des traits du P. *Deran*, & quelques nouveaux, en un volume *in-folio*, avec des figures fort nettes & très-bien développées. Enfin M. *Frezier*, alors ingénieur en chef à Landaw, a fait imprimer à Strasbourg en 1737 un excellent ouvrage sur cette matiere, démontré géométriquement, en trois volumes *in-quarto*, qui ont été réimprimés depuis à Paris chez *Jombert*, avec beaucoup d'augmentations & de corrections.

COUPE ou COUPOLE, *Architecture* : c'est la partie concave ou l'intérieur d'un dôme, en forme de voûte sphérique, qu'on orne de compartimens (quelquefois séparés par des côtes) ou d'un grand sujet de peinture à fresque, comme on en voit dans l'intérieur des dômes de nos églises à Paris & ailleurs.

COUPER, en Architecture, ce terme a plusieurs significations. *Couper une pierre*, c'est ôter d'une pierre plus qu'il ne falloit, soit de son lit ou de son parement, ensorte qu'elle ne peut plus servir pour l'endroit où elle étoit destinée. La *couper* à propos, c'est la tailler. *Couper le plâtre*, c'est faire des moulures de plâtre à la main & à l'outil, ce qui vaut mieux que de traîner les moulures au calibre. *Couper du trait*, c'est faire un modele en petit avec du plâtre, de la craie, du bois, ou toute autre matiere facile à couper, pour voir la figure des voussoirs, & s'instruire dans l'application du trait de l'épure sur la pierre, en se servant des instrumens ordinaires, comme cerches, panneaux, biveaux, équerres, compas d'appareilleur, regles, &c.

COUPLES, *Marine*. On donne ce nom aux côtes ou membres d'un vaisseau, qui étant égaux de deux en deux, croissent ou décroissent *couple* à *couple* également, à mesure qu'ils s'éloignent du principal ou *maître couple*, qui est celui où le vaisseau a le plus de capacité. Ce dernier se nomme aussi *maître gabari*.

COUPOLE, *Architecture*. Voyez au mot DÔME.

COUPOLE, *Hydraulique* : c'est une espece de pyramide composée d'ais, en forme de petit dôme, servant à couvrir la vis & l'écrou des vannes des pertuis que l'on pratique dans les bajoyers des écluses. Telle est la coupole qu'on voit représentée dans l'*Architecture hydraulique* de M. Bélidor, seconde partie, tome I, planche 28, fig. 6.

COUPURE, *Fortification* : c'est une espece particuliere de retranchement que l'on fait dans un ouvrage attaqué, pour en disputer plus long-tems la prise à l'ennemi. La *coupure* consiste ordinairement en un fossé & un parapet en terre. On lui ajoute quelquefois un rempart. On fait de ces *coupures* dans les ténaillons.

COUR, *Architecture* : c'est un espace de terrein découvert, entouré de murs ou de bâtimens, dépendant d'une maison, d'un hôtel, ou d'un palais, & qui en précede l'entrée. La *cour* qui est en face & joignant un grand corps de logis, s'appelle *cour principale* : celle qui précede celle-ci se nomme *avant-cour*. Lorsqu'elle se trouve entourée des batimens destinés aux équipages, comme les remises, les écuries, les cuisines, &c, elle prend le nom de *cour des remises*, *des écuries*, *des cuisines*, &c. Celles où sont placés les bâtimens pour les bestiaux, & pour serrer les grains & les fourrages, sont appellées *basse-cours*. Les petites *cours* proche des écuries, destinées à la décharge des fumiers, se nomment *cour à fumier*. Elles doivent avoir une porte particuliere de sortie & de dégagement sur la rue, pour pouvoir enlever le fumier sans passer par la *cour principale*.

COURADOUX, *Marine* ; c'est le nom qu'on donne dans un navire à l'espace qui se trouve entre deux ponts.

COURANT, *Pilotage* : c'est un mouvement impétueux des eaux, que l'on rencontre en divers endroits de la mer, lequel se manifeste tantôt à sa surface, tantôt à son fond, & quelquefois entre l'un & l'autre, & qui se porte suivant une direction quelconque.

COURANT, EAU COURANTE, *Hydraulique*. On entend par ce terme la vîtesse avec laquelle l'eau d'un fleuve, d'un ruisseau, ou d'une source, s'écoule, & l'on peut toujours regarder cette vîtesse uniforme comme ayant été acquise ou occasionnée par une chûte. Anciennement on mesuroit cette vîtesse en jettant au fil de l'eau une boule de bois, ou de cire, & en observant en même tems le chemin qu'elle parcouroit dans un tems donné : cette méthode est très-défectueuse. M. *Pitot*, de l'Académie des Sciences de Paris, a inventé une machine fort simple & infiniment plus exacte, pour mesurer la vîtesse d'un *courant*. On en peut voir l'usage & la description dans la premiere partie de *l'Architecture hydraulique* de M. *Bélidor*, tome I, page 255.

COURANT DE COMBLE, *Charpenterie* : c'est la continuité d'un comble dont la longueur a plusieurs fois sa largeur, comme celui d'une galerie.

COURANTIN, *Pyrotechnie*. Les artificiers donnent ce nom à une fusée qui sert à porter le feu d'un lieu à un autre, par le moyen d'une corde bien tendue, sur laquelle on la fait couler. On s'en sert aussi pour former en l'air une espece de combat, en mettant ce *courantin* dans le corps d'une figure d'osier, qui représente un oiseau, un dragon volant, ou quelque autre animal.

COURBATONS, *Marine* : ce sont des pieces de charpente fourchues, ou à deux branches, presque courbées à angle droit. On les emploie pour lier les membres & pour servir d'arc-boutans. On en met au-dessus de chaque barrot : il y en a aussi vers l'arcasse & ailleurs ; ce sont proprement de petites courbes.

COURBE. En architecture on distingue deux sortes de lignes *courbes*, les planes & celles à double courbure. Les *courbes planes* sont celles qu'on peut exactement tracer sur un plan, lesquelles se réduisent, pour l'usage de la coupe des pierres, aux sections coniques & aux spirales. Les *courbes à double courbure* sont celles qu'on ne peut tracer sur une surface plane qu'en raccourci, par le moyen de la projection ; telles sont la plupart des arêtes des angles des enfourchemens dans les voûtes qui se rencontrent.

COURBE. En charpenterie, on donne ce nom à toute piece de bois ceintrée ou coupée en arc, dont on se sert pour former le ceintre d'un dôme, & qui s'assemble avec les liernes.

COURBE, *Géométrie* : c'est en général une ligne dont les différens points qui la composent sont dans des directions différentes, ou sont différemment situés les uns par rapport aux autres. On désapprouve cette définition dans le *Dictionnaire encyclopédique* ; mais comme on y convient en même tems de l'impossibilité d'en donner une meilleure, nous nous contenterons de celle-ci pour cet abrégé. On peut voir cet article traité plus au long dans le *Dictionnaire de mathématique* de M. *Savérien*, ou dans le grand Dictionnaire dont nous parlons. Les principaux Auteurs qui ont écrit sur la théorie des *courbes*, sont *Newton*, *Steward*, *Stirling*, *Maclaurin*, l'abbé *de Gua*, *Braickenridge*, *Clairaut*, *Euler*, & dernierement *Cramer*, *Introduction à la connoissance des lignes courbes*; *in-quarto*, à Paris, chez *Jombert*.

COURBE A DOUBLE COURBURE : c'est le nom qu'on donne à une courbe dont tous les points ne sçauroient être supposés dans un même plan, & qui par conséquent est doublement courbe, & par elle-même & par la surface sur laquelle on la suppose appliquée. Telle est la ligne que décrit une *courbe* sur un cylindre, sur un cône, ou généralement sur un corps solide de figure circulaire, soit convexe ou concave. *Descartes* est le premier qui a fait des recherches sur ces sortes de *courbes*; ensuite le Pere *Grégoire de Saint-Vincent*, & depuis M. *Clairaut*, dans le livre intitulé, *Recherches sur les courbes à double courbure*, ouvrage extrêmement profond, que ce savant Académicien a publié à l'âge de 20 ans.

COURBE ALGÉBRIQUE : c'est une *courbe* dans laquelle le rapport des abscisses aux ordonnées peut être exprimé par une équation algébrique : ce sont les mêmes que *Descartes* appelloit *courbes géométriques*. Une *courbe algébrique* est *infinie* lorsqu'elle s'étend à l'infini, comme la parabole & l'hyperbole. On l'appelle finie, quand elle fait des retours sur elle-même, comme l'ellipse; & *mixte*, lorsqu'une de ses parties est infinie, & que d'autres retournent sur elles-mêmes. Les *courbes algébriques* sont opposées aux *courbes méchaniques* ou transcendantes.

COURBE D'ÉQUILIBRATION : c'est une ligne courbe, au moyen de laquelle on peut soutenir constamment un poids, par exemple, un pont levis, quoique suivant les regles de la méchanique, il devienne plus pesant à mesure qu'on l'abaisse. M. *Bélidor* lui donne le nom de *sinusoïde*. Voyez *la Science des Ingénieurs*, livre IV.

COURBE EXPONENTIELLE : c'est une ligne courbe dont la nature s'exprime par une équation exponentielle.

COURBE GÉOMÉTRIQUE. Voyez ci-dessus COURBE ALGÉBRIQUE.

COURBE MÉCHANIQUE OU TRANSCENDANTE : c'est une *courbe* qui ne peut être déterminée par une équation algébrique. Les anciens ont fait très-peu d'usage de ces sortes de *courbes*. On ne leur en connoît que deux, sçavoir, la spirale d'*Archimede* & la quadratrice de *Dinostrate*. *Descartes* les avoit banni de la géométrie ; mais *Newton*, *Leibnitz* & *Wolf* les ont réconcilié avec les géometres, & les ont remis en valeur par le moyen du calcul différentiel, qui en rend l'usage & l'application très-faciles.

COURBE ORGANIQUE : c'est une ligne *courbe* décrite sur un plan avec le seul secours d'angles & de lignes droites. *Maclaurin* est l'inventeur de ces sortes de *courbes*.

COURBE POLYGONE. On appelle ainsi une courbe considérée non-rigoureusement comme une ligne *courbe*, mais comme un polygone d'une infinité de côtés.

COURBE DE PLAFOND, *Architecture* : ce sont des pieces de bois dont plusieurs forment les ceintres ou voussures d'un plafond au-dessus de la corniche.

COURBE RALLONGÉE, *Charpenterie* : c'est une courbe dont les parties ceintrées ont différens points de centre.

COURBE RAMPANTE OU D'ESCALIER, *Charpenterie* ; c'est la ligne qui sert à tracer le limon d'un escalier de bois à vis, bien dégauchi suivant sa cerche rampante : c'est cette *courbe* qui forme le quartier tournant, autrement dit le *noyau recreusé*, dans un escalier tournant. Voyez-en les divers développemens dans le *traité de la courbe rampante*, par *Marin Legeret*, in-12, & dans le *traité de la coupe des bois*, par *Blanchard*, *in-quarto*.

COURBES, *Marine* : ce sont des pieces de bois beaucoup

plus grosses & plus fortes que les courbâtons, dont elles ont la figure. Leur usage est de lier les membres des côtés du vaisseau aux baux, ou de gros membres l'un avec l'autre. Il y a des *courbes d'arcasse*, de *contre-arcasse* ou *contrelisses*, des *courbes d'étambot*, du *premier pont*, de *la poulaine*, &c.

COURBURE, *Architecture* : c'est le nom qu'on donne à l'inclinaison d'une ligne en arc rampant, d'un dôme, &c, ou au revers d'une feuille de chapiteau Corinthien ou Composite.

COURBURE, *Géométrie*. On appelle ainsi la quantité dont un arc infiniment petit d'une courbe quelconque, s'écarte de la ligne droite. Or un arc infiniment petit d'une courbe peut être considéré comme un arc de cercle ; par conséquent on détermine la *courbure* d'une courbe par celle d'un arc de cercle infiniment petit.

COURÉE ou COURRET, *Marine* : c'est une composition de suif, d'huile, de soufre, de brai ou résine, & de verre pilé, dont on enduit le fond des vaisseaux par-dessous, pour en conserver le bordage & le garantir des vers qui s'engendrent dans le bois & le rongent. On prend surtout cette précaution pour les vaisseaux que l'on destine aux voyages de long cours.

COURGE, *Architecture* : c'est une espece de corbeau de pierre ou de fer, qui porte le faux manteau d'une cheminée à l'ancienne mode. Les manœuvres donnent aussi le nom de *courge* à un bâton un peu courbé, d'environ 3 pieds de long, avec une hoche à chaque bout, dont ils se servent pour porter en équilibre deux sceaux pleins d'eau sur leur épaule.

COURIR. En termes de marine, c'est faire route. On dit *courir* au nord, *courir* au sud, pour signifier que l'on fait route vers le nord ou vers le sud. Courir au plus près, pincer le vent, aller à la bouline, c'est diriger la route du vaisseau le plus près qu'il est possible vers le point de l'horison d'où vient le vent.

COURONNE, GOUTIERE, ou LARMIER, *Architecture* : c'est un membre de la corniche d'un entablement, qui sert à rejetter l'eau des pluies loin du mur. Il vient du latin *corona*, parce que c'est la partie supérieure qui termine & couronne un édifice. *Vitruve. Félibien.*

COURONNE, OUVRAGE A COURONNE, *Fortification*. Voyez au mot OUVRAGE.

COURONNE, *Géométrie* : c'est un plan terminé par deux circonférences de cercles paralleles & concentriques, mais d'inégale grandeur; telle est, par exemple, la margelle d'un puits. On a la surface d'une *couronne*, en multipliant sa largeur par la longueur de la circonférence moyenne arithmétique entre les deux circonférences qui la terminent.

COURONNE DE PIEU ; c'est la tête d'un pieu ou pilot, qui est armée d'une frette ou cercle de fer, pour l'empêcher de s'éclater sous la violence des coups du mouton qui le frappe, quand on l'enfonce.

COURONNEMENT, *Architecture* : c'est en général le nom qu'on donne à la partie supérieure qui termine une façade ou une décoration d'architecture, comme une corniche, un fronton, un amortissement, &c.

COURONNEMENT, *Marine* : c'est, dans un vaisseau, la partie du haut de la poupe, terminée par un ornement de menuiserie & de sculpture, pour l'embellissement de l'arriere.

COURONNEMENT DE FER : c'est un grand morceau de serrurerie à jour, qui sert d'ornement au-dessus d'une porte de clôture d'un chœur d'église, d'une chapelle, d'une cour, ou d'un jardin.

COURONNEMENT DE VOUTE ; c'est le plus haut de l'extrados d'une voûte, pris au vif de la clef.

COURONNEMENT DU CHEMIN COUVERT ; c'est, dans l'attaque des places, un logement qu'on fait sur le haut du glacis, qui renferme ou *couronne* toutes les branches du chemin couvert du front de l'attaque.

COURONNER, *Architecture* ; c'est terminer un corps ou une décoration d'architecture par quelque amortissement.

COURS ; c'est une grande allée, accompagnée de deux contr'allées, formée par quatre rangées d'arbres, que l'on plante au-dehors d'une ville, pour la promenade, comme le *cours* la Reine, vis-à-vis le jardin des Thuileries, & les boulevards qui environnent la ville de Paris.

COURS D'ASSISE, *Architecture* ; c'est un rang continu de pierres de même hauteur & de niveau, dans toute la longueur d'une façade, sans être interrompu par aucune ouverture.

COURS DE LISSES, *Charpenterie*. Voyez au mot LISSES.

COURS DE PANNES, *Charpenterie* : c'eſt une ſuite de pluſieurs pannes diſpoſées bout à bout dans la longueur d'un comble.

COURS DE PLINTHE, *Architecture* : c'eſt la continuité d'une plinthe de pierre ou de plâtre, dans les murs de face, pour marquer la ſéparation des étages. On l'appelle auſſi ſimplement *la plinthe*. M. *Gaſtelier* remarque que dans ce ſens le mot *plinthe* eſt du genre féminin, pour le diſtinguer du *plinthe* de la baſe d'une colonne, ou d'une ſtatue, qui eſt maſculin.

COURSIER, *Hydraulique* : c'eſt une eſpece de canal entre deux rangs de pilots, où l'eau ſe trouve reſſerrée par le moyen de quelque vanne ou écluſe, qui la fait gonfler. C'eſt dans ce *courſier* qu'eſt placée la roue à eau qui fait agir une machine hydraulique. On ferme le *courſier* quand on veut, en baiſſant la vanne qui eſt au-devant de cette roue.

COURSIER, *Marine* ; c'eſt un eſpace ou un chemin large d'environ un pied & demi, pratiqué dans le milieu d'une galere, ſur lequel on peut aller d'un bout à l'autre, entre les bancs des rameurs. On donne auſſi ce nom à la piece de canon placée à l'avant d'une galere.

COURSIERE, *Marine* ; c'eſt un pont mobile dont on fait uſage dans une action ſur mer, pour la prompte communication d'une partie du vaiſſeau à une autre.

COURTINE, *Architecture*. Anciennement on donnoit ce nom à une façade de bâtiment flanquée de deux pavillons. *D'Aviler*.

COURTINE, *Fortification* : c'eſt la partie du rempart, bordé de ſon parapet, compriſe entre deux baſtions dont elle joint les flancs. On pratique ordinairement les portes d'une ville de guerre au milieu de la *courtine*, parce que c'eſt l'endroit de ſon enceinte le mieux flanqué ou le mieux défendu.

COURVETTE, *Marine*. Voyez au mot CORVETTE.

COUSSINET, *Architecture*. M. *Frézier* donne ce nom au premier vouſſoir d'une voûte en arcade, qui a un lit de niveau & celui de deſſus en coupe en pente, pour recevoir les autres vouſſoirs ſupérieurs, auxquels il ſert d'appui. *Traité de ſtéréotomie*, par *Frézier*, tome I.

COUSSINET, *Artillerie* : c'eſt un morceau de bois en forme de coin, ſur lequel s'appuie le ventre du mortier, ou ſi partie convexe, qui contient la poudre, lorsqu'il est pointé & prêt à tirer.

COUSSINET DE CHAPITEAU : c'est, selon *Vitruve*, l'oreiller en façon de balustre qui couronne la partie latérale du chapiteau Ionique antique, dont les faces & les côtés sont dissemblables. *Félibien.*

COUSSINET DE COUVREUR : c'est un rouleau de paille nattée que ces ouvriers attachent au bas de leurs échelles pour les empêcher de glisser.

COUTURE, *Marine* : c'est la distance qui se trouve entre deux bordages d'un vaisseau, ou du radier d'une écluse, que l'on joint & que l'on remplit d'étoupes, de mousse, ou d'autre matiere, pour les rendre bien étanches & empêcher l'eau d'y pénétrer. *Couture ouverte*, c'est une couture dont l'étoupe que l'on avoit mis entre les deux bordages est sortie. *Couture de cueille de voile*, c'est une couture plate dont on fait usage pour les voiles, & qui doit être faite avec soin.

COUTURE, *Plomberie* : c'est une maniere d'ajuster le plomb sur les couvertures des édifices sans les souder, en faisant déborder les tables de plomb les unes par-dessus les autres, & en les attachant avec des clous, ou même sans clous. *D'Aviler.*

COUVERT : cette épithete s'emploie dans la fortification pour désigner un lieu caché à l'ennemi, soit par sa situation naturelle, soit par quelque élévation de terre qu'on y a formé. Voyez au mot CHEMIN COUVERT.

COUVERTURE, *Architecture* : c'est le nom général qu'on donne au toit d'une maison. Les matieres qu'on emploie le plus ordinairement pour cette *couverture* sont l'ardoise & la tuile. On en fait aussi de chaume, de bardeau, de pierre, de plomb, de cuivre, &c.

COUVREUR : c'est le nom de l'artisan qui fait les couvertures des maisons.

COYAUX, *Charpenterie* : ce sont des morceaux de bois qui portent sur le bas des chévrons & sur la saillie de l'entablement, pour former l'avance de l'égout d'un comble, & rejetter l'eau des pluies au-delà du pied du mur.

COYER, *Charpenterie* : c'est une piece de bois posée diagonalement dans l'enrayure d'un comble, qui s'assemble dans le pied du poinçon & répond sous l'arestier. *Félibien. D'Aviler.*

CRAMPONS, *Architecture* : ce sont des morceaux de fer, ou de bronze, coudés aux deux extrêmités, dont on se sert pour retenir les pierres ensemble.

CRAPAUDINE, *Architecture hydraulique* : c'est un morceau de fer ou de bronze creusé, qui recevant le pivot d'une porte ou celui de l'arbre de quelque machine, la fait tourner verticalement. On la nomme aussi *couette* & *grenouille*. Dans les écluses, la *crapaudine* est composée de deux pieces, dont l'une se nomme *crapaudine femelle* & l'autre *crapaudine mâle*. La premiere est une piece de cuivre fort épaisse, en forme de cône tronqué, dont l'intérieur ressemble assez à un cul de chaudron, avec deux ou trois oreilles qui servent à l'empêcher de tourner avec le pivot, quand elle est une fois logée dans le seuil. La *crapaudine mâle* est un pivot de fonte qui joue dans cette espece d'écuelle aussi de fonte, appellée *crapaudine femelle* : ce pivot est encastré à l'extrêmité inférieure des montans de repos d'une grande porte d'écluse ou autre, pour lui donner la facilité de s'ouvrir & de se fermer.

CRAPAUDINE, *Hydraulique* : c'est le nom qu'on donne à une feuille de tôle percée de plusieurs trous, que l'on met dans un bassin au-dessus d'un tuyau de décharge, pour empêcher les ordures d'y entrer & d'engorger la conduite. On met aussi une *crapaudine* dans le fond d'un réservoir au-dessus des soupapes. Enfin au fond des bassins & des réservoirs il y a une espece de soupape qui sert à les mettre à sec, & qui est composée de deux parties, sçavoir d'une *crapaudine* mâle & d'une femelle. La *crapaudine femelle* est une boëte de cuivre immobile, accompagnée d'un rebord évasé, comme les coquilles des soupapes ordinaires, pour loger un couvercle nommé *crapaudine mâle* qui s'y emboîte exactement. Ce couvercle est attaché à une tige de fer qui sert pour ouvrir ou fermer la soupape, par le moyen d'une vis que l'on tourne avec une clef de fer.

CRÊCHE, *Architecture hydraulique* : c'est le nom qu'on donne aux ouvrages plaqués & faits après coup contre le pied d'un mur de quai, d'un glacis, ou d'un péré, pour le garantir de l'affouillement des eaux. On donne aussi le nom de *crêche* à une enveloppe de maçonnerie soutenue par une file de pieux, que l'on forme autour de l'avant-bec des piles d'un pont, pour empêcher le courant des eaux de les dégrader. La *crêche* d'aval doit être plus longue que celle d'amont, parce que l'eau dégravoie davantage à la queue de la pile qu'à la tête.

CREMAILLERE, *Attaque des places* : c'est une disposition particuliere que l'on donne à une ligne de circonvallation, en forme de dents de scie, par le moyen de laquelle toutes les parties de la ligne se défendent également, & qui donne des feux croisés dans toute l'étendue de la ligne. Voyez l'*Ingénieur de campagne*, par *Clairac*.

CRÉMAILLERE, *Fortification* : ce sont des especes de redens qu'on pratique dans l'épaisseur du chemin couvert, pour couvrir le passage à l'endroit des traverses.

CRÉNEAUX, *Architecture* : ce sont, au haut des tours & des anciennes murailles, des coupures ou des dentelures pratiquées à égale distance l'une de l'autre, dont les intervalles sont égaux à leur hauteur. On les appelloit aussi *carneaux*.

CRÉNEAUX, *Fortification* : ce sont des fentes ou ouvertures en long, que l'on pratique dans les murs des châteaux & autres endroits qu'on veut défendre, pour y passer le bout du fusil & pouvoir tirer sur l'ennemi sans en être apperçu. On leur donne extérieurement 2 à 3 pouces de largeur sur 12 ou 15 de hauteur, & leur ouverture va en s'élargissant intérieurement. On les appelle aussi MEURTRIERES.

CRÉPI, *Maçonnerie* : c'est une espece d'enduit de plâtre ou de mortier, qu'on applique avec un balai sur une muraille.

CRÉPIR, FAIRE UN CRÉPI, *Maçonnerie* : c'est employer le plâtre ou le mortier avec un balai sur une muraille, sans passer la truelle par-dessus. On *crépit* toujours un mur avant que de l'enduire. *Félibien*.

CRÊTE, *Architecture* : c'est le nom des cueillies ou arestieres de plâtre dont on scelle les tuiles faîtieres.

CRETE DU GLACIS, *Fortification* : c'est la partie la plus élevée du glacis, qui est jointe au parapet du chemin couvert.

CREUX, *Marine*. Les Marins appellent ainsi la profondeur d'un navire; c'est la distance qu'il y a entre le dessus de la quille & le dessus du bau du premier pont, non compris le bouge de ce bau. Le *creux* se fait ordinairement des $\frac{7}{20}$ du bau, & quelquefois de la moitié de sa largeur. Voyez à ce sujet les savans ouvrages de MM. *Bouguer* & *Duhamel* sur la construction des vaisseaux.

CRIC, *Méchanique*: c'est une machine très-forte qui est d'une grande utilité dans les bâtimens & dans l'artillerie, pour élever toutes sortes de fardeaux : elle est trop connue pour en donner ici la description.

CRIQUES, *Art militaire* : ce sont des especes de fossés coupés de tous les sens, que l'on fait aux environs d'une place que l'on veut inonder, lorsque le terrein s'y trouve plus haut que le niveau des eaux, afin que l'ennemi ne puisse pas y faire de tranchées pour s'en approcher: ces *criques* sont ordinairement creusés jusqu'à l'eau. Tels sont les *criques* pratiqués aux environs de Dunkerque.

CROC ou CROCHET DE SAPPE, *Attaque des places.* On fait usage de ces *crocs* dans le travail de la sappe, pour arranger les gabions & les fascines sans trop se découvrir.

CROISÉE, *Architecture*; c'est le nom qu'on donne à la baye ou ouverture d'une fenêtre, ainsi qu'au chassis de bois qui en fait la fermeture. On l'appelle aussi *fenêtre.* Les *croisées* d'une façade de bâtiment doivent être en nombre impair. Il y a des *croisées à balcon*, des *croisées à banquettes*, &c.

CROISÉE D'OGIVE, *Architecture.* On appelle ainsi les arcs ou nervures qui prennent naissance des branches d'ogives & qui se croisent diagonalement dans les voûtes gothiques.

CROISILLONS, *Architecture* : ce sont des meneaux de pierre faits de dalles fort minces, dont on partageoit anciennement la baye d'une fenêtre, comme on en voit encore au palais du Luxembourg & ailleurs. On appelle aussi *croisillons* les nervures de pierre qui séparent les panneaux des vitraux dans les églises gothiques. Présentement, dans les nouvelles églises, ces *croisillons* se font en fer.

CROISILLONS, *menuiserie* : ce sont, dans une croisée moderne, les petits bois qui séparent les carreaux d'un chassis à verre.

CROIX DE SAINT ANDRÉ, *Charpenterie* : c'est un assemblage de deux pieces de bois croisées diagonalement, servant à contreventer le faîte avec le soufaîte dans un comble, à remplir & entretenir un pan de bois, à porter les cloches dans un béfroy, à soutenir en décharge la lisse d'un pont, &c.

CRONE, *Archit. hydraul.* C'est sur le bord d'un port de

mer une tour ronde & basse avec son chapiteau tournant sur un pivot, comme celui d'un moulin à vent: ce chapiteau est garni d'un long bec de charpente, lequel, par le moyen d'une roue à tambour placée intérieurement, & de plusieurs poulies & cordages, sert à charger les marchandises dans les vaisseaux, ou à les décharger sur le port.

CROSSETTE, *Architecture*: ce sont les ressauts que l'on fait faire aux encoignures des chambranles des portes ou des croisées. On les nomme aussi *oreillons*.

CROUPE D'UN COMBLE, *Charpenterie*: c'est l'un des bouts d'un comble recoupé & sans pignon, qui est formé de deux arestiers, tendant à un ou deux poinçons. *Demi-croupe*, c'en est la moitié, comme un apentis.

CUBATION ou CUBATURE D'UN SOLIDE, *Géométrie*: c'est l'art de mesurer la solidité des corps, ou l'espace que comprend un solide, comme un cône, un cylindre, une sphere, &c. Cette solidité se trouve en multipliant ensemble leurs trois dimensions, sçavoir, la longueur, la largeur, & la hauteur ou profondeur.

CUBE, *Arithmétique*: c'est le produit qui se forme en multipliant deux fois un nombre donné par lui-même, ou en multipliant un nombre quarré par sa racine. En multipliant 3 par lui-même, on a le nombre 9, qui est le quarré de 3. Si l'on multiplie ensuite 9 par sa racine 3, on aura 27, qui est le cube de 3.

CUBE, *Géométrie*: c'est un corps solide régulier composé de six faces quarrées & égales, dont tous les angles sont droits, & par conséquent égaux. Ainsi un *cube* a ses trois dimensions égales. On le nomme aussi *hexaëdre*. Une *toise cube* est un corps ou solide qui a six pieds en tout sens.

CUEILLIE, *Maçonnerie*: c'est une traînée de plâtre dressée & étendue le long d'une regle qui sert de repaire pour lambrisser & enduire sur un alignement, ou pour faire à plomb les jambages des cheminées, ou les piédroits des portes & des croisées.

CUILLIERE, *Architecture*: c'est une pierre plate creusée en rond ou en ovale, de peu de profondeur, avec une goulette pour recevoir l'eau d'un tuyau de descente & la conduire jusques sur le pavé.

CUIRASSE, *Art militaire*: c'est la principale partie de l'ancienne armure des chevaliers, qui étoit ordinairement de fer battu. Elle couvroit le corps par-devant & par derriere, depuis les épaules jusqu'à la ceinture. M. *le Blond* voudroit qu'on obligeât le premier sapeur à en porter une, ainsi qu'un pot en tête, du moins lorsqu'il se trouve à la tête de la sappe. *Le Blond*, *Attaque des places*, p. 179.

CUISSARD, *Art militaire* : c'est une ancienne arme défensive qui s'attachoit au bas du devant de la cuirasse pour défendre les cuisses, & qui descendoit jusqu'au genou.

CUISSES *de triglyphe*, *Architecture* : ce sont les côtes, filets, ou petites plate bandes qui séparent les gravures ou canaux dans un triglyphe. *Cordemot. D'Aviler.*

CUITE, *Pyrotechnie* : c'est une préparation que l'on donne au salpêtre. Il faut que le salpêtre soit de trois cuites pour être propre à entrer dans la confection de la poudre à canon. Sa *premiere cuite* fait le salpêtre brut; la *seconde* fait celui de deux eaux, & la *troisieme cuite* produit le salpêtre en glace. Il se fait encore une *quatrieme cuite*, qui forme ce qu'on appelle le *salpêtre en roche* : ce dernier est cuit sans eau.

CULASSE, *Artillerie* : c'est la partie du canon la plus épaisse, & qui est opposée à la volée. C'est à cet endroit que se fait le plus grand effort de la poudre. La *culasse* comprend la lumiere, la derniere plate-bande, & le bouton qui la termine.

CUL DE CHAUDRON, *Artillerie* : c'est le fond arrondi de l'entonnoir ou de l'excavation d'une mine après qu'elle a joué.

CUL DE FOUR, *Architecture* : c'est, selon M. *Frézier*, une voûte sphérique ou sphéroïde de quelque ceintre qu'elle soit, surhaussé, en plein ceintre, &c. L'arrangement de ses voussoirs peut varier & lui donner différens noms, comme *en pendentif*, en *plan de voûte d'arête*, &c.

CUL DE FOUR DE NICHE : c'est la fermeture ceintrée d'une niche sur un plan circulaire.

CUL DE FOUR EN PENDENTIF : c'est une voûte sphérique qui est rachetée par quatre fourches ou pendentifs, que l'on nomme aussi *pendentifs de Valence.*

CUL DE LAMPE, *Architecture* : c'est une espece de pendentif qui tombe des nervures des voûtes gothiques, comme on en voit en pierre dans l'église de Saint Eustache, à Paris.

Cul de lampe *par encorbellement* : c'eſt une ſaillie de pierres rondes par leur plan, qui portent en encorbellement la retombée d'un arc doubleau, d'une guérite, ou d'une tourelle, comme on en voit qui ſoutiennent la ſaillie des tourelles du pont-neuf, à Paris.

CULÉE ou Butée, *Architecture* : c'eſt un maſſif de pierre dure qui arc-boute la pouſſée de la premiere & de la derniere arche d'un pont de pierre, du côté des quais ou du rivage. *Félibien.*

Culée d'arc-boutant : c'eſt un fort pilier de pierre qui reçoit les retombées d'un arc-boutant, au-deſſus des bas côtés d'une égliſe.

CULOT, *Architecture* : c'eſt un ornement de ſculpture employé dans le chapiteau Corinthien, qui eſt ſupporté par les tigettes, & d'où ſortent les petites volutes & les hélices qui en ſoutiennent le tailloir. On appelle auſſi *culot* tout ornement d'où ſortent des rinceaux que l'on taille en bas relief dans les friſes & les autres membres d'architecture.

Culot, *Artillerie* : c'eſt une épaiſſeur de métal qui ſe trouve à la partie inférieure de la bombe, & qui ſert à la diriger dans ſa chûte, de maniere qu'elle retombe toujours la fuſée en l'air.

Culot, *Pyrotechnie* ; c'eſt la baſe du moule d'une fuſée, ſur laquelle on appuie ſon cartouche, au moyen d'un bouton qui entre dans la gorge de la fuſée. Du milieu de ce bouton ſort ſouvent une petite broche de fer fort courte, qui ſert à tenir la fuſée plus ferme ſur ſon culot lorſqu'on la charge.

CUNETTE ou Cuvette, *Fortification* : c'eſt un petit foſſé de 18 à 20 pieds de large ſur 6 de profondeur, & quelquefois davantage, que l'on pratique au milieu d'un foſſé ſec, pour en faire écouler l'eau, ou pour en mieux diſputer le paſſage à l'ennemi. Il eſt néceſſaire qu'il y ait des caponnieres dans ces ſortes de foſſés pour flanquer la *cunette.*

CURVILIGNE, *Géométrie.* Les figures *curvilignes* ſont des eſpaces terminés par des lignes courbes. Tels ſont le cercle, l'ellipſe, le triangle ſphérique, &c. Un angle *curviligne* eſt un angle formé par la rencontre de deux lignes courbes.

CUVETTE, *Architecture* : c'eſt un vaiſſeau de plomb pour recevoir les eaux de pluie qui tombent d'un chêneau de comble & les conduire dans le tuyau de descente. Il y en a de différente figure ; les moindres sont *en entonnoir*, qu'on place dans les angles d'un bâtiment, & celles *en hotte*, qu'on applique contre un mur de face.

CYCLOIDAL, *Géométrie. L'espace cycloïdal*, est l'espace renfermé par la cycloïde & par sa base : cet espace est triple de la superficie de son cercle générateur.

CYCLOIDE, *Géométrie* : c'est une ligne courbe formée par la révolution entiere d'un point de la circonférence d'un cercle qui se meut le long d'une ligne droite : ce cercle est appellé *cercle générateur*. Lorsqu'une roue de carrosse tourne, un des clous de la roue décrit en l'air une *cycloïde* ; c'est une des courbes mécaniques ou transcendantes. On l'appelle aussi *roulette* & *trochoïde*. MM. *Wallis*, *Pascal*, *de la Hire*, *Huyghens*, ont écrit sur la *cycloïde*.

CYLINDRE, *Géométrie* : c'est un corps solide terminé par deux cercles paralleles & égaux. Lorsque ces deux cercles sont disposés de façon que leurs centres répondent perpendiculairement l'un sur l'autre, ou que leur axe est perpendiculaire, c'est ce qui forme un *cylindre droit*. Si cet axe est oblique, le *cylindre* est appellé *oblique*. On trouve la solidité d'un *cylindre*, soit droit ou oblique, en multipliant le cercle qui lui sert de base par la perpendiculaire qui exprime sa hauteur. Les *cylindres* de même base & qui sont entre les mêmes paralleles, sont égaux.

CYMAISE, *Architecture* : c'est une moulure en cavet ou ondée par son profil, qui est concave par le haut & convexe par le bas, & qui sert à couronner les autres moulures dans la corniche d'un entablement, dont elle forme le premier membre. On l'appelle aussi *doucine*, *gorge*, ou *gueule droite*. Il y a une autre sorte de *cymaise*, dont les moulures sont disposées en sens contraire, c'est-à-dire, qu'elle a sa convexité en haut & sa concavité en bas, ensorte qu'elle paroît renversée à l'égard de la premiere. Aussi appelle-t-on celle-ci *gueule renversée*. *De Chambrai. Félibien. Cordemoi.*

DALE, *Architecture* : c'est une pierre dure débitée par tranches de peu d'épaisseur, dont on couvre les terrasses, les balcons, les appuis de fenêtre, &c, & dont on fait du carreau. On nomme dales à joints recouverts, celles qui ont une feuillure avec une moulure par dessus, en maniere d'ourlet, pour servir de recouvrement sur les joints.

DAME, *Architecture hydraulique* : ce sont, dans un canal qu'on creuse, des digues fermées du terrein même qu'on laisse d'espace en espace, pour faire entrer l'eau avec discrétion, & empêcher qu'elle ne gagne les travailleurs. On donne aussi ce nom à de petites butes & de petites langues de terre couvertes de leur gazon, qu'on laisse de distance en distance, pour servir de témoins dans la fouille des terres lorsqu'il s'agit d'en toiser l'excavation. On les appelle alors *témoins*.

DAME ou DEMOISELLE, *Artillerie* : c'est un gros cylindre de bois, de même calibre que le mortier auquel il doit servir, ayant des bras pour l'enlever avec les deux mains. Cet instrument sert à battre & refouler la terre & le fourrage dont on recouvre la poudre dans le mortier, en le chargeant.

DAME, *Fortification*. On donne le nom de *dame* à la tourelle qui se bâtit dans le fossé d'une place de guerre sur la cape d'un batardeau. Voyez aux mots BATARDEAU & CAPE.

DAME, *terme de mineur* : c'est une crête de terre qui sépare deux entonnoirs, causée par l'effet de deux fourneaux de mines qu'on a fait jouer à la fois.

DARCE ou DARSINE, *Marine* : c'est une partie du bassin d'un port de mer séparée par une digue & bordée d'un quai, où l'on met les vaisseaux à l'abri & en sûreté, & où l'on tient à flot ceux qui sont désarmés. On la nomme aussi *chambre*, ou *paradis*.

DARDS A FEU, *Artifices* : c'est une sorte de *dard* ou de javelot entouré d'artifices, qu'on lance sur les vaisseaux ennemis, pour y mettre le feu.

DÉ, *Architecture* : c'est le nom qu'on donne à tout corps

quarré, comme le tronc ou le nud d'un piédestal, situé entre sa base & sa corniche. On appelle aussi *dés* de petits cubes de pierre dure, sur lesquels on pose des vases, des figures, &c. dans un jardin.

DÉBILLARDER : c'est, dans la coupe des bois, suivant M. *Frézier*, enlever une partie d'une piece de bois, en forme de prisme triangulaire, ou approchant, comprise entre des lignes qui enferment une surface gauche.

DÉBITER, *Architecture* : c'est scier de la pierre pour faire des dales ou du carreau. C'est aussi refendre du bois & le couper de certaine longueur, pour les assemblages de menuiserie ou de charpenterie.

DEBLAI ; c'est le transport des terres provenant des fouilles qu'on a fait pour la construction des fondemens d'un bâtiment.

DÉCAGONE, *Géométrie* : c'est une figure plane qui a dix angles & dix côtés.

DECEINTRER, *Architecture* : c'est démonter les ceintres de charpente après que la voûte est faite, & que les joints en sont bien fichés.

DÉCEINTROIR, *Maçonnerie* : c'est une espece de grand marteau à deux taillans tournés diversement, dont les maçons se servent, soit pour aggrandir les trous commencés avec le têtu, soit pour écarter les joints des pierres dans les démolitions.

DÉCHARGE, *Charpenterie* : c'est une piece de bois posée obliquement dans l'assemblage d'un pan de bois ou d'une cloison qui porte sur une poutre ou sur un poitrail, pour les soulager & pour empêcher qu'ils ne portent tout le fardeau de ces cloisons ou pans de bois. *Décharger* une poutre, c'est la soulager avec des poinçons & des forces, ou par d'autres moyens que l'art de la charpenterie enseigne.

DÉCHARGE, *Maçonnerie* : c'est une espece d'arcade que l'on pratique dans l'épaisseur d'un mur, lors de sa construction, pour soutenir un grand poids qui porteroit à faux. On fait, par exemple, une *décharge* au-dessus d'une plate-bande, pour ne point trop charger les claveaux.

DÉCHARGE, *Serrurerie* : c'est, dans un ouvrage en fer, toute piece posée ou horisontalement ou obliquement, comme une traverse, destinée à supporter & entretenir les autres pieces dans leur situation.

DÉCHARGE D'EAU, *Hydraulique*: ce terme s'entend de tout tuyau qui conduit l'eau superflue d'un bassin dans un autre, ou dans un puisard. Il y a deux sortes de *décharge*; celle du fond & celle de superficie. La *décharge de fond* sert à vuider entierement un bassin quand on veut le nettoyer, ou à faire jouer des bassins plus bas; alors le bassin où est cette décharge peut être regardé comme le réservoir de celui qu'il fournit. La *décharge de superficie* est un tuyau qui se met sur le bord d'un bassin ou d'un réservoir, & qui sert à faire écouler l'eau à mesure qu'elle vient, de maniere que le bassin reste toujours plein.

DÉCHARGEOIR, *Hydraulique*: c'est, dans une écluse, une espece de canal qui sert à faire écouler l'eau superflue que le courant d'une riviere ou d'un ruisseau fournit continuellement. On ouvre la conduite du déchargeoir par le moyen d'un moulinet ou d'une bonde placée sur la superficie de la terre.

DÉCHAUSSÉ, *Maçonnerie*. On dit qu'un bâtiment est déchaussé, lorsque les premieres assises de ses fondations paroissent à découvert & sont dégradées. Une pile de pont est *déchaussée*, lorsque l'eau a dégravoyé son pilotis, & qu'il ne reste plus de terre entre les pilots par en-haut.

DÉCHET, *Hydraulique*: c'est la diminution des eaux d'une source. On entend aussi par *déchet* l'excès de la dépense naturelle qui devroit se faire par un orifice quelconque au-dessus de celle qui se fait effectivement. On trouve par l'expérience que ce *déchet* est à la dépense naturelle, à peu près comme 3 est à 10.

DÉCHIRER, *Hydraulique*. On dit qu'une nappe d'eau se déchire quand l'eau qui la forme se sépare avant que de tomber dans le bassin d'en bas. Souvent même, lorsqu'on n'a pas assez d'eau pour fournir une nappe, on la *déchire*, c'est-à-dire, qu'on pratique des ressauts sur les bords de la coquille, pour que l'eau ne tombe que par espaces, ce qui fait un assez bel effet quand ces *déchirures* sont ménagées avec intelligence.

DÉCIMAL, ARITHMÉTIQUE DÉCIMALE : c'est l'art de calculer par les fractions *décimales*. Cette arithmétique particuliere a été inventée par *Regiomontanus*, qui s'en est servi utilement pour la construction des tables des sinus & des logarithmes. Voyez-en les regles & les propriétés, ainsi que la façon d'opérer sur les fractions décimales, dans le grand *Dictionnaire encyclopédique.*

DÉCLINAISON de l'aiguille aimantée, *Navigation:* c'est la quantité dont l'aiguille aimantée s'écarte du méridien. Il est important de connoître cette déclinaison pour bien diriger la route d'un vaisseau.

DÉCLIT, *Méchanique:* c'est un morceau de fer d'environ deux pieds & demi de longueur, attaché au cable d'une sonnette, dont une des extrêmités est tournée en crochet pour enlever le mouton. A l'autre extrêmité du *déclit* est attachée une corde qu'un ouvrier tire de haut en bas quand le mouton est arrivé au sommet de la sonnette. Alors le *déclit* s'échappe, & le mouton, qui est du poids de 1200, 1500 & jusqu'à deux milliers, tombe avec beaucoup de violence sur la tête du pilot & l'enfonce.

DÉCOEFFER UNE FUSÉE: c'est ôter ou déchirer le papier qu'on avoit collé sur son amorce pour empêcher le feu de s'y introduire avant le tems.

DÉCOLLEMENT, *Charpenterie:* c'est une entaille que l'on pratique à une piece de bois du côté de l'épaulement, pour dérober la mortoise. *Décoller un tenon,* c'est en couper une partie, afin qu'étant moins large, on ne voie point la mortoise qui demeure cachée par l'endroit de la piece où le *décollement* a été fait. *Félibien.*

DÉCOMPOSITION DES FORCES, *Méchanique.* Comme deux ou plusieurs puissances qui agissent à la fois sur un corps, peuvent être réduites à une seule, ce qu'on appelle *composition des forces*; réciproquement, on peut transformer une puissance qui agit sur un corps en deux ou plusieurs autres. Leurs directions & leurs valeurs seront exprimées par les côtés d'un parallélogramme dont la diagonale représentera la direction & la valeur de la puissance donnée. Cette division d'une puissance en plusieurs autres s'appelle *décomposition. Diction. encyclop.* Voyez dans la *méchanique de Varignon* l'usage fréquent que ce savant Académicien a fait de cette *décomposition* pour déterminer les forces des machines.

DÉCORATION, *Architecture.* On comprend sous ce nom en général toute composition, soit d'architecture, soit de sculpture ou de peinture, qui tend à orner & *décorer* un édifice. La *décoration* se divise en extérieure & en intérieure. La premiere regarde les façades des palais & des autres édifices, sacrés ou profanes. L'architecture

& la sculpture concourent également à leur embellissement; mais la sculpture doit être subordonnée à l'architecture. La *décoration* intérieure a pour objet la magnificence des appartemens. C'est dans celle-ci que l'élégance des formes, la richesse des matieres, la sculpture, la peinture, les glaces & la somptuosité des meubles, employés avec choix, avec goût & avec intelligence, doivent concourir pour former un accord parfait. Voyez pour l'une & l'autre *décoration*, le recueil des plus beaux édifices de France, connu sous le nom de l'*Architecture Françoise*, en quatre volumes *in-folio*, le *Cours d'Architecture de d'Aviler*, *in-quarto*, & le *Traité de la décoration des édifices*, par *J. F. Blondel*, en 2 vol. *in-quarto*.

DÉCUPLE, *Arithmétique*. On entend par ce terme la relation ou le rapport qu'il y a entre une chose & une autre qu'elle contient dix fois : ainsi 30 est *décuple* de 3.

DÉFAUT, *Hydraulique* : c'est l'excès de la hauteur d'un réservoir sur celle du jet qu'il fournit, ou plutôt c'est la différence qui se trouve entre la hauteur où les jets s'élevent & celle où ils devroient s'élever. Par exemple, un réservoir de 21 pieds 4 pouces de hauteur, ne produit qu'un jet de 20 pieds : son *défaut* est donc de 16 pouces. Ces *défauts* sont toujours dans la raison des quarrés des hauteurs des mêmes jets avec la hauteur des réservoirs.

DEFECTIF, *Géométrie*. Les hyperboles *défectives* sont des courbes du troisieme ordre, ainsi appellées par *Newton*, parce qu'ayant une seule asymptote droite, elles n'en ont qu'une de moins que l'hyperbole conique ou Apollonienne. Elles sont opposées aux hyperboles *redundantes* du même ordre. *Diction. encyclop.*

DÉFENSES, *Fortification*. On donne ce nom, en général, à toutes les parties d'un ouvrage de fortification qui en flanquent d'autres & qui les *défendent*. C'est ainsi que les faces des bastions se *défendent* réciproquement, que les flancs *défendent* la courtine, &c.

DÉFENSES, *Marine* : ce sont des pieces de bois gabariées comme l'extérieur du vaisseau, & endentées vis-à-vis les préceintes, qui s'étendent depuis la seconde préceinte jusqu'au plat-bord, ayant le même contour que les alonges de revers. On en met cinq de chaque côté. Leur objet est de conserver les bordages lorsqu'on embarque des canons, ou d'autres munitions extrêmement pesantes.

DÉFENSE DES PLACES : c'est l'art de résister aux attaques de l'ennemi qui veut s'emparer d'une place par un siege en forme. L'usage du canon & des mines a donné une si grande supériorité à l'attaque, que les villes les plus fortes & les mieux défendues peuvent à peine soutenir un siege de deux ou trois mois, malgré toute la *défense* que peut faire une nombreuse & vaillante garnison. Voyez à ce sujet l'excellent Traité *de la défense des places*, par M. *le Blond*, qu'il faudroit copier ici presque en entier, pour donner a cet article toute l'étendue qu'il mérite.

DEFERLER ou DÉFRÊLER LES VOILES, *Marine* : c'est déployer les voiles pour en faire usage & les mettre dehors.

DÉFICIENT, *Arithmétique*. Les *nombres déficiens* sont ceux dont les parties aliquotes, ajoutées ensemble, font une somme moindre que le tout dont elles sont parties.

DÉFICIENT, *Géométrie*. Une hyperbole *déficiente* est une courbe qui n'a qu'une asymptote & deux jambes hyperboliques, qui s'approchent sans fin de l'asymptote, en prenant un cours directement opposé.

DEFONCER, *Pyrotechnie*. Les artificiers emploient ce mot pour désigner l'action du feu, qui ne trouvant pas assez de résistance dans l'étranglement ou dans le papier replié d'une fusée, en chasse dehors la composition avant qu'elle soit consumée.

DEGAGEMENT, *Architecture*. Ce terme s'entend de tout petit passage, corridor, ou escalier dérobé, pratiqué derriere un appartement, par lequel on peut s'échapper sans passer par les grandes pieces.

DEGAUCHIR, *Architecture* : c'est dresser une piece de bois ou les paremens d'une pierre, pour former une surface plane. On dit qu'une piece de bois ou une pierre est *gauche*, lorsque ses angles ou ses côtés ne sont pas taillés quarrément, suivant la place où elle doit être mise. *Félibien*.

DEGORGEOIR, *Artillerie* : c'est une petite broche de fer qui sert à sonder la lumiere du canon & à le déboucher pour y mettre l'amorce.

DEGRÉ, *Algebre* : ce terme s'emploie en parlant des équations. On appelle équation du second *degré*, celle dont l'exposant de la plus haute puissance de l'inconnue est la nombre 2 ; du troisieme *degré*, lorsque cet exposant est 3, &c. Il en est de même des courbes du second, du troisieme *degré*, &c. Au lieu du mot *degré*, on se sert quelquefois de celui de *genre*.

DEGRÉ, *Géométrie* : c'est la 360e partie de la circonférence d'un cercle. Toute circonférence de cercle se divise en 360 parties, que l'on appelle *degrés*. Le *degré* se subdivise en 60 parties plus petites, nommées *minutes* : chaque minute en 60 autres appellées *secondes*, &c. Le quart de cercle est de 90 *degrés*.

DEGRÉ DE LATITUDE, *Marine*. En supposant la terre sphérique, un *degré de latitude* n'est autre chose que la 360e partie d'un méridien, parce que c'est sur le méridien que la latitude se mesure : mais en faisant abstraction de la figure de la terre, on appelle plus exactement *degré de latitude*, l'espace qu'il faut parcourir sur un méridien pour que la distance d'une étoile au zénith croisse ou diminue d'un *degré*. Les *degrés de latitude* se comptent depuis l'équateur. La grandeur du *degré* du méridien, après des expériences réitérées pendant plus de 80 ans par les plus célebres astronomes de l'Europe, a été estimée moyennement de 57060 toises, ce qui fait pour une lieue moyenne de France (dont on compte 25 au degré) 2282 $\frac{10}{25}$ toises.

DEGRÉ DE LONGITUDE, *Marine* : c'est proprement une portion de l'équateur comprise entre deux méridiens. Voyez au mot LONGITUDE.

DEHORS, *Fortification* : c'est le nom qu'on donne en général à tous les ouvrages détachés & aux autres pieces de fortification construites au-delà du fossé de la place, & qui servent à la couvrir. Tels sont les demi-lunes, les ouvrages à cor[illegible], les tenailles, &c.

DELARDEMENT, [illegible] *des pierres* : c'est, pour les pierres, la même chose que le *débillardement* pour les bois. Il se dit particulierement de l'amaigrissement que l'on fait au-dessous des marches pour former l'intrados d'une rampe ou d'une coquille d'escalier tournant. *Frézier*.

DELARDER, *Charpenterie* : c'est rabattre en chamfrein les arêtes d'une piece de bois, comme lorsqu'on taille l'arestier de la croupe d'un comble, ou le dessous des marches d'un escalier de charpente, pour en ravaller la coquille.

DÉLARDER, *Maçonnerie* : c'est piquer avec la pointe du marteau le lit d'une pierre, & démaigrir ce qui doit être posé en recouvrement. *Délarder*, c'est aussi couper obliquement le dessous d'une marche de pierre, soit par économie ou autrement. On dit alors que la marche porte son *délardement*.

DÉLIT, *Maçonnerie* : c'est une espece de division naturelle qui se trouve dans les pierres, par couches, comme les feuillets d'un livre. *Déliter*, ou poser une pierre *en délit*, c'est lui donner une situation différente de celle qu'elle avoit dans la carriere ; ce qui est une mal-façon. C'en est une pareillement de poser les claveaux ou les voussoirs autrement que *délit* en joint, c'est à dire, le lit parallele aux joints montans. Il y a des pierres si compactes & si dures, qu'elles n'ont ni lit ni *délit*. Tels sont la plupart des marbres, qu'on peut poser de tout sens, & presque toutes les pierres de la côte du nord de Bretagne, à ce qu'assure M. *Frézier*. *Coupe des pierres de Frézier*, tom. I.

DEMAIGRIR, *Charpenterie*. *Démaigrir* l'arête d'une piece de bois, c'est la rendre aiguë. *Démaigrir* un tenon, c'est le diminuer.

DEMAIGRIR ou AMAIGRIR une pierre, *Stéréotomie* : c'est couper d'une pierre à un joint de lit ou de coupe, pour rendre l'angle que font deux surfaces plus aigu ou moins obtus. Les tailleurs de pierre appellent un lit, un joint, ou un parement de pierre *gras*, lorsqu'il n'est pas à l'équerre & qu'il est trop obtus. Ils le nomment *maigre* & *démaigri*, lorsqu'il est trop aigu. *Félibien*.

DEMAIGRISSEMENT. On nomme ainsi le côté d'une piece de bois, ou le parement d'une pierre qu'on a diminué ou *démaigri*.

DEMI BASTION, *Fortification* : c'est la moitié d'un bastion coupé par sa capitale, qui comprend une face, un flanc & une demi-gorge. La tête d'un ouvrage à cornes, ou à couronne, est terminée de chaque côté par un *demi-bastion*.

DEMI BOMBES, *Artillerie*. M. *de Vauban* se sert de ce terme (dans sa table des munitions d'artillerie nécessaires dans une place de guerre) pour désigner une bombe de six pouces, les bombes ordinaires étant de 12 pouces de diametre. Voyez à la fin du *Traité de la défense des places*, par M. *le Blond*, la table 5e. des munitions pour une place de guerre, calculée par M. *de Vauban*.

DEMI-CANON d'Espagne, *Artillerie* : c'est une piece de canon de 24 livres de balle, qui a près de 11 pieds de long, & qui pese 5100 livres. Elle n'est plus d'usage depuis l'ordonnance de 1732.

DEMI-CANON de France ou COULEVRINE. Voyez à ce mot.

DEMI-CERCLE, *Arpentage* : c'est un instrument de mathématique dont les arpenteurs se servent pour prendre la mesure d'un angle sur le terrein. Il est monté sur un pied sur lequel il se tourne, au moyen d'un genou. On l'appelle plus communément *graphometre*. Les étuis de mathématique sont aussi garnis d'un petit *demi-cercle* de cuivre ou de corne, divisé en 180 degrés, qui est mieux connu sous le nom de *rapporteur*.

DEMI-CERCLE, *Géométrie* : c'est la moitié d'un cercle, ou l'espace compris entre le diametre d'un cercle & la moitié de sa circonférence. Deux demi-cercles ne peuvent s'entrecouper en plus de deux points, mais ils peuvent se toucher & se couper en un seul : au lieu que deux cercles entiers, dès qu'ils se coupent, doivent nécessairement le faire en deux points.

DEMI-DIAMETRE, *Géométrie* : c'est une ligne droite tirée du centre d'un cercle, ou d'une sphere, à sa circonférence; c'est ce que l'on appelle *rayon du cercle*.

DEMI-GORGE, *Fortification*. On appelle ainsi chacune des deux lignes qui forment l'entrée d'un bastion : c'est le prolongement de la courtine, depuis l'angle du flanc jusqu'à la rencontre de la capitale d'un bastion.

DEMI-LUNE, *Architecture* : c'est un renfoncement circulaire dont le plan est en tour creuse, que l'on pratique assez souvent au-devant d'une porte cochere, pour lui procurer plus de dégagement, lorsque la voie publique s'y trouve trop resserrée par le passage & l'entrée des voitures.

DEMI-LUNE, *Fortification* : c'est un ouvrage à peu près de forme triangulaire, que l'on construit vis-à-vis le milieu d'une courtine, pour la couvrir. La *demi-lune* est composée de deux faces, faisant un angle saillant vers la campagne, & de deux demi-gorges prises sur la contrescarpe de la place. On l'appelloit autrefois *ravelin*.

DEMI-METOPE, *Architecture* : c'est un espace un peu moindre que la moitié d'un *métope*, qui se trouve à l'encoignure de la frise, dans l'entablement Dorique. Voyez au mot MÉTOPE.

DEMI-ORDONNÉE, *Géométrie* : c'est la moitié d'une ligne droite tirée au-dedans d'une courbe quelconque, & divisée en deux parties par le diametre de cette courbe. Les *demi-ordonnées* se terminent d'un côté à la courbe, & de l'autre à l'axe de la courbe, ou à son diametre, ou à quelque autre ligne droite. Souvent on les appelle simplement *ordonnées*.

DEMI-PARABOLE, *Géométrie* : c'est une ligne courbe qui a quelque ressemblance avec les paraboles des genres supérieurs ; ou plutôt une *demi-parabole* n'est autre chose que la moitié d'une parabole ordinaire ; & en général, *demi-ellipse*, *demi-hyperbole*, *demi-courbe*, &c. c'est la moitié d'une courbe qui a deux portions égales & semblables par rapport à un axe.

DEMI-PARALLELES, *Attaque des places* : ce sont des parties de tranchées à peu près paralleles au front de l'attaque, qui se construisent entre la seconde & la troisieme parallele, pour pouvoir soutenir de plus près la tête des sappes, jusqu'à ce que la troisieme parallele soit achevée, lorsque la garnison est nombreuse & entreprenante. On les appelle aussi *demi-places d'armes*.

DEMI-REVÊTEMENT, *Fortification*. C'est un revêtement de maçonnerie qui soutient les terres du rempart depuis le fond du fossé jusqu'au niveau de la campagne seulement, ou un pied au-dessus. Le reste est revêtu de gazon.

DEMI-TOUR A DROITE, DEMI-TOUR A GAUCHE, *Art militaire* : ce sont les commandemens que l'on fait aux troupes pour faire changer de front à un bataillon ou à un escadron, soit à droite, soit à gauche. Ce mouvement est un peu difficile pour la cavalerie. Voyez dans *l'art de la guerre* du Maréchal *de Puysegur*, les expédiens qu'il propose pour le faire exécuter aussi facilement à la cavalerie qu'à l'infanterie.

DEMONSTRATION, *Géométrie* : c'est une suite de raisonnemens qui contiennent la preuve claire & incontestable de la vérité d'une proposition.

DEMONTER LE CANON, *Artillerie* : c'est en rompre les

roues, l'affut, l'essieu, &c. & le mettre hors d'état de servir.

DÉMONTER, *Charpenterie* : c'est défaire avec soin un comble, ou tout autre ouvrage, soit pour le refaire, ou pour en conserver les bois & les faire reservir. On *démonte* aussi une grue, un engin, une sonnette, un ceintre, un échaffaud, &c.

DENOMINATEUR, *Arithmétique*. Le dénominateur d'une fraction, c'est le chiffre ou la lettre qui est au-dessous de la petite ligne dont on se sert pour séparer les deux membres d'une fraction, & qui marque en combien de parties l'entier ou l'unité est supposé divisé. Cet entier, ou le chiffre supérieur de la fraction, est appellé *numérateur*.

DENSITÉ, *Physique* : c'est cette propriété des corps par laquelle ils contiennent plus ou moins de matiere sous un certain volume, ou dans un certain espace. La *densité* est opposée à la *rareté*. La *densité* de l'air a fait l'objet des recherches des physiciens depuis l'expérience de *Toricelli* & l'invention de la machine pneumatique.

DENT, *Méchanique* : ce terme se dit des petites parties saillantes qui sont entaillées sur la circonférence d'une roue, pour engréner dans une lanterne, ou dans le pignon d'une autre roue, afin de lui communiquer le mouvement.

DENT DE LOUP, *Charpenterie* : c'est une espece de gros clou, de 4 ou 5 pouces de long, qui sert pour arrêter les pieds des chévrons sur un comble, ou les poteaux de cloison entre les sablieres, lorsqu'ils n'y sont pas assemblés à tenon & mortoise.

DENTICULES, *Architecture* : c'est un membre quarré recoupé par plusieurs entailles en façon de dents qui ont de largeur les deux tiers de leur hauteur, & qui sont séparées par des réglets renfoncés, que l'on appelle *métoches*. Suivant *Vitruve*, on ne doit mettre des *denticules* aux corniches des entablemens, que dans l'Ordre Ionique & dans le Corinthien. *Chambrai. Félibien. Cordemoi.*

DEPENSE, *Hydraulique*. La *dépense* des eaux, c'est leur écoulement, ou ce qui s'en débite pendant un tems déterminé. Cette *dépense* se mesure par le moyen d'une jauge percée de plusieurs trous circulaires, depuis un pouce jusqu'à deux lignes, par lesquels on fait écouler l'eau pour la mesurer. Il y a deux sortes de *dépense*, la naturelle & l'effective. La *dépense naturelle* est celle qu'on trouve par les regles de l'hydraulique, & qui se feroit réellement, sans les accidens du frottement dans les tuyaux de conduire, dans leur ajutage, ou dans l'orifice par lequel elles s'écoulent. La *dépense effective* est celle que l'expérience nous donne, & qui est toujours moindre que la naturelle, à peu près dans le rapport de 7 à 10. La différence de ces deux dépenses est ce qu'on appelle *déchet*. Voyez à ce mot.

DERIVE, *Marine* : c'est la différence qu'il y a entre la route que fait un navire & la direction de sa quille, ou bien c'est la différence qui se trouve entre le rumb de vent sur lequel on court & celui sur lequel on veut courir, & vers lequel on dirige la proue du vaisseau. Cette manœuvre se fait lorsque le vent n'est pas favorable pour la route qu'on se propose de faire.

DEROBEMENT, *Coupe des pierres* : c'est la maniere de tailler une pierre sans le secours des panneaux, par le moyen des hauteurs & des profondeurs, qui déterminent les bornes de ce qu'il en faut retrancher, comme si l'on dépouilloit la figure imaginée de ce qui la couvre. *Stéréotomie de Frézier*, tome I.

DESCENTE, *Architecture* : c'est un tuyau de plomb qui reçoit les eaux du tuyau d'un comble, & qui les descend dans une cour ou dans une rue.

DESCENTE, *Coupe des pierres* : c'est le nom qu'on donne à toutes les voûtes inclinées à l'horison. *Stéréotomie de Frézier*.

DESCENTE, *Hydraulique* : c'est un tuyau qui descend les eaux d'un réservoir pour les conduire dans un endroit plus bas.

DESCENTE ou CHUTE, *Méchanique* : c'est le mouvement ou la tendance d'un corps pesant vers le centre de la terre, soit directement, soit obliquement. C'est au célebre *Galilée* qu'on est redevable de la découverte des loix de la descente des corps. *Grimaldi* & *Riccioli* ont fait ensuite des expériences qui ont perfectionné cette théorie de la pesanteur.

DESCENTE DU FOSSÉ, *Attaque des places* : c'est une ou plusieurs ouvertures que l'assiégeant fait à la contrescarpe, ou au chemin couvert d'un ouvrage fortifié, pour parvenir sur le bord du fossé. Il y en a de deux sortes, de souterreines & d'autres à ciel ouvert. Les premieres se pratiquent ordinairement dans les fossés secs. La descente à ciel ouvert se fait dans ceux qui sont pleins d'eau. Voyez le *Traité de l'attaque des places*, par M. *le Blond*, où cette manœuvre de la guerre des sieges est traitée avec autant d'intelligence que de netteté.

DESSECHEMENT, *Architecture hydraulique* : c'est l'épuisement des eaux qui croupissent dans un endroit, pour le mettre à sec. Il y a deux manieres de *dessécher* un étang ou un marais ; la premiere, avec des machines ; la seconde, par des saignées qu'on fait dans le marais. Quelquefois on fait passer des rivieres à travers des marais & étangs à *dessécher*. Voyez un plus grand détail sur ce sujet dans la seconde partie de l'*Architecture hydraulique*, par M. *Bélidor*, tome II.

DETACHEMENT, *Art militaire* : c'est un corps particulier de gens de guerre, tiré d'un plus grand corps ou de plusieurs, soit pour les attaques d'un siege, soit pour d'autres opérations militaires.

DETERMINÉ, *Géométrie.* On appelle problême *déterminé*, celui qui n'a qu'une seule solution, ou au moins qu'un certain nombre de solutions, pour le distinguer du problême indéterminé, qui en a une infinité.

DEVELOPPANTE, *Géométrie* : c'est un terme dont on peut se servir pour exprimer une courbe résultante du développement d'une autre courbe, par opposition à *développée*, qui est la courbe qui doit en être développée.

DEVELOPPÉE, *Géométrie* : c'est une courbe que l'on donne à développer, & qui en se développant, produit une autre courbe. Les *développées* sont un genre de courbes inventées par M. *Huyghens*, sur lesquelles les mathématiciens modernes ont beaucoup travaillé depuis cet Auteur.

DEVELOPPEMENT, *Coupe des pierres* : c'est l'extension des surfaces qui enveloppent un voussoir ou une voûte, & dont les parties contiguës sont rangées de suite sur une surface plane. Le *développement*, dans une épure ordinaire, est l'extension de la doële, sur les divisions de laquelle on ajoute les figures des panneaux de lit & de ceux de tête. Faire le *développement* d'une piece de trait, c'est se servir des lignes de l'épure pour en lever les différens panneaux. *Stéréotomie de Frézier.*

Développement, *Géométrie* : c'est l'action par laquelle on développe une courbe & on lui fait décrire une *dévelop-pante.* Ce terme se dit aussi d'une figure de carton ou de papier, dont les différentes parties étant pliées & rejointes, composent la surface d'un solide.

DEVERS, *Architecture.* On désigne par ce terme tout corps qui n'est point posé à plomb, comme un mur, une piece de bois, &c. Le mot *devers* signifie aussi le *gauche* d'une piece de bois, & les charpentiers piquent ou marquent une piece de bois suivant son *devers*, pour la redresser & pour mettre en dedans le côté deversé.

DEVERSOIR, *Archit. hydraul.* C'est, dans la conduite de l'eau d'un moulin ou d'un sas d'écluse, l'endroit où elle se perd quand il y en a trop, par le moyen d'une vanne & d'une vis qui la tiennent à la hauteur requise : c'est le contraire du *réversoir.* Voyez à ce mot.

DEVIS, *Architecture* : c'est un mémoire général des quantités, qualités & façons d'un bâtiment, ou d'un ouvrage de charpenterie, menuiserie, &c, fait sur des desseins cottés & expliqués en détail, avec les prix marqués à la fin de chaque article ou de chaque espece d'ouvrage différent, par toise ou par tâche, que l'on remet à l'entrepreneur, pour s'y conformer après les conventions faites. Voyez dans la nouvelle édition de l'*Architecture moderne*, livre III, *des devis*, des modeles de devis, pour toutes les différentes sortes d'ouvrages qui entrent dans la construction d'un bâtiment.

DEVOYER, *Architecture* : c'est détourner de son à-plomb un tuyau de cheminée, ou de descente d'eaux pluviales, ou une chausse d'aisance. Dans les pompes refoulantes, on est obligé de *dévoyer* le tuyau montant, par rapport aux tringles de la manivelle du corps de pompe, qui descendent en ligne droite.

DIABLE, *Artillerie* : c'est la même chose que le *chat.* Voyez à ce mot.

DIAGONALE, *Géométrie* : c'est une ligne droite tirée du sommet d'un angle à celui qui lui est opposé, dans un quarré ou dans un parallélogramme. Il est démontré : 1°. que toute *diagonale* divise un parallélogramme en deux parties égales : 2°. que deux *diagonales* tirées dans un parallelogramme se coupent l'une l'autre en deux parties égales : 3°. que la *diagonale* d'un quarré est incommensurable avec l'un des côtés : 4°. que la somme des quarrés des deux *diagonales* de tout parallélogramme, est égale à la somme des quarrés de ses quatre côtés.

DIAMETRE, *Artillerie.* Le *diametre* d'une piece d'artillerie est la ligne qui mesure la largeur de son ouverture ou de son intérieur. On dit qu'un mortier a tant de pouces de *diametre*, pour faire connoître sa capacité ; qu'une bombe a tant de *diametre*, pour en indiquer la grosseur. On se sert de compas courbes pour mesurer ces différens *diametres.* Voyez aussi ci-devant au mot CALIBRE.

DIAMETRE, *Géométrie* : c'est une ligne droite tirée au-dedans d'une figure circulaire, qui passe par son centre & qui la divise en deux parties égales. Les mathématiciens ont fait de grandes recherches pour trouver le rapport du diametre à la circonférence ; mais si l'on avoit ce rapport exactement, on auroit la quadrature parfaite du cercle. *Archimede* a trouvé, par approximation, que ce rapport étoit à peu près, comme 7 est à 22, ou comme 100 est à 314 ; mais le plus exact de tous les rapports du diametre à la circonférence, est celui de 113 à 355, trouvé par *Adrien Metius.*

DIASTYLE, *Architecture* : c'est, selon *Vitruve*, une maniere d'espacer les colonnes où elles se trouvent éloignées l'une de l'autre de six modules, ou de trois de leurs diametres.

DIFFERENCE, *Arithmétique & Algebre.* On entend par ce terme l'excès d'une quantité sur une autre : si un angle est de 90 degrés & un autre de 60, leur différence est 30. Les algébristes expriment cette *différence* par le signe — moins, ou par le signe + plus, suivant que la *différence* est négative ou positive.

DIFFERENCIEL : c'est l'épithete qu'on donne dans la haute géométrie à une quantité infiniment petite, ou moindre que toute grandeur assignable. On l'appelle *différencielle*, parce qu'on la regarde ordinairement comme la différence infiniment petite de deux quantités finies, dont l'une surpasse l'autre infiniment peu. *Newton* & les géometres Anglois l'appellent *fluxion*, parce qu'ils la considerent comme l'accroissement momentané d'une quantité quelconque.

DIFFÉRENCIEL, CALCUL DIFFÉRENCIEL : c'est la maniere

de *différencier* les quantités, c'est-à-dire, de trouver la différence infiniment petite d'une quantité finie variable. Les deux plus habiles géometres que l'Angleterre & & l'Allemagne ayent produit (*Newton* & *Leibnitz*) se sont disputé long-tems la gloire de l'invention du *calcul différenciel*; & la contestation qui s'est élevée à cette occasion entre ces deux grands hommes, n'est pas encore décidée : tout ce qu'on en sait, c'est qu'il est constant que *Leibnitz* l'a publié le premier ; mais il paroît assez évidemment que *Newton* connoissoit ce calcul quelque tems avant cette publication. *Newton* l'a appellé *méthode des fluxions*. Les principaux auteurs qui ont écrit sur le calcul différenciel, sont *Newton*, *Leibnitz*, les *Bernoulli*, le Marquis *de L'hopital*, *Varignon*, *Crousaz*, le Pere *Reynau*, *Maclaurin*, *Niewentidt*, *Carré*, l'abbé *Deidier*, *Muller*, *Craige*, *Harris*, *Simpson*, *Bougainville*, &c.

DIFFERENCIER UNE QUANTITÉ. Dans la géométrie transcendante, c'est en exprimer la différence suivant les regles du calcul différenciel.

DIGLYPHE, *Architecture* : c'est une espece de triglyphe imparfait, en ce qu'il n'a que deux gravûres ou canaux. *Vignole* est l'inventeur de cet ornement, qu'il a introduit avec succès dans la frise d'un entablement Dorique de sa façon. Voyez-en la figure & la description sur la derniere planche du livre intitulé : *Regles des cinq Ordres d'architecture*, par *J. Barrozzio de Vignole*, soit *in-folio*, *in-octavo*, ou *in-douze*. Ces différentes éditions se trouvent à Paris chez *Jombert*.

DIGON, *Marine* : c'est un assemblage de plusieurs pieces de bois qui augmentent la largeur de la gorgere à sa partie supérieure. Voyez au mot GORGERE.

DIGUE, *Architecture hydraulique*. On donne ce nom, en général, à tout obstacle que l'on oppose à l'effort que fait un fluide pour se répandre. Les *digues* les plus simples & les plus ordinaires sont les chaussées destinées à arrêter & à faire gonfler les eaux d'un ruisseau, afin d'en faire un étang. Il y en a de naturelles & d'artificielles. Les *digues naturelles* sont des especes de levées formées par la situation d'un terrein, qui se trouve plus élevé que celui où l'on veut amasser les eaux. La *digue artificielle* est un solide construit de terre, de pierre, de charpente, ou de fascinage ; souvent de plusieurs de ces tes matieres, ou même de toutes ensemble, destiné à arrêter, quelquefois à détourner &. à rejetter d'un autre côté les eaux d'un ruisseau, d'un fleuve, ou de la mer. Les *digues* prennent aussi le nom de *chaussées*, *quais*, *turcies*, *levées*, *battes*, *glacis*, *réservoirs*, *jettées*, *moles*, *épis*, *batardeaux*, &c. relativement à leur objet, & suivant les matériaux dont elles sont composées. Voyez les *recherches sur la construction des digues*, par MM. *Bossut* & *Viallet*, *in-quarto*. Paris, 1764. Voyez aussi le tome 4 de l'*Architecture hydraulique*, par M. *Bélidor*, où il est traité amplement de la construction des *digues* de toutes les especes énoncées ci-dessus.

DILATATION, *Physique* : c'est le mouvement des parties d'un corps, par lequel il s'étend & forme un plus grand volume. On distingue la *dilatation* de la raréfaction, en ce que celle-ci est une expansion occasionnée par la chaleur, au lieu que la *dilatation* est une expansion par laquelle un corps augmente son volume par sa force élastique. De tous les corps que nous connoissons, il n'y en a point qui soit plus susceptible de *dilatation* & de condensation, que l'air.

DIMENSION, *Algebre*. On se sert de ce mot particuliement pour exprimer les puissances des racines, ou les valeurs des quantités inconnues d'une équation, que l'on appelle les *dimensions* de ces racines. Ainsi, dans une équation simple, ou du premier degré, la quantité inconnue n'a qu'une *dimension*. Dans une équation du second degré, l'inconnue est de deux *dimensions*. Dans une équation cubique, elle en a trois, &c.

DIMENSION, *Géométrie* : c'est l'étendue d'un corps, considéré suivant sa longueur, largeur, & hauteur ou profondeur. On conçoit aussi ces trois *dimensions* dans la matiere. La longueur toute seule s'appelle *ligne*. La longueur combinée avec la largeur se nomme *surface*. Enfin la longueur, la largeur, & l'épaisseur ou la profondeur, combinées ensemble, produisent ce qu'on appelle un *solide*.

DIMINUTION DES COLONNES, *Architecture* : c'est le rétrécissement bien proportionné qui se fait à une colonne, depuis le tiers de sa hauteur jusqu'à l'astragale qui termine son fût par en haut. *Vignole* donne plusieurs manieres de tracer la diminution des colonnes, qu'on peut voir dans son livre cité ci-dessus à l'article *Diglyphe*.

DIOPTRIQUE : c'est la science de la vision qui se fait par des rayons rompus, c'est-à-dire, par des rayons qui passant d'un milieu dans un autre, se brisent à leur passage, & changent de direction. La *dioptrique* est une partie de l'optique. *Descartes*, *Huyghens*, *Barrow*, *Newton*, *Guisnée*, le Pere *Malebranche*, & *Smith*, ont donné des traités de *dioptrique*. L'ouvrage de ce dernier a pour titre, *Cours complet d'optique*, par *Robert Smith*, imprimé en anglois à Cambridge en 1738, & dont la traduction en françois, imprimée à Avignon en 1767, en deux volumes *in-quarto*, se vend à Paris chez *Jombert*.

DIRECTION, *Géométrie*. On dit que trois points, ou bien que plusieurs lignes sont dans la même *direction*, quand ces points ou ces lignes se trouvent précisément dans une seule & même ligne droite.

DIRECTION D'UN CORPS *en mouvement*, *Méchanique* : c'est la ligne suivant laquelle un corps se meut ou est censé se mouvoir. Cette *direction* peut être simple ou composée. Elle est *simple*, lorsque ce mouvement résulte de l'action d'une seule puissance : elle est *composée*, lorsqu'il est produit par plusieurs puissances qui agissent différemment sur le même corps.

DIRECTION D'UNE PUISSANCE, *Méchanique* : c'est la ligne droite selon laquelle cette puissance pousse ou tire un corps.

DIRECTION OBLIQUE : c'est lorsqu'une puissance frappe de côté une surface, ensorte qu'elle ne lui imprime qu'une force relative.

DIRECTION PERPENDICULAIRE : c'est lorsqu'une puissance frappe un corps avec toute la force dont elle est capable.

DIRECTRICE, *Géométrie* : c'est un terme qui exprime une ligne le long de laquelle on fait couler une autre ligne ou une surface, dans la génération d'une figure plane, ou dans celle d'un solide.

DISCRETE, *Géométrie*. La proportion *discrete* ou *disjointe* est celle où le rapport de deux quantités, ou de deux nombres, est le même que celui de deux autres quantités, quoiqu'il n'y ait pas le même rapport entre les quatre nombres ou quantités.

DISJOINTE, *Géométrie* ; c'est la même chose que *discrete*. Voyez l'article ci-dessus.

DISPOSITION, *Architecture* : c'est l'arrangement ou la distribution de toutes les parties d'un édifice, conformément à leur nature & à leur usage, & relativement au tout-ensemble.

DISTRIBUTION, *Architecture* : c'est la juste répartition de tout le terrein sur lequel on érige un édifice, ensorte que chaque piece se trouve dans la place qu'elle doit occuper. Pour cet effet, il ne suffit pas que le principal corps de logis soit *distribué* avantageusement & commodément, il faut aussi que toutes ses dépendances, telles que les cuisines & offices, les remises, les écuries & les cours qui leur conviennent, soient situées convenablement, suivant leur destination & leurs usages. Pour la *distribution* des hôtels & des maisons de particuliers, voyez le tome second de l'*Architecture moderne*, derniere édition de 1764, qui renferme 60 différentes *distributions* de toutes sortes d'emplacemens. Pour celle des châteaux & des maisons de plaisance, voyez le traité *de la distribution des maisons de plaisance*, par *Blondel*. Voyez aussi des exemples très variés de *distributions* pour tous les édifices imaginables, dans le vaste recueil intitulé, *Architecture Françoise*, par le même Auteur, en quatre volumes *in-folio* ; à Paris chez *Jombert*.

DISTRIBUTION DES EAUX, *Hydraulique* : c'est le partage qui se fait des eaux d'un réservoir, par une ou plusieurs soupapes, dans un regard, pour l'envoyer à diverses fontaines. Voyez les regles de cette *distribution*, soit pour la ville, soit pour les eaux jaillissantes d'un jardin, appliquées à plusieurs exemples, dans la premiere partie de l'*Architecture hydraulique*, par M. *Bélidor*, tome second, & dans le petit traité d'hydraulique inséré à la fin de *la théorie & la pratique du jardinage*, *in-quarto* ; à Paris, chez *Jombert*.

DIVERGENT, *Géométrie* : ce terme s'emploie pour désigner tout ce qui continué se rencontreroit d'un côté en un point commun, & de l'autre côté iroit toujours en s'éloignant de plus en plus. Des lignes sont *divergentes* du côté où elles vont en s'écartant, & *convergentes* du côté opposé. Serie ou suite *divergente*, est celle dont les termes vont toujours en augmentant. Hyperbole, parabole *divergente*, sont celles dont les branches ont des directions contraires, c'est-à-dire, qui ont leur convexité opposée l'une à l'autre ; & qui prennent leur cours en sens contraire l'une de l'autre.

DIVIDENDE, *Arithmétique* : c'est un nombre dont on propose de faire la division. Dans une fraction, le *dividende* est appellé *numérateur*.

DIVISEUR, *Arithmétique* : c'est le nombre qui indique en combien de parties le dividende doit être divisé. On appelle *commun diviseur* un nombre ou une quantité qui en divise exactement deux ou plusieurs autres, sans aucun reste. Ainsi 5 est *commun diviseur* de 10, 15, 25, 35, 40, 60, &c.

DIVISIBILITÉ, *Géométrie* : c'est une propriété par laquelle la matiere, ou une quantité quelconque, peut être séparée en différentes parties, soit actuelles, soit mentales. La *divisibilité* de la matiere à l'infini a formé de grandes contestations parmi les philosophes, & il n'est pas encore bien décidé si elle est divisible à l'infini ou non. *Leibnitz*, *Rohault*, *s'Gravesande*, *de Mairan*, l'abbé *Deidier*, & Madame la Marquise *du Châtelet*, ont beaucoup écrit de part & d'autre sur ce sujet.

DIVISION, l'une des quatre regles fondamentales de l'arithmétique : elle consiste à déterminer combien de fois une petite quantité est contenue dans une plus grande ; c'est une espece de soustraction fort abrégée, son effet se réduisant à retrancher un petit nombre d'un plus grand, autant de fois qu'il y est contenu.

DIVISION ALGÉBRIQUE : elle n'a pas d'autre définition que la division arithmétique ; toute la différence qu'il y a entre ces deux especes de divisions, c'est qu'on fait en algebre sur des quantités quelconques, représentées par des lettres, les mêmes opérations qu'on feroit sur les nombres, en arithmétique. On voit par-là que la *division algébrique* est bien plus générale que celle qui se fait par l'arithmétique.

DODECAEDRE, *Géométrie* : c'est le nom qu'on donne à l'un des cinq corps réguliers qui a sa surface composée de douze pentagones égaux & semblables.

DODECAGONE, *Géométrie* : c'est un polygone régulier qui a douze angles & douze côtés égaux.

DOELE ou **DOUELLE**, *Coupe des pierres* : c'est le parement intérieur d'une voûte ou d'un voussoir creux. On l'appelle aussi *intrados*. La surface plane qui passe par la corde de l'arc d'une *doële* s'appelle *doële plate* : elle sert de préparation à la formation d'une *doële concave*. La

Dictionnaire encyclopédique écrit *douille* mal à propos. Les architectes, les appareilleurs & les tailleurs de pierre, ainsi que les auteurs qui ont écrit sur la coupe des pierres, tels que MM. *Frezier*, *de la Rue*, &c. ne se servent que du mot *doële* ou *douelle*; mais le premier est le plus usité & le plus analogue au latin *dolium*, d'où il tire son origine.

DOGUES D'AMURE, *Marine* : ce sont deux trous pratiqués à droite & à gauche de l'avant d'un vaisseau, par lesquels passent les *écouets* de la grande voile. On les décore ordinairement de sculpture, & on les garnit de bois tendre, comme du peuplier, &c. pour ménager les cordages qui y passent.

DOIGT DE BIVEAU, *Coupe des pierres* : c'est, selon le Pere *Deran*, une des branches du biveau. *D'Aviler* l'appelle bras, & M. *Frezier* lui donne le nom de *branche du biveau*. Voyez ci-devant au mot BIVEAU.

DOME, *Architecture* : c'est une espece de comble de forme sphérique, qui sert à couvrir le milieu d'une croisée d'église, ou quelquefois qui termine le haut d'un vestibule, ou d'un sallon à l'Italienne. L'intérieur de la voûte d'un dôme se nomme *coupole* : on l'orne de compartimens ou de grands sujets de peinture, comme on en voit dans l'intérieur des *dômes* de plusieurs de nos églises de Paris. Il y a des *dômes* dont l'élévation, ou la coupe, forme un demi-cercle parfait; d'autres qui sont surbaissés ou surmontés. Il y en a de quadrangulaires sur leur plan; d'autres à pans; d'autres qui sont elliptiques par leur plan. De toutes ces différentes especes de *dômes*, ceux dont le plan est circulaire, & dont l'élévation ou le contour extérieur est parabolique, sont les plus agréables à la vue, & les plus universellement approuvés.

DONJON, *Architecture* : c'est un petit pavillon élevé au-dessus du comble d'une maison, pour jouir de quelque belle vue & y prendre l'air.

DONJON, *Fortification* : c'est, dans les anciens châteaux, une espece de tourelle élevée au dessus d'une grosse tour, pour découvrir au loin dans la campagne. Tel est le *donjon* du château de Vincennes, proche Paris.

DONNÉ, *Géométrie* : c'est le nom général qu'on donne en mathématique à une chose qu'on suppose connue, & dont on se sert pour en trouver d'autres qui sont inconnues, & que l'on cherche. *Euclide* a fait un livre sur les *donnés* : il se sert de ce terme pour désigner les espaces, les lignes & les angles qui sont *donnés* de grandeur, ou auxquels on peut assigner des espaces, des lignes, ou des angles égaux.

DORIQUE, ORDRE DORIQUE, *Architecture*. Voyez au mot ORDRE.

DORMANT, *Architecture hydraulique* : c'est une piece de bois posée horisontalement dans les quais & les digues de charpente, pour retenir la queue des clefs qui en forment l'assemblage.

DORMANT, *Hydraulique*. Dans une pompe, on appelle *dormans* les pieces de bois posées debout pour recevoir dans leurs feuillures le chassis à coulisse qui porte l'équipage des corps de pompe, quand on veut les tirer en haut pour quelques réparations.

DORMANT, *Marine*. On donne ce nom à des bouts de cordages qui manœuvrent souvent. Ces *dormans* sont fixes, quoique le reste du cordage ait du mouvement, & qu'il puisse être taqué ou filé, suivant le besoin qu'on en a. Les cargues-point, les bras, les drisses, les écoutes, &c. ont des *dormans*, c'est-à-dire qu'ils ont un bout de cordage fixe & arrêté.

DORMANT *de croisée* : c'est la partie du chassis de menuiserie qui est scellée dans la feuillure de la baye, & qui porte les chassis ou les guichets de la croisée.

DORMANT DE FER : c'est au-dessus d'une porte de bois ou de fer, un panneau de fer évuidé, pour donner du jour, servant de fermeture à cette partie de la baye.

DORMANT DE PORTE : c'est dans le haut d'une porte cochere ou autre, ceintrée par le haut, une frise ou un chassis qui remplit cette partie ceintrée, & dont la traverse sert de battement aux venteaux de la porte.

DOS D'ANE. Ce mot se dit de tout corps qui a deux surfaces inclinées qui se terminent à une ligne, comme la cape d'un bâtardeau pratiqué dans les fossés d'une place de guerre, ou le dessus du chaperon à deux égouts d'un mur de clôture.

DOSSE ou FLACHE, *Charpenterie* : c'est la premiere planche qu'on leve d'un arbre que l'on équarrit, où l'écorce paroît d'un côté.

DOSSES, *Architecture hydraulique* : ce sont de fortes planches, très-épaisses, dont on se sert pour assurer une fondation. Elles se posent sur des pilots, auxquels elles sont attachées avec de grands clous & des chevilles de fer. Ces *dosses* ont depuis trois jusqu'à six pouces d'épaisseur : elles sont d'un grand usage pour la fondation des ponts, digues, écluses, &c. & c'est par leur moyen que l'on établit la plate-forme sur laquelle on pose les premieres assises des pierres. On les appelle aussi *madriers*.

DOSSERET, *Architecture* : c'est un petit jambage au parpain d'un mur, formant le piédroit d'une porte ou d'une croisée. C'est aussi une espece de pilastre ou de piédroit un peu saillant, qui soutient les voûtes d'arête ou sur lequel un arc doubleau prend sa naissance. Les *demi-dosserets* se font dans les encoignures.

DOSSERET ou DOSSIER *de cheminée* : c'est un petit exhaussement au-dessus d'un mur de pignon, ou de face, avec ailes pour retenir une souche de cheminée.

DOUBLAGE, *Marine* : c'est un second bordage ou revêtement de planches qu'on met par-dehors aux fonds des vaisseaux destinés à des voyages de long cours, où l'on craint que les vers qui s'engendrent dans ces mers ne percent le fond des navires. Ces planches, qui sont de chêne ou de sapin, ont ordinairement un pouce & demi d'épaisseur.

DOUBLEAUX, *Charpenterie* : c'est le nom qu'on donne aux solives qui sont plus fortes que les autres, comme celles qui portent les chevêtres. *D'Aviler*.

DOUBLEAUX, ARCS DOUBLEAUX, *Coupe des pierres* : ce sont les arcs qui forment les voûtes, posés directement d'un pilier à l'autre, & qui séparent les croisées d'ogives. Ils ont quelquefois plus de largeur que les ogives. *Félibien*.

DOUBLE CANON, *Artillerie*. Voyez au mot RÉVEIL-MATIN.

DOUBLE COUPE, *Coupe des pierres* : c'est une disposition particuliere des claveaux d'une voûte en plate-bande, qui sont voûtés de deux sens différens, l'un contre la pesanteur de la plate-bande, dont la direction est perpendiculaire à l'horison, & l'autre contre l'effort des claveaux du plafond.

DOUBLÉE, *Algebre*. Ce terme est particulierement affecté à raison. On dit, par exemple, une *raison doublée*, pour exprimer une raison composée de deux autres raisons.

DOUBLER, *Art militaire* : c'est lorsque de deux rangs,

ou de deux files de soldats ; on n'en fait qu'une seule.

Doubler un cap, *Marine* : c'est passer au-delà de ce cap & le laisser derriere soi.

Doubler un vaisseau : c'est lui donner un double bordage ou un revêtement de planches.

DOUCINE, *Architecture* : c'est une moulure concave par le haut & convexe par le bas, qui sert ordinairement de cymaise à une corniche délicate. On l'appelle aussi *gueule droite*, & lorsqu'elle fait un effet contraire, on la nomme *gueule renversée*. *Félibien*. *Cordemoi*. Voyez ci-devant au mot Cymaise.

DOUILLE, *Arpentage* : c'est dans le genou d'un graphometre, ou de tout autre instrument pour travailler sur le terrein, une ou plusieurs boîtes, dans lesquelles on introduit les bâtons ferrés & pointus par l'autre bout, servant à soutenir l'instrument.

DOUVE, *Hydraulique* : c'est le mur circulaire de maçonnerie qui environne un bassin, & contre lequel l'eau bat. Il est bâti sur des racinaux de charpente, afin de laisser une communication du corroi du plafond avec celui des côtés.

DRAGONS, *Art militaire* : c'est un corps particulier de troupes qui marchent à cheval, mais qui sont dressés & exercés à combattre à pied & à cheval, suivant les circonstances où ils se trouvent.

DRAGON VOLANT, *Artillerie* : c'est le nom qu'on a donné à une ancienne piece de canon qui chassoit un boulet de 40 livres : elle n'est plus d'usage dans notre artillerie.

DRAGUE, *Hydraulique*, c'est une grande pelle de fer, emmanchée d'une longue perche, dont les bords sont relevés de trois côtés, servant à enlever le sable qui se trouve dans une riviere, ou pour curer & nettoyer la vase & les ordures qui se trouvent au fond d'un puits ou d'une citerne.

Drague, *Marine*. Ce terme a plusieurs significations. *Drague de canon*, c'est un gros cordage dont se servent les canoniers sur les vaisseaux, pour arrêter le recul des pieces quand elles tirent. *Drague d'avirons*, c'est un paquet de trois avirons. La *drague* est encore un gros cordage dont on se sert, au moyen de deux chaloupes, pour chercher un ancre perdu au fond de la mer.

DRAGUER : c'est mettre les *dragues* en œuvre, & s'en servir pour pêcher le sable, ou pour relever la vase & les autres immondices qui comblent ordinairement les ports de mer & les rivieres.

DRAPEAU, *Art militaire* : c'est un signe ou une enseigne militaire servant à l'infanterie, sous lequel les soldats de chaque compagnie s'assemblent, soit pour combattre, soit pour les autres évolutions militaires. Dans un siege, lorsque la garde est montée, on plante les *drapeaux* sur le haut du parapet de la tranchée.

DRESSER, *Architecture* : c'est élever à plomb quelque corps, comme une colonne, un obélisque, &c. *Dresser d'alignement*, c'est élever un mur au cordeau. *Dresser de niveau* un terrein, c'est l'applanir. *Dresser une pierre*, c'est l'équarrir à la regle, & la disposer à recevoir le trait, en rendant ses paremens & ses faces opposées, paralleles.

DRESSER, *Charpenterie* : c'est tringler au cordeau une piece de bois pour l'équarrir.

DRESSER, *Menuiserie* : c'est ébaucher & applanir le bois avec la varlope.

DRISSES ou ISSAS, *Marine* : c'est un cordage qui sert à hisser & à amener la vergue le long de chaque mât. Dans un navire, il y a autant de *drisses* que de vergues. Il y a de plus une *drisse* particuliere pour amener & arborer le pavillon.

DROIT, *Coupe des pierres* : c'est tout ce qui est perpendiculaire. Dans ce sens, ce terme est opposé au mot *biais*. Ainsi on dit un *arc droit*, quoique cet arc soit courbe, pour indiquer que son plan est perpendiculaire à la direction d'un berceau. On dit aussi qu'une porte est *droite*, qu'un berceau, qu'une descente est *droite*, lorsque sa direction n'est pas oblique à son entrée horisontalement. *Stéréotomie de Frezier.*

DROIT, *Géométrie* : c'est tout qui ne se fléchit ou ne s'incline d'aucun côté. Une ligne droite est celle qui va d'un point à un autre, par le plus court chemin; *droite* en ce sens est opposée à *courbe*. *Angle droit* est un angle formé par deux lignes perpendiculaires l'une à l'autre, c'est-à-dire, qui ne s'inclinent d'aucun côté. Le mot *droit* ici est opposé à *oblique*.

DUCTILITÉ, *Physique* : c'est une propriété de certains corps, qui les rend capables d'être battus, pressés, tirés, & étendus sans se rompre, de maniere que leur figure & leurs dimensions peuvent être considérablement altérées, en gagnant d'un côté ce qu'elles perdent de l'autre. Tels sont, par exemple, les métaux, qui gagnent en longueur & en largeur ce qu'ils perdent en épaisseur, lorsqu'on les bat avec le marteau; ou bien qui s'allongent à mesure qu'ils deviennent plus minces & plus déliés, lorsqu'on les fait passer à la filiere. L'or est le plus ductile de tous les métaux. Voyez des exemples de sa surprenante *ductilité* rapportés dans le *Dictionnaire encyclopédique*, à cet article.

DUNES, *Marine.* On donne ce nom à de petites montagnes de sable, ou à des hauteurs détachées les unes des autres, qui se trouvent, le long de quelques côtes, sur le bord de la mer.

DUNETTE, *Marine*; c'est le plus haut étage de la poupe d'un vaisseau, placé au-dessus du gaillard d'arriere.

DUPLICATION DU CUBE, *Géométrie*: elle consiste à trouver le côté d'un cube qui soit double en solidité d'un cube donné. C'est un problême fameux de géométrie, dont il est question depuis deux mille ans. Voyez-en les particularités à la fin du livre intitulé, *Histoire des recherches sur la quadrature du cercle, la duplication du cube*, &c. par M. *Montucla*, in-12, & dans l'*Histoire générale des mathématiques*, par le même Auteur, en deux volumes *in-quarto*, qui se vendent à Paris chez *Jombert*.

DYNAMIQUE. Ce terme signifie proprement la science des puissances, ou des causes motrices, c'est-à-dire, la science des forces qui mettent les corps en mouvement. C'est la partie la plus transcendante de la méchanique: elle traite du mouvement des corps, en tant qu'il est causé par des forces motrices, actuellement & continuellement agissantes. M. *d'Alembert*, un des plus célebres écrivains de ce siecle, qui s'est autant immortalisé par les savans ouvrages qu'il a mis au jour sur différentes parties des mathématiques, que par les excellens articles & le discours préliminaire dont il a enrichi le grand *Dictionnaire encyclopédique*, a fait imprimer à Paris, en 1743, un *traité de dynamique*, dans lequel il donne un principe général aussi ingénieux que fécond, pour résoudre avec facilité tous les problêmes de ce genre.

EAU, *Hydraulique* : c'eſt un corps fluide, humide, tranſparent, ſans goût, ſans odeur, &c. On diſtingue l'*eau*, relativement à la décoration des jardins, en naturelle, artificielle, courante, plate, jailliſſante, forcée, vive, dormante, folle, de pluie, de ravine, &c, dont on verra les définitions aux articles ſuivans. Selon les obſervations de MM. de l'Académie des Sciences, l'*eau* des pluies qui tombent ſur la terre aux années communes, ſe monte à 18 ou 20 pouces de hauteur. Un pied cube d'*eau* peſe 70 livres. Le pied cylindrique en peſe 55. La pinte d'*eau*, meſure de Paris, peſe deux livres; ainſi le pied cube d'*eau* contient 35 pintes. L'*eau* peſe 13 fois & demi moins que le mercure; & une colonne d'*eau* d'environ 32 pieds de hauteur, eſt de même poids qu'une colonne de mercure, de même diametre, qui n'auroit que 28 pouces de hauteur.

EAU ARTIFICIELLE. En termes d'hydraulique, c'eſt celle qui eſt élevée dans un réſervoir par le moyen d'une pompe ou de toute autre machine hydraulique.

EAU COURANTE. c'eſt l'*eau* produite par une petite riviere, ou par un ruiſſeau; on en forme des canaux & des pieces d'*eau*. Ces ſortes d'*eaux* ſont très-agréables par leur murmure & par leurs ſerpentemens.

EAU DORMANTE : c'eſt celle d'une mare ou d'un étang qui a peu de mouvement, ce qui la rend ſujette à exhaler de mauvaiſes odeurs pendant les chaleurs de l'été.

EAU FOLLE. On appelle ainſi des pleurs de terre qui produiſent peu d'*eau* : ce ſont de fauſſes ſources, ſujettes à ſe tarir aux premieres chaleurs.

EAU FORCÉE; c'eſt celle que l'on conduit par des tuyaux deſcendans, & qui ſert à former un jet. On l'appelle auſſi *eau artificielle.*

EAU JAILLISSANTE; c'eſt l'*eau* qui s'éleve en l'air du milieu d'un baſſin, & qui y forme des jets, des gerbes, des girandoles, des ſoleils, des bouillons, &c.

EAU NATURELLE; c'eſt celle qui ſortant d'elle-même de la terre, ſe rend dans un réſervoir, & qui fait jouer continuellement une ou pluſieurs fontaines.

Eau platte ; c'est le nom qu'on donne aux *eaux* tranquilles des canaux & des étangs, qui ne fournissent aucun jet, & où l'on entretient du poisson.

Eau de pluie, ou *de ravine ;* c'est la plus légere de toutes : elle n'est pas toujours claire ; mais on peut l'épurer en la faisant passer par des citernes, ou en laissant déposer ses impuretés dans des réservoirs pleins de sable.

Eau vive : c'est celle qui coule rapidement d'une source abondante, & qui par son extrême crudité est peu propre à la boisson.

EBAUCHE, *Architecture* : c'est la premiere forme qu'on donne à un quartier de pierre, avec le ciseau, après qu'il a été dégrossi à la scie & à la pointe, suivant un modele ou un profil.

EBAUCHER, *Architecture* : c'est dresser à pans une colonne, un chapiteau, &c, avant que de l'arrondir. En charpenterie, *ébaucher*, c'est après qu'une piece de bois est tringlée au cordeau, la dresser avec la coignée ou avec la scie, avant que de la laver à la bésaiguë. En menuiserie, *ébaucher*, c'est dresser le bois avec le fermoir avant que de l'applanir avec la varlope.

EBAUCHOIR, *Charpenterie* : c'est un ciseau à deux biseaux qui sert aux charpentiers pour *ébaucher* les mortoises, les pas des chévrons, les embrévemens, &c.

EBE ou Jussant, *Marine*. Ce terme s'applique au mouvement des eaux, lorsque la marée descend & qu'elle reflue. M. *Bélidor* écrit *Hebes*.

EBOUSINER, *Coupe de pierres* ; c'est ôter d'une pierre, ou d'un moilon, le bousin, le tendre, les moves, &c. & l'atteindre jusqu'au vif avec la pointe du marteau.

EBRASEMENT, *Coupe des pierres* : c'est l'élargissement intérieur des côtés ou jambages d'une voûte, d'une porte, ou d'une fenêtre. Les portes des églises gothiques, comme les cathédrales de Paris & de Rheims, sont ébrasées en-dehors. *Stéréotomie de Frezier*. Quelques-uns écrivent *embrâsement*.

EBRASER ; c'est élargir en dedans la baye d'une porte, ou d'une croisée, depuis la feuillure jusqu'au parpain du mur, ensorte que les angles du dedans soient obtus.

ECART, *Marine* : c'est la jonction ou l'union de deux pieces de bois assemblées bout à bout. Comme cette union se fait souvent par un assemblage de deux pieces à mi-bois, avec ou sans endents, *écart* est alors synonime avec *empature*.

ECHAINE, *Arpentage*. Voyez au mot CHAINE D'ARPENTEUR.

ECHANTIGNOLE, *Charpenterie*. Voyez ci-devant au mot CHANTIGNOLE.

ECHANTILLON, *Artillerie* : c'est une piece de bois garnie d'un côté d'un morceau de fer, sur lequel sont taillées les différentes moulures & les renflemens qu'on veut donner au canon ; on s'en sert pour former ces moulures sur le moule du canon, en faisant tourner ce moule sous l'*échantillon*, par le moyen d'un moulinet attaché au bout du trousseau.

ECHAPPÉE, *Architecture* : c'est une hauteur suffisante pour passer facilement au-dessous de la rampe d'un escalier & descendre dans la cave.

ECHARPE, *Artillerie*. *Battre en écharpe*, c'est battre un ouvrage obliquement, ou sous un angle de plus de 20 degrés. Voyez aussi l'article BATTERIE EN ÉCHARPE.

ECHARPE, *Art militaire*. Dans la construction des ponts de bateaux que l'on fait à la guerre, on donne le nom d'*écharpe* à deux cordages passés en sautoir d'un batteau à l'autre, pour les affermir. Les premiers bateaux du pont sont de même amarrés avec deux cordages attachés à de forts pieux plantés sur le rivage ; pour-lors il n'est besoin que d'une cinquenelle. Quand il n'y a point d'*écharpe*, il faut nécessairement deux cinquenelles, l'une au-dessus, l'autre au-dessous du pont, pour lier & entretenir les bateaux qui forment le pont.

ECHARPE, *Charpenterie*. Dans les machines, on appelle *écharpe* une piece de bois avancée au dehors, à laquelle est attachée une poulie, faisant l'effet d'une demi-chevre, pour enlever un fardeau médiocre. On donne aussi le nom d'*écharpes* à de petits cordages qui servent à attacher les fardeaux aux cables des machines, pour les enlever.

ECHARPE, *Hydraulique*. Dans la conduite des eaux, on nomme *écharpes* des tranchées creusées dans les terres en forme de croissant, pour ramasser les eaux dispersées d'une montagne, & les recueillir dans une pierrée. Voyez à ce sujet le second volume de l'*Architecture hydraulique*, par M. Bélidor, premiere partie.

ECHARPE, *Maçonnerie* : c'est une espece de cordage qui sert à retenir & à conduire un fardeau, comme une pierre ou une piece de bois, lorsqu'on la monte en haut d'un bâtiment. On dit aussi *écharper*, pour hâler & chabler une piece de bois.

ECHARPE, *Menuiserie*. Les menuisiers donnent le nom d'*écharpe* à une demi-croix de saint André ; on en met derriere les portes de forte menuiserie, & aux contrevents des croisées, entre les barres, pour en affermir l'assemblage.

ECHASSE, *Coupe des pierres* ; c'est une regle de bois de 4 pieds de long & de 3 pouces de large, divisée par pieds, pouces & lignes, dont les appareilleurs se servent pour y marquer les lignes de hauteur, de retombée, & d'épaisseur dont ils ont besoin, & les porter plus commodément dans le chantier, où ils voient les pierres qui leur conviennent, & peuvent en donner les mesures. *Stéréotomie de Frézier*.

ECHASSES *d'échafaud*, *Maçonnerie* : ce sont de grandes perches posées debout, que l'on nomme aussi *baliveaux*, liées & entées les unes sur les autres, qui servent aux maçons pour s'échaffauder à plusieurs étages, soit pour la construction des murs, soit lorsqu'il s'agit seulement de regrattemens ou de ravallemens. *D'Aviler*.

ECHELIER ou RANCHER, *Architecture* : c'est une longue piece de bois traversée par de petits échelons appellés *ranches*, qu'on pose à plomb pour descendre dans une carriere, ou en arc-boutant pour monter au haut d'un engin, d'une grue, &c.

ECHELLE, *Dessein* : c'est une ligne divisée en plusieurs parties, relative à un dessein qui représente en petit un ouvrage de fortification, un bâtiment, une machine, une carte géographique ou topographique, &c. Cette *échelle*, qui se met ordinairement au bas du dessein, sert à faire connoître la grandeur & les proportions de chacune des parties de l'objet représenté.

ECHENEAU, *Artillerie* : c'est le nom qu'on donne à plusieurs petites rigoles ou canaux, par lesquels le métal en fusion coule du fourneau dans le moule du canon. L'aire de l'*écheneau* doit être fait de la même matiere que l'enterrage : il est posé plus bas que le niveau du fourneau, afin que le métal ait sa pente pour l' couler. *Mémoires d'artillerie de Saint-Remi.*

ÉCHIFFRE, MUR D'ÉCHIFFRE, *Architecture* : c'eſt un mur rampant par le haut, qui porte les marches d'un eſcalier, & ſur lequel on poſe la rampe de pierre, de bois, ou de fer, qui ſert d'appui, ſoit en montant ou en deſcendant.

ECHINE, *Architecture* : c'eſt une moulure en quart de rond, dont on orne le chapiteau Ionique, & ſur laquelle on taille des oves, ou des coques de châtaignes à demi ouvertes *Parallele de Chambray. Félibien.* Voyez auſſi au mot OVE.

ECLUSE, *Architecture hydraulique* : c'eſt un lieu choiſi dans un canal, une riviere, ou un courant d'eau, pour y conſtruire deux aîles de maçonnerie, que l'on nomme bajoyers ou jouillieres, tracées ſelon certaines proportions qui leur conviennent. Une de ces aîles eſt placée à la rive droite & l'autre à la rive gauche du canal. Entre ces deux aîles on pratique un eſpace ou une chambre, fermée ordinairement par deux paires de portes buſquées, c'eſt-à-dire, dont les venteaux s'arcboutent réciproquement, l'une d'amont ou d'en-haut, que l'on nomme auſſi *porte de tête*, quand elle répond à une riviere, & l'autre d'aval ou d'en-bas, qu'on appelle auſſi *porte de mouille.* Ces portes s'ouvrent & ſe ferment à volonté, pour faciliter le paſſage des bateaux, ou l'écoulement des eaux. Une grande écluſe à l'uſage de la mer eſt compoſée de quatre parties principales, qui demandent beaucoup d'attention & de ſoin pour la ſolidité de leur conſtruction ; 1°. les fondemens de l'écluſe, qui regnent ſous toute ſon étendue ; 2°. ſes bajoyers de maçonnerie ; 3°. le radier ou plancher de l'écluſe, avec toutes ſes dépendances ; 4°. les portes de l'écluſe, avec leurs agrès. *Simon Stevin* eſt le premier qui a donné un traité ſur les *écluſes.* Enſuite *Corneille Meyer*, *Sturmius* & *Léopold*, ont travaillé ſur cette matiere ; mais M. *Bélidor* eſt le ſeul qui ait écrit méthodiquement & d'une maniere ſatisfaiſante ſur la conſtruction des *écluſes* de toutes les eſpeces, & ſur les grands avantages qu'on en peut retirer, ſoit pour faciliter la navigation, ſoit pour prolonger la défenſe d'une place. Ainſi ceux qui veulent s'inſtruire à fond ſur cette partie de l'Architecture hydraulique, dont la connoiſſance eſt abſolument néceſſaire à un Ingénieur de place, doivent recourir à la seconde partie de *l'Architecture hydraulique* de ce savant & laborieux Auteur.

Ecluse a tambour : c'est une *écluse* qui se vuide & se remplit par le moyen de deux canaux voûtés, pratiqués dans les jouillieres, à côté des portes. L'entrée de ces especes d'aqueducs, qui est un peu au-dessus de chaque porte, s'ouvre & se ferme par le moyen d'une vanne à coulisse, comme on en voit a celle du canal de Briare & à la plupart des grandes *écluses*.

Ecluse a vannes, est celle qui s'emplit & se vuide par le moyen des guichets pratiqués dans les portes mêmes, comme celles de Strasbourg.

Ecluse de chasse et de fuite. L'*écluse de chasse* sert à introduire l'eau de la mer dans les fossés d'une place de guerre, à la marée montante. L'*écluse de fuite* est celle par laquelle l'eau s'écoule pour laisser le fossé à sec, lorsque la marée descend. On se sert très-utilement de ces sortes d'*écluses*, non seulement pour nettoyer & pour approfondir un canal, ou les fossés d'une place, mais aussi pour en prolonger la défense, comme on l'a éprouvé au siege de Fribourg, en 1714.

Ecluse de décharge : c'est le nom qu'on donne aux *écluses* à vannes, qu'on pratique quelquefois dans l'épaisseur des digues d'un canal de navigation, ou ailleurs, pour l'écoulement des eaux sauvages & étrangeres, qui pourroient trop grossir celles du canal, ou pour mettre à sec une partie du canal, quand il en est besoin pour quelques réparations.

Ecluse en éperon ou *busquée* : c'est une écluse dont les portes à deux venteaux s'arc-boutent l'une l'autre, & se joignent en éperon, ou en avant-bec, du côté d'amont, comme il est d'usage a presque toutes les écluses.

Ecluse provisionnelle. Lorsqu'une riviere passe au pied du glacis d'une place de guerre, on y fait quelquefois une écluse, pour inonder, quand on le veut, le fossé de la place; c'est ce qu'on appelle une *écluse provisionnelle*. Telle est celle de Gravelines, décrite dans le troisieme volume de l'*Architecture hydraulique* de M. *Bélidor*, qui sert à introduire les eaux de la riviere d'Aa dans le fossé de cette place, & à les soutenir à telle hauteur que l'on veut.

Ecluse quarrée; c'est celle dont les portes, d'un seul ventail, se ferment quarrément, comme celles qu'on voit sur la riviere de Seine, à Nogent.

ÉCLUSÉE : c'est le tems qu'on emploie à remplir d'eau le sas ou la chambre d'une écluse, pour y faire passer les bateaux. C'est dans ce sens qu'on dit que la manœuvre d'une écluse est si facile, qu'on y peut faire tant d'*éclusées* par jour.

ÉCLUSIER : c'est celui qui gouverne l'écluse, & qui est chargé de la manœuvrer quand il passe des batteaux pour monter ou descendre dans un canal. Cette place exige un homme intelligent, qui sache ménager son eau de maniere qu'il s'en dépense le moins qu'il est possible à chaque éclusée, afin d'en avoir suffisamment pour fournir à tous les bâtimens qui peuvent passer dans le courant de la journée.

ÉCOINÇON, *Architecture* : c'est, dans le piédroit d'une porte ou d'une croisée, la pierre qui forme l'encoignure de l'embrâsure, & qui se trouve jointe avec le lancis, lorsque le piédroit de la porte ne fait point parpain.

ECOPE : c'est une espece de pelle de bois un peu creuse, dont on se sert pour vuider l'eau qui entre dans les bateaux. On dit *écope*, & non pas *échope*.

ECOPERCHE, *machines* : c'est une piece de bois armée d'une poulie, qu'on ajoute au bec d'une grue ou d'un engin, pour lui donner plus de volée. Les maçons donnent aussi le nom d'*écoperche* à toutes les pieces de bois de brin d'une certaine hauteur qui servent à porter leurs échafauds. Les plus petites perches se nomment *boulins*. Quelques-uns écrivent *escoperche*.

ECOULEMENT DES EAUX. Voyez ci-devant au mot DÉPENSE.

ÉCOUTES, *Artillerie* : ce sont de petites galeries pratiquées de distance en distance en avant du glacis des fortifications d'une place, & qui répondent toutes à une galerie située parallelement au chemin couvert. Les *écoutes* servent pour aller au-devant du mineur ennemi, & pour l'interrompre dans ses travaux.

ECOUTES, *Marine* : ce sont des cordages qui forment deux branches, & qui sont amarrés aux coins des voiles par le bas. Les *écoutes* servent à ranger la voile suivant la maniere la plus convenable pour recevoir le vent. Il y a des *écoutes* à queue de rat, c'est-à-dire, qui vont en diminuant par le bout ; de grandes *écoutes*, qui servent à border la grande voile, &c. En général toutes les voiles ont des *écoutes*, & ces cordages prennent le nom de la voile à laquelle ils appartiennent.

ECOUTILLE, *Marine* : c'est une ouverture quarrée faite au tillac pour descendre dans l'intérieur du vaisseau. On donne le nom d'*écoutillon* à une petite ouverture pratiquée dans l'*écoutille* même. L'*écoutille* sert pour le passage des gros fardeaux ; c'est par l'*écoutillon* que les personnes passent pour sortir du vaisseau, ou pour y entrer.

ECOUVILLON, *Artillerie* : c'est une espece de brosse qui sert à nettoyer & à rafraîchir l'ame ou l'intérieur d'une piece de canon, après qu'elle a tiré un certain nombre de coups. L'*écouvillon* est composé d'une tête, masse, ou boëte de bois de forme cylindrique, recouverte d'une peau de mouton, ou garnie de poils de porc, comme une brosse ou un goupillon. Cette tête est emmanchée au bout d'un long bâton, ou hampe de bois. On trempe la tête de l'*écouvillon* dans un sceau plein d'eau, & on l'introduit jusqu'au fond de l'âme du canon. *Ecouvillonner*, c'est nettoyer ou rafraîchir l'intérieur d'un canon, après qu'il a tiré, en y introduisant l'*écouvillon* trempé dans de l'eau.

ECREMOIRE : c'est le nom que les artificiers donnent à un morceau de corne ou de fer blanc, roulé en portion de cylindre, dont ils se servent pour rassembler les matieres broyées, ou pour en prendre dans les boîtes où ils les conservent.

ECROU, *Méchanique* : c'est une piece de bois ou de fer, qui a un trou relatif à la grosseur d'une vis, & qui sert à la serrer ou à la retenir quand on l'y a fait entrer.

ECU, *Art militaire* : c'étoit un bouclier plus grand que les boucliers ordinaires, & plus long que large, qui couvroit un homme entierement.

ECUBIERS, *Marine* : ce sont deux trous ronds pratiqués de chaque côté de l'étrave ou de l'avant d'un navire, audessus du premier pont, par lesquels on fait passer les cables quand on veut mouiller. On les double de plomb, pour empêcher l'eau de couler entre les membres du vaisseau.

ECUEIL, *Marine* : c'est une roche cachée sous l'eau, ou à fleur d'eau, située en pleine mer, ou le long d'une côte, contre laquelle un vaisseau peut se briser & faire naufrage.

ECUELLE, *Méchanique* : c'est le nom qu'on donne à une plaque de fer un peu creuse sur laquelle pose le cylindre du cabestan, & sur laquelle il tourne. Quelques-uns l'appellent *noix*.

EFFET, *Méchanique* ; c'est le produit d'une cause agissante. Les effets sont toujours proportionnels à leurs causes.

EFFORT, *Méchanique* ; c'est la force avec laquelle un corps mis en mouvement tend à produire un effet, soit qu'il le produise réellement, soit que quelque obstacle l'en empêche. La mesure de l'*effort* est la quantité de mouvement qu'il produit, ou qu'il produiroit, si un obstacle ne l'en empêchoit, ou bien c'est le produit de la masse, par la vitesse actuelle du corps mis en mouvement, ou par sa vitesse virtuelle, c'est-à-dire, par celle qu'il auroit sans l'obstacle qui lui résiste. *Effort*, impression, moment d'une puissance, ce sont trois termes synonimes dont on se sert pour désigner l'action d'une puissance contre l'obstacle à surmonter, relativement à la maniere dont elle est appliquée à une machine.

EFFOURCEAU, *machines* ; c'est un assemblage fort & massif d'un timon & de deux roues montées sur leur essieu, qui sert pour transporter de très-gros fardeaux, comme poutres, &c. On suspend ces pieces à l'essieu avec des chaînes de fer.

EGALITÉ, *Géométrie* : c'est une convenance exacte de deux choses, relativement à leur quantité ou à leur étendue. *Raison d'égalité*, c'est le rapport qui se trouve entre deux quantités égales. *Proportion d'égalité*, est celle dans laquelle deux termes d'un rang, ou d'une suite, sont proportionnels à autant d'autres termes d'un autre rang ou d'une autre suite. En algebre, le signe d'*égalité* se marque ainsi $=$.

EGOUT, *Architecture* : c'est l'extrêmité du bas d'un comble, faite des dernieres tuiles ou ardoises, qui saillent au-delà de la corniche ou de l'entablement de l'édifice, pour recevoir les eaux de pluie & les éloigner d'un mur de face. L'*égout simple* est formé de trois rangs de tuiles ; il en entre cinq dans l'*égout double*.

EGOUT, *Architecture hydraulique* : c'est un canal de maçonnerie, assez souvent recouvert d'une voûte, pour faciliter l'écoulement des eaux sales d'une ville, ou d'un bâtiment de conséquence. Tels sont les *égouts* pratiqués autour de la ville de Paris, l'*égout* de Bicêtre, &c. Ordinairement *égout* se distingue de *cloaque*, en ce que les eaux & les immondices s'écoulent par un *égout*, & qu'elles croupissent dans un *cloaque*.

EGOUTOIR, *Marine* : c'est un treillis de bois dont on se sert pour mettre *égouter* un cordage qui vient d'être goudronné.

EGUILLES. Voyez AIGUILLES.

EGUILLETTES ou AIGUILLETTES, *Marine* : ce sont des pieces de bois qu'on met sur le serrage, comme les allonges sont dessous, pour renforcer un vaisseau de guerre chargé de beaucoup de canons. Les *aiguillettes* forment une nouvelle liaison entre le bas & le haut du bâtiment, & fortifient les endroits affoiblis par la trop grande quantité de sabords, étant pour cet effet posées entre chaque sabord.

ELANCEMENT, *Marine* : c'est la longueur du haut d'un vaisseau, qui excede celle de la quille. Voyez aussi au mot QUÊTE.

ELASTICITÉ, *Méchanique* : c'est la propriété ou la puissance que certains corps durs ont pour se rétablir dans leur premier état, après que le choc d'un autre corps, ou quelque autre cause extérieure, le leur a fait perdre. L'*élasticité* est plus ou moins grande, à proportion que les corps choqués sont plus ou moins compacts.

ELECTRICITÉ, *Physique*. On entendoit autrefois par ce terme la propriété que certains corps ont d'attirer & de repousser alternativement d'autres corps qu'on leur oppose; mais depuis le commencement de ce siecle, les plus habiles physiciens de l'Europe ont fait tant de découvertes & d'expériences sur ce phénomene merveilleux, & ils en ont expliqué si différemment les causes & les effets, qu'il n'est plus possible de définir autrement l'*électricité* que par ses propriétés. On trouve dans l'*encyclopédie*, que ce mot signifie en général « *les effets d'une* » *matiere très-fluide & très-subtile*, différente par ses » propriétés de toutes les autres matieres fluides que » nous connoissons, &c, qui produit par ses mouvemens » des phénomenes très-singuliers ». On peut voir dans les transactions philosophiques les nouvelles découvertes que M. *Gray* fit en 1720 sur l'électricité. Quelque tems après M. *du Fay* fit en France les mêmes expériences qui furent insérées alors dans les mémoires de l'académie des sciences. MM. *Desaguliers*, *Musschenbroëk*, l'abbé *Nollet*, *Waston*, *de Bose*, *Jallabert*, *Morin*, *Louis*, *Rabiqueau*, &c, ont aussi écrit sur l'*électricité*.

ELEGIR, *Architecture*. Ce terme se dit en général de toutes les pieces de bois, ou de fer, qu'on rend plus légeres en les affoiblissant, & en ôtant de la matiere aux endroits où il n'est pas nécessaire qu'elles soient si fortes. Il est particulierement d'usage dans la charpenterie & dans la menuiserie. On s'en sert aussi dans la maçonnerie : on *élégit* le mur d'appui qui est au-dessous d'une fenêtre, pour procurer plus de facilité à regarder ce qui se passe au dehors.

ELEMENS, *Géométrie*. On entend par ce mot les premiers principes d'où dérive une grandeur quelconque. Tel est le point qui est l'*élément* de la ligne, & la ligne qui est l'*élément* de la surface, &c. Dans la géométrie transcendante, on donne le nom d'*élémens* aux parties infiniment petites ou différentielles d'une ligne droite, d'une courbe, d'une surface, d'un solide, &c.

ELEVATION, *Architecture* : c'est la représentation d'une façade de bâtiment dessinée suivant ses mesures verticales & horisontales extérieurement apparentes, sans égard à la profondeur. *Stéréotomie de Frezier*. L'*élévation* s'appelle *orthographie*, quand elle est géométrale, c'est-à-dire, lorsque toutes ses parties ont leur véritable grandeur; & *scénographie*, lorsqu'elle est perspective, ou quand ses parties fuyantes paroissent en raccourci.

ÉLÉVATION, *Artillerie* : on entend par *élévation* d'un canon ou d'un mortier, l'angle que l'axe du canon, ou du mortier, fait avec le plan de l'horison.

ÉLÉVATION *des eaux*, *Hydraulique*. Ce terme s'emploie pour désigner la hauteur à laquelle s'*élevent* les eaux jaillissantes. Elle dépend de l'*élévation* des réservoirs, & de la juste proportion des ajutages avec le diametre des tuyaux de conduite.

ELEVER, *Mathématique*. On dit qu'on *éleve* un nombre ou une quantité au quarré, au cube, à la quatrieme puissance, &c, lorsqu'on en prend le quarré, le cube, la quatrieme puissance, &c.

ELLIPSE, *Géométrie* : c'est une figure ovale engendrée par un plan qui coupe la surface d'un cône obliquement à sa base. L'*ellipse* est une des trois sections coniques, elle a cette propriété, que si l'on mene une ordonnée au grand ou au petit axe de l'*ellipse*, le rectangle compris sous les parties de cet axe divisé par l'ordonnée, est au quarré de l'ordonnée même, comme le quarré de cet axe est au quarré de l'autre.

ELLIPSOIDE, *Géométrie* : c'est le solide de révolution que forme une demi-ellipse en tournant autour de l'un ou de l'autre de ses axes. L'*ellipsoïde* est allongé, si la demi-ellipse tourne autour de son grand axe : il est applati, si elle tourne autour de son petit axe.

EMBASEMENT, *Architecture* : c'est une espece de base continue sans moulures, en forme de retraite, au pied d'un édifice. Les Grecs l'appelloient *stéréobate*. Voyez à ce mot.

EMBELLE, *Marine* : c'est la partie d'un vaisseau comprise depuis la herpe du grand mât jusqu'à celle de l'avant, ou depuis le grand mât jusqu'au dogue d'amure, où l'on met les fargues dans le tems du combat.

EMBLÉE, *Art militaire*. Prendre une place d'*emblée*, c'est l'attaquer de vive force, en se jettant tout à coup dans son chemin couvert & dans ses dehors, ce qui ne se hasarde que lorsque la garnison est extrémement foible, ou quand on a quelque intelligence avec ceux de la place.

EMBOITER, *Hydraulique* : c'est enchasser un tuyau dans un autre, comme il se pratique dans les conduites d'eau formées de tuyaux de bois ou de grès.

EMBOITURE, *Menuiserie* ; c'est dans l'assemblage d'une porte collée & emboîtée, une espece de traverse de quatre pouces de largeur, qu'on met en haut & en bas, pour retenir en mortaise les ais à tenons, collés & chevillés. Les *emboitures* se font toujours en bois de chêne, même pour les ouvrages de sapin.

EMBOUCHURE *du canon* ; c'est l'ouverture par laquelle on introduit la poudre, le fourrage & le boulet dans son intérieur. Elle est terminée par une épaisseur de métal, appellée le *bourlet*. On la nomme plus communément la *bouche du canon*.

EMBRANCHEMENS, *Charpenterie*. On appelle ainsi, dans l'enrayure de la croupe d'un comble, les pieces de bois qui sont assemblées de niveau avec le coyer & les empanons.

EMBRASEMENT, EMBRASER. Voyez ci-devant aux mots EBRASEMENT, EBRASER.

EMBRASSURE, *Maçonnerie* : c'est un chassis de fer qui se met au-dessous de la plinthe & du larmier du haut d'une cheminée en plâtre, pour en empêcher l'écartement. *Embrassure* se dit encore d'une bande de fer dont on entoure une poutre éclatée, pour la maintenir. On donne aussi le nom d'*embrassure* aux empattemens ou racinaux d'une grue. *Félibien.*

EMBRASURES, *Fortification* : ce sont des ouvertures que l'on pratique dans le parapet d'un ouvrage de fortification, ou dans l'épaulement d'une batterie de canons, pour y passer la bouche & la volée de la piece. La partie du parapet ou de l'épaulement qui se trouve entre deux *embrâsures*, s'appelle *Merlon.*

EMBREVEMENT, *Charpenterie* : c'est une entaille que l'on pratique dans une piece de bois pour y retenir le bout d'une autre piece.

EMERILLON, *Artillerie* : c'est une petite piece de canon qui n'est plus d'usage, dont le boulet étoit du poids d'environ une livre.

EMPANONS ou CHEVRONS DE CROUPE, *Charpenterie* : ce sont des chévrons d'inégale longueur, qui sont attachés par en-haut sur les arestiers de la croupe d'un comble, & qui posent par le bas sur les sablieres ou plate-formes. *Félibien.*

EMPATTEMENT, *Architecture* : c'est une plus-épaisseur de maçonnerie qu'on laisse devant & derriere dans le fondement d'un mur, soit de face ou de refend. On en fait usage principalement pour les ouvrages exposés au courant des eaux, comme sont le bas des quais, le pied d'une pile de pont, &c, auxquels on donne beaucoup d'empattement pour les fortifier davantage.

EMPATURE, *Marine* : ce sont des entailles faites dans les pieces qui forment la quille, qu'on assemble à mi-bois, & qu'on retient avec de grosses chevilles de fer frappées par-dessous la quille, & clavetées ou rivées sur des viroles au-dessus de la carlingue. Les *empatures* ont ordinairement de longueur quatre fois l'épaisseur de la quille. Voyez ci-devant au mot ECART.

EMPILER, *Artillerie* : c'est arranger artistement des bombes & des boulets de canons suivant leurs différens calibres, dans un arsénal, ou dans un parc d'artillerie, de façon que d'un coup d'œil on puisse en estimer le nombre ou la quantité.

ENCAISSEMENT, *Archit. hydraul.* Le *dictionnaire encyclopédique* définit ainsi l'*encaissement* : « c'est tout un » ouvrage de charpente, dans lequel on coule à fond » perdu de la maçonnerie, pour faire une crèche » : mais M. *Tardif*, ingénieur des ponts & chaussées, d'une grande capacité, qui a composé un livre sur cette partie de l'architecture hydraulique, donne une autre idée de sa maniere de fonder dans l'eau par encaissement. Cette méthode, dit-il, consiste dans la construction d'un caisson, qui n'est proprement qu'un batardeau tout d'une piece, composé de deux pourtours ou bâtis de charpente placés l'un dans l'autre, laissant un intervalle d'environ deux pieds & demi, & réunis ensemble par le moyen d'un plan incliné que le bâtis de charpente forme par le bas. Son livre est intitulé, *nouvelle méthode d'encaissement pour fonder facilement & solidement, à telle profondeur qu'il sera nécessaire, dans les rivieres, dans les marais, & dans la mer*, &c. grand *in-folio*, avec beaucoup de figures. Paris, 1757. Voyez dans cet excellent ouvrage la construction de ces caissons, & le calcul par lequel il est démontré que la dépense d'un pareil caisson pour la fondation d'une pile de pont, au milieu d'un fleuve rapide dont le fond du terrein se trouve de mauvaise consistance, seroit de moitié moindre que celle que la méthode ordinaire des batardeaux a coutume d'occasionner, même en usant de beaucoup d'économie.

ENCASTILLAGE ou ACASTILLAGE, *Marine* : c'est l'élévation de l'arriere & de l'avant, & tout ce qui est construit dans un vaisseau depuis la lisse de vibord jusqu'au haut. M. *Duhamel* remarque que le mot *encastillage* ne comprend, à proprement parler, que les châteaux de l'avant & de l'arriere du vaisseau, comme nous l'avons dit au mot ACCASTELLAGE, mais qu'on entend cependant par ce terme toute la partie du navire qui est hors de l'eau.

ENCASTRER, *Architecture* : c'est enchasser ou joindre, soit par entaille, ou par feuillure, une pierre, ou une piece de bois dans une autre, ou bien enfoncer de toute son épaisseur un crampon dans deux pierres, pour les joindre plus intimement.

ENCEINTE, *Fortification* : c'est la circonférence ou le circuit d'une ville, ou d'une place, fortifiée le plus souvent d'un rempart formé par des bastions & des courtines.

ENCHEVALEMENT, *Charpenterie* : c'est une maniere d'étayer une maison lorsqu'on veut y faire quelque reprise par sous-œuvre.

ENCHEVAUCHURE, *Architecture* : c'est la jonction par recouvrement, ou par feuillure, de quelque partie avec une autre, comme celle d'une plate-forme ou d'une dale de pierre sur une autre, ce qui se fait ordinairement par entaille de la demi-épaisseur de la pierre ou de la piece de bois. Les tuiles & les ardoises se posent sur un toît par *enchevauchure. D'Aviler.*

ENCHEVÊTRURE, *Architecture* : c'est, dans un plancher, un assemblage de deux solives plus fortes que les autres avec une piece de bois plus courte, appellée *chevêtre*, qui laisse un vuide quarré long pour la place d'un âtre porté sur des barres de trémie, ou pour faire passer un ou plusieurs tuyaux de cheminées. *D'Aviler.*

ENCLAVE, *Architecture hydraulique* ; c'est une sorte de renfoncement qu'on pratique dans l'épaisseur de chaque bajoyer d'une écluse, pour y loger les portes quand elles sont ouvertes, afin qu'elles ne nuisent point à la navigation.

ENCLAVER, *Architecture* : c'est encastrer les bouts des solives d'un plancher dans les entailles d'une poutre : c'est aussi arrêter une piece de bois avec des clefs ou des boulons de fer. On *enclave* une pierre, en la mettant en liaison après coup avec d'autres, quoique de différentes hauteurs, ainsi qu'il se pratique dans les raccordemens.

ENCLOUER *le canon*, *Artillerie* : c'est en boucher la lumiere & rendre la piece inutile, en y faisant entrer par force un fort clou d'acier de forme quarrée, qu'on chasse dans la lumiere à grands coups de marteau, & dont on casse la tête pour qu'on ne puisse pas l'en retirer. Voyez dans l'*Artillerie raisonnée*, par M. *le Blond*, *in-octavo*, 1764, différens moyens de remédier à l'*encloueure du canon.*

ENCORBELLEMENT, *Architecture* : c'est le nom qu'on donne en général à toute saillie qui porte à faux sur quelque console ou corbeau au-delà du nud d'un mur.

ENCORNURE, *Maçonnerie* : c'est un éclat qui se fait à l'arrête d'une pierre taillée, soit en la conduisant, soit en la montant, ou en la posant en place.

ENDECAGONE, *Géométrie* : c'est une figure plane ou un polygone terminé par onze angles & par onze côtés.

ENDUIT, *Architecture hydraulique.* On enduit un bassin neuf avec une espece de ciment fait de mortier fin, dont on applique sur la maçonnerie une couche d'un pouce au moins d'épaisseur. On frotte ensuite cette couche avec de l'huile. Lorsque c'est un vieux bassin qui a été gâté par la gelée, ou pour avoir resté long-tems à sec, il faut le repiquer au vif, & le revêtir de trois à quatre pouces de cailloutage & d'un *enduit* général de ciment par-dessus.

ENDUIT, *Maçonnerie* : c'est une composition faite de plâtre pur, ou de mortier de chaux & de sable, ou de chaux & ciment, qui sert à revêtir un mur.

ENERGIE *d'un fleuve.* M. *Bélidor* se sert de ce terme pour désigner le mouvement de ses eaux, qui naît de leur pesanteur sur le fond.

ENFAITEMENT, *Maçonnerie* : c'est une ou plusieurs bandes de plomb dont on garnit le faîte d'un édifice couvert en ardoise.

ENFAITER : c'est revêtir de plomb le faîte d'un comble couvert en ardoise, ou arrêter des tuiles faîtieres avec une crête de plâtre ou de mortier, sur les toits couverts de tuiles.

ENFANS PERDUS, *Art militaire* : ce sont des soldats de bonne volonté fournis par compagnie, & qui étant détachés pour un assaut, ou pour forcer quelque poste, marchent toujours à la tête des troupes commandées pour les soutenir, & essuient le premier feu.

ENFILADE, *Architecture* : c'est la direction de plusieurs portes de suite, & sur une même ligne, dans un appartement de plain-pied.

ENFILADE, *Art militaire* : c'est une situation de terrein qui découvre un poste en ligne droite dans toute sa longueur.

ENFILER. En termes de guerre, c'est battre & nettoyer avec le canon, ou le fusil, toute l'étendue d'une ligne droite.

ENFOURCHEMENT, *Coupe des pierres* ; c'est l'angle formé par la rencontre de deux doëles de voûtes, à l'endroit où les voussoirs qui les lient ont deux branches, comme une fourche, dont l'une est dans une voûte & l'autre dans la voûte contiguë. *Stereotomie de Frezier.*

ENGERBER, *Artillerie* ; c'est arranger des barrils de poudre dans un magasin. On ne peut *engerber* que trois ou quatre rangs de barrils ; autrement les barrils qui forment la rangée du bas pourroient s'entr'ouvrir ou se défoncer par la pesanteur des rangs supérieurs.

ENGIN, *Méchanique ;* c'est une machine dont on se sert dans les bâtimens, pour enlever les pierres, les poutres & les solives. L'*engin* est composé d'un arbre soutenu de ses arc-bourans, & potencé d'un fauconneau par le haut, lequel par le moyen d'un treuil à bras qui dévide un cable, enleve les fardeaux.

ENGORGEMENT, *Hydraulique.* Ce terme se dit d'une conduite d'eau, dans laquelle il est entré des ordures qui la bouchent. On remédie aux engorgemens, en ôtant les tampons & les robinets de la conduite ou du tuyau, & en lâchant toute l'eau pour qu'elle entraîne ces ordures.

ENGORGER, *Artifices ;* c'est remplir de composition le trou vuide, ou l'âme, que la petite broche qui tient au culot du moule a laissé dans l'orifice de la fusée, en la chargeant.

ENGRAINER, *Méchanique.* On se sert de ce terme pour désigner la rencontre des dents d'une roue avec les fuseaux de la lanterne que cette roue fait mouvoir.

ENGRAISSEMENT, *Charpenterie.* Assembler *par engraissement*, c'est joindre deux pieces de bois si juste qu'il ne reste aucun vuide dans les mortoises, & que le tenon y entre de force, pour mieux contreventer & empêcher le hiement.

ENJALER *une ancre*, *Marine :* c'est attacher à l'ancre deux pieces de bois appellées *jas*, & les emparter ensemble vers l'organeau. Le *jas* sert à contrebalancer dans l'eau la patte de l'ancre pour la faire tomber sur le bon côté.

ENLASSER, *Charpenterie :* c'est, après que l'on a fait les tenons & les mortoises, percer un trou au travers, pour les cheviller. On appelle *enlassure* le trou percé avec le laceret au travers des mortoises & des tenons, pour les cheviller & les lier ensemble.

ENLIER, *Maçonnerie :* c'est engager l'une dans l'autre les pierres & les briques en batissant les murs, ensorte que les unes se trouvent posées sur leur longueur, comme les boutisses, & les autres sur leur largeur, comme les carreaux, pour faire liaison avec le garni ou le remplissage intérieur.

ENLIGNER, *Charpenterie* : c'est donner à une piece de bois exactement la même forme qu'à une autre, ensorte qu'étant mises bout à bout, l'une paroisse la continuation de l'autre, & qu'elles ne forment ensemble qu'une seule ligne droite.

ENNÉAGONE, *Géométrie* : c'est une figure qui a neuf angles & neuf côtés. En fortification, un *ennéagone* est une place entourée de neuf bastions.

ENNUSURE ou ANUSURE, *Couverture* : c'est un morceau de plomb en forme de basque, placé sous le bourceau & au pied des poinçons & amortissemens d'un comble.

ENRACINEMENT *d'un épi*, *Architecture hydraulique* : cet *enracinement* consiste en un certain nombre de tunes que l'on construit à la naissance d'un épi, & que l'on pousse de biais dans les terres jusqu'à une distance proportionnée au poids de l'épi, à sa longueur, & à la rapidité de l'eau où il est construit, pour lui tenir lieu de culée.

ENRAYURE, *Charpenterie* ; c'est l'assemblage de toutes les pieces qui servent à retenir les fermes & les demi-fermes d'un comble. L'enrayure est composée d'antes, de coyers, d'empanons, de goussets & d'embranchemens, avec sablieres simples ou doubles, &c.

ENROCHEMENT, *Architecture hydraulique* : ce terme se dit d'une fondation qu'on établit dans un endroit aquatique, où l'on ne peut faire d'épuisement. L'*enrochement* se fait en jettant dans l'eau une grande quantité de pierres, cailloux & moilons, pour former un massif qu'on éleve jusqu'au-dessus des eaux. Après avoir bien arrasé & laissé affaisser tout ce massif, on établit dessus un plancher de madriers & tout ce qui convient pour former un bon empattement. Cette maniere de fonder s'appelle aussi *fondation à pierres perdues*. Voyez la *Science des ingénieurs*, par *Bélidor*, livre III, pour la construction de ces sortes de travaux.

ENROULEMENT, *Architecture* : Ce mot s'applique à tout ce qui est contourné en ligne spirale, comme l'*enroulement* d'une plate-bande dans un parterre, ou celui d'un pilier butant en console renversée, pour cacher la retraite du second ou du troisieme Ordre d'un portail d'église.

ENSEIGNE, *Art militaire* : c'est un signe sous lequel les soldats se rangent & s'assemblent, selon les différens corps auxquels ils appartiennent. Le mot *enseigne* se subdivise en *drapeau* pour l'infanterie, & en *étendard* pour la cavalerie. Dans l'infanterie, l'officier qui porte le drapeau s'appelle *enseigne*. Dans la cavalerie, celui qui porte l'*étendard* s'appelle *cornette*.

ENSEMBLE, *Architecture*. Ce terme désigne toutes les parties d'un édifice, qui étant bien proportionnées les unes relativement aux autres, forment un beau tout.

ENTABLEMENT, *Architecture*: c'est, dans un Ordre d'architecture, la partie qui est portée par la colonne & son chapiteau. L'*entablement* est composé de trois membres principaux, sçavoir, l'architrave, la frise & la corniche. *Vignole* donne à l'*entablement* le quart de la hauteur de l'Ordre entier; *Palladio* lui en donne le cinquieme, & *Scamozzi* entre le quart & le cinquieme. Voyez les différentes proportions que les plus célebres Auteurs ont donné à l'*entablement* & à ses trois membres, dans le *parallele d'architecture* de MM. *Errard* & *de Chambray*, nouvelle édition augmentée, *in-octavo*, 1766, à Paris, chez *Jombert*. On donne aussi le nom d'*entablement* à toute corniche qui termine une façade de bâtiment par le haut, & sur laquelle pose le pied du comble.

ENTAILLE, *Architecture*: c'est une ouverture qu'on fait pour joindre un corps avec un autre. Dans une piece de bois, les *entailles* se font quarrément de la demi-épaisseur du bois, par embrévement, à queue d'aronde, en adent, &c. ainsi que les assemblages. On fait aussi des *entailles* dans les incrustations de pierre & de marbre, pour y rapporter des morceaux postiches. *D'Aviler*.

ENTAMURES, *Architecture*; c'est le nom qu'on donne aux premieres pierres que l'on tire d'une carriere nouvellement découverte. *D'Aviler*.

ENTER, *Architecture*: c'est joindre bout à bout & à plomb, deux pieces de bois de charpente de même grosseur, comme on le pratique aux escaliers de bois, aux poteaux cormiers, &c. ce qui se fait par tenons & mortoises, ou par une entaille de la demi-épaisseur du bois.

ENTERRAGE, *fonderie de canons*; c'est un massif de terre dont on remplit la fosse autour du moule, pour le rendre plus solide & l'entretenir également de tous les côtés.

ENTIERS, NOMBRES ENTIERS, *Arithmétique*. Ce sont des nombres qui ne sont pas moindres que l'unité. On les appelle ainsi par opposition aux fractions ou nombres rompus.

ENTOISER, *Maçonnerie*; c'est arranger quarrément divers matériaux, comme moilons, plâtras, &c, pour en faire ce qu'on appelle un *entoisement*, & pour les mesurer plus facilement à la toise cube.

ENTONNOIR: *Artillerie*; c'est le nom que l'on donne à l'excavation, ou au trou formé dans un terrein par l'action de la poudre, après que la mine a joué.

ENTRAIT, *Charpenterie*: c'est une maitresse piece de bois, ordinairement de 8 & 9 pouces de gros, dans laquelle s'assemblent les deux forces d'une des fermes d'un comble. Les combles fort élevés ont deux *entraits*, dont le premier se nomme *grand* ou *maître entrait*, & celui qui est au-dessus, *petit entrait*. Il y a aussi des *demi-entraits* qui servent aux combles qui n'ont qu'un égout, ou à la croupe d'un pavillon.

ENTRECOLONNE ou ENTRECOLONNEMENT, *Architecture*; c'est l'espace qui se trouve entre deux colonnes: il se détermine par une ligne tirée du bas du fût d'une colonne sur le bas de celle qui est à côté. *Vitruve* divise l'*entrecolonne* en cinq especes. Dans le *picnostyle*, les colonnes sont éloignées de trois modules, ou de trois demi-diametres de la colonne. Dans le *systyle*, elles le sont de quatre. Dans l'*eustyle*, de quatre & demi. Dans le *diastyle*, elles sont distantes de six modules: & dans l'*aréostyle*, elles le sont de huit, ou de quatre diametres entiers de la colonne. *Vitruve* donne la préférence à l'*eustyle*, comme tenant le milieu entre ces différentes manieres d'espacer les colonnes.

ENTRECOUPE, *Stéréotomie*; c'est un intervalle vuide formé par deux voûtes élevées l'une sur l'autre, ensorte que la doële, ou l'intrados, de la supérieure prend naissance sur l'extrados de l'inférieure, laquelle est quelquefois ouverte, comme au dôme des Invalides, à Paris, où la calotte se détache des côtés de la tour du dôme.

ENTRÉE *de serrure*; c'est une plaque de fer accompagnée de quelque ornement, qui sert de passage au panneton d'une clef.

ENTRELAS, *Architecture*: c'est un ornement composé de listels & de fleurons liés & croisés les uns avec les autres, qui se taille dans les frises & sur les moulures plates.

ENTRELAS *d'appui*, *Architecture* : ce sont des ornemens de sculpture à jour, en pierre ou en marbre, dont on se sert quelquefois au lieu de balustres, pour remplir les appuis évuidés des tribunes, balcons, rampes d'escalier, &c.

ENTRE-MODILLON, *Architecture* : c'est l'espace qui se trouve entre deux modillons. Les *entre-modillons* doivent être égaux dans tout le cours d'une corniche.

ENTRE-PILASTRE, *Architecture* : c'est l'espace compris entre deux pilastres. Les *entre-pilastres* suivent la même regle que les entre-colonnes.

ENTREPRENEUR, *Architecture* : c'est un homme capable & intelligent, qui se charge des travaux & de la conduite d'un bâtiment, pour certaine somme dont il est convenu avec le propriétaire, ou pour en être payé à la toise suivant le prix courant, en fournissant son mémoire que l'on fait régler par des experts. Dans les fortifications, un *entrepreneur* est un homme qui se charge de la construction des ouvrages de fortification, selon le marché, le devis & les conditions qui lui ont été prescrites dans l'adjudication qui lui en a été faite par le directeur général des fortifications, ou par l'ingénieur en chef.

ENTRESOLS ou MEZZANINES, *Architecture* ; ce sont de petites pieces pratiquées au-dessus de l'appartement du rez-de-chaussée, & quelquefois au-dessus d'un étage supérieur, pour se procurer plus de logement, ou pour faire de petits appartemens d'hyver.

ENTRETOISE, *Artillerie*. On donne ce nom à des pieces de bois qui joignent ensemble & entretiennent les deux flasques de l'affût d'un canon. On en compte quatre, l'*entretoise de volée*, celle de couche, celle de mire, & l'*entre-toise de lunette*. On pose sur les trois premieres une piece de bois assez forte, appellée *semelle de l'affût*, sur laquelle repose la culasse du canon. L'*entre-toise de lunette* est percée d'un trou dans lequel on passe une forte cheville de fer, qui sert à joindre l'affût à son avant-train, lorsqu'on veut voiturer le canon.

ENTRE-TOISE, *Charpenterie*. C'est en général une piece de bois placée entre deux autres, & qui y est assemblée avec tenons & mortoises. L'*entretoise* sert à entretenir les poteaux d'une cloison ou d'un pan de bois, le faîte avec le sou-faîte, les sablieres avec les plate-formes d'un comble, &c.

ENTREVOUX, *Maçonnerie* : c'est l'espace qui se trouve dans un plancher entre deux solives, lequel se recouvre d'ais, ou d'un enduit de plâtre ou de mortier.

EOLIPYLE, *Physique* : c'est une boule ou un globe concave de métal, percé d'un petit trou, par lequel on l'emplit à moitié d'eau. On le met ensuite sur les charbons ardens, dont la chaleur raréfie tellement l'air & l'eau qui s'y trouvent renfermés, qu'ils se réduisent en vent, qui sort de la boule par le même trou avec une grande violence.

EPAISSEUR *du métal*, *Artillerie*. Cette *épaisseur* varie dans la longueur du canon, suivant les endroits où la piece a plus ou moins d'effort à soutenir dans l'instant de l'inflammation de la poudre. L'inégalité d'*épaisseur* que cette variété occasionne, est rachetée par les moulures qui se trouvent à chaque renfort. Voyez au mot RENFORT.

EPANCHOIR, *Hydraulique* : c'est une espece de canal formé avec quelques planches jointes & arrêtées ensemble, pour faciliter l'écoulement des eaux d'une fondation.

ÉPAUFRURE, *Maçonnerie*. C'est un éclat fait au bord du parement d'une pierre, qui a été emporté par un coup de têtu donné mal à propos.

EPAULE, *Fortification*. C'est la partie d'un bastion où la face & le flanc se joignent, & où ils forment un angle appellé pour cette raison *angle de l'épaule*.

EPAULÉE, *Maçonnerie*. On dit qu'un mur est fait par *épaulées*, lorsqu'il n'est pas élevé de suite par rangs d'assises de niveau, mais par redens, c'est-à-dire à diverses reprises, ou en des tems différens, comme il est d'usage lorsqu'on travaille par sous-œuvre.

EPAULEMENT, *Architecture* : c'est toute portion de mur qui sert à soutenir en partie un chemin escarpé, ou situé sur l'extrêmité de quelque pente de montagne. L'*épaulement* fait en contre-bas ce que le rideau fait dans un sens contraire.

EPAULEMENT, *Artillerie* : c'est, dans une batterie de canons, le parapet qui sert à la couvrir du feu de l'ennemi. C'est dans cet *épaulement* que l'on perce des embrâsures fures pour tirer le canon. On donne à l'épaulement 18 ou 20 pieds d'épaisseur sur environ 8 pieds de hauteur. L'*épaulement* d'une batterie de mortiers ne differe de celui-ci qu'en ce qu'il n'a point d'embrâsures ; mais on plante sur le haut, vis-à-vis chaque mortier, deux piquets qui servent à le diriger.

ÉPAULEMENT, *Attaque des places* : c'est une élévation de terre qu'on faisoit autrefois dans les sieges, pour mettre la cavalerie à couvert du canon de l'ennemi. On en faisoit usage principalement dans les endroits exposés à quelque commandement. Dans la guerre des sieges, on donne aussi le nom d'*épaulement* à tous les ouvrages destinés à couvrir des troupes ou des travailleurs. On les éleve au-dessus du terrein où l'on se trouve, soit par le moyen de fascines mêlées de terre, soit avec des gabions ou des sacs à terre.

ÉPAULEMENT, *Charpenterie* : c'est une espece de tenon qui sert à couvrir un des côtés de la mortoise. Il se fait en recran d'un côté, d'environ un pouce, & de la largeur du tenon.

ÉPAULEMENT, *Fortification* : c'est le nom que l'on donne à la partie avancée d'un flanc couvert, au retour de la face d'un bastion, vers l'angle de l'épaule, quand il est quarré ou en ligne droite. Lorsque ce retour est arrondi en portion de cercle, on l'appelle *orillon*.

ÉPÉE, *Tactique* : arme offensive qu'on porte pendue à la ceinture, enfermée dans un fourreau, & qui est en usage chez presque toutes les nations policées de l'Europe. M. le Maréchal *de Puységur* démontre dans son excellent ouvrage l'inutilité de cette arme, qui est incommode & fort embarrassante pour le soldat. *Art de la guerre de Puységur.*

EPERON ou POULAINE, *Marine* ; c'est un assemblage de plusieurs pieces de bois que l'on pose en saillie au-devant du vaisseau, qui sert à ouvrir les flots de la mer & à assujettir le mât de beaupré par le moyen des cordages qu'on nomme *lieures*. On y place plusieurs poulies pour passer des manœuvres. Les principales pieces qui composent l'éperon ou la poulaine, sont la gorgere, le digon, les jottereaux & leurs courbes, la courbe capucine & les herpes.

EPERONS, *Architecture & Fortification*. Voyez ci-devant au mot CONTREFORTS.

EPERONS, *Archit. hydraul.* Ce sont des ouvrages que l'on construit au-devant des piles des ponts, pour résister aux corps étrangers, tels que les bois, les glaces, &c, que l'eau entraîne, afin que les ponts n'en soient point ébranlés.

EPI, *Charpenterie*; c'est dans un comble circulaire, comme celui du chevet d'une église, l'assemblage des chevrons avec des liens ou esseliers à l'entour du poinçon; ce qu'on appelle aussi *assemblage en épi.*

EPI DE FAÎTE: c'est le bout du poinçon qui paroît au-dessus du faîte d'un comble, sur lequel on attache des amortissemens de poterie, de plomb, de fer, ou de bronze.

EPIS, *Archit. hydraul.* Ce sont des especes de digues construites en maçonnerie, ou avec des coffres de charpente remplis de pierres, ou bien formées d'un tissu de fascinage piqueté, tuné, & garni d'une couche de gravier, qui se placent le long des bords d'une riviere, pour en déterminer le courant à se porter d'un côté plutôt que d'un autre, suivant le besoin que l'on a d'en élargir les bords ou d'en approfondir le lit à cet endroit. *Archit. hydraul. de Bélidor*, tome IV, page 292.

EPIS. On donne souvent ce nom à toutes les digues dont l'objet est de conserver les berges d'une riviere, comme les *épis* construits le long du Rhin, qui ne sont que des revêtemens de fascinage: mais les *épis*, proprement dits, sont des bouts de digues destinés à modifier le cours d'une riviere de maniere qu'elle se rétablisse d'elle-même dans son premier état, en détruisant les attérissemens, & en remplissant les affouillemens que l'irrégularité du terrein & la rapidité du courant y ont formés. Comme ces sortes d'ouvrages ne sont point permanens, les *épis ambulans* sont d'une grande utilité pour cet usage, & l'on se contente quelquefois d'un vieux bateau qu'on fait échouer à propos à l'endroit où l'on en a besoin, & qu'on retire par morceaux lorsqu'il a produit l'effet qu'on en attendoit. Voyez à ce sujet les *recherches sur la construction des digues*, par MM. *Bossut & Viallet*, *in-quarto*, 1764.

EPICYCLOIDE, *Géométrie*: c'est une ligne courbe formée par la révolution d'un cercle autour d'un autre cercle. Par exemple, si une roue de carrosse rouloit sur la circonférence d'une autre roue, la courbe que décriroit un des clous de cette roue seroit une *épicycloïde*. MM. le Mar quis *de L'hopital*, *de la Hire*, *Nicole*, les *Bernoulli*, *Maupertuis*, *Clairaut*, *Bougainville*, l'abbé *Deidier*, &c, ont écrit sur la nature & les propriétés de cette courbe, & M. *Bélidor* en a fait l'application aux machines hydrauliques dans son *Architecture hydraulique*.

EPIGEONNER, *Maçonnerie* : c'est employer le plâtre un peu serré, sans le plaquer ni le jetter, mais en le levant doucement avec la main & la truelle par *pigeons*, c'est-à-dire par poignées, comme il se pratique dans la construction des tuyaux & languettes de cheminée en plâtre pur. *D'Aviler.*

EPINGLETTE, *Artillerie* : c'est une espece de grosse aiguille de fer, dont on se sert pour percer les gargousses afin de pouvoir les amorcer, après qu'elles sont introduites au fond de l'ame du canon. Au défaut de l'*épinglette*, le canonier se sert du dégorgeoir pour la même opération.

EPISTYLE, *Architecture* : c'est un terme dont les Grecs se servoient pour désigner ce que nous connoissons aujourd'hui sous le nom d'*architrave*. Voyez à ce mot.

EPONTILLES, *Marine* : ce sont des étais ou des pieces de bois posées perpendiculairement de deux en deux baux, pour fortifier les ponts & les gaillards. Celles qui sont voisines du grand & du petit cabestan, sont à charniere, pour pouvoir les ôter quand il faut virer : mais aussitôt après on les remet à leur place. On met une *épontille* plus forte sous le mât d'artimon, ainsi que dans les autres endroits où les ponts sont chargés d'un grand poids.

EPREUVE, *Artillerie* : c'est le moyen qu'on emploie pour s'assurer de la bonté des pieces d'artillerie. L'*épreuve* du canon consiste à tirer plusieurs fois de suite la même piece avec des charges plus ou moins fortes ; après quoi l'on flambe la piece, & on la visite avec le chat, la bougie, le miroir, &c. On *éprouve* le mortier en le tirant trois fois de suite avec autant de poudre que sa chambre peut en contenir, & avec une bombe du diametre du mortier, remplie de terre mêlée avec de la sciure de bois. Voyez ces différentes épreuves, ainsi que celles qui font l'objet des articles suivans, très-bien expliquées dans la nouvelle édition de l'*artillerie raisonnée*, par M. *le Blond*, *in-octavo*.

EPREUVE *du fusil*. La premiere *épreuve* se fait dans les manufactures mêmes, en les couchant à terre & en les chargeant de la dix-huitieme partie d'une livre de poudre, sans l'amorce, & d'une balle des vingt à la livre. La seconde se fait à l'arsenal de Paris, en les chargeant de la trentieme partie d'une livre de poudre, & d'une balle de calibre.

Epreuve *de la poudre*. Il y a plusieurs manieres d'*éprouver* la poudre, dont on peut voir le détail dans les *mémoires d'artillerie de Saint-Remy*, d'où ce qui concerne les épreuves précédentes est tiré; mais la meilleure invention est par le moyen de l'*éprouvette* dont on va parler.

Epreuve *des mines*. On fait des *épreuves* pour estimer la quantité de poudre nécessaire pour charger les fourneaux des mines dans des terreins de diverse consistance, suivant la hauteur déterminée de la ligne de moindre résistance. Voyez à ce sujet les *mémoires d'artillerie* cités ci dessus, & l'*artillerie raisonnée*, par M. *le Blond*.

EPROUVETTE; c'est une machine propre à mesurer le degré de force ou de bonté de la poudre à canon. Elle consiste dans un petit mortier coulé tout d'une piece avec sa semelle, & incliné sous un angle de 45 degrés, lequel, avec trois onces de poudre, doit chasser un boulet du poids de 60 livres à la distance au moins de 50 toises.

EPTAGONE, *Géométrie*: c'est une figure qui a sept angles & sept côtés. Lorsque ces côtés & les angles qu'ils forment entr'eux sont égaux, l'*eptagone* est régulier; autrement il est irrégulier. On écrivoit autrefois *heptagone*, *hexagone*.

EPUISE-VOLANTES, *Hydraulique*: c'est le nom que donne M. *Bélidor* à certaines machines fort simples dont on se sert pour épuiser l'eau dans les fondemens des édifices aquatiques, comme sont les pelles, les écopes, les hollandoises, la vis d'Archimede, &c.

EPURE, *Stéréotomie*; c'est la figure d'une piece de trait aussi grande que l'ouvrage, telle que le dessein d'une voûte tracée sur l'enduit d'une muraille ou d'un plancher, de la grandeur dont elle doit être exécutée, pour y prendre les mesures convenables à l'exécution de l'ouvrage. Dans la charpenterie, un pareil dessein change de nom & s'appelle *ételon*. *Stéréotomie de Frezier*.

EQUARRIR, *Architecture*. On *équarrit* une pierre ou une piece de bois, en taillant ses surfaces de maniere qu'elles soient à l'équerre l'une à l'autre.

EQUARRISSAGE, *Charpenterie*. On dit qu'une piece de bois a 6 sur 8 pouces d'*équarrissage*, pour désigner les deux dimensions qui forment son épaisseur. Lorsque ces deux dimensions sont égales, comme de 10 pouces sur 10, on dit simplement qu'elle a 10 pouces de *gros*.

EQUARRISSEMENT, *Charpenterie*; c'est la réduction d'un arbre en grume en une piece de bois quarrée, ce qui se fait en abattant avec la coignée ses quatre dosses flaches.

EQUARRISSEMENT, *Stéréotomie*. Tailler la pierre *par équarrissement*, c'est une maniere de la tailler sans le secours des panneaux, l'ayant seulement préparée, en l'*équarrissant*, à y appliquer les mesures des hauteurs & des profondeurs qu'on a trouvé dans le dessein de l'épure pour chaque voussoir. On l'appelle aussi *par dérobement*.

EQUATION, *Algebre*; c'est une expression de rapport entre des quantités connues & des inconnues, ou bien c'est un rapport d'égalité entre deux quantités de différente dénomination. Les quantités connues s'expriment par les premieres lettres de l'alphabet, & les inconnues par les dernieres lettres. Comme l'explication de cette définition nous entraîneroit dans un trop grand détail, nous nous contenterons de renvoyer pour cet effet au *dictionnaire universel de mathématique*, par M. *Saverien*, ou au grand *dictionnaire encyclopédique*, dans lequel cet article a toute l'étendue qui lui est nécessaire pour le rendre intelligible.

EQUATION SIMPLE ou *du premier degré*; c'est celle dans laquelle l'inconnue ne monte qu'à la premiere puissance, ou au premier degré, comme $x = a + b$.

EQUATION QUARRÉE ou *du second degré*; c'est celle où la plus haute puissance de l'inconnue est de deux dimensions, comme $x^2 = a^2 + b^2$.

EQUATION CUBIQUE, ou *du troisieme degré*; c'est celle où la plus haute puissance de l'inconnue est de trois dimensions, comme $x^3 = a^3 + b^3$. Si la quantité inconnue est de quatre, cinq, &c., dimensions, l'*équation* est appellée du quatrieme, du cinquieme, &c. degré. On appelle *membres d'une équation* les deux quantités séparées par le signe d'égalité =. *Termes d'une équation*, ce sont les différentes quantités ou parties dont chaque membre de l'équation est composé, & qui sont jointes ensemble par les signes + ou —. *Racine d'une équation*, c'est la valeur de la quantité inconnue de l'équation.

EQUERRE, *Géométrie* : c'est un instrument de mathématique qui sert à tracer & à mesurer des angles droits, ou à élever des perpendiculaires sur une base donnée. L'*équerre* est composée de deux regles de bois, de fer, ou de laiton, assemblées & jointes perpendiculairement l'une sur l'autre. Lorsque ses deux branches sont mobiles, on l'appelle *biveau* ou *fausse équerre*.

EQUERRES, *Hydraulique* : ce sont des coudes qu'on est obligé de faire à une conduite lorsque le dessein d'un jardin assujettit à des angles indispensables. On donne aussi le nom d'*équerre* à de fortes plate-bandes de fer coudées, dont on garnit les angles des réservoirs de plomb, lorsqu'ils se trouvent isolés, pour soutenir la poussée de l'eau & empêcher l'écartement des côtés.

EQUERRE D'ARPENTEUR : c'est un instrument qui sert à mesurer l'aire d'un terrein & à en lever le plan. Il est composé d'un cercle de cuivre de 5 à 6 pouces de diametre divisé par deux lignes qui se coupent à angles droits au centre. Quatre pinnules dont la fente est perpendiculaire à ces lignes, sont élevées au-dessus.

EQUERRE DES CANONIERS : c'est un instrument de cuivre, qui sert à pointer le canon sous tel angle que l'on veut: il est formé de deux branches d'inégale longueur, avec un quart de cercle divisé par degrés.

EQUIANGLE, *Géométrie*. Ce terme se dit des figures qui ont leurs angles égaux : par exemple, un triangle équilatéral est aussi *équiangle*. Les triangles semblables sont *équiangles*, & ils ont leurs côtés proportionnels.

EQUIDISTANS, *Géométrie*. Ce terme sert à exprimer la relation de deux choses qui sont à égale distance l'une de l'autre.

EQUILATÉRAL, *Géométrie* : c'est une figure quelconque qui a tous ses côtés égaux, comme les poligones réguliers.

EQUILIBRE, *Méchanique* : c'est l'état où se rencontrent deux ou plusieurs puissances, lesquelles, agissant également les unes contre les autres autour d'un point fixe, demeurent en repos. La partie de la méchanique qu'on appelle *statique*, a pour objet les loix de l'*équilibre* des corps. Les liqueurs ne peuvent se trouver parfaitement en *equilibre*, que lorsque tous les points de leur surface se sont mis de niveau.

EQUIMULTIPLE, *Arithmétique*. Ce terme se dit des grandeurs ou des quantités multipliées également, c'est-à-dire, par des quantités égales, ou par des multiplicateurs égaux.

EQUINOMES, *Géométrie*. On donne ce nom aux angles & aux côtés de deux figures qui se suivent toujours dans le même ordre.

EQUIPAGE, *Artillerie*. On comprend sous ce nom les officiers, les pieces, les munitions, les caissons & les chevaux d'artillerie qui servent à la suite d'une armée, ou qui sont nécessaires pour former un siege.

EQUIPAGE, *Art militaire*. L'*équipage* de guerre consiste dans les voitures, les chevaux, les harnois, les tentes, meubles, ustenciles & domestiques de toute espece, que les officiers, tant généraux que particuliers, conduisent avec eux à la guerre.

EQUIPAGE, *Hydraulique*. On appelle *équipage de pompe*, non-seulement le corps de pompe, mais aussi les pistons, les balanciers, les manivelles, & les autres pieces d'une pompe avec leurs garnitures, soit qu'elle agisse par le moyen de l'eau, de l'air, des hommes, ou des animaux.

EQUIPAGE, *Maçonnerie* : ce terme se dit dans un attélier de maçonnerie, tant des grues, gruaux, chevres, vindas, chariots, camions & autres machines ou voitures, que des échelles, baliveaux, plate-formes, dosses, cordages, &c, & de tout ce qui sert pour le transport & l'emploi des matériaux.

EQUIPAGE, *Marine*. On entend par l'*équipage* d'un vaisseau, le nombre des officiers, soldats & matelots embarqués sur un vaisseau, pour son service & sa manœuvre pendant le cours de la campagne. Les vaisseaux de guerre ont un *équipage* bien plus fort & plus nombreux que les vaisseaux marchands. Par l'ordonnance de 1689, l'équipage d'un vaisseau du premier rang est de 800 hommes; celui d'un vaisseau du second rang est de 500, & ainsi des autres; mais aujourd'hui les *équipages* sont plus forts que ceux de ce tems-là.

EQUIPEMENT ou ARMEMENT *d'un vaisseau*; c'est l'assemblage de tout ce qui est nécessaire, tant pour la manœuvre du vaisseau ; que pour la subsistance & l'*armement de l'équipage.*

ERESTIERS, *Charpenterie.* Voyez ARESTIERS.

ESCADRE, *Marine* : c'est un nombre de vaisseaux réunis ensemble, sous le commandement d'un officier général, soit lieutenant-général, soit chef d'escadre. Il faut au moins quatre ou cinq vaisseaux réunis pour mériter le nom d'*escadre.* En France, une armée navale est partagée en trois *escadres*, sçavoir la blanche, la bleue, & l'*escadre* bleue & blanche.

ESCADRON, *Art militaire* : c'est un assemblage de gens de guerre armés & exercés pour combattre à cheval. L'*escadron* est composé de 120, 140 & jusqu'à 150 maîtres, disposés sur trois rangs de hauteur.

ESCADRONNER : c'est faire les diverses évolutions qui appartiennent à la cavalerie.

ESCALADE, *Art militaire* : c'est une attaque brusque qu'on fait à une ville ou à un ouvrage qu'on veut surprendre, en franchissant ses murs ou ses remparts avec des échelles. On se garantit de l'*escalade* en fraisant le pourtour du rempart de la place ; mais le moyen le plus sûr est de se tenir sur ses gardes, & de faire exactement les rondes & le service militaire.

ESCALIER, *Architecture* : c'est, dans un bâtiment, une piece dans laquelle sont pratiqués des degrés ou marches pour monter aux différens étages élevés les uns au dessus des autres, & pour en redescendre. Il se fait des escaliers de plusieurs sortes : voyez-en le dénombrement dans le *dictionnaire d'architecture de d'Aviler* ; & leur construction dans le *traité des escaliers* inséré dans la nouvelle édition de l'*architecture moderne, in-quarto*, 2 vol. 1764.

ESCALIER, *Hydraulique.* Dans les grands jardins de propreté qui sont décorés de cascades, on pratique des *escaliers* de pierre, dont la plupart sont en fer à cheval, avec un bassin qui en occupe le milieu. Quelquefois ces escaliers sont en forme de gradins revêtus de gazon. Voyez dans *les délices de Versailles, in-folio*, 1766, la cascade champêtre de Marly, planche 87 ; la grande cascade de Saint-Cloud, plan. 114, le grand escalier de Sceaux, planches 136 & 137, &c.

ESCAPE ou CONGÉ, *Architecture* : c'est un adoucissement en portion de cercle qui joint le fust de la colonne à sa ceinture, d'où la colonne commence à s'*échapper* & à s'élever en haut. Les Grecs le nommoient *apophyge*. *Parallele de Chambrai*.

ESCARMOUCHE, *Art militaire* : c'est une espece de combat sans s'y être préparé, ou de rencontre ; qui se fait en présence de deux armées entre de petits corps de troupes détachés, qui s'engagent dans un combat particulier.

ESCARPE, *Fortification*. On appelle ainsi le talud extérieur du rempart, ou le côté de son revêtement qui regarde la campagne. Le talud de l'*escarpe* commence au bas du fossé & va se terminer sous le cordon. Le revêtement qui termine le fossé du côté de la campagne se nomme *contrescarpe*, parce qu'il est opposé à l'*escarpe*. Dans les ouvrages non revêtus, l'*escarpe* commence à la partie supérieure du parapet, & se continue jusqu'au bas du fossé.

ESCARPER ; c'est en coupant un roc ou des terres vierges, leur donner le moins de talud qu'il est possible.

ESCOPE, *Marine* ; c'est un brin de bois de grosseur médiocre, dont on se sert pour jetter de l'eau de la mer le long du vaisseau quand on veut le laver ou en mouiller les voiles.

ESCOPERCHE : c'est une machine dont on se sert pour enlever des fardeaux, au moyen d'une piece de bois ajustée sur un gruau, au bout de laquelle il y a une poulie. On donne encore le nom d'*escoperches* à des perches extrêmement longues, comme des baliveaux, dont les maçons se servent pour s'échaffauder. Voyez aussi cidevant au mot ECOPERCHE, qui est plus usité.

ESCOUADE, *Art militaire* ; c'est un petit nombre de soldats à pied. Une compagnie se divise ordinairement en trois *escouades*. Ce terme ne s'applique qu'à l'infanterie ; on se sert du mot *brigade* pour la cavalerie : ainsi on dit une *escouade* de guet à pied, & une *brigade* de maréchaussée ou de guet à cheval.

ESMILLER, *Maçonnerie* ; c'est équarrir du moilon avec le marteau & piquer son parement. *Moilons esmillés*, ce sont des moilons équarris & taillés grossierement avec la pointe du marteau, n'étant destinés que pour remplir les massifs des gros murs.

ESPACE, *Géométrie*. C'est l'aire d'une figure renfermée & bornée par les lignes droites ou courbes qui la terminent.

ESPACE, *Méchanique* : c'est la ligne droite ou courbe qui l'on conçoit qu'un corps mobile décrit dans son mouvement. L'*espace parcouru* par un corps, d'un mouvement uniforme, peut toujours s'exprimer par le produit de sa vîtesse multipliée par le tems qu'il a mis à le parcourir. Les *espaces parcourus* en différens tems par un mobile depuis le commencement de sa chûte, sont entr'eux comme les quarrés de ces mêmes tems.

ESPACE SUPERFLU, *Hydraulique* : c'est, dans une pompe, l'espace qui se trouve entre le fond du corps de pompe & le piston, lorsque la soupape inférieure étant placée dans le fond du corps de pompe, le piston ne peut en approcher qu'à une certaine distance. Cet *espace* peut faire manquer la pompe, en empêchant que l'eau qui s'est élevée à une certaine hauteur dans le tuyau d'aspiration, puisse monter plus haut.

ESPACEMENT, *Architecture* : c'est, dans l'art de bâtir, toute distance égale entre deux corps. Ainsi l'on dit l'*espacement* des poteaux d'une cloison, des solives d'un plancher, des chevrons d'un comble, &c. *Espacer* tant plein que vuide, c'est laisser les intervalles égaux aux massifs. L'*espacement* des colonnes a été expliqué ci-devant au mot ENTRE COLONNEMENT.

ESPAGNOLETTE, *Serrurerie* ; c'est une fermeture de fenêtre qui consiste en une longue barre de fer polie & arrondie, qui par le moyen d'une espece de manivelle, ferme les croisées & leurs guichets, haut & bas, d'un seul coup de main. Voyez-en la figure & les développemens dans le *cours d'architecture de d'Aviler*, ou dans la *décoration des édifices*, par *Blondel*.

ESPALMER, *Marine* : c'est nettoyer, laver & donner le suif à un navire depuis la quille jusqu'à la ligne d'eau, pour le faire voguer avec plus de vîtesse ; c'est la même chose que *caréner*.

ESPION, *Art militaire* : c'est, en général, une personne qui examine les actions d'une autre. Dans l'art militaire, c'est un homme adroit & intelligent, que l'on paie pour découvrir ce qui se passe dans une place de guerre ou dans une armée ennemie. Pour se procurer de bons espions (car il est nécessaire d'en avoir sur lesquels on puisse compter) il faut les bien payer. Le métier est un peu dangereux ; mais l'avidité du gain fait toujours trouver assez de gens qui en courent les risques.

ESPLANADE, *Fortification* : c'est un grand espace de terrein plat, de niveau, & vuide de maisons, qu'on laisse toujours entre la ville & la citadelle, pour que personne ne puisse en approcher sans être apperçu.

ESQUIF, *Marine* : c'est un petit bateau destiné pour le service d'un grand vaisseau, & que l'on embarque dans tous les grands voyages. C'est une espece de petite *chaloupe* que l'on tient sur le tillac d'un navire, & que l'on met en mer pour aborder quelqu'un à terre, ou pour aller chercher les provisions dont on a besoin.

ESSELIERS, *Charpenterie*. Voyez AISSELIERS.

ESSIEU, *Méchanique* : c'est un cylindre de bois ou de fer qui traverse à angle droit une grande roue. C'est aussi quelquefois un tympan ou tambour, autour duquel file une corde pour enlever un fardeau. On le nomme aussi *axe*. Voyez à ce mot.

EST, *Marine* ; c'est le nom d'un des vents ou d'un des points cardinaux de l'horison, qui est éloigné de 90 degrés, ou d'un quart de cercle, du nord ou du sud. Le vent d'*est* est celui qui souffle du côté du soleil levant, lorsqu'il est dans l'équateur.

ESTACADE, *Architecture hydraulique* : c'est une file de pieux moisés, assemblés & couronnés d'un chapeau, pour empêcher les glaces d'entrer dans un bras de riviere où l'on a mis des bateaux à l'abri. Il y a une pareille *estacade* à la tête de l'isle Louvier, à Paris.

ESTACADE, *Marine* ; c'est une espece de digue construite dans la mer avec d[illegible]lots, pour fermer entierement l'entrée d'un port, [illegible] empêcher qu'il n'entre, du côté de la mer, aucun secours à une ville maritime.

ESTAINS ou CORNIERES, *Marine* : ce sont deux pieces de bois qui ont une courbure semblable à une espece de doucine, & qui forment la rondeur de l'arriere du vaisseau. Cette courbure prend sa naissance sur l'étambot, à l'élévation des façons de l'arriere, & va aboutir aux extrêmités de la lisse de hourdi.

ESTANCES, *Marine*. Ce sont des piliers ou des pieces de bois posées verticalement le long des hiloires, pour soutenir les barrotins. Leur longueur est de toute la hauteur qui se trouve entre deux ponts.

ESTIME, *Marine* : c'est le calcul que fait le pilote de la route & de la quantité du chemin d'un vaisseau.

ESTRADE, *Architecture hydraulique* : c'est la partie du

radier d'une écluſe compriſe entre les portes d'amont & celles d'aval. L'*eſtrade* ſe tient plus élevée d'environ un pied que le reſte du radier, ſon plancher devant araſer la hauteur du buſc ou du ſeuil contre lequel les portes s'appuient quand elles ſont fermées.

ESTRAN, *Marine*; c'eſt une étendue de terrein le long d'une côte qui eſt très-platte & ſabloneuſe, & dont ſouvent une partie eſt couverte par les hautes marées. Ce terme n'eſt guere en uſage que ſur les côtes de Flandres & de Picardie.

ETABLISSEMENT *des marées* dans un port. C'eſt l'heure à laquelle la mer eſt la plus haute dans ce port les jours de la nouvelle & de la pleine lune.

ETAI, *Marine*; c'eſt un gros cordage à douze tourons, qui par le bout d'en-haut ſe termine à un collier pour ſaiſir le mât ſur les barres. Par le bout d'en-bas, il va répondre à un autre collier qui le bande & le porte vers l'avant du vaiſſeau, pour tenir le mât dans ſon aſſiette & l'affermir de ce côté, comme les haubans le ſoutiennent du côté de l'arriere.

ÉTALER LE HAUT, *Marine*. En parlant de la mer, on dit qu'elle *étale* de haut, lorſque ſes eaux montent, dans le tems du flux. *Bélidor*, *Architecture hydraulique*, tome III, page 344.

ÉTALON, *Hydraulique*: c'eſt un vaiſſeau, ordinairement de forme cubique, qui contient une certaine quantité d'eau, ſervant à jauger la dépenſe d'une ſouce, c'eſt-à-dire, à meſurer la quantité d'eau qui s'écoule d'une ſource dans un tems déter[illegible]

ÉTALONNER, *Maçonnerie*; c'eſt réduire des meſures à pareilles diſtances, longueurs & hauteurs, en y marquant des repaires.

ÉTAMBOT, *Marine*; c'eſt une piece de bois droite, élevée en ſaillie, qui termine la partie de l'arriere d'un navire, & qui va juſqu'au-deſſus du premier pont. Cette piece ſe place preſque verticalement ſur l'extrêmité de la quille à l'endroit qu'on nomme *talon*. L'*étambot* doit être ſolidement aſſujetti, car il ſoutient le château de poupe & le gouvernail. C'eſt auſſi ſur l'*étambot* que viennent aboutir les bordages qui couvrent les façons de l'arriere. Quelques-uns écrivent *étambord*.

ÉTANCHE, *Archit. hydraul.* *Mettre à étanche* un batardeau, c'eſt le mettre à ſec, par le moyen des machines qui en épuisent l'eau, pour pouvoir y fonder. On dit aussi en parlant des portes d'écluses, qu'elles sont bien *étanches*, lorsqu'elles ne perdent point ou presque point d'eau.

ÉTANÇON, *Maçonnerie*; c'est une grosse piece de bois qu'on met, soit au dedans, soit au dehors d'une maison, pour soutenir un plancher, ou un mur qu'on veut reprendre par sous-œuvre.

ÉTANÇONNEMENT, *Artillerie*; c'est un travail qui se fait dans les galeries des mines à mesure qu'elles avancent dans les terres, en y mettant de distance en distance des pieces de bois appellées *étançons*, pour soutenir les terres du ciel ou du haut de la galerie, & pour empêcher qu'elles ne la comblent en s'éboulant.

ÉTANÇONS, *Artillerie*: ce sont des pieces de bois posées verticalement dans les mines, sur lesquelles posent des madriers pour soutenir le ciel de la galerie.

ETANÇONS, *Marine*: ce sont des pieces de bois posées debout, qu'on met quelquefois sous les baux pendant que les vaisseaux demeurent long-tems amarrés dans le port, pour soutenir les ponts.

ETAPE, *Art militaire*: ce sont les provisions de bouche & les fourrages qu'on distribue aux soldats quand ils passent d'une province dans une autre, & dans les différentes marches qu'ils sont obligés de faire.

ETAT MAJOR, *Art militaire*: c'est, dans une armée, un corps composé de plusieurs officiers supérieurs, chargés de veiller à tout ce qui concerne le service d'un corps de troupes, comme sa marche, son campement, ses logemens, ses subsistances, sa police, son entretien, & sa discipline. Dans l'infanterie, la cavalerie & les dragons, il y a un *état major* particulier pour chacun de ces corps. Il y a aussi un *état major* dans les places de guerre, & dans la plupart des régimens.

ETAT D'ARMEMENT *d'un vaisseau*; c'est un détail très-circonstancié qui marque le nombre, la qualité & les proportions des agrès, apparaux, & munitions de toutes les especes nécessaires pour mettre un navire en état de faire sa campagne. Voyez le détail d'un de ces *états* dans le *Dictionnaire encyclopédique*.

ETAYE, *Charpenterie*: c'est une piece de bois posée en arc-boutant sur une couche, pour retenir quelque mur ou pan de bois déversé & en surplomb. On nomme *étaye en gueule*, la piece la plus longue, ou celle qui étant inclinée & arc boutée contre le mur, empêche le déversement ; & *étaye-droite*, celle qui est élevée à plomb, comme un pointal.

ETAYEMENT, *Coupe des pierres* ; c'est un plancher pour soutenir les voûtes en plafond : il tient lieu du ceintre que l'on emploie pour les voûtes concaves. *Stéréotomie de Frezier.*

ETAYER, *Maçonnerie* : c'est retenir avec de fortes pieces de bois un bâtiment qui tombe en ruine, ou soutenir des poutres dans la réfection du mur qui le porte.

ETELON, *Charpenterie* : c'est l'épure des fermes & de l'enrayure d'un comble, du plan d'un escalier, ou de tout autre assemblage de charpente, qu'on trace sur une espece de plancher formé de plusieurs dosses disposées & arrêtées pour cet elier sur le terrein d'un chantier.

ETENDARD, *Art militaire* : c'est un signe en usage dans la cavalerie pour la guider dans les marches, les batailles, & les autres évolutions militaires. Il y a deux *étendards* par chaque escadron. Le terme d'*étendard* est particulier à la cavalerie, comme celui de *drapeau* à l'infanterie, & celui de *guidon* pour la gendarmerie & les dragons.

ETENDARD, *Marine* : ce qu'on nomme *pavillon* sur les vaisseaux de guerre, se nomme *étendard* sur les galeres. L'*étendard royal* est celui de la réale ou de la galere commandante.

ETENDUE, *Géométrie* : c'est la longueur, largeur, hauteur ou profondeur d'un corps, ou d'une surface quelconque.

ETHER, *Physique* : c'est une matiere extrêmement subtile, qui occupe toute l'étendue des cieux, au-delà de notre atmosphere.

ETOILE, *Artifices* ; c'est un petit globe d'artifice qui produit une lumiere des plus brillantes & des plus vives, dont on remplit le pot d'une fusée volante. Lorsque l'étoile est adhérente à un saucisson, elle se nomme *étoile à pet.*

ETOILE, *Fortification*. Voyez FORT A ETOILE.

ETOUPILLE, *Artifices* ; c'est une espece de meche formée de deux ou trois fils de coton trempés dans du pulvérin, ou de la poudre écrasée & délayée avec de l'eau de vie. On s'en sert pour allumer les différentes pieces d'un feu d'artifice.

ETOUPILLER : c'est garnir les fusées & autres pieces d'artifice de l'*etoupille* nécessaire pour la communication du feu, & l'attacher avec de la pâte d'amorce dans l'écuelle ou la gorge de la fusée.

ETRANGLEMENT, *Hydraulique*. On entend par ce terme l'endroit d'une conduite où le tuyau se resserre, & où le frottement est si considérable que l'eau a de la peine à y passer.

ETRANGLER, *Artifices;* c'est rétrécir l'orifice du cartouche d'une fusée, en le serrant avec une ficelle un peu forte.

ETRAVE, *Marine ;* c'est une ou plusieurs pieces de bois courbes qu'on assemble à la quille, ou plutôt au ringeot, par une empature, comme celles de la quille le sont les unes avec les autres : elle termine le vaisseau par l'avant. Ordinairement l'*étrave* est faite de deux pieces empatées l'une à l'autre. C'est sur l'*étrave* que viennent aboutir tous les bordages & toutes les préceintes qui sont conduites jusqu'à l'avant. L'*étrave* est ordinairement la piece fondamentale qui sert à régler les proportions de toutes les autres parties d'un navire.

ETRÉSILLON, *Maçonnerie* : c'est une piece de bois serrée entre deux dosses pour empêcher l'éboulement des terres dans la fouille des tranchées d'une fondation. On nomme encore *étrésillon* une piece de bois assemblée à tenons & mortoises avec deux couches, qu'on met dans les petites rues pour retenir des murs qui bouclent & qui déversent. Les *étresillons* servent aussi à retenir les piédroits & les plate-bandes des portes & des croisées, lorsqu'on reprend par sous-œuvre un mur de face, ou lorsqu'on remet un poitrail neuf à une vieille maison.

ETRESILLONNER ; c'est retenir les terres & quelques parties d'un bâtiment avec des dosses & des couches debout, & des *étresillons* en travers.

ETRESILLONS ou ARC-BOUTANS, *Artillerie* : ce sont des pieces de bois couchées horisontalement dans les galeries des mines, & arrêtées par des étançons, pour empêcher que les terres des deux côtés ne s'éboulent. On met aussi des *étresillons* à tous les coudes ou retours de la galerie, particulierement à ceux qui se trouvent proche de la chambre ou fourneau de la mine, pour la mieux fermer, & pour empêcher que la mine ne souffle, c'est-à-dire, que la poudre ne fasse son effet du côté du vuide de la galerie.

ETRIER, *Maçonnerie* : c'est une espece de lien de fer coudé quarrément en deux endroits, qui sert à retenir par chaque bout un chevêtre assemblé à tenons dans la solive d'enchevêtrure, sur laquelle l'*etrier* est attaché. On se sert aussi d'un *étrier* de fer pour armer & retenir une poutre éclatée.

ETUI DE MATHEMATIQUE ; c'est une petite boîte portative garnie de cuir extérieurement, dans laquelle on peut mettre commodément les instrumens de mathématique les plus nécessaires pour dessiner & faire les opérations de la géométrie-pratique. Un étui de mathématique, ordinairement de six pouces de longueur, doit contenir un bon compas ordinaire, un autre compas à plusieurs pointes changeantes, un rapporteur bien divisé par degrés, une petite regle divisée par pouces & lignes, un porte-crayon, une équerre, & un compas de proportion.

EVALUER : c'est, dans l'estimation des ouvrages, en régler le prix par compensation, eu égard aux façons & déchets, ainsi qu'aux changemens, qui ayant été faits par ordre, ne subsistent plus quand l'ouvrage est achevé.

EVANOUIR, *Algebre*. On dit qu'on fait *évanouir* une inconnue d'une équation, lorsqu'on la fait disparoître de cette équation en y substituant sa valeur.

EVAPORATION, *Physique*. Dans les chaleurs de l'été, il s'éleve des vapeurs considérables de la surface des eaux qui en diminuent la quantité. De-là vient que les lacs & les étangs se sechent quelquefois par la grande *évaporation* qui se fait quand la sécheresse dure long-tems. On a connu par plusieurs expériences faites avec soin, qu'il s'*évaporoit* environ 36 pouces de hauteur d'eau chaque année, l'une portant l'autre, c'est-à-dire, qu'un étang qui auroit six pieds d'eau, seroit réduit à trois pieds d'eau au bout de l'année, s'il ne pleuvoit point du tout pendant tout ce tems. On a vu ci-devant, article Eau, qu'il tombe par les pluies sur la surface de la terre, environ 20 pouces d'eau, année commune. Ainsi il s'ensuit qu'il se perd tous les ans 16 pouces de hauteur d'eau, qui ne sont point remplacées par les pluies & les neiges.

EVASEMENT, *Architecture.* Dans les bâtimens, lorsque deux murs qui forment un passage s'ouvrent & s'élargissent à quelque distance, on dit qu'ils sont *évasés* ou *faits en évasement*: tels sont les murs ou aîles qui forment l'entrée & la sortie d'une écluse, & qui sont plus ouverts en cet endroit qu'au milieu des bajoyers.

EVENT, *Artillerie*: c'est une ouverture en forme de crévasse qui se trouve dans les pieces de canon & les autres armes à feu, après qu'on en a fait l'épreuve avec de la poudre. On rebute ces pieces défectueuses, & l'on en rompt les anses pour les remettre à la fonte.

EVENTS, *Fonderie de canons*; ce sont des canaux vuides, par lesquels l'air contenu dans les moules peut sortir à mesure que le métal fondu en prend la place.

EVENTS, *Fortification*: ce sont des especes de puits pratiqués dans une galerie majeure de contre-mines, pour y faire circuler l'air.

EVENTAIL, *Archit. hydraul.* Voyez au mot VENTAIL.

EVIER, *Maçonnerie*; c'est une pierre creuse qu'on met au rez-de-chaussée, ou à hauteur d'appui, dans une cuisine, pour en faire écouler l'eau. C'est aussi un canal de pierre qui sert d'égout dans une cour ou dans une allée de maison, pour en rejetter les eaux dans la rue.

EVITÉE, *Archit. hydraul.* C'est l'espace ou la largeur que doit avoir un canal, ou le lit d'une riviere, pour laisser un libre passage aux bateaux.

EVOLUTIONS, *Art militaire*: c'est le nom qu'on donne aux différens mouvemens qu'on fait exécuter à une armée ou à un corps de troupes pour les former ou mettre en bataille, les faire marcher de différens côtés, les rompre & les partager en plusieurs parties, les réunir ensuite, enfin pour leur donner la disposition la plus avantageuse, soit pour attaquer, soit pour se défendre, suivant les circonstances dans lesquelles on peut se trouver. Les *évolutions* les plus ordinaires, appellées aussi *motions*, sont les doublemens par rangs & par files, les contre-marches & les conversions. Les principaux auteurs modernes qui ont écrit sur les *évolutions* militaires, sont *Valhausen*, *Lostelneau*, le maréchal *de Puysegur*, le comte *Turpin de Crissé*, & dernierement M. *le Blond*, dans les *élémens de tactique*, *in-quarto*, imprimés à Paris chez *Jombert* en 1758.

EVOLUTIONS NAVALES: ce sont les différens mouvemens

qu'on fait exécuter aux vaisseaux de guerre pour les mettre en bataille, les faire naviger, les rompre, les réunir, &c. Les seuls livres qui traitent des *évolutions navales* sont, *l'art des armées navales*, par le P. *Hoste*, *in-folio*, & la *tactique navale* de M. *de Morogues*, *in-quarto*.

EURYTHMIE, *Architecture*; c'est un mot grec qui veut dire belle proportion, employé par *Vitruve* pour exprimer une certaine élégance & une majesté qui frappe dans la composition des différentes parties d'un bâtiment, & qui résulte de la justesse des proportions qui y ont été observées.

EUSTYLE, *Architecture*: c'est une des cinq manieres d'espacer les colonnes enseignées par *Vitruve*, & celle qu'il approuve le plus: elle consiste à donner à leur intervalle deux diametres & un quart de la colonne, ou quatre modules & demi.

EVUIDER, *Architecture*: c'est tailler à jour quelque ouvrage de pierre ou de marbre, comme les entrelas d'une balustrade à hauteur d'appui; ou de menuiserie, comme des panneaux de clôture d'un chœur, d'une tribune, d'une chapelle, &c, tant pour donner du jour & voir au travers, que pour rendre ces ouvrages plus légers.

EXAÈDRE, *Géométrie*: c'est un des cinq corps réguliers, mieux connu sous le nom de cube, qui a six faces quarrées, égales & paralleles, & dont tous les angles sont droits.

EXAGONE, *Géométrie*: c'est une figure qui a six angles & six côtés égaux entr'eux. Chaque angle de l'*exagone* est de 60 degrés: ainsi, pour décrire un *exagone* régulier, un des côtés étant donné, il suffit de former sur ce côté un triangle équilatéral, dont le sommet sera le centre de l'*exagone*; d'où décrivant un cercle avec ce même côté pour rayon, on portera ce côté six fois sur la circonférence du cercle décrit, & l'on aura un *exagone* régulier.

EXASTYLE, *Architecture*: c'est le nom que donne *Vitruve* à un porche ou portique qui a six colonnes de front, comme celui du temple qu'il nomme *perypteré*, & le porche de l'église de la Sorbonne, à Paris. Telles sont encore (pour citer un exemple moderne) les six colonnes qui forment l'avant-corps du frontispice de la magnifique église de sainte Genevieve, à Paris, qui se bâtit actuellement sur les desseins & sous la conduite de M. *Soufflot*, un des premiers architectes de notre siecle. Ces colonnes, d'Ordre Corinthien, ainsi que celles de la colonnade circulaire qui soutient le dôme, & toutes celles de l'intérieur du temple, ont cinq pieds & demi de diametre, sur 21 modules, ou 57 pieds 9 pouces de hauteur.

EXCAVATION, *Maçonnerie :* c'est l'action de creuser & d'enlever les terres pour les fondemens d'un bâtiment. Dans la construction des places de guerre, pour exprimer les dimensions des fossés, on dit dans les devis, il sera fait l'*excavation* d'un tel fossé, de tant de longueur sur telle largeur & telle profondeur.

EXCAVATION DE LA MINE, *Artillerie ;* c'est le trou que fait la poudre renfermée dans la chambre de la mine au moment qu'on y a mis le feu, en faisant sauter les terres qui sont au-dessus du fourneau. Comme cette *excavation* a ordinairement la figure d'un cône tronqué renversé, ou d'un entonnoir, on lui a aussi donné ce nom. Voyez au mot ENTONNOIR.

EXCENTRIQUE, *Géométrie.* Ce terme se dit de deux cercles ou de deux globes, lesquels, quoique renfermés l'un dans l'autre, n'ont pas cependant le même centre, & par conséquent ne sont point paralleles ; par opposition aux figures *concentriques*, qui sont paralleles & qui ont un même centre.

EXCLUSION, *Mathématique*, ou *Méthode des exclusions :* c'est une maniere de résoudre les problêmes en nombres, en rejettant d'abord & *excluant* certains nombres, comme n'étant pas propres à la solution de la question. Par cette méthode le problême est souvent résolu avec plus de promptitude & de facilité. M. *de Frenicle*, célebre mathématicien, contemporain de *Descartes*, est l'inventeur de la méthode des exclusions, dont on peut voir les principes & l'application aux exemples dans le *recueil de divers ouvrages de mathématique*, par MM. de l'Académie des Sciences, *in-folio*, à Paris, 1693. Depuis que l'algebre s'est perfectionnée, & qu'elle est devenue plus familiere aux Géometres, on ne fait point usage de la *méthode des exclusions*, ce n'est plus qu'un objet de simple curiosité.

EXERCICE, *Art militaire.* On comprend sous ce terme,

en général, tout ce qu'on fait pratiquer aux soldats pour les rendre plus propres au service militaire. Dans ce sens, l'*exercice* consiste non-seulement dans le maniement des armes & dans les évolutions, mais encore dans toutes les autres actions qui peuvent endurcir le soldat, le rendre plus fort, & le mettre en état de supporter les fatigues de la guerre.

EXHAUSSEMENT, *Architecture :* c'est une hauteur de mur, ou une élévation ajoutée au-dessus de l'entablement d'un mur de face, pour rendre l'étage en galetas, ou le grenier, plus praticable. On dit aussi qu'une voûte, ou qu'un plancher a tant d'*exhaussement*, pour désigner sa hauteur depuis l'aire ou plancher d'en bas, jusqu'à l'étage qui est au-dessus.

EXHAUSTION, *Mathématique.* La *méthode d'exhaustion* est une maniere de prouver l'égalité de deux quantités ou deux grandeurs, en faisant voir que leur différence est plus petite qu'aucune grandeur assignable, ou en supposant que si l'une étoit plus grande ou plus petite que l'autre, il s'ensuivroit une absurdité. Cette méthode est due à *Euclide*, & M. *Maclaurin* s'en est servi pour démontrer en toute rigueur la théorie des fluxions. Le calcul différentiel n'est autre chose que la *méthode d'exhaustion* des anciens, réduite à une analyse simple & commode : c'est la maniere de déterminer analytiquement les limites des rapports.

EXPERT, *Maçonnerie ;* c'est un homme versé dans l'art de bâtir, préposé pour examiner la quantité & la qualité des ouvrages, pour en faire l'estimation, & pour en régler les prix, quand il n'y a pas de marché par écrit.

EXPONENTIEL, *Mathématique.* Le *calcul exponentiel* est une branche du calcul intégral, dans laquelle il s'agit de différencier des quantités *exponentielles*, c'est-à-dire, des quantités élevées à une puissance dont l'*exposant* est variable & indéterminé. Il y a des quantités *exponentielles* de plusieurs degrés ou de plusieurs ordres. Quand l'*exposant* est une quantité simple & indéterminée, on l'appelle quantité *exponentielle* du premier degré. Lorsque l'*exposant* est lui-même une *exponentielle* du premier degré, alors la quantité est une *exponentielle* du second degré. C'est à M. *Jean Bernoulli* que l'on doit la théorie de ce calcul, dont on peut voir les régles dans la premiere partie du *calcul intégral* par M. *Bougainville.*

EXPOSANT, *Mathématique* : c'est un nombre, ou une quantité quelconque, qui exprime la puissance ou la dignité à laquelle une quantité est élevée. L'*exposant* d'une raison géométrique est le quotient de la division du conséquent par l'antécédent. On nomme *exposant*, par rapport à une puissance, un petit chiffre que l'on place à la droite & un peu au-dessus d'une quantité, soit numérique, soit algébrique, pour désigner le nom de la puissance à laquelle elle est élevée. Ainsi dans cette expression a^3, la quantité a est élevée à la troisieme puissance. *Descartes* est le premier qui ait marqué ainsi les dignités des quantités par leurs exposans. *Leibnitz* & *Newton* ont ensuite introduit les *exposans indéterminés*; c'est-à-dire, ceux dans lesquels, au lieu de chiffre, on emploie une lettre, comme a^n où l'*exposant* n est indéterminé.

EXPRESSION, *Algebre*. On appelle *expression* d'une quantité, la valeur de cette quantité exprimée ou représentée sous une forme algébrique. Une équation n'est autre chose que la valeur d'une même quantité présentée sous deux *expressions* différentes : ainsi dans cette équation $x = aa + bb$, a & b étant des quantités connues, $aa + bb$ sera l'*expression* de x.

EXTERMINATION, *Mathématique* : c'est la méthode par laquelle on fait évanouir d'une équation une quantité inconnue : c'est la même chose qu'*évanouissement*.

EXTERNE, *Géométrie*. *Angles externes*, ce sont les angles de toute figure rectiligne qui n'entrent point dans sa formation, mais qui proviennent de ses côtés prolongés au-dehors. Les *angles externes* d'un polygone quelconque, pris ensemble, sont égaux à quatre angles droits. Dans un triangle, l'*angle externe* est égal à la somme des angles intérieurs opposés.

EXTRACTION DES RACINES, *Mathématique* : c'est la méthode de trouver les racines des nombres ou des quantités données. La multiplication forme les puissances, l'*extraction des racines* les abaisse & les reduit à leurs premiers principes, ou à leurs racines. Ainsi l'on peut dire que l'*extraction des racines* est à la formation des puissances par la multiplication, ce que l'analyse est à la synthèse. L'*extraction de racine* d'une équation est l'art de dégager une équation du signe radical.

EXTRADOS, *Stéréotomie* : c'est la surface extérieure d'une voûte, lorsqu'elle est réguliere comme l'intrados, soit qu'elle lui soit parallele ou non. La plupart des voûtes des ponts antiques étoient *extradossées* & d'égale épaisseur. *Stéréotomie de Frezier.*

EXTRADOSSÉ. On dit qu'une voûte est *extradossée* lorsque le parement extérieur en est taillé, & que les queues des pierres en sont coupées également, ensorte que le parement extérieur est aussi uni que celui de la douelle: telle est la voûte de l'église de Saint Sulpice à Paris, & le pont Notre-Dame, qui sont *extradossés*.

EXTRÊMES, *Mathématique* : c'est le nom qu'on donne à l'antécédent du premier terme & au conséquent du second terme d'une proportion. Dans celle-ci 4. 2 :: 6. 3, l'antécédent 4 & le conséquent 3 en sont les *extrêmes*. Dans toute proportion, le produit des *extrêmes* est égal au produit des moyens.

EXTRÊMES CONJOINTS, *Géométrie* : ce sont, dans un triangle sphérique rectangle, deux parties circulaires qui touchent ou qui suivent immédiatement la partie moyenne. On appelle, au contraire, *extrêmes disjoints* deux parties circulaires éloignées de celle que l'on a prise pour moyenne.

FAC FAC

FAÇADE, *Architecture* : c'est la partie extérieure d'un édifice, soit qu'elle se présente sur la rue, sur la cour, ou sur le jardin. Il y a peu de *façades* plus grandes & plus magnifiques que celle du château de Versailles, du côté des jardins, la grande *façade* du Louvre, du côté de l'eau, & celle du palais des Thuileries, du côté des parterres.

FACE, *Géométrie* : ce terme désigne une des parties planes qui forment la surface d'un poliëdre. C'est dans ce sens qu'on dit qu'un exaëdre a six *faces*; qu'un dodécaëdre en a douze, &c.

FACES, *Fortification.* On entend par ce terme en général les deux côtés d'un ouvrage quelconque, lesquels forment un angle saillant qui avance dans la campagne.

Les *faces* ſont les parties les plus foibles de l'enceinte d'une place, parce qu'elles ſont les plus expoſées au feu de l'ennemi.

FACES D'UN BASTION : ce ſont les deux côtés du baſtion formant un angle ſaillant avancé vers la campagne. C'eſt toujours par les *faces* du baſtion que l'on attaque un ouvrage. Les *faces* de la demi-lune ſont pareillement ſes deux côtés qui forment un angle ſaillant.

FAÇONS, *Marine*. On appelle *façons* d'un vaiſſeau, la diminution qui ſe fait à l'avant & à l'arriere du deſſous de ſa carene, non-ſeulement par le retréciſſement des gabaris, mais encore par l'augmentation de l'acculement des varangues.

FACTEUR, *Mathématique* : c'eſt le nom qu'on donne en arithmétique & en algebre à chacune des deux quantités qu'on multiplie l'une par l'autre ; c'eſt-à-dire, au multiplicande & au multiplicateur, parce qu'ils font & conſtituent le produit. On les appelle auſſi *diviſeurs*.

FAGOT DE SAPPE, *Guerre des ſieges* : c'eſt un petit *fagot* fait de branches d'arbres, lequel a 2 pieds & demi ou 3 pieds de longueur ſur un pied ou un pied & demi de diametre. On s'en ſert, au défaut de ſacs à terre, pour couvrir & garnir les vuides que laiſſent entr'eux les gabions, dans le travail de la ſappe.

FAGOT, *Marine*. On appelle barque *en fagot*, chaloupe *en fagot*, une barque ou une chaloupe que l'on aſſemble ſur le chantier & que l'on démonte enſuite pour l'embarquer & la tranſporter aux endroits de leur deſtination.

FAIRE, *Marine* : ce mot eſt appliqué à beaucoup d'uſages dans la marine, dont on peut voir l'explication dans le *petit dictionnaire de Marine*, par M. *Saverien*. On dit *faire canal*, *faire route*, *faire voile*, &c.

FAISCEAU D'ARMES, *Art militaire* : c'eſt un nombre de fuſils dreſſés la croſſe en bas & le bout en haut, rangés en rond autour d'un piquet principal, ſur lequel ſont attachées des traverſes pour retenir le haut du fuſil. Ces *faiſceaux* ſe garantiſſent de la pluie en les couvrant d'un manteau d'armes. Lorſque l'infanterie eſt campée, chaque compagnie a ſon *faiſceau d'armes*.

FAITAGE, *Charpenterie*. On entend par ce terme le toît ou la couverture d'un édifice, garnie de ſes areſtiers, chevrons & autres pieces de bois néceſſaires pour en former l'aſſemblage.

FAITE, *Charpenterie* : c'est une piece de bois qui termine le toit par en haut & qui va d'une ferme à l'autre, sur laquelle portent les chevrons d'un comble, par leur extrêmité supérieure. *Felibien* & *Goupy* confondent ce terme avec celui de *faitage*.

FAITIERE, *Couverture*. Voyez au mot TUILE FAITIERE. On écrivoit autrefois *faiste*, *faistage*, *faistiere*, &c.

FAIX DE PONT, *Marine* : ce sont des planches fort épaisses entaillées & posées sur les baux, de chaque côté du vaisseau, depuis l'avant jusqu'à l'arriere, à peu près au tiers de la largeur du bâtiment.

FALAISE, *Marine* : c'est ainsi que l'on nomme les côtes de la mer dont le terrein est bordé de rochers escarpés & taillés en précipice.

FALARIQUE, *Art militaire* : c'étoit chez les anciens une espece de dard ou de javelot de trois pieds de long, qui traversoit un globe plein d'artifices auxquelles on mettoit le feu par le moyen de plusieurs meches soufrées. On lançoit ce dard avec l'arc, la catapulte, ou toute autre machine, contre les édifices de bois & contre les travaux de l'ennemi, pour y mettre le feu.

FALOTS, *Guerre des sieges* : ce sont des pots de fer remplis de vieilles meches goudronnées que l'on emmanche au bout d'une longue perche & que l'on dispose de distance en distance à la tête des lignes ou d'un camp, lorsque l'on craint d'y être attaqué de nuit.

FANAL, *Archit. hydraul.* c'est, dans les ports de mer, une tour au sommet de laquelle il y a une lanterne où l'on brûle des matieres combustibles, pour éclairer les vaisseaux pendant la nuit. Le *fanal* se nomme aussi *phare*. Voyez à ce mot.

FANAL, *Marine* : c'est une grosse lanterne qui se place sur la partie la plus élevée de la poupe d'un vaisseau, pour faire signal & marquer la route à ceux qui suivent. Dans une flotte ou une escadre, le vaisseau amiral porte quatre *fanaux* à la poupe ; les vaisseaux commandans en second, comme le vice-amiral, le contre-amiral, le chef d'escadre, &c. en portent trois : les autres vaisseaux de guerre, ainsi que les vaisseaux marchands, ne peuvent porter qu'un *fanal* en poupe.

FANION, *Art militaire* : c'est une espece d'étendard qui sert à la conduite des menus bagages d'un régiment d'infanterie ou de cavalerie.

FANON, *Marine.* Le *fanon* de l'artimon est le raccourcissement que l'on donne à la voile d'artimon, que l'on trousse & que l'on ramasse avec des garcettes, pour prendre moins de vent, ce qui ne se pratique que dans un gros tems.

FARDAGE, *Marine* : ce sont des fagots ou fascines qu'on met dans un navire au fond de la cale, pour empêcher que les munitions & les marchandises ne soient mouillées. On se sert aussi de *fardage* lorsqu'un vaisseau est entiérement chargé de fer, de plomb, de canons, &c. pour en élever le centre de gravité & ménager sa mâture.

FARDES ou FARGUES, *Marine* : ce sont des planches ou des bordages que l'on éleve dans un combat sur mer à l'endroit du plat bord appellé l'*embelle*, pour servir de parapet, défendre le pont, & ôter à l'ennemi la vue de ce qui s'y passe. On couvre les *fargues* de pavois ou de bastingues rouges ou bleues.

FASCE, *Architecture* : c'est un membre plat qui a beaucoup de largeur & peu de saillie, dont on décore l'architrave & le larmier d'un Ordre d'architecture. Dans l'Ordre Toscan l'architrave est formé d'une seule *fasce*, dans le Dorique il en a deux ; il est décoré de trois *fasces* aux Ordres Ionique, Corinthien & Composite. On écrit *fasce*, & non *face*, du mot latin *fascia*, qui signifie une bande ou bandelette, parce que (dit *Felibien*) les *fasces* de l'architrave, qui sont de différente largeur, ont quelque ressemblance à des bandes étendues : aussi les nomme-t-on quelquefois *bandes*. *Felibien*, *dictionnaire d'architecture*, &c.

FASCINAGE, *Archit. hydr.* C'est le nom que l'on donne à tous les ouvrages construits de fascines & de piquets mêlés quelquefois de pierres, cailloux, ou gravier ; tels que les épis que l'on fait dans les rivieres & sur le bord de la mer, les risbermes, & les autres ouvrages qui se bâtissent au pied des jettées & des forts, de charpente ou de maçonnerie, situés à l'entrée d'un port.

FASCINES, *Archit. hydraul.* Ce sont des especes de fagots composés de menus branchages dont on se sert pour la construction des épis ; ces sortes de fascines ont ordinairement onze pieds de longueur sur trente pouces de tour mesurés près de la tête : elles sont liées de trois harres.

Fascines, *Guerre des sieges* : ce sont des fagots de six pieds de longueur sur huit pouces de diametre ou deux pieds de circonférence, dont on fait un très-grand usage dans les siegés, pour construire des logemens, faire des épaulemens aux batteries de canons & de mortiers, former le passage d'un fossé plein d'eau, &c.

Fascines ou Fagots goudronnés, *Artillerie*. Ce sont des fascines ou des fagots ordinaires trempés dans de la poix, du goudron, ou d'autres matieres inflammables, qu'on jette tout allumés sur les travaux de l'ennemi, pour y mettre le feu.

Faucon ou Fauconneau, *Artillerie* : c'est un petit canon dont le poids varie ainsi que le calibre, y en ayant depuis un quart de livre jusqu'à quatre livres de balle, & qui pesent depuis 150 jusqu'à 800 livres. La longueur du *fauconneau* est d'environ sept pieds.

Fauconneau, *Charpenterie* : c'est la piece de bois posée en travers sur le haut d'un engin, & qui a une poulie à chacune de ses extrêmités pour y passer des cables. Le *fauconneau*, appellé aussi *étourneau*, est fixé au bout du poinçon & affermi par deux liens emmortoisés dans la sellette de l'engin, dont il est la plus haute piece.

Fausse attaque, *Guerre des sieges*. Dans un siege on fait ordinairement plusieurs attaques à la fois, c'est-à-dire, qu'on ouvre la tranchée de plusieurs côtés pour partager les forces & l'attention de l'assiégé; mais comme il n'y en a qu'une qui se continue jusqu'à la prise de la place, & qui est la véritable, on donne aux autres le nom de *fausse attaque*.

Fausse braye, *Fortification* : c'est une espece de double enceinte ou de chemin couvert qui régnoit au pied de l'escarpe, du côté de la place, sur le bord du fossé, dans les anciennes fortifications. On lui donnoit environ six toises de largeur y compris sa banquette & son parapet. Elle servoit à défendre & à disputer plus longtems à l'ennemi les logemens sur la contrescarpe & le passage du fossé. On a totalement abandonné l'usage des fausses brayes, M. *de Vauban* y a substitué des tenailles vis-à-vis les courtines.

Fausse coupe, *Architecture* : c'est la direction d'un joint de tête oblique à l'arc du ceintre, auquel il doit être perpendiculaire pour être en *bonne coupe*, dans les voûtes concaves. Mais si la voûte est en placebande, ce doit être tout le contraire : la *bonne coupe* doit être oblique au plafond, pour que les claveaux soient faits plus larges par le haut que par le bas. Si les joints sont perpendiculaires à la platebande, les claveaux deviennent d'une égale épaisseur, mais alors ils sont en *fausse coupe*, & ne peuvent se soutenir que par le moyen des barres de fer qu'on leur donne pour support, ou par une *bonne coupe* cachée sous la face audedans du mur, à cinq ou six pouces d'épaisseur; comme on l'a pratiqué aux platebandes des portes & des croisées du vieux Louvre, à la façade du côté de la riviere.

FAUSSE COUPE, *Charpenterie & Menuiserie* : c'est une sorte d'assemblage qui n'est ni à l'équerre ni à onglet, & qui se trace avec la sauterelle.

FAUSSE ÉQUERRE, *Architecture* : c'est en général un instrument en forme d'équerre, dont les deux branches se meuvent autour d'un point pour prendre la mesure des angles qui ne sont pas droits. On donne le nom de *fausse équerre* au compas de fer des appareilleurs : lorsqu'il n'est que de bois, on l'appelle *sauterelle*. Les charpentiers & les menuisiers se servent aussi de *fausse équerre* pour mesurer les angles biais & obliques.

FAUSSE ÉTRAVE, *Marine* : c'est une piece de bois qu'on applique sur l'étrave en-dedans, pour la renforcer.

FAUSSE POSITION, *Arithmétique* : c'est une regle qui consiste à calculer des nombres *faux* pris à volonté, comme si c'étoient des nombres propres à resoudre une question, pour déterminer ensuite, par les différences qui en résultent, les vrais nombres cherchés. Il y a des regles de *fausse position simple*, où l'on ne fait qu'une seule supposition, & d'autres de *fausse position double* ou *composée*, dans lesquelles on fait deux *fausses positions*.

FAUSSE QUILLE, *Marine* : c'est une ou plusieurs pieces de bois qu'on applique par-dessous la quille, pour la conserver, ou lorsqu'elle est endommagée : la fausse quille sert en même tems à empêcher le vaisseau de dériver.

FAUTE, *Hydraulique* : c'est le nom que l'on donne à l'endroit par où l'eau se perd, soit dans les tuyaux de conduite, soit dans les bassins & reservoirs. Quand les tuyaux conduisent des eaux forcées, la *faute* se découvre d'elle-même par la violence de l'eau qui s'échappe: mais dans les eaux de décharge ou dans les tuyaux où elles coulent naturellement, il faut quelquefois découvrir toute une conduite pour connoître la *faute*. Le moyen de connoître une *faute* dans un bassin revêtu de glaise, c'est de mettre sur l'eau une feuille d'arbre, de la paille, ou du papier, & de suivre le côté où elle se rend.

FAUX BAUX, *Marine :* c'est un rang de baux assez éloignés les uns des autres, placé environ aux deux tiers de l'espace compris entre la carlingue & le premier pont, pour fortifier les fonds du navire : les *faux baux* servent en même tems à établir des faux ponts pour les emménagemens de la cale.

FAUX COMBLE, *Architecture :* c'est, dans un comble à la mansarde, le petit comble qui est au-dessus du brisis, & dont la pente doit être de même proportion que celle d'un fronton triangulaire.

FAUX ÉTAMBOT, *Marine :* c'est une piece de bois assemblée sur l'étambot pour le conserver. Voyez aussi l'article CONTRE-ETAMBOT.

FAUX JOUR, *Architecture :* c'est une fenêtre percée dans une cloison pour éclairer une garde-robe ou un passage de dégagement qui ne peut tirer du jour d'ailleurs.

FAUX PIEU, *Archit. hydraul.* C'est une piece de bois équarrie, frettée à ses deux extrêmités, avec une queue enclavée dans la coulisse de la sonnette, où elle est retenue par une clef, pour la maintenir toujours dans la direction du mouton. Le *faux pieu* a par le bas une cheville de fer qui entre dans la tête du pilot, percé exprès pour cet effet. Pour battre un pilot, on emploie ordinairement trois *faux pieux* de différente longueur : on se sert d'abord du plus court, ensuite du moyen, & en dernier lieu du plus grand.

FAUX PLANCHER, *Architecture :* c'est au-dessous d'un plancher un rang de solives ou de chevrons lambrissés de plâtre ou de menuiserie, sur lequel on ne marche point, étant seulement pratiqué pour diminuer le trop grand exhaussement d'une petite piece dans un appartement fort élevé.

FAUX PONT, *Marine :* c'est une espece de pont, que l'on fait à fond de cale, tant pour lier & affermir les parties d'un vaisseau, que pour la commodité & la conservation de la cargaison. Le *faux pont* se place entre le fond de cale & le premier pont : on lui donne peu de hauteur. Il sert à coucher les soldats & les matelots, & à serrer leurs bagages.

FAUX RADIER, *Archit. hydraul.* C'est un tissu de fascinage tuné & chargé de pierres, recouvert d'un grillage de charpente, que l'on fait à l'entrée & à la sortie d'une écluse, sur la prolongation de son radier & de toute la largeur de l'écluse. On tient ce *faux radier* de quelques pouces plus bas que le véritable & en glacis, pour faciliter l'écoulement des eaux. Le *faux radier* sert à soutenir le choc de l'eau, & à garantir le plancher de l'écluse du dommage que les souilles de l'eau lui causeroient en peu tems, si l'on ne prenoit pas cette précaution. Pour bien proportionner la longueur des *faux radiers* avec la hauteur de la retenue formée par la chûte d'eau d'une écluse, il faut faire cette longueur quintuple de la hauteur de la chûte. Voyez l'*Archit. hydraul.* de *M. Belidòr*, II. partie, tome I, page 203.

FELOUQUE, *Marine* : c'est une espece de chaloupe ou petit vaisseau de la Méditerrannée qui va à la voile & à la rame. Ce petit bâtiment a ordinairement six ou sept rameurs & va très-vîte.

FENÊTRE, *Architecture* : c'est une ouverture pratiquée dans les murs de face d'un bâtiment pour introduire le jour dans son intérieur. Ce mot comprend & la baye de la croisée & sa fermeture. Voyez ci-devant au mot *croisée* : on donne le nom de *vitraux* aux grandes fenêtres des églises.

FENTON, *Ferrure* : c'est une sorte de ferrure qui sert à lier & entretenir les languettes des tuyaux de cheminée en plâtre : les *fentons* sont faits de petites tringles de fer fendu, d'environ six lignes d'épaisseur sur 18 pouces de longueur, terminées par un crochet à chaque extrêmité. Ces crochets s'embrassent réciproquement & forment une espece de chaîne qui lie & fortifie les languettes des tuyaux de cheminée.

FER. Ce métal est trop connu pour nous arrêter ici à des recherches sur sa nature & sur ses propriétés ; nous ferons seulement observer d'après des expériences réitérées, pour faciliter le calcul des *fers* qui entrent dans les machines & dans les bâtimens, qu'un morceau de *fer* bien corroyé d'un pied de longueur, sur quatre pouces de largeur & un pouce d'épaisseur, doit peser 14 livres, poids de marc. Quant à la connoissance qu'un Ingénieur doit avoir du *fer* relativement à sa grosseur, à ses qualités bonnes ou mauvaises, & à ses différens usages, il peut consulter le *dictionnaire d'architecture* de *d'Aviler*, nouv. édit. *in-quarto*, Paris, 1755; ou le troisieme livre de *la science des ingenieurs*, par M. *Belidor*.

FER A CHEVAL, *Architecture* : c'est une terrasse circulaire à deux rampes en pente douce, comme celle qui est située à l'extrêmité du jardin des Thuileries, vis-à-vis la nouvelle place où l'on voit la statue équestre de Louis XV, exécutée en bronze par le célebre *Bouchardon* : ou comme la double rampe par laquelle on descend de la grande terrasse & du parterre d'eau vis-à-vis le château de Versailles dans le parterre où est situé le bassin de Latone, dont on peut voir la représentation sur la planche 17 des *délices de Versailles*, *in-folio*, 1766.

FER A CHEVAL, *Fortification* : c'est un petit ouvrage en forme d'arc de cercle ou d'ellipse, composé d'un rempart & d'un parapet, que l'on construit quelquefois proche le glacis d'une place de guerre, pour couvrir les avenues de la ville & empêcher l'ennemi d'en approcher facilement.

FERLER OU SERRER LES VOILES, *Marine* : c'est les plier & les trousser en fagot : lorsqu'on ne les retrousse qu'en partie, cela s'appelle *carguer* les voiles.

FERME, *Charpenterie* : c'est un assemblage de plusieurs pieces de bois, qui fait partie du comble d'un édifice. Les principales parties d'une *ferme* sont les arbalestiers, le poinçon, les esseliers & l'entrait. On donne le nom de *maîtresse ferme* à celle qui porte sur les poutres; on appelle *fermes de remplage*, celles qui sont espacées entre les maîtresses *fermes*, & qui portent quelquefois sur des vuides : *ferme d'assemblage* est celle dont les pieces sont faites de bois d'égale grosseur : la *demi-ferme* sert pour porter les croupes d'un comble. On nomme *fermette* la petite *ferme* d'un faux comble ou d'une lucarne.

FERMER. Dans l'art de bâtir ce terme a différentes significations; *fermer* une voûte, c'est y mettre le dernier rang de voussoirs, qu'on nomme collectivement *la clef* : le dernier voussoir s'appelle *clausoir*. *Fermer* une porte ou une fenêtre ceintrée par le haut, c'est élever un arc sur ses piédroits : *fermer* une baye ou une ouverture, c'est la murer, soit pleine, soit de demi-épaisseur.

FERMETURE DE BORDAGE, *Marine* : c'est une piece de bois qui sert à boucher un grand trou qu'on laisse au vaisseau ordinairement près de la quille, pour passer les grosses pieces qui servent à la construction du dedans, & qu'on ne *ferme* que lorsqu'on est prêt à lancer le navire à l'eau.

FERMURES, *Marine* : ce sont des bordages qui se mettent par couples entre les préceintes : on les appelle aussi *couples*, voyez à ce mot.

FERRURE, *Marine*. On comprend sous ce nom tout le fer qu'on emploie dans la construction d'un vaisseau, comme clous, pentures, serrures, garnitures de poulies, &c. On estime que dans un navire de 150 pieds de long sur 38 pieds ½ de large & 15 pieds de creux, il entre environ 80 milliers pesant de ferrure de toute espece, & quinze milliers pesant de clous ; dans les autres vaisseaux plus ou moins grands, on en emploie à proportion.

FEU, *Art militaire*. On exprime par ce terme les coups que l'on tire avec des armes à *feu*, soit canon, mortier, fusil, mousqueton, pistolet, &c. *Faire feu* sur l'ennemi, c'est tirer sur lui avec des armes à *feu*. Le *feu* de l'infanterie consiste dans les décharges successives du fusil, & celui de la cavalerie dans celles du mousqueton & du pistolet. Le *feu* d'une place assiégée est celui de son canon. Dans l'infanterie on distingue plusieurs sortes de *feux* suivant lesquels on fait tirer les soldats. L'ordonnance du roi du 6 mai 1755 en établit cinq ; sçavoir, le *feu* par section, par peloton, par deux pelotons, par demi-rang, & par demi-bataillon. Voyez-en le détail dans le *dictionnaire encyclopédique*, même article.

FEU DE COURTINE OU SECOND FLANC, *Fortification* : c'est la partie de la courtine comprise entre le prolongement de la face du bastion & l'angle du flanc : on n'en trouve que dans les fortifications où la ligne de défense est fichante.

FEU FICHANT, *Fortification* : c'est celui qui est fait par des armes dont les coups portent obliquement sur quelque partie d'un ouvrage, comme seroient ceux que l'on tireroit d'un second flanc sur la face du bastion opposé. On appelle aussi *feu fichant* celui d'un fusil tiré du haut du parapet dans le fond du fossé qui est au pied du rempart.

FEU GREGEOIS, *Marine* : c'est une sorte de feu d'artifice dont on se sert quelquefois dans un combat naval pour brûler les vaisseaux ennemis : comme il est composé de soufre, de naphte, de bitume, de poix, de gomme & autres matieres huileuses, il brûle dans l'eau & ne s'éteint que très-difficilement.

FEU, *Marine*. On donne ce nom au fanal ou à la lanterne que l'on allume de nuit sur la poupe des vaisseaux lorsque l'on marche en flotte. On porte des *feux* de diverses manieres, soit à la grande hune, soit à celle d'artimon, ou aux haubans, pour indiquer certains signaux dont on est convenu. On dit aussi *donner le feu* à un vaisseau; c'est-à-dire, en chauffer le bordage pour le mettre en état d'être brayé.

FEU, POMPE A FEU, *Archit. hydr.* Voyez au mot POMPE.

FEU RASANT, *Fortification* : c'est celui qui est fait par des armes dont les coups sont tirés parallelement à l'horison, ou parallelement aux parties de la fortification qu'on défend.

FEU SAINT ELME, *Marine* : c'est un météore formé par les exhalaisons sulfureuses qui s'élevent de la mer, lequel s'attache quelquefois aux vergues & aux mâts des vaisseaux.

FEUILLURE, *Maçonnerie* : c'est l'entaille en angle droit qui est entre le tableau & l'embrasure d'une porte ou d'une croisée, pour y loger la porte ou le chassis de la croisée.

FEUX D'ARTIFICE. C'est une composition ou un mêlange de matieres combustibles faites selon les regles de la pyrotechnie, dont la base est ordinairement le salpêtre, le soufre & le charbon. On s'en sert à la guerre & dans les réjouissances. *Siemienowitz*, *Hanzelet*, *Malthus*, *Belidor*, *Saint-Remy*, &c. ont écrit sur les *feux d'artifice*, mais les ouvrages les plus récens & les plus estimés sur cet art sont ceux de MM. *Frezier* & *Perrinet d'Orval*.

FICHANT, *Fortification* : c'est ainsi qu'on appelle le feu du flanc lorsque la ligne de défense est *fichante* : tel est le feu de courtine, ou du second flanc.

FICHE, *Archit. hydraul.* On se sert de ce terme pour désigner la partie du pilot qui doit être enfoncée. Par exemple, lorsqu'on veut l'enfoncer de dix pieds de profondeur, on dit que le pilot doit avoir dix pieds de *fiche*. Mettre un pilot *en fiche*, c'est le mettre en situation de recevoir le choc du mouton pour être enfoncé.

FICHER, *Maçonnerie.* C'est faire entrer du mortier avec une latte dans les joints de lit des pierres, après qu'elles ont été calées, & en remplir les joints montans avec un coulis de plâtre ou de mortier.

FICHES, *Serrurerie* : ce sont des pieces de menus ouvrages en fer, sur lesquelles se meuvent les guichets & les chassis des croisées, les portes d'armoires & autres, &c. Il y en a de différentes sortes : les *fiches à vase*, celles *à nœuds*, celles *à chapelets*, &c.

FIGURE, *Fortification* : c'est le plan ou le polygone intérieur d'une place fortifiée. Lorsque ses angles & ses côtés sont égaux, la *figure* de la place est réguliere ; quand ils sont inégaux, elle est irréguliere.

FIGURE, *Géométrie* : c'est un espace terminé de tous les côtés, soit par des lignes, soit par des surfaces. S'il est terminé par des lignes, c'est une *surface* ; si c'est par des surfaces, alors on le nomme *solide*.

FIGURÉ, *Arithmétique & Algebre.* On appelle *nombres figurés* ceux qui peuvent représenter quelque figure géométrique par rapport à laquelle on les considere. Ainsi les nombres naturels sont les *nombres figurés* du premier ordre, les triangulaires sont ceux du second : les pyramidaux sont les *nombres figurés* du troisieme ordre, &c.

FIL, *Maçonnerie* : c'est dans la pierre & le marbre une veine qui les coupe & qui les rend défectueux : dans le bois, c'est le sens du bois considéré par la longueur de la tige de l'arbre. On appelle *bois de fil* celui qui est employé dans sa longueur.

FIL DE CARET, *Marine* : c'est un *fil* de chanvre de la grosseur de deux lignes, dont on se sert sur mer pour raccommoder les manœuvres rompues. On le tire d'un des cordons de quelque vieux cable que l'on coupe par morceaux. La provision que l'on fait de *fil de caret* pour un vaisseau de grandeur moyenne, est de trois à quatre cent livres.

FIL DE L'EAU, *Hydraulique* : c'est ordinairement le milieu ou l'endroit le plus profond d'une riviere, où son cours est plus fort & plus rapide que sur les bords.

FILAGORE, *Pirotechnie* : c'est le nom que les artificiers donnent à la ficelle avec laquelle ils étranglent les cartouches des fusées.

FILARETS, *Marine* : ce sont de longues pieces de bois minces, qui, étant soutenues de distance en distance par des montans de bois ou de fer nommés *batayoles*, forment autour du vaisseau une espece de garde-fou qui supporte le bastingage.

FILE, *Art militaire* : c'est un nombre d'hommes placés les uns derriere les autres sur une même ligne droite, faisant tous face du même côté. Le premier soldat de la tête est appellé chef de file, & le dernier, qui est à la queue, se nomme *serre-file*.

FILE DE PIEUX, *Archit. hydr.* c'est un rang de pieux ou pilots équarris & plantés au bord d'une riviere ou d'un étang pour en retenir les berges, ou pour conserver les chaussées & turcies d'un chemin de tirage le long de la riviere, ou d'un grand chemin qui passe dans des endroits marécageux. La *file de pieux* est ordinairement couronnée d'un chapeau arrêté à tenons & mortaises, ou attaché avec des chevilles de fer. On fait aussi des *files* de palplanches pour le même objet.

FILER, *Marine. Filer les manœuvres*, c'est les lâcher. *Filer du cable*, c'est en donner autant qu'il en est besoin pour mouiller l'ancre.

FILET, *Architecture.* On appelle ainsi toute petite moulure quarrée qui accompagne ou couronne une autre moulure plus grande.

FILET DE COUVERTURE, *Maçonnerie*: c'est un petit solin de plâtre qui se met au haut d'un comble porté contre un mur, comme un appentis, pour recouvrir le haut des dernieres tuiles. Ce filet est toujours compté pour un pied courant.

FILET DE MERLIN, *Marine* : c'est un petit cordage qui sert à ferler les voiles dans les marticles.

FILIERE, *Méchanique* : c'est un morceau d'acier bien trempé, dans lequel on a percé plusieurs écrous de différente grandeur pour former le pas des vis. Les *filieres* servent à faire les vis, comme les *tarots* forment les écrous.

FILIERES. On appelle ainsi des veines par où l'eau des pluies distille dans les carrieres, & qui interrompent les lits des pierres.

FILIERES DE COMBLE, *Charpenterie* : ce sont les pannes qui portent les chevrons du faux comble dans une mansarde.

FIN, *Marine*. On dit qu'un vaisseau est *fin* de voiles lorsqu'il est léger, qu'il porte bien la voile, & qu'il marche très-facilement.

FINI, *Géométrie*. On appelle *grandeur finie* celle qui a des bornes ; *nombre fini*, tout nombre dont on peut exprimer & assigner la valeur ; *progression finie*, celle qui n'a qu'un certain nombre de termes, par opposition à la progression *infinie*, dont le nombre des termes peut être aussi grand qu'on le voudra.

FLAMBER UNE PIECE, *Artillerie* : c'est y brûler un peu de poudre pour la nettoyer, avant que de la charger.

FLAMME, *Marine* : c'est une longue banderolle d'étoffe ou d'étamine, qui se termine par deux pointes refendues, qu'on arbore au haut des mâts, soit pour donner quelque signal, soit pour servir d'ornement.

FLANC, *Art militaire* : ce terme se dit du côté d'un bataillon, d'un escadron, ou même d'une armée entiere. Attaquer l'ennemi *en flanc*, c'est le découvrir par le côté & faire feu dessus ; on couvre les *flancs* de l'infanterie par des aîles de cavalerie.

FLANC, *Fortification* : c'est en général une ligne tirée de l'extrêmité de la face d'un ouvrage vers son intérieur, ou vers la gorge de cet ouvrage. Le *flanc* d'un bastion est la ligne qui joint la courtine avec la face du bastion : autrement, c'est la distance qui se trouve depuis l'angle de la courtine jusqu'à l'angle de l'épaule. Le *flanc* d'un bastion doit avoir au moins 20 toises de longueur & au plus 30. Dans les anciennes fortifications, on appelle *second flanc* la partie de la courtine qui voit la face du bastion opposé, mais d'une maniere plus oblique & plus imparfaite. Voyez ci-devant FEU DE COURTINE.

FLANC BAS, FLANC RETIRÉ, ou PLACE BASSE : c'est le nom que donnoient les anciens Ingénieurs au plus bas des trois *flancs* élevés en amphithéâtre, selon le systême du comte de Pagan. Ces trois *flancs* étoient situés parallelement au *flanc* du bastion qui formoit le premier de ces *flancs*, & étoient couverts par un orillon : ils avoient pour objet d'augmenter le feu du *flanc* & de conserver du canon derriere l'orillon, afin de s'opposer au passage du fossé. Voyez ci-devant au mot CASEMATE.

FLANC CONCAVE : c'est un *flanc* dont une partie forme une ligne courbe dont la convexité est tournée vers le dedans du bastion & qui est concave au dehors. L'autre partie, qui est convexe au-dehors, est ce qu'on appelle *orillon*.

FLANC COUVERT, c'est le *flanc* d'un bastion disposé de la maniere qu'on vient de décrire, mais dont la partie couverte par l'orillon est en ligne droite.

FLANC DROIT : c'est celui dont la ligne de défense est rasante.

FLANC FICHANT : c'est celui où l'on voit de biais la face du bastion opposé.

FLANC OBLIQUE OU SECOND FLANC : c'est la partie de la courtine qui découvre & qui bat obliquement la face du bastion opposé ; alors la ligne de défense est fichante.

FLANC RASANT : c'est un *flanc* construit sur une ligne de défense *rasante*, de maniere que les coups qui en partent *rasent* la face du bastion qui est vis-à-vis. On l'appelle aussi *flanc droit*. Quant aux avantages & aux inconvéniens de ces différens *flancs*, voyez la nouvelle édition des élémens de fortification, par M. le *Blond*, *in-octavo*, 1764, où cette matiere est parfaitement bien discutée.

FLANQUER : c'est découvrir, défendre, ou battre une place, un corps de troupes, un bataillon, &c. par le côté. Toute fortification qui n'a qu'une défense de front est défectueuse ; pour rendre sa défense bonne & complette, il faut nécessairement qu'une partie *flanque* l'autre. C'est ainsi que la courtine est *flanquée* par les bastions, & que ceux-ci se *flanquent* mutuellement.

FLASCHE, *Charpenterie* : c'est ce qui reste de l'écorce ou de l'aubier d'un arbre, après que la piece de bois est équarrie, & qu'on ne pourroit retrancher sans un déchet considérable.

FLASCHE DE PAVÉ : c'est un espace de pavé enfoncé ou brisé sur sa forme, le long des bords du ruisseau, ou dans les revers du pavé.

FLASQUES, *Artillerie* : ce sont deux forts madriers assemblés par plusieurs entretoises qui forment l'affût d'une piece de canon, ou celui d'un mortier, entre lesquels on place la piece lorsqu'on veut s'en servir.

FLÉAU, *Méchanique* : c'est le nom que l'on donne à la verge composée de deux bras à l'extrêmité desquels on suspend les bassins d'une balance. Cette verge se nomme aussi joug de la balance.

FLÉAU, *Serrurerie* : c'est la fermeture ordinaire d'une porte cochere. Elle consiste en une forte barre de fer, quelquefois de bois, qui se meut sur son axe par le moyen d'un boulon claveté, & qui porte sur les deux battans.

FLECHE, *Art Militaire* : c'est une arme composée d'une verge & d'un fer pointu, qui se jette avec l'arc ou l'arbalestre.

FLECHE, *Fortification* : c'est un petit ouvrage très-peu élevé, formé de deux faces de 12 à 15 toises de longueur, que l'on construit, lorsqu'on est menacé d'un siege, à l'extrêmité des angles saillans & rentrans du glacis, avec des communications au chemin couvert. Les *fleches* sont d'une grande utilité pour s'opposer au passage de l'avant-fossé & défendre les approches du glacis.

FLECHE, *Géométrie* : c'est le nom que quelques auteurs ont donné au sinus verse d'un arc, par sa ressemblance à une fleche qui s'appuie sur la corde d'un arc.

FLECHE ARDENTE, *Pyrotechnie*. Voyez aux mots FALARIQUE & MALLEOLE.

FLECHE D'ARBALESTRILLE, *Pilotage* : c'est la piece principale de cet instrument de mathématique, dont on peut voir la description au mot ARBALESTRILLE.

FLECHE D'ARPENTEUR : c'est le nom qu'on donne à des piquets d'égale longueur dont se servent les arpenteurs pour soutenir la chaîne avec laquelle ils arpentent les terres : un paquet de ces *fleches* s'appelle *trousse*.

FLECHE DE CLOCHER : c'est le couronnement de la cage ou de la tour d'un clocher qui se termine en pointe, & qui a beaucoup de hauteur sur très-peu de largeur : on l'appelle aussi *éguille*. Il y a des *fleches de charpente*, comme celles de la plupart des clochers de Paris, & d'autres en pierre, comme celles de Notre-Dame de Chartres & de Saint-Denis en France.

FLECHE D'ÉPERON, *Marine*. On donne ce nom à une piece de bois qui s'élance au-delà de la proue pour serrer le beaupré & la civadiere : c'est une partie de l'éperon.

comprise entre la frise & les herpes, au-dessus de la gorgere.

FLECHE DE PONT-LEVIS : ce sont les pieces de bois assemblées dans la bascule du pont-levis, où sont attachées les deux chaînes de fer qui enlevent le tablier du pont. Voyez la construction de ces sortes de ponts & l'usage qu'on y fait des *fleches*, dans la *Science des Ingénieurs*, par M. *Belidor*, livre IV.

FLIBOT, *Marine* : c'est le nom que les Anglois donnent à un petit bâtiment du port de 80 ou 100 tonneaux au plus, semblable à une flute, qui a le derriere rond, qui est creux & large de ventre, & qui n'a ni mât d'artimon ni perroquet. On l'appelle aussi *pinque*.

FLOT, *Marine* : c'est ainsi que les marins appellent le *flux* dans les marées montantes : ils donnent le nom de *jussant* à l'abaissement de la marée, ou au reflux des eaux de la mer. On dit aussi qu'un navire est *à flot*, lorsqu'il se trouve assez d'eau pour que sa quille ne touche point le fond. *Mettre à flot*, c'est relever un bâtiment échoué à mer basse, lorsque la marée vient à monter.

FLOTTE, *Marine* : c'est un corps de plusieurs vaisseaux qui navigent ensemble. La *flotte* est ordinairement composée de quatre-vingt, cent, cent cinquante, & jusqu'à deux cent voiles. Elle se subdivise en trois, quatre, ou cinq *escadres*, suivant les occasions & les vues de l'amiral.

FLUENTE, *Géomet. transcend.* Les géometres Anglois donnent ce nom à des quantités qu'ils considerent comme augmentées indéfiniment & par gradation. C'est ce que M. *Leibnitz* a appellé *intégrale*. Voyez à ce mot.

FLUIDE, *Physique* : c'est un corps dont les parties, cédant à la moindre force, peuvent se séparer & se rejoindre avec la même facilité. Les corps fluides different de ceux qu'on appelle liquides, en ce que ceux-ci, comme l'eau, l'huile, le lait, le vin, &c. ont la propriété de mouiller & de pénétrer les corps, au lieu que les *fluides* sont seulement capables de couler & de s'étendre sur les corps sans les pénétrer : l'air, le sable extrêmement fin, &c. sont des *fluides* & non pas des liquides. Le mouvement des *fluides*, & particuliérement de l'eau, fait la matiere de l'hydraulique. *Mariotte*, *Varignon*, *Pascal*, *Newton*, *Jean & Daniel*

Bernoulli, &c. & dernièrement M. *D'Alembert* (en 1744 & en 1752) ont écrit sur l'équilibre & le mouvement des fluides.

FLUIDITÉ : c'est cette propriété des corps qui les rend fluides, en ce sens le mot *fluidité* est entiérement opposé à *solidité*. La *fluidité* des liqueurs n'est autre chose que l'effort qu'elles font en tous sens contre le fond & les parois des vaisseaux qui les contiennent, pour s'échapper. La cause de la *fluidité* nous est inconnue, & l'on n'a pas encore imaginé d'hypothese qui satisfasse pleinement sur ce phénomene.

FLUTE, *Marine* : c'est un bâtiment de charge appareillé en vaisseau, dont la varangue est fort plate, aussi rond à l'avant qu'à l'arriere, & dont les façons sont peu taillées, pour ménager plus de place dans la cale.

FLUX ET REFLUX, *Physique* : c'est un mouvement périodique, régulier & journalier, qu'on observe dans les eaux de la mer, qui a lieu deux fois par jour, & par lequel ces eaux sont poussées vers le rivage, ce qu'on appelle *flux*, & se retirent ensuite, ce qu'on nomme *reflux*. Le *flux* dure près de six heures : après un quart d'heure de repos, il est suivi du *reflux* qui dure autant. La lune en est la principale cause, mais c'est à l'action combinée du soleil & de la lune qu'on doit rapporter ce phénomene merveilleux. Le *flux* & le *reflux* retardent de 48 minutes toutes les 24 heures, ce qui fait en cinq jours 4 heures de retard, & 12 heures en quinze jours, au moyen de quoi le *flux* & le *reflux* reviennent à la même heure tous les quinze jours. *Galilée*, *Descartes*, *Newton*, le Pere *Déchalles*, *s'Gravesande*, &c. en s'efforçant d'expliquer les causes du flux & reflux de la mer, ont tâché d'en adapter les phénomenes à leurs hypotheses. M. l'abbé *de Brancas* a donné aussi en 1740 une *explication physique du flux & reflux de la mer*, déduite d'un systême particulier de cosmographie de son invention, lequel jusqu'ici n'a pas eu beaucoup de partisans : mais on peut consulter avec plus de fruit les trois sçavantes piéces de MM. *Bernoulli*, *Euler* & *Maclaurin*, sur le *flux* & *reflux* de la mer, qui ont mérité les suffrages de l'Académie des Sciences de Paris en 1740 ; celle du Pere *Cavalleri*, Jésuite, qui a été publiée dans le même tems ; les deux excellens ouvrages de M. *D'Alembert*, intitulés *réflexions sur la cause générale des vents*, en 1746, & *recherches sur la précession des équinoxes*, en 1749; & enfin le quatrieme volume de l'*Architecture hydraulique* de M. *Belidor*, où l'on trouve en outre une table très-ample de l'établissement des marées dans les principaux ports de l'Europe.

FLUXIONS, *Géom. transcend*: c'est le nom que donna *Newton* à des quantités mathématiques qui croissent avec plus ou moins de vîtesse par un mouvement continuel : telle est la ligne considérée comme produite par le mouvement d'un point; la surface, par celui d'une ligne; le corps ou solide produit par le mouvement d'une surface, &c. *Newton* appelle *fluxions* dans la géométrie de l'infini ces mêmes vitesses que *Leibnitz* nomme différences, & il donne le nom de *fluentes* à ces quantités augmentées par gradation que nous connoissons sous le nom d'*intégrales*. On conçoit par là que le calcul des *fluxions* est absolument la même que le *calcul différentiel*. Voyez ce que nous en avons dit à l'article DIFFÉRENTIEL. On ne doit pas négliger de consulter à cette occasion le sçavant *traité des fluxions* de M. *Maclaurin* en deux volumes *in-quarto*, dans lequel la méthode des fluxions est démontrée à la maniere des anciens par les regles les plus rigoureuses de la géométrie. On peut voir aussi le beau commentaire écrit en anglois, par *Stewart*, sur la quadrature des courbes de *Newton*.

FONCET, *Navigation* : c'est le plus grand des bateaux qui servent à transporter des marchandises sur les rivieres. Il y en a qui ont jusqu'à 28 toises de longueur entre chef & quille, sur 28 pieds de largeur, & qui sont plus grands par conséquent que les plus forts vaisseaux qui naviguent dans nos mers, lesquels n'ont que 22 à 23 toises de longueur. Voyez la construction & le détail des pieces qui composent un *bateau foncet*, dans le *dictionnaire encyclopédique*, ou dans le *traité des bois de charpente*, par *Mesange*, en deux volumes *in-octavo*.

FONCTION, *Algebre*. Les anciens géometres ont donné le nom de *fonctions* d'une quantité quelconque aux différentes puissances de cette quantité; mais aujourd'hui on appelle ainsi une quantité algébrique composée de tant de termes qu'on voudra, dans laquelle cette quantité se trouve d'une maniere quelconque, mêlée ou non avec des quantités constantes.

FOND, *Architecture* : c'est la superficie de la terre sur laquelle on asseoit les fondemens d'un édifice. Le bon & vif *fond* est celui dont la terre n'ayant point été remuée, se trouve de bonne consistance, & sur lequel on peut *fonder*.

FOND, *Marine*, c'est le sol ou la superficie de la terre au-dessous des eaux : on lui donne différens noms suivant la nature du terrein ou du sable, comme *bon fond*, *mauvais fond*, *fond pierreux*, *fond de sable*; *fond de vase*, &c.

FOND DE BONNE TENUE : c'est un fond de terrein sous l'eau, où l'ancre tient bien & ne peut pas chasser : *fond de mauvaise tenue* est tout le contraire.

FOND DE CALE : c'est la partie la plus basse du vaisseau, comprise entre le *fond* & le premier pont, & qui entre entiérement dans l'eau. Le *fond de cale* est comme la cave du vaisseau ; on le divise en plusieurs parties où l'on met diverses munitions ou marchandises.

FONDATION, *Architecture* : ce terme dans son sens propre ne devroit signifier que l'action de *fonder*, mais on le prend ordinairement pour la tranchée ou l'ouverture que l'on fait dans la terre pour asseoir les fondemens d'un bâtiment : quelques uns l'emploient même pour les fondemens d'un édifice, & l'on dit souvent *cette maison a tant de pieds de fondation*. Malgré cet usage presque généralement reçu, *Felibien* a décidé d'après *Philibert de l'Orme*, *Chambray*, *Perrault* & la plupart des auteurs qui ont écrit sur l'architecture, que l'on ne doit pas dire *les fondations* d'un bâtiment, mais *les fondemens* ; il convient cependant qu'on peut se servir du mot *fondation* tant qu'on travaille aux fondemens d'un édifice, & qu'on peut dire alors *les fondations en sont bien avancées* ; mais, qu'en parlant d'un bâtiment entiérement fini on doit dire *les fondemens en sont bons*, ne devant plus se servir du terme de *fondation* quand l'ouvrage est achevé. *Felibien*, *dictionnaire d'architecture*.

FONDATION DANS L'EAU, *Archit. hydraul.* Cette maniere de bâtir est susceptible de tant de variétés & exige de si grands détails, qu'ils passeroient les bornes d'un dictionnaire abrégé comme celui-ci. Nous avons déja dit quelque chose des fondations à pierres perdues ou *par enrochement*, à l'article ENROCHEMENT, & de celles qui se font dans l'eau *par encaissement*, à l'article ENCAISSEMENT. Nous ne pouvons présentement mieux remplir cet article qu'en renvoyant à la seconde partie de l'*architecture hydraulique* de M. *Belidor*, Livre III, chap. X, où les différentes méthodes de *fondir* & de bâtir dans l'eau sont développées de maniere à ne rien laisser à desirer sur cet important sujet. Voyez aussi le livre III de la *Science des Ingénieurs*, par le même auteur.

FONDEMENT, *Architecture* : c'est la maçonnerie enfermée dans la terre jusqu'au rez-de-chaussée; les *fondemens* doivent être proportionnés à la ténacité du terrein sur lequel ils sont établis & à la charge du bâtiment qu'ils doivent porter.

FONDEMENT A PILES : c'est une maniere de *fonder* par piliers isolés, liés avec des arcades en tiers-point, ou par des arcs renversés, comme l'a pratiqué *Philibert de Lorme* au château de Saint-Maur, & M. *Soufflot* dans les *fondations* de la nouvelle église de Ste. Genevieve. Voyez ci-devant l'article ARC A L'ENVERS.

FONDEMENT CONTINU : c'est un massif en maniere de platée qui regne sous toute l'étendue d'un bâtiment, pour lui donner plus de consistance & de solidité, comme on en trouve sous les aqueducs & sous les arcs de triomphe antiques.

FONDER : c'est construire de maçonnerie les fondemens d'un édifice, dans les ouvertures & les tranchées qui ont été faites à cet effet dans les terres. Quand le fond est de mauvaise consistance, on *fonde* sur des grillages de charpente & sur pilotis. Voyez à ce sujet la *science des ingénieurs* & la seconde partie de l'*architecture hydraulique*, par M. *Belidor*, en deux volumes *in-quarto*.

FONDERIE, *Artillerie* : c'est, dans un arsenal, un grand hangard avec une fosse & un fourneau au milieu, où l'on moule & l'on jette en fonte les canons, mortiers & autres pieces d'artillerie.

FONDIS : c'est une espece d'abyme occasionné par la consistance peu solide du terrein, ou par quelque source qui se trouve au-dessous des fondemens d'un bâtiment. On appelle aussi *fondis* ou *fontes*, un éboulement de terre qui se fait dans une carriere, pour n'y avoir pas laissé assez de piliers ; & fondis à jour, lorsqu'il s'y est fait un trou par où l'on peut voir le fond de la carriere.

FONTAINE, *Architecture* : c'est un ouvrage d'architecture mêlé de sculpture, érigé pour recevoir l'eau d'une source, ou celle qui est élevée par quelque machine hydraulique, pour la distribuer ensuite au public ou aux endroits de sa destination. Voyez-en divers exemples dans la premiere partie de l'*architecture hydraulique*, par M. Bélidor, *in-quarto*, tome second.

FONTAINE, *Hydraulique*. Dans la décoration des jardins, on donne le nom de *fontaine* à plusieurs coupes de marbre ou de bronze qui vont en diminuant, posées par étages sur une tige commune, laquelle se termine par un bouillon d'eau qui, remplissant la coupe du sommet, redescend par cascades dans les inférieures, en formant autant de nappes d'eau. Ces sortes de *fontaines* sont toujours placées dans le milieu d'un bassin qui leur sert de décharge. Telle est la *fontaine de la pyramide*, en face du parterre du nord, dans les jardins de Versailles, dont on peut voir la représentation sur la planche 32 des *délices de Versailles*, *in-folio*, 1766.

FONTE, *Artillerie* : c'est le nom qu'on donne à la composition de métal dont on se sert pour la fabrique des canons & des mortiers. Suivant l'usage le plus ordinaire, cette *fonte* est composée d'une partie de cuivre rouge, ou rosette pure de Hongrie ou de Suede, d'un dixieme ou d'un douzieme [illegible] d'étain de Cornouailles, & d'un dix-huitieme [illegible]on ou cuivre jaune.

FONTE DU CANON : c'est l'opération par laquelle on met en fusion le métal qui doit faire le canon : cette fusion du métal arrive au bout de 24 ou 30 heures. L'usage ancien étoit de *fondre* les pieces vuides avec un noyau dans le milieu, mais à présent on les coule massives, & après que la piece [illegible] *fondue*, on en fore l'ame au moyen d'une machine appellée *alezoir*, imaginée exprès pour cette opération. Voyez ci-devant au mot ALEZOIR.

FORCE, *Méchanique*. On donne ce nom en général à tout ce qui est capable de faire quelque effort. Un corps qui en presse un autre fait un effort, cette pression est une *force* ; un corps qui tombe sur un autre fait aussi un effort ; c'est encore une *force*. On entrera dans un plus grand détail à ce sujet dans les articles suivans.

FORCE ABSOLUE. On dit qu'une puissance agit avec une *force absolue* lorsqu'elle emploie tout ce qu'elle a de *force* pour surmonter l'obstacle qui lui est opposé. Dans ce sens *absolu* est opposé à *relatif*.

FORCE ACCÉLÉRATRICE : c'est celle qui étant toujours appliquée à un corps, renouvelle sans cesse son impression & augmente dans le second instant l'effet du premier, dans le troisieme l'effet du second, & ainsi de suite : de sorte que sa vîtesse va toujours en croissant. Telle est la *force* occasionnée par la pesanteur d'un corps qui tombe librement de haut en bas.

FORCE ACCÉLÉRÉE, *hydraulique* : c'est celle de l'eau contenue dans un tuyau droit qui se vuide par une ouverture égale à son diametre ou à sa base.

FORCE CENTRALE : c'est une puissance par laquelle un corps mu tend vers un centre de mouvement ou s'en éloigne : ainsi les *forces centrales* se divisent en deux especes ; sçavoir, en *centrifuges* & en *centripetes*, selon qu'elles tendent à s'éloigner ou à s'approcher du point fixe auquel leur action se rapporte. Voyez les deux articles suivans.

FORCE CENTRIFUGE : c'est celle par laquelle un corps qui se meut circulairement tend à s'écarter de son centre de mouvement. Cette tendance est toujours dirigée selon [illegible]ngente à la courbe qu'il parcourt, parce q[illegible]ouvant on tend toujours à le jetter suivant c[illegible]rection, dans quelque point de la courbe que le corps se trouve. Telle est la tendance d'une pierre enfermée dans une fronde que l'on fait tourner.

FORCE CENTRIPETE : c'est une force par laquelle un corps mis en mouvement tend toujours à se rapprocher du centre de son mouveme[illegible].

FORCE CONSTANTE, *Hydraulique* : c'est une force qui agit uniformément sur toute l'étendue du fond d'un vaisseau plein d'eau & percé par le bas, dont l'eau est continuellement entretenue au même niveau. Ici le terme *constant* est opposé à *accéléré*.

FORCE DES CHEVAUX. Lorsqu'il s'agit de pousser ou de tirer, la *force* d'un cheval de moyenne taille est équi valente à celle de sept hommes, c'est-à-dire, qu'elle est estimée d'environ 175 livres. Sur ce pied un cheval peut tirer d'un puits un poids d'environ 175 livres, avec une vîtesse de 1800 toises par heure. Etant attelé à une voiture, le cheval est capable de mouvoir un poids plus considérable, à proportion de la solidité du terrein, & de l'égalité ou de l'inégalité du plan sur lequel il marche : par exemple, en terrein uni, la *force* moyenne d'un cheval attelé à une charrette peut s'évaluer à 300 livres.

FORCE DES CORPS : comme cette *force* ne consiste que dans le mouvement des corps, elle sera d'autant plus grande qu'ils auront en même tems plus de masse & plus de vîtesse. Voyez ci-après l'article FORCE VIVE.

FORCES DES EAUX, *Hydraulique*. Plusieurs auteurs ont confondu la *force* des eaux avec leur vîtesse & leur dépense, mais il est constant que la *force* de l'eau n'est autre chose que l'effort qu'elle fait pour sortir & s'élancer contre la colonne d'air qui résiste & pese dessus. Cette *force* dépend donc de deux choses : de la hauteur de la colonne d'eau, & de la colonne d'air qui pese dessus ; pour évaluer la vîtesse ou la *force* d'un courant, voyez ce que nous avons dit ci-devant à l'article COURANT.

FORCE DES HOMMES : cette *force* & celle des animaux en général dépend des muscles qui jouent, & de la position où le corps se trouve alors. On a trouvé par l'expérience que la *force* d'un homme qui tire verticalement de haut en bas pour élever un poids à l'aide d'une poulie fixe, ne peut guere aller qu'à 70 livres, qui est la moitié du poids ordinaire d'un homme de moyenne taille. S'il tire obliquement, ou de biais, sa force sera d'autant moindre que l'obliquité du tirage sera plus grande. Mais la force moyenne d'un homme qui tire ou qui pousse un fardeau horisontalement en marchant, est estimée d'environ 25 ou 27 livres au plus, en faisant mille toises par heure.

FORCE D'INERTIE : c'est la propriété commune à tous les corps de rester dans leur état, soit de repos ou de mouvement, à moins que quelque cause étrangere ne les en fasse changer. Cette *force* ne se manifeste dans les corps que lorsqu'on veut changer leur état, & on l'appelle alors *résistance* ou *action* : *résistance*, lorsqu'il s'agit de l'effort que fait un corps contre ce qui tend à lui faire perdre son état ; & *action*, pour exprimer l'effort que fait le même corps pour changer l'état de l'obstacle qui lui résiste.

FORCE DU JET, *Artillerie* : c'est la vitesse avec laquelle une bombe est poussée en l'air, suivant les différentes directions qu'on lui donne. On suppose pour cet effet que la bombe a acquis cette vitesse en tombant d'une hauteur déterminée qui répond à la charge de poudre qu'on doit mettre dans le mortier pour la chasser ; c'est ce que M. *le Blond* entend par la *force du jet*. On l'appelle plus communément *ligne d'égalité*. Voyez, pour l'éclaircissement de cet article, l'*artillerie raisonnée*, par M. *le Blond*, *in-octavo*, 1764, pages 495 & 499.

FORCE D'UNE PUISSANCE : cette force se mesure par la pesanteur d'un poids qui produiroit le même effet qu'elle.

FORCE ÉLASTIQUE. Lorsqu'un corps qui a du ressort est comprimé par quelque cause que ce soit, & qu'il change de figure, l'effort qu'il fait pour se remettre dans son état naturel est ce qu'on appelle *force élastique* ou *élasticité*. Voyez à ce mot.

FORCE MORTE : c'est un terme imaginé par M. *Leibnitz* pour désigner l'effort que fait un corps par son propre poids, qui consiste dans une simple pression. Il suppose pour cet effet un corps pesant, appuyé sur un plan horisontal ; ce corps fait un effort pour descendre, mais son effort est continuellement arrêté par la résistance du plan, ensorte qu'il se reduit à une simple tendance au mouvement. Voilà ce que cet auteur appelle une *force morte*.

FORCE MOTRICE : c'est celle qui n'est appliquée à un corps qu'autant de tems qu'il en faut pour lui imprimer un certain degré de vitesse, après quoi le corps se sépare de la *force motrice*. Alors le mouvement de ce corps est uniforme, c'est-à-dire, qu'il parcourt des espaces égaux dans des tems égaux. La mesure ou l'expression de la *force motrice* est toujours l'espace divisé par le tems employé à le parcourir ; ainsi cette *force* sera d'autant plus grande que l'espace à parcourir sera plus grand & le tems plus court.

FORCE MOUVANTE : c'est proprement la même chose que

force motrice ; cependant on ne se sert guere de ce mot que pour désigner des *forces* qui agissent avec avantage par le moyen de quelque machine. C'est dans ce sens que M. *Decamus* a donné le titre de *traité des forces mouvantes*, au recueil de machines aussi ingénieuses qu'utiles, détaillées dans son ouvrage, *in-octavo*, imprimé à Paris chez *Jombert*.

FORCE RELATIVE OU RESPECTIVE. On se sert de ce terme pour exprimer l'effort d'une puissance qui n'agit qu'avec une partie de sa *force* absolue.

FORCE RESULTANTE : c'est le nom que quelques auteurs ont donné à une *force* qui *résulte* de l'action combinée de plusieurs autres : cette *force resultante* se trouve par le principe de la diagonale du parallelogramme des forces. Voyez l'article PARALLELOGRAMME DES FORCES.

FORCE VIVE, OU FORCE DES CORPS EN MOUVEMENT. M. *Leibnitz* se sert du terme de *force vive* pour exprimer l'effort qui provient du mouvement d'un corps, comme il a employé le terme de *force morte* pour désigner la simple pression d'un corps en repos qui n'agit que par sa pesanteur. Suivant ce principe, *force vive* est la force d'un corps qui se meut d'un mouvement continuellement rallenti & retardé par des obstacles, jusqu'à ce qu'enfin ce mouvement soit anéanti, après avoir successivement perdu de sa vîtesse par des degrés insensibles. Cette distinction des *forces vives* & des *forces mortes* a occasionné une guerre littéraire, dans laquelle les plus habiles mathématiciens de ce siecle n'ont pas dédaigné de prendre parti. On a vu en effet d'une part M. Jean *Bernoulli*, Madame la Marquise *du Châtelet*, MM. s'*Gravesande* & *Herman*, se ranger sous les étendards de *Leibnitz* pour soutenir les forces vives, tandis que d'un autre côté MM. *Maclaurin*, le Pere *Maziere*, MM. *de Mairan*, l'abbé *Deidier*, *Hauzen*, *Jurin*, &c. se sont efforcés de les combattre & de les anéantir. En vain MM. *Wolf* & *Camus* ont tâché de concilier les esprits ; en vain M. *D'Alembert* a démontré en 1743, dans la préface de son sçavant *traité de dynamique*, que ce n'étoit dans le fond qu'une dispute de mots, puisque les uns & les autres étoient d'ailleurs entiérement d'accord sur les principes fondamentaux de l'équilibre & du mouvement ; il se trouve encore aujourd'hui des partisans des *forces vives* qui réveillent de tems en tems cette discussion métaphysique, trop futile en effet pour avoir occupé si longtems de grands hommes.

FORCE UNIFORME : c'est celle qui fait parcourir à un corps quelconque des espaces égaux dans des tems égaux.

FORCES, *Charpenterie*. Voyez l'article JAMBES DE FORCE.

FORER *l'ame des pieces*, *Artillerie* : c'est percer un trou dans l'épaisseur du métal d'une piece de canon qui avoit été fondue massive, & en creuser l'ame au point de recevoir le boulet du calibre que la piece doit chasser, ce qui se pratique par le moyen de l'alezoir.

FORER *la lumiere d'un canon* : c'est y percer un canal fort étroit vers l'extrêmité de la culasse, pour mettre le feu à la poudre renfermée dans le canon lorsqu'il est chargé. Cette opération se fait avec un *forest*, ce qui fait qu'on dit également *forer* ou *percer* la lumiere.

FOREST, *Agriculture*. On entend en général par ce mot un bois qui embrasse une fort grande étendue de terrein, composé d'arbres de toute espece & de tout âge. C'est dans ce sens qu'on dit la *forest* des Ardennes, la *forest* de Senar, celle de Fontainebleau, de Saint-Germain, de Senlis, &c.

FOREST, *Artillerie* : c'est le nom qu'on donne à l'outil d'acier avec lequel on perce la lumiere d'un canon. On se sert aussi du *forest* pour amorcer & ébaucher l'ame des canons qui ont été fondus massifs. Après cela on substitue au *forest* des boîtes de cuivre de différens calibres, armées d'un couteau d'acier fort tranchant, que l'on introduit successivement dans le trou du *forest*, pour l'élargir & l'approfondir autant qu'il en est besoin, par le moyen de l'alezoir. Voyez à ce mot.

FORMATION, *Algebre*. On appelle *formation d'une équation* la suite des opérations qui conduisent à cette équation. En géométrie, on se sert aussi du terme *formation* pour désigner la maniere dont une courbe, une surface, un corps sont engendrés. La *formation* des sections coniques dans le cône se fait par un plan qui coupe ce cône de différentes manieres.

FORME, *Architecture* : c'est une espece de libage dur provenant des ciels de carriere.

FORME, *Marine* : c'est un petit bassin revêtu de maçonnerie, entouré

entouré intérieurement de banquettes de pierre disposées en amphithéâtre, pour faciliter aux ouvriers le moyen de manœuvrer autour du navire qu'on y construit, ou qu'on y a introduit à marée haute pour le radouber. On épuise l'eau de ces *formes* pour pouvoir y travailler à sec, par le jeu d'une écluse qui est à son entrée & qui répond à la mer ; ce qui se pratique assez facilement dans les ports de mer où il y a flux & reflux. Sur la Méditerranée, on vuide l'eau de ces *formes* par le moyen des chapelets ou d'autres machines servant aux épuisemens, & l'on y introduit de nouvelle eau pour remettre le vaisseau en mer, après qu'il est construit ou radoubé. Voyez la construction & le dessein des *formes* de Rochefort, dans la seconde partie de l'*architecture hydraulique*, par M. *Belidor*, tome II, livre III, chapitre XII.

FORME DE PAVÉ : c'est une étendue de sable de certaine épaisseur sur laquelle on asseoit le pavé des rues, des ponts, chaussées, &c.

FORMERETS, *Architecture* : ce sont les arcs ou nervures des voûtes gothiques, qui forment les arcades ou lunettes par deux portions de cercle qui se coupent à un point. *Formeret* signifie aussi quelquefois le ceintre de jonction d'une voûte à un mur. Voyez ci-après au mot NERF OU NERVURE.

FORMULE, *Algebre* : c'est une expression générale, tirée d'un calcul algébrique, qui renferme une regle générale pour la solution d'un problême, de maniere qu'avec quelque substitution, on l'applique à tous les cas compris dans la condition du problême.

FORT, *Charpenterie*. On donne ce nom à une espece de courbure ou de cambrure qui se trouve dans les pieces de bois qui ne sont pas parfaitement droites. Mettre une solive ou une poutre *sur son fort*, c'est mettre la partie saillante de la courbure en-dessus & le creux en dessous, pour lui donner plus de force.

FORT, *Fortification* : c'est un terrein de peu d'étendue, fortifié par l'art ou par la nature, qui n'est habité que par des gens de guerre, dont l'objet est de garder quelque passage important, ou d'occuper quelque hauteur dont l'ennemi pourroit tirer avantage.

FORT DE CAMPAGNE OU FORTIN : c'est une espece de grande redoute dont les côtés se flanquent & se défendent réciproquement, & qui ne se construit qu'en terre; pour couvrir & garder des postes avantageux ou des passages importans pendant la guerre. Lorsque ces *forts* sont quarrés & qu'ils sont ouverts d'un côté, on leur donne le nom de *redoute*. Voyez à ce mot. Il y a de ces *forts* que l'on nomme *forts en étoile*, parce qu'ils en ont la figure, étant formés de quatre ou cinq côtés qui donnent autant d'angles saillans & rentrans.

FORTERESSE : c'est un nom général que l'on donne à toutes les places fortifiées, soit par la nature, soit par l'art.

FORTIFICATION : c'est l'art de disposer toutes les parties de l'enceinte d'une place, ou de tout autre lieu que l'on veut défendre, de maniere qu'un petit nombre d'hommes s'y trouve en état de résister à un corps de troupes supérieur en nombre qui voudroit s'en emparer. La fortification se divise en réguliere & irréguliere, naturelle ou artificielle, durable ou passagere, offensive ou défensive, &c. dont on donnera ci-après l'explication. Plusieurs Ingénieurs célebres, tels qu'*Errard de Bar-le-Duc*, *Marolois*, *Fritach*, le Chevalier *de Ville*, le Comte *de Pagan*, *Belidor*, &c. ont imaginé différens systêmes de fortification, qui ont été suivis & abandonnés successivement; tout ce qui a été trouvé de bon dans les anciens systêmes ayant été conservé dans ceux qui en ont imaginé depuis. Mais les meilleures méthodes de fortifier & les plus usitées présentement sont celles du Baron de Coëhorn, célebre Ingénieur Hollandois, & de M. de Vauban, le plus habile Ingénieur que la France ait produit, qui a fortifié plus de 300 places suivant ces méthodes; ceux qui voudront suivre l'histoire des progrès de la fortification, & prendre connoissance des différens systêmes des Auteurs dont on vient de parler, pourront se satisfaire dans *les travaux de Mars de Manesson Mallet*, *la fortification d'Ozanam*, *le parfait ingénieur François* par l'Abbé *Deidier*, l'article *fortification* dans *le dictionnaire encyclopédique*, & dans *le dictionnaire de mathématique* de M. *Saverien*, où les trois nouveaux systêmes de M. *Belidor* sont assez bien développés; mais le meilleur ouvrage que l'on puisse consulter à ce sujet est *les élémens de fortification*, par M. *le Blond*, cinquième édition, en un volume *in-octavo*, où les méthodes de M. de Vauban, celles de Coëhorn, & les systêmes des autres Ingénieurs qui les ont précédés, ainsi que la fortification irréguliere, &c. sont développés avec une clarté & une précision qui caractérisent essentiellement tous les ouvrages de ce sçavant Auteur.

Fortification Ancienne : c'est celle des premiers tems, qui s'est conservée jusqu'à l'invention de la poudre : elle consistoit en une simple enceinte de murailles que l'on a flanquée ensuite de distance en distance par des tours rondes ou quarrées.

Fortification Artificielle : c'est celle dans laquelle on emploie le secours de l'art & du génie pour se mettre en état de résister aux efforts de l'ennemi. Les ouvrages que l'on construit à cet effet sont ce qu'on appelle *les fortifications de la place.*

Fortification Défensive : c'est celle qu'on emploie pour résister avec plus d'avantage aux attaques & aux entreprises de l'ennemi.

Fortification Durable : c'est celle dont on fait usage pour les villes & autres lieux qu'on veut mettre en état de résister en tout tems aux entreprises de l'ennemi. C'est la *fortification* de nos villes de guerre & de toutes celles qu'on appelle *places fortifiées.*

Fortification Irréguliere : c'est celle dans laquelle les différens côtés de l'enceinte d'une place ne sont pas d'égale grandeur, ce qui occasionne de l'irrégularité dans les angles, les flancs & les faces des bastions, dans la longueur des courtines, &c. Comme il est rare de trouver une ville dont l'enceinte forme un polygone régulier, la *fortification irréguliere* est presque la seule dont on fasse usage.

Fortification Moderne : c'est celle qui s'est établie depuis l'invention de la poudre, dans laquelle on a substitué les bastions aux tours qui défendoient autrefois les murailles de l'enceinte d'une ville.

Fortification Naturelle : c'est celle dans laquelle la situation propre du lieu suffit pour en empêcher l'accès à l'ennemi. Telle seroit une place située sur le sommet d'une montagne escarpée, ou dans une isle environnée d'eau ou de marais inaccessibles.

Fortification Offensive : c'est celle qui a pour objet toutes les précautions nécessaires pour attaquer l'ennemi avec avantage : elle consiste principalement dans les différens travaux relatifs à l'attaque des places.

FORTIFICATION PASSAGERE : cette espece de *fortification* a lieu seulement en campagne. Elle consiste dans les différens ouvrages, redoutes, ou petits forts que l'on fait à la guerre pour se retrancher; lesquels ouvrages ne subsistent que pendant que les armées tiennent la campagne.

FORTIFICATION RASANTE, c'est celle dont le prolongement du glacis couvre exactement le rempart de la place, ensorte que son canon rase le glacis & la campagne qui est au-delà.

FORTIFICATION RÉGULIERE : c'est celle qui a tous ses côtés égaux & toutes les parties des mêmes pieces égales entr'elles. Elle est préférable à l'irréguliere en ce que tous ses côtés opposent la même résistance, & qu'elle n'a point de partie plus foible que l'autre, dont l'ennemi puisse tirer avantage; mais l'occasion d'en faire usage est très-rare, à moins qu'il ne s'agisse de *fortifier* une place neuve.

FORTIFIER EN DEDANS : c'est prendre le côté du polygone que forme l'enceinte d'une place, pour le côté extérieur. On dit qu'on *fortifie en dedans* lorsque le côté du polygone sert de côté extérieur, parce que les bastions se trouvent alors en dedans du polygone. M. de *Vauban* se sert du côté extérieur pour déterminer toutes les lignes de la fortification. Voyez ci-devant l'article CÔTÉ EXTÉRIEUR.

FORTIFIER EN DEHORS : c'est faire servir le côté du polygone qu'on se propose *de fortifier* de côté intérieur. On dit alors qu'on *fortifie en dehors*, parce que dans cette opération les bastions de la place sont véritablement au dehors du polygone. Voyez l'article CÔTÉ INTERIEUR. Toutes ces définitions sont tirées des *élémens de fortification*, par M. *le Blond*, dont on vient de parler à l'article FORTIFICATION, & dont on ne peut trop recommander la lecture aux jeunes officiers, ainsi qu'à tous ceux qui se destinent à la profession des armes.

FORTIN : c'est un petit fort de 3, 4 ou 5 bastions fait à la hâte pour défendre un poste ou pour arrêter l'ennemi dans un passage. Voyez ci-devant l'article FORT DE CAMPAGNE.

FOSSE, *Architecture* : ce terme s'emploie pour désigner toute profondeur creusée en terre, servant à div usages dans les bâtimens, comme les cîternes, cloaques, &c. *Fosse d'aisance*, est un lieu voûté au-dessous de l'aire des caves, & assez profond, pavé de grès ou de moilons, assis sur une couche de chaux & ciment, où s'amassent les matieres qui descendent des cabinets par les chausses d'aisance. *Fosse à chaux*, c'est un trou fouillé quarrément dans la terre, où l'on fait couler la chaux éteinte, & où elle se conserve pour en faire du mortier, à mesure qu'on en a besoin pour la construction d'un bâtiment.

FOSSE, *Marine* : c'est un espace de mer près des terres, où les vaisseaux peuvent mouiller à l'abri. On donne aussi le nom de *fosse* à un endroit qui se trouve près d'un banc, qui est plus profond, & dans lequel il y a plus d'eau que sur le reste du banc.

FOSSE AUX CABLES, *Marine* : c'est un retranchement fait vers l'avant d'un vaisseau, sous le premier pont, dans lequel on place les cables.

FOSSE AUX LIONS : c'est un retranchement fait sous le tillac à l'avant du vaisseau, où l'on met les manœuvres de rechange. On l'appelle communément *fosse aux lions*, mais M. *Duhamel* remarque avec raison qu'il seroit mieux de dire *fosse aux liens*, parce que c'est en cet endroit qu'on retire les menus cordages.

FOSSE AUX MATS, *Archit. hydr.* Ce sont des especes de bassins pleins d'eau, ou des canaux dont chaque extrêmité est fermée par la vanne d'une petite écluse, dans lesquels on fait entrer des mâts de vaisseaux que l'on y conserve pour le besoin. On assujettit ces mâts au fond de l'eau par le moyen de plusieurs chevalets élevés de distance en distance, & traversés par une piece de bois nommée *clef*.

FOSSÉ, *Fortification* : c'est une profondeur que l'on pratique autour de l'enceinte d'une place, au pied du revêtement du rempart, pour lui donner plus de hauteur & se garantir de l'escalade. La ligne qui termine le fossé du côté de la place se nomme l'*escarpe* ; ce n'est autre chose que le pied du revêtement : celle qui borde le fossé du côté de la campagne, se nomme la *contrescarpe* : c'est où commence le chemin couvert.

FOSSÉ PLEIN D'EAU. Ses avantages sont d'empêcher les surprises, l'escalade, la désertion des soldats de la garnison, & d'augmenter la difficulté de son passage par l'incommodité des ponts de fascines que l'assiégeant est obligé de construire pour le traverser.

FOSSÉ SEC. Il est susceptible d'une plus belle défense, par les chicanes qu'un gouverneur intelligent peut mettre en usage pour en disputer le terrein pied à pied à l'ennemi ; mais il met la place moins à l'abri des surprises.

FOSSÉ REVETU : c'est celui dont l'escarpe & la contrescarpe sont revêtues d'un mur de maçonnerie & presque d'à plomb, ce qui augmente la difficulté de leur descente.

FOSSÉ NON-REVETU : ce sont ceux dont les deux côtés ne sont qu'en terre ou revêtus de simples gazons, ensorte qu'on est obligé de leur donner une pente ou un talud considérable, ce qui en facilite beaucoup la descente.

FOSSÉ DES LIGNES. Quand une armée se retranche derriere des lignes, on donne ordinairement à leur *fossé* 18 à 20 pieds de largeur par le haut, sur 7 pieds ½ de profondeur, ce qui, joint à l'élévation du parapet, qui en a au moins autant, fait une hauteur de 15 pieds que l'ennemi est obligé de franchir pour insulter ces lignes.

FOUETTER, *Maçonnerie* : c'est jetter du plâtre gâché clair avec un balai contre le lattis d'un plafond ou d'un lambris, pour l'enduire. C'est aussi jetter par aspersion du mortier ou du plâtre pour faire en crepi les panneaux d'un mur qu'on ravalle.

FOUGASSE, *Artillerie* : c'est une petite mine dont le fourneau n'est enfoncé que de 7 ou 8 pieds sous terre, & que l'on pratique en tems de siege sous le glacis des ouvrages, dans le dessein de les faire sauter après que l'ennemi s'en sera emparé.

FOUILLER, *Hydraulique* : c'est creuser la terre pour chercher une source deau, & la suivre toujours en remontant quand on l'a trouvée, afin de la prendre le plus haut qu'il est possible.

FOULÉE, *Architecture* : c'est ce qu'on appelle autrement le giron d'une marche d'escalier, ainsi nommé parce que c'est la partie qu'on foule aux pieds. *Stéréotomie de Frézier*. Voyez aussi au mot GIRON.

FOURCATS, *Marine* : ce sont des pieces de bois fourchues & triangulaires, posées à l'extrêmité de la quille, proche de l'étrave & de l'étambot. Elles joignent les varangues acculées dont elles font la continuation,

& aboutissent par leur extrêmité supérieure aux genoux de revers.

FOURCHES, *Hydraulique* : ce sont des tuyaux de cuivre qui s'emboîtent & s'ajustent sur le corps de pompe, au moyen des brides retenues par des écrous de cuivre, avec des rondelles de plomb ou de cuir entre-deux. Il est essentiel, pour faciliter le jeu de la machine, que ces *fourches*, ainsi que les tuyaux montans, soient de même diametre que le corps de pompe. Voyez-en les raisons dans l'*architecture hydraulique* de M. *Belidor*, premiere partie, tom. II, au chapitre qui traite des réparations faites par cet Auteur aux pompes de la machine du pont Notre-Dame, à Paris.

FOURCHETTE, *Artillerie* : c'est un bâton armé d'une fourche de fer, en forme de double crochet, sur lequel on appuyoit autrefois le mousquet pour mieux ajuster son coup. On en a perdu l'usage ainsi que celui du mousquet, auquel on a substitué le fusil, qui étant beaucoup plus léger, n'a pas besoin de *fourchette* pour le soutenir en tirant.

FOURNEAU, *Artillerie* : c'est, dans une fonderie de canons, un lieu où l'on chauffe le métal pour le faire couler dans la fosse où est le moule, au-devant de laquelle est situé le *fourneau*. On y fond plusieurs pieces à la fois. De tous les *fourneaux* des fonderies du royaume, le plus considérable, du tems de M. *de Saint-Remy*, étoit celui de l'arsenal de Douay, dans lequel on pouvoit fondre & couler à la fois jusqu'à quatorze pieces de canons de different calibre & plusieurs mortiers. Il contenoit 60 milliers de matiere en fusion.

FOURNEAU OU CHAMBRE D'UNE MINE : c'est une espece de caveau doublé de planches, dont les terres sont soutenues par un coffre de charpente, que l'on pratique à l'extrêmité de la galerie d'une mine, pour y renfermer en un seul tas toute la poudre dont la mine doit être chargée. Le *fourneau* est creusé deux pieds plus bas que le reste de la galerie ; l'on y met le feu par le moyen d'un saucisson renfermé dans un auget de bois dont un bout est fixé & chevillé dans le milieu du tas de poudre, & dont l'autre bout répond à l'entrée de la mine.

FOURNIMENT, *Art militaire* : c'est une espece d'étu

ou de bouteille de cuir bouilli, de bois, ou de corne; qui sert à mettre la poudre pour charger le fusil & qui se bouche avec un tampon de bois. Chaque soldat porte son fourniment pendu à sa bandouliere.

FOYER, *Architecture* : c'est la partie de l'âtre qui est au-devant d'une cheminée, entre les deux jambages, & qui est pavée de pierre ou de marbre, selon que le chambranle de la cheminée est formé de l'une ou de l'autre de ces matieres. Ces sortes de *foyers* sont d'une nécessité indispensable dans les appartemens dont les planchers sont boisés ou parquetés, pour éviter les accidens du feu.

FOYER, *Géométrie* : ce terme s'emploie en parlant des sections coniques. *Foyers de l'ellipse*, ce sont deux points dans son grand axe, également éloignés de son centre: on appelle *foyer de la parabole*, un point pris dans l'axe de cette courbe, éloigné du sommet d'une quantité égale à la quatrieme partie de son parametre. Les *foyers de deux hyperboles opposées*, sont des points dans l'axe principal de ces hyperboles, tels que deux lignes tirées de l'un de ces *foyers* à un point de l'une des hyperboles, auront toujours une différence égale à l'axe principal.

FOYER. Dans la science des mines, c'est le point où se trouvoit placé le fourneau d'une mine, dans l'excavation qu'elle a faite en jouant, dont les côtés forment ensemble une espece de parabole.

FRACTION, *Arithmétique* : c'est une quantité quelconque divisée en plusieurs parties. La fraction est toujours composée de deux nombres qui s'écrivent l'un sur l'autre avec une barre entre deux, en cette maniere $\frac{2}{3}$, $\frac{1}{4}$, $\frac{7}{10}$, &c. Le chiffre supérieur, qui représente le dividende, s'appelle *numerateur*; l'inférieur, qui répond au diviseur, est le *dénominateur* de la fraction.

FRACTION DÉCIMALE : c'est une *fraction* prise d'un entier divisé de 10 en 10; autrement, les fractions décimales sont celles dont le dénominateur est 1, suivi d'un ou de plusieurs zeros, comme 10, 100, 1000, &c. ainsi $\frac{3}{10}$, $\frac{7}{100}$, $\frac{5}{1000}$, sont des fractions décimales. Voyez un plus grand éclaircissement sur les différentes especes de *fractions* dans le *dictionnaire de mathématique* de M. *Saverien*, ou dans l'*encyclopédie*, à l'article FRACTIONS.

FRAISE, *Archit. hydraul.* C'est le nom que l'on donne à

une rangée de pieux que l'on met à l'entour des piles des ponts, pour les contregarder. *Felibien, dictionnaire d'architecture.*

FRAISE, *Fortification* : c'eſt une eſpece de paliſſade formée avec des pieces de bois de 6 à 7 pieds de longueur, plantées dans l'épaiſſeur des terres, un peu au-deſſous du parapet, aux ouvrages qui ne ſont point revêtus, preſque parallelement à l'horiſon, la pointe un peu penchée vers le fond du foſſé. Les fraiſes different des paliſſades en ce que celles-ci ſont plantées debout, au lieu que les fraiſes ſont couchées & diſpoſées ainſi que nous venons de le dire.

FRANC FUNIN, *Marine* : c'eſt un gros cordage, plus fort & plus arrondi que les cables ordinaires, & qui n'eſt point goudronné : on s'en ſert pour les manœuvres les plus rudes, comme pour embarquer le canon, mettre en carene, &c.

FRANC TILLAC, *Marine* : c'eſt le pont qui eſt à fleur d'eau, élevé ſur le fond de cale : on l'appelle *premier pont* dans les vaiſſeaux à deux & à trois ponts. C'eſt ſur le *franc tillac* que l'on établit les grandes batteries des plus forts canons, & la gardiennerie, ou la ſainte barbe, vers la pouppe.

FREGATE, *Marine* : c'eſt un vaiſſeau de guerre de bas bord, peu chargé de bois, léger à la voile, & qui n'a ordinairement que deux ponts. Les *frégates* vont après les vaiſſeaux du troiſieme rang, & l'on déſigne leur force & leur grandeur par le nombre de leurs canons. Une *frégate* n'a pas plus de 50 pieces de canon ; tout bâtiment qui en a davantage porte le nom de *vaiſſeau*. Au-deſſous de 20 canons, ce ne ſont plus des *frégates*, on les nomme *corvettes*.

FRET, *Marine* : c'eſt le louage d'un vaiſſeau, ou la ſomme promiſe pour ſon loyer. *Fretement*, c'eſt la convention que l'on fait pour le louage d'un vaiſſeau. *Freter*, c'eſt donner un vaiſſeau à louage. *Freteur*, c'eſt le propriétaire de ce même vaiſſeau qui le loue à un marchand ; celui-ci eſt appellé *affreteur*.

FRETTE, *Archit. hydraul.* C'eſt un cercle ou une ceinture de fer dont on couronne la tête des pilots, pour empêcher qu'elle ne s'éclate par la violence des coups du mouton avec lequel on les enfonce. On dit alors que ces pilots ſont *frettés*. On *frette* auſſi des tuyaux de bois, c'est-à-dire, que l'on garnit leurs extrêmités de cercles de fer pour les emboîter & les chasser de force l'un dans l'autre. Ces cercles de fer s'appellent *frettes*. Enfin on est obligé de *fretter* les balanciers, les moutons, les essieux & les autres pieces de bois qui fatiguent le plus dans une machine.

FRISE, *Architecture* : c'est une grande face plate qui sépare l'architrave d'avec la corniche. La frise est un des trois principaux membres qui forment l'entablement. *De Chambray* fait dériver ce terme du mot latin *phrigio*, un brodeur, parce que, dit-il, les frises sont souvent taillées d'ornemens de sculpture en bas-relief, & de peu de saillie, qui imitent la broderie. Les Grecs nommoient la frise *zoophore*, parce qu'ils y tailloient fort souvent (dit *Cordemoi* d'après *Felibien*) des figures d'animaux & des grotesques.

FRISE, *Marine* : c'est un ornement de sculpture qui se trouve en plusieurs endroits d'un vaisseau, mais particuliérement entre les deux éguilles de l'éperon, sur la dunette, & sur le côté du vaisseau, au château d'arriere.

FRISER LES SABORDS, *Marine* : c'est mettre une bande d'étoffe de laine autour des sabords qu'on ne calfate point, afin d'empêcher l'eau d'entrer dans le vaisseau par cet endroit.

FRONT DE BANDIERE D'UN CAMP, *Art militaire* : c'est la ligne qui sert à déterminer l'étendue d'un camp, sur laquelle sont placés les drapeaux & les étendards des troupes qui l'occupent : cette ligne exprime la longueur de la face ou du *front* du camp.

FRONT D'UNE ARMÉE, D'UN BATAILLON, &c. C'est la partie qui regarde l'ennemi, & qui détermine l'étendue qu'occupe la premiere ligne de l'armée, le premier rang du bataillon, &c.

FRONT DE FORTIFICATION : c'est une partie de l'enceinte d'une place de guerre composée d'une courtine & de deux demi-bastions. C'est ce qu'on appelle le côté du polygone extérieur, le côté extérieur, ou simplement le *polygone* d'une fortification.

FRONTEAU, *Marine* : c'est une piece de bois plate & ouvragée de sculpture, qui est aussi longue que la largeur du vaisseau, & qui sert à orner le dessus des dunettes ainsi que les gaillards.

FRONTEAU DE MIRE, *Artillerie* : c'eſt une piece de bois de chêne de 4 pouces d'épaiſſeur, taillée ſuivant le contour extérieur du canon, que l'on achevalle ſur la volée de la piece vers le bourlet, & dont la hauteur répond à l'excédent d'épaiſſeur de métal du canon vers la culaſſe, en ſorte que la ligne qui paſſe par l'extrémité ſupérieure de la culaſſe & par celle du fronteau de mire, doit être parallele à l'ame du canon. Ce *fronteau* ſert à pointer & aligner la piece vers l'objet ſur lequel on veut diriger ſes coups.

FRONTON, *Architecture* : c'eſt un ornement d'architecture, qui, dans ſon origine, n'étoit autre choſe, dit *Felibien*, que le pignon d'un édifice, avec les deux côtés du toît qui tombent de part & d'autre. On en a fait depuis un ornement qui paroît élevé au-deſſus des portes, des croiſées, des niches, &c, lequel forme un triangle & quelquefois une portion de cercle. Le champ ou milieu du fronton s'appelle *tympan*. La plus belle proportion des *frontons* eſt de leur donner en hauteur la cinquieme partie de leur baſe. Quelques architectes modernes ſe ſont aviſés de faire des frontons briſés & ouverts par le milieu, mais c'eſt un défaut des derniers tems, ajoute *Felibien*, qu'il faut ſoigneuſement éviter, étant contraire à l'uſage des frontons, dont la deſtination eſt de couvrir la partie qu'ils couronnent, & de la garantir des injures du tems. *Felibien, dictionnaire d'architecture.*

FROTTEMENT, *Méchanique* : c'eſt la réſiſtance mutuelle qu'éprouvent deux corps lorſqu'on les veut faire gliſſer l'un ſur l'autre, occaſionnée par les parties inégales & raboteuſes dont les ſurfaces les plus unies ſont hériſſées. Sur un plan incliné, le frottement eſt ordinairement eſtimé le tiers du poids du corps que l'on veut mouvoir ; mais dans les machines compoſées il varie à l'infini, ſuivant la combinaiſon & l'arrangement des parties qui frottent l'une contre l'autre ; ainſi c'eſt une erreur de croire, comme quelques Auteurs l'avancent, qu'il y a toujours un tiers de la puiſſance motrice employée à ſurmonter le frottement.

FRUIT, *Architecture* : c'eſt une petite diminution que l'on fait à un mur du bas en haut à meſure qu'on l'éleve, ce qui cauſe par-dehors une inclinaiſon peu ſenſible, le dedans étant à plomb. *Contrefruit*, c'eſt l'effet contraire.

FUSAROLE, *Architecture* : c'est un membre rond semblable à la baguette d'un astragale, taillé en forme de collier ou de chapelet, qui a des grains ronds entremêlés d'especes d'olives. Cette moulure se met au-dessous de l'ove ou échine des chapiteaux Dorique, Ionique & Composite.

FUSEAUX DE CABESTAN, *Marine* : ce sont des pieces de bois fort courtes, que l'on met au cabestan pour le renforcer.

FUSEAU DE LANTERNE, *Méchanique*. Voyez au mot LANTERNE.

FUSÉE, CHAUX FUSÉE, *Architecture*. On dit que la chaux est *fusée*, quand elle a été détrempée avec de l'eau pour en faire du mortier. On le dit aussi de celle qui est éventée & qui s'est détrempée d'elle-même par le seul attouchement de l'air humide, sans y avoir mis de l'eau: ce qui la rend de nulle valeur & lui fait perdre sa qualité.

FUSÉE, *Pyrotechnie* : c'est un petit cylindre de carton étranglé par les deux bouts, rempli d'artifices ou de matieres inflammables. Celles qui s'élevent en l'air d'elles-mêmes, contrebalancées par une baguette, se nomment *fusées volantes* : celles qui se jettent à la main & se meuvent irréguliérement, sont appellées *serpenteaux*, *saucissons*, *lardons*, &c.

FUSÉE DES BOMBES : c'est un cylindre de bois creux en-dedans, ayant extérieurement la forme d'un cône tronqué, de huit pouces de longueur, vingt lignes de diametre au gros bout & quatorze lignes à l'autre extrémité : leur calibre intérieur est de cinq lignes. On remplit ces *fusées* d'une composition plus ou moins lente, selon l'espace que la bombe doit parcourir avant que d'arriver à l'endroit de sa chûte. Voyez un plus grand détail sur la maniere de charger & d'ajuster ces *fusées* à la bombe, dans l'*artillerie raisonnée*, par M. *le Blond*, *in-octavo*, 1761, seconde édition, page 180 & suiv.

FUSÉE DES GRENADES : ce sont des petits tuyaux de bois de 2 pouces & demi de long sur 10 lignes de diametre au gros bout, reduites à 6 lignes à l'autre bout, dont le canal intérieur n'a que 2 lignes de diametre, que l'on remplit d'une composition propre à communiquer le feu à la grenade dans l'instant qu'elle tombe.

FUSÉE D'AVIRON, *Marine* : c'est un peloton d'étoupe goudronnée avec un entrelacement de fil de caret, qui se fait vers le menu bout de l'aviron pour empêcher qu'il ne sorte de l'étrier, & qu'il ne tombe à la mer quand on le laisse aller le long de la chaloupe.

FUSÉE DE TOURNEVIRE, *Marine* : ce sont des entrelacemens de fil de caret que l'on fait de distance en distance sur la tournevire, pour retenir les garcettes & les empêcher de glisser sur la corde.

FUSÉE DE VINDAS, OU DE CABESTAN : c'est la piece de bois, ou l'arbre du milieu de cette machine, dans la tête duquel on passe les barres pour le faire tourner.

FUSIL, *Art militaire* : c'est une arme à feu dont le soldat se sert présentement, au lieu de l'arquebuse & du mousquet dont il étoit armé autrefois. La portée ordinaire du *fusil* est de 120 à 130 toises. On a commencé à en faire usage généralement dans les troupes vers l'an 1704.

FUST DE LA COLONNE, *Architecture* ; du mot *fustis*, bâton : c'est le tronc ou vif de la colonne, c'est-à-dire, la partie comprise entre la base & le chapiteau : on le nomme aussi *tige* de la colonne. *Parallele de Chambray*.

FUTÉE : c'est une espece de mastic fait de colle-forte & de sciure de bois, dont les menuisiers se servent pour remplir & cacher les trous, fentes, nœuds & autres défauts du bois.

GABARE, *Archit. hydraul.* C'est une espece de bateau plat, ou de ponton, que l'on construit exprès pour porter une sonnette servant à enfoncer les pilots dans une riviere, pour la construction des jettées, ponts, quais, &c.

GABARE, *Navigation* : c'est un bâtiment large & plat qui va à voiles & à rames : on s'en sert sur mer pour le cabotage & sur les rivieres peu profondes. Comme la *gabare* tire fort peu d'eau, elle est commode pour transporter les cargaisons des vaisseaux qui ne peuvent remonter les rivieres, faute d'eau. On en fait usage en Hollande pour le transport des boues que l'on tire journellement des canaux. On appelle *Gabarier* le maître de la *gabare*, ou celui qui la conduit.

GABARI, *Marine* : c'est proprement le modele d'un vaisseau fait avec des planches sciées & refendues, larges de 8 à 9 pouces, que l'on taille exactement suivant le contour du bâtiment qu'on se propose de construire. *Gabari* est aussi le nom que l'on donne aux varangues qui déterminent la figure & les façons d'un vaisseau. C'est dans ce sens qu'on dit *le maître gabari* pour le maître couple, *gabari de l'avant*, *gabari de l'arriere*, &c. Enfin l'on emploie ce terme pour désigner la coupe ou le contour vertical d'un vaisseau, comme lorsqu'on dit *ce vaisseau est d'un bon gabari*. Le *gabari* de l'avant & celui de l'arriere sont ce qu'il y a de plus important dans un vaisseau, car ils décident de la forme & de la grandeur du bâtiment ; mais pour prendre une connoissance exacte de toutes les différentes méthodes des constructeurs de navires dans l'emplacement & les proportions qu'on doit donner à ces *gabaris*, il faut nécessairement recourir au *traité du navire* de M. *Bouguer*, & à l'*architecture navale*, par M. *Duhamel* : ce sont les deux meilleurs ouvrages que l'on puisse indiquer sur l'art de bâtir les vaisseaux, dont le sujet de cet article forme une branche considérable.

GABION, *Art militaire* : c'est un grand pannier de forme cylindrique, sans fond, d'environ deux pieds & demi de hauteur sur autant de diametre, que l'on fait avec des menues branches d'arbres entrelassées sur des piquets. On pose ces *gabions* les uns à côté des autres sur un allignement donné, & on les remplit de terre pour en former un retranchement quelconque : c'est ainsi que l'on construit le parapet des sappes, tranchées avancées, & autres logemens qu'on est obligé de faire sous la mousqueterie de la place.

GABION FARCI : c'est un gros gabion de 5 à 6 pieds de hauteur sur 4 ou 5 de diametre, que l'on remplit de menus bois & autres matieres qui le mettent à l'épreuve du fusil, & dont on se sert au lieu de mantelet pour couvrir la tête des sappes.

GABORDS, *Marine* : ce sont les premieres planches d'en-bas, de 18 à 20 pouces de large, qui font le bordage extérieur du vaisseau, & qui forment extérieurement une courbure concave depuis la quille jusqu'au-dessus des varangues : c'est ce qu'on appelle *coulée du vaisseau* ; & ce que d'autres nomment *bordage de fond*.

GACHE, *Serrurerie* : c'eſt une plaque de fer contournée ou plate, qui eſt ſcellée en plâtre ou clouée ſur le poteau montant de la baye d'une porte, pour recevoir le pêne d'une ſerrure. On donne auſſi le nom de *gâches* à des cercles de fer ſcellés de diſtance en diſtance le long d'un mur pour retenir les tuyaux de plomb qui conduiſent en bas les eaux pluviales provenant des toîts par les cheneaux & les gouttieres. Il y a de ces *gâches* qui s'ouvrent & ſe ferment au moyen d'une charniere & de ſa clavette, ce qui eſt fort commode pour pouvoir démonter les tuyaux quand on veut y faire les réparations néceſſaires, ſans être obligé de deſceller les *gâches*.

GACHER DU PLATRE, *Maçonnerie* : c'eſt détremper dans une auge de bois du plâtre avec de l'eau, juſqu'à ce qu'il ait acquis une conſiſtance ſuffiſante pour pouvoir l'employer. On *gâche* ſerré ou lâche, ſuivant le beſoin, ce qui dépend du plus ou moins de plâtre qu'on met dans l'eau.

GAILLARDS ou CHATEAUX, *Marine* : ce ſont des étages ou des ponts ſitués aux deux extrêmités d'un vaiſſeau, qui ne s'étendent point ſur toute ſa longueur, mais qui ſe terminent à une certaine diſtance de l'étrave & de l'étambot. Les *gaillards* d'avant & d'arriere ſont placés ſur le pont le plus élevé, & la dunette eſt au-deſſus du *gaillard* d'arriere. L'étendue des *gaillards* varie ſuivant la grandeur du bâtiment. On communique du *gaillard* d'avant à celui d'arriere, par une eſpece de couroir appellé le *paſſe-avant*, qu'on établit bas-bord & ſtri-bord. Voyez auſſi ci-devant au mot CHATEAU.

GAINE, *Architecture* : c'eſt la partie inférieure d'un terme, qui va en diminuant par le bas & qui porte ſur une baſe quarrée.

GALAUBANS, *Marine* : ce ſont de longs cordages qui prennent du haut des mâts de hune, & qui deſcendent juſqu'aux deux côtés du vaiſſeau à bas-bord & à ſtribord, pour affermir les mâts & ſeconder l'effet des haubans. Chaque mât de hune a deux *galaubans* : leur utilité eſt principalement d'empêcher les mâts de pencher trop en avant lorſqu'on fait vent arriere.

GALBE, *Architecture* : c'eſt le contour du vaſe d'un chapiteau Corinthien ou de tout autre membre d'architecture qui va en s'élargiſſant par le haut, comme les feuilles d'une tulipe épanouie. *De Chambray*, *Felibien* & plusieurs autres qui font dériver ce mot de l'italien *garbo*, bonne grace, remarquent qu'on disoit autrefois *garbe*, & que le mot *galbe*, usité présentement, ne s'est introduit dans notre langue que par corruption.

GALÉASSE, *Marine* : c'est un gros bâtiment de bas-bord, le plus grand de tous ceux qui vont à voiles & à rames. La galéasse a trois mâts, l'artimon, le mestre, & le trinquet, qui sont fixes, c'est-à-dire, qui ne peuvent se désarborer. Ce bâtiment, qui, par sa prodigieuse grandeur, ressemble assez à une forteresse au milieu de la mer, n'est plus aujourd'hui d'usage que chez les Venitiens : son équipage étoit de mille à douze cent hommes.

GALERE, *Marine* : c'est un bâtiment bas de bord, plat, long & étroit, qui va à voiles & à rames. Il a ordinairement 25 à 30 bancs de chaque côté, sur chacun desquels il y a 5 ou 6 rameurs. La *galere* a deux mâts, le mestre & le trinquet, qui se désarborent quand on veut, & qui portent deux voiles latines. Sa longueur est de 20 à 22 toises, sur 3 de largeur, & 6 pieds de profondeur. Elle porte cinq pieces de canon. Le corps des *galeres* est considérable en France. Le Roi en entretient ordinairement 30 ou 40. L'arsenal des *galeres* étoit autrefois à Marseille, présentement il est établi à Toulon.

GALERIE, *Architecture* ; c'est un lieu plus long que large, voûté ou plafonné, & fermé de croisées, où l'on peut se promener, & que l'on embellit de tout ce que la sculpture, la peinture, les marbres, les bronzes, les cristaux, &c. offrent de plus précieux. La plus belle *galerie* que nous connoissions en France est celle de Versailles, dont l'architecture & les peintures allégoriques du plafond sont du célebre *le Brun*. Nous avons encore la *galerie* du palais du Luxembourg, peinte par *Rubens*, la *galerie* du château de Saint-Cloud, &c.

GALERIE, *attaque des places* : c'est une petite allée couverte de madriers que l'on construisoit autrefois en charpente pour faciliter au mineur le passage d'un fossé sec : cette sorte de *galerie*, qui s'appelloit aussi *traverse*, n'est plus d'usage. Le mineur parvient au corps de l'ouvrage attaqué ou par une *galerie* souterreine qu'il pratique sous le fossé lorsqu'il est sec, ou à la faveur de l'épaulement qui couvre le passage du fossé, lorsqu'il est plein d'eau.

GALERIE, *Marine* : c'est une espece de balcon, couvert ou découvert, avec appui, qui fait saillie à l'arriere d'un vaisseau, soit pour l'ornement, soit pour la commodité de la chambre du capitaine. Les Anglois ont de grandes & superbes *galeries* à leurs vaisseaux; les Hollandois en ont de très-petites : en France il est défendu d'en construire aux vaisseaux au-dessous de 50 pieces de canons.

GALERIE, *Mines* : c'est le passage qu'on pratique sous terre pour parvenir jusques sous l'ouvrage qu'on a dessein de faire sauter par le jeu de la mine. On lui donne quatre pieds & demi de hauteur sur deux & demi ou trois de largeur.

GALERIE D'EAU, *Hydraulique* : ce sont deux rangs de jets perpendiculaires qui tombent dans des rigoles ou goulettes de pierre ou de plomb, séparées ou contigues, sur deux lignes paralleles, formant une allée le long de laquelle on peut se promener. Telle étoit la *galerie d'eau* qu'on voyoit dans les jardins de Versailles, du dessein de *Claude Perrault*, représentée sur les planches 54 & 55 des *délices de Versailles*, *in-folio*, Paris, 1766. Elle étoit pavée dans son milieu de marbres de différentes couleurs par compartimens, & bordée de bouillons d'eau, avec des piédestaux de distance en distance, sur lesquels étoient des grouppes d'enfans, en marbre blanc. L'extrêmité de ce bosquet étoit terminée par une nappe d'eau qui retomboit d'une cuvette de marbre dans un bassin quarré, pareil à celui qui étoit à la tête de cette *galerie*.

GALERIE DE COMMUNICATION, *Fortification* : c'est une *galerie* souterreine qui sert à l'assiégé pour communiquer du corps de la place dans les ouvrages avancés, sans être apperçu de l'ennemi.

GALERIE D'ÉCOUTE, *Mines*. On appelle ainsi de petites galeries construites de distance en distance à droite & à gauche d'une *galerie* de contremine; pour écouter ce qui se passe aux environs, & donner avis du travail du mineur ennemi, lorsqu'il se dispose à faire sauter un ouvrage.

GALERIE MAGISTRALE, OU DE CONTREMINE : c'est une galerie parallele au revêtement d'un ouvrage contreminé, laquelle est percée de distance en distance par des rameaux d'écoute, pour aller au-devant du mineur ennemi. Voyez aussi au mot CONTREMINE.

GALERNE, *Navigation*. Sur les côtes de l'Océan, on appelle *vent de galerne* celui qui souffle entre le couchant & le septentrion : on le nomme aussi *vent de nord-ouest*.

GALETAS, *Architecture* : c'est un étage supérieur, pris dans un comble éclairé par des lucarnes, & lambrissé de plâtre sur lattis pour cacher la charpente du toît ainsi que les tuiles ou ardoises qui le couvrent. On nomme *chambres en galetas* celles que l'on pratique dans cet étage supérieur.

GALETS, *Navigation* : ce sont certains cailloux ronds & polis qui se détachent des falaises dans la Manche & sur les côtes de Normandie, principalement vers le Havre & Dieppe, où ils sont plus abondans qu'ailleurs. La marée montante les charrie & les dépose à l'entrée des jettées & à l'embouchure des rivieres. M. *Belidor* remarque que les ports de Normandie sont beaucoup incommodés par ces *galets*, lesquels s'y amassent en si grande quantité que si les écluses ne leur donnoient continuellement la chasse, les ports en seroient en peu de tems barrés, comme il est arrivé à celui du Havre. Voyez l'*architecture hydraulique*, par M. *Belidor*, tome III, liv. II, chap. 5.

GALIONS, *Marine* : c'est le nom qu'on donne en Espagne à de grands vaisseaux richement chargés, qui font le voyage des Indes Occidentales. Ils ont trois ou quatre ponts & sont fort élevés de bord.

GALIOTE, *Marine* : c'est une petite galere fort légere, propre pour aller en course, ou pour porter des ordres, qui va à voiles & à rames. Elle ne porte qu'un mât; elle a pour l'ordinaire 16 ou 20 bancs de chaque côté, avec un rameur à chaque banc. Les matelots y sont soldats & prennent le fusil en quittant la rame. Il y a ordinairement deux pierriers sur chaque *galiote*.

GALIOTE A BOMBES : c'est un petit vaisseau à varangues plates, très-fort de bois, n'ayant que deux coursives, sans ponts, avec une batterie de mortiers établie sur un faux tillac, formé par un fardage de cables qui s'étend jusqu'au fond de la cale, pour bombarder une ville. Le Chevalier *Renau*, qui est l'inventeur de ce bâtiment, en fit usage pour la premiere fois au bombardement d'Alger, qu'il exécuta avec succès en 1680, & dont il revint (dit M. de Fontenelle) victorieux des vents & des ennemis que cette nouvelle invention lui avoient suscités.

GAMBES DE HUNE, *Marine* ; ce sont de petits cordages attachés à une hauteur déterminée des haubans des deux grands mâts, & qui se terminent près de la hune à des barres de fer plates pour retenir les mâts. Suivant d'autres, ce sont des crochets & des bandes de fer dont on entoure les caps de mouton des haubans de hune, & qui sont attachés à la hune. On dit aussi jambes de hune.

GARCETTES, *Marine* : ce sont de petites cordes faites avec le fil de caret des vieux cordages qu'on a détressés : elles servent à ferler les voiles & a divers autres usages. On appelle *maîtresse garcette*, celle qui est au milieu de la vergue & qui sert à ferler le fond de la voile.

GARDE-CORPS, *Marine* : ce sont des nattes ou tissus faits de cordages tressés que l'on met sur le bord des vaisseaux de guerre pour couvrir les soldats pendant le combat. Ces nattes ont deux pieds & demi de hauteur, & sont soutenues par des épontilles, avec des pavois par-dessus.

GARE, *Navigation* : c'est un lieu préparé sur une riviere étroite, ou une séparation faite sur une grande, pour mettre les bateaux chargés de marchandises à couvert du choc de ceux qui y navigent, ou pour les garantir des glaces, des débordemens, & autres accidens.

GARGOUGE ou GARGOUSSE, *Artillerie* : c'est un rouleau cylindrique, ou une espece de sac fait avec de la toile, du papier fort, du carton mince, ou du parchemin, dans lequel on renferme la poudre dont on doit charger un canon.

GARGOUILLES, *Architecture* : ce sont les petits trous de la cymaise d'une corniche, par où les eaux de la goulote s'écoulent. Ces *gargouilles* sont ornées de têtes d'animaux, & particuliérement de mufles de lion. On ne donne ordinairement le nom de *gargouille* qu'aux gouttieres de pierre; celles qui sont en plomb s'appellent *canons*.

GARNI ou REMPLISSAGE, *Maçonnerie* : c'est le moilon ou la brique dont on remplit les intervalles que laissent les carreaux & les boutisses dans un gros mur.

GARNISON, *Art militaire* : c'eſt un corps de troupes, tant infanterie que cavalerie, renfermé dans une place forte pour la défendre contre l'ennemi, ou pour maintenir ſes habitans dans l'obéiſſance dûe au prince.

GATTE, *Marine* : c'eſt une eſpece de réſervoir placé au-deſſus des écubiers, pour recevoir l'eau qui tombe du cable quand on leve l'ancre. Il eſt fait d'un bordage de 3 à 4 pouces d'épaiſſeur, ſoutenu par quatre courbatons. On y perce deux dalots pour laiſſer échapper l'eau qui pourroit s'y amaſſer. Les Anglois doublent de plomb l'intérieur de la gatte, pour empêcher que l'eau n'endommage les bordages du premier pont.

GAUCHE, *Architecture*. On entend par ce terme toute ſurface qui n'a pas quatre angles dans un même plan, en ſorte qu'étant regardée par le profil, les côtés oppoſés ſe croiſent. Telle eſt une portion de la ſurface d'une vis & de la plupart des arriere-vouſſures. On dit auſſi qu'une piece de bois eſt *gauche* lorſqu'elle n'eſt pas bien équarrie : *dégauchir* une pierre, c'eſt en ôter ce qui eſt néceſſaire pour la rendre droite.

GAZONS, *Fortification* : ce ſont des mottes de terre garnies d'herbes, que l'on coupe & qu'on enleve avec la bêche ſur les pelouſes ou dans les prés, pour les appliquer ailleurs & en revêtir quelque ouvrage de fortification conſtruit en terre. Dans la définition que le grand *dictionnaire encyclopédique* donne des gazons, il eſt dit : « ce ſont des eſpeces de mottes de terre de pré, coupées » ou taillées en forme de coin, dont la baſe a *quinze* » *ou ſeize pieds* de longueur, ou de queue, ſur ſix » de largeur : la hauteur eſt de 6 pouces ». On trouve à peu près la même définition dans le *dictionnaire de mathématique*, par M. *Saverien*, imprimé quelques années auparavant ; mais la grandeur extraordinaire & l'énorme peſanteur de pareilles mottes de terre, dont le volume ſeroit de 48 pieds cubes, fait croire que c'eſt une faute d'impreſſion qui a échappé aux auteurs de ces deux dictionnaires. Du moins eſt-il certain qu'on ne donne préſentement aux gazons qu'on emploie dans les fortifications, que 12 à 15 pouces de longueur ſur 6 pouces de largeur, & 5 à 6 pouces d'épaiſſeur à la tête, reduite à 2 pouces vers la queue ; en [illegible] que chacun de ces gazons peſe environ 15 livres, [illegible]'un charriot en peut voiturer un cent à la fois. Le gazons qu'on leve pour le placage dans les jardins, ont à peu près les mêmes dimenſions, avec cette ſeule différence qu'ils ne ſont pas taillés en coin, mais qu'ils ſont tous plats par-deſſous, ayant également deux pouces d'épaiſſeur à la tête comme à la queue.

GÉNÉRAL, *Art militaire.* En France le général d'une armée eſt ordinairement un maréchal de France, lequel a ſous lui des lieutenans-généraux & des maréchaux de camp, pour l'aider dans ſes fonctions. Ces officiers, qui lui ſont ſubordonnés, ſont appellés *officiers généraux*, parce qu'ils n'appartiennent à aucun corps particulier, & qu'ils commandent indifféremment toute l'armée ſous les ordres du *général.*

GÉNÉRATEUR ou GÉNÉRATRICE, *Géométrie* : ce terme ſe dit de tout ce qui engendre par ſon mouvement, ſoit une ligne, ſoit une ſurface, ou un ſolide. Ainſi une ligne droite qui ſe meut parallelement à elle-même, de quelque maniere que ce ſoit, engendre un parallelogramme. De même, on appelle *cercle générateur de la cycloïde*, un cercle qui, dans ſon mouvement, trace la cycloïde par un des points de ſa circonférence.

GENIE, *Art militaire* : ce mot s'applique proprement à la ſcience que doit poſſéder un Ingénieur, ce qui renferme l'arithmétique, la géométrie, la fortification, l'attaque & la défenſe des places, &c. Il ſignifie auſſi le corps des Ingénieurs du Roi, c'eſt-à-dire, les officiers chargés de la conſtruction & de l'entretien des places fortifiées dans le royaume, & de la conduite des ſieges. C'eſt à M. le Maréchal *de Vauban* que l'on doit l'établiſſement du *Génie* ou du corps des Ingénieurs, au moyen duquel le Roi a toujours un nombre d'habiles Ingénieurs ſuffiſant pour ſervir dans ſes armées en campagne & dans ſes places. Voyez ci-après l'article INGÉNIEUR, où l'on entre dans un plus grand détail à ce ſujet.

GENOU. C'eſt la partie ſupérieure du pied d'un inſtrument de mathématique, ſur laquelle l'inſtrument même repoſe. Ce genou eſt composé d'un globe de cuivre enfermé dans un demi-globe concave, dans lequel il peut ſe remuer en tout ſens, ſoit horiſontalement, ſoit verticalement.

GENOUX, *Marine.* Ce ſont des pieces de bois très-courbes que l'on place entre les varangues & les alonges pour former la rondeur du vaisseau : il y en a de diverse espece. Les *genoux de fond* s'assemblent sur les varangues de fond, de maniere qu'ayant leur convexité tournée vers le dehors du vaisseau, ils en augmentent la capacité. Les *genoux des porques* sont posés sur le serrage le long des porques, par en bas, & s'empattent par en haut avec les aiguillettes. Les *genoux de revers* sont placés vers les extrêmités du vaisseau, au-dessus des fourcats & des varangues les plus acculées. Comme leur convexité est tournée en-dedans du vaisseau, ils en diminuent la capacité à cet endroit.

GENOUILLERE, *Artillerie* : c'est la partie inférieure de l'embrâsure d'une batterie de canons ; on lui donne 2 pieds & demi & même 3 pieds de hauteur, depuis la plate-forme jusqu'à l'ouverture de l'embrâsure : elle doit se trouver exactement sous la volée de la piece.

GENOUILLERE, *Pyrotechnie* : ce sont des especes de fusées aquatiques dont on fait usage dans les artifices d'eau, & dont l'effet est de serpenter sur l'eau, de s'élancer en l'air à plusieurs reprises, & de finir par éclater avec bruit. Ils sont pour les artifices qu'on tire dans l'eau ce que les serpenteaux sont pour ceux que l'on tire sur terre. On les nomme aussi *dauphins*. Quant à leur figure & à la composition dont on doit les remplir, voyez le *traité des feux d'artifice*, par M. *Frézier*, *in-octavo*, ou le *manuel de l'artificier*, par M. *Perrinet-d'Orval*, *in-douze*, imprimés à Paris, chez *Jombert*.

GENRE, *Géométrie*. On distingue les lignes géométriques en *genres*, ou ordres, selon le degré de l'équation qui exprime le rapport qu'il y a entre les abscisses & les ordonnées de ces courbes. C'est ainsi que les lignes du second ordre, appellées *sections coniques*, prennent le nom de courbes du *premier genre* ; que celles du troisieme ordre sont appellées courbes du *second genre*, &c. *Descartes* est le premier qui a distingué les courbes en *genres* & qui les a définis par des équations algébriques.

GEODESIE, l'art de diviser les champs : c'est cette partie de la géométrie pratique qui enseigne à diviser & à faire le partage d'un terrein ou d'un champ entre plusieurs propriétaires. Ainsi, la *géodesie* est proprement l'art de diviser une figure quelconque en un certain nombre de parties ; cette opération est toujours possible, si ce n'est exactement, du moins par approximation (*a*). La *géodésie* est une des branches de l'arpentage.

GÉOGRAPHIE : c'est la description de la terre, autant qu'elle nous est connue présentement, considérée comme un corps sphérique mêlé de terre & d'eau. Elle se divise en hydrographie, chorographie, topographie, &c.

GÉOMÉTRIE : c'est proprement l'art de mesurer les terreins, les superficies, les corps, & tout ce qui a de l'étendue; mais relativement aux mathématiques, la *géométrie* est une science qui a pour objet la grandeur considérée, non-seulement en elle-même, mais aussi par le rapport qu'elle peut avoir avec d'autres grandeurs de même genre. Elle se divise en *géométrie élémentaire*, *géométrie pratique*, *géométrie composée*, *géométrie sublime*, & *géométrie transcendante*, que nous définirons dans les arti-

(*a*) Le célebre éditeur de l'*encyclopédie*, qui a fourni les articles les plus sçavans de ce vaste dictionnaire (j'entens ceux qui concernent les mathématiques & la géométrie transcendante) après y avoir rapporté (article GEODESIE) plusieurs problêmes très-élégans pour diviser une figure, soit rectiligne, soit curviligne, en raison donnée, par une ligne menée d'un point donné quelconque, & après avoir fait sentir la difficulté de résoudre géométriquement ces sortes de problêmes, renvoye au *traité de géométrie*, par M. *Sebastien Le Clerc*, dans lequel on trouve (dit-il) des pratiques aussi abrégées que solides pour diviser dans plusieurs cas des figures données en différentes parties : mais en recommandant l'étude de ce petit ouvrage comme du meilleur traité de géométrie pratique qu'il connoisse, il se plaint en même tems & de sa rareté & de sa cherté occasionnée par les gravures agréables dont l'auteur l'a accompagné. Il ajoute que l'édition qu'il a sous les yeux est celle d'Amsterdam en 1694, laquelle n'est cependant qu'une contrefaçon bien au-dessous de l'édition originale, imprimée à Paris chez *Jean Jombert* en 1690, dont les figures sont de la main de *Sebastien Le Clerc*. Il n'a sans doute pas eu connoissance des deux éditions de ce livre données au public, l'une en 1745, l'autre en 1764, non-destituées d'ornemens, comme il le desiroit, mais augmentées de vignettes & de fleurons, avec 45 planches en cuivre, au bas de chacune desquelles on a ajouté de petits sujets grotesques ou des paysages, la plupart dessinés & gravés par M. *Cochin*, un des plus habiles artistes de ce siecle : le tout forme un volume *in-octavo*, du prix de 7 livres relié. Ce prix n'est pas excessif, ni au-dessus des moyens des personnes auxquelles il est destiné, si l'on en juge par l'empressement & la rapidité avec laquelle ces deux nouvelles éditions ont été enlevées, malgré la vetusté de cet ouvrage, imprimé pour la premiere fois chez mon grand-pere, il y a près de 80 ans.

cles suivans. Quant à l'origine de cette reine des sciences & à l'histoire de ses progrès, depuis *Thalès de Milet*, qui en apprit les premiers élémens des prêtres de Memphis, jusqu'à *Descartes* & *Newton*, qui ouvrirent une carriere nouvelle aux mathématiciens modernes, l'un par l'application de l'algebre à la géométrie, l'autre par l'invention des nouveaux calculs; on ne peut rien voir de plus beau ni de plus intéressant que le tableau en raccourci, présenté par M. *d'Alembert* dans le *dictionnaire encyclopédique* (article GÉOMÉTRIE) sous le titre d'*histoire abrégée de la géométrie*. Les personnes qui desirent s'en instruire plus à fond & connoître plus particuliérement les grands hommes à qui on a l'obligation d'avoir porté cette belle science au point de perfection où elle est aujourd'hui, trouveront de quoi satisfaire cette louable curiosité dans l'*histoire des mathématiques*, par M. *Montucla*, imprimée à Paris chez *Jombert* en 1758, en deux volumes *in-quarto*.

GÉOMETRIE ÉLEMENTAIRE : cette branche de la *géométrie* ne considere que les propriétés des lignes droites, des lignes circulaires, des figures ou surfaces, & des solides les plus simples; c'est-à-dire, des figures rectilignes ou circulaires, & des solides terminés par ces figures. On y traite d'abord des lignes, puis des surfaces & enfin des corps : c'est la méthode qu'*Euclide* a suivie dans les *élémens de géométrie* qu'il a composés & qui sont parvenus jusqu'à nous, à la faveur d'une infinité de commentateurs, dont les meilleurs sont sans contredit *Isaac Barrow* & *André Tacquet*. Aujourd'hui les *éléments de géométrie* les plus estimés sont ceux de M. *Clairaut*; les *élémens d'Euclide*, du P. *Deschalles*, par *Ozanam*; les *élémens de géométrie d'Arnaud*, de *Malezieu*, du Pere *Lamy*, &c. La *géométrie élémentaire & pratique* de M. *Sauveur*, *in-quarto*; & la *géométrie de l'Officier*, par M. *le Blond*, en deux volumes *in-octavo*, nouvelle édition, 1767.

GÉOMETRIE PRATIQUE : c'est l'application des principes de la *géométrie* aux différens usages auxquels elle est destinée; ou l'art de décrire, de calculer, de diviser & de mesurer les lignes, les surfaces, & les corps, tant sur le papier que sur le terrein. Elle se divise en altimetrie, longimetrie, planimetrie, géodesie ou arpentage, stéreométrie, &c. Voyez à chacun de ces mots

Clermont, *Sauveur*, *Ozanam*, *Sebastien Le Clerc*, &c, ont donné des traités particuliers de *géométrie pratique*.

Géometrie Composée : c'est la science des lignes courbes & des corps qu'elles produisent, qui se borne à la synthèse des anciens, ou a la simple application de l'analyse ordinaire. Le cercle est la seule figure curviligne dont on s'occupe dans la *géométrie élementaire*; les sections coniques & les lignes du même genre sont l'objet de la *geométrie composée*, restaurée par *Descartes*, qui l'a présentée sous une nouvelle face. *Grégoire de Saint-Vincent*, *Viviani*, *Fermat*, *Barrow*, & sur-tout *de La Hire* & le Marquis *de l'Hôpital*, l'ont ensuite portée au point de perfection où elle est parvenue de nos jours.

Géometrie Transcendante. On considere dans cette science, non-seulement toutes les courbes différentes du cercle, comme les sections coniques & les courbes d'un genre plus élevé; mais on y donne aussi la solution des problêmes du troisieme & du quatrieme degré, ainsi que celle des degrés supérieurs. C'est cette partie de la *géométrie* qui applique le calcul différentiel à la recherche des propriétés des courbes.

Géometrie Sublime : comme le calcul différentiel & ses usages sont presque épuisés dans la *géométrie transcendante*, il ne reste plus à celle ci que le calcul intégral & son application à la quadrature & à la rectification des courbes. Ce dernier calcul fait donc la matiere principale & presque unique de la *géométrie sublime*. Pour les auteurs qui ont écrit sur les nouveaux calculs qui sont l'objet de ces deux derniers articles, on consultera ce que nous en avons dit dans ce dictionnaire aux mots Différentiel, Intégral, &c.

Gerbe, *Pyrotechnie* : c'est un grouppe de plusieurs fusées qui partent toutes à la fois d'une même caisse, & qui par leur expansion représentent une *gerbe* de bled.

Gerbe d'eau, *Hydraulique* : c'est une espece de faisceau composé de plusieurs jets de peu de hauteur, dont les ajutages sont soudés sur la même platine, que l'on dispose dans le milieu d'un bassin. Voyez la belle *gerbe d'eau* qui s'éleve du bassin rond placé à la tête du bosquet des trois fontaines à Versailles, & celle qu'on voit au bas du grand escalier de Chantilly, proche de la terrasse du château. *Délices de Versailles*, *in-folio*, planches 39 & 158.

GIBELOT ou GIBLET, *Marine* : c'est une piece de bois courbe qui sert à lier l'éperon avec le corps du vaisseau. Une des branches du *gibelot* porte sur l'étrave, où elle est assujettie avec des chevilles clavetées sur viroles en dedans du pan ; l'autre porte sur le digon, où elle est retenue par des clous à pointe perdue. On le nomme aussi *courbe capucine*.

GIRANDE, *Pyrotechnie* : c'est la derniere piece & la plus considérable d'un feu d'artifice, formée par une prompte succession d'une grande quantité de caisses de fusées volantes qui les jettent par milliers, dans les fêtes & les réjouissances publiques d'une certaine somptuosité. Telle est la fameuse *girande* du château Saint-Ange, que l'on tire tous les ans à Rome la veille de la fête de saint Pierre.

GIRANDE D'EAU, *Hydraulique* : c'est un faisceau composé de plusieurs jets qui, s'élevant avec impétuosité, par le moyen de l'air renfermé dans les tuyaux, imitent la pluie, la neige, & le bruit du tonnerre. Telles sont la girande de *Tivoli*, & celle de *Monte-dragone* à *Frescati*, près de Rome.

GIRANDOLE, *Hydraulique* : c'est une espece de gerbe d'eau, peu large & fort élevée, accompagnée de plusieurs jets paraboliques qui font un effet très-agréable, étant disposés comme autant de rayons qui se réunissent au centre de la gerbe. Telle étoit la fontaine de la *girandole* à Versailles, qui ne subsiste plus, mais dont on peut voir l'effet sur la planche 16 *bis* des *délices de Versailles*, *in-folio*, Paris, 1766.

GIRANDOLE, *Pyrotechnie*. On donne ce nom en général à tout artifice qui tourne sur son centre, & qui est posé dans une situation horisontale. Ainsi plusieurs fusées attachées autour d'une roue horisontale, librement suspendue sur son essieu, forment ce qu'on appelle une *girandole*. Il n'y a de différence entre les soleils tournans & les *girandoles* que dans la position qu'on leur donne : on les nomme soleils, lorsqu'ils sont placés verticalement, & *girandoles*, quand leur plan est parallele à l'horison.

GIRON, *Architecture* : c'est, dans un escalier, la largeur de la marche sur laquelle on pose le pied. On appelle *giron droit*, celui qui est contenu entre deux lignes paralleles, soit que les marches soient droites ou courbes : *giron rampant*, celui qui a tant de pente & qui est si large que les chevaux peuvent y monter ; & *giron triangulaire*, celui qui va en s'élargissant depuis le collet par lequel la marche tient au noyau, jusqu'à l'endroit où il se termine dans la cage de l'escalier. On en fait usage pour les quartiers tournans des escaliers quarrés, ainsi que pour les marches d'escalier en vis.

GISSEMENT, *Marine* : c'est la situation d'une côte relativement à la mer, & eu égard aux rhumbs de vent de la boussole. Le *gissement* des terres détermine le plus ou le moins de facilité que les eaux de la mer trouvent à prendre leur niveau.

GISTES, *Artillerie* : ce sont des poutrelles ou pieces de bois dont on se sert pour la construction des batteries, soit de canons ou de mortiers : c'est sur ces *gistes* qu'on pose les madriers pour établir la plate-forme sur laquelle on manœuvre les pieces d'artillerie.

GLACIERE, *Architecture* : c'est une fosse creusée en terre, de forme conique, de deux à trois toises de diametre par le haut, finissant en pointe par le bas, comme un pain de sucre renversé ; la profondeur ordinaire de la glaciere est de trois toises. On creuse au fond un petit puisard pour recevoir l'eau qui pourroit se fondre de la glace ou de la neige qu'on y renferme. Pour la construction d'une glaciere, voyez la Science des Ingénieurs, par M. *Belidor*, liv. IV.

GLACIS, *Fortification* : c'est un espace de terrein en pente très-douce, d'environ 20 ou 25 toises de largeur, qui termine les fortifications d'une place du côté de la campagne, & qui s'étend depuis le haut du parapet du chemin couvert jusqu'au niveau du terrein.

GLACIS CONTREMINÉ. Lorsqu'une place de guerre a des galeries qui regnent le long de son chemin couvert, avec des rameaux qui s'étendent sous le glacis jusques dans la campagne, on dit que cette place a son *glacis contreminé*. La citadelle de Tournai étoit fortifiée de cette façon. Luxembourg a plusieurs ouvrages qui sont ainsi *contreminés*.

GLAISE, *Archit. hydraul.* C'est une terre grasse dont on fait un corroi pour les travaux qui se font dans l'eau, comme digues, batardeaux, bassins, &c. Nous donnerons ici la maniere de préparer la glaise pour être employée aux batardeaux. On la reduit d'abord en morceaux gros comme un œuf, afin de l'éplucher & de voir s'il n'y a point du sable mêlé, ou des cailloux. Ensuite, après l'avoir arrosé, on attend au lendemain pour la battre & la corroyer avec les pieds sur un plancher. Après cela on en fait des pains qu'on jette au fond du batardeau, d'où l'eau sort à mesure qu'on le remplit de glaise : les ouvriers la battent en même tems à la demoiselle, lit par lit, & l'on continue ainsi jusqu'à ce qu'on soit parvenu environ à deux pieds au-dessus du niveau de l'eau extérieure, & même plus haut, si c'est dans la mer ou dans une riviere sujette aux crues. *Architecture hydraulique de Belidor*, tome III, page 125.

GLIPHE ou GLYPHE, *Architecture* : c'est en général tout canal creusé, soit circulairement, soit en anglet, qui sert d'ornement en architecture. Voyez au mot TRIGLYPHE.

GLOBE, *Géométrie* : c'est un solide produit par la revolution d'un demi-cercle autour de son diametre ; le globe est la même chose qu'une sphere.

GLOBE DE COMPRESSION, *Artillerie*. Si l'on suppose un fourneau de mine établi dans le centre d'un terrein homogene, avec assez peu de poudre pour ne pouvoir former une excavation, cette poudre dont il sera chargé venant à s'enflammer, agira également à la ronde. La terre se trouvera alors pressée & meurtrie circulairement de tous les côtés jusqu'à une certaine distance où l'effort de la poudre ne sera plus capable d'une impression sensible sur les parties plus éloignées. C'est cette meurtrissure sphérique que M. *Belidor* appelle *globe de compression*. *Œuvres diverses de M. Belidor, concernant l'artillerie & le genie, in-octavo*, 1764, page 323 & suiv.

GNOMONIQUE : c'est l'art de tracer des cadrans solaires sur toutes sortes de plans. MM. de la Hire, Ozanam, le Pere Pardies, Desargues, le Pere de la Magdeleine, l'abbé Richer, l'abbé Rivard, & Desparcieux, ont composé des traités particuliers sur la gnomonique, auxquels on peut avoir recours.

GOBETER : *Maçonnerie* : c'est jetter du plâtre avec la truelle & passer la main dessus pour le faire entrer dans les joints des murs bâtis de plâtre & de moilons, qui ne sont que hourdés.

GODETS, *Hydraulique* : ce sont de petites auges attachées à égale distance sur une chaîne de fer qui tourne sur un axe dans les pompes à chapelet servant à élever ou à épuiser des eaux.

GOLPHE, *Marine* : c'est un bras ou une étendue de mer qui s'avance dans les terres, où elle est renfermée de toutes parts, excepté du côté de son embouchure. Les *golphes* d'une grandeur considérable prennent le nom de mer. Telles sont la mer Baltique, la mer Méditerranée, &c.

GOND, *Serrurerie* : c'est un morceau de fer coudé, dont une partie est arrêtée ou scellée dans la feuillure d'une porte, & dont l'autre partie, appellée le *mammelon*, entre dans l'œil de la penture, & sert à soutenir la porte suspendue. C'est sur les *gonds* que l'on fait tourner la porte pour l'ouvrir & la fermer. Il y a des *gonds en bois* qui ont une pointe, & des *gonds en plâtre* qui sont refendus & retournés en forme de crampons par le bout qui doit être scellé dans le plâtre.

GONDOLE, *Marine* : c'est un petit bateau plat & fort long, qui ne va qu'avec des rames, & qui est particuliérement en usage à Venise pour naviger sur les canaux. Les moyennes *gondoles* ont 32 pieds de long, & sont d'une légéreté extraordinaire.

GORGE, *Architecture* : c'est une espece de moulure concave, plus large & moins profonde qu'une scotie, qui sert à former les cadres, chambranles, & autres ornemens d'architecture.

GORGE, *Fortification* : c'est en général l'entrée d'un ouvrage. La gorge d'un bastion est l'endroit où la courtine est interrompue de part & d'autre pour laisser la place du bastion. La *gorge* de la demi-lune est la partie de la contrescarpe sur laquelle elle est construite.

GORGE, *Hydraulique*. On entend par ce terme une fondriere ou une vallée profonde, où l'on a dessein de faire descendre une conduite d'eau, ou de la faire passer sur un aqueduc, pour raccorder les deux niveaux.

GORGE, *Méchanique* : c'est, dans une pompe refoulante, le tuyau courbe qui est joint par un bout au barillet, & de l'autre au tuyau montant, pour servir de communication à ces deux parties essentielles de la machine.

GORGE, *Pyrotechnie.* Les artificiers appellent ainsi l'orifice d'une fusée dont le cartouche est étranglé sans être entiérement fermé, & qui forme une espece d'écuelle concave propre à contenir l'amorce.

GORGER: c'est remplir de composition le trou de l'ame d'une piece d'artifice, ce qui ne se fait que dans les jets & les fusées fixes.

GORGERE ou TAILLE MER, *Marine*: c'est une piece de bois recourbée, qui forme le dessous de l'éperon. Elle s'étend à l'avant du vaisseau, depuis la naissance de l'étrave jusqu'à peu près au niveau du premier pont; suivant, dans toute cette étendue, le même contour que l'étrave, sur lequel elle est appliquée exactement. Le dehors de la *gorgere* représente une espece de console qui vient se terminer par en bas à la dent qu'on ménage à l'extrêmité du brion pour la soutenir.

GORGERIN, *Architecture*: c'est dans le chapiteau Dorique, la petite frise qui est entre l'astragale qui joint le haut du fust de la colonne & les annelets: on l'appelle aussi *collarin.*

GOUDRON, *Marine*: c'est une substance noire & liquide, qui se tire des arbres résineux, comme le pin, le sapin, le meleze, &c, dont on se sert pour enduire les navires, les bateaux & les cordages.

GOUDRONNER, *Archit. hydraul.* C'est enduire de goudron. On *goudronne* le radier ou plancher d'une écluse, après que les fentes ou jointures des planches ont été calfatées & brayées, en faisant chauffer le goudron, dont on applique une couche sur toute la superficie du radier, pour le garantir de la pourriture. Mais il est nécessaire d'en échauffer auparavant les planches, en y brûlant de la paille à mesure qu'on veut étendre le goudron. Il en entre ordinairement cinq livres dans une toise quarrée de plancher.

GOUJONS, *Archit. hydraul.* Dans la construction du radier des écluses, ce sont des chevilles de fer servant à lier les premieres traversines avec la tête des pilots. Leur longueur doit être égale à l'épaisseur de ces traversines; ainsi quand elles ont 12 pouces d'épaisseur, les *goujons* ont cette même longueur, sur un pouce en quarré au gros bout: ils pesent alors chacun trois livres. Les *goujons* pour l'assemblage du busc sont aussi proportionnés à la grosseur des pieces de charpente qui le composent. A la grande écluse de Mardick, les *goujons* avoient 18, 20 & jusqu'à 24 pouces de longueur sur un pouce de grosseur : ils pesoient 4 livres un quart, 4 livres & demie, & jusqu'à 5 livres dix onces. On trouve à cet article, dans l'ancienne édition de ce petit dictionnaire, le mot GOUVIONS, mais c'est une faute ; on ne s'est jamais servi de ce terme dans l'architecture hydraulique, même parmi les ouvriers, qui défigurent très-souvent les noms ; ainsi il faut lire *goujons*, & non pas *gouvions*.

GOUJONS, *Charpenterie* : ce sont de grosses chevilles de fer qu'on emploie à tête perdue, & dont on fait grand usage pour les assemblages de charpente, dans la construction des bâtimens.

GOUJURE, *Marine* : c'est une entaille faite autour d'une poulie pour y encocher l'étrope, autrement dit *la herse*.

GOULETTE, *Hydraulique* : c'est un petit canal taillé sur des tablettes de pierre ou de marbre, interrompu, de distance en distance, par des petits bassins en coquille, d'où sortent des bouillons d'eau : on voit de ces goulettes taillées sur l'appui des tablettes qui bordent la premiere terrasse, autour des parterres du jardin du Luxembourg, à Paris. Il y en a de pareilles à la fontaine des bains d'Apollon, dans le parc de Versailles, dont on peut voir l'effet sur la planche 40 des *délices de Versailles*, *in-folio*. Voyez aussi la représentation de l'allée des goulettes dans le parc de Saint-Cloud, planche 118 du même ouvrage. Dans ce sens on dit *goulette*, & non *goulotte*.

GOULOTTE, *Architecture* : c'est une petite rigole taillée sur la tablette d'une corniche pour faciliter l'écoulement des eaux de pluie & autres par les gargouilles.

GOURNABLES, *Marine* : ce sont de grandes chevilles de bois qu'on emploie quelquefois, au lieu de clous, au-dessous de la flottaison, principalement pour joindre les bordages avec les membres. Elles ont l'avantage sur les chevilles de fer de ne point se rouiller. On leur donne à peu près un pouce de grosseur par cent pieds de la longueur du navire. *Duhamel*, archit. navale.

GOUSSET, *Charpenterie* : c'est une piece de bois posée

diagonalement dans l'enrayure d'un comble pour assembler les coyers avec les tirans & les plate-formes, & pour lier dans une ferme une force avec un entrait.

GOUTTES, *Architecture* : ce sont des ornemens ronds qui représentent des *gouttes* d'eau, & que l'on place sous le plafond de la corniche Dorique. Il y en a de triangulaires qui pendent au filet qui est au-dessous des triglyphes, dans le même Ordre. On les nomme aussi *clochettes*, *campanes*, & *larmes*.

GOUTTIERE ou LARMIER, *Architecture* : c'est un membre de la corniche qui sert à faire écouler l'eau d'un entablement. On le nomme ainsi, parce que l'eau semble en couler goutte à goutte. *Parallele de Chambray*.

GOUTTIERES, *Marine* : ce sont des pieces de bois qui regnent intérieurement autour du vaisseau sur les ponts, & qui servent a recevoir & faire écouler les eaux que la tonture des ponts renvoye vers les bords. Les *gouttieres* sont entaillées d'un pouce & demi ou de deux pouces vis-à-vis chaque bau & chaque barrot : elles sont aussi entaillées à mi-bois vis-à-vis chaque aiguillette de porque, de sorte qu'on partage l'entaille entre la *gouttiere* & l'aiguillette. Il y a aussi d'autres pieces nommées *serre-gouttieres* qui concourent pour le même effet. Voyez à ce mot.

GOUVERNAIL, *Marine* : c'est une piece de bois, assujettie à l'étambot par des gonds & des pentures qui lui permettent de tourner à droite & à gauche, suivant la direction qu'on veut donner au vaisseau. Sa longueur est de l'épaisseur de la quille & de la contrequille, à quoi l'on ajoute environ deux pieds pour placer sa barre. On distingue trois parties dans le *gouvernail* ; sçavoir, le corps, la barre ou le timon, & la manivelle. Le corps est au dehors du navire & plonge perpendiculairement dans l'eau : la barre ou le timon est presque toute en dedans, & se trouve couchée horisontalement : enfin la manivelle est la piece de bois que le timonier tient à la main pour faire mouvoir le *gouvernail*. Voyez l'*architecture navale*, par M. *Duhamel*, pour les dimensions qu'on doit lui donner. A l'égard de la théorie du gouvernail & de ses effets, il faut recourir à la *manœuvre des vaisseaux*, par M. *Pitot*, *in-quarto*, ou au *traité du navire*, par M. *Bouguer*, *in-quarto*, l'un & l'autre imprimés à Paris, chez *Jombert*.

GOUVERNEMENT, *Marine* : c'est l'art de conduire le vaisseau par le moyen du gouvernail. Le maître & le pilote répondent de ce *gouvernement* & de la manœuvre du timonier.

GOUVERNER : c'est tenir le timon du gouvernail pour conduire le vaisseau où l'on veut.

GOUVERNEUR ou TIMONIER : c'est celui qui tient la barre ou le timon du gouvernail pour diriger la route du navire.

GOUVERNEUR D'UNE PLACE : c'est le premier commandant ou le premier officier de la place : il est le plus solide rempart de la place, quand il est brave & intelligent, & il doit trouver des ressources dans son génie pour en retarder la prise autant qu'il est possible ; mais pour faire une vigoureuse défense, on ne doit le laisser manquer ni d'hommes, ni d'argent, ni de munitions. Voyez à ce sujet l'ouvrage du Chevalier *De Ville*, intitulé, *de la charge des gouverneurs des places*, & le traité *de la défense des places*, par M. *Le Blond*, *in-octavo*, nouvelle édition, 1764.

GRADINS, *Hydraulique* : ce sont des degrés de pierre ou de plomb, pratiqués dans les buffets d'eau & les cascades, sur lesquels l'eau en tombant forme des nappes. Ces *gradins* suivent ordinairement une ligne droite ; on en fait aussi de circulaires. On peut voir de très-beaux effets de ces *gradins* dans les *délices de Versailles*, *in-folio*, 1766, à la salle du bal, dans les bosquets de Versailles, pl. 27 & 28 ; à l'arc de triomphe, pl. 37 ; au théâtre d'eau, pl. 43 & 44 ; au marais d'eau, pl. 56 & 57, &c.

GRAIN, *Artillerie* : c'est une opération dont on se sert pour corriger le défaut des lumieres des canons & des mortiers, qui se sont trop élargies à force de service. Ce *grain* n'est autre chose que du nouveau métal que l'on fait couler dans la lumiere de la piece pour la remplir entiérement. Après cela on lui perce une nouvelle lumiere avec un instrument appellé *foret*.

GRAIN DE VENT, *Marine* : c'est un nuage ou un tourbillon en forme d'orage qui donne du vent ou de la pluie, & souvent l'un & l'autre. Lorsqu'on l'apperçoit de loin, on se prépare, & l'on se tient aux drisses & aux écoutes pour les carguer, s'il est nécessaire : sans cette précaution, ils causeroient quelquefois bien du désordre dans les voiles & les manœuvres.

GRAIN D'ORGE, *Archit. hydraul.* C'est le nom que l'on donne à une languette dont le profil est triangulaire, que l'on pratique sur toute la longueur du bord des palplanches, pour l'introduire dans une rainure aussi triangulaire. Alors on dit que les palplanches sont assemblées *à grain d'orge*.

GRAINOIR, *Artillerie* : c'est un crible fait d'une peau bien tendue, percée de petits trous proportionnés à la grosseur du grain de la poudre qu'on veut fabriquer. On force la composition, au sortir du moulin, de passer par ces trous, au moyen d'un rouleau que l'on remue fortement par-dessus.

GRAIS, *Maçonnerie* : c'est une espece de roche qui se trouve presque toujours à découvert, ce qui contribue beaucoup à sa dureté. On en distingue de deux sortes, le dur & le tendre. Le grais dur est d'un grand usage pour paver les grands chemins & les rues. On taille & on débite le grais tendre comme les pierres ordinaires, & l'on s'en sert pour le bâtiment dans les endroits où il est commun. Une partie du château de Fontainebleau est bâtie en pierres de cette espece.

GRAND MAT, *Marine* : c'est le mât le plus élevé, qui se pose presque au milieu du vaisseau. Il est garni de quatre barres de hune, mises en croissettes, d'un chouquet, de haubans, d'étais & de balancines. Sur ce premier mât on en éleve un autre, appellé le grand mât de hune, qui entre dans les barres & dans le chouquet. Ce second mât est garni d'une vergue, de barres, de haubans, de galaubans & d'un chouquet. Le grand mât de hune en porte un troisieme, appellé le grand perroquet, qui passe dans ses barres & dans son chouquet, & qui est arrêté comme lui avec une clef. C'est au haut de ce troisieme mât que l'on pose la girouette.

GRANDEUR, *Mathématique*. Les géometres entendent par ce terme tout ce qui est susceptible d'augmentation ou de diminution, ou, pour s'expliquer plus exactement, tout ce qui est composé de parties. Souvent ce terme est absolu & ne suppose aucune comparaison; en ce cas il est synonime de *quantité* & d'étentue. C'est sous cette vue que le Pere *Lamy* l'a considérée dans son livre intitulé, *traité de la grandeur en général*. Il y a deux sortes de *grandeurs*, l'abstraite & la concrete. La *grandeur abstraite* est celle dont la notion ne désigne aucun sujet particulier : tels sont les nombres, qu'on appelle aussi grandeurs numériques. La *grandeur concrete* est celle dont la notion renferme un sujet particulier. Comme celle-ci peut être composée de parties successives ou de parties co-existantes, elle renferme deux especes ; sçavoir, le tems & l'étendue. Le *tems* est une *grandeur* dont les parties existent l'une après l'autre : l'*étendue* au contraire a toutes ses parties existantes en même tems. Nous venons de dire que la grandeur s'appelle aussi quantité : sous cette idée, on peut dire que la *grandeur abstraite* répond à la *quantité discrete*, & la *grandeur concrete* à la *quantité continue*. La *grandeur* & ses propriétés sont l'objet des mathématiques.

GRAPHOMETRE : c'est un instrument de mathématique qui sert à lever des plans. Il est composé d'un demi-cercle de cuivre divisé en 180 degrés, & d'une alidade ou regle de cuivre mobile sur son centre. Ce demi-cercle a deux pinnules élevées à angles droits sur les deux extrêmités de son diametre : il y a deux autres pinnules élevées pareillement à angles droits aux extrêmités de son alidade. Le milieu de cet instrument est souvent garni d'une boussole qui sert à orienter les plans qu'on veut lever. Quelquefois on substitue à l'alidade une lunette d'approche, garnie de deux verres, ayant une soie très-fine tendue au milieu du verre objectif, ce qui supplée aux pinnules, & rend cet instrument d'un usage beaucoup plus commode & plus étendu.

GRAS, *Stéreotomie* : c'est un excès d'épaisseur de pierre ou de bois, ou une ouverture d'angle plus grande qu'il n'est nécessaire pour le bois ou la pierre qui doivent y être placés. Le défaut opposé s'appelle maigre. *Frezier*.

GRAVIER : c'est un gros sable mêlé de petits cailloux, qui se trouve sur les bords & dans le fond de la mer & des rivieres. On en fait usage dans la maçonnerie, pour la composition du mortier.

GRAVITATION, *Physique* : ce terme signifie proprement l'effet de la gravité, ou la tendance qu'un corps a vers un autre qui se trouve au-dessous de lui, par la force de sa pesanteur. Ce terme est particuliérement affecté au systême de physique établi par *Newton*.

GRAVITÉ ou PESANTEUR : c'est une force d'inertie par laquelle les corps tendent naturellement vers le centre de la terre. On met cette différence entre ces deux termes, *gravité* & *pesanteur*, que le premier ne se dit que de la force ou cause générale qui attire les corps vers le centre de la terre, au lieu que *pesanteur* se dit de l'effet de cette force dans un corps particulier, relativement à un autre corps. Ainsi l'on dit que la force de la *gravité* pousse les corps vers la terre, & que la *pesanteur* du plomb est plus grande que celle du cuivre.

GRAVITÉ SPÉCIFIQUE : c'est celle qui provient de la densité des parties matérielles dont un corps est composé, qui fait que ce corps est plus pesant qu'un autre corps de même volume. C'est dans ce sens qu'on dit que la *pesanteur* spécifique de l'eau est plus grande que celle de l'huile.

GRAVOIS, *Maçonnerie* : ce sont les plus petites pierres & les plâtras provenant de la démolition d'un bâtiment.

GRELIN, *Marine* : c'est une sorte de cordage composé de plusieurs haussieres & commis deux fois. Le *grelin* est le plus petit cordage d'un vaisseau : il sert principalement à l'ancre d'affourche & à touer les navires.

GRÉÉ, *Marine*. On dit qu'un vaisseau est *grée*, lorsqu'il est garni de tous ses agrès ; sçavoir, les cordages, poulies, vergues, voiles, &c.

GRÉEMENT : c'est tout ce qui est nécessaire pour agréer un vaisseau, ou ce qui lui sert d'agrès.

GRÉGEOIS, *Pyrotechnie*. Voyez l'article FEU GRÉGEOIS.

GRENADE, *Pyrotechnie* : c'est une petite boule de fer, creuse, de deux pouces & demi de diametre, & du poids d'environ deux livres, qu'on charge de 4 ou 5 onces de poudre, & qu'on jette à la main sur l'ennemi, après avoir mis le feu à sa fusée.

GRENAGE, *Artillerie* : c'est une des opérations de la fabrique de la poudre, qui consiste à la mettre en grains par le moyen du grainoir.

GRÈS ou GRAIS. Voyez ci-devant GRAIS.

GRÈVE, *Navigation* : c'est un terrein plat, ou une plage unie & sabloneuse sur le rivage de la mer, ou sur le bord d'un fleuve ou d'une riviere, où l'on peut facilement aborder pour charger & décharger les marchandises.

GRILLAGE, *Archit. hydraul.* Dans la fondation des écluses, ou des autres édifices qui se bâtissent dans l'eau, lorsque le fond du terrein n'est pas assez ferme, on se sert d'un *grillage* de charpente, composé de pieces de bois couchées en long & d'autres posées en travers sur les premieres, appellées longrines & traversines, lesquelles sont assemblées à queue d'hironde & chevillées, ensorte qu'elles laissent entr'elles de petits espaces ou compartimens formant une espece de *grille* sur laquelle on pose des madriers pour établir une plate-forme ou plancher sur lequel on maçonne les premieres assises des pierres.

GRILLE D'EAU, *Hydraulique* : c'est un assemblage de plusieurs cierges d'eau, montés sur une même souche. Voyez ci-devant l'article *cierges d'eau.*

GROS, *Charpenterie* : c'est une épithete qu'on donne à une piece de bois dont les deux plus courtes dimensions sont égales. On dit, par exemple, qu'une poutre a 12 pouces *de gros*, ou d'équarrissage, quand elle a 12 pouces de hauteur sur 12 pouces d'épaisseur.

GROS D'UN VAISSEAU, *Marine* : c'est l'endroit de sa plus grande largeur, vers le milieu. On y met les bordages les plus épais, parce que le bâtiment y fatigue plus que par-tout ailleurs, & qu'il a moins de force à cet endroit que vers l'avant ou l'arriere.

GROTTE, *Architecture.* Les *grottes* artificielles sont des bâtimens rustiques qui imitent les *grottes* naturelles. On les décore extérieurement d'architecture rustique; on emploie au dedans les pétrifications, les congélations, & toutes sortes de fossiles & de coquillages. Un des plus beaux ouvrages qu'il y ait eu, & le plus magnifique qu'on puisse citer en ce genre, est la fameuse *grotte de Thetis*, attenant le château de Versailles, dont on peut voir une très-agréable description dans le livre intitulé *Recueil de descriptions de peintures & autres ouvrages faits pour le Roi*, par *Felibien*, *in-douze*, Paris, 1689; ou dans les *délices de Versailles*, *in-folio*, page 4, & planche 15. Cette *grotte* ne subsiste plus.

GRUAU, *Méchanique* : c'est une machine à peu près semblable à la grue, & qui sert aux mêmes usages.

mais elle est plus petite & elle a moins de saillie. Le *gruau* est composé d'une sole, d'une fourchette, d'un poinçon, de deux bras ou liens en contre-fiche, d'une jambette, d'un treuil, d'un arrêtier, d'une roue, & d'un rancher garni de ses chevilles. On y ajoute une volée, qui est la partie mouvante du *gruau*.

GRUE : c'est la plus grande des machines qui servent dans les bâtimens pour élever les pierres & les autres fardeaux considérables. Ses principales pieces sont l'arbre ou poinçon fortifié de ses arc-boutans, empattemens, moises, liens, &c. la roue & son tambour, le treuil, & le rancher, qui est une forte piece de bois posée obliquement, &c.

GUERITE, *Fortification* : c'est une petite tourelle de charpente ou de maçonnerie, que l'on construit aux angles saillans des ouvrages, pour y placer à couvert un sentinelle qui puisse observer ce qui se passe dans le fossé. On leur donne quatre pieds de diametre sur six de hauteur. Voyez-en divers desseins dans le IV livre de *la Science des Ingénieurs*, par M. *Belidor*, *in-quarto*.

GUETTE, *Charpenterie* : c'est une demi-croix de S. André posée en contre-fiche dans un pan de bois, ou un poteau incliné servant de décharge pour revêtir & contreventer un pan de bois : lorsque ce poteau est croisé avec deux petites guettes appellées *guettons*, il forme une croix de S. André.

GUETTONS : ce sont de petits poteaux très-courts & inclinés qui se mettent sous l'appui d'une croisée, sur le linteau d'une porte, &c.

GUEULE DROITE, GUEULE RENVERSÉE, *Architecture* : ce sont les deux parties de la cymaise qui forment un membre dont le contour est en S : la plus avancée, qui a sa cavité en haut, s'appelle *gueule droite* ou *doucine* ; l'autre, qui est convexe & qui a sa cavité en bas, se nomme *gueule renversée*, ou *talon*. Voyez aussi ci-devant au mot CYMAISE.

GUICHET, *Architecture* : c'est une petite porte placée auprès d'une grande. C'est aussi une petite porte pratiquée dans le ventail d'une porte cochere, pour le passage des gens de pied.

GUICHET DE CROISÉE, *Menuiserie* : c'est l'assemblage qui porte le chassis à verre dans une croisée qui s'ouvre en tournant ſur elle-même par le moyen des gonds, fiches, ou pentures. On donne auſſi le nom de *guichets* aux volets de bois qui ſe ferment en dedans par-deſſus les chaſſis.

GUICHET DE PORTE D'ECLUSE, *Archit. hydraul.* C'eſt une ouverture pratiquée dans une grande porte d'écluſe, & qui ſe ferme par une vanne qu'on leve ou qu'on abaiſſe par le moyen d'un cric, pour laiſſer paſſer une petite quantité d'eau.

GUIDON, *Art Militaire* : c'eſt une ſorte d'étendard particulier à la Gendarmerie Françoiſe : on donne auſſi ce nom à l'officier qui le porte.

GUILLOCHIS, *Architecture*. Sorte d'ornement imité de l'antique, qui ſe taille ſur les moulures plates, comme les faſces, platebandes, & larmiers, &c. C'eſt, dit M. *de Chambray*, un entrelas de deux liſtels qui marchent continuellement à une diſtance parallele & égale à leur largeur, avec cette ſujétion qu'à leurs retours & à leurs interſections ils doivent toujours former un angle droit. Voyez en divers exemples ſur la planche 63 de la nouvelle édition *du parallele de l'architecture antique avec la moderne*, par M. *Errard* & *de Chambray*, *in-octavo*, Paris, 1766. Depuis quelques années les *guillochis* ont reparu avec éclat & ſont devenus à la mode dans les décorations d'architecture, ainſi que dans les meubles, bijoux, tabatieres, &c. ſous le nom d'*ornemens à la Grecque*. Voyez au mot ORNEMENS.

GUINDAGE, *Maçonnerie* : c'eſt l'équipage des poulies, moufles, & cordages, & autres choſes néceſſaires aux machines qui ſervent à enlever & à tranſporter des fardeaux dans les ateliers.

GUINDANT, *Marine* : ce terme exprime la hauteur des voiles & des pavillons : ainſi l'on dit qu'une voile a 20 ou 25 aunes de guindant, c'eſt-à-dire, de hauteur : ſa largeur ſe nomme *battant*.

GUINDER, *Architecture* : c'eſt enlever les pierres pour la conſtruction d'un bâtiment, par le moyen des machines ſervant à cet uſage.

GUINDERESSE, *Marine*. Sorte de cordage qui ſert à *guinder* les manœuvres & à amener les mâts de hune, ainſi que les huniers ou les voiles d'étai.

GUIRLANDES, *Marine* : ce ſont de groſſes pieces de

bois courbes, ou à fausse équerre, qu'on place à différentes hauteurs du vaisseau, de façon qu'elles croisent à angle droit l'étrave & les alonges d'écubiers. On les attache solidement à ces pieces par des chevilles qu'on frappe par le dehors du navire, de sorte qu'elles percent les bordages, les alonges d'écubiers, & toute l'épaisseur des *guirlandes*; ces chevilles sont claverées sur des viroles par le dedans. *Duhamel, archit. navale.*

GUISPON, *Marine* : c'est une espece de grosse brosse faite de pennes de laine, dont on se sert pour brayer ou suifver les coutures & le fond d'un vaisseau.

HACHER, *Charpenterie* : c'est faire des hoches ou rainures avec la hache sur les poteaux & les autres pieces d'une cloison ou d'un pan de bois, pour l'hourdir ensuite en plâtre. *D'Aviler.*

HACHER, *Maçonnerie* : c'est couper avec la hachette un enduit, un crepi, &c, pour faire un renformis: on *hache* une pierre ou un moilon pour le couvrir de plâtre, & ce recouvrement s'appelle *enduit* ou *crepi*. *D'Aviler.*

HACHER, *Stéréotomie* : c'est, avec la hache du marteau à deux têtes, unir le parement d'une pierre pour la rustiquer & la layer ensuite. *D'Aviler.*

HALAGE, *Navigation* : c'est le travail qui se fait pour tirer un vaisseau ou un bateau.

HALER, *Charpenterie* : c'est lier un cable à une piece de bois, en y faisant un *halement*, ou un nœud, pour l'enlever. *Felibien. D'Aviler.*

HALER, *Marine* : c'est tirer un cable, un cordage, une manœuvre, & faire force dessus pour le bander & le roidir.

HALTE, *Art militaire* : c'est une pause que fait un corps de troupes dans sa marche, soit pour se remettre en ordre, ou pour se reposer.

HAMPE, *Artillerie* : c'est un long bâton, au bout duquel on emmanche les armes ou instrumens nécessaires pour le service du canon, tels que le refouloir, la lanterne, l'écouvillon, &c. Cette *hampe* est ordinairegient de bois de frêne ou de hêtre : elle a 12 pieds de long sur un pouce & demi de diametre.

HANCHE, *Marine* : c'est la partie du bordage qui est au-dessous des galeries, comprise entre le grand cabestan & l'arcasse.

HANGARD, *Architecture* : c'est un lieu couvert d'un demi comble ou *apentis*, adossé contre un mur, qui porte sur des piliers de bois ou de pierre, plantés de distance en distance pour en soutenir le toit. Les *hangards* servent de remises dans une basse cour, & de magazins pour travailler dans les atteliers. Dans les arsenaux de marine, c'est sous les *hangards* que l'on range & que l'on met à couvert les bois de construction, les affuts de canons, &c.

HANSIERE ou HAUSSIERE, *Marine* : c'est un gros cordage qui sert à touer ou à remorquer un navire : il est composé de deux ou trois torons une fois commis; on en fait de différentes grosseurs : sa longueur est de 120 brasses. Voyez à ce sujet *l'art de la corderie*, par M. *Duhamel*, *in-quarto*, 1757.

HARPES, *Maçonnerie* : ce sont des pierres qu'on laisse alternativement en saillie à l'extrêmité d'un mur, sur son épaisseur, pour faire liaison avec un autre qui doit être bâti un jour en continuation, soit en retour, soit sur le même alignement. On les nomme aussi *pierres d'attente*. *Felibien*. *D'Aviler*.

HARPONS, *Archit. hydraul.* Ce sont des barres de fer coudées à une de leurs extrêmités, servant dans les quais de charpente, à entretenir les clefs avec les ventrieres.

HARPONS, *Maçonnerie* : ce sont des barres de fer droites ou coudées, qui servent à retenir les cloisons & les pans de bois.

HAUBANER, *Charpenterie* : c'est arrêter à un piquet ou à une grosse pierre le *hauban* d'un engin ou d'un gruau, pour le tenir ferme lorsqu'on monte quelque fardeau. *D'Aviler*.

HAUBANS, *Marine* : ce sont de gros cordages à trois torons, qui servent à soutenir les mâts à bas-bord & à stri-bord, & par derriere. Ils sont amarrés au haut des mâts à l'endroit des barres de hune, & roidis en bas contre le bord du vaisseau, par le moyen des caps de mouton.

HAUBANS DE BEAUPRÉ : ce sont deux especes de balancines qui saisissent la vergue de civadiere par le milieu, au lieu que les balancines saisissent les autres vergues par les deux bouts. Ces *haubans* sont retenus par deux caps de mouton, l'un qui est frappé au beaupré, l'autre à la vergue de civadiere : de façon que ces manœuvres, au lieu de tenir le mât de beaupré, ainsi que les autres *haubans*, y sont attachées & aident à soutenir la vergue.

HAVRE, *Navigation*. On donne ce nom en général à un port de mer fermé par une chaîne, qui a un mole ou une jettée à son entrée, ensorte qu'il est à l'abri des pirates, des vents & des marées. On en distingue de plusieurs especes.

HAVRE DE BARRE : c'est celui dont l'entrée est fermée par un banc de roches ou de sable, & dans lequel on ne peut entrer que de pleine mer.

HAVRE D'ENTRÉE OU DE TOUTES MARÉES : c'est un port dans lequel on peut entrer également de haute & de basse mer, & où l'on n'est pas obligé d'attendre la marée pour y entrer ou pour en sortir.

HAUTE MARÉE ou HAUTE MER : c'est le plus grand accroissement de la marée, & le tems où elle monte le plus haut. La pleine mer, ou la *haute mer*, arrive deux fois le jour, de 12 heures en 12 heures : mais les jours de la nouvelle & de la pleine lune, elle monte plus haut que les autres jours, & dans le tems des solstices & des équinoxes elle monte encore plus haut.

HAUTEUR : ce terme se dit en général de l'élévation d'un corps au-dessus d'un plan quelconque, comme seroit celle d'une tour ou d'une montagne au-dessus de la surface de la terre. C'est dans ce sens qu'on assure dans l'*encyclopédie* (article HAUT) que la grande pyramide d'Egypte *avoit 770 toises & trois quarts de hauteur*, tandis que les tours de Notre-Dame de Paris n'en ont que 34 ou 35, & que la tour de la cathédrale d'Anvers, une des plus hautes que nous connoissions, n'a que 77 toises 4 pieds, y compris la croix. Quelle énorme différence ! Mais il y a tout lieu de croire que l'Auteur de cet article s'est trompé, & qu'il a mis au moins des toises pour des pieds, ce qui seroit encore bien considérable, puisque, dans le même ouvrage (article PYRAMIDES D'EGYPTE) M. le Chevalier de

Jaucourt ne lui donne que 616 pieds d'après le résultat de M. *Cassini*, inséré dans les *mémoires de l'Académie des Sciences*, année 1702. Voyez la description que donne *Fischer* de cette fameuse pyramide, dans son *essai d'architecture historique*, *in-folio*.

HAUTEUR, *Architecture* : ce terme a différentes significations. On dit qu'un bâtiment est arrivé *à hauteur*, lorsque les dernieres assises ou arrases sont posées pour recevoir la charpente du comble : la *hauteur d'appui* est d'environ trois pieds ; *hauteur de marche* est au plus de six pouces, &c.

HAUTEUR, *Art militaire* : c'est, dans un bataillon ou un escadron, le nombre de rangs sur lesquels une troupe est formée, ou la quantité de soldats dont chaque file est composée.

HAUTEUR, *Géométrie*. On entend par hauteur d'une figure, d'un triangle, par exemple, la distance de son sommet à sa base, ou la longueur d'une perpendiculaire abaissée du sommet sur la base.

HAUTEUR, *Navigation* : c'est l'élévation du pole sur l'horison, ou la distance du vaisseau à l'équateur. Cette *hauteur* se prend sur mer à midi, lorsqu'on se sert du soleil pour la connoître, & environ à minuit, lorsqu'on la cherche par le moyen de l'étoile polaire.

HAUTEURS, *Art militaire* : ce sont les éminences qui se trouvent autour d'un camp ou d'une place assiégée, dont l'ennemi a coutume de s'emparer avant que d'en faire l'attaque.

HAUTS D'UN VAISSEAU, *Marine* : ce sont les parties les plus élevées du vaisseau, telles que les châteaux, les mâts, & les autres parties qui sont sur les ponts d'en haut. On appelle aussi *hauts du vaisseau* tout ce qui est hors de l'eau, & l'on nomme *bas du vaisseau* tout ce qui est dessous ou dans l'eau.

HAUTURIER, *Navigation* : c'est le nom qu'on donne à un pilote qui entreprend des voyages de long cours par la connoissance qu'il a des astres, & qui fait usage des instrumens pour prendre hauteur, pour le distinguer du pilote *Côtier*, dont les connoissances sont bornées à certaines côtes, le long desquelles il conduit les vaisseaux.

HEBES ou EBES, *Portes d'hebes*, *Archit. hydraul.* Voyez l'article PORTES D'ECLUSE.

HELICE ou SPIRALE, *Géométrie* : c'est une ligne courbe qui tourne autour d'un axe en s'élevant, comme les pas d'une vis tournent autour de leur noyau.

HELICES ou VRILLES, *Architecture*. On appelle ainsi, dit M. *de Chambray*, les petites volutes tortillées qui se mettent au milieu du chapiteau Corinthien. Elles naissent des caulicoles & sont placées sous la rose de l'abaque. *Parallele d'architecture. Felibien.*

HÉLICOIDE, *Géométrie* : c'est une ligne courbe, ou une spirale parabolique, dont l'axe est plié & roulé sur la circonférence d'un cercle. M. *Jacques Bernoulli* a démontré les propriétés de cette ligne dans les actes de Leipsic, année 1691.

HÉLICOSOPHIE, *Mathématique*. Quelques Géometres modernes ont appellé ainsi l'art de tracer des hélices ou des spirales. On peut voir dans les *mémoires de l'Académie des Sciences*, année 1741, la description de différens compas propres à cet usage.

HEMI-CYCLE, *Architecture* : c'est le trait d'un arc ou d'une voute formée par un demi-cercle parfait, qui se divise en un nombre impair de voussoirs, afin qu'il s'en trouve un au milieu pour fermer la voute, ce qui a fait donner le nom de *clef* à ce voussoir. *Felibien.*

HEMI-SPHERE, *Géométrie* : c'est la moitié d'un globe, ou d'une sphère terminée par un plan qui passe par son axe.

HEMI-SPHÉROIDE : c'est la moitié d'un sphéroïde, ou un solide dont la figure approche de celle d'une demi-sphère.

HEPTAGONE, *Géométrie* : c'est une figure composée de sept angles & de sept côtés : quand tous ses angles & les côtés sont égaux, c'est un *heptagone* régulier. Les Géometres modernes ont retranché l'*h* des mots *hexagone*, *heptagone*, &c ; mais c'est une licence qui ne doit point être suivie, parce que cette lettre, qu'ils regardent comme inutile, sert à rappeller l'étymologie de ces mots.

HERISSON, *Art militaire* : c'est une longue poutre armée de quantité de pointes de fer, qu'on fait rouler du haut de la breche en bas lorsque l'assiégeant monte à l'assaut, ou dont on garnit les passages qu'on veut empêcher l'ennemi de franchir.

HERISSON, *Méchanique* : c'est une roue dont les rayons

aigus sont plantés directement sur la circonférence du cercle, ensorte qu'ils ne peuvent s'engager que dans une lanterne dont ils reçoivent le mouvement. On fait usage du *hérisson* dans un grand nombre de machines, tant hydrauliques que d'autre espece.

HERPES, *Marine.* On entend par *herpe de plat-bord* la coupe d'une lisse qui se trouve à l'avant & à l'arriere du haut des côtés d'un vaisseau. On y met un ornement de sculpture appellé aussi *herpe.* Il y a ordinairement quatre de ces *herpes*; sçavoir, deux de chaque côté, qui sont ornées de moulures; entre les deux *herpes*, il y en a une autre plus petite qu'on nomme le *boudin.*

HERPES D'ÉPERON : ce sont des pieces de bois taillées en balustre, qui forment la partie supérieure de l'éperon, & qui se répondent de l'une à l'autre par des jottereaux où elles s'assemblent.

HERSE, *Fortification* : c'est une espece de porte ou de grillage composé de plusieurs pieces de bois, que l'on suspend au-dessus du passage des portes d'une ville de guerre, & qu'on lâche pour servir de barriere quand la porte a été pétardée ou rompue. On lui a substitué l'orgue qui vaut mieux pour cet usage. Voyez l'article ORGUE.

HÉTÉROGENE, *Arithmétique* : c'est une épithete qu'on donne à des nombres mixtes composés d'entiers & de fractions. On nomme *nombres sourds hétérogenes*, ceux qui ont des signes radicaux différens.

HÉTÉROGENE, *Géométrie.* On appelle *quantités hétérogenes* celles qui sont si différentes entre elles, que quelque nombre de fois que l'on prenne une de ces quantités, elle n'égale ni n'excede jamais l'autre. Tels sont, par exemple, le point & la ligne, la surface & le solide. En Algebre on donne le nom de *quantités sourdes hétérogenes* à celles qui ont différens signes radicaux dont les exposans n'ont point de diviseur commun.

HEU, *Marine* : c'est un vaisseau plat de varangues qui tire peu d'eau, & qui est fort en usage en Hollande & en Angleterre. Il n'a qu'un mât, du sommet duquel sort une longue piece de bois en saillie, appellée *la corne*, qui s'avance vers la poupe. Il porte une voile latine & des bonnettes en étai. On donne au *heu* 60 pieds de longueur sur 18 de largeur, 9 pieds de creux, & 11 pieds & demi de bord. La hauteur de l'étambot est de 14 pieds, celle de l'étrave est de 15 pieds.

HEURTOIR, *Archit. hydraul.* c'est une piece de bois posée sur le bord extérieur de la chambre d'une écluse, pour servir de seuil & de battement aux venteaux des portes quand on les ferme : ce sont les *heurtoirs* qui déterminent la grandeur de cette chambre.

HEURTOIR, *Artillerie* : c'est une piece de bois de 9 pieds de long sur 9 & 10 pouces d'épaisseur, fixée au pied de l'épaulement d'une batterie de canons, sur le devant de la plate-forme, pour recevoir le premier choc des roues du canon lorsqu'on le tire, & pour les arrêter lorsqu'on met le canon en batterie, après l'avoir chargé.

HEUSE, *Marine* : c'est le piston, ou la partie mobile de la pompe d'un vaisseau.

HEXAEDRE, *Géométrie*, c'est un solide renfermé par six surfaces quarrées égales : l'*hexaëdre*, qu'on appelle aussi *dé* ou *cube*, est un des cinq corps réguliers. Le quarré d'un de ces côtés est le tiers du quarré élevé sur le diametre de la sphère qui lui est circonscrite.

HEXAGONE : c'est une figure qui a six angles & six côtés : il est régulier quand ces angles & ces côtés sont égaux entre eux : alors chaque angle de l'*hexagone* est de 60 degrés, & son côté est égal au rayon du cercle qui lui est circonscrit : ainsi l'on décrit un hexagone régulier en portant six fois le rayon d'un cercle sur sa circonférence.

HEXAGONE, *Fortification* : c'est une place fortifiée de six bastions.

HEXASTYLE, *Architecture*. *Vitruve* se sert de ce terme pour signifier un portique avec six files de colonnes. Voyez ce que nous en avons dit ci-devant au mot EXASTYLE. Ce que nous venons de remarquer (article HEPTAGONE) au sujet de l'*h* retranchée par quelques-uns au mot *heptagone*, doit s'appliquer également à ces trois mots-ci, *Hexaëdre*, *Hexagone* & *Hexastyle*, où cet *h*, quoiqu'il ne soit pas aspiré, est cependant nécessaire pour conserver leur étimologie.

HIE, *Archit. hydraul.* C'est un billot de bois dont on fait usage pour enfoncer des pilots en terre : on l'éleve avec un engin par le moyen d'un moulinet, pour la laisser retomber ensuite sur la tête du pieu, en lâchant une S de fer appellée *déclit* : la *hie* n'est autre chose qu'une espece de *mouton* extrêmement pesant. On donne aussi le nom de *hie* à l'instrument que les paveurs appellent *dame* ou *demoiselle*.

HIEMENT, *Charpenterie* : c'est le mouvement d'un assemblage de plusieurs pieces de bois, causé par l'effort des vents, ou par le branle des grosses cloches, comme il arrive à la charpente des fleches de clocher & des befrois. C'est aussi le bruit que fait une machine lorsqu'elle éleve un pesant fardeau : il est rare que les machines nouvelles ne *hient* pas les premieres fois qu'on s'en sert. *Hiement* se dit aussi de l'action d'enfoncer des pieux ou des pavés. *D'Aviler*.

HILOIRES ou ILLOIRES, *Marine* : ce sont des pieces de bois droites, qu'on place sur les baux dans la longueur du vaisseau, pour border & soutenir les écoutilles, les serre-gouttieres, &c.

HIRONDE, QUEUE D'HIRONDE, *Fortification*. Il y a des ouvrages de fortification, tels que les ouvrages à cornes, qui sont formés de deux angles saillans aux deux extrêmités, avec un angle rentrant dans le milieu, dont les flancs ne sont point paralleles l'un à l'autre, mais vont en se rapprochant du côté de la place, c'est ce qu'on appelle *queue d'hironde*. Voyez ci-après l'article QUEUE D'HIRONDE.

HIRONDE, *Menuiserie*. L'assemblage *à queue d'hironde* prend son nom de sa figure qui est à peu près semblable à la queue de l'hirondelle, appellée aussi *hironde*. Voyez ci-devant aux ASSEMBLAGES EN MENUISERIE.

HISSER, *Marine* : c'est hausser ou élever un mât, une voile, ou toute autre chose sur un vaisseau.

HOMOGENE. On se sert de ce terme en comparant différens corps, pour indiquer qu'ils sont composés de parties similaires, ou de semblable nature. Il est opposé au mot *hétérogene*, qui s'applique à des parties de nature différente.

HOMOGENE, *Algebre*. On comprend sous le terme de *quantités homogenes* celles qui ont le même nombre de dimensions, & l'on dit que la loi des *homogenes* est conservée dans une équation algébrique, lorsque tous les termes y sont de la même dimension. *Quantités sourdes homogenes* sont celles qui ont le même signe radical.

HOMOGENE, *Arithmétique.* On appelle *nombres homogènes*, des nombres de même nature & de même espece. Les *nombres sourds*, ou *irrationels*, sont aussi *homogenes* lorsqu'ils ont un signe radical commun.

HOMOGENE, *Physique.* On donne le nom de *fluide homogene* à celui qui est composé de parties qui sont toutes sensiblement de la même densité, comme l'eau, le mercure, &c. L'air n'est pas un fluide *homogene*, parce que ses parties, ou ses différentes couches, ne sont pas de la même densité.

HONNEURS DE LA GUERRE, *Art militaire.* Lorsqu'après une longue & vigoureuse résistance, le gouverneur d'une place assiégée est contraint de l'abandonner à l'ennemi, faute d'hommes, de vivres, ou de munitions, un des principaux articles de sa capitulation, est que la garnison sortira avec armes & bagages, &c : c'est ce qu'on appelle avoir *les gonneurs de la guerre.*

HORISON, *Géographie* : c'est un grand cercle de la sphère, dont le plan passe par le centre de la terre, & qui la divise en deux parties égales, dont l'une est supérieure & visible, & dont l'autre est inférieure & invisible pour nous. On l'appelle *horison vrai*, pour le distinguer de l'*horison visuel*, qui est un petit cercle de la sphère qui divise la terre en deux parties inégales, en séparant la partie visible de la sphère d'avec l'invisible.

HORISONTAL, ce qui est parallele à l'horison. Une ligne est *horisontale* lorsqu'elle est tracée sur un plan parallele à l'horison. Tout l'objet du nivellement est de connoître si deux points sont sur un plan *horisontal*, ou de combien ils s'en écartent.

HORLOGIOGRAPHIE : c'est l'art de faire des cadrans solaires. Le Pere *de La Magdeleine*, Feuillant, a donné ce titre à un ouvrage sur la construction de ces sortes de cadrans, qui est d'autant plus à la portée des ouvriers, que ses méthodes ne sont fondées que sur de simples pratiques sans aucune démonstration.

HORREUR DU VUIDE, *Physique.* Avant *Descartes* & *Newton*, les physiciens attribuoient l'ascension de l'eau dans les pompes aspirantes à l'*horreur du vuide*; mais depuis que M. *Pascal* a démontré dans son *traité de l'équilibre des liqueurs*, que ce n'est que l'effet de la pesanteur de l'air, on a rejetté ce principe imaginaire ainsi.

ainsi que toutes les puérilités de l'ancienne philosophie, pour n'admettre que des hypotheses fondées sur le raisonnement & l'expérience.

HOTTE DE CHEMINÉE, *Architecture* : c'est le haut ou le manteau d'une cheminée de cuisine, fait en forme de pyramide. C'est aussi le glacis intérieur, par lequel le manteau se joint au tuyau de la cheminée, par enchevêtrure. On nomme *fausse hotte* celle d'un tuyau de cheminée devoyé. *D'Aviler.*

HOULES, *Marine* : ce sont les vagues que la mer pousse avec violence les unes contre les autres, lorsqu'elle est agitée, ou dans les fortes marées : elles sont capables de rompre tout ce qui s'oppose à leur fureur.

HOURDER ou HOURDIR, *Maçonnerie* : c'est maçonner grossierement de moilons ou plâtras avec du plâtre ou du mortier, entre les poteaux d'une cloison : c'est aussi faire l'aire d'un plancher sur des lattes. *Hourdis* se dit de l'ouvrage lorsqu'il est fait. *Felibien. D'Aviler.*

HOURDI, *Marine*. Voyez l'article LISSE DE HOURDI.

HOUSSAGE, *Charpenterie* : c'est la fermeture d'un moulin à vent, qui se fait d'ais à couteau, c'est-à-dire, plus larges par le dos que par le devant, & de bardeau.

HUISSERIE, *Charpenterie* : c'est un vieux mot françois qui signifie l'assemblage de deux poteaux & d'un linteau, dont est composé le chambranle d'une porte dans une cloison de charpente. *D'Aviler.*

HUNE, *Marine* : c'est une espece de plate-forme ronde, posée en saillie autour du mât, dans le ton, & soutenue par les barrots, mais de façon qu'elle ne presse pas le mât. Il y a une *hune* à chaque mât, qui porte le nom du mât où elle est posée. C'est aux *hunes* que sont amarrés les étais & les haubans : elles servent à la manœuvre, & les matelots y montent pour cet effet. La *hune* du grand mât forme une guerite où un matelot se tient pour faire sentinelle & avertir de ce qui se passe au loin.

HUNIERS : ce sont des voiles qui se mettent aux mâts de *hune* : quelquefois on entend par ce mot le *mât de hune*.

HUTTER LES VERGUES, *Marine* : c'est, dans un gros tems, amener les grandes vergues à demi-mât & les disposer en croix de saint André, afin qu'elles prennent moins de vent, & que le vaisseau soit moins tourmenté.

HYDRAULIQUE : c'est une partie de la méchanique qui considere les loix générales du mouvement des fluides, & qui enseigne la conduite des eaux & leur élévation par le moyen des machines, tant pour les rendre jaillissantes que pour d'autres usages. L'objet de l'*hydraulique* est aussi d'examiner la dépense des eaux, leur vitesse, leur poids, leur nivellement, leur conduite, &c. ainsi que la proportion des tuyaux où elles doivent couler, celle de leurs ajutages, de leurs réservoirs, &c. Les principaux Auteurs qui ont écrit sur la partie de l'hydraulique qui regarde la théorie des eaux, sont *Mariotte*, *Guglielmini*, *Newton*, *Varignon*, les *Bernoulli*, & derniérement M. *d'Alembert* dans son *traité de l'équilibre & du mouvement des fluides*. A l'égard de l'art de conduire, d'élever & de ménager les eaux pour les différens besoins de la vie, l'*architecture hydraulique* par M. *Belidor*, en quatre volumes *in-quarto*, est l'ouvrage le plus complet qui ait paru sur cette matiere, & le seul qui remplisse parfaitement l'objet de cette science dans toute son étendue.

HYDRODYNAMIQUE : c'est un nom que les mathématiciens ont donné depuis quelque tems à la science générale du mouvement des fluides & de leur équilibre, renfermant sous cette seule dénomination l'hydraulique & l'hydrostatique. C'est ainsi que M. *Daniel Bernoulli* a réuni ces deux parties dans un même ouvrage intitulé, *Hydrodynamica, sive de viribus & motibus fluidorum*, in-quarto, *Argentorati*.

HYDROGRAPHIE ; c'est cette partie de la géographie qui considere la mer, en tant qu'elle est navigable. Elle enseigne à construire des cartes marines & à connoître les différentes parties de la mer, comme les bayes, les golfes, les isles, les courans, les marées, &c. Dans ce sens l'*hydrographie* est bien différente de ce qu'on appelle *navigation*, qui enseigne à conduire sûrement un vaisseau sur mer, & qui est assujettie à des loix mathématiques. Cependant plusieurs Auteurs ont regardé ces deux mots comme synonimes, & le Pere *Fournier* n'a pas fait de difficulté de donner à son cours de navigation le titre d'*hydrographie*. Pour citer un exemple plus moderne & plus imposant, M. *d'Alembert*, dont le nom seul fait une autorité dans le monde sçavant, renvoie les lecteurs qui voudront s'instruire de l'*hydrographie* à l'excellent ouvrage donné au public en 1753 par M. Bouguer, de l'Académie des Sciences, sous le titre de *traité complet de navigation*, lequel est beaucoup supérieur à celui que M. Bouguer le pere, professeur d'hydrographie au Croisic, avoit publié 55 ans auparavant. Voyez le grand *dictionnaire encyclopédique*, & le *dictionnaire de mathématique* de M. *Saverien*, article HYDROGRAPHIE.

HYDROSTATIQUE : c'est une partie de la méchanique qui considere l'équilibre des fluides & leur action sur les corps solides qui y sont plongés. MM. *Pascal*, *Mariotte*, *Maclaurin*, *Clairaut*, &c, ont écrit sur les loix générales de l'équilibre des fluides ; & M. *d'Alembert* a démontré très-sçavamment les loix de l'*hydrostatique*, dans son *essai sur la résistance des fluides*, imprimé à Paris en 1752.

HYGROMETRE : c'est un instrument qui sert à marquer les degrés d'humidité ou de sécheresse de l'air, ou de l'atmosphère qui nous environne. On en a imaginé de différente espece, dont on peut voir la description dans le grand *dictionnaire encyclopédique*, ou dans le *dictionnaire de mathématique*, par M. *Saverien*, à cet article. On l'appelle aussi *hygroscope*.

HYPERBOLE, *Géométrie* : c'est une ligne courbe formée par la section d'un cône par un plan, faite de telle maniere qu'elle concoure avec le côté du cône prolongé au-delà de son sommet. L'*hyperbole* a deux axes ou deux diametres qui sont extérieurs à cette courbe. L'*hyperbole conique*, ou du premier genre, a deux asymptotes ; celles du second genre peuvent en avoir trois : celles du troisieme, quatre, &c. L'*hyperbole* & ses asymptotes ont plusieurs belles propriétés qu'on peut voir dans l'excellent *traité des sections coniques* du Marquis *de l'Hôpital*, ou dans le *cours de mathématique* de M. *Belidor*. Voyez aussi le mot *hyperbole* dans les deux dictionnaires cités à l'article précédent.

HYPERBOLOÏDE. On donne ce nom aux *hyperboles* à l'infini ou du plus haut genre, qui se définissent par des équations dans lesquelles les termes de l'équation de l'*hyperbole* ordinaire sont élevés à des dignités supérieures.

HYPOMOCLION, *Méchanique* : c'est le point fixe sur lequel les machines simples, comme le levier, reposent, & autour duquel elles font leur mouvement. On l'appelle plus communément *appui*, ou *point d'appui*.

HYPOTENUSE, *Géométrie* : c'est le plus grand côté d'un triangle rectangle, opposé à l'angle droit. Chacun sçait que dans tout triangle rectangle, le quarré de l'hypoténuse est égal à la somme des deux quarrés élevés sur les deux autres côtés. C'est à *Pythagore* qu'on est redevable de cette belle découverte, qui en fut si charmé, qu'il sacrifia (dit-on) cent bœufs aux muses pour les en remercier.

HYPOTHESE, *Mathématiques* : c'est une supposition que l'on fait pour en tirer une conséquence qui établit la vérité ou la fausseté d'une proposition, ou qui donne la résolution d'un problême. Il y a deux choses à considérer dans une proposition mathématique, l'*hypothèse* & la conséquence : l'*hypothèse* est ce que l'on accorde, ou le point d'où l'on doit partir pour en déduire la conséquence énoncée dans la proposition, ensorte qu'une conséquence ne peut être vraie, en mathématiques, à moins qu'elle ne soit tirée de l'*hypothèse*, ou de ce que les géometres appellent les *données* d'une question ou d'une proposition.

JALONS, *Arpentage* : ce sont des bâtons droits, longs de 5 à 6 pieds, unis & planés par un bout qu'on appelle la tête du jalon, & aiguisés par l'autre bout qu'on fiche en terre : on s'en sert pour prendre de longs alignemens, en enfonçant une carte dans la fente qui est à leur tête, pour mieux les distinguer de loin dans le nivellement.

JALOUSIE, *Architecture*. Il y en a de trois especes : l'une est une fermeture de fenêtre faite de petites tringles de bois croisées diagonalement, qui laissent de petits espaces vuides en lozange, par lesquels on peut voir sans être apperçu. On en fait usage dans les églises aux tribunes, jubés, confessionnaux, &c, & quelquefois aux salles de spectacle, où l'on ferme des loges sur le devant avec de pareils grillages, pour cacher au public quelques personnes de considération qui ne veulent pas être vues. La seconde espece est une sorte de croisée ouvrante & fermante, dont les chassis, au lieu de petits bois & de carreaux de verre, sont garnis de petits ais minces mis à plat l'un sur l'autre, & inclinés un peu en contre-bas, ensorte que le soleil & la pluie ne peuvent pénétrer dans les appartemens, ce qui n'empêche pas de recevoir un jour foible dans l'intérieur, ni d'appercevoir au-dehors ce qui s'y passe. Cette espece de croisée à jour s'appelle aussi *persienne*. Enfin on fait des *jalousies* sans chassis, avec des ais plats & minces, enfilés parallelement sur deux rubans plats très-forts qui soutiennent ces ais en l'air, dans quelque situation qu'on les mette, par le moyen de deux cordons qui servent à les ouvrir & à les fermer.

JAMBAGE ou PIÉDROIT, *Architecture* : c'est un pilier quarré entre deux arcades. Il differe du trumeau en ce qu'il est quarré & qu'il est accompagné de dosserets ou pilastres, au lieu que le trumeau a plus de largeur que d'épaisseur, & qu'il se trouve simplement entre deux croisées. La derniere pierre du *jambage* ou piédroit est quelquefois en saillie : c'est où l'on commence à poser les voussoirs & à former le ceintre : alors on la nomme *imposte* ou *coussinet*. *Félibien*.

JAMBAGES DE CHEMINÉE : ce sont deux petits murs qu'on éleve sur l'aire d'un plancher de chaque côté d'une cheminée pour en porter le manteau ou la hotte. La distance qu'on laisse entre ces deux *jambages* forme la cheminée & détermine la grandeur de l'âtre.

JAMBE, *Maçonnerie* : c'est une espece de chaîne formée de carreaux & de boutisses, pour porter & entretenir les murs d'un bâtiment. On en distingue de plusieurs especes.

JAMBE BOUTISSE : c'est une chaîne de pierres engagées par leur queue dans un mur de refend mitoyen, & qui fait liaison avec le mur de face.

JAMBE DE FORCE, *Charpenterie* : c'est une des maîtresses pieces d'une ferme qui porte les pannes & l'entrait :

on appelle *petites forces*, celles qui soutiennent le faux comble dans une mansarde.

JAMBE DE HUNE, *Marine*. Voyez GAMBES DE HUNE.

JAMBE D'ENCOIGNURE, *Maçonnerie* : c'est une chaîne de pierre qui porte deux poitrails ou deux retombées d'arcades, & qui joint deux faces de bâtiment.

JAMBE ÉTRIERE : c'est une chaîne qui est à la tête d'un mur de refend ou mitoyen, & qui porte aussi deux poitrails ou deux retombées. Cette chaîne est faite de gros quartiers de pierre.

JAMBES SOUS POUTRE : ce sont des chaînes de pierre de taille qu'on éleve de distance en distance dans les murs de face, pour porter les poutres.

JAMBETTE, *Charpenterie* : c'est une petite piece de bois debout qui sert à soulager les arbalestriers ou forces d'un comble. Ce sont aussi de petits poteaux posés sur les blochets pour soutenir les chevrons. Enfin on nomme *jambettes* les deux pieces de bois qui soutiennent le treuil d'un engin. *D'Aviler*.

JANTES, *Artillerie* : ce sont plusieurs pieces de bois courbes qui, étant jointes bout à bout, forment le contour extérieur de la roue d'un affut de canon, d'un avant-train, d'un chariot, ou de toute autre voiture.

JANTILLE, *Méchanique* : c'est un gros ais qu'on attache autour des jantes & des aubes de la roue d'un moulin pour mieux recevoir la chûte de l'eau & accélérer son mouvement.

JARDINAGE : c'est l'art de planter, de décorer, de disposer, & de cultiver toutes sortes de jardins, soit pour nos besoins, soit pour nos plaisirs. Cette définition divise naturellement toutes les différentes especes de jardins en deux classes principales ; sçavoir, les jardins de rapport & ceux de propreté. Avant le regne de Louis XIV on ne connoissoit point en France l'art de décorer les jardins, & c'est au célebre *Le Nautre*, né à Paris en 1625 & mort en 1700, qu'on est redevable de toutes les merveilles de *jardinage* qui font l'ornement des maisons royales & les délices de nos maisons de plaisance. Vers le même tems on vit paroître cet homme rare (M. *La Quintinie*) qui joignant le raisonnement à l'expérience, puisa l'art du jardinage dans le sein même de la nature, & nous apprit à contraindre un arbre à donner du fruit & même à le repandre également sur toutes ses branches, par la façon nouvelle & méthodique de le tailler fructueusement, que nous devons a ses travaux & à ses découvertes. Voyez le livre qu'il a composé sous le titre d'*instructions pour les jardins fruitiers & potagers*, en deux volumes *in-quarto*. Voyez aussi, pour la décoration des jardins de propreté, *la théorie du jardinage*, par *Alexandre le Blond*, *in-quarto*; & le traité *de la distribution des maisons de plaisance*, par *Blondel*, en deux volumes *in-quarto*.

JARRET, *Hydraulique* : c'est un coude qu'on fait faire quelquefois à une conduite d'eau lorsqu'elle ne peut aller en ligne droite, soit par rapport à la situation du terrein, ou par la disposition du jardin qui fait un angle à cet endroit. Il faut éviter ces *jarrets* autant qu'il est possible, ou du moins les prendre de loin pour diminuer les frottemens.

JARRET, *Stéréotomie* : c'est une imperfection dans la direction d'une ligne ou d'une surface qui fait une sinuosité ou un angle. Le *jarret* saillant s'appelle *coude*; quand il est rentrant, on le nomme *pli*. Une ligne droite fait un *jarret* avec une ligne courbe, lorsque leur jonction ne se fait pas au point d'attouchement, ou quand la ligne droite n'est pas tangente à la courbe. *Stéréotomie de Frezier*.

JARLOT, *Marine* : c'est une entaille faite dans la quille, dans l'étrave, & dans l'étambot d'un bâtiment, pour y faire entrer une partie du bordage qui couvre les membres du vaisseau. On le nomme aussi *rablure*.

JAS D'ANCRE, ou JOUET, *Marine* : c'est un assemblage de deux pieces de bois de même figure & de même échantillon, jointes ensemble vers l'arganeau de l'ancre, pour empêcher qu'elle ne se couche sur le fond lorsqu'on la jette en mer, & pour donner aux pattes de l'ancre la facilité de s'enfoncer & de mordre dans le fond.

JATTE ou GATTE, *Marine* : c'est une enceinte de planches faite vers l'avant d'un vaisseau, pour recevoir l'eau que les coups de mer y font entrer par les écubiers. Voyez aussi ci-devant au mot GATTE.

JAVELINE, *Art militaire* : c'est une espece de demi-pique dont les anciens se servoient; elle avoit cinq à six pieds de long, avec un fer à trois faces aboutissantes en pointe. Cette arme est encore en usage parmi les cavaliers arabes & les maures.

JAVELOT : c'est une espece de dard en usage parmi les anciens : il avoit deux coudées de long & un doigt de grosseur. Le *javelot* se lançoit sans le secours de l'arc par la seule force du bras : il étoit plus court que la javeline.

JAUGE : c'est en général un instrument dont on se sert pour trouver la capacité des vaisseaux propres à contenir des liqueurs, tels que les tonneaux, cuvettes, bassins, &c. Ce terme a d'autres significations qu'on expliquera dans les articles suivans.

JAUGE, *Charpenterie* : c'est une petite regle de bois fort mince, d'un pied de long sur un pouce de large, divisée par pouces & par lignes, qui sert aux charpentiers pour tracer les tenons, mortoises & autres ouvrages.

JAUGE, *Jaugeage* : c'est un instrument qui sert à trouver le nombre de pintes d'eau ou d'autre liqueur contenues dans un tonneau. Il consiste en une regle longue de 4 ou 5 pieds divisée en dix parties, & chacune de ces parties subdivisée en dix autres. Voyez-en une plus ample description & la maniere de s'en servir, dans le *dictionnaire de Mathématique* de M. *Saverien*.

JAUGE, *Hydraulique* : c'est un instrument qui sert à connoître la quantité d'eau que produit une source ou une conduite. Il consiste en une boîte quarrée, ou une cuvette de plomb, percée par-devant d'autant de trous ronds, d'un pouce, d'un demi-pouce, d'une ligne & d'une demi-ligne de diametre, qu'on juge à peu près que la source fournit d'eau. On expose à l'entrée d'une source ou à l'orifice d'un tuyau cette boîte dont tous les trous sont bouchés. La boîte s'emplit d'eau: alors on débouche un de ces trous, puis deux, puis quatre ; en un mot, autant qu'il en est besoin pour que la boîte, demeurant toujours pleine d'eau à la même hauteur, laisse échapper par les trous ouverts autant d'eau qu'elle en reçoit de la source. Les trous débouchés font connoître cette quantité que l'on cherche. M. *Mariotte*, à qui l'on doit cet instrument pour la *jauge* des eaux, a reconnu qu'une source qui donnoit un pouce d'eau, fournissoit en une minute quatorze pintes, mesure de Paris. M. *Belidor* remarque, à l'occasion de la distribution & de la repartition inégale des eaux d'une source, que la meilleure maniere seroit de faire toutes les *jauges* rectangulaires sur 4 lignes de hauteur.

JAUGE, *Maçonnerie* : c'est, dans une tranchée qu'on a faite pour les fondations d'un bâtiment, un bâton étalonné sur la profondeur & la largeur du mur à bâtir, qui sert à le construire dans toute sa longueur.

JAUGEAGE : c'est l'art de trouver la capacité ou le contenu des vaisseaux, en général, & celle des tonneaux & des navires en particulier. Le Pere *Pezenas* a fait beaucoup de recherches & d'expériences pour perfectionner cette opération, dont on peut voir le résultat dans sa *nouvelle méthode pour le jaugeage des segmens des tonneaux*, imprimé en 1742, & dans son *traité du jaugeage*, qui a paru en 1749. M. *Jean Ward*, Anglois, a travaillé aussi sur le même sujet, & a publié en 1740 deux nouvelles méthodes pour mesurer les segmens des tonneaux, que l'on trouve insérées à la fin de son *guide des jeunes Mathématiciens*, dont la traduction en françois a été imprimée chez *Jombert*, en un volume *in-octavo*. Voyez aussi dans les *mémoires de l'Académie des Sciences*, année 1741, un excellent mémoire de M. *Camus* sur la *jauge* des tonneaux. Le *jaugeage* des navires est beaucoup plus difficile. MM. *Varignon & de Mairan* y ont travaillé chacun de leur côté par ordre du gouvernement; mais leurs méthodes, trop sçavantes & trop géométriques pour être suivies par des simples praticiens, ont engagé le Pere *Pezenas* à faire de nouvelles recherches sur un objet si important. Voyez à ce sujet son *traité du jaugeage*, ci-devant cité.

JAUGER, *Coupe des pierres* : c'est appliquer une mesure d'épaisseur ou de largeur vers les extrêmités d'une pierre, pour en tailler les arêtes, ou les surfaces opposées, paralleles. *Jauger une pierre*, c'est examiner si son épaisseur est égale : ou bien c'est la retourner; c'est-à-dire, lui faire une surface parallele, ou à peu près, à un lit ou à un parement donné. *Stéréotomie de Frézier*.

JAUGER, *Hydraulique*. On a vu ci-dessus la description d'un instrument qui sert à *jauger* l'eau que produit une source; les fontainiers en ont un autre appellé *quille*, fait de cuivre ou de fer blanc, en forme d'une pyramide qui diminue par étages. Sa base est de 12 lignes, & elle diminue d'une demi-ligne à chaque saut, de maniere que le plus petit terme de la division est une ligne & demie; le second deux lignes, le troisieme deux & demie, &c. Ces nombres sont chiffrés sur 23 séparations : les uns désignent les diametres des *jauges*, les autres marquent leurs superficies. Le manche qui soutient cette *quille* sert à l'introduire dans l'ouverture des *jauges* de la cuvette, la pointe la premiere. On bouche ainsi le trou de la *jauge* de maniere qu'il n'y passe pas une goutte d'eau : puis ayant marqué avec le doigt l'endroit où l'on s'arrête, on retire la *quille* & l'on connoît à quelle mesure cet orifice répond. Voyez le *traité d'hydraulique* qui est à la fin de *la théorie & la pratique du jardinage*, *in-quarto*, derniere édition, imprimé à Paris, chez *Jombert*.

JAUMIERE, *Marine* : c'est une petite ouverture faite à la pouppe d'un vaisseau, proche l'étambot, par laquelle le timon passe & se joint au gouvernail pour pouvoir le faire jouer.

ICHNOGRAPHIE : c'est la représentation géométrale d'un bâtiment, vu selon une section horisontale, ou la trace que laisseroit ce bâtiment s'il étoit coupé à rez-de-chaussée. L'*ichnographie*, ou plan d'un édifice sert à faire voir sa disposition intérieure & la distribution des appartemens qu'il renferme. *D'Aviler*.

ICOSAEDRE, *Géométrie* : c'est un corps régulier terminé par vingt triangles équilatéraux & égaux entre eux.

JET. En général c'est le mouvement de quelque corps poussé avec violence ; ou si l'on veut, c'est l'espace que parcourt un corps poussé en l'air par une force quelconque : cet espace est appellé la *ligne de projection d'un corps*.

JET, ARMES DE JET, *Art militaire* : ce sont les machines qui servoient à lancer de loin avec force différens corps contre l'ennemi, pour l'offenser. Avant l'invention de la poudre à canon, c'étoit la fronde, l'arc, la balliste, la catapulte, &c ; présentement le canon, le mortier, le fusil, &c, sont les *armes de jet* qu'on a substitué à celles des anciens.

JET, FAIRE LE JET, *Marine* : c'est lorsque pour soulager un vaisseau, dans un gros tems, ou dans la vue de se dérober à un pirate ou à un vaisseau ennemi, on est obligé de jetter en mer une partie de sa charge.

JET D'EAU, *Hydraulique* : c'est une quantité d'eau qui s'élance perpendiculairement en sortant d'un trou circulaire, qu'on nomme *ajutage*, qui détermine la grosseur du *jet*. L'ajutage est pratiqué à l'extrêmité d'un bout de tuyau vertical appellé *souche de l'ajutage*, lequel est placé au milieu du bassin où retombe l'eau du *jet*. Cette souche est soudée sur le tuyau de conduite qui amene l'eau dans le bassin. Un des plus beaux *jets d'eau* que nous connoissions est le grand *jet* de Saint-Cloud, qui s'éleve à 90 pieds, & qui retombe dans un bassin quarré qui a près d'un arpent d'étendue. Voyez-en la représentation sur la planche 117 des *délices de Versailles*, *in-folio*. M. *Mariotte*, à qui l'on est redevable de la plupart des connoissances qu'on a sur la conduite des eaux, a donné au public un ouvrage intitulé, *traité du mouvement des eaux*, à la fin duquel il établit des regles pour les *jets d'eau*, avec une table des différentes hauteurs auxquelles un *jet* peut s'élever, relativement à la hauteur des réservoirs.

JET D'EAU, *Menuiserie* : c'est une traverse en quart de rond, attachée en saillie au bas du dormant d'un chassis à verre, pour rejetter l'eau de la pluie au-dehors de la croisée.

JET DE FEU, *Pyrotechnie*. On appelle ainsi certaines fusées fixes dont les étincelles sont d'un feu clair, comme des gouttes d'eau éclairées du soleil. On fait de ces *jets* de toutes les grandeurs, depuis 12 pouces de longueur jusqu'à 20, & depuis 6 lignes jusqu'à 15 lignes de diametre. Voyez le *manuel de l'artificier*, par *Perrinet d'Orval*, *in-douze*.

JET DES BOMBES, *Artillerie* : c'est l'art de les tirer avec méthode pour les faire tomber sur un lieu déterminé. Cette science fait partie de la *ballistique* qui traite du mouvement des corps pesans, jettés en l'air suivant une direction oblique, ou parallele à l'horison. *Galilée* est celui qui a donné les premieres idées exactes sur le *jet des bombes* : il trouva que la courbe que la bombe décrit en l'air étoit une parabole, en supposant qu'elle se meut dans un milieu non-résistant. Mais comme cette supposition est fausse, puisque l'air s'oppose sensiblement au mouvement du corps projetté, *Newton* a démontré que la courbe que décrit ce corps en l'air n'est point une parabole, mais une hyperbole d'un genre particulier. Au reste, comme cette digression nous meneroit trop loin, on peut voir un abrégé de la théorie & de la pratique du *jet des bombes* très-nettement expliqué & mis dans tout son jour à la fin de l'*artillerie raisonnée*, par M. *le Blond*, *in-octavo*, édition de 1761.

JET DE VOILES, *Marine* : c'est un appareil complet de toutes les voiles. Un vaisseau bien équipé doit avoir au moins deux *jets de voiles*, & de la toile pour en faire en cas de besoin.

JETTÉES, *Archit. hydraul.* Ce sont des especes de digues que l'on porte en avant dans la mer pour former un chenal à l'entrée d'un port. Quelquefois on les construit d'abord en fascinage, en attendant qu'on puisse en faire de plus solides : on en fabrique aussi avec des coffres de charpente remplis de grosses pierres; enfin on en fait de maçonnerie. Voyez la construction de ces différentes *jettées* dans l'*architecture hydraulique* de M. *Belidor*, seconde partie, livre III, & dans les *recherches sur les digues*, par MM. *Bossut* & *Viallet*, *in-quarto*, chez *Jombert*.

JETTÉES, *Navigation* : c'est un ouvrage que l'on construit sur une riviere pour en resserrer le lit & la rendre plus navigable : on en fait aussi pour ménager la dépense des eaux & les employer à faire tourner une usine, ou une roue à eau. Dans quelques provinces de France on donne le nom de *battes* à ces sortes de *jettées*.

JETTER, *Marine*. *Jetter l'ancre* : c'est laisser tomber l'ancre, lorsqu'on est dans une rade, pour y arrêter le vaisseau. *Jetter le plomb* ou la sonde, c'est laisser tomber la sonde dans la mer pour connoître la hauteur de l'eau, & s'il y a du fond pour mouiller l'ancre, &c.

ILOIRES, *Marine*. Voyez ci-devant au mot HILOIRES.

IMAGINAIRE, *Algebre*. On appelle ainsi les racines paires des quantités négatives. Toute puissance paire d'une quantité quelconque, soit positive ou négative, a nécessairement le signe +, parce que + × + ou — × — donnent également +. D'où il suit que toute puissance paire, tout quarré, par exemple, qui a le signe —, n'a point de racine possible; donc la racine d'une telle puissance est impossible ou *imaginaire*. Les *quantités imaginaires* sont opposées aux *quantités réelles*. Voyez pour un plus grand éclaircissement de cet article les *élémens d'algebre ou du calcul littéral*, par M. *le Blond*, partie I, *in-octavo*, 1768.

IMPAIR, *Arithmétique* : c'est ainsi qu'on nomme, par opposition à *pair*, tout nombre qui ne peut se diviser exactement par 2.

IMPOSTE, *Architecture* ; c'est un ornement de moulures qui couronne un piédroit sous la naissance d'une arcade, & qui sert de base à un autre ornement ceintré appellé *archivolte*. L'*imposte* est différente selon les Ordres d'architecture. Dans le Toscan, ce n'est qu'un plinthe entre deux filets. Dans le Dorique, l'*imposte* a deux fasces couronnées d'un filet, avec un astragale, un ove & un réglet. L'*imposte* Ionique a deux fasces avec leur filet, un astragale, un ove, une bandelette, & un talon couronné de son réglet. La Corinthienne a une frise entre deux filets & deux astragales, un ove, une bandelette, un talon & un réglet. Enfin l'*imposte* Composite ne differe de la Corinthienne qu'en ce qu'au-dessus de la frise il y a une doucine, & que sa bandelette est sous un cavet couronné d'un réglet.

IMPRIMER, *Architecture* ; c'est peindre d'une ou de plusieurs couches de couleur, soit à l'huile, soit en détrempe, les ouvrages de charpenterie, menuiserie, serrurerie, & quelquefois ceux de maçonnerie, & les plâtres qui sont au-dehors & dans l'intérieur des bâtimens, autant pour les conserver que pour les décorer. Toutes les peintures de cette nature qui se font dans les bâtimens, s'appellent *peintures d'impression. D'Aviler.*

INACCESSIBLE, *Géométrie*. On appelle hauteur ou distance *inaccessible*, celle qu'on ne peut mesurer immédiatement, à cause de quelque obstacle qui empêche d'en approcher.

INCIDENCE, *Méchanique* ; c'est la direction suivant laquelle un corps en frappe un autre. Il est démontré que l'*angle d'incidence* est toujours égal à l'*angle de réflexion*. Voyez l'article ANGLE D'INCIDENCE.

INCLINAISON, *Géométrie* : c'est la situation oblique de deux lignes, ou de deux plans, qui tendent mutuellement vers un même point, de sorte qu'elles forment un angle au point de leur concours.

INCOMMENSURABLES*, *Arithmétique* : c'est le nom qu'on donne à des nombres qui n'ont point de commun diviseur, tels que 3 & 5, ou bien à des racines qu'on ne peut exprimer par aucun nombre, soit entier ou rompu, ou dont on ne connoît pas le rapport qu'elles ont entre elles. On les appelle aussi *nombres sourds* ou *irrationels*.

INCOMMENSURABLES, *Géométrie* : ce terme s'applique à deux quantités qui n'ont point de parties aliquotes, ni aucune mesure commune. *Euclide* a démontré que le côté d'un quarré est *incommensurable* avec sa diagonale ; mais il ne l'est pas en puissance, parce que le quarré de la diagonale contient deux fois le quarré fait sur le côté. On dit aussi que des surfaces sont *incommensurables en puissance*, lorsqu'elles ne peuvent être mesurées par aucune surface commune.

INCONNUE, *Algebre*. On appelle ainsi la quantité qu'on cherche dans la solution d'un problême.

INCREMENT, *Géométrie* : ce mot se dit de la quantité dont une quantité variable croît ou augmente : si la quantité variable décroît ou diminue, son décroissement s'appelle encore *increment* ; mais en ce second cas l'*increment* est négatif. M. *Taylor* a donné aussi le nom d'*incremens* à des quantités différentielles. Voyez son livre intitulé, *méthodus incrementorum*.

INCRUSTER, *Maçonnerie* : c'est revêtir de pierres ou de marbre un mur. C'est aussi remettre une bonne pierre à la place d'une autre qu'on est obligé de hacher, parce qu'elle est écornée ou éclatée sous la charge qu'elle porte.

INDÉFINI. En géométrie ce terme a à peu près la même valeur que celui d'*infini*, avec cette différence cependant que dans l'idée d'*infini* on fait abstraction de toutes bornes, & que dans celle d'*indéfini* on ne fait abstraction que de telle ou telle borne en particulier. *Ligne infinie* est celle qu'on suppose n'avoir point de bornes : *ligne indéfinie* est celle qu'on suppose se terminer où l'on voudra, sans que la longueur, ni par conséquent ses bornes, soient fixées.

INDÉTERMINÉ, *Mathématiques*. On appelle *quantités indéterminées* ou *variables* celles qui peuvent changer de grandeur, par opposition aux quantités données & constantes dont la grandeur reste toujours la même. Un *problême indéterminé* est celui dont on peut donner une infinité de solutions différentes.

INDIVISIBLES, *Géométrie.* On entend par ce mot les élémens infiniment petits, ou les principes dans lesquels une figure ou un corps peuvent être résolus, suivant quelques géometres modernes. Ils supposent que la ligne est composée de points, la surface de lignes paralleles, & le solide de surfaces paralleles & semblables, & que chacun de ces élémens est *indivisible.* D'où il suit que si dans une figure quelconque on tire une ligne qui traverse ces élémens perpendiculairement, le nombre des points de cette ligne sera le même que le nombre des élémens de la figure proposée. Cette méthode, qui n'est que celle d'exhaustion déguisée & un peu abrégée, n'est plus guere d'usage, la découverte des infiniment petits en ayant totalement fait abandonner la pratique. Cependant plusieurs géometres conviennent encore aujourd'hui qu'elle est fort utile pour abréger les recherches & les démonstrations mathématiques. *Cavallerius* est l'auteur de la *méthode des indivisibles*, dont il a expliqué la théorie dans un livre intitulé, *Geometria indivisibilium*, imprimé en 1635. *Toricelli* l'adopta & en fit usage dans quelques-uns de ses ouvrages. *Wallis* s'est aussi beaucoup servi de cette méthode de *Cavallerius* pour établir les principes de son *arithmétique des infinis.*

INFANTERIE, *Art militaire*: c'est un corps de gens de guerre armés & exercés pour combattre à pied. L'*infanterie* fait la partie la plus importante & la plus considérable des armées. Elle se divise en régimens, & ceux-ci en bataillons d'environ 600 hommes: ces bataillons se subdivisent eux-mêmes en compagnies commandées chacune par un capitaine, un lieutenant, &c.

INFINI, *Mathématique.* La géométrie de l'*infini* est proprement la nouvelle géométrie des infiniment petits, contenant les regles des calculs différentiel & intégral. Voyez les *élémens de la géométrie de l'infini*, publiés par M. *de Fontenelle* en 1727, & la critique que M. *Maclaurin* a faite des principes de cet Académicien, dans le second volume de son *traité des fluxions*, *in*-4°. *Wallis* a donné le nom d'*arithmétique des infinis* à la méthode de sommer les suites qui ont un nombre infini de termes. Voyez son *arithmetica infinitorum*, insérée dans le recueil de ses œuvres, imprimé à Oxfort, en trois volumes *in-folio*; ou l'espece de traduction libre que M. l'Abbé *Deidier* en a donné dans sa *mesure des surfaces & des solides par l'arithmétique des infinis*, &c, *in-quarto*, chez *Jombert*.

INFINIMENT PETITS. On appelle ainsi en géométrie les quantités qu'on regarde comme plus petites que toute grandeur assignable. Avant *Descartes* on ne connoissoit que les calculs qui ont pour objet des quantités finies: depuis ce grand géometre on a été plus loin. Les nouveaux calculateurs ont osé porter leur vue sur les quantités infinies & reduire sous leur plume, non-seulement l'infini, mais même l'infini de l'infini, &, comme le dit M. *de l'Hôpital*, une infinité d'infinis. C'est ce qu'on appelle *calcul des infiniment petits*: on lui donne aussi le nom de *calcul différentiel*, parce qu'il enseigne la maniere de *différencier* les quantités, c'est-à-dire, l'art de trouver l'accroissement ou la diminution *infiniment petite* qu'une grandeur variable reçoit à chaque instant, & d'en exprimer les rapports. Voyez sur ce calcul le sçavant ouvrage de l'*analyse des infiniment petits*, de M. *de l'Hôpital*, ainsi que les commentaires & les supplémens qu'en ont donné MM. *Varignon*, *Crousaz*, *Stône*, *Bernoulli*, *Bougainville*, &c.

INFLEXION, *Géométrie*. On appelle *point d'inflexion* d'une courbe, l'endroit où elle commence à se courber, ou à se replier dans un sens contraire à celui dans lequel elle se courboit d'abord. M. l'Abbé *de Gua*, dans ses *usages de l'analyse de Descartes*, a donné les regles pour trouver les points d'*inflexion* & de rebroussement d'une courbe quelconque.

INGÉNIEUR. C'est, dans l'état militaire, un officier chargé de la fortification, de l'attaque & de la défense des places, de la construction des ouvrages qui se font dans une place de guerre, des différens travaux nécessaires pour fortifier les camps & les postes dans la guerre de campagne, &c. L'emploi d'*Ingénieur* renferme tant d'objets & suppose tant de connoissances, qu'il est presque impossible qu'un seul homme les possede toutes dans un degré éminent. Il n'y a pas de profession qui exige tant d'étude, de talens, de

capacité

capacité & de génie. M. *de Clairac* divise les sciences fondamentales de cet art, en connoissances spéculatives & en connoissances pratiques. Les sciences spéculatives ou de théorie, qui constituent l'*Ingénieur*, sont l'arithmétique, la géométrie élémentaire, l'algebre, la géométrie pratique, les méchaniques & l'hydraulique : c'est sur ces connoissances de théorie qu'on examine les jeunes gens qui se présentent pour entrer dans le corps du Génie. Les connoissances de pratique sont la fortification, la construction des travaux, l'attaque des places, la défense des places, & la guerre de campagne. M. *Le Blond* pense avec raison qu'un *Ingénieur* doit avoir quelque pratique du dessein, que la physique lui est nécessaire en bien des occasions, & qu'il lui seroit très-utile d'avoir des connoissances générales & particulieres de l'architecture civile. M. *Frézier* est du même sentiment, & voudroit de plus qu'il fût instruit de la coupe des pierres. Enfin M. *Maigret* desireroit encore dans un *Ingénieur* la connoissance de l'histoire, de la grammaire, de la rhétorique, & principalement celle des différentes manœuvres des troupes. Cette multiplicité de connoissances nécessaires pour former un bon *Ingénieur* nous oblige de les diviser en plusieurs classes, relativement à leurs emplois : on en peut voir le détail dans les articles suivans.

INGÉNIEUR DE PLACE : c'est celui qui, pendant le tems de sa résidence dans une place de guerre, est chargé de la conduite des différens travaux qui s'y font. Outre la science de la fortification dont il doit être instruit à fond, pour disposer de la maniere la plus avantageuse toutes les pieces qui défendent une place, il doit posséder en même-tems l'architecture civile, la maçonnerie, la coupe des pierres, &c, afin de pouvoir entrer dans le détail de la construction, & conduire les ouvriers dans les travaux confiés à ses soins. Au défaut d'un ouvrage complet sur cette matiere tel que le desire M. de Clairac, *La science des Ingénieurs* par M. Belidor, *in-quarto*, est le seul qu'on puisse indiquer pour former un bon *Ingénieur de place.*

INGÉNIEUR DE PLACE MARITIME. Outre les connoissances nécessaires à un *Ingénieur de place*, la construction des ouvrages qui se bâtissent dans une ville maritime exige une étude particuliere, & il seroit difficile de se rendre capable de bien remplir cet emploi sans beaucoup de travail & d'application. Il suffit pour s'en convaincre (dit M. *le Blond*) d'une lecture sérieuse & réfléchie de la seconde partie de l'*architecture hydraulique*, par M. *Belidor*, en deux volumes, *in-quarto*. C'est le seul livre qui puisse donner quelques lumieres sur cette partie importante du Génie.

INGÉNIEUR DE LA MARINE : c'est un officier résident dans un port de mer, qui conduit les travaux des places maritimes, soit pour les fortifier, soit pour les attaquer ou les défendre. Celui-ci doit joindre aux connoissances d'un Ingénieur ordinaire, celle de la construction & de la manœuvre des vaisseaux, ainsi que de tout ce qui a rapport à la guerre & au service de mer. On appelle aussi *Ingénieurs de la marine*, des personnes éclairées chargées de travailler à la construction des cartes-marines, & à la théorie de l'art de naviger. Il y a des professeurs d'hydrographie & des écoles de marine établies dans les principaux ports du royaume : nous avons aussi une académie royale de marine, établie à Brest en 1752, dont l'objet est de produire de bons *Ingénieurs* pour la marine, d'habiles constructeurs de navires, & d'excellens officiers de marine.

INGÉNIEUR DE CAMPAGNE : c'est un officier chargé de la fortification passagere, c'est-à-dire, des travaux qui se font à la suite d'une armée, soit pour fortifier un camp ou quelque poste, soit pour former les attaques d'une place, ou pour en diriger la défense. Le service de campagne (dit M. *le Blond*) demande beaucoup de connoissance de l'art de la guerre, il exige d'ailleurs beaucoup d'activité & d'intelligence pour imaginer & exécuter sur le champ les différens travaux nécessaires en campagne, pour fortifier les camps & les postes qu'on veut défendre. C'est pourquoi dès que les travaux de l'*Ingénieur* en campagne exigent une étude particuliere, il semble qu'il seroit très convenable de s'y appliquer aussi sérieusement. C'est sur-tout chez les *Ingénieurs* de cette classe que doit subsister (pour me servir de l'expression de M. *Frézier*) l'ancien accord de la science & de la guerre. La valeur, ajoute-t-il, ne suffit pas dans un *Ingénieur* : s'il a besoin de la bravoure, du bon sens, & de l'expérience d'un guerrier, consommé dans son métier, il a encore besoin de la science d'un mathématicien. En un mot, la science & l'expérience sont également nécessaires à un *Ingénieur de campagne*, puisque son état tient à la guerre & aux arts dépendans des mathématiques. Voyez sur cette branche du génie le livre intitulé, *l'Ingénieur de campagne*, ou *traité de la fortification passagere*, par M. De Clairac, *in-quarto*, chez *Jombert*.

INGÉNIEUR GÉOGRAPHE *des camps & armées du Roi*. Les *Ingénieurs géographes* que le Roi juge à propos d'envoyer à ses armées (dit M. *Dupain*) sont destinés à lever d'abord le plan du camp d'assemblée, & successivement tous ceux que l'armée occupe jusqu'à ce qu'elle rentre dans ses quartiers. Lorsque l'occasion s'en présente, ils envoient au ministre de la guerre le plan d'un champ de bataille, avec la représentation des différens mouvemens qu'ont fait les deux armées. Il est aussi de leur devoir de lever le plan des lignes, des retranchemens, & des postes importans, &c. Dans les sieges, ils sont ordinairement chargés de lever le plan de la tranchée, & chaque jour d'en adresser au ministre le progrès de la nuit. Voyez les autres fonctions de l'*Ingénieur géographe* très-clairement détaillées dans le livre qui a pour titre, *l'art de lever les plans*, par M. *Dupain*, *in-octavo*, chez *Jombert*, 1763.

INGÉNIEUR DES PONTS ET CHAUSSÉES. C'est un homme également instruit dans les mathématiques & le dessein, ainsi que dans les trois genres d'architecture civile, *publique*, & hydraulique, & chargé par état de conduire les travaux qui se font dans le royaume pour la construction & l'entretien des ponts, chaussées, chemins, &c. L'établissement d'un corps d'*Ingénieurs* pour cette partie de l'architecture est très-ancien. Le Duc *de Sully*, qui avoit l'administration des finances sous le regne de Henri IV, obtint la création de la charge de Grand-Voyer de France en sa faveur; ce fut sous le ministere de ce grand homme qu'on établit des regles de police pour la grande & la petite Voierie, & des fonds destinés dans les états des Finances, pour la réparation des *ponts & chaussées*. M. *Desmarets*, qui remplit ensuite cette charge sous le regne de Louis XIV, fit faire la route d'Orléans à Paris, fit bâtir & relever plusieurs ponts, & institua pour la premiere fois un corps de Génie, en 1710. Il fit commettre à cet effet onze architectes sous le titre d'*inspecteurs des ponts & chaussées* du royaume, & vingt-deux *Ingénieurs*, relativement au nombre des généralités. En 1721, on fit quelques changemens à cette premiere disposition, & en 1723 M. *Dubois*, frere du Cardinal de ce nom, ayant été chargé de la direction des *ponts & chaussées*, entreprit de liquider leurs dettes, qui étoient considérables, de les remettre sur un meilleur pied, & de former une école d'architecture pour l'instruction des jeunes gens qui se destinoient à cette profession. Une partie de ses projets fut exécutée, mais ce ne fut qu'en 1742 que les *ponts & chaussées* parurent avec un nouvel éclat, par la supériorité du génie qui en eut alors la direction, & qui a toujours continué depuis de rendre ce corps plus recommendable, à l'aide de ses lumieres & de sa protection. Il y a par-tout le royaume un premier *Ingénieur des ponts & chaussées*, & cinq inspecteurs généraux : ces places sont remplies par les *Ingénieurs en chef* les plus expérimentés : ils forment une espece de conseil ou d'état major. Il y a de plus dans chaque généralité un *Ingénieur en chef*, quelquefois deux, aidé de plusieurs sous-inspecteurs, sous-ingénieurs, & éleves instruits dans la théorie, à proportion de la quantité des ouvrages qui s'y font : tous ces officiers-artistes sont subordonnés à un *inspecteur général.* Outre cela, le Roi entretient à Paris une école particuliere pour les *ponts & chaussées*, où les plus habiles maîtres en chaque genre instruisent les éleves, non-seulement dans le dessein & les mathématiques, mais aussi dans l'architecture civile, & dans toutes les autres sciences relatives aux opérations des *ponts & chaussées.*

INGÉNIEUR MACHINISTE : c'est un homme intelligent & habile dans la méchanique, qui, par les machines qu'il invente, augmente les forces mouvantes, autant pour traîner & enlever les plus grands fardeaux, que pour conduire & élever les eaux. *Vitruve*, fameux architecte, étoit de plus *Ingénieur & machiniste d'Auguste.* Notre *Vitruve* François (*Claude-Perrault*) qui s'est immortalisé par le magnifique morceau d'architecture dont il a décoré l'entrée du palais de nos Rois, étoit en même tems grand architecte & excellent machiniste ; chacun sait que les machines qui ont servi à amener à Paris & à élever au haut du frontispice du Louvre les deux pierres de grandeur énorme qui en couvrent le fronton, sont de son invention. Le nom d'*Ingénieur* vient du vieux mot françois *engin*, qui signifie *machine*, parce que les machines de guerre ont été pour la plupart inventées par les *Ingénieurs*, qui les mettoient en œuvre à la guerre. Aussi les *Ingénieurs* de l'antiquité étoient-ils de grands *machinistes* ; leurs merveilleuses inventions dans les sieges nous le prouvent assez.

INSCRIT, *Géométrie*. On dit qu'une figure est *inscrite* dans une autre, lorsque les angles de la figure *inscrite* touchent les côtés ou les angles de l'autre. On *inscrit* des figures dans toutes les figures rectilignes & curvilignes, mais principalement dans le cercle.

INSPECTEUR, *Architecture* : c'est un homme versé dans l'architecture, préposé de la part de celui qui fait bâtir pour veiller à la qualité & à l'emploi des matériaux, & à ce que l'ouvrage soit exécuté conformément aux devis.

INSPECTEUR, *Fortification* : c'est un homme intelligent, préposé par le directeur ou l'Ingénieur en chef pour veiller autant au bon emploi & à la qualité des matériaux, qu'à la prompte expédition & à la construction des ouvrages de fortification, conformément aux devis qui en ont été dressés & présentés au ministre.

INSPECTEUR, *Marine* : c'est un officier commis à la construction & au radoub des vaisseaux du Roi. Il examine les plans & les profils avant qu'on commence l'ouvrage : fait faire un devis exact des bois qui doivent y entrer, & enseigne aux charpentiers les meilleures méthodes de faire les fonds, les hauts, les forts, les batteries, les ponts, &c.

INSTRUMENS DE MATHÉMATIQUE. On comprend sous ce terme les compas de diverse sorte, la regle, l'équerre, &c, qui servent pour dessiner, ainsi que le niveau, le graphometre, la planchette, &c. en usage dans la géométrie pratique. Voyez la description de ces divers instrumens, chacun à son article. On fait des *instrumens de mathématique* en cuivre, en argent & même en or. Ceux qui travaillent à ces sortes d'instrumens, soit pour les forger, planer, limer, dresser & polir, soit pour y graver les chiffres, les lettres & les divisions, prennent le titre d'*Ingénieurs pour les instrumens de mathématique*. *Butterfield*, *Langlois*, *Bion*, *Bardelle*, *le Maire* & plusieurs autres de ces artistes, se sont acquis beaucoup de réputation par la grande précision & l'exactitude des ouvrages qui sont sortis de leurs mains. Un d'entre eux (M. *Bion*) a publié un ouvrage très-utile & fort estimé sous le titre de *description & usage des instrumens de mathématique*, *in-quarto*.

Instrumens pour le Canon. Ils consistent dans une lanterne, qui est une espece de cuillere servant à introduire la charge de poudre dans le canon : un refouloir, avec lequel on bourre le bouchon de fourrage qui se met sur la poudre & sur le boulet : un écouvillon, pour nettoyer la piece après qu'elle a tiré : un tire-bourre, pour décharger le canon quand il en est besoin : un dégorgeoir, avec lequel on débouche l'intérieur de la lumiere, pour y faire entrer l'amorce : & un boute-feu, qui est un bâton fendu par le bout pour y passer la mèche qui doit mettre le feu au canon. Tous ces *instrumens* s'appellent aussi les *armes du canon*.

Instrument Universel, *Artillerie* : c'est un quart de cercle de bois, ou de cuivre, d'un diametre assez grand pour pouvoir être divisé en 90 degrés, ayant une regle attachée fixement à l'extrêmité de son diametre & de même longueur, laquelle est divisée en un grand nombre de parties égales, comme 200. On s'en sert pour trouver l'inclinaison qu'on doit donner au mortier pour jetter une bombe sur un plan quelconque, à une distance donnée. Voyez-en la figure & les usages dans *le bombardier françois*, par M. *Belidor*, *in-quarto*, ou dans l'*artillerie raisonnée*, par M. *le Blond*, *in-octavo*, 1761.

Instrument Universel, *Géométrie* : c'est une espece de planchette ayant la forme d'un parallelogramme, de 12 pouces de longueur sur 8 de largeur, entourée de quatre regles de laiton, divisées en un certain nombre de parties : on y fait entrer une feuille de papier blanc que l'on assujettit au moyen d'un autre cadre plus petit qui s'adapte sur le grand. Cet *instrument* est traversé par une alidade mobile autour de son centre, & armée de deux pinules. Il est appellé *universel*, parce qu'il sert universellement pour toutes les opérations de la géométrie pratique. Voyez-en la description & les usages à la suite de l'*usage du compas de proportion*, par M. *Ozanam*, *in-douze*, imprimé à Paris, chez *Jombert* en 1748.

INSULTER, *Art militaire* : c'est attaquer brusquement & à découvert une place, un ouvrage, ou un poste, sans se servir de tranchées ni de retranchemens. On n'insulte guère que les ouvrages mal fortifiés, ou ceux qu'on prévoit devoir être mal défendus.

INTÉGRAL. Le *calcul intégral* est à proprement parler le calcul différentiel renversé. Celui-ci apprend à différencier une intégrale ; le *calcul intégral*, au contraire, enseigne à *intégrer* cette différentielle, c'est-à-dire, à trouver la quantité différenciée. On peut comparer ces deux sciences à la multiplication & à la division, qui sont une inverse l'une de l'autre, & qui se servent de preuve mutuellement. Les Anglois appellent ce calcul, *méthode inverse des fluxions*. Ceux qui veulent s'instruire à fond des regles de ce calcul, doivent recourir à l'ouvrage publié par M. *Bougainville*, en deux volumes *in-quarto* ; ou à celui de M. l'Abbé *Deidier*, qui a pour titre, *le calcul différentiel & le calcul intégral expliqués & appliqués à la géométrie*, *in-quarto*, chez *Jombert*.

INTÉGRALE. On appelle ainsi, dans la géométrie transcendante, la quantité finie & variable dont une quantité infiniment petite est la différentielle. Les géometres Anglois lui donnent le nom de *fluente*.

INTÉGRER : c'est trouver l'*intégrale* d'une quantité différentielle proposée.

INTENDANT DE MARINE : c'est un officier instruit de tout ce qui a rapport à la marine, & qui réside dans un port de mer pour y faire exécuter les réglemens concernant la marine, pourvoir à la fourniture des magazins, veiller à l'armement & au désarmement des vaisseaux du Roi, faire la revue des équipages, &c.

INTÉRÊT, *Arithmétique* : c'est une somme d'argent qu'on paie pour l'usage qu'on fait d'un capital, ou le profit que tire un créancier du produit de son argent. Le capital est le fond qui produit l'*intérêt*. L'*intérêt* simple est celui qui se tire uniformément sur le premier capital, sans pouvoir devenir capital lui-même ni produire *intérêt*. Quand l'*intérêt* échu passe en nature de capital & produit lui même *intérêt*, on l'appelle *intérêt* de l'intérêt, ou *intérêt composé*.

INTERNE, *Géométrie*. On appelle *angles internes* tous les angles formés par les côtés d'une figure rectiligne, pris au-dedans de cette figure. La somme de tous les *angles internes* d'une figure rectiligne quelconque est égale à deux fois autant d'angles droits, moins quatre, que la figure a de côtés.

INTERSECTION, *Géométrie* : c'est le nom qu'on donne au point où deux lignes, deux plans, &c. se coupent l'un l'autre. L'*intersection* mutuelle de deux plans est une ligne droite.

INTERVALLE, *Art militaire* : c'est la distance qu'on laisse entre des corps de troupes placés en ligne, ou les uns à côté des autres. L'*intervalle* des bataillons & des escadrons est l'espace qu'on laisse entre deux bataillons ou deux escadrons rangés en ordre de bataille, l'un à côté de l'autre. Dans la guerre des sieges on laisse ordinairement 120 toises d'*intervalle* entre la tête du camp & la ligne de circonvallation, pour pouvoir mettre les troupes en bataille en cas d'attaque & faire les mouvemens nécessaires pour la défense de la ligne.

INTRADOS, *Stéréotomie*. Voyez ci-devant au mot DOELE.

INVERSE ou CONVERSE, *Mathématiques* : c'est, en général, une proposition qui résulte d'un échange de fonctions entre le sujet & l'attribut d'une proposition directe : on appelle *raison inverse*, une méthode particuliere par laquelle le conséquent d'un rapport est mis à la place de son antécédent. En algebre, on applique ce mot à une certaine maniere de faire la regle de trois ou de proportion, qui semble être renversée, ou contraire à l'ordre de la regle de trois directe. La *méthode inverse des fluxions*, ou l'art de trouver la fluente d'une fluxion, est ce que nous appellons ordinairement *calcul intégral*. Voyez ci-devant au mot INTÉGRAL.

INVESTIR UNE PLACE, *Guerre des sieges* : c'est s'emparer de toutes les avenues, chemins, ou passages qui y conduisent, avec un corps de cavalerie, en attendant que l'armée, l'artillerie & les travailleurs qui en doivent former le siege, soient arrivés.

INVESTISSEMENT : c'est l'action d'entourer une place

de tous les côtés, de maniere qu'elle ne puisse recevoir aucun secours : l'*investissement* est une préparation pour assiéger une place dans les formes. Dans ce sens le mot *investiture* seroit impropre, il faut dire *investissement*.

JOINTS, *Coupe des pierres* : ce sont les séparations entre les pierres d'un mur, qu'on laisse à sec ou qu'on remplit de mortier, de plâtre, de ciment, &c. On donne donc ce nom à l'intervalle plein ou vuide qui reste entre deux pierres contiguës : dans ce sens on dit *petit joint*, *grand joint*. On donne aussi le nom de *joint* à la ligne de division des ceintres en voussoirs ; ainsi l'on dit *joint en coupe*, *joint quarré*, *joint de tête*, *joint de lit*, *joint de doële*, &c. Enfin ce mot signifie quelquefois la surface d'une pierre inclinée & cachée dans une voûte : mais alors, au lieu de dire *joint en lit*, il faut dire, *lit en joint*. *Stéréotomie de Frézier*.

JOINTS A ONGLET : ce sont des *joints* qui se font de la diagonale d'un retour d'équerre, comme on en voit dans les compartimens de marbre & dans les incrustations.

JOINTS DE DOELE : ce sont des *joints* transversaux sur la longueur de l'intérieur d'une voûte, ou sur l'épaisseur d'un arc.

JOINTS DE LIT : ce sont des divisions longitudinales de la doële, situées de niveau, ou suivant une pente donnée.

JOINTS DE RECOUVREMENT : ce sont des *joints* formés par le recouvrement d'une marche sur une autre.

JOINTS DE TÊTE, OU DE FACE. On appelle ainsi les *joints* qui sont en coupe ou en rayons au parement, & qui séparent les voussoirs & les claveaux.

JOINTS EN COUPE : ce sont des *joints* qui forment un arc, étant inclinés & tracés d'après un centre.

JOINTS FEUILLÉS. On donne ce nom à tous les *joints* qui se font par le recouvrement de deux pierres l'une sur l'autre, au moyen d'une entaille de leur demi-épaisseur.

JOINTS GRAS : c'est un *joint* plus ouvert qu'un angle droit : *joint maigre* est celui qui forme un angle moindre, ou au-dessous de 90 degrés.

JOINTS MONTANS : ce sont des *joints* à plomb, ou dont la direction est perpendiculaire.

JOINTS OUVERTS. On appelle ainsi ceux dont l'épaisseur des cales les éleve & les rend faciles à ficher. On dit aussi que les *joints* des voussoirs d'un ceintre sont *ouverts* lorsqu'ils se sont écartés par mal-façon, ou parce que le bâtiment s'est affaissé plus d'un côté que de l'autre.

JOINTS QUARRÉS. On donne ce nom à ceux qui sont d'équerre dans leurs retours.

JOINTS RECOUVERTS : c'est le recouvrement qui se fait de deux dales de pierre, par le moyen d'une espece d'ourlet qui en cache les *joints*.

JOINTS REFAITS : ce sont ceux qu'on est obligé de retailler de lit ou de joint sur le tas, parce qu'ils ne sont ni d'à plomb, ni de niveau. Ce sont aussi les *joints* qu'on fait en ragréant & en ravalant avec du mortier de même couleur que la pierre.

JOINTS SERRÉS : ce sont des *joints* si étroits qu'on est obligé de les ouvrir avec le couteau à scie, pour pouvoir les couler ou ficher avec le plâtre ou le mortier. *D'Aviler*, *dictionnaire d'architecture*.

JOINTS, *Menuiserie* : c'est la maniere d'assembler une ou plusieurs pieces de menuiserie. Il y a des *joints quarrés*, des *joints à queue d'hironde*, &c. Voyez au mot ASSEMBLAGE.

JOINTOYER, *Maçonnnerie* : c'est, après qu'un bâtiment est élevé & qu'il a pris sa charge, remplir les ouvertures des *joints* des pierres avec un mortier de la même couleur que la pierre. On dit aussi *rejointoyer* lorsqu'il s'agit de remplir les *joints* d'un vieux bâtiment ou d'un ouvrage construit dans l'eau, avec mortier de chaux & ciment.

JONIQUE, *Architecture*. Voyez l'article ORDRE IONIQUE.

JOTTEREAUX ou JOUTEREAUX, *Marine* : ce sont deux pieces de bois courbes, posées parallelement à l'avant du vaisseau, pour soutenir l'éperon & assujettir le digon. Les *jottereaux* répondent d'une herpe à l'autre, & ils en forment l'assemblage. On les orne quelquefois de sculpture.

JOTTES ou JOUES, *Marine* : c'est le nom qu'on donne aux deux côtés de l'avant d'un vaisseau, depuis les épaules jusqu'à l'étrave.

JOUÉE, *Maçonnerie* : c'est, dans l'ouverture d'une porte ou d'une croisée, l'épaisseur du mur qui comprend le tableau, la feuillure, & l'embrâsure. On appelle aussi *jouée* ou *jeu*, la facilité de toute fermeture mobile dans sa baye. *D'Aviler*.

JOUIES D'ABAT-JOUR OU DE SOUPIRAIL ; ce sont les côtés rampans d'un abat-jour ou d'un soupirail, suivant leur talud ou glacis. *D'Aviler.*

JOUIES DE LUCARNE : ce sont les côtés d'une lucarne dont les panneaux sont remplis de plâtre. *D'Aviler.*

JOUER, *Marine.* On dit qu'un vaisseau *joue* sur son ancre quand il est agité par les vents, & en même-tems arrêté par son ancre. Un mât, le gouvernail, *jouent* lorsqu'ils se meuvent dans l'endroit où ils sont placés.

JOUES D'UNE EMBRASURE, *Artillerie.* Dans une batterie de canons, ce sont les deux côtés à droite & à gauche de l'épaulement qui forment le vuide ou l'ouverture de l'embrâsure, depuis sa partie supérieure jusqu'à la genouillere.

JOUET D'UNE ANCRE, *Marine* : c'est la même chose que *jas.* Voyez à ce mot.

JOUETS, *Marine* : ce sont de petites plaques de fer qui servent à empêcher les chevilles de fer d'entrer trop avant dans les endroits où elles sont enfoncées.

JOUETS DE POMPE : ce sont des plaques de fer clouées aux côtés des fourches de la potence d'une pompe, dans un vaisseau, au travers de laquelle on fait passer des chevilles servant à tenir la brimbale.

JOUETS DE SEP DE DRISSE : ce sont des plaques de fer clouées aux côtés du sep de drisse, pour empêcher l'essieu des poulies de l'endommager.

JOUG D'UNE BALANCE. Voyez au mot FLÉAU.

JOUILLIERES, *Archit. hydraul.* Ce sont, dans une écluse, les deux murs à plomb avancés dans l'eau, qui retiennent les berges dans la longueur de l'écluse. C'est sur les *jouillieres* que sont attachées les portes ou les coulisses des vannes. *D'Avilet.* On les nomme aussi *bajoyers.* Voyez à ce mot.

JOUR, ÊTRE DE JOUR, *Guerre des sieges* : c'est commander les attaques d'un siege pendant l'espace de vingt quatre heures. Ce commandement, en qualité d'officier général, se partage avec d'autres officiers généraux qui se relevent tour à tour.

JOURNAL, *Marine* : c'est un registre que le pilote est obligé de tenir, sur lequel il marque régulierement chaque jour les vents qui ont régné, le chemin que le vaisseau a fait, la variation du compas de mer, les profondeurs d'eau, &c.

IRRATIONEL, *Arithmétique*. Les *nombres irrationels* sont les mêmes que les nombres sourds ou incommensurables. Voyez au mot INCOMMENSURABLES.

IRRÉGULIERE, FORTIFICATION IRRÉGULIERE. Voyez cet article ci-devant au mot FORTIFICATION.

ISLE, c'est une terre environnée d'eau de tous les côtés, comme l'Angleterre & l'École, la Sicile, &c.

ISLES DU VENT, *Marine* : c'est le nom qu'on donne aux isles Antilles de l'Amérique, ainsi appellées parce qu'il y regne presque continuellement des vents qui temperent la chaleur excessive de ces pays, situés sous la zone torride.

ISOCHRONE, *Méchanique* : cette épithete s'applique aux vibrations d'un pendule, qui se font dans des tems égaux.

ISOLÉ, *Architecture* : c'est un corps détaché de tout autre, comme un pavillon, une colonne, une figure, &c. *D'Aviler*.

ISOLÉ, *Hydraulique* : ce terme se dit d'un bassin de fontaine, ou d'un réservoir détaché d'un mur, & autour duquel on peut tourner librement.

ISOPÉRIMETRES, *Géométrie* : c'est ainsi qu'on appelle les figures qui ont des circonférences égales. Entre les *figures isopérimetres*, la plus grande est celle qui a un plus grand nombre de côtés, par conséquent c'est le cercle. La théorie des *figures isopérimetres curvilignes* est beaucoup plus difficile & plus profonde que celle des figures rectilignes. M. *Jacques Bernoulli* & M. *Jean Bernoulli*, son frere, s'en sont fort occupés, & l'on peut voir dans le recueil des ouvrages de M. *Jean Bernoulli* les différens écrits que ces deux illustres mathématiciens ont publiés sur cette théorie. MM. *Euler* & *Cramer* ont aussi beaucoup travaillé sur cette partie de la géométrie transcendante.

ISOSCELE, *Géométrie*. Un *triangle isoscele* est celui qui a deux côtés égaux. Dans tout triangle de cette espece, les angles opposés aux côtés égaux sont égaux : & si l'on tire une ligne du sommet sur la base, ensorte qu'elle la coupe en deux parties égales, cette ligne sera perpendiculaire sur cette même base.

ISSOP, *Marine* : c'est une espece de commandement qui se fait entre les matelots pour s'animer à hisser quelque fardeau.

ISTHME, c'est une langue de terre entre deux mers, ou entre deux golfes, laquelle joint une presque-isle au continent.

ITAGUE ou ÉTAGUE, *Marine* : c'est un cordage qui sert à faire couler une vergue. Il est amarré en haut au milieu de la vergue, contre les racages, passe par l'encormail & est attaché par le bout d'en bas à la drisse.

JUMELLE, *Pyrotechnie* : c'est le nom que donnent les artificiers à un assemblage de deux fusées volantes, qui s'élevent en l'air montées & adossées sur une même baguette.

JUMELLES, *Marine* : ce sont de longues pieces de bois de sapin, arrondies & creusées, que l'on attache avec des cordes autour d'un mât, quand il est nécessaire de le renforcer.

JUSSANT ou JOUSSANT, *Marine* : c'est le nom qu'on donne au reflux de la mer, ou au mouvement qu'elle fait lorsqu'elle se retire & s'éloigne des côtes. On dit *flot & jussant* pour *flux & reflux*.

LABOURER, *Art militaire* : ce terme s'applique au sillon que trace en terre un boulet de canon, lorsqu'il tombe, sur la fin de sa portée. On *laboure un rempart*, lorsque plusieurs batteries obliques viennent de divers endroits battre le rempart à un même point. On *laboure la breche* avec le canon pour y faire un plus grand trou & faciliter l'attachement du mineur.

LABOURER, *Marine*. On dit que l'ancre *laboure*, quand le fond du terrein se trouvant de mauvaise consistance, l'ancre, au lieu de s'enfoncer, est entraînée par le vaisseau.

LABYRINTHE, *Jardinage* : c'est l'entrelassement de plusieurs allées, bordées de palissades, & disposées avec tant d'art qu'on peut s'y égarer facilement, & qu'on est obligé d'y marcher long-tems avant que d'en retrouver l'entrée. Cet ornement des jardins n'est presque plus d'usage. Celui de Versailles, du dessein du célebre *Le Nautre*, est sans contredit le plus beau que nous connoissions. Voyez-en la représentation dans les *delices de Verſailles*, *in-folio*, planche 29 : voyez auſſi un deſſein de *labyrinthe* fort ingénieux dans la *théorie & pratique du jardinage*, *in-quarto*. *D'Aviler.*

LACER UNE VOILE. Voyez au mot LASSER.

LAISSES DE LA MER, *Marine* : ce ſont des terres que la mer a *laiſſées* à ſec en ſe retirant. On appelle *laiſſe de baſſe mer* le terrein que la mer découvre lorſqu'elle ſe retire & qu'elle eſt ſur la fin de ſon reflux.

LAIT DE CHAUX, *Maçonnerie* : c'eſt de la chaux délayée avec de l'eau, dont on ſe ſert pour blanchir les murs.

LAITON, ou CUIVRE JAUNE, *Artillerie* : c'eſt un métal composé, dont on fait uſage pour la fonte des pieces d'artillerie. Il ſe fait en fondant enſemble cent livres de roſette, ou cuivre rouge, avec pareil poids de pierre calaminaire; ces 200 livres de matiere produiſent 130, 140 & juſqu'à 150 livres de *laiton*, à proportion du degré de bonté de la calamine.

LAMBOURDE, *Charpenterie* : ce ſont des pieces de bois que l'on poſe le long des murs & le long des poutres, ſur des corbeaux de bois, de fer, ou de pierre, pour ſoutenir le bout des ſolives, lorſqu'elles n'ont pas aſſez de longueur pour porter dans les murs, ou ſur les poutres. On donne auſſi le nom de *lambourdes* à des pieces de bois de ſciage, comme des chevrons, qu'on couche à plat ſur un plancher, & qu'on ſcelle avec des augets de plâtre & plâtras, pour y attacher du parquet, ou pour y clouer des ais. *D'Aviler.*

LAMBOURDE, PIERRE DE LAMBOURDE, *Architecture.* C'eſt une pierre qui ſe trouve dans les carrieres proche d'Arcueil, & qui porte depuis 20 pouces juſqu'à 5 pieds de hauteur de banc, enſorte qu'on eſt obligé de la déliter pour l'employer.

LAMBRIS, *Maçonnerie* : c'eſt un enduit de plâtre au ſas appliqué ſur des lattes jointives, clouées ſur les bois des cloiſons & des plafonds.

LAMBRIS, *Menuiſerie* : c'eſt le nom qu'on donne à tout ouvrage de menuiſerie dont on revêt les murs des appartemens. On nomme *lambris d'appui* ou *de demi-revêtement*, celui qui regne à deux ou trois pieds de hauteur dans tout le pourtour d'une piece, ainſi que ſous les appuis des croiſées, & au-deſſus duquel on met de la tapiſſerie. On appelle *lambris de revêtement* celui qui revêt toute la piece depuis le bas juſqu'au haut, ainsi que les embrâsures des portes & des croisées. Voyez le *cours d'architecture de d'Aviler*, *in-quarto*, & la *décoration des édifices*, par *Blondel*, en deux volumes *in-quarto*, pour des exemples aussi riches que variés de *lambris* de toute espece.

LAMBRISSER, *Maçonnerie* : c'est mettre un enduit de plâtre sur le lattis d'un pan de bois, d'une cloison, d'un plafond, ou sous le rampant d'un toît dans les étages en galetas, & dans les greniers qu'on appelle *lambrissés*, quand ils sont revêtus de cette maniere. Voyez au mot GALETAS.

LAME D'EAU, *Hydraulique* : c'est un jet d'eau applati tel qu'en lancent les dragons & les autres animaux qui accompagnent les fontaines dans les jardins.

LAMES, *Marine* : ce sont les flots ou les vagues que la mer pousse les unes contre les autres. On dit que la *lame* est *courte* lorsque les vagues se suivent de près les unes des autres : que la *lame* est *longue* quand les vagues se suivent de loin & fort lentement : que la *lame* vient de l'avant ou de l'arriere, lorsque le vent pousse la vague contre l'avant ou l'arriere du vaisseau ; & que la *lame* prend par le travers, quand les vagues ou les flots frappent contre le côté du bâtiment.

LANCE, *Art militaire* : c'est une arme offensive, en forme de demi-pique, que portoient les anciens cavaliers.

LANCE À FEU, *Pyrotechnie* : c'est une espece de chandelle d'artifice, dont le feu brille d'une flamme claire & non par étincelles, comme les autres fusées. On s'en sert pour allumer les autres artifices, ou pour former une illumination de peu de durée.

LANCE D'EAU, *Hydraulique*. On appelle ainsi un jet d'eau d'un seul ajutage, de peu de grosseur sur une grande hauteur.

LANCER UN VAISSEAU, *Marine* : c'est faire glisser un vaisseau sur un plan incliné, depuis le chantier où il a été construit jusques dans la mer, pour le mettre à flot. Voyez un plus grand détail sur cette manœuvre dans le *petit dictionnaire de la Marine*, par M. *Saverien*. Comme en lançant à l'eau un bâtiment, il court risque de s'*arquer*, on a imaginé de les construire dans des formes, dont on peut voir la description dans l'*archit. hydraul.* de M. *Belidor*, seconde partie, tome II.

LANCIS, *Maçonnerie*. Lorsqu'on refait le parement d'un vieux mur dégradé, on y *lance*, le plus avant que l'on peut, du moilon que l'on maçonne avec du plâtre ou du mortier : c'est ce qu'on appelle *lancis de moilons*.

LANÇOIR, *Archit. hydraul.* C'est la petite vanne qui arrête l'eau d'un moulin. On leve le *lançoir* quand on veut que le moulin agisse, ou lorsqu'il est nécessaire de faire écouler l'eau du biez ou canal.

LANGUEDOC, CANAL DE LANGUEDOC : c'est un magnifique canal qui traverse la province de ce nom, pour joindre l'Océan avec la Méditerrannée, & qui va tomber dans le port de Cette, construit pour recevoir ses eaux, après avoir traversé plus de soixante lieues de pays, dont il facilite le transport des denrées & des marchandises. Cet ouvrage a duré seize ans à construire, & fut achevé en 1680, quelques années avant la mort de M. *Colbert*, qui en favorisa l'entreprise. C'est le monument le plus glorieux de son ministere, par son utilité, par sa grandeur, & par les difficultés qu'il rencontra dans son exécution. Il a couté environ treize millions de ce tems-là, qu'on peut évaluer (dit M. le Chevalier *de Jaucourt*) à vingt-cinq millions de nos jours. Voyez ci-devant l'article BASSIN DE PARTAGE, où il est fait mention de ce canal, & au mot CANAL.

LANGUETTE, *Archit. Hydraul.* C'est une espece de tenon taillé sur les rives des palplanches qui bordent le radier d'une écluse, pour former un assemblage avec une autre palplanche posée auprès, dans la rainure de laquelle doit entrer la *languette*. Ces *languettes* sont taillées à angle droit pour s'emboîter plus facilement.

LANGUETTE OU CLOISON, *Hydraulique*. Voyez au mot CLOISON.

LANGUETTE, *Menuiserie* : c'est une espece de tenon continu sur la rive d'un ais, reduit environ au tiers de l'épaisseur de cet ais, pour entrer dans une rainure.

LANGUETTE DE CHAUSSE D'AISANCE : ce sont des dales de pierre dure que l'on applique à une chausse d'aisance à chaque étage, jusqu'à hauteur de devanture & même plus bas, pour la séparer d'un gros mur contre lequel elle est adossée.

LANGUETTE DE CHEMINÉE : c'est la séparation de deux ou

ou plusieurs tuyaux dans une souche de cheminée ; cette *languette* se fait de plâtre pur pigeonné à la main, de briques, ou de pierre.

LANGUETTE DE PUITS : c'est une dale de pierre posée de champ sous un mur mitoyen, pour partager également un puits ovale à deux propriétaires, & qui descend plus bas que le rez-de-chaussée.

LANTERNE, *Architecture* : c'est une espece de petit dôme élevé sur un grand, pour donner du jour ou pour lui servir d'amortissement ; comme celle qui termine agréablement le dôme de l'église des Invalides à Paris.

LANTERNE ou CHARGEOIR, *Artillerie* : c'est une espece de cuillere de cuivre rouge, emmanchée au bout d'une hampe, dans laquelle on verse la poudre qui doit entrer dans le canon. La *lanterne* sert à régler la quantité de poudre dont on doit charger le canon ; cette charge est ordinairement du tiers de la pesanteur du boulet.

LANTERNE, *Méchanique* : c'est une espece de tambour ou de pignon à jour, composé de deux plateaux ou pieces de bois rondes, au bord desquelles sont attachés des *fuseaux* où s'engrainent & s'accrochent les dents d'un rouet ou d'une roue. Les *lanternes* facilitent les mouvemens circulaires dans les machines : leur vîtesse est d'autant plus grande que le nombre de leurs fuseaux est plus petit, relativement à celui des dents de la roue qui les fait mouvoir. Dans les moulins à bled ordinaires, par exemple, la *lanterne* n'a jamais plus de dix fuseaux, & elle fait faire à la meule qui moud le grain cinq tours, tandis que la grande roue n'en fait qu'un.

LANTERNE MAGIQUE : c'est une machine de dioptrique qui sert à faire paroître en grand sur une muraille blanche des figures très-petites, peintes sur des morceaux de verre minces avec des couleurs transparentes. Voyez-en la construction & les effets dans les *récréations mathématiques* de M. *Ozanam* ; le *dictionnaire de mathématique*, par M. *Saverien* ; les *élémens de physique de s'Gravesande* ; les *essais de physique* de *Musschenbroeck*, &c.

LARDOIRE ou SABOT, *Archit. hydraul.* C'est une armature formée de deux bandes de fer disposées en croix, dont on garnit la pointe ou le bout inférieur d'un pilot.

LARDONS, *Pyrotechnie.* Les artificiers appellent ainsi

des serpenteaux un peu plus gros que ceux dont on garnit les fusées volantes. Ce nom leur vient (suivant M. *Frézier*) parce qu'on les jette ordinairement sur les spectateurs pour exciter la risée du peuple par les vaines terreurs que ces artifices leur causent. *Frézier, traité des feux d'artifice.*

LARGE, *Marine. Courir au large*, c'est s'éloigner de la côte, ou de quelque vaisseau : *se mettre au large*, c'est s'élever & s'avancer en mer : on dit que la mer *vient du large*, lorsque les vagues sont poussées vers le rivage par le vent de la mer : *au large*, est le cri que fait la sentinelle pour empêcher une chaloupe ou un autre bâtiment d'approcher d'un vaisseau.

LARGEUR, *Géométrie* : c'est l'une des trois dimensions des corps ou solides. Dans une table, par exemple, la *largeur* est la dimension qui concourt avec la longueur pour former sa superficie.

LARGUE, *Marine* : c'est la haute mer. On dit *prendre le largue*, *tenir le largue*, *faire largue*, ce qui signifie prendre la haute mer, tenir la haute mer, &c.

LARGUE, *Navigation* : c'est le nom qu'on donne à un air de vent compris entre le vent arriere & le vent de bouline. Le *vent largue* est le plus favorable pour le sillage, car il donne dans toutes les voiles ; au lieu que le vent en pouppe, par exemple, ne porte que dans les voiles d'arriere, qui dérobent le vent aux voiles des mâts d'avant.

LARGUER, *Marine* : c'est laisser aller & filer les manœuvres quand elles sont halées. *Larguer les écoutes*, c'est les détacher pour leur donner plus de jeu : *larguer une amarre*, c'est détacher un cordage de l'endroit où il est arrêté.

LARMES, *Architecture.* Voyez au mot GOUTTES.

LARMIER, *Architecture* : c'est un membre quarré & saillant qui termine par en haut la corniche d'un entablement ; son plafond est souvent creusé en forme de canal pour recevoir les eaux de la pluie & les rejetter loin du mur, ce qui lui a fait donner le nom de *goutiere* ou *larmier*. Les ouvriers l'appellent aussi *mouchette pendante*.

LASSER ou LACER UNE VOILE, *Marine* : c'est saisir la vergue avec un petit cordage nommé *quarantenier*, qui passe par les yeux de pie. Cette manœuvre ne se fait que lorsqu'on est surpris par un gros vent, & qu'il n'y a point de garcettes aux voiles.

LASSERET ou LACERET, *Charpenterie* : c'est une petite tarriere de huit lignes de diametre, qui sert aux charpentiers pour préparer les petites mortoises, & pour enlacer les tenons & les mortoises ensemble.

LATINE, VOILE LATINE, *Marine* : cette sorte de voile, qui est faite en triangle, est fort en usage sur la Méditerranée : les galeres n'en portent point d'autres. On les nomme aussi *voile en oreille de lievre*, *voile en triangle*, *voile à tiers point*, &c.

LATITUDE, *Navigation* : c'est la distance d'un lieu quelconque à l'équateur, ou l'arc du méridien compris entre le zénith de ce lieu & l'équateur. La connoissance de la latitude est nécessaire pour se reconnoître sur mer, & l'on peut l'avoir en prenant l'élévation du pole, soit en se servant de l'étoile polaire dont on mesure avec un instrument la hauteur sur l'horison, lorsqu'elle passe par le méridien ; soit en observant la hauteur du soleil à midi, & en cherchant la déclinaison de cet astre pour le jour de l'observation. Voyez un plus grand éclaircissement sur cet article dans le *dictionnaire de mathématique* de M. *Saverien*, ou dans les livres de navigation ou de pilotage.

LATTE : c'est un morceau de bois chêne coupé de fente, de quatre pieds de longueur sur 2 pouces de largeur & une ligne & demie d'épaisseur, que l'on attache sur les chevrons d'un comble pour en soutenir la couverture, soit en tuile, soit en ardoise. On appelle *latte volice* celle qui sert pour les couvertures d'ardoise, & qui est plus large que la *latte* ordinaire. Toute *latte* doit être sans aubier : il y en a 25 à la botte. On appelle *latte de fente* celle qui est mise en éclat dans les forêts avec l'outil tranchant ; celle *de sciage* est taillée à la scie : la *contre-latte* est une forte *latte* de sciage, qui sert à soutenir les autres *lattes* dans l'intervalle des chevrons, quand ils sont trop distans l'un de l'autre.

LATTER : c'est, sur un comble, attacher avec des clous des *lattes* espacées de quatre pouces pour y arrêter & soutenir la tuile ou l'ardoise. *Latter à claire voie*, c'est espacer des *lattes* tant plein que vuide, sur un pan de bois, pour retenir la maçonnerie entre les poteaux & la recouvrir de plâtre : *latter à lattes jointives*, c'est clouer des *lattes* si près les unes des autres qu'elles se touchent, comme on le pratique pour lambriller les plafonds & les parties rampantes des combles dans les étages en galetas.

LATTES, *Marine* : ce sont de petites pieces de bois fort minces qu'on met entre les barrots & les barrotins d'un vaisseau.

LATTIS, *Maçonnerie* : c'est l'ouvrage que l'on fait en attachant des *lattes* sur des pans de bois ou sur des plafonds pour les recouvrir de plâtre.

LAVER : c'est passer avec un pinceau sur un dessein de l'encre de la Chine, ou toute autre couleur délayée avec de l'eau, dans laquelle on fait quelquefois dissoudre de la gomme, selon la nature des couleurs dont on se sert. On *lave à l'encre de la Chine*, *au bistre*, *à la lacque*, &c.

LAVER, *Charpenterie* : c'est ôter avec la besaiguë tous les traits de scie & les rencontres d'une piece de bois de sciage, pour la dresser & l'aviver.

LAVIS, *Fortification* : c'est l'art d'employer les couleurs dont on se sert pour distinguer les différentes parties de la fortification sur les plans & les profils qu'on en fait. Comme les couleurs qui désignent ces divers ouvrages dans le *lavis* sont de pure convention; pour se mettre au fait de cet art, il faut consulter *les regles du dessein & du lavis*, par M. *Buchotte*, ou *le dessinateur au cabinet & à l'armée*, par M. *Dupain*. On trouve aussi à la fin des *élémens de fortification*, par M. *le Blond*, un précis exact & détaillé de l'art de *laver* les plans, qui est suffisant pour en donner l'intelligence aux jeunes gens qui s'appliquent à l'étude des fortifications.

LAYER, *Stéréotomie*. *Layer une pierre*, c'est la tailler avec la *laye*, qui est une espece de marteau bretelé ou refendu à dents du côté de son tranchant, en façon de scie; ce qui rend la surface de la pierre unie, quoique rayée de petits sillons uniformes qui lui donnent une apparence agréable. *Stéréotomie de Frézier*.

LEGE ou LIEGE, *Marine* : cette épithete s'applique à un vaisseau qui n'a pas assez de leste, ou qui est trop leger pour quelque autre cause, comme par un défaut de sa construction, ensorte qu'il est trop haut sur l'eau.

LEGERS OUVRAGES, *Maçonnerie* : ce mot s'entend des

menus ouvrages en plâtre, comme les plafonds, les ourdis de cloisons, les lambris, les enduits, les crepis, les tuyaux de cheminées en plâtre, les manteaux & les hottes des cheminées, &c.

LEGION, *Art militaire* : c'étoit chez les Romains un corps de troupes composé d'infanterie & de cavalerie, dont le nombre a varié sans cesse ; cependant on peut l'évaluer communément à cinq ou six mille hommes d'infanterie & environ six cent de cavalerie.

LEMME, *Géométrie* : c'est une proposition préparatoire qu'on établit pour faire concevoir plus facilement la démonstration de quelque théorême, ou la construction d'un problême. Cette proposition n'appartient pas proprement au sujet qu'on traite actuellement, mais on l'y joint pour en démontrer la vérité.

LEMNISCATE, *Géométr. transcend.* C'est le nom que les géometres modernes ont donné à une courbe qui a la forme d'un 8 de chiffre. Voyez l'*analyse des courbes*, par *Cramer*, *in quarto*, & l'*usage de l'analyse de Descartes*, par *de Gua*, *in-douze*.

LEST, *Marine* : c'est un nom général qu'on donne à diverses choses pesantes, tels que du sable, des cailloux, des pierres, &c, qu'on met au fond de cale d'un vaisseau pour le faire enfoncer dans l'eau & lui procurer une assiete solide. Le *lest* sert principalement de contrepoids aux mâts & aux vergues, qui, étant élevés au-dessus du corps du vaisseau, lui feroient faire capot au moindre tangage, & même à la moindre impression du vent sur les voiles, sans cette précaution.

LESTAGE, c'est l'embarquement de *lest* dans un navire : il y a des bâteaux & des gabarres qui servent pour cette opération.

LESTER : c'est mettre le *lest* à un vaisseau : on doit le renouveller au moins tous les deux ans.

LESTEURS : c'est l'épithete qu'on donne aux bâteaux nommés gabarres, dont on se sert pour porter le *lest* à un vaisseau.

LEVANT, *Navigation* : c'est la partie de la terre qui est à l'Orient, relativement à notre position : les navigateurs de l'Océan donnent aussi le nom de *levant* à la mer Méditerrannée.

LEVÉE, *Archit. hydraul.* C'est une élévation de terre bordée d'une file de pieux en forme de digue, pour soutenir les berges le long d'une riviere & empêcher le débordement de ses eaux. Voyez aussi au mot Turcie.

Levée d'un Piston, *Hydraulique* : c'est le chemin que fait un piston dans un corps de pompe, soit pour aspirer ou pour refouler l'eau ; on l'appelle aussi *jeu du piston*. Ainsi quand on dit qu'un piston a trois pieds de levée ou de *jeu*, cela signifie qu'il aspire ou qu'il refoule à chaque coup une colonne d'eau de trois pieds de hauteur, laquelle a pour base un cercle égal au diametre du piston.

Levée d'un Siege, *Attaque des places* : c'est le départ d'une armée qui étoit campée devant une place, & qui, après avoir fait des travaux & des préparatifs pour s'en emparer, est forcée de se retirer, faute de pouvoir exécuter son projet. C'est une des plus humiliantes opérations de la guerre.

LEVER un Plan, *Géométrie pratique* : c'est prendre avec un instrument la grandeur des angles & mesurer la longueur des lignes qui terminent le terrein ou le bâtiment dont on se propose de *lever* le plan, & le rapporter sur le papier par le moyen d'une échelle. *Ozanam* a fait un petit ouvrage intitulé, *méthode de lever les plans*, *in-douze*, qui indique toutes les manieres possibles de lever un plan ou une carte, soit avec instrumens, soit sans instrumens. Voyez aussi à ce sujet l'*art de lever les plans*, &c. par M. *Dupain* l'aîné, *in-octavo*, 1762.

LEVIER, *Architecture* : c'est une piece de bois de brin, qui, par le moyen d'un coin nommé *orgueil*, posé dessous l'extrêmité qui touche à terre, sert à *lever*, avec peu de force, un très-gros fardeau. Lorsqu'on pese sur le *levier*, c'est ce qu'on appelle *faire une pese* : quelquefois on abbat le *levier* avec des cordages à cause de sa trop grande longueur ou de l'énormité du fardeau ; alors c'est *faire un abbatage*. *D'Aviler*.

Levier, *Méchanique* : c'est une verge inflexible considérée sans pesanteur, soutenue sur un seul point ou *appui*, dont on se sert pour élever des poids. Le *levier* est la premiere des machines simples : il y en a de trois especes, sçavoir, celui où l'appui est placé entre le poids & la puissance, appellé *levier de la premiere espece* ou du *premier genre* : celui où le poids est situé entre l'appui & la puissance, on le nomme *levier de la seconde espece* ; enfin celui où la puissance est appliquée entre le poids

& l'appui ; ce dernier s'appelle *levier de la troisieme espece.*

LEVIER COMPOSÉ : c'est l'assemblage de plusieurs verges inflexibles unies à une seule. Par exemple, les rouets & les lanternes des moulins & des autres machines, forment des *leviers composés*, lesquels peuvent toujours se réduire à des *leviers* simples.

LEVIER COUDÉ OU RECOURBÉ : c'est lorsque la puissance agit suivant une direction oblique au *levier* ; ou bien c'est un *levier* formé par un angle quelconque, ainsi qu'il s'en rencontre souvent dans les machines : cette sorte de *levier* a les mêmes propriétés que le *levier* ordinaire.

LEVIER DE LA GAROUSSE : c'est une sorte de *levier* particulier, composé de trois parties principales : 1°. D'une roue dentée, ayant à son centre un treuil, autour duquel file le cable qui répond au poids. 2°. D'un balancier dont l'appui est dans le milieu de sa longueur. 3°. De deux crochets de fer qui s'engrainent alternativement dans les dents de la roue. Le tout a la forme d'un petit charriot monté sur quatre roulettes qui servent à conduire la machine où l'on veut : on s'en sert pour tirer des blocs de marbre & d'autres fardeaux d'une extrême pesanteur. Voyez-en la description & le calcul de ses forces dans le tome I de l'*archit. hydraul.* de M. *Belidor*, premiere partie.

LEVIER D'EAU, *Hydraulique.* On appelle ainsi un siphon qui a deux branches d'inégale grosseur, au moyen desquelles un filet d'eau du poids d'une once peut être en équilibre avec une colonne d'eau du poids de 550 livres. Par le secours de cette espece de machine, trois ou quatre onces d'eau peuvent produire un effet de 60480 livres. *Archit. hydraul.* de M. *Belidor*, premiere partie, tome I, page 141.

LEZARDES, *Maçonnerie.* On appelle ainsi les crevasses qui se font dans les murs de maçonnerie, soit par vetusté ou par mal-façon.

LIAIS, *Architecture.* PIERRE DE LIAIS : c'est une pierre qui porte depuis 6 jusqu'à 8 pouces de hauteur de banc : il y en a de plusieurs especes. Le *franc liais*, & le *liais ferault*, qui est plus dur que le franc : ces deux-ci se tirent des carrieres hors de la porte Saint-Jacques, proche Paris ; le *liais rose*, qui est le plus doux & qui prend un beau poli au grès, se tire proche Saint-Cloud: & le *franc liais de Saint-Leu*, qui se tire le long des côtes de la montagne.

LIAISON, *Maçonnerie*: c'est une maniere de ranger ou de *lier* les pierres, les moilons, ou les briques, par enchaînement les unes avec les autres, qu'on observe dans la construction des murs, de maniere qu'une pierre ou une brique recouvre par son milieu le joint des deux qui sont au lit de dessous.

LIAISONNER: c'est arranger les pierres ensorte que les joints des unes portent sur le milieu des autres. C'est aussi remplir leurs joints de mortier ou de plâtre, pendant qu'elles sont sur leurs cales.

LIBAGE, *Maçonnerie*: c'est un gros moilon ou un quartier de pierre dure & rustique, de quatre ou cinq à la voie, qu'on emploie brut dans les fondations pour établir dessus la maçonnerie de moilons ou de pierre de taille. Le *libage* se tire des ciels des carrieres; une pierre de taille sert de *libage* quand on n'en peut rien faire de propre. *D'Aviler.*

LIBAN, *Marine*: ce terme est usité dans les ports de la Méditerrannée pour désigner une espece particuliere de cordage fait avec des herbes maritimes dont on se sert quelquefois pour épargner les cordes de chanvre.

LIEN, *Charpenterie*: c'est une piece de bois qui se met en angle sous une autre piece pour la soutenir, & qui la *lie* avec une troisieme. Tels sont, dans l'assemblage d'un comble, les *liens* qui soutiennent l'entrait, & qui le *lient* avec les arbalestriers ou jambes de force, & ceux qui *lient* le poinçon avec le faîte & le sous-faîte. En général on donne le nom de *lien* à toute piece de charpente qui porte en décharge contre deux autres, & qui sert à les *lier*.

LIEN PENDANT: c'est une piece de bois qui sert à retenir les garde-fous des ponts de charpente, à l'endroit des poteaux montans, où elle est retenue par une de ses extrêmités avec tenons & mortoises, tandis que l'autre bout est retenu sur le chapeau du chevalet qui lui répond.

LIEN DE FER: c'est un morceau de fer méplat, soit coudé ou ceintré, qui sert à retenir quelque piece de bois dans un assemblage de charpente.

LIERNE, *Architecture*: c'est une des nervures d'une

voûte gothique qui lie le nerf appellé *tierceron* avec celui de la diagonale, qu'on appelle *ogive*.

LIERNE, *Archit. hydraul.* C'est une piece de bois plate qui sert à entretenir la file des pieux d'une palée dans un pont de bois : elle est différente de la moise en ce qu'elle n'a point d'entaille pour accoler les pilots, auxquels elle est attachée avec des chevilles de fer. On *lierne* aussi les pieux d'un batardeau.

LIERNES, *Charpenterie* : ce sont des pieces de bois qui servent à entretenir deux poinçons sous le faîte d'un comble, & à porter le faux plancher d'un grenier.

LIEU D'UN CORPS, *Physique* : ce n'est autre chose que l'espace qu'il remplit ou qu'il occupe. On le distingue en *lieu absolu* & *lieu relatif*.

LIEU GÉOMÉTRIQUE : c'est une ligne par le moyen de laquelle on resoud un problême indéterminé.

LIEUE : c'est une mesure itinéraire dont on se sert pour marquer la distance d'un endroit à un autre. En France on distingue trois sortes de *lieues*, la grande, la moyenne, & la petite. La *grande lieue* est de 3000 toises, la moyenne de 2500 toises, & la petite de 2000 toises. Depuis quelques années on a commencé à marquer, dans toutes les grandes routes du royaume, le nombre de toises qu'elles contiennent, & l'on a planté des especes de colonnes milliaires de mille en mille toises, & des demi-milliaires à la moitié de cet intervalle ; ce qui sera d'une bien plus grande commodité pour les voyageurs que les lieues arbitraires dont on s'est servi jusqu'à présent.

LIEUE MAJEURE, LIEUE MINEURE, *Marine*. On distingue dans le pilotage ces deux sortes de *lieues* : les premieres se comptent sur l'équateur, & les secondes sur un parallele à l'équateur. Les *lieues mineures* ne sont pas plus petites que les autres, mais elles sont en plus petit nombre sur un parallele que sur l'équateur, ou tout autre grand cercle ; c'est-à-dire, qu'il faut moins de *lieues* pour faire un degré d'un parallele que pour un degré d'un grand cercle, & ce nombre diminue d'autant plus que le rayon du parallele est plus petit. Comme les degrés de longitude se comptent sur l'équateur, il faut réduire les *lieues mineures* en *lieues majeures* pour avoir la différence en longitude d'un endroit, lorsqu'on fait route sous un parallele. *Diction. de marine*, par M. *Saverien*.

LIEUTENANT, *Art militaire.* Dans une compagnie d'infanterie, de cavalerie, ou de dragons, c'est le second officier : il commande en l'absence du capitaine, & a le même pouvoir que lui dans la compagnie.

LIEUTENANT GÉNÉRAL : c'est un officier général qui est immédiatement subordonné au maréchal de France. Les *lieutenans généraux* qui se trouvent dans une armée, ou dans un siege, ont chacun leur jour de service pour commander, ainsi que les maréchaux de camp & les brigadiers.

LIGNE : c'est en général une étendue dont on ne considere que la longueur, faisant abstraction de la largeur & de la profondeur. On regarde ordinairement la *ligne* comme formée par le mouvement d'un point. Il y a tant d'especes de *lignes*, que nous sommes forcés de les diviser en différentes classes, rangées par ordre alphabétique suivant les sciences auxquelles elles appartiennent, comme on le verra dans les articles suivans.

LIGNE DE NOMBRES, *Arithmétique* : c'est une regle divisée en plusieurs parties, sur laquelle sont marqués certains chiffres, au moyen desquels on peut faire méchaniquement plusieurs opérations d'arithmétique. C'est ce qu'on appelle autrement *échelle Angloise*, ou *échelle des logarithmes*, dont on trouve la description dans le *traité de navigation*, de *M. Bouguer*, *in-quarto.*

LIGNE DE BUT, *Artillerie* : c'est, dans l'art de jetter les bombes, la distance à laquelle la bombe va tomber au sortir du mortier. On l'appelle aussi *étendue du jet*, ou *amplitude de la parabole.*

LIGNE DE CHUTE : c'est la hauteur à laquelle la bombe s'éleve avant que de parvenir à l'instant de sa chûte : cette hauteur dépend du degré d'inclinaison que l'on donne au mortier.

LIGNE DE MIRE : c'est la ligne qu'on imagine passer par le milieu de l'ame du canon. Comme la piece est beaucoup plus épaisse à la culasse qu'à la volée, on rachete cette inégalité en achevallant sur l'extrêmité du canon un bout de planche taillé exprès, appellé *fronteau de mire*, dont la hauteur est égale à l'excès d'épaisseur de la culasse sur celle de la volée.

LIGNE DE MOINDRE RÉSISTANCE : c'est une ligne, qui partant du centre d'un fourneau de mine, s'éleve perpendiculairement jusqu'à la rencontre de la superficie du terrein qui est au-dessus : cette ligne exprime la hauteur des terres que le jeu de la mine doit enlever.

LIGNE DE PROJECTION : c'est la direction que l'on donne à la bombe par l'inclinaison du mortier : cette direction est dérangée continuellement en l'air par la pesanteur de la bombe, ensorte qu'au lieu de suivre une ligne droite en s'élevant, elle décrit une espece de parabole. Voyez l'*artillerie raisonnée*, par M. *le Blond*, *in-octavo*, pour un plus grand éclaircissement sur ces différentes lignes qui regardent l'artillerie.

LIGNE, *Art militaire* : c'est une suite de bataillons & d'escadrons rangés les uns à côté des autres sur une même ligne droite, & faisant tous face du même côté. Une armée rangée en ordre de bataille, se dispose ordinairement sur deux *lignes*, distantes l'une de l'autre d'environ 150 pas : outre cette premiere & cette seconde *ligne*, il y a encore un corps de troupes, appellé le *corps de réserve*, environ à 300 pas de la seconde *ligne*. Parmi les *lignes* de troupes, il y en a de *pleines* & d'autres qu'on appelle *tant pleines que vuides*. Les *lignes pleines* sont celles qui ne laissent point d'intervalle entre les bataillons & les escadrons : les autres sont celles qui en ont. Voyez à ce sujet l'*art de la guerre*, par le Maréchal *de Puysegur*, en deux volumes *in-quarto* ; ou les *élémens de tactique*, par M. *le Blond*, *in-quarto*.

LIGNES : c'est une fortification passagere, ordinairement en terre, formée d'un parapet & d'un fossé, derriere laquelle se place une armée pour pouvoir garder un poste ou défendre une étendue de terrein plus grand que celle qu'elle occuperoit étant campée à l'ordinaire. Voyez pour cette espece de fortification l'ouvrage de M. *de Clairac*, intitulé, l'*Ingénieur de campagne*, *in-quarto*.

LIGNE D'APPROCHE, *Attaque des places*. On donne ce nom aux différens travaux que fait l'assiégeant pour s'approcher à couvert du feu de la place. Voyez aux mots TRANCHÉE & SAPPE.

LIGNES DE CIRCONVALLATION : c'est une fortification de terre, composée d'un fossé & d'un parapet, qu'on fait autour d'une ville que l'on assiege, hors de la portée du canon de la place, pour s'opposer aux entreprises d'une armée ennemie qui tenteroit de la secourir.

LIGNES DE CONTREVALLATION : c'est une ligne semblable

à la précédente, mais dont l'objet est different, celle de *contrevallation* étant tournée contre la place, pour mettre l'armée qui fait le siege à couvert des sorties & des attaques des troupes de la garnison.

Lignes Paralleles, ou Places d'Armes : ce sont des parties de tranchées qui embrassent tout le front de l'attaque, & qui servent à contenir des soldats pour empêcher les sorties ou les repousser, & pour soutenir & protéger l'avancement des travaux d'un siege. C'est à M. *de Vauban* que l'on est redevable de cette disposition de *lignes*. Voyez le *traité de l'attaque des places*, par M. *de Vauban*, ou celui de M. *le Blond*, qui est beaucoup plus clair & plus méthodique.

Lignes de Communications, ou simplement Communications, *Défense des places* : ce sont des fossés de six ou sept pieds de profondeur & de douze de largeur, qu'on fait d'un ouvrage ou d'un fort à l'autre, afin d'y pouvoir communiquer sûrement, particuliérement en tems de siege.

Ligne de Contre-approche : c'est une espece de tranchée que l'assiégé commence au pied du glacis de la place pour aller au-devant de l'assiégeant, & tâcher d'enfiler ses travaux. Elle ne se met en usage que très-rarement. Voyez le *traité de la défense des places*, par M. *le Blond*, *in-octavo*, seconde édition, 1762.

Ligne capitale du Bastion, *Fortification* : c'est une *ligne* tirée de l'angle du centre d'un bastion au sommet de son angle flanqué. Dans la fortification réguliere, cette *ligne* doit couper le bastion en deux parties égales.

Ligne capitale de la demi-Lune : c'est celle qui est tirée de l'angle saillant de la demi-lune à l'angle rentrant de la contrescarpe sur laquelle elle est construite.

Ligne de Communication : c'est la partie de l'enceinte d'une place qui joint la citadelle à la ville.

Ligne de Défense : c'est la *ligne* qu'on imagine tirée de l'angle du flanc d'un bastion, joignant la courtine, à l'angle flanqué du bastion opposé : cette *ligne* ne doit pas excéder la longueur de la portée du fusil.

Ligne Magistrale : c'est une *ligne* qu'on imagine passer par le cordon du revêtement de la place, qui est exprimée par le principal trait dans un plan de fortification, & d'où l'on commence à compter les largeurs de chacune des parties qui la composent. Voyez à ce sujet les élémens de *fortification*, par M. *le Blond*, nouvelle édition, *in-octavo*, 1764.

LIGNES ALGÉBRIQUES, *Géométrie* : c'est le nom que les géometres modernes ont donné aux *lignes* courbes que *Descartes* appelloit *géométriques*, parce qu'elles peuvent se reduire à une équation algébrique finie & d'un degré déterminé.

LIGNE A PLOMB : c'est une *ligne* perpendiculaire, c'est-à-dire, qui fait un angle droit avec la *ligne* horisontale.

LIGNES CONCENTRIQUES : ce sont des portions de cercles qu'on décrit d'un centre commun avec des rayons de différente longueur.

LIGNE CONIQUE : c'est une *ligne* courbe formée par la section d'un cône.

LIGNES CONVERGENTES : ce sont des *lignes* qui, étant continuées, concourent dans un même point.

LIGNE COURBE : c'est une portion de cercle quelconque.

LIGNE DES SECANTES : c'est le nom que donne M. *Wolf* à une *ligne* courbe qui se forme par les *secantes* d'un quart de cercle. La *ligne des secantes* est aussi une des lignes tracées sur le compas de proportion.

LIGNES DES SINUS. M. *Leibnitz* donne ce nom à une *ligne* courbe qui se forme par les sinus, de même que celle des secantes se forme par les secantes. C'est aussi le nom d'une des *lignes* du compas de proportion.

LIGNE DES TANGENTES : c'est une *ligne* courbe qui se forme par les tangentes, de la même maniere que les deux ci-dessus. La *ligne des tangentes* est aussi une *ligne* marquée sur le compas de proportion.

LIGNE DIRECTRICE : c'est une *ligne* qui détermine le mouvement d'une autre *ligne*, ou d'un plan, par lesquels un plan ou un solide se forment.

LIGNES DIVERGENTES : ce sont des *lignes* qui s'éloignent toujours de plus en plus à mesure qu'on les prolonge.

LIGNE DROITE : c'est la plus courte distance entre deux points donnés.

LIGNES DU COMPAS DE PROPORTION. On trace sur cet instrument la *ligne* des parties égales, celle des cordes, celles des sinus, des tangentes, & des secantes ; la *ligne* des polygones, celle des métaux, la *ligne* des plans, la *ligne* des solides, &c. Voyez l'article COMPAS DE PROPORTION, & le livre composé par M. *Ozanam* pour en expliquer les usages.

Lignes Géométriques · ce sont des *lignes* courbes dont tous les points peuvent se trouver exactement, ou, selon *Descartes*, celles qui peuvent être exprimées par une équation algébrique d'un degré déterminé. On donne aussi le nom de *lieu* à cette espece de *lignes*.

Ligne Horisontale : c'est une *ligne* parallele à l'horison, comme une plaine de grande étendue.

Ligne Inclinée : c'est celle qui est penchée ou élevée obliquement sur le plan de l'horison.; tel est le penchant d'une colline.

Lignes Méchaniques : ce sont celles dont tous les points ne peuvent se trouver qu'en tâtonnant, & par approximation, mais non pas d'une maniere précise. *Descartes* les nomme *lignes transcendantes*. Voyez à ce mot.

Ligne Oblique : c'est une *ligne* qui forme avec une autre un angle oblique, c'est-à-dire, un angle ou aigu, ou obtus.

Lignes Paralleles : ce sont des *lignes* qui étant prolongées ne doivent jamais se rencontrer ni s'écarter davantage, mais qui demeurent toujours également éloignées l'une de l'autre.

Ligne Perpendiculaire : c'est une *ligne* droite qui en tombant sur une autre ne penche pas plus d'un côté que de l'autre, & forme deux angles droits.

Lignes Proportionnelles. On appelle ainsi des *lignes* qui sont dans une certaine raison les unes aux autres; dont la premiere est à la seconde comme celle-ci à la troisieme, ou comme la troisieme est à la quatrieme.

Lignes Reciproques : ce sont deux *lignes* extrêmes, proportionnelles à l'égard de leur moyenne proportionnelle, de même que leur moyenne l'est à l'égard des deux extrêmes. Ces *lignes* ont leur utilité pour former les équations quarrées ou du second degré.

Ligne Tangente : c'est une *ligne* droite qui rencontre une courbe dans un seul point sans la couper, c'est-à-dire, sans entrer dedans.

Lignes Transcendantes : ce sont des *lignes* qui ne peuvent être exprimées par une équation finie algébrique, & d'un degré déterminé. On les appelle aussi *lignes méchaniques*.

Ligne Verticale : c'est une *ligne* élevée à plomb ou perpendiculairement à l'horison : elle sert à exprimer les hauteurs & les profondeurs.

LIGNE D'EAU, *Hydraulique* : c'est la 144e partie d'un pouce circulaire, ne s'agissant pas de pouce quarré dans la mesure des eaux, parce que le pouce circulaire a plus de relation avec les tuyaux par lesquels passent les eaux des fontaines. Une *ligne d'eau* fournit en 24 heures 13.3 pintes d'eau, mesure de Paris.

LIGNE, *Maçonnerie* : c'est une cordelette ou ficelle un peu forte, faite de chanvre, dont les maçons se servent pour élever les murs droits & à plomb, & de même épaisseur dans toute leur longueur. Les charpentiers s'en servent aussi pour tringler leurs bois & pour les dresser sur leurs faces.

LIGNE DE LA FORCE MOUVANTE, *Manœuvre* : c'est la *ligne* par laquelle le vent agit sur le vaisseau en choquant les voiles. Elle est perpendiculaire à la surface de la voile, & divise en deux parties égales l'angle que formeroient deux tangentes à la voile. Voyez pour un plus grand éclaircissement le livre intitulé, *nouvelle théorie de la manœuvre des vaisseaux*, par M. *Saverien*, *in-octavo*, ou ce même article dans son *petit dictionnaire de la marine*.

LIGNE, *Marine. Se mettre en ligne* : c'est la disposition que fait une armée navale pour marcher sur la même *ligne*. L'avant-garde, le corps de bataille, & l'arriere-garde, se mettent sur une seule *ligne*, un jour de combat, pour faire face à l'ennemi, & pour ne point se nuire les uns aux autres en envoyant leurs bordées. *Vaisseau de ligne*, c'est un vaisseau de guerre assez fort pour se mettre en *ligne* & y combattre. Lorsqu'il s'agit d'évolutions navales, on dit *garder sa ligne*, *venir à sa ligne*, *marcher en ligne*, &c. Voyez l'*art des armées navales*, par le P. *Hoste*, *in-folio*, & *la tactique navale*, par M. *de Morogues*, *in-quarto*.

LIGNE DE L'EAU : c'est l'endroit du bordage où la surface de l'eau vient se terminer lorsque le bâtiment a sa charge & qu'il flotte.

LIGNE DE SONDE : c'est un petit cordage d'environ trois lignes de diametre, & de 120 brasses de long, auquel on pend un plomb, & qu'on descend dans la mer pour en sonder le fond.

LIGNE DU FORT : c'est l'endroit où le vaisseau est le plus gros.

Lignes ou Éguillettes : ce sont des cordages qui servent à lasser les bonnettes aux grandes voiles.

Ligne d'Amarrage : ce sont les cordes qui servent à lier & attacher le cable dans l'arganeau : elles servent aussi à arrêter & renforcer les manœuvres comme les rabans, les rides, les garcettes, &c.

Ligne de Direction, *Méchanique* : c'est la *ligne* suivant laquelle un corps se meut actuellement, ou suivant laquelle il se mouvroit s'il n'en étoit empêché. La connoissance de cette *ligne* est importante dans la statique, car suivant qu'elle aboutit dans la base d'un corps ou hors de cette base, le corps a plus ou moins de disposition à tomber.

Ligne de direction d'une Puissance : c'est une *ligne* droite suivant laquelle une puissance tire ou pousse un poids pour le soutenir ou pour le mouvoir. Lorsque cette *ligne* fait un angle droit avec la machine où elle est appliquée, alors la puissance est dans sa plus grande force.

Ligne de Gravitation : c'est une *ligne* tirée du centre de gravité d'un corps pesant au centre d'un autre vers lequel il pese : ou bien c'est une *ligne* selon laquelle il tend à descendre.

Ligne de Projection : c'est la *ligne* que les corps graves décrivent en l'air, soit qu'ils aient été jettés verticalement ou dans une direction horisontale. *Galilée* a démontré le premier que cette *ligne* étoit une parabole. Voyez à ce sujet la théorie des corps projettés qui est à la fin de l'*artillerie raisonnée*, par *Mr. le Blond*, *in-octavo*, citée ci-devant à l'article Jet des Bombes.

Ligne Équinoxiale, *Navigation* : c'est un grand cercle de la sphère qui divise le globe terrestre en deux parties égales, dont l'une est appellée *hemisphère septentrional*, & l'autre *hemisphère méridional*. C'est de ce cercle qu'on commence à compter les degrés de latitude. Les marins l'appellent simplement *la ligne*, ils la passent avec beaucoup de pompe ; on chante le *Te Deum*, accompagné de trompettes & de timbales, & d'une décharge de toute l'artillerie du vaisseau. On *baptise*, c'est-à-dire, que l'on plonge dans l'eau, tous ceux qui passent *la ligne* pour la premiere fois, à moins que l'on ne se rachete du baptême à prix d'argent. Les géographes appellent cette ligne l'*équateur*.

LIGNE DE FOI, *Nivellement* : c'eſt une *ligne* très-déliée, qui, dans un demi-cercle d'arpenteur ou dans un autre inſtrument propre à lever les plans, diviſe les pinnules de l'alidade en deux parties égales, en paſſant par le centre de l'inſtrument.

LIGNE DE MIRE : c'eſt celle qui ſert à diriger le rayon viſuel pour faire poſer les jalons à la hauteur de la liqueur colorée qui eſt dans les fioles du niveau d'eau.

LIGNE DE NIVEAU : c'eſt une *ligne* parallele à la ſurface du globe terreſtre, ou dont tous les points ſont également éloignés du centre de la terre.

LIGNE DE PENTE : c'eſt celle qui ſuit le penchant naturel d'un terrein qui va en montant ou en deſcendant.

LIGNE DE STATION : c'eſt une *ligne* des deux extrêmités de laquelle on meſure une hauteur, ou une largeur, ou d'où on leve le plan d'un terrein. On doit avoir ſoin que cette *ligne* ne ſoit point trop courte, car plus elle eſt longue, plus l'opération ſe fait exactement & facilement. Ces différentes opérations de l'arpentage & du nivellement ſont très-bien dévéloppées dans l'*art de lever les plans*, par M. *Dupain* ; le *traité de l'arpentage* d'*Ozanam* ; la *méthode de lever les plans*, du même ; dans les *traités du nivellement* de MM. *Picart*, *Bullet*, *de la Hire*, & dans celui du *Capitaine le Febvre*, *in-quarto*, Paris, &c.

LIGNE DE PENTE, *Stéréotomie* : c'eſt une ligne inclinée ſuivant une pente donnée, comme l'arraſement pour recevoir le couſſinet d'une deſcente droite ou biaiſe : la *ligne* de la montée d'un pont, ou la *ligne* rampante d'un fer à cheval, par rapport à la *ligne* de niveau tirée ſur le même plan.

LIGNE RALONGÉE : c'eſt une *ligne* tirée à côté d'une autre & d'un même centre, comme l'inclinaiſon des vouſſoirs d'une plate-bande, à meſure qu'ils s'éloignent de la clef. On donne auſſi ce nom à une hélice ou à une *ligne* qui tourne en vis ralongée, ſelon le rampant plus ou moins roide d'un eſcalier à vis. Dans la charpenterie, on appelle *ligne ralongée* l'excès de la longueur d'un areſtier ſur celle des chevrons : c'eſt ce qu'on appelle auſſi *reculement* ou *ralongement de l'areſtier*.

LIGNE, *Toiſé* : c'eſt la 12ᵉ partie d'un pouce & la 144ᵉ d'un pied.

LIGNE QUARRÉE : c'eſt une petite ſuperficie quarrée dont

chaque côté est d'une *ligne* de longueur : cette petite superficie est la 144e partie d'un pouce quarré.

Ligne de toise quarrée : c'est un petit rectangle qui a pour base une *ligne*, c'est-à-dire, la 12e partie d'un pouce, & pour hauteur une toise ou six pieds.

Ligne cube : c'est un petit cube qui a une *ligne* de longueur, sur autant de largeur & de hauteur.

Ligne de toise Cube : c'est un petit parallelipipede qui a pour base une toise quarrée, & pour hauteur ou épaisseur une *ligne*, qui est la 12e partie d'un pouce de toise cube.

Ligne de Solive : c'est un parallelipipede qui a pour base un plan de 6 pouces de longueur & d'une *ligne* de largeur, sur une toise de hauteur. Le mot Solive en ce sens est une mesure en usage dans le toisé des bois de charpente. Voyez ci-devant l'article Cent de bois.

LIMANDE, *Charpenterie* : c'est une piece de bois large & plate, comme une membrure, qui sert à divers usages dans la charpente des bâtimens, ainsi que dans la construction des vaisseaux.

Limandes, *Archit. hydraul.* Ce sont des pieces de bois qui servent à tenir les pales de la chaussée d'un étang ou d'un moulin.

LIMITES, *Algebre* : ce sont les deux quantités entre lesquelles se trouvent comprises les racines réelles d'une équation. Par exemple, si l'on trouve que la racine d'une équation est entre 3 & 4, ces nombres 3 & 4 seront ses *limites*.

Limites, *Arpentage* : ce sont les bornes ou les extrémités d'une piece de terre ou d'un héritage, qui touchent à une autre terre ou héritage.

Limites d'un Problème : ce sont les nombres entre lesquels la solution de ce problème est renfermée. Les problêmes indéterminés ont souvent des *limites*, c'est-à-dire, que l'inconnue est renfermée entre de certaines valeurs qu'elle ne sçauroit passer.

LIMON, *Charpenterie* : c'est une piece de bois de 5 à 6 pouces d'épaisseur sur 9 à 10 de large, qui termine & soutient les marches d'une rampe d'escalier, & sur laquelle on pose une balustrade de pierre ou de fer pour servir d'appui à ceux qui montent. Cette piece est droite dans les rampes droites, & elle est gauche par les surfaces supérieure & inférieure, dans les parties tournantes des escaliers.

LIMOSINAGE : c'est le nom qu'on donne à toute maçonnerie faite de moilons brutes à bain de mortier, ou en plâtre, & dressée au cordeau avec paremens brutes. Ce sont les *Limosins* qui font ordinairement ce premier travail dans les bâtimens, après quoi les maçons viennent crepir, enduire, faire les ravalemens, plinthes, corniches, embrâsures de portes & de croisées, & généralement tous les ouvrages de sujettion & ceux qu'on appelle *légers ouvrages en plâtre.*

LINCOIRS, *Charpenterie* : ce sont des pieces de bois qui servent à porter le pied des chevrons à l'endroit des lucarnes d'un comble & du passage des cheminées.

LINÉAIRE, *Mathématiques.* Un *problême linéaire* est celui qui n'admet qu'une solution, ou qui est résolu par une équation qui ne monte qu'au premier degré. Les *quantités linéaires* sont celles qui n'ont qu'une dimension.

LINTEAU, *Fortification* : c'est une espece de barre formée de pieces de bois posées horisontalement à un pied & demi du haut d'une palissade. C'est sur le *linteau* que sont cloués tous les pieux de la palissade plantée sur le chemin couvert.

LINTEAUX, *Charpenterie* : ce sont des pieces de bois assemblées dans les poteaux montans des croisées & des portes, dans un pan de bois, ou scellées dans la maçonnerie, pour terminer le haut des portes & des croisées; & pour soutenir la maçonnerie qui est au-dessus.

LIQUEURS, *Physique* : ce sont des corps fluides dont la propriété est de se mettre toujours de niveau. Comme elles sont sujettes à se dilater par la chaleur & à se condenser par le froid, il suit de-là qu'un même vase en contient plus en hiver qu'en été : un muid, par exemple, contient en hiver environ six pintes de liqueur de plus qu'en été.

LISSE, *Archit. hydraul.* C'est une piece de bois que l'on pose sur le sommet des files de pilots, pour les recouvrir par cette espece de chaperon, auquel ils sont assemblés avec tenons & mortoises, & retenus par-dessus avec des pattes de fer.

LISSES, *Charpenterie* : c'est le nom qu'on donne aux pieces de bois qui servent à former les garde-fous des ponts de charpente. Elles sont posées horisontalement & retenues à tenons & mortoises dans les poteaux montans. Pour former ces sortes de garde-fous, on emploie ordinairement deux *cours de lisses* dont les premieres sont nommées *lisses d'appui*.

LISSES, *Marine* : ce sont de longues pieces de bois que l'on met en divers endroits sur les côtés d'un vaisseau : elles portent des noms différens, suivant la partie du navire où elles sont placées.

LISSE DE HOURDI : c'est une longue piece de bois placée à l'arriere du vaisseau, ou une espece de petit bau qui traverse l'étambot à sa partie supérieure où elle lui est jointe par une entaille à mi-bois ; on l'appelle aussi *grande barre d'arcasse*.

LISSE DU PLAT-BORD : c'est celle qui termine les œuvres mortes entre les deux premieres rabattues.

LISSE DE VIBORD : c'est une préceinte un peu plus petite que les autres, qui entoure le vaisseau par les hauts.

LISTEL ou LISTEAU, *Architecture* : c'est une petite moulure plate & quarrée, qui sert à en couronner ou accompagner une plus grande, ou à séparer les canelures d'une colonne. On l'appelle aussi *filet*, *orlet*, &c.

LIT, *Coupe des pierres* : ce terme se dit de la situation naturelle de la pierre dans la carriere. Il se dit aussi de la surface sur laquelle on pose une pierre ; celle sur laquelle la pierre s'appuie est *le lit de dessous*, la surface qui regarde le ciel est *le lit de dessus*. Lorsque ces surfaces sont inclinées à l'horison, comme dans les voussoirs & les claveaux, c'est ce qu'on appelle *lit en joint*. *Stéréotomie de Frézier*.

LITTÉRAL, *Mathématiques* : c'est une épithete que l'on donne au calcul algébrique ; on le nomme *calcul littéral* parce qu'on y fait usage des lettres de l'alphabet, au lieu des chiffres qu'on emploie dans le calcul numérique.

LIVRE : c'est un poids d'un certain rapport qui sert de modele ou d'évaluation pour déterminer les pesanteurs, ou la quantité des corps. A Paris, la *livre* vaut 16 onces ou deux marcs, le marc vaut 8 onces, l'once vaut 8 gros ou 8 dragmes, le gros vaut 3 deniers ou scrupules, & le denier vaut 24 grains.

LOF, *Marine* : c'est la moitié du vaisseau divisé par une ligne tirée de la proue à la poupe, & qui est au vent. *Au lof*, c'est le commandement d'aller au plus près du vent ; *être au lof*, c'est être sur le vent, s'y maintenir ; *tenir le lof*, c'est serrer le vent, le prendre de côté.

LOGARITHMES, *Arithmétique* : c'eſt une ſuite de nombres en proportion arithmétique, correſpondans à d'autres nombres en proportion géométrique. Ainſi un *logarithme* eſt un nombre d'une progreſſion arithmétique qui commence par zero, & dont les membres ſont en relation avec ceux d'une progreſſion géométrique. L'invention des *logarithmes* eſt attribuée communément à *Jean Neper*, Baron Écoſſois, qui en publia des tables en 1614. Ces tables furent rectifiées par *Henri Briggs*, & perfectionnées enſuite par *Adrien Wlacq*, qui a calculé les meilleures tables des ſinus & de leurs logarithmes. *M. Ozanam* a donné un abrégé de ces tables ſuffiſant pour les géometres & les praticiens, & dont on a fait en 1764 une nouvelle édition fort correcte, en un volume *in-octavo*, qui ſe vend à Paris chez *Jombert*. A l'égard de la théorie des logarithmes & de leurs uſages pour abréger les calculs, voyez cet article dans le grand *dictionnaire encyclopédique*, ou bien dans le *dictionnaire de mathématique* de M. *Saverien*.

LOGARITHMIQUE, *Géométrie* : c'eſt une ligne courbe dont les abſciſſes ſont en raiſon des ordonnées, & dont les demi-ordonnées ſont en raiſon des rayons qui y répondent. Cette courbe tire ſon nom de ſes propriétés & de ſes uſages dans la conſtruction des logarithmes & dans l'explication de leur théorie.

LOGEMENT, *Attaque des places* ; c'eſt une eſpece de tranchée ou plutôt un retranchement que l'on fait dans un ouvrage, ou un poſte, dont on vient de chaſſer l'ennemi, pour s'y maintenir & ſe couvrir du feu des défenſes voiſines. Ces logemens ſe font avec des gabions, faſcines, ſacs à terre, ſacs à laine, &c.

LOGEMENT DU CHEMIN COUVERT ; c'eſt le retranchement que l'on forme ſur la crête du glacis, après en avoir chaſſé l'aſſiégé. On s'enfonce dans le glacis autant qu'il eſt néceſſaire pour ſe garantir du feu de la place, auquel on eſt très-expoſé tant que le logement n'eſt pas achevé. Les mines ſont fort à craindre dans ces ſortes de poſtes.

LOK ou LOCK, *Marine* : c'eſt un morceau de bois d'environ 8 à 10 pouces de long, taillé en forme de nacelle, garni de plomb à ſon fond pour lui ſervir de leſt, & qui ſert à meſurer le ſillage d'un vaiſſeau. On trouve la maniere de faire uſage de cet inſtrument, & des réflexions ſur les défauts de cette méthode dans le *petit dictionnaire de marine*, par M. *Saverien*. Voyez aussi à ce sujet l'*art de mesurer le sillage du vaisseau*, *in-octavo*, par le même auteur.

LONGIMÉTRIE : c'est l'art de mesurer toutes sortes de longueurs, soit accessibles, soit inaccessibles ; c'est une partie de la trigonométrie & une dépendance de la géométrie pratique, ainsi que l'altimétrie, la planimétrie, la stéréométrie, &c.

LONGITUDE, *Navigation* ; c'est la distance du méridien du lieu où l'on est au premier méridien : on la compte par les degrés de l'équateur de l'ouest à l'est. Ce premier méridien étoit autrefois supposé à l'isle de Fer, une des Canaries ; aujourd'hui la plupart des pilotes l'établissent au lieu d'où ils partent. C'est de ce premier méridien qu'on commence à compter les *degrés de longitude* : de sorte que plus un terme est oriental en partant d'un autre, plus il a de degrés de *longitude*. La recherche d'une méthode exacte pour estimer les *longitudes* en mer a beaucoup occupé les mathématiciens depuis environ deux siecles ; & le parlement d'Angleterre a proposé en 1713, par un acte public, une récompense considérable à celui qui en feroit la découverte. Voyez la traduction de cet acte dans le *dictionnaire de mathématique* de M. *Saverien*, article LONGITUDE. Les marins suppléent au défaut de connoissance des *longitudes* par celle de la vîtesse du sillage de leur vaisseau ; on peut aussi se servir de la déclinaison de la boussole pour déterminer la *longitude* en mer. Les différentes méthodes les plus usitées par les marins pour trouver la *longitude*, sont très-bien détaillées & expliquées dans le *traité de navigation* de M. *Bouguer*, *in-quarto*.

LONG PAN, *Charpenterie* : c'est le plus long côté d'un comble qui a environ le double de sa largeur. Ainsi l'on dit les sablieres ou les *chevrons du long pan*, & les *chevrons de croupe*.

LONGUEUR, *Géométrie* : c'est la plus grande dimension d'une surface ou d'un corps, mesurés par une ligne droite.

LONGRINES, *Archit. hydraul.* Ce sont des pieces de bois posées sur la longueur du radier d'une écluse qui s'assemblent avec les *traversines*, & forment ensemble un grillage de charpente sur lequel on établit les fondations de ses bajoyers.

LOSANGE, *Géométrie* : c'est une espece de parallelogramme dont les quatre côtés sont bien égaux, & chacun parallele à son opposé, mais dont les angles ne sont pas droits, y en ayant deux aigus opposés l'un à l'autre, & les deux autres obtus.

LOUER ou ROUER UN CABLE ; *Marine* : c'est le disposer en rond en façon de cerceaux, afin de le tenir prêt à filer lorsqu'il faut le jetter à l'eau.

LOUVE, *Architecture* ; c'est un morceau de fer taillé quarrément, plus large par le bas que par le haut, qu'on enfonce dans le trou qu'on a fait dans une pierre, & qu'on y maintient par deux especes de coins de fer, appellés *louveteaux*, pour enlever la pierre par le moyen d'un cordage attaché à cette *louve*. *Louver* une pierre, c'est y faire le trou pour enlever la pierre avec la *louve*. On donne le nom de *louveur* à l'ouvrier qui fait le trou à la pierre & qui y introduit la *louve*.

LOUVOYER, *Marine* : c'est courir au plus près du vent, tantôt à stri-bord, tantôt à bas-bord, en portant quelque tems la proue d'un côté & en revirant de bord pour la porter de l'autre côté. On est obligé de faire cette manœuvre lorsqu'on veut avancer avec un vent contraire : c'est ce qu'on appelle aussi *aller à la bouline*. Voyez au mot BOULINE.

LOXODROMIE, *Navigation* : c'est une ligne que décrit sur mer un vaisseau qui fait toujours voile avec le même rhumb de vent, en formant un même angle aigu avec tous les méridiens qu'il coupe dans sa route : la *loxodromie* est une espece de ligne spirale logarithmique, tracée sur la surface d'une sphère, & dont les méridiens sont les rayons, ensorte qu'elle tourne autour du pole sans pouvoir jamais y arriver, comme la logarithmique spirale tourne autour de son centre.

LOXODROMIQUE : c'est la méthode de faire voile obliquement au moyen de la *loxodromie*. On a dressé des *tables loxodromiques* pour l'usage des navigateurs, dans lesquelles on calcule pour chaque rhumb de vent, en partant de l'équateur, la longueur du chemin parcouru & le changement de longitude. Voyez la *méthode pour reduire les routes de navigation par les tables de loxo-*

dromie, par M. *le Mare*, professeur d'hydrographie, *in-octavo*, chez *Jombert*.

LUCARNE, *Architecture* : c'est une fenêtre de médiocre grandeur, prise dans un comble & posée à plomb sur l'entablement, pour donner du jour aux greniers & aux chambres en galetas. Il y en a de diverses sortes, de *bombées*, *à la capucine*, *demoiselles*, *flamandes*, *quarrées*, *rondes*, &c. dont on peut voir la description dans le *dictionnaire d'architecture* de *d'Aviler*, *in-quarto*, chez *Jombert*, 1755.

LUMIERE, *Artillerie*. La *lumiere* d'un canon, d'un mortier, ou de toute autre arme à feu, est un trou proche de la culasse, pratiqué dans la plus grande épaisseur du métal, pour communiquer le feu à la poudre qui est dans le fond de l'ame de la piece. C'est dans la *lumiere* q l'on met l'amorce qui doit faire prendre feu à la poudre dont la piece est chargée. Voyez la disposition de cette *lumiere* pour les pieces de différent calibre, conformément à l'ordonnance de 1732, dans l'*artillerie raisonnée*, par M. *le Blond*.

LUMIERE DE POMPE, *Marine* : c'est l'ouverture pratiquée à côté du corps de pompe, par laquelle l'eau d'un vaisseau sort pour entrer dans la manche à eau de la pompe.

LUNAISON : c'est la période ou l'espace de tems compris entre deux nouvelles lunes consécutives : elle est aussi nommée *mois synodique*, & est composée de 29 jours 12 heures 45 minutes.

LUNE : c'est un des corps célestes que l'on met ordinairement au rang des planetes, mais qu'on ne doit considérer que comme un satellite de la terre, vers laquelle elle dirige toujours son mouvement comme vers un centre, & dans le voisinage de laquelle elle se trouve constamment. La *lune* n'a point de lumiere d'elle-même, elle l'emprunte du soleil. A l'égard de l'inégalité des mouvemens de la *lune*, de la diversité de ses phases, de sa nature & de ses propriétés, voyez l'article *lune* dans le grand *dictionnaire encyclopédique*, ou les *recherches sur le systême du monde*, par M. *d'Alembert*.

LUNETTE, *Artillerie* : c'est un trou pratiqué à la derniere entretoise de l'affut d'un canon, laquelle est appellée pour cette raison *entretoise de lunette*. Cette entretoise remplit tout l'intervalle de la partie des flasques de l'affut qui touche à terre. Lorsqu'on veut transporter le canon d'un lieu à un autre, la *lunette* sert à faire passer un boulon qui joint l'entretoise de *lunette* avec l'avant-train.

LUNETTE, *Coupe des pierres* : c'est une portion de voûte percée dans une autre, dans laquelle elle forme une espece de figure de croissant de lune, d'où elle tire son nom. Elle sert à donner du jour, à soulager la portée d'une voûte en berceau, & à empêcher sa poussée. On la nomme *lunette biaise*, quand elle coupe obliquement un berceau; & *lunette rampante*, lorsque son ceintre est corrompu, comme sous une rampe d'escalier.

LUNETTE, *Fortification* : c'est une espece de petite demi-lune dont les faces ont depuis 30 jusqu'à 40 toises, que l'on construit quelquefois au-delà de l'avant-fossé, vis-à-vis les places d'armes des angles rentrans du chemin couvert.

LUNETTES. On donne ce nom à des ouvrages détachés, construits vis-à-vis des faces de la demi-lune, pour la couvrir & lui servir de contre-garde. Il y en a de grandes & de petites : les *grandes lunettes* couvrent entiérement les faces de la demi-lune, les petites n'en couvrent qu'une partie. Depuis le siege de Lille, en 1708, où les François firent une si belle défense, les militaires ont donné le nom de *tenaillons* aux grandes lunettes.

LUNULE, *Géométrie* : c'est une figure plane, en forme de croissant, terminée par des portions de circonférence de deux cercles qui se coupent à ses extrêmités. Si l'on inscrit, par exemple, un triangle-rectangle dans un demi-cercle dont le diametre devienne l'hypothenuse de ce triangle, & que sur chaque côté qui forme l'angle droit, comme diametre, on décrive un demi-cercle, l'espace en forme de croissant renfermé par la circonférence de chacun de ces demi-cercles, & par une partie de la circonférence du premier demi-cercle, est ce qu'on appelle *lunule*. Quoiqu'on ne soit pas parvenu encore à trouver la quadrature du cercle, on a cependant trouvé le moyen d'en quarrer plusieurs parties; nous devons à *Hipocrate* de Scio celle de la *lunule*.

MAC MAC

MACHEFER : c'est une substance à-demi vitrifiée, ou une espece de scorie, formée du charbon de terre dont se servent les maréchaux & forgerons, qui se mêle en brûlant avec quelques parties du fer qu'ils travaillent. Ce *mâchefer*, étant pilé & réduit en poudre, entre dans la composition d'un ciment propre pour les ouvrages qui se construisent dans l'eau.

MACHICOULIS, ou MASSICOULIS, *Fortification* : ce sont des especes de galeries saillantes au-delà du nud d'un mur, qu'on voit encore dans les anciennes forteresses, & au haut des vieilles tours. Ces galeries étoient couvertes d'un parapet de peu d'épaisseur, & soutenues en l'air par des consoles ou corbeaux de pierre, placés de distance en distance. L'intervalle qui restoit entre ces supports de pierre formoit autant d'ouvertures d'où l'on découvroit le pied de la muraille, & d'où l'on jettoit de gros quartiers de pierres, de l'huile bouillante, &c. pour empêcher l'ennemi d'en approcher. *Félibien* appelle ces ouvertures des *masses coulis*, à cause (dit-il) que l'on faisoit couler & tomber par-là des masses sur ceux qui vouloient escalader les murailles. *Félibien, dictionnaire d'architecture.*

MACHINE. On donne ce nom en général à l'assemblage de plusieurs pieces jointes ensemble, & tellement disposées qu'elles peuvent servir à augmenter ou à régler les forces mouvantes selon les différens usages auxquels on les applique, soit dans la guerre, dans l'architecture, ou dans les autres arts. Il y a des *machines simples*, & d'autres *composées*, dont la construction & les usages peuvent se varier presque à l'infini; on trouvera quelques détails au sujet de ces dernieres dans les articles suivans. *Vitruve* & *Félibien* mettent cette différence entre *machine* & *instrument*, que celui-ci est simple & d'une seule piece, au lieu qu'on entend par *machine* un composé de plusieurs pieces, comme un moulin, un pressoir, une pompe, &c. *Félibien, dictionnaire d'architecture.*

MACHINE A EAU, ou MACHINE HYDRAULIQUE : ce terme

s'applique aux différentes *machines* dont on se sert pour élever & conduire les eaux, soit par le moyen de l'eau même, ou par celui de quelque autre force mouvante. On doit considérer à cet égard que plus une *machine hydraulique* est simple, plus elle est capable d'un grand effet; la répétition des roues & des lanternes ne faisant souvent qu'augmenter le frottement. On trouve dans la premiere partie de l'*architecture hydraulique*, par M. *Belidor*, en deux volumes *in-quarto*, la description & le calcul de toutes sortes de *machines* de cette espece, détaillées avec toute l'exactitude & la précision dont elles sont susceptibles.

Machine a Feu : c'est une sorte de pompe qui agit par la force du feu, & qui éleve de l'eau à une hauteur considérable. Tout son méchanisme consiste dans la propriété que l'air a de se dilater considérablement par la chaleur & de se condenser par le froid. MM. *Papin*, *Saveri* & *Amontons*, sont les premiers qui aient eu l'idée de prendre le feu pour premier moteur d'une pareille machine. Car tandis que M. *Papin* essayoit à Cassel, en Allemagne, d'élever l'eau par la force du feu, M. *Saveri* exécutoit à Londres une pareille machine, & M. *Amontons* étoit occupé en France du même objet. C'est ainsi que les trois nations de l'Europe qui ont le plus contribué aux progrès des sciences & des arts, travailloient en même tems à l'envi l'une de l'autre à mériter la gloire de cette ingénieuse découverte; mais la machine de M. *Saveri* est la plus parfaite. On en peut voir une très-ample description avec des développemens qui ne laissent rien à desirer, dans le second volume de l'*architecture hydraulique* de M. *Belidor*, premiere partie.

Machine a Mater, *Marine* : c'est une espece de grue ou d'engin qui sert à enlever & à poser les mâts dans les vaisseaux. Au défaut de cette *machine*, on se sert aussi d'un ponton avec un mât, à l'aide d'un vindas ou d'un cabestan.

Machine de Marly : c'est la plus considérable de toutes les *machines* hydrauliques que nous connoissions : ce chef-d'œuvre de l'art est une des productions du siecle glorieux de Louis le Grand. Un nommé *de Ville* (d'autres disent *Rannequin*) Liégois, en fut l'inventeur, & la mit en état d'agir en 1682. Elle est composée de quatorze grandes roues, logées dans autant de coursiers particuliers, lesquelles font mouvoir en tout 257 pompes, tant aspirantes que refoulantes. Ces pompes, par plusieurs reprises, élevent l'eau de la riviere de Seine à 500 pieds de hauteur, & la conduisent sur le sommet d'une tour bâtie au haut de la montagne, & distante de 610 toises de cette même riviere : l'eau est ensuite amenée par le moyen d'un aqueduc fort élevé & de différens canaux, au château & dans les jardins de Marly : elle en fournissoit autrefois à Versailles & à Trianon. Lorsque cette *machine* agissoit pleinement & avec toute la force dont elle étoit capable, elle donnoit 779 toises cubes d'eau, ou environ 292 pouces d'eau courante en vingt-quatre heures : présentement elle n'en fournit guere que la moitié. Voyez dans le second volume de l'*architecture hydraulique* ci-dessus citée, la description & les dévéloppemens de cette *machine* merveilleuse, qui a coûté (dit-on) plus de huit millions à construire, & qui fait depuis plus de 80 ans l'admiration de toute l'Europe.

Machine Infernale, *Artillerie* : c'est un bâtiment à trois ponts, chargé de poudre au premier pont, de bombes & de carcasses au second, & de barrils cerclés de fer & remplis d'artifice au troisieme. Outre cela, son tillac est couvert de vieux canons, de mitraille, &c. Les Anglois ont quelquefois tenté de ruiner & de bombarder quelques-unes de nos villes maritimes, entre autres Saint-Malo, avec des *machines* de cette espece; mais presque toujours sans aucun succès considérable, qui pût les dédommager de la grande dépense qu'elles leur avoient occasionné.

Machine Pneumatique, *Physique* : c'est une pompe aspirante montée sur un trépied, portant une platine de cuivre sur laquelle on pose un récipient de verre pour y renfermer divers corps. On retire par le moyen d'un piston tout l'air grossier contenu sous ce récipient, & on le fait sortir par un robinet à mesure qu'on le pompe. Cette *machine*, qu'on appelle aussi *machine du vuide*, est d'un grand usage dans les expériences de physique, pour démontrer les propriétés & les effets de l'air. Elle a été inventée vers le milieu du dix-septieme siecle par un bourguemestre de Magdebourg, nommé *Othon Guerick*, publiée pour la premiere fois en 1657 par le Pere *Schott*, & perfectionnée ensuite par le célebre

Boyle, & par M. *Hauksbée*. On en trouve la deſcription dans le ſecond volume de l'*architecture hydraulique* de M. *Belidor*, premiere partie, & dans preſque tous les livres de Phyſique.

MACHINE PYRIQUE, *Feux d'artifices* : c'eſt un aſſemblage de pieces d'artifices rangées ſur une carcaſſe formée avec des tringles de bois ou de fer, diſpoſées pour les ſoutenir & pour diriger la communication de leurs feux, comme celles qu'on a vu pendant pluſieurs années ſur le théâtre de la Comédie Italienne à Paris, & comme on en voit encore actuellement ſur les boulevards chez les ſieurs *Torré* & *Ruggieri*, artificiers du Roi & de la ville de Paris.

MACHINES, *Architecture* : ce ſont des aſſemblages de pieces de charpente tellement diſpoſées qu'avec le ſecours de mouffles, de poulies & de cordages, un petit nombre d'hommes peut enlever & poſer en place de très-gros fardeaux. Tels ſont le vindas, la chevre, la grue, le gruau, l'engin, &c. qui ſe montent & ſe démontent ſuivant le beſoin qu'on en a.

MACHINES SIMPLES, *Méchanique*. Il y a ſix *machines ſimples* auxquelles toutes les autres peuvent ſe réduire; ſçavoir, la balance & le levier (qui ne font qu'une même eſpece) le treuil, la poulie, le plan incliné, le coin, & la vis. M. *Varignon* en a ajouté une ſeptieme, qu'il a appellé *machine funiculaire*. Voyez la *nouvelle méchanique* de cet Auteur, imprimée à Paris chez *Jombert*, en deux volumes *in-quarto*.

MACHINES COMPOSÉES : c'eſt le nom qu'on donne à toutes celles qui ſont en effet *compoſées* de pluſieurs *machines* ſimples combinées enſemble : leur nombre eſt preſque infini, & l'on peut les employer en une infinité de manieres différentes, ſelon l'occaſion & la néceſſité. Ces ſortes de *machines* ne ſont utiles que pour mouvoir ou pour élever plus facilement des fardeaux d'un poids immenſe, ſans s'embarraſſer du tems qu'on ſera obligé d'y mettre; car on perd toujours de la part du tems ce que l'on gagne du côté de la force, & réciproquement. En général, le principe le plus ſimple pour le calcul des *machines*, quelque *compoſées* qu'elles ſoient, eſt que dans l'état d'équilibre la puiſſance & le poids ſont toujours dans la raiſon réciproque de leur vîteſſe, ou des eſpaces qu'ils parcourent dans le même tems. Voyez le *recueil de machines approuvées par l'Académie des Sciences*, en six volumes *in-quarto*. Les recueils de *machines* de *Ramelli*, de *Serviere*, de *Vanzill*, de *Léopold*, les *forces mouvantes de Salomon de Caux* & de *Descamus*, la premiere partie de l'*architecture hydraulique*, par M. *Belidor*, &c.

MACHINES *mues par un homme*. La force d'un homme qui tire un fardeau en marchant se réduit à environ 25 livres : ainsi quelque *machine* qu'on invente, elle ne pourra jamais aller au-delà de son effet naturel, c'est-à-dire, au-dessus du produit de mille toises en une heure par 25 livres. Lorsqu'un homme agit par la pesanteur de son corps, comme dans les poulies fixes, sa force est estimée 140 livres, parce qu'un homme d'une taille médiocre & d'une force ordinaire pese environ 140 livres.

MACHINES *mues par un courant*. Pour rendre ces sortes de machines capables du plus grand effet qu'elles peuvent produire, il faut que la vîtesse de la roue soit le tiers de celle du courant, & la *machine* ne doit élever que les $\frac{4}{9}$ du poids qui lui convient dans l'état d'équilibre. Ainsi c'est une erreur de croire que plus la roue d'une machine a de vîtesse, plus son effet doit être considérable. Voyez à ce sujet la premiere partie de l'*architecture hydraulique* de M. *Belidor*, tome I, article 589 & suivans.

MACHINES *militaires des anciens*. Elles étoient de trois especes. Les premieres servoient à lancer des fleches, comme le scorpion : à jetter de grosses pierres, comme la baliste : ou des javelots, comme la catapulte. Les secondes servoient à battre des murailles & à y faire des breches, comme le belier : les troisiemes enfin à couvrir les troupes qui s'approchoient des murailles de la ville assiégée, comme les tours de bois mobiles, les tortues, &c. Les *machines* dont le célebre *Archimede* se servit pour la défense de Syracuse, ont fait d'autant plus d'honneur à ce grand mathématicien, qu'elles ont contribué à en retarder considérablement la prise, malgré la valeur & l'acharnement de l'armée Romaine, commandée par Marcellus, qui la tenoit assiégée. On a fait encore usage dans nos armées des *machines de guerre* des anciens, même après l'invention de la poudre, jusqu'au regne de François premier.

MACHINISTE : c'est un homme qui fait ou invente des

machines pour augmenter les forces humaines, soit relativement aux bâtimens, à l'hydraulique, à l'horlogerie, &c. soit par rapport aux décorations théâtrales. Il est nécessaire qu'un *machiniste* soit sçavant dans les mathématiques & sur-tout dans la méchanique, pour pouvoir faire un calcul exact des puissances agissantes & résistantes qui se rencontrent dans les *machines* qu'il doit exécuter. Il y a à l'Opéra de Paris un *machiniste*, tant pour les changemens de décoration, que pour exécuter les vols, les descentes du ciel, les gloires, & pour faire monter sur la scene les furies, les démons & toutes les divinités infernales. M. *Girault*, également versé dans les méchaniques, le dessein & l'architecture, a succédé à M. *Arnoud* dans l'emploi d'*Ingénieur machiniste* de l'Académie royale de Musique, ainsi que des pompes funebres, catafalques, fêtes, réjouissances, & menus plaisirs de Sa Majesté.

MAÇON : c'est un artisan qui entreprend & construit un bâtiment, ordinairement sur les desseins & sous la conduite d'un architecte. On donne aussi le nom de *maçons* aux ouvriers aidés de leurs manœuvres, qui travaillent à la construction des murs & des voûtes sous les ordres du *maître maçon* ou de l'entrepreneur. Le principal ouvrage du *maçon* est de préparer le mortier, ou le plâtre, & d'élever les murailles depuis les fondemens jusqu'au haut de l'édifice, avec les retraites & les à-plombs nécessaires, de construire les voûtes, de mettre en œuvre les pierres qu'on lui fournit toutes taillées, &c.

MAÇONNERIE : c'est un art méchanique qui a pour objet la construction des édifices. On comprend sous ce terme la maniere d'employer la pierre de différente qualité, le libage, le moilon, la brique, &c. soit avec le plâtre, soit avec la chaux & le sable, ou le ciment, &c. ainsi que celle d'excaver les terres pour la fouille des fondations des bâtimens, & pour la construction des terrasses, &c. Enfin le mot *maçonnerie* se dit aussi-bien de l'ouvrage même que de l'art qui en enseigne la main d'œuvre. Voyez dans le livre intitulé, *architecture moderne*, en deux volumes *in-quarto*, le traité *de la construction* des bâtimens, dans lequel l'art de la *maçonnerie* est développé dans toutes ses parties. Voyez aussi dans le grand *dictionnaire encyclopédique* l'article Maçonnerie, qui occupe 34 pages *in-folio*, & dans lequel on a rassemblé tout ce qui regarde l'origine de la *maçonnerie*, son histoire ancienne & moderne, ses diverses especes suivant tous les pays du monde, la construction & le prix de toutes sortes de murs, des recherches sur les carrieres & sur les différentes natures de pierres, considérées relativement à leurs qualités, leurs défauts, leurs façons, & leurs usages, les différentes sortes de marbres, tant antiques que modernes, la maniere de faire la brique, de cuire & d'employer le plâtre, de préparer la chaux, de choisir le sable, de faire le ciment, &c. des détails de pratique sur les excavations des terres, sur leur transport, sur la façon d'orienter & de planter un édifice, sur les fondations des murs dans toutes sortes de terreins, bons ou mauvais, avec le dénombrement de tous les outils, instrumens & machines dont se servent les carriers, les maçons, les tailleurs de pierres, les terrassiers, les charpentiers, &c.

MADRIERS, *Archit. hydraul.* Ce sont des planches de bois de chêne fort épaisses, qui servent à soutenir les terres qui ont peu de consistance, ou à former des plate-formes pour asseoir la maçonnerie des puits, citernes, bassins, réservoirs, &c.

Madriers, *Art militaire* : ce sont des planches fort épaisses dont on se sert dans l'artillerie, pour établir les plate-formes des batteries de canons & de mortiers, ou pour soutenir les terres lorsqu'on travaille à des chambres ou à des galeries de mines. Dans l'attaque des places, on emploie aussi des madriers pour couvrir les sappes, les descentes du fossé, & les autres travaux qui se font dans les sieges. Enfin l'on en faisoit usage autrefois dans la défense des places pour couvrir les caponieres, mais l'incommodité de la fumée les a fait supprimer.

Madriers, *Maçonnerie.* On donne ce nom à des fortes planches de sapin qui servent aux maçons pour leurs échaffauts, & pour conduire dessus avec des rouleaux de grosses pierres toutes taillées.

MAESTRAL, *Marine* : c'est le nom qu'on donne sur la Méditerrannée au vent qui souffle entre le nord & l'ouest, appellé dans les autres mers *vent nord-ouest.*

MAGAZIN A POUDRE, *Artillerie* : c'est un édifice construit exprès & à l'écart pour renfermer la poudre à canon

canon & la mettre à l'abri de tout accident. Dans les villes de guerre, ces *magazins* se placent ordinairement dans le centre d'un bastion vuide : on les entoure d'un mur de clôture pour empêcher d'en approcher. Voyez les desseins & la construction d'un *magazin à poudre*, dans *la science des Ingénieurs*, par M. *Belidor*, livre IV.

MAGAZINS, *Art militaire* : ce sont des amas de vivres & de fourages que l'on fait pour la subsistance d'une armée en campagne, & que l'on établit dans les villes les plus proches & sur les derrieres de l'armée, pour en voiturer sûrement les provisions au camp à mesure qu'on en a besoin.

MAGAZINS, *Maçonnerie* : ce sont des especes de hangards fermés, où un entrepreneur fait serrer tous les équipages d'un attelier, comme échelles, planches, madriers, cordages, machines, outils, &c. sous la garde d'un homme de confiance qui les distribue par compte aux ouvriers.

MAZAGINS, *Marine*. Il y en a de plusieurs especes. *Magazin général*, c'est, dans un arsénal de marine, l'endroit où l'on enferme & où l'on distribue toutes les choses nécessaires pour l'équipement & l'armement des vaisseaux du Roi. *Magazin particulier*, c'est un lieu qui contient tous les agrès & apparaux d'un vaisseau seulement. On donne aussi le nom de *magazins* à des bâtimens dans lesquels il y a des munitions de réserve, à la suite d'une escadre ou d'une armée navale.

MAHONE, *Marine* : c'est une sorte de galéasse dont les Turcs se servent, & qui ne differe des galéasses de Venise, qu'en ce qu'elle est moins forte & plus petite.

MAI, *Marine* : c'est une espece de plancher de bois en forme de grillage, sur lequel on met égoutter un cordage nouvellement trempé dans le goudron.

MAIGRE, *Stéréotomie* : ce terme se dit d'une pierre dont on a trop ôté, ou dont les angles sont trop aigus, ensorte qu'elle n'occupe pas entiérement la place qui lui étoit destinée. *Maigre* se dit aussi en charpenterie, de tout tenon, qui étant trop mince, ne remplit pas exactement sa mortaise.

MAJOR, *Art militaire*. On donne ce nom à plusieurs officiers qui ont différentes fonctions dans les armées. Voyez les articles suivans.

MAJOR GÉNÉRAL : c'est un des principaux officiers de l'armée, sur lequel roulent tous les détails du service de l'infanterie. C'est lui qui donne à tous les *majors* des brigades l'ordre qu'il a reçu de l'officier général. Il ordonne les détachemens & les voit partir : il assigne aux troupes les postes qu'elles doivent occuper, &c.

MAJOR DE BRIGADE : c'est un officier qui prend l'ordre des *majors* généraux, & qui le donne aux *majors* particuliers de chaque régiment. Il doit tenir la main pour que les détachemens qu'on commande de sa brigade soient complets : il doit les mener au rendez-vous : c'est lui qui porte l'ordre au brigadier, &c.

MAJOR DE RÉGIMENT : c'est un officier qui fait à peu près dans le régiment les mêmes fonctions que le *major* général fait dans toute l'infanterie. Il doit veiller à l'exécution des ordonnances concernant la police & la discipline militaire.

MAJOR D'INFANTERIE : cet officier est seul chargé des deniers & des masses du régiment, & il en répond. Il doit donner tous les mois à chaque capitaine un bordereau signé de lui, du compte de sa compagnie.

MAJOR DE CAVALERIE : celui-ci doit tenir un contrôle signalé des chevaux de son régiment : il en est responsable, & paye 300 livres d'amende pour chacun de ceux qui sont détournés.

MAJOR DE TRANCHÉE : c'est, dans un siege, un officier général, chargé particuliérement du soin & de l'inspection des travaux de la tranchée, lequel doit veiller au service de tout ce qui concerne le siege depuis l'ouverture de la tranchée jusqu'à la prise de la place.

MAJOR D'UNE PLACE : c'est un officier qui commande dans une place de guerre en l'absence du gouverneur & du lieutenant de roi, & qui doit veiller à ce que le service militaire s'y fasse exactement.

MAJOR, *Marine* : c'est, dans un port de mer, un officier chargé de faire assembler à l'heure accoutumée les soldats qui montent la garde, & qui doit toujours être présent lorsqu'on la releve, pour indiquer les postes. Il a soin de visiter tous les jours les corps de garde, & de rendre compte de tout ce qui se passe au commandant.

MAIRRAIN ou MERREIN, *Menuiserie* : c'est du bois de chêne refendu en petites planches minces, dont on lambrissoit autrefois l'intérieur des voûtes des églises,

& dont on se sert aujourd'hui pour remplir les panneaux de menuiserie.

MALANDRES, *Charpenterie* : ce sont, dans les bois à bâtir, des nœuds vicieux & des endroits pourris & gâtés qui empêchent que les pieces ne puissent être employées dans leur entier étant équarries.

MAL-FAÇON : ce mot se dit de tout défaut de matiere ou de construction, causé par ignorance, négligence de travail, ou épargne. Il y a des *mal-façons* en maçonnerie, en charpenterie, &c.

MALINE, *Marine* : c'est le tems d'une grande marée, qui arrive toujours à la nouvelle & à la pleine lune. *Grande maline*, c'est le tems des nouvelles & des pleines lunes des mois de mars & de septembre, aux équinoxes de printems & d'automne.

MALLEOLES : c'étoit chez les anciens une espece de fleche ardente, ou un faisceau de roseaux liés ensemble avec du fer, dont l'extrêmité finissoit en dard, & qu'on lançoit sur les travaux de l'ennemi pour y mettre le feu.

MAMMELON : c'est une extrêmité arrondie de quelque piece de fer ou de bois qu'on fait entrer dans un trou où elle doit être mobile. Le *mammelon* d'un gond est la partie qui entre dans l'œil de la penture : le *mammelon* d'un treuil est l'extrêmité de l'arbre taillée en pointe, sur laquelle il tourne ; le trou dans lequel entre le *mammelon* du treuil s'appelle *lumiere*. Dans les écluses, on donne aussi le nom de *mammelon* à l'extrêmité inférieure des montans des chardonnets, qui est arrondie pour s'encastrer dans la crapaudine femelle.

MANEGE DU NAVIRE, *Marine* : ce terme est employé par M. *Saverien* pour désigner l'art de faire tourner le navire en tout sens. Cet art, selon cet auteur, consiste à déterminer le mouvement du vaisseau, suivant que les voiles sont situées les unes par rapport aux autres, afin de diriger ce mouvement comme on le souhaite & selon le besoin. Voyez les principes de cet art démontrés dans son *petit dictionnaire de marine*, en deux volumes *in-octavo*, Paris, 1758, article MANEGE.

MANIER A BOUT, *terme de couvreur* : c'est relever la tuile ou l'ardoise d'une couverture, y ajouter du lattis neuf, remettre des tuiles où il en manque, & refaire les plâtres à neuf. En termes de paveur, c'est asseoir du vieux pavé sur une forme neuve, & en remettre du nouveau à la place de celui qui est cassé.

MANIVELLE, *Méchanique* : c'est une sorte de levier auquel on donne un mouvement de rotation pour faire agir une machine. Il y a des *manivelles simples* & d'autres *doubles*, dont on se sert pour faire mouvoir les pistons des pompes : il y en a même de *triples*, qu'on appelle *manivelles à tiers point*, qui font agir trois pistons à la fois, comme aux pompes du pont Notre-Dame, à Paris. La *manivelle simple* est un levier coudé formant une double équerre avec l'axe d'un cylindre ou d'un treuil, posée sur deux chevalets, auquel elle est appliquée pour élever un poids quelconque. L'inconvénient de la *manivelle simple* est que son mouvement se trouve continuellement inégal & que le *moment* de la puissance varie à chaque instant, selon que le coude de la *manivelle* approche de la situation horisontale ou de la verticale. Les *manivelles doubles* & *triples* rectifient l'usage de ces machines, & font qu'il n'y a point de tems perdu dans leur action ; la plus parfaite est la *manivelle triple* : elle est sujette à moins d'inégalité dans son mouvement que la *double*, parce qu'il n'y arrive jamais que l'action de la puissance soit nulle. On a fait aussi des *manivelles quadruples*, mais elles sont de peu d'usage, étant sujettes à se rompre très-souvent : d'ailleurs elles sont plus inégales que les *manivelles triples*.

MANIVELLE OU MANUELLE DU GOUVERNAIL, *Marine* : c'est la piece de bois que le timonier tient à la main pour faire jouer le gouvernail. Il y a une boucle de fer qui joint la *manivelle* à la barre du gouvernail, ce qui fait jouer plus facilement cette piece.

MANŒUVRE, *Artillerie* : ce terme se dit du mouvement que se donnent plusieurs hommes pour mettre une piece de canon ou un mortier sur son affut, avec le secours de la chevre ou de quelque autre machine ; & en général on entend par ce mot le méchanisme par lequel on enleve ou l'on transporte des fardeaux très-pesans.

MANŒUVRE, *Maçonnerie*. On se sert de ce terme dans l'art de bâtir pour désigner le mouvement libre des ouvriers & des machines dans un endroit serré & étroit, pour pouvoir y travailler : comme dans une tranchée pour y élever au cordeau un mur d'alignement ; ou dans un batardeau, pour fonder une pile de pont : dans ce dernier cas, on doit donner au moins six pieds à l'espace entre le batardeau & la pile, pour laisser *la manœuvre* libre. On donne aussi le nom de *manœuvre* à un homme qui sert un compagnon maçon ou un couvreur. Ce sont les *manœuvres* qui travaillent au transport des terres, & qui servent à porter le moilon, le mortier, le plâtre, &c. Les moindres *manœuvres*, dont l'emploi est de porter le mortier sur l'oiseau, s'appellent *goujats*.

MANŒUVRE, *Marine* : c'est l'art de soumettre les mouvemens d'un vaisseau à des loix constantes pour le diriger, selon le besoin, le plus avantageusement qu'il est possible. Quoique la *manœuvre des vaisseaux* fasse une partie essentielle de la navigation, cet art n'a cependant été établi que de nos jours, & le Pere *Pardies* est le premier qui ait essayé d'assujettir *la manœuvre* à des regles constantes & démontrées. Cet essai fut adopté par le Chevalier *Renau*, qui établit sur les principes du P. *Pardies* une très-belle théorie de la *manœuvre des vaisseaux*. M. *Huyghens* attaqua ces principes ; le Chevalier *Renau* repoussa ses objections avec force, & M. *Bernoulli*, ayant pris part à la dispute, publia en 1714 un livre intitulé, *essai d'une nouvelle théorie de la manœuvre des vaisseaux*. M. *Pitot*, de l'Académie des Sciences, travaillant d'après M. *Bernoulli*, a calculé des tables d'une grande utilité pour la pratique, & fit imprimer en 1731 son ouvrage intitulé, *théorie de la manœuvre des vaisseaux réduite en pratique* ; enfin M. *Saverien* a tâché de simplifier encore cette science, en la dégageant des démonstrations trop sçavantes & des calculs algébriques peu familiers aux marins ; en conséquence il publia en 1745 une *nouvelle théorie* de cet art *mise à la portée des pilotes* : outre ces divers ouvrages, voyez l'article MANŒUVRE dans le *dictionnaire de mathématique* de M. *Saverien*, & dans le *dictionnaire de marine*, par le même auteur ; on trouve dans ce dernier ouvrage la solution des six problêmes qui renferment toute la théorie de la *manœuvre des vaisseaux*.

MANŒUVRES, *Marine*. On appelle ainsi en général tous les cordages qui servent à gouverner les vergues & les voiles, & à tenir les mâts. On donne aussi le nom de *manœuvre* au service des matelots & à l'usage que l'on fait des cordages pour faire mouvoir le vaisseau.

MANOMETRE, *Physique* : c'est un instrument dont l'objet est de mesurer & d'indiquer les altérations qui surviennent à l'air par sa rarefaction & sa dilatation. Le *manometre* differe du *barometre* & du *thermometre*, en ce que le *barometre* ne marque que la rarefaction de l'air causée par le poids de l'atmosphère, & le *thermometre*, celle qui provient de la chaleur ; au lieu que le *manometre* indique le degré de rarefaction de l'air occasionnée par ces deux causes modifiées & agissant ensemble. M. *Varignon* a donné dans les *mémoires de l'Académie*, année 1705, la description & les propriétés d'un *manometre* de son invention : quelques physiciens ont appellé aussi cet instrument *manoscope*. M. *Saverien*, (à l'imitation de M. *Wolf*) fait un article à part du *manoscope*, dans son *dictionnaire de mathématique* ; mais en confondant lui-même ces deux instrumens, il démontre par-là l'inutilité de cette distinction.

MANSARDE ou COMBLE A LA MANSARDE, *Architecture* : c'est un comble composé de deux parties, dont l'inférieure, qui s'étend depuis le bas du toît jusqu'à la panne de brisis, est fort roide, & dont la partie qui est au-dessus est extrêmement plate. C'est une invention qui a été mise en pratique par *François Mansard*, célebre architecte du siecle de Louis XIV, pour rendre plus habitables les étages en galetas. L'idée ne lui en est sans doute venue (dit *Cordemoy*) que du trait de l'assemblage de charpente dont *Sangallo* s'est servi il y a 200 ans pour former les ceintres des voûtes de Saint-Pierre de Rome, & dont le grand *Michel-Ange* a fait usage ensuite pour le même sujet.

MANTEAU DE CHEMINÉE, *Architecture* : c'est la partie inférieure de la cheminée composée des deux jambages, du chambranle, & de la hotte qui est au-dessus, soutenue par la barre de fer, appellée aussi *manteau*, qui porte sur les deux jambages, & dont les deux extrémités ployées quarrément sont scellées dans le gros mur.

MANTELET, *Attaque des places* : c'est une espece de parapet mobile fait avec des planches ou madriers de trois pouces d'épaisseur, haut d'environ six pieds, & monté sur deux ou trois roulettes. Le premier sappeur poussoit devant lui ce *mantelet* par le moyen d'un timon, pour se garantir du feu de mousqueterie de la place. On n'en fait plus usage présentement ; les sappeurs lui ont substitué un gabion farci qui est moins sûr, mais plus commode à manœuvrer.

MANTELETS OU CONTRE-SABORDS, *Marine* : ce sont des especes de volets qui ferment les sabords ; ils sont attachés par le haut au corps du vaisseau avec des gonds & des pentures, & battent par le bas sur le feuillet des sabords. Ces *mantelets* sont faits de fortes planches bien doublées & clouées fort serré en losange : on les peint ordinairement de rouge en dedans.

MANTURES, *Marine* : c'est le nom que l'on donne aux coups de mer & à l'agitation des flots & des houles.

MANUELLE DU GOUVERNAIL. Voyez ci-devant au mot MANIVELLE.

MARBRE, *Architecture* : c'est une espece de roche extrêmement dure, susceptible d'un grand poli, & remplie pour l'ordinaire de taches & de veines de différentes couleurs. Il y a tant de sortes de *marbres* que nous n'entreprendrons point de les décrire, nous contentant de renvoyer pour cet objet au *dictionnaire d'architecture de d'Aviler*, où l'on est entré dans le plus grand détail sur toutes les especes de *marbres*, tant antiques que modernes, dont ont peut faire usage, soit pour la sculpture, soit pour la décoration des bâtimens.

MARCHE, *Architecture* : c'est un degré sur lequel on pose le pied pour monter ou descendre, & qui fait partie d'un escalier ou d'un perron : sa partie horisontale, sur laquelle on marche, s'appelle *giron* ; & la partie verticale, qui en fait le parement, se nomme *contremarche*. Dans les escaliers tournans, dont les *marches* sont toutes d'inégale largeur de giron, la partie la plus étroite est ce qu'on appelle *le collet*, & la plus large en est *la queue*. Dans un escalier ordinaire, chaque *marche* ne doit pas avoir plus de six pouces de hauteur, ni moins d'un pied de giron. On donne le nom de *marche-palier* à la *marche* qui fait le bord d'un pâlier.

MARCHE, *Art militaire*. Les *marches* sont une des plus importantes opérations de la guerre ; elles font la principale science du Maréchal général des logis, & méritent toute l'attention du Général ; puisque souvent le salut d'une armée en dépend. Elles doivent se régler sur la nature du pays dans lequel on se propose de passer, & sur le tems qu'il faut à l'ennemi pour s'approcher. Ceux qui voudront s'instruire à fond de la science des *marches*, doivent recourir à l'*art de la guerre*, par le Maréchal *de Puysegur*, qui a épuisé cette matiere, ou aux *élémens de Tactique*, par M. *le Blond*, *in-quarto*.

MARCHE-PIED, *Marine* : c'est un nom qu'on donne en général à des cordages qui ont des nœuds posés sous les vergues, & sur lesquels les matelots mettent les pieds lorsqu'ils prennent les ris des voiles, lorsqu'ils les ferlent ou les déferlent, & lorsqu'il s'agit de mettre ou d'ôter le boute-dehors pour ajouter des bonnettes en étai au grand mât ou à celui de misaine.

MARCHE-PIED, *Ponts & chaussées*. On appelle ainsi un espace d'environ trois toises de largeur qu'on doit laisser libre sur le bord des rivieres, pour faciliter le tirage des bateaux qui remontent.

MARDELLE ou MARGELLE, *Maçonnerie* : c'est la derniere pierre d'un puits, qui ordinairement est ronde & toute d'une piece : elle sert d'appui & à recouvrir les autres pierres qui forment la maçonnerie du puits. Aux puits mitoyens, cette margelle est souvent ovale, avec une languette de séparation qui descend en contre-bas à quelques pieds de profondeur au-dessous du niveau du terrein.

MARÉCHAL DE FRANCE : c'est le premier officier des troupes de France, dont la fonction principale est de commander une armée en chef, ayant sous ses ordres des lieutenans généraux, maréchaux de camp, brigadiers, &c.

MARÉCHAL GÉNÉRAL *des camps & armées du Roi* : c'est une charge militaire qui se donne à un maréchal de France auquel le Roi veut accorder une distinction particuliere. Jusqu'à présent on ne compte que cinq maréchaux de France qui aient été revêtus de cette dignité ; sçavoir, le Maréchal *de Biron*, le Maréchal *de Lesdiguieres*, le Vicomte *de Turenne*, le Maréchal *de Villars*, en 1733, & le Maréchal *de Saxe*, en 1746.

MARÉCHAL GÉNÉRAL *des logis de l'armée* : c'est un des principaux officiers de l'armée, & celui dont l'emploi demande le plus de talens & de capacité. Ses fonctions consistent à diriger les marches avec le général, à choisir les lieux où l'armée doit camper, & à distribuer le terrein aux majors de brigade. Celui qui est chargé de cet important emploi doit avoir une connoissance parfaite du pays où l'on fait la guerre, & ne doit rien négliger pour l'acquérir. M. le Maréchal *de Puyſegur* déclare, dans ſon excellent ouvrage, que c'eſt à l'exercice preſque continuel de cette charge, qu'il doit toutes les connoiſſances qu'il a acquiſes dans l'art de la guerre.

MARÉCHAL GÉNÉRAL *des logis de la cavalerie* : c'eſt un officier qui a les mêmes fonctions & qui eſt chargé à peu près des mêmes détails dans la cavalerie que le major général dans l'infanterie.

MARÉCHAL DE CAMP : c'eſt un officier général dont le grade eſt immédiatement après les lieutenans généraux, & au-deſſus des brigadiers. C'eſt ſur lui que roule tout le détail des campemens & des fourrages.

MARÉCHAL DE BATAILLE : c'étoit autrefois un officier dont la principale fonction étoit de mettre une armée en bataille, ſelon l'ordre dans lequel le général avoit réſolu de combattre. Cette charge a été ſupprimée.

MARÉCHAL DES LOGIS. Dans une compagnie de cavalerie ou de dragons, c'eſt un bas officier chargé du détail de la compagnie, ſous les ordres du capitaine, dont il eſt comme l'homme d'affaire : il a ſous lui un brigadier & un ſous-brigadier, qui ſont compris dans le nombre des cavaliers ou dragons.

MARÉE, *Phyſique* : c'eſt le nom qu'on donne aux deux mouvemens périodiques des eaux de la mer, par leſquels elle s'éleve & s'abaiſſe alternativement deux fois par jour, en coulant de l'équateur vers les poles, & en refluant des poles vers l'équateur. Les eaux de la mer montent pendant environ ſix heures, c'eſt ce qu'on nomme *flux* ou *flot* : lorſqu'elles ſont parvenues à leur plus grande hauteur, ce qu'on appelle *haute mer* ou *hautes eaux*, elles reſtent à peine un demi-quart d'heure en cet état, la mer eſt alors *pleine* : elle commence enſuite à deſcendre, ce qu'elle fait pendant près de ſix heures ; c'eſt le tems du *reflux*, *hebe*, ou *juſan* ; enfin la mer en ſe retirant parvient à ſon plus bas terme, qu'on nomme *baſſe mer*, & elle remonte preſque auſſi-tôt. Les *marées* ſont plus fortes de 15 jours en 15 jours, c'eſt ce qui arrive à toutes les nouvelles & pleines lunes ; on leur donne le nom de *grandes marées*, *malines*, ou *reverdies*. Dans les quadratures, c'eſt-à-dire, aux premier & dernier quartiers de la lune, la mer eſt moins forte, c'eſt ce qu'on appelle *mortes eaux*. Enfin l'on obſerve encore deux changemens annuels aux *marées* : car aux environs des ſolſtices elles ſont les plus foibles, & dans le tems des équinoxes, elles ſont les plus fortes de toutes : il y a des côtes ſur l'Océan, où la *marée* monte alors juſqu'à 24 pieds de hauteur. Voyez auſſi ce que nous avons dit ci-devant à l'article FLUX ET REFLUX.

MARINE. On entend par ce mot tout ce qui a rapport au ſervice de la mer, ſoit pour la navigation, le commerce maritime, & la conſtruction des vaiſſeaux, ſoit par rapport au corps des officiers militaires, & de ceux qui ſont employés pour le ſervice des ports, arſenaux, & armées navales.

MARINIER. On appelle ainſi en général un homme qui va à la mer & qui ſert à la conduite & à la manœuvre d'un vaiſſeau. On donne auſſi ce nom à ceux qui conduiſent des bateaux ſur les rivieres.

MARMENTEAU (Bois) : c'eſt un bois de haute futaie ſervant à la décoration d'un château, que l'on conſerve & qu'on ne coupe point.

MARNOIS, *Navigation* : ce ſont des bateaux de médiocre grandeur, qui viennent à Paris de la Brie & de la Champagne, par les rivieres de Seine & de Marne.

MARRON, *Archit. hydraul.* Les terraſſiers appellent ainſi un morceau de glaiſe qui n'a pas été pêtri & corroyé comme le reſte, & qui par la ſuite occaſionne une faute au corroi de glaiſe qui entoure un baſſin.

MARRON, *Pyrotechnie* : c'eſt une ſorte de pétard de forme cubique, fait avec du carton fort plié en pluſieurs doubles. On remplit ce petit coffre de poudre grenée pour produire une grande détonation, qu'on augmente en fortifiant le carton par une enveloppe de ficelle trempée dans de la colle forte.

MARSOUINS, *Marine* : ce ſont des pieces de bois courbes qui lient l'avant & l'arriere d'un vaiſſeau ; elles ſont ordinairement formées chacune de deux pieces.

MARTEAU, *Marine* : c'eſt une piece de bois plate, percée au milieu, qui paſſe par la fleche de l'arbaleſtrille.

MARTICLES, *Marine* : ce ſont de petites cordes diſpoſées par branches ou pattes en façon de fourches, qui vont aboutir à des poulies appellées *araignées*. La vergue d'artimon a des *marticles* qui lui tiennent lieu de balancines. L'étai de perroquet ſe termine auſſi par des *marticles* sur l'éperon de misaine. On donne encore le nom de *marticles* à de petits cordages qui embrassent les voiles qu'on ferle.

MARTINET, *Machines* : c'est ainsi qu'on appelle un marteau extrêmement pesant qui se leve & s'abaisse, dans les grosses forges, par le moyen d'une roue à eau.

MARTINET, *Marine* : c'est la corde ou manœuvre qui commence à une poulie nommée *cap de mouton*, laquelle est à l'extrêmité des marticles : elle sert à faire hausser ou bailler la vergue d'artimon.

MASQUE ou MASCARON, *Architecture* : c'est un ouvrage de sculpture représentant un visage de fantaisie & quelquefois ridicule, dont on orne le claveau du milieu d'une porte ou d'une croisée.

MASSE D'UN CORPS, *Méchanique* : c'est la quantité de matiere qu'il contient : on juge de la *masse* des corps par leur pesanteur ; & M. *Newton* a trouvé, par plusieurs expériences fort exactes, que le poids des corps étoit proportionnel à la quantité de matiere qu'ils contiennent. La *masse* se distingue par-là du volume, qui n'est autre chose que l'étendue du corps en longueur, largeur, & profondeur ; ainsi le poids indique la *masse* d'un corps, & le toisé en donne le volume. On aura toujours la *masse* d'un corps en divisant sa force, ou sa quantité de mouvement, par sa vitesse.

MASSELOTTE, *Artillerie* : c'est l'excédent de matiere qui se trouve à l'extrêmité d'une piece d'artillerie après qu'elle est fondue. Quand on coule la piece la volée en bas, la *masselotte* se trouve à la culasse ; c'est le métal le dernier fondu, on le scie lorsqu'on répare la piece.

MASSIF, *Hydraulique* : c'est un corroi de glaise ou une chemise de ciment qui sert à retenir les eaux d'un bassin.

MASSIF, *Maçonnerie* : c'est un assemblage d'une très-grande quantité de matériaux, ou de très-grosses pierres de taille, qui étant liées avec quelque ciment que ce soit, forment un corps très-solide qu'on éleve plus ou moins au-dessus du rez-de-chaussée, suivant les ouvrages de maçonnerie qu'on veut y asseoir. *Cordemoy*, *nouveau traité d'architecture*.

MASTIC, *Archit. hydraul.* On remplit les joints des pierres aux écluses, quais, & autres ouvrages bâtis dans l'eau, avec un *mastic* composé de parties égales de ciment de pots caſſés, de peccadin ou craſſe provenant des verreries, & de parcelles de fer ſortant de l'enclume des forgerons, le tout réduit en poudre. On ajoute à ces matieres environ la moitié de chaux éteinte, faiſant alors le tiers du tout. On mêle cette compoſition & on la bat pendant quelques jours, après quoi on prend de groſſes limaces rouges, ſans coquilles, que l'on écorche & que l'on broie avec le *maſtic.*

MASTIC DES FONTAINIERS, *Hydraulique* : c'eſt une compoſition de graiſſe de mouton, battue dans un mortier avec de la brique pilée & tamiſée, juſqu'à ce qu'on en puiſſe faire des pelottes molles comme de la cire à modeler. Ce *maſtic* s'applique à froid ſur les jointures des tuyaux de conduite. On fait encore un *maſtic* avec de la chaux pilée & de la farine de ciment mêlées enſemble, que l'on applique à froid ſur les nœuds & les jointures des tuyaux de grès. Voyez auſſi ci-devant l'article CIMENT DES FONTAINIERS.

MAT, *Marine* : ce ſont de groſſes & longues pieces de bois arrondies, qui s'élevent preſque perpendiculairement ſur le vaiſſeau pour porter les vergues, les voiles, & les manœuvres néceſſaires pour le faire naviger. Le *mât de beau-pré* eſt excepté de cette regle, puiſqu'il eſt pointé à l'avant ſous un angle d'environ 35 degrés. Les grands vaiſſeaux ont quatre *mâts* majeurs qui s'élevent immédiatement ſur le pont ; ſçavoir, un vers la pouppe, qu'on nomme *mât d'artimon* : le ſecond au milieu, qui eſt le *grand mât* : le troiſieme vers la proue, nommé *mât de miſaine* ou *mât d'avant* : le quatrieme incliné & ſaillant au-delà de la proue, qu'on appelle *mât de beau-pré.* Les *mâts* ſont fortifiés par des manœuvres qui ſont les aubans & les étais. Voyez ci-devant aux articles BEAU-PRÉ, GRAND MAT, &c.

MATELOT : c'eſt un homme de mer employé pour faire le ſervice d'un vaiſſeau.

MATÉRIAUX, *Architecture* : ce ſont toutes les matieres qui entrent dans la conſtruction d'un bâtiment, comme la pierre, le bois, le fer, &c.

MATHÉMATIQUES : c'eſt une ſcience qui a pour objet les propriétés de toute grandeur que l'on peut calculer ou meſurer. Les *mathématiques* ſe diviſent en deux claſſes ; la premiere, qui renferme les *mathématiques pures*, considere les propriétés de la grandeur d'une maniere *abstraite*. Sous ce point de vue la grandeur est ou calculable ou mesurable. Dans le premier cas, elle est exprimée par des nombres, c'est l'objet de l'*arithmétique*. Dans le second, elle est représentée par l'étendue, c'est ce qu'on appelle *géométrie*. La seconde classe, qui comprend les *mathématiques mixtes*, s'occupe des propriétés de la grandeur *concrete*, c'est-à-dire, envisagée dans certains corps ou sujets particuliers. On comprend sous le nom de *mathématiques mixtes*, la méchanique, l'optique, l'astronomie, la géographie, l'architecture militaire & civile, l'hydrostatique, l'hydraulique, l'hydrographie, la navigation, &c. De tous les cours de *mathématiques* qui ont paru jusqu'à présent, celui de M. *Wolf*, en cinq volumes *in-quarto*, est le plus complet & le plus estimé. MM. *Ozanam*, *Belidor*, *Deidier*, & *le Blond*, ont aussi donné des *cours de mathématiques* écrits avec beaucoup de méthode & de précision, dans lesquels ils se sont restreints aux parties de cette science les plus nécessaires à un homme de guerre. M. *Montucla* a mis au jour en 1758 une *histoire générale des mathématiques*, en deux volumes *in-quarto*, dont on ne sçauroit assez recommander la lecture à tous ceux qui desirent faire quelques progrès dans l'étude de cette science, & connoître les principaux ouvrages qui ont paru sur les différentes branches des *mathématiques*.

MATHES, *Marine*. Quoique ce terme ne se trouve dans aucun dictionnaire, il nous suffit que M. *Belidor* en ait fait usage dans son *architecture hydraulique*, pour en donner ici la définition. C'est, dit cet auteur célebre, le nom qu'on donne sur l'Océan à des rochers que la mer couvre de trois ou quatre pieds d'eau, contre lesquels les vagues, trouvant de la résistance, s'élevent très-haut & retombent ensuite avec un grand fracas.

MATURE, *Marine* : c'est l'art de *mâter* les vaisseaux ; tout cet art se réduit à déterminer le nombre des *mâts*, leur position sur le vaisseau, & la hauteur qu'on doit leur donner. Voyez la solution de ces trois problêmes dans le *petit dictionnaire de marine* de M. *Saverien*. Voyez aussi l'article MATURE dans le *dictionnaire de mathématique* du même auteur. Ceux qui desireront approfondir davantage cette partie importante de l'architecture navale, doivent recourir à la piece sur *la mâture des vais-*

ſeaux, par M. *Bouguer*, qui a remporté le prix de l'Académie en 1727, & au *traité du navire* du même auteur. On peut voir auſſi les deux pieces ſur la *mâture* qui ont concouru dans la même année avec celle de M. *Bouguer*, & le livre intitulé, *La mâture diſcutée & ſoumiſe à de nouvelles loix*, par M. *Saverien.*

MAXIMUM: c'eſt un mot latin employé par les mathématiciens pour déſigner l'état le plus grand où une quantité variable puiſſe parvenir, relativement aux loix qui en déterminent la variation. La méthode *de maximis & minimis* eſt l'art de découvrir le point, le lieu, ou le moment où une quantité variable devient la plus grande ou la plus petite qu'il eſt poſſible, eu égard à ſa loi de variation. On trouve dans le *traité des fluxions* de *Maclaurin*, imprimé chez *Jombert*, en deux volumes *in-quarto*, une belle expoſition & une théorie profonde de cette méthode. Voyez auſſi à ce ſujet l'*analyſe des lignes courbes* de *Cramer*, *in-quarto*, qui ſe trouve chez le même Libraire, chapitre XI, où la théorie du *maximum* & du *minimum* eſt très-bien développée.

MÉCHANIQUE ou MÉCANIQUE : c'eſt une partie des mathématiques mixtes qui conſidere le mouvement & les forces motrices, leur nature, leurs loix, & leurs effets dans les machines : ainſi la *méchanique* s'occupe du mouvement des corps, comme la ſtatique conſidere les corps & les puiſſances dans leur état d'équilibre. On peut définir auſſi la *méchanique*, une ſcience dont l'objet eſt d'examiner le rapport qui ſe trouve entre les forces ou puiſſances agiſſantes pour mouvoir les corps, & les viteſſes avec leſquelles ils ſeroient mus s'ils ne rencontroient aucun obſtable. La *méchanique* eſt une ſcience toute moderne ; les anciens n'en connoiſſoient tout au plus que la ſeule pratique : la découverte des loix du mouvement & de la compoſition des forces eſt dûe aux travaux de *Stevin*, *Galilée*, *Huyghens*, *Wren*, *Wallis*, *Newton*, *Varignon*, *d'Alembert*, &c. Voyez pour les principes de cette ſcience la *nouvelle méchanique ou ſtatique*, par M. *Varignon* ; la *méchanique générale*, par M. l'Abbé *Deidier* ; le *traité de dynamique*, par M. *d'Alembert*, &c.

MÉCHANISME : ce terme s'applique à la maniere dont quelque cauſe méchanique produit ſon effet : ainſi on dit le *méchaniſme* d'une montre, ou de toute autre machine, le *méchanisme* de l'univers, le *méchanisme* du corps humain, &c.

MECHE, *Artillerie* : c'est une sorte de corde faite avec des étoupes de lin ou de chanvre, filées à trois cordons, qui a la propriété de conservor le feu long-tems & de brûler lentement. On s'en sert pour mettre le feu aux canons, mortiers, bombes, &c. au moyen de l'amorce dont leur lumiere est remplie.

MEMBRE, *Architecture* : c'est un nom général qu'on donne à tout ce qui fait partie d'un morceau d'architecture; c'est ainsi que l'architrave, la frise, & la corniche sont les trois *membres* d'un entablement. On entend aussi par ce mot les moulures dont une principale piece est composée, comme les doucines, les astragales, les cymaises, &c. *Felibien, dictionnaire d'architecture.*

MEMBRES D'UNE ÉQUATION, *Algebre* : ce sont les deux parties d'une équation, séparées par le signe d'égalité $=$. Ainsi dans l'équation $a+b=x$, $a+b$ est un des *membres*, & x en est l'autre.

MEMBRES D'UN VAISSEAU, *Marine* : c'est le nom qu'on donne à toute grosse piece de bois qui entre dans la construction d'un vaisseau, comme les varangues, les genoux, les alonges, &c.

MEMBRON, *Plomberie*. Voyez ci-devant au mot BOURSEAU.

MEMBRURE, *Menuiserie* : ce sont des pieces de bois ordinairement de 3 pouces sur 7 de grosseur, dont on se sert pour former les bâtis de la plus forte menuiserie, comme ceux des portes cocheres, & pour en recevoir les panneaux assemblés à rainure & languette.

MENEAUX, *Architecture* : ce sont, dans les croisées, les montans & les traverses de bois, de fer, ou de pierre, qui servent à en séparer les jours & les guichets. On appelle *faux meneaux*, ceux qui n'étant pas assemblés avec le dormant de la croisée, s'ouvrent avec le guichet.

MENTONNET, *Méchanique* : c'est une piece de bois en saillie attachée au pilon d'un moulin à poudre, à tan, à papier, &c. qui sert à le relever par le moyen des bras du hérisson qui s'y engrainent. Voyez la description du moulin à poudre, dans la premiere partie de l'*architecture hydraulique* de M. *Belidor*, *in-quarto*; tome I.

MENUISERIE : c'eſt l'art de tailler, polir & aſſembler avec propreté & délicateſſe les bois de différente eſpece pour les menus ouvrages, comme portes, croiſées, parquets, cloiſons, plafonds, lambris, & toutes les eſpeces de revêtiſſemens en bois qui s'appliquent ſur les murailles dans l'intérieur des appartemens. Cet art peut ſe diviſer en trois parties. 1°. La connoiſſance des bois propres à ces ſortes d'ouvrages. 2°. La maniere de les dreſſer, tailler, & aſſembler. 3°. Le goût & le choix des profils. Comme les deux premieres parties ſont purement méchaniques, elles s'apprennent facilement par la ſeule pratique; mais la troiſieme, qui eſt le fruit de l'étude du deſſein & du génie de l'artiſte, conſtitue eſſentiellement l'art de *menuiſerie* & diſtingue l'artiſte de l'artiſan. Les ſeuls livres qu'on puiſſe indiquer ſur la pratique de la *menuiſerie*, ſont le *traité de la coupe des bois*, par *Blanchard*, *in-quarto*; & les *détails ſur la menuiſerie*, par *Potain*, *in-octavo*. Voyez auſſi l'article MENUISERIE, dans le *dictionnaire encyclopédique*, avec les planches qui y ont rapport. On trouve divers deſſeins de lambris de *menuiſerie* pour la décoration intérieure des édifices, dans le *cours d'architecture*, par *d'Aviler*, & dans le *traité de la décoration des édifices*, par *Blondel*.

MÉPLAT, *Charpenterie* : c'eſt l'épithete qu'on donne à une piece de bois de ſciage qui a beaucoup plus de largeur que d'épaiſſeur, comme les membrures, les plateformes, &c.

MER : c'eſt cette grande étendue d'eau qui couvre la plus grande partie du globe terreſtre. On la diviſe en pluſieurs parties auxquelles on donne le nom des terres qui les environnent, & dont les principales, relativement à l'Europe que nous habitons, ſont l'Océan & la Méditerannée.

MERCURE, *Phyſique*. Nous ne parlerons de ce fluide métallique qu'à l'occaſion du barometre, dans lequel il ſe ſoutient en équilibre avec la colonne d'air extérieur, à la hauteur de 28 à 29 pouces. On a trouvé par des expériences qu'une même quantité de mercure péſe un peu plus en hiver qu'en été.

MERE NOURRISSE, *Hydraulique*. On appelle ainſi, dans

dans les machines hydrauliques, une pompe aspirante particuliere dont l'objet est d'entretenir toujours l'eau à la même hauteur dans un réservoir ou bassin qui répond à l'orifice de plusieurs corps de pompes, pour empêcher que l'air ne s'y introduise, & pour que les cuirs qui garnissent les pistons ne laissent point de vuide.

MÉRIDIEN, *Navigation* : c'est un grand cercle de la sphère, qui, passant par les poles du monde, coupe l'équateur à angles droits, & divise les sphères céleste & terrestre en deux hemi-sphères égaux, l'un oriental, l'autre occidental. Le *premier méridien* est celui duquel on compte tous les autres en allant d'Orient en Occident, c'est par conséquent le commencement de la *longitude*. Voyez à ce mot.

MÉRIDIENNE, ou LIGNE MÉRIDIENNE : c'est une ligne droite dans laquelle le méridien & l'horison d'un lieu s'entrecoupent, ou si l'on veut, c'est la commune section du méridien & d'un plan quelconque, soit horisontal, vertical, ou incliné. Les plus célebres *méridiennes* que nous ayons à Paris sont celle de l'Observatoire & celle qui a été tracée avec tous les soins & toutes les précautions possibles, par *M. Lemonnier*, dans l'église de Saint-Sulpice. On trouve les détails de cette opération astronomique dans les *mémoires de l'Académie des Sciences*, année 1743.

MÉRIDIONALE, *Navigation*. La distance méridionale est la différence de longitude entre le méridien sous lequel un vaisseau se trouve & celui d'où il est parti.

MERLIN, *Marine* : c'est une sorte de corde ou haussiere composée de trois fils commis ensemble par le tortillement. *Merliner* une voile, c'est la coudre à la ralingue par certains endroits avec du *merlin*.

MERLON, *Artillerie* : c'est la partie de l'épaulement, ou du parapet, d'une batterie de canons, qui se trouve comprise entre deux embrâsures. On lui donne extérieurement 18 pieds de largeur, ou d'ouverture, laquelle se trouve réduite à 11 pieds du côté intérieur de la batterie.

MESTRE DE CAMP, *Art militaire* : c'est un officier qui commande un régiment de cavalerie ou de dragons : cette place, dans la cavalerie, répond à celle de colonel dans l'infanterie.

MESURE, *Géométrie* : c'est une certaine quantité qu'on prend pour unité & qu'on établit pour en déterminer le rapport avec d'autres quantités homogenes ou de même espece. Les *mesures* sont différentes suivant les quantités dont il s'agit. La *mesure* des longueurs est une ligne droite, celle des surfaces est un quarré, celle des solides est un cube, &c. La *mesure* d'un angle est un arc de cercle décrit à volonté de la pointe de l'angle, comme centre, & terminé par ses deux côtés, de sorte que l'angle sera d'autant de degrés & de minutes que l'arc en contiendra. Voyez les sçavantes recherches dont M. le Chevalier *de Jaucourt* a enrichi le *dictionnaire encyclopédique* à l'article MESURE, & les tables curieuses qu'il y a joint du rapport des mesures des diverses nations, soit anciennes ou modernes, avec le pied romain, le pied de Paris, celui de Londres, &c.

MESURE ITINÉRAIRE. On entend par ce terme les mesures dont les différens peuples se sont servis ou se servent encore aujourd'hui pour évaluer la distance des lieux & la longueur des chemins. Voyez ce que nous avons dit ci-devant, article LIEUE, au sujet du projet qu'on a commencé à exécuter en France pour déterminer d'une maniere uniforme toutes les distances des principales routes du royaume, en les marquant de mille toises en mille toises. Voyez aussi dans le *dictionnaire encyclopédique* (même article que celui-ci) la table géographique des principales *mesures itinéraires*, anciennes & modernes, rapportées à un degré de l'équateur & à la toise de Paris.

MESURER, *Géométrie* : c'est se servir d'une *mesure* connue pour déterminer la grandeur, l'étendue, & la quantité de quelque corps, ou la capacité de quelque vaisseau. L'action de *mesurer*, ou le *mesurage* est l'objet de la géométrie pratique. L'art de *mesurer* les lignes ou les quantités géométriques dont on ne considere qu'une seule dimension, s'appelle *longimétrie*; quand ces lignes sont ou obliques ou perpendiculaires à l'horizon, on lui donne le nom d'*altimétrie*. Le *nivellement* indique la différence de hauteur des deux extrêmités d'une ligne ou d'une surface. L'art de *mesurer* les solides, ou les quantités géométriques de trois dimensions, prend le nom de *stéréométrie*, & on l'appelle *jaugeage* lorsqu'il s'agit de *mesurer* la capacité des vaisseaux.

Voyez ce que nous avons dit dans ce *dictionnaire* à l'occasion de ces différentes branches de la géométrie pratique.

MÉTAL, *Artillerie* : c'est le nom qu'on donne à la composition des différentes matieres dont on fabrique les pieces d'artillerie ; la dose de ce mêlange est sur une partie quelconque de rosette ou cuivre rouge, de mettre la douzieme partie d'étain, & de laiton seulement les deux tiers de l'étain.

MÉTAUX, *Physique*. On a trouvé par plusieurs expériences que les *métaux* plongés dans l'eau perdent une partie de leur poids. L'or en perd un dix-neuvieme, le mercure un quatorzieme, le plomb un douzieme, l'argent un dixieme, le cuivre un neuvieme, le fer un huitieme, & l'étain un septieme.

MÉTHODE MATHÉMATIQUE : c'est l'art de joindre & de disposer les pensées qu'on veut développer ; ou si l'on veut, c'est l'ordre qu'on suit pour trouver la vérité ou pour l'enseigner. D'abord on définit exactement les termes, ensuite on établit des axiomes, delà on vient aux théorêmes, où l'on démontre quelques vérités fondées sur les axiomes qu'on a établis : on applique ces vérités aux arts & aux sciences, c'est ce qu'on appelle problême ; on expose après cela, dans des corollaires & des scholies, les diverses connoissances qui dérivent du même principe. On donne aussi le nom de *méthode* à la route trouvée & expliquée par un géometre pour résoudre plusieurs questions du même genre & renfermées dans une même classe : plus cette classe est étendue, plus la *méthode* a de mérite. Quelquefois on trouve le moyen de généraliser une *méthode* particuliere, & alors le principal mérite de l'invention est dans cette généralisation. Parmi les *méthodes* particulieres, les plus célebres sont : la *méthode de Guldin* pour trouver la solidité d'une figure par son centre de gravité : cette *méthode* est parfaitement bien développée dans un ouvrage intitulé, *la mesure des surfaces & des solides par leur centre de gravité*, par M. l'Abbé *Deidier*, *in-quarto*, chez *Jombert*. La *méthode de maximis & de minimis* dont nous avons parlé ci-devant à l'article *MAXIMUM*. La *méthode des fluxions*, que nous avons défini ci-devant à l'article FLUXIONS. La *méthode des tangentes*, qui est une regle générale pour trouver les propriétés données d'une courbe, dont nous aurons occasion de parler à l'article TANGENTES, &c.

MÉTOCHE, *Architecture* : c'est le nom que donne *Vitruve* à l'espace vuide qui sépare les denticules dans la corniche de l'entablement Ionique. *Parallele de Chambray.*

MÉTOPE, *Architecture* : c'est l'intervalle quarré qu'on laisse entre les triglyphes dans la frise de l'entablement Dorique. *Demi-métope*, c'est l'espace un peu moindre que la moitié d'un *métope*, qu'on laisse à l'encoignure de la frise Dorique. Les anciens ornoient les *métopes* de têtes de bœufs dessechées, de bassins, de vases, & d'autres instrumens qui servoient aux sacrifices. *Felibien, dictionnaire d'architecture.*

MEULE DE MOULIN : chacun en connoît & la figure & l'usage : nous observerons seulement que les pierres les plus dures & les plus spongieuses sont les meilleures pour faire les *meules* des moulins à moudre ou broyer ; c'est pourquoi on les taille ordinairement dans les carrieres de pierre de meuliere. On est obligé de piquer de tems en tems les *meules* pour y former des inégalités dans lesquelles le grain puisse s'engager.

MEULE GISANTE : c'est, dans un moulin à moudre du bled ou autre grain, la *meule* de dessous, qui est immobile, n'y ayant que celle de dessus qui tourne sur un pivot. Celle-ci doit être un peu concave en dessous, au contraire de la *meule* gisante qui doit avoir un peu de relief en dessus.

MEULIERE, *Maçonnerie* : c'est un moilon de roche, mal fait, plein de trous, & fort dur. Cette espece de pierre est fort recherchée pour la construction des murs en fondation, & pour les édifices qui se bâtissent dans l'eau, par la propriété qu'elle a de s'unir intimement au mortier. On en fait des meules de moulin.

MEURTRIERES, *Fortification* ; ce sont des ouvertures en fente que l'on faisoit autrefois aux tours & aux murs d'enceinte des villes & des châteaux, pour tirer des coups de fusil sur l'ennemi sans s'exposer.

MEZZANINE, *Architecture* : c'est un attique ou un petit étage qu'on met quelquefois au-dessus d'un grand, pour y pratiquer de petits appartemens. Ce mot est emprunté de l'Italien.

MILICE, *Art militaire* : c'est, en France, un corps d'infanterie qui se forme dans les différentes provinces du royaume, d'un certain nombre de garçons que doivent fournir les villes, villages & bourgs, relativement au nombre d'habitans qu'ils renferment. Cette *milice* se tire au sort; on assemble ensuite les *miliciens* dans les principales villes des provinces, pour en former des bataillons.

MILIEU, *Physique*: c'est, en général, un espace matériel dans lequel un corps se trouve placé, soit qu'il se meuve ou qu'il demeure en repos. Ainsi l'air qui nous environne est un *milieu* dans lequel les corps projettés se meuvent.

MILITAIRE: c'est le nom qu'on donne à tout officier ou à toute autre personne dont le service est relatif à la guerre, comme Ingénieur, Artilleur, &c. On donne de même le nom de *militaire* à tout le corps des officiers en général. C'est dans ce sens que l'on dit que l'honneur & la bravoure caractérisent le *militaire* François. On peut dire aussi que les *élémens de fortification*, les *élémens de la guerre des sieges*, les *élémens de tactique*, & les autres ouvrages de M. *le Blond*, sont très-propres à l'instruction du *militaire*, relativement à l'utilité que les jeunes officiers peuvent en retirer pour faire des progrès rapides dans la science de la guerre, & pour acquérir les connoissances nécessaires à leur état. On appelle enfin l'art de la guerre, la *science militaire*, parce que c'est celle qui convient à tous les officiers pour agir par regles & par principes.

MILLE, *Arithmétique*: c'est le nom d'un nombre qui contient dix centaines d'unités, & qui s'écrit par quatre chiffres; sçavoir, un 1 suivi de trois zeros, 1000.

MILLE, *Géographie*: c'est une mesure itinéraire dont on se sert en plusieurs pays de l'Europe pour déterminer la distance d'un lieu à un autre. Le *mille* d'Italie est de mille pas géométriques ou de 5000 pieds. Le *mille*, ou *milliaire*, qu'on a commencé à établir en France sur les principales routes du royaume, est de mille toises: dix de ces *milliaires* font quatre lieues moyennes de France, de 2500 toises chacune. Il y a dix de ces milles depuis Paris jusqu'à Versailles.

MILLIAR, *Arithmétique*: c'est un nombre qui suit les centaines de millions dans la numération des chiffres: c'est le dixieme en allant de droite à gauche; on le nomme aussi *billion*.

MILLION, *Arithmétique* : c'est un nombre qui contient mille fois mille unités, il s'écrit par sept chiffres.

MINE, *Artillerie* : c'est une espece de galerie souterreine, large de trois à quatre pieds, & haute de six, que l'on conduit jusques sous les endroits que l'on veut faire sauter. Au bout de cette galerie on pratique une chambre ou un espace suffisant pour contenir toute la poudre nécessaire pour enlever ce qui est au-dessus. Cette chambre, dont le sol doit être de deux ou trois pieds plus bas que celui de la galerie qui y conduit, s'appelle *fourneau de la mine*. Voyez les articles CHAMBRE & FOURNEAU DE MINE. Il y a des *mines* de différente espece ; celle qui n'a qu'un fourneau est une *mine simple* : si elle en a deux, elle forme une espece de T, & se nomme *mine double* : si elle a trois fourneaux, c'est une *mine trefflée* ou *en treffle* : si elle en a quatre, c'est un double T, elle s'appelle alors *mine quadruplée*, &c. On trouve dans la derniere édition de l'*artillerie raisonnée*, par M. *le Blond*, tout ce qu'on a découvert de plus intéressant sur les mines depuis le commencement de ce siecle.

MINUTE, *Architecture*. Pour regler plus facilement les proportions de chaque membre, dans un Ordre d'architecture, les Auteurs anciens & modernes se sont servis d'une mesure arbitraire qu'ils ont appellé *module* (voyez à ce mot) : ils ont ensuite subdivisé ce module en un nombre de parties appellées *minutes*. Le nombre de ces *minutes* a varié : tantôt c'est la trentieme partie d'un module, tantôt c'est la soixantieme. *Vignole* divise son module en 12 parties ou *minutes* aux Ordres Toscan & Dorique, & en 18 minutes dans les trois autres Ordres. M. *de Chambray*, à qui l'architecture doit beaucoup, a pris la peine de réduire, dans son *parallele de l'architecture antique avec la moderne*, les profils des Ordres suivant les différens architectes, au même module, qui est du demi-diametre de la colonne, & il subdivise ce module en 30 *minutes* pour tous les Ordres généralement, ce qui applanit beaucoup de difficultés dans l'étude de l'architecture, & facilite extrêmement le parallele des auteurs qui ont écrit sur cette science.

MINUTE, *Géométrie* : c'est la soixantieme partie d'un degré, lequel est lui-même la 360ᵉ partie de la circonférence d'un cercle. Chaque *minute* se subdivise en 60 autres parties appellées *secondes*, &c.

MISAINE, *Marine* : c'est le mât d'avant ou le plus proche de la proue. Il est posé sur l'extrémité du brion, c'est-à dire, sur le bout de l'étrave du vaisseau, & garni d'une hune avec son chouquet, de barres de hune, de haubans, & d'un étai. La longueur du *mât de misaine* est égale à celle du grand mât, moins le thon du même grand mât. Voyez pour un plus grand éclaircissement sur les dimensions & les manœuvres du mât de *misaine*, ainsi que de celles de la voile qu'il porte, les *élémens de l'architecture navale*, par M. *Duhamel*, *in-quarto*.

MITOYEN, *Maçonnerie*. Voyez ci-après l'article MUR MITOYEN.

MITRE, *Architecture* : c'est une seconde fermeture de cheminée qui se pose après coup sur la premiere, pour en diminuer l'ouverture, & pour empêcher qu'il ne fume dans les appartemens.

MIXTE, *Mathématiques*. On appelle *nombre mixte* celui qui est composé d'entiers & de fractions, comme $4\frac{1}{2}$, $6\frac{1}{4}$, $8\frac{2}{7}$, &c. *Raison* ou *proportion mixte*, est celle où la somme de l'antécédent & du conséquent est comparée à leur différence. On a vu ci-devant au mot MATHÉMATIQUES ce qu'on entend par *mathématiques mixtes*. En géométrie, une figure est appellée *mixte* ou *mixtiligne*, lorsqu'elle est composée de lignes droites & de lignes courbes. *Angle mixtiligne*, est un angle formé par une ligne droite & par une ligne courbe, &c.

MOBILE, *Méchanique* : ce terme se dit de tout ce qui est susceptible de mouvement ou qui est disposé à se mouvoir. Tout *mobile* en tombant accélere son mouvement : un corps *mobile* qui en rencontre un autre lui imprime une partie de son mouvement.

MODENATURE, *Architecture* : c'est un terme Italien dont M. *de Chambray* se sert pour désigner l'assemblage des moulures d'un Ordre d'architecture. *Parallele d'architecture*.

MODILLON, *Architecture* : ce sont de petites consoles renversées, en forme d'*S*, couchées sous le larmier de la corniche Corinthienne, & qui servent pour en soutenir la saillie. Les *modillons* représentent le bout des chevrons qui sortent de la charpente d'un comble ; ils doivent répondre à plomb sur le milieu des colonnes. On met aussi quelquefois des *modillons* sous la corniche de l'entablement dans l'Ordre Composite. Dans les corniches des parties inclinées qui couronnent le tympan d'un fronton, les *modillons* doivent être d'à plomb, comme ceux qu'on voit à Rome au frontispice de *Neron*. *Felibien*, *diction. d'architect.*

MODULE, *Architecture* : c'est une grandeur arbitraire que l'on établit pour régler les proportions d'un Ordre d'architecture & de ses membres. Quelques architectes, comme *Vitruve*, *Palladio*, *Scamozzi*, &c. prennent pour *module* le diametre du bas de la colonne, qu'ils divisent en 60 parties appellées *minutes*; d'autres, comme *Chambray*, *Desgodets*, &c. ne font leur *module* que du demi-diametre de la colonne, qu'ils sobdivisent en 30 parties, ce qui revient au même. Voyez ce que nous avons dit ci-devant sur cette division du *module* à l'article MINUTE. Voyez aussi ce qu'en dit *Perrault* dans le livre intitulé, *ordonnances des cinq especes de colonnes*, & *Cordemoy* dans le petit dictionnaire qui est à la fin de son *traité d'architecture*, au mot MODULE.

MOILON, *Maçonnerie*. On appelle ainsi les petits quartiers de pierre qui ne se trouvent point propres à former une pierre de taille, & que l'on équarrit grossiérement pour être employés aux fondations & au remplissage des gros murs. Il y a du *moilon piqué* qui est taillé plus proprement & qui s'emploie dans les caves sans être recouvert d'aucun crepi ou enduit, ce qu'on appelle bâtir à *moilons apparens*. *Felibien* écrit *mouellon* & le fait dériver, d'après *Saumaise* & *Menage*, du mot *mouelle*, en latin *medulla*.

MOINE, *Artillerie* : c'est une demi-feuille de papier pliée en deux ou en quatre, dont on couvre la trainée de poudre qui doit mettre le feu au saucisson d'une mine. On fait un trou au *moine* pour y passer le *boulois*, qui est un morceau d'amadou taillé en long, auquel on met le feu, & qui ne doit le communiquer à la trainée de poudre qu'au bout de quelques minutes, pour donner au mineur le tems de se retirer.

MOINEAU, *Fortification* : c'est une espece de bastion plat, fort bas, beaucoup plus petit que les autres, qu'on place quelquefois au milieu d'une courtine, lorsqu'elle est si longue que les lignes de défense excédent la portée du fusil. Quelquefois ce *moineau* est détaché & séparé de la courtine par un fossé, alors il fait l'effet d'une demi-lune.

MOINS, *Algebre* : c'est, dans le calcul, la diminution d'une quantité d'une autre de même espece. Ce signe de soustraction se marque ainsi —, il est opposé à + qui est le signe de l'addition. Ainsi pour marquer qu'on a ôté de 24 le nombre 8, ou de la quantité *a* celle *b*, on écrit 24 — 8, ou *a* — *b*.

MOISES, *Charpenterie* : ce sont des pieces de bois en forme de liens qui servent à entretenir les autres pieces d'un assemblage de charpente, les palées ou files de pieux d'un pont ou d'une digue, & les principales pieces des grues, gruaux, engins, & autres machines. Ces *moises* sont accollées avec tenons & mortoises, par des chevilles ou boulons de fer qui les traversent, & qui étant clavetés, peuvent s'ôter facilement. Il y en a de droites & de circulaires.

MOLE, *Archit. hydraul.* C'est un massif de maçonnerie en forme de digue que l'on construit dans la mer au-devant d'un port, pour rompre l'impétuosité des vagues de la mer, & pour en défendre l'entrée aux vaisseaux ennemis, au moyen des ouvrages de fortification que l'on bâtit dessus.

MOMENT, *Méchanique.* Le *moment* d'une puissance est le produit de cette puissance par le bras du levier auquel elle est attachée ; ou si l'on veut, c'est son produit par la distance de sa direction au point d'appui : de sorte qu'une puissance a d'autant plus d'avantage, & que son *moment* est d'autant plus grand, toutes choses égales d'ailleurs, qu'elle agit par un bras de levier plus long.

MONOME, *Algebre* : c'est une quantité simple qui n'est composée que d'une seule partie ou d'un seul terme, comme *ab*, *aab*, &c. on l'appelle ainsi pour la distinguer du *binome*, qui est composé de deux termes, comme *ab* + *cd*, &c. Il y a des *monomes rationels*, qui consistent dans un terme qui n'a point de signe radical ; & des *irrationels*, qui sont au contraire affectés d'une racine, comme $\sqrt{a}$ $\sqrt{ab}$. Il y a aussi des *monomes commensurables* & d'autres *incommensurables*. Voyez à ces deux mots.

MONTAGNE D'EAU, *Hydraulique* : c'est une espece de

rocher artificiel, de figure pyramidale, d'où sortent plusieurs jets, bouillons, & nappes d'eau, comme la *montagne d'eau* qu'on voyoit autrefois à Versailles dans les bosquets de l'Etoile. Voyez-en la représentation & la description sur les planches 46 & 47 des *délices de Versailles, in folio*, 1766.

MONTANS, *Architecture* : ce sont des corps ou saillies aux côtés des chambranles des portes ou des croisées, qui servent à porter les corniches & les frontons qui les couronnent. Il y en a de simples & de ravalés.

MONTANS, *Charpenterie* : ce sont, dans les machines, des pieces de bois debout retenues par des arc-boutans: tels sont, par exemple, les *montans* d'une sonnette à enfoncer les pieux.

MONTANS D'EMBRASURE, *Menuiserie* : ce sont des especes de revêtemens de bois avec des compartimens arrasés ou en saillie, dont on lambrisse les embrâsures des portes & des croisées.

MONTANS DE LAMBRIS : ce sont des especes de pilastres longs & étroits, très-souvent ravalés, qui servent à séparer les panneaux & les compartimens d'un lambris de menuiserie.

MONTANS, *Serrurerie* : ce sont des pilastres composés de divers ornemens contenus entre deux *barreaux montans* paralleles, pour séparer & entretenir les travées dans une grille de fer.

MONTANS DE POULAINE, *Marine* : ce sont des pieces de bois posées verticalement, qui s'étendent depuis le digon jusqu'à la herpe la plus élevée, & qui sont solidement attachées au digon ainsi qu'à toutes les herpes. Les *montans* sont ordinairement décorés de sculpture.

MONTANS DU VOUTIS, OU DU REVERS D'ARCASSE, *Marine* : ce sont des pieces de bois d'appui en revers, qui font saillie en arriere & qui soutiennent le haut de la pouppe avec tous ses ornemens. On les appelle aussi *courbâtons*.

MONTÉE, *Architecture* : c'est un ancien terme dont le petit peuple se sert encore pour désigner un escalier, parce qu'il sert à *monter* aux divers étages d'une maison.

MONTÉE DE VOUSSOIR, OU DE CLAVEAU, *Coupe des pierres* : c'est la hauteur du panneau de tête d'un voussoir, ou d'un claveau, considérée depuis la douelle jusqu'à son couronnement. Les claveaux ordinaires des portes & des croisées doivent avoir (si leur plate-bande est arrasée) au moins 15 pouces de *montée*, prise à plomb, & non suivant leur coupe.

Montée de Voute : c'est la hauteur d'une voûte depuis sa naissance ou premiere retombée jusqu'au dessous de sa fermeture : on la nomme aussi *voussure*. Une voûte est d'autant plus hardie qu'elle a moins de *montée* : telle est la voûte de l'Hôtel-de-Ville d'Arles, en Provence, qui, sur 42 pieds de largeur, & 50 pieds de longueur, ayant 20 pieds sous clef, n'a que 6 pieds & demi de *montée*.

Montée d'un Pont, *Archit. hydraul.* C'est la hauteur d'un pont, considérée depuis le rez-de-chaussée de sa culée jusques sur le couronnement de la voûte de sa maîtresse arche.

MONTER. En maçonnerie, c'est élever avec des machines les matériaux taillés & préparés, du chantier sur le tas. En charpenterie & en menuiserie, c'est assembler des ouvrages préparés & les poser en place. *Remonter*, c'est rassembler les pieces de quelque machine, ou de quelque vieux comble ou pan de bois dont on fait reservir les pieces.

Monter, *Art militaire. Monter la garde*, c'est être de service à la guerre : *monter la tranchée*, c'est, dans un siege, entrer de service à la tranchée : *monter à la breche*, c'est aller à l'assaut d'une breche : *monter un canon*, c'est le mettre sur son affut.

MORCES, *termes de paveur.* On appelle ainsi les pavés qui commencent un revers & qui font des especes de harpes pour former liaison avec les autres pavés.

MORTAISE. Voyez Mortoise.

MORTES EAUX, *Marine* : c'est le tems où les eaux de la mer sont les plus basses, ce qui arrive entre la fin du reflux & le commencement du flux. Les *mortes eaux* arrivent aussi deux fois le mois, aux quadratures, c'est-à-dire, au premier & au dernier quartier de la lune, & deux fois dans l'année, aux Solstices d'été & d'hiver.

MORTIER, *Archit. hydraul.* Le *mortier* de ciment que l'on emploie pour la construction des écluses de maçonnerie, se fait avec parties égales du tuileau le plus dur, d'éclats de pierre dure, & de machefer ou pecadin, provenant des forges où l'on travaille le fer, le tout broyé & pulverisé séparément. On passe ensuite cette poudre au tamis, & on la lave dans des cuves pleines d'eau, pour en ôter le charbon qui peut s'y trouver. Cette poudre étant bien nettoyée & sechée, on forme de ces trois matieres mêlées ensemble une espece de bassin dans lequel on éteint environ la moitié de chaux vive qu'on laisse reposer quelques heures; après quoi l'on broie le tout fortement ensemble, & on le jette sur des plate-formes de pierre pour le battre une fois par jour avec des battes ferrées, pendant 7 ou 8 jours de suite, jusqu'à ce que le ciment fasse une pâte douce à la main. La *pozzolane*, la *terrasse* de Hollande, & la *cendrée* de Tournai (Voyez à ces trois mots) sont aussi d'un très-bon usage pour composer un *mortier* excellent propre aux ouvrages qui se bâtissent dans l'eau.

MORTIER, *Artillerie*: c'est une espece de gros canon extrêmement court & d'un calibre fort grand, dont on se sert pour jetter en l'air des bombes, carcasses, grenades, pierres, &c. il est monté sur un affut sans roues. Il y a des *mortiers* de diverse forme & de différente grandeur, depuis 6 jusqu'à 12 & même 18 pouces de diametre. M. *Belidor* a fait un ouvrage intitulé, *le bombardier françois*, auquel on peut avoir recours pour ce qui concerne les *mortiers* & leur service. On peut aussi consulter utilement les *mémoires d'artillerie* de *Saint Remy*; la *théorie du méchanisme de l'artillerie*, par *Dulacq*; *l'art de jetter les bombes*, par *Blondel*; & sur-tout *l'artillerie raisonnée*, par M. *le Blond*, qui est entré dans le plus grand détail sur les avantages & les désavantages des *mortiers* de toutes les especes, à chambre cylindrique, à chambre poire, à chambre cône tronqué, à chambre sphérique, &c. sur la charge qui leur convient, sur leurs dimensions, sur la façon de les pointer, &c.

MORTIER, *Maçonnerie*: c'est une composition de chaux & de sable, ou de chaux & de ciment, détrempés avec de l'eau, laquelle a la propriété de se durcir à l'air, & de faire liaison avec les pierres dont on se sert pour bâtir. M. *Belidor* prétend que l'eau de la mer est aussi propre que l'eau douce pour faire d'excellent mortier; qu'à la vérité celui qui est fait avec l'eau de la mer est plus long-tems à faire corps, mais aussi que par la suite il devient beaucoup plus dur. Cet auteur ajoute que dans ces derniers tems M. *de Caux*, Ingénieur en chef de Cherbourg, a fait à ce sujet des expériences qui lui ont parfaitement réussi, à la construction de la grande écluse & des autres travaux qu'on fit alors au port de cette ville. (*Archit. hydraul.* tome III, pag. 193 & 197.) Cependant les Anglois, dans la descente qu'ils firent derniérement sur les côtes de Cherbourg, ayant détruit entiérement cette grande écluse & démoli les jettées & les autres travaux qu'on avoit fait pour bonifier le port, on a remarqué dans les démolitions de cette écluse que le *mortier* qui se trouvoit renfermé dans l'épaisseur de ses bajoyers étoit encore mol & sans consistance, quoiqu'il fût fait (au rapport de M. *Belidor*) avec de la chaux *d'une bonté merveilleuse*, & quoique cet ouvrage eût plus de vingt ans de construction. Cette nouvelle observation confirmeroit l'ancien préjugé où l'on étoit sur l'insuffisance de l'eau de la mer pour faire de bon *mortier*, & détruiroit l'opinion de M. *Belidor* sur l'excellence qu'il lui attribue pour cet usage, d'après les expériences de M. *de Caux*.

MORTOISE ou MORTAISE, *Architecture* : c'est une entaille en longueur, creusée quarrément de certaine profondeur, avec le ciseau ou avec la besaigue dans une piece de bois de menuiserie ou de charpenterie, pour recevoir le tenon d'une autre piece de bois. Une *mortoise* faite avec embrevemens doit être piquée aussi juste en gorge qu'en about.

MOTEUR, *Hydraulique*. On appelle ainsi ce qui meut ou ce qui fait mouvoir. C'est la force principale ou la puissance par laquelle une machine hydraulique est mise en mouvement. Dans un moulin à vent, le vent est le *moteur* : dans un moulin à eau, c'est une chûte d'eau ou un courant : dans une pompe ordinaire, c'est un ou plusieurs hommes, ou des chevaux. Le *moteur* doit être proportionné à la colonne d'eau que l'on veut élever, & être même un peu plus fort, pour emporter l'équilibre : on y ajoute ordinairement un tiers en sus pour les frottemens, lesquels cependant varient à l'infini dans les machines composées, suivant l'arrangement & la combinaison des parties qui frottent l'une contre l'autre.

MOTRICE, *Méchanique*. Voyez ci-devant l'article FORCE MOTRICE.

MOUCHETTE, *Architecture*. Les ouvriers appellent ainsi

le petit rebord qui pend au larmier d'une corniche & qui empêche l'eau de couler plus bas. *Parallele de Chambray.* Lorsque le larmier est refouillé & creusé par dessous en façon de canal, il se nomme *mouchette pendante.*

MOUFFLE, *Méchanique* : c'est un assemblage de plusieurs poulies renfermées dans des écharpes, dont la multiplicité augmente prodigieusement les forces mouvantes, & qui sert pour élever facilement les plus pesans fardeaux.

MOUILLER, *Marine* : c'est jetter l'ancre à la mer pour arrêter le vaisseau.

MOULE DU CANON, *Artillerie.* On commence ce *moule* avec une piece de bois, appellée *trousseau*, sur laquelle on roule une natte de paille dans toute la longueur de la piece. On applique sur cette natte plusieurs couches de terre grasse détrempée & mêlée avec de la brique pilée, pour former ce qu'on appelle le *moule du canon.* On y met ensuite plusieurs couches de terre bien battue, mêlée avec de la bourre & du crotin de cheval, jusqu'à ce que le *moule* ait la grosseur que l'on veut donner à la piece. On y modele après cela avec de la même terre toutes les moulures & tous les ornemens; on y applique les anses, les tourillons, &c. Voyez la suite de cette opération dans l'*artillerie raisonnée*, par M. *le Blond, in-octavo*, page 42 *& suivantes.*

MOULES DE TUYAUX, *Hydraulique.* On appelle ainsi des boîtes de cuivre de deux à trois pieds de longueur qui servent à *mouler* des tuyaux de plomb, dont les plus ordinaires ont 4, 5 & 6 pouces de diametre; on en fait qui en ont jusqu'à 18, sur 7 lignes d'épaisseur. Les plus petits *moules* sont pour des tuyaux de trois quarts de ligne. Voyez ci-après au mot TUYAUX.

MOULIN : c'est une machine mise en mouvement par quelque force extérieure, qui, par le moyen des meules, pulverise & réduit en farine les différens grains. Il y a trois sortes de *moulins*, qui prennent leur dénomination de leur force motrice; sçavoir, les *moulins à eau*, les *moulins à vent*, & ceux qui vont par le moyen des animaux. Depuis quelque tems on a inventé une quatrieme sorte de *moulins* qui agissent par l'action du feu. Voyez à ce sujet la premiere partie de l'*architecture hydraulique* qui renferme des descriptions très-détaillées de toutes les especes de *moulins* qui aient été exécutés jusqu'à présent.

Moulin a Eau. Voyez ci-après au mot Pompe.

Moulin a Vent : c'est une machine des plus ingénieuses & des plus parfaites que l'on connoisse : on croit qu'elle nous a été apportée d'Asie, au retour des croisades, vers la fin du douzieme siecle. La théorie du mouvement des *moulins à vent* dépend principalement de la position de leurs aîles. Chacun sçait que l'arbre auquel les aîles du *moulin* sont attachées doit être précisément dans la direction du vent, mais que les aîles doivent être obliques & non pas perpendiculaires à l'axe. Plusieurs habiles géometres, qui n'ont pas dédaigné de s'occuper de cette matiere, ont trouvé que l'ouverture de l'angle que les aîles d'un *moulin* doivent former avec l'axe pour recevoir la plus grande impulsion de la part du vent, doit être de 55 degrés. Il paroît cependant que cette regle est mal observée dans la pratique, & sans doute peu connue des constructeurs de ces sortes de machines, puisqu'ils donnent ordinairement aux aîles des *moulins* une inclinaison de 60 degrés, qui differe d'autant plus sensiblement du vrai, que MM. *Daniel Bernoulli* & *d'Alembert* pensent que l'angle de 55 degrés est déja trop grand, & que dans certains cas il faudroit incliner les aîles sous un angle de 45 degrés. Voyez le *traité de l'équilibre & du mouvement des fluides*, par M. *d'Alembert* ; & le livre intitulé, *Danielis Bernoulli hydrodynamica*. Voyez aussi l'*architecture hydraulique* de M. *Belidor*, premiere partie, tome II, page 42. Il y a en Pologne & en Portugal des *moulins* à vent, dont les aîles, au lieu d'être verticales, sont dans une position horisontale.

Moulins a Chapelet : ce sont des machines dont on fait grand usage pour l'épuisement des eaux. Il y en a de deux sortes : les *chapelets inclinés*, qui font monter l'eau le long d'un plan incliné ; & les *verticaux*, dans lesquels l'eau monte verticalement. La perfection de ces machines dépend de l'inclinaison des godets qui contiennent l'eau, afin d'en épuiser la plus grande quantité qu'il est possible dans un tems déterminé. Voyez ci-devant au mot Chapelet, & l'*architecture hydraulique*, premiere partie, tome I.

Moulins a Feu. Voyez ci-devant l'article Machine a Feu.

M. *Amontons* donne aussi ce nom à une roue de moulin extrêmement ingénieuse qu'il démontre pouvoir être mue par l'action du feu. Voyez dans l'*architecture hydraulique*, premiere partie, tome II, pages 310 & suivantes, la description des machines hydrauliques mues par le moyen de cet élément.

MOULINS A POUDRE : ce sont des machines mues par l'action d'un courant, qui servent à battre & à mêler ensemble les matieres qui entrent dans la composition de la poudre à canon. On peut voir la description & le calcul d'un de ces moulins dans l'*architecture hydraulique*, premiere partie, tome I. Il y a dans le royaume 36 *moulins à poudre* qui, agissant continuellement, peuvent fournir 500 milliers de poudre par mois.

MOULINET, *Méchanique* : c'est un rouleau ou cylindre traversé de deux leviers à angles droits ; le *moulinet* s'applique aux grues, aux chevres, aux cabestans, aux engins, & aux autres semblables machines dont on se sert pour tirer ou pour enlever des fardeaux très-pesans.

MOULURES, *Architecture* : ce sont de petits ornemens en saillie au-delà du nud d'un mur ou d'un lambris de menuiserie, soit ronds ou quarrés, droits ou courbes, dont l'assemblage forme les corniches, les chambranles & les autres membres d'architecture. Voyez le nom & la figure de toutes les especes de *moulures*, avec les ornemens qui leur conviennent dans le *cours d'architecture de Vignole*, par *d'Aviler*, *in-quarto* ; ou dans l'*abrégé des cinq Ordres d'architecture de Vignole*, nouvelle édition, *in-octavo*, 1764, chez *Jombert*.

MOUSQUET, *Artillerie* : c'est une arme à feu, qui étoit en usage parmi les troupes avant l'invention du fusil, montée pareillement sur un fust, & qui se portoit sur l'épaule ainsi que le fusil. Son calibre étoit de vingt balles à la livre. La portée ordinaire du mousquet étoit de 120 à 130 & quelquefois jusqu'à 150 toises.

MOUSQUETON : c'est une arme à feu plus courte & plus légere que le fusil ordinaire, en usage parmi la cavalerie & les troupes légeres. Les *mousquetons* ont quatre pieds de longueur.

MOUTON, *Machines* : c'est ordinairement un gros billot de bois fretté d'une bande de fer par en haut & par en bas, pour empêcher qu'il ne se fende, & qu'on suspend au haut d'un assemblage de charpente appellé

sonnette,

sonnette, pour le laisser retomber sur le pilot qu'on veut enfoncer. Le *mouton* a deux tenons ou oreilles arrêtées avec des clefs qui servent à l'entretenir dans les coulisses de la sonnette : son poids est d'environ 800 livres. Vingt hommes élevent le *mouton* en tirant de haut en bas autant de brins de corde qui répondent aux deux cordes principales auxquelles il est attaché. Voyez la description de plusieurs *moutons* & autres machines pour enfoncer des pieux, dans la seconde partie de l'*architecture hydraulique*, tome premier. La *hie* est différente du *mouton* en ce qu'elle est plus pesante, & qu'on la leve avec un moulinet. Voyez au mot Hie.

MOUTONNER, *Marine*. On dit que la mer *moutonne* quand l'écume de ses lames blanchit, ensorte que les vagues paroissent comme des *moutons* : ce qui arrive lorsqu'il y a beaucoup de mer & qu'elle est poussée par un vent frais.

MOUTONS, *Hydraulique*. Dans les cascades, ce sont des eaux que l'on fait tomber rapidement dans une rigole de plomb en pente, & qui; trouvant pour obstacle dans le bas une table de plomb, se relevent en écumant. Cet obstacle fait *moutonner* l'eau & sert à en varier les effets. On forme encore des *moutons* par le moyen d'un tuyau de plomb applati & ouvert par un bout, dont la force de l'eau, venant de haut, trouve à sa sortie une plaque de plomb qui la fait *moutonner*. On trouve deux beaux exemples de ces sortes de *moutons* dans les *délices de Versailles*; l'un, planche 87, qui représente la cascade champêtre de Marly; & l'autre, planche 161, où l'on voit la cascade qui est à la tête du grand canal de Chantilly.

MOUVEMENT, *Hydraulique* : c'est le nom qu'on donne à tout ce qui met en branle une machine. Telle est une manivelle qui fait monter & descendre les tringles dans les corps de pompe : telles sont les ailes qui font agir & tourner la meule d'un moulin à vent : tel est enfin le balancier qui fait agir une pompe à bras.

Mouvement, *Méchanique* : c'est le changement de lieu, ou le passage d'un corps transporté d'un endroit dans un autre. La théorie & les loix du *mouvement* font le principal sujet de la méchanique. On doit en grande partie cette science à *Galilée*, mathématicien du Grand Duc de Florence. C'est lui qui a découvert les regles générales du *mouvement*, & en particulier celles de la descente des corps graves qui tombent verticalement ou sur des plans inclinés, celles du *mouvement* des projectiles, des vibrations des pendules, &c : objets dont les anciens philosophes n'avoient que des connoissances très-imparfaites. *Toricelli*, disciple de *Galilée*, a augmenté les découvertes de son maître, & y a ajouté diverses expériences sur la force de percussion & sur l'équilibre des fluides. M. *Huyghens*, de son côté, a beaucoup perfectionné la science des pendules & la théorie de la percussion. Enfin, *Newton*, *Leibnitz*, *Varignon*, *Mariotte*, *Wallis*, *d'Alembert*, &c. ont porté de plus en plus la science du *mouvement* à sa perfection. Ses regles dépendent de six choses. 1°. La force motrice appliquée aux corps. 2°. La masse de ces mêmes corps. 3°. La vitesse avec laquelle ils sont mus. 4°. Le tems ou la durée du mouvement. 5°. L'espace parcouru pendant ce tems. 6°. Enfin, la force du choc dont ces corps sont capables. On distingue les différentes especes de *mouvement* par les dénominations suivantes.

Mouvement Absolu : c'est le changement de lieu absolu d'un corps mu, dont la vîtesse doit par conséquent se mesurer par la quantité de l'espace absolu que le mobile a parcouru.

Mouvement Accéléré : ce terme s'applique à un corps pesant qui se meut en tombant librement de haut en bas, & qui reçoit continuellement de nouveaux accroissemens de vîtesse. On l'appelle *uniformement accéléré*, lorsqu'il acquiert, en des tems égaux de sa chûte, des degrés égaux de vîtesse. *Galilée* s'est apperçu le premier du rapport selon lequel les corps graves accéléroient dans des tems différens de leur chûte, & il a démontré que les espaces parcourus étoient toujours dans la raison des quarrés des tems qu'un corps avoit employé à les parcourir. Voyez l'*architecture hydraulique*, par M. *Belidor*, premiere partie, tome I, dans laquelle la théorie du *mouvement accéléré* est très-bien établie.

Mouvement Composé : c'est celui qui est occasionné par plusieurs forces ou puissances différentes qui concourent pour produire le même effet. Un corps exposé à l'impulsion de plusieurs puissances qui s'efforcent de le faire mouvoir chacune suivant sa direction particuliere, s'échappe & se dérobe, pour ainsi dire, à leur impression mutuelle pour suivre une direction commune à toutes : il en résulte alors un *mouvement composé*.

Mouvement de Projection : c'est celui qu'acquiert un corps lorsque, par l'impulsion qu'il a reçue, il se meut à travers l'air ou tout autre fluide. Une bombe chassée hors du mortier par l'effet de la poudre enflammée, est emportée par un *mouvement de projection*.

Mouvement de Vibration, ou d'oscillation : c'est le mouvement circulaire d'un corps suspendu à un fil & attaché à un point fixe autour duquel le pendule se meut.

Mouvement d'Ondulation : c'est un mouvement circulaire qu'on apperçoit dans les corps liquides, comme dans l'eau, lorsqu'on vient d'y jetter un corps pesant qui en agite les parties circulairement.

Mouvement Égal, ou uniforme : c'est celui par lequel un corps parcourt des espaces égaux dans des tems égaux. La vîtesse d'un corps *mû uniformement*, est comme l'espace divisé par le tems employé à le parcourir.

Mouvement Inégal : c'est celui par lequel un corps qui est en mouvement augmente ou retarde sa vîtesse.

Mouvement Local : c'est le mouvement proprement dit, ou le changement de place continuel & successif de la part d'un corps ; toutes les autres especes de mouvemens ne sont que des modifications ou des effets de celui-ci. Le Pere *Deschalles* a composé un ouvrage sur le *mouvement local*.

Mouvement Naturel : c'est celui dont le principe ou la force mouvante est renfermée dans le corps mu : tel est celui d'une pierre qui tombe vers le centre de la terre.

Mouvement Perpetuel : c'est un problême de méchanique dont la récherche a occupé long-tems grand nombre de mathématiciens & de méchaniciens, comme la quadrature du cercle a exercé les géometres, la découverte des longitudes les marins, & la pierre philosophale les alchymistes. On doit juger de la difficulté ou même de l'impossibilité de ces découvertes, par le peu de succès de ceux qui jusqu'à présent ont fait de vaines tentatives à leur occasion. Quoi qu'il en soit, le problême du *mouvement perpetuel* se réduit à imaginer une machine qui renferme en elle-même le principe de son mouvement. Pour cet effet, il faudroit trouver un corps exempt de frottement, & doué d'une force infinie, capable de surmonter les résistances qu'elle éprouveroit à chaque instant, sans que ces résistances puissent jamais l'épuiser.

Mouvement Relatif : c'est le changement du lieu relatif ordinaire d'un corps mu, dont la vîtesse s'estime par la quantité d'espace relatif parcouru dans ce *mouvement*.

Mouvement Retardé : c'est celui d'un corps dont la vîtesse diminue à chaque instant : lorsque cette vîtesse décroît proportionnellement aux tems, on l'appelle *mouvement uniformément retardé*. Tel est celui d'un corps projetté verticalement de bas en haut, dont la vîtesse est continuellement retardée par la résistance de l'air & par sa propre pesanteur. On trouve dans les *mémoires de l'Académie des Sciences*, année 1707, une dissertation de M. *Varignon* sur le *mouvement retardé*. M. *d'Alembert*, après avoir fait voir que le caractere en quelque sorte du *mouvement* uniforme est une ligne droite, démontre dans son *traité de Dynamique*, que celui du *mouvement varié* est exprimé par une ligne courbe, laquelle est ou convexe ou concave, selon que le mouvement est ou accéléré ou *retardé*.

Mouvement Simple. On appelle ainsi tout mouvement produit par une seule force ou puissance, par opposition au *mouvement composé*.

Mouvement Variable, ou varié : c'est celui par lequel un corps mobile parcourt des espaces inégaux dans des tems égaux : on l'appelle aussi *mouvement inégal*, & l'on en distingue de deux especes, le *mouvement accéléré*, & le *retardé*. Voyez ci-devant ces trois sortes de mouvemens chacun à leur article.

Mouvement Violent : c'est celui dont le principe ou la force mouvante est externe, & à laquelle le corps mu résiste. Tel est le *mouvement* d'une pierre jettée en l'air. Dans les corps sans ressort, le *mouvement* se perd par un mouvement contraire.

Mouvement des Eaux, *Hydraulique*. Il y a une analogie parfaite entre le *mouvement des eaux* & celui de la chûte des corps pesans, qui, après être tombés d'une hauteur déterminée, sont repoussés de bas en haut, avec la vitesse acquise à la fin de leur chûte ; les effets étant toujours proportionnels à leur cause. Le principe général du *mouvement des eaux* est que les vitesses de l'eau sont comme les racines quarrées des hauteurs de sa surface au dessus de l'orifice par lequel elle s'écoule : ou si l'on veut, que leur dépense par des orifices égaux est comme les sommes de leurs vîtesses. Les regles du *mouvement des eaux* & des autres corps fluides se trouvent parfaitement bien développées dans le livre intitulé, *Phoronomia, sive de viribus & motibus solidorum & fluidorum, Auctore Hermanno. In-quarto*, Amsterdam, 1715. Voyez aussi le *traité du mouvement des eaux*, par *Mariotte*, & le tome I de l'*architecture hydraulique*, chapitre III, *des regles de l'hydraulique*.

MOYE, *Maçonnerie* : c'est, dans une pierre dure, une matiere tendre qui suit son lit de carriere & qui la fait déliter. On connoît la *moye*, lorsque la pierre, ayant été exposée quelque tems aux injures de l'air, n'a pu y résister. *Moyer* une pierre, c'est la fendre selon la *moye* de son lit : on appelle pierre *moyée* celle dont le tendre est abattu.

MOYENNE, *Artillerie* : c'est le nom qu'on donne à une petite piece de canon de quatre livres de balle. Sa longueur est de 7 pieds 3 pouces, & son calibre est d'environ 3 pouces 2 lignes, pour pouvoir chasser des boulets de 3 pouces. La pesanteur de cette piece est au plus de 1250 livres.

MOYEN ou MOYENNE PROPORTIONNELLE, *Arithmétique*. Les mathématiciens donnent ce nom à une quantité qui tient un milieu entre deux ou plusieurs autres. Le *moyen arithmétique* est un nombre qui differe autant d'un second, qu'un troisieme du premier. 6, par exemple, est *moyen arithmétique* entre 4 & 8 : car la différence entre 8 & 6 est 2, & la différence entre 6 & 4 est pareillement 2. On trouve le *moyen arithmétique* entre deux nombres donnés en partageant leur somme en deux.

MOYENNE PROPORTIONNELLE, *Géométrie* : c'est une quantité qui est *moyenne* entre deux autres, mais de façon que le rapport qu'elle a avec une de ces deux quantités soit le même que celui que l'autre a avec elle. Ainsi 6 est *moyenne proportionnelle* entre 4 & 9, parce que 4 est les deux tiers de 6, comme 6 est les deux tiers de 9.

MOYEU D'UNE ROUE, *Artillerie* : c'est une piece de bois arrondie & percée dans le milieu d'une ouverture ronde dans laquelle passe l'essieu de la roue. Les rais ou rayons de la roue sont enfoncés à égale distance autour du moyeu.

MUFFLE, *Architecture* : c'est un ornement de sculpture qui représente la tête de quelque animal, & particuliérement celle d'un lion, servant de gargouille à une cymaise, de goulette à une cascade, &c.

MUID, *Maçonnerie* : c'est une grande mesure en usage dans les bâtimens pour estimer le volume de différens matériaux. Le *muid de chaux* est composé de six futailles, celui de plâtre contient 36 sacs, chacun de deux boisseaux & demi.

MUID D'EAU, *Hydraulique*. Le *muid* de Paris, qui contient 288 pintes, peut s'évaluer à 8 pieds cubes; ainsi la toise cube, composée de 216 pieds cubes, étant divisée par 8, doit contenir 27 *muids* d'eau, mesure de Paris. Le *muid* étant de 288 pintes, le pied cube en vaudra 36, huitieme de 288, & le pouce cube, qui est la 1728e partie d'un pied cube, étant divisé par 36, donne au quotient 48 : ainsi le pouce cube est la 48e partie d'une pinte d'eau.

MULTILATERES, *Géométrie* : ce mot s'applique aux figures qui ont plus de quatre côtés. On les nomme plus ordinairement *polygones*.

MULTINOME, *Algebre* : ce terme se dit des quantités composées de plusieurs autres, comme $a+b+c$, &c. Voyez ci-après au mot POLINOME.

MULTIPLE, *Arithmétique* : c'est un nombre qui en contient un autre plus petit, plusieurs fois exactement & sans reste : ainsi le nombre 24 est multiple de 6, qu'il contient quatre fois : il est aussi multiple de 4, qu'il contient six fois exactement. Une *raison multiple* est celle qui se trouve entre des nombres *multiples*.

MULTIPLE, *Géométrie*. On appelle *point multiple*, le point commun d'intersection de deux ou plusieurs branches d'une même courbe.

MULTIPLE, *Méchanique*. On donne le nom de *poulie multiple* à un assemblage de plusieurs poulies.

MULTIPLICANDE, *Arithmétique* : c'est le nom qu'on donne à un des deux facteurs de la multiplication, ou au nombre qui doit être multiplié par le multiplicateur.

MULTIPLICATEUR : c'est le nombre par lequel le multiplicande doit être multiplié.

MULTIPLICATION : c'est une des quatre regles fondamentales de l'arithmétique qui enseigne à ajouter un nombre à lui-même autant de fois qu'un autre nombre contient d'unités : c'est une addition abrégée. La preuve de la *multiplication* se fait par la division. Voyez-en les regles dans tous les livres d'arithmétique : elles sont très-clairement expliquées dans l'*arithmétique de l'officier*, par M. *le Blond*, *in-octavo*, nouvelle édition, 1766.

MULTIPLICATION ALGÉBRIQUE : celle-ci est beaucoup plus simple que la numérique, car pour multiplier une grandeur par une autre, il ne s'agit que d'écrire ces quantités les unes à côté des autres sans aucun signe : ainsi *a* multiplié par *b*, produit *ab* : *cd* multiplié par *m*, produit *cdm*. Pour abréger, le signe de *multiplication* se marque ainsi ×, comme celui-ci = marque l'égalité. Par exemple, $a \times b = ab$, veut dire que *a* multiplié par *b* égale *a b*. Voyez les regles de la *multiplication algébrique* exposées avec une clarté & une précision qui en facilitent extrêmement l'étude, dans les *élémens d'algebre ou du calcul littéral*, par M. *le Blond*, *in-octavo*, 1768.

MULTIPLIER, *Arithmétique* : c'est opérer en suivant les regles de la multiplication.

MUNITIONNAIRE, *Art militaire* : c'est l'entrepreneur chargé du soin de pourvoir à la subsistance des troupes d'une armée.

MUNITIONNAIRE, *Marine* : c'est celui qui fournit les vaisseaux du roi de biscuit, de breuvage, de chair, de poisson, de legumes, & en général de toutes les provisions nécessaires pour la subsistance des équipages.

MUNITIONS, *Art militaire* : ce terme se dit en général de toutes les provisions qui concernent les armes & les vivres. Les premieres sont appellées *munitions de guerre*; les autres se nomment *munitions de bouche*, comme le pain, la viande, le fourrage, &c. Suivant M. *de Puysegur*, une armée de cent vingt mille hommes consomme par jour environ mille sacs de farine, pesant chacun deux cent livres. Pour les *munitions de guerre & de bouche* qui peuvent se consommer dans une place de guerre pendant un siege, voyez les tables dressées par M. *de Vauban* pour l'approvisionnement d'une place; rapportées à la fin du *traité de la défense des places*, par M. *le Blond*, *in-octavo*.

MUR ou MURAILLE, *Maçonnerie* : c'est un corps de maçonnerie de certaine hauteur & épaisseur, faite de pierres de taille, de moilons, de briques, ou d'autres matieres, qui sert à renfermer un espace & à former le corps & les séparations d'un bâtiment : on explique dans les articles suivans les différentes especes de *murs*.

MUR BLANCHI : c'est celui qui est regratté avec des outils, s'il est de pierre; ou imprimé d'un lait de chaux, ou de plusieurs couches de blanc, s'il est de maçonnerie de moilons, ou de briques.

MUR BOUCLÉ : c'est celui qui fait ventre avec crevasses.

MUR CIRCULAIRE : c'est un *mur* dont le plan est un cercle, comme celui du chevet d'une église, d'une tour, d'un colombier, d'un puits, &c.

MUR COUPÉ : cest celui dans lequel on a fait une tranchée pour y loger les bouts des solives ou les poteaux d'une cloison de leur épaisseur, soit en bâtissant, soit après coup.

MUR CRENELÉ : c'est celui dont le chaperon est coupé par des creneaux & merlons, comme on en voit aux anciennes murailles, aux fiefs, & aux maisons seigneuriales, plutôt par ornement que pour en faciliter la défense.

MUR CRÉPI : c'est un *mur* de moilon ou de brique, qui est recouvert d'un *crépi*.

MUR D'APPUI : c'est une espece de socle ou de stylobate continu, d'environ trois pieds de haut, qui sert *d'appui* ou de garde-fou à un quai, un pont, une terrasse, &c. on le nomme aussi *parapet*.

MUR DÉCHAUSSÉ : c'est un *mur* qui est déperi ou ruiné à son rez-de-chaussée. C'est aussi un *mur* dont le fondement paroît en partie, les terres du rez-de-chaussée ayant été fouillées plus bas qu'elles ne devroient l'être.

MUR D'ÉCHIFFRE. Voyez au mot ÉCHIFFRE.

MUR DE CHUTE, *Archit. hydraul.* Aux sas que l'on fait aux canaux de navigation pour faciliter la montée & la descente des bateaux, il y a ordinairement deux écluses, l'une en bas & l'autre en haut. Cette derniere est construite à l'endroit de la chûte qui forme la différence des deux niveaux d'eau. On nomme *mur de chûte* le corps de maçonnerie revêtue de palplanches, qui soutient les terres de l'extrémité du canal supérieur, parce que sa hauteur exprime la *chûte* ou la différence du niveau de l'écluse d'en haut d'avec celle d'en bas.

MUR DE DOUVE, OU MUR FLOTTANT, *Hydraulique* : c'est, dans un réservoir de maçonnerie, ou dans un bassin pour un jet d'eau, le petit *mur* qui termine le bassin intérieurement : il est distant de 12 pouces du revêtement extérieur qui retient la poussée des terres. Cet intervalle de 12 pouces entre les deux *murs* se remplit d'un corroi de terre glaise, à mesure qu'on éleve le *mur flottant* ou *de douve*, qui est quelquefois fondé sur des plate-formes & des racinaux, lorsque le terrein n'a pas assez de consistance.

MUR DE FACE, *Maçonnerie.* On appelle ainsi tous les *murs* extérieurs d'une maison, tant sur la rue que sur les cours & jardins. On en fait de pierre de taille, de moilon, de brique, &c.

MUR DEGRADÉ : c'est un *mur* dont quelques moilons sont arrachés, & dont les petits blocages & le crépi sont tombés totalement ou en partie.

MUR DE PARPAIN : c'est un *mur* dont les assises de pierre en traversent l'épaisseur, & qui sert tant pour les *murs* d'échiffre que pour porter les cloisons, pans de bois, &c.

MUR DE PIERRES SECHES : c'est une espece de contre-mur qu'on bâtit à sec & sans mortier entre les terres & les piédroits d'une voûte, pour les garantir de l'humidité, comme on l'a pratiqué derriere les *murs* de terrasse de l'orangerie de Versailles.

MUR DE PIGNON : c'est celui qui finit en pointe par le haut à l'endroit où le comble va se terminer.

MUR DE REFEND : c'est un *mur* qui partage les pieces d'un appartement. On donne aussi ce nom aux *murs* qui séparent deux ou plusieurs maisons appartenantes à un même propriétaire.

MUR DE TERRASSE : c'est un *mur* qui soutient les terres d'une terrasse, & qui est d'une épaisseur proportionnée à sa hauteur, avec talud au-dehors, & des contreforts en dedans, comme les *murs* de revêtement d'un rempart.

MUR EN AILE : c'est un *mur* qui s'éleve depuis le dessus d'un *mur* de clôture, & qui va en diminuant jusqu'au haut sous l'entablement, ou plus bas, pour arc-bouter un *mur* de face ou le pignon d'un corps de logis qui n'est pas appuyé d'un autre.

Mur en Décharge : c'est celui dont le poids est soulagé par des arcades bandées d'espace en espace dans sa maçonnerie. Tel est le *mur* circulaire du Pantheon à Rome, qui est bâti de briques.

Mur Enduit : c'est un *mur* qui est ravalé de mortier ou avec du plâtre dressé à la truelle.

Mur en l'Air. On appelle ainsi tout *mur* qui ne porte pas de fond, mais à faux, comme sur un arc ou sur une poutre en décharge, & qui est érigé sur un vuide pratiqué pour quelque sujettion en bâtissant, ou percé après coup. On donne aussi le nom de *mur en l'air* à celui qui est porté sur des étais, pour une réfection ou reprise par sous œuvre.

Mur en sur Plomb, ou deversé : c'est celui qui penche en dehors : on le nomme aussi *mur forjetté.*

Mur en Talud : c'est un *mur* qui a une inclinaison sensible pour arc bouter contre des terres, ou pour résister au courant de l'eau.

Mur Mitoyen, ou métoyen : c'est un *mur* également situé sur les limites de deux héritages qu'il sépare, & qui est bâti aux frais communs des deux propriétaires. Chacun des deux peut bâtir contre le *mur mitoyen* & même le hausser, s'il a suffisamment de force & d'épaisseur, en payant les *charges* (voyez à ce mot) à son voisin, c'est-à-dire, de six toises l'une.

Mur Orbe : c'est un *mur* de maison fort élevé, qui n'est percé d'aucune ouverture, & où l'on feint des croisées à chaque étage par des renfoncemens & par des compartimens d'enduit & de crêpi, pour symmétriser avec d'autres façades qui leur sont respectives, ou seulement pour la décoration, comme on en voit rue des Mathurins au mur qui est en face du portail de l'église de ces religieux.

Mur Ourdé, ou hourdé : c'est celui dont les moilons & plâtras sont façonnés grossiérement sans aucun enduit ni crépi.

Mur Pendant et corrompu : c'est un *mur* qui menace ruine & qui est en danger imminent de tomber. S'il est mitoyen, on peut contraindre le voisin en justice pour le faire réédifier à frais commun, suivant la Coutume de Paris. Voyez l'*architecture moderne*, nouvelle édition, chez *Jombert*, en deux volumes *in-quarto*, 1764, livre V, *des us & coutumes*, pour l'explication de cet article, & de celui des *murs mitoyens*.

MUR PLANTÉ : c'est celui qui est fondé sur un pilotis ou sur une grille de charpente.

MUR RECOUPÉ : c'est un *mur* qui étant bâti sur le penchant d'une colline, a ses assises par retraites & empattemens, pour plus de solidité, & pour mieux résister à la poussée des terres.

MUR SANS MOYEN : c'est, suivant la coutume de Paris, un *mur* de maison seigneuriale ou de monastere, qui, par un privilege spécial, ne peut jamais devenir commun. Voyez dans le livre ci-dessus cité l'article 200 de la *coutume*.

MURER : c'est clorre de murailles un espace de terre. C'est aussi fermer de maçonnerie une baye de porte ou de croisée dans l'épaisseur d'un mur, ou seulement dans le tableau ou dans l'embrâsure de la baye. Tous les articles ci-dessus concernant les *murs* sont tirés du *dictionnaire d'architecture* de *d'Aviler*, *in-quarto*, nouvelle édition, 1755.

MUSSOIR, *Archit. hydraul.* c'est la partie la plus avancée ou la partie saillante qui forme la pointe d'une écluse. Les *mussoirs* font face à l'entrée & à la sortie de l'eau : ce sont des revêtemens de maçonnerie qui joignent les branches d'une écluse avec le quai qui borde le canal où elle est construite.

MUTILER, *Architecture* : c'est retrancher la saillie d'une corniche, d'un imposte, ou de quelque autre membre d'architecture.

MUTULES, *Architecture* : c'est une espece de modillons quarrés qui se taillent dans la corniche de l'Ordre Dorique, & qui répondent à plomb sur chaque triglyphe, auquel ils servent de couronnement. Les *mutules* sont ordinairement ornés en dessous de gouttes ou clochettes pendantes. Leur nom, suivant *Vitruve*, *de Chambray*, *Felibien*, *Cordemoy*, &c. vient du latin *mutilare*, parce qu'ils semblent représenter le bout des chevrons ou des jambes de force mutilées & coupées. Quoique les auteurs Italiens confondent le mutule avec le modillon, on les distingue cependant en ce que celui-ci s'emploie à l'Ordre Corinthien & quelquefois au Composite, au lieu que le mutule est réservé pour l'entablement Dorique.

NACELLE, *Architecture.* On appelle ainsi, dans les profils, tout membre creux en demi-ovale que les ouvriers nomment *gorge* : mais on entend plus ordinairement par ce mot la *scotie*, moulure creuse qui se place entre les deux tores de la base d'une colonne. *Felibien. D'Aviler.*

NACELLE, *Navigation* : c'est un petit bateau qui n'a ni mâts, ni voiles, dont on se sert pour passer les rivieres.

NAISSANCE, *Architecture* : c'est l'endroit où un corbeau de pierre, ou quelque autre partie d'architecture, commence à paroître. *Naissance de voûte*, c'est le commencement de la courbure d'une voûte formé par les retombées ou premieres assises, qui peuvent subsister sans ceintre. *D'Aviler.*

NAPPE D'EAU, *Hydraulique* : c'est une espece de cascade formée par une quantité d'eau qui s'écoule naturellement le long d'un plan vertical, contre lequel la *nappe* est adossée. Plus l'eau en est abondante, plus la *nappe* est belle : c'est pourquoi elles doivent dépenser au moins deux pouces courans d'eau sur un pied de largeur : ainsi une *nappe d'eau* de dix pieds de face doit dépenser 20 pouces d'eau courante. On voit une belle *nappe d'eau* qui s'étend sur un plan circulaire, à Chantilly, à la tête du grand canal. Voyez les *délices de Versailles*, *in-folio*, planche 161.

NAVAL : ce terme s'applique à tout ce qui concerne les vaisseaux ou la navigation : c'est dans ce sens qu'on dit un combat *naval*, des forces *navales*, l'architecture *navale*, &c.

NAVIGABLE : c'est l'épithete qu'on donne à une riviere ou à un canal qui a assez d'eau pour porter des batteaux ou des bâtimens chargés.

NAVIGATION : c'est l'art de naviger, ou de conduire sûrement & facilement un vaisseau sur la mer, pour aller d'un endroit dans un autre. Tout l'art de la *navigation* roule sur quatre choses, dont deux étant connues, on peut aisément parvenir à la connoissance des deux autres, par le moyen des tables, des échelles, & des cartes. Ces quatre choses sont, 1°. La différence en latitude. 2°. La différence en longitude. 3°. La distance, ou le chemin parcouru. 4°. Le rhumb de vent sous lequel on court. Les latitudes peuvent aisément se déterminer avec une exactitude suffisante. Voyez l'article LATITUDE. Le chemin parcouru s'estime par le moyen du *lock* : voyez à ce mot. Le rhumb de vent sous lequel on court se connoît par l'inspection de la boussole. Ce qui manque le plus à la perfection de la *navigation*, c'est de sçavoir déterminer la longitude, mais depuis longtems les géometres ont fait de vains efforts pour trouver la solution de cet important problême. Voyez l'article LONGITUDE. Beaucoup d'auteurs ont écrit sur la *navigation*, mais les meilleurs ouvrages sur cet art sont ceux du Pere *Fournier*, & de MM. *Bouguer*, pere & fils. On peut consulter aussi à ce sujet *la pratique du pilotage*, par le P. *Pezenas*.

NAVIGER : c'est faire route & voyager sur mer. Les marins prononcent *naviguer* ; mais il est mieux d'écrire & de prononcer *naviger*.

NAVIRE : terme synonime à vaisseau : on dit également un *navire* de guerre, un *navire* marchand, *navire* en charge, *navire* Anglois, &c.

NAUROUSE, *Archit. hydraul.* C'est le nom du lieu où se fait le point de partage des eaux rassemblées pour fournir aux canaux qui font la jonction de l'Océan avec la Méditerannée. Pour former cette jonction, d'un côté on y a fait aboutir les canaux qui viennent à *Naurouse* & qui communiquent à l'Océan : de l'autre côté, on y a joint un canal qui, en traversant la plage, se rend dans la Méditerannée. Ce canal particulier, appellé *canal royal*, a 16 toises d'ouverture, 8 de base, 2 de hauteur, & 800 toises de longueur. Voyez ci-devant aux mots CANAL, LANGUEDOC, &c.

NAUTIQUE. Epithete qu'on donne à tout ce qui a rapport à la navigation.

NÉGATIVES, *Algebre* : c'est ainsi que les géometres appellent les quantités précédées du signe —, & qui sont regardées improprement par quelques uns comme au-dessous du zero. Les *quantités négatives* sont le contraire des *positives* : où le positif finit, le *négatif* commence. Voyez dans le *dictionnaire encyclopédique*, l'idée qu'on doit avoir des quantités *négatives* très-bien développée à cet article.

NERF ou NERVURE, *Architecture* : c'est une arcade de pierre en saillie sur le nud des voûtes gothiques, pour en appuyer & orner les angles saillans par des moulures, & pour fortifier les pendentifs. On voit dans plusieurs églises gothiques des morceaux curieux en ce genre. On donne différens noms aux *nervures*, relativement à leur situation. Les *nerfs* qui traversent une voûte diagonalement, s'appellent *croisées d'ogives*; ceux qui la traversent perpendiculairement, *arcs doubleaux*. On donne le nom de *liernes* ou *tierçerons* aux nerfs qui traversent une voûte obliquement entre les arcs doubleaux & les ogives, & de *formerets* à ceux qui en suivent la direction en traversant d'un pilier à l'autre. *Stéréotomie de Frézier*.

NETTOYER LA TRANCHÉE, *Guerre des sieges* : c'est, dans une sortie que font les assiégés pour prolonger la défense de la place, faire plier la garde de la tranchée, mettre en fuite les travailleurs, combler & raser leurs travaux, enclouer le canon des batteries de l'assiégeant, en rompre les affuts, &c.

NEUF, *Arithmétique* : c'est le dernier & le plus grand des nombres exprimés par un seul chiffre. On peut le concevoir comme le produit de 3 multiplié par lui-même, ou comme la somme des trois premiers termes de la suite des nombres impairs 1 + 3 + 5, d'où il résulte également que ce nombre 9 est un quarré dont 3 est la racine. On peut voir dans le *dictionnaire encyclopédique* (même article) une énumération très-curieuse des admirables propriétés du nombre 9, avec leur démonstration géométrique.

NEWTONIANISME, *Physique* : c'est la théorie du méchanisme de l'univers, & particuliérement du mouvement des corps célestes, de leur figure, de leurs loix, de leurs propriétés, &c. telle qu'elle a été imaginée par *Newton*. Le systême général du monde suivant les principes de ce célebre physicien, est exposé avec une méthode & une élégance singulieré, & démontré dans toute la rigueur géométrique dans le sçavant ouvrage qu'il a publié lui-même sous le titre de *philosophiæ naturalis principia mathematica*. La derniere édition de cet ouvrage immortel, un des plus beaux que l'esprit humain ait jamais produit, parut à Londres, en 1726, un an avant la mort de ce grand homme, dont le génie créateur & sublime a répandu un jour nouveau sur toute la nature, par les connoissances presque infinies que la théorie de son systême du monde a procuré à la physique & à la philosophie moderne. L'espece d'obscurité & les difficultés inséparables d'un ouvrage de cette nature, dont plusieurs propositions seroient capables d'arrêter les géometres même de la plus grande force, jointes à la nouveauté du systême qui y est développé, ont excité l'émulation des sçavans & des physiciens du premier ordre : chacun a tâché de l'analyser à sa maniere & de le mettre à la portée d'un plus grand nombre de lecteurs. Les Peres *le Seur* & *Jacquier*, entr'autres, ont donné en latin un excellent commentaire sur la *philosophie de Newton*, en trois volumes *in quarto*. On peut citer aussi les ouvrages suivans : *Pemberton*, *élémens de la philosophie Newtonienne*. *Maclaurin*, *exposition des découvertes philosophiques du Chevalier Newton*. *Domckius*, *pihlosophia newtoniana illustrata*. *Whiston*, *prælectiones physico-mathematicæ*. *S'Gravesande*, *élémens de physique mathématique*, &c. *Le Pere Castel*, *vrai systême de physique générale*, *suivant M. Newton*. *L'Abbé Sigorgne*, *institutions Newtoniennes*, &c. En un mot, *le Newtonianisme* est devenu tellement à la mode, qu'on a voulu engager les Dames à s'en instruire, en substituant des raisonnemens plus simples & des expériences à ce qu'il y avoit de trop sublime dans les recherches & les démonstrations mathématiques. (*Le Newtonianisme mis à la portée des Dames*, par M. *le Comte Algarotti*.) Mais une Dame illustre, autant par ses lumieres que par sa naissance, s'est vengée de cette espece d'affront qu'on faisoit à son sexe en le jugeant incapable d'une grande application, par la traduction qu'elle nous a donnée de l'ouvrage du philosophe Anglois, accompagnée d'un commentaire qui prouve son intelligence & son érudition dans cette partie de la physique. (Voyez les *institutions de physique*, *in-octavo*, & les *principes de la philosophie naturelle*, par Mad[e] la Marquise *du Châtelet*, en deux volumes *in-quarto*, Paris, 1759.) Enfin, un de nos plus celebres poëtes modernes, en mettant au jour un abrégé du *Newtonianisme*, nous a fait voir que les connoissances réfléchies de la physique systêmatique n'étoient pas incompatibles avec le feu & le génie de la poésie. (*Elémens de la philosophie de Newton*, par M. *de Voltaire*, *in-octavo*.) On peut voir l'origine & les progres du *newtonianisme*, l'exposition de ce systême, & le détail des guerres littéraires que les partisans de *Descartes* ont soutenu contre cette nouvelle philosophie, dans l'*histoire générale des mathématiques*, par M. *Montucla*, en deux volumes *in-quarto*, chez *Jombert*.

NICHE, *Architecture* : c'est un renfoncement pris dans l'épaisseur d'un mur pour y placer une statue ou un grouppe de figures. On donne aussi le nom de *niche* à un espace renfoncé que l'on ménage dans une chambre pour y placer un lit ou un canapé. Voyez différens exemples de *niches* dans le *cours d'architecture de d'Aviler*, *in-quarto*.

NIVEAU, *Arpentage* : c'est un instrument dont on se sert pour tracer une ligne parallele à l'horison, & pour la continuer autant qu'il en est besoin, soit qu'il s'agisse de poser horisontalement les assises d'un mur, ou de dresser un terrein, soit qu'on veuille régler le *niveau* & la pente des eaux pour les conduire au lieu de leur destination. *Felibien* & *Gastelier* remarquent qu'on l'appelloit autrefois *liveau*, du latin *libella*. On dit qu'une surface quelconque est de *niveau*, lorsque tous ses points sont également éloignés du centre de la terre. On a imaginé des *niveaux* de plusieurs especes, qui peuvent tous, pour la pratique, se réduire à ceux dont on va parler dans les articles suivans.

NIVEAU D'EAU : c'est le plus juste & le plus simple de tous les instrumens propres à niveler : il est formé d'un tuyau de fer-blanc d'un pouce de grosseur & de quatre pieds de longueur, soutenu dans son milieu par deux liens de fer & par une douille qui s'emmanche dans un pied. Au milieu & aux deux extrêmités de ce tuyau sont soudés trois bouts de tuyau recourbés à angle droit, qui se communiquent, & dans lesquels on met des fioles de verre du même diametre, qui y sont jointes avec du mastic ou de la cire. On remplit le tout d'une eau rougie, pour qu'elle puisse mieux se distinguer, & cette liqueur colorée, en remontant également dans les fioles de verre, se met d'elle-même de *niveau*.

NIVEAU D'AIR : cet instrument est des plus simples : il consiste en une bulle d'air renfermée avec quelque liqueur dans un tuyau de verre dont les deux extrémités sont scellées hermétiquement. Lorsque la bulle d'air vient se placer exactement au milieu du tuyau, elle fait connoître que le plan sur lequel ce tuyau est posé se trouve parfaitement de *niveau*. Lorsqu'il ne l'est pas, la bulle d'air remonte vers l'une des extrêmités.

NIVEAU A LUNETTE : cet instrûment, inventé par M. *Huyghens*, est composé d'une lunette passée dans une virole qui a deux branches plates & semblables, disposées en forme de croix, au bout desquelles sont deux especes de pinces mobiles où sont attachés deux anneaux, l'un destiné à suspendre la lunette qui est arrêtée dans la virole par le milieu ; l'autre pour porter un poids qui tient la lunette en équilibre, dans une situation horisontale. Au dedans de la lunette, il doit y avoir un fil de soie très-fin, tendu horisontalement au foyer du verre objectif, lequel sert à prendre & à déterminer exactement un point de niveau fort éloigné. Voyez une plus ample description de ce *niveau* dans le *traité du nivellement* qui fait partie du *traité de l'arpentage* de M. *Ozanam*, *in-douze*, édition de 1758.

NIVELLEMENT : c'est l'art de déterminer deux points à égale distance du centre de la terre : ces deux points se nomment *termes du nivellement*, & l'instrument dont on se sert pour cette opération, est appellé *niveau*. Tout l'objet du *nivellement* est donc de connoître de combien un lieu est plus élevé qu'un autre, & sa théorie est fondée sur la connoissance du *niveau vrai* & sur celle du *niveau apparent*. On trouve dans tous les traités du *nivellement* des tables qui indiquent les différences de ces deux *niveaux*, & les moyens de rectifier les erreurs du *niveau apparent*. Il y a deux sortes de *nivellement*, le simple & le composé. On appelle *nivellement simple*, celui qui se fait d'un seul *coup de niveau* d'un lieu à un autre & à une distance peu éloignée, comme de 100 toises au plus. Le *nivellement composé* se fait par plusieurs opérations qui se répetent autant qu'il est nécessaire, suivant la distance des lieux à niveller. Voyez les *traités du nivellement* de MM. *Picard* & *Bullet*, & celui du Capitaine *le Febvre*, *in-quarto*, chez Jombert. On trouve aussi un *traité du nivellement* inséré dans les œuvres de

M. *Mariotte*; enfin, les *principes* de cet art sont développés dans presque tous les cours de mathématique & dans la plupart des traités d'arpentage & de géométrie pratique.

NIVELLER : c'est, par le moyen d'un niveau, chercher si deux points pris sur la surface de la terre sont également éloignés de son centre, ou de combien l'un en est plus proche que l'autre, soit pour la conduite des eaux, soit pour d'autres opérations.

NŒUDS, *Géometrie*. Une courbe a *nœuds* est une ligne courbe composée de branches qui se coupent ou qui se croisent elles mêmes, en revenant sur leurs pas. La *lemniscate*, le *folium*, & plusieurs autres, sont des courbes à *nœuds*. Voyez à ce sujet l'*usage de l'analyse de Descartes*, par M. l'Abbé *de Gua*, *in douze*, & l'*introduction à l'analyse des lignes courbes algébriques*, par M. *Cramer*, *in quarto*, chez *Jombert*.

NŒUDS, *Hydraulique*. Dans la conduite des eaux, c'est l'endroit par lequel on joint ensemble, avec de la soudure, deux ou plusieurs tuyaux de plomb : ceux de bois & de poterie se joignent avec des *nœuds* de mastic.

NŒUDS, *Marine*. Les *nœuds* qu'on fait à la ligne de lock sont espacés ordinairement d'environ 42 pieds : c'est par le moyen de ces *nœuds* que l'on estime le chemin que fait le vaisseau ; en mesurant la longueur de la partie de cette corde qu'on a devidée pendant un tems déterminé. Si l'on file, par exemple, trois *nœuds* dans une demi-minute, on estime que le vaisseau fait une lieue par heure, en supposant d'ailleurs qu'il va toujours également, & ayant égard aux courans, à la dérive, &c.

NOIX, *Marine* : c'est une noix de bois qui a la forme d'une olive, qu'on met dans le hulot du gouvernail, & au travers de laquelle passe sa manivelle. On l'appelle aussi *moulinet* ou *virolet*.

NOMBRE, *Arithmétique* : c'est le rapport abstrait d'une quantité à une autre de la même espece, que l'on prend pour l'unité. *Newton* divise les nombres en trois especes ; sçavoir, les *nombres entiers* qui contiennent l'unité un certain nombre de fois, exactement & sans reste : les *nombres rompus* ou *fractions* qui consistent en différentes parties de l'unité, & les *nombres ſourds* ou *incommenſurables*. Les mathématiciens conſiderent les nombres ſous divers rapports, & leur ont donné des noms qui les caractériſent, dont il ſeroit trop long de faire ici l'énumération ; mais on peut les voir très-détaillés dans le *dictionnaire de mathématiques*, par M. *Saverien*, où les différens caracteres ou propriétés des nombres forment 68 articles. Voyez auſſi, dans le premier volume des *récréations mathématiques d'Ozanam*, pluſieurs problêmes curieux & amuſans qui ſe font par le moyen des *nombres*, & des recherches intéreſſantes ſur leurs propriétés.

NORD, *Navigation* : c'eſt le pole ſeptentrional, ou la plage du pole arctique, & le vent du *nord* eſt celui qui ſouffle de ce côté. On appelle *nord-eſt*, le vent qui ſouffle entre le *nord* & l'eſt : il ſe nomme auſſi vulgairement, *vent de galerne*.

NOQUETS, *Couverture* : ce ſont de petits morceaux de plomb quarrés, que l'on plie & que l'on attache aux jouées des lucarnes, & ſur les lattis des couvertures d'ardoiſe. *D'Aviler*.

NOUE, *Couverture* : c'eſt l'endroit où deux combles ſe joignent en angle rentrant, ce qui fait l'effet contraire de l'*arreſtier*. On appelle *noue corniere*, l'endroit où les couvertures de deux corps de logis ſe joignent. On donne auſſi le nom de *noue* à la piece de bois qui porte les empanons.

NOUE DE PLOMB : c'eſt une table de plomb au droit du tranchis, & de toute la longueur de la *noue*, dans un comble couvert d'ardoiſe.

NOULETS, ou NOLETS, *Charpenterie* : ce ſont les petits chevrons qui forment les chevalets & les noues, ou les angles rentrans par leſquels une lucarne ſe joint au comble, & qui font la fourchette. *D'Aviler*.

NOURRICE, ou MERE NOURRICE, *Hydraulique* : c'eſt le nom que les fontainiers donnent à une pompe aſpirante qui fournit de l'eau à un petit baſſin élevé à la hauteur ſupérieure des autres pompes. Cette eau ſert, quand les piſtons s'abaiſſent, à rafraîchir les cuirs qui ſont autour, & à empêcher que l'air n'ait aucune communication avec la capacité des tuyaux & des corps de pompe qui ſont au-deſſous. Il y a une pareille *mere nourrice* à la machine de Marly ; voyez la deſcription de cette ingénieuse machine dans le tome II de l'*architecture hydraulique*, par M. *Belidor*.

NOYAU, *Architecture*. Le *noyau* d'un escalier est un cylindre de pierre qui porte de fond & qui est formé par le bout des marches gironnées d'un escalier à vis. On appelle *noyau creux*, celui qui étant d'un diametre suffisant, a une espece de puits dans le milieu, & qui retient par encaltrement les collets des marches, comme on en voit aux petits escaliers de l'église des Invalides. On donne encore le nom de *noyau creux* à un *noyau* d'escalier en maniere de mur circulaire percé d'arcades & de croisées, pour lui donner du jour, comme on en a pratiqué aux escaliers en limace de l'église de Saint Pierre de Rome, & à celui du château de Chambor. Enfin il y a de ces *noyaux* de forme quarrée, qui servent aux escaliers en arc de cloître, à lunettes & à repos. Tel est, au château de Versailles, le *noyau* de l'escalier de l'aîle des Princes, situé du côté de l'orangerie.

NOYAU, *Artillerie* : c'est une longue piece de fer que l'on pose exactement au milieu de la chappe du moule d'une piece de canon, afin que le métal se repande également tout autour, ce qui forme l'épaisseur de la piece. On recouvre ce *noyau* d'une pâte de cendre bien fine & recuite au feu, comme le moule, arrêtée avec du fil d'archal, autour du *noyau*, & mise couche sur couche, jusqu'à ce qu'il ait acquis la grosseur du calibre que doit avoir l'intérieur de la piece. On ne fond plus guere les canons avec un *noyau*, mais on les coule présentement massifs, & l'on en *fore* ensuite l'ame par le moyen d'une machine connue sous le nom d'*alesoir*. Voyez à ce mot.

NOYAU, *Charpenterie* : c'est une piece de bois posée à plomb, qui reçoit dans ses mortaises les tenons des marches d'un escalier de charpente, & dans laquelle sont assemblés les limons d'un escalier à deux ou à quatre *noyaux*. On appelle *noyau de fond*, celui qui porte dès le rez-de-chaussée jusqu'au dernier étage : *noyau suspendu*, celui qui est coupé au-dessous des paliers & des rampes de chaque étage : & *noyau à corde*, celui qui est taillé d'une grosse moulure en maniere de corde, pour conduire la main, comme on les faisoit anciennement.

NOYAU, *Méchanique.* Dans la vis d'Archimede, on donne le nom de *noyau* au cylindre autour duquel est appliqué le canal qui fait monter l'eau.

NOYAU, *Stéréotomie* : c'est le milieu d'une voûte tournante de niveau, appellée pour cette raison *voûte sur le noyau*, ou d'une voûte tournante & rampante, qu'on nomme *vis Saint-Gilles*. Le *noyau* suit ordinairement la figure du lieu dans lequel il est posé. Si c'est dans une tour ronde, c'est un pilier rond; si la tour est quarrée, le *noyau* est quarré. *Stéréotomie de Frézier.*

NOYÉ, *Marine* : ce terme s'applique à la batterie basse d'un vaisseau de guerre, lorsqu'elle se trouve trop près de l'eau, & qu'elle enfonce de maniere que les vagues de la mer peuvent entrer par les sabords : ce qui provient quelquefois d'un défaut de construction, ou de ce que l'on a trop chargé le bâtiment.

NOYER, *Hydraulique.* On *noye* quelquefois un jet en faisant passer de l'eau au-dessus de l'ajutage, ce qui, en diminuant de sa hauteur, le fait paroître plus gros, & blanc comme de la neige. On *noye* aussi quelquefois un bassin pour nourrir les glaises dont il est environné : pour cet effet, il ne s'agit que de boucher sa décharge de superficie; & de laisser écouler l'eau par-dessus ses bords.

NUD, *Architecture* : c'est la surface d'un corps d'architecture, à laquelle on doit avoir égard pour déterminer les saillies des moulures. Le *nud* d'un mur est sa superficie extérieure qui sert de champ aux saillies des plinthes & autres ornemens. *D'Aviler. Felibien.*

NUMÉRATEUR, *Arithmét.* C'est le nom qu'on donne au chiffre supérieur d'une fraction: il indique le nombre qu'il faut prendre des parties dont la quantité est exprimée par le chiffre inférieur, appellé *dénominateur* : ainsi $\frac{5}{8}$ est l'expression de cinq huitiemes d'un tout quelconque : 5 est le *numérateur*, & 8 le dénominateur. Celui-ci marque que le tout est supposé divisé en 8 parties; & le *numérateur* fait voir qu'il faut prendre 5 de ces parties.

NUMÉRATION, *Arithmétique* : c'est l'art d'évaluer, d'estimer & de prononcer un nombre quelconque composé de plusieurs chiffres, quelque grand qu'il soit, de maniere à donner une idée distincte de leur figure & de la place qu'ils occupent. La *numération* se fait en divisant la quantité de chiffres qu'il s'agit de nombrer, en plusieurs classes de trois chiffres chacune (en allant de la droite vers la gauche) : les trois premiers chiffres valent des nombres, dixaines & centaines d'unités ; les trois suivans, des nombres, dixaines & centaines de mille ; les trois autres (en continuant toujours de droite à gauche) valent des nombres, dixaines & centaines de millions, &c. Ainsi 342, 645, 726, se prononcent dans la *numération*, trois cent quarante-deux millions, six cent quarante-cinq mille, sept cent vingt-six unités.

OBÉLISQUE, *Architecture* : c'est une sorte de pyramide quadrangulaire, extrêmement longue & étroite, qui est ordinairement d'une seule piece, & qu'on éleve au milieu d'une place publique pour y servir d'ornement. Les plus beaux obélisques que nous connoissions sont des monumens Egyptiens, chargés d'inscriptions & d'hyéroglyphes sur leurs quatre faces, & taillés dans le marbre ou dans le granit. On voit encore à Rome deux de ces monumens, qui y ont été amenés l'un du tems d'*Auguste*, l'autre sous le regne de *Constance*, & qui ont été placés par le pape *Sixte V*, le premier, en 1589, à la porte du Peuple ; le second, en 1588, devant l'église de Saint Jean-de-Latran, 2400 ans après que *Ramessès*, roi d'Égypte, l'eut fait tailler & ériger en l'honneur du soleil dans la ville d'Héliopolis. On voit aussi à Rome un autre obélisque tout uni & sans aucun hyérogliphe, de 108 pieds de hauteur, au milieu de la magnifique colonnade bâtie par le cavalier *Bernin*, au-devant de l'église de Saint Pierre.

OBÉLISQUE D'EAU, *Hydraulique* : c'est le nom qu'on donne à une très-grosse gerbe d'eau, large par en bas & terminée en pointe par le haut, en forme d'obélisque. Telle est la belle *fontaine de l'obélisque*, dans les bosquets de Versailles, formée par 231 jets d'eau réunis en une seule gerbe qui composent une espece d'*obélisque* de 52 pieds (d'autres disent 75) de hauteur, diminuant de grosseur jusqu'à sa pointe ; ce qui se fait par le moyen de plusieurs réservoirs placés à différente hauteur, qui fournissent l'eau de ces jets. La forme pyramidale de cette masse d'eau énorme lui a fait donner le nom qu'elle porte. Voyez les *délices de Versailles*, *in-folio*, planche 50. On voit aussi à Versailles, dans le bosquet de l'arc de triomphe, quatre *obélisques* triangulaires percés à jour, formés par des corps de cuivre doré, d'où sortent à divers étages des nappes d'eau, qui paroissent autant de cristaux. Voyez dans le même livre la planche 37, qui représente ce chef-d'œuvre d'hydraulique exécuté d'après les desseins du célebre *le Nautre*

OBLIQUE, *Géométrie* : ce terme se dit de tout ce qui s'écarte de la situation droite ou perpendiculaire. Une ligne qui tombe *obliquement* sur une autre, fait d'un côté un angle aigu, & de l'autre un angle obtus, mais la somme de ces angles est toujours égale à deux droits.

OBLIQUITÉ : c'est la quantité dont une ligne ou une surface est penchée sur une autre ligne ou surface.

OBLONG. On entend par ce mot un corps ou une figure qui est plus longue que large.

OBTUS. On dit qu'un angle est *obtus* lorsqu'il est plus grand qu'un angle droit, c'est-à-dire, lorsqu'il est de plus de 90 degrés.

OBTUS-ANGLE. On donne ce nom à un triangle qui a un angle *obtus*, & dont par conséquent les deux autres sont aigus.

OBUS, HAUBITS, ou OBUSIER, *Artillerie* : c'est une espece de canon fort court, ou un petit mortier de 8 pouces de diametre, plus allongé que les mortiers ordinaires, & dont les tourillons sont placés de façon qu'il peut être monté sur un affut a rouage, comme le canon. Il sert à tirer des bombes horisontalement ou à ricochet. M. *Belidor* en recommande fort l'usage, & estime que les bombes tirées à ricochet avec l'*obus* sont très-propres pour balayer un chemin couvert, en plaçant leur batterie sur le prolongement de ses branches. Voyez le *bombardier françois* par cet auteur, *in-quarto*, page 39.

OCCIDENT, ou OUEST, *Géographie* : c'est la partie de l'horison où le soleil se couche dans les équinoxes : l'*Occident* est l'un des quatre points cardinaux qui divisent l'horison en quatre parties égales.

OCÉAN : c'est cette étendue de mer immense qui environne les grands continens du globe que nous habitons.

OCTAEDRE, *Géométrie* : c'est le nom qu'on donne à l'un des cinq corps réguliers, terminé par huit triangles égaux & équilatéraux.

OCTANS, *Géométrie* : c'est un instrument dont on se sert pour prendre la mesure d'un angle. Il consiste en un arc de 45 degrés, qui est la huitieme partie d'un cercle.

OCTANT, *Navigation* : c'est le nom d'un instrument inventé, ou du moins exécuté, pour la premiere fois, par M. *Hadley*, & perfectionné derniérement par M. *Saverien*, dont l'usage est d'observer les astres sur mer, malgré le tangage & le roulis du vaisseau. Voyez l'origine de cet instrument, les défauts qu'on lui reprochoit, les divers moyens dont s'est servi M. *Saverien* pour le rendre plus parfait, & les critiques que la publication de ce nouvel instrument lui a suscité, dans son *petit dictionnaire de marine* (même article), ou dans la brochure qu'il a publié en 1752, sous le titre de *traité des instrumens propres à observer les astres sur mer.*

OCTOGONE : c'est un polygone qui a huit angles & huit côtés égaux, lorsqu'il est régulier.

OCTOSTYLE, *Architecture* : c'est une ordonnance de huit colonnes disposées sur une ligne droite, comme le portique du panthéon à Rome, ou sur une ligne circulaire, comme toute espece de dôme ou de lanterne qui est ornée de huit colonnes dans son pourtour. *D'Aviler.*

OCTUPLE, *Arithmétique* : c'est un nombre huit fois plus grand qu'un autre : 64 est octuple de 8.

ODOMETRE, *Arpentage* : c'est un instrument dont on se sert pour mesurer les distances par le chemin qu'on a parcouru, soit à pied, soit en voiture. On l'appelle aussi *compte-pas*, ou *roue d'arpenteur*. Voyez-en la description & les usages dans le *dictionnaire de mathématique* de M. *Saverien*, & dans le *dictionnaire encyclopédique*, ou bien dans le *traité de la construction des instrumens de mathématique*, par M. *Bion*, *in-quarto*.

ODOMETRE, *Archit. hydraul.* Il y a une autre sorte d'*odometre*, dont parle M. *Belidor* dans son *architecture hydraulique* ; c'est une machine qui sert à mesurer le nombre de tours que fait, dans un tems donné, une manivelle mise en mouvement par des hommes. On en fait usage dans les travaux publics, pour donner à des travailleurs des épuisemens considérables à faire à la tâche.

ŒIL, *Architecture* : c'est le nom qu'on donne en général

à toute fenêtre ronde percée, soit dans le timpan d'un fronton, soit dans un attique, ou dans les reins d'une voûte, comme on en voit par exemple aux deux berceaux de la grande salle du palais, à Paris.

ŒIL DE BŒUF : c'est un petit jour pris dans une couverture pour éclairer un grenier ou un faux comble, qui se fait ou en plomb ou en poterie. On donne aussi ce nom aux petites lucarnes d'un dôme, telles que celles qu'on voit à celui de Saint-Pierre de Rome, où il y a 48 *œils de bœuf* distribués en trois rangs ou étages. On remarquera que l'on dit içi au pluriel *des œils de bœuf*, & non *des yeux de bœuf*, comme on dit en peinture *les ciels* d'un tableau, & non pas *les cieux*.

ŒIL DE DÔME : c'est l'ouverture qui est au haut de la coupole d'un dôme, comme celle du panthéon, à Rome, qui est à découvert par le haut. Dans la plupart de nos dômes, l'usage est de couvrir cette ouverture par une lanterne.

ŒIL DE LA VOLUTE : c'est, dans le chapiteau Ionique, le petit cercle qui est au centre de la volute, où l'on marque les douze centres qui servent à en décrire les circonvolutions.

ŒIL DE PONT, *Archit. hydraul.* C'est le nom qu'on donne à de certaines ouvertures rondes pratiquées au-dessus des piles & dans les reins des arches d'un pont, autant pour rendre l'ouvrage plus léger que pour faciliter le passage des grosses eaux. Il y en a de pareils au pont neuf de la ville de Toulouse, ainsi qu'aux ponts bâtis sur l'Arno, à Florence, par le célebre *Michel-Ange Buonarotti. D'Aviler, dictionnaire d'architecture.*

ŒIL DE LA BOMBE, *Artillerie* : c'est l'ouverture par laquelle on charge la bombe, en y introduisant, par le moyen d'un entonnoir, la poudre nécessaire pour la faire crever. Quand la bombe est chargée, on bouche l'*œil de la bombe* en y faisant entrer de force la fusée qui doit y mettre le feu.

ŒILS, ou YEUX, *Marine* : ce sont deux trous que l'on pratique aux deux points d'en bas de la civadiere, par lesquels s'écoule l'eau que la mer jette quelquefois dans cette voile.

ŒILS, ou YEUX DE PIE : ce sont les trous ou œillets qu'on fait le long du bas de la voile au-dessus de la ralingue, pour y passer des garcettes de ris.

ŒILLET D'ÉTAI, *Marine* : c'est une grande boucle que l'on fait au bout de l'étai vers le haut, dans laquelle passe le même étai après avoir fait le tour du mât.

OEILLETS DE LA TOURNEVIRE : ce sont des boucles que l'on fait à chacun des bouts de la tournevire, pour les joindre l'un à l'autre par le moyen d'un quarantenier.

ŒUVRE, *Maçonnerie* : ce terme a plusieurs significations : *mettre en œuvre*, c'est employer quelque matiere pour lui donner une forme, & la poser en place. On entend par *dans-œuvre* & *hors-œuvre*, les mesures prises du dedans ou du dehors d'un bâtiment : reprendre un vieux mur par *sous-œuvre*, c'est en rebâtir le pied. Enfin on dit d'une galerie, d'un escalier, d'un cabinet, &c. qu'ils sont *hors-œuvre*, lorsqu'ils ne tiennent au corps de logis que par un de leurs côtés, & qu'ils saillent au delà du bâtiment.

OEUVRES, *Marine*. On donne le nom d'*œuvres vives* aux parties du vaisseau qui sont submergées, ou bien à toutes les parties du corps du bâtiment comprises depuis la quille jusqu'au vibord, ou jusqu'au pont d'entre-haut. *Œuvres mortes*, c'est au contraire toutes les parties du vaisseau qui se trouvent hors de l'eau, ou si l'on veut les hauts du vaisseau, tels que l'acastillage (ou, suivant M. *Duhamel*, l'encastillage) les galeries, les dunettes, &c.

OFFICIER, *Art militaire* : c'est un homme de guerre chargé de la conduite des troupes, pour les commander & y maintenir le bon ordre & la discipline militaire. On en distingue de deux sortes, les *officiers généraux* & les *subalternes*. Le plus haut titre d'*officier* des troupes en France est à présent celui de maréchal de France : viennent après les lieutenans généraux, les maréchaux de camp, &c. Les lieutenans, sous-lieutenans, cornettes & enseignes sont ce qu'on appelle *officiers subalternes*.

OFFICIERS DE LA MARINE : ce sont les *officiers* qui commandent & qui servent sur les vaisseaux du roi & dans les ports de mer, composant le corps militaire de la marine. On donne le nom d'*officiers de plume* aux intendans, commissaires, & écrivains employés sur les vaisseaux pour le service de la marine.

OFFICIERS MARINIERS : ce sont des gens préposés pour la conduite, la manœuvre, & le radoub des vaisseaux ;

ils forment la sixieme partie de l'équipage, & ont pour chef le maître, le bosseman, le maître charpentier, le voilier, & quelques autres.

OGIVES, *Coupe des pierres* : c'est le nom qu'on donne aux voûtes gothiques en tiers-point. M. *Frezier* écrit *augives* & fait dériver ce mot de l'allemand *aug*, qui signifie l'œil, parce que selon lui les arcs de cercles des ceintres de voûtes gothiques forment des angles curvilignes semblables à ceux des coins de l'œil, quoique dans une position différente. *Stéréotomie de Frezier.*

OISEAU, *Maçonnerie* : c'est une espece d'auge plate & sans rebord, armée de deux bras, qui sert aux apprentifs manœuvres, appellés *goujats*, pour porter sur leurs épaules le mortier aux Limosins & aux maçons, lorsque le service ne peut pas se faire à la pelle ou à la brouette.

ONDECAGONE, *Géométrie* : c'est une figure qui a onze côtés : elle est réguliere lorsque tous les angles & ses côtés sont égaux.

ONGLET, *Charpenterie.* L'assemblage à *onglet* est une maniere particuliere de joindre & d'assembler les pieces de bois pour un bâtiment, comme lorsque les pieces ne sont pas coupées quarrément, mais diagonalement ou en triangle.

ONGLET, *Fortification* : ce terme se dit de la partie d'une dame ou tourelle achevallée sur un batardeau, dans les fossés d'une place de guerre, qui se trouve entre la surface de la cape du batardeau & la base de la tourelle, prise à l'endroit de l'arête de la cape. M. *Belidor* donne, dans son *cours de mathématique*, une méthode facile pour trouver la solidité de l'*onglet* d'un batardeau, en multipliant sa surface par le tiers de son rayon.

ONGLET, *Géométrie* : c'est ainsi qu'on appelle une tranche de cylindre terminée par la base, par la surface courbe du cylindre, & par son plan oblique qui rencontre la base avant que d'avoir coupé la surface entiere du cylindre. La surface courbe de l'*onglet* est quarrable : on peut aussi trouver un parallelepipede qui lui soit égal en solidité. On peut voir plusieurs théorêmes intéressans sur les onglets de toute espece dans *La mesure des surfaces & des solides*, par M. l'Abbé *Deidier*, *in-quarto*, à Paris, chez *Jombert.*

OPPOSÉS, *Géométrie* : ce terme s'emploie en divers cas : il y a des *angles opposés* par leur sommet, des *cônes opposés*, qui ont un même sommet commun, &c. On appelle aussi *sections opposées*, deux hyperboles produites par un même plan, qui coupe deux cônes *opposés*.

OPTIQUE : c'est la science de la vision, en général : elle renferme la catoptrique, la dioptrique, & même la perspective. Quelquefois on n'entend par l'*optique* que cette partie de la physique qui traite des propriétés de la lumiere & des couleurs, sans aucun rapport à la vision ; c'est ainsi que *Newton* l'a considéré dans son excellent *traité d'optique*. *Euclide*, *Ptolomée*, *Alhazen*, *Maurolicus*, *J. B. Porta*, *Kepler*, *Descartes*, *Newton*, *Gregori*, & *Barrow*, ont écrit sur différentes parties de l'*optique* ; mais le plus considérable & le plus complet de tous les ouvrages qui ont été faits sur cette science est le *cours complet d'optique*, composé en anglois par *Robert Smith*, dont il vient de paroître deux traductions différentes : l'une par le Pere *Pezenas*, en deux volumes *in quarto*, imprimée à Avignon en 1767 ; l'autre par un anonyme, imprimée à Brest, la même année, en un gros volume *in-quarto*.

ORDONNANCE, *Architecture*. On entend par ce terme la composition d'un bâtiment & la disposition de ses parties. Le mot *ordonnance* s'applique aussi à la distribution générale de tous les membres d'un Ordre d'architecture. On dit enfin que l'*ordonnance* d'un édifice est rustique, solide, délicate, &c. selon que les principaux membres qui la composent sont imités des Ordres Toscan, Dorique, Corinthien, &c. *Dictionnaire d'architecture*, par *d'Aviler*.

ORDONNÉE, *Géométrie* : ce sont des lignes droites tirées parallelement entre elles au-dedans d'une ligne courbe, & partagées en deux parties égales par l'axe ou le diametre de la courbe. Il n'est pas essentiel qu'elles soient perpendiculaires à l'axe, elles peuvent faire avec lui un angle quelconque, pourvu que cet angle soit toujours le même. On nomme aussi *ordonnée* toute perpendiculaire élevée sur le diametre d'un demi-cercle & terminée par sa circonférence.

ORDRE, *Architecture* : c'est un corps d'architecture composé d'une colonne avec sa base & son chapiteau, porté par un piédestal (lorsqu'il y en a), & terminé par un entablement, le tout orné de moulures & de différens membres dont l'arrangement & la proportion forment un coup d'œil régulier qui contente la vue. Tout *Ordre* d'architecture est donc divisé en deux ou trois parties; sçavoir, le piédestal, quand il y en a un, la colonne, & l'entablement : chacune de ces parties se subdivise ensuite en trois autres. Ainsi le piédestal est composé de trois membres, qui sont la base, le dé, & la corniche : la colonne se divise également en trois; sçavoir, la base, le fust, & le chapiteau. Enfin l'entablement est formé aussi de trois parties, qui sont l'architrave, la frise, & la corniche. La facilité de dessiner les cinq *Ordres* suivant *Vignole*, consiste en ce que, quelque hauteur qu'on ait déterminé de leur donner, & pour quelque *Ordre* que ce soit, si l'on y met un piédestal, il n'est besoin que de diviser toute cette hauteur en 19 parties, dont on donne 4 au piédestal, 12 à la colonne, & 3 à l'entablement. Si l'on ne veut point de piédestal, on partage cette même hauteur en 5 parties, dont on donne 4 à la colonne, & la cinquieme à l'entablement. Il y a cinq *Ordres* d'architecture qui seront expliqués dans les articles suivans.

ORDRE TOSCAN : c'est le plus simple de tous; sa colonne n'a de hauteur que 7 fois son diametre, pris au bas de son fust. Cet *Ordre* est destitué de tout ornement, & l'on n'apperçoit que très-peu de moulures à son chapiteau, ainsi qu'à son entablement. Aussi les anciens ne l'ont-ils employé que rarement, & *Vignole* avoue que n'en ayant trouvé aucuns vestiges dans les monumens de l'antiquité qui pût lui servir à déterminer ses proportions, il a été obligé d'y suppléer, en suivant pour cet *Ordre* les mêmes regles qu'il a trouvé établies pour les autres. La simplicité de cet *Ordre* l'a fait réserver pour les compositions rustiques, comme grottes, orangeries, terrasses, étages en soubassement, portes de ville, &c.

ORDRE DORIQUE : c'est le premier des *Ordres* Grecs, & le modele de l'ordonnance solide. On donne à sa colonne 8 de ses diametres, mesurés par le bas; son chapiteau est plus riche de moulures que celui de l'*Ordre* Toscan, sa frise est ornée de triglyphes & de métopes; il y a des gouttes à son architrave, & des mutules à la corniche de son entablement. Les anciens ont consacré cet *Ordre* à l'héroïsme, ses proportions étant imitées d'après un homme fort & robuste. C'est le plus difficile de tous à exécuter, à cause de la sujétion de ses triglyphes & des métopes qui les séparent : l'accouplement des colonnes est même impraticable dans cet *Ordre* pour la même raison.

Ordre Ionique : c'est le second des Ordres Grecs ; il tient le milieu entre la maniere de bâtir solide & la délicate. On donne à sa colonne 9 diametres de hauteur. Il se distingue par sa base, qui lui est particuliere, par sa colonne dont le fust est canelé, par son chapiteau qui est orné de volutes, & par les denticules de la corniche de son entablement. Plusieurs auteurs, comme *Vignole*, *Palladio*, *Scamozzi*, &c. ont imaginé différentes méthodes pour tracer géométriquement la volute du chapiteau de cet *Ordre*, mais celle dont l'invention est due à *Goldmann* est la plus parfaite & la plus usitée. On prétend que ses proportions, ses volutes, & ses canelures sont prises sur le modele du corps d'une jeune fille : aussi les anciens ne l'appliquoient-ils qu'aux temples consacrés aux Déesses & sur-tout à *Diane*. Chacun sçait que le magnifique temple de *Diane*, à Ephèse, une des merveilles de l'antiquité, étoit décoré de cet *Ordre*.

Ordre Corinthien : c'est le plus riche, le plus élégant, & le plus délicat de tous. Sa colonne a dix diametres de hauteur. Son chapiteau est décoré de trois rangs de feuilles, & de huit petites volutes qui en soutiennent le tailloir. Son architrave est divisée en trois fasces, sa frise est ornée de bas-reliefs, & sa corniche est soutenue par des modillons. La beauté de ses proportions & la richesse de ses ornemens l'ont fait employer préférablement aux autres *Ordres* pour les temples des divinités célestes de la premiere classe, & les plus magnifiques palais des Rois.

Ordre Composite : c'est le second des *Ordres* inventés par les Latins : on l'a appellé *Composite*, parce qu'il n'est en effet qu'une composition imitée des *Ordres* Ionique & Corinthien, ayant emprunté les volutes du premier, avec les proportions & une partie des ornemens du Corinthien. Quelques-uns l'ont appellé *Ordre Romain* ou *Italique*. Les Romains, qui sont les inventeurs de cet *Ordre*, en ont fait usage principalement dans les arcs de triomphe, & dans les autres monumens érigés pour la magnificence.

Ordre Attique : c'est un petit *Ordre* de pilastres de la plus courte proportion, qui a une corniche architravée pour entablement, comme celui qu'on voit à la façade du château de Versailles, du côté des jardins, au-dessus de l'*Ordre* Ionique appliqué au principal étage.

ORDRE FRANÇOIS. Sous le regne de *Louis XIV* on promit une récompense considérable à celui qui inventeroit un *Ordre* d'architecture assez différent des autres pour mériter le nom de sixieme *Ordre*, & dont les attributs fussent assez allégoriques a la France, pour pouvoir porter le nom d'*Ordre François*; mais les efforts des plus habiles architectes d'alors ne produisirent que des choses médiocres. On peut voir dans la galerie de Versailles un *Ordre* de cette espece, exécuté d'après les desseins de *le Brun*, premier peintre du Roi. Ce n'est qu'un *Ordre* Corinthien chargé d'attributs relatifs à notre nation & à la devise de *Louis XIV*, comme des têtes de coqs, des soleils, des fleurs de lys, des ordres de chevaleries, &c. Voyez quelques essais sur cet *Ordre* par M. *Errard*, dans la nouvelle édit. du *parallele d'architecture*, par M. *de Chambray*, *in-octavo*, imprimé chez *Jombert* en 1766, & dans le *traité d'architecture*, par *Sebastien le Clerc*, *in-quarto*.

ORDRE GOTHIQUE : c'est une composition d'architecture si éloignée des proportions & des ornemens antiques, que les colonnes sont ou trop courtes & trop massives, en maniere de piliers, ou d'une hauteur extravagante & aussi menues que des perches, & dont les chapiteaux, sans aucune mesure, sont chargés de feuilles de choux, de chardons, de bardanne, d'acanthe épineuse, &c. accompagnés de marmousets, de figures chimériques & bisarres, & d'ornemens mal dessinés pour la plupart & de mauvais goût.

ORDRE CARYATIQUE : c'est un *Ordre* particulier qui a les proportions de l'Ionique, avec cette différence qu'au lieu de colonnes ce sont des figures de femmes qui portent l'entablement. Il y a un *Ordre* de cette espece au haut du gros pavillon du Louvre, dans l'intérieur de la cour, dont les *caryatides* sont d'une grande beauté : c'est l'ouvrage de *Jacques Sarrazin*, célebre sculpteur François, mort en 1666. On voit aussi dans le même endroit, à la salle des gardes, qui est à présent la *salle des antiques*, quatre très-belles figures de *caryatides* de 12 pieds de proportion, portant une tribune, qui sont de la main du célebre *Jean Goujon*, architecte & sculpteur de *Henri II*.

ORDRE PERSIQUE : c'eſt un *Ordre* dans les proportions du Dorique, qui a des figures d'eſclaves Perſans, au lieu de colonnes, pour porter l'entablement. Voyez dans le même *parallele d'architecture* ci-deſſus cité, l'origine & la deſcription de ces deux derniers *Ordres*.

ORDRE DE BATAILLE, *Art militaire* : c'eſt la diſpoſition ou l'arrangement des troupes d'une armée pour combattre. Ordinairement les troupes ſont miſes en bataille ſur deux lignes, tant pleines que vuides, avec des réſerves, la cavalerie également diſtribuée ſur les ailes, & l'infanterie au centre. Les troupes de la ſeconde ligne ſont placées vis-à-vis les intervalles de la premiere. Voyez les réflexions judicieuſes du Maréchal de Puyſegur ſur cette partie importante de l'art militaire, & les divers *ordres de bataille* qu'il propoſe, ſuivant la poſition dans laquelle les armées ſe trouvent, dans ſon excellent ouvrage ſur l'*art de la guerre*, en deux volumes *in-quarto*. Voyez auſſi à ce ſujet le *commentaire ſur Polybe*, par le chevalier *Folard*; les *mémoires militaires de Guiſchardt*, *in-quarto*; les *élémens de tactique*, par M. *le Blond*, *in-quarto*, chez *Jombert*, &c.

ORDRE DE BATAILLE, *Marine* : c'eſt la diſpoſition de deux armées navales qui ſont prêtes à combattre. La meilleure maniere conſiſte à les ranger ſur deux lignes paralleles à une des deux lignes du plus près. Tous les vaiſſeaux partent au plus près de ces lignes, & ſe tiennent éloignés les uns des autres à la diſtance d'un cable, c'eſt-à-dire, de 120 toiſes. Les brulots, ainſi que les bâtimens de charge, reſtent éloignés à une lieue de l'armée, du côté oppoſé à celui que les ennemis occupent.

ORDRE DE MARCHE, *Marine* : c'eſt l'arrangement & la ſituation des vaiſſeaux d'une armée navale lorſqu'elle eſt en marche. Le meilleur *ordre* conſiſte à ranger l'armée ſur trois colonnes diſpoſées de telle ſorte qu'elles ſoient paralleles à une des lignes du plus près, & qu'elles forment un parallelogramme rectangle.

ORDRE DE RETRAITE, *Marine* : c'eſt la diſpoſition d'une armée navale obligée de fuir à la vue de l'ennemi. Dans cet *ordre*, le général de l'armée doit être au milieu & au vent : la partie de l'armée du général, qui eſt à gauche, doit être rangée ſur la ligne du plus près *ſtri-bord* : la partie qui eſt à droite doit être ſur la ligne du plus près *bas-bord* : on met au milieu les brulots & les bâtimens de charge. Voyez pour un plus grand éclairciſſement ſur ces trois articles & pour leur démonſtration par figures, l'*art des armées navales*, par le Pere *Hoſte*, *in-folio*, & les *élémens de tactique navale*, par M. *de Morogues*, *in-quarto*.

ORDRE DES LIGNES COURBES, *Géométrie* : c'eſt la diſtribution des figures courbes en claſſes, diſtinguées par le différent degré de leur équation, ſuivant le rapport des ordonnées aux abſciſſes, ou, ce qui revient au même, ſuivant le nombre des points dans leſquels elles peuvent être coupées par une ligne droite. Ainſi les lignes droites dont l'équation ne monte qu'au premier degré, compoſent le *premier ordre* : le cercle & les ſections coniques forment le *ſecond* : les paraboles cubiques, la ciſſoïde des anciens, &c. ſont du *troiſieme ordre*, &c. *Newton* a fait un petit ouvrage intitulé, *énumération des lignes du troiſieme ordre*. Voyez auſſi l'*introduction à l'analyſe des lignes courbes*, par M. *Cramer*, *in-quarto*, chez *Jombert*.

ORDRE DES VAISSEAUX, *Architecture navale*. On a coutume de diſtinguer les vaiſſeaux de différentes grandeurs par autant de claſſes qu'on appelle *rangs* : les plus gros ſont du premier rang, & les plus petits ſont du dernier. Mais outre cette diſtinction des vaiſſeaux par rangs, chacun de ces rangs ſe ſubdiviſe lui-même en deux claſſes qu'on nomme *ordre*. Ainſi on dit, vaiſſeau du premier rang, *premier ordre* : vaiſſeau du premier rang, *ſecond ordre* : vaiſſeau du ſecond rang, *premier ordre*, &c. On ſent aſſez l'inconvénient qui réſulte de cette multiplicité de rangs & d'*ordres* pour les vaiſſeaux de toute eſpece, & la grande confuſion qu'elle occaſionne pour leurs agrès & leurs apparaux. Auſſi les habiles conſtructeurs ſe ſont ils ſouvent écartés de ces principes, & ils penſent qu'il faudroit ſe borner à établir quatre rangs de vaiſſeaux de guerre, relativement au nombre des canons qu'ils portent & à leur calibre, trois rangs de frégates, & deux eſpeces de bâtimens de charge. Voyez à ce ſujet les *élémens de l'architecture navale*, par M. *Duhamel*, *in-quarto*, page 56 & *ſuiv*.

OREILLES, ou OREILLONS, *Architecture*. On appelle ainſi les retours qu'on fait faire par en haut aux angles des chambranles, & aux bandeaux des portes & des croisées. On les appelle aussi *crossettes*. Voyez ci-devant à ce mot.

ORELLLE DE LIEVRE, *Marine*. On appelle ainsi une voile particuliere qui, étant appareillée, a la forme d'une voile latine ou à tiers-point.

OREILLES DE L'ANCRE : c'est le nom qu'on donne à l'endroit le plus large des pattes de l'ancre d'un navire.

OREILLER, *Architecture*. Voyez COUSSINET DE CHAPITEAU.

ORGUE, *Artillerie* : c'est une espece de machine composée de plusieurs canons de mousquet montés ensemble sur un madrier, dont on se sert pour défendre des breches & des retranchemens. L'*orgue* procure l'avantage de tirer plusieurs coups à la fois. Voyez l'*artillerie raisonnée*, par *M. le Blond*, *in-octavo*, pag. 62.

ORGUES, *Fortification* : ce sont de longues & fortes pieces de bois, détachées les unes des autres, & suspendues avec des cordes, par le moyen d'un moulinet, au-dessus de l'entrée d'une porte de ville, pour la boucher promptement en cas de surprise. On a substitué les *orgues* aux herses, parce qu'il étoit facile d'arrêter la chûte de celles-ci, au lieu que les *orgues* n'ont pas le même inconvénient. Voyez les *élémens de fortification*.

ORGUEIL, *Méchanique* : c'est une grosse cale de pierre, ou un coin de bois que les ouvriers mettent sous le bout d'un levier ou d'une pince, pour servir de point d'appui ou de centre de mouvement à une pesée ou un abatage ; les Grecs l'appelloient *υπομοχλιον*, *hypomoclion*.

ORIENT, *Géographie* : c'est le point de l'horison où le soleil paroit se lever, dans le tems des équinoxes.

ORIFICE, *Hydraulique* : c'est le nom qu'on donne au trou pratiqué au fond d'un vaisseau plein d'eau, par où elle s'échappe. Chacun sçait que l'eau coule plus vite vers le milieu d'un *orifice* que vers ses bords, sa vitesse étant retardée par le frottement que ces bords occasionnent : d'où il suit que les petits *orifices*, ayant plus de circonférence à proportion que les grands, retardent plus la vitesse de l'eau, relativement à la quantité qui devroit en sortir.

ORILLON, *Fortification* : c'est une masse de terre, de forme ronde, revêtue de maçonnerie, avancée vers l'épaule des bastions à flans concaves, pour couvrir le canon qui y est placé, & pour le garantir d'être démonté.

par les batteries de l'assiégeant. Lorsque cette partie avancée est terminée par une ligne droite, on la nomme *épaulement*. Voyez les différentes constructions de l'*orillon*, suivant les méthodes de *Cochorn* & du Maréchal *de Vauban*, dans la nouvelle édition des *élémens de fortification*, par M. *le Blond*, *in-octavo*, 1764.

ORLE, ou OURLET, *Architecture* : c'est un filet placé sous l'ove du chapiteau. Lorsqu'il se trouve au bas ou au haut d'une colonne, on l'appelle *ceinture* de la colonne. *Parallele d'architecture*.

ORNEMENT, *Architecture* : c'est un nom général que l'on donne à la sculpture dont on enrichit l'architecture, soit dans l'extérieur des édifices, soit dans leur intérieur. *Vitruve*, célebre architecte du siecle d'*Auguste*, se plaignoit déja de la corruption du goût & des *ornemens déplacés* que l'on répandoit avec profusion dans les compositions d'architecture. *Palladio* & M. *de Chambray* ont protesté à leur tour contre les abus & les licences que les architectes de leur tems y introduisoient, & contre les *inventions capricieuses* qu'ils substituoient à la beauté des formes & à la pureté des profils. Ce goût bizarre & licencieux a passé d'âge en âge jusqu'à nous, & se transmettra vraisemblablement à nos derniers neveux. En effet, les roseaux, les coquillages, les plantes maritimes & les feuilles de chicorée qui prennent naissance sur des tablettes de cheminées de pierre ou de marbre; les dauphins, les chimeres, les dragons volans, & les marmousets ridicules que nous foulons aux pieds sous la forme de chenets; enfin les figures grotesques & tortillées que l'on applique contre des lambris couverts de dorure pour servir de bras & de girandoles, valent bien les *petits châteaux* & les *palais en relief* dont on chargeoit les lustres du tems de *Vitruve*. (Voyez le *dictionnaire encyclopédique*, au mot ORNEMENS.) Depuis plusieurs années, nos jeunes artistes devenus plus sages dans leurs compositions, par le séjour qu'ils ont fait à Rome & en Italie dans les dernieres années de leurs études, ont rejetté tous ces colifichets pour ne plus employer que des *ornemens* tirés de l'antique. Grace à cette heureuse révolution, les postes, les entrelas, les canaux ou portiques, les guillochis, les festons, les guirlandes & les clous dorés sont devenus tellement à la mode, que les enseignes & l'extérieur des boutiques de nos marchands de toute espece, ainsi que les portes, les fenêtres, & les façades entieres de nos moindres édifices en sont décorées. Pour leur donner un air de nouveauté analogue au goût de la nation, on les a appellés *ornemens à la Grecque.*

ORTHODROMIE, *Navigation* : c'est un mot employé par M. *Saverien*, pour désigner la ligne droite que décrit un vaisseau lorsqu'il navige dans l'arc d'un grand cercle, comme *est-ouest*, ou *nord-sud.* Ce mot, qui signifie course en ligne droite, est opposé à *loxodromie*, qui veut dire course oblique. *Petit dictionnaire de la marine*, par M. *Saverien. Dictionnaire de mathématique*, par le même.

ORTHOGRAPHIE, *Architecture* : c'est l'élévation géométrale d'un bâtiment, où toutes les proportions sont observées géométriquement, sans avoir égard aux diminutions que donne la perspective.

OSCILLATION, *Méchanique* : c'est le mouvement que fait un pendule en descendant & en remontant ensuite, ou sa descente & sa remontée consécutives & prises ensemble. Les loix du mouvement & des *oscillations* d'un pendule ont fait l'objet des recherches des plus sçavans mathématiciens. M. *Huyghens* est le premier qui en ait donné une solution dans son livre intitulé, *de horologio oscillatorio.* Le principe de M. *Huyghens* ayant paru incertain & indirect à plusieurs géometres, M. *Jacques Bernoulli* en donna une nouvelle solution dans les *mémoires de l'Académie*, année 1703 : M. *Jean Bernoulli*, son frere, en donna une autre plus simple & plus facile dans le même ouvrage, en 1714 : vers le même tems M. *Taylor*, Anglois, en donna une à peu près semblable dans un livre intitulé, *methodus incrementorum*, ce qui fit le sujet d'une dispute assez vive entre ces deux géometres. Voyez cet article plus détaillé dans le *dictionnaire encyclopédique.*

OSCULATEUR, *Géométrie.* On donne le nom de *rayon osculateur* d'une courbe au rayon de la développée de cette courbe : *cercle osculateur* est le cercle qui a pour rayon celui de la développée.

OSCULATION, ou BAISEMENT, *Géométrie.* On donne ce nom au point d'attouchement de deux branches d'une courbe, qui se touchent. L'*osculation* s'appelle *embrassement* quand la concavité d'une des branches embrasse la convexité de l'autre, c'est-à-dire, quand les deux branches qui se touchent sont concaves ou convexes du même côté. C'est un terme en usage dans la théorie des développées. La théorie de l'*osculation* est dûe à M. *Leibnitz*, qui le premier a enseigné la maniere de se servir des développées de M. *Huyghens* pour mesurer la courbure des courbes. Voyez à ce sujet l'*introduction à l'analyse des lignes courbes*, par M. *Cramer.*

OVALE, *Géométrie* : c'est une figure curviligne irréguliere dont les deux diametres sont inégaux, allongée par ses deux extrêmités, dont l'une est plus pointue que l'autre, & qui a la figure d'un œuf, d'où lui est venu le nom d'*ovale*. Elle differe en cela de l'*ovale mathématique*, qui est une *ovale* réguliere, également large à ses deux extrêmités. Chacun sçait la maniere de tracer l'*ovale du jardinier*, qui n'est autre chose qu'une ellipse. Nous ne parlerons point ici de l'*ovale de M. Cassini*, imaginée par ce grand astronome pour représenter l'orbite des planetes, ni de la méthode inventée par M. *Varignon*, & perfectionnée par M. *Montucla*, pour mener une tangente à cette courbe ; on trouve l'une & l'autre expliquées dans le *dictionnaire de mathématique*, par M. *Saverien*, même article.

OVALE RALONGÉE, *Stéréotomie* : c'est la cerche ralongée de la coquille d'un escalier *ovale*. On appelle *ovale rampante*, une *ovale* biaise ou irréguliere, que l'on trace pour trouver des arcs rampans dans les murs d'échiffre d'un escalier.

OVE, *Architecture* : c'est une moulure ronde dont le profil est ordinairement formé d'un quart de cercle, ce qui l'a fait nommer par les ouvriers, quart de rond : on lui donne aussi le nom d'*échine*. On appelle aussi *oves*, des ornemens qu'on taille sur cette même moulure, qui ont la forme d'un œuf renfermé dans une coque entr'ouverte, imitant celle d'une chataigne. On appelle *oves fleuronnés*, ceux qui paroissent envéloppés de quelques feuilles d'ornemens de sculpture. *D'Aviler.*

OUEST, *Géographie* : c'est un des points cardinaux de l'horison, diamétralement opposé à celui appellé *est*, où le soleil paroît se coucher dans le tems des équinoxes ; ce qui lui a fait aussi donner le nom d'*occident* ou *couchant*.

OURDAGE, *Archit. hydraul.* C'eſt un bâtis de charpente fait à la hâte, dont le devant eſt élevé en talud. Il ſert à appuyer les pilots & à leur donner la pente néceſſaire, lorſqu'on en veut enfoncer d'inclinés pour la conſtruction des quais & des jettées de charpente.

OURLET, *Architecture*: c'eſt une petite moulure, ou une eſpece de filet qui ſe met ſous l'ove d'un chapiteau.

OURLET, *Archit. hydraul.* C'eſt le nom qu'on donne au bourlet ou au bord ſaillant d'un tuyau de grès emboîté dans un autre: c'eſt préciſément l'endroit où il ſe joint avec un autre tuyau par un nœud de ſoudure fait avec du maſtic.

OURLET, *Plomberie*: c'eſt la jonction de deux tables de plomb ſur leur longueur, laquelle ſe fait en recouvrement par le bord de l'une repliée ſur l'autre en forme de crochet. On donne auſſi le nom d'*ourlet* à la levre repliée en rond d'un cheneau ſur le bord d'une cuvette de plomb. *D'Aviler.*

OUVERTURE DE LA TRANCHÉE, *Guerre des ſieges*: c'eſt le travail que fait l'aſſiégeant, au commencement d'un ſiege, pour s'approcher de la place ſans être expoſé au feu de ceux qui la défendent. S'il ſe trouve quelque hauteur ou quelque inégalité dans les environs de la place, on ne manque pas d'en profiter pour l'*ouverture* de la tranchée. Voyez les diſpoſitions & les préparatifs néceſſaires pour l'*ouverture* de la tranchée très-bien détaillés dans le *traité de l'attaque des places*, par M. *le Blond*, *in-octavo*, nouvelle édition, page 165 & ſuivantes.

OUVRAGES, *Architecture*: ce terme s'applique en général à toutes ſortes de travaux relatifs à la conſtruction des bâtimens, tels que la maçonnerie, la charpenterie, la ſerrurerie, la menuiſerie, &c. Dans la maçonnerie, on diſtingue deux ſortes d'*ouvrages*: les gros, comme les murs de face & de refend, avec crêpis, enduits & ravallemens, toutes les eſpeces de voûtes, &c; & les *legers* ou menus *ouvrages*, comme les plâtres de différente eſpece, les tuyaux, ſouches & manteaux de cheminée, les lambriſſages, les plafonds, &c. On appelle *ouvrages de ſujettion*, ceux qui ſont ceintrés, rampans, ou cerchés, ſoit dans leur plan ou dans leur élévation, dont les prix augmentent à proportion du dechet de la matiere, & de la difficulté de leur exécution.

Ouvrages, *Fortification*. On comprend sous ce mot toutes les pieces de fortification qui entrent dans la construction d'une place de guerre, & qui contribuent à la perfection de sa défense, tels que les demi-lunes, *ouvrages* à corne, à couronne, &c. détaillés dans les articles suivans.

Ouvrage a Cornes : c'est un front de fortification composé d'une courtine & de deux demi-bastions saillans vers la campagne, & qui tiennent à la place par deux longs côtés appellés *branches* ou *ailes*, qui se terminent en *queue d'hironde*. Ces longs côtés doivent être enfilés par le rempart de la place, au devant duquel cet ouvrage est construit.

Ouvrage a Couronne. On donne ce nom à un front de fortification formé par un bastion entier, placé entre deux courtines terminées par deux demi-bastions. Cet ouvrage, qui avance dans la campagne, est joint au corps de la place, ainsi que l'*ouvrage à cornes*, par deux longs côtés appellés aussi *branches* ou *ailes*. Il se place ordinairement devant une courtine ; & quelquefois devant un des bastions de la place, qui doit le commander & enfiler ses longs côtés.

Ouvrages Détachés : ce sont les différens dehors, c'est-à-dire, les diverses pieces dont on couvre le corps de la place du côté de la campagne, comme les demi-lunes, ravelins, tenailles & tenaillons, contregardes, ouvrages à corne, &c. tous ces ouvrages, pour faire une bonne défense, doivent être contreminés. Voyez les regles pour la construction de ces différens *ouvrages* dans la derniere édition des *élémens de fortification*, par M. *le Blond*, *in-octavo*, 1764.

Ouvrages de Campagne, *Art militaire* : ce sont les différens travaux que fait une armée, étant en campagne, soit pour se retrancher dans son camp ou pour se soutenir en présence de l'ennemi, soit pour s'assurer des passages ou pour couvrir quelque poste important. Le meilleur, ou pour mieux dire, le seul ouvrage qui ait été écrit sur la *fortification de campagne*, est l'*Ingénieur de campagne*, par M. *de Clairac*, *in-quarto*, chez *Jombert*.

Ouvrages Hydrauliques : ce sont des bâtimens où l'on renferme des machines propres à élever ou à distribuer l'eau : tels sont ceux de la pompe Notre-Dame, & de la Samaritaine, à Paris, le château d'eau vis-à-vis le Palais Royal, &c. Voyez à ce sujet la premiere partie de l'*architecture hydraulique*, par M. *Belidor*, tome second.

OXYGONE, *Géométrie* : ce terme se dit principalement d'un triangle dont les trois angles sont aigus, ou moindres chacun que 90 degrés : c'est la même chose qu'*acutangle*.

PACFI, *Marine* : c'est une basse voile. Dans un vaisseau on distingue deux *pacfis*, un grand & un petit : le premier est la grande voile, ou la voile la plus basse, qui est au grand mât : le second est la voile de misaine. Lorsqu'on ne se sert que de deux basses voiles, on dit qu'on en est aux deux *pacfis*.

PAILLES DE BITTE, *Marine* : ce sont de longues chevilles de fer qu'on met à la tête des bittes, pour assujettir le cable.

PAIN DE MUNITION, *Art militaire* : c'est la quantité de *pain* qu'on distribue aux troupes en campagne, qui contient deux rations & qui doit servir pour deux jours. Ce pain pesoit ci-devant trois livres, mais par l'ordonnance de 1758, la ration a été augmentée de quatre onces par jour, pour le soldat seulement; ensorte que le *pain* de munition doit peser à présent trois livres & demi, poids de marc. Au moyen de cette augmentation, le septier de bled, qui fournissoit ci-devant 180 rations de *pain*, n'en peut plus fournir à présent que 154.

PAIR, *Arithmétique*. Nombre *pair* est un nombre qui peut se diviser exactement par 2. C'est une des branches de la division des nombres la plus simple & la plus générale. Tout nombre *pair* est essentiellement terminé vers la droite par un chiffre *pair*, comme 2, 4, 6, 8, ou par un o.

PAL ou PIEU. Voyez au mot PIEU.

PALAN, *Marine* : c'est un assemblage de plusieurs poulies avec leurs cordages, jointes ensemble de maniere qu'elles se trouvent les unes à côté des autres, ou les unes au dessus des autres, dans la même boîte, ou dans le même moufle. On se sert du *palan* pour embarquer & pour débarquer les marchandises & les fardeaux les plus pesans. Une des cordes du *palan* s'appelle *étague* ou *itaque*, & l'autre *garant*. Voyez les noms des différentes especes de *palans* en usage sur les vaisseaux, dans le *dictionnaire de marine*, par M. *Saverien*.

PALE. *Hydraulique* : c'est une petite vanne qui sert à ouvrir & à fermer la chaussée d'un moulin ou d'un étang pour le mettre en cours : on la nomme aussi *bonde*. Quand on veut donner de l'eau à la roue d'un moulin, on leve une *pale*, qui est différente du deversoir d'un moulin.

PALE D'AVIRON : c'est, dans une rame ou un aviron, le bout plat qui entre dans l'eau.

PALÉE, *Archit. hydraul.* C'est un rang ou une file de pilots plantés fort près les uns des autres, liés & entretenus ensemble avec des liernes & des moises garnies de chevilles & de boulons de fer, que l'on enfonce avec le mouton, pour porter les travées d'un pont de bois, ou quelque ouvrage de maçonnerie.

PALETTES, *Hydraulique* : ce sont de petites planches unies par des chaînons pour former un chapelet. Ces *palettes* composent ensemble une chaîne sans fin qui tourne par le moyen d'une manivelle & de deux lanternes sur lesquelles elles passent successivement le long de l'intérieur d'un tuyau ou canal de bois appellé *buse*. Dans les moulins à eau, on donne aussi le nom de *palettes* aux aubes de la roue.

PALIER ou REPOS, *Architecture* : c'est un espace ou une sorte de grande marche entre les rampes & aux tournans d'un escalier. On appelle *demi-palier* celui qui est quarré sur la longueur des marches ; & *palier de communication*, celui qui sépare deux appartemens de plain-pied, & qui communique de l'un à l'autre. *D'Aviler.*

PALIFICATION, *Archit. hydraul.* M. *Saverien* se sert de ce terme pour désigner l'action d'affermir un terrein de mauvaise consistance par le moyen des pilots. Dans les terreins aquatiques, on enfonce ces pilots avec un mouton, pour pouvoir bâtir dessus avec plus de sûreté. *Dictionnaire de mathématique.*

PALISSADES, *Fortification* : ce sont des pieux, ou des pieces de bois pointues par le haut, d'environ 9 pieds de hauteur sur 8 & 9 pouces de gros, que l'on enfonce en terre à deux ou trois pieds de profondeur, & entre lesquelles on ne laisse de distance que l'espace nécessaire pour passer le bout du fusil, pour fortifier un poste & l'assurer contre les surprises. On plante des *palissades* sur la banquette du chemin couvert des places fortifiées; on s'en sert aussi pour former un retranchement dans des ouvrages qu'on veut disputer à l'ennemi. Les *palissades* peuvent encore augmenter beaucoup la défense des lignes, en les plantant sur une berme pratiquée au pied extérieur de leur parapet. Voyez les *élémens de fortification* de *M. le Blond*, *in-octavo*, page 14, pour les différentes especes de *palissades*, & les diverses manieres de les planter.

PALPLANCHES, *Archit. hydraul.* Ce sont des especes de pieux en forme de planches fort épaisses, que l'on enfonce près à près au refus du mouton dans des terreins de mauvaise qualité, aux endroits où l'on craint que l'eau ne s'introduise par-dessous les fondemens de quelque édifice bâti dans l'eau. On fait usage des *palplanches* dans la construction des écluses: elles ont ordinairement 4 ou 5 pouces d'épaisseur au plus, sur 12 ou 15 pouces de largeur, & sur une longueur proportionnée à la profondeur du terrein où l'on doit les enfoncer. Le meilleur bois pour les *palplanches* est le vieux sapin rouge; le sapin blanc est trop tendre, & le chêne est trop sujet à se fendre. On les assemble à rainure & languette.

PAN, *Géométrie*: c'est le côté d'une figure rectiligne, soit réguliere ou irréguliere.

PAN COUPÉ, *Architecture*: c'est l'encoignure rabattue d'une maison, pour faciliter le tournant des voitures. C'est encore, dans une église à dôme, la face de chaque pilier de sa croisée, où sont les pilastres ébrâsés d'où les pendentifs prennent leur naissance. Il y a aussi des escaliers quarrés à *pans coupés*, dont les quatre angles sont rabattues, ensorte que leur cerche est à huit pans. *Felibien.*

PAN DE BOIS, *Charpenterie*: c'est un assemblage de charpente qui sert de mur de face à un bâtiment, ou de clôture pour faire des séparations dans les grandes pieces & former des retranchemens dans un appartement. On en fait de plusieurs manieres, parmi lesquelles la plus usitée est composée de sablieres, de poteaux à plomb, de croix de Saint André, & d'autres poteaux inclinés & posés en décharge : on en fait aussi à brins de fougere & d'autres à lozanges entrelassés. Voyez-en les diverses especes détaillées dans l'*art de la charpenterie*, par *Mathurin Jousse*, *in-folio*, à Paris, chez *Jombert*.

PAN DE MUR, *Maçonnerie* : c'est une partie de la continuité d'un mur. Ainsi lorsqu'il est tombé quelque partie d'un mur de clôture ou autre, on dit qu'il y a un *pan de mur* de tant de pieds ou de toises à réparer & à reconstruire.

PANACHE, *Architecture* : c'est une voûte en saillie ouverte par-devant, comme les trompes, & élevée sur un ou deux angles rentrans, pour porter en l'air une portion de tour creuse. C'est ainsi que les dômes des églises modernes sont portés sur quatre *panaches* élevés sur les angles que forme la croisée de la nef avec les bras de la croix. Lorsque le *panache* est établi sur un seul angle, sa figure est ordinairement un triangle sphérique terminé par trois arcs dont deux sont verticaux, en quart de cercle ou d'ellipse, & le troisieme est horisontal, servant de base à la tour. Lorsque le *panache* est sur un pan coupé, c'est une surface concave quadrilatere irréguliere. *D'Aviler* confond mal à propos le terme *panache* avec celui de *pendentif* ; ce sont deux choses différentes. Voyez ci-après l'article PENDENTIF. *Stéréotomie de Frézier*.

PANIERS, *Artillerie*. On emploie quelquefois dans les sieges des *paniers* faits exprès sur le calibre des pierriers, pour y renfermer les pierres & les cailloux qu'on veut lancer sur l'ennemi par le moyen de ces sortes de mortiers, ce qui conserve beaucoup les pieces qui servent à cet usage.

PANNE, *Charpenterie* : c'est, dans un bâtiment, une piece de bois de 6 & 7 pouces de gros, portée sur les tasseaux & les chantignoles des jambes de force d'un comble, qui sert à en soutenir les chevrons. On nomme *panne de brisis* celle qui est au droit du brisis d'un comble à la mansarde.

PANNE, *Navigation*. *Mettre en panne* un vaisseau, c'est le rendre immobile, en situant tellement ses voiles que l'effort du vent sur les unes soit contrebalancé par celui qu'il fait sur les autres. Ces forces contraires se détruisant mutuellement, le vaisseau ne suit aucune direction.

PANNEAU, *Coupe des pierres* : c'est le nom que les appareilleurs donnent au modele d'une des surfaces d'un voussoir taillé sur du bois, du carton, ou toute autre matiere mince, pour être appliqué sur la pierre & servir à tracer le contour d'un lit, d'une tête, ou d'une doële. On lui donne differens noms, suivant ses usages. On appelle *panneau de doële*, celui qui sert pour tracer le dedans ou le dehors de la curvité d'un voussoir: *panneau de tête*, celui qui sert à en tracer le devant: & *panneau de lit*, celui qui sert pour les faces cachées dans les joints. Il y a aussi des *panneaux flexibles* que l'on fait avec du carton, du fer blanc, ou avec une lame de plomb mince, pour pouvoir être pliés & appliqués sur une surface concave ou convexe, cylindrique ou conique, &c. *Stéréotomie de Frézier.*

PANNEAU, *Maçonnerie* : c'est, entre les pieces d'une cloison ou d'un pan de bois, la maçonnerie enduite d'après les poteaux. C'est aussi, dans les ravalemens des murs de maçonnerie, toute table qui se trouve entre des naissances, des platebandes, des cadres, &c.

PANNEAU, *Marine* : c'est un assemblage de planches qui sert de trappe ou de mantelet pour fermer les écoutilles d'un vaisseau. Le *grand panneau* est la trappe qui ferme la plus grande écoutille, laquelle est toujours en avant du grand mât.

PANNEAU, *Menuiserie* : c'est un assemblage d'ais minces collés ensemble, dont plusieurs remplissent le bâti d'un lambris ou d'une porte de menuiserie. On appelle *panneau recouvert*, celui qui excede le bâti, & qui est ordinairement terminé par un quart de rond, comme on en voit à quelques portes cocheres.

PANNERESSE, *Maçonnerie*. On appelle ainsi une pierre de taille dont la largeur excede la longueur, & qui fait parement de toute sa largeur, au contraire des boutisses qui ont plus de longueur que de largeur: *panneresse* est la même chose que *carreau* : voyez à ce mot.

PANTOGRAPHE ou SINGE, *Dessein* : c'est un instrument qui sert à imiter ou à copier exactement le trait de toutes sortes de desseins & de plans; & à les réduire de petit en grand & de grand en petit. L'invention en est due au Pere *Scheiner* ; mais comme il étoit sujet à plusieurs inconvéniens, M. *Langlois*, Ingénieur célebre pour les instrumens de mathématique, est parvenu à le porter à un point de précision & d'exactitude qui est une preuve de son intelligence & de sa capacité. Voyez la description de cet ingénieux instrument dans la *méthode de lever les plans*, *in-douze*, édition de 1750; ou dans le *dictionnaire de mathématique*, par *M. Saverien.*

PANTOMETRE, *Géométrie.* On appelle ainsi en général tout instrument de mathématique avec lequel on peut faire les opérations de la géométrie pratique; mais M. *Bullet* a donné ce nom a un instrument particulier de son invention, propre à prendre toutes sortes d'angles, à mesurer des hauteurs & des distances accessibles ou inaccessibles, &c. Voyez sa description & ses usages détaillés dans le livre intitulé, *traité de l'usage du pantometre*, par M. *Bullet*, *in-douze*; ou dans le *dictionnaire de mathématique*, par M. *Saverien.*

PANTOQUIERES, *Marine*: ce sont des cordes de moyenne grosseur entrelassées entre les haubans, de stribord à bas-bord, qu'elles traversent d'un bord à l'autre, pour les tenir plus fermes & plus roides, & pour assurer les mâts dans une tempête, sur-tout lorsque les rides ont molli.

PAQUEBOT, *Marine*: c'est le nom que les Anglois ont donné à une espece de galiote dont ils se servent pour transporter les lettres & les passagers de Douvres à Calais & de Calais à Douvres. Ils ont aussi des *Paquebots* pour la Hollande qui vont de Harwich à la Brille, & de la Brille à Harwich.

PARABOLE, *Géométrie*: c'est une ligne courbe formée par la section d'un cône coupé par un plan parallele à un de ses côtés, dans laquelle le quarré de la demi-ordonnée est égal au rectangle de l'abscisse multipliée par son parametre. Ainsi nommant l'ordonnée y, l'abscisse x, & le parametre a, on aura $ax = yy$ pour l'équation de la *parabole*. On appelle *diametre* ou *axe* de la *parabole*, la ligne qui divise en deux également toutes les paralleles ou *ordonnées* tirées dans cette courbe: la partie du diametre comprise entre l'ordonnée & son sommet se nomme *abscisse*. Le point de l'axe où l'ordonnée est égale au parametre s'appelle *foyer de la parabole*. On entend par *parametre de la parabole* une ligne constante qui est troisieme proportionnelle à l'abscisse & à la demi-ordonnée. Une des propriétés de la *parabole* est que les quarrés des ordonnées sont entre eux comme les abscisses, & que les ordonnées sont en raison sous doublée des abscisses. L'espace compris par une *parabole* est au rectangle fait de la demi-ordonnée & de l'abscisse, comme 2 est à 3. Cette quadrature de la *parabole* a été démontrée par plusieurs géometres ; mais M. *Montucla*, auteur de l'*histoire des mathématiques*, a découvert une nouvelle quadrature de cette courbe que l'on peut voir dans le *Dictionnaire de mathématique*, par M. *Saverien*, (article PARABOLE). *Apollonius* est le premier qui a développé les propriétés de la *parabole* ; & *Archimède* en a trouvé la quadrature par les loix de l'équilibre : *Descartes* a ensuite appliqué cette courbe à la construction des équations algébriques du troisieme & du quatrieme degrés. *Galilée* est le premier qui a démontré que les corps projettés, soit parallelement à l'horison, soit obliquement, décrivent en l'air une *parabole* ; & *Torricelli*, son disciple, a appliqué cette découverte à l'art de jetter les bombes. On trouve les propriétés de la *parabole* expliquées dans les ouvrages de *Gregoire de St-Vincent*, de *M. de la Hire*, du *Marquis de l'Hôpital*, & de tous les auteurs qui ont écrit sur les sections coniques. On se sert avec succès de la *parabole* pour augmenter la clarté des lampes, en plaçant la lumiere au foyer d'une plaque parabolique. (Voyez-en un exemple dans le *cabinet de M. Servieres, in-quarto*) : l'âtre d'une cheminée dont le plan est d'une forme parabolique, renvoie aussi plus de chaleur que les autres.

PARABOLE, *Artillerie* : c'est la ligne courbe, ou l'espece d'entonnoir formé par l'excavation d'une mine qui a joué, laquelle a la figure d'une *parabole*, par son profil. Cette ligne est la même que celle qui est décrite en l'air par le mouvement d'une bombe chassée par un mortier sous quelque angle que ce soit. Une des propriétés de cette espece de courbe est que sa sous-tangente est double de son abscisse.

PARABOLIQUE, *Géométrie* : ce terme se dit en général de tout ce qui appartient à la parabole. Un *espace parabolique* est l'aire comprise entre la courbe de la parabole & une ordonnée entiere. Cet espace est égal aux deux tiers du parallelogramme circonscrit. Le segment d'un espace *parabolique* est la portion de ce même espace renfermé entre deux ordonnées.

PARABOLOÏDE, *Artillerie* : c'est le nom que le célebre *M. de Valliere* a donné au solide enlevé par l'effet d'une mine, dont la chambre, ou le fourneau, se trouve toujours élevé de quelques pieds au-dessus du fond de l'excavation : ce qui est l'effet de la pression de la poudre enflammée sur les terres qui l'environnent.

PARABOLOÏDE, *Géométrie* : c'est un solide engendré par la rotation d'une parabole sur son axe. On l'appelle aussi *conoïde parabolique* : voyez ci-devant au mot CONOÏDE. Un conoïde *parabolique* est à un cylindre de même base & de même hauteur, comme 1 est à 2 : il est à un cône de même base & de même hauteur, comme $1\frac{1}{2}$ est à 1. On donne aussi le nom de *paraboloïde* à des paraboles de genres plus élevés que la parabole Conique ou *Apollonienne*.

PARADIS, *Marine* : c'est un arriere-port, ou la partie la plus reculée d'un port, où les vaisseaux se trouvent en sûreté & à l'abri des vents.

PARAGE, *Navigation* : c'est un terme vague qui signifie en général un espace ou une étendue de mer, sous quelque latitude que ce puisse être. On dit, dans ce *parage*, on voit beaucoup de vaisseaux : changer de *parage* : navire mouillé *en parage*, c'est-à-dire, que ce vaisseau est mouillé dans un endroit où il peut appareiller quand il voudra.

PARALLELE, *Géométrie* : ce terme se dit des lignes & des surfaces qui gardent constamment entre elles une égale distance, & qui prolongées à l'infini, ne s'approcheroient ni ne s'écarteroient point l'une de l'autre.

PARALLELE, *Terme de dessein* : c'est un instrument composé de deux regles attachées ensemble par leurs extrémités, servant à tirer des lignes égales & paralleles entre elles.

PARALLELES OU PLACES D'ARMES, *Attaque des places* : c'est le nom qu'on donne à des tranchées bordées de leur parapet, qui sont *paralleles* au front de l'attaque. Les *paralleles* servent à mettre à couvert les troupes qui doivent protéger les travailleurs contre les attaques de la garnison. Dans un siege, on fait ordinairement trois *paralleles* & quelquefois quatre, pour mieux lier les attaques, & pour repousser plus facilement les sorties que l'assiégeant fait de tems en tems sur les travaux de la tranchée. La *premiere parallele* se trace à 300 toises du chemin couvert de la place, & doit embrasser tout le front des attaques. La *seconde* se trace a 150 toises du glacis; & la *troisieme* au pied du glacis On fait quelquefois des demi places d'armes entre la 2ᵉ & la 3ᵉ *parallele*. Enfin lorsque la garnison est forte & entreprenante, on joint ensemble les différentes sappes formées sur le glacis, par une *quatrieme parallele*. Voyez à ce sujet l'*attaque des places*, par *M. le Blond*, *in-octavo*, derniere édition, 1764.

PARALLELES, *Navigation* : ce sont les cercles *paralleles* à l'équateur, sur lesquels on compte les *lieues mineures* : on en compte autant qu'il y a de points dans le méridien. Voyez ci-devant l'article *lieues majeures*, &c.

PARALLELIPIPEDE, *Géométrie* : c'est un solide formé ordinairement par six surfaces rectangles, dont les opposées sont égales & paralleles. On trouve la solidité de ce corps en multipliant ensemble ses trois dimensions : le *parallelipipede* est triple d'une pyramide de même base & de même hauteur.

PARALLELISME, *Géométrie* : c'est la situation de deux lignes ou surfaces également distantes l'une de l'autre.

PARALLELOGRAMME, *Géométrie* : c'est une figure plane & rectiligne de quatre côtés, dont les côtés opposés sont paralleles & égaux. On le nomme *rectangle* lorsqu'il a ses quatre angles droits, & *oblique* lorsque ses angles sont inclinés sur sa base. Dans tout *parallelogramme*, la somme de quarrés des deux diagonales est égale à la somme des quatre côtés.

PARALLELOGRAMME DES FORCES, *Méchanique* : c'est un rectangle formé du concours de deux puissances inégales, qui, poussant un corps suivant deux directions différentes, lui font parcourir la diagonale de ce *parallelogramme* : d'où il résulte une force composée que quelques-uns ont appellé *force résultante*.

PARALOGISME. Les mathématiciens donnent ce nom à un raisonnement qui a l'apparence d'une démonstration, mais qui, dans le fond, est faux & appuyé sur de mauvais principes. Il differe du *sophisme* en ce que celui-ci se fait à dessein & par subtilité, au lieu que le *paralogisme* se fait par erreur & par défaut d'application ou de lumiere suffisante pour s'en appercevoir. Tous ceux qui ont cru avoir trouvé la quadrature du cercle, sont tombés dans des *paralogismes*.

PARAMETRE,

PARAMETRE, *Géométrie* : c'est une ligne droite, constante & déterminée, qui est particuliérement affectée aux sections coniques ; par exemple, dans la parabole, le *parametre* est une troisieme proportionnelle à la demi-ordonnée & à l'abscisse ; dans l'ellipse & dans l'hyperbôle, le *parametre* est une troisieme proportionnelle au diametre déterminé & à son conjugué. *Apollonius* & *Mydorge* appellent le *parametre*, *latus rectum*, côté droit.

PARAPET, *Architecture* : c'est un petit mur à hauteur d'appui, servant de garde fou à un quai, un pont, une terrasse, &c. Ce mot vient de l'italien *parapetto*, garde-poitrine.

PARAPET, *Fortification* : c'est, en général, une élévation de terre ou de maçonnerie qui sert à garantir le soldat du feu de l'ennemi, & qui lui procure l'avantage de tirer sur lui à couvert. Le *parapet* du corps de la place doit être à l'épreuve du canon ; on lui donne pour cet effet 18 à 20 pieds d'épaisseur de terre sur 6 ou 7 pieds de hauteur, avec une petite banquette qui éleve le soldat afin qu'il puisse tirer par-dessus. On fait aussi un *parapet* aux lignes des ouvrages qui se font en campagne, & on lui donnne différentes épaisseurs suivant la nature des ouvrages & selon l'usage auquel ils sont destinés. Enfin on pratique un *parapet* sur le revers de la tranchée, auquel on donne 6 ou 7 pieds de hauteur, mesurés depuis le fond de la tranchée. Voyez, pour la construction de ces diverses sortes de *parapets*, les *élémens de fortification*, par M. *le Blond*, *in-octavo*, 1764, & le *traité de l'attaque des places*, par le même auteur.

PARC, *Artillerie* : c'est un emplacement qu'on choisit dans un camp pour y rassembler toutes les pieces d'artillerie, ainsi que les autres munitions de guerre nécessaires pour une armée qui fait un siege ou qui tient la campagne. C'est dans cet endroit que l'on place les magasins à poudre & ceux des artifices dont on fait usage à la guerre. Il y a plusieurs de ces entrepôts dans un siege : le grand, appellé simplement *parc d'artillerie*, doit être hors de la portée du canon de la place, de crainte du feu : les *petits parcs* s'établissent plus à portée des attaques, on y met les munitions dont on a besoin journellement, on en fait autant qu'il y a d'attaques différentes, & on les renouvelle tous les jours.

PARCLOSES, *Marine* : ce sont des bouts de planches ou de bordages dont on couvre les anguilleres, c'est-à-dire, les ouvertures que l'on est obligé de faire aux varangues pour le passage des eaux. On donne aussi le nom de *parcloses* à des bouts de bordage qu'on met entre les membres d'un vaisseau, pour empêcher l'eau d'y pénétrer quand on met des préceintes à jour. *Archit. navale de Duhamel.*

PAREMENT, *Architecture* : c'est la surface apparente d'une pierre ou d'un mur, au-dehors : les anciens, pour conserver les arètes des pierres, les posoient à *parement* brut, & les retailloient ensuite sur le tas.

PAREMENT, *Menuiserie* : c'est ce qui paroît extérieurement d'un ouvrage de menuiserie avec cadres & panneaux, comme d'un lambris, d'un revêtement, d'une embrâsure, &c. La plupart des portes & des guichets de croisées sont à double *parement.*

PAREMENT, *Stéréotomie* : c'est la surface de la pierre qui doit paroître après qu'elle est mise en œuvre, comme la doele dans les voûtes, & la doële & un joint de tête dans les arcades & les platebandes. Le *délit*, ou lit en pierre, ne doit jamais être mis en *parement* ; c'est une mal-façon lorsqu'on en trouve.

PARFAIT, *Arithmétique.* On appelle *nombre parfait* celui dont les parties aliquotes ajoutées ensemble font le même nombre dont elles sont les parties. Ainsi 6 ou 28 sont des nombres *parfaits*, parce que 1, 2 & 3 (parties aliquotes du premier) font 6, & que 1, 2, 4, 7 & 14 (parties aliquotes de 28) font aussi 28.

PAROI, *Hydraulique* : ce terme se dit de tous les bords ou côtés intérieurs d'un tuyau.

PARPAIN, PARPAIGNE, *Maçonnerie* : c'est un moilon plus long que large, ou une pierre de taille qui traverse toute l'épaisseur d'un mur, ensorte qu'elle a deux paremens, l'un en dedans, l'autre en dehors. *Parpain d'échiffre* est un mur rampant par le haut, qui porte les marches d'un escalier, & sur lequel on pose la rampe de fer ou de bois qui sert d'appui & de garde-fou. La coutume de Paris oblige les propriétaires à mettre des *jambes parpaignes* sous les poutres qu'ils veulent faire porter à un mur mitoyen. Voyez dans l'*architecture moderne*, nouvelle édition, en deux volumes *in-quarto*, le livre V, des *us & coutumes*, article 207.

PARQUET, *Menuiserie* : c'est un assemblage de pieces de bois composé d'un chassis & de plusieurs traverses qui se croisent a angles droits, ou obliquement, formant un bâtis appellé *carcasse* qu'on remplit de merrein ou de petites planches quarrées retenues avec languettes & chevillées dans les rainures de ce bâtis. C'est aussi ce qu'on appelle une *feuille de parquet*, laquelle a environ trois pieds en quarré. On en fait usage, au lieu de carreau, pour former le plancher des chambres, salles, cabinets, & autres pieces d'un appartement de conséquence. *D'Aviler.*

PARTAGE, POINT DE PARTAGE, *Archit. hydraul.* C'est le plus haut point qui se trouve, d'où l'on puisse faire écouler des eaux soit d'un côté ou de l'autre. On appelle *bassin de partage* (voyez au mot BASSIN) l'endroit d'un canal fait par artifice, où est le sommet du niveau de pente, & où les eaux viennent se rendre pour remplir le canal. Le bassin de Naurouse a été choisi pour le *point de partage* du canal de Languedoc (voyez au mot LANGUEDOC) : c'est où se fait la jonction & le *partage* des eaux qui vont se rendre d'un côté dans l'Océan, par la riviere de Fresquel & par la Garonne ; & de l'autre dans la Méditerannée, par la riviere d'Ande. L'étang de Long-Pendu, en Bourgogne, avoit été marqué autrefois pour un *point de partage* d'un canal de communication de la Saone à la Loire : parce que d'un côté il se décharge dans la Brébinche & de-là dans la Loire, & que de l'autre il se rend dans la Dehume, & de-là dans la Saone. Voyez aussi au mot CANAL.

PARTANCE, *Marine* : c'est le tems du départ d'un vaisseau, ou le lieu d'où l'on est parti. Lorsqu'on est prêt de partir, on tire un coup de canon que l'on appelle *coup de partance*, pour avertir les gens de l'équipage & les passagers de se rendre à bord.

PARTEMENT, *Navigation* : c'est la direction du cours d'un vaisseau vers l'Orient ou vers l'Occident, relativement au méridien d'où l'on est parti. Ou bien, c'est la différence de longitude entre le méridien sous lequel un vaisseau se trouve actuellement, & celui où la derniere observation a été faite.

PARTEMENT, *Pyrotechnie* : c'est le nom que donnent les artificiers à des fusées volantes un peu moins grosses que les marquises, c'est-à-dire, d'environ dix lignes de diametre : celles qui n'en ont que huit s'appellent *petit partement*. Voyez le *traité des feux d'artifice*, par M. *Frézier*, *in-octavo*; & le *manuel de l'artificier*, par M. *Perrinet d'Orval*, *in-douze*.

PARTERRE, *Jardinage* : c'est la partie découverte d'un jardin, placée ordinairement devant le principal corps de logis, & formée avec des traits de buis, des plate-bandes de fleurs, & de grandes parties de gazon. On en distingue cinq especes : les *parterres* de broderie, ceux de compartiment, les *parterres* à l'Angloise, ceux de pieces coupées, ou *parterres* découpés, & les *parterres* d'eau. Pour les quatre premieres especes de *parterre*, voyez le livre intitulé, *la théorie & la pratique du jardinage*, *in-quarto*, où l'on trouve des desseins aussi riches que variés de tout ce qui peut contribuer à la décoration des jardins de propreté.

PARTERRE D'EAU, *Hydraulique* : c'est un compartiment formé de plusieurs bassins diversement situés avec jets & bouillons d'eau, comme l'ancien *parterre d'eau* qui étoit au-devant du château de Versailles, dont on peut voir le dessein en perspective sur la planche 17 des *délices de Versailles*, *in folio*; ou le *parterre d'eau* de Chantilly, représenté sur les planches 157, 159 & 160 du même livre.

PARTI, *Art militaire* : c'est un corps de troupes, soit cavalerie ou infanterie, commandé pour quelque expédition. On appelle *partisan*, l'officier qui commande ce détachement de troupes, ou qui est à la tête d'un corps de troupes légeres destinées à faire la petite guerre.

PAS, *Architecture* : c'est la pierre qu'on met au bas d'une porte, entre les tableaux. Le *pas* differe du seuil en ce qu'il saille au-delà du nud du mur, & qu'il forme une marche.

PAS, *Arpentage* : c'est le nom d'une mesure incertaine dont quelques arpenteurs se servent pour leurs opérations sur le terrein. On lui donne tantôt deux pieds, tantôt deux pieds & demi, & quelquefois trois pieds : c'est ce qu'on appelle *pas commun*. Mais les mathématiciens n'admettent que le *pas géométrique*, qui est une mesure de cinq pieds, parce que le *pas* d'un homme est ordinairement de cette longueur.

PAS, *Art militaire* : c'est une mesure dont on se sert ordinairement pour déterminer les différens espaces nécessaires, soit pour camper, soit pour mettre les troupes en bataille. Ce *pas*, appellé *pas de camp*, est de trois pieds de Roi.

PAS, *Terme de carrier.* On entend par ce mot chaque tour que le gros cable fait sur l'arbre de la roue d'une carriere. Ainsi lorsque les carriers d'en bas crient à ceux qui sont en haut de lâcher un *pas* pour débrider, c'est-à-dire qu'il faut lâcher un tour de roue pour débrider la pierre qui a été mal assurée, & la brider plus fortement.

PAS, *Charpenterie* : ce sont de petites entailles par embrevement, faites sur les plate-formes d'un comble, pour recevoir le pied des chevrons.

PAS DE SOURIS, *Fortification* : ce sont de petits degrés en forme d'escalier, pratiqués aux arrondissemens d'un fossé sec, ainsi qu'à ses angles rentrans, pour communiquer du fond du fossé au haut de la contrescarpe ou du chemin couvert.

PAS, *Géographie* : c'est le nom qu'on donne à un détroit ou bras de mer entre deux terres. Tel est celui qui se trouve dans la Manche entre Calais & Douvres, appellé *pas de Calais.*

PAS DE VIS, *Méchanique* : c'est la distance qui se trouve entre deux cordons de la spirale qui forme la circonférence d'une vis, faisant en relief un angle aigu par le moyen duquel on peut élever peu à peu de très-grands fardeaux, ou presser fortement quelque chose.

PASSAGE DU FOSSÉ, *Attaque des places* : c'est le chemin qu'on pratique dans le fossé d'une place qu'on assiege, pour parvenir au pied de la breche. Si le fossé est sec, on le *passe* à la sappe, en s'épaulant du côté des parties des ouvrages par lesquels il est flanqué ou défendu. Si le fossé est plein d'eau, on le *passe* sur un pont de fascines auquel on donne ordinairement six toises de largeur, y compris l'épaulement que l'on construit du côté de la place qui a vue sur ce *passage*. L'épaulement doit avoir 15 ou 18 pieds de largeur. Voyez, pour un plus grand éclaircissement sur cette importante partie de la guerre des sieges, l'excellent *traité de l'attaque des places*, par M. *de Vauban*, ou celui que M. *le Blond* a composé sous le même titre, ainsi que son *traité de la défense des places*, pour les chicanes que l'assiégé doit mettre en usage afin de s'opposer à ce *passage du fossé*. Voyez aussi la derniere édition des *mémoires de M. Goulon sur l'attaque & la défense d'une place*, *in-octavo*, à Paris chez *Jombert*, 1764.

PASSAGES, *Guerre des sieges* : ce sont des ouvertures qu'on pratique de distance en distance au parapet des lignes de circonvallation, pour pouvoir, en cas d'attaque, faire des sorties sur les assaillans ; ces *passages* se ferment par le moyen des barrieres tournantes. Voyez l'article BARRIERES TOURNANTES.

PASSE, *Navigation* : c'est un passage ou un canal entre deux terres, ou entre deux bancs, par lequel les vaisseaux entrent dans un port ou dans une riviere.

PASSE-AVANT, *Marine* : c'est une espece de couroir qu'on établit bas-bord & stri-bord pour communiquer du gaillard d'arriere au gaillard d'avant. *Duhamel*, *architecture navale*.

PASSE-BALLE, ou PASSE-BOULET, *Artillerie* : c'est une planche de bois, de cuivre, ou de fer, percée en rond pour le calibre que l'on veut, ensorte qu'un boulet y puisse passer librement, en effleurant seulement les bords. Lorsque le *passe balle* a un manche, on se contente de le présenter sur les boulets l'un après l'autre.

PASSE MUR, *Artillerie* : c'est le nom qu'on donnoit autrefois à une piece de canon de 16 livres de balle, qui pesoit environ 4200 livres. Cette même piece se nomme aujourd'hui *coulevrine*.

PATÉ, *Fortification* : c'est le nom d'un ouvrage irrégulier qui se construit quelquefois aux environs du glacis, & dont la forme est assujettie à celle du terrein où il est situé. Ces ouvrages n'ont communément qu'un simple parapet avec un fossé au-devant : quand ils sont en ligne courbe, ou en arc de cercle, on les appelle *fer à cheval*. Voyez à ce mot. Voyez aussi les *élémens de fortification*, par M. *le Blond*, nouvelle édition, *in-octavo*, page 148.

PATÉ DE GRENADES, *Artillerie* : ce nom est relatif à une invention dont on fit usage dans la belle défense de Lille, par M. *de Boufflers*, en 1708. Ce *pâté* étoit composé d'un pot de terre rempli de poudre & de grenades armées extérieurement de pointes de fer qui perçoient & s'attachoient sur tous ceux qu'elles rencontroient. Voyez l'*artillerie raisonnée*, par M. *le Blond*, derniere édition, 1761, page 386.

PATENOTRES, *Architecture* : ce sont de petits grains en forme de perles rondes qu'on taille sur les baguettes, astragales, & autres petites moulures rondes. Lorsque ces grains sont un peu allongés en forme d'olives, on les nomme *fusaroles*. *Felibien*.

PATIN, *Charpenterie* : c'est une piece de bois posée de niveau sur le parpain ou mur d'échiffre d'un escalier, & dans laquelle sont assemblés à plomb les noyaux & potelets. Les *patins* entrent aussi dans la composition des machines à élever des fardeaux, comme la grue, à laquelle ils servent de pieds. *Felibien*.

PATINS, *Archit. hydraul.* Ce sont des pieces de bois que l'on couche sur les pieux dans les fondations où le terrein n'est pas solide, & sur lesquelles on assure les plate-formes pour fonder dans l'eau. *Felibien*.

PATTE D'OYE, *Artillerie*. Les mineurs donnent ce nom à trois petits rameaux de mines pratiqués à l'extrêmité d'une galerie.

PATTE D'OYE, *Charpenterie* : c'est une enrayure formée de l'assemblage des demi-tirans qui retiennent le chevêt d'une église bâtie à l'ancienne maniere, comme on en voit à Paris au chevêt de l'église des Cordeliers & de celle des Chartreux. Les charpentiers se servent aussi de ce terme pour exprimer la maniere de marquer par trois hoches les pieces de bois avec le traceret. *Felibien*.

PATTE-D'OYE, *Jardinage* : c'est un concours de trois allées qui viennent aboutir à un même point.

PATTES D'ANCRE, *Marine* : ce sont deux plaques de fer triangulaires, soudées sur chaque bout de la croisée d'une ancre, & recourbées pour pouvoir mordre dans la terre.

PATTES DE BOULINE, *Marine* : ce sont des cordages qui se divisent en plusieurs branches au bout de la bouline, pour saisir la ralingue de la voile par divers endroits, en façon de marticles. Ces *pattes* répondent l'une à l'autre par des poulies.

PAVÉ : c'est, en général, une pierre dure, de forme à peu près cubique, dont on se sert pour raffermir les chemins, de maniere que les hommes, les chevaux,

& les voitures puiſſent y marcher ſolidement. Le meilleur pavé eſt celui qui eſt fait de quartiers de grès dur, que l'on taille en des eſpeces de cubes de 8 à 9 pouces en tout ſens. On l'appelle *pavé d'échantillon*, pour le diſtinguer du petit pavé refendu qui eſt de la demi-épaiſſeur du premier, & qui ſert à paver les cours, les cuiſines, les écuries, &c.

PAVER : c'eſt aſſeoir le pavé, le dreſſer avec le marteau, & le battre à la demoiſelle. On *pave à ſec* en aſſeoyant le pavé ſur une *forme* de ſable, comme cela ſe pratiqué dans les rues des villes & ſur les grands chemins. *Paver à bain de mortier*, c'eſt ſe ſervir de mortier de chaux & ſable, ou de chaux & ciment, pour aſſeoir & maçonner le pavé, comme on fait dans les cours, écuries, &c.

PAVILLON, *Architecture* : ce terme s'entend de tout bâtiment iſolé, de médiocre grandeur, de forme quarrée, ou à pans, & couvert d'un ſeul comble. C'eſt auſſi, dans une façade, un avant-corps qui en marque le milieu, ou qui en flanque les extrêmités, comme on en voit au palais des Thuileries & à celui du Luxembourg, ou comme les gros *pavillons* quarrés & ſaillans ſur la voie publique, qui terminent la façade circulaire du college des quatre Nations, à Paris.

PAVILLON, *Marine* : c'eſt un drapeau ordinairement d'étamine, de forme & de grandeur différente ſelon les pays, & qu'on arbore au haut des mâts, ou ſur le bâton de l'arriere, pour faire connoître la qualité du commandant d'un vaiſſeau & la nation à laquelle il appartient. Voyez cet article expliqué plus au long dans le *petit dictionnaire de marine*, par M. *Saverien*, où l'on eſt entré dans le plus grand détail ſur les dimenſions des pavillons ; ſur leur uſage en mer, & ſur la deſcription des *pavillons* de toutes les nations de l'Europe.

PAVOIS, *Art militaire* : c'eſt une eſpece de grand bouclier dont les anciens ſe ſervoient dans l'attaque des places, pour ſe couvrir contre les traits de l'ennemi.

PAVOIS, ou BASTINGUE, *Marine* : c'eſt une tenture de toile ou de friſe que l'on dreſſe autour du plat-bord des vaiſſeaux de guerre, & qui eſt ſoutenue par des épontilles, pour dérober aux ennemis la vue de ce qui ſe paſſe ſur le pont pendant un combat. On s'en ſert auſſi pour orner un vaiſſeau dans un jour de réjouiſſance. Les *pavois* des Anglois ſont rouges ; ceux des vaiſſeaux

François doivent être bleus, parsemés de fleurs de lys jaunes, suivant l'ordonnance de 1670.

PELICAN, *Artillerie* : c'est le nom qu'on a donné autrefois à une piece d'artillerie qui chassoit un boulet de six livres.

PENDANT, *Stéréotomie* : c'est, selon M. *Frézier*, un petit voussoir des voûtes gothiques sans coupe, fait à l'équerre.

PENDENTIF, *Coupe des pierres* : c'est une espece de panache qui fait le quart d'une demi-croisée de voûte gothique, compris entre l'ogive & le formeret. M. *Frézier* écrit *pandantif*, & fait dériver ce terme du mot latin *pandare*, plier sous le faix *Stéréotomie de Frézier*, tome I. Mais M. *Gastelier* tire avec plus de vraisemblance l'étimologie de ce mot du verbe *pendere*, être suspendu, ce qui paroît autoriser l'usage où l'on est de l'écrire par un *e*, *pendentif*. *Dictionnaire étimologique*, &c. par M. *Gastelier*.

PENDENTIF DE MODERNE : c'est, suivant *d'Aviler*, la portion d'une voûte gothique entre les formerets, arcs doubleaux, ogives, liernes, & tiercerons. *Dictionnaire d'architecture*.

PENDENTIF DE VALENCE : c'est une espece de voûte en maniere de cul-de-four, rachetée par quatre fourches, comme on en voit à Paris aux chapelles de l'église de Saint Sulpice, & aux charniers neufs des Saints Innocens. *Dictionnaire d'architecture*.

PENDEUR, *Marine* : c'est un bout de corde de moyenne longueur, à laquelle tient une poulie pour passer quelque manœuvre. Il y a les *pendeurs* de balancines, ceux de caliorne, ceux de palans, &c.

PENDULE, *Méchanique* : c'est un corps pesant suspendu de maniere à pouvoir faire des vibrations, en allant & venant autour d'un point fixe, par la force de sa pesanteur. Les vibrations d'un *pendule*, c'est-à-dire, ses allées & venues alternatives, s'appellent aussi *oscillations* : le point autour duquel le *pendule* fait ses vibrations se nomme *centre de suspension*, ou *de mouvement*. *Galilée* est le premier qui imagina de suspendre un corps grave à un fil, & de faire usage de ses vibrations pour mesurer le tems : mais ce fut M. *Huyghens* qui le fit servir le premier à la construction des horloges. *Newton*, *Bernoulli*, *Herman*, *Picard*, *Richer de Mairan*, *Godin*, *Bouguer*, &c. ont aussi beaucoup contribué à perfectionner la théorie du *pendule*. En France, la longueur du *pendule* qui bat les secondes est de 3 pieds 8 lignes, ou de 440 lignes : c'est-à-dire qu'une balle de fusil suspendue à un fil de cette longueur, en décrivant de petites vibrations, en fera une par seconde. On sçait que la longueur du *pendule* se mesure du centre de mouvement au centre du corps suspendu. Voyez cet article très-sçavamment développé dans le grand *dictionnaire encyclopédique*.

PENTAGONE, *Géométrie* : c'est une figure qui a cinq angles & cinq côtés ; le *pentagone* est régulier quand ses angles & ses côtés sont égaux ; il est irrégulier lorsqu'ils sont inégaux. La surface du dodécaëdre est composée de douze *pentagones*. La plupart des citadelles sont des *pentagones* réguliers. Telle est la citadelle de Lille.

PENTURES, *Serrurerie* : ce sont des bandes de fer que l'on attache sur les portes pleines, & que l'on y fixe avec un ou plusieurs clous rivés, pour plus de solidité. Elles servent à suspendre la porte, au moyen des gonds scellés dans le mur, dont on fait entrer le mammelon dans l'œil qui termine la penture.

PERCHE, *Arpentage* : c'est une mesure dont la grandeur varie suivant les pays : dans la prévôté de Paris, la *perche* est de trois toises, ou de 18 pieds : pour les travaux royaux, suivant l'ordonnance concernant les arpenteurs, elle a 22 pieds : ainsi la *perche quarrée*, suivant cette même ordonnance, est un quarré dont chaque côté a 22 pieds de longueur ; l'arpent de terre doit contenir 100 *perches* quarrées.

PERCHES, *Architecture*. On appelle ainsi, dans l'architecture gothique, certains piliers ronds, menus, & fort hauts, qui, joints trois ou cinq en un seul faisceau, portent de fond & se courbent par le haut pour former les arcs & nerfs d'ogives qui retiennent les pendentifs.

PERCUSSION, *Méchanique* : c'est l'impression qu'un corps fait sur un autre, qu'il rencontre & qu'il choque : ou bien, c'est le choc de deux corps qui se meuvent, & qui, en se frappant l'un l'autre, alterent mutuellement leur mouvement. *Descartes* est le premier qui ait pensé qu'il y avoit des loix de *percussion*, suivant lesquelles les corps se communiquoient du mouvement, mais il s'est trompé sur la plupart de ces loix, & l'on a l'obligation à MM. *Huyghens*, *Wren*, & *Wallis* de les avoir rectifié & rendu plus exactes. Voyez les loix de la *percussion* déterminées par une méthode aussi simple que générale dans le sçavant *traité de dynamique*, par M. *d'Alembert*, *in-quarto*, seconde édition. Voyez aussi ce sujet parfaitement bien développé par le même auteur dans le grand *dictionnaire encyclopédique*, article PERCUSSION.

PERIGÉE, *Astronomie*. Le *perigée* de la lune est le tems où cette planete se trouve à sa moindre distance de la terre: alors le flux & le reflux de la mer sont plus forts. *Perigée* est opposé à *apogée*, voyez cet article.

PERIMETRE, *Géométrie* : c'est le contour d'une figure ou d'un corps quelconque : dans les figures circulaires, le *perimetre* est appellé circonférence, ou *periphérie*.

PERIPHÉRIE, *Géométrie* : c'est la même chose que *circonférence*, voyez à ce mot.

PERIPTERE, *Architecture* : c'est, selon *Vitruve*, un bâtiment environné de colonnes isolées, dans son pourtour extérieur. Tels étoient le portique de *Pompée*, la basilique d'*Antonin*, & le septizone de *Severe*, dont on voit encore quelques vestiges dans les édifices antiques de Rome.

PERISTYLE, *Architecture* : c'est, dans l'architecture antique, un lieu environné de colonnes isolées dans son pourtour intérieur, en quoi il différoit du *periptere* qui étoit orné de colonnes dans son extérieur. On entend aujourd'hui par *peristyle* un lieu décoré de colonnes disposées sur une ligne droite, soit au dedans, soit au dehors d'un édifice. Tel est le fameux *peristyle* du Louvre, à la façade qui regarde Saint Germain-l'Auxerrois; lequel passe à juste titre pour le plus magnifique morceau d'architecture qui soit en France.

PERMUTATION, *Analyse* : c'est une espece particuliere de combinaison où l'on transpose les parties d'un même tout, pour en tirer les divers arrangemens dont elles sont susceptibles entre-elles : comme si l'on cherchoit en combien de façons différentes on peut disposer les lettres d'un mot, les personnes qui composent une assemblée, &c. Voyez plusieurs problêmes curieux sur les *permutations*, dans les *récréations mathématiques*, par M. *Ozanam*.

PERPENDICULAIRE, *Fortification* : c'eſt, dans le ſyſtême de M. *de Vauban*, la partie du rayon droit qui ſert à trouver la longueur des lignes de défenſe. La *perpendiculaire* n'eſt donc autre choſe qu'une ligne droite élevée perpendiculairement ſur le milieu du côté extérieur du polygone, lequel, ſuivant cet auteur, eſt toujours de 180 toiſes.

PERPENDICULAIRE, *Géométrie* : c'eſt une ligne qui tombe directement ſur une autre ligne, de façon qu'elle ne penche pas plus d'un côté que de l'autre, & qu'elle fait par conſéquent de part & d'autre des angles droits & égaux. *Pythagore* a trouvé, après bien des méditations, que les trois nombres 3, 4, & 5, étant pris chacun pour les côtés d'un triangle, il en réſulte un triangle rectangle dont les deux plus petits nombres forment l'angle droit, & dont le plus grand nombre eſt l'hypothenuſe (*a*).

PERRIERE, *Artillerie* : c'eſt une barre de fer ſuſpendue par le moyen d'une chaîne, avec laquelle le maître fondeur pouſſe le tampon du fourneau pour en déboucher le trou, & pour faire couler le métal liquide & bouillonnant dans l'*écheneau*. Voyez à ce mot.

PERRON, *Architecture* : c'eſt une eſpece d'eſcalier découvert, en dehors d'une maiſon, qui ſe fait de différente forme & grandeur, ſuivant la place qu'il occupe & la hauteur où il doit arriver.

PERROQUET, *Marine* : c'eſt un petit mât que l'on ente à l'extrêmité des autres mâts ; il y a un *perroquet* arboré ſur le mât de hune du grand mât, un ſur le mât de miſaine, un ſur le beaupré, & un autre ſur le mât d'artimon.

PERSIENNES, *Menuiſerie* : ce ſont des eſpeces de jalouſies, ou des chaſſis de bois qui s'ouvrent en dehors comme des contre-vents, & ſur leſquels ſont aſſemblées à égale diſtance des tringles de bois en abat-jour, qui font le même effet que les jalouſies, rompent la lumiere,

(*a*) Cette découverte de *Pythagore* eſt très-utile pour tracer facilement ſur le terrein une perpendiculaire ſur une baſe donnée, ce qui ſe fait par le moyen de trois cordeaux d'inégale longueur, l'un de 3 toiſes, l'autre de 4, & le dernier de 5 toiſes, avec leſquels on forme un triangle rectangle ſur lequel on éleve la perpendiculaire dont on a beſoin.

donnent entrée à l'air dans un appartement, & empêchent la pluie d'y pénétrer.

PERSIQUE, *Architecture* : c'est le nom qu'on a donné à une espece particuliere d'Ordre d'architecture où l'on emploie des figures d'esclaves Persans, de vertus, d'anges, ou d'autres attributs, au lieu de colonnes, pour porter un balcon, une tribune, ou un entablement, comme on en voit dans plusieurs de nos églises. Voyez aussi ci-devant l'article ORDRE PERSIQUE.

PERSPECTIF. On appelle *plan perspectif*, en architecture, un dessein dans lequel les différentes parties d'un bâtiment sont représentées suivant les dégradations ou les diminutions indiquées par les regles de la perspective.

PERSPECTIVE : c'est l'art de représenter, sur une surface plane, les objets visibles tels qu'ils paroissent, à une distance ou à une hauteur donnée, à travers un plan transparent placé perpendiculairement à l'horison entre l'œil & l'objet : c'est ce que *Vitruve* appelloit *Scenographie*. La *perspective* est une partie de l'optique, elle se divise en spéculative & en pratique. Parmi la grande quantité d'auteurs qui ont écrit sur la *perspective*, on ne peut guere citer, pour la spéculative, que l'*essai de perspective*, par *s'Gravesande*, & *les principes de la perspective linéaire*, par le sçavant *Taylor* : à l'égard de la perspective pratique, le *traité de perspective pratique* mis au jour par M. *Jeaurat*, d'après les principes du célebre *Sebastien le Clerc*, en un volume *in-quarto*, imprimé à Paris, chez *Jombert*, est le plus moderne & celui qui convient le mieux aux artistes.

PERTE, *Hydraulique* : c'est, dans une conduite d'eau, une diminution sensible de l'eau qu'elle devroit fournir, sans que l'on sçache l'endroit par où elle se perd. Alors on est obligé de découvrir entiérement la conduite pour l'examiner d'un bout à l'autre, & pour remédier aux fautes & aux fraîcheurs que l'on apperçoit le long des tuyaux.

PERTUIS, *Archit. hydraul.* C'est un passage étroit pratiqué dans une riviere aux endroits où elle est basse, pour en faire remonter l'eau de quelques pieds, & faciliter par ce moyen la navigation des bateaux qui descendent ou qui remontent la riviere. Cela se fait en laissant entre deux batardeaux une ouverture qu'on ferme avec des aiguilles, comme sur la riviere d'Yonne; ou avec des planches mises en travers, comme sur la riviere de Loing; ou enfin avec des portes à vannes, comme au pertuis de Nogent-sur Seine.

Pertuis d'une Écluse : c'est un petit aqueduc que l'on pratique quelquefois dans l'épaisseur des bajoyers d'une écluse, qui s'ouvre & se ferme avec une vanne à coulisse, pour faire passer l'eau d'un côté de l'écluse à l'autre, sans être obligé d'en ouvrir les grandes portes.

Pertuis de Bassin, *Hydraulique* : c'est un trou par où se perd l'eau d'un bassin de fontaine, ou d'un réservoir, lorsque le plomb, le ciment, ou le corroy de glaise, se fendent en quelque endroit. C'est aussi un trou que l'on fait à une cuvette pour mesurer la dépense des eaux. On trouve dans l'*architecture hydraulique* de M. *Belidor*, *premiere partie*, tome II, des regles déduites de l'expérience pour calculer la dépense d'un *pertuis*, soit horisontal, soit vertical, soit quarré, rectangulaire, circulaire, &c.

PESANTEUR, *Physique* : c'est une propriété en vertu de laquelle tous les corps tombent & s'approchent du centre de la terre, lorsqu'ils ne sont pas soutenus. Cette propriété des corps est plus ou moins sensible, relativement à la quantité de matiere qu'ils contiennent dans le même espace, ou selon que leur masse a plus ou moins de densité. Si l'on s'en rapporte au *dictionnaire encyclopédique*, *Galilée* est le premier qui a découvert les véritables loix de la pesanteur; *Riccioli* & *Grimaldi* ont confirmé ces loix par plusieurs expériences; le célebre *Newton* en a perfectionné la théorie par le moyen de l'oscillation des pendules; *Desaguliers* a fait ensuite diverses expériences sur l'accélération des corps qui tournent librement, & sur le retard de leur chûte causé par la résistance de l'air. On trouve dans ce vaste *dictionnaire* (article Pesanteur) une table très-étendue du poids de tous les corps connus & de toutes sortes de matieres, soit solides, soit fluides, rangées dans l'ordre gradué de leur *pesanteur* spécifique. M. *Saverien* suit une autre marche dans l'histoire des découvertes faites sur la *pesanteur* par les physiciens modernes. Il attribue à *Képler* le premier systême recommandable sur la cause de la *pesanteur* : il cite ensuite *Gassendi*, puis *Casatus* & *Rudigerus*, en convenant cependant que ces quatre sçavans n'ont pas seulement *effleuré l'explication de la cause de la pesanteur.* Selon lui, la gloire en étoit réservée au grand *Descartes, que rien ne guida lorsqu'il en fit la recherche.* M. *Huyghens*, ajoute-t-il, a tâché d'établir un nouveau systême sur les débris de celui de *Descartes.* Ensuite le Chevalier *Newton* prit l'attraction pour cause de la *pesanteur*: sentiment qui avoit déja été hasardé avant lui. M. *Perrault* publia à son tour un nouveau systême sur la cause de la *pesanteur*: après lui, M. *Varignon* donna aussi le sien fondé sur une autre hypothèse. Peu satisfait de toutes ces idées, M. *Villemot* imagina un systême singulier sur le même sujet; enfin M. *Bernoulli* se servit du même principe de M. *Villemot*, qu'il développa différemment. Voilà, selon M. *Saverien*, les auteurs les plus célebres qui ont publié différens systêmes sur la *pesanteur. Dictionnaire de mathématique & de physique*, par M. *Saverien*, article PESANTEUR.

PESANTEUR ABSOLUE : c'est la force avec laquelle un corps tend à descendre, lorsqu'il ne touche à quoi que ce soit. La *pesanteur absolue* d'une pierre jettée de haut en bas, est l'effort qu'elle fait pour descendre vers la terre.

PESANTEUR RELATIVE : c'est la force qu'un corps a pour se mouvoir avec une partie de sa *pesanteur.* Ainsi la *pesanteur relative* d'un corps placé sur un plan incliné, est la force que ce corps a pour rouler sur le plan.

PESANTEUR SPÉCIFIQUE : c'est celle qui est affectée particuliérement à chaque matiere. La *pesanteur spécifique* d'un corps quelconque, relativement à celle de l'eau, se trouve par le moyen d'une balance. On le pese d'abord à l'air & ensuite dans l'eau : connoissant quelle partie de son poids ce corps perd dans l'eau, il est aisé d'en déduire sa solidité & sa *pesanteur spécifique.*

PESSIERE, *Archit. hydraul.* C'est une espece de digue avec laquelle on barre une riviere pour faire regonfler ses eaux & leur donner une plus grande force.

PÉTARD, *Artillerie*, c'est une espece de canon très-court qui a la forme d'un cône tronqué; on le fait de fer ou de fonte. On lui donne 10 pouces de longueur, sur 10 pouces de diametre par la culasse, revenant à 7 par le haut, où est son ouverture pour le charger : sa lumiere est vers la culasse. Le petard étant chargé de poudre, on l'attache fortement du côté de la bouche contre un madrier sur lequel on l'arrête, avec des bandes de fer, par les quatre *bras* ou anses dont il est armé pour faciliter sa manœuvre. Il y a aussi un fort crochet de fer au madrier, par lequel on suspend le pétard à l'endroit où l'on veut l'appliquer. L'effet de cette machine militaire est d'enfoncer les portes, rompre les barrieres & les palissades, abattre les murailles, &c.

PÉTARDER *une porte* : c'est l'enfoncer ou la rompre par le moyen du *pétard*, que l'on suspend à la porte avec un tirefond dans lequel on passe le crochet du madrier auquel le *pétard* est attaché. On y mét le feu au moyen d'une fusée chargée de composition lente qui donne le tems au petardier de se retirer avant qu'il fasse son effet.

PÉTARDIER : c'est le nom de l'officier ou du soldat chargé d'attacher le *pétard* à la porte qu'on veut enfoncer, & d'y mettre le feu. C'est un emploi très-dangereux, & peu de *petardiers* reviennent de leur expédition.

PETRIFICATIONS, *Hydraulique*. M. *Belidor* observe qu'il se forme beaucoup de *pétrifications* dans les conduites de l'eau d'Arcueil, causées par le limon graveleux que cette eau charrie, & qui grossissent tellement qu'elles parviennent enfin à boucher entiérement un tuyau de conduite. Ces *pétrifications* naissent ordinairement dans les coudes qu'on est obligé de faire suivre aux conduites, parce que l'eau y coulant plus lentement, elle a plus de tems pour y déposer le sable fin dont elle est chargée.

PEUPLER, *Charpenterie* : c'est garnir un espace vuide de pieces de bois disposées à égale distance l'une de l'autre. Ainsi on dit *peupler* de poteaux une cloison : *peupler* de solives un plancher : *peupler* de chevrons un comble : *peupler* de pilots une fondation, &c.

PHALANGE, *Art militaire* : c'étoit, chez les Grecs, un corps d'infanterie composé de soldats armés de toutes pieces, d'un bouclier, & d'une sarisse, arme encore plus longue que nos piques. La *phalange* macédonienne formoit une espece de bataillon quarré-long, de 1024 hommes de front sur 16 de hauteur, c'est-à-dire, de 16384 soldats pesamment armés.

PHALARIQUE ou FALARIQUE, *Art militaire*. Dans la description que nous avons déja donnée de cette arme ancienne (au mot FALARIQUE) nous ne lui avons attribué que *trois pieds de long*, comme à un simple trait ou ou javelot qui pouvoit se lancer avec l'arc, entraînés par l'autorité du Pere *Daniel*, *histoire de la milice françoise* : mais ayant examiné de nouveau cet article dans le *dictionnaire encyclopédique*, au mot PHALARIQUE, nous avons reconnu, par le passage de *Tite-Live* qui y est cité, que cette arme étoit plutôt une poutre ou une piece de bois très-forte, dont *le fer seul* avoit trois pieds de longueur. *Ferrum autem* (dit *Tite-Live*) *tres in longum habebat pedes, ut cum armis transfigere corpus posset.* La *phalarique* étoit donc chez les anciens une espece de fort javelot, ou une longue piece de bois armée d'un fer pointu de trois pieds de long, environnée d'étoupes poissées que l'on allumoit : on la lançoit ensuite par le moyen de la catapulte contre les tours de bois & contre les autres machines de guerre de l'ennemi, pour y mettre le feu, & quelquefois contre les hommes, dont on perçoit en même tems (dit *Tite-Live*) le bouclier, la cuirasse, & le corps entier.

PHARE, *Marine* : c'est une tour, ou un môle élevé à l'entrée ou aux environs d'un port, ou le long d'une côte dangereuse. On y met une lanterne, ou un rechaud plein de matieres combustibles, pour éclairer & guider pendant la nuit les vaisseaux qui se trouvent proche des côtes. On l'appelle aussi *fanal*. Telle est la fameuse *tour de Cordouan*, bâtie à l'embouchure de la Garonne, dont on peut voir la description dans l'*architecture hydraulique* de M. *Belidor*, tome III.

PHILOSOPHIE : c'est, suivant le langage des métaphysiciens, la science des choses possibles, en tant que possibles. Les écoles ont adopté la division de la *philosophie* en quatre parties ; sçavoir, logique, métaphysique, physique, & morale. Voyez une explication plus étendue de ce mot dans le *dictionnaire encyclopédique*, cette matiere étant trop vaste & trop étrangere à notre objet principal pour nous en occuper ici. On nous permettra seulement l'écart suivant, en faveur de l'importance du sujet.

PHILOSOPHIE DE DESCARTES, OU CARTESIANISME : c'est la connoissance du méchanisme de l'univers, suivant le systême imaginé par *Descartes* : c'est à ce grand homme qu'on doit le premier systême complet du monde, que les philosophes modernes ont ensuite perfectionné, en profitant de ses lumieres. Selon *Descartes*, chaque planete est plongée dans un fluide qui, circulant autour du soleil, forme le vaste *tourbillon* dans lequel elle est entraînée. Ces *tourbillons* sont le grand principe dont les *Cartesiens* se sont servis pour expliquer la plupart des mouvemens & des autres phénomenes des corps célestes. *Galilée*, *Toricelli*, *Pascal*, & *Boyle* sont, à proprement parler, les instituteurs de la physique moderne; mais *Descartes*, autant par la hardiesse & l'élévation de son génie que par l'éclat que sa *philosophie* s'est justement attirée, est celui de tous les sçavans du dernier siecle à qui nous ayons le plus d'obligation. Son esprit vif & pénétrant sentit le vuide & l'absurdité de la *philosophie* péripatéticienne qu'il trouva établie dans les écoles, & par la *méthode* lumineuse qu'il employa pour la recherche des loix générales de la nature, il disposa tous les esprits à le suivre dans la nouvelle route qu'il leur fraya. En un mot, le *Cartesianisme*, en excitant une émulation universelle & une espece de jalousie dans les nations voisines, donna lieu à d'autres entreprises & même à de meilleures découvertes, puisque le *Newtonianisme* en est le fruit, & que sans *Descartes* il n'y auroit peut-être jamais eu de *Newton*. *Descartes* a eu des sectateurs illustres, parmi lesquels on compte le Pere *Malebranche*, MM. *Huyghens*, *Rohault*, *Regis*, *Bulfinger*, *Villemot*, *Bernoulli*, &c. Les tourbillons ont encore trouvé de nos jours des défenseurs zélés dans MM. *de Gamaches*, l'Abbé *de Molieres*, le P. *Maziere*, l'Abbé *de Launay*, &c. Ce Pere de la philosophie françoise naquit à la Haye en Touraine en 1596, & mourut à Stockolm en 1650.

PHILOSOPHIE DE NEWTON, OU NEWTONIANISME. Voyez ci-devant l'article NEWTONIANISME.

PHORONOMIE, *Méchanique*: ce terme, composé de deux mots grecs, signifie la science du mouvement, c'est-à-dire, la science des loix de l'équilibre & du mouvement des solides & des fluides. Nous avons un excellent ouvrage sur cette matiere, par M. *Jacques Herman*, célebre mathématicien de ce siecle, sous le titre de *Phoronomia, sive de viribus & motibus corporum solidorum & fluidorum*, *in-quarto*, Amsterdam, 1716.

PHYSICO-MATHÉMATIQUES (SCIENCES). On donne ce nom aux parties de la physique dans lesquelles on réunit l'observation & l'expérience au calcul mathématique, & où l'on applique ce calcul aux phénomenes de la nature. Les *sciences physico-mathématiques* sont en aussi grand nombre qu'il y a de branches dans les mathématiques mixtes. Telles sont la méchanique, la statique, l'hydrostatique, l'hydrodynamique ou hydraulique, l'optique, la catoptrique, la dioptrique, l'airométrie, la musique, l'acoustique, & sur-tout l'astronomie, qui est une des branches la plus brillante & la plus utile des *sciences physico-mathématiques*.

PHYSIQUE, ou PHILOSOPHIE NATURELLE : c'est la science des propriétés des corps naturels, de leurs phénomenes, & de leurs effets, comme de leurs différentes affections, mouvemens, &c. Elle a trois sortes d'objets, qui sont le corps, l'espace ou le vuide, & le mouvement. Nous appellons *corps* tout ce que nous touchons avec la main, & tout ce qui souffre quelque résistance lorsqu'on le presse. On donne le nom d'*espace*, ou de *vuide*, à toute cette étendue de l'univers dans laquelle les corps se meuvent librement. Le *mouvement* est le transport d'un corps d'une partie de l'espace dans une autre. On divise la physique en deux especes : *physique expérimentale*, & *physique systématique*. La premiere cherche à découvrir les raisons & la nature des choses par le moyen des expériences, comme celles de la chymie, de l'hydrostatique, de la pneumatique, de l'optique, &c. La *physique systématique* est la science des effets de la nature par la supposition de la connoissance des causes. Les auteurs les plus célebres sur la *physique*, sont *Descartes*, *Newton*, *Rohault*, *Regis*, *Duhamel*, *Hamberger*, *Huyghens*, *Perrault*, *Hauxbée*, *s'Gravesande*, *Musschenbroëck*, *Desaguliers*, l'Abbé *de Molieres*, le P. *Regnault*, l'Abbé *Nollet*, &c.

PIECE, *Architecture* : c'est un nom général qu'on donne aux différens lieux dont un appartement est composé. Ainsi une salle, une chambre, un cabinet, &c, forment autant *de pieces*.

PIECE, *Artillerie* : ce mot s'entend ordinairement du canon ; on dit une *piece* de 24, une *piece* de 12, pour désigner un canon qui chasse un boulet du poids de 24 ou de 12 livres. On dit aussi démonter les *pieces*, rafraîchir les *pieces*, enclouer les *pieces*, &c. On appelle *armes des pieces*, les instrumens & outils nécessaires pour le service du canon, comme la lanterne, le refouloir, &c.

Pieces a la Suédoise. Voyez ci-devant Canons a la Suédoise.

Pieces d'Allarme. Dans un camp, ce sont trois pieces de canon placées en avant, à cent pas du parc d'artillerie, & toutes prêtes à tirer, pour donner l'allarme & faire prendre les armes à toutes les troupes en cas d'attaque. Il y a toujours à chacune de *ces pieces* un canonier avec un boutefeu allumé, pour y mettre le feu au moindre signal.

Pieces de Batterie : ce sont les gros canons qui servent à battre en breche, & qui portent ordinairement 24 livres de balle.

Pieces de Brancard, ou *à dos de mulet*. On appelle ainsi de légers canons de quatre livres de balle, dont on fait usage dans les pays de montagnes où les passages sont trop difficiles pour le transport de la grosse artillerie.

Pieces de Campagne : ce sont des canons qui marchent à la tête d'une armée, & qui portent 4 ou 8 livres de balle.

Pieces de Chasse, *Marine* : ce sont des canons placés à la proue d'un navire, dont on se sert pour tirer par-dessus l'éperon sur les bâtimens qui sont à l'avant, ou sur ceux qui prennent chasse. Cette maniere de tirer retarde le cours du vaisseau, parce que le recul du canon produit un mouvement contraire à celui de son sillage.

Pieces des cinq Calibres. Suivant l'ordonnance du Roi en 1732, on ne fond plus que des pieces de 24, de 16, de 12, de 8, & de 4 livres de balle, assujetties aux longueurs, épaisseurs de métal, & profils réglés par la même ordonnance, dont on peut voir le détail dans les *mémoires d'artillerie de Saint-Remy*, derniere édition tome III.

Piece de Bois, *Charpenterie* : c'est le nom qu'on donne à Paris à une mesure imaginaire de six pieds de long sur 72 pouces d'équarrissage. Ainsi une piece de bois équarrie qui porte 12 pouces de largeur sur 6 de hauteur, & qui a 6 pieds de long, forme ce qu'on appelle une *piece*, qui contient 3 pieds cubes de bois. C'est à cette mesure que l'on rapporte toutes les pieces de bois de différentes dimensions qui entrent dans la charpente d'un bâtiment, pour les toiser & les estimer par cent de *pieces*, que l'on appelle aussi *solives*.

Piece de Charpente : c'est tout morceau de bois taillé &

équarri qui entre dans un assemblage de charpente, &c. qui, dans les bâtimens, sert à divers usages. On nomme *maîtresses pieces* les plus grosses, comme les poutres, tirans, entraits, jambes de force, &c.

PIECE DE PONT : c'est une grosse solive plus épaisse qu'une dosse, qui traverse une travée de pont de bois, & qui porte en dehors. C'est dans cette piece, à l'endroit des lisses, que l'on emmortoise les poteaux d'appui & les liens pour les entretenir.

PIECES DÉTACHÉES, *Fortification*. Voyez ci-devant OUVRAGES DÉTACHÉS.

PIECE D'EAU, *Hydraulique* : c'est, dans un parc, ou dans un jardin considérable, un grand bassin dont la figure est relative à l'endroit où il est situé : telle est, par exemple, dans les jardins de Versailles, la grande *piece d'eau* appellée *La piece des Suisses*, située devant le parterre de l'orangerie : celle de l'*isle royale*, dans le petit parc, représentée dans les *délices de Versailles*, *in-folio*, planche 24 : la *piece de Neptune* devant la fontaine du dragon, même livre, planches 35 & 36 : la *grande piece d'eau de Trianon*, planche 74 : la *piece d'eau* vis-à-vis la face latérale du château de Saint-Cloud, planches 111 & 112, &c.

PIECES PERDUES, *Hydraulique* : ce sont des bassins renfoncés & revêtus de gazon, au milieu desquels il y a des jets dont l'eau se perd à mesure qu'elle vient. Telles sont les trois *pieces perdues* des jardins de Saint-Cloud, dont deux sont dans les tapis de gazon, au bas de la grande cascade, & dont la troisieme est en face du nouvel amphithéâtre, au bout de la grande allée, le long de la riviere.

PIECES COUPÉES, ou DÉCOUPÉES, *Jardinage*. On donne ce nom à un compartiment de plusieurs petites pieces formées d'enroulemens & de lignes paralleles, & séparées par des sentiers, dont le tout ensemble compose un parterre de gazon ou de fleurs. Voyez-en des exemples très-variés dans *la théorie & la pratique du jardinage*, *in-quarto*.

PIECE D'APPUI, *Menuiserie* : c'est, dans un chassis de menuiserie, une grosse moulure en saillie qui pose en recouvrement sur l'appui ou la tablette de pierre d'une croisée, pour empêcher que l'eau n'entre dans la

PIED : c'eſt une meſure priſe ſur la longueur du pied humain, qui eſt différente ſelon les lieux, & dont on ſe ſert pour eſtimer la grandeur des diverſes parties d'un bâtiment, ou de toute autre choſe. *Le pied de Roi* eſt une meſure établie a Paris dans les bâtimens & parmi divers artiſtes, laquelle ſe diviſe en 12 pouces, le pouce en 12 lignes, &c. On trouve dans le *dictionnaire encyclopédique* (même article) une table du poids d'un pied cube de différentes matieres, tirée du troiſieme livre de la *ſcience des Ingénieurs*, par M. *Belidor* ; une autre table du rapport des différens pieds antiques & modernes avec notre pied de Roi, copiée d'après le *dictionnaire d'architecture de d'Aviler*, & une troiſieme table du rapport & de la différence de toutes les meſures qui ſont actuellement en uſage parmi les diverſes nations & dans pluſieurs provinces de France, comparées au pied de Roi, diviſé en 1440 parties, qui ſe trouve dans le *dictionnaire de mathématique*, par M *Saverien*, & dans pluſieurs autres livres. Comme le *dictionnaire encyclopédique* eſt, pour ainſi dire, un entrépôt général des connoiſſances humaines de toutes les eſpeces, on ne peut blâmer les éditeurs des différens articles qui le compoſent d'avoir mis à contribution toute la littérature pour élever ce prodigieux édifice qu'ils ont conſacré à la poſtérité : mais il ſemble que, pour qu'on ne puiſſe les accuſer de s'être approprié le travail d'autrui, ils auroient dû citer un peu plus ſouvent & les auteurs & les ouvrages qui leur ont fourni les matériaux néceſſaires pour ſa conſtruction.

PIED COURANT : c'eſt le pied de Roi meſuré ſuivant ſa longueur.

PIED QUARRÉ : c'eſt une ſuperficie quarrée dont chaque côté eſt d'un *pied* de long, & qui contient 144 pouces quarrés.

PIED CUBIQUE : c'eſt un ſolide dont chaque face eſt d'un *pied* quarré : il contient 1728 pouces cubes.

PIED CIRCULAIRE : c'eſt une ſuperficie de 144 pouces circulaires.

PIED CYLINDRIQUE : c'eſt un ſolide formé par la multiplication d'un *pied circulaire*, contenant 144 pouces circulaires, par 12 pouces de hauteur : ce qui donne 1728 pouces cylindriques.

PIED DE TOISE COURANTE : c'eſt la même choſe que le *pied courant*.

Pied de Toise quarrée : c'est la sixieme partie d'une toise quarrée. Comme cette toise contient 36 *pieds* quarrés, le *pied* de toise quarrée en contient 6, & doit être considéré comme un parallelogramme rectangle qui a un *pied* de base sur une toise de hauteur.

Pied de Toise cube : c'est la sixieme partie de la toise cube. Comme cette toise est de 216 pieds cubes, le *pied* de toise cube en doit contenir 36, & doit être regardé comme un parallelipipede qui a pour base une toise quarrée sur un pied de hauteur.

Pied de Solive : c'est la sixieme partie d'une *piece de bois*, appellée aussi *solive*. C'est un parallelipipede qui a pour base un rectangle de 12 pouces de longueur sur un pouce de largeur, & qui a une toise de hauteur.

Pied cube d'Eau, *Hydraulique* : c'est la huitieme partie d'un muid d'eau. En évaluant le muid à 288 pintes, mesure de Paris, le pied cube d'eau vaut 36 pintes, & pese 72 livres, poids de marc.

Pied cylindrique d'Eau : c'est une colonne d'eau composée de 144 pouces circulaires multipliés par 12 pouces de hauteur, ce qui produit 1728 pouces *cylindriques* d'eau. Dans la supposition du poids d'un pied cube d'eau évalué à 72 livres, le *pied cylindrique d'eau* en doit peser un peu plus de 56.

Pied Cornier, *Charpenterie* : ce sont les longues pieces de bois placées aux encoignures des pans de bois & des cloisons de charpente.

Pied de Biche, *Serrurerie* : c'est une forte barre de fer, dont un bout est attaché dans un mur par le moyen d'un crampon ; & dont l'autre, en forme de double crochet, s'avance ou se recule dans les dents d'une cremilliere, sur un guichet de porte cochere, pour empêcher qu'il ne soit forcé.

Pied de Chevre, *Machines* : c'est une troisieme piece de bois qu'on ajoute à une chevre pour lui servir de soutien, lorsqu'on ne peut l'appuyer contre un mur, pour enlever quelque fardeau à une hauteur médiocre ; comme une poutre sur des treteaux, pour la débiter. Les charpentiers, maçons, tailleurs de pierre, & autres ouvriers, donnent aussi le nom de *pied de chevre* à une espece de pince de fer recourbée & refendue par le bout, dont ils se servent pour remuer & dresser leurs pieces de bois, leurs pierres, & autres semblables fardeaux.

PIED DE FONTAINE, *Architecture* : c'est une espece de gros balustre ou de piédestal rond ou à pans, quelquefois orné de consoles ou de figures, qui sert à porter une coupe, ou une cuvette de fontaine, ou un chandelier d'eau. Tels sont, dans la colonnade de Versailles, les trente-un *pieds* qui soutiennent autant de cuvettes de marbre blanc, d'où sort un jet d'eau qui retombe en nappe sur les bords de la cuvette. Voyez la représentation de cette magnifique colonnade dans les *délices de Versailles*, *in-folio*, planche 22.

PIED DE MUR, *Maçonnerie* : c'est la partie inférieure d'un mur, qui en forme les fondemens, depuis l'empattement du mur qui pose sur la terre, jusqu'à hauteur de retraite, au rez-de-chaussée.

PIED HORAIRE, *Méchanique* : c'est la troisieme partie de la longueur d'un pendule qui fait ses vibrations dans une seconde. M. *Huyghens* est le premier qui ait déterminé cette longueur : il a trouvé qu'elle est à celle du pied de Roi, comme 864 à 881. La longueur totale de ce pendule est de 3 pieds 8 lignes & demie. Voyez le traité de cet auteur intitulé, *de horologio oscillatorio.*

PIÉDESTAL, *Architecture* : c'est un corps quarré avec base & corniche, qui porte la colonne & qui lui sert de soubassement : ce terme dérive de deux mots grecs, πους, ποδος, pied, & στυλος, colonne. Le *piédestal* est différent suivant les Ordres où il est placé, & selon les auteurs qui ont écrit sur les proportions des cinq Ordres d'architecture, mais il est toujours composé de trois parties ; sçavoir, la base, le dé, & la corniche. *Vignole* (que nous suivons par préférence, pour la facilité de l'exécution) donne une regle générale pour la proportion des *piédestaux* dans quelque Ordre que ce soit. C'est qu'ayant déterminé la hauteur totale de l'Ordre, il faut la diviser en 19 parties, dont on donne 4 au *piédestal* & 3 à l'entablement ; les 12 parties qui restent forment la hauteur de la colonne. Suivant cette regle générale la hauteur du *piédestal* est toujours du tiers de celle de la colonne, y compris sa base & son chapiteau. Quant au plus ou moins de richesse & de moulures dont le *piédestal* est susceptible suivant les Ordres, voyez-en le détail dans l'ouvrage même de *Vignole*, ou dans le *parallele de l'architecture antique avec la moderne.* M. *Potain*, dans l'ouvrage qu'il vient de mettre au jour sur les Ordres d'architecture, se propose de bannir totalement les *piédestaux*, & de dissuader les architectes d'en placer sous les colonnes, parce qu'ils ne servent, selon lui, « qu'à détruire l'ordonnance, bien loin d'en » accroître la perfection, & qu'ils ne sont propres d'ail- » leurs qu'à faire de petite architecture ». Voyez les raisons qu'il donne pour justifier son sentiment, dans le livre intitulé, *traité des Ordres d'architecture*, par M. *Potain*, *in-quarto*, 1767, chez *Jombert*, premiere partie, pages 27 & 86.

PIÉDOUCHE, *Architecture* : c'est une petite base longue ou quarrée, en adoucissement, avec moulures, qui sert à porter un buste ou une petite figure. *D'Aviler. Felibien.*

PIÉDROIT, ou JAMBAGE, *Architecture* : c'est le nom qu'on donne à la partie du trumeau d'une porte ou d'une croisée, qui comprend le bandeau ou chambranle, le tableau, la feuillure, l'embrâsure, & l'écoinçon. On donne aussi ce nom aux murs qui portent une voûte. *D'Aviler.*

PIÉDROITS, *Marine* : ce sont des estances ou piliers posés sur le fond de cale & sous quelques baux dans les plus grands vaisseaux, auxquels il y a des hoches comme à une cremillere, par le moyen desquelles les matelots peuvent monter & descendre, avec le secours d'une *tire-veille* ou *sauve-garde.*

PIERRE, *Architecture* : c'est un corps dur qui se forme dans la terre & que l'on tire des carrieres pour l'employer à la construction des bâtimens. Il y a deux sortes de *pierres* à bâtir, la dure & la tendre : la premiere s'emploie pour les fondemens des édifices, & pour tout ce qui est exposé à l'humidité de la terre : la *pierre tendre* sert pour le reste du bâtiment. On distingue la *pierre*, soit dure ou tendre, suivant ses especes différentes, ses qualités, ses façons, ses usages, ses défauts, &c ; mais pour entrer dans les détails nécessaires sur chacun de ces articles, il nous faudroit (ainsi qu'on l'a fait dans le *dictionnaire encyclopédique*) copier mot pour mot plusieurs pages du *dictionnaire d'architecture de d'Aviler*, ce qui passeroit les bornes d'un abrégé tel que celui-ci.

PIERRES D'ATTENTE : ce sont des *pierres* qui saillent au-delà d'un mur, soit sur sa longueur ou sur son épaisseur, pour faire corps avec un autre mur que l'on se propose d'y joindre par la suite. Voyez aussi au mot HARPES.

PIERRES DE CHAMP : c'est une façon de poser les *pierres* ou les briques, autrement que dans la pratique ordinaire : car au lieu de les poser sur leur plat ou sur leur lit, on les pose sur le côté.

PIERRE DE MEULIERE : c'est une sorte de *pierre* dure extrêmement poreuse, qui fait une maçonnerie excellente, parce que le mortier s'y incorpore parfaitement & s'y attache mieux qu'à toute autre sorte de pierre. On en fait beaucoup usage pour les fondations & pour les édifices qui se bâtissent dans l'eau.

PIERRE DE PRATIQUE, OU A JOINTS INCERTAINS : c'est une espece de moilonnage dont on se sert comme il sort de la carriere, pour paver le dessus des quais & des jettées qui se construisent à l'entrée des ports de mer, observant de les arrêter dans les compartimens d'un grillage de charpente, en bain de mortier de chaux & sable, à joints incertains, &c.

PIERRE DE TAILLE. On appelle ainsi toute *pierre* tirée des carrieres, lorsqu'elle est composée d'assez gros quartiers pour pouvoir être taillée de telle forme que l'on veut.

PIERRE PARPAIGNE : c'est une *pierre* qui traverse l'épaisseur d'un mur, & qui en fait les deux paremens.

PIERRES PERDUES (*Fondation à*) : c'est une maniere de fonder dans l'eau, quand on ne peut pas faire d'épuisemens. Voyez ci-devant au mot ENROCHEMENT. Voyez aussi la *science des Ingénieurs*, par M. *Belidor*, livre III; & l'*architecture hydraulique* du même auteur, seconde partie, dans laquelle toutes les manieres de bâtir dans l'eau sont extrêmement bien développées.

PIERRES SECHES, *Archit. hydraul.* C'est une maniere de paver les compartimens des grilles qui couvrent les fascinages d'un épi, pour lesquels on se sert de *pierres* posées de champ & mises en œuvre sans mortier : c'est ce qui a fait appeller ces sortes de travaux des *ouvrages à pierres seches*.

PIERRÉE, *Archit. hydraul.* C'est un canal souterrein, souvent construit à pierres seches & glaisé dans le fond, qui sert à conduire les eaux des fontaines, des cours, & des combles d'un bâtiment dans quelque puisard. C'est aussi une grande longueur de maçonnerie dans les terres pour conduire les eaux d'une source dans un réservoir ou dans un regard de prise : on recouvre les *pierrées* avec des dalles ou de grandes pierres plates, pour empêcher les terres de s'ébouler dedans & de les combler. On donne encore le nom de *pierrée* à une sorte de mortier composé de chaux, de sable, & de cailloutage, pour former un corps de maçonnerie à l'aide des coffres de charpente. Voyez-en l'usage dans la *science des Ingénieurs*, livre III.

PIERRIER, ou MORTIER PIERRIER, *Artillerie* : c'est le nom qu'on donne au *mortier* qui sert à jetter des pierres : il a environ 15 pouces de diametre à la bouche, la profondeur de son ame est d'un pied 7 pouces, & celle de sa chambre, qui est en cône tronqué, est de 8 à 9 pouces. Il pese ordinairement 1000 livres. Sa portée n'est guere que de 150 toises, & sa charge est de deux livres ou deux livres & demie de poudre, au plus. Pour ménager la piece, on renferme les pierres dans une espece de panier fait exprès pour cet usage. Voyez ci-devant au mot PANIER.

PIERRIER, *Marine* : c'est une sorte de petit canon fort court qui se charge par la culasse, au moyen d'une boîte de fer remplie de poudre, qu'on introduit dans son intérieur par cet endroit, pour chasser les pierres, cailloux & autres mitrailles dont on le charge. On en fait usage sur les vaisseaux pour tirer sur les bâtimens ennemis lorsqu'ils viennent à l'abordage. Voyez-en la description dans l'*artillerie raisonnée*, par M. *le Blond*, *in-octavo*, page 145.

PIEU, *Fortification* : c'est une grosse piece de bois aiguisée par un bout, que l'on enfonce en terre pour former des barrieres ou des palissades. Les Grecs & les Romains s'en servoient pour entourer & fortifier leurs camps.

PIEUX, *Archit. hydraul.* Ce sont de fortes pieces de bois de chêne qu'on emploie de toute leur grosseur pour faire les palées des ponts de bois, ou qu'on équarrit pour les files de pieux qui retiennent les berges de terre, les digues, &c, ou qui servent à construire des batardeaux. Les pieux sont pointus & ferrés comme les pilots, ils en different cependant en ce qu'ils ne sont jamais tout-à-fait enfoncés en terre, & que ce qui en paroît en dehors est souvent équarri. *D'Aviler.*

PIEUX DE GARDE, *Archit. hydraul.* Ce sont des *pieux* que l'on enfonce au-devant d'un pilotis, qui sont plus peuplés & plus hauts que les autres, & recouverts d'un chapeau. On en met ordinairement devant la pile d'un pont & au pied d'un mur de quai, pour le garantir du choc des bateaux & des glaçons, & pour empêcher le dégravoyement. *D'Aviler.*

PIGEON, *Maçonnerie* : c'est une poignée de plâtre pressée dans la main avec la truelle, comme on le pratique pour faire une languette de cheminée de plâtre pur.

PIGEONNER, *Maçonnerie*. Voyez ci-devant au mot ÉPIGEONNER.

PIGNON, *Maçonnerie* : c'est le haut d'un mur de face ou d'un mur de refend qui soutient la couverture d'un bâtiment & qui se termine en pointe ou en triangle dans les combles ordinaires, ou à cinq pans dans un comble à la mansarde. On faisoit autrefois des *pignons* à redents, dont les côtés étoient par retraites en façon de degrés, ce qui se pratiquoit ainsi pour pouvoir monter sur le toît, comme on en voit encore au comble de l'église des grands Augustins à Paris, &c. Il y a aussi dans les Pays-bas beaucoup de combles à *pignons* de cette espece, ce qui se fait plutôt par ornement que pour servir à cet usage.

PIGNON, *Méchanique* : c'est une petite roue dentée, ou plutôt une espece de rouleau de fer, de cuivre, ou d'autre matiere, qui est comme canelé, c'est-à-dire, creusé en long, pour recevoir les dents de quelque roue qui engrenent dans les canelures. On emploie dans les machines deux sortes de *pignons* : dans les grandes, ce sont ordinairement des *pignons en lanterne* : dans les petites, ce sont des *pignons* dont les dents ou ailes sont disposées & formées à peu près de la même façon que celles des roues. Tels sont ceux des montres, des pendules, &c.

PILASTRE, *Architecture* : c'est une espece de colonne quarrée par son plan, presque toujours engagée dans le mur, ensorte qu'il n'en paroît que le quart ou le cinquieme de son épaisseur. Le *pilastre* est différent selon les Ordres auxquels il est appliqué, ayant d'ailleurs les mêmes proportions, les mêmes ornemens, & la même origine que les colonnes : il représente un arbre équarri. M. *Potain*, dans l'ouvrage ci-devant cité (article PIÉDESTAL), blâme l'usage des pilastres, qui n'étoient point connus des Grecs, & dont l'invention est due aux Romains, par la difficulté que l'on trouve à allier cette espece de décoration d'architecture en bas relief avec la saillie en ronde-bosse des colonnes & de leurs chapiteaux ; il fait voir la nécessité de les diminuer comme les colonnes, contre le sentiment de *Felibien* & de plusieurs architectes, qui regardent cette diminution des pilastres comme une licence à éviter ; & il enseigne les moyens de le faire & de les canneler suivant leur diminution. Voyez son *traité des Ordres d'architecture*, *in-quarto*, pages 89 & suiv.

PILE DE BOULETS, *Artillerie.* Dans les arsénaux & les magasins d'artillerie, les bombes, les boulets, & les autres corps sphériques sont arrangés les uns sur les autres en plusieurs *piles* qui ont pour base un triangle, un quarré, ou un quarré long, ce qui forme des pyramides triangulaires, ou des pyramides quarrées, ou enfin des pyramides oblongues. Il y a des méthodes ou des tables particulieres pour sçavoir d'un coup d'œil le nombre de boulets que contient chaque *pile* ; on peut voir de ces tables dans les *mémoires d'artillerie de Saint Remy.* Quant aux méthodes & aux formules dressées pour cet usage, il faut consulter le *cours de mathématique*, par M. *Belidor* ; les *élémens généraux des mathématiques*, par M. l'Abbé *Deidier* (a), & l'*artillerie raisonnée*, par M. *le Blond*, *in-octavo*, page 145.

(a) On a inséré dans le *dictionnaire encyclopédique* (article PILE) un problême sur l'arrangement des *piles* de boulets dans les magasins d'artillerie, à la suite duquel M. *KurdWanski se plaint de ce que M. l'Abbé* Deidier, *dans un livre imprimé en 1745, a fait usage de ce problême sans en citer l'auteur.* Sans vouloir mesurer mes forces avec celles de MM. les Encyclopédistes, je me trouve d'autant plus obligé de réfuter l'accusation insérée dans leur ouvrage contre la mémoire de ce célebre professeur de mathématique, que j'ai eu l'honneur d'être son ami intime & un de ses éleves : je répondrai donc : 1°. que M. l'Abbé *Deidier* étoit assez habile géometre pour résoudre un problême aussi facile que celui dont il est ici question, sans emprunter les lumieres d'un Académicien étranger, dont le nom n'est guere connu que par cet article de l'*encyclopédie.* 2°. Que s'il s'étoit déterminé à faire usage de la méthode de M. *KurdWanski*, il avoit trop de franchise & de probité pour ne pas lui en faire honneur. Mais pour en venir au fond de la discussion, tout lecteur un peu géometre sçait qu'il ne peut y avoir d'autre méthode pour résoudre le problême de l'empilement des boulets, que de sommer les différens étages décroissans de ces boulets, ce qui conduit nécessairement à la même solution & à la même formule que celle de M. *KurdWanski.* Du reste, il y a une assez grande différence entre les manieres

Pile de Pont, *Architect. hydraul.* C'est un massif de forte maçonnerie dont le plan est presque toujours un hexagone allongé, qui sépare & qui porte les arches d'un pont de pierre ou les travées d'un pont de bois. Leur construction demande beaucoup de soin & de précaution. Voyez ci-dessus au mot Encaissement, & ci-après l'article Pont.

PILIER, *Maçonnerie* : c'est une sorte de colonne, ronde ou quarrée, sans aucune proportion, faite de bois ou de pierre, qui sert à soutenir une poutre, une partie de plancher, une voûte, &c.

Pilier Butant : c'est un corps de maçonnerie élevé pour contretenir la poussée d'une voûte ou d'un arc.

Pilier de Dôme : c'est, dans une église à dôme, chacun des quatre corps de maçonnerie isolés qui forment un pan coupé à une de leurs encoignures, & qui portent les croisées de l'église.

Pilier de Moulin a vent : c'est le massif de maçonnerie qui se termine en cône & qui porte la cage d'un moulin à vent, laquelle tourne verticalement sur un pivot pour en exposer les ailes au vent.

Pilier Quarré, ou *Jambage* : c'est un massif de maçonnerie qui sert à porter les arcades, les plate-bandes & les retombées des voûtes.

---

dont l'un & l'autre procedent à la solution de ce problême. Celui-ci l'analyse sans examiner suivant quels nombres figurés décroissent les couches ou étages des boulets, & il arrive par-là à ses formules. M. l'Abbé *Deidier*, au contraire, observe que, selon la figure de la pile, ces étages forment une suite de nombres quarrés ou triangulaires ; d'après cela, il cherche à sommer ces suites de nombres, & il y parvient par une méthode qui ne ressemble en rien à celle de M. *KurdWanski.* On remarquera d'ailleurs que la sommation des nombres figurés étoit une chose connue long-tems avant MM. *Kurd-Wanski* & l'Abbé *Deidier* puisque l'on trouve le même problême résolu dans la premiere édition du *cours de mathématique* de M. *Belidor*, imprimé en 1725, & des tables très amples avec différentes formules pour calculer l'empilement des boulets, dans les *mémoires d'artillerie* de M. *Surirey de Saint-Remy*, imprimé pour la premiere fois en 1700, &c. Il en est donc de ce problême comme d'une infinité d'autres de médiocre difficulté, que vingt personnes ont résolus, sans qu'on puisse accuser l'un d'être le plagiaire de l'autre, parce que la vérité étant unique, il faut bien qu'on arrive au même résultat, si l'on n'a point commis d'erreur ou de paralogisme.

PILIERS DE BITTES, *Marine* : ce sont, dans un vaisseau, deux grosses pieces de bois posées debout & entretenues par un traversin. Voyez ci-devant au mot BITTE.

PILIERS DE CARRIERE : ce sont des masses de pierre qu'on laisse d'espace en espace dans les carrieres, pour en soutenir le ciel à mesure qu'on en retire la pierre.

PILONS, *Machines*. Dans les moulins où l'on fabrique la poudre, & dans les autres machines de même espece, la roue à aubes est assemblée à un arbre qui traverse l'intérieur du moulin. Autour de cet arbre sont des fiches de bois qui en tournant accrochent alternativement des clefs attachées à de grosses pieces de bois qui se levent & se baissent verticalement : ce sont ces pieces de bois que l'on nomme *pilons*, lesquelles venant à tomber, écrasent par leur poids les matieres qui sont au-dessous. Voyez la description d'un pareil moulin dans l'*architecture hydraulique*, par M. *Belidor*, premiere partie, tome I.

PILOT, *Archit. hydraul.* C'est une forte piece de bois de chêne, affilée & taillée en pointe par un bout, pour faciliter son entrée dans la terre, & frettée quelquefois par le haut d'un cercle ou d'une couronne de fer, pour résister aux coups du mouton avec lequel on la bat pour la faire entrer dans un terrein que l'on veut affermir. Les pilots sont ordinairement couronnés ou recouverts d'un chapeau, ou d'une lisse, avec lequel ils sont assemblés à tenons & mortoises : au-dessous de ce chapeau on pose des ventrieres pour entretenir les pilots. Lorsque le terrein est un peu ferme, on les chausse par le bas avec un sabot de fer pointu & à quatre branches, du poids d'environ 15 livres. On fait usage des *pilots* pour les palées des ponts, pour la face des quais de charpente, pour le devant des jettées, châteaux, havres, &c. On se sert aussi de *pilots* pour soutenir les clefs dans les quais de charpente, ce qu'on appelle *pilots de clef*, & pour soutenir les dormans dans les mêmes quais : ceux-ci se nomment *pilots de dormans*. Le pilot, selon *d'Aviler*, est différent du pieu en ce qu'il est tout-à-fait enfoncé dans la terre. M. *Perronet*, inspecteur général des ponts & chaussées, qui a enrichi le *dictionnaire encyclopédique* d'un très-beau mémoire (article PIEUX) qu'il a sçu rendre extrêmement intéressant, tant par la méthode & la clarté avec laquelle il a traité cette matiere, que par les sçavantes recherches qu'il y a inséré, fait cette distinction entre les mots *pieu* & *pilot*. « Les » *pieux* (dit-il) sont le plus communément employés à » porter un édifice construit au-dessus des hautes eaux, » tels que sont les ponts de charpente, les moulins, &c. » On se sert des *pilots* pour porter un édifice de maçon- » nerie que l'on veut fonder sous les basses eaux, comme » sont les ponts, les murs de quai, de certains bâtimens, » & autres ouvrages ». Quant aux dimensions qu'on doit donner aux *pilots*, à leur position, à leur espacement, & à leur battage, voyez la seconde partie de l'*architecture hydraulique*, par M. *Belidor*, dans laquelle cet habile & laborieux auteur semble avoir épuisé tout ce qu'on peut dire de mieux sur ce sujet.

Pilots de Bordage. En fondant une pile de pont, ou quelque autre ouvrage de maçonnerie dans un mauvais terrein, lorsqu'on juge à propos d'y faire un grillage, après qu'il est bien établi, on enfonce tout autour ou seulement sur le devant de la fondation des *pilots* que l'on nomme *de bordage*, & qui portent les patins & les racinaux.

Pilots de Garde. Pour conserver le revêtement de maçonnerie des quais & des bassins qui se construisent dans les ports de mer, & les garantir du choc des bâtimens qui pourroient l'endommager, on plante de distance en distance des *pilots* adossés contre la maçonnerie : on les nomme pour cette raison *pilots de garde*.

Pilots de Remplage ou de Compression : ce sont les *pilots* dont on peuple l'étendue d'une fondation qu'on veut établir dans un mauvais terrein. Il en entre ordinairement 18 ou 20 dans une toise superficielle.

Pilots de Retenue : ce sont des *pilots* placés au-dehors d'une fondation pour soutenir le terrein de mauvaise consistance sur lequel une pile de pont est fondée.

Pilots de Support : ce sont ceux sur la tête desquels la pile est supportée, comme les *pilots* qu'on plante dans les chambres ou espaces d'un grillage.

PILOTAGE : c'est la science du pilote, ou l'art de prescrire la route d'un vaisseau sur mer, & de déterminer le point du ciel sous lequel il se trouve. Le *pilotage* se divise en cinq parties qui constituent essentiellement tout le fond de cet art ; sçavoir, l'observation des astres, l'usage de la boussole, l'estime, l'usage des cartes marines,

rines, & la correction de la route. L'observation des astres sert à connoître la latitude du lieu où l'on est. L'usage de la boussole sert à diriger le navire sur l'air de vent prescrit par les cartes marines. On connoît par l'estime le chemin qu'on a fait, afin de suppléer à la connoissance des longitudes, qui ne sont pas praticables sur mer. On fait usage des cartes marines pour connoître la route qu'on doit suivre. Enfin on corrige la route, en la comparant avec l'observation des astres, afin de rectifier le jugement qu'on a porté du chemin qu'a fait le vaisseau. *Dictionnaire de mathématique*, par M. *Saverien*. Sur l'art du pilotage, on doit consulter les *traités de navigation* de MM. *Bouguer*, pere & fils, & celui de M. *Berthelot*, l'*hydrographie* du P. *Fournier*, les *élémens du pilotage*, & la *pratique du pilotage*, par le Pere *Pezenas*, &c.

PILOTE : c'est un officier de l'équipage chargé de la conduite d'un vaisseau, & instruit par conséquent dans l'art de la navigation. Il doit être continuellement au gouvernail, & rendre compte de tems en tems au capitaine du parage où il croit que le vaisseau se trouve. Dans les grands vaisseaux, il y a jusqu'à trois *pilotes*, ainsi que dans ceux qui font des voyages de long cours. On distingue les *pilotes* en *côtier*, *hauturier*, *lamaneur*, *pilote de havre*, &c.

PILOTER, *Archit. hydraul.* C'est enfoncer des *pilots* ou des pieux pour soutenir & affermir les fondemens d'un édifice qu'on bâtit dans l'eau ou dans un terrein de mauvaise consistance : ce qui se fait par le moyen de la sonnette, avec laquelle on bat les pieux jusqu'au refus du mouton.

PILOTER, *Marine* : c'est conduire un vaisseau hors des embouchures des rivieres, des bancs, des écueils ; l'introduire dans un port ou l'en faire sortir, &c. c'est l'ouvrage des pilotes appellés *lamaneurs*.

PILOTIS, *Archit. hydraul.* C'est, dans l'eau, ou dans un mauvais terrein, un espace peuplé de pilots sur lesquels on établit les fondemens d'un édifice.

PINASSE, *Marine* : c'est un grand bâtiment à pouppe quarrée dont l'origine vient du Nord, & qui est fort commun en Hollande. Les Anglois & les François s'en servent aussi pour faire le commerce aux isles de l'Amérique. Cette sorte de vaisseau a pris son nom vraisemblablement, des pins avec lesquels il a d'abord été construit. Voyez-en les dimensions dans le petit *dictionnaire de marine*, par M. *Saverien.*

PINCE : c'est une barre de fer aiguisée d'un côté en biseau, qui sert aux maçons & aux charpentiers pour remuer les fardeaux : aux canonniers, pour pointer & conduire le canon : aux paveurs, pour relever les pavés : aux mineurs, pour détacher les pierres lorsqu'ils fouillent dans le roc, &c.

PINCER LE VENT, *Marine* : c'est aller au plus près du vent, ou cingler à six quarts de vent près du rhumb d'où il vient.

PINNULES, *Géométrie pratique* : ce sont deux petites pieces de cuivre assez minces & à peu près quarrées, fendues dans le milieu, & posées verticalement aux deux extrêmités de l'alidade d'un demi-cercle, d'un graphometre, d'une équerre d'arpenteur, ou de tout autre instrument semblable. Lorsqu'on prend des distances, que l'on mesure des angles sur le terrein, ou que l'on fait toute autre opération de géométrie pratique, c'est par les fentes de ces *pinnules*, qui sont dans un même plan avec la ligne appellée *ligne de foi*, tracée sur l'alidade, que passent les rayons visuels qui viennent des objets à l'œil. Autrefois presque tous les instrumens de mathématique & d'astronomie qui servent à prendre des angles ou des hauteurs, étoient garnis de *pinnules*, mais depuis la découverte du télescope on leur a substitué par-tout ce dernier.

PINQUE, *Marine* : c'est une sorte de flute, ou un bâtiment fort plat de varangue, qui a le derriere long & élevé. On donne aussi ce nom à un flibot d'Angleterre.

PIONNIERS, *Art militaire* : ce sont des soldats ou des paysans exercés au travail des tranchées, dont on se sert dans les sieges, ou pour la construction des lignes, retranchemens, &c.

PIQUE, *Art militaire* : c'est une arme offensive composée d'une hampe, ou d'un manche de bois long de 12 pieds au moins, garnie par le bout d'un fer plat & pointu, qu'on appelle *lance*. Cette arme a été longtems en usage dans notre infanterie pour soutenir l'attaque de la cavalerie : depuis l'invention de la poudre &

des armes à feu, qui ont fait abandonner la *pique*, on lui a substitué la bayonnette que l'on visse au bout du fusil ou de la carabine.

PIQUÉ, *Maçonnerie* : ce terme s'applique aux pierres qui sont proprement taillées, & dressées quarrément en leurs paremens, comme le *moilon piqué*, qui s'emploie aux voûtes des caves, aux puits, & aux murs de clôture.

PIQUER, *Charpenterie. Piquer le bois*, c'est marquer une piece de bois avec le traceret, pour la tailler & la façonner.

PIQUER, *Maçonnerie* : c'est rustiquer le parement ou les lits d'une pierre. On *pique* de cette maniere la pierre de taille, le grès, & le moilon pour l'Ordre Toscan rustique, & pour les étages en soubassement.

PIQUET, *Art militaire.* On appelle ainsi un certain nombre de soldats & de cavaliers détachés de chaque compagnie des régimens qui composent une armée, avec quelques officiers à leur tête, pour veiller à la sûreté d'un camp & se tenir en état de marcher & d'agir au premier commandement : la durée de leur service est de 24 heures.

PIQUETS, *Archit. hydraul.* Ce sont des bâtons que l'on emploie pour former les tunes dans les ouvrages de fascinage : on s'en sert aussi dans la construction des épis, pour arrêter les fascines. Ceux-ci ont environ 5 pieds de long & 6 à 7 pouces de pourtour au gros bout : ils doivent être ronds, bien affilés par le menu bout, & bien droits.

PIQUETS, *Attaque des places* : c'est une espece de jalon ou de bâton long & pointu par un bout, dont on se sert pour tracer la tranchée, pour former des alignemens, & pour marquer le prolongement de la capitale des ouvrages qu'on se propose d'attaquer. On donne encore le nom de *piquets* à des bâtons qui servent à lier ensemble les fascines dans les sappes, comblemens & passages de fossé, logemens, & autres ouvrages de fascinage.

PIQUETS, *Géométrie pratique* : ce sont de petits morceaux de bois pointus qu'on enfonce en terre pour tendre des cordeaux, lorsqu'on veut tracer quelque chose sur le terrein.

PIQUEUR, *Architecture* : c'est dans un attelier un homme

préposé par l'entrepreneur pour recevoir par compte les matériaux, en garder les tailles, veiller à l'emploi du tems, marquer les journées des ouvriers, & piquer sur son rôle ceux qui s'absentent pendant les heures du travail, afin de retrancher de leur salaire à proportion. On appelle *chasse-avants* les moindres *piqueurs* dont l'emploi est de hâter les ouvriers.

PISTON, *Hydraulique* : c'est un cylindre de bois, ou plutôt une espece de cône tronqué renversé, dont la grande base est entourée d'une bande de cuir un peu évasée, en forme d'entonnoir, pour mieux remplir le corps de pompe dans lequel on l'introduit. Ces sortes de *pistons* se font de bois de charme, ou d'aune, & on les frette avec des cercles de fer. Il y a différentes especes de *pistons* qui peuvent se réduire à deux ; sçavoir, les *pistons pleins*, & ceux qui sont *percés* & garnis dans leur ouverture d'un clapet de cuir. Ceux-ci sont les plus usités & les plus avantageux : les *pistons* pleins, qui s'emploient ordinairement aux pompes refoulantes, sont de peu de durée, n'étant faits que de bois ; ils sont sujets d'ailleurs à mal joindre & à laisser échapper une partie de l'eau en refoulant. MM. *Gosset* & *de la Deuille* ont inventé un piston sans frottement, dont on peut voir la description dans la premiere partie de l'*architecture hydraulique* de M. *Belidor*, tome II, page 120. Voyez aussi dans le même volume, page 223, quelles sont les conditions nécessaires pour rendre un piston accompli & exempt de défauts.

PISTON, *Marine* : c'est la partie de la pompe d'un vaisseau qui entre dans le tuyau ou corps de pompe, & qui, par son mouvement, y fait monter l'eau. Ce *piston*, qui est de forme cylindrique, est attaché à une barre de fer qui s'éleve & s'abbaisse par le moyen d'une manivelle qu'un homme fait agir.

PITON, *Serrurerie* : c'est une sorte de fiche plus ou moins forte, au bout de laquelle il y a un anneau.

PIVOT, *Marine* : c'est la pointe sur laquelle la rose de la boussole est soutenue en équilibre.

PIVOT, *Serrurerie* : c'est un morceau de fer, ou de bronze, qui étant arrondi à son extrêmité inférieure, par où il entre dans une crapaudine, est attaché au bas du ventail d'une grande porte, pour la faire tourner verticalement. C'est la meilleure maniere & la plus durable pour suspendre les portes d'un grand poids, comme celles des écluses, &c.

PLACAGE, *Fortification* : c'est une maniere de revêtir le rempart de certains ouvrages de fortification, qui se fait avec de la terre noire de jardin, & des gazons coupés proprement & appliqués dessus.

PLACAGE, *Menuiserie* : c'est un travail qui consiste à appliquer des morceaux de bois sur les panneaux ou montans pour y pousser des moulures, ou pour y tailler des ornemens qui n'ont pu être élegis dans la même piece, faute d'épaisseur de bois suffisante.

PLACARD, *menuiserie* : c'est une décoration de porte d'appartement, soit en bois, en pierre, ou en marbre, composée d'un chambranle couronné de sa frise ou gorge & de sa corniche, portée quelquefois sur des consoles. On donne encore le nom de *placard* au revêtement d'une porte de menuiserie garnie de ses venteaux. *D'Aviler.*

PLACE ou EMPLACEMENT : c'est un espace de figure réguliere ou irréguliere, destiné pour bâtir, & sur lequel un architecte se regle pour déterminer ses projets.

PLACE PUBLIQUE, *Architecture* : c'est une grande *place* découverte, entourée de bâtimens, soit pour la magnificence d'une ville, telle que les places de Louis le Grand, des Victoires, la place Royale, la place de Louis XV, en face du palais & du jardin des Thuileries à Paris, &c. soit pour l'utilité publique & pour servir de marché.

PLACE FORTE, ou PLACE DE GUERRE, *Art militaire* : c'est le nom qu'on donne en général aux forteresses de toute espece qui sont en état de se défendre. En ce cas, on peut dire qu'une *place forte* est un lieu tellement disposé que les parties qui l'entourent se flanquent & se défendent mutuellement ; elle doit être outre cela pourvue des troupes & des munitions d'artillerie nécessaires pour soutenir un siege.

PLACE RÉGULIERE, *Fortification* : c'est un lieu fermé & entouré de murailles & de bastions, dont les angles, les côtés, les courtines, les bastions, & les autres parties sont égales. Une *place réguliere* prend ordinairement son nom du nombre de ses angles & de ses côtés, ce qui la fait appeller un *pentagone*, un *hexagone*, &c.

Place Irréguliere. On donne ce nom aux *places* dont les angles & les côtés sont inégaux.

Place en premiere Ligne, *Art militaire* : c'est ainsi qu'on appelle les *places* qui couvrent les provinces frontieres d'un état ou d'un royaume, & qui se trouvent par conséquent les plus exposées aux entreprises de l'ennemi. Celles qui forment une espece de seconde enceinte derriere la premiere, sont réputées *places en seconde ligne* : celles qui suivent, sont appellées *en troisieme ligne*, &c.

Place Basse, ou Casemate, *Fortification.* On a donné ce nom à des especes de flancs bas que les anciens Ingénieurs construisoient parallelement au flanc couvert d'un bastion, au pied de son revêtement. Ces *places basses* étoient couvertes par l'orillon, ou par la partie de l'épaule du bastion qui formoit le flanc couvert. On y plaçoit quelques pieces de canon qui étoient d'une grande utilité pour empêcher, ou du moins pour retarder le passage du fossé.

Place Haute : c'est la plus élevée des plate-formes d'une casemate, laquelle doit se trouver de niveau avec le terre-plein du bastion : on y met du canon pour battre la campagne. Pour un plus grand éclaircissement sur ces deux articles, voyez ci-devant au mot Casemate, & les *élémens de fortification*, par M. *le Blond*, derniere édition, *in-octavo*, 1764.

Place d'Armes *d'un Camp*, *Art militaire* : c'est un grand espace de terrein qu'on laisse vuide à la tête d'un camp, pour pouvoir y ranger l'armée en bataille.

Place d'Armes *d'une ville de guerre*, *Fortification* : c'est un espace vuide de maisons, situé ordinairement au milieu de la ville, où les soldats s'assemblent pour monter la garde, pour faire l'exercice, & pour les autres fonctions militaires. La grandeur de la *place d'armes* doit se régler sur celle de la ville & sur la force de la garnison. Au reste, quand on peut disposer du terrein, plus une *place d'armes* est vaste & spacieuse, plus aussi elle est agréable & commode. A l'égard de sa forme, elle doit être quarrée, à moins qu'elle ne soit assujettie à la figure du poligone de la ville.

Places d'Armes *du chemin couvert*, *Fortification.* Comme le chemin couvert d'une place fortifiée est plus large à ses angles rentrans que par-tout ailleurs, on y pratique des espaces nommés *places d'armes rentrantes*, qui servent à en flanquer les branches & à contenir les troupes qui doivent le défendre. Il y a aussi des *places d'armes* aux angles saillans du chemin couvert : celles-ci s'appellent *places d'armes saillantes*. Elles sont formées par l'arrondissement de la contrescarpe, au lieu que les *rentrantes* sont prises aux dépens du glacis.

PLACE D'ARMES *dans le fossé sec*, *Fortification* : c'est une espece de parapet pratiqué dans le fossé de la place, à l'extrêmité des faces des demi lunes, pour en augmenter la défense. Ce parapet est élevé de 3 pieds sur le fond du fossé, lequel est creusé de 3 pieds à cet endroit. Il se perd en glacis dans le fossé, comme le parapet des caponnieres, & il est pareillement accompagné d'une banquette & d'un rang de palissades. Ces *places d'armes* sont aussi appellées *traverses*, parce qu'en effet elles traversent toute la largeur du fossé, à l'exception d'un petit espace qu'on laisse proche de la contrescarpe, lequel se ferme au moyen d'une barriere tournante. Voyez les *élémens de fortification*, par M. *le Blond*, *in-octavo*, 1764, pour la construction des différentes sortes de places d'armes dont on fait usage dans les fortifications.

PLACE D'ARMES, ou PARALLELES, *Guerre des sieges.* Dans les travaux d'un siege, on donne ce nom à une espece de tranchée qui embrasse tout le front de l'attaque, auquel elle est parallele. Cette ligne a été mise en usage pour la premiere fois par M. *de Vauban*; elle sert à contenir un corps de troupes que l'on y met en réserve, pour protéger les travailleurs & les défendre contre les entreprises de la garnison. Voyez ci-devant au mot PARALLELES.

PLAFOND, *Architecture* : c'est le dessous d'un plancher droit ou ceintré, qu'on lambrisse de lattes & de plâtre, & qu'on enrichit d'une corniche au pourtour, & quelquefois de peintures, ou d'ornemens en bas-relief, dans ses angles & dans son milieu.

PLAFOND DE CORNICHE : c'est, dans un Ordre d'architecture, le dessous du larmier d'une corniche, qui est ou simple ou enrichi de caisses, de roses ou rosons, & d'autres ornemens. On l'appelle aussi *soffite*. Voyez à ce mot.

PLAFOND, *Hydraulique* : c'est le nom que l'on donne au fond d'un bassin, d'un réservoir, ou de toute autre piece d'eau : quoique, à proprement parler, il seroit mieux de l'appeller sa *plate-forme*, ou son aire.

PLAGE. *Marine* : c'est une mer basse vers un rivage étendu en ligne droite, sans qu'il y ait ni rade ni port, ni aucun cap apparent où les vaisseaux puissent se mettre à l'abri. *Plage* a aussi quelquefois la même signification que *rhumb de vent*, voyez à cet article.

PLAIN-PIED, *Architecture* : c'est, dans un appartement, une suite de plusieurs pieces sur une ligne de niveau parfait, ou de niveau de pente douce, sans aucun pas ni ressaut. On doit écrire *plain-pied* & non *plein-pied*, ce terme dérivant du mot latin *planus*, plat, & non pas de *plenus*, plein.

PLAN, *Architecture* : c'est la représentation de la position des corps solides qui forment les parties d'un bâtiment, pour en connoître la distribution. On appelle *plan géometral*, ou *ichnographie*, celui qui représente les espaces vuides & les pleins dans leur proportion naturelle, c'est à dire, la plate forme ou le bas d'un édifice : *plan relevé*, celui où l'élévation est ajoutée sur le géométral pour mieux exprimer ce qu'on veut représenter, sans s'assujettir aux mesures de hauteur ; tel est le *plan relevé* de la ville de Paris, gravé en grand sur le dessein de M. *Bretez*, auteur d'un *traité de perspective pratique*, *in-folio*, qui se vend chez *Jombert*. *Plan perspectif*, est un plan tracé par dégradation suivant les regles de la perspective. *D'Aviler.*

PLAN, *Dessein* : c'est la représentation sur le papier d'un ouvrage de fortification, ou d'un bâtiment, que l'on suppose coupé horisontalement au niveau du terrein, ou de la campagne. Ou, si l'on veut, ce sont les vestiges de cet ouvrage, ou de cet édifice, dont on auroit ruiné toute la partie supérieure jusqu'à deux ou trois pieds au-dessus du rez-de-chaussée.

PLAN, *Fortification* : c'est le dessein du trait fondamental d'un ouvrage de fortification suivant la longueur de ses lignes, les angles qu'elles forment, les distances qu'elles laissent entre elles, &c. ce qui détermine la largeur des fossés, & les épaisseurs des remparts & des parapets. Le *plan* ne marque point les hauteurs ni les profondeurs des parties de l'ouvrage, c'est le propre du *profil*, lequel aussi n'en détermine point les longueurs.

PLAN, *Géométrie* : c'est une surface considérée sans épais-

face, qui n'a ni courbure ni profondeur, & à laquelle une ligne droite peut s'appliquer en tout sens, de maniere qu'elle co-incide toujours avec cette surface. Comme la ligne droite est la plus courte distance qu'il y ait d'un point à un autre, le *plan* est aussi la plus courte surface qu'il puisse y avoir entre deux lignes. *Lever un plan*, c'est décrire sur le papier les différens angles & les différentes lignes d'un terrein, dont on a pris les mesures avec un graphometre, ou un autre instrument, & avec une chaîne d'arpenteur.

PLAN, *Marine*. Les constructeurs font ordinairement trois plans différens pour un vaisseau. 1°. Ils le représentent vu de côté & suivant toute sa longueur, c'est le *plan d'élévation*. 2°. Ils le font voir par le bout & dépouillé de ses bordages, pour indiquer le contour des couples principaux, c'est ce qu'ils appellent *plan vertical des gabaris*, & ce que M. *Duhamel* nomme *plan de projection*. 3°. Comme il est avantageux de connoître la courbure horisontale de la carene, on parvient à cette connoissance par le moyen des lignes d'eau qu'on trace sur le *plan horisontal*, sur lequel on marque aussi la courbure des lisses. *Duhamel, architecture navale*.

PLAN, *Stéréotomie* : c'est la projection d'un corps sur une surface horisontale, & quelquefois sur une surface inclinée, ce qui le fait appeller alors *plan suivant la rampe*. Le *plan horisontal*, appellé par M. *Frezier*, *projection horisontale*, est le premier dessein nécessaire pour la coupe des pierres. Lorsqu'on dit qu'une ligne est dans le *plan horisontal* ou dans le *vertical*, c'est comme si l'on disoit qu'elle est de niveau ou d'à plomb : de même un *plan* qui n'est ni de niveau ni d'à plomb, est dit *incliné à l'horison*, & en termes de l'art, *en talud*, *en glacis*, ou *en descente*. *Stéréotomie de Frezier*.

PLAN A VUE D'OISEAU, *Dessein* : c'est un objet représenté sur le papier tel qu'on le verroit si l'on étoit élevé perpendiculairement au-dessus ; on l'appelle aussi *plan relevé* : voyez ci-devant à la fin de l'article PLAN, *Archit*.

PLAN COEFFICIENT, *Algebre* : c'est le produit de deux quantités connues par lesquelles l'inconnue est multipliée.

PLAN DE GRAVITÉ, OU DE GRAVITATION, *Méchanique* : c'est un *plan* que l'on suppose passer par le centre de gravité d'un corps, & dans la direction de sa tendance, c'est-à-dire, perpendiculairement à l'horison.

PLAN DIAGONAL, *Géométrie* : c'est la section d'un corps faite d'un angle à l'autre.

PLAN INCLINÉ, *Méchanique* : c'est une surface inclinée à l'horison, le long de laquelle on fait mouvoir un corps, ou dont on se sert pour élever un poids jusqu'à une certaine hauteur. Les mathématiciens considérent le *plan incliné* comme une machine simple dont telle est la théorie. 1°. Si une puissance soutient un corps sphérique par une direction parallele au *plan incliné*, la puissance est au poids comme la hauteur du *plan* est à sa longueur. 2°. Si le poids est soutenu par une puissance selon une direction parallele à la base du *plan*, la puissance sera au poids comme la hauteur du *plan* est à la longueur de la base. 3°. Quelle que soit la direction de la puissance, elle sera toujours au poids en raison réciproque des perpendiculaires abaissées de l'angle inférieur de la diagonale du parallelogramme des forces sur les directions du poids & de la puissance. Tous les auteurs qui ont écrit sur le *plan incliné* n'ont fait qu'étendre ces trois propositions qui en renferment toute la théorie. Voyez la *nouvelle méchanique de Varignon*, tome II. *Galilée* est le premier qui a examiné de quelle maniere les corps graves montent & descendent le long d'un *plan incliné*. On trouve dans les *mémoires de l'Académie des Sciences* (année 1699) une machine inventée par le Pere *Sebastien* pour mesurer l'accélération d'un corps qui tombe sur un *plan incliné*.

PLANCHER, *Architecture* : c'est une certaine épaisseur formée par les solives, pour séparer les différens étages d'une maison : c'est aussi l'aire portée par cette épaisseur & sur laquelle on marche. Enfin le mot *plancher* se prend encore pour le dessous des solives, dont le bois est apparent & quelquefois lambrissé, ce qui s'appelle autrement *plafond*. Voyez à ce mot.

PLANCHER DE LA POULAINE, *Marine* : c'est un *plancher* que l'on établit entre les montans de poulaine, mais à jour, étant formé seulement de grillages ou de caillebotis, pour qu'il soit moins endommagé par la lame. *Duhamel, architecture navale.*

PLANCHER DE PLATE-FORME, *Archit. hydraul.* C'est, sur un espace de terrein peuplé de pilots, une aire faite de plate-formes ou madriers posés en enchevauchure sur des patins & des racinaux, pour recevoir les premieres assises de pierre de la culée, ou de la pile, d'un pont, d'un môle, d'une digue, &c.

PLANCHETTE, *Géométrie pratique* : c'est un instrument dont on se sert pour mesurer ou pour faire tel angle que l'on veut, pour tirer des lignes paralleles ou perpendiculaires à des lignes données, & pour mesurer toutes sortes de lignes droites sur le terrein. Comme la *planchette* est d'un usage presque universel pour toutes les opérations de la géométrie pratique, sa grande utilité lui a fait donner le nom d'*instrument universel* : voyez à ce mot. Voyez aussi le livre intitulé, *méthode de lever les plans & les cartes*, *in-douze*, attribué à M. *Ozanam*.

PLANCHEYER, *Menuiserie* : c'est couvrir un plancher d'ais joints à rainure & languette, & cloués sur des lambourdes. C'est aussi former un plafond avec des ais minces de sapin ou de volige, cloués contre les solives.

PLANIMÉTRIE : c'est une partie de la géométrie pratique qui enseigne à mesurer les superficies planes : elle est opposée à la *Stéréometrie*, qui est la mesure des solides.

PLANTER UN BATIMENT, *Architecture* : c'est disposer les premieres assises de pierre dure d'un bâtiment sur la maçonnerie des fondemens, dressée de niveau suivant les cottes & mesures marquées sur le plan.

PLANTER DES PIEUX, *Archit. Hydraul.* C'est enfoncer des pieux avec la sonnette ou l'engin, jusqu'au refus du mouton ou de la hie.

PLAQUER LE BOIS, *Menuiserie* : c'est l'appliquer par feuilles minces sur un assemblage d'autre bois inférieur en qualité, comme le pratiquent les ébénistes.

PLAQUER LE GAZON, *Jardinage* : c'est rapporter des pieces de gazon sur un terrein préparé pour les recevoir : c'est le vrai terme dont on doit se servir pour exprimer ce travail, & non pas du mot *poser*.

PLAQUER LE PLATRE, *Maçonnerie* : c'est l'employer avec la main, comme pour gobeter & hourder.

PLAQUIS, *Maçonnerie* : c'est une espece d'incrustation d'un morceau mince de pierre ou de marbre, mal fait & sans liaison, ce qui est un plus grand défaut dans l'appareil qu'un petit clansoir dans un trumeau ou dans un cours d'assises. *D'Aviler.*

PLAT, *Charpenterie.* Poser une piece de bois sur *le plat*, c'est la mettre sur son foible, ce qui est une mal-façon: on doit au contraire la mettre toujours sur son fort, ce qu'on appelle *poser de champ.*

PLAT-BORD, *Marine*: c'est l'extrêmité du bordage qui regne par en haut sur la lisse du vibord autour du pont, & qui termine les alonges de revers; ou bien ce sont plusieurs pieces de bois endentées tout le long des côtes d'un vaisseau, pour empêcher l'eau d'entrer dans ses membres.

PLAT DE LA MAITRESSE VARANGUE, *Marine*: c'est la partie de cette *varangue* qui est le plus en ligne droite.

PLATEAU, *Art militaire*: c'est le haut d'une montagne où l'on trouve une espece de petite plaine, ou un espace de terrein à peu près horisontal, sur lequel on peut placer un corps de troupes & établir de l'artillerie.

PLATE-BANDE, *Architecture*: c'est une moulure quarrée plus large que saillante; telles sont les fasces de l'architrave dans les Ordres d'architecture.

PLATE-BANDE ARRASÉE: c'est celle dont les carreaux sont à têtes égales de hauteur, & ne font pas liaison avec les assises de dessus.

PLATE-BANDE BOMBÉE ET RÉGLÉE: c'est la fermeture ou le linteau d'une porte ou d'une croisée, qui est bombée dans l'embrâsure ou dans le tableau, & qui est droite par son profil.

PLATE-BANDE CIRCULAIRE: c'est la *plate-bande* formée par le dessous de l'architrave d'un temple, ou d'un porche, de figure ronde. Telle est celle de l'entablement Ionique qu'on voit à l'église de Saint André du Mont-Quirinal à Rome, laquelle, malgré sa grande portée, subsiste par l'artifice de son appareil.

PLATE-BANDE DE BAYE: c'est la fermeture quarrée servant de linteau à une porte ou à une fenêtre, & qui est faite d'une piece, ou de plusieurs claveaux dont le nombre doit être impair, afin qu'il s'en trouve un au milieu pour servir de clef. Ces *plate-bandes* sont ordinairement traversées par des barres de fer, quand elles ont une grande portée, mais il vaut mieux les soulager par des arcs de décharge bâtis au-dessus.

PLATE-BANDE DE COMPARTIMENT: c'est une face entre deux moulures qui bordent des panneaux en maniere de cadres, dans les compartimens des lambris & des plafonds. Les guillochis sont formés par des *plate-bandes* simples qui marchent quarrément & à égale distance. Voyez l'article GUILLOCHIS.

PLATE-BANDE DE FER : c'est une barre de fer encastrée sous les claveaux d'une *plate-bande* de pierre, pour en soulager la portée.

PLATE-BANDE DE PARQUET : c'est un assemblage long & étroit avec compartiment en lozange, qui sert de bordure au parquet d'une piece, dans un appartement.

PLATE-BANDE DE PAVÉ : c'est le nom qu'on donne en général à toute dale de pierre, ou tranche de marbre, qui, dans les compartimens d'un pavé, renferme quelque figure. On donne aussi ce nom aux compartimens en longueur qui répondent sous les arcs doubleaux des voûtes. Toutes ces définitions de la *plate-bande* sont tirées du *dictionnaire d'architecture*, par *d'Aviler*.

PLATE-BANDE, *Artillerie* : c'est, dans le canon, un ornement en forme de ceinture un peu épaisse, accompagnée d'une moulure, qui tourne autour de la piece, pour cacher la diminution d'épaisseur de métal qui s'y fait à différens endroits. Il y a ordinairement sur une piece de canon trois *plate-bandes* : celle de la culasse, celle du premier, & celle du second renfort. Voyez l'*artillerie raisonnée*, par M. *le Blond*, *in-octavo*. On nomme aussi *plate-bandes*, ou *sus-bandes*, les bandes de fer qui servent à retenir les tourillons d'un canon dans les entailles des flasques de l'affut. Voyez ci-après au mot SUS-BANDES.

PLATE-BANDE, *Coupe des pierres* : c'est une voûte droite & plane, soit de niveau ou rampante, qui sert de linteau & de fermeture par en haut à une porte, à une fenêtre, ou à toute autre ouverture, comme l'architrave en sert sur les entrecolonnemens. Les pierres qui composent cette *plate-bande* se nomment *claveaux*, au lieu que ceux des autres voûtes s'appellent *voussoirs*. On donne le nom de *portée* à la longueur de la *plate-bande* entre ses piédroits. C'est le genre de voûte qui a le plus de poussée, c'est-à-dire, qui fait le plus d'effort pour renverser ses piédroits, parce que les pierres y sont dans la situation la plus forcée. *Stéréotomie de Frézier.*

PLATE-BANDE, *Jardinage* : c'est une espece de planche, ou une grande longueur de terre labourée, pour y distribuer des fleurs, des ifs, & des arbrisseaux odorans.

Les *plate-bandes* sont ordinairement bordées d'un trait de buis nain, & elles enclavent les parterres. Leur proportion est de quatre pieds de largeur pour les petites, & de 5 à 6 pieds pour les grandes : leur beauté est d'être toujours bombées, ou en dos d'âne, & d'être entretenues propres & nettoyées des mauvaises herbes. *D'Aviler.*

PLATE-BANDE, *Serrurerie* : c'est une barre de fer plat, étiré de longueur & largeur convenable, avec une moulure sur chaque bord, qui se pose sur les barres d'appui des balçons, rampes d'escalier, &c.

PLATÉE, *Architecture* : c'est un massif de fondement qui comprend toute l'étendue d'un bâtiment, comme on en voit aux aqueducs, aux arcs de triomphe, & aux autres édifices antiques. *D'Aviler.*

PLATE-FORME, *Architecture* : c'est une sorte de terrasse dans un jardin, d'où l'on découvre une belle vue. On appelle aussi *plate-forme*, le toît d'une maison sans comble, & couverte en terrasse, soit de pierre, de plomb, ou de ciment, comme on le pratique en Espagne & en Italie, & même en quelques provinces méridionales de la France.

PLATE-FORME DE FONDATION, *Archit. hydraul.* Ce sont des pieces de bois plates, arrêtées sur un pilotis avec des chevilles de fer, pour asseoir la maçonnerie dessus, ou posées sur des racinaux dans le fond d'un réservoir ou d'un bassin, pour y élever un mur de douve.

PLATE-FORME, *Artillerie* : c'est, en général, un lieu préparé avec des madriers recouverts de planches fort épaisses, pour y manœuvrer plus facilement les pieces d'artillerie que l'on veut mettre en batterie, soit sur le rempart d'une place, soit dans les travaux d'un siege.

PLATE-FORME *de batterie de Canons* : c'est un plancher fait avec des madriers & des planches par-dessus, vis-à-vis chaque embrâsure d'une batterie de canons, pour y placer la piece. On tient la *plate-forme* toujours un peu plus relevée sur le derriere de la batterie que vers son épaulement, pour que le canon en tirant trouve plus de difficulté à reculer, & pour pouvoir le remettre plus aisément en batterie après qu'il est chargé.

PLATE-FORME *de batterie de Mortiers.* Sa construction est la même que la précédente, excepté qu'on établit celle-ci parfaitement de niveau, & qu'on l'éloigne d'environ six pieds de l'épaulement de la batterie, pour faciliter au bombardier, en tirant le mortier, la vue des deux piquets plantés sur la partie supérieure de l'épaulement, qui doivent lui servir à diriger la bombe sur l'endroit où elle doit tomber. Voyez pour ces deux *plate-formes*, l'*artillerie raisonnée*, par M. *le Blond*, *in-octavo*, derniere édition, pages 268 & 271.

PLATE-FORMES, *Art militaire.* M. *le Blond*, dans son *traité de l'attaque des places*, propose, au lieu des rédents & des bastions dont on fortifie ordinairement les lignes de circonvallation, de leur substituer de grandes *plate-formes* en demi-cercle, ou en fer à cheval, qui procureroient bien plus de facilité pour défendre à l'ennemi l'approche de ces lignes. *Attaque des places*, par M. *le Blond*, *in-octavo*, page 97.

PLATE-FORMES *de Comble, Charpenterie* : ce sont des pieces de bois larges & plates, assemblées par des entretoises, en sorte qu'elles forment deux cours ou deux rangs qui portent sur l'épaisseur des murs, dont celui de devant reçoit dans ses pas entaillés par embrevement le pied des chevrons d'un comble. Lorsque ces *plate-formes* sont étroites, comme dans les bâtimens médiocres, on les nomme *sablieres*.

PLATE-FORME *de l'Eperon*, *Marine* : c'est la partie du vaisseau comprise depuis l'étrave jusqu'au coltis. Les marins donnent aussi le nom de *plate-forme* à une espece de faux plancher que l'on fait dans un vaisseau de guerre pour les batteries de canons, lorsqu'il a trop de rondeur, ou lorsque son arriere a trop de montant, comme les flutes : alors on forme une élévation plus réguliere sous chaque canon.

PLATRAS, *Artillerie* : ce sont des débris de vieux murs bâtis avec du plâtre, dont on tire le salpêtre par le moyen d'une lessive, après les avoir pilés & passés à la claie. Voyez-en le travail dans l'*artillerie raisonnée*, par M. *le Blond*, *in-octavo*, derniere édition, page 9 & suiv.

PLATRAS, *Maçonnerie* : ce sont des morceaux de plâtre que l'on tire des démolitions, & dont les plus gros servent pour bâtir le haut des murs de pignon, les souches & tuyaux de cheminées, ainsi que leurs jambages, à remplir les vuides des pans de bois & cloisons de charpente, &c.

PLATRE, *Maçonnerie* : c'est une pierre particuliere de

couleur grisâtre, commune aux environs de Paris, que l'on cuit au four comme la chaux, & qui, après avoir été mise en poudre, s'emploie aux ouvrages de maçonnerie, détrempée avec de l'eau, sans mélange d'aucune autre matiere. La propriété du plâtre est de durcir sur le champ aussi-tôt qu'il est gaché avec de l'eau, ce qui oblige de l'employer promptement, car si on le laissoit sécher, il ne pourroit plus s'appliquer ni faire corps avec d'autres matieres. Voyez dans le *dictionnaire d'architecture*, par *d'Aviler* (même article) des détails plus étendus sur l'emploi du plâtre, sur la façon de le cuire & de le préparer, sur la maniere de connoître ses bonnes & ses mauvaises qualités, &c.

PLATRES, *Maçonnerie.* On nomme ainsi généralement tous les legers ouvrages d'un bâtiment, tels que les lambris, corniches, souches & manteaux de cheminée, &c. On fait un prix particulier, & l'on marchande ces legers ouvrages avec un entrepreneur. *D'Aviler.*

PLATRES, *Couverture :* ce sont des ouvrages en *plâtre* qui servent à arrêter les tuiles & à les raccorder avec les murs & les lucarnes, comme les ruillées, solins, arrestiers, crêtes, crossettes, cueillies, dévantures, paremens, filets, &c. *D'Aviler.*

PLEIN, *Maçonnerie.* On dit le *plein* d'un mur, pour en exprimer le massif. Voyez ci-après l'article VUIDE. *D'Aviler.*

PLEIN, *Physique :* c'est l'état des choses lorsque chaque partie de l'espace ou de l'étendue est supposée entiérement remplie de matiere. On dit *le plein*, par opposition au *vuide*, qui est un espace que l'on suppose destitué de toute matiere. Les Cartésiens soutiennent le *plein absolu.*

PLEINE LUNE, *Cosmographie :* c'est cette phase ou cet état de la lune dans lequel elle nous présente toute une moitié éclairée. La terre est alors entre le soleil & elle, & la lune est dans le signe du zodiaque directement opposé à celui qu'occupe le soleil. Les éclipses de lune n'arrivent jamais que lorsqu'elles est pleine.

PLEINE MER, *Physique :* ce terme se dit du flux de la mer quand elle est parvenue à sa plus grande hauteur, ce qui arrive après qu'elle a monté un peu plus de six heures. Ainsi le mot *flux* ou *flot* s'entend du mouvement de la mer lorsqu'elle monte, & *reflux*, *hebes*, ou ou *jussant*, s'entend de son action lorsqu'elle descend en approchant du terme le plus bas, qu'on appelle *basse mer* : ce qui dure pareillement un peu plus de six heures. Voyez aussi l'article FLUX ET REFLUX.

PLI, *Architecture* : c'est l'effet contraire du coude dans la continuité d'un mur.

PLI DE CABLE, *Marine* : c'est la longueur de la roue du cable de la maniere qu'il est roué dans la fosse aux cables. On ne file qu'un *pli de cable* lorsqu'on mouille en un lieu où l'on ne veut demeurer que peu de tems.

PLIER, *Marine* : c'est courber une piece de bois en la chauffant. On dit aussi qu'un vaisseau *plie* le côté, lorsqu'il a le côté foible & qu'il porte mal la voile. *Plier les voiles*, c'est les attacher & les empêcher de s'étendre ; *plier le pavillon*, c'est l'attacher pour l'empêcher de voltiger.

PLIER, *Art militaire* : c'est lâcher pied & se déranger de son ordre de bataille : l'aîle droite a *plié*, c'est-à-dire, qu'elle s'est laissée enfoncer ou renverser.

PLINTHE, *Architecture* : c'est une table quarrée placée sous les moulures de la base d'une colonne, ou d'un piédestal. *Vitruve* donne aussi le nom de *plinthe* à la partie supérieure du chapiteau Toscan, mieux connue sous le nom d'*abaque*. Ce même auteur ne forme la base du même Ordre que d'un plinthe arrondi avec un tore au dessus. *De Chambray*, *Felibien*, *d'Aviler*, *Gastelier*, &c. font le mot *plinthe* masculin, pris en ce sens ; cependant l'éditeur qui a fourni les articles d'*architecture* pour les dix derniers volumes de l'*encyclopédie*, & qui les a copiés mot pour mot du *dictionnaire de d'Aviler*, a jugé à propos de le rendre feminin : c'est le seul changement qu'il ait fait à cet article.

PLINTHE DE MUR, *Maçonnerie* : c'est une moulure plate, qui, dans les murs, marque les planchers des différens étages & qui sert à cacher la retraite causée par la diminution d'épaisseur des murs à chaque étage. En ce sens le mot *plinthe* est feminin : les auteurs cités ci-dessus l'ont décidé ainsi.

PLINTHE, *Menuiserie* : c'est une planche mince, de largeur convenable, que l'on fait régner dans le bas des lambris, soit d'appui ou autres, tout au pourtour des pieces, pour cacher & racheter l'inégalité des planchers : ici le mot *plinthe* est encore feminin.

PLOQ, *Marine* : c'eſt une ſorte de courée faite avec du poil de vache, qu'on met entre le doublage & le franc-bord d'un navire. *Ploquer* un navire, c'eſt lui donner la courée.

PLOMB, *Artillerie*. Les mineurs donnent ce nom à un petit morceau de plomb pendu à une ficelle, avec ſon *chas*, dont ils ſe ſervent pour prendre les hauteurs dans les galeries & les rameaux de mines.

PLOMB, *Charpenterie*. Le *plomb* des charpentiers eſt une plaque de fer plate, ou une eſpece de roſe, percée à jour pour donner paſſage à la vue, afin de pouvoir mieux adreſſer à l'endroit où il faut piquer le bois, c'eſt-à-dire, le marquer.

PLOMB, *Couverture*. Dans les édifices couverts d'ardoiſe, on fait uſage de tables de plomb qui prennent des noms différens ſelon les endroits où elles ſont placées. *Plomb d'areſtier*, c'eſt un bout de table de plomb placé au bas de l'areſtier d'un comble couvert d'ardoiſe. *Plomb d'enfaîtement*, c'eſt le plomb qui en couvre le faîte : il doit avoir une ligne, ou une ligne & demie d'épaiſſeur, ſur 18 à 20 pouces de large. On appelle *plomb de revêtement*, celui dont on recouvre la charpente des lucarnes demoiſelles : on ne lui donne qu'une ligne d'épaiſſeur, afin de lui faire mieux ſuivre le contour des moulures. *D'Aviler*.

PLOMB, *Géométrie*. *Ligne à plomb*, c'eſt la même choſe que ligne verticale, ou perpendiculaire à l'horiſon.

PLOMB, *Maçonnerie* : c'eſt un petit poids de cuivre ou d'autre métal attaché au bout d'une ligne ou cordeau paſſé dans une petite plaque de cuivre quarrée, appellée *chas*, dont les maçons & autres ouvriers ſe ſervent pour élever perpendiculairement un mur ou un pan de bois.

PLOMB, *Marine* : ce mot eſt pris ſouvent pour la ſonde, parce qu'elle eſt formée d'un morceau de plomb qui a la figure d'un cône, attaché à une corde nommée *ligne*, avec lequel on ſonde à la mer pour ſçavoir combien il y a de braſſes d'eau dans l'endroit où l'on ſe trouve, & pour connoître la qualité du fond.

PLOMB EN TABLE, *Plomberie* : c'eſt du plomb fondu & coulé de plat ſur une longue table couverte de ſable bien fin & bien uni. Sa largeur ordinaire eſt depuis 15 pouces juſqu'à 6 pieds; ſon épaiſſeur eſt plus ou moins forte ſuivant les ouvrages auxquels on le deſtine.

PLONGÉE DU PARAPET, *Fortification* : c'est la pente ou le talud qu'on donne à la partie supérieure du parapet d'un ouvrage de fortification, vers la campagne, pour pouvoir tirer sur l'ennemi, en cas d'attaque. Cette pente doit être telle que le soldat découvre le plus qu'il est possible du chemin couvert qui est vis-à-vis, sans trop s'exposer. On la nomme aussi *talud supérieur* du parapet du rempart.

PLONGER, *Artillerie* : ce mot s'entend des décharges du canon lorsqu'elles se font du haut en bas, comme celles d'un cavalier élevé dans un bastion, sur le chemin couvert qui lui est opposé, ou sur la campagne qu'il commande.

PLUIE DE FEU, *Pyrotechnie* : c'est l'effet d'une composition que l'on met dans de petits cartouches dont on remplit le pot des fusées volantes, & qui, s'allumant en l'air, produisent une grande quantité d'étincelles en forme de pluie.

PLUMÉE, *Coupe des pierres* : c'est une excavation faite dans la pierre au marteau, ou avec le ciseau, suivant une cerche ou une regle, en quelque position qu'elle soit, à plomb, de niveau, ou inclinée. *Stéréotomie de Frézier.*

PLUS, *Algebre* : c'est une expression dont on se sert dans les calculs pour marquer l'addition d'une quantité avec une autre de même espece : son caractere est $+$. Ainsi voulant exprimer l'addition de 6 & de 8, ou de a avec b, on écrit $6+8$, ou $a+b$. Toute quantité qui n'a point de signe est censée avoir le signe $+$. L'opposé de cette expression est moins, qui se marque ainsi $-$.

PNEUMATIQUE, MACHINE PNEUMATIQUE, *Physique*. Voyez ci-devant l'article MACHINE PNEUMATIQUE.

PODOMETRE, ODOMETRE, ou CONTE-PAS, *Longimétrie* : c'est une machine à rouage qu'on attache à une voiture, de maniere que par sa correspondance avec les roues de la voiture, son aiguille fait un pas à chaque tour de roue, au moyen de quoi la route qu'on a fait se trouve mesurée. Voyez aussi ci-devant l'article ODOMETRE.

POELE : c'est un grand fourneau de fer fondu, de terre, ou de fayence, posé sur des pieds, dans lequel on fait du feu pour échauffer une chambre ou quelque autre piece, & qui a un tuyau pour conduire la fumée au-dehors. La grande incommodité de la plupart de nos cheminées, qui, dans certains tems, ou dans des positions désavantageuses, renvoient la fumée dans les appartemens, a fait imaginer à M. le Marquis *de Montalembert*, de l'Académie des Sciences de Paris, une nouvelle espece de *poële*, ou de *cheminée-poële*, qui réunit les avantages des *poëles* avec l'agrément que procure la forme de nos cheminées pour la décoration intérieure des édifices. On peut voir le mémoire lu par cet illustre académicien dans une assemblée publique de l'Académie des Sciences, en novembre 1763, & imprimé au Louvre en 1766, en une brochure *in-quarto*, dans laquelle on trouvera des idées neuves & très-ingénieuses pour œconomiser le bois & pour en tirer la plus grande chaleur possible, sans être exposé aux incommodités de la fumée.

POIDS, *Physique* : c'est l'effort avec lequel un corps tend à descendre en vertu de sa pesanteur ou gravité. Il y a cette différence entre le *poids* d'un corps & sa *gravité*, que celle-ci est la force même ou la cause qui produit le mouvement des corps pesans, & que le *poids* est comme l'effet de cette cause : effet qui est d'autant plus grand que la masse du corps est plus considérable.

Poids, *Méchanique* : c'est, dans une machine, l'une des forces connues qui produisent le mouvement. Dans toutes les machines, il y a une proportion nécessaire entre le *poids* & la puissance motrice. Si l'on veut augmenter le *poids*, il faut aussi augmenter la puissance, c'est-à-dire, que les roues & les autres agens doivent être multipliés : ou, ce qui revient au même, que le tems doit être augmenté, ou la vîtesse diminuée.

Poids des pieces d'Artillerie. Par l'ordonnance de 1732, tous les fondeurs sont obligés de se conformer pour le *poids des pieces* à une certaine quantité de métal déterminée, & ce *poids* doit être marqué sur l'un des tourillons de la piece. Par exemple, une piece de 24 livres de balle doit peser 5400 livres : celle de 16, 4200 : celle de 12, 3200 : celle de 8, 2100 : & enfin une piece de 4 livres de balle, doit peser 1150 livres.

POINÇON, ou Aiguille, *Charpenterie* : c'est une piece de bois posée debout où sont assemblés le faîte & le sous-faîte de la ferme d'un comble. C'est aussi, dans les églises qui ne sont pas voûtées en pierre, une piece de bois à plomb, ayant pour hauteur la montée du ceintre, & qui, étant retenue avec des étriers & des boulons de fer, sert à lier l'entrait & à le soulager, quand il a une trop grande portée. Dans la construction des ponts de charpente, on se sert aussi de *poinçons*, que l'on nomme *poteaux montans* ou *supports*. Enfin on donne encore le nom de *poinçon* à l'arbre d'une machine, comme d'une grue, d'un gruau, &c. sur lequel elle tourne verticalement. *Felibien. D'Aviler.*

POINT, *Physique* : c'est le plus petit objet sensible à la vue, qui se marque avec la pointe d'un compas, avec une plume; ou avec une éguille sur le papier; & avec un piquet ou un jalon sur le terrein, où l'on prend quelquefois pour *point* un arbre, un moulin, une tour, &c.

POINT, *Géométrie* : c'est, selon *Euclide*, une quantité qui n'a point de parties. Le *point mathématique* est le terme d'une quantité : il n'a ni longueur, ni largeur, ni profondeur, & est par conséquent indivisible.

POINT D'INFLEXION, *Géomét. transcend.* C'est celui où une courbe se plie ou se fléchit dans un sens contraire à celui où elle étoit auparavant : lorsqu'ayant été, par exemple, concave vers son axe, elle devient convexe.

POINT DE REBROUSSEMENT. Lorsqu'une courbe revient vers le côté d'où elle est partie, le point où elle commence ce retour vers son axe, est appellé *point de rebroussement*.

POINT SIMPLE *d'une courbe* : c'est un point où l'ordonnée, quelque direction qu'on lui donne, n'aura jamais qu'une seule valeur, à moins qu'elle ne soit tangente, auquel cas elle aura deux valeurs seulement.

POINT SINGULIER : c'est un point où l'ordonnée, étant supposée tangente, peut avoir plus de deux valeurs; tels sont les points d'inflexion, de serpentement, de rebroussement, &c.

POINT DOUBLE, TRIPLE, &c. ou en général POINT MULTIPLE : c'est un point commun où deux, trois, ou plusieurs branches d'une courbe se coupent.

POINTS PERDUS, *Géométrie pratique* : ce sont trois points qui, n'étant pas donnés sur une même ligne, peuvent être compris dans une portion de cercle dont le centre se trouve par une opération géométrique : ce qui sert dans la coupe des pierres pour les cerches rallongées. *D'Aviler.*

POINT DE PARTAGE, *Hydraulique* : c'est un bassin où l'eau

s'étant rendue, se distribue par plusieurs conduites en différens endroits : tels que l'on en voit aux châteaux d'eau & aux bassins de distribution. Voyez aussi ci-devant au mot PARTAGE.

POINT DE SUJETTION, *Hydraulique* : c'est le point déterminé d'où part un nivellement en pente douce, & celui où il doit aboutir.

POINT D'APPUI, *Méchanique* : c'est, dans un levier, un point fixe, autour duquel plusieurs puissances se combattent & se détruisent réciproquement : on l'appelle aussi *orgueil*.

POINTS DE L'HORISON, *Navigation* : c'est le nom qu'on donne à certains points formés par les intersections de l'horison avec les cercles verticaux : quoique le nombre de ces points soit infini, dans la pratique, on en distingue trente-deux. Ces 32 *points* se divisent en *cardinaux* & en *collateraux*. Les *points cardinaux*, sont les intersections de l'horison & du méridien, appellés *points de nord & de sud*, & les intersections de l'horison avec le premier vertical, que l'on appelle l'*est* ou l'*ouest* : ils sont éloignés l'un de l'autre d'un quart de cercle, ou de 90 degrés. On nomme *points collateraux* ou *intermédiaires*, ceux qui sont entre les points cardinaux.

POINT DU PILOTE : c'est le point marqué sur la carte de l'endroit où le pilote croit être à la mer.

POINTS DU BAS DE LA VOILE : c'est le coin ou l'angle de la voile. Dans les coins du grand & du petit pacfi, il y a des écoutes, des couets, & des cargue-points.

POINTAGE DE LA CARTE, *Navigation* : c'est la désignation que fait le pilote sur la carte marine, du lieu où il présume qu'est arrivé le navire.

POINTAL, *Charpenterie* : c'est le nom qu'on donne à toute piece de bois qui est mise en œuvre d'à plomb, pour servir d'étaye à une poutre qui menace ruine, ou pour quelque autre usage.

POINTE, *Géographie* : c'est une langue de terre qui s'avance dans la mer. *Pointe du nord, du sud*, &c. c'est la pointe d'une terre qui s'avance dans la mer vers le nord, le sud, &c. La *pointe* d'un mole, d'une digue, &c. est pareillement la partie de ces édifices qui avance le plus dans l'eau.

POINTE DE L'ÉPERON, *Marine* : c'est la derniere piece de

bois & la plus saillante sur le devant du vaisseau, sur laquelle est ordinairement appuyée la figure d'un lion ou de quelque monstre marin.

POINTE DU COMPAS DE MER : c'est une des divisions de la rose des vents de la boussole. Il y a 32 de ces *pointes* qui marquent les 32 vents. Un rhumb de vent vaut quatre *pointes* : un demi-rhumb en vaut deux ; & un quart de rhumb, une, dans la supposition de huit rhumbs de vents principaux.

POINTE DE PAVÉ : c'est la jonction, en maniere de fourche, des deux ruisseaux d'une chaussée en un seul, entre deux revers de pavé.

POINTER, *Artillerie*. On *pointe* le canon en le dirigeant vers l'endroit où l'on veut que le boulet aille frapper. Cette manœuvre se fait en élévant sa culasse au moyen d'un *coin de mire* que l'on place par-dessous, & en achevallant sur sa volée un *fronteau de mire*, qui sert à donner sur la partie supérieure du canon deux points paralleles à la ligne qui passe par l'axe ou le milieu de l'ame de la piece. On *pointe* le mortier par le moyen d'un quart de cercle divisé par degrés, appellé *instrument universel*, dont on peut voir la figure & les usages dans l'*artillerie raisonnée*, par M. *le Blond*, in-*octavo*, 1761.

POINTER, *Coupe des pieres*. *Pointer* une piece de trait, c'est, sur un dessein de coupe de pierre, rapporter avec le compas le plan, ou le profil, au développement des panneaux. C'est aussi faire la même opération en grand, avec la fausse équerre, sur des cartons séparés, pour en marquer le trait sur la pierre. *D'Aviler.*

POINTER LA CARTE, *Marine* : c'est se servir du compas pour trouver sur la carte en quel parage le vaisseau peut être, ou l'air de vent qu'il faut faire pour arriver au lieu où l'on veut aller.

POINTEUR, *Artillerie* : c'est l'officier chargé de *pointer* une piece de canon pour la mettre en mire avant que de la tirer ; c'est le premier grade par où l'on commence dans le corps de l'artillerie.

POINTURE, *Marine* : c'est un raccourcissement de la voile dont on ramasse & on trousse le point pour l'attacher à la vergue & bourser la voile, afin de ne prendre que peu de vent : ce qui se pratique dans un gros tems à l'artimon & à la misaine.

POITRAIL, ou SABLIERE, *Charpenterie* : c'est une forte piece de bois, de la grosseur d'une poutre, destinée à porter, sur des piédroits ou jambes étrieres, un mur de face ou un pan de bois. On la pose un peu en talud par dehors, pour empêcher le déversement du pan de bois. On dit au pluriel, *poitrails*.

POLYEDRE, *Géométrie* : c'est un solide formé par la circonvolution d'un polygone autour de son diametre. Si les faces du *polyedre* sont des polygones réguliers, tous semblables & égaux, le *polyedre* forme alors un corps régulier qui peut être inscrit dans une sphère ; sinon, c'est un *polyèdre* irrégulier. Il n'y a que cinq corps ou *polyedres* réguliers ; sçavoir, le tetraèdre, l'hexaèdre ou le cube, l'octaèdre, le dodécaèdre, & l'icosaèdre.

POLYGONE, *Algebre*. On appelle *nombre polygone*, la somme d'une rangée de nombres en proportion arithmétique, qui commencent depuis l'unité. On les appelle ainsi, parce que les unités dont ils sont composés peuvent être disposées de maniere à former une figure de plusieurs côtés & de plusieurs angles égaux.

POLYGONE, *Fortification* : c'est une des principales lignes de la fortification : elle se divise en *polygone intérieur* & *polygone extérieur*. Le *polygone intérieur* est une ligne tirée du centre d'un bastion à celui du bastion voisin. Le *polygone extérieur* est une ligne tirée de l'angle flanqué d'un bastion à l'angle flanqué du bastion voisin. *Front de polygone* se dit d'un front d'ouvrage composé d'une courtine & de deux demi-bastions. *Elémens de fortification*, par *M. le Blond*, *in-octavo*, page 252.

POLYGONE, *Géométrie*. On appelle ainsi, en général, une figure qui a plusieurs angles & plusieurs côtés. Lorsque ses angles & ses côtés sont égaux, c'est un *polygone régulier* : s'ils sont inégaux, il est *irrégulier*. Les *polygones* se distinguent en pentagones, hexagones, heptagones, octogones, &c. On appelle *ligne des polygones*, une ligne tracée sur le compas de proportion, qui contient les côtés des neuf premiers *polygones* réguliers inscrits au même cercle, c'est-à-dire, depuis le triangle équilatéral jusqu'au dodécagone. Voyez l'*usage du compas de proportion*, par M. *Ozanam*.

POLYNOME, ou MULTINOME, *Algebre* : c'est une quantité composée de plusieurs autres, moyennant le signe + ou le signe — : les quantités $a + b$ ou $a - b$ sont des *polynomes*. On les distingue en *rationels* & *irrationels*. Un *polynome* est appellé *rationel* lorsqu'il n'a devant lui aucun signe radical qui s'étende sur la quantité entiere, comme $+ \sqrt{a} \, l - c$, ou en nombres, $2 + \sqrt{6} - 3$. Il est *irrationel* lorsqu'il a devant lui un signe radical qui s'étend sur toute la quantité. Tels sont les *polynomes* suivans : $\sqrt{a^2 + b^2}$, $\sqrt{a^3 - b^3}$, $\sqrt{5} + \sqrt{7}$. On distingue encore les *polynomes* en *commensurables* & en *incommensurables*. Voyez ci-devant à ces deux mots.

POMPE, *Hydraulique* : c'est une machine dont on se sert pour élever l'eau, composée d'un tuyau principal appellé *corps de pompe*, d'un tuyau montant, d'un piston, qui, par son mouvement dans le corps de *pompe*, fait monter l'eau, & de deux soupapes ou clapets, par où l'eau entre. *Vitruve* en attribue l'invention à un nommé *Ctesebes* ou *Ctesibius*, Athénien, à qui on doit plusieurs machines hydrauliques; mais depuis son origine, cette machine s'est beaucoup perfectionnée. M. *Belidor* en distingue quatre especes différentes; sçavoir, l'aspirante, la soulevante, la refoulante, & celle qui est mixte; on en verra ci-après la définition : nous observerons seulement que les différentes manieres d'élever l'eau par le moyen des *pompes* se réduisent à trois cas. 1°. Lorsqu'il s'agit de la tirer d'un lieu profond pour l'élever jusqu'au rez-de-chaussée, ce qui se fait par le moyen des *pompes aspirantes* répétées autant de fois qu'il est nécessaire. 2°. Lorsqu'on veut élever l'eau d'une source ou d'une riviere à une certaine hauteur, alors on se sert de *pompes refoulantes* qui contraignent l'eau de remonter dans des tuyaux posés verticalement ou le long d'un plan incliné. 3°. Lorsque l'eau se trouvant fort inférieure au rez-de-chaussée, on veut l'élever beaucoup au-dessus : comme ce cas renferme les deux autres, il faut alors se servir des *pompes aspirantes & des refoulantes*. Au reste, nous renvoyons pour la théorie des *pompes* & pour leur construction, au second volume de la premiere partie de l'*architecture hydraudraulique*, par M. *Belidor*, dans lequel on trouvera un examen détaillé & une description très-ample de toutes les especes de *pompes* qui ont été imaginées jusqu'ici, entre autres les développemens d'une *pompe* de nouvelle invention, avec un piston sans frottement, dont le méchanisme est si simple que *pour moins de dix pistoles* on pourra faire construire une pareille machine qui élévera l'eau jusqu'à 50 pieds de hauteur. *Architecture hydraulique*, premiere partie, tome II, page 120.

POMPE ASPIRANTE : c'est une *pompe* qui, par le mouvement d'un piston creux garni d'une soupape ou clapet, attire l'eau au-dessus de la soupape du corps de *pompe*, jusqu'à la hauteur d'environ 30 pieds. Ce piston en s'abaissant éleve en même tems l'eau qu'il avoit fait passer au-dessus de la soupape. *Galilée* est le premier qui se soit apperçu que les pompes aspirantes ne peuvent pas faire monter l'eau au-dessus de 31 ou 32 pieds.

POMPE SOULEVANTE ou EXPULSIVE. On peut appeller ainsi une *pompe*, qui, ayant son corps de *pompe* renversé, & dont l'action de son piston creux garni d'une soupape se faisant dans l'eau, par le moyen d'un étrier ou chassis de fer, souleve l'eau & la pousse au-dessus de la soupape du corps de *pompe*, dans le tuyau de conduite ou d'élévation.

POMPE REFOULANTE : c'est une *pompe* qui, à la différence des autres, a son tuyau montant à côté du corps de *pompe*, & dont le corps de *pompe* même & le piston sont assez semblables à une seringue ordinaire, en ce que ce piston n'étant pas creux & n'ayant pas de soupape comme les autres, l'eau ne passe pas au travers, mais il l'attire seulement en s'élevant au-dessus de la soupape du corps de *pompe*, & la pousse, en s'abaissant, au-dessus de l'autre soupape qui est au bas du tuyau montant.

POMPE MIXTE : c'est celle qui est composée en partie de la *pompe aspirante* & en partie de la *refoulante*. Voyez, dans le second volume de l'*architecture hydraulique*, différens exemples de toutes ces especes de *pompes*.

POMPE A FEU : c'est une machine de nouvelle invention qui éleve de l'eau par l'action combinée du feu & de la fumée : la premiere de ces machines a été construite en Angleterre. On en voit aussi une pareille au village de Fresnes, proche Condé, en Hainault, qui sert à épuiser l'eau des mines de charbon. M. *Belidor* en a donné la description & les développemens dans le second volume de son *architecture hydraulique*, page 311 & suivantes. Voyez aussi ce que nous avons dit ci-devant sur l'origine & les inventeurs de cette ingénieuse machine, article MACHINE A FEU.

POMPE, *Marine* : c'eſt une machine fort ſimple dont on ſe ſert ſur les vaiſſeaux pour faire monter & pour rejetter au dehors les eaux qui entrent dans le fond de cale. Elle eſt compoſée de deux tuyaux de bois, l'un grand & l'autre moindre, & d'un piſton qui, par ſon mouvement, fait monter l'eau dans ce dernier tuyau. Dans les vaiſſeaux de moyenne grandeur, il y a ordinairement deux *pompes*, l'une à ſtri-bord, l'autre à bas-bord. Dans les plus grands, il y en a quatre. On les place entre le grand mât & le mât d'artimon. On les goudronne, on les entoure de prélards, & on les ſur-lie avec des cordes, pour les empêcher de trop ſe ſécher & de ſe fendre.

PONCEAU, *Architecture* : c'eſt un petit pont d'une arche qui ſert pour faire paſſer un chemin par-deſſus un ruiſſeau.

PONT, *Architecture* : c'eſt un bâtiment de pierre ou de bois, & quelquefois compoſé de l'un & de l'autre tout enſemble, conſtruit d'une ou de pluſieurs arcades ou travées, qui forment un chemin élevé en l'air, ſur lequel on peut traverſer une riviere, un ruiſſeau, &c. Suivant cette définition, il y a trois ſortes de *ponts*, ceux de maçonnerie, ceux de charpente, & ceux qui ſont compoſés de maçonnerie & de charpente. Il y a encore des ponts de bateaux, des ponts volans, des ponts tournans, &c. dont on parlera dans les articles ſuivans. L'auteur de l'article PONT, dans l'*encyclopédie*, ſans doute dans la vue d'enrichir ce vaſte dictionnaire de choſes utiles, quoique déplacées, y a inſéré, à propos de *ponts*, une eſpece de *traité de charpenterie*, où il entre dans un grand détail ſur la coupe des bois, ſur leurs différentes eſpeces & qualités, ſur leur équarriſſage & leurs différens aſſemblages, ſur la conſtruction des pans de bois, cloiſons, planchers, combles, lucarnes, &c. ſur celles des bateaux, moulins, & autres machines, telles que celle de la pompe du pont Notre-Dame, & celle pour remonter les bateaux, &c. La petiteſſe de ce volume ne nous permettant point de pareils écarts, nous nous contenterons de définir les différentes ſortes de *ponts* dont la connoiſſance eſt néceſſaire à un Ingénieur; renvoyant, pour la conſtruction des *ponts de maçonnerie*, au quatrieme volume de l'*architecture hydraulique*, par M. *Belidor*, liv. IV, ch. II. Nous indiquerons auſſi *le traité des ponts*, par M. *Gautier*, comme l'ouvrage le plus ample & le plus inſtructif que nous connoiſſions sur cette matiere, soit pour les *ponts* de charpente, soit pour ceux de maçonnerie, &c.

Pont de Maçonnerie : c'est un *pont* bâti avec des pierres de taille, qui a deux culées à ses extrêmités, avec des ouvertures pour laisser passer l'eau & les bateaux qui navigent sur une riviere. Ces ouvertures sont formées par des arches ou arcades soutenues par des piles ou massifs de maçonnerie fondés dans l'eau. Au-dessus de ces arcades est un massif de pierre terminé par un chemin pavé que l'on borde d'un parapet de chaque côté; on pratique souvent le long de ces parapets une banquette ou trottoir pour la commodité des gens de pied, laissant le milieu du *pont* libre pour les voitures. Tels sont le *pont neuf*, le *pont royal*, & les autres *ponts* de Paris.

Pont de Charpente : c'est un *pont* construit entiérement de bois jusqu'aux piles, qui prennent ici le nom de *palées*. Ces palées sont formées, ainsi que les deux culées du *pont*, de deux ou trois rangs de files de pieux, couronnés & coëffés d'un sommier ou travon pour supporter les différentes travées composées de poutrelles. Ces travées, dans un *pont de charpente*, font un effet semblable aux arches d'un pont de pierre. On soutient & l'on arrête ces poutrelles sur des plate-formes qui portent sur les travons, par le moyen des contrefiches ou bras appuyés sur les moises des palées & sur les pieux, & l'on fixe ces moises avec des chantignoles & des boulons de fer.

Pont de Charpente et de Maçonnerie : c'est un *pont* qui a des piles de maçonnerie sur lesquelles on pose des travées de poutrelles, comme à un *pont* de charpente. Elles sont portées par des plate-formes posées sur les piles, où sont les renforts & les sou-poutres qui doivent supporter les travées des poutrelles.

Pont a Bascule : c'est un *pont* qui se leve d'un côté & se baisse de l'autre, étant porté sur un essieu qui passe par le milieu de sa longueur, & qui est appuyé par les deux bouts sur deux tourillons.

Pont a Coulisse : c'est une espece particuliere de *pont-levis*, qui, au lieu de s'enlever, se pousse ou se glisse sur des roulettes, pour traverser une petite riviere ou un fossé.

Pont a Fleche : c'est un petit *pont* qui n'a qu'une fleche avec une anse de fer qui porte deux chaînes, pour l'enlever au-devant d'un guichet.

Pont a Quatre Branches : c'est un *pont* très-ingénieux

& d'une nouvelle invention, dont M. *Belidor* donne la construction & les développemens dans le quatrieme volume de son *architecture hydraulique*, liv. IV, ch. X, section II; l'invention en est due a M. *Barbier*, Ingénieur des ponts & chaussées, & il a été exécuté en 1750 à la jonction des canaux de Calais & d'Ardres, sur la nouvelle route de Calais à Saint-Omer. Ce *pont* est formé par quatre culées ou branches assujetties au plan d'un cercle, sur lequel s'éleve une voûte qui est pénétrée par quatre lunettes, pour le passage des bateaux. Il réunit en un seul point la navigation de quatre canaux, le passage d'une grande route, & la communication des quatre principales parties de ce pays.

PONT AQUEDUC : c'est un *pont* qui porte un canal; tel est le *pont* du Gard, en Languedoc.

PONT DE BATEAUX : c'est un *pont* formé par une certaine quantité de bateaux arrêtés de distance en distance dans toute la largeur d'une riviere, sur lesquels on établit un plancher, tant pour le passage des charrois & autres voitures, que pour les gens de pied. On construit de ces sortes de *ponts* dans les endroits où il ne seroit pas possible (soit par rapport à la profondeur des rivieres, ou à leur trop grande largeur, soit à cause de la rapidité ou de la variation de leurs eaux) d'en bâtir d'autre espece, sans une très-grande dépense. On voit un très-beau *pont de bateaux* à Mayence, un peu au-dessous du confluent du Meyn dans le Rhin. Il y en a un pareil à Rouen, sur la riviere de Seine, qui s'ouvre par le milieu pour le passage des vaisseaux, & qui est de l'invention du Frere *Nicolas*, Augustin.

PONT DORMANT. On en fait d'une infinité de manieres, de grands & de petits, de pierre ou de bois, à une ou à plusieurs arches, suivant la largeur des rivieres & des ruisseaux, le plus ou moins de rapidité de leurs eaux, & la quantité de charrois qui doivent passer dessus.

PONT LEVIS : c'est un *pont* qui, étant fait en maniere de plancher, se leve ou s'abaisse devant la porte d'une ville, d'un château, &c. par le moyen des fleches, des chaînes, & d'une bascule.

PONT SUSPENDU : c'est une espece particuliere de pont dont on fait usage pour former une communication entre deux pays séparés par des précipices, entre des rochers escarpés, où tout autre pont seroit impraticable. Il y en a (dit-on) de pareils exécutés dans la Chine près la ville de Kingtung. C'est (au rapport de *Fischer*) un composé de plusieurs planchers garnis chacun de longrines & de traversines bien arrêtées ensemble, suspendues sur vingt fortes chaînes de fer attachées aux extrêmités de deux montagnes. *Fischer*, *essai d'arch. historique.*

PONT TOURNANT : c'est un *pont* qui tourne sur un pivot pour laisser passer des bateaux, ou pour interrompre une communication, quand on le juge à propos, comme le *pont tournant* qu'on voit à Paris à l'extrêmité du jardin des Thuileries, du côté de la nouvelle place de *Louis XV*, lequel est, dit-on, l'ouvrage du Frere *Nicolas*, Augustin, dont nous avons parlé ci-dessus à l'occasion du pont de bateaux de Rouen. M. *Belidor* donne la description & la figure d'un pareil pont dans le tome IV de son *architecture hydraulique*, chapitre X, section I.

PONT VOLANT : c'est un *pont* formé par deux bateaux accouplés & liés par un plancher commun, entouré d'une balustrade. Sur un des bords du plancher est un treuil, au cylindre duquel est fixée une grosse corde qui passe par-dessus la traverse d'une double potence, dont les poteaux montans sont placés aux extrêmités de la ligne qui partage le plancher en deux parties égales, dans le sens de la longueur des bateaux. Cette corde est jointe à une chaîne de fer soutenue sur de petits bateaux, au nombre de 5 ou 6, mobiles, à l'exception du premier, (c'est-à-dire, du plus éloigné du *pont volant*) lequel est fixé par une ancre. Le *pont volant* a un gouvernail au moyen duquel le patron se promene à son gré d'une rive à l'autre. On voit plusieurs de ces *ponts volans* sur le Rhin : on passe 300 ou 400 hommes à la fois sur celui de Cologne : il y en a aussi un fort beau vis-à-vis Oppenheim, petite ville à trois lieues de Mayence.

PONT, *Art militaire*. On construit des ponts de différentes especes, soit dans les fortifications, pour communiquer aux différens ouvrages, soit dans la guerre des sieges, pour la communication des quartiers, soit en campagne, pour le passage des rivieres & des ruisseaux, &c. Nous tâcherons de les faire connoître dans les articles suivans.

PONT A FLEUR D'EAU, *Fortification* : c'est un *pont* qui se fait pour la communication des ouvrages, lorsque les fossés de la place sont pleins d'eau. On les appelle ainsi parce que leur surface ou plancher n'est pas plus élevé que le niveau de l'eau, ce que l'on pratique pour que l'assiégeant ne puisse ni les voir ni les détruire. Ils sont composés de plusieurs chevalets qui soutiennent les planches qui forment le passage, & n'ont point de garde-fou. Ces *ponts à fleur d'eau* communiquent des poternes du corps de la place à la demi-lune, ou à quelque autre ouvrage.

PONT DE BATEAUX, *Art militaire* : c'est un pont formé sur une riviere pour le passage d'une armée ou d'un corps de troupes, avec des bateaux placés proche l'un de l'autre, posés parallelement l'un à l'autre suivant leur longueur, & couverts de planches soutenues par des poutrelles appuyées fixement sur ces bateaux, lesquels sont liés ensemble par de forts cordages & arrêtés dans la riviere par le moyen de plusieurs ancres.

PONT DE COMMUNICATION, *Art militaire* : c'est un *pont* qui joint ensemble plusieurs quartiers d'une armée séparée par une riviere ou un ruisseau. On en construit plusieurs pour pouvoir porter plus facilement du secours où il en est besoin, & on les fait d'une largeur & d'une solidité suffisante pour que les hommes, les chevaux, & même l'artillerie puissent y passer en sûreté.

PONT DE FASCINES, *Attaque des places* : c'est un passage que l'assiégeant construit dans un fossé plein d'eau pour parvenir au pied de la breche. Cette sorte de *pont* se fait avec plusieurs lits de fascines que l'on charge de pierres & de terre pour les faire enfoncer dans l'eau. On pique aussi ces fascines avec de longs piquets pour les lier plus solidement, & l'on forme sur ce *pont* un épaulement du côté de la place pour faciliter aux troupes le passage du fossé. La largeur de ce *pont de fascines* est ordinairement de six toises, dont on donne environ la moitié à l'épaisseur de l'épaulement.

PONT DE JONCS, *Art militaire* : c'est une espece de *pont* formé avec des bottes de ces grands joncs qui croissent dans des lieux marécageux : ces bottes étant liées & attachées les unes aux autres, on pose des planches par-dessus, dans des endroits bourbeux & sans consistance, pour en affermir le terrein au point de pouvoir y faire passer de l'infanterie & de la cavalerie.

PONT DE PONTONS, *Artillerie* : ce *pont* se fait avec des *pontons* de cuivre qui font partie d'un équipage d'artillerie. On place ces pontons à 9 pieds de distance l'un de l'autre, & on les amarre ensemble par un gros cable appellé *cinquenelle* qui traverse la riviere, & qui est solidement attaché sur ses deux bords & bien tendu par le moyen d'un cabestan. On attache deux cordages en sautoir d'un ponton à l'autre pour les maintenir : on pose des poutrelles sur ces pontons, & on les recouvre de madriers qui forment l'aire ou le plancher du *pont*.

PONT DE TRANCHÉE, *Attaque des places.* On donne ce nom, dans le travail de la tranchée, à des endroits où l'ouvrage est interrompu, parce que les soldats qui y travailloient ont été tués ou blessés par le feu de l'assiégé. Les officiers de garde, chargés de veiller à la conduite des travailleurs, doivent faire achever ces *ponts* par les soldats des environs qui ont plutôt fini leur travail, pour que le tout avance également.

PONT DORMANT, *Fortification* : c'est un *pont* construit à demeure sur le fossé d'une place de guerre pour communiquer de la ville aux ouvrages extérieurs, & à la campagne : on en fait de bois & de pierres ; mais ceux de bois sont préférables en ce que leurs débris ne comblent point le fossé quand l'artillerie de l'assiégeant les rompt, & qu'ils sont plus faciles à réparer.

PONT LEVIS, *Fortification* : c'est la partie d'un *pont* dormant la plus proche de la place, que l'on construit en maniere de plancher mobile qui peut se lever ou s'abaisser au-devant d'une porte de ville, pour en fermer ou pour en ouvrir l'entrée. Il y a des *ponts levis à bascule*, d'autres *à fleches*, & d'autres *en zigzag*. On en peut voir de toutes ces différentes manieres dans le quatrieme livre de la *Science des Ingénieurs*, par M. *Belidor*.

PONT LEVIS A BASCULE : c'est un *pont* composé d'une espece de chassis dont une partie est dessous la porte, & l'autre en dehors : celle-ci se nomme le *tablier du pont*, c'est elle qui forme proprement le *pont levis*. La partie du pont qui est sous la porte, s'abaisse dans une espece de cave ou de renfoncement pratiqué à cet effet, qu'on nomme pour cette raison *cage de la bascule*.

PONT LEVIS A FLECHES : c'est un *pont* qui se meut par le moyen de deux pieces de bois suspendues en bascule au haut de la porte, auxquelles le *pont levis* est attaché avec des chaînes de fer par sa partie qui doit tomber, & se joindre au *pont* dormant. Ces pieces de bois appellées *fleches* se meuvent sur une espece d'essieu placé sur le bord

bord extérieur de la porte. A l'extrêmité des fleches sont attachées des chaînes de fer qui servent à tirer cette partie des fleches en bas pour faire lever le *pont*. Alors il couvre la porte, comme dans les *ponts* à bascule, le passage ou, l'entrée de la ville se trouve interrompu, & la porte est fermée ou bouchée.

PONT-LEVIS EN ZIG-ZAG. Il y a une autre sorte de *pont-levis* dont les fleches, par la disposition du *pont*, ne sont pas vues de la campagne, comme les précédentes, mais elles vont *en zigzag*, ce qui donne moins de prise au canon de l'assiégeant, & n'oblige pas de couper les ornemens d'architecture pour loger les fleches du *pont*, comme dans la disposition précédente. On peut voir des exemples de ces *ponts-levis en zig-zag*, exécutés à Givet & à Toul. Voyez-en aussi des desseins dans l'ouvrage de M. *Belidor*, cité ci-dessus.

PONT VOLANT, *Artillerie* : c'est un assemblage de quelques bateaux attachés ensemble par des forts cordages, ou par des chaînes de fer, sur lesquels on dispose plusieurs madriers pour y établir une plate-forme capable de recevoir du canon, soit pour la défense d'un poste, soit pour favoriser le passage d'une riviere. On y fait un épaulement à l'épreuve du fusil, pour couvrir les officiers & les soldats nécessaires sur ce *pont* pour le service du canon.

PONT VOLANT, *Art militaire*. On donne encore ce nom à une espece de *pont* que l'on construit sur des ruisseaux & sur des rivieres de peu de largeur, comme de 4 ou 5 toises. C'est un composé de deux *ponts* qui se meuvent en glissant l'un sur l'autre par le moyen de plusieurs cordages & poulies de renvoi. Quand le *pont* de dessous est établi, on fait avancer le supérieur de façon qu'il acheve de former le passage.

PONT OU TILLAC, *Marine* : c'est un des étages du vaisseau, ou, si l'on veut, les *ponts* sont les planchers du navire, qui en forment les différens étages. Ils servent à lier les deux côtés du vaisseau l'un avec l'autre, à porter la grosse artillerie, & à loger les soldats & l'équipage. Dans les vaisseaux marchands, on place sur les *ponts* les marchandises qui craignent l'humidité. Les plus grands vaisseaux ont trois *ponts* entiers, l'un sur l'autre, de cinq pieds de hauteur chacun : ils ont de plus un *pont* coupé, qu'on nomme *gaillard*. D'autres moins grands n'ont que deux *ponts* & demi : enfin, il y a des fregates qui n'ont qu'un *pont*, avec un *faux pont*, pour loger l'équipage. Les *ponts* sont formés par les baux, les banquieres, les gouttieres, les hiloires, les barrots & barrotins, &c. On appelle *premier pont*, ou *franc tillac*, celui qui est le plus proche de l'eau : c'est ce qui forme la premiere batterie, où l'on met les plus forts canons. Le *second pont* est au-dessus du premier, & le troisieme est le plus haut du vaisseau. Le *faux pont* est une espece de *pont* fait à fond de cale, pour la commodité & pour la conservation de la charge du vaisseau, ou bien pour loger les soldats & les matelots.

Pont a Caillebotis, ou a Treillis : c'est un *pont* fait avec des caillebotis, c'est-à-dire, avec des grillages de bois à jour, ce qui se pratique dans les vaisseaux de guerre, pour que la fumée des batteries inférieures puisse plus facilement s'évaporer.

Pont a Rouleaux : c'est un *pont* sur lequel on fait passer des bâtimens d'une eau à l'autre, par le moyen des rouleaux & des moulinets.

Pont Coupé : c'est un *pont* qui n'a que l'encastillage de l'avant & de l'arriere, sans régner entiérement de proue à pouppe.

Pont de Cordes : c'est un entrelacement de cordages dont on couvre tout le haut du vaisseau en forme de *pont*. Il sert à incommoder & à chasser l'ennemi lorsqu'il vient à l'abordage, parce que de dessous ce *pont*, on perce aisément à coups d'épée ou d'esponton ceux qui ont sauté dessus.

Pont Volant : c'est un *pont* extrêmement léger qui ne tient qu'à une cheville, ensorte que l'ennemi venant à bord, on peut aisément le faire sauter à la mer par le moyen de la poudre & des artifices, sans endommager le vaisseau : ou le faire tomber sous le tillac, lorsque ceux qui sont sur les gaillards tirent le canon sur eux.

PONTONS, *Artillerie* : ce sont des bateaux de cuivre qui se portent à la suite d'une armée sur des haquets faits exprès, avec les poutrelles & les madriers nécessaires à la construction d'un *pont* pour le passage des rivieres. Ces *pontons* ont 2 pieds 9 pouces de hauteur, sur 5 pieds 6 pouces de large, & 18 pieds 6 pouces de long. On leur donne assez d'épaisseur pour former un *pont* capable de soutenir les plus fortes pieces d'artillerie.

Ponton, *Marine* : c'eſt un grand bateau qui a trois ou quatre pieds de bord, 60 pieds de long, 16 pieds & demi de large, & 6 pieds & demi de creux. Il porte un mât qui ſert à ſoutenir les vaiſſeaux quand on les met ſur le côté, pour les carener. Ce bateau eſt garni de cabeſtans, de vis, & autres machines néceſſaires pour coucher les grands vaiſſeaux & les relever. On ſe ſert auſſi du *ponton* pour nettoyer les ports & en tirer la vaſe, les pierres, ancres, débris de vaiſſeaux, & autres choſes qui pourroient les combler. Enfin le *ponton* ſert à mâter les vaiſſeaux, la machine à mâter n'étant elle-même qu'une eſpece de *ponton*.

PORCHE, *Architecture* : c'eſt une diſpoſition de colonnes iſolées, ordinairement couronnées d'un fronton, qui forme un lieu couvert au-devant d'un temple, ou d'un palais. Tel eſt le *porche ceintré* du palais *Maſſimi*, ou le *porche circulaire* qui eſt au-devant de l'égliſe de Notre-Dame de la Paix, à Rome. *D'Aviler*.

Porche, ou Tambour : c'eſt, en dedans de la porte d'une égliſe, un retranchement de menuiſerie, couvert d'un plafond, qui ſert pour dérober l'intérieur de l'égliſe à la vue des paſſans, & pour empêcher le vent & l'air extérieur d'y pénétrer, par le moyen des doubles portes qu'on place ſur les côtés du *porche*, ainſi qu'on en voit à preſque toutes les égliſes de Paris.

PORQUES, *Marine* : ce ſont des pieces de charpente poſées ſur la carlingue, dans l'intérieur du vaiſſeau, & paralleles aux varangues, pour lier enſemble & fortifier les pieces qui en forment le fond. Chaque *porque* a, comme les vrais couples, ſes varangues, ſes genoux, & ſes alonges, dont la derniere ſe nomme *aiguillette*. On ne met point de *porques* aux vaiſſeaux marchands.

Porques Acculées : ce ſont des *porques* que l'on met à l'arriere, vers les extrêmités de la carlingue. Il y en a quatre, qui ont chacune leurs genoux.

Porques de Fond : ce ſont les *porques* que l'on place vers le milieu de la carlingue. Elles ſont plus plates & moins ceintrées que les *porques acculées*, parce que le fond du vaiſſeau eſt plus plat à cet endroit. Dans un vaiſſeau de grandeur ordinaire, on les éloigne l'une de l'autre d'environ trois pieds, & on les fortifie avec quatre genoux, dont deux ſont du côté de l'avant, & les deux autres du côté de l'arriere.

PORT DE MER : c'est un endroit au bord de la mer où les vaisseaux & les autres bâtimens peuvent aborder facilement & y demeurer en sûreté, à l'abri des vents, des tempêtes, & des attaques de l'ennemi. La bonté d'un *port* dépend de trois choses qui lui sont contiguës, l'air, l'eau, & la terre : 1°. relativement à l'espece des vents auxquels il est exposé : 2°. à la quantité des eaux qui avoisinent & remplissent son bassin : 3°. à la qualité de son fond, & à la figure des côtes qui l'environnent. L'entrée d'un *port* doit être protégée par des forts situés de façon que son intérieur soit impénétrable à l'ennemi, & que les vaisseaux qu'il renferme, ainsi que les édifices propres à la marine, ne puissent être ni canonnés ni bombardés du côté de la mer. Pour qu'un *port* soit sans défaut, il faut qu'il réunisse tous les avantages suivans. 1°. Son entrée doit être tellement orientée, que les navires puissent y entrer & en sortir avec les trois quarts, s'il est possible, des 32 rhumbs de vent. 2°. Il doit y avoir en tout tems autant de profondeur d'eau que les plus forts vaisseaux en peuvent tirer, afin d'y entrer à toute heure sans péril. 3°. Il doit être exempt de courans qui en rendent l'accès dangereux. 4°. La côte en doit être disposée, à son entrée & en dedans, de maniere à pouvoir garantir les bâtimens de la violence des vents & de l'agitation des vagues de la haute mer, ensorte qu'on n'y soit jamais inquiété ni tourmenté par un gros tems. 5°. Il doit être assez vaste pour contenir à l'aise un grand nombre de vaisseaux, sans qu'il se nuisent ou s'embarrassent. 6°. Il doit être exempt de bancs de sable, rochers, ou écueils. 7°. Enfin ses environs doivent être en état de fournir les choses nécessaires à la construction des vaisseaux, à leurs agrès & équipemens, à la subsistance de l'équipage, &c. *Architecture hydraulique* de M. *Belidor*, tome III.

PORT DE BARRE : c'est un port où les vaisseaux ont besoin du flot & de la haute marée pour entrer, soit parce qu'il n'est pas assez profond, soit parce que l'entrée en est fermée par quelque rocher ou banc de sable. On appelle au contraire *port d'entrée*, celui où tous les vaisseaux peuvent entrer en tout tems, sans attendre la haute-marée. Voyez aussi ci-devant au mot HAVRE.

PORT D'UN VAISSEAU, *Marine* : c'est la capacité du vaisseau, ou le nombre de tonneaux qu'il peut contenir.

Ainsi lorsqu'on dit qu'un bâtiment est du *port* de 200 tonneaux, c'est-à-dire, qu'il est capable de contenir la valeur de deux cent tonneaux. On entend aussi par le *port* d'un navire, la charge qu'il peut porter. Cette charge, comme on sçait, ne s'exprime point par livres, mais par tonneaux, dont la pesanteur, en termes marins, est équivalente à un poids de deux mille livres : ensorte que dans ce sens, un vaisseau du *port* de 200 tonneaux, est un bâtiment qui peut porter quatre cent mille livres.

PORTAIL, *Architecture :* c'est une composition d'architecture qui décore l'entrée principale d'une église. M. le Chevalier *de Jaucourt* (ce génie presque universel qui a enrichi l'*encyclopédie* d'une infinité de recherches sçavantes & qui prouvent son érudition dans tous les genres de la littérature) se plaint, avec raison, dans ce grand *dictionnaire*, (même article) de l'imperfection de nos *portails* d'église. « Les François, ajoute-t-il, y » ont prodigué les colifichets, comme au *portail* de » l'église des Jésuites de la rue Saint-Antoine, ou bien » ils les ont chargés mal à propos de plusieurs Ordres » d'architecture, comme à celui de S. Gervais, lequel » cependant a eu de tout tems la plus grande réputa- » tion ». Il remarque très-judicieusement « que ces diffé- » rens étages d'Ordres élevés l'un-au-dessus de l'autre » donnent à l'extérieur de nos temples l'apparence d'une » maison ordinaire, au lieu qu'un seul Ordre colossal, » formant péristyle, & couronné par un fronton du côté » de l'entrée, est l'unique décoration qui puisse donner » au frontispice d'un temple l'air noble & majestueux » qui lui convient ». Ses desirs sont enfin remplis, & il doit voir, avec autant de plaisir que d'admiration, s'élever de nos jours cet édifice majestueux de la nouvelle église de Sainte Genevieve, bâtie par M. *Soufflot*, un de nos meilleurs architectes. Marchant sur les traces des *Michel-Ange*, & des *Palladio*, ce grand artiste a décoré son *portail* de huit colonnes colossales d'Ordre Corinthien, dont six sur une même ligne, & les deux autres en arriere-corps, le tout surmonté d'un magnifique fronton de plus de 80 pieds de longueur. Ces huit colonnes, ainsi que toutes celles de l'intérieur du temple, qui sont de la même ordonnance, ont cinq pieds & demi de diametre, & près de 60 pieds de hauteur.

PORTE, *Architecture* : c'est le vuide, ou l'ouverture pratiquée dans un mur, pour servir d'entrée à une ville, à un bâtiment, ou à un lieu quelconque : c'est aussi l'assemblage de menuiserie qui ferme cette ouverture. *Félibien* remarque, d'après *Scamozzi*, que les anciens n'ont fait de portes ceintrées par le haut qu'aux arcs de triomphe & aux grand passages publics, & jamais à aucun bâtiment particulier, pas même aux temples. *Vignole* donne en hauteur aux *portes* le double de leur largeur : cette proportion est presque généralement suivie. Il y a différentes especes de *portes* dont on peut voir le dénombrement & l'explication dans le *dictionnaire d'architecture*, par *d'Aviler*.

PORTE. Dans la coupe des pierres, on donne différens noms aux *portes* suivant la position où elles se trouvent. Lorsqu'elle est percée dans un mur circulaire, on l'appelle *porte en tour ronde*, si le mur est convexe; & *porte en tour creuse*, s'il est concave. Quand elle est placée dans un angle rentrant, c'est une *porte dans l'angle*; si elle est dans un angle saillant, c'est une *porte sur le coin*. On nomme *porte droite*, celle qui est perpendiculaire à sa direction; *porte biaise*, celle qui lui est oblique; & *porte ébrâsée*, lorsque ses piédroits s'écartent en dehors, comme on en voit aux églises gothiques des cathédrales de Paris, de Rheims, &c. *Stéréotomie de Frézier*.

PORTE D'ÉCLUSE, *Archit. hydraul.* Ce sont de grandes fermetures qui arrêtent l'eau dans les écluses. Pour retenir ou pour faire écouler l'eau d'une écluse lorsqu'il en est besoin, on pratique des *portes* à leurs extrêmités, qui s'ouvrent & se ferment de différentes manieres. Les unes sont à deux venteaux & servent aux écluses busquées ou en éperon; les autres sont à vannes, que quelques-uns appellent des *pales*, & s'emploient aux écluses quarrées. Voyez ci-devant les articles ÉCLUSE EN ÉPERON & ÉCLUSE QUARRÉE. M. *Belidor* remarque que l'invention des portes tournantes des écluses est due à *Adrien Janssen*, charpentier de Rotterdam, & qu'elles ont ensuite été perfectionnées par *Adrien Dericxen*, charpentier de Delft. Dans les écluses construites sur une riviere ou sur un canal, celle par laquelle l'eau entre s'appelle *porte d'amont*, ou *de tête*, & celle par où l'eau s'écoule est nommée *porte d'aval*, ou *de mouille*. Lorsqu'une écluse répond à la mer, on nomme *portes de flot* celles qui regardent le rivage, & *portes d'hebes*, ou *d'eau douce*, celles qui regardent le pays. *Architecture hydraulique*, par M. *Belidor*, tome III, page 338.

PORTE BUSQUÉES, *Archit. hydraul.* Ce sont des *portes d'écluses* dont les venteaux s'arc-boutent réciproquement à l'endroit de leur jonction, où leurs poteaux sont taillés en chanfrein. Comme ces *portes* font ensemble une saillie qui a la forme d'un avant-bec, ou d'un busc, c'est ce qui leur a fait donner le nom de *portes busquées*. La situation la plus avantageuse qu'on puisse leur donner, pour résister à la poussée de l'eau, est de leur faire former un angle droit. On a fait d'abord les venteaux des *portes d'écluses* bombés sur leur plan, mais on a reconnu depuis qu'il valoit mieux les faire plats & sur une ligne droite, ceux qui sont bombés ayant beaucoup moins de force.

PORTÉE, *Artillerie.* La *portée* d'une piece de canon est la distance à laquelle elle peut chasser son boulet. Cette *portée* varie suivant la situation que l'on donne à la piece. On appelle *portée de but en blanc*, la ligne sensiblement droite que décrit le boulet d'un canon tiré dans une situation horisontale : l'expérience a fait voir que cette *portée* ne peut guere aller au-delà de 300 toises. La *portée à toute volée*, est celle dont la piece forme un angle de 45 degrés avec l'horison, ce qui se fait en posant la culasse du canon sur la semelle de son affût : alors le boulet est chassé à la plus grande distance possible. Il y a encore une maniere de tirer le canon, qu'on nomme *à ricochet*, dont l'invention est due à M. de *Vauban* : on en verra l'explication ci-après au mot RICOCHET. La *portée* du fusil ordinaire est depuis 120 jusqu'à 150 toises.

PORTÉE, *Charpenterie* : c'est l'excédent d'une poutre entre deux gros murs, d'un poitrail entre ses deux jambages, ou d'une travée de solives entre deux poutres, ou deux murs de refend. Les corbeaux de pierre soulagent la *portée* des poutres. Plus une piece de bois a de *portée* dans un mur, plus elle est solide.

PORTE-BOSSOIR, *Marine* : c'est, dans un vaisseau, un appui posé sous le *bossoir* en forme d'arc-boutant, dont le haut est ordinairement terminé en tête de more : on l'appelle aussi *sous-barbe*.

PORTE-HAUBANS, *Marine* : ce sont deux bordages

épais posés de champ & horisontalement sur le dehors du vaisseau, où ils font une saillie considérable. On les met bas-bord & stri-bord un peu à l'arriere de chaque mât pour soutenir les haubans & les écarter de l'axe du vaisseau, afin qu'ils n'endommagent point le plat-bord, & que les mâts soient mieux assujettis. Le grand mât, celui de misaine, & l'artimon, ont chacun leurs *porte-haubans* qui sont assujettis en dessus & même en dessous par des courbâtons, des listeaux, des chevilles de fer, & par les chaînes de haubans qui les appuyent contre le vaisseau.

PORTE-VERGUES, *Marine* : ce sont des pieces de bois en forme d'arc, où à peu près, qui, formant la partie la plus élevée de l'éperon, dans un vaisseau, régnent sur l'aiguille, depuis le chapiteau ou bestion, jusqu'au dessous des bossoirs.

PORTELOTS, *Charpenterie* : ce sont des pieces de bois qui régnent au-dessous des plat-bords, autour d'un bateau foncet, ou de quelque autre petit bâtiment.

PORTER, *Architecture* : ce terme a plusieurs significations. On dit qu'une pierre, qu'une piece de bois *porte* tant de long & tant de gros, pour exprimer sa longueur & sa grosseur. C'est dans ce sens qu'on remarque que les deux grandes pierres qui forment la cymaise du fronton placé au-dessus du péristyle du Louvre, en face de S. Germain-l'Auxerrois, *portent chacune* 52 pieds de long sur 8 pieds de large, & sur 18 pouces d'épaisseur. *Porter de fond*, c'est porter à plomb : *porter à faux*, c'est porter en saillie & par encorbellement, comme la plupart de nos balcons. *D'Aviler.*

PORTER, *Marine* : c'est gouverner, faire route, &c. On dit qu'un vaisseau *porte au sud*, *au nord*, &c. lorsqu'il fait route vers le sud, ou vers le nord : toutes les voiles *portent*, lorsque le vent donne dans toutes les voiles : *porter peu de voiles*, c'est n'en déployer qu'un partie. *Porter à route*, c'est aller en droiture, sans louvoyer, au lieu où l'on veut arriver.

PORTEREAU, *Archit. hydraul.* C'est une construction de bois que l'on fait sur de certaines rivieres pour les rendre plus hautes, en retenant l'eau, ce qui facilite la navigation. Le *portereau* consiste en une grande pale de bois qui barre la riviere & qui se leve par le moyen d'un grand manche tourné en vis, lorsqu'il s'agit de laisser passer quelque bateau. Ce manche est dans un écrou & placé au milieu d'un fort chevalet. Sa construction est à peu près la même que celle d'une bonde d'étang. *D'Aviler*, *dictionnaire d'architecture.*

PORTIERES, *Artillerie* : ce sont deux volets ou venteaux de bois fort épais que l'on ajuste quelquefois à chaque embrâsure d'une batterie de canons, & que l'on ferme aussi-tôt que la piece a tiré, pour dérober à l'ennemi la vue de ce qui s'y passe : on ne fait guere usage de ces *portieres* que dans les batteries établies sur le chemin couvert, où l'on est très-proche de l'assiégé.

PORTIQUE, *Architecture* : c'est une espece de galerie avec des arcades soutenues par des piliers de pierre, sans fermeture mobile, où l'on peut se promener à couvert, comme ceux qui environnent la grande cour des Invalides. Quand cette galerie couverte est soutenue par des colonnes isolées, on lui donne alors le nom de *colonnade*. Telle est la colonnade de l'hôtel de Soubise à Paris, & celle de S. Pierre de Rome, qui est le plus magnifique *portique* moderne que nous connoissions. *D'Aviler.*

PORTIQUE DE TREILLAGE, *Jardinage* : c'est une décoration d'architecture, composée de pilastres, montans, frises, panneaux, &c. le tout fait avec des échalas maillés & peints en verd, & soutenu par des arc-boutans de fer, comme on en voit un très-beau à l'extrémité du jardin du palais Royal, à Paris. *D'Aviler.*

PORTIQUES, *Architecture* : ce sont de petits ornemens en forme de canaux qu'on taille sur les fasces de l'imposte Corinthien. Voyez ci-devant au mot CANAUX. On nomme *portiques d'appui* de petites arcades en tiers-point qui servent de balustres & qui garnissent les appuis évuidées des balustrades, dans les églises & autres édifices gothiques. *D'Aviler.*

POSER, *Maçonnerie* : c'est mettre une pierre en place & à demeure ; *déposer*, c'est l'ôter de sa place, soit parce qu'elle ne la remplit pas exactement, ou parce qu'elle est en délit : *poser à sec*, c'est construire un mur sans y mettre de mortier : *poser à cru*, c'est dresser, sans y faire de fondation, un pilier, un étai, un pointal, &c. pour soutenir quelque chose : *poser de champ* une brique, ou une piece de bois, c'est la mettre sur son côté le plus mince, ou sur sa face la plus étroite : *poser de plat*, c'est faire le contraire : *poser en décharge*, c'est poser obliquement une piece de bois, pour arc-bouter & contreventer. La *pose* d'une pierre est l'action de la placer à demeure.

POSEUR, *Maçonnerie* : c'est, dans les grands atteliers, un maçon habile & expert, dont l'emploi est de *poser* chaque pierre à l'endroit qui lui convient, laissant le reste de l'ouvrage à faire aux maçons ordinaires, ou aux Limosins. On donne aussi le nom de *poseur* à l'ouvrier qui reçoit la pierre élevée avec la grue, & qui la met en place. *Contre-poseur* est un ouvrier en second qui aide le *poseur*. *D'Aviler.*

POSITIF, *Algebre*. On appelle *quantité positive*, celle qui a, ou qui est censée avoir le signe *plus* +, par opposition à la quantité négative, *moins*, qui se marque ainsi —.

POSITION, *Arithmétiq.* Voyez l'article FAUSSE POSITION.

POSTE, *Art militaire* : c'est un lieu où l'on place un corps de troupes pour y rester & se fortifier en cas d'attaque de la part de l'ennemi. On appelle *poste d'honneur*, à la guerre, celui qui est jugé le plus périlleux : c'est la place des premiers & des plus anciens régimens. On entend par *poste avancé*, un terrein dont on s'empare pour s'assurer des devants, & pour couvrir les *postes* qui sont derriere.

POSTES, *Architecture* : ce sont des ornemens de sculpture en bas-relief, en façon d'enroulemens répétés, & qui semblent courir l'un après l'autre. Il y en a de simples & de fleuronnés, avec des rosettes, dont on peut voir divers desseins dans le *cours d'architecture*, par *d'Aviler*. On fait aussi de ces ornemens en fer, pour les ouvrages de serrurerie.

POT A FEU, *Artillerie* : c'est un pot de terre avec deux anses, dans lequel on renferme une grenade toute chargée & amorcée, que l'on environne de poudre fine : on recouvre le tout d'un parchemin, on y met le feu par le moyen d'une meche, & on le jette à la main sur l'ennemi, dans la défense des breches.

POT A FEU, *Pyrotechnie* : c'est le nom que donnent les artificiers à un fort cartouche rempli de plusieurs fusées qui, prennant feu toutes ensemble, sortent du cartouche sans l'offenser. Voyez le *manuel de l'artificier*, par M. *Perrinet d'Orval*, *in-douze*, pour la maniere de faire toutes sortes de *pots à feu*.

POT EN TÊTE, *Art militaire* : c'eſt une eſpece de caſque, ou une armure de fer à l'épreuve du fuſil, dont on oblige les ſappeurs de ſe couvrir la tête, quand ils travaillent ſous le feu de mouſqueterie de la place.

POTEAU, *Charpenterie.* On donne ce nom à toute piece de bois poſée debout, qui eſt de différente groſſeur, ſuivant ſa longueur & ſes uſages. On appelle *poteau cornier*, une maîtreſſe piece à l'encoignure d'un pan de bois, laquelle eſt ordinairement d'un ſeul brin, au moins de 9 & 10 pouces de gros. *Poteau de cloiſon*, un *poteau* poſé à plomb, & retenu à tenons & mortoiſes dans les ſablieres d'une cloiſon. *Poteau de décharge*, un *poteau* incliné, en maniere de guette, pour ſoulager la charge, dans un pan de bois. *Poteau de fond*, celui qui porte à plomb ſur un autre dans tous les étages d'un pan de bois. *Poteau de remplage*, celui qui ſert à garnir une cloiſon, & qui eſt de la hauteur de l'étage. Enfin, on appelle *poteau d'huiſſerie*, celui qui forme le côté d'une porte ou d'une fenêtre.

POTEAU MONTANT, *Archit. hydraul.* C'eſt, dans la conſtruction d'un pont de charpente, une piece de bois retenue à plomb par deux contre-fiches, au-deſſous du lit, & par deux décharges au-deſſus du pavé, pour en entretenir les lices ou garde-foux.

POTEAUX DE GARDE, *Archit. hydraul.* Ce ſont des pilots de 8 pouces d'équarriſſage dont on revêtit les baſſins & les quais qui bordent un port de mer, pour les garantir du choc des vaiſſeaux. Ces *poteaux* ſaillent de leur épaiſſeur ſur le nud du mur, avec lequel ils ſont liés & retenus par des tirans & des ancres de fer. On les eſpace à environ 15 pieds de diſtance l'un de l'autre.

POTÉE, *Artillerie* : c'eſt une terre graſſe préparée & extrêmement fine, dont on forme la premiere couche de la chape ou enveloppe du moule d'une piece d'artillerie. Voyez les *mémoires d'artillerie*, par *Saint-Remy*, où toutes les opérations relatives à la fonte du canon ſont très-clairement détaillées.

POTELETS, *Charpenterie* : ce ſont de petits *poteaux* qui garniſſent les pans de bois ſous les appuis des croiſées, ſous les décharges, dans les fermes des combles, ſous les échiffres des eſcaliers, &c.

POTENCE, *Charpenterie* : c'eſt une piece de bois debout, comme un pointal, couverte d'un chapeau ou ſemelle,

& assemblée avec un ou deux liens ou contre-fiches, servant à soulager une poutre d'une trop grande portée, ou à en soutenir une qui est éclatée.

Potence de Brimbale, *Marine* : c'est une piece de bois fourchue, soutenue par la pompe, dans laquelle entre la *brimbale*, qui est une sorte de lévier dont on se sert pour faire jouer la pompe d'un vaisseau.

POTERNE, *Art militaire* : c'est une fausse porte que l'on pratique en différens endroits des fortifications d'une place à fossés secs, & principalement dans le revers de l'orillon d'un bastion, pour communiquer aux ouvrages détachés & pour faire des sorties secretes. M. *Gastelier* remarque, d'après M. *de Caseneuve*, qu'on écrivoit *posterne*, & fait dériver ce nom du latin *posterior*, parce que ce sont des portes cachées & dans une situation opposée à la principale entrée. *Dictionnaire étymologique d'architecture.*

POUCE, *Toisé* : c'est la 12e partie d'un pied de Roi; le *pouce* se partage en 12 lignes, & chaque ligne en 12 points. Le *pouce quarré* superficiel contient 144 lignes, & le *pouce cubique* en contient 1728.

Pouce de Pied cube, *Toisé* : c'est un parallelipipede qui a pour base un pied quarré & pour hauteur un *pouce* : il vaut par conséquent 144 *pouces* cubes.

Pouce de Pied quarré : c'est un rectangle qui a un *pouce* de base sur un pied de hauteur : il vaut 12 *pouces* quarrés.

Pouce de Toise cube : c'est un parallelipipede qui a pour base une toise quarrée & pour hauteur un *pouce* : sa valeur est de 5184 *pouces* cubes.

Pouce de Toise quarrée : c'est un rectangle qui a un *pouce* de base sur une toise de hauteur, & qui contient 72 *pouces* quarrés.

Pouce de Solive, *Charpenterie* : c'est un parallelipipede qui a pour base un *pouce* quarré & pour hauteur la toise : un *pouce de solive*, ou une *cheville*, c'est la même chose. Voyez aux mots Cheville, Piece de bois, & Solive.

Pouce d'Eau, *Hydraulique* : c'est une mesure en usage parmi les fontainiers, qui est équivalente à la quantité d'eau écoulée dans une minute par un orifice d'un *pouce* de diametre, en entretenant toujours le niveau de l'eau à une ligne au-dessus du bord supérieur du trou par lequel elle coule, ce qui produit 14 pintes d'eau mesure de Paris. M. *Belidor* se plaint de ce que le *pouce d'eau* n'a pas encore été déterminé par aucune ordonnance, ce qui cause quelquefois des contestations entre les concessionnaires auxquels la Ville doit fournir de l'eau. Voyez l'*architecture hydraulique*, par cet auteur, premiere partie, tome I, page 135.

POUDRE A CANON, *Artillerie*: c'est une composition qui se fait avec du salpêtre, du souffre, & du charbon de bois, mêlés & battus ensemble, & mis en grains qui prennent feu aisément, & qui s'étendent avec beaucoup, de violence par leur vertu élastique. On peut voir des recherches fort curieuses, dans l'*artillerie raisonnée*, par M. *le Blond*, sur l'origine & l'ancienneté de la *poudre*, ainsi que sur la maniere de la fabriquer & d'en faire usage dans les différentes bouches à feu. Les autres auteurs qui ont écrit sur la théorie de la *poudre* & sur ses effets, sont MM. *Dulacq*, *méchanisme de l'artillerie*; *Bigot de Morogues*, *essai sur la poudre à canon*; *Belidor*, *le bombardier François*; *Frézier*, *traité des feux d'artifice*; & *Saint-Remy*, dans ses *mémoires d'artillerie*. Nous citerons encore un livre italien, nouvellement imprimé à Turin sous le titre de *Esame della polvere, da Alessandro Vittorio Papacino d'Antoni, Direttore delle regie scuole teoriche d'artiglieria è fortificazione, in Torino*, 1765, & l'*essai sur la théorie de l'artillerie*, par M. le Chevalier *d'Arcy*.

POULAIN, *Machines*. *Felibien* donne ce nom à un assemblage de charpente sur lequel on traîne de gros fardeaux. *Dictionnaire d'architecture*.

POULAINE, ou ÉPERON, *Marine*: c'est la partie de l'avant d'un vaisseau qui s'avance la premiere en mer par sa grande saillie. Voyez ci-devant au mot ÉPERON.

POULAINS, *Marine*: ce sont des estances qui tiennent l'étrave d'un vaisseau tant qu'il est sur le chantier, & qu'on ôte après toutes les autres lorsqu'on veut le lancer à l'eau.

POULIE, *Méchanique*: c'est une des cinq principales machines dont on s'occupe dans la statique. Elle consiste en une petite roue mobile sur son essieu, & creusée dans sa circonférence pour y recevoir une corde destinée à la faire tourner. On s'en sert pour élever des poids. L'axe sur lequel la *poulie* tourne se nomme *goujon*, ou *boulon*: la piece fixe de bois ou de fer, dans laquelle la *poulie* est suspendue, est appellée *écharpe*, ou *chape*. On appelle *poulie mobile*, celle qui peut s'éloigner ou s'approcher du point fixe où l'extrêmité de la corde est attachée; &

l'on nomme *poulie fixe*, celle qui est attachée à un point fixe. Les *poulies mouffles*, sont plusieurs *poulies* assemblées dans une même écharpe : on se sert avec avantage de ces dernieres pour élever de très-grands fardeaux avec une puissance médiocre. L'analogie de la *poulie fixe*, est la même que celle d'un levier du premier genre dont le point d'appui est dans le milieu. Elle ne soulage la puissance en aucune maniere, & ne lui procure point d'autre avantage que celui de diminuer le frottement. La *poulie mobile* soulage la puissance de la moitié du poids. Celle-ci peut-être regardée comme un levier du second genre dont le poids est au milieu.

POULIE, *Marine* : c'est une roue emboîtée dans une écharpe, mobile dans son essieu, &c. dont on fait un grand usage sur les vaisseaux, soit pour roidir les manœuvres, soit pour hisser & amener les vergues, &c. Il y a une infinité de *poulies* de toutes especes dans un navire, dont on peut voir les noms & les usages dans le petit *dictionnaire de marine*, par M. *Saverien*.

POULVERIN ou PULVERIN, *Pyrotechnie* : c'est le nom que les artilleurs & les artificiers donnent à de la poudre à canon écrasée & *pulvérisée*, dont ils se servent quelquefois pour amorcer les pieces, & dont ils font des amorces pour les fusées des bombes & des grenades, ainsi que pour les autres artifices. Son étymologie vient du mot latin *pulvis*, *pulveris*, poussiere.

POUPE, *Marine* : c'est l'arriere d'un vaisseau, où le gouvernail est attaché. Le pourtour de la *poupe* est décoré de balcons, de galeries, de balustres, de pilastres, & d'autres ornemens, le tout doré ou peint, avec les armes du prince, ou de la ville où il a été construit. Vaisseau à *poupe quarrée*, c'est un bâtiment dont l'arcasse est construite selon la forme & la grandeur d'un vaisseau de guerre. Suivant l'ordonnance de 1673, la *poupe* des vaisseaux du Roi doit être ronde au-dessous de la lisse de hourdi, & non pas quarrée, comme on le pratiquoit auparavant.

POUSSÉE, *Méchanique* : c'est l'effort que fait le poids d'une voûte pour en écarter les piédroits, lequel est d'autant plus grand que la courbure de la voûte approche de la ligne droite ; ou celui que font les terres d'un rempart, d'un quai, ou d'une terrasse, contre les murs qui les soutiennent. Il est très-important de connoître cette *poussée* afin d'y opposer une résistance convenable ; mais elle dépend de tant de circonstances particulieres qu'il n'est pas aisé de la déterminer. Voyez ce que M. *Belidor* a écrit sur la *poussée* des terres contre les murs de revêtement, & sur la *poussée* des voûtes, dans les livres I & II de la *science des Ingénieurs*.

POUSSÉE DE L'EAU, *Hydraulique* : c'est l'effort que fait l'eau renfermée dans un vaisseau contre les parois qui la soutiennent : elle se fait de deux manieres : 1°. Perpendiculairement, contre le fond du vase qui l'empêche de descendre vers le centre de la terre. 2°. Horisontalement, contre les parois du vaisseau qui l'empêchent de s'étendre circulairement. Cette *poussée* va toujours en croissant, depuis son niveau jusqu'au fond du vaisseau, selon l'ordre des termes d'une progression arithmétique. La *poussée de l'eau* est si considérable qu'une petite quantité d'eau est capable d'une force prodigieuse, ensorte qu'on peut construire un vaisseau composé de deux surfaces verticales éloignées l'une de l'autre d'une ligne seulement, qui soutiendront un effort de 15120 livres de la part de l'eau qui y sera renfermée. La connoissance de la *poussée de l'eau* est nécessaire pour pouvoir calculer l'effort que doivent soutenir les batardeaux, les portes d'écluses, les vannes, digues, levées, &c. *Archit. hydraul.* par M. *Belidor*, tome I, page 136 & suiv.

POUSSER, *Maçonnerie*. On dit qu'un mur *pousse* au vuide lorsqu'il boucle ou qu'il fait ventre. *Pousser* à la main, c'est couper les ouvrages de plâtre, faits à la main sans être traînés, & y tailler des moulures.

POUTRE, *Charpenterie* : c'est une des plus grosses pieces de bois qui entrent dans un bâtiment, & qui soutient les travées de solives des planchers. Il y en a de différentes longueurs & grosseurs, dont on peut voir les dimensions dans le *traité des bois de charpente*, par M. *Mesange*, & dans l'*architecture moderne*, par *Jombert*, tome I. *Traité de la construction.*

POUTRE ARMÉE : c'est une *poutre* sur laquelle sont assemblées deux décharges en about, avec une clef, retenues par des liens de fer.

POUTRE FEUILLÉE : c'est une *poutre* qui a des feuillures ou des entailles pour porter par encastrement les bouts des solives.

POUTRE QUARTDERONNÉE : c'est une *poutre* sur les arêtes de laquelle on a poussé un quart de rond, une doucine, ou quelque autre moulure, entre deux filets.

POUTRELLE, *Charpenterie* : c'est une petite *poutre* de 10 & 12 pouces d'équarrissage, qui sert à porter un médiocre plancher, ou à d'autres pareils usages.

POZZOLANE, *Archit. hydraul.* C'est une substance rougeâtre, semblable à du sable, qui se trouve dans les environs de Bayes & de Pouzzol, dans le royaume de Naples, & dont on fait un excellent mortier étant mêlé avec de la chaux, sur-tout pour les ouvrages qui se bâtissent dans l'eau & pour les enduits, par la propriété que l'on attribue à cette espece de terre de durcir dans l'eau de la mer, & d'y prendre la consistance de la pierre.

PRECEINTES, ou PERCEINTES, *Marine* : ce sont de forts bordages plus larges & une fois plus épais que les autres. Comme les *préceintes* sont des especes de ceintures tout autour du vaisseau, à différentes hauteurs, elles servent à le lier, & forment des saillies qui lui donnent de la grace. Les pieces des *préceintes* sont liées les unes aux autres par des empattures & attachées aux membres avec des clous. Vis-à-vis les courbes & les porques, les *préceintes* sont retenues par les chevilles de ces mêmes pieces qui sont clavetées sur des viroles en dedans. Il y a ordinairement deux *préceintes* au-dessous de chaque batterie. On donne quelquefois aux *préceintes* le nom de *lisses*, mais improprement. *Duhamel*, *élémens d'architecture navale*.

PREMIER, *Arithmétique*. On appelle *nombres premiers*, ou *simples*, ceux qui n'ont point d'autres diviseurs qu'eux mêmes, ou que l'unité. Ainsi 3, 5, &c. sont des nombres *premiers*, parce qu'ils ne sont divisibles exactement que par eux mêmes, ou par 1. On a inséré, à la fin du tome XIII du *dictionnaire encyclopédique*, une table très-ample, en 34 pages *in-folio*, tirée d'un vieux livre d'algebre Anglois, assez peu connu, où l'on trouve le *premier* & le plus simple diviseur de chaque nombre depuis 1 jusqu'à 100000 : on peut voir, dans un livre François aussi généralement connu qu'estimé (*les récréations mathématiques*, par M. *Ozanam*, tome I,) une table plus utile & moins longue des *nombres premiers* entre 1 & 10000, laquelle n'occupe guere que 3 pag. *in-octavo*.

PRÉPARATION,

PRÉPARATION, *Mathématiques.* Lorſqu'on veut démontrer une propoſition de géométrie, la *préparation* conſiſte à tirer certaines lignes dans la figure : s'il s'agit d'arithmétique, elle conſiſte dans quelques calculs que l'on fait pour parvenir plus aiſément à la démonſtration.

PRESQU'ISLE, *Géographie* : c'eſt une partie de terre jointe à une autre par une gorge étroite & environnée de mers de tous les autres côtés. Cette gorge ou paſſage étroit, par où un pays communique par terre avec un autre, s'appelle *iſthme.*

PRESSION, *Méchanique* : c'eſt proprement l'action d'un corps qui fait effort pour en mouvoir un autre : telle eſt l'action d'un corps peſant appuyé ſur une table horiſontale. La *preſſion* ſe rapporte également au corps qui preſſe & à celui qui eſt preſſé. Quant à la *preſſion* de l'air ſur la ſurface de la terre, voyez ci-devant l'article ATMOSPHÈRE.

PREUVE, *Arithmétique* : c'eſt une opération par laquelle on examine & l'on s'aſſure de la vérité & de la juſteſſe d'un calcul. Il y en a qui prétendent que la *preuve* naturelle d'une regle d'arithmétique eſt toujours la regle contraire : ainſi la ſouſtraction, ſelon eux, eſt la *preuve* de l'addition, & la diviſion eſt celle de la multiplication. Mais cette idée n'eſt pas réfléchie : car celui qui ne ſçait que l'addition, n'auroit aucun moyen d'en faire la *preuve.* Il eſt plus raiſonnable de tirer la *preuve* naturelle d'une regle des connoiſſances actuelles que l'on poſſede déja. Alors, pour faire la *preuve* d'une addition, par exemple, il ne s'agit que de faire le calcul de chaque colonne de chiffres dans un ſens contraire à celui de la premiere opération : ſi les deux produits ſe rapportent, c'eſt une *preuve* que la regle eſt bien faite. Au ſurplus, aucune regle d'arithmétique n'auroit beſoin de *preuve* ſi le calculateur n'étoit pas ſujet à ſe tromper dans l'opération : car, étant fondée ſur des principes vrais & démontrés, il eſt certain que la regle eſt bonne, pourvu qu'on ait bien calculé. Auſſi la *preuve* d'une regle n'eſt-elle pas faite pour la confirmer, mais pour aſſurer le calculateur qu'il l'a ſuivie exactement. *Dictionnaire encyclopédique.*

PRISME, *Géométrie* : c'eſt le nom qu'on donne à tout corps ou ſolide terminé par plus de quatre ſurfaces planes, dont les bases sont égales, paralleles, semblables, & semblablement placées. Le *prisme* s'engendre par le mouvement d'une figure rectiligne qui descend toujours parallelement à elle-même le long d'une ligne droite. Si cette figure est un triangle, *le prisme* s'appelle alors *triangulaire* : si c'est un quarré, on l'appelle *prisme quadrangulaire*. On nomme *prisme droit*, celui qui est renfermé par des parallelogrammes rectangles : *prisme oblique*, lorsqu'il est incliné sur sa base : *parallelipipede*, quand il a pour base un parallelogramme rectangle. Enfin on l'appelle *prisme* de 5, 6, 7 côtés, &c. lorsqu'il a pour base un polygone d'un pareil nombre de côtés.

PRISONS, *Machines*. Dans les moulins à pilons, tels que ceux où l'on bat la poudre à canon, on donne le nom de *prisons* à des pieces de bois horisontales, dans lesquelles les pilons se trouvent enclavés & comme *emprisonnés* : ce qui sert à les diriger lorsqu'ils montent & descendent, & à les maintenir dans une direction verticale.

PROBABILITÉ, *Mathématiques* : c'est le degré de certitude que l'on peut accorder à quelque chose : les géometres ont pensé que leur calcul pouvoit servir à évaluer ces degrés de *probabilité*, du moins jusqu'à un certain point ; en conséquence ils ont tâché d'en découvrir les principes & d'en établir la théorie. Voyez là-dessus l'*essai sur les probabilités de la vie humaine*, par M. *Desparcieux* ; l'*analyse des jeux de hasard*, par M. *de Montmort* ; l'*ars conjectandi*, par M. *Jacques Bernoulli* ; *calcul of chances*, by M. *Moivre*, en Anglois, &c.

PROBLÊME, *Géométrie* : c'est une proposition dans laquelle on demande quelque opération ou construction, comme de diviser une ligne donnée, de former un angle d'un nombre de degrés déterminé, de faire passer un cercle par trois points donnés qui ne soient point en ligne droite, &c. Un *problême* est composé de trois parties : 1°. La proposition, qui exprime ce qu'on doit faire. 2°. La résolution, dans laquelle on expose par ordre les opérations que l'on doit faire pour venir à bout de ce qu'on demande. 3°. La démonstration, dans laquelle on prouve que par les moyens dont on s'est servi, on a réellement trouvé ce que l'on cherchoit. On distingue deux sortes de *problêmes* : les *déterminés* & les *indéterminés*. Le premier est celui où tout ce qui appartient à sa résolution est déterminé : par conséquent il n'admet qu'une résolution. Le *problême indéterminé*, au contraire, ne comprend pas tout ce qui sert à sa résolution : aussi ces sortes de *problêmes* peuvent-ils se résoudre d'une infinité de manieres. *Diophante* a donné l'art de résoudre les *problêmes indéterminés* de l'arithmétique ; & parmi les modernes, *Ozanam* s'est principalement distingué dans cette partie des mathématiques. Voyez ses *nouveaux élémens d'algebre*, *in-octavo*.

PRODUIT, *Arithmétique* : c'est la quantité qui résulte de la multiplication de deux ou de plusieurs nombres l'un par l'autre : ainsi le *produit* de 5 multiplié par 6 est 30. Le *produit* de deux lignes multipliées l'une par l'autre est appellé le rectangle de ces deux lignes.

PROFIL, ou COUPE, *Architecture* : c'est la section perpendiculaire d'un bâtiment coupé, soit en travers, soit sur sa longueur, pour en découvrir les dedans, la hauteur des planchers, l'épaisseur des murailles, la profondeur, la largeur des pieces, &c. C'est ce que *Vitruve* appelloit *sciographie*, & ce que les architectes appellent plus ordinairement *coupe* d'un bâtiment. On entend aussi par le mot *profil*, le contour d'un membre d'architecture, comme d'une base de colonne, d'une corniche, &c. C'est dans la grace & les justes proportions des *profils*, que le goût & le génie d'un architecte se développent.

PROFIL, *Fortification* : c'est le dessein de la coupe verticale d'un ouvrage, où l'on peut voir la hauteur & l'épaisseur des parapets, celle des remparts, des banquettes, leur talud, la profondeur des fossés, les différens niveaux du terre-plein, du chemin couvert, de la campagne, &c. Voyez dans les *élémens de fortification*, par M. *le Blond*, *in-octavo*, planche XIV, des *profils* très-détaillés de toutes les parties d'une fortification.

PROFILER, *Architecture* : c'est contourner à la regle & au compas, ou à la main, des moulures & des membres d'architecture.

PROGRESSION, *Mathématiques* : c'est une suite de plusieurs termes qui croissent ou décroissent en proportion continue, c'est-à-dire, dont chacun est moyen entre celui qui le précede & celui qui le suit. Selon le genre de rapport qui regne entre ses termes, la *progression* est ou *arithmétique*, ou *géométrique*, ou *harmonique*. Lorsque cette proportion se fait par la soustraction, & que tous les nombres qui se suivent croissent ou décroissent selon une différence constante, c'est une *progression arithmétique*. Si au contraire la proportion se fait moyennant la division, ensorte que les nombres croissent ou décroissent selon un même exposant, c'est une *progression géométrique*. Enfin lorsque les nombres se suivent dans une proportion harmonique, on lui donne le nom de *progression harmonique*. Voyez dans les *récréations mathématiques d'Ozanam*, tome I, divers problêmes curieux sur les *progressions*, soit arithmétiques, soit géométriques.

PROJECTILE, *Méchanique* : ce terme se dit d'un corps pesant, qui, ayant reçu un mouvement ou une impression suivant une direction quelconque, par quelque force externe qui lui a été imprimée, est abandonné par cette force & laissé à lui-même pour continuer sa course. Telle est une pierre jettée à la main, ou avec une fronde, une fleche lancée par un arc, un boulet qui part d'un canon, &c. La théorie du mouvement des *projectiles* est le fondement de la *ballistique*, ou de cette partie de l'artillerie qui regarde le jet des bombes.

PROJECTION, *Méchanique* : c'est, en général, l'action d'imprimer du mouvement à un projectile. Comme les bombes, étant chassées d'un mortier par l'action de la poudre, décrivent des paraboles, si l'on suppose que la partie supérieure de l'ame du mortier soit prolongée en ligne droite, cette ligne est nommée *ligne de projection*; c'est une tangente à la parabole que décrit la bombe.

PROJECTURE, *Architecture*, c'est un terme employé souvent par M. *de Chambray*, dans son *parallele d'architecture*, pour désigner la saillie d'une moulure, d'un entablement, ou de quelque autre partie d'un Ordre d'architecture. Il vient du mot latin *projectura*, saillie.

PROJET, *Fortification*. On entend généralement par ce mot tout ouvrage nécessaire à faire tant au dehors qu'au dedans d'une place : on rend ces *projets* sensibles dans les desseins qu'on en fait, par des plans & des profils qu'on lave en jaune, afin de faire voir que ce sont des ouvrages proposés à faire. Ces *projets* sont envoyés en Cour par l'Ingénieur en chef, pour en avoir l'agrément & obtenir les fonds nécessaires pour leur exécution.

PROLONGE, *Artillerie* : c'est un cordage qui sert à tirer un canon en retraite quand la piece est embourbée. Les canoniers se servent aussi des *prolonges* pour conduire une piece de canon à force de bras d'un endroit à un autre. La *prolonge*, ou *allogne*, est aussi un gros cable servant à arrêter les cordages de tous les bateaux ou pontons de cuivre dont on forme un pont pour le passage des troupes.

PROPORTION, *Architecture* : c'est la justesse des membres de chaque partie d'un édifice, & la relation exacte des parties au tout-ensemble, comme celle d'un Ordre d'architecture, ou d'une colonne dans ses mesures, relativement à l'ordonnance générale d'un bâtiment. C'est aussi la différente grandeur des membres d'architecture & des figures, selon la hauteur & l'éloignement d'où on doit les appercevoir.

PROPORTION, *Mathématiques* : comme, en comparant deux grandeurs ou deux quantités, il en résulte une raison ou un rapport ; de même on peut comparer deux rapports, d'où il résulte une *proportion*, lorsque les rapports comparés, ou bien leurs exposans, sont égaux. Les *proportions* sont en quelque sorte l'ame des mathématiques. Chaque rapport ayant deux termes, la *proportion* doit nécessairement en avoir quatre : le premier & le dernier terme sont nommés *extrêmes*, & le second & le troisieme, *moyens*. La *proportion* présentée sous cette forme est dite *discrete*. Si les deux moyens sont égaux, on peut supprimer l'un des deux, alors la *proportion* n'a plus que trois termes ; mais en ce cas celui du milieu est censé appartenir aux deux raisons ; à la premiere comme conséquent, & à la seconde comme antécédent : on l'appelle alors *proportion continue*, & c'est une véritable progression.

PROPORTION ARITHMÉTIQUE : c'est une égalité composée de deux ou de plusieurs raisons semblables, que l'on compare selon leur différence, qui se trouve par leur soustraction. Par exemple, la différence entre 5 & 7 est 2, & celle qui est entre 9 & 11 est aussi 2. Or ces deux raisons arithmétiques comparées entr'elles forment une *proportion arithmétique* qui s'écrit ainsi, 5 . 7 : . 9 . 11.

PROPORTION GÉOMÉTRIQUE : c'est une ressemblance de deux raisons qui n'ont qu'un même exposant. Ainsi les deux raisons de 3 à 6 & de 4 à 8 forment une *proportion géométrique*, parce qu'elles ont le même exposant qui est $\frac{1}{2}$: elle s'exprime ainsi, 3 . 6 : : 4 . 8. Lorsque quatre quantités sont en *proportion géométrique*, le produit des extrêmes est toujours égal au produit des termes moyens.

PROPORTION HARMONIQUE : c'est une *proportion* où la différence des deux premiers termes entre quatre quantités est à la différence du troisieme & du quatrieme, comme le premier terme est au dernier. Voyez le *dictionnaire de mathématique* de M. *Saverien*, ou le grand *dictionnaire encyclopédique*, pour un plus grand éclaircissement sur les *progressions* & les *proportions* de toute espece, articles PROGRESSION & PROPORTION.

PROPORTIONALITÉ, *Mathématiques* : c'est un terme dont on se sert pour exprimer la *proportion* qui est entre des quantités.

PROPORTIONNELLE. On caractérise par ce terme, en mathématiques, des quantités, soit numériques, soit géométriques, qui ont entre elles une même raison ou le même rapport, comme 3, 6, 12 : car 3 . 6 : : 6 . 12. Les géometres cherchent depuis deux mille ans une méthode pour trouver géométriquement deux moyennes proportionnelles entre deux lignes données, c'est-à-dire, en n'employant que la ligne droite & le cercle : car, du reste, ce problême est abondamment résolu, comme on le peut voir dans les *récréations mathématiques* de M. *Ozanam*, tome I, page 286, & dans tous les *élémens de géométrie*.

PROUE, *Marine* : c'est l'avant ou la pointe d'un vaisseau, c'est-à-dire, la partie du navire soutenue par l'étrave, qui avance la premiere en mer, pour fendre & diviser l'eau avec le plus de facilité qu'il est possible.

PUBLIQUE, *Architecture publique* : c'est ainsi qu'on pourroit appeller l'espece d'architecture qui regarde particulierement les Ingénieurs des ponts & chaussées, & qui est relative à la construction des ponts & ponceaux avec tout ce qui y a rapport, ainsi qu'à celle des chemins, chaussées, levées, digues, & généralement de tous les ouvrages qui ont pour objet l'utilité publique ou la commodité des voyageurs. Voyez ci-devant l'article INGÉNIEUR DES PONTS ET CHAUSSÉES.

PUISARD, *Architecture* : c'est, dans l'épaisseur d'un mur, ou dans le noyau d'un escalier à vis, une espece de puits, avec un tuyau de plomb ou de fer fondu, par où s'écoulent les eaux des combles. C'est aussi, dans le milieu d'une cour, un puits bâti à pierres seches & recouvert d'une dale de pierre percée de plusieurs trous, où viennent se rendre les eaux pluviales, pour se perdre dans la terre.

PUISARD, *Archit. hydraul.* C'est un réceptacle où l'eau, ayant été amenée par le moyen d'une machine, est reprise par de nouvelles pompes pour la faire remonter plus haut. A la machine de Marly, il y a, sur la rampe de la montagne, deux *puisards* de cette espece.

PUISARD D'AQUEDUC : c'est, dans un aqueduc qui porte une conduite de fer ou de plomb, certains trous où se vuide l'eau qui peut s'échapper des tuyaux dans le canal de l'aqueduc. Il y a plusieurs de ces *puisards* à l'aqueduc de Maintenon.

PUISARD DE SOURCE : ce sont des puits qu'on fait de distance en distance pour la recherche des sources, & qui se communiquent par des pierrées qui portent toutes leurs eaux dans un regard ou réservoir, d'où elles se rendent dans un aqueduc, pour être conduites au lieu de leur destination. Voyez aussi ci-après au mot REGARD.

PUISSANCE, *Arithmétique* : c'est le produit d'un nombre ou d'une quantité multipliée par elle-même un certain nombre de fois. Ainsi le produit de 3 multiplié par lui même (c'est-à-dire 9) est la seconde *puissance* du nombre 3 : le produit de 9 multiplié par 3 (c'est-à-dire 27) est sa troisieme *puissance* : celui de 27 encore par 3, ou 81, en est la quatrieme *puissance*, &c. Relativement à ces différens produits, le nombre 3 en est la *racine*, ou la premiere *puissance*. La seconde *puissance* 9 s'appelle le *quarré*, dont 3 est la racine quarrée : la troisieme *puissance* 27, est appellée *le cube*, dont 3 est la racine cubique : la quatrieme *puissance* 81, est appellée *biquadratice*, ou *quarré-quarré*, dont 3 est la racine quarré-quarrée.

PUISSANCE DES LIGNES, *Géométrie* : c'est le quarré, le cube, &c. de ces lignes. Ainsi la seconde *puissance* de la ligne a se représente par le quarré aa ou a^2, fait sur cette ligne : la troisieme *puissance*, par le cube aaa, ou a^3, dont cette ligne a est un côté, &c. Voyez ce qui regarde l'élévation des *puissances* & leurs racines très-clairement expliqué dans les *élémens d'algebre*, par M. *le Blond*, *in-octavo*, 1768.

PUISSANCE, *Méchanique* : c'est une force qui, étant appliquée à une machine, tend à produire du mouvement, soit qu'elle le produise, ou non. Dans le premier cas on l'appelle *force mouvante*, ou puissance motrice ; dans le second, c'est une *puissance résistante*. On dit qu'une *puissance* est double ou triple d'une autre, lorsqu'elle est capable de mouvoir ou de soutenir un poids double ou triple de celui que soutient l'autre *puissance* : on entend par l'action d'une *puissance*, le produit d'un corps par sa vîtesse ou par sa force accélératrice ; d'où il suit que deux *puissance* égales & directement opposées se font équilibre : que deux *puissances* qui agissent en même sens produisent un effet égal à la somme des effets de chacune, &c.

PUITS, *Architecture* : c'est un trou profond, de forme circulaire, fouillé au-dessous de la surface de l'eau, & revêtu de maçonnerie. Lorsqu'il est commun à deux propriétaires, on lui donne une forme ovale, & l'on met une languette de pierre dure au-dessous du mur mitoyen, pour y former une séparation. On fait en Flandres & en Allemagne des *puits forés*, dont on peut voir la description dans la *science des Ingénieurs*, par M. *Belidor*, liv. IV.

PUITS, *Artillerie* : c'est une ouverture percée perpendiculairement dans la terre, de 3 ou 4 pieds de diametre, que l'on fait pour s'enfoncer autant qu'il est nécessaire pour conduire des galeries de mines sous le chemin couvert ou sous quelque autre ouvrage d'une place. Du fond de ces *puits* on dirige ensuite des galeries, par différens coudes & retours, jusqu'au lieu où l'on doit placer le fourneau. On donne aussi le nom de *puits* à des creux, ou des trous rangés en échiquier, qu'on fait quelquefois de distance en distance au-devant des lignes, pour en augmenter la défense, comme on l'a pratiqué au siege de Philisbourg, en 1734, à l'imitation des *puits* faits par les Espagnols au siege d'Arras, en 1654, ou de ceux des lignes de *Cesar* devant *Alesia*.

PUITS, *Marine* : c'est un espace ménagé à fond de cale pour recevoir toutes les eaux du vaisseau, qui se rendent à cet endroit, & que l'on éleve ensuite par le moyen de la pompe pour les rejetter dehors : ce *puits* s'appelle aussi *archi-pompe*.

PUREAU, ou ÉCHANTILLON, *Couverture* : c'est ce qui paroît à découvert d'une tuile ou d'une ardoise mise en œuvre, qui est ordinairement le tiers de sa longueur; ainsi quoiqu'une ardoise ait 15 ou 16 pouces de longueur, & une tuile 10 ou 12 pouces, l'ardoise ne doit avoir que 4 ou 5 pouces de *pureau*, & la tuile 3 ou 4 : le reste de la longueur est couvert par le rang supérieur.

PYCNOSTYLE, *Architecture* : c'est le nom que donne *Vitruve* au moindre entrecolonnement, qui est d'un diametre & demi du bas de la colonne, ou de trois modules.

PYRAMIDAL, *Arithmétique*. On appelle *nombre pyramidal*, la somme des nombres polygones formée de la même maniere que les nombres polygones eux-mêmes sont formés des progressions arithmétiques. On les appelle *nombres pyramidaux triangulaires*, lorsqu'ils sont les sommes des nombres triangulaires, & *nombres pyramidaux quarrés*, lorsqu'ils sont les sommes des nombres tétragones.

PYRAMIDE, *Architecture* : c'est un monument de maçonnerie qui a une large base quarrée, & dont le sommet se termine en pointe, qu'on éleve pour conserver la mémoire de quelque événement remarquable. On doit aux Egyptiens l'origine des *pyramides* ; & l'on en voit proche du Caire une grande quantité, parmi lesquelles on en distingue trois, dont la plus grande a été bâtie il y a plus de trois mille ans : la largeur de sa base est de plus de 700 pieds, & sa hauteur est de 616, suivant le rapport des voyageurs. Voyez la représentation de ces fameuses *pyramides* & leur description dans l'*essai d'architecture historique*, par *Fischer*, *in-folio*.

PYRAMIDE, *Géométrie* : c'est un solide terminé en pointe, dont la base est un triangle, un quarré, ou en général un polygone quelconque : ou si l'on veut, c'est un corps dont la base est une figure rectiligne, & dont les côtés sont des triangles plans dont les sommets aboutissent au même point.

PYRAMIDE D'EAU, *Hydraulique* : c'est, dans une fontaine, une tige commune à plusieurs coupes de marbre, de pierre, ou de plomb, qui vont en diminuant & se terminent par un bouillon qui tombe sur la coupe du sommet, d'où il se repand sur les inférieures, en formant autant de nappes, jusques dans le bassin d'en-bas. Telle est la *fontaine de la pyramide*, du dessein de *Girardon*, que l'on voit à Versailles, dans le parterre du nord, en face de l'allée d'eau. Voyez les *délices de Versailles*, *in-folio*, 1766, planche 32.

PYROTECHNIE : c'est, à proprement parler, la science du feu ; mais on applique plus particuliérement ce terme à l'art de faire la poudre à canon & de l'employer dans les différens feux d'artifices, soit pour la guerre, soit pour les fêtes publiques & les réjouissances. Il y a plusieurs auteurs anciens sur la *pyrotechnie*, qu'on ne lit plus : tels sont *le grand art d'artillerie de Casimir Siemienowicz*, la *pyrotechnie de Hanzelet*, la *pratique de la guerre de Malthus*, &c. Mais les meilleurs ouvrages qu'on puisse indiquer sur cette partie de la *pyrotechnie* qui regarde les feux d'artifice, sont sans contredit, pour les théoriciens, le *traité des feux d'artifices*, par M. *Frézier*, seconde édition, *in-octavo*, 1745, & pour les praticiens, *le manuel de l'artificier*, par M. *Perrinet d'Orval*, *in-douze*.

QUADRATIQUE, *Algebre*. On appelle *équation quadratique*, ou plus communement *équation du second degré*, celle où la quantité inconnue monte à deux dimensions, c'est-à-dire, une équation qui renferme le quarré de la racine ou du nombre cherché : telle est l'équation $x^2 = a + b^2$. On l'appelle aussi *équation quarrée* : voyez à cet article.

QUADRATRICE, *Géométrie* : c'est une courbe méchanique par le moyen de laquelle on peut trouver des rectangles ou des quarrés égaux à des portions de cercles, ou en général à des portions d'espaces curvilignes. On peut dire encore que la *quadratrice* d'une courbe est une ligne courbe transcendante décrite sur le même axe, dont les demi-ordonnées, étant connues, servent à trouver la quadrature des espaces qui leur correspondent dans l'autre courbe. *Dinostrate* (d'autres disent *Nicomede*) est l'inventeur de la *quadratrice* ; par son moyen on trouve la quadrature du cercle, non pas géométriquement, mais d'une maniere méchanique : elle sert aussi à diviser exactement un angle en trois parties égales. M. *Tschirnhausen* a aussi trouvé une autre *quadratrice* qui a les mêmes propriétés que celle *de Dinostrate.*

QUADRATURE, *Géométrie* : c'est la réduction géométrique d'une figure curviligne en un quarré qui lui soit exactement égal. La *quadrature* des figures rectilignes est du ressort de la géométrie élémentaire : il ne s'agit que de trouver leur aire ou superficie, & de la transformer en un parallelogramme rectangle. La *quadrature* des courbes est une matiere d'une spéculation plus profonde, & qui fait partie de la géométrie sublime. *Archimede* paroît être le premier qui ait donné la *quadrature* d'un espace curviligne, en trouvant celle de la parabole. *Hypocrate de Scio* a trouvé le moyen de quarrer une partie du cercle à laquelle on a donné le nom de *lunule d'Hypocrate*. *Newton* a trouvé la quadrature des courbes par sa méthode des fluxions. MM. *Christophe Wren* & *Huyghens* se sont disputés la gloire d'avoir découvert la *quadrature* d'une portion de la cycloïde. M. *Leibnitz* découvrit ensuite celle d'une autre portion de la même courbe : & M. *Bernoulli* celle d'une infinité de segmens & de secteurs de cycloïde.

QUADRATURE, *Navigation* : c'est le tems où la lune se trouve éloignée du soleil de 90 degrés, ce qui arrive deux fois dans chacune de ses révolutions ; sçavoir, au premier & au dernier quartier. Alors les marées sont les plus foibles de toutes ; on les nomme pour cette raison *mortes eaux*. Voyez ci-devant l'article FLUX ET REFLUX.

QUADRATURE DU CERCLE : c'est un problême qui a occupé inutilement les mathématiciens de tous les siecles, & qui se réduit à déterminer le rapport du diametre d'un cercle à sa circonférence, ce qu'on n'a pu faire encore jusqu'ici, du moins géométriquement & avec précision. *Archimede* est le premier qui ait tenté de découvrir ce rapport, & il a trouvé par approximation qu'il est comme celui de 7 à 22. MM. *Newton* & *Leibnitz*, en employant l'analyse, ont trouvé deux suites infinies qui expriment la raison de la circonférence d'un cercle à son diametre, mais d'une maniere indéfinie : on peut en voir le détail, ainsi que le récit fidele & raisonné des travaux des plus grands géometres sur cette matiere, dans le petit livre intitulé, *histoire des recherches sur la quadrature du cercle*, par M. *Montucla*, *in-douze*, ou bien dans l'*histoire générale des mathématiques*, par le même auteur, en deux volumes *in-quarto*.

QUADRE, *Architecture*. Voyez au mot CADRE.

QUADRILATERE, *Géométrie* : c'est une figure terminée par quatre lignes droites, qui forment quatre angles & quatre côtés. On en compte cinq especes ; sçavoir, le quarré, le rectangle ou quarré long, le rhombe, le rhomboïde, & le trapeze. Voyez à chacun de ces mots.

QUADRINOME : c'est une quantité formée de quatre termes. Voyez ci-devant l'article POLYNOME.

QUAI, *Archit. hydraul.* C'est un gros mur en talud, fondé sur pilotis, & élevé sur le bord d'une riviere pour retenir les terres des berges trop hautes, & empêcher les débordemens de ses eaux.

QUANTITÉ : c'est l'objet de toutes les mathématiques : on comprend sous ce terme tout ce qui est susceptible d'augmentation ou de diminution. Les *quantités* peuvent être définies, ou selon le nombre, ou selon la mesure, ou selon le poids. En algebre, on calcule également avec des *quantités* inconnues comme avec des *quantités* connues. Enfin les *quantités* étant des nombres indéterminés, il est évident que tout ce qu'on démontre des nombres en général peut leur convenir.

QUANTITÉ ALGÉBRIQUE : c'est une *quantité* dont l'équation peut s'exprimer d'une maniere algébrique. On sçait que les *quantités* connues se représentent avec les premieres lettres de l'alphabet, *a*, *b*, *c*, &c. & les inconnues par les dernieres lettres *x*, *y*, *z*. Il y a des *quantités* commensurables, incommensurables, différentielles, variables, invariables, rationelles, irrationelles, &c. dont on peut voir la définition, chacune au mot qui la caractérise.

QUANTITÉ DE MOUVEMENT, *Méchanique*. La *quantité de mouvement* d'un corps n'est autre chose que sa force, qui s'exprime toujours par le produit de sa masse par sa vîtesse.

QUARRÉ, *Arithmétique* : c'est le produit d'un nombre par lui-même : ainsi 9 est un nombre *quarré*, puisqu'il est formé du nombre 3 multiplié par 3 : 16 est aussi un *quarré*, étant le produit de 4 multiplié par 4. On appelle *racine quarrée* un nombre considéré comme la racine d'une seconde puissance, ou d'un nombre *quarré* : autrement, la *racine quarrée* est un nombre qui, multiplié par lui-même, produit un nombre *quarré*.

QUARRÉ, *Géométrie* : c'est une figure de quatre côtés, dont les angles & les côtés sont tous égaux, & dont les quatre angles sont droits. Pour trouver l'aire d'un *quarré*, il faut chercher la longueur d'un côté, & le multiplier par lui-même : le produit donnera l'aire du *quarré*.

QUARRÉ, *Trait quarré*. Selon différens ouvriers, faire un *trait quarré*, c'est élever une perpendiculaire sur une ligne donnée.

QUARRÉ MAGIQUE, *Arithmétique* : c'est une grille, ou un *quarré* subdivisé en plusieurs petits *quarrés*, dans lesquels on range les nombres d'une progression arithmétique (par exemple depuis 1 jusqu'à 25) de maniere que toutes les sommes d'une colonne verticale ou d'une horisontale, soient égales à la somme de la diagonale. Voyez divers exemples de *quarrés magiques*, avec des regles pour les construire, dans le *dictionnaire de Mathématique*, par M. *Saverien*, & dans le tome I des *récréations mathématiques*, par M. *Ozanam*.

QUARRÉMENT, *Architecture* : ce terme signifie à angle droit, à l'équerre.

QUARRER, *Architecture* : c'est réduire quelque chose que ce soit au quarré : *quarrer* une poutre, c'est l'équarrir.

QUARRER, *Mathématiques*. *Quarrer* un nombre, c'est le multiplier par lui-même : *quarrer* un triangle ou toute autre figure plane, c'est trouver un *quarré* dont la superficie soit égale à l'aire du plan proposé.

QUART, *Marine* : c'est le tems qu'une partie de l'équipage d'un vaisseau veille pour faire le service, tandis que tout le monde dort. Dans les vaisseaux du Roi, ce *quart* est de 8 horloges qui valent 4 heures. Dans les autres vaisseaux, il est tantôt de 6, tantôt de 7, & quelquefois de 8 heures. A chaque fois qu'on change le *quart*, on sonne la cloche, pour en avertir l'équipage.

QUART DE CERCLE, *Artillerie* : c'est un instrument dont les bombardiers se servent pour prendre les angles & donner au mortier l'inclinaison requise, suivant l'endroit où ils veulent faire tomber la bombe. Cet instrument est, pour l'ordinaire, divisé en 90 degrés, & garni d'une longue regle qui s'applique sur la bouche du mortier, pour connoître l'angle qu'il fait avec l'horison. Voyez-en la figure & la description dans *le bombardier François*, par M. *Belidor*, ou dans l'*artillerie raisonnée*, par M. *le Blond*.

QUART DE CERCLE, *Géométrie* : c'est un arc de cercle de 90 degrés, ou la quatrieme partie de toute la circonférence d'un cercle. On donne aussi ce nom à un instrument de mathématique qui est d'un grand usage dans l'arpentage, la navigation, &c. pour mesurer des angles, prendre des hauteurs, &c.

QUART DE CONVERSION, *Art militaire* : c'est un mouvement par lequel une troupe décrit un quart de cercle autour du chef de file de la droite ou de la gauche, qui sert de centre ou de pivot. Ainsi, si la troupe, avant que d'exécuter ce mouvement, faisoit face à l'orient, après son exécution, elle fera face au nord ou au midi, selon que la troupe aura tourné à gauche ou à droite.

QUART DE COULEVRINE, ou SACRE, *Artillerie*. Voyez ci-après au mot SACRE.

QUART DE ROND, *Architecture*. Les ouvriers appellent ainsi généralement toute moulure dont le contour extérieur est un quart de cercle, soit parfait, soit approchant de cette figure : c'est ce que les architectes appellent *ove* : voyez à ce mot.

QUART-DE-RONNER, *Architecture* : c'est rabattre les arêtes d'une poutre, d'un solive, d'une porte, ou de toute autre piece, soit de charpenterie ou de menuiserie, en y poussant un *quart de rond* entre deux filets. On *quart-de-ronne* aussi les marches d'un palier, ou d'un escalier, soit de pierre ou de bois, pour en rabattre la vive arête, mais on ne taille point de filet en dessus.

QUART DE VENT, *Marine* : c'est un air de vent compris entre un air de vent principal, comme est, ouest, nord-est, nord-ouest, &c. & un demi-air de vent qui suit ou précede un air de vent principal, tel que nord-nord-est, sud-sud-ouest, &c. ainsi deux airs de vent principaux renferment deux quarts de vent.

QUARTIER, *Art militaire* : c'est, en général, un lieu occupé par un corps de troupes pour y camper & y loger, soit en campagne, soit dans un siege. Disposer les *quartiers* d'une armée, c'est en distribuer les troupes dans les différens postes où elles doivent camper. On appelle *quartier du Roi*, ou *quartier général*, celui où loge le Roi ou le général qui commande l'armée. Il doit être à la queue du camp, vers le centre, ou entre les deux lignes, de maniere que l'ennemi ne puisse ni l'insulter ni le canonner. *Quartier des vivres*, est celui où sont placées les munitions de bouche, où l'on cuit le pain qui se distribue aux troupes tous les deux jours, &c.

QUARTIER, *Coupe des pierres*. Dans l'architecture, ce mot a plusieurs significations : on appelle *quartier de voie*, les pierres de taille d'une certaine grosseur, dont deux ou trois font la charge d'une voiture attelée de quatre chevaux. *Quartier tournant*, c'est, dans un escalier, les marches qui se trouvent dans les angles, & qui sont fort étroites par le collet & larges par la queue. *Quartier de vis suspendu*, c'est, dans un escalier à vis, cete partie arrondie & saillante hors du mur, laquelle n'est soutenue en l'air que par l'artifice de la coupe des pierres. *Stéréotomie de Frézier*.

QUARTIER ANGLOIS, *Navigation* : c'est un instrument qui sert à observer les astres sur mer. Il est composé de deux arcs de cercle qui ont un même centre, dont l'un est de 60 degrés & l'autre de 30, ce qui fait en tout 90 degrés ; & de trois marteaux perpendiculaires au plan de l'instrument. Voyez une plus ample description de cet instrument & ses usages sur mer dans le *dictionnaire de mathématique*, par M. *Saverien*, ou dans son petit *dictionnaire de marine*.

QUARTIER DE CANTONNEMENT, *Art militaire* : c'est le nom qu'on donne aux différens lieux, comme petites villes, bourgs & villages, à portée les uns des autres, dans lesquels on partage une armée, pour la faire subsister plus facilement.

QUARTIER DE FOURAGE : ce sont des especes de cantonnemens où l'on met les troupes lorsqu'elles ne peuvent pas subsister ensemble, faute de fourage, soit au commencement, soit à la fin d'une campagne.

QUARTIER D'HIVER : ce sont les différens lieux qu'une armée occupe pendant l'hiver, au retour d'une campagne. Suivant les succès & les avantages qu'on a eu dans la campagne derniere, on établit ses quartiers ou dans le pays ennemi, ou sur les confins du sien : mais de quelque maniere qu'ils soient établis, il est nécessaire de les mettre hors d'insulte, ensorte que les troupes ſoient à portée de ſe raſſembler à un rendez-vous général, en cas de quelque entrepriſe de la part de l'ennemi.

Quartier de la Lune, *Coſmographie.* On entend par ce mot le changement que la lune éprouve au bout de 7 à 8 jours : on l'appelle auſſi *quadrature.* A proprement parler, le *premier quartier* devroit commencer à la nouvelle lune, & finir lorſqu'elle entre en quadrature, c'eſt-à-dire, lorſqu'elle eſt éloignée du ſoleil de la valeur d'un quart de cercle, ou de 90 degrés : voyez au mot *quadrature.* Le *ſecond quartier* devroit ſe compter depuis l'inſtant qu'elle eſt entrée en quadrature juſqu'à la pleine lune, & ainſi de ſuite.

Quartier de Reduction, *Navigation* : c'eſt un inſtrument qui repréſente le quart de l'horiſon, avec lequel on réſoud les problêmes du pilotage par les triangles ſemblables. C'eſt une eſpece de carte marine où les lieux ne ſont pas marqués, mais qui peut cependant ſervir pour tous les pays du monde. On peut voir la deſcription & l'uſage de cet inſtrument dans les deux *dictionnaires de mathématique* & *de Marine*, par M. *Saverien*, ci-devant cités, article Quartier Anglois; ainſi que dans le *traité complet de navigation*, par M. *Bouguer*, ou dans la *pratique du pilotage*, par le Pere *Pezenas.*

Quartier-Maitre, *Marine* : c'eſt un officier de marine qui eſt l'aide du maître & du contre-maître. Ses fonctions ſont de faire monter les gens de l'équipage au quart, de faire prendre & larguer les ris des voiles, d'avoir l'œil ſur le ſervice des pompes, &c.

Quartier Sphérique, *Navigation* : c'eſt un inſtrument qui repréſente le quart d'un aſtrolabe, ou d'un méridien, avec lequel on réſoud méchaniquement quelques problêmes d'aſtronomie néceſſaires dans l'art du pilotage, comme trouver le lieu du ſoleil, ſon aſcenſion droite, ſon amplitude, &c. Voyez la conſtruction & l'uſage de cet inſtrument dans le *dictionnaire de mathématique*, par M. *Saverien.*

Quartier d'une Ville, *Architecture* : ce ſont les différentes parties d'une ville ſéparées par une riviere ou par les rues principales, comme, par exemple, les vingt *quartiers* de la ville de Paris. L'ancienne Rome a été auſſi diviſée en *quartiers*, appellés *regions*, qui ont varié ſuivant ſes accroiſſemens.

QUÊTE, *Marine* : c'est la saillie, l'élancement, ou l'angle que l'étrave & l'étambot font aux extrémités de la quille : cet angle est plus grand à l'étrave qu'à l'étambot. On se sert aussi de ce terme pour les bateaux, sur les rivieres, & l'on donne le nom de *quête* à l'avance qu'ils font, tant du côté du chef que de celui de la quille, lorsqu'elle s'éleve & ne touche plus sur le chantier.

QUEUE D'ARONDE, ou D'HYRONDE, *Charpenterie & Menuiserie* : c'est une espece de tenon qui est plus large par le bout que par le collet, & qui a la figure d'une *queue d'hyrondelle* : cet assemblage est très fort. On donne le même nom à une maniere de tailler le bois, ou de limer le fer, en l'élargissant par le bout, pour l'emboiter, le joindre, ou l'appliquer contre une autre piece, & en former des assemblages. *Felibien. D'Aviler.*

QUEUE DE LA TRANCHÉE, *Attaque des places* : c'est le poste, ou le lieu où l'on commence à ouvrir la tranchée pour se mettre à couvert du feu de la place : c'est à cet endroit que l'on fait ordinairement le dépôt ou l'amas des matériaux nécessaires pour les travaux du siege. On y établit aussi l'hôpital ambulant pour les blessés.

QUEUE DE MOULIN : c'est, dans un moulin à vent, un assemblage de plusieurs pieces de bois, qui, comme un gouvernail, sert à le tourner au vent.

QUEUE DE PAON, *Architecture.* On nomme ainsi, dans les voûtes circulaires, tous les compartimens, de quelque grandeur & forme qu'ils soient, qui vont en s'élargissant du centre à la circonférence, imitant en quelque maniere la disposition des plumes de la *queue d'un paon* : c'est ce que les menuisiers appellent *éventail*, dans les chassis à verre des croisées ceintrées.

QUEUE DE PIERRE, *Maçonnerie* : c'est l'extrêmité d'une pierre en boutisse, qui est opposée à la tête ou parement, & qui est engagée dans l'épaisseur du mur sans faire parpain.

QUEUE DE RAT, *Marine.* On appelle ainsi des cordages qui sont plus gros par le bout où ils sont attachés qu'à l'autre extrêmité qui se trouve dans les mains des matelots, laquelle va en diminuant depuis les deux tiers de sa longueur. Tel est le *couet*.

QUEUE DE RENARD, *Hydraulique* : ce sont, dans une

conduite d'eau, des traînasses de racines fort menues qui, passant par les pores des tuyaux de grès, ou par les nœuds du mastic qui se pourrit en terre, se nourrissent dans l'eau, & deviennent si longues & si grosses qu'elles bouchent entiérement la conduite.

Queue d'Hyronde, *Fortification* : c'est une espece de tenaille simple, dont les longs côtés ne sont point paralleles, mais vont en se retrécissant, c'est-à-dire, en se rapprochant du côté de la place : tel est un ouvrage à cornes ou à couronne. On dit au contraire qu'un ouvrage est a *contre-queue d'hyronde*, lorsque ses aîles ou côtés vont en s'élargissant vers la place. Voyez les *élémens de fortification*, par M. *le Blond*, derniere édition, *in octavo*, 1764, page 124.

Queue du Camp, *Art militaire* : c'est la ligne qui termine un camp du côté opposé à celui où le soldat fait face. Dans un siege, on doit tracer la ligne de circonvallation assez loin de la place pour que son canon ne donne point dans la *queue du camp*.

Queue d'un Bataillon, ou d'un Escadron : c'est le dernier rang de soldats ou de cavaliers qui le termine par derriere.

Queue d'une Armée navale : c'est son arriere-garde.

QUILLE, *Hydraulique* : c'est un instrument de cuivre en forme de pyramide, dont les fontainiers se servent pour mesurer l'ouverture des jauges d'une cuvette, pour la distribution des eaux. Voyez ci-devant l'article Jauge.

Quille, *Marine* : c'est une longue & forte piece de bois, ou l'assemblage de plusieurs grosses poutres mises bout à bout & bien jointes ensemble, qui forme la plus basse partie du vaisseau, depuis la poupe jusqu'à la proue, & qui détermine sa longueur. En comparant la carcasse d'un navire à un squelette, les membres en sont les côtes, & la *quille* est l'épine du dos. C'est la premiere piece que l'on établit sur le chantier de construction. Voyez de plus grands détails sur la forme & les dimensions de cette partie essentielle d'un vaisseau, dans les *élémens de l'architecture navale*, par M. *Duhamel*.

QUINCONCE, *Jardinage* : c'est un plant d'arbres formé par plusieurs allées égales & paralleles entre elles, soit sur la longueur, soit sur la largeur, soit qu'on les regarde par les angles. Tel est le *quinconce* du jardin du palais royal, & celui qu'on a planté dans le terrein qui se trouve entre la principale entrée de l'hôtel royal des Invalides & la riviere de Seine, à Paris, pour servir de promenade aux officiers & aux soldats.

QUINPON, *Archit. hydr.* C'est une espece d'outil propre à calfater le plancher ou radier des écluses : le *quinpon* n'est autre chose qu'un paquet de laine attaché au bout d'un bâton, dont on se sert comme d'une brosse à imprimer les couleurs.

QUOTIENT, *Arithmétique* : c'est le nombre qui résulte de la division d'un nombre par un autre, & qui montre combien de fois le plus petit est contenu dans le plus grand, ou combien de fois le diviseur est contenu dans le dividende. Soit, par exemple, le nombre 20 le dividende, & 5 le diviseur, le *quotient* 4 indique que le nombre 5 est compris quatre fois dans le nombre 20.

RABANS, ou COMMANDES, *Marine* : ce sont de petites cordes faites avec de vieux cables, dont on se sert pour garnir les voiles, afin de les ferler, & pour plusieurs autres amarrages, comme aussi pour renforcer les manœuvres. Les garçons de vaisseau sont obligés de porter toujours des rabans pendus à leur ceinture, sous peine de châtiment.

RABATTUES, *Marine.* On appelle *rabattues* de l'arriere & de l'avant, les élévations par degrés des œuvres mortes en avant & en arriere, au-dessus de la lisse du plat-bord. La *grande rabattue de l'arriere* commence au milieu de la largeur du vaisseau, de l'étrave à l'étambot, ou plutôt 2 pieds & demi ou 3 pieds en avant du gaillard, & se termine en haut par la lisse de la premiere *rabattue.* La longueur de la *rabattue de l'avant* doit excéder de 18 pouces la longueur du château d'avant, dans un vaisseau de 70 pieces de canon, & dans les autres à proportion.

RABLES, *Charpenterie de bateaux* : ce sont des pieces de bois rangées comme des solives, qui traversent le fond des grands bateaux, & sur lesquelles on attache les femelles, les planches, & les bordages du fond.

RABLURE, *Marine* : c'est une canelure ou entaille que le charpentier fait le long de la quille d'un vaisseau, pour emboiter les gabords à l'étrave & à l'étambot, & pour placer les bouts des bordages & des ceintes.

RABOT, *Maçonnerie* : c'est un outil fait d'une longue perche, à l'extrêmité de laquelle est attachée un bout de planche ou un petit billot de bois, dont les manœuvres se servent pour remuer la chaux & faire du mortier.

RABOT : *terme de paveur*, c'est une pierre dure, ou une sorte de liais rustique dont on se sert pour paver les chemins, les cours, &c. dans les endroits où le pavé de grès est trop cher ou trop difficile à avoir.

RACAGE, *Marine* : c'est un assemblage de petites boules enfilées l'une à côté de l'autre, comme les grains d'un chapelet, qu'on met autour des mâts vers le milieu de la vergue, pour accoler l'un & l'autre, afin que le mouvement de cette vergue soit plus facile, & qu'on puisse par conséquent l'amener plus promptement. La vergue de civadiere n'a point de *racage*, parce qu'on n'est pas obligé de l'amener.

RACCORDEMENT, *Architecture* : c'est la réunion de deux corps à un même niveau ou à une même superficie, ou d'un ancien ouvrage avec un nouveau, comme il a été pratiqué, avec beaucoup d'art & d'intelligence, par *François Mansard*, à la porte de l'hôtel de Carnavalet, pour conserver la sculpture faite par *Jean Goujon*; ou à la porte Saint Antoine, par *François Blondel*, pour conserver les chefs-d'œuvres du même sculpteur. On donne encore le nom de *raccordement* à la jonction de deux terreins inégaux, dans un jardin, par le moyen des pentes & des perrons.

RACCORDEMENT, *Hydraulique* : c'est la réunion de deux montagnes d'inégale hauteur, entre lesquelles il se trouve un vallon où l'on doit faire passer une conduite d'eau. C'est aussi la jonction de deux tuyaux de diametres inégaux, par le moyen d'un tambour ou d'une cuvette de plomb, dans laquelle se réunissent les tuyaux de différentes grosseurs servant à distribuer l'eau aux fontaines où elle doit se rendre. *Raccorder*, c'est faire un *raccordement*.

RACHETER, *Architecture* : c'est corriger un biais par une figure réguliere, comme une plate-bande, qui, n'étant pas parallele, raccorde un angle hors d'équerre avec un angle droit, dans un compartiment.

RACHETER, *Coupe des pierres* : c'est joindre sans interruption deux surfaces de voûtes différentes, soit par des angles saillans ou rentrans, soit par d'autres surfaces intermédiaires qui fassent une transition agréable de l'une à l'autre. On dit, dans ce sens, qu'un cul de lampe *rachete* un berceau, lorsque le berceau vient y faire lunette. On dit aussi que quatre pendentifs *rachetent* une voûte sphérique, ou la tour ronde d'un dôme, parce qu'ils se raccordent avec son plan circulaire, &c. *D'Aviler.*

RACINAL, *Archit. hydraul.* C'est une piece de bois dans laquelle est encastrée la crapaudine du seuil d'une porte d'écluse.

RACINAUX, *Archit. hydraul.* Ce sont des pieces de bois semblables à des bouts de solives, arrêtées sur des pilots, sur lesquelles on pose les madriers & plate-formes pour porter le mur de douve d'un réservoir ou d'un bassin. On appelle aussi *racinaux*, des pieces de bois plus larges qu'épaisses, qui s'attachent sur la tête des pilots & sur lesquelles on pose la plate-forme. Pour cet effet, ayant enfoncé les pilots, on remplit tout le vuide qu'ils laissent avec des charbons, & par-dessus les pieux, d'espace en espace, on met les *racinaux* qu'on fixe avec des chevilles de fer sur la tête des pieux. C'est sur ces *racinaux* qu'on attache de grosses planches de 5 pouces d'épaisseur, qui composent la plate-forme. *D'Aviler.*

RACINAUX DE COMBLE, *Charpenterie* : ce sont des especes de corbeaux de bois qui portent en encorbellement, sur des consoles, le pied d'une ferme ronde qui couvre en saillie le pignon d'une maison. *D'Aviler.*

RACINAUX D'ÉCURIE : ce sont de petits poteaux scellés debout dans une écurie, qui servent à porter la mangeoire des chevaux. *Felibien.*

RACINAUX DE GRUE, *Machines* : ce sont des pieces de bois croisées qui forment l'empattement d'une grue, dans lesquelles sont assemblés l'arbre & les arc-boutans : lorsque ces pieces de bois sont plates, on les nomme *solles. D'Aviler.*

RACINE, *Algebre* : c'est une quantité qui, multipliée par elle-même un certain nombre de fois, forme un produit ou une puissance. Chaque produit ayant un nom particulier, on le donne de même à la *racine* de la puissance qui en est formée. De-là viennent la *racine quarrée*, la *racine cubique*, &c. lorsque la quantité qui en provient est un quarré ou un cube. *Racine d'une équation*, est la valeur de la quantité inconnue d'une équation, laquelle a toujours autant de racines qu'il y a d'unités dans la plus haute dimension de l'inconnue. On distingue encore les racines en vraies, fausses, imaginaires, &c. M. *le Blond* s'est fort étendu sur cette matiere dans les *élémens d'algebre* qu'il vient de mettre au jour, & l'on y trouve des méthodes faciles pour l'extraction des racines quarrées & cubes, pour le calcul des radicaux, & pour faire sur les grandeurs radicales toutes les opérations qui se font sur les nombres. *Descartes*, à qui nous avons l'obligation d'avoir perfectionné l'algebre, & d'avoir inventé une nouvelle géométrie, a donné une regle pour connoître le nombre des *racines* positives & négatives dans les équations qui n'ont point de *racines* imaginaires : on peut voir la démonstration de cette regle importante, donnée par M. l'Abbé *de Gua*, dans les *mémoires de l'Académie des Sciences*, année 1741.

RACLOIRE, *Artillerie* : c'est un petit instrument de fer qui sert à nettoyer l'ame & la chambre d'un mortier.

RADE, *Marine* : c'est un espace de mer à quelque distance de la côte, qui est à l'abri des vents dangereux, où les plus gros vaisseaux peuvent jetter l'ancre & y rester en attendant le vent ou la marée propre pour entrer dans un port, ou pour suivre leur route.

RADEAU, *Art militaire* : c'est une espece de pont flottant, ou un assemblage de plusieurs pieces de bois qui forment un plancher, dont on se sert pour faire passer des troupes sur de petites rivieres, ou sur des inondations. Le mineur se sert aussi quelquefois d'un *radeau*, dans les fossés pleins d'eau, pour aller s'attacher de l'autre côté du fossé au revêtement du bastion qu'il doit faire sauter. Les *radeaux* ont cet avantage sur les ponts de bateaux pour le passage des rivieres, qu'étant fort simples, ils sont plus faciles à construire & à transporter. Voyez l'*artillerie raisonnée*, par M. *le Blond*, *in* 8°. pag. 492.

RADEAU, *Archit. hydraul.* C'eſt une ſorte d'épi ambulant, compoſé d'un aſſemblage de charpente, formant un plancher rectangulaire de 12 toiſes de longueur ſur 2 de largeur, lequel, flottant à marée haute, peut être conduit où l'on veut le fixer, pour creuſer quelque endroit d'un port où il s'eſt formé un attériſſement.

RADICAL, *Algebre* : c'eſt l'épithete qu'on donne aux quantités qui ſont affectées du ſigne $\sqrt{\ }$, lequel déſigne la racine de quelque quantité : par exemple, $\sqrt{a}$, $\sqrt{b}$ ſont des *quantités radicales*.

RADIER, *Archit. hydraul.* C'eſt le plancher d'une écluſe par-deſſus lequel l'eau coule. Il eſt formé de planches de chêne de 3 pouces d'épaiſſeur, clouées ſur les traverſines dans l'alignement des longrines. Sur ce premier plancher on en poſe un ſecond, appellé *recouvrement du radier*, dont les planches, qui n'ont que 2 pouces d'épaiſſeur, répondent en plein ſur les joints de celles de deſſous, ſur leſquelles elles ſont clouées du même ſens. Le *radier* eſt la plus baſſe partie d'une écluſe, il eſt terminé à droite & à gauche par les bajoyers, & eſt précédé par un *avant radier* ou *faux-radier*, conſtruit à l'entrée & à la ſortie de l'écluſe. Voyez ci-devant l'article FAUX-RADIER. On obſerve de faire le *radier* d'une écluſe un peu en glacis, pour faciliter l'écoulement des eaux, & pour pouvoir le mettre à ſec plus facilement lorſqu'il eſt beſoin d'y faire quelques réparations.

RADOUB, *Marine* : c'eſt le travail qu'on fait pour réparer quelque dommage qu'a reçu le corps d'un vaiſſeau. Les matieres dont on ſe ſert pour *radouber*, ſont des planches, des plaques de plomb, des étoupes, du brai, du goudron, & en général tout ce qui peut boucher les fentes & arrêter les voies d'eau. On *radoube* auſſi les portes & le radier d'une écluſe.

RAFRAICHIR, *Artillerie.* On eſt obligé de *rafraîchir* de tems en tems le canon, dans les ſieges ; pour cet effet, après qu'il a tiré 10 ou 12 coups, on trempe l'écouvillon dans un ſceau plein d'eau & de vinaigre, & on l'introduit à pluſieurs repriſes dans l'intérieur du canon : ſans cette opération, la piece s'échaufferoit au point d'être en danger de crever.

RAGRÉER, *Architecture* : c'eſt, après qu'un ouvrage eſt fait, enlever avec les outils convenables les baievres & les autres inégalités qui ſe trouvent dans les paremens

& dans les joints des pierres, pour les rendre unis, propres, & agréables à la vue. On dit aussi faire un *ragréément*. *D'Aviler*. *Frézier*.

RAINURE, ou RÉNURE, *Menuiserie* : c'est un petit canal creusé sur l'épaisseur d'une planche, pour recevoir une languette, ou pour servir de coulisse. *D'Aviler*.

RAIS DE CŒUR, *Architecture* : ce sont de petits ornemens évuidés en forme de cœurs, accompagnés de feuilles d'eau & de dards, que l'on taille sur les talons, doucines, & autres moulures moitié concaves moitié convexes. *D'Aviler* (édition de 1755) & son fidele copiste dans l'*encyclopédie*, écrivent mal-à-propos *rais de chœur* : il ne s'agit pas ici de *chœur* d'église ni de *chœur* de musique, mais d'un ornement qui a la forme d'un *cœur*. On est souvent dans le cas de faire de pareilles méprises quand on copie indistinctement tout ce que l'on trouve dans un livre.

RAISON, ou RAPPORT, *Géométrie* : c'est le résultat de la comparaison que l'on fait entre deux grandeurs ou deux quantités homogenes, en déterminant l'excès de l'une sur l'autre, ou combien de fois l'une contient l'autre, ou y est contenue. Les choses homogenes ainsi comparées s'appellent les *termes de la raison* : la chose que l'on compare se nomme *antécédent*, & celle à laquelle on la compare, *conséquent*. La *raison* reçoit différentes épithetes, comme *raison* alterne, *raison* composée, *raison* multiple, *raison* d'égalité, *raison* rationelle, &c. dont on peut voir l'explication dans le *dictionnaire de mathématique*, par M. *Saverien*.

RAISON INVERSE, *Géométrie*. On dit que deux quantités sont en *raison inverse* de deux autres, lorsque la premiere est à la seconde comme la quatrieme est à la troisieme. Ainsi lorsqu'on dit que la gravitation est en *raison inverse* du quarré des distances, c'est-à-dire, que la gravitation à la distance *a* est à la gravitation à la distance *b*, comme le quarré de la distance *b* est au quarré de la distance *a*.

RALINGUER, ou FAIRE RALINGUER, *Marine* : c'est faire couper le vent par la *ralingue*, ensorte qu'il ne donne point dans les voiles.

RALINGUES, *Marine* : ce sont des cordes cousues en ourlet tout autour de chaque voile & de chaque branle, pour en renforcer les bords. Tenir un vaisseau *en ralingue*, c'est le disposer de maniere que le vent ne donne point dans les voiles.

RALONGÉE, *Coupe des pierres* : ce terme s'applique à une ligne courbe à laquelle on donne plus d'extension sur un diametre ou sur une corde, qu'elle n'en avoit, sans changer la profondeur de l'arc. Dans ce sens, une voûte elliptique, ou surbaissée, est une cerche ralongée.

RALONGEMENT ou RECULEMENT D'ARESTIER, *Archit.* C'est, dans le profil d'un comble, une ligne diagonale tirée depuis le poinçon d'une croupe jusqu'au pied de l'arestier qui porte sur l'encoignure d'un entablement. Les charpentiers le nomment *trait rameneret.*

RAME, *Marine* : c'est une longue piece de bois, dont l'une des extrêmités qui entre dans l'eau est applatie, & dont l'autre partie, qui est dans la main des rameurs, est arrondie : on pose la *rame* sur le bord du bâtiment pour le faire siller.

RAMEAUX DE CONTREMINE, *Fortification* : ce sont de petites galeries que l'on fait ordinairement en-tems de siege, qui, partant des galeries majeures, s'étendent sous le chemin couvert, sous le glacis, & jusques dans la campagne. Aux extrêmités de ces *rameaux*, qui n'ont guere que 4 pieds de hauteur sur 2 & demi de largeur, on fait un ou plusieurs fourneaux pour faire sauter le terrein qui est au-dessus quand l'assiégeant s'en est emparé. On donne le nom d'*araignée* aux différens coudes ou retours que font les *rameaux* qui aboutissent à une galerie de mine.

RAMENERET, TRAIT RAMENERET, *Charpenterie* : c'est une ligne que l'on trace avec le cordeau pour prendre la longueur des arestiers. *Felibien.*

RAMPANT, *Architecture* : c'est une épithete qu'on donne à tout ce qui n'est pas de niveau & qui a de la pente, comme une descente, un *arc rampant*, &c. Voyez ci-devant l'article ARC RAMPANT.

RAMPE, *Architecture* : c'est, en général, l'inclinaison à l'horison d'une ligne ou d'une surface droite, ou courbe, avec degrés ou sans degrés. Dans un escalier tournant, on appelle *rampe courbe* une portion d'escalier à vis suspendue, ou à noyau, laquelle se trace par une cerche ralongée, & dont les marches portent leur délardement pour former une coquille, ou bien sont posées sur une voûte *rampante*, comme dans la vis Saint-Gilles ronde.

Rampe par ressaut, est une *rampe* d'escalier dont le contour est interrompu par des paliers, ou par des quartiers tournans.

RAMPE DE CHEVRON : c'est l'inclinaison des chevrons d'un comble. Pour rendre un étage en galetas plus praticable, on fait au-dessus du dernier plancher un exhaussement de plusieurs pieds jusques sous la *rampe* des chevrons.

RAMPE DE MENUISERIE : c'est une *rampe* droite & sans sujettion, comme on en fait dans de petits escaliers dérobés. C'est aussi une *rampe* courbe qui suit le contour du pilier d'une église, comme la plupart des escaliers des chaires à prêcher. Cet ouvrage est un des plus difficiles de la menuiserie.

RANCHER, ou ÉCHELIER, *Charpenterie*. Voyez au mot ÉCHELIER.

RANCHES, *Charpenterie* : ce sont des chevilles de bois qui garnissent l'échelier d'une grue. Elles passent au travers & servent d'échelons pour monter au haut de la machine, & pour y ajuster la sellette, le fauconneau, les poulies & le cable.

RANG, *Art militaire* : c'est la ligne droite que forment les soldats *rangés* en ordre de bataille les uns à côté des autres, faisant tous face vers un même endroit. Le nombre des *rangs*, ou la quantité des soldats qui composent chaque file, forment ce qu'on appelle la *hauteur du bataillon*. S'il est de 600 hommes mis en bataille sur quatre *rangs*, chacun de ces *rangs* sera de 150 hommes & chaque file sera de 4 soldats. Le premier *rang* est appellé la tête du bataillon, & le dernier *rang* en est la queue.

RANG, *Marine* : c'est un terme dont on se sert pour distinguer la grandeur & la capacité des vaisseaux de guerre. Voyez, pour un plus grand éclaircissement sur ce sujet, l'article ORDRE DES VAISSEAUX, dans ce dictionnaire, ou les *élémens d'architecture navale*, par M. *Duhamel*, page 56 & suivantes.

RAPPORT, ou RAISON, *Géométrie*. Voyez ci-devant l'article RAISON.

RAPPORTEUR, *Géométrie* : c'est un petit instrument de mathématique fait en demi-cercle & divisé en 180 degrés, qui sert à prendre l'ouverture des angles & à *rapporter* sur le papier ceux qui ont été mesurés sur le terrein avec le graphometre ou l'équerre d'arpenteur. Voyez-en la description plus détaillée & les usages dans la derniere édition du *traité de l'arpentage*, par M. *Ozanam*, *in-douze*, page 108. On fait des *rapporteurs* en cuivre & d'autres de corne transparente, mais ces derniers sont les plus commodes pour travailler sur le papier.

RATEAU, ou RATELIER, *Marine* : c'est le nom qu'on donne à cinq ou six poulies arrangées l'une sur l'autre le long de la liûre du mât de beaupré, pour y passer les manœuvres de ce mât.

RATELIER, *Art militaire* : c'est un assemblage de charpente composé de mouliners, de traverses, & de quelques autres pieces, servant à porter les mousquets, fusils, & autres armes à feu que l'on conserve dans les arsénaux. On met aussi des *rateliers* dans les corps-de-garde pour y rassembler en ordre les armes de la troupe qui y fait la garde.

RATION DE PAIN, *Art militaire*. En France, la *ration* de pain pour chaque soldat en campagne est actuellement de 28 onces, poids de marc, & d'une demi-livre de viande, par jour. On lui donne en outre une pinte de vin du crû du pays, ou un pot de bierre ou de cidre, suivant les endroits où l'on se trouve. Voyez ci-devant l'article PAIN DE MUNITION.

RATIONEL, *Mathématique* : cette épithete s'applique à différentes parties des mathématiques. *Horison rationel* ou vrai est celui dont le plan est supposé passer par le centre de la terre, par opposition à l'*horison sensible* ou apparent, qui est celui que nous appercevons dans une plaine de grande étendue. *Quantité rationelle* est une quantité commensurable (voyez à ce mot) avec son unité : on appelle *irrationelles* ou sourdes, celles qui sont incommensurables avec l'unité. *Rapport rationel* est celui dont les termes sont des quantités rationelles. *Nombre entier rationel* est celui dont l'unité fait une partie aliquote. *Nombre mixte rationel* est un nombre composé d'une unité & d'une fraction, ou d'un nombre entier & d'un nombre rompu.

RAVALEMENT, *Architecture* : c'est, dans les pilastres & les corps de maçonnerie ou de menuiserie, un petit renfoncement simple, ou bordé d'une baguette, ou d'un talon. *D'Aviler.*

RAVALEMENT, *Marine* : c'eſt le nom qu'on donne à des retranchemens que l'on fait ſur le haut de l'arriere d'un vaiſſeau pour y mettre des mouſquetaires ou fuſiliers.

RAVALER, FAIRE UN RAVALEMENT, *Maçonnerie* : c'eſt faire un enduit ſur un mur de moilons ou ſur un pan de bois, y obſervant des champs, des naiſſances, & des tables de plâtre uni, ou de crepi. C'eſt auſſi repaſſer la laie ou la ripe ſur la façade d'un bâtiment en pierre, pour la nettoyer & la blanchir. Le mot *ravalement* vient de ce que dans ces ſortes de travaux on va en *ravalant*, c'eſt-à-dire, en deſcendant, l'uſage étant de commencer toujours par le haut & de finir par le bas.

RAVELIN, *Fortification* : c'eſt ainſi qu'on appelloit autrefois la *demi-lune* ; voyez à ce mot.

RAVINES, *Hydraulique*. Lorſqu'un lieu ne fournit pas aſſez d'eaux de ſources pour l'uſage qu'on doit en faire, on a recours à celles de *ravines* provenant des grandes pluies & des orages ; on les ramaſſe dans la campagne par le moyen des foſſés & des rigoles creuſées le long des pieces de terre & des grands chemins, & on leur donne une pente douce pour les conduire dans un réſervoir. Pour ôter à ces eaux de *ravines* leur couleur jaunâtre, on peut les purifier en les faiſant tomber dans un puiſard plein de cailloux, où elles dépoſent, avant que d'entrer dans le réſervoir, le plus gros de leur ſaleté.

RAYON, ou DEMI-DIAMETRE D'UN CERCLE, *Géométrie* : c'eſt une ligne droite menée du centre d'un cercle à ſa circonférence. C'eſt par le mouvement de cette ligne autour du centre, comme point fixe, que ſe forme le cercle. Dans la trigonometrie, le *rayon d'un cercle* s'appelle *ſinus total*. Par la définition & la conſtruction du cercle, il eſt évident que tous ſes *rayons* ſont égaux.

RAYON, *Fortification*. Dans les fortifications on diſtingue le *rayon* en extérieur & en intérieur. *Rayon extérieur* eſt une ligne droite tirée du centre de la place à l'angle flanqué d'un baſtion : c'eſt le *rayon* du polygone dans lequel la place eſt inſcrite. On appelle *rayon intérieur*, la ligne droite tirée du centre de la place au centre du baſtion. Voyez les *élémens de fortification*, par M. *le Blond*, édition de 1764, *in-octavo*, page 7.

RÉACTION, *Méchanique* : c'eſt la réſiſtance que fait un corps à un autre qui le choque. C'eſt un ancien axiome de phyſique qu'il n'y a point d'*action* ſans *réaction* : mais on ignoroit, avant M. *Newton*, que la *réaction* est toujours égale à l'*action*. C'est ce grand homme qui a remarqué le premier que les *actions* de deux corps qui se heurtent l'un l'autre sont exactement égales, mais qu'elles s'exercent en sens contraire.

REBROUSSEMENT, *Géométrie transcend.* Le *rebroussement* d'une courbe est proprement une flexion en sens contraire de celui qu'elle avoit d'abord. Voyez ci-devant l'article POINT DE REBROUSSEMENT. La regle générale pour trouver les points de *rebroussement* est la même que pour les points d'inflexion : ce qui distingue d'ailleurs ces deux points l'un de l'autre, c'est qu'au point d'inflexion l'ordonnée n'a qu'une seule valeur, à moins qu'elle ne soit tangente de la courbe ; au lieu qu'au point de *rebroussement* elle en a deux, ou même davantage. Comme cette partie de la haute géométrie est trop abstraite pour être entendue sans le secours des figures, voyez, pour plus d'instruction sur les points d'*inflexion* & de *rebroussement*, l'*introduction à la connoissance des lignes courbes*, par M. *Cramer*, *in-quarto*, qui se vend chez *Jombert*.

RECEPTACLE, *Archit. hydraul.* C'est un bassin où l'eau de plusieurs canaux d'aqueduc, ou tuyaux de conduite, vient se rendre, pour être ensuite distribuée en d'autres conduites. On nomme aussi cette espece de réservoir, *conserve*, comme le bassin rond qui est sur la butte de Montboron, près Versailles. *D'Aviler.*

RECHAUD DE REMPART, *Artillerie* : c'est une machine de fer en forme de lanterne à jour, ayant dans le fond un plateau dans lequel on met des vieilles meches ou des étoupes imbibées de goudron, pour éclairer pendant la nuit en tems de siege le rempart & les endroits où l'on craint quelque surprise.

RECHERCHE : *en termes de couvreur*, c'est le travail que l'on fait pour l'entretien & la réparation d'une couverture de bâtiment, où l'on met quelques tuiles ou ardoises à la place de celles qui manquent, & où l'on refait les tuilées, solins, arestiers, & autres plâtres. En termes de paveur, *faire une recherche*, c'est en raccommoder les flaches & remettre des pavés neufs à la place de ceux qui sont brisés.

RECIPIANGLE, *Mathématiques* : c'est une espece d'instrument fait en forme d'équerre mobile ou de biveau, composé de deux branches qui se meuvent autour d'un clou rivé qui les assemble. On s'en sert principalement pour prendre la mesure des angles dans l'arpentage & dans l'art de lever les plans.

RECIPIENT, *Physique*: c'est le nom qu'on donne à la cloche de verre qu'on applique sur la platine de la machine pneumatique, & de laquelle on chasse l'air par le moyen d'une pompe. Voyez MACHINE PNEUMATIQUE.

RECIPROQUE, *Géométrique*. On appelle ainsi des figures dont les deux côtés de l'une forment une proportion avec les deux côtés de l'autre : de sorte que les deux côtés de la même figure sont ou les extrêmes ou les moyens de la proportion. Lorsque dans quatre nombres donnés le quatrieme est moindre que le second en même raison que le troisieme est plus grand que le premier, *& vice versâ*, c'est ce qu'on nomme *proportion réciproque*, mieux connue sous le nom de *raison inverse*. C'est là le fondement de la regle de trois inverse.

RECONNOITRE, *Attaque des places*. *Reconnoître* une place, c'est en faire le tour avant que de l'assiéger, & l'examiner avec soin pour connoître les avantages & les défauts de son assiete & de ses fortifications, & pour se déterminer en conséquence sur le choix des attaques. On ne fait point de siege qu'on n'ait bien *reconnu* la place auparavant.

RECOUVREMENT, *Archit. hydraul.* C'est une seconde rangée de planches de chêne de deux pouces d'épaisseur, que l'on pose plein sur joint sur le plancher qui forme le radier d'une écluse, pour le rendre plus étanche & plus solide. Voyez ci-devant l'article RADIER.

RECOUVREMENT, *Menuiserie* : c'est une espece de rebord fait à un ouvrage pour l'ajuster avec un autre, en les faisant mordre ou empiéter l'un sur l'autre : c'est ainsi que les guichets d'une croisée, ou les deux venteaux d'un contre-vent sont en *recouvrement* l'un sur l'autre, pour les rendre plus clos.

RECTANGLE, *Géométrie* : c'est une figure rectiligne de quatre côtés, dont les côtés opposés sont égaux, & dont les quatre angles sont droits. On l'appelle aussi *quarré-long*. Pour trouver la superficie d'un *rectangle*, il ne s'agit que de multiplier un de ses grands & un de ses petits côtés l'un par l'autre. On appelle *triangle rectangle*, celui qui a un angle droit, ou de 90 degrés : comme dans un triangle rectiligne quelconque il ne peut y avoir qu'un angle droit, il s'ensuit qu'un triangle *rectangle* ne peut être équilatéral.

RECTIFICATION, *Géométrie. Rectifier* une courbe, c'est trouver une ligne droite dont la longueur soit égale à cette courbe : pour trouver la quadrature du cercle, on n'a besoin que de la *rectification* de sa circonférence, car il est démontré que la surface d'un cercle est égale à un triangle rectangle dont les deux côtés qui comprennent l'angle droit sont formés par le rayon du cercle & par une ligne droite égale à sa circonférence : mais la trouver, cette ligne, *hoc opus, hic labor est*. La *rectification* des courbes est une branche de la géométrie composée, dans laquelle on apperçoit sensiblement l'usage du calcul intégral, ou de la méthode inverse des fluxions. En effet, puisqu'on peut regarder une ligne courbe comme étant composée d'une infinité de lignes droites infiniment petites, en trouvant la valeur d'une de ces lignes, par le calcul différentiel, leur somme trouvée par le calcul intégral doit donner la valeur de cette courbe.

RECTILIGNE, *Géométrie* : c'est l'épithete qu'on donne aux figures dont le contour est terminé par des lignes droites.

RECUEILLIR, *Maçonnerie* : c'est raccorder une reprise par sous-œuvre d'un mur de face, ou d'un mitoyen, avec ce qui est au-dessus. Ainsi l'on dit *se recueillir*, lorsqu'on érige à plomb la partie du mur à rebâtir, & qu'elle est conduite de telle sorte qu'elle se raccorde avec la partie supérieure du mur que l'on a conservé. *D'Aviler.*

RECUIT, *Artillerie. Mettre au recuit*, c'est une préparation que l'on donne au moule d'une piece d'artillerie après qu'on l'a vuidé par dedans de la premiere terre qui avoit servi à le former, en ôtant le trousseau & la natte qui le remplissoient. Voyez les *mémoires d'artillerie*, par M. *de Saint-Remy*, ou l'*artillerie raisonnée*, par M. *le Blond*, *in-octavo*, page 46, pour le détail de cette opération.

RECUL DU CANON, *Artillerie* : c'est un mouvement en arriere imprimé à la piece par l'activité du feu & par la force de la poudre, qui, dans le premier instant de son inflammation, repousse le canon en arriere par le même effort qui chasse le boulet en avant. Le *recul* du canon altere un peu l'action de la poudre sur le boulet, mais il est inévitable : on en diminue seulement la violence en donnant à la plate-forme de la batterie un peu de pente du derriere au-devant.

RECULEMENT, ou RALONGEMENT D'ARESTIER, *Charpenterie.* Voyez au mot RALONGEMENT.

REDENTS, *Architecture.* Dans la construction d'un mur sur un terrein en pente, ce sont plusieurs ressauts qu'on pratique d'espace en espace à la retraite, pour la conserver de niveau par intervalles. Ce sont aussi, dans les fondations, diverses retraites causées par l'inégalité de consistance du terrein, ou par une pente sensible.

REDENTS, *Fortification passagere* : c'est, dans la construction des lignes & des retranchemens que l'on fait en campagne, des parties saillantes de l'enceinte disposées de façon qu'elles forment une espece de demi-lune ou d'angle saillant vers la campagne, pour que toutes ses parties puissent se défendre & se flanquer réciproquement. Les *redents* sont composés de deux faces ou côtés, qui doivent faire au point où ils se rencontrent, un angle saillant de 60 degrés : ils ont 30 toises de gorge, & leurs faces en ont 25 chacune : on les éloigne l'un de l'autre d'environ 120 toises. Quelques auteurs écrivent *redans*, mais il semble qu'il seroit mieux d'écrire *redents*, parce que ces lignes imitent par leur contour extérieur la forme & l'arrangement des *dents* d'une scie.

REDOUTES, ou LUNETTES, *Fortification* : ce sont des especes de petits bastions que l'on construit au pied du glacis & même au-delà, dans les dehors d'une place fortifiée, pour en rendre les approches plus difficiles. On met aussi de ces lunettes vis-à-vis les places d'armes saillantes & rentrantes du chemin couvert. *Elémens de fortification*, par M. *le Blond*, *in-octavo*, page 142.

REDOUTES, *Fortification passagere* : c'est un petit fort construit en terre, & quelquefois en maçonnerie, qui est d'un usage fréquent dans la guerre, pour fortifier un poste qu'on veut garder : on en met aussi au-devant des lignes, & même quelquefois devant le front des armées rangées en bataille. M. le Maréchal de *Saxe* estimoit beaucoup cette espece de retranchement formé de redoutes détachées & le préféroit aux lignes ordinaires. Voyez l'examen des avantages & des inconvéniens de ces deux especes de lignes, dans la derniere édition

de

de l'*attaque des places*, par M. *le Blond*, *in-octavo*, 1762, page 87.

REDOUTES A CREMAILLERE : ce sont des redoutes ordinaires, dont les faces, au lieu d'être en ligne droite, forment des especes de redents perpendiculaires les uns aux autres, de trois pieds de côté, ou de saillie. L'objet de ces redents imaginés par M. *de Clairac*, est de défendre également toutes les parties de la redoute, & surtout les angles, qui, dans les autres constructions, ne sont pas défendus. Voyez l'*Ingénieur de campagne*, par M. *de Clairac*, *in-quarto*.

REDOUTES A MACHICOULIS : ce sont des *redoutes* de maçonnerie à plusieurs étages, dont la plate forme supérieure saille au-delà du nud du mur : on pratique dans cette saillie des ouvertures par lesquelles on découvre le pied de la redoute. Voyez-en des exemples dans la *science des Ingénieurs*, par M. *Belidor*, liv. IV.

REDOUTES CASEMATÉES : ce sont des *redoutes* de maçonnerie voûtées à l'épreuve de la bombe : telles sont les tours bastionnées du second & du troisieme systême de M. *de Vauban*.

REDUCTION D'UNE ÉQUATION, *Algebre* : c'est la derniere & la principale partie de la résolution d'un problême. Elle consiste à débarrasser les équations de toutes les quantités superflues, à les réduire aux expressions les plus simples, & à séparer les quantités connues d'avec les inconnues, jusqu'à ce que celles-ci se trouvent seules dans un membre de l'équation & les autres dans l'autre membre.

RÉDUIT, *Fortification* : c'est une sorte de petite citadelle que l'on construit dans les grandes villes, vers la partie de l'enceinte opposée à la citadelle. Ce réduit n'est souvent qu'un bastion dont on fortifie la gorge, du côté de la place, par un petit front de fortification, avec un fossé au-devant duquel on laisse une esplanade. On donne aussi le nom de *réduit* à une petite demi-lune construite dans le centre d'une grande, pour servir de second retranchement aux troupes après qu'elles ont été forcées dans cet ouvrage. Ce *réduit* n'a pour l'ordinaire qu'un parapet de maçonnerie de 18 pouces d'épaisseur, percé de créneaux & d'autres ouvertures pour passer le bout du fusil, avec un fossé au-devant.

REFENDS, *Architecture*. On appelle ainsi les entre-deux

des pierres de taille qui sont aux encoignures, aux avant corps, & aux autres parties d'un bâtiment.

REFLUX, *Marine* : c'est la descente de la marée, ou le mouvement qu'elle fait pour s'éloigner du rivage, lequel est opposé au *flux*. Voyez ci-devant l'article FLUX ET REFLUX.

REFOULER, *Artillerie*. On *refoule* la poudre dans une piece d'artillerie, en la battant à plusieurs reprises avec le *refouloir*, après qu'elle y a été introduite avec la lanterne, pour la rassembler en un tas. Après ce *refoulement* on recouvre la poudre d'un bouchon de fourage que l'on *refoule* encore avec le même instrument.

REFOULER, *Hydraulique*. On dit que l'eau est *refoulée* quand elle est forcée de monter dans un corps de pompe, ou bien quand elle descend d'une montagne pour remonter sur une autre.

REFOULER, *Marine* : c'est aller contre la marée. On dit aussi que la marée *refoule*, lorsqu'elle descend.

REFOULOIR, *Artillerie*, c'est un instrument qui sert à enfoncer la poudre & le bouchon de fourrage dans le fond de l'ame d'un canon : le *refouloir* n'est autre chose qu'une hampe ou long bâton, portant à son extrêmité une masse de bois du calibre de la piece, avec laquelle on bat la poudre & le bouchon.

REFUS DU MOUTON, *Archit. hydraul.* On dit qu'un pieu ou un pilot est enfoncé au *refus* du mouton, lorsqu'après avoir été battu plusieurs volées de suite, il ne peut entrer plus avant, ce qui oblige de le receper pour le mettre à la hauteur des autres pilots.

REGALER, ou APPLANIR, *Architecture* : c'est, après qu'on a enlevé les terres massives pour fonder un bâtiment, mettre à niveau, ou, selon une pente reglée, le terrein qu'on veut dresser. *Regalement*, c'est la réduction d'une aire ou d'une superficie de terrein à un même niveau, ou à une même pente. *D'Aviler*.

REGARD, *Hydraulique* : c'est une espece de puits de maçonnerie en forme de cheminée, de trois pieds en quarré, que l'on pratique de 20 toises en 20 toises le long d'une conduite, pour observer les parties qui perdent & celles qui tiennent l'eau, & faciliter le rétablissement des tuyaux : ces sortes de *regards* se placent toujours dans la partie la plus basse de la conduite. On donne aussi le nom de *regard* à un petit pavillon où sont renfermés les robinets de plusieurs conduites d'eau, avec un bassin pour en faire la distribution.

RÉGIMENT, *Art militaire* : c'est un corps de troupes composé de plusieurs compagnies d'infanterie ou de cavalerie, commandé par un colonel, si c'est de l'infanterie, ou par un mestre-de-camp, si c'est de la cavalerie. Le *régiment* des gardes Françoises est le premier *régiment* de France : il est composé de 30 compagnies de fusiliers, & de trois compagnies de grenadiers : les capitaines de ce *régiment* ont le rang de colonels d'infanterie.

RÉGION, *Physique* : ce terme se dit des trois différentes hauteurs de l'atmosphère, qui se partage en haute, moyenne, & basse *région*. La *basse région* de l'atmosphère est celle où nous vivons & que nous respirons : elle est la plus prochaine de la terre & se termine à la plus petite hauteur où se forment les nuages & les autres météores. La *moyenne région* est celle où résident les nuages & où se forment les météores : elle s'étend jusqu'au sommet des plus hautes montagnes. La *région supérieure* commence au sommet des plus hautes montagnes, & n'a d'autres limites que celles de l'atmosphère même.

REGLE, *Arithmétique* : c'est une opération que l'on fait sur des nombres donnés pour trouver des sommes ou des nombres inconnus. Les quatre *regles* fondamentales de l'arithmétique sont l'addition, la soustraction, la multiplication, & la division, dont on peut voir la définition chacune à son article, ainsi que des *regles* d'alliage, *regle* de compagnie, &c. aux mots ALLIAGE & COMPAGNIE.

REGLE DE TROIS, ou REGLE D'OR, *Arithmétique* : c'est une *regle* par le moyen de laquelle on trouve à trois nombres donnés un quatrieme nombre proportionnel. On demande, par exemple : si trois degrés de l'équateur font 70 lieues ; combien 360 degrés, qui forment la circonférence de la terre, feront-ils de lieues ? ce qui s'écrit ainsi : $3 . 70 :: 360 . x$. Multipliez le 2e terme 70 par le 3e 360, & divisez le produit 25200 par le 1er terme 3, le quotient 8400, marqué par un x dans cet exemple, est le 4e terme que l'on cherche. Voyez la nouvelle édition de l'*arithmétique de l'officier*, par M. *le Blond*, pour plus d'instruction sur la *regle de trois*, soit directe, soit inverse, ainsi que sur la *regle* de cinq & sur les autres *regles* d'arithmétique.

REGLET, ou FILET, *Architecture* : c'est une petite moulure plate & étroite, qui, dans les Ordres d'architecture, couronne toujours une moulure ronde, comme l'astragale, &c. Le *reglet* sert aussi dans les compartimens & les panneaux à en séparer les parties, & à former des guillochis & des entrelas. *D'Aviler.*

RÉGNER, *Architecture.* On se sert de ce terme pour exprimer la continuité d'une même décoration dans une façade, ou dans tout le pourtour d'un édifice. On dit, dans ce sens, que l'Ordre Corinthien de 57 pieds 9 pouces de hauteur qu'on voit au portail de la nouvelle église de Sainte Genevieve, *regne* également dans la colonnade circulaire qui décore l'intérieur de ce temple magnifique.

REGORGER, *Hydraulique* : ce terme s'applique à l'abondance excessive de l'eau d'un bassin, laquelle ne pouvant se vuider par le tuyau de décharge à proportion qu'il en entre, est contrainte de passer par dessus les bords.

REGULATEUR, *Machines* : c'est le nom que donne M. *Belidor* à l'assemblage de plusieurs pieces de fer, qui, dans une pompe à feu, concourent ensemble à ouvrir & à fermer alternativement les orifices d'impulsion & de fuite d'un corps de pompe, par le moyen d'un robinet. Voyez dans son *architecture hydraulique*, tome II, la description des pompes qui agissent par le moyen du feu.

RÉGULIER, *Géométrie.* On donne cette épithete en général à un corps ou à une figure dont tous les angles & les côtés sont égaux entre eux. Le triangle équilatéral & le quarré sont des figures *régulieres.* Il n'y a que cinq corps *réguliers* qui sont l'hexaedre ou le cube, qui est composé de six quarrés égaux : le tétraëdre, formé de quatre triangles égaux : l'octaëdre, formé de huit triangles : le dodécaëdre, terminé par 12 pentagones : & l'icosaëdre, qui l'est par 20 triangles égaux.

REINS DE VOUTE, *Architecture* : c'est la partie vuide ou pleine qui est entre la moitié de l'extrados d'un arc & le prolongement du piédroit, jusqu'au niveau du sommet de la voûte. Les *reins* des voûtes gothiques sont presque toujours vuides : on a pratiqué la même chose à Paris à la plupart des ponts de pierre qui portent des maisons, ſoit pour ſoulager la charge, ſoit pour y ménager quelques caves.

REJOINTOYER, *Maçonnerie* : c'eſt remplir les *joints* des pierres d'un vieux mur, lorſqu'ils ſont cavés & dégradés par l'eau, ou par caducité, & les ragréer avec du plâtre, ou avec du mortier de chaux & ciment, &c.

RELAIS, ou BERME, *Fortification*. Voyez au mot BERME. On ſe ſert auſſi du terme *relais* dans les travaux des ouvrages en terre, lorſque les brouetteurs ſe ſuccédent les uns aux autres, & ſe communiquent les brouettes pleines pour en reprendre de vuides : ce qui ne doit ſe pratiquer que quand on tranſporte les terres à une grande diſtance, les ouvriers perdant toujours le plus de tems qu'ils peuvent dans ce changement de brouettes.

RELATION, *Mathématiques* : c'eſt le rapport de deux quantités l'une à l'autre à raiſon de leur grandeur ; on l'appelle plus ordinairement *raiſon*. La parité, ou l'égalité de deux ſemblables *relations* eſt nommée *proportion*. *Relation* ſe prend auſſi très-ſouvent pour *analogie*, ou pour déſigner ce qui eſt commun à pluſieurs choſes.

RELEVEMENT, *Marine* : c'eſt la différence qu'il y a en ligne droite, ou en hauteur, de l'avant ou pont d'un vaiſſeau à ſon arriere.

RELIEN, *Pyrotechnie* : c'eſt le nom que les artificiers donnent à de la poudre à canon groſſiérement écraſée, telle qu'on l'emploie dans les chaſſes pour les pots à feu & les autres artifices : cette poudre ainſi écraſée a beaucoup moins de vivacité que la poudre grenée.

REMANIER A BOUT, *Couverture*. Voyez MANIER A BOUT.

REMBLAI, *Architecture & Fortification* : c'eſt un travail de terres rapportées & battues, ſoit pour faire une levée, ſoit pour applanir ou regaler un terrein, ou pour garnir le derriere d'un revêtement de terraſſe ou de rempart, qu'on avoit déblayé pour faciliter la conſtruction de la muraille deſtinée à ſoutenir ces terres. Voyez ce travail très bien expliqué & détaillé dans le troiſieme livre de la *ſcience des Ingénieurs*, par M. *Belidor*.

REMENÉE, *Coupe des pierres* : ce n'eſt, ſelon *d'Aviler*, qu'une eſpece de petite voûte en maniere d'arriere-vouſſure, au-deſſus de l'embrâſure d'une porte ou d'une croiſée. Mais ſa propre ſignification, ſuivant M. *Frézier*, d'après *Palladio*, eſt une voûte bombée d'un grand arc de cercle moindre que le demi cercle. *Stéréotomie de Frézier.*

REMORQUER, *Marine* : c'eſt faire voguer un vaiſſeau à voiles, par le moyen d'un bâtiment à rames.

REMPART, *Fortification* : c'eſt une élévation de terre qui entoure & renferme une place de guerre de tous les côtés. Le *rempart* ſert à mettre les maiſons de la ville à couvert du canon de l'aſſiégeant, & à élever ſuffiſamment ceux qui la défendent pour commander ſur la campagne & plonger leur feu avec avantage ſur les travaux de l'ennemi. C'eſt ſur le *rempart* que l'on met en batteries les pieces d'artillerie, & que l'on diſpoſe les troupes pour défendre la place. La hauteur du *rempart* ne doit point excéder 3 toiſes au-deſſus du niveau de la campagne : ſon épaiſſeur eſt de 10 ou 12 toiſes au plus. Voyez la nouvelle édition des *élémens de fortification*, par M. *le Blond*, *in octavo*, 1764, page 94. Il y a des *remparts* entiérement revêtus de maçonnerie, d'autres à demi-revêtement, & d'autres qui ne ſont revêtus que de gazon. Voyez ci-après l'article REVÊTEMENT.

REMPIÉTEMENT, *Maçonnerie* : c'eſt un terme peu uſité dont on ſe ſert quelquefois en parlant d'un mur dégradé par le pied, & qui a beſoin d'être réparé, c'eſt-à-dire, regarni & rejointoyé : on dit alors qu'il faut *rempiéter* ce mur.

REMPLAGE, *Maçonnerie* : ce terme s'entend de la maçonnerie dont on garnit l'épaiſſeur des gros murs, ou les reins des voûtes qui forment les arches d'un pont, &c. On appelle poteaux de *remplage*, fermes de *remplage*, les poteaux que l'on met entre les poteaux corniers, ou les fermes qui ſe placent entre les maîtreſſes fermes, pour ſoutenir le comble dans leur intervalle.

REMPLISSAGE : c'eſt la maçonnerie que l'on fait entre les carreaux & les boutiſſes d'un gros mur. Il y en a de moilon, d'autres de brique. On fait auſſi des *rempliſſages* de cailloux, ou de blocage employé à ſec derriere les murs de terraſſe, pour les préſerver de l'humidité, comme on l'a pratiqué à l'orangerie de Verſailles.

RENARD, *Archit. hydraul.* *Au renard*, eſt un cri uſité parmi les ouvriers qui battent des pieux ou pilots, à la ſonnette, pour les faire tous s'arrêter dans le même inſtant.

RENARD, *Charpenterie* : c'eſt un inſtrument dont les charpentiers ſe ſervent pour tirer les chevilles avec plus de facilité.

RENARD, *Hydraulique*. Les fontainiers donnent le nom de *renard* à un petit pertuis, ou à une fente qui ſe fait quelquefois dans les corrois de glaiſe qui environnent un baſſin, un réſervoir, un batardeau, &c, par où l'eau ſe perd ſans qu'on puiſſe appercevoir l'endroit.

RENARD, *Marine* : c'eſt une eſpece de croc de fer avec lequel on prend les pieces de bois qui ſervent à la conſtruction des vaiſſeaux, pour les tranſporter d'un lieu à un autre.

RENCONTRE, *Art militaire* : c'eſt le choc de deux corps de troupes qui ſe trouvent en face l'une de l'autre, ſans ſe chercher. En ce ſens, *rencontre* eſt oppoſée à *bataille rangée*.

RENCONTRE, *Charpenterie* : c'eſt, lorſqu'on refend une piece de bois, l'endroit (à deux ou trois pouces près) où les deux traits de ſcie ſe rencontrent, & où l'on ſépare la piece de bois.

RENFLEMENT D'UNE COLONNE, *Architecture* : c'eſt une petite augmentation d'épaiſſeur que l'on fait quelquefois au tiers de la hauteur du fuſt d'une colonne, & qui diminue inſenſiblement juſqu'aux deux extrêmités. Voyez l'article DIMINUTION. Ce *renflement* des colonnes a été deſapprouvé par pluſieurs habiles architectes, parmi leſquels on peut citer M. *Perrault*, parce qu'il eſt contraire à l'apparence de ſolidité que doit avoir une colonne. *Vitruve de Perrault*, liv. III, chap. 2.

RENFONCEMENT, *Architecture* : c'eſt une diminution d'épaiſſeur ſur le nud d'un mur, comme une table fouillée, une arcade, une niche feinte, &c.

RENFORMER, *Maçonnerie* : c'eſt réparer un vieux mur en mettant des pierres ou des moilons aux endroits où il en manque, & boucher les trous des boulins. C'eſt auſſi, lorſqu'un mur eſt trop foible à un endroit & trop épais à un autre, le hacher, le charger, & l'enduire par-deſſus. *D'Aviler*.

RENFORMIS : c'eſt la réparation d'un vieux mur à proportion de ce qu'il eſt dégradé. Les plus forts *renformis* ne ſont eſtimés que pour un tiers de mur. *D'Aviler*.

RENFORT, *Artillerie* : c'eſt une augmentation d'épaiſſeur de métal, dans une piece d'artillerie, aux endroits qui fatiguent le plus. Ordinairement il y a trois *renforts* dans un canon ; le *premier* est depuis le bourlet jusqu'à la moulure qui est en avant des tourillons : le *second renfort* s'étend depuis la plate-bande des tourillons jusques sous les anses : le *troisieme* commence à la plate-bande où sont les anses jusqu'à la culasse : c'est à ce dernier *renfort* que se trouve la plus grande épaisseur de la piece. Voyez l'*artillerie raisonnée*, par M. *le Blond*, *in-octavo*, page 34.

REPAIRE, *Coupe des pierres* : c'est une marque que l'ouvrier fait sur une pierre pour reconnoître une division ou un trait dont il a besoin pour tailler sa pierre. Ainsi on dit *repairer*, au lieu de dire marquer un point ou une ligne. *Stéréotomie de Frézier*.

REPAIRE, *Jardinage* : c'est une marque que l'on fait sur les jaions ou perches, dans les nivellemens, pour arrêter les coups de niveau. C'est aussi, en termes de terrassier, des rigoles de terre dressées au cordeau bandé sur deux piquets enfoncés rez-terre, dont on se sert pour unir & dresser le terrein : c'est ce que les jardiniers appellent improprement *faire une M*.

REPAIRE, *Maçonnerie* : c'est une marque qu'on fait sur un mur pour donner un alignement & pour arrêter une mesure de certaine distance, ou pour marquer des traits de niveau sur un jalon & sur un endroit fixe. On se sert aussi de *repaires* pour reconnoître les différentes hauteurs des fondations qu'on est obligé de couvrir.

REPOS, *Architecture* : ce sont, dans un escalier, les marches plus grandes que les autres qui servent comme de *repos*, pour reprendre haleine. Dans les grands perrons, où il y a quelquefois plusieurs *paliers de repos* dans une même rampe, ces paliers doivent avoir au moins la largeur de deux marches. Les *repos* que l'on pratique dans les angles des rampes d'escalier, doivent être quarrés, c'est-à-dire, qu'ils doivent être aussi longs que larges.

REPOS, *Archit. hydraul.* Les venteaux des portes d'écluse sont composés chacun de deux montans, dont celui qui est retenu au long du mur des bajoyers est appellé *montant de repos*, parce qu'il ne sort pas de sa place. On donne aussi le nom de *repos* à certaines pieces de bois circulaires posées horisontalement, dans l'épaisseur desquelles est encastrée une bande de bronze aussi circulaire qui sert à appuyer les roulettes pour faciliter le mouvement des venteaux des mêmes portes.

REPOS, *Méchanique* : c'est l'état d'un corps qui demeure constamment dans sa même place. Le *repos*, ainsi que le lieu & le mouvement, est ou *absolu* ou relatif. On entend aussi par ce mot *repos*, l'état d'une chose sans mouvement.

REPOUS, *Maçonnerie* : c'est une sorte de mortier fait de plâtras provenant de vieille maçonnerie, que l'on bat & que l'on mêle avec du tuileau ou de la brique concassée. On s'en sert (dit *d'Aviler*) pour affermir les aires des chemins, & pour sécher le sol des endroits humides. *Dictionnaire d'architecture.*

REPOUSSOIR, *Charpenterie* : c'est une espece de cheville de fer dont les charpentiers se servent pour faire sortir les chevilles d'un assemblage qu'ils veulent démonter.

REPRENDRE UN MUR, *Maçonnerie* : c'est réparer les fractions d'un mur dans sa hauteur, ou le refaire par sous-œuvre, petit à petit, avec peu d'étais & de chevalemens. *D'Aviler.*

REPRENDRE OU AJOUTER *une manœuvre*, *Marine* : c'est replier une manœuvre, ou y faire un amarrage.

REPRENDRE, *Stéréotomie* : c'est refaire une partie de voussoir qui excede l'étendue qu'elle doit avoir. *Coupe des pierres de Frézier.*

REPRISE, *Hydraulique*. On dit que l'eau monte par *reprise* lorsqu'ayant été élevée, dans une machine hydraulique, elle va se rendre dans un réservoir ou dans une bâche, où elle est *reprise* par une autre pompe qui l'éleve encore plus haut.

REPRISE, *Maçonnerie* : c'est toute sorte de refection de mur faite par sous-œuvre, laquelle doit se rapporter d'épaisseur, en son milieu, ou dans son pourtour, l'épaisseur étant égale de part & d'autre. *D'Aviler.*

RÉSERVE, *Art militaire* : c'est un corps considérable de troupes placé environ à 300 pas en arriere de la seconde ligne d'une armée, que le général réserve dans une bataille pour porter du secours où il en sera besoin.

RÉSERVOIR, *Hydraulique* : c'est, 1°. dans un corps de bâtiment, un bassin ordinairement de charpente revêtue de plomb, où l'on tient en réserve une grande quantité d'eau pour la distribuer à diverses fontaines. C'est 2°. aussi un grand bassin de forte maçonnerie avec un double mur, appellé *mur de douve*, glaisé & pavé dans le fond, où l'on tient l'eau pour des fontaines jaillissantes. Le *réservoir* du château de Versailles, qui est de la premiere espece, est revêtu de lames de cuivre étamées & soutenu sur 30 piliers de pierre : il a 13 toises 4 pieds de longueur sur 10 toises 5 pieds de large & 7 pieds de profondeur. Ce *réservoir* étant plein, doit contenir 6453 muids d'eau, qui valent chacun 8 pieds cubes. Les *réservoirs* de Marly, de Lucienne, de la butte de Montboron, &c. sont de la seconde espece. Voyez un plus grand détail sur ces sortes de *réservoirs* dans l'*architecture hydraulique*, par M. *Belidor*, premiere partie, tome II, page 203.

RÉSISTANCE, *Méchanique* : ce terme s'applique en général a une force ou une puissance quelconque, qui agit contre une autre, de sorte qu'elle détruit son effet ou du moins qu'elle le diminue. Il y a deux sortes de *résistances*, celle des solides & celle des fluides : on les définira dans les articles suivans.

Résistance des Solides : c'est la force avec laquelle les parties des corps solides qui sont en repos s'opposent au mouvement des autres parties qui leur sont contigués.

Résistance des Fluides : c'est la force par laquelle les corps qui se meuvent dans des milieux fluides sont retardés dans leur mouvement. Un corps qui se meut dans un fluide trouve de la *résistance* par deux causes ; la premiere est la cohésion des parties du fluide, la seconde est l'inertie de la matiere du fluide, qui oblige le corps d'employer une certaine force pour déranger les particules du fluide afin de pouvoir passer.

Résistance de l'Air : c'est la force par laquelle le mouvement des corps, sur-tout des projectiles, est retardé par l'opposition de l'air ou de l'atmosphère. Cette *résistance* agit sensiblement sur la portée des bombes dans les grandes amplitudes, comme sont celles de 400, 500, & 600 toises, où l'on s'est apperçu par plusieurs expériences qu'elles étoient plus courtes de 8 à 10 toises qu'elles ne devroient l'être. L'opinion la plus commune est que la *résistance de l'air* est proportionnelle aux quarrés des distances. Voyez ces diverses sortes de *résistances* analysées & exposées avec beaucoup de clarté dans l'*encyclopédie* (article Résistance) : voyez aussi les *principes de la philosophie de Newton*, liv. II ; le livre intitulé, *Hermanni Phoronomia*, &c. le *mouvement des eaux* de *Mariotte*; *Danielis Bernoulli hydrodynamica*, & les sçavans ouvrages que M. *Dalembert* a mis au jour sur la même matiere.

RÉSOLUTION, *Mathématique*: c'est une méthode d'invention, par le moyen de laquelle on découvre la vérité ou la fausseté d'une proposition, ou bien sa possibilité ou son impossibilité, dans un ordre contraire à celui de la synthèse ou de la composition. M. *Wolf* admet trois parties dans un problême, qui sont la *proposition*, la *résolution*, & la *démonstration*. Dès qu'un problême est démontré, on peut le réduire en théorême, dont la *résolution* devient l'hypothèse, & la *proposition* la thèse.

RESSAC, *Marine*: c'est un mouvement impétueux des vagues de la mer qui se sont déployées avec force contre les terres, & qui s'en retournent de même vers la pleine mer: ces *ressacs* causent un ébranlement considérable aux corps les plus solides, comme digues, jettées, &c. qui s'opposent à leur violence, dans un gros tems.

RESSAUT, *Architecture*: c'est l'effet d'un corps qui avance ou qui recule plus qu'un autre, ensorte qu'il n'est plus d'alignement ou de niveau, comme un socle, un entablement, une corniche, &c. qui regne en même tems sur un avant-corps & sur un arriere-corps. *D'Aviler.*

RESTAURATION, *Architecture*: c'est la réfection de toutes les parties d'un bâtiment dégradé & dépéri, soit par mal-façon ou par succession de tems, ensorte qu'il est remis en sa premiere forme & même augmenté considérablement. *D'Aviler.*

RETENUE, *Charpenterie.* On dit qu'une piece de bois a sa *retenue* sur une muraille, ou ailleurs, quand elle y est engagée de telle sorte qu'elle ne peut ni reculer ni avancer.

RETIRADE, *Fortification*: c'est un vieux terme peu usité, qui signifie un retranchement fait à la hâte dans un bastion, ou ailleurs, pour disputer le terrein pied à pied à l'ennemi.

RETOMBÉE, *Architecture.* On donne le nom de *premieres retombées* d'une voûte aux voussoirs de la naissance d'une voûte ou d'une arcade, lesquels ont des lits si peu inclinés qu'ils ne glissent point, & qu'ils peuvent se soutenir les uns sur les autres sans le secours des ceintres de charpente. *Stéréotomie de Frézier.*

RETONDRE UNE PIERRE : c'est en enlever une légere épaisseur dans toute une surface, pour la perfectionner : c'est une espece de ragréement.

RETOUR, *Architecture* : c'est le profil formé dans un avant-corps par un entablement, ou par toute autre partie d'architecture.

RETOUR D'ÉQUERRE, *Architecture* : c'est un angle droit : *se retourner d'équerre*, en termes d'ouvriers, c'est faire une ligne ou une surface perpendiculaire à une autre.

RETOURNER UNE PIERRE, *Stéréotomie* : c'est la jauger, ou lui faire une surface parallele, ou à peu près, à un lit ou à un parement donné ou déja taillé.

RETOURS DE LA TRANCHÉE, *Attaque des places* : ce sont les différens coudes & zig-zags que forment les lignes de la tranchée qui vont en avant, & qu'on est obligé de détourner tantôt sur la droite & tantôt sur la gauche, pour les garantir de l'enfilade.

RETOURS D'UNE GALERIE DE MINES, *Artillerie*. Lorsqu'on ouvre une galerie de mines loin de la partie de rempart que l'on veut faire sauter, on y revient par plusieurs coudes ou *retours* à angle droit qui donnent la facilité de boucher plus solidement la galerie ; c'est ce qu'on appelle *retours de la galerie*. Voyez *l'artillerie raisonnée*, par M. *le Blond*, *in octavo*, page 338

RETRAITE, *Architecture* : c'est la diminution que l'on fait a un mur par le dehors au-dessus de son empattement & de ses assises de pierre dure.

RETRAITE, *Art militaire* : c'est le mouvement rétrograde d'une armée ou d'un corps de troupes qui se retire en arriere pour s'éloigner de l'ennemi après un combat désavantageux, ou pour abandonner un pays où il ne lui est plus possible de se soutenir. Cette opération militaire demande une grande présence d'esprit & une fermeté a toute épreuve dans le général, & il est souvent plus glorieux & plus difficile de faire une belle *retraite* devant une armée victorieuse que de vaincre son ennemi à forces égales. Parmi le grand nombres d'exemples d'une *retraite* glorieuse que nous pourrions rapporter ici, nous ne citerons que la célebre *retraite de Prague*, par M. le Maréchal *de Belle-Isle*, lequel, vers la fin de décembre 1742, se trouvant bloqué dans cette ville, força le blocus & se retira en bon ordre à la tête de 14 mille hommes, tant d'infanterie que de cavalerie, &

arriva à Egra au bout de dix jours de marche, après avoir traversé 38 lieues de ce pays dans les neiges & les glaces, par un froid excessif, ayant été continuellement harcelé de hussards en tête, en queue, & sur les flancs. Voyez l'*attaque des places*, par M. *le Blond*, *in-octavo*, 1762, page 392, & son *traité de la défense des places*, nouv. édit. 1764, pag. 174.

RETRANCHEMENT, *Art militaire.* On donne ce nom, en général, à tous les travaux que l'on fait pour fortifier un poste ou pour en augmenter la défense. Le *retranchement* consiste en un fossé bordé de son parapet, ou bien on en forme avec des gabions, des sacs à terre, des fascines, &c. On donne aussi le nom de *retranchemens* aux coupures que l'on fait dans les dehors d'une place fortifiée & dans ses bastions, pour s'y défendre plus long-tems.

RETRECISSEMENT DES GABARIS, *Marine* : ce sont des endroits où les alonges qui sont dans les gabaris rentrent & tombent en dedans, ce qui *retrecit* la largeur du vaisseau.

REVEIL-MATIN, *Artillerie* : c'est une ancienne piece d'artillerie qui n'est plus d'usage : elle chassoit un boulet du poids de 96 livres. On l'a appellé aussi *double canon* & *brise-mur.* Voyez l'*artillerie raisonnée*, par M. *le Blond*, *in-octavo*, page 69.

REVERDIES, *Marine* : c'est le nom qu'on donne, sur certaines côtes de Bretagne, aux plus grandes marées.

REVERS, *Art militaire.* On dit qu'un poste, qu'un ouvrage est vu de *revers*, quand il est commandé par quelque hauteur, d'où l'ennemi peut découvrir son terre-plein & sa gorge. On dit pareillement que quelque partie de la tranchée est vue de *revers*, quand les assiégés peuvent découvrir les troupes qui y sont postées.

REVERS DE LA TRANCHÉE, *Attaque des places* : c'est le côté de la tranchée opposé à son parapet. On pratique ordinairement, du côté du *revers*, une ou deux banquettes, afin que la garde de la tranchée puisse monter plus facilement dessus, pour se mettre en état de défense, lorsquelle est attaquée par quelque sortie des troupes de la garnison. Voyez l'*attaque de places*, par M. *le Blond*, derniere édition, *in-octavo*, page 126.

REVERS DE L'ORILLON, *Fortification* : c'est la partie de l'orillon d'un bastion, qui est tournée du côté de la place : c'est dans cet endroit que l'on construit les portes secretes appellées *poternes*. Voyez la nouvelle édition des *élémens de fortification*, par M. *le Blond*, *in-octavo*, 1764, page 82.

REVERS DE PAVÉ : c'est l'un des côtés en pente du pavé d'une rue, depuis le ruisseau jusqu'au pied du mur des maisons.

REVERS, *Marine*. On désigne sous ce terme tous les membres qui se jettent en dehors du vaisseau, comme certaines alonges & certains genoux. *Revers d'arcasse* est une portion de voûte de bois faite à la poupe d'un vaisseau, soit pour soutenir un balcon, soit pour un simple ornement, ou pour gagner de l'espace. On appelle *revers de l'éperon*, la partie de l'éperon comprise depuis le dos du cabestan jusqu'au bout de la cagouille ou volute.

REVERSEAU, *Menuiserie* : c'est une piece de bois attachée au bas du chassis d'une porte - croisée, qui, formant un recouvrement sur son seuil ou sur la tablette, empêche l'eau d'entrer dans la feuillure. Quand cette piece est sur l'appui d'une croisée ordinaire, on la nomme *piece d'appui*, ou *jet d'eau*.

REVERSOIR, *Archit. hydraul.* C'est un ouvrage de charpente ou de maçonnerie, qui a pour objet de faire gonfler l'eau d'une riviere au - dessus d'un moulin, ou d'un sas d'écluse, & qui barre entiérement la riviere jusqu'à ce qu'elle ait acquis assez de hauteur pour passer par-dessus.

REVÊTEMENT, *Architecture* : c'est un appui de maçonnerie que l'on donne aux terres d'un quai, d'un rempart, ou d'une terrasse, pour les empêcher de s'ébouler. M. le Maréchal *de Vauban* a donné une table (que l'on trouve dans la *science des Ingénieurs*, par M. *Belidor*) dans laquelle il détermine l'épaisseur qu'on doit donner aux *revêtemens*, & leurs différens taluds, depuis 10 pieds de hauteur jusqu'à 80 pieds : mais comme cette table n'est établie sur aucune théorie, elle a été depuis examinée par MM. *Couplet* & *Belidor* ; le premier a traité cette matiere dans les *mémoires de l'Académie des Sciences*, années 1726, 1727, & 1728 : le second, dans la *science des Ingénieurs* ci-dessus citée, dans laquelle l'auteur donne, outre la table de M. *de Vauban*, de nouvelles tables qui fixent en même tems les dimensions des contreforts que l'on ajoute aux *revêtemens* pour les fortifier. MM. *Bullet*, *Gautier*, & *de Reaumur*, ont aussi écrit sur cette matiere, & principalement sur la poussée des terres contre les revêtemens.

REVÊTEMENT, *Fortification* : c'est une muraille de pierres ou de briques, que l'on éleve pour soutenir les terres du rempart & pour les empêcher de s'ébouler dans le fossé : on dit alors que le rempart est entiérement *revêtu*. Le rempart à *demi-revêtement* est celui qui n'est revêtu de pierres ou de briques que depuis le fond du fossé jusqu'au niveau du terre-plein : le reste de la hauteur du rempart, c'est-à-dire le parapet, est seulement en terre recouverte de gazons. Il y a aussi des places *non-revêtues*, c'est-à-dire, qui ne le sont que d'une couche de gazons appliqués contre les terres du rempart, pour les soutenir. Ces sortes de remparts sont très-sujets à être escaladés, par rapport au grand talud qu'on est obligé de leur donner extérieurement : aussi a-t-on toujours la précaution de les fraiser & palissader pour se garantir des surprises.

REVÊTIR, *Architecture* : c'est fortifier l'escarpe & la contrescarpe d'un fossé avec un mur de pierre ou de moilon. C'est aussi faire un mur à une terrasse, pour en soutenir les terres, ce qui s'appelle *faire un revêtement*. En charpenterie, *revêtir* signifie peupler de poteaux une cloison ou un pan de bois. En menuiserie, *revêtir* c'est couvrir un mur d'un lambris de menuiserie, qu'on appelle aussi *lambris de revêtement*. *D'Aviler*.

REVIREMENT, *Marine* : c'est le changement de route ou de bordée d'un vaisseau, lorsque le gouvernail est poussé à bas-bord ou à stri-bord, afin de courir sur un autre air de vent que celui sur lequel on a déja couru quelque tems. *Revirement* par la tête, *revirement* par la queue, c'est le mouvement d'une armée navale ou d'une escadre qui est sous-voiles, lorsqu'elle veut changer de bord, en commençant par la tête ou par la queue de l'armée. *Revirer*, c'est tourner le vaisseau pour lui faire changer de route.

REVOLIN, *Marine* : c'est un vent qui choque un vaisseau par réflexion, ce qui cause de fâcheux tourbillons qui le tourmentent & le fatiguent beaucoup, soit qu'il fasse voile, soit qu'il reste à l'ancre.

REVOLUTION, *Géométrie* : c'est le mouvement d'une

figure quelconque qui tourne autour d'un axe immobile ; un triangle rectangle qui tourne autour d'un de ses côtés, engendre un cône par sa *révolution* : un demi-cercle qui tourne sur son diametre, engendre une sphère, &c.

REVUE, *Art militaire* : c'est l'examen que l'on fait d'un corps de troupes rangées en ordre de bataille, que l'on fait défiler ensuite pour voir si les compagnies sont completes, si elles sont en bon état, &c. Un général d'armée doit toujours faire la *revue* de ses troupes avant que de les mettre en quartier d'hiver.

REZ-DE CHAUSSÉE, *Architecture* : c'est la superficie de tout lieu considéré au niveau d'une chaussée, d'une rue, d'une cour, ou d'un jardin. On ne dit point le *rez-de-chaussée* d'une cave ou d'un premier étage, mais on doit dire l'*aire* d'une cave, & le *plain-pied* d'un premier étage.

RHABDOLOGIE, *Arithmétique* : c'est le nom qu'on donne quelquefois à la méthode de faire les deux regles les plus difficiles de l'arithmétique, (sçavoir, la multiplication & la division) par l'addition & la soustraction ; on emploie pour cet effet des petits bâtons ou de petites lames sur lesquelles certains nombres sont écrits, & dont on change la disposition suivant des regles particulieres. Ces lames son appellées *bâtons de Neper*, du nom de leur inventeur *Neper*, célebre Baron Ecossois, à qui l'on doit aussi l'invention des logarithmes.

RHOMBE, ou LOZANGE : *Géométrie* : c'est un quadrilatere qui a bien ses quatre côtés égaux entre eux, mais dont les angles sont inégaux ; deux de ses angles opposés étant obtus & les deux autres aigus.

RHOMBOÏDE, *Géométrie* : c'est une figure de quatre côtés, dont les angles & les côtés opposés sont bien égaux, mais qui n'est cependant ni équiangle ni équilatérale.

RHUMB DE VENT, *Navigation* : c'est un cercle vertical quelconque d'un lieu donné, ou l'intersection de ce cercle avec l'horison ; par conséquent les différens *rhumbs* répondent aux divers points de l'horison ; c'est pour cela que les marins leur donnent les mêmes noms qu'aux différens vents & aux points de l'horison. On compte ordinairement 32 *rhumbs* que l'on représente par 32 lignes tirées sur la carte, & qui, partant d'un même

même centre, occupent à distances égales toute la circonférence du compas de mer. Quelques auteurs écrivent *rumb*. Ce terme est synonime à *air de vent* & *rose de vent*. Voyez cet article plus détaillé dans l'*encyclopédie*, & dans le *dictionnaire de mathématique*, par M. *Saverien*.

RIBADOQUIN, *Artillerie* : c'est le nom d'une ancienne piece d'artillerie qui avoit 36 calibres de longueur, dont le boulet pesoit une livre trois quarts, & que l'on chargeoit avec autant de poudre.

RIBORD, *Marine* : c'est le second rang de planches qu'on met au-dessus de la quille pour faire le bordage du vaisseau : ce rang forme, avec le gabord, la coulée du bâtiment. Voyez l'article GABORDS.

RICOCHET, *Artillerie* : c'est une maniere particuliere de tirer le canon, dont l'invention est due à M. *de Vauban* ; on en a déja parlé à l'art. BATTERIE *en ricochet*. On ajoutera seulement ici que la meilleure méthode pour tirer le canon à *ricochet*, est de le pointer sous un angle de 6, 7, 8, 9, ou 10 degrés : c'est le moyen de multiplier les bonds & les *ricochets* du boulet. Sous ces différens angles les boulets s'élevent peu, & ils s'étendent en pleine campagne jusqu'à la distance de 400 ou 500 toises. On a aussi imaginé de tirer les bombes à *ricochet*, & l'on peut voir le détail des épreuves qui ont été faites à ce sujet dans l'école d'artillerie de Strasbourg, rapporté par M. *Belidor* dans son *bombardier François*, *in-quarto*, page 208.

RIDE, *Marine* : c'est une corde qui sert à en roidir une plus grosse. Les *rides d'étai* servent à joindre cette piece avec son collier. Les *rides de haubans* servent à bander les haubans par le moyen des cadenes & des caps de mouton qui se répondent avec l'aide de ces cordages. On appelle aussi *rides* les cordes qui amarrent le mât de beaupré à l'éperon.

RIDEAU, *ponts & chaussées*. On nomme ainsi la berge élevée au-dessus du sol d'un chemin escarpé, sur le penchant d'une montagne, & qui fait, en contre-haut, le même effet que l'épaulement fait en contre-bas.

RIDEAU, *Art militaire* : c'est une hauteur de terre qui s'étend en long en forme de colline, dont l'ennemi profite ordinairement pour ouvrir la tranchée & se dérober au feu de la place.

RIGOLE, *Archit. hydraul.* C'est un ouverture longue & étroite fouillée en terre pour conduire l'eau : ce qui se pratique lorsqu'on veut faire l'essai d'un canal, pour juger de son niveau de pente : on l'appelle aussi *canal de dérivation.* On donne encore le nom de *rigoles* à de petites fondations peu profondes, ou à de petits fossés qui bordent un cours ou une avenue, entre les rangs d'arbres. La *rigole* differe de la tranchée en ce qu'elle n'est pas ordinairement creusée quarrément. *D'Aviler.*

RINGEOT, ou BRION, *Marine* : c'est la piece qui termine la quille du côté de l'avant : elle est assemblée avec les autres pieces de la quille par une empatture, mais à son autre extrêmité elle a un crochet en fausse équerre qui sert à l'assembler avec l'étrave. On ménage sur ce crochet du *ringeot* une dent, ou quelquefois un tenon, pour recevoir la gorgere. *Duhamel, archit. navale.*

RIS, *Marine* : c'est un rang d'œillets avec des garcettes qui sont en travers d'une voile, à une certaine hauteur. Les garcettes servent à diminuer la voile par le haut quand le tems est mauvais, ce que l'on appelle *prendre un ris.*

RISBAN, *Archit. hydraul.* C'est un château ou un fort de maçonnerie construit dans la mer sur un banc de sable, a quelque distance du rivage, sur lequel on place de l'artillerie pour défendre l'entrée d'un port. Tel étoit le fameux *risban* bâti sous le regne de *Louis XIV*, au milieu des jettées du port de Dunkerque, & qui a été démoli à la paix de 1712. Voyez-en la description dans la seconde partie de l'*architecture hydraulique*, par M. *Belidor*, tome I.

RISBERME, *Archit. hydraul.* C'est le talud ou l'empattement qu'on donne à quelque ouvrage construit dans la mer, pour en assurer le pied contre la fureur des vagues. La *risberme* est formée d'un grillage de charpente bordé de palplanches, dont le fond est rempli de terre glaise battue, garni par-dessus de fascines piquetées, tunées & clayonnées, le tout recouvert & chargé de grosses pierres, pour plus de solidité.

ROBINET ; *Hydraulique* : c'est une espece de clef de cuivre qui s'emboîte dans un boisseau de même métal, que l'on tourne pour ouvrir ou fermer l'issue de l'eau qui fait jouer une fontaine.

ROC, *Architecture* : c'est une pierre dure très-difficile à travailler, dont les éclats servent à garnir le pied des jettées, pour les fortifier contre les secousses des flots de la mer, &c. Cette pierre résiste au fardeau, & ne diminue ni à l'air ni dans l'eau.

ROCAILLE, *Architecture* : c'est une composition d'architecture rustique qui imite les rochers naturels, & qui se fait avec de la pierre de meuliere extrêmement poreuse, des coquillages, des pétrifications de diverse couleur, &c. comme on le pratique aux grottes & aux bassins des fontaines champêtres. La grotte des Feuillans, proche le jardin des Thuileries, est une des plus belles en ce genre que l'on ait à Paris.

ROCHE, *Architecture* : c'est la pierre la plus rustique & la moins propre à être taillée. Il y a de ces *roches* qui tiennent de la nature du caillou & d'autres qui se délitent par éclats.

ROCHE, ou ROCHER, *Navigation* : c'est une grande masse de pierre enracinée profondément dans la mer, qui s'éleve au-dessus de sa surface, vers les côtes ou les isles, & qui cause souvent le naufrage des vaisseaux qui s'en approchent, ou qui les oblige de se détourner de leur route. Dans les cartes marines, les rochers sont désignés par de petites croix.

ROCHE A FEU, *Pyrotechnie* : c'est le nom d'un mêlange de soufre, de salpêtre, & de poudre à canon, qui est propre à la composition de divers artifices.

ROCHER D'EAU, *Hydraulique* : c'est une espece de fontaine, soit adossée, soit isolée, creusée en maniere d'antre, d'où sortent par plusieurs endroits des bouillons & des nappes d'eau. Telle est à Rome la belle fontaine de la place Navonne, du dessein du cavalier *Bernin*.

RONDE, *Art militaire* : c'est la marche que fait un officier accompagné de soldats autour des remparts d'une ville de guerre, pendant la nuit, pour voir si chacun fait son devoir, si les sentinelles sont éveillées, si les corps-de-garde sont garnis des soldats & officiers nécessaires, si leurs armes sont en bon état ; en un mot, si tout est en bon ordre.

RONDELLE, *Hydraulique* : c'est une plaque de plomb coupée en rond, dont on garnit l'entre-deux des brides des tuyaux de fer, dans une conduite d'eau. C'est aussi un morceau quarré de plomb en table que l'on soude verticalement sur une conduite, dans l'endroit où elle passe dans le corroi d'un bassin, pour arrêter l'eau, qui, sans cette plaque, pourroit suivre le tuyau & se perdre.

ROND-POINT D'UNE EGLISE, *Architecture* : c'est l'endroit de cet édifice qui est opposé au grand portail : on l'appelle ainsi parce qu'il est ordinairement terminé en demi cercle.

ROSACE, ou ROSON, *Architecture* : c'est une grande rose susceptible de différentes figures, qui se taille en relief dans les caisses des compartimens des voûtes & des plafonds ornés de sculpture. *D'Aviler.*

ROSE, *Architecture* : c'est un ornement taillé dans les caisses qui sont entre les modillons, sous les plafonds des corniches, ou dans le milieu de chaque face de l'abaque des chapiteaux Corinthien & Composite.

ROSE DE VENTS, *Marine* : c'est un morceau de carton ou de corne coupé en cercle, représentant l'horison, & divisé en 32 parties, pour représenter les 32 airs de vent. On attache une aiguille aimantée à ce cercle que l'on suspend dans une boîte, & l'on écrit sur ce carton à chaque division en commençant par le nord, les noms des vents dans l'ordre qui leur convient.

ROSEAUX, *Architecture* : ce sont des ornemens en forme de cannes ou bâtons dont on remplit jusqu'au tiers les canelures des colonnes rudentées. *D'Aviler.*

ROSETTE, *Artillerie* : ce n'est autre chose que le cuivre rouge pur qui entre dans l'alliage du métal composé dont on fabrique les canons & les autres pieces d'artillerie.

ROSSIGNOL, *Charpenterie* : c'est un coin de bois qui se met dans les mortoises trop longues, lorsqu'on veut serrer & affermir quelque assemblage de charpente.

ROTATION, *Géométrie* : c'est la révolution d'une surface quelconque autour d'une ligne immobile appellée *axe de rotation.* Les surfaces planes engendrent ou forment des solides par leur *rotation.* M. *de Moivre* & quelques autres auteurs ont donné une méthode pour trouver plusieurs solides engendrés par cette *rotation.* Voyez *l'essai sur les usages de la méthode des fluxions*, par M. *de Moivre*, & les *transactions philosophiques*, N°. 216.

ROTATION, *Méchanique* : c'est un terme dont on se sert pour exprimer le mouvement d'une roue qui roule ou qui tourne.

ROTONDE, *Architecture* : c'est un édifice de forme

circulaire par ſon extérieur ainſi que dans ſon intérieur, ſoit une égliſe, ſoit un ſallon, un veſtibule, &c. La plus célebre *rotonde* de l'antiquité eſt celle que l'on voit encore à Rome & qui étoit connue autrefois ſous le nom du *Pantheon*, dont *Deſgodets*, *Palladio*, l'ancien *Blondel*, &c. ont donné la deſcription. La chapelle du palais de l'Eſcurial, en Eſpagne, à quatre lieues de Madrid, bâtie ſous le regne de *Philippe II*, ſur les deſſeins de *Louis de Foix*, Pariſien, eſt auſſi une *rotonde* : cette chapelle eſt la ſépulture des Rois d'Eſpagne. Nous avions à Saint-Denis en France une chapelle funéraire d'une très belle architecture, ſervant de ſépulture à nos Rois, & qui avoit extérieurement & intérieurement la forme d'une *rotonde* ornée de colonnes iſolées d'une proportion très-élégante ; on l'appelloit *la chapelle des Valois*. Ce riche monument, élevé ſous les regnes de *François II* & de *Charles IX*, d'après les deſſeins de *Philibert de Lorme*, & continué par *Jean Bullant* & *Adrouet de Cerceau*, a été démoli vers le commencement de ce ſiecle. On en peut voir les plans, élévations & coupes dans le petit œuvre d'architecture de *Jean Marot*, *in-quarto*, chez *Jombert*, planches 112 & ſuiv. Enfin l'égliſe des religieuſes de l'Aſſomption, fauxbourg Saint-Honoré, à Paris, bâtie ſur les deſſeins du ſieur *Errard*, a pareillement la forme d'une *rotonde*. On en peut voir la deſcription dans le tome III de l'*architecture Françoiſe*, *in-folio*, page 139.

ROUAGE, *Mechanique*. On donne ce nom à toutes les parties d'une machine qui ont rapport aux roues, lanternes, pignons, fuſeaux, &c.

ROUE, *Méchanique* : c'eſt une machine fort ſimple formée d'un aſſemblage de pieces de bois courbes nommées *jantes*, fixées autour d'un moyeu par le moyen de pluſieurs pieces de bois droites & de bout, appellées *rais* ou *rayons*. C'eſt auſſi quelquefois une piece ronde & plate, de bois, de métal, ou d'autre matiere, qui tourne autour d'un axe ou eſſieu. La *roue* eſt une des principales puiſſances dont on fait uſage dans la méchanique. Il y en a de ſimples & de dentées.

ROUE A EAU, *Hydraulique* : c'eſt une *roue* compoſée de pluſieurs aubes montées ſur une forte piece de bois, qui, en tournant par le moyen d'un courant, donne le mouvement à un moulin, ou à une machine hydraulique.

Pour produire le plus grand effet, les *roues à eau* ne doivent avoir que six aubes : elles doivent être plongées dans l'eau de maniere que le niveau de l'eau couvre le bord supérieur des deux aubes qui se trouvent également éloignées de la verticale : enfin pour que le mouvement de ces sortes de *roues* soit bien réglé, leur vîtesse ne doit être que du tiers de celle du courant.

ROUE A FEU, *Pyrotechnie* : c'est un assemblage de plusieurs jets attachés sur une *roue* à pans, qui, étant allumés, font tourner la *roue* extrêmement vîte, & forment un cercle de feu.

ROUE DANS SON ESSIEU, *Méchanique* : c'est une machine formée d'une roue ordinaire, & d'un essieu ou treuil, dont on se sert pour enlever des fardeaux. La puissance est appliquée à la circonférence de la *roue*, où il y a des chevilles, comme aux *roues* des carrieres à pierre, & le poids est suspendu au treuil sur lequel la corde se roule à mesure que le poids monte. Alors la puissance est au poids, dans l'état d'équilibre, comme le rayon de la *roue* est à celui du treuil.

ROUET, *Charpenterie* : c'est un assemblage circulaire, à queue d'aronde, de plusieurs plate-formes de bois de chêne, sur lequel on pose en retraite la premiere assise de pierre, ou de moilons à sec, pour fonder un puits ou un bassin de fontaine. On donne aussi le nom de *rouet* à la grande ou à la petite enrayure, soit ronde ou à pans, d'une fleche de clocher de charpente.

ROUET DE MOULIN, *Méchanique* : c'est un assemblage de charpente de 8 à 9 pieds de diametre, disposé circulairement & attaché à l'extrêmité de l'arbre d'une machine ou d'un moulin : ce *rouet* est garni de 48 chevilles ou dents de bois dur, de 15 pouces de long, qui s'engrenent dans les fuseaux de la lanterne d'un moulin, pour faire tourner la meule. On donne généralement le nom de *rouet* à toutes les roues dentées employées dans les machines, dont les dents ou alichons sont posés à plomb.

ROULEAUX, *Attaque des places* : ce sont des assemblages de fascines qu'on lie ensemble & en rond. Ces *rouleaux* servent à couvrir la tête des travaux d'un siege, comme d'une sappe, lorsqu'on est proche de la place assiégée, & à garantir les travailleurs du feu de la mousqueterie.

ROULEAUX, *Méchanique* : ce sont des pieces de bois de

forme cylindrique ferrées par les bouts avec des frettes de fer, & qui ont à chaque extrêmité des mortoises pour recevoir le bout des leviers. Ces *rouleaux* se mettent sous de gros fardeaux pour les conduire d'un lieu à un autre, & sont fort commodes dans les bâtimens & dans l'artillerie.

ROULEAUX SANS FIN, ou *Tours terriers* : ce sont des *rouleaux* de bois assemblés avec des entre toises, & qui servent à transporter de très grands fardeaux, & à mener des blocs de marbre ou de fortes pieces de bois du chantier a l'attelier.

ROULER, *Marine* : ce terme se dit du mouvement de la mer, dont les vagues s'élevent & se déploient sur un rivage uni, ou bien du balancement d'un vaisseau, tantôt sur l'un de ses côtés, tantôt sur l'autre.

ROULETTE, *Géométrie* : c'est le nom d'une courbe connue présentement sous celui de *cycloïde*. Le nom de *roulette* lui fut donné d'abord par le Pere *Mersenne*, & c'est celui qu'elle porta pendant quelque tems. M. *Pascal* a composé un ouvrage fort estimé sous le titre de *traité de la roulette*. Mais enfin le nom de *Cycloïde* a prévalu. Voyez ci-devant l'article CYCLOIDE.

ROULIS, *Marine* : c'est le balancement d'un vaisseau dans le sens de sa largeur, c'est-à dire, de droite à gauche & de gauche à droite. Voyez aussi au mot TANGAGE.

ROUTE, *Navigation* : c'est le chemin que tient un vaisseau, ou le rhumb de vent selon lequel il doit naviger pour arriver au lieu de sa destination. *Fausse-route*, c'est une route qui ne conduit point en droiture au lieu où l'on doit arriver. La *fausse-route* est occasionnée ou par la dérive, ou par erreur, ou par des obstacles qui s'opposent à la *vraie route*, comme lorsqu'il s'agit de se dérober à un vaisseau ennemi par lequel on est poursuivi.

ROUTIER, *Navigation* : c'est le nom qu'on a donné à quelques ouvrages de pilotage qui contiennent des cartes marines, des vues de côtes, des observations sur les diverses qualités des parages ; en un mot, des instructions pour la *route* des vaisseaux.

RUDENTURES, *Architecture* : c'est un bâton simple, ou taillé en maniere de corde ou de roseau, dont on remplit jusqu'au tiers les canelures d'une colonne, appellées pour cette raiſon *canelures rudentées*. Il y a des *rudentures* plates, d'autres à bâtons, à baguettes, à feuilles de refend, à cordelettes, &c. *D'Aviler.*

RUDÉRATION, *Maçonnerie* : c'eſt le nom que donne *Vitruve* à la maçonnerie la plus groſſiere, que les maçons appellent, *hourdage*. Ce mot vient du latin *rudis*, qui ſignifie inégal, raboteux. *D'Aviler.*

RUILLÉE, *Maçonnerie* : c'eſt un enduit de plâtre ou de mortier que les couvreurs mettent le long des tuiles ou ardoiſes pour les raccorder avec les murs, ou avec les jouées des lucarnes. *D'Aviler.*

RUINER ET TAMPONNER, *Maçonnerie* : c'eſt hacher & entailler les côtés des ſolives, dans un plancher, ou des poteaux, dans une cloiſon ou un pan de bois, & y ficher de force des *tampons* ou chevilles de bois, pour retenir les plâtras & la maçonnerie dont on remplit enſuite l'entre-deux de ces pieces de bois. *D'Aviler.*

RUINURE, *Maçonnerie* : c'eſt l'entaille que l'on fait avec la coignée aux côtés des poteaux ou des ſolives, pour retenir les panneaux de maçonnerie, dans un pan de bois ou dans une cloiſon de charpente, ou bien les entrevoux dans un plancher. *D'Aviler.*

RUISSEAU, *terme de paveur* : c'eſt l'endroit où deux revers de pavé ſe joignent par leurs morces, & qui ſert pour l'écoulement des eaux : les *ruiſſeaux* des pointes ſont fourchus. On appelle *ruiſſeau en biſeau*, celui qui n'a ni caniveaux, ni contre-jumelles pour faire liaiſon avec le revers, comme dans les petites rues où il ne paſſe point des voitures.

RUSTIQUE, *Architecture* : c'eſt l'épithete qu'on donne à une maniere de bâtir qui ſe propoſe plutôt l'imitation de la nature que celle de l'art.

RUSTIQUER, *Maçonnerie* : c'eſt piquer une pierre avec la pointe du marteau : on dit qu'un ouvrage eſt *ruſtiqué*, quand les pierres ne ſont que piquées, au lieu d'être travaillées uniment. *D'Aviler.*

S

SABLE, *Maçonnerie :* c'eſt une terre graveleuſe, ſans aucune conſiſtance, que l'on mêle avec de la chaux pour faire du mortier. Il y a du *ſable* de terre & du *ſable* de riviere. Le gros *ſable* s'appelle *gravier.* Le *ſable* de la mer n'eſt pas propre à faire du mortier.

SABLIERE, *Charpenterie :* c'eſt une piece de bois qui ſe poſe ſur un poitrail ou ſur une aſſiſe de pierres dures, pour porter un pan de bois, ou une cloiſon. On donne ce même nom à la piece, qui, à chaque étage d'un pan de bois, en reçoit les poteaux & porte les ſolives du plancher.

SABLIERE DE PLANCHER : c'eſt une piece de bois de 7 & 8 pouces de gros, qui étant ſoutenue par des corbeaux de fer, ſert à porter les ſolives d'un plancher. On appelle auſſi *ſablieres* des eſpeces de membrures que l'on attache aux côtés d'une poutre pour n'en pas altérer la force, & qui reçoivent dans des entailles faites exprès les ſolives d'un plancher.

SABORDS, *Marine :* c'eſt le nom que l'on donne aux embrâſures ou fenêtres pratiquées dans le bordage d'un vaiſſeau pour paſſer la volée d'un canon. Il y a ſur un vaiſſeau de guerre autant de rangs de *ſabords* qu'il y a de ponts. Leur diſtance dans chaque rang eſt d'environ 7 pieds, & l'on obſerve de ne jamais les percer les uns au-deſſus des autres, pour ne point trop affoiblir le bordage du vaiſſeau au même endroit. A l'égard de la dimenſion que l'on donne aux *ſabords*, elle dépend de la grandeur & de la force des canons qui doivent y être mis en batterie ; on peut voir à ce ſujet *l'architecture navale*, par M. *Duhamel*, *in-quarto*, 1758, page 69 & ſuivantes.

SABOT, ou LARDOIRE, *Archit. hydraul.* C'eſt une eſpece de pointe de fer dont on arme les pilots par le bas, lorſque le terrein, dans lequel on doit les enfoncer, eſt trop dur ou pierreux, ou d'une trop grande réſiſtance. Un *ſabot* eſt ordinairement du poids de 15 livres : il eſt formé de quatre bandes de fer par leſquelles il eſt attaché avec des clous à tête perdue ſur les quatre faces du pilot.

SAC A LAINE, *Guerre des sieges* : c'est un *sac* de toile assez grand, que l'on remplit de laine & de bourre, pour former des logemens & des batteries dans les endroits où l'on manque de terre.

SAC A POUDRE, *Artillerie* : c'est un *sac* de toile rempli de 4 ou 5 livres de poudre, à la bouche duquel on lie une fusée, & que l'on jette à la main, comme une grenade, sur l'ennemi, après avoir mis le feu à la fusée. Il y en a de plus gros, qui contiennent 40 ou 50 livres de poudre, & que l'on exécute avec le mortier. On donne encore ce nom aux *sacs* de toile forte, dans lesquels on renferme la poudre pour la transporter plus facilement dans les fourneaux des mines. Ce sont ordinairement des *sacs* à terre dont on se sert pour cette opération, qui peuvent contenir 25 ou 30 livres de poudre.

SAC A TERRE, *Guerre des sieges* : c'est un *sac* de toile forte, d'environ 2 pieds de longueur sur 8 à 10 pouces de diametre, qu'on remplit de terre, & dont on borde le parapet d'un rempart ou d'une tranchée, pour tirer plus sûrement entre les intervalles qu'il laisse, ce qui forme des especes de creneaux. Les *sacs à terre* ont encore beaucoup d'autres usages, soit pour l'attaque, soit pour la défense des places, dont on peut voir des exemples dans les *élémens de fortification*, par *M. le Blond*, ainsi que dans les trois volumes de ses *élémens de la guerre des sieges*, derniere édition.

SAC DE PLATRE, *Maçonnerie*. Suivant les ordonnances de police de la ville de Paris, le *sac de plâtre* doit contenir la valeur de deux boisseaux mesurés ras, & les 12 *sacs* font ordinairement ce qu'on appelle une *voie*.

SACOME, *Architecture* : c'est un terme Italien usité par *M. de Chambray* pour désigner une moulure en saillie, ou le profil d'un membre d'architecture, quel qu'il soit. *Parallele d'architecture*.

SACRE, ou SACRET, *Artillerie* : c'étoit anciennement une piece de canon de fonte qui pesoit depuis 2500 jusqu'à 2850, & qui avoit environ 13 pieds de longueur : elle chassoit des boulets de 4 & 5 livres.

SAFRAN, *Marine*. Il y a deux pieces qui portent ce nom dans un vaisseau. Le *safran de l'étrave*, est une piece de bois qu'on attache depuis le dessous de la gorgere jusques sur le ringeot, & qui sert à faire venir le vaisseau au vent, lorsque, par défaut de construction, il y vient difficilement. C'est ce qu'on appelle *donner la pince* à un vaisseau. Le *safran du gouvernail* est une piece de bois de sapin, plate & droite, qu'on applique sur la longueur du gouvernail, afin qu'en lui donnant plus de largeur elle en facilite l'effet.

SAFFRE, *Marine* : c'est, suivant M. *Belidor*, un terme usité sur la Méditerrannée pour désigner un terrein dans la mer, dont le fond est composé de cailloux masriqués avec une argile durcie. *Archit. hydraul.* seconde partie.

SAIGNÉE DU SAUCISSON, *Artillerie* : c'est la coupure que l'on fait au saucisson d'une mine, pour y appliquer le *moine*, lorsqu'on veut mettre le feu à une mine. Ce moine est appliqué sur la poudre du saucisson par la coupure ou la *saignée* qu'on y a faite. On met le feu au morceau d'amadou qui répond au moine, & ce feu se communique au saucisson au bout de quelques minutes, pour donner le tems au mineur de s'éloigner avant que la mine fasse son effet.

SAIGNER DU NEZ, *Artillerie*. On dit qu'une piece de canon *saigne* du nez, lorsqu'étant montée sur son affût, la volée emporte la culasse, ce qui arrive lorsqu'on tire de haut en bas. On le dit aussi d'une piece dont le métal se trouvant trop échauffé pour avoir tiré un grand nombre de coups de suite, la volée devient courbe, ce qui fait baisser le bourlet & dérange la justesse des coups.

SAIGNER UN FOSSÉ, *Guerre des sieges* : c'est en faire écouler l'eau par le moyen d'une ou de plusieurs rigoles, pour le passer plus facilement, en jettant des fascines, des fagots de joncs, & des claies sur la boue & la vase qui reste au fond. Dans ces travaux, on a soin d'empêcher les eaux que l'on tire des fossés de prendre leur cours du côté des tranchées, ce qui incommoderoit beaucoup les troupes & les travailleurs.

SAILLIE, ou PROJECTURE, *Architecture* : c'est l'avance formée au-delà du nud d'un mur par les moulures & les autres membres d'architecture, laquelle saillie est proportionnée à leur hauteur. C'est aussi toute avance portée par encorbellement au-delà d'un mur de face, comme balcons, galeries, &c.

SAINTE BARBE, *Marine* : c'est le nom qu'on donne à la chambre des canoniers, parce qu'ils ont choisi cette sainte pour leur patrone. La *sainte barbe* est un retranchement fait sur le premier pont à l'arriere du vaisseau, au-dessus de la soute, & au-dessous de la chambre du capitaine, où l'on dépose les divers ustensiles d'artillerie. Il y a ordinairement à la *sainte barbe* deux sabords pratiqués dans l'arcasse, pour battre par derriere : le timon ou barre du gouvernail passe aussi par la *sainte barbe*.

SAIQUE, *Marine* : c'est un bâtiment grec qui n'a qu'un mât, lequel, avec son hunier, s'éleve à une hauteur extraordinaire, & qui ne va bien que vent arriere, parce qu'il est fort chargé de bois, ce qui empêche que la hauteur de son mât ne le fasse puiser.

SAISINE, *Marine* : c'est, en général, un petit cordage qui sert à en *saisir* un autre. On donne le nom de *saisine* de beaupré, ou de liure, à plusieurs tours de corde qui tiennent l'éguille de l'éperon avec le mât de beaupré.

SALLE, *Architecture* : c'est une grande piece qui fait partie d'un appartement, & qui prend différens noms suivant ses usages. Il y a des *salles* a manger, des *salles* d'assemblée, des *salles* de bal, &c.

SALLE, *Jardinage* : c'est, dans un jardin de propreté, un grand espace de figure réguliere bordé de charmilles ou de treillage, renfermé dans des bosquets, où l'on vient se réposer & prendre le frais. On peut voir des *salles* de toutes les especes dans les *delices de Versailles*, *in folio*, 1766, & entr'autres la *salle du bal*, (planches 27 & 28) dans le petit parc de Versailles, qui est entourée de gradins en amphithéâtre, pour asseoir les spectateurs, & dont le milieu est un espace ovale, en forme d'arêne, où l'on peut danser. Voyez-en une description plus détaillée dans le livre cité ci-dessus, page 13.

SALLE D'ARMES, *Artillerie* : c'est, dans un arsénal, une espece de galerie où l'on conserve les armes nécessaires pour un nombre considérable de troupes, rangées en ordre, & entretenues en bon état. Telle est la *salle d'armes* de l'arsénal de Paris, dont on peut voir la représentation dans les *mémoires d'artillerie de saint Remy*, *in quarto*, tome I.

SALLON, *Architecture* : c'est une grande piece située au milieu d'un principal corps de logis, dont la hauteur comprend ordinairement deux étages, ensorte qu'il a deux rangs de croisées, & que son plafond se termine en voûte ceintrée, comme on en voit dans les palais en Italie, & dans plusieurs de nos maisons royales.

SALLON DE TREILLAGE, *Jardinage* : c'est, dans un jardin,

un grand cabinet rond, ou à pans, fait de treillage soutenu de barres de fer, le tout couvert de verdure. On en trouve divers modeles dans la *théorie & la pratique du jardinage*, *in-quarto*.

SALOPE, *Archit. hydraul.* C'est le nom que l'on donne à une espece de bateau servant au transport de la vase & des immondices que l'on retire du fond d'un port lorsqu'on le récure. Cette *salope* est percée dans le fond de deux grandes ouvertures quarrées, en forme d'entonnoirs, fermées par le moyen de deux clapets ou de deux especes de soupapes pratiquées au fond du bateau, qui se baillent quant on veut en vuider les immondices dans la mer. *Archit. hydraul.* par M. *Belidor*, seconde partie, tome I.

SALPÊTRE, *Artillerie* : c'est une espece de sel factice qui se tire des vieux plâtras & des démolitions des anciens édifices : il s'en forme aussi dans les étables, bergeries, & autres lieux bas & humides. C'est la matiere principale qui entre dans la composition de la poudre à canon.

SALUT, *Art militaire* : c'est une marque de soumission & de respect que les troupes rendent au souverain, aux princes, & aux généraux de l'armée. Suivant M. le Maréchal *de Puysegur*, le *salut* le plus simple est le plus noble pour des troupes, & il approuvoit fort l'ancien *salut* de la cavalerie, qui consistoit à abaisser la pointe de l'épée devant celui qu'on saluoit, & à la relever ensuite. De nouvelles ordonnances ont rendu le *salut*, soit de la cavalerie, soit de l'infanterie, beaucoup plus compliqué & plus difficile : c'est aux maîtres de l'art à juger si ces différens mouvemens donnent plus de grace & de noblesse au troupes, que la simplicité de l'ancien *salut* recommandée par M. *de Puysegur.* Voyez cette matiere discutée à fond dans l'*art de la guerre*, par cet illustre Maréchal, en deux volume *in-quarto*, chez *Jombert.*

SALUT, *Marine* : c'est une marque de civilité, de déférence, ou de soumission que les vaisseaux se rendent les uns aux autres, & aux forteresses devant lesquelles ils passent. Quant aux différentes manieres dont se fait le *salut* sur mer, & aux diverses cérémonies dont il doit être accompagné, suivant les circonstances, elles ont été réglées en France par l'ordonnance de la marine de 1689, dont on peut voir un extrait dans le petit *dictionnaire de marine*, par M. Saverien.

SAMBUQUE, *Art militaire* : c'étoit chez les anciens une espece particuliere de barque qui portoit une échelle fort haute & extrémement commode, au moyen de laquelle on pouvoit escalader les murailles des villes maritimes. On en peut voir une description très détaillée dans le *traité des armes des anciens*, par M. le Chevalier *Folard*.

SAPPE, *Attaque des places* : c'est une espece de tranchée que l'on creuse petit à petit lorsqu'on se trouve proche de la place, en se garantissant du feu de la mousqueterie par le moyen des mantelets & des gabions farcis, que les travailleurs font rouler devant eux. Ce travail est différent de la tranchée en ce que celle-ci se fait à découvert, & qu'on lui donne d'abord toute la largeur qu'elle doit avoir, au lieu que la *sappe* se fait avec plus de précautions, & qu'on la commence d'abord sur peu de largeur, mais on l'élargit ensuite : quand elle est parvenue à la largeur qu'elle doit avoir, alors elle perd le nom de *sappe* pour prendre celui de *tranchée*. On compte six sortes de *sappes* que l'on va définir dans les articles suivans.

SAPPE SIMPLE : c'est une *sappe* qui ne se fait que d'un côté & qui n'a qu'un parapet.

SAPPE ENTIERE : c'est la *sappe* ordinaire qui se fait en posant à couvert des gabions que l'on remplit de terre à mesure qu'ils sont placés, & dont on masque les entre-deux par des fagots de sappe ou des sacs à terre. Les *sappeurs*, pour la commencer, font une tranchée de 3 pieds de largeur sur autant de profondeur ; ensuite les travailleurs viennent l'agrandir peu à peu, au point de lui donner la largeur d'une tranchée.

SAPPE DOUBLE : c'est une *sappe* à laquelle on est obligé de faire des parapets des deux côtés : elle s'emploie dans les endroits dangereux où l'on est également vu de la place par les deux faces.

DEMI-SAPPE : c'est lorsqu'on pose à découvert une certaine quantité de gabions sur un alignement donné, & qu'après en avoir rempli les entre-deux avec des sacs à terre, on y envoie les travailleurs pour les remplir de terre : ce qui ne se pratique guere que de nuit, & quand on est encore éloigné de la place.

SAPPE VOLANTE : c'est celle dans laquelle on ne se donne pas la peine de remplir de terre les gabions, se contentant de les ranger suivant la direction que doit avoir la *sappe*. Cette méthode n'est d'usage que pour des endroits peu exposés, & pour avancer plus promptement les travaux d'un siege.

SAPPE COUVERTE : c'est une espece de galerie enfoncée en terre, au moyen de laquelle on s'avance secretement vers quelque ouvrage qu'on veut surprendre. Cette sorte de mine ne se pratique que fort rarement.

SAPPEUR : c'est un ouvrier ou un soldat exercé au travail de la *sappe*. Les *sappeurs* font partie du corps royal de l'artillerie, auquel ils sont attachés, ainsi que les mineurs, canoniers, bombardiers, &c. Ils sont distribués par brigades de huit hommes, dont quatre travaillent ensemble un certain tems, ensuite, quand ceux-ci sont las, les quatre autres les relevent & reprennent leur place, jusqu'à ce que chacun des huit ait conduit à son tour la tête de l'ouvrage, où est le plus grand danger.

SAS, *Archit. hydraul.* C'est un bassin placé sur la longueur d'une riviere, ou d'un canal, bordé de quais & terminé par deux écluses, une à chaque extrêmité, à l'endroit d'une chûte d'eau, pour faciliter la navigation des bateaux & les faire passer d'une écluse supérieure à une inférieure, & réciproquement, de cette derniere à la premiere, par le jeu alternatif des écluses. C'est ainsi qu'au *sas d'Ostende*, qui est le plus beau morceau d'architecture hydraulique que l'on connoisse, les bâtimens passent du port de cette ville dans le canal de Bruges, & de ce canal dans le port, quelle que soit la hauteur des marées. Voyez la description de ce fameux *sas* dans l'*architect. hydrauliq.* par M. *Belidor*, tome IV, chap. III, page 325.

SAUCISSE, ou SAUCISSON, *Artillerie* : c'est une amorce de poudre à canon renfermée dans un long sac de cuir ou de toile goudronnée, d'un pouce & demi de diametre, formant une espece de boyau rempli d'une traînée de poudre qui va depuis la chambre de la mine jusqu'à l'ouverture de la galerie, où l'on doit mettre le feu. Pour plus de sûreté, on renferme le *saucisson* dans une longue caisse ou canal de bois appellé *auget* : quelquefois même on y met deux *saucissons*, afin que si l'un des deux venoit à manquer, l'autre puisse y suppléer.

SAUCISSONS, *Guerre des sieges* : ce sont de grands fagots faits de longues branches d'arbres, différens en cela des fascines qui ne sont composées que de menus branchages : les *saucissons* sont d'ailleurs beaucoup plus gros & plus longs que les fascines. On se sert des *saucissons* pour former des épaulemens & d'autres retranchemens : on en emploie aussi pour la construction des batteries, pour la réparation des breches, &c. On leur donne 10 à 12, & quelquefois jusqu'à 18 pieds de longueur, & on les lie de 3 ou 4 liens.

SAUCISSONS VOLANS, *Pyrotechnie* : c'est une sorte de pétard allongé & étranglé à la moitié de sa longueur, dont une partie est remplie de composition pour le faire pirouetter en l'air, & l'autre de poudre grenée pour le faire finir par un bruit éclatant. Voyez la maniere de faire les différens *saucissons* en usage dans les feux d'artifice, & la composition qui leur convient, dans le *manuel de l'artificier*, par M. *Perrinet d'Orval*, *in-douze*.

SAUTERELLE, *Coupe des pierres* : c'est un instrument composé de deux regles de bois assemblées par un bout, comme la tête d'un compas, pour être mobiles & propres à prendre l'ouverture de toutes sortes d'angles rectilignes, soit droits, aigus, ou obtus. C'est une espece de *récipiangle* qui sert à transporter sur la pierre ou sur le bois l'angle d'une encoignure ou d'un trait de l'épure. Cet instrument est plus usité dans la coupe des bois que pour la coupe des pierres, où l'on se sert pour la même fin du compas d'appareilleur, qui est une sorte de *sauterelle* à laquelle on a ajouté des pointes pour servir en même tems de fausse équerre & de compas, suivant les occurrences. *Stéréotomie de Frézier.*

SAUVE GARDE, ou TIREVEILLE, *Marine* : c'est une corde amarrée au bas du beaupré, & qui montant à la hune de misaine, en descend pour s'amarrer aux barres de la hune de beaupré. Elle sert aux matelots qui font quelque manœuvre de la civadiere & du tourmentin, pour marcher en sûreté sur le mât de beaupré. Il y a plusieurs autres *sauve-gardes* sur un vaisseau, qui ont toutes pour objet de servir d'appui aux matelots & de les empêcher de tomber à la mer dans les tempêtes.

SCALENE, TRIANGLE SCALENE, *Géométrie* : c'est un triangle dont tous les angles & les côtés sont inégaux. Ce mot vient du grec σκαληνος, oblique, inégal.

SCELLER,

SCELLER, *Maçonnerie* : c'eſt arrêter, avec le plâtre ou le mortier, des pierres, des pieces de bois, des barres de fer, &c. *Sceller* en plomb, c'eſt arrêter avec du plomb fondu, dans des trous taillés exprès, des barreaux de fer, des crampons de fer, ou de bronze, &c.

SCENOGRAPHIE, *Deſſein* : c'eſt la repréſentation en perſpective d'un bâtiment en ſon entier, c'eſt-à-dire, des faces qu'on en peut voir, de ſa hauteur, & de toutes ſes dimenſions, telles qu'elles paroiſſent à l'œil.

SCHOLIE, *Mathématiques* : c'eſt un diſcours particulier ou une remarque que l'on fait ſur une propoſition, pour éclaircir les doutes occaſionnés par quelques obſcurités qui ont pu s'y gliſſer. On fait auſſi voir, dans une *ſcholie*, l'uſage de la propoſition qu'on vient d'établir, ou bien l'on y enſeigne une autre maniere de démontrer cette même propoſition.

SCIAGE, Bois de Sciage, *Charpenterie* : c'eſt celui qui eſt équarri & refendu par des *ſcieurs* de long. Les pieces de bois de *ſciage* ne ſont pas ſi eſtimées que celles de bois de *brin*, étant beaucoup moins fortes, à groſſeur égale.

SCIOGRAPHIE, *Deſſein* : c'eſt le profil ou la coupe de l'intérieur d'un bâtiment. Voyez ci-devant au mot Profil.

SCORPION, *Art militaire* : c'eſt le nom d'une machine de guerre des anciens, qui avoit la forme d'une grande arbaleſtre, & dont ils ſe ſervoient pour lancer des fleches & des javelots.

SCOTIE, ou Nacelle, *Architecture* : c'eſt une moulure concave, en forme de demi-canal, qui ſe place entre les deux tores de la baſe d'une colonne, & quelquefois ſous le larmier de la corniche Dorique. Ce mot, ſelon M. *de Chambray*, vient du grec σκοτια, *obſcurité*, parce que ſa profondeur formant une ombre, la fait paroître obſcure. On l'appelle encore *trochile*, du grec τροχιλος, qui ſignifie une *poulie*, dont elle a la forme. *Parallele d'architecture. D'Aviler.*

SECANTE, *Géométrie* : c'eſt une ligne tirée du centre d'un cercle, laquelle, coupant ſa circonférence, eſt prolongée juſqu'à ce qu'elle rencontre une tangente à ce cercle.

SECHES, *Marine.* On donne ce nom à des ſables que la mer couvre quand elle eſt haute, & qu'elle laiſſe à ſec quand elle est basse. On donne quelquefois le même nom à des bancs de roches ou à des écueils près des côtes, que la mer découvre en tout ou en partie.

SECOND FLANC, ou PLACE HAUTE, *Fortification*: c'est le nom que le Chevalier *de Ville* donne à un retranchement pratiqué derriere son premier flanc, qu'il appelle aussi *place basse*, ou *casematte*. *Second flanc* est aussi ce qu'on appelle *feu de courtine*, dont on peut voir l'explication ci-devant article FEU DE COURTINE. Voyez aussi dans les *élémens de fortification*, par M. *le Blond*, *in octavo*, 1764, pages 182 & suivantes, un examen raisonné des avantages & des inconvéniens de ces *seconds flancs*.

SECONDE, *Géométrie*: c'est la 60e partie d'une minute. On sçait que la circonférence d'un cercle se divise en 90 degrés: chaque degré se subdivise en 60 minutes, qui se marque ainsi ′: & chaque minute en 60 *secondes*, marquées ″: chaque *seconde* se divise ensuite en 60 tierces, marquées ‴, &c. En France, un pendule long de 3 pieds 8 lignes ½ fait ses vibrations en une *seconde* de tems; un corps qui tombe librement du haut en bas, doit parcourir environ 15 pieds dans la premiere *seconde*, &c.

SECOURS, ARMÉE DE SECOURS, *Art militaire*: ce terme se dit d'une armée qui vient secourir une place assiégée, pour en faire lever le siege à l'ennemi, soit en y faisant entrer adroitement, ou de force, des troupes, des munitions, & des vivres, pour fortifier la garnison, soit en attaquant l'armée qui en fait le siege, & en la forçant dans ses retranchemens.

SECRET, *Hydraulique*: c'est le nom que les ouvriers donnent au *barrillet* d'une pompe aspirante. Voyez au mot BARRILLET.

SECTEUR, *Géométrie*: c'est la partie d'un cercle comprise entre deux rayons, & l'arc renfermé entre ces rayons.

SECTEUR D'UNE SPHÈRE: c'est un solide qui se termine en pointe au centre d'une sphère, & qui a pour base la surface d'un segment de sphère: ainsi ce solide ressemble parfaitement à un cône dont la base seroit convexe.

SECTION, *Géométrie*: c'est, en général, la coupe d'un plan par une ligne, ou d'un solide par une surface. La commune *section* de deux plans est toujours une ligne droite : de quelque maniere que l'on coupe une sphère, le plan de la *section* sera toujours un cercle dont le centre est dans le diametre de la sphere.

SECTIONS CONIQUES, *Geometrie* : c'est la figure qui se forme de la *section* d'un cône : comme on peut couper ce cône de cinq manieres différentes, il en résulte cinq *sections coniques* ; sçavoir, le triangle, le cercle, la parabole, l'hyperbole, & l'ellipse. En effet, 1°. si l'on coupe le cône par un plan qui passe directement par son axe depuis sa base jusqu'à son sommet, la surface de cette *section* sera un *triangle* isoscelle. 2°. Si on le coupe par un plan parallele à sa base, la *section* sera un *cercle*. 3°. Si le diametre de la *section* est parallele au côté du cône, sa figure sera une *parabole*. 4°. Si le diametre de la *section* prolongé concourt avec le côté prolongé du cône, la figure de la *section* est une *hyperbole*. 5°. Enfin si l'on coupe le cône par un plan obliquement à son axe, la *section* sera une *ellipse*. Quoique ces différentes positions du plan coupant forment cinq *sections*, on n'entend cependant par le terme de *sections coniques* que les trois dernieres, qui sont la *parabole*, l'*hyperbole*, & l'*ellipse*. Ces trois noms viennent d'une des propriétés des *sections coniques* qui fait voir l'analogie qu'elles conservent entre elles : cette propriété consiste en ce que dans la parabole le quarré de la demi-ordonnée est toujours égal au rectangle de l'abscisse par le parametre : que dans l'ellipse il est moindre, & que dans l'hyperbole il est plus grand d'une certaine quantité, qui a un rapport constant avec ce rectangle. C'est ce qui a donné lieu de les nommer *parabole*, *ellipse*, & *hyperbole* ; le premier de ces noms signifiant *égalité*, le second *défaut*, & le troisieme *excès*. De tous les auteurs anciens qui ont écrit sur les *sections coniques*, il n'y a que les écrits d'*Apollonius* qui soient parvenus jusqu'à nous, par les soins d'*Alphonse Borelli*, qui en a donné une édition dans le siecle passé. M. *Halley* en a publié depuis une magnifique édition en Angleterre. Parmi les modernes, M. *Guisnée* a écrit sur les principales propriétés des *sections coniques*, dans son *application de l'algebre à la géométrie* : mais ceux qui veulent approfondir cette matiere doivent recourir au *traité analytique des sections coniques*, par M. le Marquis *de l'Hôpi-*

tal, *in-quarto*, & à celui que M. *Muller* a écrit en anglois & traduit en françois, sous le même titre, *in-quarto*, chez *Jombert* : à l'ouvrage *in-folio* de M. *de la Hire*, intitulé, *sectiones conicæ*, *in novem libros distributæ* : au *traité des sections coniques*, par M. l'Abbé *de la Chapelle*, *in octavo*, &c.

SEGMENT D'UN CERCLE, *Géométrie* : c'est la partie d'un cercle comprise entre un arc & sa corde ; ou bien, c'est la partie d'un cercle comprise entre une ligne droite plus petite que le diametre, & une partie de la circonférence.

SEGMENT D'UNE SPHÈRE : c'est une des deux parties inégales d'une sphère coupée par un plan qui ne passe point par son centre ; autrement, au lieu d'une portion de sphère, on en auroit une moitié, qu'on appelle *hemisphère*.

SELLETTE, *Machines* : c'est une piece de bois en forme de moise, arrondie par les bouts & située au haut du poinçon d'un engin, qu'il accole pour porter & soutenir le fauconneau, conjointement avec deux liens.

SEMBLABLES, *Géométrie*. Il se dit, en général, de toutes les choses entre lesquelles il y a de la similitude. On dit que deux triangles sont *semblables*, quoique d'inégale grandeur, lorsque leurs angles répondent parfaitement l'un a l'autre. Il en est de même des autres figures rectilignes *semblables*. On appelle *solides semblables*, ceux qui sont renfermés sous un même nombre de plans semblables & semblablement posés.

SEMELLE, *Artillerie* : c'est un madrier ou une planche de bois fort épaisse, qui se pose sur les premieres entretoises du haut de l'affût, & sur laquelle repose la culasse du canon.

SEMELLE, *Charpenterie* : c'est une espece de tirant fait d'une plate-forme où sont assemblés les pieds de la fermée d'un comble, pour en empêcher l'écartement. On appelle *semelle d'étai*, une piece de bois couchee à plat sous le pied d'un étai, d'un chevalement, ou d'un pointai. *D'Aviler*.

SEMELLE, *Marine* : c'est un assemblage de trois planches mises l'une sur l'autre, qui a la forme de la *semelle* d'un soulier, & dont on fait usage pour aller à la bouline. Pour cet effet, l'on a deux *semelles*, l'une sous le vent, qu'on laisse tomber à l'eau, & l'autre qu'on laisse suspendue au bordage jusqu'au premier revirement.

SEP DE DRISSE, ou BLOC D'ISSAS, *Marine* : c'est une grosse piece de bois quarrée, entaillée avec un barrot du premier pont & un du second pont, qu'elle excede d'environ quatre pieds. Le *sep de drisse* est posé derriere un mât ; à son extrémité il y a trois ou quatre poulies sur un même essieu, sur lesquelles passent les *grandes drisses*. On distingue deux grands *seps de drisse*, celui du grand mât, qui sert à la grande vergue, & celui de misaine, qui sert à la vergue de ce nom. Les autres *seps de drisse* sont attachés a ceux-ci, & l'on en fait usage pour mettre haut les mâts de hune, par le moyen des guinderesses, & pour manœuvrer les drisses des huniers. Voyez aussi au mot DRISSE.

SEPTENTRION, ou NORD, *Géographie* : c'est l'un des quatre points cardinaux qui répond sur l'horison au pole boréal, & par lequel passe le méridien : ce point est opposé au *midi* ou *sud*.

SERIE, ou SUITE, *Algebre* : c'est un ordre ou une progression de quantités qui croissent ou décroissent suivant une loi quelconque. Lorsque la *serie*, ou la *suite*, va toujours en approchant de plus en plus de quelque quantité finie, & que par conséquent les termes de cette *serie*, ou les quantités dont elle est composée, vont toujours en diminuant, on l'appelle une *suite convergente* : si on la continue à l'infini, elle devient enfin égale à cette quantité : on lui donne alors le nom de *suite infinie*. L'invention d'une *suite infinie* qui exprime des quantités cherchées, est due à *Mercator*, qui s'est servi pour cet effet de la division. Mais *Newton* & *Leibnitz* ont porté ensuite cette théorie plus loin, le premier en trouvant ses *suites* par l'extraction des racines, & le second, par une autre *suite* présupposée qui donne la facilité de déterminer les aires des lignes courbes dont on ne peut trouver exactement la quadrature. Voyez cet article dans le *dictionnaire encyclopédique*, où la théorie des *series*, ou *suites infinies*, est mise dans tout son jour. On peut consulter aussi à ce sujet les œuvres de M. *Jacques Bernoulli*, sur tout son *ars conjectandi* ; l'ouvrage de *Newton*, intitulé, *analysis per æquationes numero terminorum infinitas* ; le septieme livre de l'*analyse démontrée* du P. *Reyneau* ; le traité de M. *Stirling*, *de summatione serierum* ; les *miscellanea analytica de seriebus*

& quadraturis, par le même ; le *calcul différentiel*, par M. l'Abbé *Deidier*, &c.

SERPENTEAU, *Pyrotechnie* : ce sont de petites fusées sans baguettes, qui courent sur terre, ou qui s'élevent en l'air en serpentant.

SERPENTEMENT, *Géométrie* : c'est la partie d'une courbe qui va en serpentant : le caractere de cette courbe est qu'elle doit être coupée en quatre points par une même ligne droite, ce qui fait que les *serpentemens* ne peuvent se trouver que dans les lignes du quatrieme ordre. Quant à la nature & aux propriétés de ces sortes de courbes, il faut consulter l'*introduction à la connoissance des lignes courbes*, par M. *Cramer*, *in-quarto*, chez *Jombert*.

SERPENTIN, *Artillerie* : c'est le nom d'une ancienne piece de canon qui chassoit un boulet du poids de 24 livres.

SERRE, *Marine*. On donne, en général, le nom de *serres* à des bordages fort épais, qui sont entaillés vis-à-vis les pieces sur lesquelles ils reposent. En ce cas la bauquiere pourroit être regardée comme une *serre*, & beaucoup de constructeurs la nomment en effet *serre-bauquiere*. D'autres ont conservé ce nom pour une véritable *serre* qu'on pose sous la bauquiere ; mais comme on ne l'endente pas ordinairement vis à-vis les membres, c'est véritablement une vaigre. Voyez aussi au mot BAUQUIERE.

SERRE-BOSSE, *Marine* : c'est une grosse corde amarrée aux bossoirs ou dans leur voisinage, qui saisit la bosse de l'ancre lorsqu'on la retire de l'eau & qu'on la tient amarrée sur l'épaule du vaisseau.

SERRE-FILE, *Art militaire* : c'est le soldat du dernier rang d'un bataillon ou d'un escadron, qui en termine la hauteur par la queue, comme le chef de file la termine par la tête.

SERRE-GOUTIERES, *Marine* : ce sont des pieces de bois semblables aux hiloires, qui font tout le tour du vaisseau, joignant les fourrures de goutiere : elles sont jointes avec les ceintes, les baux, & les barrots par des chevilles de fer.

SERRURERIE : c'est l'art de connoître le fer & de le travailler. La premiere partie de cet art convient à l'art de bâtir ; la seconde forme un art particulier, dont le détail nous écarteroit trop de notre sujet. On trouve quelques instructions sur l'art de *serrurerie* dans le livre intitulé, *principes d'architecture, peinture, & sculpture*, par M. *Felibien*, *in-quarto*; mais pour des modeles d'ouvrages en fer de toutes les especes, il faut recourir au *nouveau livre de serrurerie*, par *Louis Fordrin*, serrurier des bâtimens du Roi, imprimé en 1724, en un volume *in folio*, forme d'atlas, contenant 50 grandes planches très-bien gravées.

SERVICE, *Maçonnerie*. c'est le transport des matériaux du chantier au pied du bâtiment qu'on éleve, & de cet endroit sur le tas : ainsi plus l'édifice est élevé, plus le *service* devient long & difficile. *D'Aviler.*

SERVITUDE, *Coutume des bâtimens* : c'est l'état d'un héritage qui est assujetti à certains droits envers un autre héritage : elles se distinguent en deux especes, les *servitudes urbaines* & les *rurales*. Chez les Romains les principales *servitudes rurales* se réduisoient à ces trois mots, *iter*, *actus*, *via* : ce qui revenoit à ce que nous appellons droit de passage pour les gens de pied, pour les chevaux & les bêtes de somme, & pour les charriots & les autres voitures. Les autres servitudes rurales étoient le droit de faire passer l'eau par l'héritage d'autrui, d'y puiser de l'eau, d'abreuver ses bestiaux dans l'eau du voisin, de faire paître ses troupeaux dans son héritage, d'y faire cuire sa chaux ; d'en tirer du sable, de la craie, de la marne, ou de la pierre. Les *servitudes urbaines* se réduisent à huit. 1°. L'obligation de porter les charges du voisin. 2°. Le droit de poser ses poutres dans son mur. 3°. Le droit d'avancer son bâtiment sur son héritage. 4°. L'obligation de recevoir l'eau du toît voisin. 5°. Celle de recevoir cette même eau rassemblée par une goutiere. 6° Le droit d'empêcher le voisin d'élever son mur plus haut. 7°. Celui d'empêcher d'ôter ou de nuire à la vue de l'héritage dominant. 8°. Enfin le droit d'avoir des vues sur le voisin. Voilà, en abrégé, ce qu'on appelle *servitude* ; on en peut voir l'explication plus au long dans la *coutume de Paris*, par M. *de Ferriere*, ou dans la nouvelle édition de l'*architecture moderne*, en deux volumes *in-quarto*, livre V, qui traite des *us & coutumes*, relativement aux bâtimens.

SESQUI-ALTERE, *Géométrie* : c'est un rapport entre deux lignes, deux nombres, &c. dans lequel une de ces grandeurs contient l'autre une fois & demie. Ainsi les nombres 9 & 6 sont entre eux en raison *sesqui-altere*, car 9 contient 6 une fois & une demi-fois : tels sont aussi les nombres 12 & 8, 24 & 16, 30 & 20, &c.

SEUIL, *Architecture* : c'est la partie inférieure d'une porte, ou la pierre qui pose à terre entre ses deux tableaux : elle ne differe du pas qu'en ce qu'elle est arrasée d'après le mur. Le *seuil* a quelquefois une feuillure pour servir de battement à la porte mobile qui ferme la baie.

SEUIL D'ÉCLUSE, *Archit. hydraul.* C'est une piece de bois qui, étant posée de travers entre deux poteaux montans, au fond de l'eau, sert à appuyer par le bas la porte ou les aiguilles d'une écluse ou d'un pertuis.

SEUIL D'UN PONT-LEVIS : c'est une sorte piecé de bois avec feuillure arrêtée au bord de la contrescarpe d'un fossé pour recevoir le battement d'un pont-levis quand on l'abaisse : on l'appelle aussi *sommier*. *D'Aviler*, *dictionnaire d'architecture*.

SEUILLETS, *Marine* : ce sont des planches attachées sur l'appui des sabords, & qui forment ce que les artilleurs appellent la *genouillere* de l'embrâsure. On voit par-là que la hauteur des *seuillets* doit être proportionnée à la force des canons & à la hauteur de leurs affûts. Les *seuillets* appliqués contre les parties supérieure & inférieure des sabords, en couvrant l'épaisseur du bordage, empêchent l'eau de s'y insinuer & de pourrir les membres du vaisseau.

SIEGE, *Art militaire* : c'est le campement d'une armée autour d'une place, à dessein de s'en emparer, soit par famine, en empêchant tout convoi de s'y introduire, soit de vive force, en s'en approchant peu à peu par le moyen des tranchées, en comblant les fossés de la place, & en formant des attaques aux ouvrages qui la défendent. *Siege Royal* est celui dans lequel on fait tous les travaux nécessaires pour s'emparer de la place, en chassant successivement l'assiégé de toutes les fortifications qui la défendent : cette sorte de *siege* ne se fait qu'aux places importantes & bien fortifiées, qui ont une nombreuse garnison. A l'égard de la durée d'un *siege*, du détail des travaux nécessaires pour le conduire depuis l'ouverture de la tranchée jusqu'à la prise du corps de la place, & de la quantité de munitions dont on a besoin pour le former, on peut s'en instruire à fond dans l'*artillerie raisonnée*, & dans le *traité de l'attaque des places*, par M. *le Blond*, derniere édition.

SIGNAUX, *Marine* : ce sont des marques distinctives dont on est convenu pour faire connoître sur mer l'état d'un vaisseau, ou pour lui signifier les ordres du général ou du commandant, &c. Il y en a de deux sortes, les *signaux* généraux, & les particuliers. Les premiers concernent les ordres de bataille, de marche, de mouillage, & de route : les autres servent à indiquer les volontés du commandant d'une escadre pour tous les capitaines de chaque vaisseau en particulier, & réciproquement les avis que chaque capitaine d'un vaisseau peut donner au commandant. Voyez le dénombrement de tous les différens *signaux* en usage sur mer, soit pour le jour, soit pour la nuit, très-bien détaillé, d'après l'*art des armées navales* du P. *Hoste*, dans le petit *dictionnaire de marine*, par M. *Saverien*.

SILLAGE DU VAISSEAU, *Marine* : c'est la trace du cours du vaisseau, ou son cours, & même sa vîtesse. Mesurer le *sillage* d'un vaisseau, c'est mesurer sa vîtesse ou le chemin qu'il fait : cette mesure est nécessaire sur mer pour suppléer à la connoissance des longitudes. Voyez cet article expliqué très au long dans le *dictionnaire de Mathématique*, par M. *Saverien*, ou dans son petit *dictionnaire de marine*, ou mieux encore dans un de ses ouvrages intitulé, *l'art de mesurer sur mer le sillage du vaisseau*, *in-octavo*, chez *Jombert*.

SILLER, *Marine* : c'est avancer, faire route. On dit qu'un vaisseau *sille* bien lorsqu'il fait beaucoup de chemin en peu de tems, ou lorsqu'il fait bonne route.

SILLOMETRE, *Marine* : c'est le nom que donne M. *Saverien* à une machine de son invention pour estimer le sillage, c'est-à-dire, la vîtesse d'un vaisseau. Voyez son livre cité ci-dessus à l'article SILLAGE.

SILLON, ou ENVELOPPE, *Fortification* : c'est une espece de rempart avec un parapet construit au milieu d'un fossé, pour en diminuer la trop grande largeur. On ne construit guere de ces *sillons* que dans les fortifications irrégulieres, & on leur fait suivre alors les mêmes contours que la ligne magistrale du corps de la place. *Elémens de fortification*, par M. *le Blond*, *in-octavo*, 1764.

SIMBLEAU, ou CINGLEAU, *Architecture* : c'est un cordeau qui sert à tracer des courbes d'une certaine grandeur qui passent la portée des plus grands compas d'appareilleur. Les meilleurs *simbleaux* sont des chaînettes, qui ne sont pas sujettes a s'alonger comme les cordes. On donne aussi le nom de *simbleau* à une longue perche immobile par un de ses bouts, dont on se sert pour tracer un grand arc de cercle. M. *Frézier* penche pour le mot *cingleau*, & le fait dériver du mot latin *cingulum*, un cordon. *Stéréotomie de Frézier.*

SIMPLE, *Algebre.* Une équation *simple* est celle où la quantité inconnue n'a qu'une dimension, comme celle $x = \frac{a+b}{2}$.

SINGE, *Machines* : c'est un assemblage de charpente composé de deux croix de saint André, & d'un treuil à bras ou a double manivelle, dont on se sert pour enlever des fardeaux, pour tirer les fouilles d'un puits, pour y descendre le moilon & le mortier, &c.

SINGE, *terme de dessin.* Voyez ci devant au mot PANTOGRAPHE.

SINGLER, *Toisé* : c'est, lorsqu'il s'agit de toiser les ouvrages d'un bâtiment, contourner avec le cordeau le ceintre d'une voûte les marches, la coquille d'un escalier, les moulures d'une corniche, & généralement toute autre partie qui ne peut se mesurer avec le pied & la toise. *D'Avilar.*

SINGLIOTS, *Coupe des pierres* : ce sont les deux foyers d'une ellipse où l'on attache les bouts d'un cordeau égal au grand axe de l'ellipse, pour tracer, par un mouvement continu, cette courbe qu'on appelle l'*ovale du jardinier. Stéréotomie de Frézier.*

SINUS, *Trigonométrie.* Le *sinus droit* d'un arc est une ligne droite tirée de l'extrêmité d'un arc perpendiculairement sur le rayon ou le côté qui termine son autre extrêmité. Le *sinus* d'un arc est toujours la moitié de la corde du double de cet arc. On se sert des *sinus* dans la trigonométrie pour connoître dans un triangle le rapport des angles à ses côtés, & celui de ses côtés aux angles. Pour avoir en nombres la valeur des *sinus*, tangentes, &c. on prend le rayon pour l'unité, & l'on détermine la valeur des *sinus*, des tangentes, & des sécantes en parties du rayon. On le divisa d'abord en 60 parties, chacune de ces parties en 60 minutes, chaque minute en 60 secondes, &c. Mais les fractions sexagésimales ayant paru trop embarrassantes dans les opérations de la trigonométrie, *Regiomontanus*, après plusieurs tentatives, divisa ensuite le rayon en 10000000 parties : c'est de cette derniere division dont on se sert aujourd'hui pour la construction des tables des *sinus*, tangentes, &c. Voyez ci devant au mot LOGARITHMES ce que nous avons dit sur ces *tables des sinus*, dont les meilleures sont sans contredit celles d'*Adrien Wlacq* : M. *Ozanam* en a donné un abrégé suffisant pour les géometres & les praticiens, en un volume *in octavo*, qui se vend à Paris chez *Jombert*.

SINUS ARTIFICIEL : c'est le nom que quelques géometres ont donné aux logarithmes des *sinus*.

SINUS DU COMPLÉMENT : c'est le *sinus droit* d'un angle ou d'un arc, qui forme 90 degrés avec un autre angle ou un autre arc donné.

SINUS TOTAL, ou SINUS *de l'angle droit* : c'est le demi-diametre ou le rayon du cercle.

SINUS VERSE. Le *sinus verse* d'un arc, ou d'un angle dont cet arc est la mesure, est la partie du demi-diametre ou rayon intercepté entre l'arc & son *sinus*.

SINUSOIDE, *Géométrie* : c'est le nom que donne M. *Belidor* à une courbe géométrique qu'il applique à la manœuvre des ponts-levis, pour maintenir leurs tabliers toujours en équilibre avec les poids qui tiennent lieu de bascule, en quelque position que se trouve le pont. Au moyen de cette invention, il supprime les fleches des ponts-levis, dont la trop grande longueur oblige de couper les ornemens d'architecture qui décorent les portes des villes de guerre, pour les loger. Voyez la *science des Ingénieurs*, par M. *Belidor*, livre IV. M. *Jacques Bernoulli* a démontré qu'une telle courbe est une des cycloïdes qui se forme lorsqu'un cercle se roule sur la circonférence d'un autre cercle, & le Marquis *de l'Hôpital* a donné (*acta eruditorum*, ann. 1695) une méthode pour construire cette courbe. Nous en avons parlé ci-devant sous le nom de *courbe d'équilibration* : voyez à cet article.

SOCLE, *Architecture*, c'est un membre quarré plus bas que large, qui se met sous la base des piédestaux, des statues, des vases, &c.

SOFFITE, ou PLAFOND, *Architecture* : c'eſt le deſſous de tout membre d'architecture qui eſt ſuſpendu en l'air & qu'on voit d'en bas, comme le deſſous d'un architrave ou d'un larmier. Dans l'Ordre Dorique, le *ſoffite* de l'architrave eſt orné de 18 gouttes faites en forme de clochettes ſuſpendues, diſpoſées en trois rangs, dont le premier répond au droit des gouttes placées au bas des triglyphes. *Soffite* ſe dit auſſi en général de tout plafond enrichi d'ornemens de ſculpture, ou de compartimens d'architecture, dans quelque ordonnance de colonnes qu'il ſe trouve. Ce terme vient de l'italien *ſoffitto*, fiché deſſous, & répond au *lacunar* des anciens: *Parallele de Chambray.*

SOL, *Architecture* : ce terme, dans la coutume de Paris, ſignifie la propriété du fond d'un héritage. C'eſt, en ce ſens qu'il y eſt dit, que quiconque a le *ſol*, a le deſſous & le deſſus, s'il n'y a titre contraire. Ceux qui bâtiſſent ſur le *ſol* d'autrui pour en jouir un certain nombre d'années, n'ont que le deſſus. Voyez, dans la nouvelle édition de l'*architecture moderne*, livre V, *des us & coutumes*, l'article 187 de la coutume & ſon explication.

SOLE, *Charpenterie* : c'eſt une groſſe piece de bois équarrie, qui, avec une autre piece appellée *la fourchette*, fait la baſe d'un engin, ou de toute autre machine ſervant à élever des fardeaux : c'eſt ſur le milieu de la *ſole* que poſe le poinçon & ſes bras. Les ſonnettes pour enfoncer les pieux ont pareillement leur *ſole* ſur laquelle s'élevent les montans à couliſſe & leurs bras. En général on donne le nom de *ſole* à toutes les pieces de bois poſées de plat, qui forment les empattemens de quelque machine que ce ſoit. On les nomme *racinaux*, lorſqu'au lieu d'être plates, elles ſont preſque quarrées.

SOLEIL, *Pyrotechnie* : c'eſt un aſſemblage d'une grande quantité de jets brilians ou de fuſées à aigrettes, rangées en forme de rayons autour d'un centre par une de leurs extrêmités, & attachées par l'autre bout ſur la circonférence d'un grand cercle. C'eſt la piece la plus brillante d'un feu d'artifice, & qui cauſe ordinairement des exclamations de ſurpriſe parmi les ſpectateurs. On en peut voir la compoſition & la fabrique dans le *manuel de l'artificier* par M. *Perrinet d'Orval*, *in-douze*.

SOLIDE, *Architecture* : ce terme ſe dit auſſi bien de la

consistance d'un terrein sur lequel on fonde, que d'un massif de maçonnerie d'une grande épaisseur, sans aucun vuide au dedans. *D'Aviler.*

SOLIDE, *Géométrie* : c'est un corps dont on considere les trois dimensions, longueur, largeur, & profondeur. On peut concevoir le *solide* formé par le mouvement direct ou par la circonvolution d'une surface quelconque.

SOLIDE, *Physique* : c'est un corps dont les petites parties sont unies ensemble, de sorte qu'une force de certain degré ne peut les diviser ni les séparer l'une de l'autre : on le nomme *solide* par opposition à ce qu'on entend par le mot *fluide*. On a observé que la ténacité est plus grande, à proportion, dans les petits *solides* que dans les grands, parce qu'ils ont plus de superficie, relativement à leur masse. C'est ce qui oblige, dans les bouches à feu & dans les mines, d'employer proportionnellement de plus fortes charges de poudre dans les petites que dans d'autres plus grandes. Voyez à ce sujet *l'artillerie raisonnée*, par M. *le Blond*, *in-octavo*, page 314.

SOLIDITÉ, *Géométrie* : c'est la quantité d'espace qu'occupe un corps en longueur, largeur, & profondeur. On a la *solidité* d'un cube, d'un prisme, d'un cylindre, ou d'un parallelipipede, en multipliant leur base par leur hauteur : celle d'un cône ou d'une pyramide se détermine en multipliant la base entiere par le tiers de la hauteur, ou la hauteur entiere par le tiers de la base. La *solidité* d'une sphère est égale au produit du diametre de la circonférence du grand cercle de cette sphère, par la sixieme partie du diametre.

SOLINS, *Maçonnerie* : ce sont les bouts des solives scellés avec du plâtre sur les poutres & les sablieres, ou dans l'épaisseur des murs. Les couvreurs donnent aussi le nom de *solins* aux enduits de plâtre qu'ils font pour retenir les premieres tuiles d'un pignon.

SOLIVE, *Charpenterie* : c'est une piece de bois de brin ou de sciage qui sert à former & à soutenir les planchers. Il y en a de différente grosseur, relativement à la longueur de leur portée : les moindres sont de 5 & 7 pouces de grosseur, pour les travées depuis 9 jusqu'à 15 pieds : les autres vont en grossissant à proportion de leur longueur. Les *solives* se posent toujours de champ & non pas de plat, & à distance égale de leur hauteur, ce qui donne plus de force aux *solives*, & plus de grace à leurs entrevoux. Ce terme vient du latin *solum*, plancher, ou superficie basse.

Solive de Brin : c'est une *solive* qui conserve toute la grosseur d'un arbre équarri : elle est plus estimée pour la force que les *solives de sciage*, dont on tire plusieurs dans un gros arbre débité suivant sa longueur.

Solive d'enchevêtrure On donne ce nom aux deux plus fortes *solives* d'un plancher, qui servent à porter le chevêtre ; aussi sont-elles ordinairement de bois de brin.

Solive passante : c'est une *solive* de bois de brin qui fait toute la largeur d'un plancher, sans être soutenue par une poutre.

Solive, ou Piece, *Toisé des bois* : c'est une mesure imaginaire qu'on suppose valoir trois pieds cubes. La *solive* est pour le toisé des bois ce que la toise cube est à l'égard du toisé de la grosse maçonnerie & de l'excavation des terres. La *solive* se divise en six pieds, qu'on nomme *pieds de solive* : le pied en 12 pouces, appellés *pouces de solives* : le pouce en 12 lignes, &c. Pour se former une idée juste de cette mesure arbitraire, relativement à ses subdivisions, il faut considérer la *solive* comme un parallelipipede qui a pour base un rectangle de 12 pouces de largeur sur 6 de hauteur, ayant pour longueur une toise ou six pieds : on conçoit aisément qu'un pareil solide vaut 3 pieds cubes.

SOLIVEAU, *Charpenterie* : c'est une moyenne piece de bois plus grosse & plus courte qu'une solive ordinaire.

SOLSTICE, *Astronomie* : c'est le tems où le soleil entrant à l'un des tropiques, est à sa plus grande distance de l'équateur. Il y a deux *solstices* dans l'année, celui d'été, qui arrive lorsque le soleil est le plus élevé sur notre horison, auquel tems les jours sont les plus longs de l'année ; & celui d'hiver, lorsqu'il est le plus bas, ce qui produit les plus courts jours de l'année. Les plus petits flux & reflux de la mer arrivent dans les *solstices* aux premier & dernier quartiers de la lune : au contraire dans les nouvelle & pleine lunes des équinoxes, le mouvement du flux & reflux est le plus grand qu'il soit possible.

SOLUTION, *Mathématiques* : c'est la réponse à une question, ou la résolution de quelque problême proposé, & l'on dit que le problême est résolu quand on a rempli les conditions qu'il exigeoit. Voyez ci-devant l'article RÉSOLUTION.

SOMME, *Mathématiques* : c'est la quantité qui résulte de l'addition de deux ou plusieurs quantités, nombres, ou grandeurs jointes ensemble : on l'appelle quelquefois *total*. La *somme* d'une équation, est l'assemblage de tous les termes de cette équation. Dans l'analyse des infiniment petits, la *somme* est la quantité variable à laquelle appartient une quantité différentielle donnée.

SOMMET, *Géométrie* : c'est, en général, le point le plus élevé d'un corps ou d'une figure, comme d'un triangle, d'une pyramide, &c. Le *sommet* d'un angle est le point où viennent se réunir les deux lignes qui le forment. On dit que deux angles sont opposés au *sommet*, quand l'un est formé par le prolongement des côtés de l'autre. Le *sommet* d'une courbe est en général le point où cette courbe est coupée par son axe, ou son diametre : ainsi une courbe a autant de *sommets* qu'il y a de points où elle est coupée par cet axe, ou ce diametre.

SOMMIER, *Archit. hydraul.* On appelle *sommiers*, des pieces de bois fortes comme des poutres, qui portent le plancher d'un pont de bois : on donne aussi ce nom au seuil d'un pont-levis : enfin il y a des *sommiers* qui servent à différens usages dans les machines.

SOMMIER, *Charpenterie* : c'est une grosse piece de bois qui porte sur deux piédroits de maçonnerie, & qui sert de linteau à une porte cochere, ou autre, d'une grande largeur.

SOMMIER, ou COUSSINET, *Coupe des pierres* : c'est, selon M. *Frézier*, la premiere pierre d'une plate-bande qui porte à plein au sommet du piédroit où elle forme le premier lit en joint, & l'appui de la butée des claveaux de chaque côté, pour les tenir suspendus sur le vuide de la baie, d'où ils ne peuvent s'échapper qu'en écartant les *sommiers*. *Stéréotomie de Frézier*.

SONDE, *Archit. hydraul.* Pour *sonder* le terrein dans une riviere, on se sert, tantôt d'une perche de bois divisée par pieds, avec un poids de plomb convenable au courant de l'eau, tantôt c'est un boulet de canon attaché au bout d'une corde aussi divisée par pieds. Quelquefois c'est une *sonde* de fer qui est couronnée en tête d'un gros anneau, au travers duquel on passe le bras d'une tariere pour l'enfoncer en la tournant à diverſes repriſes : elle emporte dans ſes barbelures quelques échantillons du terrein qu'elle a rencontré, par où l'on juge de la nature & de la conſiſtance de ce terrein. On donne auſſi le nom de *ſonde* à une piece de bois de même groſſeur que les pilots qu'on doit enfoncer : au bout de cette piece eſt attachée, avec 3 ou 4 branches, une broche de fer faite d'un eſſieu de charrette approprié pour cet effet : la pointe de cette broche eſt diſpoſée de maniere que quand on vient a retirer le pilot, elle emporte avec elle un échantillon du terrein le plus bas où cette broche eſt deſcendue.

SONDE, *Marine* : c'eſt une corde chargée d'un gros plomb au bout duquel il y a un creux rempli de ſuif, que l'on fait deſcendre dans la mer, tant pour reconnoître la couleur & la qualité du fond qui s'attache à ce ſuif, que pour ſçavoir la profondeur du parage où l'on ſe trouve.

SONDE, *Artillerie* : c'eſt une longue & forte tarriere dont les mineurs ſe ſervent pour former & agrandir le trou qu'ils font dans une galerie de contremine, dans le deſſein d'en chaſſer l'ennemi, ou de l'y exterminer par le moyen de quelques bombes chargées ou d'autres artifices qu'ils y introduiſent.

SONDER, *Maçonnerie* : c'eſt tâcher de reconnoître avec la *ſonde* la nature & la qualité du terrein où l'on veut bâtir. Pour cet effet l'on a une groſſe tarriere dont les bras de fer, de trois pieds de long chacun, s'emboîtent l'un dans l'autre avec de bonnes clavettes : on les enfonce dans la terre, & les échantillons que l'on retire au bout de la *ſonde* font juger de la qualité des terres. Quelque bon que ſoit un terrein, dit *d'Aviler*, on ne doit jamais ſe déterminer à bâtir deſſus qu'après l'avoir bien *ſondé*.

SONNETTE, *Archit. hydraul.* C'eſt une machine propre à enfoncer des pieux : elle eſt compoſée de deux montans à couliſſe appuyés de deux liens ou bras poſés ſur une ſole de charpente & attachés au rancher, lequel eſt aſſemblé par en haut entre les deux montans, & par en bas à une fourchette qui eſt liée avec la ſole. Au moyen de cette machine, ſeize hommes appliqués à deux cordages qui paſſent ſur des poulies fixées au haut des montans, enlevent, à force des bras, un mouton qu'ils laiſſent retomber enſuite ſur le pilot qu'il s'agit d'enfoncer d'enfoncer. Voyez dans l'*architecture hydraulique*, par M. *Belidor*, la description de plusieurs *sonnettes* propres à enfoncer des pieux.

SORTIE, *Défense des places* : c'est la marche d'une partie considérable des troupes de la garnison d'une place assiégée, pour tomber brusquement sur l'ennemi, insulter & détruire ses travaux, enclouer son canon, &c. mettre le feu aux affûts, renverser les épaulemens des batteries, &c. Les *sorties* se font ordinairement de nuit pour mieux surprendre la garde de la tranchée, & pour jetter l'épouvante parmi les travailleurs. M. *de Vauban* divise les sorties en extérieures & en intérieures. Les *sorties extérieures* sont celles que fait l'assiégé lorsque les travaux sont encore loin de la place : elles sont alors très-périlleuses pour l'assiégé, par le danger où il se trouve exposé d'être coupé par la cavalerie de l'assiégeant. Les *sorties intérieures* se font quand l'assiégeant est établi sur le chemin couvert : celles-ci deviennent plus faciles & moins dangereuses pour l'assiégé, parce qu'il a toujours une retraite assurée derriere lui. Voyez à ce sujet le *traité de la défense des places*, par M. *le Blond*, *in-octavo*, derniere édition, page 57.

SORTIE DE L'EAU, *Hydraulique* : c'est l'ouverture circulaire, ou l'orifice d'un ajutage, par lequel l'eau s'élance en l'air & forme un jet.

SOUBASSEMENT, *Architecture* : c'est une large retraite ou une espece de piédestal continu qui sert à porter un édifice ou un Ordre d'architecture. Les architectes le nomment *stéréobate* ou *socle continu*, quand il n'y a ni base ni corniche. Voyez au mot STÉRÉOBATE.

SOUBASSEMENT, *Fortification* : c'est la partie d'un mur depuis sa fondation jusqu'à une certaine hauteur, que l'on tient un peu plus épaisse que le reste du mur auquel elle est jointe. Les *soubassemens* que l'on fait aux revêtemens des ouvrages de fortification contribuent beaucoup à les rendre solides & capables de résister à la poussée des terres, parce qu'alors le bras de levier se trouve allongé en faveur de la puissance résistante. Voyez à ce sujet la *science des Ingénieurs*, par M. *Belidor*, livre I.

SOUCHE, *Hydraulique* : c'est un tuyau qui s'éleve perpendiculairement au milieu d'un bassin, & d'où sort le jet d'eau. Il est soudé à plomb sur la conduite, ayant le même diametre, & il est terminé par un ajutage de cuivre qui se déviffe, pour nettoyer les ordures qui s'y amassent & qui peuvent empêcher l'effet de l'eau.

Souche de Cheminée, *Maçonnerie* : c'est un assemblage de plusieurs tuyaux de cheminée qui paroît au-dessus d'un comble, & qui ne doit s'élever que de trois pieds plus haut que le faite. Les tuyaux de cheminée étoient autrefois adossés les uns devant les autres ; mais à présent, qu'on a pris le parti de les dévoyer, on les range sur une même ligne, & on les joint ensemble par leur épaisseur. Les *souches*, ou tuyaux de cheminée, se font ordinairement de plâtre pur, pigeonné à la main, & on les enduit des deux côtés de plâtre au panier. Dans les bâtimens de conséquence, on les construit en pierres, ou en briques de quatre pouces d'épaisseur, avec mortier fin & crampons en fer. *D'Aviler.*

SOUCHET, *Maçonnerie.* On appelle ainsi une espece de pierre qui se tire des carrieres, & qui est au-dessous du dernier banc. C'est la moindre de toutes pour la qualité, quelquefois elle n'est que comme de la terre & du gravier. *Felibien.*

SOUCHEVER, *terme de carrier* : c'est, dans une carriere, détacher, avec la masse & les coins de fer, la pierre de *souchet*, pour faire tomber le banc de volée.

SOUDURE, *Maçonnerie* : c'est du plâtre serré dont on raccorde deux enduits qui n'ont pu être faits en même tems sur un mur, sur un lambris, ou sur un plafond. *D'Aviler.*

Soudure, *Plomberie* : c'est un mélange fait de deux livres de plomb avec une livre d'étain, dont les plombiers se servent pour joindre les tables de plomb ou de cuivre : on la nomme *soudure au tiers.* On appelle *soudure en losange*, ou *en épi*, une grosse *soudure* faite avec bavures, en maniere d'arête de poisson : & *soudure plate*, lorsqu'elle est plus étroite & qu'elle n'a d'autre saillie que son arête. La *soudure* pour les tuyaux de plomb, est composée de deux tiers d'étain sur un tiers de plomb : celle pour les tuyaux de cuivre est de trois quarts d'étain sur un quart de plomb.

SOUFFLAGE, *Marine* : c'est un renflement qu'on donne à un vaisseau vers la flottaison, pour lui faire mieux porter la voile.

SOUFFLE, *Artillerie* : c'eſt la compreſſion de l'air occaſionnée par le mouvement du boulet au ſortir de la piece. Ce *ſouffle* eſt ſi violent qu'il détruit en peu de tems les joues des embrâſures d'une batterie de canons, quand elle n'eſt pas conſtruite avec la plus grande ſolidité.

SOUFFLER, *Artillerie* : ce terme ſe dit du fourneau d'une mine, lorſqu'au lieu de faire ſauter une partie du revêtement d'un rempart, ou quelque autre ouvrage, elle fait ſon effet du côté de l'ouverture de la galerie : ce qui arrive lorſque cette partie de la galerie ſe trouve plus courte que la ligne de moindre réſiſtance, ou quand les coudes & les retours n'ont pas été bouchés aſſez exactement. On dit alors que la mine a *ſoufflé* dans la galerie.

SOUFFLER, *Marine* : c'eſt donner un ſecond bordage à un vaiſſeau, en le revêtiſſant de planches fortifiées par de nouvelles préceintes, ſoit pour le garantir de l'artillerie de l'ennemi, ſoit pour lui faire bien porter les voiles & l'empêcher de rouler & de ſe tourmenter à la mer.

SOUFFLURES, ou CHAMBRES, *Artillerie* : ce ſont des concavités qui ſe forment dans l'épaiſſeur du métal quand il a été coulé trop chaud, ou dans l'intérieur des pieces d'artillerie qui ont été coulées à l'ancienne maniere, c'eſt-à-dire, avec un noyau au milieu de l'ame. Il ſe trouve auſſi des *ſoufflures* dans l'épaiſſeur ou au dehors des boulets, c'eſt un défaut d'autant plus grand que ces *ſoufflures* leur ôtent de leur poids. Voyez l'*artillerie raiſonnée*, par M. *le Blond*, page 48.

SOUFRE, *Pyrotechnie* : c'eſt un minéral onctueux & inflammable, qui ſe trouve dans la terre aux environs des volcans, & qui eſt d'un grand uſage pour la confection de la poudre à canon, ainſi que pour la compoſition de toutes ſortes de feux d'artifices.

SOUILLARD, *Archit. hydraul.* C'eſt une piece de bois aſſemblée ſur des pieux, que l'on poſe au devant des glacis pratiqués entre les piles des ponts de pierre : on met auſſi des *ſouillards* au devant des travées des ponts de bois.

SOUPAPE, *Hydraulique* : c'eſt, dans les pompes, une platine ronde de cuivre, ou un rond de cuir, attaché par une queue en forme de charniere, qui ſert à retenir l'eau & à l'empêcher de redeſcendre quand elle eſt montée dans le corps de pompe, par le jeu du piston. Les différentes especes de *soupapes* employées dans les pompes se réduisent à quatre; sçavoir, celle à coquille, la conique, la sphérique, & celle à clapet : les trois premieres especes se font en cuivre. Le défaut de la *soupape à coquille* est de retrécir le passage de l'eau, d'où il résulte qu'une partie de la puissance motrice est employée à la destruction de la machine : elle a aussi l'inconvénient, quand elle est bien faite, de s'unir quelquefois si intimément a sa coquille, qu'elle cesse de jouer. *Histoire de l'Academie des Sciences, année* 1703. La *soupape conique* est composée d'un cône tronqué, logé dans une coquille faite à peu près comme celle de la *soupape* à coquille, avec cette différence qu'elle n'a point d'anneau dans le milieu, parce que la tige en est fort courte : elle a une goupille à son extrêmité pour empêcher la *soupape* de s'échapper : celle ci a le défaut, comme la précédente, de retrécir également le passage de l'eau. La *soupape sphérique* n'est composée que d'une sphère, ou boule de cuivre, qui retombe dans une coquille lorsque le piston aspire. Cette *soupape* seroit préférable à toutes les autres, si elle n'avoit aussi le défaut de retrécir le passage de l'eau, car étant une fois logée au bas d'un tuyau, elle pourroit jouer nombre d'années sans qu'on fût obligé d'y toucher, n'étant sujette a aucune réparation. Il faut seulement prendre garde de ne pas faire la boule trop légere ni trop pesante : si elle est trop légere, l'impulsion de l'eau l'élevera à une hauteur si considérable qu'elle ne sera pas assez tôt refermée pour empêcher l'eau de redescendre : si au contraire la boule est trop pesante, une partie de la puissance sera employée à surmonter son poids, indépendamment de celui de la colonne d'eau. La *soupape à clapet* est la moins imparfaite de toutes, laissant un libre passage à l'eau. Elle est composée d'un morceau de cuir serré entre deux plaques de cuivre par le moyen d'une vis & d'un écrou : la piece de cuir a une queue qui lui sert de charniere, & qui est retenue entre les brides, comme à l'ordinaire. Cette *soupape* à clapet placée au bas d'un tuyau montant dans une situation horisontale, est logée dans un tambour d'un plus grand diametre, pour ne point resserrer le passage de l'eau à cet endroit : mais pour peu que cette *soupape* soit pesante, sa charniere, qui n'est que de cuir, est bientôt usée : ces sortes de *soupapes* sont d'ailleurs sujettes à de fréquentes réparations, & ne sont pas commodes pour la fermeture des tuyaux d'un grand diametre. Voyez dans l'*architecture hydraulique*, par M. *Belidor*, premiere partie, tome II, pag. 122 & suivantes, un plus grand détail sur la construction des différentes *soupapes*, & sur leurs avantages & leurs inconvéniens : voyez aussi dans le même volume, pag. 220 & suivantes, la description d'une *nouvelle soupape* de l'invention de cet auteur, laquelle n'a aucun des défauts des anciennes, & qui est beaucoup plus parfaite. Enfin il y a encore une autre espece de *soupape* qui se place au fond des réservoirs ou bassins, & qui sert à les mettre à sec, ou à lâcher l'eau dans les tuyaux de conduite, pour la faire jaillir dans un jardin. Cette *soupape* est composée d'une boîte de cuivre nommée *crapaudine femelle*, accompagnée d'un rebord évasé comme la coquille des *soupapes* ordinaires, pour loger un couvercle appellé *crapaudine mâle*, auquel est attachée une tige servant à ouvrir & à fermer la *soupape*, à l'aide d'une traverse percée dans le milieu d'un trou rond, dans lequel la tige joue perpendiculairement. On trouvera peut être cet article un peu long, mais le sujet qu'il traite est de la derniere importance pour les pompes ; d'ailleurs il renferme des détails essenciels & d'autant plus intéressans qu'on les chercheroit en vain dans les autres dictionnaires.

SOUPENTE, *Machines* : c'est une piece de bois retenue à plomb par le haut, & suspendue pour soutenir le treuil & la roue d'une machine : telles sont les *soupentes* d'une grue, retenues par la grande moise, pour en supporter le treuil & la roue à tambour. Dans les moulins à eau, ces *soupentes* se haussent & se baissent avec des coins & des crans, suivant la crue & la décrue des eaux, pour faire tourner les roues par le moyen de leurs alichons. *D'Aviler.*

SOUPENTE, *Maçonnerie* : c'est une espece de potence ou de lien de fer qui sert à retenir la hotte ou le faux manteau d'une grande cheminée de cuisine, ou autre.

SOUPENTE, *Menuiserie* : c'est une sorte d'entre-sol qui se fait de planches jointes à rainure & languette, posées sur des chevrons ou des soliveaux. Ces *soupentes* se pratiquent dans les petites pieces d'un étage fort élevé, pour se procurer plus de logement. *D'Aviler.*

SOUPIRAIL, *Architecture* : c'eſt une ouverture en glacis entre deux jouées rampantes, pour donner de l'air & un peu de jour à une cave ou à un étage ſouterrein. Le glacis d'un *ſoupirail* doit ramper de maniere que le ſoleil ne puiſſe s'y introduire. *D'Aviler*.

SOUPIRAIL D'AQUEDUC, *Archit. hydraul.* C'eſt une ouverture en abat jour dans un aqueduc couvert, ou une ouverture à plomb dans un canal ſouterrein, que l'on pratique d'eſpace en eſpace pour donner de l'air à la conduite, & de l'échappée aux vents qui, étant renfermés, empêcheroient le cours de l'eau. *D'Aviler*.

SOURCE, *Hydraulique* : c'eſt une quantité d'eau courante qui ſort de la terre plus ou moins abondamment, & qui forme les fontaines, les rivieres, &c. Voyez, dans le tome II de *l'architecture hydraulique*, par M. *Belidor*, pag. 339 & ſuiv. les différentes manieres de rechercher, de raſſembler, & de conduire les eaux de *ſource*, ſoit par des tranchées, pierrées, tuyaux, canaux, aqueducs, &c.

SOURD, *Arithmétique* : c'eſt l'épithete qu'on donne à un nombre qui ne peut être exprimé, ou qui n'a point de meſure commune avec l'unité : on l'appelle auſſi *nombre irrationel*, ou *incommenſurable*.

SOUS-BANDE, *Artillerie* : c'eſt une forte bande de fer pliée en rond & appliquée ſur les flaſques de l'affût d'un mortier, dans l'intérieur de l'entaille pratiquée pour recevoir les tourillons de la piece.

SOUS-BARBE, ou PORTE-BOSSOIR, *Marine*. Voyez ci-devant au mot PORTE-BOSSOIR. On donne auſſi le nom de *ſous-barbes* aux plus courtes étances qui ſoutiennent le bout de l'étrave, quand elle eſt ſur le chantier.

SOUS-BRIGADIER, *Art militaire* : c'eſt un bas officier dans une compagnie de cavalerie, qui commande ſous le brigadier, & qui l'aide dans l'exercice de ſes fonctions.

SOUS-CHEVRON, *Charpenterie* : c'eſt une piece de bois d'un dôme, ou d'un comble en dôme, dans laquelle eſt aſſemblé un morceau de bois appellé *clef*, qui retient deux chevrons courbes. *D'Aviler*.

SOUS-CONTRAIRE, *Géométrie* : c'eſt ainſi que l'on caractériſe une poſition particuliere de deux figures. Lorſque deux triangles ſemblables, par exemple, ſont placés de façon qu'ils ont un angle commun au ſommet, ſans que leurs baſes ſoient paralleles, on dit qu'ils ont une poſition *ſous-contraire*.

SOUS DOUBLE, *Géométrie.* On dit qu'une quantité est *sous-double*, ou en raison *sous-doublée* d'un autre, quand la premiere est contenue deux fois dans la seconde : ainsi 3 est *sous double* de 6, comme 6 est double de 3. Deux grandeurs sont en raison *sous-doublée* de deux autres lorsqu'elles sont dans le rapport ou la raison des racines quarrées de ces deux autres.

SOUS FAITE, *Charpenterie* : c'est une longue piece de bois de 6 & 7 pouces de gros, qui se met au dessous du faite & qui lui est parallele. Le *sous-faite* sert à rendre les assemblages d'un comble plus solides ; il est lié au faite par des entre-toises, des liernes, & des croix de S. André.

SOUS LIEUTENANT, *Art militaire* : c'est un troisieme officier dans les compagnies d'infanterie & de cavalerie, dont les fonctions sont a peu près les mêmes que celles des lieutenans.

SOUS MULTIPLE, *Arithmétique.* On appelle quantité *sous-multiple*, celle qui est contenue dans une autre un certain nombre de fois, & qui étant suffisamment répétée, lui devient égale : ainsi 3 est *sous-multiple* de 21 : dans ce sens le terme *sous-multiple* revient au même que celui de *partie aliquote.*

SOUS-NORMALE, ou SOUS-PERPENDICULAIRE, *Géométrie* : c'est une portion de l'axe d'une courbe interceptée entre l'extrêmité de l'ordonnée & le point où la perpendiculaire à la tangente tirée de l'autre extrêmité de l'ordonnée, coupe l'axe de cette courbe : ou si l'on veut, la *sous-normale* est une ligne qui détermine le point où l'axe d'une courbe est coupé par une perpendiculaire tirée sous une tangente au point de contact. Dans la parabole conique, cette *sous-normale* est une quantité déterminée & invariable, car elle est toujours égale à la moitié du parametre de l'axe.

SOUS TANGENTE, *Géométrie* : c'est, dans une courbe, une portion de son axe interceptée entre l'extrêmité d'une ordonnée & l'intersection de la tangente avec l'axe. La *sous-tangente* détermine le point où la tangente coupe l'axe prolongé.

SOUS-TENDANTE, *Géométrie* : c'est une ligne droite opposée à un angle, & que l'on suppose tirée entre les deux extrêmités de l'arc qui mesure cet angle : c'est la même chose que la *corde* d'un arc.

SOUSTRACTION, *Arithmétique* : c'est une opération

qui consiste à ôter un petit nombre d'un autre plus grand, & à trouver exactement l'excès de celui-ci sur l'autre : c'est la seconde regle de l'arithmétique. On peut voir dans la nouvelle édition de l'*arithmétique de l'officier*, par M. *le Blond*, *in-octavo*, 1766, les regles de la *soustraction* simple & de la *soustraction* composée, ainsi que celles de la *soustraction* des fractions ordinaires & des fractions décimales, &c.

SOUSTRACTION, *Algebre* : c'est une regle par le moyen de laquelle on fait sur les lettres de l'alphabet les mêmes opérations que la *soustraction* ordinaire enseigne sur les quantités numériques. En algebre, pour *soustraire* une quantité d'une autre, il suffit de changer les signes de la quantité qu'on veut *soustraire*, & d'ajouter ensuite les deux quantités : pour cet effet on change les quantités positives en négatives, & les négatives en positives. Voyez dans les *élémens d'algebre ou du calcul littéral*, par M. *le Blond*, *in-octavo*, 1768, premiere partie, les regles pour la *soustraction* des quantités algébriques & de leurs fractions, & celles pour la *soustraction* des grandeurs radicales, démontrées avec beaucoup de méthode & de clarté.

SOUTE, *Marine* : c'est le plus bas des étages de l'arriere d'un vaisseau, qui consiste en un retranchement enduit de plâtre, fait à fond de cale, où l'on renferme les poudres & le biscuit. La *soute* au biscuit est placée ordinairement sous la sainte barbe ; on la garnit de fer blanc pour que le biscuit s'y conserve mieux. La *soute* aux poudres est placée sous celle-ci, cependant il n'y a point de regle fixe à cet égard.

SOUTERREINS, *Fortification* : ce sont des endroits voûtés à l'épreuve de la bombe, que l'on construit dans une place de guerre pour y retirer en sûreté les officiers & les soldats d'une garnison qui ne sont point de garde ; on pratique ordinairement ces *souterreins* dans le massif des bastions pleins : on en construit aussi le long des courtines, dans le terreplein du rempart, &c.

SPHERE, *Géométrie* : c'est un solide engendré par la circonvolution d'un demi-cercle autour de son diametre, que l'on appelle, pour cette raison, *axe de la sphere*. Ce solide a dans son milieu un point nommé *centre*, d'où toutes les lignes tirées à sa surface, appellées *rayons*, sont égales entre elles. Les principales propriétés de la *sphere* sont : 1°. Qu'elle est égale à une pyramide dont la base est égale à la surface de la *sphere*, & dont la hauteur est égale à son rayon. 2°. Qu'une *sphere* est à un cylindre circonscrit autour d'elle, comme 2 est à 3. 3°. Que le cube du diametre d'une *sphere* est au solide qu'elle contient à peu près comme 300 à 157 : on peut par-là mesurer à peu près la solidité de la *sphere*, car elle est égale au produit de sa surface par le tiers de son rayon. 4°. Que la surface d'une *sphere* est quadruple de l'aire d'un cercle décrit avec le rayon de la *sphere*, &c.

SPHÉROIDE, *Géométrie* : c'est un solide engendré par la circonvolution d'une demi-ellipse autour de son axe : quand il provient de la révolution d'une demi-ellipse sur son plus grand axe, c'est un *sphéroïde allongé* : si la révolution se fait sur le petit axe, c'est un *sphéroïde applati*.

SPIRALE, *Géométrie* : c'est, en général, une ligne courbe qui va toujours en s'éloignant de son centre, en faisant plusieurs révolutions autour de ce centre : les géometres entendent plus ordinairement par le mot *spirale* une ligne courbe particuliere, dont *Archimede* est l'inventeur, & sur laquelle il a composé un traité. MM. *Varignon* & *Clairaut* ont aussi écrit sur cette courbe dans les *mémoires de l'Académie des Sciences* : *Ismaël Bouillaud* a travaillé sur la même matiere. On peut voir la génération & les propriétés de la *spirale* démontrées avec beaucoup d'élégance dans le grand *dictionnaire encyclopédique*, même article, ou dans le *dictionnaire de mathématique*, par M. *Saverien*.

STATION, *Géomet. prat.* C'est un lieu que l'on choisit pour faire une observation, pour prendre un angle, ou pour quelque autre opération de géométrie pratique sur le terrein. Dans l'arpentage, on mesure la distance, qui se trouve d'une *station* à une autre, & l'on prend l'angle que la *station* où l'on est forme avec la *station* suivante. Dans le nivellement, on appelle *station* l'endroit où l'on pose le niveau pour opérer : un coup de niveau est toujours compris entre deux *stations*.

STATIQUE : c'est une partie de la méchanique qui a pour objet les loix de l'équilibre des corps ou des puissances qui agissent les unes sur les autres. Elle se divise en deux parties ; l'une, qui est proprement la *statique*, renferme les loix de l'équilibre des solides ; l'autre, appellée *hydrostatique*, s'occupe de l'équilibre des fluides. La *stati-*

que enſeigne la théorie des machines ſimples & des compoſées, telles que la poulie, le levier, le plan incliné, &c. L'ouvrage le plus étendu que nous ayons ſur cette partie de la méchanique eſt la *nouvelle méchanique*, *ou ſtatique*, par M. *Varignon*, imprimée chez *Jombert* en 1725, en deux volumes *in quarto*. M. *Varignon* y donne une méthode générale pour déterminer l'équilibre ſur toutes les machines, en réduiſant, par le principe de la compoſition des forces, toutes les puiſſances qui agiſſent ſur une machine, à une ſeule puiſſance dont la direction doit paſſer par quelque point d'appui fixe & immobile, lorſqu'il y a équilibre.

STÉRÉOBATE, *Architecture. Vitruve* ſe ſert de ce terme pour déſigner un ſoubaſſement ou ſocle continu élevé au deſſus du rez-de chauſſée, qui ſervoit à porter un édifice, ou pluſieurs colonnes, ſans y ajouter d'autre piédeſtal. *Parallele de Chambray.*

STÉRÉOMÉTRIE : c'eſt une partie de la géométrie qui enſeigne la maniere de meſurer les corps ſolides, c'eſt-à-dire, de trouver leur ſolidité ou leur contenu. *Euclide & Archimede* ont commencé à découvrir les principes de cet art, en conſidérant les ſolides formés par pluſieurs autres corps plus petits, dont on pouvoit plus facilement trouver la ſolidité : la ſomme de tous ces petits corps formoit la ſolidité du corps propoſé. Cette méthode, qui étoit aſſez bornée, a été étendue & perfectionnée conſidérablement depuis la découverte des nouveaux calculs.

STÉRÉOTOMIE : c'eſt proprement une ſcience qui enſeigne a couper les corps ſolides : ce terme eſt compoſé de deux mots grecs *στερεος* ſolide, & *τομη* ſection. M. *Frézier* a appliqué ce terme à l'art de la coupe des pierres, & a intitulé *traité de ſtéréotomie*, un excellent ouvrage qu'il a mis au jour ſur cette matiere, en trois volumes *in-quarto*, dans lequel il a donné géométriquement la démonſtration de tous les traits de la coupe des pierres, ce qu'aucun auteur n'avoit fait avant lui, excepté ſeulement le Pere *Deſchalles*, qui, dans ſon grand *cours de mathématiques*, compoſé en latin ſous le titre de *mundus mathematicus*, & imprimé en 1672 en trois volumes *in-folio*, a donné un petit traité *de lapidum ſectione*, où il a ajouté des démonſtrations aux traits du P. *Derand*, dont il a quelquefois (dit M. *Frézier*) copié jusqu'aux fautes. Voyez ci-devant l'article COUPE DES PIERRES.

STORE : c'est une espece de rideau que l'on met au-devant des croisées d'un appartement, & qui se roule de lui-même sur une tringle mise en mouvement par un ressort : quand on veut se garantir du soleil, on tire le *store* & on l'assujettit au bas de la croisée par le moyen d'une agraffe : en le laissant aller, il se releve & remonte de lui-même au haut de la croisée.

STRI-BORD, ou TRI-BORD, *Marine* : c'est le côté gauche du vaisseau quand on va de la poupe à la proue.

STRIES, *Architecture* : ce sont les filets, rayons, ou intervalles qui séparent les canelures des colonnes.

STRIURES, *Architecture* : ce sont les canelures des colonnes, ou ces petits intervalles creux qui régnent du haut en bas au pourtour des colonnes, pour les faire paroître plus délicates & plus agréables. Voyez ci-devant au mot CANELURES.

STUC, *Architecture* : c'est un marbre factice, ou une composition dont le plâtre ou gyp f it toute la base. La dureté qu'on sçait lui donner, les différentes couleurs qu'on y mêle, & le poli dont il est susceptible, le rendent propre à représenter presque au naturel les marbres les plus précieux. Voyez dans le *dictionnaire encyclopédique* (même article) la composition de ce *stuc*, sa préparation, la maniere de durcir le plâtre qui en fait la base, & de donner le poli à l'ouvrage. *D'Aviler* prétend que le *stuc* n'est qu'un mortier fait avec de la chaux & du marbre blanc bien broyé & bien sassé.

STYLOBATE, ou PIÉDESTAL : c'est un terme grec employé par *Vitruve* pour désigner le soutien ou l'appui d'une seule colonne, par opposition à *stéréobate* qui étoit un soubassement continu sous une rangée de colonnes. Voyez ci-devant au mot PIÉDESTAL.

SUBSISTANCE DES PIECES, *Artillerie* : c'est une espece de gratification que le Roi accorde pour chaque jour qu'une piece de canon & un mortier restent en batterie dans un siege. Cette *subsistance* des pieces se paie indépendamment du prix particulier accordé pour mettre chaque piece en batterie.

SUBSTITUTION, *Algebre* : c'est une regle qui consiste à mettre ou *substituer* dans une équation à la place d'une quantité quelconque une autre quantité qui lui est égale, quoiqu'exprimée d'une maniere différente.

SUD, ou MIDI, *Géographie* : c'eſt l'un des quatre points cardinaux où le ſoleil paroît à midi ſur notre horiſon, diſtant de 90 degrés de l'eſt & de l'oueſt, & diamétralement oppoſé au nord.

SVELTE, *Architecture* : c'eſt un terme italien dont on fait uſage en architecture pour déſigner quelque choſe d'exécuté avec grace & légereté : il eſt oppoſé à ce qu'on appelle *lourd* & écraſé. On dit qu'une figure eſt *ſvelte*, lorſqu'elle eſt déliée & d'une taille légere & délicate.

SUFFISANTE, ou PASSE MUR, *Artillerie* : c'eſt le nom d'une ancienne piece de canon qui chaſſoit des boulets du poids de 48 livres, & qui avoit 18 calibres de longueur.

SUITE, *Algebre*. Voyez ci devant au mot SERIE.

SUPERFICIE, *Géométrie* : c'eſt la même choſe que ſurface ; ainſi on dit la *ſuperficie* d'un cercle, d'un triangle, &c. pour exprimer ſa ſurface ou ſon aire. Dans l'hydraulique, on ne ſe ſert point du mot ſurface en parlant de l'étendue d'eau contenue dans un baſſin, mais de *ſuperficie*. Les eaux de *ſuperficie* ſont celles qui roulent & qui ſe perdent à meſure qu'elles viennent dans un baſſin, ce qu'on appelle auſſi *décharge de ſuperficie*.

SUPPLEMENT D'UN ARC, *Géométrie* : c'eſt le nombre de degrés qui manquent à un arc pour former un demi-cercle entier, ou pour valoir 180 degrés : il differe du *complément* par lequel on entend ce qui manque à un arc pour faire un quart de cercle. Ainſi le *ſupplément* d'un arc, ou d'un angle de 60 degrés, eſt 120 degrés, & ſon *complément* eſt 30 degrés.

SURBAISSEMENT, *Coupe des pierres* : c'eſt le trait de tout arc bandé en portion circulaire, ou elliptique, qui a moins de hauteur que la moitié de ſa baſe, & qui eſt par conſéquent au deſſous du plein-ceintre. *Surhauſſement*, c'eſt le contraire. *D'Aviler.*

SURBAISSER, *Coupe des pierres* : c'eſt n'élever une courbure de ceintre qu'au deſſous du demi-cercle, c'eſt-à-dire, faire un ceintre elliptique, ou en ovale, dont le grand axe ſoit horiſontal. *Stéréotomie de Frézier.*

SURFACE, *Géométrie* : c'eſt un eſpace ou une grandeur qui n'a que deux dimenſions, longueur & largeur, ſans aucune épaiſſeur. Une ligne qui ſe meut parallelement à elle-même, produit une *ſurface*. Outre les *ſurfaces* planes, il y en a de convexes & d'autres concaves. La meſure de ces différentes *ſurfaces* eſt l'objet de la planimétrie.

SURHAUSSER, *Coupe des pierres* : c'eſt élever un ceintre au-deſſus du demi cercle, ou faire un ovale dont le grand axe ſoit a plomb, par le milieu de la clef. *Stéréotomie de Frézier.*

SURPENTE, *Marine* : c'eſt une groſſe corde de 30 à 40 braſſes, qui eſt amarrée au grand mât & à celui de miſaine, à laquelle on attache le palan, pour embarquer & débarquer les canons, ou quelque autre grand fardeau.

SURPLOMB, *Architecture.* On dit qu'un mur eſt en *ſurplomb*, lorſqu'il eſt deverſé & hors d'à plomb. *Surplomber*, c'eſt faire pencher une ligne ou une ſurface à angle aigu avec l'horiſon : c'eſt préciſément le contraire du *talud.*

SURPRENDRE UNE PLACE, *Art militaire* : c'eſt s'y introduire, par adreſſe ou autrement, pour s'en rendre le maître, ſans que l'ennemi ait aucun ſoupçon de l'entrepriſe qu'on a formé ; on ſe ſert de divers ſtratagêmes pour *ſurprendre* une place, comme de s'y introduire par quelque égout, canal, ou aqueduc ſouterrein, ainſi que fit le Prince *Eugene* à Cremône, ou de l'eſcalader pendant la nuit, comme le Maréchal *de Saxe* à la *ſurpriſe* de Prague en 1741, ou par d'autres moyens. On *ſurprend* une armée lorſqu'on tombe ſur elle dans ſon camp ou dans ſa marche, avant qu'elle ait fait aucune diſpoſition pour ſe défendre, &c. Voyez à ce ſujet le *traité de l'attaque des places*, par M. *le Blond*, derniere édition, page 364, ou ſon *traité de la défenſe des places*, page 177.

SUR SOLIDE, *Arithmétique* : c'eſt la cinquieme puiſſance d'un nombre, ou la quatrieme multiplication d'un nombre conſidéré comme racine. Le nombre 2, par exemple, conſidéré comme racine, & multiplié par lui-même, produit 4, qui eſt le quarré ou la ſeconde puiſſance de 2 : 4 multiplié par 2 donne 8, qui eſt la troiſieme puiſſance, ou le cube de 2 : 8 multiplié par 2 produit 16, quatrieme puiſſance, ou quarré-quarré de 2 : enfin 16 multiplié encore une fois par 2 donne 32, la cinquieme puiſſance, ou le *ſur-ſolide* de 2. En géométrie, on appelle problême *ſur-ſolide* celui qui ne peut être réſolu que par des courbes plus élevées que les ſections coniques.

SUR-TOUT, *Fortification* : c'eſt une élévation du parapet du rempart que l'on pratique à tous les angles d'une place fortifiée pour se garantir des enfilades & pour interrompre l'effet des batteries à ricochet. Voyez la nouvelle édition des *élémens de fortification*, par M. *le Blond*, *in-octavo*, page 102.

SUS-BANDE, *Artillerie* : c'est une forte bande de fer courbée en portion de cercle, dans laquelle sont encastrés les tourillons d'une piece d'artillerie, soit canon ou mortier, pour les tenir fortement attachés aux flasques de l'affût. Cette *sus-bande* se fait ordinairement à charniere, pour pouvoir changer l'affût de la piece, dans un besoin.

SYMMÉTRIE, *Architecture* : c'est le rapport, la proportion, & la régularité des parties, pour composer un beau tout. Cette *symmétrie* consiste, selon *Vitruve*, dans la conformité des parties d'un ouvrage à leur tout, ou dans le rapport de la beauté de chaque partie à celle de tout l'ouvrage, eu égard à une certaine mesure qui en est la regle. *Felibien*, qui n'approuve point cette définition de *Vitruve*, ajoute que le mot *symmétrie* en françois a une autre signification, & qu'il exprime le rapport que les parties droites ont avec les gauches, les hautes avec les basses, celles de devant avec celles de derriere, &c. M. *Perrault* a fait la même observation dans sa traduction de *Vitruve*, livre I, chap. 2, & livre III, chap. 1.

SYNTHÈSE, *Mathématiques* : c'est l'art de trouver des vérités par des raisons tirées de principes établis comme certains & de propositions précédemment prouvées, afin de passer ainsi à la conclusion par un enchaînement régulier de vérités connues. Telle est la méthode qu'*Euclide* a suivi dans ses *élémens*, & les anciens géometres dans la plupart de leurs démonstrations mathématiques, où l'on part des définitions & des axiomes pour parvenir à la preuve des propositions & des problêmes, & de ces propositions démontrées à la preuve des suivantes. La *synthèse* s'appelle aussi *méthode de composition*, & elle est en cela opposée à la résolution ou *analyse* : aussi le mot *synthèse* est-il formé de deux mots grecs συν ensemble & θεσις position, ce qui revient au terme *composition*. La méthode *synthétique* est celle dont on se sert, après avoir trouvé une vérité, pour la proposer ou l'enseigner aux autres.

SYPHON, *Hydraulique* : c'est un instrument composé de

deux branches d'inégale longueur, jointes par une traverse. On s'en sert pour faire monter les liqueurs, par le moyen de la pesanteur de l'air, pour les survuider d'un vase supérieur dans un autre placé au-dessous, & pour diverses autres expériences d'hydrostatique. Chacun sçait qu'on plonge la branche la plus courte du *syphon* dans le vase qu'on veut vuider; cet instrument est trop connu d'ailleurs pour nous y arrêter davantage.

SYRTES, *Marine*: ce sont des sables mouvans agités par les vagues de la mer, tantôt amoncelés, tantôt dispersés, mais toujours également dangereux pour les vaisseaux.

SYSTÊME, *Fortification*: c'est une disposition particuliere des diverses parties de l'enceinte d'une place de guerre, suivant les idées de son inventeur. Les principaux *systêmes de fortification* sont ceux de M. le Maréchal *de Vauban*, du Baron *de Coëhorn*, du Chevalier *de Ville*, du Comte *de Pagan*, &c. M. *Belidor* a aussi imaginé des *systêmes de fortification* assez ingénieux: il se proposoit de les développer dans le *traité complet de fortification* qu'il étoit sur le point de donner au public, en deux volumes *in-quarto*, & qu'il avoit annoncé dès l'année 1720, quand la mort nous l'a enlevé. Tous les manuscrits de cet auteur, ainsi que les desseins qui y étoient relatifs, & ses autres papiers, sont restés en dépôt au bureau de la guerre. Au défaut de cet ouvrage de M. *Belidor*, on peut voir une légere esquisse de ses trois *systêmes de fortification* dans le *dictionnaire de mathématique*, par M. *Saverien*, article FORTIFICATION. A l'égard des autres *systêmes* des principaux auteurs qui ont écrit sur la fortification, ils sont parfaitement bien développés dans la derniere édition des *élemens de fortification*, par M. *le Blond*, *in-octavo*, 1764, dont il est aisé de voir que nous avons fait un usage très-fréquent dans ce *dictionnaire*, ainsi que de ses autres ouvrages, non seulement pour les définitions des termes de l'architecture militaire, mais aussi pour ceux de la guerre des sieges, &c.

SYSTÊMES, *Philosophie*: c'est, en général, un assemblage ou un enchaînement de principes dont on tire des conséquences sur lesquelles on fonde une opinion ou une doctrine: ou bien, c'est le tout & l'ensemble d'une théorie dont les différentes parties sont liées entr'elles de façon qu'elles se suivent & qu'elles dépendent les unes des autres. C'est à *Descartes* qu'on doit le premier *systême* complet du méchanisme de l'univers : on est redevable à *Newton* de la perfection de ce *systême*, & peut-être de la découverte du véritable. Voyez l'histoire de ces deux fameux *systêmes* aux articles NEWTONIANISME & PHILOSOPHIE DE DESCARTES.

SYSTYLE, *Architecture* : c'est une disposition de colonnes où elles se trouvent plus éloignées les unes des autres que dans le *picnostyle*. Cette maniere d'espacer les colonnes est, suivant *Vitruve*, de deux diametres entiers du bas de la colonne, ou de quatre modules, ou demi-diametres. Ce terme est composé de deux mots grecs *συν* avec, & *στυλος* colonne.

SYZYGIES, *Physique* : c'est, relativement à la navigation, le tems des nouvelles & des pleines lunes, où les marées sont plus grandes & plus fortes que dans les quadratures. Les marées s'appellent alors *fortes eaux*, *vives eaux*, *malines*, ou *reverdies*. Voyez ci-devant l'article MARÉE.

TABLE, *Architecture* : c'est le nom qu'on donne à une partie unie, simple, de diverse forme, mais ordinairement en quarré-long, dont on décore les trumeaux & les grandes parties pleines, dans une façade de bâtiment. On appelle *table d'attente*, un compartiment quarré qui se taille au-dessus des portes ou dans des frises, pour y mettre des inscriptions, armes, devises, &c. *Felibien.*

TABLES, *Mathématiques* : ce sont des suites de nombres toutes calculées, par le moyen desquelles on exécute promptement diverses opérations géométriques, astronomiques, &c.

TABLES DES SINUS, TANGENTES, &c. Ce sont des *tables* dans lesquelles on trouve les *sinus* & les tangentes pour tous les degrés du quart de cercle, & pour toutes les minutes d'un degré. Les premieres *tables des sinus* ont été calculées par *Regiomontanus*, le rayon ou *sinus* total y est divisé en 60000 parties. Il y joignit les *tangentes des sinus* calculées pour le rayon de 100000 parties, par degrés entiers. *George-Joachim Rheticus* a calculé

calculé ensuite des *tables des sinus* de dix en dix degrés pour le rayon de 1000,000,000,000,000 parties, qui ont été publiées après sa mort par *Bartholomée Pitiscus*. Après celles-ci ont paru les *tables des sinus*, tangentes, & des logarithmes des *sinus*, par *Adrien Wlacq*, publiées à la Haye en 1665, qui ont été abrégées & corrigées par M. *Ozanam* : voyez ci-devant l'article LOGARITHMES. Il y a encore plusieurs autres *tables des sinus* & des logarithmes, très-estimées; telles sont celles qui ont été imprimées en anglois à Londres en 1699, pour un rayon de 10,0000000 parties, pour chaque degré & minute du quart de cercle : celles de M. *Wolf*, imprimées en allemand dans son recueil de toutes les *tables* mathématiques. Les *tables des sinus* que M. *Desparcieux* a jointes à son traité de trigonométrie. Les *tables de Gardiner*, imprimées à Londres : celles de M. *Rivard*, de M. l'Abbé *de la Caille*, &c.

TABLES LOXODROMIQUES, *Navigation* : ce sont des *tables* où la différence des longitudes & la quantité de la route que l'on a couru en suivant un certain rhumb, sont marquées de dix en dix minutes de latitude. On trouve de ces *tables* dans la *geographia reformata*, par *Riccioli*, dans le *cours de mathématique* de *Herigone*, dans le *mundus mathematicus* du P. *Deschalles*, & dans quelques ouvrages composés exprès, tels que celui de M. *le Mare*, intitulé, *méthode pour réduire les routes de navigation par les tables de loxodromie*, *in octavo*, & les *nouvelles tables loxodromiques*, par M. *Murdoch*, traduites de l'anglois par M. *Bremond*. M. *le Monnier* a donné aussi des *tables loxodromiques*, dont on conseille l'usage dans l'*encyclopédie*, comme étant les plus modernes & les plus exactes.

TABLES POUR LE JET DES BOMBES, *Artillerie* : ce sont des calculs tous faits pour trouver l'étendue des portées des bombes tirées sous telle inclinaison que l'on veut, & avec une charge de poudre quelconque. Les *tables* les plus parfaites & les plus complettes que nous ayons en ce genre sont celles que M. *Belidor* a donné dans son *bombardier françois*, *in-quarto*, dont il a fait un extrait ou abrégé, *in-douze*, pour l'usage des bombardiers.

TABLEAU, *Architecture* : c'est, dans la baie d'une porte ou d'une fenêtre, la partie de l'épaisseur du mur qui paroît au-dehors depuis la feuillure, & qui est ordinairement d'équerre avec le parement. On donne aussi le nom de *tableau* au côté d'un piédroit ou d'un jambage d'arcade sans fermeture. *D'Aviler.*

TABLEAU, *Marine* : c'est la partie la plus haute d'une flute, sous le couronnement, où l'on met ordinairement le nom du vaisseau. Dans les autres bâtimens cette partie se nomme *miroir*.

TABLETTE, *Architecture* : c'est une pierre dure débitée de peu d'épaisseur, pour couvrir le dessus d'un mur de terrasse, d'un mur d'appui, le bord d'un bassin, d'un réservoir, &c. On appelle *tablette d'appui*, la pierre qui couvre l'appui d'une croisée, d'un balcon, d'une banquette, &c.

TABLIER D'UN PONT LEVIS : c'est la partie mobile d'un pont de charpente, qui est au-devant de la porte d'une ville ou d'un chateau, & qui se leve quand on veut fermer la porte & interrompre le passage.

TACTIQUE : c'est proprement la science des mouvemens militaires, ou, comme le dit *Polybe*, c'est l'art d'assortir un nombre d'hommes destinés pour combattre, de les distribuer par rangs & par files, & de les instruire de toutes les manœuvres de la guerre. La *tactique* renferme l'exercice ou le maniement des armes, les évolutions, l'art de faire marcher les troupes, de les faire camper, & la disposition des ordres de bataille. Il a paru tant de livres sur la *tactique* depuis le commencement de ce siecle que nous n'entreprendrons point d'en faire ici le dénombrement, nous citerons seulement le *commentaire sur Polybe*, par M. *de Folard* ; l'*art de la guerre*, par M. *de Puysegur* ; l'*essai sur la guerre*, par M. *Turpin de Crissé* ; l'*art de la guerre pratique*, par M. *Ray de Saint-Geniès* ; les *mémoires* de M. *Feuquieres* ; les *mémoires militaires* de M. *Guischardt* ; les différens ouvrages sur la guerre, par M. le Maréchal *de Saxe* ; l'*essai sur la tactique de l'infanterie*, *in-quarto* ; l'*essai sur la cavalerie*, par M. *de Hauteville* ; le *projet de tactique*, par M. *Mesnil-Durand* ; & les *élémens de tactique*, par M. *le Blond*, *in-quarto*, 17,8.

TAILLE-MER, *Marine* : c'est la partie inférieure de l'éperon d'un vaisseau : on l'appelle aussi *gorgere*, voyez ci-devant à ce mot.

TAILLOIR, *Architecture* : c'est la partie supérieure d'un chapiteau, que l'on appelle plus communément *aba-*

que, principalement quand elle est échancrée sur ses angles. Voyez ci-devant au mot ABAQUE. *Vitruve* donne le nom de *plinthe* au *tailloir* du chapiteau de l'Ordre Toscan, parce que, n'ayant point de cymaise comme ceux des autres Ordres, il ressemble au plinthe d'une base. *Felibien. De Cordemoy.*

TALON, *Architecture* : c'est une moulure concave par le bas & convexe par le haut, qui fait l'effet contraire de la doucine, & qui est composée d'un filet & d'une gueule renversée. On l'appelle *talon renversé*, lorsque la partie concave se trouve en haut. *D'Aviler.*

TALON, *Marine* : c'est l'extrêmité de la quille vers l'arriere du vaisseau, du côté où elle s'assemble avec l'étambot.

TALUD, *Architecture* : c'est l'inclinaison sensible de l'extérieur d'un mur de terrasse, causée par la diminution de son épaisseur en haut, pour arcbouter contre les terres. *D'Aviler.*

TALUD, *Coupe des pierres*, c'est l'inclinaison d'une ligne ou d'une surface au delà de l'à-plomb, en angle obtus, plus grand qu'un droit & moindre qu'un angle de 135 degrés. Lorsque la surface se trouve plus inclinée, cette inclinaison prend le nom de *glacis*. M. *Frézier* veut que l'on écrive *talud*, & non point *talus* ou *talut*, parce qu'on dit *taluder*. M. *Gautier* écrit aussi toujours *talud* dans son *traité des ponts & chaussées*. *Taluder* un mur, c'est lui faire faire un angle obtus avec l'horison : c'est le contraire de *surplomber*. *Stéréotomie de Frézier.*

TALUD, *Fortification* : c'est la pente qu'on donne aux murs qui soutiennent les terres d'un rempart, ou aux placages de terre & de gazons, qu'on y emploie au défaut de maçonnerie. On distingue ces *taluds* en plusieurs especes : on appelle *talud intérieur*, la pente que l'on donne aux terres du rempart du côté de la ville : il sert à soutenir les terres du rempart de ce côté, & donne la facilité de monter au terre-plein par le moyen des rampes qu'on y pratique. On appelle *escarpe*, ou *talud extérieur*, celui du revêtement du rempart du côté du fossé. On nomme *contrescarpe*, le *talud* que l'on fait au revêtement du chemin couvert, du côté du fossé : & *glacis*, la pente douce ou le *talud* très-allongé qu'on donne aux terres qui terminent le chemin couvert du côté de la campagne. Enfin on désigne sous le nom de *talud supérieur*, ou *plongée* du parapet, la pente que l'on donne à la partie supérieure du parapet du rempart, pour que le soldat qui y est placé puisse découvrir le chemin couvert & une partie du fossé qui est devant lui. Dans les remparts revêtus de maçonnerie le *talud extérieur* finit au haut du rempart, c'est-à-dire, au cordon, sur lequel le revêtement du parapet est toujours élevé à plomb. Lorsque le rempart n'est revêtu que de gazons, on donne communément au *talud extérieur* les deux tiers de la hauteur du rempart.

TALUD, *Jardinage* : c'est une pente de terrein revêtue de gazon, qui sert à soutenir une terrasse, les bords d'un boulingrin, ou les raccordemens de niveau de deux allées paralleles & de différente hauteur. Le *talud* différe du *glacis* en ce que sa rampe est plus roide que celle du glacis, dont la pente doit être douce & imperceptible.

TAMBOUR, *Architecture* : c'est une pierre ronde taillée en portion de cylindre, qui fait partie d'un fust de colonne ou de pilier, & qui est ordinairement plus basse que son diametre. On appelle aussi *tambour* chaque pierre, soit pleine ou évuidée, qui compose le noyau d'un escalier à vis. On donne enfin le nom de *tambour* au corps des chapiteaux Corinthien & Composite, lequel a la forme d'un vase.

TAMBOUR, *Fortification* : c'est un solide ou un massif de terre dont on couvre les communications que l'on fait du chemin couvert aux redoutes, lunettes, fleches, & autres ouvrages avancés, pour les garantir de l'enfilade. Les *tambours*, outre l'avantage ci-dessus, ont encore celui de servir a défendre ou flanquer ces sortes d'ouvrages extérieurs.

TAMBOUR, *Hydraulique* : c'est le nom que l'on donne à un coffre de plomb dont on se sert dans un bassin pour rassembler l'eau qu'on doit distribuer ensuite à différentes conduites pour former plusieurs jets. On donne encore le nom de *tambour* à une espece d'entonnoir fait avec une table de plomb, dont on forme un tuyau d'inégale grosseur par chaque bout, pour raccorder un tuyau de six pouces de grosseur avec un autre d'un diametre inférieur.

TAMBOUR, *Marine* : c'est un assemblage de plusieurs planches clouées sur les jottereaux de l'éperon, & qui servent à rompre les coups de mer qui donnent sur cette partie de l'éperon.

TAMBOUR, *Méchanique* : c'est ainsi que l'on nomme l'axe ou essieu cylindrique d'une roue dont on se sert pour tirer les pierres du fond d'une carriere : cet essieu s'appelle aussi *tympan*. Voyez à ce mot.

TAMBOUR, *Menuiserie* : c'est un retranchement de bois formé par un lambris, recouvert par un plafond de menuiserie, que l'on pratique vis à vis d'un porche, ou d'un vestibule, & à l'entrée de la plupart de nos églises, pour ôter la vue de ce qui se passe au-dehors, diminuer le bruit des voitures, & garantir de l'incommodité du vent, par le moyen des doubles portes, &c.

TAMBOURET, *Machines* : c'est une espece de lanterne garnie de fuseaux en limandes, à l'usage des machines qui servent à épuiser les eaux dans les mines & dans les carrieres.

TAMISE, ou TAMISAILLE, *Marine* : c'est une piece de bois en forme d'arc, qu'on attache au-dessous du second pont, dans la sainte-barbe, sur laquelle coule la barre du gouvernail, lorsqu'on la fait mouvoir.

TAMPON, ou BOUCHON, *Artillerie*. Voyez ci-devant au mot BOUCHON.

TAMPON, *Hydraulique* : c'est une cheville de bois, ou un morceau de cuivre applati, rivé, & soudé au bout d'un tuyau, à deux pieds de la souche du jet. Quand on ne se sert que d'un *tampon* de bois, on le garnit de linge, & l'on frette le bout du tuyau d'une rondelle ou virole de fer, afin de pouvoir cogner & enfoncer de force le *tampon* sans craindre de fendre ou crever le tuyau. On se sert aussi de *tampons* de bois dans les cuvettes de distribution, pour boucher les trous des jauges qui ne servent point.

TAMPONS, *Maçonnerie* : ce sont des chevilles de bois qu'on enfonce de force dans les *ruinures* des poteaux d'une cloison de charpente, pour arrêter les panneaux de maçonnerie dont on les garnit. On fiche aussi des *tampons* dans les solives d'un plancher, pour en retenir les entrevoux. C'est ce qu'on appelle *ruiner & tamponner*. *Felibien. D'Aviler.*

TAMPONS, *Marine* : ce sont des plaques de fer, de cuivre, ou de bois, qui servent à remédier sur le champ aux dommages causés par les coups de canon qu'un vaisseau peut recevoir dans un combat.

TAMPONS, TAPES, ou TAPONS DE CANON, *Marine* : ce

font des plaques de liege avec lesquelles on ferme la bouche des canons d'un vaisseau, pour empêcher l'eau d'y entrer, quand la mer est grosse.

TAMPONS, ou TAPONS D'ÉCUBIERS, *Marine* : ce sont des pieces de bois qui servent à fermer les écubiers quand le vaisseau est à la voile. Au défaut de bois, on y fait des *tampons* avec des sacs remplis de foin, de bourre, &c.

TAMPON DE PETARD, *Pyrotechnie* : c'est un morceau de bois dont on bouche les petards, boîtes, &c. & que l'on y fait entrer de force en le chassant avec un maillet.

TANGAGE, *Marine* : c'est le balancement d'un vaisseau de poupe à proue, ou dans le sens de sa longueur. Ce balancement peut provenir de deux causes, ou du choc des vagues qui agitent le vaisseau, ou de l'action du vent sur les voiles, qui le fait incliner à chaque bouffée. La premiere cause dépend de l'agitation de la mer, & n'est susceptible d'aucun examen ; la seconde est occasionnée par l'inclinaison des mâts, & peut être soumis à des regles dont on peut voir l'exposition & la solution dans le petit *dictionnaire de marine*, par M. *Saverien*, article TANGAGE. On dit qu'un vaisseau est doux à la mer quand les mouvemens de *tangage* se font doucement & non par secousses : un navire qui *tangue* rudement est sujet à démâter. *Duhamel*, *archit. navale.*

TANGENTE, *Trigonométrie* : c'est une ligne droite élevée perpendiculairement à l'extrêmité d'un des rayons d'un arc, & qui est terminée par le prolongement du rayon qui passe par l'autre extrêmité du même arc. On appelle *tangente de complément*, ou *co-tangente*, la *tangente* d'un arc qui est le complément d'un autre arc à un quart de cercle. Les *tangentes artificielles* sont les logarithmes des *tangentes* des arcs. La *ligne des tangentes* est une de celles que l'on met sur le compas de proportion.

TANGENTES, MÉTHODE DES TANGENTES. Nous ne donnons cet article que parce qu'en définissant le mot MÉTHODE nous avons promis d'en parler ici à l'article TANGENTES. La *méthode des tangentes* est l'art de déterminer la grandeur & la position de la *tangente* d'une ligne courbe quelconque algébrique, en supposant que l'on ait l'équation qui exprime la nature de cette courbe. Cette *méthode*, qui est d'un très-grand secours en géométrie, renferme un des plus grands usages du calcul différentiel. *Descartes* est le premier qui a donné la *méthode* de tirer les *tangentes* des lignes courbes. (*Géométrie de Descartes*, livre II.) Elle a été perfectionnée ensuite par *Leibnitz* & *Newton*, qui lui ont donné une plus grande étendue par l'invention du calcul des infiniment petits, lequel étoit encore inconnu du tems de *Descartes*. La *méthode des tangentes* est expliquée avec beaucoup de clarté & appliquée à plusieurs exemples dans l'*analyse des infiniment petits*, par M. le Marquis *de l'Hôpital*. Voyez aussi les *mémoires de l'Académie des Sciences*, années 1716 & 1723, & dans le même ouvrage, année 1747, un mémoire de M. *Camus*, où cette matiere est exposée & discutée très-clairement. On appelle *méthode inverse des tangentes*, la maniere de trouver l'équation ou la construction de quelque courbe par le moyen de la *tangente*, ou de quelque autre ligne dont la détermination dépend de la *tangente* donnée. Cette *méthode* est une des branches les plus fécondes du calcul intégral. Voyez des exemples très-instructifs de l'une & de l'autre de ces *méthodes* dans le *dictionnaire encyclopédique*, article TANGENTES.

TAPECUL, *Charpenterie* : c'est la partie chargée d'une bascule qui sert à baisser ou à lever plus facilement un pont-levis, & qui est presque d'équilibre avec le tablier du pont.

TAPECUL, *Marine* : c'est une voile dont on se sert sur les vaisseaux marchands lorsqu'ils vont vent arriere, pour empêcher que la marée ou les courans n'emportent le vaisseau & ne le fassent dériver. On en fait aussi usage sur les petits yachts & sur les bûches ou petites flûtes, pour continuer de siller pendant le calme, ou pour mieux venir au vent.

TAPIS DE GAZON, *Jardinage* : ce sont de grandes pieces de gazon pleines & sans découpures, dont on garnit les cours & les avant cours des maisons de campagne, les salles des bosquets, les parterres à l'angloise, les boulingrins, ainsi que le milieu des grandes allées & des avenues dont le ratissage demanderoit trop d'entretien. On tond ces sortes de gazons quatre fois l'année, pour les entretenir plus beaux & plus frais. Les deux magnifiques tapis de gazon qui ornoient l'entrée du jardin du palais royal à Paris, & qui étoient de la plus grande beauté, étoient tondus tous les quinze jours & arrosés abondamment dans les chaleurs de l'été. Nous avons négligé de faire observer ci-devant à l'article BOULINGRIN, que ces sortes de *tapis verds* tirent leur origine de l'Angleterre, & que le terme *boulingrin* (en anglois *bowling-green*) signifie proprement une grande piece de gazon très-plate & très-unie, sur laquelle on joue à la boule, comme sur un *tapis verd*. Il est composé de deux mots anglois, *bouling*, jeu de boule, & *green*, verd.

TAQUETS, *Jardinage* : ce sont de petits piquets que l'on enfonce dans la terre, à tête perdue, lorsqu'on veut dresser un terrein, & qui servent de repaires, dans le besoin, pour poser les jalons.

TAQUETS, *Marine* : ce sont, en général, différentes sortes de petits crochets de bois auxquels on amarre diverses manœuvres. Il y a des *taquets* d'amure, *taquets* de haubans, *taquets* de vergues, &c. dont on peut voir les définitions dans le petit *dictionn. de marine*, par M. *Saverien*.

TARAU, *Mechanique* : c'est un rouleau d'acier en forme de cône, taillé spiralement en vis pour faire des écrous. Il y a des *taraux* pour faire des écrous de fer & d'autres pour les écrous de bois, de même qu'il y a différentes *filieres* pour faire les vis. *Tarauder*, c'est faire un écrou dans une piece de bois, de fer, ou d'autre métal, pour y arrêter une vis. *Felibien*.

TARIERE, *Artillerie* : c'est un instrument dont les mineurs se servent pour sonder & percer les terres. La *tariere* est formée ordinairement de plusieurs barres de fer qui s'ajustent l'une au bout de l'autre, avec une meche au bout : on en fait usage pour éventer les galeries des mines & celles des contremines.

TARIERE, *Charpenterie* : c'est un outil de fer acéré, emmanché de bois en potence, & qui en tournant fait, dans une piece de bois, un trou propre à recevoir une cheville : il y en a de différente grosseur & de plusieurs sortes. Les ouvriers disent *une teriere*. Ce mot vient, suivant *Felibien*, du grec τερέω, *terebro*, je perce. *Dictionnaire des termes d'architecture*, par *Felibien*. Les petites *tarieres* s'appellent aussi *laceret*.

TARTANE, *Marine* : c'est une espece de barque dont on se sert sur la Méditerrannée, qui ne porte qu'un arbre de mestre, ou un grand mât, & un mât de misaine. Lorsqu'il fait beau tems, sa voile est à tiers-point, & l'on fait usage d'un *treou*, ou d'une voile quarrée, dans les gros tems. C'est dans cette mâture que consiste la principale différence de ce bâtiment a une barque.

TAS, *Architecture*. On entend quelquefois par ce terme le bâtiment même que l'on éleve. C'est dans ce sens qu'on dit *retailler une pierre sur le tas*, avant que de la poser à demeure. Ce mot vient, selon *Vossius*, du latin *tassus*, monceau. *D'Aviler.*

TAS DE CHARGE : c'est le nom qu'on donne, dans les édifices gothiques, aux premieres pierres, ou aux coussinets du commencement d'une voûte, où les ogives, formerets, tiercerons, & arcs doubleaux prennent naissance. On entend aussi par ce terme une maniere particuliere de voûter. (Voyez ci-après l'article VOUTER EN TAS DE CHARGE.) Enfin, M. *Frézier* donne le nom de *tas de charge* a une saillie de pierres, dont les lits, avançant les uns sur les autres, font l'effet d'une demi-voûte, de sorte qu'il faut des pierres fort longues pour balancer la partie qui est sans appui. On en peut voir un exemple aussi solide que hardi dans la voussure *en tas de charge* pratiquée sous le ministere de M. *Turgot*, prévôt des Marchands, à l'entrée du quai appellé *des Morfondus*, du côté du Pont-au Change, à Paris, pour en élargir le passage, qui étoit ci-devant fort étroit à cet endroit.

TAS DROIT, *terme de paveur* : c'est une rangée de pavés sur le haut d'une chaussée, d'après laquelle s'étendent les ailes en pente, à droite & à gauche, jusqu'aux ruisseaux, dans une rue fort large, ou jusqu'aux bordures de pierre rustique d'un grand chemin pavé.

TASSEAU, *Charpenterie* : c'est une petite piece de bois arrêtée par tenon & mortoise sur les forces d'un comble, pour en porter les pannes. *Felibien.*

TASSER, *Coupe des pierres* : ce terme se dit de l'affaissement d'une voûte dont la charge fait diminuer la hauteur & resserrer les joints. *Frézier.*

TASTÉ, *Architecture*. On appelle *ligne tastée* celle que l'on trace à la main pour voir l'effet d'une courbure. *Stéréotomie de Frézier.*

TÉ, *Artillerie*. Les mineurs disent qu'une mine est faite en T, lorsqu'elle est composée d'une galerie au bout de laquelle il y a deux rameaux, ou retours en angle droit, d'égale longueur, & terminés chacun par une chambre ou un fourneau de mine. On l'appelle aussi *mine double*. La mine *treflée* ou en *trefle* est formée de trois fourneaux : si elle en a quatre, c'est un *double Té*, que l'on nomme aussi *mine quadruplée*. Voyez le *traité de l'attaque des places*, par M. *de Vauban*, chap. XXI ; & l'*artillerie raisonnée*, par M. *le Blond*, *in-octavo*, 1761, pag. 349 & suivantes. Voyez aussi ce que nous avons dit ci devant à l'article MINES.

TÉMOIN, *Artillerie*. Les mineurs appellent ainsi un morceau d'amadou taillé en long, de même forme & grandeur que celui qui doit communiquer le feu au saucisson de la mine. Ayant mis le feu en même tems à ces deux morceaux d'amadou, ils se retirent à la hâte, emportant avec eux le *témoin* qui leur indique, en finissant de brûler, le moment où la mine doit faire son effet.

TÉMOIN : c'est, dans la fouille des terres massives, une petite butte de l'ancien terrein, ordinairement recouverte d'herbes, que les terrassiers laissent de distance en distance, pour servir au toisé des terres enlevées. On donne le nom de *faux témoins* à des buttes de terre sur le sommet desquelles on a rapporté frauduleusement des tranches de terre, & que l'on a recouvert avec des gazons, pour leur donner plus de hauteur qu'elles ne doivent en avoir.

TEMS, *Mathématiques* : c'est une succession d'effets ou de phénomenes ; ou autrement, c'est l'ordre des choses qui se succedent dans un ordre non interrompu. On divise le *tems* en *absolu* & en *relatif*. Le *tems absolu*, ou *mathématique*, est celui qui coule uniformément sans aucun rapport à quelque chose d'antérieur : on l'appelle aussi *durée*. Le *tems relatif* ou *apparent*, est la mesure sensible & antérieure d'une durée quelconque, qui s'estime & s'évalue par le mouvement. C'est dans ce sens qu'on dit en méchanique que l'on peut exprimer le *tems* ou la *durée* du mouvement uniforme, par l'espace divisé par la vitesse du corps mis en mouvement.

TÉNACITÉ, *Artillerie*. On entend par ce mot, en général, la résistance que les parties d'un corps, ou même plusieurs corps opposent à leur désunion. Les parties sont d'autant mieux unies que les corps se touchent en plus de points, & l'union est d'autant plus forte que les parties unies sont plus homogenes. On sçait d'ailleurs que la résistance qui provient de la *ténacité* des corps est toujours plus grande que celle qui est occasionnée par leur poids : si ce n'est dans les sables, les terres nouvellement remuées, la nouvelle maçonnerie, ou dans d'autres amas de corps sans liaison. Voyez de plus grands détails sur cette partie intéressante de la science des mines, dans l'excellent ouvrage qui vient de paroître sous le titre de *traité de la defense des places par les contremines*, sans nom d'auteur. Le célebre M. *de Valliere* est le premier qui ait fait attention à la *ténacité des terres*, & à son importance par rapport aux mines. Comme il est très-essentiel d'avoir égard à cette *ténacité* dans le calcul des mines, pour connoître la charge de poudre qui leur convient, on doit recourir au livre neuf & original cité ci-dessus, qui renferme les connoissances nécessaires pour y parvenir. Voyez aussi le mémoire de M. *Belidor*, sur cette matiere, inséré dans la derniere édition de son *cours de mathématique*, *in-quarto*, 1757.

TENAILLE, *Fortification* : c'est une espece de faussebraie, mais beaucoup plus parfaite, que l'on construit dans le fossé de la place, sur les lignes de défense, vis-à-vis des courtines. Cet ouvrage, qui n'est pas plus élevé que le niveau de la campagne, est couvert d'un parapet avec une ou deux banquettes : on lui ajoute quelquefois des flancs, ensorte qu'il forme un petit front de fortification : on le nomme alors *tenaille double*, ou *à flancs* : quand cet ouvrage n'a point de flancs, c'est une *tenaille simple* composée de deux faces qui se joignent par un angle rentrant vers la courtine. M. *de Vauban* est l'inventeur des *tenailles* : elles servent à augmenter la défense du fossé, & leur feu est d'autant plus dangereux qu'il est rasant & en face du chemin couvert.

TENAILLON, *Fortification* : c'est le nom que les militaires ont donné, depuis le siege de Lille, en 1708, à l'ouvrage qu'on appelloit ci-devant *grande lunette*. Le *tenaillon* est composé de deux parties séparées l'une de l'autre, dont chacune couvre la face de la demi-lune au-devant de laquelle elle est construite, & lui tient lieu de contregarde.

TENON : *Charpenterie* : c'est le bout d'une piece de bois diminué quarrément & réduit au tiers de son épaisseur, pour entrer dans une mortoise. On donne le nom d'*épau-*

lemens aux côtés du *tenon*, qui sont coupés obliquement lorsque la piece doit être inclinée : on appelle *décollement*, la diminution de la largeur du *tenon*, pour cacher la gorge de sa mortoise. *Faire tirer les tenons*, c'est percer de biais le trou de la cheville, vers l'épaulement du *tenon*, pour mieux faire joindre le bois. On nomme *tenon à queue d'hyronde*, un *tenon* qui est plus large à son *about* qu'à son décollement, pour être encastré dans une entaille ; & *tenon en about*, celui qui n'étant pas d'équerre avec sa mortoise, est coupé diagonalement, parce que la piece est rampante, pour servir de décharge, ou inclinée, pour contreventer & arbalestrer. Tels sont les *tenons* des contrefiches, guettes, croix de saint André, &c.

TERME, *Architecture* : c'est une statue d'homme ou de femme dont la partie inférieure se termine en gaine, que l'on place ordinairement dans les jardins, en face d'une allée, ou adossée à une palissade, comme on en voit dans les jardins de Versailles, des Thuileries, &c. Quelquefois les *termes* tiennent lieu de consoles & servent à porter un entablement, tels que ceux qui ornent les côtés de la porte du couvent des Théatins à Paris, &c.

TERME, *Mathematiques* : c'est, en général, l'extrêmité de quelque chose, ou ce qui termine son étendue. Ainsi le point est le *terme* de la ligne, celle-ci est le *terme* de la surface, & la surface est le *terme* du corps ou solide. Les *termes d'une équation* sont les différens membres dont elle est composée : ainsi dans cette équation $a = b + c$, les monomes a, b, c, en sont les *termes*. On appelle *termes d'une raison*, les quantités que l'on compare entre elles : *termes homologues*, ce sont les *termes* de différentes raisons qui en occupent les mêmes places, c'est-à-dire, qui ont les mêmes noms, & qu'on appelle pour cela *équinomes*.

TERMES, *Nivellement* : ce sont les deux extrêmités où commence & finit un nivellement.

TERRASSE, *Architecture* : c'est une couverture particuliere de bâtiment en plate-forme : on la revêtit ordinairement de tables de plomb, ou de dales de pierres. Telles sont les *terrasses* du peristyle du Louvre & de l'Observatoire ; cette derniere est pavée de pierres à fusil, à bain de mortier fait de chaux & de ciment.

TERRASSE DE HOLLANDE, *Archit. hydraul.* C'est une terre

grisâtre qui se trouve aux environs de Cologne & dans les Pays Bas. On la cuit comme le plâtre & on la réduit en poudre. Etant mêlée avec de la chaux fusée & éteinte, on en compose un mortier excellent pour les ouvrages qui se bâtissent dans l'eau.

TERREIN, *Architecture* : c'est le fond sur lequel on bâtit, qui est de diverse consistance, comme de roche, de tuf, de gravier, de sable, de glaise, de vase, &c. Voyez la maniere de fonder dans ces différens *terreins*, expliquée au long dans l'*architecture moderne*, nouvelle édition, livre I. *De la construction.*

TERREINS, *Artillerie.* La connoissance de diverses sortes de terreins est nécessaire dans la science des mines, pour déterminer la quantité de poudre dont on doit les charger, cette quantité devant augmenter ou diminuer à proportion du plus ou du moins de leur solidité & de leur ténacité. Voyez un plus grand détail sur ce sujet dans l'*artillerie raisonnée*, par M. *le Blond*, derniere édition, *in octavo*, 1761. page 300. Voyez aussi ce que nous avons dit ci devant au mot TÉNACITÉ.

TERRE PLEIN, *Fortification.* : c'est la partie supérieure du rempart, plus élevée que le niveau de la campagne & que le terrein de la place, pour en pouvoir couvrir les principaux édifices, & pour donner plus de supériorité aux hommes & aux machines qui la défendent. Le *terrein plein du rempart* est terminé du côté de la ville par un talud dont la pente est assez roide, que l'on appelle *talud intérieur du rempart* : du côté de la campagne, il est bordé par un parapet élevé perpendiculairement au dessus du cordon qui termine le talud extérieur, ou revêtement du rempart. La largeur du *terre-plein du rempart* est de 9 toises par en haut, & de 13 ou 14 toises par en bas. On y plante ordinairement plusieurs rangées d'arbres ; en tems de paix c'est une promenade pour les habitans de la ville : en cas de siege, ces mêmes arbres fournissent du bois pour les fascines, les palissades, & les autres ouvrages que sa défense exige.

TÊTE, *Architecture* : c'est un ornement de sculpture qu'on place à la clef d'une arcade, ou d'une plate-bande, au-dessus d'une porte, d'une croisée, & en d'autres endroits.

TÊTE DE BOEUF, OU DE BELIER, *Architecture* : c'est un ornement de sculpture employé au frontispice des temples des païens, relativement à leurs sacrifices, & dont on garnit les métopes de la frise Dorique.

TETE DE CANAL, *Hydraulique* : c'est, dans un jardin, l'entrée d'un canal, ou l'endroit où les eaux viennent se rendre après le jeu des fontaines. C'est aussi un bâtiment rustique en maniere de grotte, avec fontaines & cascades, au bout d'une longue piece d'eau. Telle est la *tête du canal* de Vaux le-Vicomte. Voyez aussi dans les *délices de Versailles*, *in-folio*, les cascades à la *tête du bassin* de l'Isle Royale, à Versailles, planche 25; la *tête des cascades* du jardin de Sceaux, planche 137; & la cascade à la *tête du canal* de Chantilly, planche 161.

TETE DE CHEVALEMENT, *Charpenterie* : c'est une piece de bois qui porte sur deux étaies, pour soutenir quelque pan de mur ou quelque encoignure, pendant qu'on fait une reprise par sous-œuvre.

TETE DE L'ANCRE, *Marine* : c'est la partie de l'ancre où la vergue est jointe avec la croisée.

TETE DE LA TRANCHÉE, *Attaque des places* : c'est la partie de la tranchée qui se trouve le plus près de la place, où sont les travailleurs qui poussent l'ouvrage en avant.

TETE DE MORE, ou CHOUQUET, *Marine*. Voyez ci-devant au mot CHOUQUET.

TETE DE MUR, *Maçonnerie* : c'est ce qui paroît de l'épaisseur d'un mur, dans une ouverture, qui, le plus souvent, est revêtu d'une chaîne de pierre, ou d'une jambe étriere.

TETE DE PORC, *Art militaire*. Voyez ci-devant au mot COIN.

TETE DE SAPPE, *Attaque des places* : c'est la partie du travail de la sappe la plus avancée vers la place.

TETE DE VOUSSOIR, *Architecture* : c'est la partie de devant ou de derriere du voussoir d'un arc.

TETE DU CAMP, *Art militaire* : c'est la partie la plus avancée du camp, qui fait face à l'ennemi. Dans un siege, on donne ce nom à la partie du camp qui fait face à la campagne, ou qui regarde la ligne de circonvallation. C'est à la *tête du camp* que les troupes de piquet montent le bivouac.

TETE D'UN BATAILLON, OU D'UN ESCADRON, *Art militaire* : c'est le premier rang d'un bataillon ou d'un escadron, qui fait face à l'ennemi. Dans une marche, cela s'entend de la partie la plus avancée d'une troupe, ou de celle qui marche la premiere. Ainsi la *tête d'une colonne* est formée alors des premieres troupes de la colonne. La *tête*, en ce sens, est opposée à la *queue*, qui est toujours composée des troupes qui marchent les dernieres.

TETE D'UN OUVRAGE A CORNE, A COURONNE, &c. *Fortification* : c'est la partie la plus avancée vers la campagne : cette *tête* est formée, dans l'ouvrage à cornes, par une courtine & deux demi-bastions ; & dans l'ouvrage à couronne, par un bastion entre deux courtines, terminées chacune par un demi-bastion.

TETE PERDUE, *Serrurerie*. On donne ce nom à toutes les *têtes* des boulons, vis, & clous qui n'excedent point le parement de ce qu'ils attachent ou retiennent.

TÉTRAEDRE, *Géométrie* : c'est un des cinq corps réguliers renfermé entre quatre triangles égaux & équilatéraux : on peut aussi concevoir le *tétraèdre* comme une pyramide triangulaire dont les quatre faces sont égales.

TÉTRAGONE : *Géométrie* : ce n'est autre chose qu'une figure de quatre angles & de quatre côtés. Ainsi le quarré, le parallelogramme, le rhombe, le trapèse, &c. sont des *tétragones*.

TÉTRASTYLE, *Architecture* : c'est un édifice dont le frontispice est orné de quatre colonnes. *Felibien*.

TEUGUES, ou CABANES, *Marine* : c'est une espece de gaillard que l'on pratique à l'arriere d'un vaisseau, audessus de la dunette, pour des logemens d'officiers. *Duhamel*, *architecture navale*.

THÉATRE D'EAU, *Hydraulique* : c'est une disposition d'une ou de plusieurs allées d'eau, ornées de rocailles, de nappes, de chandeliers, de vases, & de figures, pour former divers changemens dans une décoration perspective, & pour y donner des fêtes, des bals, &c. Tel étoit le magnifique *théâtre d'eau*, dans les bosquets de Versailles, ouvrage du célebre *Vigarani*, dont les effets d'eau changeoient six fois, & offroient à chaque changement des décorations différentes. Au défaut de la réalité, ces bosquets étant à présent détruits, on en peut voir du moins la représentation dans les *délices de Versailles*, *in-folio*, 1766, planches 42, 43, & 44.

THÉORÊME, *Mathématiques* : c'est une proposition purement spéculative, dans laquelle on se contente d'énoncer & de démontrer une vérité, sans en faire aucune application à la pratique. Il y a deux choses principales à considérer dans un théorême, la proposition & la démonstration : dans la premiere on exprime la vérité à démontrer, dans la seconde on expose les raisons qui établissent cette vérité.

THÉORIE : c'est la partie d'une science qui se borne à la considération de son objet sans descendre à la pratique : presque toutes les sciences & les arts peuvent se diviser en deux parties, la *théorie* & la *pratique*. Pour être sçavant dans un art la *théorie* suffit ; mais pour y être maître il faut joindre la pratique a la *théorie*. Combien ne voit-on pas de machinistes se promettre les plus heureux succès dans la *théorie*, & échouer ensuite dans l'exécution ? Voyez les avantages de la *théorie* sur la pratique, & sa nécessité dans les arts relatifs à l'architecture, très-clairement démontrés dans le discours préliminaire qui est à la tête du *traité de stéréotomie*, par M. *Frézier*, *in-quarto*, tome I.

THERMES, *Architecture* : c'étoit, chez les Romains, de grands & vastes édifices destinés principalement pour les bains chauds. Il y en avoit de publics & de particuliers. Ce qui nous reste des *thermes de Dioclétien*, à Rome, est un monument de la magnificence des anciens Romains digne de la curiosité des artistes & des voyageurs.

THERMOMETRE, *Physique* : c'est un instrument par le moyen duquel on peut connoître & mesurer les degrés de chaleur & de froid. On en attribue communément l'invention à un paysan Hollandois, nommé *Drebbel* ; mais quelques auteurs la revendiquent en faveur de *Galilée* & de *Sanctorius*. Voyez dans le *dictionnaire de mathématique*, par M. *Saverien*, la description des diverses sortes de *thermometres* qui ont été imaginés jusqu'ici, accompagnée de réflexions sur leurs avantages & leurs défauts.

TIERCERON, *Architecture* : c'est, dans les édifices gothiques, un nerf des voûtes d'ogives situé entre le formeret, ou arc doubleau, & celui d'ogive en diagonale. *Stéréotomie de Frézier*.

TIERS-POINT, *Architecture* : c'est le point de section qui se fait au sommet d'un triangle équilatéral, ou au-dessus, ou au-dessous. Il est ainsi nommé parce qu'il est le troisieme point après les deux qui terminent les deux

deux extrêmités de la base. Ce terme n'est guere usité que par les ouvriers en parlant de la courbure des voûtes gothiques dont le ceintre est formé de deux arcs de cercle qui s'entrecoupent en un point au sommet de la voûte.

TIERS POTEAU, *Charpenterie* : c'est une piece de bois de sciage de cinq & trois pouces & demi de grosseur, faite d'un poteau de 5 & 7 pouces refendu en deux. Cette piece s'emploie dans les cloisons légeres & dans celles qui portent à faux. *D'Aviler.*

TIGE, *Architecture* : c'est ainsi que l'on appelle le fust ou le vif d'une colonne.

TIGE DE FONTAINE, *Hydraulique* : c'est une espece de balustre creux, ordinairement rond, qui sert à porter une ou plusieurs coupes d'une fontaine jaillissante.

TIGETTE, ou CAULICOLE, *Architecture* : c'est, dans le chapiteau Corinthien, une espece de *tige* ou de cornet ordinairement canelé & orné de feuilles, d'où naissent les helices & les volutes qui soutiennent le tailloir du chapiteau. Voyez ci-devant au mot CAULICOLES.

TIL, ou TILLE : c'est l'écorce des jeunes tilleuls dont on fait des cordes à puits & dont les appareilleurs se servent pour tracer en grand leurs épures, cette espece de cordeau n'étant point sujet à s'allonger comme celui qui est fait de chanvre.

TILLAC, ou PONT, *Marine* : c'est un des étages du vaisseau sur lequel, comme sur une plate-forme, on pose une batterie de canons : quand il est trop léger, en sorte qu'il ne peut supporter l'artillerie, on le nomme *pont volant*. Le premier pont, c'est-à-dire, celui qui est le plus proche de l'eau, est appellé *franc tillac*, & l'on donne le nom de *faux pont*, ou de *faux tillac*, à une espece de pont que l'on pratique à fond de cale des vaisseaux qui n'ont qu'un pont, pour la conservation des marchandises & la commodité de la cargaison : c'est sur ce *faux tillac* que couche une partie de l'équipage.

TILLE, *Marine* : c'est un endroit couvert, ou un accastillage que l'on pratique à l'arriere d'un vaisseau non ponté.

TIMON DU GOUVERNAIL, *Marine* : c'est une piece de bois longue & arrondie, dont l'une des extrêmités répond à la manivelle que tient le *timonier*, & dont l'autre aboutit à la tête du gouvernail qu'elle fait jouer à bas-bord & à ſtri-bord, autant qu'il eſt néceſſaire pour faire mouvoir le vaiſſeau à gauche ou à droite.

TIMONIER, *Marine* : c'eſt un homme prépoſé par le pilote pour tenir le *timon* du gouvernail qui ſert à conduire & gouverner un vaiſſeau : le maître & le pilote répondent de la manœuvre du *timonier*.

TINGUÈS, *Archit. hydraul.* Ce ſont des bouts de planches longues & étroites, ſur leſquels on met de la glaiſe avec de la mouſſe par-deſſus : on s'en ſert pour recouvrir les joints & les coutures des planches qui forment les quais de charpente, derriere leſquelles elles ſont clouées.

TINS, *Marine* : ce ſont de fortes pieces de bois qui ſoutiennent ſur terre la quille & les varangues d'un vaiſſeau que l'on conſtruit, tant qu'il reſte ſur le chantier.

TIR DU CANON, *Artillerie* : c'eſt proprement la ligne que décrit le boulet au ſortir d'un canon, ou la balle d'une arme à feu en ſortant de la piece. Lorſqu'il s'agit d'une bombe, on ſe ſert du terme de *jet*, c'eſt pourquoi l'on dit le *tir du canon* & le *jet des bombes*. On diſtingue deux ſortes de *tirs*, celui *de but en blanc* & le *tir à toute volée*. Voyez à ce ſujet l'article PORTÉE DU CANON.

TIRAGE, ou TRAIT, *ponts & chauſſées* : c'eſt l'eſpace du terrein qui doit reſter libre ſur les bords des rivieres & des canaux, pour le paſſage des hommes & des chevaux qui *tirent* les bateaux.

TIRANT, *Charpenterie* : c'eſt une longue piece de bois dont les deux extrêmités ſont arrêtées par des ancres de fer, qui ſe poſe ſous la ferme d'un comble pour en empêcher l'écartement, ainſi que celui des murs qui la portent. On voit dans les anciennes égliſes de ces *tirans* qui ſont chanfreinés & à huit pans, & qui ſont aſſemblés avec le maître entrait du comble par un poinçon. *D'Aviler*.

TIRANT, *Serrurerie* : c'eſt une groſſe & longue barre de fer avec un œil ou un trou à une de ſes extrêmités, dans lequel on paſſe une ancre pour empêcher l'écartement d'une voûte, ou pour retenir un mur, un pan de bois, une ſouche de cheminée, &c. *D'Aviler*.

TIRANT D'EAU, *Marine* : c'eſt la quantité de pieds d'eau néceſſaire pour ſoutenir un vaiſſeau & le mettre à flot. Les conſtructeurs obſervent de faire enfoncer davantage dans l'eau la partie de l'arriere d'un navire que celle de l'avant, afin que le gouvernail, étant frappé par une plus grande quantité d'eau, ait plus de force pour diriger l'avant : c'est ce qu'on appelle la *différence du tirant d'eau. Duhamel, élémens d'architecture navale.*

TIRE-VEILLES, *Marine* : c'est le nom qu'on donne à deux cordes qui ont des nœuds de distance en distance, & qu'on laisse pendre le long du vaisseau, en dehors, de chaque côté de l'échelle. Elles servent pour se soutenir lorsqu'on monte dans un vaisseau ou lorsqu'on veut en descendre.

TIRE-BOURRE, *Artillerie* : c'est un instrument composé de deux branches, griffes, ou pointes de fer ou d'acier, tournées & entortillées ensemble en spirale, montées sur une douille & emmanchées au bout d'une hampe. On se sert du *tire-bourre* pour retirer le fourrage, le boulet, & la poudre dont un canon est chargé, & pour en faire sortir les ordures & autres corps qui pourroient s'y être introduits.

TIRER, *Charpenterie. Faire tirer* les tenons, dans un assemblage de charpente, c'est percer le trou de biais contre l'épaulement d'un tenon, pour le faire serrer en about. *Felibien.*

TOISE : c'est une mesure dont on se sert pour les ouvrages des bâtimens, & pour les différens travaux qui sont susceptibles d'être mesurés. La toise du Châtelet de Paris est une longueur de six pieds de Roi.

TOISE COURANTE : c'est la mesure d'un ouvrage dont on ne considere que la longueur, faisant abstraction de sa largeur ou de sa hauteur. C'est ainsi qu'on mesure à la *toise courante* un lambris de menuiserie, soit à hauteur d'appui, soit de revêtement dans toute la hauteur de la piece où il est placé.

TOISE SUPERFICIELLE ou QUARRÉE : c'est une superficie qui a une *toise* de longueur sur autant de largeur, dont le produit est de 36 pieds quarrés.

TOISE CUBE : c'est un solide qui a une *toise* de longueur sur autant de largeur & autant de profondeur : ensorte que ces trois dimensions, multipliées l'une par l'autre, produisent 216 pieds cubes.

TOISÉ, *Architecture civile & militaire* : c'est l'art de calculer les dimensions des ouvrages qui entrent dans la construction des différens édifices, & d'en évaluer les surfaces & la solidité. Ainsi la premiere partie de cet art consiste dans la multiplication ; & la seconde, dans les regles qu'il faut suivre pour *toiser* les diverses parties d'un édifice, soit militaire ou civil, suivant les figures de ces parties. Pour le *toisé* de ces sortes d'ouvrages, il faut consulter la nouvelle édition de l'*architecture moderne*, livre III, *du toisé*, & le *traité de l'arpentage & du toisé*, par M. *Ozanam*, *in douze*. Le bois de charpente a une mesure particuliere appellée *solive*, qui contient 3 pieds cubes de bois. On peut voir les regles de ce *toisé des bois* dans le *cours de mathématique*, par M. *Belidor*, *in quarto*, & des tables toutes calculées pour la pratique dans le *traité des bois de charpente*, par M. *Mesange*, en deux volumes *in octavo*, ou à la fin du *traité de l'arpentage*, par M. *Ozanam*, ci-dessus cité.

TOISÉ, *Géométrie* : c'est une partie de la géométrie pratique qui enseigne à mesurer les surfaces & les solides. Le *toisé* sert à trouver le volume d'un corps, comme le poids en indique la masse.

TOIT, ou COMBLE, *Architecture* : c'est la partie la plus élevée d'un édifice. Il y en a de trois sortes : la premiere appellée *toit à deux égouts*, va d'un pignon à l'autre, & jette l'eau des deux côtés du bâtiment : l'autre est ce que l'on appelle *croupe* ou *pavillon*, dont l'eau tombe des quatre côtés. A l'égard de la troisieme espece de *toit*, connue sous le nom de *comble brisé*, ou à *la mansarde*, voyez ci-devant au mot MANSARDE : voyez aussi ce que nous avons dit à l'article COMBLE.

TON, *Marine* : c'est la partie du mât d'un vaisseau comprise depuis le chouquet jusqu'aux barres de hune ; on lui donne ordinairement pour longueur un neuvieme de la longueur du mât inférieur. M. *Duhamel* écrit *thon*.

TONNE, *Marine* : c'est une grosse bouée faite comme un barril que l'on met dans la mer en un lieu près des côtes, pour marquer quelque écueil, banc de sable, ou roche cachée sous l'eau, afin d'avertir les vaisseaux de s'en éloigner.

TONNEAU, *Marine* : c'est un poids de deux milliers de livres, ou de vingt quintaux, de cent livres chacun. Ainsi quand on dit qu'un navire est du port de 600 *tonneaux*, on entend par-là qu'il peut porter un poids de douze cent mille livres. On donne ordinairement, dans le fond de cale, qui est le lieu de la charge d'un vaisseau, 42 pieds cubes pour chaque *tonneau*.

TONNEAU DE PIERRE ; *Architecture* : c'est la quantité de 14 pieds cubes, qui sert de mesure pour la pierre de Saint-Leu, & qui peut peser environ un millier ou dix quintaux : ce qui fait la moitié d'un *tonneau* en usage sur mer pour estimer la cargaison d'un vaisseau. Dans une riviere qui a 7 ou 8 pieds de profondeur d'eau, la navée d'un grand bateau peut porter 400 à 450 *tonneaux de pierre.*

TONTURE D'UN VAISSEAU, *Marine* : c'est la rondeur des préceintes qui lient les côtés du vaisseau & des baux qui ferment les ponts. Ici le mot *tonture* signifie la même chose dans le sens horisontal que *courbure* dans le sens vertical. Ainsi l'on dit la *tonture* de la quille, des ponts, des baux, de la lisse de hourdi, & non pas la *courbure* de la quille, des ponts, &c. *Duhamel, architecture navale.*

TOPOGRAPHIE : c'est le plan ou la description de quelque lieu particulier, ou d'une petite étendue de terrein, comme d'une ville & de ses environs, ou le plan d'un château avec ses jardins, &c. La *topographie* differe de la *chorographie* en ce qu'elle embrasse un objet moins étendu que celle-ci qui fait la description de tout un pays, d'un diocèse, d'une province, d'une contrée, &c.

TORCHIS, *Maçonnerie* : c'est une espece de mortier fait de terre grasse détrempée & mêlée avec de la paille hachée, pour faire des murailles de *bauge*, comme on le pratique pour le remplissage des panneaux des cloisons ou des entrevoux des planchers, dans les granges & les maisons des paysans. On appelle ce mortier *torchis*, parce que, pour l'employer, on le tortille au bout de certains bâtons faits en forme de *torches*. *Felibien.*

TORE, *Architecture* : c'est une grosse moulure ronde servant aux bases des colonnnes, dont la saillie est égale à la moitié de la hauteur. M. *de Chambray* fait dériver ce terme du grec *τορος*, un tour, parce que cette moulure semble avoir été faite avec le tour : ou du latin *torus*, un lit, un matelas, ou un bourrelet, à cause de sa ressemblance avec toutes ces choses. Les bases des colonnes Toscane & Dorique n'ont qu'un *tore* : celle que l'on nomme Attique en a deux, l'un inférieur, qui est le plus gros, & l'autre supérieur qui est d'un moindre diametre : on appelle *scotie* la moulure creuse qui separe ordinairement ces deux *tores.* Les ouvriers donnent au *tore* le nom de *tondin*, *boudin*, *gros bâton*, &c. *Felibien. De Chambray.*

TORON, *Marine* : c'est un assemblage de plusieurs fils de carret dont on forme les cordons d'un cable un peu gros en les tortillant ensemble par le moyen du rouet. Voyez à ce sujet le *traité de la corderie*, par M. *Duhamel.*

TORSE, COLONNE TORSE, *Architecture* : c'est une espece particuliere de colonne qui a son fust contourné en vis, avec six circonvolutions, suivant une ligne qui rampe régulièrement en maniere d'hélice autour de la colonne. Il y a de ces *colonnes torses* évuidées en dedans & à jour, qui sont faites de deux ou trois tiges grêles, tortillées ensemble de maniere qu'elles laissent un vuide au milieu. M. *Potain* remarque avec raison que de toutes les inventions gothiques & modernes, il n'y en a point de plus contraire aux principes du goût & de la bonne architecture que celle de ces colonnes ainsi contournées, n'étant pas raisonnable de croire, ajoute-t-il, qu'un arbre qui est difforme & tortu puisse porter aussi solidement qu'un droit. Aussi tâche-t-on de les orner de façon à en faire plutôt admirer le travail que la forme. *Traité des Ordres d'architecture*, par M. *Potain*, partie premiere, *in-quarto*, chez *Jombert*, 1768.

TORTILLIS, *Architecture* : c'est un ornement grossier qui se taille sur le bossage des pierres dans une décoration rustique, & qui imite le travail des vers dans une étoffe : ce qui lui a fait aussi donner le nom de *vermiculé.* On peut voir des ornemens de cette espece très-bien travaillés à la porte Saint-Martin, & dans quelques parties du soubassement des galeries du Louvre, à la façade du côté de la riviere, à Paris.

TORTUE, *Art militaire.* On appelloit ainsi, chez les anciens, une espece de galerie couverte dont on se servoit dans l'attaque des places pour s'avancer sûrement jusqu'au pied des murailles qu'on vouloit sapper & renverser, ou pour le comblement des fossés qui étoient au-devant de ces murs. On donnoit le nom de *tortues-belieres* à celles qui servoient à couvrir les hommes qui faisoient agir le belier. On appelloit aussi *tortue*, une troupe de soldats serrés de fort près, qui, se couvrant la tête & les côtés de leurs boucliers qu'ils faisoient anticiper un peu l'un ſur l'autre, comme on arrange les tuiles, formoient enſemble une eſpece de toît, ſur lequel tout ce qu'on jettoit d'en haut ne faiſoit que rouler & gliſſer en bas, ſans pouvoir nuire à ceux qui ſe trouvoient deſſous.

TOSCAN, ORDRE TOSCAN, *Architecture.* Voyez au mot ORDRE.

TOUAGE, *Marine* : c'eſt le travail des matelots qui, à force de bras, tirent un vaiſſeau pour le faire entrer dans un port ou dans une riviere, par le moyen d'une ancre, ou d'un point fixe ſur le rivage.

TOUER UN VAISSEAU, *Marine* : c'eſt le tirer ou le faire avancer avec la hauſſiere qui y eſt attachée par un bout, & dont l'autre bout eſt ſaiſi par des matelots qui tirent le cordage. La différence qui ſe trouve entre les termes *touer* & *remorquer*, c'eſt que quand on *remorque* un vaiſſeau, on ne le tire point à force de bras, mais à force de rames, au lieu que le *touage* ſe fait à l'aide d'un cable attaché à un point fixe ſur lequel on ſe hale & qu'on fait roidir par le moyen d'un cabeſtan. Les moyennes ancres qui ſervent à cette manœuvre s'appellent *toueux* ou *ancres de touage.*

TOUPIE, *Navigation :* c'eſt un inſtrument inventé en Angleterre pour obſerver l'horiſon ſur mer, malgré le tangage & le roulis du vaiſſeau. On lit dans le grand *dictionnaire encyclopédique*, (où l'on a inſéré cet article d'après le petit *dictionnaire de marine*, par M. *Saverien*, ſans le citer) que la toupie « eſt une toupie de métal » couverte d'une glace *très-haute* ayant trois pouces » de diametre : » cette phraſe offre un contre-ſens qui n'eſt pas facile à comprendre, & l'on ne ſe fait guere d'idée d'une glace *très-haute* qui a trois pouces de diametre, &c. Il y a dans l'original, c'eſt une toupie de métal, couverte d'une glace, *très-peu haute* & ayant trois pouces de diametre, &c. On voit clairement ici que ce n'eſt point la glace, mais la toupie qui eſt, non pas *très-haute*, mais *très-peu haute*, &c. Voilà l'inconvénient des compilations. Voyez donc cet article dans l'original ci-deſſus cité.

TOUR, *Architecture* : c'eſt un corps de bâtiment fort élevé, de figure ronde, quarrée, ou à pans, qui flanque les murs de l'enceinte d'une ville, ou d'un château, comme à Vincennes, proche Paris. La *tour* est quelquefois seigneuriale & la marque d'un fief.

Tour, *Art militaire.* Avant que l'on fît usage de la poudre & du canon, l'enceinte des villes n'étoit fortifiée que par des tours rondes ou quarrées, saillantes sur cette enceinte, à laquelle elles étoient jointes, & espacées de distance en distance, relativement à la portée des armes de jet dont on se servoit alors. Ce sont ces tours quarrées qui ont donné lieu d'imaginer les bastions que l'on a d'abord appellé *boulevards*, & qui ont succédé aux *tours* depuis l'invention de la poudre.

Tour, ou Treuil, *Méchanique* : c'est un gros cylindre ou essieu en forme de rouleau, servant aux machines propres à élever des fardeaux, qui se manœuvre avec une roue ou des leviers, & sur lequel la corde tourne & se dévide.

Tour, ou Tambour, *Méchanique* : c'est une roue ou un cercle concentrique à la base d'un cylindre avec lequel il peut se mouvoir autour d'un même axe. Cet axe, la roue, & les leviers qui y sont attachés pour se mouvoir en même tems, forment la puissance appellée en méchanique *la roue dans son essieu*, *axis in peritrochio.* On l'appelle proprement *tour* ou *vindas*, lorsque l'axe est parallele à l'horison; mais lorsque l'arbre est perpendiculaire, la machine s'appelle alors *cabestan.*

Tour Bastionnée, *Fortification* : c'est une espece de petit bastion voûté dont l'invention est due à M. *de Vauban.* Les *tours bastionnées* procurent un avantage considérable pour la défense d'une place, au moyen de leurs souterreins voûtés à l'épreuve de la bombe, où l'on peut mettre du canon à couvert pour empêcher le passage du fossé, & qui servent en même tems de magasins des vivres & des munitions. Voyez leur construction, suivant le second & le troisieme systême de M. *de Vauban*, dans les *élémens de fortification*, par M. *le Blond*, *in-octavo*, 1764, pag. 197 & 202.

Tour de Cable, *Marine.* On appelle ainsi le croisement de deux cables près des écubiers, lorsqu'un vaisseau est affourché.

Tour de Dôme, *Architecture* : c'est le mur circulaire, ou à pans, qui porte la coupole d'un dôme, & qui est percé de vitraux & orné de sculpture & de membres d'architecture, tant au-dedans qu'au-dehors.

Tour de Moulin a vent, *Machines* : c'est un mur circulaire qui porte de fond, & sur lequel la cage du moulin & son chapiteau de charpente, le tout couvert de bardeau, tournent horisontalement, pour orienter & exposer au vent les aîles ou volans du moulin.

Tour Mobile, *Charpenterie* : c'est un grand assemblage de charpente en forme de *tour* à plusieurs étages, que l'on fait mouvoir sur des roues basses, soit pour servir à réparer & à peindre les voûtes d'un grand édifice, soit pour tondre & dresser les palissades des jardins. Ces dernieres se nomment aussi *chariots*.

Tour Ronde, *Stéréotomie* : ce terme ne signifie pas toujours une *tour*, mais tout parement convexe de mur, soit cylindrique, soit conique : ainsi les ouvriers appellent le dehors d'un mur circulaire, *tour ronde*, & ils donnent le nom de *tour creuse* au-dedans, ou à sa partie concave.

TOURBILLONS, *Physique* : c'est, dans la philosophie Cartésienne, un systême ou un assemblage de particules de matiere qui tournent comme un gouffre, sans laisser entr'elles aucuns interstices ni aucun vuide, & qui se meuvent autour du même axe. Ces *tourbillons* sont le grand principe dont *Descartes* & ses sectateurs se sont servis pour expliquer la plupart des mouvemens & des autres phénomenes des corps célestes. Aussi la théorie de ces *tourbillons* fait-elle la plus grande partie de cette philosophie ; on en trouvera les principes dans le livre intitulé, *principes du systême des tourbillons*, par M. *de Launay*, *in-douze*, & l'on peut voir l'application aux phénomenes de la nature, exposée avec beaucoup d'élégance dans l'*astronomie physique*, par M. *de Gamaches*, *in-quarto*, chez *Jombert*. Voyez aussi ce que nous avons dit ci-devant sur les *tourbillons* à l'article Philosophie Cartésienne.

Tourbillon de Feu, *Pyrotechnie* : c'est un artifice composé de deux fusées directement opposées, & formant une croix, que l'on attache sur les tenons d'un tourniquet de bois, comme ceux qu'on appelloit anciennement *bâtons à feu* : avec cette différence qu'on met le feu aux bouts des deux fusées, par le côté & non suivant l'axe. Cet artifice produit l'effet d'une girandole. Voyez le *manuel de l'artifice*, par M. *Perrinet d'Orval*, *in-douze*.

TOURELLE, *Architecture* : c'eſt une petite tour, ronde ou quarrée, portée par encorbellement ou ſur un cul-de-lampe, comme on en voit encore à Paris à quelques encoignures de rues.

TOURELLE DE DÔME, *Architecture* : c'eſt une eſpece de lanterne, ronde ou à pans, qui porte ſur le maſſif du plan d'un dôme, ſoit pour l'accompagner ou pour terminer & couvrir quelque petit eſcalier en vis. On voit de ces *tourelles* aux quatre angles du dôme du Val-de-Grace, & à celui de la Sorbonne à Paris.

TOURILLONS, *Archit. hydraul.* C'eſt une groſſe cheville ou un boulon de fer qui ſert d'eſſieu pour faire tourner les baſcules d'un pont-levis, & les autres pieces de bois dans les machines. C'eſt auſſi un gros pivot de fer qu'on attache au bas des portes cocheres & des portes d'écluſes; on met auſſi des *tourillons* aux extrêmités de l'eſſieu d'une roue à moulin, pour la faire tourner plus facilement.

TOURILLONS, *Artillerie* : ce ſont deux parties rondes & ſaillantes qu'on voit aux deux côtés d'une piece de canon, qui ſervent à le ſoutenir ſur l'affût, & ſur leſquelles il peut ſe balancer & ſe tenir à peu près en équilibre. Le mortier a auſſi des *tourillons* par leſquels il eſt attaché & ſoutenu ſur ſon affût. Les *tourillons* ſont encaſtrés dans une entaille faite exprès à l'affût, & embraſſés par-deſſus par une ſus-bande de fer : leur diametre eſt du calibre intérieur de la piece.

TOURNER UN OUVRAGE, *Attaque des places* : c'eſt lui couper la communication avec la place, en cherchant à le prendre par la gorge.

TOURNEVIRE, *Marine* : c'eſt un gros cordage à neuf torons de 40 fils chacun, qui ſert (avec le cabeſtan) à retirer l'ancre du fond de l'eau, en halant à bord du vaiſſeau le cable du cabeſtan, lequel, à cauſe de ſa groſſeur, ne peut ſe rouler autour de cette machine.

TRACÉ, *Guerre des ſieges.* Le *tracé* de la circonvallation d'une place ſe fait ſur un plan ou ſur une carte de ſes environs, ſur lequel on conduit circulairement toutes les parties de la ligne, à peu près à 2000 toiſes du centre de la place, laiſſant environ 120 toiſes entre les pointes de deux redans; pour peu qu'on ait quelque teinture de géométrie pratique, il eſt facile de rapporter ce *tracé* ſur le terrein. Il en eſt de même du *tracé* des tranchées pour les attaques, qui se rapportent sur le terrein d'après le plan qu'on en a fait sur le papier, par le moyen de piquets & de cordeaux, jusqu'à la premiere parallele, après quoi il n'est plus possible de *tracer* le reste des attaques qu'avec des fascines, que l'on arrange sur le terrein suivant la direction que doivent avoir les coudes & les retours de la tranchée.

TRACER : c'est, en général, marquer par des lignes les extrêmités d'un corps pour en faire voir la forme. C'est aussi dessiner sur le papier, ou sur le terrein, un parterre, le plan d'un bâtiment ou d'un ouvrage de fortification, &c.

TRACER A LA MAIN, *Stéréotomie* : c'est déterminer à vue d'œil le contour d'une ligne courbe, ou en suivant plusieurs points donnés par intervalle, ou en corrigeant par le goût du dessein une ligne courbe qui ne satisfait pas la vue, comme on le pratique dans la coupe des pierres, pour donner plus de grace aux arcs rampans de diverse espece. Lorsqu'on a plusieurs points donnés pour une ligne courbe, il convient mieux de se servir d'une regle pliante que de la *tracer à la main* : le contour en est plus ferme & plus net. *Stéréotomie de Frézier.*

TRACER AU SIMBLEAU, *Archit.* C'est *tracer*, d'après plusieurs centres des ellipses, des arcs rampans, surbaissés, &c. avec le *simbleau*, qui est un cordeau de chanvre, ou mieux de tille, parce qu'il n'est point sujet à se relâcher. On se sert ordinairement du *simbleau* pour *tracer* des figures plus grandes que la portée du compas. *D'Aviler.*

TRACER EN CERCHE, *Stéréotomie* : c'est décrire, par plusieurs points déterminés, une section conique, c'est-à-dire, une ellipse, une parabole, ou une hyperbole, & la *tracer* sur la pierre d'après cette *cerche* levée sur l'épure. *Stéréotomie de Frézier.*

TRACER EN GRAND, *Architecture* : c'est *tracer* sur un mur, ou sur une aire de plancher faite exprès, une épure de la grandeur de l'ouvrage, soit pour quelque piece de trait difficile, soit pour quelque profil, chapiteau, ou autre ornement d'architecture. En charpenterie, c'est marquer sur un ételon l'assemblage d'une enrayure, d'une ferme, ou de toute autre partie d'un comble, aussi en grand que l'ouvrage.

TRACER PAR ÉQUARRISSEMENT, OU PAR DÉROBEMENT, *Stéréotomie* : c'est, dans la construction des pieces de trait, une maniere de tracer sur la pierre par des figures prises sur l'épure & cottées, pour trouver les raccordemens des panneaux de tête, de doële, de joint, &c.

TRACERET, *Charpenterie* : c'est, en général, un outil de fer pointu, dont on se sert pour *tracer*, marquer, & piquer le bois. Le *traceret* des charpentiers est long de 7 ou 8 pouces, avec une espece de tête par le haut : les menuisiers, au lieu de *traceret*, se servent d'une des pointes de leur petit compas de fer.

TRAJECTOIRE, *Géométrie* : c'est le nom qu'on a donné à des lignes courbes qui coupent, soit perpendiculairement, soit sous un angle donné, une suite de courbes du même genre, qui ont une origine commune, ou qui sont situées parallelement. On appelle aussi *trajectoire*, en général, toutes les lignes que décrit un corps par son mouvement dans un espace libre : c'est dans ce sens que *Newton* traite des *trajectoires* dans ses *principes de la philosophie naturelle*, liv. I, section IV. *Galilée* est le premier qui a démontré que dans le vuide la *trajectoire* des corps pesans étoit une parabole.

TRAILLE, *Navigation des rivieres* : c'est le nom qu'on donne sur les grandes rivieres aux bateaux qui servent à passer d'un bord à l'autre, appellés aussi *ponts volans* : voyez à cet article.

TRAIN D'ARTILLERIE : ce terme s'applique aux canons & aux mortiers, & à toutes les différentes especes de munitions de guerre nécessaires dans l'artillerie, soit pour former un siege, soit pour le service des armées : on l'appelle aussi *équipage d'artillerie*. Voyez quelques détails sur ce sujet dans le *dictionnaire encyclopédique*, même article.

TRAINER, *Coupe des pierres* : c'est faire méchaniquement une ligne parallele à une autre ligne donnée, droite ou courbe, en *traînant* le compas ouvert de l'intervalle requis d'une ligne à l'autre, de maniere qu'une de ses pointes parcoure la ligne donnée, & que l'autre pointe (ou plutôt la ligne qu'on imagine passer par ces deux points) soit toujours parallele ou également inclinée à la ligne donnée, ou à sa tangente, si elle est courbe. *Stéréotomie de Frézier*.

TRAINER EN PLATRE, *Maçonnerie* : c'est faire une corniche ou tout autre profil d'architecture au moyen d'un calibre de bois taillé exprès suivant le profil qu'on veut exécuter. On *traîne* ce calibre sur deux regles scellées & arrêtées par les extrémités, en garnissant de plâtre fin & bien clair l'épaisseur de ce profil, & en passant & répassant le calibre par-dessus à plusieurs reprises, jusqu'à ce que la corniche ait acquis la solidité requise & que les moulures aient leur contour parfait.

TRAIT, *Stéréotomie.* On appelle *science du trait*, l'art qui enseigne à tailler les pierres suivant un dessein donné, de sorte qu'étant assemblées & posées en place, elles produisent l'effet qu'on s'en étoit proposé pour former une voûte, un escalier suspendu, une trompe, une arriere-voussure, &c. ou toute autre piece de *trait.* Voyez ci-devant l'article COUPE DES PIERRES. *Couper du trait*, c'est faire des études avec du plâtre, de la craie, ou d'autre matiere facile à tailler, dont on forme de petits voussoirs de la même maniere que si l'on exécutoit une voûte en grand, pour apprendre à joindre la pratique à la théorie.

TRAIT QUARRÉ, *Stéréotomie* : c'est une ligne qui en coupant une autre ligne à angles droits, rend les angles d'équerre : *trait biais*, c'est, dans une figure, une ligne qui est en diagonale, ou inclinée sur une autre. On donne le nom de *trait corrompu*, à celui qui est fait à la main, c'est-à-dire, sans regle & sans compas, & qui ne forme aucune courbe déterminée ou réguliere. *D'Aviler.*

TRAMONTANE, *Navigation* : c'est proprement le nom de l'étoile polaire, en tant qu'elle sert à conduire les vaisseaux sur mer : d'où est venu le proverbe, *il a perdu la tramontane*, c'est-à-dire, il est dérouté. *Tramontane* est aussi le nom qu'on donne en Italie au vent du nord, parce qu'il vient du côté qui est au-delà des Monts.

TRANCHÉE, *Guerre des sieges* : c'est une espece de chemin creusé dans le terrein & disposé en zig-zag, que l'assiégeant conduit depuis le commencement de ses attaques jusqu'au pied du glacis, pour arriver jusqu'au corps de la place qu'il assiege sans être vu ni exposé à l'artillerie de l'ennemi. On donne ordinairement à la *tranchée* douze pieds de largeur sur trois pieds de profondeur : la terre de la *tranchée* étant jettée du côté de la place, forme un parapet de 3 pieds ou 3 pieds & demi d'élévation au-dessus de la campagne, ce qui, avec les 3 pieds que l'on a creusé, donne environ 6 pieds pour toute la hauteur du parapet: on y pratique une banquette pour la commodité du soldat. *Ouvrir la tranchée*, c'est commencer à creuser le terrein pour la former : voyez ci-devant OUVERTURE DE LA TRANCHÉE. *Monter la tranchée*, *relever la tranchée*, *être de tranchée*, c'est monter la garde à la *tranchée*, en relever la garde, &c. Il y a diverses especes de *tranchées* : lorsqu'elle sert de chemin pour arriver à la place, on la nomme *boyau* : lorsqu'elle est parallele à la place, on la nomme *parallele* ou *place d'armes* : voyez à ces mots. La *tranchée directe* est celle qui va directement à l'ouvrage qu'on attaque ; ou bien c'est un boyau qu'on pousse en avant depuis le pied du glacis jusqu'à l'angle saillant du chemin couvert, par le moyen d'une double sappe, ayant soin de la défiler par de fréquentes traverses. La *tranchée tournante* est celle qui entoure ou qui forme une espece d'enveloppe autour des ouvrages attaqués : telle est celle qu'on fait pour le logement du glacis du chemin couvert. La *tranchée à crochet* est la *tranchée* ordinaire que l'on conduit en zig-zags jusqu'au corps de la place : La *tranchée double* est celle qui étant vue des deux côtés, a un parapet de chaque côté. C'est au célebre Maréchal *de Vauban* que l'on est redevable de la perfection des *tranchées* & de l'invention des *paralleles* (au siege de Maestricht, en 1673) qui donnent, à l'attaque des places, tant de supériorité sur la défense. Voyez dans le *dictionnaire encyclopédique* (même article) des détails intéressans sur les préparatifs pour l'ouverture de la *tranchée*, sur leur disposition, leur travail, & leur perfection, sur leur origine, sur leur usage, sur la maniere d'y monter & descendre la garde, &c. Voyez aussi le même sujet très bien développé dans le *traité de l'attaque des places*, par M. *le Blond*, *in-octavo*.

TRANCHÉE, *Maçonnerie* : c'est une ouverture creusée en long & quarrément dans la terre, pour y fonder un mur ou quelque partie d'édifice, ou pour y poser ou réparer des tuyaux de conduite, soit en plomb, soit en fer, en bois, en grès, &c.

TRANCHÉE DE MUR, *Maçonnerie* : c'est une ouverture en longueur hachée dans un mur, pour y recevoir & sceller des solives, ou un poteau de cloison, ou des tringles de bois qui servent à porter des tapisseries. On donne encore le nom de *tranchée de mur*, à une entaille que l'on fait dans une chaîne de pierre, au-dehors d'un mur, pour y encastrer l'ancre du tirant d'une poutre, que l'on recouvre ensuite de plâtre. On fait aussi des *tranchées* pour retenir des tuyaux de cheminée qu'on adosse contre un mur. *D'Aviler.*

TRANCHÉE DE RECHERCHE, *Hydraulique* : c'est un fossé qui reçoit l'eau de plusieurs prairies qui se communiquent, ainsi que les rameaux d'eau que l'on ramasse de tous côtés par le moyen de plusieurs écharpes en patte d'oie, pour former une piece d'eau dans un jardin.

TRANCHIS, *Couverture* : c'est un rang d'ardoises, ou de tuiles échancrées, que l'on pose en recouvrement sur d'autres entieres, dans l'angle rentrant d'une noue ou d'une fourchette de comble.

TRANSCENDANT, *Mathématiques* : ce terme se dit, en général, de tout ce qui est élevé au-dessus des choses ordinaires. On appelle *géométrie transcendante*, une partie de la géométrie qui considere les propriétés des courbes de tous les ordres, & qui se sert, pour découvrir ces propriétés, de l'analyse la plus difficile, c'est-à-dire, des calculs différentiel & intégral. *Equations transcendantes* sont celles qui ne renferment point, comme les équations algébriques, des quantités finies, mais des différentielles ou des fluxions de quantités finies, telles qu'elles ne puissent se réduire à une équation algébrique. Les *courbes transcendantes* sont celles qui ne peuvent se déterminer par aucune équation algébrique, mais seulement par une équation *transcendante*. Ce sont ces sortes de courbes que *Descartes* appelle *courbes méchaniques*, & qu'il a voulu exclure de la géométrie; mais *Newton* & *Leibnitz* ont été d'un autre sentiment, & leur autorité a prévalu : en effet, c'est moins la simplicité de l'équation par laquelle on détermine une courbe, qui doit lui faire donner la préférence sur une autre courbe, que la facilité que l'on trouve à la décrire.

TRANSFORMATION, *Géométrie* : c'est le changement ou la réduction d'une figure ou d'un corps en un autre de même aire ou de même solidité, mais d'une forme différente. On *transforme*, par exemple, un triangle en quarré, une pyramide en parallelipipede, &c.

TRANSFORMATION DES ÉQUATIONS, *Algebre* : c'est la méthode par laquelle on change une équation dans une autre plus propre à être résolue.

TRANSPIRATION, *Hydraulique.* On entend par ce terme l'eau qui *transpire*, & qui se perd à travers les pores de la terre. Quand on creuse un canal de navigation dans un terrein sablonneux, les *transpirations* sont quelquefois si considérables que la plus grande partie des eaux s'y perd, ensorte qu'il n'en reste point assez pour la navigation projettée. C'est ce qui est arrivé au canal que l'on fit au Neuf-Brisack, pour faciliter le transport des matériaux qui devoient servir à la construction de cette place: les eaux y ayant été lâchées, il n'en resta pas une goutte au bout de vingt-quatre heures. On peut voir les moyens de remédier à cet inconvénient dans le quatrieme volume de l'*architecture hydraulique*, par M. *Belidor.*

TRANSPOSITION, *Algebre*: c'est l'opération que l'on fait en *transposant*, dans une équation, un terme d'un membre dans l'autre. Ainsi, ayant $a+b=c$, on aura par transposition $a=c-b$, où l'on voit que b est transposé avec un signe contraire. Les regles de la *transposition* sont fondées sur cet axiome: si à des quantités égales on en ajoute d'égales, les tous seront égaux; ou si de plusieurs quantités égales on en retranche d'égales, les restes seront égaux.

TRAPÈZE, *Géométrie*: c'est une figure plane terminée par quatre lignes droites inégales. La *trapèze* est un quarré informe dont les côtés ne sont ni égaux ni paralleles, & c'est en quoi il differe du parallelogramme dont les côtés sont égaux & paralleles. Cependant le *trapèze* peut avoir deux côtés égaux sans être paralleles, & sans que les deux autres côtés soient égaux, ou bien il peut avoir deux côtés paralleles sans être égaux, ce qui produit diverses especes de figures qni portent également ce nom.

TRAPÉZOIDE, *Géométrie*: c'est une figure irréguliere ayant quatre côtés qui ne sont point paralleles entr'eux. Le *trapézoïde* differe du *trapéze* en ce que celui-ci peut avoir deux côtés paralleles, au lieu que le *trapézoïde* n'en a point.

TRAPPE, *Menuiserie*: c'est une fermeture de bois composée d'un chassis, & d'un ou deux venteaux, laquelle étant au niveau de l'aire de l'étage au rez de-chaussée, couvre une descente de cave.

TRATTES, *Charpenterie*: ce sont de fortes pieces de bois

de *trois toises* de long sur 15 & 16 pouces de gros, que l'on pose parallelement sur la chaise d'un moulin à vent, & qui sont distantes l'une de l'autre du diametre de l'attache. Les *trattes* sont assemblées d'équerre, à tenons & mortoises avec les deux couillards, & ces quatre pieces forment ensemble un quarré qui enferme l'attache sur laquelle porte toute la cage du moulin. On lit dans l'*encyclopédie* que les *trattes* sont des pieces de bois longues de *trois pieds*, &c. mais c'est une faute que les copistes de ce dictionnaire ont tirée avec cet article de l'explication des termes qui est à la fin du *traité des bois de charpente*, par M. *Mesange*, *in-octavo*, tome I.

TRAVAILLER, *Maçonnerie.* On dit qu'un bâtiment *travaille*, lorsque, par quelque défaut de construction, les murs bouclent & sortent de leur à-plomb, les voûtes s'écartent, les planchers s'affaissent, &c. On dit aussi en menuiserie que le bois *travaille*, lorsqu'ayant été employé verd, il se tourmente, ensorte que les panneaux s'ouvrent & se cambrent, les languettes & les rainures se quittent & s'entr'ouvent, &c. *Travailler par épaulées*, c'est faire pied à pied & par reprises un ouvrage qui ne peut se faire tout à la fois, comme lorsqu'on reprend peu à peu une muraille prête à tomber, ou lorsqu'il s'agit de soutenir des terres mouvantes, &c. *Felibien.*

TRAVAISON, ou TRABÉATION, *Architecture.* M. *François Blondel* s'est servi de ce terme dans son grand *cours d'architecture*, *in-folio*, pour désigner un entablement. On donnoit aussi autrefois le nom de *travaison* aux *travées* d'un plancher.

TRAVÉE, *Architecture* : c'est, dans un plancher, un rang de solives posé entre deux poutres. *D'Aviler* fait dériver ce mot du latin *trabs*, une poutre ; ou bien de *transversus*, qui est posé en travers, comme sont les solives entre deux poutres. *Travée de balustre*, est un rang de balustres, soit de marbre, de pierre, de bois, ou d'autre matiere, entre deux piédestaux. On appelle *travée de comble*, la distance d'une ferme à une autre, peuplée de chevrons des quatre à la latte, sur deux ou plusieurs pannes. Cette distance est ordinairement de 9 en 9 pieds, & quelquefois de 12 en 12 pieds : à chaque *travée* on éleve une ferme posée sur un tirant.

TRAVÉE DE PONT, *Archit. hydraul.* C'est la partie du

plancher d'un pont de bois contenue entre deux files de pieux, & faite de *travons* soulagés par des liens ou contrefiches, dont les entrevoux sont recouverts de grosses dosses ou de forts madriers, pour porter le couchis du pont. Les *travées* dans un pont de bois tiennent la place des arches d'un pont de pierre.

TRAVERSE, *Artillerie* : c'est le nom qu'on donne à une espece de retranchement que l'on éleve promptement avec des sacs remplis de terre, dans une galerie de mine, ou de contre-mine, pour en boucher entiérement le passage à l'ennemi. On y pratique quelques créneaux, ou des ouvertures pour pouvoir tirer sur lui en cas qu'il revienne à la charge.

TRAVERSE, *Fortification* : c'est, en général, une élévation de terre & quelquefois de maçonnerie qui occupe toute la largeur de l'ouvrage où elle est construite, pour couvrir les troupes de quelque commandement qui se trouve dans le voisinage.

TRAVERSE DANS LE FOSSÉ : c'est un retranchement ou une espece de place d'armes que l'on construit dans tous les fossés secs des dehors, & dans toute la largeur du fossé de la place, quand il est sec, pour augmenter sa défense & la difficulté de son passage. Cette *traverse* se pratique vers l'extrêmité des faces de la demi-lune, a la partie opposée à son angle flanqué.

TRAVERSES DU CHEMIN COUVERT, *Fortification* : ce sont des solides de terre élevés de distance en distance le long de ses branches, qui en occupent toute la largeur. Elles ont trois toises d'épaisseur, & six pieds & demi de hauteur : leur usage est d'empêcher que le chemin couvert ne soit enfilé par l'ennemi.

TRAVERSE, *Menuiserie* : c'est une piece de bois qui s'assemble haut & bas avec les montans d'une porte, ou qui s'assemble quarrément sur le meneau montant d'une croisée. On donne aussi le nom de *traverses* à des barres de bois posées obliquement & clouées sur une porte ou sur un contrevent de menuiserie.

TRAVERSIER, *Marine* : c'est un petit bâtiment qui n'a qu'un mât & qui porte ordinairement trois voiles, l'une à son mât, l'autre à son étai, & la troisieme à un boutehors qui regne sur son gouvernail. Ce bâtiment sert ordinairement pour la pêche, ou pour faire de petites *traversées*.

TRAVERSIN, *Marine* : c'eſt une forte piece de bois qui *traverſe* la ſainte-barbe dans le ſens de la largeur, & qui ſoutient le timon du gouvernail, lequel ſe meut ſur cette piece. On donne auſſi le nom de *traverſins*, dans un navire, à des pieces de bois qui répondent d'un bau à l'autre, où leurs extrêmités ſont retenues dans des entailles faites aux baux : ces pieces ſervent à ſoutenir & à fortifier les barrots & les barrotins. Il y a des *traverſins* d'écoutille, d'élinguet, de herpes, &c. *Duhamel*, *architecture navale*.

TRAVERSIN DES BITTES, *Marine* c'eſt une groſſe piece de bois poſée du côté de l'arriere, parallelement au pont, & qui croiſe les bittes à angle droit. Le *traverſin* eſt entaillé vis-à-vis les bittes auxquelles il eſt joint par deux chevilles clavetées. *Architecture navale*, par M. *Duhamel*. Voyez auſſi ci-devant au mot BITTE.

TRAVERSINES, *Archit. hydraul.* Ce ſont des pieces de bois placées ſur la largeur ou en *travers* d'une écluſe, leſquelles ſe poſent quarrément ſur les longrines, & font partie du grillage qui ſoutient ſon plancher : on appelle *maîtreſſes traverſines*, celles qui portent ſur le ſeuil de l'écluſe.

TRAVONS, ou SOMMIERS, *Archit. hydraul.* On donne ce nom, dans un pont de bois, aux maîtreſſes pieces qui en *traverſent* la largeur, autant pour porter les *travées* des poutrelles que pour ſervir de chapeau aux files de pieux. *D'Aviler*.

TREFFLE, *Artillerie* : ce terme ſe dit d'une mine qui a trois fourneaux, dont la diſpoſition a la figure d'un *treffle* : on la nomme auſſi *mine triplée* La *mine en treffle* eſt compoſée de deux fourneaux placés à droite & à gauche de la galerie principale, & d'un troiſieme fourneau pouſſé en avant : elle embraſſe ordinairement trois contreforts. Cette mine produit un grand éboulement de terre & une profonde excavation, quand elle réuſſit bien. Voyez plus de détails ſur ces ſortes de mines dans l'*attaque des places*, par M. *de Vauban*, *in-octavo*, & dans l'*artillerie raiſonnée*, par M. *le Blond*.

TREFFLES, *Architecture* : ce ſont des ornemens qui ſe taillent ſur les grandes moulures ; il y en a à palmettes & d'autres à fleurons. On donne le nom de *treffle de moderne*, dans les compartimens des vitraux, pignons, & frontons gothiques, à de petites roſes à jour, faites de pierre dure, avec nervures, & formées par trois portions de cercles, ou par trois petits arcs en tiers-point.

TRÉLINGAGE, ou MARTICLES, *Marine* : c'est un cordage à plusieurs branches qui tient aux hunes & aux étais, pour les affermir, & pour empêcher que les voiles supérieures ne se gâtent, ne battent contre les hunes, & ne passent dessous. On donne aussi le nom de *trélingage* à plusieurs tours de corde qui sont aux grands haubans, sous les hunes, pour les mieux unir & leur donner plus de force. *Trélinguer*, c'est faire usage d'un cordage a plusieurs branches.

TREMIE, *Machines* : c'est, dans un moulin à bled, une grande cage de bois quarrée, large par le haut, & fort étroite par le bas, faite en pyramide renversée, qui sert à faire écouler peu à peu par un auget le grain sur les meules, pour en faire de la farine. Cette *tremie* est portée par deux pieces de bois appellées *tremions*, entretenues par des chevalets.

TREMIE, BANDES DE TREMIE, *Maçonnerie* : ce sont des barres de fer plat qui soutiennent les âtres & les languettes des cheminées. On donne le nom de *trémion* à la barre de fer qui porte la hotte ou la *tremie* d'une cheminée. *D'Aviler*.

TREMUE, *Marine* : c'est un passage fait avec des planches, dans quelques vaisseaux, depuis les écubiers jusqu'au plus haut pont, & qui sert à faire passer les cables qui sont ralingués aux ancres.

TREOU, *Marine* : c'est une voile quarrée que les galeres, les tartanes, & quelques autres bâtimens de bas-bord portent dans des gros tems.

TREPAN, *Architecture* : c'est une espece de sonde dont on se sert pour connoître le fond d'un terrein sur lequel on veut bâtir : elle est composée d'une verge de fer, dont le bout d'en-bas est fait en spirale évuidée, ou en tariere à cuillere qui se remplit du dernier terrein qu'elle a percé. A mesure que le *trepan* descend, on allonge cette verge de fer, par le moyen de plusieurs tiges entées les unes au bout des autres, pour n'en former ensemble qu'une seule. Deux hommes font tourner cette sonde, à l'aide d'un levier qui lui sert de tête.

TREPAN, *Artillerie* : c'est une sorte de tariere ou de vilebrequin avec lequel les mineurs percent le ciel de la galerie d'une mine, pour pouvoir y respirer & y conserver de la lumiere, en faiſant circuler l'air plus facilement. A meſure que le *trepan* avance dans les terres, on l'allonge en y ajoutant pluſieurs antes dont les extrêmités ſont faites en vis & en écrou pour s'ajuſter l'une au bout de l'autre, juſqu'à ce qu'on ſoit parvenu à la ſuperficie du terrein. C'eſt ce que les mineurs appellent *donner un coup de trepan*, ou *trepaner* une mine. Voyez l'*artillerie raiſonnée*, par M. *le Blond*, *in-octavo*, pag. 346.

TREPORT, *Marine* : c'eſt une longue piece de bois qui eſt aſſemblée avec l'extrêmité ſupérieure de l'étambot, & qui forme la hauteur de la pouppe : on l'appelle auſſi *allonge de pouppe*.

TREUIL, *Mechanique* : c'eſt le rouleau ou cylindre de bois autour duquel la corde s'entortille, lorſqu'on tourne un moulinet : voyez ci-devant au mot TOUR. M. *Varignon* a donné, dans ſa *nouvelle méchanique*, une théorie du *treuil* par laquelle il détermine la charge des appuis dans cette machine : mais cette théorie ayant paru inſuffiſante & fautive à M. *Ludot*, il a donné dans ſa piece *ſur le cabeſtan*, qui a partagé le prix de l'Académie des ſciences en 1741, un théorême général pour déterminer la charge des appuis dans le *treuil*, ſuivant quelque direction, & dans quelque plan que la puiſſance & le poids agiſſent.

TRIANGLE, *Géométrie* : c'eſt une figure terminée par trois lignes droites, ou courbes, & qui par conſéquent a trois angles : le *triangle* eſt la plus ſimple de toutes les figures. On diſtingue les *triangles* ſuivant leurs côtés & ſuivant leurs angles. Si les trois côtés d'un *triangle* ſont des lignes droites, on le nomme *triangle rectiligne* ; ſi ce ſont des lignes courbes, il eſt appellé *triangle curviligne* ; & *triangle ſphérique*, lorſque ſes côtés ſont des arcs de grands cercles ou de ſphère. On nomme *triangle équilatéral*, celui qui a ſes trois côtés égaux : *triangle iſoſcele*, celui qui n'a que deux côtés égaux : *triangle ſcalene*, celui dont les trois côtés ſont inégaux : *triangle rectangle*, celui qui a un angle droit : *triangle acutangle* ou *oxygone*, celui dont les trois angles ſont aigus : *triangle obtuſangle* ou *amblygone*, lorſqu'il a un de ſes angles obtus. On peut voir la conſtruction & les propriétés de ces différentes eſpeces de *triangles*, ainsi que celles des *triangles sphériques* exposées fort au long dans le *dictionnaire encyclopédique.*

TRIANGLE, *Marine* : c'est une sorte d'échafaud dont on se sert pour travailler sur les côtés d'un vaisseau. On donne aussi le nom de *triangle* à trois barres de cabestan qu'on suspend autour des grands mâts, quand on veut les racler, ou y faire quelque réparation.

TRIANGULAIRE, *Arithmétique.* Les nombres *triangulaires* sont une espece de nombres polygones produits par les sommes des progressions arithmétiques dont la différence des termes est 1. Ainsi de la progression arithmétique 1, 2, 3, 4, 5, 6, &c. on forme les nombres *triangulaires* 1, 3, 6, 10, 15, 21, &c.

TRIGLYPHE, *Architecture* : c'est une espece de bossage par intervalles égaux, qui sert d'ornement dans la frise de l'Ordre Dorique. Il a deux gravures entieres en anglet, appellées *glyphes* ou *canaux*, séparées par trois cuisses ou côtes d'avec les deux demi-canaux qui le terminent sur les côtés. On distribue les *triglyphes* sur la frise Dorique, de maniere qu'il y en ait toujours un qui réponde sur le milieu de chaque colonne ou pilastre, observant de lui donner pour largeur le demi-diametre du bas de la colonne. Ce mot vient du grec τρίγλυφος, qui a trois gravures, parce qu'en effet cet ornement en a la valeur de trois ; deux entieres, dans le milieu, avec deux demi-gravures, ou canaux sur les côtés. Le métope qui sépare les *triglyphes* doit toujours être quarré, comme on le voit dans tous les édifices antiques : c'est cette sujétion qui rend l'Ordre Dorique si difficile à exécuter, sur-tout dans le cas de l'accouplement des colonnes.

TRIGONOMÉTRIE, *Géométrie* : c'est l'art de trouver les parties inconnues d'un triangle par le moyen de celles que l'on connoît déja : sçachant, par exemple, la valeur de deux côtés & d'un angle d'un triangle, on trouve par la *trigonométrie*, son troisieme côté & ses deux autres angles. Ce terme vient de deux mots grecs τριγόνος, triangle, & μέτρον, mesure, & signifie proprement mesure des triangles. On considere cependant aujourd'hui dans la *trigonométrie*, non la mesure de l'aire des triangles, ce qui est l'objet de la planimétrie, mais la science qui traite des lignes & des angles des triangles. La *trigonométrie* est de la plus grande nécesſité dans les mathématiques : c'eſt par ſon ſecours qu'on vient à bout de la plupart des opérations de la géométrie pratique & de l'aſtronomie. Sans cette ſcience, nous ignorerions encore la figure & la circonférence de la terre, & les mouvemens des aſtres ; nous ne pourrions pas prédire les éclipſes, &c. Mais pour nous borner à ce qui regarde l'Ingénieur & l'Artilleur, la *trigonométrie* fournit, dans la guerre des ſieges, une méthode ſûre pour connoître à quelle diſtance on ſe trouve de l'angle ſaillant du chemin couvert de la place, ce qu'il eſt néceſſaire de ſçavoir dans le travail de la tranchée pour tracer les paralleles, placer les batteries, &c. Elle eſt auſſi d'une grande utilité dans le travail des mines pour déterminer la longueur des lignes, & la valeur des angles que doivent former les différens coudes ou retours de la galerie. On doit la *trigonométrie* à *Hypparque*, qui a écrit douze livres ſur les propriétés & les rapports des cordes des arcs de cercle : *Menelaüs* & *Ptolomée* ont ajouté à cette invention : les Arabes imaginerent enſuite les ſinus : *Regiomontanus* & *Georges Rheticus* l'ont enfin portée à ce degré de perfection où elle ſe trouve actuellement.

TRIGONOMÉTRIE RECTILIGNE : cette ſcience, qui conſiſte dans la réſolution des triangles rectilignes, eſt fondée ſur la proportion mutuelle qui eſt entre les côtés & les angles d'un triangle : cette proportion ſe détermine par le rapport qui regne entre le rayon d'un cercle, & certaines lignes que l'on appelle *cordes*, *ſinus*, *tangentes*, *ſecantes*, &c. Le principe fondamental de cette *trigonométrie* conſiſte en ce que les ſinus des angles ſont entr'eux dans le même rapport que les côtés oppoſés.

TRIGONOMÉTRIE SPHÉRIQUE : c'eſt la ſcience qui enſeigne la réſolution des triangles ſphériques : par ſon moyen trois parties d'un triangle ſphérique étant données, on trouve facilement les trois autres. Le Baron *de Neper*, Écoſſois, inventeur des logarithmes, a extrêmement perfectionné la *trigonométrie ſphérique* par la découverte de deux théorêmes fondamentaux qui en renferment toute la théorie. MM. *Ozanam*, *Wolf*, *Deſparcieux*, &c. ont donné des traités particuliers ſur cette ſcience.

TRINGLE, *Hydraulique*. Dans la pompe aſpirante, on fait paſſer une *tringle* de fer tout le long du tuyau montant. Dans la refoulante, il y a des *tringles* de fer appellées chassis, qui donnent le mouvement aux pistons, & qui sont attachées aux manivelles, soit simples, soit à tiers-point.

TRINGLER, ou SINGLER : c'est lorsque voulant marquer une ligne droite fort longue, pour laquelle une regle de bois ne pourroit suffire, on se sert d'un cordeau blanchi, noirci, ou rougi, que l'on fait bander aux deux extrêmités de la ligne : en élevant ce cordeau par le milieu, il fait ressort, & en retombant il marque, par sa percussion, la couleur dont il a été frotté. *Felibien.*

TRINOME, *Algebre* : c'est l'assemblage de trois termes ou monomes, joints les uns aux autres par les signes + ou — : tels sont $a + b - c$.

TRINQUET, *Marine* : c'est le nom qu'on donne au second mât d'une galere.

TRINQUETTE, *Marine* : c'est une voile triangulaire qu'on met à l'avant de certains vaisseaux.

TRIPARTITION, *Géométrie* : c'est l'action de diviser une grandeur ou une figure quelconque en trois parties égales, ou d'en prendre le tiers : on l'appelle aussi *trisection.*

TRIPLÉ, *Mathématiques* : on nomme ainsi le rapport que des cubes ont entr'eux : les solides semblables, par exemple, sont en *raison triplée* de leurs côtés homologues, c'est-à-dire, qu'ils sont comme les cubes de ces côtés.

TRIQUEBALLE, *Artillerie* : c'est une machine très-simple qui sert à transporter du canon : elle est composée d'une grande fleche ou timon, appuyé sur un essieu portant sur deux roues par derriere, & sur un avant-train par devant. On attache le canon sur cette fleche avec une chaîne de fer, ou de bons cordages. On se sert aussi du *triqueballe*, dans la construction des bâtimens, pour transporter des poutres & d'autres fardeaux très-pesans.

TRISECTION, *Géométrie* : c'est, en général, la division d'une figure en trois parties égales ; mais on ne fait guère usage de ce terme qu'en parlant du fameux problême de la *trisection* géométrique de l'angle, en n'employant que la regle & le compas, qui a si fort occupé les anciens géometres, & qu'on cherche en vain depuis deux mille ans : ce problême, à cet égard, ainsi que celui de la *duplication du cube*, peut être comparé à la *quadrature du cercle*, dont nous avons parlé ci-devant à son article. La solution algébrique de ce problême dépend d'une équation du troisieme degré : on en peut voir le calcul & le détail dans l'*application de l'algebre à la géométrie*, par M. *Guisnée*, *in-quarto*, & dans le *traité analytique des sections coniques*, par M. le Marquis *de l'Hopital*, liv. X.

TRISSE DE BEAUPRÉ, *Marine* : c'est un palan qui saisit la vergue de civadiere des deux côtés, entre les balancines & les haubans, pour aider à la soutenir & pour la manœuvrer plus facilement.

TROCHILE, *Architecture* : c'est une moulure creuse en forme de demi-canal qui se place entre les deux tores de la base d'une colonne : elle est mieux connue sous le nom de *scotie*. Le mot *trochile* vient du grec τροχίλος, poulie, parce que cette moulure en a l'apparence dans son profil.

TROCHOIDE, *Géométrie* : c'est le nom que quelques géometres ont donné à la *cycloïde*. Voyez à ce mot.

TROMBE, *Navigation* : c'est un nuage condensé, ou un tourbillon de vent qui se forme dans une nuée opaque, & qui en descend en maniere de colonne, en tournoyant, pour aboutir sur la surface de la mer, sans pourtant quitter la nue. Lorsque la *trombe* est parvenue à la mer, elle aspire l'eau qu'elle touche & la laisse retomber subitement en si grande quantité, qu'elle est capable de submerger les vaisseaux qui s'y trouvent exposés. Il y a aussi une espece de *trombe* qu'on appelle *typhon*. Voyez une description plus détaillée de ce phénomene si rédoutable aux marins dans le *dictionnaire encyclopédique* (même article) ou dans les *essais de physique*, par M. *Musschenbroëck*, §. 1688. M. *Saverien* écrit mal-à-propos *trompe*; tous les physiciens qui ont parlé de ce météore extraordinaire l'ont écrit par un *b*, *trombe*.

TROMPE, *Architecture* : c'est une espece de voûte en saillie qui semble porter à faux, mais qui se soutient en l'air par l'artifice de son appareil : elle est ainsi nommée de sa figure qui ressemble à l'extrêmité d'un cor ou d'une trompette. Il y a différentes especes de *trompes* qui tirent leur dénomination de leur situation ou de leur figure. Si la *trompe* est dans un angle saillant, on l'appelle *trompe sur le coin*; si elle est dans un angle rentrant, *trompe dans l'angle.* A l'égard de leur figure, il y en a de coniques & de sphériques : la conique droite, est appellée par le P. *Derand*, *trompe fondamentale* ; & la sphérique, *trompe en niche.* Lorsque la face de l'une ou de l'autre de ces *trompes* est convexe, c'est une *trompe en tour ronde* ; si elle est concave, c'est une *trompe en tour creuse.* Si la face est brisée en plusieurs superficies planes, elle se nomme alors *trompe à pans* ; si les impostes sont d'inégale hauteur, c'est une *trompe rampante* : enfin lorsque la face est ondée & les impostes rampantes, on l'appelle *trompe d'Anet. Philibert de Lorme*, architecte de *Henri II*, ayant construit une pareille *trompe* au château d'Anet, elle fut démontée de l'endroit où elle avoit été bâtie d'abord, & remontée dans une autre place, avec autant de soin que d'intelligence, par *Girard Viet*, architecte du Duc *de Vendôme.* On peut voir les traits de ces différentes *trompes* très-sçavamment développés dans le *traité de stéréotomie*, par M. *Frézier*, en trois volumes *in-quarto*, nouvelle édition, à Paris, chez *Jombert.*

TROMPE, *Pyrotechnie* : c'est un assemblage de plusieurs pots à feu les uns au-dessus des autres, & qui partent successivement, de maniere que le premier, en jettant sa garniture, donne feu à la composition lente du porte-feu du second, & ainsi de suite. Voyez le *manuel de l'artificier*, par M. *P. d'Orval*, *in-douze*, pour le détail de la construction de cette espece d'artifice dont on fait un fréquent usage dans les feux sur l'eau.

TROMPILLON, *Coupe des pierres* : c'est la naissance du milieu d'une trompe, qui est au sommet du cône, dans les coniques, ou au pole de la sphère, dans les sphériques. Il se fait ordinairement d'une seule pierre. On appelle aussi *trompillons*, les petites trompes faites de plusieurs pieces, sous les quartiers tournans de certains escaliers.

TRONQUÉ, *Géométrie.* On appelle *cône tronqué*, *pyramide tronquée*, un cône ou une pyramide dont on a retranché la partie supérieure par un plan, soit parallele à sa base, soit incliné d'une maniere quelconque.

TROTTOIR, *Architecture* : c'est un chemin particulier élevé de quelques marches, qu'on pratique le long des quais & des ponts, pour la commodité de ceux qui vont à pied, & pour les garantir des voitures. Il y a de ces *trottoirs* pratiqués pour la même fin dans la plupart des rues de Londres, le long des maisons.

TROUPES, *Art militaire* : c'est le nom qu'on donne à une certaine quantité de gens de guerre, réunis sous le commandement d'un ou de plusieurs chefs : les *troupes* se distinguent en infanterie & en cavalerie, elles sont composées de simples soldats & d'officiers.

TROUSSEAU, *Artillerie* : c'est une piece de bois de sapin bien droite, & taillée à plusieurs pans, plus menue par un bout que par l'autre, sur laquelle on forme le moule d'une piece de canon. Voyez en le travail détaillé dans l'*artillerie raisonnée*, par M. *le Blond*, *in-octavo*, 1761, pag. 42.

TRUMEAU, *Architecture* : c'est la partie d'un mur de face qui se trouve entre deux croisées, & qui porte de fond les sommiers ou linteaux des plate bandes au-dessus des portes & des croisées. Les moindres *trumeaux* se font d'une seule pierre à chaque assise.

TUF, *Maçonnerie* : c'est un terrein qui fait une masse solide, approchante de la nature de la pierre, & sur laquelle on peut bâtir & établir une fondation.

TUILE, *Couverture de bâtiment* : c'est un carreau de terre grasse, pêtrie, séchée à l'air, & cuite au four, dont on forme les toîts des maisons ordinaires. Il y a de la *tuile* du grand & du petit moule : celle du grand moule porte 13 pouces de long sur 8 ½ de large ; le millier de cette espece garnit environ 7 toises de superficie de couverture. La *tuile* du petit moule porte environ 10 pouces sur 6 de large : il faut près de 300 de cette derniere pour couvrir une toise quarrée. *D'Aviler.*

TUILEAUX : ce sont des morceaux de tuiles cassées dont on fait les voûtes des fours & les contre-cœurs des âtres de cheminée : on s'en sert aussi pour sceller en plâtre des corbeaux, des gonds, & d'autres pieces en fer : on bat les moindres *tuileaux* pour en faire du ciment.

TUNES, ou TUNAGE, *Archit. hydraul.* C'est un entrelacement de menus branchages autour de plusieurs piquets plantés en terre sur un alignement donné : ou bien c'est un couchis de fascines traversé de plusieurs rangées de piquets & de clayonnage, le tout chargé d'un lit de pierres ou de gros gravier, de 6 à 7 pouces d'épaisseur, dont on fait usage pour les ouvrages qui se bâtissent dans l'eau.

TURCIE, ou Levée, *Archit. hydraul.* C'est une espece de digue en forme de quai, que l'on bâtit sur le bord d'un fleuve, pour s'opposer à ses inondations : mais on donne plus communément ce nom à de certains ouvrages de terre que l'on construit le long des rivieres de Loire & d'Allier, pour préserver de l'inondation les campagnes situées le long de ces rivieres. M. *Gastelier* remarque qu'on disoit anciennement *turgie*, du latin *turgere*, s'enfler, parce que l'effet de cette sorte de digue est d'empêcher le débordement des eaux enflées. *Dictionnaire étymologique d'architecture.*

TUYAU de Cheminée, *Architecture* : c'est le conduit par où passe la fumée, depuis le manteau d'une cheminée jusqu'au-dessus du comble. On appelle *tuyau apparent*, celui qui est pris hors d'un mur, & dont la saillie paroît de son épaisseur dans une piece d'appartement : *tuyau dans œuvre*, celui qui est enfoncé dans le corps du mur : *tuyau adossé*, celui qui est appliqué & doublé sur un autre : *tuyau devoyé*, celui qui est détourné de son à-plomb & rangé à côté d'un autre, &c. Les *tuyaux* de cheminée se font de plâtre pur *pigeonné* à la main, de briques, ou de pierres de taille. Lorsqu'ils sont joints contre les murs on y pratique des tranchées, & l'on met dans ceux de plâtre, des fentons de fer de pied en pied, & des équerres de fer pour lier les tuyaux ensemble.

Tuyaux de Conduite, *Archit. hydraul.* C'est un corps cylindrique fort long & creux en dedans, dont on se sert pour recueillir les eaux forcées & autres, & pour les conduire aux endroits où l'on en a besoin. Il s'en fait de cuivre, de plomb, de fer, de fonte, de terre ou grès, de bois, &c. Les *tuyaux* de fer fondu se fabriquent dans les fonderies & les forges de fer : il y en a à manchons & d'autres à brides ; ceux-ci sont les meilleurs : leur épaisseur est proportionnée à leur diametre, qui ne passe pas 18 pouces ou 2 pieds : leur longueur est de 3 pieds $\frac{1}{2}$, ayant à chaque bout des brides avec 4 vis & 4 écrous : on les ajuste avec du mastic à froid, ayant soin de mettre des rondelles de cuir entre deux. Les *tuyaux* de grès ou de terre sont d'usage pour les eaux bonnes à boire : leurs tronçons ont 2 pieds de longueur, ils s'emboîtent de 3 pouces l'un dans l'autre. On en fait depuis 2 pouces jusqu'à 6 pouces de diametre.

Les *tuyaux* de cuivre ſont très-chers : mais auſſi ils ſont d'une longue durée, & capables de ſoutenir un effort triple de ceux de plomb, toutes choſes égales d'ailleurs. On fait auſſi des *tuyaux* de bois de chêne, d'orme, ou d'aulne, que l'on perce avec de longues tarieres de différente groſſeur qui ſe ſuccedent les unes aux autres. Les plus gros *tuyaux* de cette eſpece ne paſſent pas 8 pouces de diametre intérieur. Les *tuyaux* de plomb ſont les plus commodes & les plus uſités : ils ſont ou ſoudés ou jettés en moule ; ces derniers ſont les meilleurs : on en fait depuis un pouce juſqu'à 6 pouces de diametre intérieur, dont la toiſe peſe 400 livres. On les faiſoit autrefois avec des tables de plomb arrondies ſur des mandrins & ſoudées dans leur longueur : mais l'uſage de les jetter en moule les rend beaucoup plus ſolides & moins ſujets aux réparations. Voyez ce que nous avons dit ci-devant ſur ces différens *tuyaux* au mot CONDUITE D'EAU & aux articles qui en dépendent.

TUYAUX DE DESCENTE, *Architecture* : ce ſont des *tuyaux* de fer ou de plomb placés ordinairement dans l'angle rentrant d'un bâtiment, ou pratiqués dans l'épaiſſeur des murs de pierre de taille, pour conduire les eaux pluviales des combles au pied de l'édifice. On leur donne ordinairement 2 lignes d'épaiſſeur & 3 pouces de diametre.

TUYAUX CAPILLAIRES, *Phyſique* : ce ſont des tuyaux de verre d'un très-petit diametre, ſemblables à ceux des barometres, qui ont cette propriété que l'eau y monte & s'y ſoutient au-deſſus de ſon niveau, & cela d'autant plus que le diametre du tuyau eſt plus long & d'un plus petit diametre. Voyez dans le *dictionnaire de mathématique*, par M. *Saverien*, les diverſes hypothèſes imaginées par les phyſiciens modernes pour rendre raiſon de ce phénomene ſingulier.

TYMPAN, *Architecture* : c'eſt la partie qui reſte entre les trois corniches d'un fronton triangulaire, ou entre les deux d'un fronton ceintré, & qui doit toujours répondre d'a-plomb ſur le nud de la friſe. Le *tympan* eſt quelquefois liſſe, mais le plus ſouvent il eſt orné de ſculpture en bas-relief. On appelle *tympan d'arcade*, une table triangulaire placée dans les encoignures d'une arcade.

TYMPAN, *Archit. hydraul.* C'eſt une machine propre à puiſer les eaux, qui conſiſte en une grande roue creuſe ou une espece de tambour composé de plusieurs ais joints ensemble, formant autant de cellules, bien calfatées & goudronnées : ce tambour est traversé par un essieu que l'on fait tourner par le moyen d'une grande roue qui donne le mouvement à la machine. Cette sorte de roue dont on trouve la description dans le Xe. livre de l'*architecture de Vitruve*, n'est point propre à élever l'eau bien haut, mais elle en tire une grande quantité en très-peu de tems. Voyez l'*architecture hydraulique*, par M. *Belidor*, premiere partie, tome I.

TYMPAN, *Mechanique* : c'est une roue creuse dans laquelle un ou plusieurs hommes marchent pour la faire tourner : tel est le *tympan* d'une grue, ou la roue à tambour de quelque machine hydraulique : & (pour nous servir d'un exemple familier) tel est en petit, dans les campagnes & dans plusieurs pays, la roue d'un tourne-broche, qu'un chien placé dans son intérieur fait tourner, en marchant continuellement.

VAGUES DE LA MER : c'est le nom qu'on donne à l'élevation des eaux de la mer au-dessus de sa surface ordinaire, causée par l'agitation du vent : on les appelle aussi *lames*, voyez à ce mot.

VAIGRER UN VAISSEAU : c'est poser en place les planches qui forment le revêtement intérieur du navire.

VAIGRES, ou SERRES, *Marine* : ce sont des planches qui font le bordage intérieur d'un vaisseau, & qui en forment le *serrage*, c'est-à dire, la liaison : on appelle *vaigres de fond*, celles qui sont les plus proches de la quille : *vaigres d'empatture*, celles qui sont au dessus des *vaigres* de fond : *vaigres de pont*, celles qui font le tour du vaisseau, & sur lesquelles on pose le bout des baux du second pont : *vaigres des fleurs*, celles qui montent au-dessus des *vaigres* d'empatture, & qui achevent la rondeur des côtes.

VAISSEAU, *Marine* : c'est un bâtiment de charpente construit d'une maniere convenable pour pouvoir flotter & siller sur les eaux, & pour pouvoir transporter sur mer ou sur de grands fleuves des hommes, des marchandises, &c. Il y a des *vaisseaux* de guerre & des *vaisseaux* marchands : la force, la grandeur, & le nombre de canons que portent les premiers, les distinguent des autres. On compte ordinairement cinq rangs de *vaisseaux de guerre*, dont la différence ne consiste que dans leur grandeur, leur capacité, & dans la quantité de leurs pieces d'artillerie. Voyez ci-devant les articles PONT ou TILLAC, & RANGS *des vaisseaux*. Il y a de plus, des frégates, des flutes, des corvettes, des galeres, des galiotes à bombes, des brulots, &c. dont on peut voir les définitions en les cherchant dans ce dictionnaire chacun à son article. Consultez aussi à ce sujet le petit *dictionnaire de marine*, par M. *Saverien*, au mot VAISSEAU.

VANNES, *Archit. hydraul.* Ce sont de gros venteaux de bois de chêne qui se haussent & se baissent dans des coulisses, pour lâcher ou pour retenir l'eau d'un étang ou d'une écluse : on donne aussi le nom de *vannes* aux deux cloisons d'un batardeau.

VARANGUES, *Marine* : ce sont des pieces de bois entées & rangées de distance en distance, à angles droits, entre la quille & la carlingue, pour former le fond du vaisseau. La *varangue* la plus longue & dont les branches font l'angle le plus ouvert, s'appelle *maîtresse varangue* : elle est placée sous le maître bau ; on lui donne aussi le nom de *premier gabarit*. Depuis cette *varangue* jusqu'à l'étrave & jusqu'à l'étambot, les *varangues* se raccourcissent toujours de plus en plus, & leur angle est moins ouvert, c'est-à-dire (en termes de constructeurs) qu'elles ont d'autant plus d'acculement qu'elles s'éloignent de la maîtresse *varangue*. C'est pour cette raison que l'on nomme *varangues plates*, celles qui sont les plus proches de la maîtresse *varangue* : on les nomme *varangues demi-acculées*, & ensuite *varangues acculées*, à mesure qu'elles s'en éloignent : enfin on les nomme *fourcats*, lorsqu'elles approchent de l'étrave ou de l'étambot. *Duhamel*, *élemens d'architecture navale.*

VARIABLE, *Géométrie.* On appelle *quantités variables*, celles qui varient suivant une loi quelconque : telles sont les abscisses & les ordonnées des courbes, leurs rayons osculateurs, &c. On les exprime ordinairement par les dernieres lettres de l'alphabet, *x*, *y*, *z*. Quelques auteurs, au lieu de se servir de ce terme, les appellent *fluentes*. La quantité infiniment petite dont une *variable* quelconque augmente ou diminue continuellement, est ce que quelques-uns appellent sa *différence*, ou la *différentielle*, & que d'autres nomment sa *fluxion*. Le calcul de ces sortes de quantités est appellé *calcul différentiel*, ou *calcul des fluxions*.

VARIATION, *Algebre* : c'est la même chose que *permutation*, ou, en général, *combinaison*. Voyez ci-devant ces deux articles.

VARIATION *de l'aiguille aimantée*, *Marine* : c'est un mouvement inconstant de l'aiguille de la boussole, qui la dérange de sa direction au nord, soit que cette déviation, que l'on nomme aussi *déclinaison*, se fasse vers l'est ou vers l'ouest. Voyez dans le *dictionnaire encyclopédique* le nouveau système du sçavant M. *Halley*, sur la théorie de cette *variation*, qui est le résultat d'une infinité d'observations & de plusieurs grands voyages ordonnés à ce sujet par la nation Angloise, avec une table très-ample des *variations* de l'aiguille observées en différens tems & en divers lieux, le tout tiré des *transactions philosophiques*. On peut consulter aussi la piece de M. *Bouguer* sur la *maniere d'observer en mer la déclinaison de la boussole*, qui a remporté le prix de l'Académie des Sciences, en 1731.

VARLET, ou VALET, *Hydraulique* : c'est un assemblage de plusieurs pieces de charpente qui forment ensemble une espece de potence appliquée contre l'un des bajoyers d'une écluse fermée par une porte tournante. Ce *varlet* a par en bas un pivot qui tourne dans sa crapaudine, & il est retenu par en haut avec un collier de fer ou de fonte. Quand la porte tournante est ouverte, le *varlet* est appliqué contre le bajoyer, & lorsqu'on veut la fermer, le *varlet* se tourne & vient s'accrocher à la porte, pour la maintenir dans cet état contre la poussée de l'eau. On voit de pareils *varlets* à la porte tournante de la grande écluse de Gravelines. *Architecture hydraulique*, par M. *Belidor*, tome III.

VARLET, *Machines* : c'est une piece de bois ou une espece de balancier qui tourne sur un pivot, & qui sert à changer la direction du mouvement, par le moyen d'une queue attachée perpendiculairement sur son essieu. On voit à la machine de Marly de pareils *varlets* ou *balanciers*, qui sont gros dans leur milieu, & se terminent

en

en cône tronqué par leurs extrêmités, frettés & boulonnés, pour recevoir les queues de fer des pieces que le *varlet* met en mouvement. *Architecture hydraulique*, tome II.

VASE, *Archit. hydraul.* C'est un terrein marécageux & sans consistance, qui se forme dans les canaux & dans les ports de mer, qu'on est obligé d'enlever de tems en tems.

VEAU, *Charpenterie* : c'est le nom que les ouvriers de cette profession donnent au morceau de bois qu'ils séparent avec la scie du dedans d'une courbe droite ou rampante qu'ils taillent sur une piece de bois. *D'Aviler.*

VEDETTE, *Art militaire* : c'est, dans le service de la cavalerie, la même chose que ce qu'on appelle *sentinelle* dans celui de l'infanterie. Les *vedettes* se placent dans les lieux les plus favorables pour découvrir le plus d'étendue qu'il est possible dans les environs d'un camp.

VEINES D'EAU, *Hydraulique* : ce sont, dans les fouilles des terres, des filets d'eau provenant d'une petite source, ou qui se séparent d'une grosse branche, & qu'on recueille, comme des pleurs de terre, dans des réservoirs. *D'Aviler.*

VÉLOCITÉ D'UN FLEUVE, *Hydraulique* : c'est le mouvement actuel de ses eaux occasionné par la pente du terrein vers le terme où il va se rendre.

VENT, *Physique* : c'est une agitation sensible dans l'air, par laquelle une quantité considérable de cet air est poussée d'un lieu dans un autre. La connoissance des *vents* est nécessaire pour les marins, & l'on peut voir, par une dissertation fort curieuse sur l'histoire & la description des vents, insérée à la fin des *essais de physique*, par M. *Musschenbroëck*, que les travaux & les recherches des physiciens modernes n'ont pas été infructueux à cet égard : mais il s'en faut bien que nous soyons autant instruits sur leurs causes les plus éloignées. Voyez cette matiere très-sçavamment discutée dans le *dictionnaire encyclopédique*, article VENT, ou dans un ouvrage de M. *d'Alémbert*, intitulé, *réflexions sur la cause générale des vents*, qui a remporté le prix de l'Académie des Sciences de Berlin.

VENTS, *Navigation.* Les marins ont divisé l'horison en 32 parties égales, qu'ils ont nommé *airs de vent* ou *rhumbs.* De ces 32 vents, il y en a quatre principaux, appellés *vents cardinaux*, qui font le *nord* ou feptentrion, le *fud* ou midi, l'*eft* ou levant, & l'*oueft* ou couchant. Il y en a quatre autres nommés collatéraux ; fçavoir, le *nord eft*, le *nord oueft*, le *fud eft*, & le *fud-oueft*. Entre ceux-ci il y en a huit autres, &c. On peut voir l'énumération de ces 32 *vents*, & les différens noms que les anciens & les modernes leur ont donné, dans l'*encyclopédie*, même article que celui-ci.

VENT DU BOULET, *Artillerie* : c'eft la différence qu'on obferve entre le calibre d'une piece & celui du boulet, afin qu'il puiffe y entrer facilement & en fortir de même, fans caufer un trop grand frottement dans l'ame de la piece. Pour cet effet on donne au boulet deux lignes de moins que ne le porte le diametre intérieur de la piece : c'eft ce qu'on appelle *vent du boulet*.

VENTAIL, ou VANNE, *Archit. hydraul.* C'eft un affemblage de planches qui fert aux éclufes deftinées pour les inondations ou pour l'ufage particulier d'un moulin : ce *ventail* s'éleve & s'abaiffe au moyen d'une couliffe dans laquelle il eft engagé par fes deux extrêmités. Quelques-uns écrivent *éventail*, mais mal-à-propos.

VENTEAU, *Archit. hydraul.* C'eft un affemblage de charpente formant un des battans de la porte d'une éclufe. Il eft compofé, 1°. d'un chaffis foutenu par un poteau tourillon arrondi du côté de fon chardonnet, par un poteau bufqué ayant une de fes faces taillée en chanfrein, pour fe joindre à la pointe du bufc avec l'autre *venteau*, & par deux entre-toifes principales, l'une en haut, l'autre en bas. 2°. De plufieurs autres entre-toifes intermédiaires fervant à former la carcaffe du *venteau*. 3°. D'un nombre de files de bracons qui fervent à lier & à appuyer les entre-toifes. 4°. Des montans qui terminent le guichet pratiqué dans chaque *venteau* ; ce guichet fe ferme avec une vanne ou un *ventail* à couliffe. 5°. Enfin du bordage dont toute cette carcaffe eft revêtue extérieurement. *Architecture hydraulique*, par M. *Belidor*, tome III, livre I, chapitre 13, fection 1.

VENTILATEUR, *Phyfique* : c'eft une machine par le moyen de laquelle on renouvelle l'air d'un endroit où il eft renfermé, en pompant l'ancien air échauffé & corrompu pour y introduire un nouvel air plus pur & plus fain. On conçoit aifément de quelle utilité doit être une pareille machine, soit dans l'artillerie, pour renouveller l'air des galeries de mines, soit dans la marine, pour changer l'air des entre-ponts & de l'archi-pompe des vaisseaux, soit dans les salles des hôpitaux, &c. M. *Hales*, un des plus habiles physiciens de notre siecle, a inventé cette machine qui est d'un usage presque universel, & en a donné la description dans un petit ouvrage en anglois, que M. *de Mours*, célebre médecin oculiste, a traduit en françois; il a été imprimé à Paris en un volume *in-douze*, en 1744. MM. *Desaguliers* & *Sutton* ont aussi imaginé un moyen plus simple de renouveller l'air par l'action du feu, qui paroît préférable à la machine de M. *Hales*. Voyez le livre intitulé, *nouvelle maniere de renouveller l'air des vaisseaux*, par M. *Sutton*, & les machines que M. *Desaguliers* a inventé pour cet effet, dans son *cours de physique expérimentale*, en deux volumes *in-quarto*, imprimés à Paris, chez *Jombert*.

VENTOUSE, *Hydraulique* : c'est un tuyau vertical enté sur une conduite d'eau, que l'on appuye contre un arbre, un mur, ou tout autre corps solide. Ce tuyau demeure toujours ouvert, on observe seulement d'en recourber l'extrêmité pour empêcher les ordures d'y entrer, & on l'éleve de quelques pieds au-dessus du niveau du réservoir. Les *ventouses* sont d'une nécessité indispensable dans les grandes conduites d'eau, pour en faire échapper l'air & les empêcher de crever : on les place toujours au sommet des pentes & des contre-pentes.

VENTOUSE, ou BARBACANNE, *Architecture*. Voyez au mot *barbacanne*.

VENTOUSE D'AISANCE, *Architecture* : c'est un bout de tuyau de plomb, ou de poterie, qui communique à une chausse d'aisance, & qui s'éleve au-dessus du comble, pour renouveller l'air du cabinet d'aisance & en diminuer la mauvaise odeur.

VENTOUSE DE CHEMINÉE : c'est une espece de soupirail pratiqué sous la tablette d'une cheminée ou aux deux angles de l'âtre, pour chasser la fumée en haut. Ce soupirail, appellé aussi *soufflet*, parce qu'il en fait l'office, est de l'invention de M. *Perrault*.

VENTRE, *Artillerie*. On dit qu'un canon est *sur le ventre*, lorsque la piece est démontée de dessus son affût, & qu'elle est couchée par terre. On appelle *ventre du mortier*, sa partie la plus proche de la culasse, & qui s'appuie sur le coussinet de l'affût.

VENTRE, *Maçonnerie* : c'est le bombement d'un mur trop vieux, foible, ou trop chargé, qui boucle en dehors & qui n'est plus dans son à-plomb. Lorsqu'un mur est dans cet état, on dit qu'il *fait ventre* & qu'il menace ruine.

VENTRIERES, *Archit. hydraul.* On donne ce nom, dans les écluses, à de grosses pieces de bois équarries, contre lesquelles on appuie par en haut les files de palplanches dont l'objet est de garantir le plancher d'une écluse de l'affouillement des eaux qui pourroient se glisser par-dessous.

VENTRIERES, *Charpenterie* : ce sont des pieces de bois posées horisontalement au-dessous des lisses qui couronnent les quais de charpente, où sont attachées les têtes des clefs qui en forment l'assemblage.

VERBOQUET, *Charpenterie* : c'est un petit cordage qu'on attache à l'un des bouts d'une piece de bois, ou d'une pierre un peu longue, ainsi qu'au gros cable avec lequel on l'enleve, pour la tenir en équilibre, & pour empêcher qu'elle ne tournoye en montant, ou qu'elle n'aille frapper contre quelque échaffaud ou contre quelque saillie d'architecture.

VERGE DE L'ANCRE, *Marine* : c'est la partie de l'ancre comprise depuis l'arganneau jusqu'à la croisée.

VERGES, *Archit. hydraul.* Ce sont des baguettes ou de longs branchages de 10 à 12 pieds de long, dont on se sert pour la construction des ouvrages de fascinage, & dont on forme les *tunes*. Dans l'évaluation du fascinage, une botte des ces *verges* est comptée pour deux fascines.

VERGUE, *Marine* : c'est une longue piece de bois, arrondie, une fois plus grosse par son milieu que par ses extrêmités, qui sert a porter les voiles d'un vaisseau, & qui s'attache quarrément sur les mâts par son milieu. Pour les proportions que l'on donne aux *vergues* suivant la grandeur des vaisseaux, il faut consulter les *élémens d'architecture navale*, par M. *Duhamel*, *in-quarto*.

VERMICULÉ, *Architecture* : c'est le nom que l'on donne à un travail rustique taillé dans la pierre, pour imiter en quelque façon le travail des vers dans les étoffes. Voyez ci-devant au mot TORTILLIS.

VERRIN, *Méchanique* : c'est une machine en forme de

presse, composée de deux fortes pieces de bois couchées horisontalement, & de deux grosses vis, dont on se sert pour lever & bailler les vannes des écluses, des moulins, &c. pour relever à-plomb, par le moyen d'un pointal, un pan de bois, une partie de mur déversée, ou pour d'autres semblables manœuvres.

VERS, *Marine*. Il y a une espece particuliere de *vers* qui a fort allarmé la Hollande en 1731 & 1732, en rongeant les bois de leurs digues & le fond des vaisseaux. On les nomme *vers à tuyaux*, parce qu'ils sont renfermés dans des enveloppes de figure cylindrique. M. *Belidor* indique un moyen de s'en garantir, en garnissant le devant des digues ou le dessous des navires d'un enduit composé de poix & de verre mis en poudre, qu'on recouvre d'un gros papier gris, & ensuite d'un bordage bien calfaté & brayé, sur lequel on attache des clous fort courts & à têtes larges, serrés près à près. *Architecture hydraulique*, par M. *Belidor*, seconde partie, tome I.

VERTICAL, *Géométrie* : ce terme s'applique, en général, à tout ce qui est posé à-plomb, ou perpendiculairement à l'horison. Dans les sections coniques, le *vertical* est un plan passant par le sommet du cône, & parallele à quelqu'une de ses sections : & la *ligne verticale*, est une ligne droite tirée sur un plan vertical, & qui passe par le sommet du cône.

VERTUGADIN, *Jardinage* : c'est un glacis de gazon en amphithéâtre, renfermé par des lignes qui ne sont point paralleles entr'elles. *D'Aviler*.

VESTIBULE, *Architecture* : c'est, au rez-de-chaussée, un lieu couvert qui sert de communication aux diverses parties d'un édifice, ou la premiere piece par laquelle on entre dans un appartement. Dans les hôtels & les maisons de conséquence, les grands escaliers sont presque toujours précédés d'un *vestibule*.

VETILLE, *Feux d'artifice* : ce sont de petits serpenteaux dont le cartouche est formé d'une simple carte à jouer, assujettie par le moyen d'une bande de papier collée. Les *vetilles* n'ont que trois lignes de diametre.

VIBORD, *Marine* : c'est la partie du vaisseau comprise depuis les porte-haubans jusqu'au plat-bord.

VIBRATION, *Méchanique* : c'est le mouvement régulier

& réciproque d'un corps, par exemple, d'un pendule; qui étant suspendu, balance librement, tantôt à droite, tantôt à gauche. C'est la même chose qu'*oscillation* : voyez a ce mot.

VICE-AMIRAL, *Marine* : c'est le second officier général de la marine, qui est supérieur à tous les autres officiers généraux de la marine, mais qui est subordonné à l'amiral. Il y a en France deux *vice-amiraux*, l'un du ponent, l'autre du levant.

VIF, *Architecture* : c'est le nom qu'on donne au tronc ou fust d'une colonne, ainsi qu'à la partie dure d'une pierre, qui se trouve sous le bousin. On dit qu'une pierre ou qu'un moilon est taillé jusqu'au *vif*, lorsqu'on en a ôté le bousin, & qu'on en a atteint le dur avec la pointe du marteau.

VIF DE L'EAU, *Marine* : c'est le plus grand accroissement de la marée, qui arrive deux fois le jour, & de 12 heures en 12 heures.

VIGIES, *Marine* : ce sont des rochers cachés sous l'eau, ou des bancs de rocailles & des pointes de rochers isolés au milieu de la mer, hors de la vue des terres, & situés à des distances considérables des côtes, de sorte qu'on a souvent de la peine à les indiquer exactement sur les cartes marines; on en fait mention dans les routiers, flambleaux de mer, &c.

VINDAS, *Méchanique* : ce n'est autre chose qu'un tour ou treuil dont l'axe est perpendiculaire à l'horison : on l'apelle aussi *cabestan*. Voyez à ce mot.

VINGTAINE, *Maçonnerie*. Les ouvriers donnent ce nom à un petit cordage servant à conduire les pierres qu'ils enlevent avec des engins pour mettre sur le tas. Lorsqu'on tire le gros cable, un manœuvre tient le bout de la *vingtaine* qui est attaché à la pierre, pour l'éloigner des échaffauds & des murailles, & pour qu'elle se pose juste sur l'endroit où elle est destinée.

VIRER, *Marine* : c'est tourner sens dessus dessous, faire capot. *Virer* un vaisseau de bord, c'est le changer de route, en mettant au vent un côté du vaisseau pour l'autre. *Virer l'ancre*, c'est la tirer du fond de la mer par le moyen d'un cable & d'un *virevaux*. On *vire* au cabestan pour faire remonter les bateaux, ou pour en décharger ou y amener des marchandises d'un poids considérable.

VIREVAUX, ou CABESTAN, *Machines*. Voyez ci-devant au mot *cabestan*.

VIRURE, *Marine*: c'eſt une file de bordages qui regnent tout autour d'un vaiſſeau : ce mot revient à ce qu'on appelle *aſſiſe* en termes de maçonnerie. *Duhamel*, *architecture navale*.

VIS, *Méchanique* : c'eſt une des cinq puiſſances dont on ſe ſert dans les machines pour preſſer fortement les corps, & quelquefois auſſi pour élever des poids ou des fardeaux conſidérables. La *vis* eſt un cylindre droit autour duquel eſt roulé en ſpirale une ſuite continue de triangles rectangles, ou de plans inclinés, dont chaque baſe repréſente la circonférence du cercle du cylindre, dont la hauteur forme un des *pas de la vis*, & dont le filet d'une des révolutions eſt l'hypothénuſe. C'eſt de toutes les machines, celle où il ſe rencontre le plus de frottement; auſſi ſeroit-elle de peu d'effet ſans l'avantage que procure la longueur du bras de levier dont on ſe ſert pour la faire tourner. L'*écrou* dans lequel doit entrer la vis eſt un cylindre creux dont le diametre intérieur eſt égal à celui de la vis, & dont la ſurface intérieure eſt compoſée de triangles égaux & ſemblables à ceux qui ſont roulés extérieurement ſur le cylindre qui forme la vis : les filets de l'écrou ſont en creux, pour recevoir ceux de la vis, qui ſont en relief.

VIS D'ARCHIMEDE, ou POMPE SPIRALE, *Hydraulique*: c'eſt une machine dont on attribue communément l'invention à *Archimede*, & dont les anciens ſe ſervoient pour élever de l'eau, ou pour faire des épuiſemens conſidérables. Elle eſt compoſée d'un tuyau en forme de ſpirale appliqué autour d'un noyau ou cylindre incliné à l'horiſon, dans lequel l'eau monte en deſcendant lorſqu'on fait tourner ce noyau. L'extrêmité d'en bas du cylindre, qui eſt armée d'un pivot, porte ſur une crapaudine : & celle d'en haut eſt arrêtée par un collier dans lequel elle tourne librement. M. *Daniel Bernoulli* a donné une théorie fort étendue de la *vis d'Archimede* & des effets qu'elle peut produire, dans ſon *hydrodynamica*, *in-quarto*, ſection IX. Voyez auſſi la ſeconde partie de l'*architecture hydraulique*, par M. *Belidor*.

VIS SANS FIN, *Méchanique* : c'eſt une eſpece particuliere de *vis* qui engraine dans une roue dentée, de ſorte qu'en faiſant tourner la *vis* avec une manivelle, elle oblige la roue à tourner, ce qui lui donne une grande force: on l'appelle ainſi parce qu'elle fait tourner *ſans fin* la roue aux dents de laquelle elle s'engraine. Cette machine a deux avantages; l'un de ſurmonter de grandes réſiſtances avec une très-petite puiſſance; l'autre de conſerver pendant long-tems un mouvement très-lent & très-doux: auſſi en fait-on un uſage fréquent dans les horloges & dans les montres. Voyez les propriétés de la *vis ſans fin* expliquées dans les *œuvres poſthumes* de M. *Huyghens*, à l'occaſion de ſon *automate planetaire.*

VIS OU NOYAU D'ESCALIER, *Architecture*: c'eſt la piece de bois du milieu d'un eſcalier, dans laquelle ſont emmortaiſées toutes les marches, qui tournent autour de ce noyau en ligne ſpirale. On donne auſſi le nom de *vis d'eſcalier* à un arrangement de marches ou de degrés autour d'un pilier de bois ou de pierre, qu'on appelle *noyau de la vis.*

VIS A JOUR: c'eſt, lorſque le noyau de l'eſcalier étant ſupprimé, les marches ne ſont plus ſoutenues que par leur queue dans le mur circulaire de la tour, & en partie ſur celles qui ſont de ſuite dès le bas de l'eſcalier.

VIS POTOYERE: c'eſt l'eſcalier d'une cave, qui tourne autour d'un noyau ou poteau, & qui porte de fond ſous l'eſcalier d'une maiſon.

VIS SAINT-GILLES. On donne ce nom à tous les eſcaliers tournans & voûtés par le deſſous des marches. Si l'eſcalier voûté en berceau tournant & rampant eſt pratiqué dans une tour ronde, on l'appelle *vis Saint-Gilles ronde*: ſi la tour eſt quarrée, le noyau étant pareillement quarré, chaque côté étant voûté en berceau irrégulier, on l'appelle *vis Saint-Gilles quarrée.*

VITESSE, *Méchanique*: c'eſt l'affection du mouvement par laquelle un corps eſt capable de parcourir un certain eſpace dans un tems déterminé. *Leibnitz*, *Bernoulli*, *Wolfius*, & les autres partiſans des *forces vives*, prétendent qu'on doit eſtimer la force d'un corps en mouvement, relativement au produit de ſa maſſe par le quarré de ſa *vîteſſe*: ceux qui ſont d'un ſentiment contraire veulent que la force d'un corps ne ſoit autre choſe que ſa quantité de mouvement, ou le produit de ſa maſſe par ſa *viteſſe.* Voyez à ce ſujet notre article FORCE

VIVE, ainsi que la *lettre* de M. *de Mairan* à Mad^e la Marquise *du Chatelet*, avec *la réfutation des forces vives*, par MM. *de Mairan* & l'Abbé *Deidier*.

VITESSE ABSOLUE *d'un corps* : c'est le tems qu'il emploie à parcourir un espace quelconque dans un certain tems, ou si l'on veut, c'est le rapport de l'espace qu'il parcourt & du tems qu'il emploie en le parcourant. On aura toujours cette *vitesse* en divisant la force du corps, ou sa quantité de mouvement, par sa masse.

VITESSE ACCÉLÉRÉE. Un corps a une *vitesse accélérée* lorsque quelque nouvelle force agit sur lui & augmente sa *vitesse*, ensorte que les espaces qu'elle fait parcourir au mobile croissent dans les tems égaux de la durée de son mouvement : telle est la *vitesse* acquise par la chûte d'un corps, laquelle augmente dans la raison des instans écoulés depuis le commencement de son mouvement jusqu'à son repos.

VITESSE DE L'EAU. La *vitesse de l'eau* qui s'écoule par un tuyau, ou par un orifice quelconque, peut être exprimée par la racine quarrée de la hauteur du réservoir.

VITESSE D'UN CHEVAL. Pour que le mouvement d'une machine soit bien réglé, il faut que la *vitesse* d'un cheval qui fait tourner la roue, soit de 30 toises par minute, ou de 1800 toises par heure.

VITESSE RELATIVE, OU RESPECTIVE : c'est celle avec laquelle deux corps s'approchent ou s'éloignent l'un de l'autre, dans un tems déterminé, quelles que soient leurs *vitesses* absolues.

VITESSE RETARDÉE. La *vitesse* d'un corps est retardée, lorsque quelque force opposée à la sienne lui ôte une partie de son mouvement, alors les espaces qu'il parcourt dans des tems égaux vont en diminuant.

VITESSE VARIABLE : c'est celle qui, recevant à chaque instant quelque augmentation ou quelque diminution, fait parcourir à un corps des espaces inégaux dans des tems égaux, soit que cette *vitesse* se trouve *accélérée* ou qu'elle soit *retardée* : la *vitesse uniforme*, au contraire, fait parcourir au mobile des espaces égaux dans des tems égaux. Au reste, on peut consulter, pour un plus grand éclaircissement sur ce sujet, ce que nous avons dit ci-devant à l'article MOUVEMENT & à ses subdivisions.

VOIE D'EAU, *Marine* : c'est une ouverture qui se fait au

fond de cale ou dans le bordage d'un navire, par où l'eau entre, soit par vétusté, soit par quelque accident : ce qui met le vaisseau dans le plus grand danger, & que l'on doit réparer promptement.

Voie de Pierre : c'est une charretée d'un ou de plusieurs quartiers de pierre, laquelle doit former au moins 15 pieds cubes.

Voie de Platre : c'est la quantité de 12 sacs de plâtre battu & mis en poudre : chacun de ces sacs doit contenir deux boisseaux.

Voie de Scie. Les ouvriers en bois donnent le nom de *voie* à l'ouverture ou fente que fait la scie dans le bois que l'on débite avec cet outil. Les dents d'une scie doivent sortir alternativement & s'incliner tantôt à droite, tantôt à gauche, pour faciliter son passage dans le bois que l'on scie.

VOILE, *Marine* : c'est l'assemblage de plusieurs lés ou bandes de toile cousues ensemble, que l'on attache aux vergues & aux étais, pour recevoir le vent qui doit pousser le vaisseau. Chaque voile emprunte son nom du mât où elle doit être appareillée. Ainsi l'on dit *voile du grand mât*, *du hunier*, *de l'artimon*, *de misaine*, *du perroquet*, &c. La *voile* du mât de beaupré s'appelle *civadiere*. Il y a encore de petites *voiles* qu'on nomme *bonnettes*, qui servent à allonger les basses *voiles*, pour aller plus vîte. Presque toutes les *voiles* dont on fait usage sur l'Océan sont quarrées, on en voit peu de triangulaires : celles ci, au contraire, sont très-communes sur la Méditerrannée, aussi les appelle-t-on voiles *latines*. Voyez ci devant aux mots Civadiere, Bonnettes, & Latines. A l'égard des dimensions qu'on doit donner aux *voiles* d'un vaisseau, relativement à la hauteur des mâts & à la longueur des vergues, &c, nous ne renverrons point à l'*encyclopédie*, quoique tout ce qui regarde la nature, l'usage, & l'origine des voiles, &c, y soit exposé dans le plus grand détail ; mais nous indiquerons la source où le copiste de cet article intéressant l'a puisé en entier sans en faire honneur à son auteur. Voyez le petit *dictionnaire historique de la marine*, par Mr *Saverien*, en deux vol. *in*-8°. à Paris, chez *Jombert*.

VOILIER : c'est le nom qu'on donne à un vaisseau qui porte bien ou mal sa voile. Il est *bon voilier*, dans le premier cas : dans le second, il est *mauvais voilier*, ou pesant de *voile*.

VOILURE : c'est la maniere dont un vaisseau porte les voiles pour prendre le vent. Il y a trois sortes de *voilures*; celle de vent arriere, celle de vent largue, & la *voilure* de vent de bouline. On donne aussi le nom de *voilure* à tout l'appareil & à l'assortiment complet des voiles d'un navire.

VOLANS, *Machines* : c'est le nom qu'on donne aux ailes d'un moulin à vent : voyez ci-devant au mot AILES.

VOLÉE, *Archit. hydraul.* C'est le nombre de coups que l'on frappe de suite avec le mouton sur un même pilot, ce qui va ordinairement à 25 ou 30 coups, après quoi celui qui commande la brigade de travailleurs crie *au renard* : c'est le signal pour s'arrêter & reprendre haleine. On recommence ensuite une autre *volée* jusqu'à ce que le pilot soit enfoncé au refus du mouton.

VOLÉE, *Artillerie* : c'est, dans un canon, la partie comprise depuis les tourillons jusqu'à la bouche de la piece, qui occuppe les $\frac{4}{7}$ de toute sa longueur. *Volée* s'entend aussi de la décharge de plusieurs canons ou de tous ceux d'une même batterie, qui tirent tous ensemble. Enfin l'on tire le canon *à toute volée*, lorsque la piece est posée sur l'entre-toise de l'affût, sans mettre de coin de mire sous sa culasse pour la relever.

VOLICE, *Couverture*. La *latte volice* est une espece particuliere de latte deux fois plus large que celle d'ordinaire : on s'en sert pour les combles couverts en ardoise. Elle est de même longueur & épaisseur que les autres lattes, mais il n'y en a que 25 à la botte.

VOLICE, ou VOLIGE, *Menuiserie* : c'est une petite planche de bois de sapin ou de peuplier extrêmement mince & légere, qui a depuis 3 jusqu'à 5 lignes d'épaisseur, sur environ 10 pouces de largeur & 6 pieds de longueur.

VOLUME D'UN CORPS, *Physique* : c'est l'espace qu'il occupe, ou sa qualité de matiere considérée relativement à l'espace qu'il occupe. Un pied cube d'or & un pied cube de liege sont égaux en *volume*, mais ils ne le sont pas en pesanteur, ni en densité. On mesure le *volume* d'un corps par le moyen du toisé, comme on connoît sa masse en le pesant.

VOLUTE, *Architecture* : c'est un enroulement en ligne spirale qui forme un des principaux ornemens des chapiteaux Ioniques & Composites. On taille aussi des *volutes* dans le chapiteau Corinthien, mais elles sont beaucoup plus petites & au nombre de 16, dont les 8 angulaires conservent le nom de *volutes*, & le 8 autres, qui sont plus petites & qui sortent des caulicoles ou tigettes, se nomment *hélices*. Les architectes anciens & modernes ont eu différentes idées chimériques sur l'origine de la *volute* Ionique, laquelle probablement ne doit son existence, ainsi que le chapiteau Corinthien, qu'à l'imagination du premier artiste qui l'a exécuté. Les uns ont pensé qu'elle représentoit la coëffure des femmes grecques & les boucles de cheveux qui leur pendoient des deux côtés du visage. D'autres lui ont trouvé quelque analogie avec des écorces d'arbres tortillées & tournées en ligne spirale. *Leon-Baptiste Alberti* leur donne le nom de *coquilles* ou *limaces*, à cause (dit-il) de la ressemblance qu'elles ont avec la coquille d'un limaçon. *Vitruve* appelle la *volute* Ionique antique *pulvinus*, un oreiller, parce qu'elle représente, selon lui, une espece d'oreiller ou de coussin posé entre l'abaque ou tailloir & l'ove ou échine, comme si l'on avoit peur, dit bonnement *Félibien*, que le membre inférieur fût rompu ou gâté par la pesanteur de l'abaque & de tout l'entablement qui porte dessus. M. *de Cordemoy*, renchérissant sur toutes ces conjectures bisarres, ajoute que « certainement la délicatesse, la grace, la taille, » & la beauté des femmes Ioniennes inspirerent autre- » fois aux architectes Ioniens les premieres idées de » l'Ordre qui porte leur nom, d'où l'on peut assurer » que cet Ordre n'a été inventé que pour leur faire hon- » neur. » M. *Frézier*, dans sa *dissertation sur les Ordres d'architecture*, se moque avec raison de toutes ces puérilités que l'on a imaginé sur l'origine des différentes parties des Ordres, & de la prétendue ressemblance qu'on a cru trouver entre une colonne (ou un arbre, dont la colonne paroît tirer son origine) & une figure humaine. Quant à la forme de la *volute* Ionique, elle a de tout tems été un objet de difficulté pour les architectes, lesquels ont cherché différentes manieres de la tracer d'après celle que l'on trouve décrite dans *Vitruve*. *Vignole*, *Scamozzi*, *François Blondel*, *Goldmann*, *Desgodets*, & beaucoup d'autres ont donné successivement des méthodes particulieres pour tracer géométriquement cette *volute*, mais elles sont toutes défectueuses, sans en excepter celle de *Goldmann*, laquelle cependant a toujours passé pour la meilleure. M. *Potain* prétend même qu'elle est une des plus imparfaites. Voyez le *traité des Ordres d'architecture*, par M. *Potain*, *in quarto*, 1767, partie I, chap. IV, art. V, dans lequel cet habile artiste propose une nouvelle maniere de tracer le contour de la *volute* Ionique, plus courte & plus facile à exécuter que toutes celles qu'on a donné jusqu'ici. A l'égard des différentes especes de *volutes*, on en peut voir le détail & les définitions dans le *dictionnaire d'architecture*, par *d'Aviler*, & dans le *dictionnaire de mathématique*, par M. *Saverien* : tout ce qu'on trouve à ce sujet dans l'*encyclopédie* étant copié mot pour mot de ces deux ouvrages.

VOUSSOIR, *Architecture* : c'est une des pierres propres à former le ceintre d'une voûte ou d'une arcade, taillée en maniere de coin tronqué, dont les côtés, s'ils étoient prolongés, abouriroient a un centre commun où tendent toutes les pierres de la voûte. Chaque *voussoir*, lorsqu'il est taillé, a six côtés : celui qui est creux & qui doit servir a former une partie du ceintre de la voûte, se nomme *doëlle intérieure*, & quelquefois *intrados*. Le côté qui lui est opposé & qui fait partie du dessus de la voûte est appellé *doëlle extérieure*, ou *extrados*. Les côtés cachés dans le corps du mur ou dans l'épaisseur de la voûte sont les *lits* de la pierre : & l'on donne le nom de *tête* de la pierre aux deux autres faces qui forment les bouts des *voussoirs*. Il y a des *voussoirs* à têtes égales, c'est-à-dire, qui sont de même hauteur, & d'autres à têtes inégales, comme les carreaux & les boutisses. Les uns & les autres se tracent par panneaux & par équarrissement : lorsque la voûte doit être extradossée, les *voussoirs* se font tous semblables & d'égale longueur. Les *voussoirs* qui forment la naissance d'une voûte s'appellent *coussinets*, & l'on donne le nom de *clef* à celui qui est placé au sommet de la voûte. On appelle *voussoirs à crossettes*, ceux qui sont terminés par une partie qui déborde leur queue : on les nomme *voussoirs à branches*, lorsqu'ils se divisent en deux parties pour lier deux voûtes qui forment un angle, soit saillant, soit rentrant. Enfin lorsqu'un *voussoir* est suivi d'un autre en continuation, on l'appelle *voussoir sans fin* : tels sont ceux des arches du pont royal, à Paris. On écrivoit autrefois *voulte*, *voulsoir*, & *voulsure*. M. *Frézier* fait dériver ces mots, ainsi que le terme *volute*, du latin *volutus*, roulé, tourné en rond.

VOUSSURE : c'est le nom qu'on donne en général à toute sorte de courbure en forme de voûte, mais particuliérement à ces portions de voûtes qui servent de base aux plafonds modernes. Les *voussures* pratiquées au-dedans de la baie d'une porte ou d'une fenêtre derriere leur fermeture, s'appellent *arriere-voussures*. Il y en a de différentes formes dont on peut voir les définitions ci-devant au mot *arriere-voussure*. *Stéréotomie de Frézier.*

VOUTE : c'est un corps de maçonnerie, ou de pierre de taille, qui se soutient en l'air entre ses piédroits, par la figure, la disposition, & l'arrangement des parties qui le composent. Quoique les *voûtes* puissent se varier d'une infinité de façons différentes, M. *Frézier* les réduit à huit ou dix especes; sçavoir, les *voûtes* planes, les cylindriques ou en berceau, les coniques ou en trompe, les sphériques ou en cul-de-four, les sphéroïdes, les annulaires, les conoïdes, les hélicoïdes, les mixtes, & les irrégulieres. C'est dans cet ordre que ce sçavant auteur les a rangé dans le tome III de son excellent *traité de stéréotomie*, où il explique fort au long & dans le plus grand détail le trait & la construction de toutes les *voûtes* imaginables. A l'égard de la théorie des *voûtes*, & de la connoissance qu'il faut avoir de leur poussée pour déterminer l'épaisseur qu'on doit donner à leurs piédroits, relativement à l'effort que fait la *voûte* pour s'ouvrir & les écarter, le P. *Derand*, l'ancien *Blondel*, le P. *Deschalles*, M. *Gautier*, & M. *de la Rue*, ont bien donné des regles pour fixer cette épaisseur; mais comme elles ne sont fondées que sur la seule pratique dénuée de toute théorie, l'expérience en a démontré la fausseté. C'est ce qui a engagé MM. *de la Hire*, *Parent*, *Couplet*, *Belidor*, *Danisy*, & derniérement M. *Frézier*, à employer la théorie la plus profonde pour résoudre géométriquement ce problême important d'architecture. Voyez le résultat des travaux de ces illustres académiciens exposés dans un *appendix* inséré à la fin du tome III du *traité de stéréotomie*, par M. *Frézier*. Voyez aussi à ce sujet la *science des Ingénieurs*, par M. *Belidor*, livre II, *de la méchanique des voûtes*. *D'Aviler* distingue les diverses especes de *voûtes* par des dénominations particulieres : voici les définitions qu'il en donne dans son *dictionnaire d'architecture*.

Voute a Lunettes : c'est une *voûte* qui traverse les reins d'un berceau, soit pour y pratiquer des jours ou pour en empêcher la poussée. On la nomme *lunette biaise*, lorsqu'elle coupe obliquement un berceau, & *lunette rampante*, lorsque son ceintre est rampant.

Voute Biaise, ou de Côté : c'est celle dont les murs latéraux ne sont pas d'équerre avec les piédroits de l'entrée, & dont les voussoirs sont biais par la tête.

Voute d'Arête : c'est une *voûte* dont les angles paroissent en dehors, & qui est formée de la rencontre de quatre lunettes égales, ou de deux berceaux qui se croisent, comme on en voit aux portiques des ailes du château de Versailles.

Voute d'Ogive, ou Gothique : c'est une *voûte* composée de formerets, d'arcs doubleaux, d'ogives, & de pendentifs, & dont le ceintre est formé de deux lignes courbes égales qui se coupent en un point au sommet : on l'appelle aussi *voûte en tiers point*, ou *à la moderne*.

Voute (Double). On donne le nom de *double voûte* à celle qui étant construite au-dessus d'une autre, pour le raccordement de la décoration extérieure avec l'intérieure, laisse une entre coupe entre la convexité de l'inférieure & la concavité de la supérieure, comme on l'a pratiqué au dôme des Invalides, à Paris.

Voute en Arc de cloitre : c'est une *voûte* composée de deux, trois, quatre, ou plusieurs portions de berceaux qui se rencontrent en angle rentrant dans leur concavité, ensorte que leurs côtés forment le contour de la *voûte* en polygone. Telles sont, par exemple, les petites *voûtes* ou chapiteaux des guerites à pans : cette sorte de *voûte* fait intérieurement un effet contraire à la *voûte d'arête*.

Voute en Canonniere : c'est une espece de berceau qui n'étant pas contenu entre deux lignes paralleles, est étroit par un bout & large par l'autre.

Voute en Compartimens : c'est celle dont la doëlle ou le parement intérieur est orné de panneaux de sculpture séparés par des plate-bandes. Ces compartimens sont taillés sur la pierre, comme aux *voûtes* de l'église du Val-de-Grace & de celle des Invalides, ou bien ils se font en ſtuc ou en plâtre ſur des courbes de charpente ; comme ceux de la *voûte* de l'égliſe de l'Aſſomption, rue Saint-Honoré, à Paris, du deſſein de M. *Errard*, célebre peintre & architecte, qui a été le premier directeur de l'Académie de peinture, ſculpture, & architecture, entretenue à Rome aux dépens du Roi, pour les éleves de l'Académie de Paris.

VOUTE EN LIMAÇON : c'eſt toute *voûte* ſphérique, ronde ou ovale, ſurbaiſſée ou ſurmontée, dont les aſſiſes, au lieu d'être poſées de niveau, ſont conduites en ſpirale depuis les couſſinets juſqu'à la clef ou fermeture.

VOUTE EN PLEIN CEINTRE, ou BERCEAU DROIT : c'eſt celle dont la courbure eſt en demi-cercle parfait, comme les berceaux de la grande ſalle du Palais, à Paris.

VOUTE EN TIERS-POINT : c'eſt une *voûte* qui étant plus élevée que le plein ceintre, eſt formée de deux portions de cercles égales qui ont leur centre dans une même ligne : on l'appelle auſſi *voûte gothique*.

VOUTE (MAITRESSE). On nomme *maîtreſſe voûte*, la principale *voûte* qui couvre un édifice, à laquelle ſont ſubordonnées les petites *voûtes* qui ne ſervent à en couvrir que quelques parties, comme un paſſage, une rampe une porte, une fenêtre, &c.

VOUTE RAMPANTE : c'eſt une *voûte* inclinée qui ſuit parallelement la deſcente d'un eſcalier.

VOUTE SPHÉRIQUE, ou EN CUL-DE-FOUR : c'eſt une *voûte* circulaire par ſon plan & par ſon profil, dont la figure imite une ſphère. Tous les claveaux ou vouſſoirs de ces ſortes de *voûtes* ſont des cônes tronqués, ou des parties d'anneaux coniques dont le ſommet eſt au centre de la ſphère.

VOUTE SURBAISSÉE, ou EN ANSE DE PANIER : c'eſt une *voûte* dont le profil eſt plus bas que le demi-cercle : telle eſt la *voûte* de la ſalle des Suiſſes, à préſent la *ſalle des antiques*, au Louvre.

VOUTE SUR LE NOYAU, ou BERCEAU TOURNANT : c'eſt une *voûte* qui tourne de niveau autour d'un cylindre ou noyau.

VOUTE SURMONTÉE : c'eſt celle que l'on tient plus haute que le demi-cercle parfait, pour que la ſaillie de l'impoſte ou de la corniche n'en cache point les premieres retombées, comme il eſt d'uſage à la plupart de nos égliſes modernes.

VOUTER : c'eſt conſtruire une *voûte* ſur des ceintres & des doſſes, ou ſur un noyau de maçonnerie.

VOUTER EN TAS DE CHARGE : c'eſt mettre les joints de lit partie en coupe du côté de la doelle, & partie de niveau du côté de l'extrados, pour former une *voûte* ſphérique.

VOUTES : c'eſt le nom qu'on donne aux galeries hautes qui régnent ſur les bas côtés d'une égliſe gothique, comme on en voit à celle de Notre-Dame, à Paris.

VOYER, *Ponts & chauſſées :* c'étoit autrefois une grande charge poſſédée par une perſonne de conſidération, ſous le titre de *grand voyer* & de *grand tréſorier de France*, & qui a fini en la perſonne du Duc *de Sulli*, premier miniſtre ſous le regne de *Henri IV* & de *Louis XIII.* MM. les Tréſoriers de France, qui lui ont ſuccédé, compoſent à préſent une juriſdiction ſous le même titre & ſous le bon plaiſir du Roi, qui a toujours conſervé la ſurintendance & l'adminiſtration ſupérieure de la grande *Voyerie.* Un directeur général des ponts & chauſſées eſt chargé de prendre connoiſſance de tout ce qu'il convient d'y faire, ſoit pour conſtruire à neuf, ſoit pour réparer. Il a ſous ſes ordres un inſpecteur général, quatre inſpecteurs particuliers, un premier Ingénieur, & vingt-trois autres Ingénieurs provinciaux, qui ont chacun une généralité pour département, dans les pays d'élection, & qui ſont aidés dans leurs fonctions par pluſieurs ſous-Ingénieurs & éleves de l'école des ponts & chauſſées établie à Paris. Les pays d'états veillent eux-mêmes à l'entretien des ponts & chauſſées dans l'étendue de leurs provinces. Voyez auſſi ci-devant l'article INGÉNIEUR *des ponts & chauſſées.*

VRILLER, *Pyrotechnie* : c'eſt l'action de pirouetter en l'air en montant d'un mouvement hélicoïde, ou en vis, comme le font les ſauciſſons volans. Il y a des fuſées volantes, qui, au lieu de s'élever en ligne droite, ne font que *vriller* & pirouetter en montant ; c'eſt un défaut qui provient de la trop grande légéreté de la baguette, ou de ce qu'elle eſt courbe & mal faite.

VRILLES, ou HÉLICES, *Architecture* : c'eſt le nom que l'on donne aux huit petites volutes du chapiteau Corinthien qui naiſſent des caulicoles ou tigettes, & qui vont ſe terminer ſous les roſes de l'abaque. On les a appellées ainſi, ſuivant M. *Gaſtelier*, parce qu'elles ſemblent imiter, en quelque ſorte, par leurs circonvolutions, les *vrilles* ou petits liens des branches de la vigne.

US ET COUTUMES, *Architecture* : c'eſt le nom que l'on a donné au corps des loix qui regardent la police des bâtimens, ſoit relativement à leur conſtruction, ſoit par rapport aux ſervitudes & aux droits de leurs propriétaires. On trouve ces loix parfaitement développées & éclaircies dans le livre intitulé, *les loix des bâtimens*, par M. *Deſgodets*, *in octavo*, ou dans l'*architecture moderne*, par *Jombert*, édition de 1764, en deux volumes *in-quarto*, tome II, liv. V des *us & coutumes*.

VUE ou BÉE, *Architecture* : c'eſt une ouverture quelconque par laquelle on reçoit le jour dans l'intérieur d'un bâtiment. Les *vues* d'appui ſont les plus uſitées dans les maiſons ordinaires : elles ſe font à trois pieds d'enſeuillement & au-deſſous. Les *vues* ou *jours* qui ſe percent dans un mur non mitoyen ſont appellées *vues de coutume* : leur appui doit être à 9 pieds du ſol, pour les pieces au rez-de-chauſſée, & à 7 pieds pour les étages ſupérieurs, le tout à fer maillé & verre dormant. Voyez à ce ſujet le livre V de l'*architecture moderne*, citée ci-deſſus, article 200 & ſuivans, pour l'explication des *vues* droites, de proſpect, de côté, de ſervitude, &c.

VUE D'OISEAU, *Deſſein* : c'eſt la repréſentation du plan d'un édifice, ou d'un ouvrage de fortification, relevé en perſpective, & ſuppoſé vu d'un endroit fort élevé. Voyez ci-devant à l'article PLAN, la définition du terme *plan relevé* : voyez auſſi l'article PLAN A VUE D'OISEAU.

VUIDANGE : c'eſt, en général, le tranſport des décombres & autres matériaux d'un lieu à un autre. On en diſtingue différentes eſpeces : *vuidange d'eau*, c'eſt l'épuiſement qui ſe fait de l'eau d'un batardeau par le moyen des moulins, chapelets, vis d'*Archimede*, & autres machines ſervant à cet uſage, pour le mettre à ſec & y fonder quelque bâtiment. Voyez la deſcription de toutes les machines que l'on emploie pour les épuiſemens très-bien détaillée dans les deux premiers volumes de l'*architecture hydraulique*, par M. *Belidor*. *Vuidange de forêt*, c'eſt l'enlevement des bois abattus dans une forêt, qui doit ſe faire par les marchands auxquels cette coupe a été adjugée, dans des tems limités. *Vuidange des terres*, c'eſt le tranſport des terres fouillées, qui ſe paie à la toiſe cube, & dont le prix ſe regle ſur la qualité des terres & ſur la diſtance de la fouille au lieu où elles doivent être tranſportées. On dit auſſi *vuidange de foſſe d'aiſance*. *D'Aviler*.

VUIDE, *Maçonnerie* : c'eſt une ouverture pratiquée dans un mur. Dans une façade de bâtiment, les *vuides* ne ſont pas égaux aux pleins lorſque les baies des croiſées & des portes ſont ou moindres ou plus larges que les trumeaux qui les ſéparent. Eſpacer un plancher *tant plein que vuide*, c'eſt le peupler de ſolives de maniere que les entrevoux ſoient de même largeur que le deſſous des ſolives. Les trumeaux d'une façade ſont eſpacés *tant plein que vuide*, lorſqu'ils ſont de la largeur des croiſées. Enfin l'on dit *pouſſer au vuide*, *tirer au vuide*, lorſqu'un pan de mur ſe deverſe & lorſqu'il ſort de ſon à-plomb. *D'Aviler.*

VUIDE, *Phyſique* : c'eſt un eſpace que l'on ſuppoſe deſtitué de toute matiere. Dans tous les tems, les philoſophes ont beaucoup diſputé ſur la nature & ſur l'exiſtence du *vuide*. Les uns, comme les Péripatéticiens & les Cartéſiens, ont voulu que tout l'univers fût exactement plein : les autres, comme les Pythagoriciens, les Épicuriens, & les Newtoniens, ont ſoutenu qu'il y avoit par-tout du *vuide*. Voyez ces deux ſentimens expoſés & analyſés dans le *dictionnaire encyclopédique* (article VUIDE). La machine pneumatique eſt auſſi appellée *machine du vuide*, par rapport au *vuide* qui ſe forme dans ſon récipient, après l'expulſion de tout l'air groſſier qui y étoit renfermé.

YACHT, *Marine* : c'eſt un petit bâtiment ponté & mâté en fourche, qui a ordinairement un grand mât, un mât d'avant, & un bout de beaupré avec une corne, comme le heu, & une voile d'étai. L'*yacht* eſt très-commun ſur les canaux de Hollande, parce qu'il a peu de tirant d'eau : on s'en ſert pour la promenade & pour les petites traverſées. Voyez le détail de ſes proportions dans le petit *dictionnaire de marine*, par M. *Saverien*.

YEUX DE BŒUF, *Marine*. On donne ce nom, dans un vaiſſeau, aux poulies placées vers le racage, contre le milieu d'une vergue, & qui ſervent à manœuvrer l'itague. Il y a ſix de ces poulies aux pattes de bouline ; ſçavoir, trois pour chaque bouline. Il y en a auſſi une au milieu de la vergue de civadiere, quoiqu'il n'y ait point de racage, parce que cette vergue ne s'amene point: dans un combat, on la range le long du mât, lorsqu'on veut venir à l'abordage.

YEUX DE PIE, *Marine*. Voyez ci-devant au mot ŒILS.

ZÉNITH, *Géographie* : c'est le point du ciel qui se trouve précisément au-dessus de notre tête. Le *zénith* est aussi appellé *pôle de l'horison*, parce qu'il est distant de 90 degrés de chacun des points de ce grand cercle de la sphère. Le point diamétralement opposé au *zénith* est appellé *nadir* ; il est le *zenith* de nos antipodes.

ZÉTETIQUE, *Algebre* : c'est un vieux terme peu usité qui a été employé par *Viete* pour désigner la méthode algébrique, ou l'art de résoudre un problême : il vien du verbe grec ζητιῶ, je cherche.

ZIG-ZAGS, *Méchanique*. M. *Belidor* donne ce nom, dans la description qu'il fait de la machine de Marly, aux balanciers qui communiquent le mouvement aux corps de pompe depuis la riviere jusqu'au haut de la montagne, parce qu'ils forment une espece de coude ou de *zig-zag*. *Architecture hydraulique*, premiere partie, tome II.

ZIG-ZAGS DE LA TRANCHÉE, *Attaque des places* : ce sont les différens coudes ou retours que font les boyaux d'une tranchée qui vont en avant pour arriver, sans être enfilés par le canon de l'assiégé, jusqu'au corps de la place, c'est-à-dire, jusqu'au glacis de son chemin couvert.

ZONE, *Géométrie* : c'est la partie de la surface d'une sphère qui est terminée par deux cercles paralleles & formant une bande ou ceinture autour de la sphère.

ZOOPHORE, ou FRISE, *Architecture* : c'est le nom que les grecs ont donné à la frise d'un Ordre d'architecture, parce qu'on y représentoit en bas relief des animaux entre-mêlés d'ornemens, comme on en voit encore sur les frises de quelques monumens antiques. Ce terme est composé de deux mots grecs, ζωον, animal, & φερω, je porte. *Felibien*. *Gastelier*.

Fin du Dictionnaire.

ADDITIONS ET CORRECTIONS.

PAge 4, ACCASTELLAGE, *Marine*, *ajoutez* ou mieux ENCASTILLAGE.

11, AISSANTE ou BARDEAU, ajoutez *terme de couvreur*.

Ib. AISSIEU, voyez au mot ESSIEU, *lis.* AISSIEU, *Méchanique*, voyez aux mots AXE & ESSIEU.

16, AMAIGRIR, *terme d'architecture*, lisez *terme de coupe des pierres*.

18, *ligne* 3 de l'article ANALYSE DES INFINIS, le *calcul différentiel*, lisez *le calcul différentiel*.

19, *lig.* 6 de l'article ANAMORPHOSE, *Schmidt*, lisez *Smith*, *cours complet d'optique*.

50, à la fin de l'article ATTRACTION, on a renvoyé mal-à-propos au mot PHYSIQUE à l'occasion de la *philosophie Newtonienne*, voyez plutôt au mot NEWTONIANISME, où l'on donne en abrégé l'histoire de cette philosophie.

61, *ligne* 3 de cette page, au-dessus de la sonte, *lisez* au-dessus de la soute.

85, BOIS MORT, effacez le renvoi, voyez aussi au mot MORT BOIS, ce que nous en avons dit à cet article en donnant une idée suffisante.

97, BOULINGRIN: la définition que nous avons donné de ce terme, d'après le *dictionnaire de d'Aviler*, étant trop vague, *voyez* l'étimologie de ce mot, rapportée à l'article TAPIS DE GAZON, *pages* 679 & 680.

99, BOURRE, effacez le renvoi au mot FOURRAGE, qui est à la fin de cet article.

108, CABOTAGE, *Marine*, ajoutez ou mieux CAPOTAGE.

114, CANELURES, *Architecture*: ce sont des petits de canaux, *lisez* ce sont de petits canaux.

118, ligne 4 de l'article CARAVELLE, les bonnettes en étui, *lisez* les bonnettes en étai.

141, à la fin de l'article CHARPENTERIE, *ajoutez* au livre de *Mathurin Jousse*, cité avec raison comme le seul ouvrage *original* qui ait paru sur cette matiere, celui que M. *Nicolas Fourneau*, maître charpentier à Rouen, a fait imprimer d'après les traits de *Mathurin Jousse*, sous le titre de l'*art du trait de charpenterie*, premiere partie, *brochure in-folio*, Rouen, 1767.

Page 143, *ligne* 2 de l'article CHASSIS DOUBLE, de papier collé, *lisez* de papier huilé.

154, *ligne* 3 de l'article CIRCONVALLATION, par des redans, *lisez* par des redents.

183, CORNES DE BELIER, au lieu des *élémens de fortification*, par M. *le Blond*, cités mal-à-propos à la fin de cet article pour le développement des systêmes de fortification imaginés par M. *Belidor*, il falloit renvoyer aux *élemens de fortification*, écrits en Anglois par M. *Müller*, ou au *dictionnaire de mathématique*, par M. *Saverien*, comme on l'a fait ensuite à l'article SYSTÊME.

184, CORNIER. voyez POTEAU CORNIER, *lisez* voyez l'article POTEAU.

191, *ligne* 3 de l'article COUILLARD, *Charpenterie*. Les traites qui supportent, &c. *lisez* les trattes.

193, *ligne* 10 de l'article COUPE DES PIERRES: le P. *Deran*, *lisez* le P. *Derand*.

217, *ligne* 5 de l'article DEMI-LUNE, *Architecture*, par le pallage, *lisez* pour le passage.

229, DOIGT DE BIVEAU: c'est, selon le P. *Deran*, *lisez* le P. *Derand*.

250, *au lieu de* INFAITEMENT, *lisez* ENFAITEMENT.

255, à la fin de l'article ENTREPRENEUR, *au lieu de* par le directeur général des fortifications, *lisez* par le directeur des fortifications.

270, ÉTOILE, *Fortification*: voyez FORT A ÉTOILE, *lisez*, voyez l'article FORT DE CAMPAGNE ou FORTIN.

280, FALARIQUE, *ajoutez*, ou mieux PHALARIQUE. La définition que nous donnons ici de cette arme des anciens n'étant pas exacte, voyez à l'article PHALARIQUE (pag. 512) les corrections que nous avons cru devoir y faire.

316, CHAUX FUSÉE, *Architecture*, lisez *Maçonnerie*.

338, à la fin de l'article GRAIN DE VENT, *Marine*: ils causeroient, *lisez* il causeroit.

352, à la fin de l'article HONNEURS DE LA GUERRE, *au lieu de* les gonneurs de la guerre, *lisez* les honneurs, &c.

367, INFANTERIE, *Art mililaire*, lisez *Art militaire*.

387, LATTE, ajoutez *couverture de bâtimens*. C'est un morceau de bois chêne, *lisez* de bois de chêne.

408, *ligne* 3 de l'article LUMIERE. C'est dans la *lumiere* q l'on met, *lisez* que l'on met.

Page 454, MUID, *Maçonnerie* : celui de plâtre contient 36 sacs, chacun de deux boilleaux & demi, *lisez* chacun de deux boilleaux mesurés ras, comme on l'a dit ci-après à l'article SAC DE PLATRE.

477, *ligne* 8 de l'article ORDRE TOSCAN, qui pût lui servir, *lisez* qui pussent lui servir.

488, PAIN DE MUNITION, ajoutez à cet article : Depuis la paix derniere, la ration de *pain* pour le soldat a été réduite a une livre & demie, ou 24 onces, comme elle étoit anciennement. Ainsi un *pain* de munition, qui contient deux rations, doit peser trois livres, poids de marc, & le septier de bled doit fournir comme ci-devant 180 rations de *pain*.

501, PAS, *Art militaire* : cet article ayant paru trop peu détaillé, on nous a conseillé d'y ajouter ce qui suit. Il y a différens *pas* militaires, suivant les dernieres Ordonnances concernant les évolutions de l'infanterie ; sçavoir, le *petit pas*, le *pas ordinaire*, le *pas redoublé*, le *pas de route*, le *pas oblique*, le *pas de flanc*, le *pas de conversion*, & le *pas en arriere*. Le *petit pas* est d'un pied, mesuré d'un talon à l'autre. La longueur du *pas ordinaire*, ainsi que celle du *pas redoublé* & du *pas de route*, est de deux pieds. Le *pas commun*, ou *ordinaire*, doit se faire en une seconde, pendant lequel tems on doit faire deux *pas redoublés*. La durée du *pas de route* est d'un peu moins d'une seconde. Le *pas oblique* est au plus de 18 pouces, ainsi que celui *de flanc*. Le *pas en arriere* ne doit être que d'un pied. Voyez à ce sujet l'*Ordonnance du Roi*, du premier janvier 1766, *sur l'exercice de l'infanterie* : voyez aussi l'article PAS DE CAMP dans le *dictionnaire encyclopédique*.

510, *ligne* 14 de l'article PESANTEUR, *Physique*, des corps qui tournent librement, *lisez* qui tombent librement.

517, à la fin de l'article PIECE D'APPUI, *Menuiserie*, que l'eau n'entre dans la, *ajoutez* maison.

590, *ligne* 5 de l'article QUART-DE-RONNER. Les marches d'un palier, *lisez* les marches d'un perron.

603, RATION DE PAIN. On doit faire ici la même correction qu'on a faite à l'article PAIN DE MUNITION, c'est-a-dire, qu'on observera que depuis la paix derniere, la *ration de pain* pour le soldat a été réduite à une livre & demie, comme elle existoit ci-devant.

629, *ligne* 19 de cette page, *Adrouet de cerceau*, lisez *Adrouet Du cerceau.*

689, *ligne* 2 de l'article TIL ou TILLE, & dont le appareilleurs, *lisez* & des cordeaux dont les appareilleurs, &c.

690, *ligne* 7 de l'article TIRANT, *Charpenterie.* Avec le maitre entrait, *lisez* avec le maître entrait.

697, à la fin de l'article TOURBILLON DE FEU, *Pyrotechnie. Le manuel de l'artifice*, lisez *le manuel de l'artificier.*

698, TOURILLONS, *Archit. hydraul.* Lisez TOURILLON.

717, *ligne* derniere, puiser éles eaux, *lisez* épuiser les eaux.

721, *ligne* 2 de cette page, les queues de ser, *lisez* les queues de fer.

www.ingramcontent.com/pod-product-compliance
Ingram Content Group UK Ltd.
Pitfield, Milton Keynes, MK11 3LW, UK
UKHW021104220726
13924UKWH00005B/2228

9 782019 673215